国家出版基金项目
NATIONAL PUBLICATION FOUNDATION

中国植物保护
百科全书

植物病理卷

一 二 三 四

中国林业出版社

谷瘟病　millet blast

由灰梨孢引起的、危害谷子（粟）的一种真菌病害，是谷子产区的一种重要气传流行性病害。

发展简史　该病在国内外均有发生，在中国、日本、印度等传统谷子种植区都有谷子品种抗谷瘟病研究。谷瘟病菌具有明显的生理分化现象，同一品种在不同地区，因病原菌群体组成的不同，其抗病性反应也不尽一致。在国外，日本学者曾对品种抗性和病菌的生理分化进行研究；并对世界各地的 20 个谷子品种进行接种鉴定，利用 4 个谷瘟病菌对谷子品种进行抗病鉴定，结果表明抗病品种至少具有 2 个及以上主效抗病基因。印度学者也曾利用谷瘟病的 4 个分离物对 155 个谷子种质资源进行了抗病鉴定，发现谷子品种对至少一个分离物具有抗性的品种有 16 个，其中有 2 个品种对穗瘟、叶瘟、茎瘟和鞘瘟均具有高抗性。在中国，20 世纪 80 年代，吉林省农业科学院和中国农业科学院品种资源研究所对中国部分谷子种质资源进行了抗瘟性鉴定，并利用 6 个鉴别寄主对来自全国 10 个地区的谷瘟病菌进行了生理小种鉴定，将中国的谷瘟病菌划分为 7 群 32 个小种，为当时生产上谷瘟病的控制奠定了基础。王雅儒等对中国 419 个谷子品种进行抗病鉴定，发现 27 个高抗品种，同时发现谷子品种抗性与品种原产地生态条件关系密切。

分布与危害　谷瘟病是谷子上的重要流行性病害，其地理分布广阔，世界各地凡栽培谷子的国家，如日本、印度、原苏联、朝鲜、美国、意大利、尼日利亚、南非等国都有发生。在中国东北、华北、西北等谷子产区普遍发生，流行年份减产严重。在 20 世纪 60～80 年代因感病品种的推广，吉林、山西、山东等地严重发生，有的地块减产 60%～70%。生产上淘汰这些感病品种后，病情得到缓和。但近些年，多地由于感病品种的推广，又有再度流行的趋势。2008 年至今谷瘟病在中国谷子产区普遍发生，特别是河北中南部、河南、山东夏谷区、河北承德、辽宁朝阳等春谷区发生严重。

谷瘟病菌从谷子苗期到成株期均可侵染发病，侵害谷子叶片、叶鞘、节、穗颈、穗轴或穗梗等各个部位引起叶瘟、穗颈瘟、穗瘟等不同症状。

叶瘟　病菌侵染叶片，先出现椭圆形暗褐色水渍状小斑点，以后发展成梭形斑，中央灰白色，边缘褐色，有的有黄色晕环。空气湿度大时，病斑背面密生灰色霉层（病原菌的分生孢子梗和分生孢子）。严重时病斑密集，有的汇合为不规则的长梭形斑，造成叶片局部枯死或全叶枯死（图 1①）。有时还可侵染至叶鞘，形成鞘瘟，表现为椭圆形黑褐色病斑，严重时多数汇合，扩大成长椭圆形或不规则形，叶鞘早期枯黄。严重发病常在抽穗前后发生节瘟。节部先呈现黄褐或黑褐色小病斑，逐渐扩展环绕全节，阻碍养分输送，影响灌浆结实，甚至造成病节上部枯死，易倒伏。

穗颈瘟　穗颈上的病斑，初为褐色小点，逐渐向上下扩展变黑褐色。受害早发展快的，病斑环绕穗颈会造成全穗枯死（图 1②）。

穗瘟　穗主轴上发病，会造成其上半穗枯死，不能灌浆结实，发病晚扩展慢的籽粒不饱满。有的仅部分小穗受害，小穗梗变褐枯死，阻碍其上小穗发育灌浆，早期枯死呈黄白色，称为死码子。病枯死穗或小穗后期变黑灰色，籽粒干瘪（图 1③）。

病原及特征　病原为灰梨孢［*Pyricularia grisea* (Cooke) Sacc.］，异名稻梨孢（*Pyricularia oryzae* Cav.），粟梨孢（*Pyricularia setariae* Nishik.），属梨孢属。分生孢子梗单生或 2～5 根丛生，无色或基部淡褐色，不分枝，有 2～3 个隔膜，基部稍大，顶端稍尖，有时呈屈膝状，孢痕显著，大小为 74～122μm×4～5μm。分生孢子梨形或梭形，无色，基部钝圆形或圆形，有小突起，顶端较尖，有 2 个隔膜，隔膜处有或无缢缩，大小为 16～28.7μm×11μm（图 2）。

分生孢子萌发需要高湿，当相对湿度低于 95% 时，孢子萌芽率低甚至不萌发，而在清水中几小时即可萌芽。分生孢子萌芽后产生芽管，顶端形成球形或卵圆形的浅褐色附着胞，大小为 9～10μm×8μm。分生孢子在 4～38℃ 均可萌发，最适温度 25～28℃，致死温度 51～52℃。同时温度也影响孢子体积，15～25℃ 时孢子体积增大，低于 10℃ 和高于 30℃ 则减小。

菌丝最适生长温度 27～29℃，52℃10 分钟即死亡，最适 pH 为 6～6.7，但在 pH4.5～10.5 内均可生长，在培养基上可存活 1 年以上。

谷瘟病菌的有性阶段为灰喙球菌［*Ceratosphaeria grisea* (Hebert)］，可形成子囊壳、子囊和子囊孢子。子囊壳单生或群生，球形，黑色或深褐色，直径 60～300μm；颈部长，无色透明或淡灰褐色，60～150μm×100～1200μm，表皮碳质，外层系短三角形细胞组成。子囊单层，7～10μm×55～90μm，圆筒形或倒棒形，内含 8 个子囊孢子，顶端孔口环绕有折光

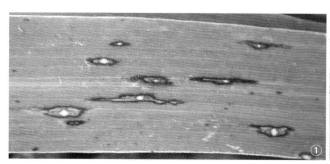

图 1　谷瘟病症状（董立摄）
①叶瘟；②穗颈瘟；③穗瘟

G

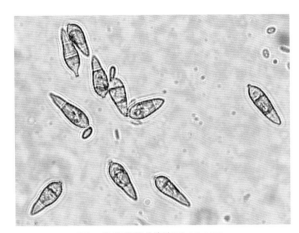

图 2　谷瘟病菌分生孢子（董立摄）

环圈。子囊孢子无色透明，梭形，有 3 个隔膜，稍弯曲，具油珠，5（4～7）μm×21（17～24）μm。无侧丝。

侵染过程与侵染循环　病菌分生孢子遇水萌发，形成芽管、附着胞及菌丝，菌丝可直接穿透表皮细胞或经气孔侵入叶片或叶鞘内部，穗轴上则多从小穗梗分枝处侵入，茎节上多从其外包的叶鞘侵入。

谷瘟病菌随病草、病株残体和种子越冬，成为翌年的初侵染来源。在室外干燥环境中堆积的病草，体内的菌丝体经过冬季并不死亡，两年后仍有 72% 的存活率。但如遇雨淋湿，再经低温冷冻，则存活率急剧下降。田间遗留的病残组织，经过一冬，病组织内的菌丝仍有 45% 可以存活。病种子带菌也可侵染，但侵染率极低。因此，病草是主要的初侵染来源。田间发病以后，叶片病斑上新产生的分生孢子可借气流传播，进行重复侵染，蔓延扩大，引起叶瘟流行。叶瘟的发生，为后期发病提供了更多的菌源。至谷子抽穗前后，相继侵害其他部位，引起节、秆（叶鞘）、穗颈瘟和穗瘟。此外，受品种和气候影响，中国东北地区，通常情况下受害田叶瘟病斑并不十分密集，却也能在抽穗后导致较严重的穗瘟发生。

流行规律　温湿度是影响谷瘟病发生发展的重要因素。一般 20℃ 时幼苗发病最严重，18～20℃ 易发生穗颈瘟。夏季多雨、长时间阴湿叶瘟较重，如气温偏低则利于茎节及穗颈瘟发生。如 7 月中下旬连续高湿多雨，温度 25℃ 左右，湿度 80% 以上时，叶瘟发生重。而后期穗瘟的发生除与前期叶瘟的发生程度有关外，也与穗期降水量密切相关。如有的年份虽叶瘟发生较重，但在谷子抽穗期少雨低湿，则穗瘟一般不严重；反之，前期叶瘟病斑虽不多，但如果抽穗期多雨湿度大也能引起穗瘟的严重发生。因此，田间相对露量和空气中的饱和湿度，是造成谷瘟病大发生和流行的关键性因子。

此外，田间播种过密、通风透光不良、湿度过高都有利于谷瘟病的发生和流行。因此，低洼地、排水不良和小气候多湿的谷地往往发病较重。而偏施氮肥、氮肥用量过多或追施时期过晚的地块更易导致植株疯长，组织柔嫩，容易被病原菌侵染，遇上适于发病的气候条件，往往引起病害大流行，损失严重。同时，谷瘟病源数量也是影响病害发生程度的重要条件。重茬谷地因积累大量病株残体和侵染菌源，发病较

重。病菌小种群的组成、分布与消长，是制约品种抗病性的关键因素。当对大面积栽培品种有强致病力的谷瘟病菌小种数量增殖，遇到适宜发病条件，便会造成严重侵染谷害。

防治方法　谷瘟病是一种流行性病害，影响其发生危害的因素错综复杂，互相制约。掌握当地谷瘟病流行危害的特点，因地制宜地采取综合性防治措施，可以控制危害。

选用抗（耐）病丰产良种谷子　不同品种对谷瘟病的抗性差异非常明显，种植抗病品种是防治谷瘟病的一项经济有效措施。20 世纪 70 年代谷瘟病发生非常严重，1980—1987 年，中国粟品种资源抗粟瘟病鉴定协作组，从中国近 18000 份品种资源中鉴定选择出齐头白谷（8331）、民权青谷（10302）、白谷（10333）、黄沙谷（12895）、白顶尖（13102）、刀把齐（14287）等 12 个高抗谷瘟病的资源品种，供各地作为抗源亲本选择应用。此外，还鉴定发现早年外引品种日本 60 日不仅抗倒伏而且是外引品种中少有的抗瘟性很强的良好抗源品种。它对谷瘟病具有广谱抗性，且有较好的抗性遗传传递力。同时，对中国主要谷子产区的 400 余份优良谷子品种进行鉴定，高抗谷瘟病的有青到老、冀谷 1 号、铁谷 1 号、龙谷 23 号、昭谷 1 号、京谷 1 号等 27 个品种供各地病区选择种植。尤其上列 6 个品种，在中国北方谷产区中的 4 个生态区内都表现抗谷瘟病。在选用抗病品种时，要注意品种的合理布局和轮换种植，防止大面积单一使用同源抗性品种造成抗性丧失。

农业防治　加强栽培管理，增强植株抗病性。合理施肥，避免偏施氮肥，要配合施磷钾肥，或结合深耕进行分层施肥。施肥数量要根据品种需肥情况决定，既要防止缺肥，更要注意勿施过量。基肥要多用有机肥，数量要施足。追肥要及时适量，防止过多过晚。根据土地肥力情况实行合理密植，密度不宜过大，或实行宽行密植，以使通风透光良好。水浇地要适时实行"浅水快轮"，禁忌大水漫灌。灵活采用这些措施，可控制植株疯长，增强抵抗力，减轻发病。此外，秋收后及时清除田间遗留的病株残体，并进行秋翻土地。有条件地区可实行 3 年轮作。

化学防治　谷瘟病的防治要抓住早期施药，在病势初发阶段，及时喷药防治可控制危害。一般叶瘟初发期施药一次，如果病情发展较快，5～7 天再喷 1 次，特别在抽穗前需要喷施 1 次，以防穗瘟。一般受害田，抽穗前喷 1 次，既保护叶片又可减少穗瘟菌源。防治穗瘟，一般受害田齐穗期喷 1 次。流行年份或重病田始穗期、齐穗期各喷 1 次。可用药剂有 2% 春雷霉素可湿性粉剂 500～600 倍液、20% 三环唑可湿性粉剂 1000 倍液、40% 瘟散乳油 500～800 倍液，每亩喷药液 30～40L。

参考文献

董立，全建章，陆平，等，2015. 谷子主要生产品种抗瘟性鉴定 [J]. 中国植保导刊，35(7): 33-36.

王雅儒，褚菊征，宋春燕，等，1985. 谷子品种抗粟瘟病的鉴定研究 [J]. 植物保护学报 (3): 175-180.

闫万元，谢淑仪，金莲香，等，1985. 粟瘟病菌生理小种研究初报 [J]. 中国农业科学 (3): 57-62.

（撰稿：李志勇；审稿：董志平）

谷子白发病　millet downy mildew

由禾生指梗霉引起的、危害谷子地上部的一种真菌病害。在中国谷子产区均有发生，是严重影响谷子产量的主要病害之一。

发展简史　谷子白发病病原菌最早是 1876 年在轮植狗尾草（*Setaria verticillata*）上发现并命名为 *Protomyces graminicola* Saccardo，后来发现它是霜霉菌科的一个新属，*Sclerospora*，因此，谷子白发病菌的学名为 *Sclerospora graminicola*。

谷子白发病是中国谷子生产上最严重的病害之一，在主要谷子产区普遍发生，一般导致减产 1%～5%，严重的达 50%。早在 1927 年就报道过对该病害的防治，当时主要采取拔出白尖的方法清理。"六五""七五"期间，谷子白发病是主要检疫对象，也是谷子品种审定的重要指标之一。20 世纪 80 年代，利用从瑞士进口的化学药剂"瑞毒霉"拌种，有效地控制了白发病的发生，育种单位与管理部门对抗病品种的选育不再重视，抗白发病育种基本处于停滞状态。90 年代以来随着优质米开发规模不断扩大，种植面积不断增加，重茬、迎茬种植严重，造成谷子白发病大面积发生，谷子生产大幅度减产，这一问题已引起国内专家的高度重视，抗白发病育种已在国家谷子产业体系中列为重要育种指标。

谷子白发病菌寄主种类很多，但都是禾本科作物和杂草。1937 年 Thomas 交互接种试验最早发现白发病菌具有明显的生理分化现象，之后山东省农业科学研究所（1954）、俞大绂（1978）对谷子白发病进行过生理分化试验。1993 年，曹秀菊等系统地对中国谷子白发病菌生理小种进行了初步分类研究。2013 年史关燕等对山西谷子白发病菌种分类及致病能力进行了研究，研究结果都表明谷子白发病菌具有明显的生理分化现象。

分布与危害　谷子白发病的地理分布极为广阔，在亚洲、非洲和欧洲的谷子产区均有发生。在亚洲的一些国家，如中国、朝鲜、日本和印度，谷子的栽培面积较大，白发病发生较普遍和严重。在中国，白发病在华北、西北、东北各谷子产区均有分布，过去主要发生在春谷区，现在夏谷区也普遍发生，是谷子的主要病害之一。一般发病率为 5%～15%，严重的高达 30% 以上，特别是连茬种植的地块发病率更高，严重影响谷子的丰产丰收。2013 年以来由于潮湿多雨，该病在黑龙江、吉林、辽宁、陕西、山西、河北（承德、邯郸、鹿泉）等地严重发生，发生面积 200 万亩以上，田间最高发病率可达 40%，减产严重。

谷子白发病是系统侵染性病害，从种子发芽到穗期陆续显现症状。各期症状差异很大，主要症状有：

芽死　当谷子种子发芽过程被白发病菌侵害后，幼芽发病变色扭曲，迅速死亡，甚至完全腐烂，不能出土，从而引起缺苗断垄（图 1）。

灰背和黄斑　从二叶期开始至拔节期陆续显现灰背苗，一种叫系统灰背，植株叶片正面产生与叶脉平行的苍白色或黄白色条纹，背面密生粉状白色霉层（病原菌的孢子囊及孢囊梗，图 2①）；另一种为黄斑灰背，在叶正面出现形状不规则的油浸状黄斑（图 2②），病斑背面有白色霉状物（图 2③），有时甚至出现褐色或深褐色边缘。植株越大，症状越明显。因此苗期鉴别病株，应以有无灰背为依据。苗小或天气干燥，灰背辨认不清时，可在室内保湿，观察其是否长出白色霉状物以便加以确定。其中，系统灰背后期变成"枪杆"比例大，黄斑灰背变成"枪杆"比例小。

白尖、枪杆和白发　白尖发生在抽穗前，多为植株顶部有 2～3 张叶片，多时有 4～5 张叶片呈丛生状。叶片尖部或全部变为黄白色，耸立，远望十分明显，故称"白尖"（图 3①）。这种黄化叶片的背面不再产生白霉，经 7～10 天，病叶不能展开，甚至扭曲呈旋心状，色泽渐深，变褐干枯，直立田间，称"枪杆"（图 3②）。最后叶片组织分裂为细丝，散出许多黄褐色粉末，即病原菌的卵孢子，剩下的灰白色卷曲如头发状的叶脉组织残余，即"白发"，是白发病的典型症状（图 3③）。

看谷老　看谷老发生于穗期。病穗短缩，肥肿，小花内外颖变长，呈小卷叶状，全穗蓬松，宛如鸡毛帚或刺猬，又称"刺猬头"（图 4）。初为绿色或带红晕，后变褐色，组织破裂，也能散出大量卵孢子。病穗有时仅抽出一部分，或只基部半穗被害，穗尖仍正常结实，此症状的形成是由于谷子正处于幼穗分化时期，病菌侵入到幼穗中部，穗的中下部被害形成刺猬头状病穗，而中上部穗未受侵染可以正常结实。

病株在灰背期与健株无明显区别，形成白尖、白发或看谷老病穗时，节间常缩短，较健株略矮。分枝或分蘖性强的品种的初侵染病株上，每一分枝或分蘖都能感病。

病原及特征　病原为禾生指梗霉［*Sclerospora graminicola*（Sacc.）Schröt.］，属于指梗霉属。病原为活体营养生物，菌丝体无色透明，无隔膜，有分枝，内含微细颗粒，侧生圆形吸器伸入寄主细胞吸取营养。灰背阶段为病原菌的无性世代，孢囊梗经寄主气孔伸出，单生或 2～3 根丛生。孢囊梗上宽下窄，顶端有 2～3 个分叉，分叉顶端产生 2～5 个孢子囊，孢子囊椭圆形或倒卵圆形，无色，单孢，顶端有乳状凸起，大小为 13.3～26.6μm×11.4～19.0μm。孢子囊在干燥条件下寿命很短，经 5～50 分钟即丧失萌发力，在高湿、适温（15～16℃）条件下，经 30～60 分钟，每个孢子囊产生 3～11 个游动孢子囊（图 5①）。游动孢子呈不规则肾脏形，无色透明，中央有一纵沟，纵沟中间长出 2 根鞭毛，

图 1　芽死（董立摄）

图 2　灰背和黄斑症状（白辉摄）

①灰背症状叶片背面的白色霉层；②局部黄斑症状；③黄斑症状叶片背面的白色霉层

图 3　白尖、枪秆和白发症状（白辉摄）

①白尖；②枪秆；③白发

图 4　刺猬头（董立摄）

借此游动，遇到寄主后鞭毛脱落，变成球形休止孢子，再产生芽管侵入寄主。

游动孢子囊寿命的长短直接受气温和湿度的影响，其中以湿度更为重要。孢子囊在干燥环境下寿命很短，只能在50分钟以内保持萌芽力，日出叶面水滴干后即失去生活力。灰背新产生的游动孢子囊萌发率很高，但10分钟以后萌发率就从96%降到40%，50分钟以后只有0.1%。游动孢子囊的萌芽率也受温度影响，9～20.5℃内萌芽率超过90%，17.5℃下萌发率最高达97.7%。低温和高温均抑制萌发，−1～1℃下96小时未见萌发，超过5℃后才开始逐渐增多，高于23℃则萌芽率锐减。同时，温度也会影响到游动孢子囊的萌发速度。20℃下1小时左右开始萌芽，24℃下仅需30分钟，而低于15℃则需要10～24小时才能开始萌芽，其萌芽速度随温度增高逐渐加快。因此，综合考虑萌芽率和萌芽速度两方面，游动孢子囊的最适萌芽温度应在15～16℃。温度除了直接影响游动孢子囊萌芽的速度、方式和百分率外，也影响游动孢子游动时间的长短。温度愈低游动孢子成为休止孢子所需时间愈长，9℃以下需0.5～1小时，13.5～20℃需30～40分钟，20℃以上需10～30分钟。

病株抽穗前，顶叶组织内菌丝开始产生雄器和藏卵器，这是病原菌的有性世代。雄器丝状，顶端稍粗。藏卵器多为球形，内有1个卵球，由雄器顶端长出一根授精管穿进藏卵器，细胞核互相结合后，形成卵孢子。卵孢子圆形或近圆形，黄褐色，孢壁较厚，凹凸不平，大小为24.7～47.2μm×23.2～44.2μm，与残留的藏卵器相连（图5②）。

卵孢子一般不易萌发，试验证明卵孢子形成后需经几个月的生理后熟过程才能萌发。卵孢子萌发与温、湿度的高低及氢离子浓度有密切关系。卵孢子在10～30℃均能萌芽，最适萌芽温度18～20℃，最低为10℃，最高为35℃。随温度升高萌芽速率也逐渐增加，低于15℃卵孢子至少需要5天才能萌芽，而25℃下第五天已有不少卵孢子萌芽。芽管伸长速度也与温度高低密切相关，高温比低温下生长较迅速。同时，pH低的比pH高的环境更适合卵孢子萌芽。在pH为4.2～5.3时，卵孢子萌芽率为34.7%～51.1%；在pH为6.5～7.1时，萌芽率为23.9%～44.6%，而在pH为8.4～8.8时，萌芽率为18.5%～34.9%。试验也证明，酸性土壤比碱性土壤较适于发病。

谷子白发病菌寄主种类甚多，但都是禾本科作物和杂草，包括下列植物属：粟属（狗尾草属）、黍属、玉蜀黍属、狼尾草属、甘蔗属和类蜀黍属的植物及高粱属的高粱、石茅高粱（假高粱）和轮枝高粱。白发病菌能严重侵染谷子、玉米、狼尾草和甘蔗，但对高粱发病轻微。

白发病菌具有明显的生理分化现象。1937年，Thomas交互接种试验发现白发病菌至少包括有3个不同生理型：粟属菌系仅能侵染谷子和粟属植物；珍珠粟属菌系仅能侵染珍珠粟和狼尾草属植物种；蜀黍菌系仅侵染高粱和玉米。蜀黍菌系不是谷子白发病菌，而是一个独立的种，高粱指梗霉菌（*Sclerospora sorghi*）。各国所报道的谷子白发病菌寄主植物虽有多种，但其天然寄主多限于粟属植物，至于玉米、高粱、黍、甘蔗等禾谷类作物，在自然条件下却很少感染来自谷子和青狗尾草的白发病菌。

1993年，曹秀菊等报道，从中国4个生态区（东北、华北、内蒙古和黄土高原）收集的48个品种中，选择出具有较强鉴别力和不同抗性程度的5个品种，即332、西城白、大青苗、柳条青和189作为鉴别品种。用从4个生态区采集的68个菌株标样接种于5个鉴别品种中，鉴别6群20个生理小种，并明确各小种群在各生态区的分布及优势小种（见表）。小种群数黄土高原区较多，华北和东北区次之，内蒙古最少。致病力以黄土高原区最强，华北、东北和内蒙古区较弱，可见，黄土高原区病菌小种类群多，致病力较强与该地区地貌类型复杂，地势相差悬殊，气候变化大有关。在20个生理小种中，B1群是优势菌群。以4个生态区收集的品种经多次鉴定选出的22份优异品种，对20个小种抗性谱测定结果，其中，抗50%小种群的品种有332、公谷25、张农12号、大红袍、大同北郊、七月黄、大青苗、紫秆黄谷、西城白等。如332能抗13个小种。公谷25和张农12号能抗11个小种，紫秆黄谷抗9个小种。332品种除对A群各小种感病外，对其他各菌群均表现抗病，尤其对中国主要小种B1群15个菌系更为明显，选出的广抗谱品种将对谷子抗病育种、优良品种合理布局提供基础材料。

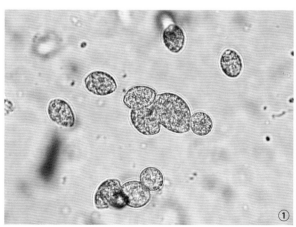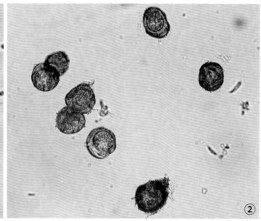

图5 白发病菌游动孢子囊和卵孢子（白辉摄）
①游动孢子囊；②卵孢子

20世纪90年代中国4个谷子生态区谷子白发病菌生理小种群出现频率及其在鉴别寄主上的反应表（引自曹秀菊等，1993）

小种号	鉴别品种的抗性反应					出现次数和频率（%）							
	332	西城白	大青苗	柳条青	189	东北平原		华北平原		内蒙古高原		黄土高原	
A_1	S	S	S	S	S	1	6.3	4	17.4	1		4	26.7
A_2	S	S	S	S	R							1	6.7
A_5	S	S	R	S	S							1	6.7
A_6	S	S	R	S	S								
A_9	S	R	S	S	S			1	4.3			1	6.7
A_{13}	S	R	S	S	S			1	4.3				
A_{14}	S	R	S	S	R			1	4.3				
B_1	R	S	S	S	S	3	18.8	3	13.0	6	42.9	3	20.0
B_2	R	S	S	S	R	1	6.3						
B_3	R	S	S	R	S	2	12.5						
B_5	R	S	R	S	S	4	25.0						6.7
B_7	R	S	R	R	S			1	4.3				6.7
B_8	R	S	R	R	R							1	6.7
C_1	R	R	S	S	S			4	17.3	1	7.1		
C_2	R	R	S	S	R					1	7.1		
C_3	R	R	S	R	S			1	4.3				
D_1	R	R	R	S	S	3	18.8	1	4.3				
D_2	R	R	R	S	R	1	6.3	1	4.3				
E_1	R	R	R	R	S			1	4.3	1	7.1	2	13.3
F_1	R	R	R	R	R	1	6.3	1	17.4	4	28.6		

侵染过程与侵染循环　谷子白发菌初侵染发生于幼芽期，当种子发芽时混在土壤和粪肥里或种子表面沾有的卵孢子也同时萌发，长出芽管借助机械式压力直接侵入根、中胚轴或幼芽鞘，然后菌丝蔓延到芽鞘组织里分枝生长，其中，部分菌丝进入子叶和刚分化出的叶原基，一直扩展到生长点，菌丝在生长点内的细胞间隙中间生长和发展，随着寄主生长点的分化而不断扩展，蔓延到各层叶片组织，最后到达花序。在此病程过程中陆续形成灰背、白尖、白发和看谷老等系统症状。

病叶上面起初呈现稍带白色或黄白色的条纹或条斑，逐渐转变成黄色，最后褐色。白色条纹的细胞间隙中间生长有亮度不等并密集的菌丝。菌丝侧面长出小的圆形吸胞，深入细胞内以吸收营养。在黄色条纹的组织内的菌丝产生许多藏卵器。栅状细胞变长和海绵细胞的间隙间充满菌丝和藏卵器，使间隙扩大，因而病叶通常比健叶较厚。藏卵器受精后发育成卵孢子。菌不侵入维管束。卵孢子成熟后，病叶组织纵向分裂并被摧毁，留下维管束不破坏，结果病叶变成丝状，因而称为白发病。病穗的各个部分内，菌丝在细胞间隙中生长，细胞肿大并畸形。颖壳肿大并伸长，保持绿色，常称为绿穗。病叶和病穗的细胞最后被摧毁，散出大量黄色的卵孢子。

谷子白发病的病原菌卵孢子生活力很强，在土壤中可存活两年，经家畜肠胃消化后尚有活力，在堆肥中如未经充分发酵腐熟仍能传病，附在种子表面也可安全越冬。这些在土壤、粪肥或种子上越冬的卵孢子，都是白发病的初侵染来源。

每年收获前，病株上的卵孢子已有95%散落在田里，因此，土壤带菌是白发病的主要侵染来源。当谷子种子发芽时，土中卵孢子也正萌发，遇到幼芽就从芽鞘或幼根表面直接侵入，引起死亡，或侵入病苗生长点定殖。随着植株生长发育，根据病苗叶片生长点或花序细胞分生组织中的病原菌数量的多少，陆续出现灰背、白尖、白发或看谷老等症状。灰背阶段产生的孢子囊和游动孢子，借气流传播，在适宜的湿度条件下进行重复侵染，蔓延为害，形成灰背和黄斑等局部症状。这种重复侵染的病株通常不能产生白尖、白发或看谷老。但个别地方在多雨的年份，有时游动孢子随风雨自顶叶进入幼苗、分蘖或分枝茎的生长点，发生重复的系统侵染，出现灰背、白尖、白发等系统侵染症状（图6）。灰背所产生的游动孢子囊其生理功能与卵孢子侵染产生的游动孢子囊，在侵染致病特性上并无差异，在谷子各个生育阶段表现的症状也与卵孢子侵染完全一致。在持续高湿多雨条件下，再侵染造成的局部病斑上产生的游动孢子囊又可重复侵染发病，即无性世代可多代循环。白发病菌游动孢子囊侵染谷子是形成系统侵染还是局部侵染，因谷子品种的抗病性、病菌的致病性、侵染部位的发育阶段及环境条件而异。

流行规律　谷子白发病菌主要以卵孢子附着种子表面作远距离传播，带菌的有机肥和带菌的土壤都可传播引起发病，同时也是白发病的初侵染源。白发病菌游动孢子囊在适宜湿度环境下可进行重复再侵染，侵染叶片组织引起局部黄斑灰背，入侵分生组织可引起系统性发病症状。由于游动

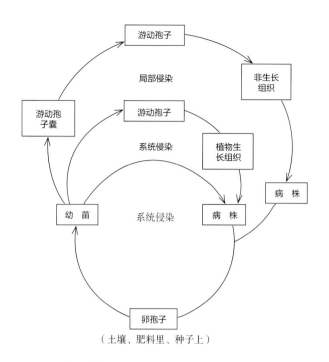

图 6 谷子白发病菌周年侵染循环示意图（仿俞大绂绘）

孢子囊的寿命很短，其传播扩散多局限在本田和较短距离范围。

谷子白发病主要借土壤传染，谷子幼芽期芽长在 3cm 以前是最适的侵染时期，因而从播种到幼苗出土前的土壤温度、湿度及有关播期、播种深度和播种质量等土壤环境影响发病。其中，土壤的温度及湿度与发病关系很大。土温自 11～32℃ 均能发病，最适的土温 20℃。土壤湿度在 20%～80% 均能发病，最适土湿是 50% 的半干土。但土壤的温度和湿度是互相影响的。土温自 20℃ 逐渐降低时，湿土较适宜于发病；土温自 20℃ 逐渐升高时，干土对发病有利。发病轻重与出苗快慢关系密切。谷子幼芽在 2cm 以内时最易被侵染。春季早期播种，地温低，湿度大，出苗缓慢，因而发病较重，而晚播则相应减轻。两季作地区夏播时，一般晚播的发病较少。根据地区特点和气候预测情况相应调整播期，对防止白发病有一定作用。此外，影响游动孢子囊再侵染的主要外界条件是大气的温湿度和降水量。游动孢子囊萌发的最适温度是 15～16℃，最低是 2℃，最高是 32℃。从调查中看出田间遇上多雨潮湿而温暖的天气，再侵染发病就多。

防治方法 谷子白发病菌由于生活力强，以及土壤与肥料都能带菌，特别在一些地区多雨年份的高湿条件下，分生孢子有重复侵染的现象。必须采用以下 3 种综合防治措施。

选用抗病良种 是防治白发病最经济有效的方法。首先，应重视品种的地区适应性，注意就地选育抗病高产良种，就地推广。其次，由于白发病菌存在生理分化，不同地区白发病菌的生理小种组成可能不同，因此，从外地引用抗病品种时需经过抗病性鉴定筛选后方可大面积推广。抗病品种在推广多年后可能因病菌生理小种类群的变化而丧失抗病性，

应及时换种进行品种轮换，以稳定品种的抗病性。

农业防治 轮作倒茬是减少土壤带菌的有效措施，应结合拔除病株同时进行，才可收到较好的效果。由于卵孢子在田内存活时间较长，轻病区实行两年轮作就能收到明显效果，重病区至少应实行 3 年轮作，收效才大。轮作面积越大和距离前一年谷地越远的地块，防病效果越好。轮作的作物以高粱、大豆、玉米、小麦和薯类效果好。

根据气候条件与品种特性，适期晚播、浅播，不使覆土过厚，促使幼苗早出土。施用不带病原菌的净肥，集中条施硫铵等化肥，并按每亩 10kg 用量，促使幼苗苗壮。并应及时中耕除草，特别要清除田间、地头的狗尾草等野生寄主。

在苗期结合疏苗、定苗、除草彻底拔除灰背病株。当田间出现"白尖"症状，每隔 6～7 天拔一次，连续几次把"白尖""枪杆"以及"白发""看谷老"病株彻底拔除干净，并将病株带到地头深埋或烧毁。

化学防治 20 世纪 70 年代后期，对霜霉菌特效的苯基酰胺类药剂甲霜灵（metalaxyl）和噁霜灵（oxadixyl）等相继生产，为药剂拌种防治谷子白发病提供了有利条件。可根据当地药源情况，选用以下药剂进行拌种。① 35% 阿普隆拌种剂，含甲霜灵有效成分 35% 按种子重量 0.2%～0.3% 拌种或加水湿拌，即拌 100kg 用药 200～300g（有效成分 70～105g）。如果兼治谷粒黑穗病，则需加种子重量 0.2% 的拌种双、克菌丹等同时混合拌种。② 50% 甲霜铜可湿性粉剂（10% 甲霜灵 +40% 二羧铜）按种子量 0.3%～0.4% 拌种，可兼治谷粒黑穗病。③ 80%e 噁霜菌丹可湿性粉剂（噁霜灵 20%+ 灭菌丹 60%）按种子重量 0.2%～0.25% 拌种。④ 64% 杀毒矾可湿性粉剂（噁霜灵 8%+ 代森锰锌 56%）按种子重量 0.4%～0.5% 拌种。上述 4 种药剂虽可干拌，但以湿拌效果较好，可按种子重量加入 1% 清水或稀米汤将种子湿润后，加药拌匀，即可播种。

参考文献

褚菊征，曹秀菊，刘怀祥，等，1996.粟白发病抗病性研究 Ⅱ .我国粟白发病菌生理小种及其分布 [J]. 植物病理学报，26(2): 145-151.

董立，马继芳，董志平，等，2013.谷子病虫草害原色生态图谱 [M].北京：中国农业出版社 .

中国农业科学院植物保护研究所，中国植物保护学会，2015.中国农作物病虫害 [M]. 3 版 .北京：中国农业出版社 .

（撰稿：白辉；审稿：董志平）

谷子病害 millet diseases

谷子[*Setaria italica*（L.）Beauv.]是禾本科（Gramineae）狗尾草属（*Setaria*）单子叶植物，广泛栽培于欧亚大陆的温带和热带。中国是谷子的起源地，也是世界第一大谷子主产国，种植面积占世界的 80%。谷子在中国已有 8000 多年的栽培历史，是哺育中华民族的主要粮食作物，也是中国的特色杂粮作物。随着种植结构和生活习惯的改变，谷子由全国变为集中在华北、东北、西北种植（河北、河南、山东、山西、内蒙古、辽宁、吉林、黑龙江、陕西、甘肃等地）。根

据各地自然条件、耕作制度和种植方式，中国谷子产区划分为4个栽培区，分别为东北春谷区、华北平原夏谷区、内蒙古高原春谷区和黄河中上游黄土高原春夏谷区。由于谷子具有抗旱、耐瘠、营养丰富、粮草兼用等特性，发展前景广阔。但是病害的发生是制约谷子产业化生产的主要因素之一。在谷子生产中，谷子病害常年性减产10%～30%，流行年份可以造成绝收。

谷子从苗期到成株期，从根、茎、叶到谷穗，均能发生各种病害。危害谷子的病害有真菌病、细菌病、病毒病和线虫病等。谷子不同栽培区农业生态和种植方式差别很大，再加上谷子对光、温非常敏感，春夏谷品种差异大，并且谷子不同产区气候条件和地理生态环境具有丰富多样性，谷子病害在与谷子协同进化中表现为病害种类多样性、复杂性和典型性。俞大绂和白金铠曾报道谷子病害有50多种，但是生产上常发生的并影响产量的主要有10种。对谷子生产危害较重的主要真菌病害有谷子锈病（Uromyces setariae-italicae）、谷瘟病（Pyricularia grisea）、谷子白发病（Sclerospora graminicola）、谷子粒黑穗病（Ustilago crameri）、谷子腥黑穗病（Tilletia setariae）和谷子纹枯病（Rhizoctonia solani），主要细菌性病害为谷子褐条病（Pseudomonas setariae），主要病毒病为谷子红叶病和谷子丛矮病，主要线虫病为谷子紫穗病。其中谷子锈病和谷瘟病为气流流行性叶斑病害，有交替发生危害的特点，如20世纪70年代以谷瘟病暴发危害为主，80年代则以谷子锈病暴发危害为主，目前谷瘟病再次发生严重。白发病、粒黑穗病和线虫病为种传病害，主要在种子萌芽期侵染，白发病是谷子产区普遍存在、严重影响产量的病害，粒黑穗病主要在春谷区发生，通过清除田间病穗得到很好控制，线虫病主要在夏谷区发生危害。纹枯病属于栽培病害，田间种植密度大发生重。褐条病在谷子抽穗前雨水大有利于发生。而谷子红叶病主要通过蚜虫传播，丛矮病主要通过飞虱传播。

参考文献

白金铠，1995. 杂粮作物病害 [M]. 北京：中国农业出版社.

董立，马继芳，董志平，等，2013. 谷子病虫草害原色生态图谱 [M]. 北京：中国农业出版社.

俞大绂，1987. 粟病害 [M]. 北京：科学出版社.

（撰稿：李志勇；审稿：董志平）

谷子褐条病　millet brown streak

由假单胞菌属粟假单胞菌引起的、危害谷子地上部的一种细菌病害。在中国各谷子产区普遍发生的主要病害之一。

发展简史　谷子褐条病于1956年在中国就有报道，发现在某些低湿地块发生较重。病原菌一直以假单胞菌属粟假单胞菌（Pseudomonas setariae）命名。1979年，日本的西山幸司认为假单胞菌属粟假单胞菌和燕麦假单胞菌（Pseudomonas avenae）是同种异名，因而谷子褐条病病原也为燕麦假单胞菌。中国段永平等对谷子褐条细菌形态学观察、生化特性分析和致病性测定，将谷子褐条病病原鉴定为

燕麦假单胞菌，致病性接种鉴定发现其在谷子上产生典型红褐色条斑，但是在玉米和小麦上产生较细短的灰褐色条斑，表现较弱的致病性。

分布与危害　在河北、河南、山东、陕西、吉林、辽宁等地普遍发生，在雨量较大年份或比较低洼潮湿的田内，病情发生相当严重，一般发病株率1%～5%，重病田块病株率达20%以上。2012年，该病在黑龙江、辽宁、吉林、河北、天津等地普遍发生，田间一般病株率在5%～7%，最高病株率可达32%，减产严重。

该病主要危害叶片，也可侵染茎秆、叶鞘和穗部。叶片发病主要以植株中上部叶片为主。被侵染后，在叶片基部主脉附近形成与叶脉平行的水渍状浅褐色条斑或短条纹，后沿叶脉向上或向下延伸，病斑色泽逐渐加深，变为深褐色或黑褐色，边缘常有黄绿色晕圈（图1）。被害植株心叶被侵染，往往导致病穗畸形，全部或部分小穗被侵染，发褐坏死（图2）。叶鞘被侵染也可产生褐色条纹，田间湿度大时，上着生腐生的白色霉层。高感品种除在叶片上发生条斑外，常使顶梢嫩叶枯萎甚至腐烂，不能抽穗（图3）。穗部被害后，轻者穗顶不结籽粒，重者全穗干瘪不实。

病原细菌寄主范围较广，人工接种可以侵染水稻、黍、玉米、高粱、大麦、小麦、看麦娘、棒头草、狗尾草等。

病原及特征　病原为假单胞菌属燕麦假单胞菌 [Pseudomonas avenae（Manns）Willems et al.]，异名 Pseudomonas setariae（Okabe）Savalescu、Pseudomonas panici（Elliott）。病菌菌体杆状，两端钝圆，单生，偶有双生，0.5～0.8μm×1.5～2.8μm，极生鞭毛1～2根。革兰氏染色阴性，无荚膜，无芽孢，好气。

在肉汁胨琼脂平板上生长48小时的菌落圆形，污白色，隆起，直径1.0～1.5mm，对光观察略带虹色光彩。斜角画线培养菌苔线状，泥质。生理生化特性反应是：O-F试验阳性，41℃生长阳性，耐盐性4.0%，荧光色素阴性，氧化酶阳性，精氨酸双水解酶阳性，接触酶阳性，卵磷脂酶阴性，Tween80水解阳性，硝酸盐还原阳性，硫酸呼吸阴性，淀粉水解反应较慢，甲基红试验阴性，果聚糖产生阴性，NH3产生阳性，H2S产生阳性，吲哚产生阴性，明胶液化

图1　褐条病叶片上的褐色条纹（董志平摄）

图 2　全穗畸形或部分小穗坏死（董立摄）

图 3　顶部嫩叶腐烂不能抽穗（董立摄）

较慢，石蕊牛乳产碱胨化还原，V. P. 试验阴性，Cohn 氏培养液不生长，Femi 氏培养液里生长，Uschinsky 培养液里生长。烟草过敏反应阳性。在葡萄糖、半乳糖、甘露醇、甘油、木糖、果糖、棉子糖、山梨醇、柠檬酸、丙二酸盐里生酸，在水杨苷、麦芽糖、乳糖、糊精、蔗糖、肌醇、阿拉伯糖、鼠李糖、甘露糖里不产酸。染色体 DNA（G+C）mol% 为 71.5mol%～73.7mol%。在培养基上存活时间较长，对干燥不敏感。非固酸染色。最适生长温度 31～34℃，最高 42℃，最低 5℃，致死温度为 55～56℃。

病原细菌在培养基上菌落性状变异性很大，常呈 4 种形状的菌落：S 型，菌落表面光滑，湿润有光泽；R 型，菌落表面干燥，褶皱；RS 型，为 S 型菌落的变异型；TRS 型，菌落表面光滑，湿润有光泽，在透光下呈现格状光辉，是这种菌落的特性。

侵染过程与侵染循环　病原细菌主要借种子和病株残体越冬，成为翌年初侵染来源，细菌经叶片上面的气孔侵入植株。发病后通过风雨或枝叶间摩擦造成再侵染。

流行规律　谷子生长期连续阴天寡照，高温多雨有利于病害的传播发病；偏施氮肥，过度密植，株间通风透光不好有利于该病发生；重茬地、低洼地发病重；虫害发生严重地块该病发生重。来自不同寄主的病原菌在不同寄主上的致病性有明显差异。同一寄主间的不同品种抗病性有明显差异。

防治方法

农业防治　精细整地，平衡施肥，合理密植，加强田间管理，排除田间积水，保持田间通风透气。

化学防治　可在初发期用 72% 可溶性硫酸链霉素 4000 倍液、20% 噻森铜悬浮剂 500 倍液、46.1% 氢氧化铜水分散粒剂 1500 倍液、25% 噻枯唑可湿性粉剂 300 倍液、20% 噻菌铜悬浮剂 500 倍液，隔 7 天防治 1 次，连防 2 次。同时应注意防治虫害。

参考文献

白金铠 , 1995. 杂粮作物病害 [M]. 北京 : 中国农业出版社 .

俞大绂 , 1978. 粟病害 [M]. 北京 : 科学出版社 .

张佳环，高洁，杨玉范，等 , 1991. 两种谷子细菌性病害的鉴定 [J]. 吉林农业大学学报 , 13(2): 20-21.

（撰稿：白辉；审稿：董志平）

谷子红叶病　millet red-leaf disease

由大麦黄矮病毒的一个株系引起的一种谷子病毒病，由蚜虫传播。又名谷子红瘿、谷子紫叶、糠谷等。

发展简史　俞大绂在1950年首次发现，并发现由蚜虫传播，根据病原的传染方法、寄主范围及所表现的症状，确定为禾谷类作物新病害。发现谷子红叶病具有广泛的寄主，但是大麦黄矮病毒寄主范围与谷子红叶病寄主范围有较大差异。通过田间接种试验，发现谷子根系受病毒影响最严重，早播的比正常播种发病重，谷子品种对该病毒表现为高度感病，未发现抗病和免疫品种。裴美云通过病毒粒体电镜观察及血清学试验，确定病原为大麦黄矮病毒组的一个成员。并发现谷子红叶病主要靠有翅玉米蚜传播，无翅蚜传播效能不大。

分布与危害　南北各地发生普遍，以山东、山西、河北、河南等谷子主产区受害严重，一般病株率为20%～30%，严重的可达80%。病穗的千粒重比健株低一半以上，病穗的重量比健穗重量低25%～62.1%。重者不能抽穗或虽能抽穗但多为不实秕粒，造成严重减产。

谷子感染红叶病毒后所表现的症状，因植株感病时期的早迟和品种的不同而有所差异。紫秆品种发病后，叶片及叶鞘和穗的向阳面颖芒变红变紫，十分显著，由此得名。青秆品种上，病株症状演变过程与紫秆品种上相同，但病株不呈现红色或紫红色，病叶顶端开始变黄并在绿色叶片上产生黄色条纹，最后全叶黄化干枯。无论紫秆品种或青秆品种，病株除了变色外，还表现矮化和各种畸形，如叶面皱缩，叶片边缘成波状，顶叶簇生，最后叶片直立。茎上部节间缩短。

严重的不能抽穗，或抽穗但穗直立、畸形不能结实（见图）。病株根系发育不良，易拔起，纵剖根茎基部，可见韧皮部变褐坏死。植株发病越早，受害减产越重。

病原及特征　病原为大麦黄矮病毒（barley yellow dwarf viruses，BYDVs）的一个株系。病毒颗粒球形，直径约28nm。种子、土壤和机械摩擦都不传毒，自然情况下蚜虫是唯一传毒媒介。已知传毒蚜虫有8种，但以玉米蚜、麦二叉蚜和麦长管蚜传毒为主，尤其玉米蚜传毒能力最强。病毒寄主范围广泛，除谷子外还可侵染多种栽培和野生禾本科植物。寄主分为两类：感病寄主和带毒寄主。感病寄主有谷子、小麦、玉米、大麦、燕麦等作物及大画眉草、马唐、毛马唐、狗尾草、金狗尾草、狼尾草、黍、六月禾、垂穗草、柳枝稷、大油芒、䅟草等杂草。带毒寄主有蟋蟀草、燕麦草、雀麦、鸭草、垂穗披碱草等。

侵染过程与侵染循环　谷子苗期，杂草中越冬的带毒玉米蚜虫吸食5分钟就可以传播病毒，无毒蚜取食有毒植株后可以持久性带毒传播病毒。

谷子红叶病病毒主要在田间多年生杂草寄主上越冬，作为历年发病的主要侵染源。条件适宜时由蚜虫带毒迁飞至谷子上传毒，并由蚜虫在田间的取食活动将病毒逐渐传播，引起病害流行。一般带毒蚜虫在健苗上取食5分钟即可传毒，玉米蚜一次吸毒24小时后能连续传染27株植株。在田间传播过程中以有翅蚜传毒能力较强。

流行规律　田间病害发生程度受多种因素影响，其中，以蚜虫的数量、迁飞活动情况关系最为密切。而蚜虫的繁殖与活动又多受气候条件所影响。一般在春季干燥的年份，玉米蚜发生早，繁殖快，红叶病发生重；反之早春气温低，天

谷子红叶病红叶型和黄叶型（董志平摄）

气阴雨、湿度大，不利于蚜虫繁殖，病害发生轻。夏季雨少年份病重。谷子田边地头杂草多，越冬毒源基数高是诱发红叶病发生轻重的重要原因，一般耕作粗放，田间杂草多，蚜虫数量大，红叶病发病重。土壤肥沃，基肥充足，植株生长健壮，发病轻，减产幅度小。此外，早播的一般病重。在田间条件下不同播种期对谷子感染红叶病的百分率影响不大一致，早播一般比正常播种期的发病高。谷子红叶病发生主要依靠自谷子田外飞入田内的有翅蚜带来的初次侵染，田间不同时期喷洒杀虫剂可以减少蚜虫的数量，但对谷子红叶病发病率无显著影响。谷子品种间抗病性差异显著。据鉴定，高感品种猫尾巴发病率高达50%以上，抗病品种磨里谷、金线子华农2号、大红谷等病株率仅为3%～10%。

防治方法 防治策略应采取以种植抗耐病品种为主配合农业防病的综合防病措施。

农业防治 加强栽培管理，增施有机肥，促进植株生长健壮，提高植株抗病力。及时清除杂草，减少初侵染来源，特别是越冬杂草刚出土返青时，应大面积持续彻底清除，这是预防病害发生最有效的措施之一。

选用抗、耐病品种 品种间有明显抗性差异，可根据情况选用适合当地的抗、耐病品种。

种子处理 用70%吡虫啉可湿性粉剂或70%噻虫嗪可分散粒剂，按种子重量的0.3%拌种。

化学防治 由于蚜虫从吸毒到再取食传毒时间很短，因此，药剂防治应掌握在蚜虫迁飞前，重点防治谷田及其周围杂草上的蚜虫，才能达到药剂防病的良好效果。可选用40%乐果乳油1000倍液、10%吡虫啉可湿性粉剂1000～1500倍液、4.5%高效氯氰菊酯乳油1500倍液、1.8%阿维菌素乳油1500～2000倍液或5%啶虫脒乳油1500～2000倍液，任选其一喷雾。

参考文献

裴美云，谢德贞，邱并生，等，1984. 粟红叶病的研究Ⅴ病毒形态和血清学试验：大麦黄矮病毒组的一个成员 [J]. 植物病理学报，14(3): 140.

俞大绂，1978. 粟病害 [M]. 北京：科学出版社.

俞大绂，裴美云，许顺根，1959. 小米红叶病的研究Ⅳ小米红叶病的发生、发展及其防治 [J]. 植物病理学报，5(1): 12-20.

（撰稿：李志勇；审稿：董志平）

谷子粒黑穗病 millet smut

由粟黑粉菌引起的、危害谷子穗部的病害。是谷子产区的一种种传真菌性病害。

发展简史 王济熙对谷子粒黑穗病菌生活史进行了研究，发现粟粒黑粉病菌的菌丝含有两种性别不同的核，粟粒黑粉病菌细胞的生活史包括单核阶段、双核阶段和二倍体阶段。粟粒黑粉病菌在人工培养下也能形成厚壁孢子，并且厚壁孢子的原菌丝不形成小分子。俞大绂发现粟粒黑粉病存在明显的生理分化现象，病菌致病力具有显著的差别。王斌发现谷子黑穗病病菌群体存在着小种的分化，初步确定

山西春谷区至少存在3个生理小种。温琪汾等对2050份谷子种植资源抗性鉴定，发现高抗谷子品种93份，并且发现谷子感染黑穗病后，抗性品种的过氧化物酶活性明显高于感病品种。

分布与危害 是中国谷子产区的常见病害，曾造成谷子严重减产。20世纪70年代初，赛力散等有机汞制剂停止生产及停用后，在东北、华北等地谷子产区发病率一度回升，有的地区平均发病率达5%～10%，个别重病田发病率高达45%。但到80年代初大力推广拌种双等拌种剂后，基本控制危害。但在春谷区个别地块仍有发生。

谷子幼芽被侵染后整个植株带菌，部分高感品种苗期表现"绿矮"症状，植株矮化，节间缩短，叶片浓绿，后期不能抽穗。但是，更加典型的是危害穗部，抽穗前基本不表现症状。病菌破坏子房，在其中形成孢子堆，开始时外包被黄白色薄膜，后期变为灰色，内含大量黑粉，为病菌冬孢子，即厚垣孢子。膜较坚硬，不易破裂。病粒比健粒略大，外颖仍完好无损（见图）。

病原及特征 病原为粟黑粉菌［*Ustilago crameri* Körn.］。该菌孢子堆多生于子房内，成熟后成粉状，有的呈胶合状，深褐色至褐色。小穗大部分被毁坏为黑粉，颖片和子房壁渐变白色，孢子堆球状至卵圆形，长2～4mm。冬孢子红褐色至橄榄褐色，球形、近球形或不规则形，直径6～14μm，大都8～11μm，表面光滑。该菌孢子萌发时只产生原菌丝，有时伸出两根或数根。原菌丝伸长，常产生分枝，但不形成小孢子。厚壁孢子在清水、1%葡萄糖水或各种植物浸渍液室温下，均能迅速萌芽，萌芽的最适温度20～25°C，孢子的致死温度为55°C10分钟。粟黑粉病菌厚壁孢子的存活能力非常强，在自然环境下能存活20个月，

粟粒黑穗病病穗（左）与健穗（右）对比（甘耀进摄）

室内存活 2～9 年。在 16～20℃ 和 20～25℃ 条件下，厚壁孢子至少能够存活 3 年。检查保存在标本室内的约 60 年的陈旧谷子粒黑穗病病穗，其冬孢子仍有 1% 能够萌发。

侵染过程与侵染循环　冬孢子附着在种子表面越冬，成为翌年的初侵染源。种子萌发时，病菌的双菌核丝主要从幼苗的胚芽鞘侵入，扩展到生长点，随寄主发育不断扩展，最后侵入穗部，破坏子房，使病穗上的籽粒变成黑粉粒。而在抗病品种上，侵入的菌丝不产生分枝，很少有菌丝能侵入生长点的分生组织。

谷子粒黑穗病属芽期侵染的系统性病害，部分高感品种的植株在苗期表现绿矮症状，但主要是抽穗后发病。附着在种子表面的冬孢子是翌年初侵染的主要菌源。由于该菌不经休眠即可萌发，病穗子房破裂时散落于土壤中的冬孢子多于当年萌发而失去活力，不能越冬成为翌年的初侵染源。但在低温干燥地区，可能有部分散落田间的冬孢子，由于萌发条件不适宜，当年不萌发，可成为翌年发病的初侵染菌源。

流行规律　冬孢子在 10～25℃ 范围内均可萌发，最适温度为 20～25℃。土壤温度在 12～25℃，均适合病菌侵入谷子幼苗。除特别干燥和水饱和的土壤湿度以外，病菌将活跃地诱发病害。就气候条件而论，在中国各个主要的谷子产区，一般均适合病菌侵入寄主并在植株内生长发育。

由于环境条件影响粟粒黑穗病的发生，因而特殊的地形也将影响病害的发生程度。通常在海拔越高的谷田，粒黑穗病的病株率越高。向阴的山坡比向阳的山坡发病重。这个现象与土壤的温度有关。土壤温度低，幼芽留在地面下的时间较长，病菌侵入幼苗的机会也越大。当然，这个现象还涉及幼芽的生理本质，而不一定仅是由于简单的机械式作用的结果。

防治方法

选留无病种子　在收获前，于田间进行穗选，选留穗大籽粒饱满无病的谷穗，单收单打留作种子。选用无病种子是最简便易行的防治方法。

药剂拌种　由于粟粒黑穗病是种子表面带菌，不论用内吸性杀菌剂还是非内吸性杀菌剂拌种均有很好的防治效果。可用 40% 拌种双可湿性粉剂，按种子重量 0.2%～0.3% 拌种；50% 多菌灵可湿性粉剂、15% 三唑醇拌种剂，按种子重量 0.2% 拌种；或用 20% 萎锈灵乳油，按种子量的 0.4% 拌种。

种植抗病品种　可根据当地谷子病害发生情况选用适合的抗病品种。

参考文献

白金铠, 1995. 杂粮作物病害 [M]. 北京：中国农业出版社.

温琪汾, 刘润堂, 王纶, 等, 2006. 谷子种质资源抗黑穗病鉴定与过氧化物酶研究 [J]. 植物遗传资源学报, 7(3): 349-351.

俞大绂, 1978. 粟病害 [M]. 北京：科学出版社.

（撰稿：马继芳；审稿：董志平）

谷子纹枯病　millet sheath blight

由立枯丝核菌引起的、危害谷子茎部的一种真菌病害，是谷子产区的一种重要土传性病害。

发展简史　俞大绂等曾对谷子纹枯病的发生及流行规律进行了深入的研究，刘维、董志平等曾对部分谷子种质资源进行了抗病性鉴定，尽管品种间抗性有所差异，但未见高抗类型。而且，研究发现，纹枯病的流行条件与高产栽培条件相一致，是一种典型的"富贵病害"。高卫东从华北区谷子纹枯病上分离鉴定病原，经融合群鉴定其病原主要为 AG-1-IA 和 AG-4。张穗从谷子纹枯田分离得到 AG-5 群菌株。

分布与危害　普遍分布于中国谷子产区，是谷子生产上的主要病害，受害植株轻者增加瘪谷率，降低千粒重，发生严重时可导致后期植株倒伏，甚至颗粒无收。自 20 世纪 90 年代以来，随着谷子中低秆、密植型新品种的培育和推广以及水肥条件的改善，提高了谷子田间小气候的湿度，使纹枯病的发生日趋严重，1998 年在谷子产区大面积发生，不少地块植株倒伏，产量损失达 40% 以上，成为谷子生产的主要障碍之一。

在大田内未见到苗期的和很少遇到拔节初期的谷子表现纹枯病，通常在分蘖期开始发病，以抽穗期前后发病最普遍，自抽穗到抽穗后的一周内发病较剧烈。病菌主要侵染叶鞘，在叶鞘上面开始产生暗绿色外缘界限划分不明显的病斑。病斑的形状不规则。其后，病斑迅速扩大，形成长椭圆形云纹状的大块斑（图 1）。病斑面积的大小随叶鞘的宽或狭差距甚大。茎秆上面的病斑呈现浅褐色，它的轮廓与在上方叶鞘上面的相似，仅面积较小和病斑中央部分不甚褐色。植株的叶鞘发病很严重，而在其内部的茎秆部分大都能长期保持相当正常的绿色。当环境潮湿时，在叶鞘病斑表面，特别是在叶鞘病斑向茎秆的一面生成初为白色后变褐色的菌核

图 1　谷子纹枯病症状（马继芳摄）

（图2）。根据叶鞘上面的病斑形状及所生成的菌核很容易鉴定纹枯病。纹枯病有时也危害叶片，叶片上面病斑的面积比叶鞘上面病斑较小。病斑在扩大中，其中央部分绿色逐渐褪失，最后成为中央褐白色，周边浅或深褐色的病斑。

病原及特征 病原为立枯丝核菌（*Rhizoctonia solani* Kühn），属丝核菌属。病菌在培养基上生长迅速。菌落开始呈现白色、逐渐变为红黄色到褐色。菌落边缘不整齐，如根系状。在菌丝上面起初生成白色、疏松的小菌丝团，以后渐加紧密，最后成为形状不规则的褐色菌核。菌核大都分布在菌落的中央部分。新菌丝生长迅速，无色，含有颗粒体和少数水泡。菌丝分隔数目不太多，因此单个细胞一般较长，30～100μm，甚至可以达到190μm。菌丝宽度为5～15μm，但有的菌丝较狭窄，仅3～5μm。菌丝顶端生长部分一般较狭窄。菌丝有分枝，分枝与主丝相交成直角或锐角。分枝处有横隔并在分隔处缢缩。菌丝间的连接现象很普通，有时在两个细胞间形成锁状连合。菌丝在培养基上的最适生长温度为30°C，菌核生成的最适合温度为25～30°C，尤以30°C生成的数量最多，低于10°C或高于35°C时菌核数量很少。寄主组织内的菌丝大都在细胞内生，有分枝，浅褐色。菌丝的单个细胞的体积约70～200μm×3～6μm。菌丝自寄主内部生长到寄主的表面并继续生长，交互综错，形成白色粗棉状的菌丝团，其后转变成较密集的褐色菌核。在叶鞘内侧常产生许多菌核。菌核的形状不等，大都为扁球

状、卵圆、长圆或不规则形，表面凸起和复面凹陷，直径约0.5～3μm。有时许多菌核结合成大块的菌核。菌核内部的细胞紧密地结集，褐色，桶状或长短不等的椭圆形，体积12～55μm×9～30μm。胞壁褐色。菌核连同菌丝贴生在寄主表面，但不甚牢固，很容易脱落。

有性态佐佐木薄膜革菌［*Pellicularia sasakii*（Shirai）Ito］属薄膜革菌属。在潮湿、阴暗、空气流通的地方容易产生。子实体白粉状，稍后变为灰褐色。担子无色，倒卵状或倒棒状，8～13μm×5～9μm。顶端生长小梗4根，每一梗的顶端着生担孢子一枚。担孢子无色，卵圆形到椭圆形，基部稍狭，6～10μm×5～7μm，萌发时产生萌芽管。

谷子纹枯病除危害谷子外，还侵染黍稷、水稻、高粱、玉米等多种粮食作物及稗草等田间杂草。

侵染过程与侵染循环 大田内越冬的菌核或病株残体，翌年萌芽长出菌丝侵染谷子幼苗发生枯萎病，病苗基部变褐，上面生长有菌丝。或侵入分蘖拔节期的谷子并诱发病斑。病菌在病斑上生长菌丝并生成菌核。菌核落到健株上可形成再侵染传播病害。

病菌以菌核和病残体中的菌丝体在田间越夏越冬，作为翌年的初侵染源，其中菌核的作用更为重要。菌核在干燥条件下保存6年仍可以萌发。菌核萌发后长出的菌丝可侵染寄主，而病残组织中菌丝的作用远不及菌核。

此病是典型的土传病害，带菌土壤可以传播病害，混有病残体的病土及未腐熟的有机肥也可以传病。此外，农事操作也可传播。

谷子纹枯病菌普遍存活在土内，能在2年生或多年生的杂草的根系上面越冬。自谷子和青狗尾草的根系偶尔分离得到纹枯病病菌，此外，自谷种也偶尔分离到纹枯病病菌。

在华北地区初步检查还未发现有纹枯病菌的有性世代。但在江苏北部曾发现在将近成熟的谷子叶鞘与茎秆间隙间生长菌丝生成子实层及担孢子。病菌在气候长期潮湿并光线微弱阴暗下，才能生成有性世代。在华北谷子产区内，担孢子是否传播病害，还不明了了。

流行规律 春谷一般在4～5月播种，谷子纹枯病一般发生于7月中旬，如承德市农业科学研究所调查，1995年始发于7月18日、1996年始发于7月12日、1998年始发于7月10日，7月下旬病株率可达80%以上，8月上旬病株率可达90%～100%，称为纹枯病普遍率扩展期；纹枯病一般始发于茎基部1～2叶位，然后逐渐向上扩展，7月下旬至8月中旬的30天之间可向上扩展9.34个叶位，称为纹枯病垂直扩展期；8月上旬纹枯病开始侵茎，至8月下旬是对谷子造成危害的关键时期，称为严重度增长期；8月下旬至9月上中旬是谷子籽粒灌浆的关键时期，随着谷子灌浆，穗头重量逐渐增加，特别是遇到风雨天，已受病菌侵茎的谷子极易折倒，直接造成产量损失，称为病害倒伏期。

夏谷区纹枯病发生程度年度间差异较大，如石家庄市1998年谷子纹枯病大发生，多数地块成片倒伏，而2002年尽管早期发生较重，7月中下旬田间普遍发病，但后期空气湿度较低，随着下部病叶枯干，病害未扩展开来。根据田间系统调查，纹枯病普遍率扩展期一般为7月中下旬，雨后2～3天，特别是遇到空气湿度较大的连阴天，普遍率迅速提高，

图2 纹枯病菌菌核（马继芳摄）

如 1998 年可达到 50% 以上；夏谷区垂直扩展期和严重度增长期界限不明显，由于 8 月往往气温太高，空气干燥，不易看到像春谷区谷子纹枯病发生的连续性水平和垂直扩展，但遇到阴雨天，气温较低且湿度大时，表现暴发性，若空气湿度小，病斑向上扩展较慢，主要向内扩展侵入茎秆；9 月上中旬气温已下降，湿度适宜时，病害水平、垂直和侵茎扩展进度加快，随着籽粒灌浆，谷穗重量增加，极易引起大片倒伏。因为夏谷区纹枯病扩展受环境影响较大，侵染茎秆时间相对比较集中，使倒伏高度大体一致，表现典型的折倒。

该病害发病程度与环境温、湿度关系密切，但以湿度影响更大。温度影响发病迟早，当 7 月的平均气温比常年较高时，病害通常发生较早，当 9 月气温下降时，病害逐渐停止发展。湿度影响发病的程度，在气候比较潮湿的地区，病菌侵入植株后，病斑沿叶鞘连续向上扩展，如在承德市农业科学研究所试验地，当旬平均气温在 24.3℃、相对湿度在 80% 以上时，纹枯病垂直向上侵染叶片的平均日扩展速度是 0.56 片叶，使发病严重的病株很快枯死。但在气候比较干燥的地区，纹枯病发生呈现暴发性。7 月降雨或浇水后病菌侵入谷子茎基部，空气干燥停止扩展，若再次遇到适宜湿度，病害开始扩展，甚至侵染茎秆，谷子灌浆期，随着穗部重量的增加，已侵染茎秆的病株，病部组织变软弱，引起倒伏，产量损失严重。20 世纪 80 年代以来中国农业灌溉条件得到改善，水浇谷子田面积增加，化肥施用量增加，特别是氮肥过多，播种密度也加大，造成植株生长嫩绿，田间郁闭，相对湿度增加，纹枯病加重。高产田块纹枯病重于一般田块，水浇地重于旱薄地，平原地重于丘陵地。

防治方法　谷子纹枯病的发生与农田生态状况关系密切，在病害控制上提出以改善农田生态条件为基础，结合药剂防治的策略。

由于纹枯病菌可侵染谷子、玉米、小麦、水稻等主要粮食作物及稗草等田间杂草，在连茬种植时，可造成连续侵染，使病田病菌大量积累，药剂防治难度很大，因此，抗病品种选育是一种长期而且经济有效的防治措施。

从几年来对谷子纹枯病的抗病性鉴定结果可以看出，谷子品种间对纹枯病的抗性差异十分明显，尚未发现免疫品种。各地可根据实际情况，选用适合的抗、耐病良种。目前，从种质资源中筛选出了一批抗性稳定的谷子抗源材料，有些还兼具抗锈病和线虫病，如冀谷 14、黏谷 1 号、晋谷 16 号、晋谷 22 号、坝谷 4 号、冀谷 8 号等。

加强田间管理，及时排除田间积水，降低田间湿度；合理密植，严禁播种和留苗密度过大，改善田间通风透光条件。适期晚播以缩短侵染和发病时间。在春谷区一般 5 月 15～25 日播种为宜，夏谷区 6 月 15～25 日为宜，太晚谷子生育期缩短，熟相差，影响产量。清除田间病残体，重病田避免秸秆还田，与非禾本科作物进行 2～3 年以上轮作。多施有机肥，少施氮肥，增施磷钾肥，改善土壤微生物的结构，增强植株的抵抗能力。

合理施用化学药剂对谷子纹枯病能起到一定的控制作用。利用内吸传导性杀菌剂，如用种子量 0.03% 的三唑醇、三唑酮进行拌种，可有效控制苗期侵染，减轻危害程度。采用 12.5% 烯唑醇可湿性粉剂 800～1000 倍液、5% 井冈霉素水剂 600 倍液、15% 粉锈宁可湿性粉剂 600 倍液、40% 菌核净可湿性粉剂 1000～1500 倍液，于 7 月下旬或 8 月上旬，病株率在 5%～10% 时，在谷子茎基部彻底喷雾防治一次，一周后防治第二次，效果良好。

人们正在积极探讨一些生物方法防治谷子纹枯病。如麦丰宁 B3 防效显著，又可避免农业污染，是将来防治纹枯病的重点发展方向。

参考文献

白金铠，1995. 杂粮作物病害 [M]. 北京：中国农业出版社 .

董志平，李青松，高立起，等，2003. 谷子纹枯病发生规律及影响因素 [J]. 华北农学报 (18): 103-107.

俞大绂，1978. 粟病害 [M]. 北京：科学出版社 .

（撰稿：李志勇；审稿：董志平）

谷子线虫病　millet nematodes

由贝西滑刃线虫引起的一种危害谷子的毁灭性病害。又名谷子紫穗病或谷子倒青。

发展简史　谷子线虫病在中国的发生历史久远，最早可追溯至 1916 年章祖纯在北京的记载。随后从 20 世纪 40～80 年代，该病害逐步扩散到河北、天津、内蒙古、山西、河南等谷子产区并陆续引发局部规模性暴发。陈善铭等最早对谷子线虫病进行了研究，明确了其病原物为贝西滑刃线虫，并对该线虫的生活史、致病性及其引发的谷子线虫病的发病规律进行了系统研究，指出来自谷子上的贝西滑刃线虫群体与寄生于水稻的群体在致病性上差异明显，二者可能属于两个不同生理型。

分布与危害　是华北谷子产区的重要病害，在河北、河南、山东等夏谷区普遍发生。日本也有报道。谷子线虫病严重地块可减产 50%～80%，甚至绝收，是当前谷子高产稳产的主要障碍之一。1962 年陈善铭等对不同发病程度的植株进行了产量损失测定，轻病和重病穗分别减产 46.23% 和 89.46%，千粒重分别降低 5.88% 和 16.8%。

病原线虫可寄生于植株的幼苗生长点、叶原始体、花器、子房，主要危害花器、子房，也可侵染根、茎、叶及叶鞘。病株在抽穗前一般不表现明显症状。开花期，感病植株的花器初为暗绿色，之后逐渐变为黄褐色到暗褐色。感病越早病情越重，症状越明显。早期感病的植株抽穗后即表现症状。由于大量线虫寄生在花器破坏子房，因此不能开花，即使开花也不能结实，颖壳多张开，内有外表光滑具光泽的尖形秕粒。病穗瘦小，直立不下垂。感病越早籽粒越少。感病晚的植株发病轻，仅靠近主轴的小穗变暗绿色，后变黄褐色，外表症状不明显。病株一般较健株稍矮，略显簇生，上部节间和穗颈稍缩短，叶片苍绿较脆（见图）。

不同谷子品种症状表现不一。紫秆或红秆品种病穗向阳面的护颖会变为紫色或红色，灌浆至乳熟期最明显，故称紫穗病。之后颜色逐渐褪为黄褐色。青秆品种病穗护颖不变色，直到成熟期仍为苍绿色，俗称"倒青"。

病原及特征　病原线虫为贝西滑刃线虫（*Aphelenchoides*

花灌浆期多雨，利于线虫在穗部大量繁殖传播，造成病害大发生及减产，甚至无收。

谷子品种抗病性强弱与发病轻重也有很大关系。凡生育期长，特别是孕穗期到灌浆期长，而且穗粒较紧、穗毛较长的品种发病重，反之发病则轻。

防治方法　谷子线虫病主要由种子传播，具有间歇性突发、毁产的特点。所以，在防治上首先要实行种子检验，防止病种子传播。同时在病区要建立健全无病留种制度，严格进行种子处理，以防突发失收。

加强种子检疫检验　控制病区种子不外调作种用。从病区附近调运种子时，也必须严格进行检疫检验，防止扩大蔓延。方法是取适量种子在"贝曼"漏斗水中，常温18℃左右，浸入水中24小时，取沉下液离心镜检。

建立留种田　实行无病留种和引种要用已经检验无线虫病的种子，并播种在轮作3年以上的地块，要用净肥、净水防止传染等综合措施，严防线虫病传入。穗期还需进行全田检查，确定无病才能留作种子。

种子消毒　在未能取得无病种子时，播种前要严格进行种子消毒。将种子放入56～57℃热水中恒温浸10分钟，注意种子在水面下必须湿透。药剂消毒法，可用50%辛硫磷乳油按种子量的0.3%拌种，即每100kg用药300g，兑水3L，混匀后拌种，堆50cm厚，覆盖闷种4小时，即可播种。

农业防治　用抗性品种，适时早播，实行轮作。重病田及时早收单独处理，防止病秕散落田间或混入粪肥，扩散传病等。

参考文献

陈善铭，陈品三，郑家兰，等，1962.粟线虫病病原线虫生活史的研究 [J].植物保护学报，1(1): 16-24.

陈善铭，郑家兰，陈品三，等，1962.粟线虫病防治研究 [J].植物保护学报，1(3): 222-230.

俞大绂，1978.粟病害 [M].北京：科学出版社.

（撰稿：李志勇；审稿：董志平）

谷子线虫病田间表现（董立摄）

besseyi Christie），异名 *Aphelenchoides oryzae*（Yokoo），是水稻干尖线虫的一个变种。属滑刃线虫属。其幼虫和雄、雌成虫均为蠕虫状，体透明，前端稍细，尾部圆锥状，末端狭小。雄成虫尾端呈新月形弯曲，弯向腹面，交接刺镰刀状，成对，无抱片。虫体大小为477.1～675.6µm×11.4～20.5µm。雌成虫尾直伸，阴门在体后端1/3处，虫体602.1～960.0µm×12.5～24.6µm。卵为蚕茧状，在体内陆续形成和排出。

侵染过程与侵染循环　该线虫抗逆性强、繁殖速度快，可长期潜伏于繁殖材料中，大田种植时，谷子线虫病在播种后复苏侵入幼芽，并随植株生长向上转移，苗期和抽穗前期症状不明显，抽穗后在穗部大量繁殖，后期发现时对谷子产量造成了严重影响。

谷子线虫病病原线虫为外寄生，谷子播种后，在谷粒、秕子的壳皮内侧卷曲休眠越冬的成虫和幼虫遇湿复苏，侵入幼芽，在生长点外活动危害并少量繁殖。以后随着植株的生长，侵入叶原始体，直至幼穗，大肆繁殖危害，子房受损、柱头萎缩，不能结实，但不形成虫瘿；至谷子成熟时，又以幼虫、成虫在谷粒、秕子的壳皮内侧休眠越冬，很耐干冷，但不耐湿热，56～57℃10分钟即可致死。带线虫的种子是该病的主要侵染来源，谷秕子和落入土壤及混入肥料的线虫也可传播。同时，由于其在生长期间，特别是在穗期，通过流水、风雨或植株接触，也可从发病植株向附近健株进行传播及侵染，但不显病症，所以，病田中外观健康的穗粒，实际潜藏着大量休眠线虫。

流行规律　病原线虫的繁殖速度受温度影响，25～30℃繁殖最快，在苗期和穗期各有一次大量繁殖的过程。拔节后线虫开始向上转移至叶鞘内侧繁殖，转移的迟早及繁殖数量的多少均取决于温度和降水量。由于拔节后气温足以满足线虫繁殖所需温度，因此，降水量是诱发线虫病的主要环境因子，并且有助于线虫在植株间的传播。幼穗形成后线虫再次迅速转移至此处并开始第二次大量增殖，至开花末期达到最高峰，严重的平均一穗有虫1.2万～2万条。

谷子线虫病的发生轻重，主要取决于种子带线虫量和穗期雨量大小，二者同时具备，则可造成毁灭性为害。一般平地重，山地轻；砂土地轻，黏土地重；积水洼地更重；早播病轻，晚播病重。高温高湿有利于线虫活动繁殖，尤其是开

谷子腥黑穗病　mille stinking smut

由狗尾草腥黑粉菌引起的、危害谷子穗部的一种真菌病害，是中国东北、华北谷子种植区的病害之一。又名谷子墨黑粉病。

发展简史　1947年，俞大绂首次在国内小米穗部发现一种新的谷子黑穗病，由于这种病害症状和病原与谷子粒黑粉病完全不同，将新病害命名为谷子腥黑穗病，并对这个病菌生物学特征进行了研究。白金铠等对谷子腥黑穗病的侵染途径、病菌的生物学特征进行系统研究，发现该病害是一种花器局部侵染病害。

分布与危害　在吉林、辽宁、山西、河北和山东等谷子产区均有发生。有的年份个别感病品种的病穗率可达34%。病穗上一般仅有少数籽粒被害，平均病粒数38粒，最多时一个病穗上可出现376个菌瘿。

病原及特征　病原为狗尾草尾孢黑粉菌［*Neovossia*

setariae（Ling）Yu et Lou〕，异名 *Tilletia setariae* Ling，又称狗尾草腥黑粉菌，属黑粉菌属。冬孢子球形或扁球形。在扫描电镜下，冬孢子约为 18.47μm，表面有均匀排列的脊状突起体的网状结构，与在光学显微镜下观察的不同之处是无胶质结构包被，直径也略小。冬孢子必须经过休眠期才能萌发，萌发时在粗壮的原菌丝上产生毛刷状排列的担孢子，多达上百个。担孢子纤细，未见"H"状结合。

在病穗上有少数的籽粒感病，其他籽粒健全（图①）。病菌的孢子堆摧毁整个谷粒的子房，病菌的孢子堆藏在子房的外皮内。在田间，孢子堆起初呈现绿色到深绿色，逐渐变成墨绿。孢子堆呈长圆锥形或长卵圆形。最大的孢子堆可达 3～5mm，一般为 2.5～3.5mm×2～2.5mm。因此，孢子堆突出于颖的外面，极为明显。病粒比健粒大 2～3 倍（图②）。在田间延迟收获期或较晚熟的谷子品种上，大多数孢子堆自顶端破裂，散出有腥味的黑色的冬孢子。感病植株，除子房外，植株其他部位均不表现症状。

侵染过程与侵染循环　谷子腥黑穗病为当年花器发病的非系统性侵染病害。病菌在谷子开花期侵入，破坏子房，发育成充满黑粉的孢子堆。

谷子腥黑穗病病穗和病粒（甘耀进摄）

①病穗；②病粒

流行规律　诱发病害的主要环境因子为土壤和空气的湿度。北京地区 7、8 月雨量多，发病率高。品种间抗病性差异明显，早熟品种发病较轻。

病原菌的冬孢子必须经过休眠期才能萌发，用 0.5% 二甲基亚砜处理冬孢子或紫外光处理 1 小时，可打破休眠期，提高萌发率。此外，以紫外线照射室内、室外和土壤里越冬的冬孢子 10 分钟和 20 分钟后进行萌芽试验，以土壤里越冬的冬孢子萌发率最高，可见，土壤越冬处理对打破或缩短休眠期也有一定的促进作用。冬孢子沉落于水中时明显影响萌发，当漂浮在水面或水膜里萌发效果好，产生担孢子也多，可见冬孢子萌发时需要氧气。此外，将冬孢子每日水洗处理、浸泡于 DNA 水液以及一些氨基酸、酶、琥珀酸等水液中处理，孢子萌发效果均不佳。

防治方法　谷子品种间抗病性差异明显，且多数品种抗病性较强，可根据当地情况选用适合品种。由于该病危害较轻，造成的损失较小，因此，生产上一般不需要进行防治。

参考文献

白金铠，汪志红，胡吉成，1989. 谷子腥黑穗病的侵染途径和生物学特性研究 [J]. 植物病理学报，19(1): 27-33.

董立，马继芳，董志平，等，2013. 谷子病虫草害原色生态图谱 [M]. 北京：中国农业出版社.

中国农业科学院植物保护研究所，中国植物保护学会，2015. 中国农作物病虫害 [M]. 3 版. 北京：中国农业出版社.

（撰稿：马继芳；审稿：董志平）

谷子锈病　millet rust

由粟单胞锈菌引起的、危害谷子地上部的一种真菌病害，是世界上许多谷子种植区最重要的病害之一。

发展简史　谷子锈病由粟单胞锈菌（*Uromyces setariae-italicae*）引起，该病原菌于 1906 年由 Yoshino 首次在谷子上发现并报道。梁克恭对谷子锈病寄主范围研究，发现在狗尾草属中，青狗尾草、大狗尾草、倒刺狗尾草、莠狗尾草等都是该病菌的寄主。郑桂春发现谷子锈菌在病残体上在室内外越冬，是翌年谷子锈病的主要初侵染来源。董志平对谷锈菌的生理分化进行了研究，首次提出了谷锈菌的生理分化现象，并将河北夏谷区的谷锈菌分为 7 群 25 个生理小种。中国对谷子抗锈鉴定进行了大量实验，刘维对谷子品种接种锈菌进行抗病性鉴定，发现 5317 份夏谷中有 6 个高抗品种，41 个中抗品种。崔光先对中国北方地区的 547 份谷子品种进行了抗锈性鉴定，最终发现 8 个高抗品种、124 个中抗品种。梁克恭等对 5317 份谷子品种进行了抗锈性鉴定，高抗品种 6 个、中抗品种 11 个。董志平等从 8 个国家的 16800 份谷子品种中鉴定出 9 个高抗品种，其中谷子丨里香是抗性最突出的品种。

分布与危害　谷子锈病是谷子（粟）上重要气传流行性病害，在世界谷子产区经常发生。中国从南方到北方凡是有谷子栽培的地方均普遍发生，而在河南、山东、河北、辽宁等地发生尤其严重。在锈病大流行年份，无论是夏谷区、春谷区或夏谷与春谷混种区的感病品种产量损失严重，一般减产30%以上，个别严重地块甚至颗粒不收（图1）。如1990年河北盐山6600hm²谷子均发生锈病，其中超1300hm²绝产，一般减产50%～80%。20世纪末，随着抗锈育种工作的广泛开展，普遍提高了推广品种的抗锈性，在品种布局上淘汰大批感锈品种，在一定程度上控制了该病的危害程度，但是，后来放松了抗锈育种，推广品种的抗锈性有所下降，锈病在一些地区又严重发生。

谷子锈病除危害谷子外，还能侵染青狗尾草、莠狗尾草、谷莠子［*Setaria viridis* var. *major*（Gaudin）Pospichol］、倒刺狗尾草等野生寄主植物。1986—1988年梁克恭实验表明，除金色狗尾草外，青狗尾草、大狗尾草和德国狗尾草均可被谷子锈菌侵染，再将这3种发病狗尾草上的锈菌夏孢子分别回接于感病的谷子品种豫谷1号上，均可致其发病。国外报道中型狗尾草和轮生狗尾草上有谷子锈菌，在印度，高野黍也能感染谷子锈菌。

谷锈病在谷子的叶片和叶鞘上都可发生，但主要危害叶片。田间病害一般在谷子抽穗初期发生，而夏谷区有时发生较早。发病初期多在中部以下叶片表面与叶背面，尤其是叶背面，开始产生深红褐色斑点，稍隆起，即锈菌的夏孢子堆，长椭圆形或椭圆形，面积很小，约1mm左右，散生，然后向寄主表皮下面发展，随后表皮破裂，散发出黄褐色粉末，即锈菌的夏孢子（图2）。叶片上一般可产生许多夏孢子堆，成熟后突破寄主表皮，增强了蒸腾作用，使植株丧失大量水分，减少光合作用面积，如生长过密，叶片早期枯死（图3）。谷子锈病发展后期，在叶背和叶鞘上，尤其叶鞘上可散生灰黑色小点，即锈菌的冬孢子堆，长圆形或圆形，1mm左右，散生或聚生，长期埋生在寄主的表皮下，故症状不明显。

病原及特征 病原为粟单胞锈菌［*Uromyces setariae-italicae*（Diet.）Yoshino］，属单胞锈属。是一种多孢型转主寄生的锈菌，一生可产生5种孢子。在谷子上，产生夏孢子和冬孢子，完成夏孢子和冬孢子世代；冬孢子萌发后形成担孢子，担孢子萌发侵染转主寄主罗氏破布木（*Cordia rothii*，属紫草科），在破布木上完成锈孢子世代，产生性孢子与锈孢子。

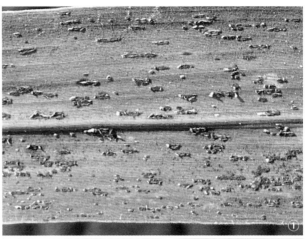
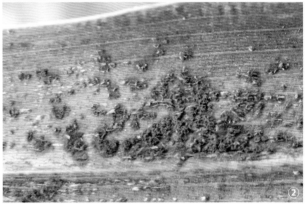
图2 叶片受害症状（李志勇摄）
①叶背面；②叶正面

夏孢子为单胞，球形、阔卵状或长圆形，楔形，或三角形，壁光滑，顶端稍厚具芽孔，圆或截状；基部圆或渐狭，黄褐色或褐色，大小为20～30μm×16～24μm，外孢子厚2～3μm（图4）。冬孢子为单细胞，大部分呈三角形，也有球形或阔卵形，深褐色，孢子柄长期存在不易脱落，无色透明或半无色透明。

性孢子器是金黄色小斑点，微隆起，产生在破布木叶表面。在叶片下则产生锈孢子器，圆形，黄色或褐色，聚生，直径0.5～1.5cm，密排，宽圆桶状，边缘白色，小齿状，周皮紧密连合，外壁厚6～8μm，表面有条纹，内壁4μm厚，表面有微疣。锈孢子扁圆形、椭圆形或三角形，表面密生细疣，半透明，大小为20～27μm×18～23μm。

谷子不同品种，特别是不同原产地（春、夏谷区）品种间抗锈性差异明显；有些品种在苗期和成株期抗性表现虽不完全一致，但并无显著差异。多数品种属于感病类型，国内未发现免疫材料。1983—1985年刘维等对839份春谷、1021份夏谷材料进行了抗锈性鉴定，其中春谷中无高抗类型，中抗的仅有2个品种；夏谷中有高抗品种18个，中抗品种33个。并发现了36个部分抗性品种，这些品种侵染型在3～4之间，但严重度仅为5%～10%，该性状由多基因控制，能遗传并且相对稳定。1992年，崔光先等对河北、河南、山东、黑龙江、辽宁466份材料的抗、感锈分布结果也表明，来源于不同地区的新品种（系）抗、感比例存在明显差异，

图1 锈病流行导致植株倒伏而绝产（崔光先摄）

图 3 田间锈病表现（董志平摄）

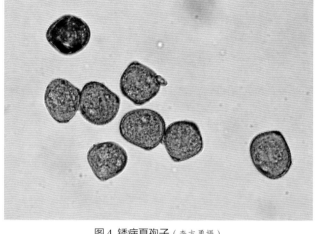

图 4 锈病夏孢子（李志勇摄）

其中，夏谷区河南、山东的抗病品种（系）较多，分别占 52.6% 和 32%，而春谷区黑龙江的抗性品种（系）较少，只占 15.2%。这与华北夏谷区生态环境有利于锈病发生，经过长期自然淘汰和人工选择保留下来了较多抗锈品种有一定关系，自然形成的抗性分布区也是挖掘抗性品种的适宜地区。

谷子锈菌具有明显的生理分化现象，河北省农林科学院谷子研究所选用 6 个鉴别寄主，将 1991—1998 年间来自中国北方 196 个地点 745 个谷子锈菌单孢菌系区分为 7 群 32 个生理小种，A 群共有 13 个小种，B 群有 9 个小种，C 群有 4 个小种，D、E 两群各 2 个小种，F、G 两群各 1 个小种。尽管 D、E 两群各 2 个小种，但出现频率很高，分别为 18.8% 和 23.1%，是中国谷锈菌的优势菌群。其他生理小种出现频率均较低。锈菌群体中毒性小种的组成和数量变化主要受小种本身适合度、品种筛选作用和环境条件等因素制约，适合度高者易成为优势小种。此外，谷子锈菌产生新毒性小种的途径主要是基因突变和异核重组，如果新的毒性小种遇到与其毒性相匹配的品种大面积单一化种植，通过定向选择作用，就会发展成为优势小种。此外，尽管有些小种出现频率不是很高，如小种 A70、A57、B36 等，但已能高度侵染亲本和区试材料，具有潜在危险性，应加强监控其变化情况（见表）。

侵染过程与侵染循环 用夏孢子人工接种谷子的叶片，在潮湿箱内保持 24 小时后，再搁在 28～30℃ 的温室内，经 1 天、2 天、3 天、4 天和 5 天，分别剪下接种叶片，用 FFA 或波扬液，固定 2～4 小时，清水洗净，再用乳酸酚加藏红花或棉蓝染色，在显微镜下直接观察，或将经接种的叶片固定、水洗和染色后，撕下叶片的表皮，搁在玻片上，加乳酸 1 滴，在显微镜下观察。夏孢子萌芽后，萌芽管伸长，经气孔进入寄主组织并继续在表皮下或表皮下细胞间隙中生长。有时萌芽管的顶端在气孔上面停止生长而膨大，不直接进入气孔而自膨大处伸出狭小的菌丝侵入附近细胞内，形成吸胞吸取养料和水分。至此，锈菌夏孢子萌发侵入寄主的过程即告完成。

在有转主寄主的地区，谷子锈菌可借锈孢子世代侵染谷子和借冬孢子世代侵染破布木以完成其生活史。然而，除印度外，在其他国家还没有报道谷子锈菌的转主寄主。在亚热带和热带的国家，大田内几乎全年不断地有谷子生长，因此，夏孢子能继续不断地侵染谷子，并越过冬季。在中国已发现 6 种破布木：其中橙花破布木（*Cordia subcordata*）海南有分布；台湾破布木（*Cordia cumingiana*）台湾有分布；毛叶破布木（*Cordia myxa*）和二叉破布木（*Cordia furcans*）都分布在云南、海南；越南破布木（*Cordia cochinchinensis*）分布于海南；二歧破布木（*Cordia dichotoma*）分布在西藏东南部、云南、贵州、广东、广西、福建和台湾。以上几种破布木均分布于中国南方，目前谷子种植很少，能否起到谷子锈菌转主寄主的作用，有待调查研究。中国谷子主要分布于华北、东北、西北地区，在北方的谷子产区是否有转主寄主，还无人调查，主要以夏孢子完成其整个侵染循环（图 5）。

中国北方，堆放在场院内的谷草，其病叶上的夏孢子可能存活数月或一年之久。将带有新鲜夏孢子的病叶置于室温条件和仓库中保存，6 个月后接种于感病的谷子上，可产生夏孢子堆。而在冰箱冷冻条件下保存，至少能够存活 6 年以上。为此，中国北方谷子锈病的初侵染来源可能有两个方面：一是主要来自当地越冬的夏孢子，也可能来自广泛分布于中国的青狗尾草上的锈菌夏孢子的侵染。

谷子在生长发育期中，夏孢子不断再侵染。一般年份 7 月下旬至 9 月上旬气温为 23～34℃，田间接种锈菌，其潜育期的长短与气温、湿度密切相关，一般为 7～10 天，但不超过 18 天。夏孢子堆能够源源不断产生大量夏孢子直至病斑枯死，这些夏孢子随风雨随时传播扩散，引起新的孢子堆，为此，在田间可以引起连续的再侵染，加速了病害的流行过程。

流行规律 在中国北方谷子产区至今未见谷子锈菌的转主寄主破布木，而且一般年份很少产生冬孢子，所以，谷子锈病发生危害主要以夏孢子侵染为主。

谷子锈菌夏孢子的越冬越夏 谷子锈菌夏孢子经冬季休止期承受的环境最低温为 −20.9℃，经夏季随病残体承受的环境最高温达 56.4℃。中国北方年最低旬平均气温为 −10.1℃ 以上的谷子产区，谷子锈菌夏孢子失去田间活体寄主后，随罹病谷草在室内及室外；随病残体在土表；随罹病根茬在 5～10cm 土壤内休眠越冬。侵染力保持期在室内、

中国北方谷子锈菌生理小种鉴定结果表（1991—1998年）（董志平提供）

小种名称	鉴别品种						出现		地区分布										
	安矮15 A40	朝平谷 B20	豫谷3 C10	青丰谷 D4	洛872 E2	优质1 F1	次数	频率	河北 夏谷*	河北 承德	河南	山东	辽宁	吉林	黑龙江	内蒙古	山西	陕西	甘肃
A_{77}	S	S	S	S	S	S	7	0.9	3			3	1						
A_{73}	S	S	S		S	S	1	0.1			1								
A_{70}	S	S	S				3	0.4	3										
A_{61}	S	S				S	2	0.3	1				1						
A_{57}	S		S	S	S	S	17	2.3	9			5	3						
A_{53}	S		S		S	S	4	0.5	1			2	1						
A_{50}	S		S				4	0.5	3										
A_{47}	S			S	S	S	13	1.7	9			3	1						
A_{45}	S			S		S	7	0.9	6			1							
A_{43}	S				S	S	17	2.3	14			2	1						
A_{42}	S				S		4	0.5	3			1							
A_{41}	S					S	3	0.4	2			1							
A_{40}	S						2	0.3	2										
B_{37}		S	S	S	S	S	27	3.6	14	2	6	3	1			1			
B_{36}		S	S	S	S		6	0.8			2	3		1					
B_{33}		S	S		S	S	15	2.0	1	4	3	2	3			1			
B_{31}		S	S			S	8	1.1	5		1	1	1						
B_{27}		S		S	S	S	37	5.0	17	7	4	1	3	1		2	2		
B_{25}		S		S		S	5	0.7			3				1	1			
B_{23}		S			S	S	43	5.8	16	8	7	2	5	2	2	1			
B_{21}		S				S	11	1.5	7	1	1		1	1					
B_{20}		S					7	0.9	3	1					1	2			
C_{17}			S	S	S	S	49	6.6	28	4	8	5	1	2					1
C_{16}			S	S	S		6	0.8	0			1				1		2	1
C_{13}			S		S	S	37	5.0	19		6	4	2	1	1		1	1	
C_{11}			S			S	13	1.7	6		1	2			1	1		2	
D_7				S	S	S	122	16.4	65	8	21	9	3	2	5	3	1	4	1
D_5				S		S	18	2.4	12		4						1	1	
E_3					S	S	153	20.5	81	12	14	13	6	4	7		5	6	
E_2					S		19	2.6	7	2	1				1	1	1	2	2
F_1						S	38	5.1	17	3	3	2	2	1		2	5	3	
G_0							47	6.3	20	5	3	3	2	1		3	3	8	2

*夏谷：指河北中南部的保定、石家庄、邢台、邯郸、沧州、衡水夏谷种植区。

室外干燥场所达 11 个月以上（上年 9 月至翌年 8 月）；在潮湿场所或土壤内达 8 个月以上（上年 9 月至翌年 5 月）。保持时间与病害田间流行季节衔接，可构成北方谷子锈病的初侵染源。为此，在华北夏谷区以及河北承德、辽宁朝阳等春谷区的夏孢子可以在当地越冬越夏，完成侵染暴发危害整个病程。

谷子锈菌夏孢子的侵染途径　在谷子田间，病菌夏孢子随谷草、肥料（通过牲畜消化道仍不死）在干燥场所，或随病残体在田间越冬。常年在 7 月下旬，夏孢子遇雨水上溅到叶片，萌发后通过气孔侵入，在表皮下或细胞间隙中生长，约 10 天后产生夏孢子堆，并开始散发夏孢子，通过空气广泛传播，落在叶片上，若湿度合适形成再侵染，夏孢子堆可连续产生夏孢子，引起该病的暴发流行。流行过程一般可分为发病中心形成期：发病始期病叶率逐渐增加，严重度没有发展；普遍率扩展期：发病中心消失转为全田发病，病株率、病叶率急剧增加，为田间流行提供了充足菌源；严重度增长

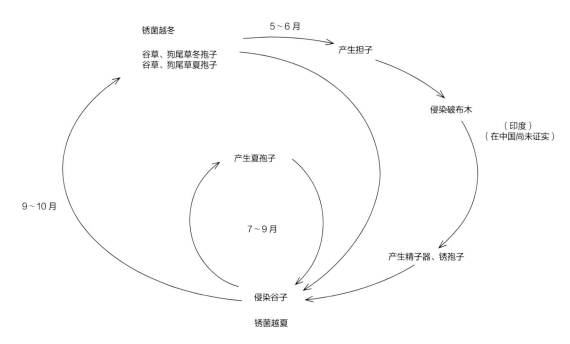

图 5 谷子锈病周年侵染循环图（董志平绘）

期：病株率、病叶率达到顶峰，病害严重度急剧增加，引起植株倒伏，严重影响产量。

谷子锈病发生的气候及栽培条件　在华北夏谷产区及部分北方春谷区，常年 7 月下旬至 9 月上旬的气温一般在 23～34℃，均适宜谷子锈菌夏孢子的萌发侵染，尤其在 8 月的 28～32℃最适合锈病的流行。由于在谷子抽穗前后每年的气温波动不大，基本能满足诱发锈病所需的温度，故每年锈病发生程度，取决于当时的降水量与次数。凡是 7～8 月雨水较多的年份，锈病发生普遍而严重；在气候干燥年份，一般锈病发生比较轻微。谷子锈病田间消长分始发期、缓慢增长期和盛发期。始发期发生在谷子抽穗以前，只有零星病株发生，发病部位为中下部叶片；缓慢增长期是指病情指数增加较少，但病株率、病叶率增加较快，7～8 天达到 100%；盛发期多在灌浆期间发生，病情发展很快，增加的病指约占总病指的 90% 以上。

谷锈病发生轻重还与栽培条件关系密切。凡是栽培在低洼多湿田的谷子比在高地干燥田的谷子一般锈病较重。种植在坡地的谷子除非气候阴湿，一般锈病发生轻。天气干燥，在地势高、干旱的地块，虽密植，但锈病严重度增加并不明显。但在地势低洼比较潮湿的地块，如密植谷子，则锈病发生会更严重。

防治方法

选育和引用抗（耐）锈丰产品种　选育和引用抗锈丰产品种，是最经济有效的措施。20 世纪 80 年代生产上大面积推广了豫谷 1 号、冀谷 11、金谷米、鲁谷 4 号等高感锈病的品种，导致谷子锈病在谷子产区连年大范围暴发流行。利用谷锈菌强毒性小种和优势小种对 1.6 万余份国内外谷子种质资源进行了鉴定，不同材料之间抗锈性有明显差异，多数品种属于感病类型，未发现免疫材料。对谷子锈病达到中抗以上的品种资源有 80 余份，对其中部分农艺性状好的材料及其后代进行重点培育和跟踪鉴定筛选，先后鉴定筛选出了骨干抗源如豫谷 2 号、鲁谷 2 号、铁谷 1 号等，并以此培育和鉴定出了系列抗锈品种，如豫谷 3 号、豫谷 5 号、豫谷 7 号、豫谷 8 号、冀谷 15、冀谷 17、粘谷 1 号、鲁谷 5 号、鲁谷 7 号、鲁谷 8 号、朝谷 8 号、朝谷 9 号等，逐渐替代了感病品种，控制了谷子锈病的危害。后来，放松了谷子抗锈育种工作，谷子锈病在朝阳、承德、沧州、安阳等地又有回升，局部发生严重。应加强抗锈育种工作，重发区选用抗耐病品种，如冀创 1 号、豫谷 11、朝谷 13、201019 等品种。

加强栽培管理　栽培丰产早熟品种或适期早播，可以促使谷子植株在锈病发生前或发生期抽穗，以避开锈病的盛发期，减轻危害程度。及时清除田间病残株，压低菌源。由于谷子锈病以夏孢子在病残体（谷草）上越冬，成为翌年发病的主要侵染来源。如能在 7 月以前彻底清除掉病残体，即能压低菌源，有较好的防治效果。同时实行秋季翻耕，也可以减少田间越冬菌源。田间留苗株数不宜太密，杂草要适时清除，保持垄间、株间通风透光。并避免过量施用氮肥，氮、磷、钾三要素配合适当发病轻。

化学防治　在锈病暴发流行的情况下，药剂防治是大面积控制锈病流行的主要应急措施。首先要掌握好病情。根据当地历年谷子锈病将要发生的时期，经常检查当地感病品种是否已发生锈病，一旦发生，及时喷洒内吸性杀菌剂。防治效果好的药剂有 25% 三唑铜可湿性粉剂 800～1000 倍液；15% 三唑醇可湿性粉剂 1000 倍液及 50% 萎锈灵可湿性粉剂 1000 倍液，或每亩用 12.5% 特谱唑粉剂 60g、70% 甲基托布津 200g、70% 代森锰锌 400g，在田间发病的中心形成期，即病叶率 1%～5% 时，进行第一次喷药，隔 7～10 天第二次喷药，可达到良好的防治效果。

参考文献

崔光先，郑桂春，董志平，1992. 我国北方粟新品种对锈病抗性

的研究 [J]. 华北农学报 , 7(2): 117-122.

董志平 , 崔光先 , 赵兰波 , 等 , 1995. 谷锈菌生理分化及谷子抗锈性研究初报 [J]. 河北农业大学学报 , 18(4): 45-48.

梁克恭 , 武小菲 , 刘维 , 1994. 粟锈病菌夏孢子生活力及寄主范围的研究 [J]. 植物病理学报 , 24(1): 90-94.

（撰稿：白辉；审稿：董志平）

瓜类蔓枯病 cucurbits gummy stem blight

由泻根亚隔孢壳引起的、能够侵染葫芦科植物不同部位的一种真菌病害，是全球性的瓜类蔬菜重要病害之一。又名瓜类黑斑病、瓜类黑腐病。

发展简史　蔓枯病对葫芦科作物的危害已达百年之久，最早关于蔓枯病菌的描述，来源于 1868 年的德国，Bernhard Auerswald 和 Karl Fuckel 从葫芦科植物泻根采集到真菌样本，并命名为 *Didymella bryoniae* Giovanni Passerini（1885），把从意大利甜瓜栽培中分离到的病菌描述为 *Didymella melonis* Pass。1891 年，三位学者分别从种植的葫芦科植物上分离到 3 个蔓枯病菌，William Dudley 从美国康奈尔大学温室种植的黄瓜分离，Casimir Roumeguere 从法国黄瓜分离，Frederick Chester 从美国特拉华州的西瓜分离，但都只发现了该病菌的分生孢子。1991 年，据 Amand 和 Wehner 报道，蔓枯病在美国北卡罗来纳州是仅次于根结线虫的黄瓜第二大病害，在欧洲也是温室黄瓜最严重的病害之一。2009 年，从福建温室黄瓜分离到其有性阶段蔓枯亚隔孢壳（*Didymalla bryoniae*）。

早期 Elias Fries 把病原菌的无性阶段用 *Phoma cucurbitacearum*（Fr.）命名。1880 年，Pier Andrea Saccardo 把蔓枯病菌的属名命名为 *Didymella*；1960 年，Wall 和 Girmball 使用 *D. bryoniae* 作为蔓枯病菌无性型，并被多数学者采用。中国早期的研究多使用 *Mycosphaerella melonis*。2010 年，经分子系统学将其命名为 *Stagonosporopsis cucurbitacearun*（Fr.）Aveskamp, Gruyter & Verkley 作为蔓枯病菌基于分子分类的无性型命名，从而可以把 *Phoma* 划分为众多的分支；另一些学者认为划分 *D. dryonia* 有性型和无性型并不是非常重要的，因为在多数的寄主植物上，都可以同时发现其无性孢子和有性孢子。

瓜类蔓枯病菌遗传多样性方面研究。1949 年，裴维蕃等根据该病源菌培养时的菌落结构、颜色以及产孢与否、分生孢子颜色等存在很大的差异及表现的性状差异，将其划分为 5 种类型，分别是 A 类型、As 类型、B-a 类型、B-la 类型以及 B-b 类型。但是这些形态学上的差异用于种间及种内菌株的分化研究还存在一定局限性。20 世纪 80 年代，分子标记技术大量应用和迅速发展大大加速了蔓枯病菌的遗传多样性分类研究。人们利用 PCR 技术检测蔓枯病菌的研究得到快速发展，设计得到蔓枯病菌的特异性引物，结合 PCR 技术或者 PCR-ELISA 技术，real-time PCR 有效地检测了蔓枯病菌，并分析得到蔓枯病菌与其近缘种 *Phoma* spp. 之间的遗传变异。

瓜类蔓枯病抗病育种的研究，主要集中在抗病资源评价和筛选、抗性遗传规律研究、抗病基因分子标记筛选与遗传定位等 3 个方面。筛选获得了多份抗病资源并创建新资源。1961 年 Schenck 对西瓜材料资源评价：Cargo 最不易感病品种，Fairfax 中感病品种，Charleston Crray 感病品种。2005 年 Gusmini 从 1332 个西瓜材料中通过田间和温室接种筛选鉴定出多个抗病材料。1962 年 Sowell 和 Pointer 从 439 个甜瓜材料中筛选出 PI189225 高抗蔓枯病，几年后又找到一个抗病材料：I27177800。1978 年 Van Der Meer 等在 650 个黄瓜品系中得到了 5 个抗性相对较高的品种：来自苏联的 Leningradsky 和 Wjarnikovsky，来自缅甸的 PI200818，来自德国的 Rheinische Vorgebirge 和来自土耳其的 PI3392410。1996 年 Wehner 等通过利用抗病自交系 Chipper 和 Wisconsin SMR18 杂交，育成对黄瓜蔓枯病表现为较好抗性的自交系 M17。在蔓枯病抗性遗传上：1979 年，Norton 认为黄瓜蔓枯病的抗性基因由 1 对隐性基因（*dbdb*）控制，而 2001 年 Amand 和 Wehner 在甜瓜研究中发现了 5 个相互独立的单基因控制蔓枯病的抗性，分别存在于不同的种质资源中，其中 4 个都是显性单基因遗传，1 个为隐性单基因遗传。甜瓜蔓枯病在分子标记筛选和基因定位方面的研究取得了较快进展，相继获得了甜瓜蔓枯病抗病基因，今后尚需要进一步对定位区域进行标记加密和候选基因的筛选。

分布与危害　黄瓜蔓枯病是一种严重的全球性真菌病害，可侵染 12 个属 23 种葫芦科植物。自 1868 年的德国首次记载以来，除墨西哥等少数国家外，法国、美国、加拿大、荷兰、瑞典、日本、印度、中国等均有报道。中国最早于 1930 年记载，至今在北京、山东、新疆、江苏、上海、浙江、湖北及海南、福建、台湾等地都有发生。主要发生在南方多雨地区，在瓜类蔬菜的各生育期均可发生，以瓜类生长中后期发病较重。露地栽培瓜类以夏、秋季节发病严重，温室和塑料大棚则以春、秋季节病重。病害流行时可使瓜秧大量死亡，根部腐烂，藤蔓早期枯萎，发病瓜田病株率一般为 15%～25%，严重时高达 60%～80%，严重影响产量和品质。

蔓枯病菌能够侵染植物的不同部位。幼苗茎基部发病后，引起幼芽、叶片萎蔫、腐烂和全株枯萎（图 1 ①）。

该病主要危害茎蔓，一般从茎蔓基部分枝处开始发病。病斑初为水渍状，稍凹陷，病斑扩展后呈椭圆形或梭形，其上密生小黑点。病部龟裂，并分泌琥珀色胶状物，后期干缩露出维管束，呈乱麻状（图 1 ②）。

叶片病害多从靠近叶柄附近或叶缘开始发生，形成 "V" 形或半圆形或不规则形的褐色大斑（图 1 ③）。叶片上的病斑有不明显同心轮纹，后期产生小黑点，且易干枯破裂；干燥气候条件下产生的病斑有明显的轮纹，而多雨或高湿条件下则轮纹不明显或无轮纹。叶柄染病呈水渍状腐烂，后期病斑上产生许多小黑点，干缩倒折、下垂枯死。

瓜果发病后引起腐烂，先从瓜蒂或近瓜蒂的果面开始发生（图 1 ④、图 1 ⑤）。果面上初期产生黄褐色小斑病，病斑逐渐扩展形成淡褐色近椭圆形凹陷的大病斑，病斑表面较干，后期产生小黑点；瓜蒂发病时，先在瓜蒂上产生水渍状黄色斑点，病斑绕瓜蒂扩展，形成大面积腐烂，严重时导致瓜果脱落，腐烂的病斑上密生小黑粒点（图 1 ⑥）。瓜蒂上的病斑继续向下扩展，引起瓜果腐烂。

图 1　黄瓜蔓枯病症状（余文英提供）

①瓜苗茎基发病；②瓜藤蔓发病；③瓜叶片发病；④瓜果从果蒂发病引起腐烂；⑤果蒂发病；⑥瓜蒂脱落，病斑腐烂和产生小黑点

病原及特征　病原菌的有性态为泻根亚隔孢壳［*Didymella bryoniae*（Auersw.）Rehm］，属亚隔孢壳属；无性态为瓜茎点霉［*Stagonosporopsis cucurbitacearum*（Fr.）Aveskamp，Gruyter & Verkley］，曾异名 *Phoma cucurbitacearum*。

假囊壳埋生于寄主表皮下，球形或近球形，有孔口，直径为 94.5～98.5μm。子囊束生，圆筒形至棍棒状，大小为 28.5～43μm×8.5～12.5μm，子囊间无拟侧丝。子囊孢子 8 个，无色，近纺锤形，双胞，上面细胞较宽、下部细胞较窄，分隔处明显缢缩，大小为 10～20μm×3.5～6.5μm。

分生孢子器球形或扁球形，顶部呈乳头状突起，具孔口，直径 52.0～74.5μm。分生孢子长椭圆形，无色，两端钝圆；初为单胞、后生一隔膜，分隔处常缢缩，大小为 9.2～16.4μm×3.3～5.2μm。

病菌在马铃薯葡萄糖琼脂培养基（PDA）上形成略有同心环的绒毛状菌落。菌落正面前期白色、后期黑色，菌落背面棕色。

侵染过程与侵染循环　病菌以菌丝体、分生孢子器或假囊壳随病植株残体在地表、土壤或棚架上越冬。从病株上采收的瓜类种子表面和内部也可带菌。田间病残体和带菌的种子是主要初侵染来源。种子带菌引致幼苗期子叶发病，随幼苗移栽定植在大棚内传播蔓延。越冬病原菌翌年条件适宜时，孢子萌发从寄主的茎节间、叶和叶缘的气孔、水孔或伤口侵入，进行初次侵染。初侵染发生后，病部产生大量分生孢子通过雨水、灌溉水、气流或农事操作传播进行再侵染（图 2）。温室在适宜条件下，叶部病斑在 7 天左右产生分生孢子进行重复侵染。生长期病部产生的分生孢子和子囊孢子均可通过风雨传播，进行重复侵染。

流行规律　病害发生与气候条件和栽培方式有密切关系。种子在室温条件下储藏时，种子表面的分生孢子可存活 18 个月以上，种子内部的菌丝体经 24 个月仍有生命力。病残体上的病菌存活期因越冬场所不同而异。病残体上的病菌在旱地土壤中存活期为 6～9 个月，在旱地土壤表面存活期为 12～21 个月，在潮湿土壤中经 3 个月死亡。

病菌的生长温度范围为 5～35℃。子囊孢子和分生孢子在气温 10～32℃、相对湿度 76% 以上均可萌发，最适温度为 25～27℃，适宜相对湿度为 80%～92%。病害的潜育期在 15℃时需 10 天，28℃时只需 3～5 天。相对湿度 85% 以上，

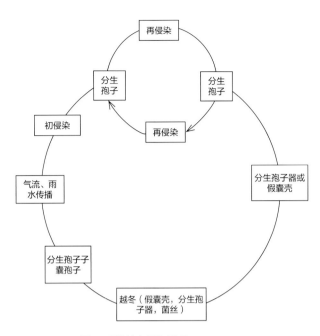

图 2　瓜蔓枯病侵染循环（张绍升提供）

平均温度 22℃ 以上病害即可发生流行。

　　露地种瓜时，降雨量和降雨次数是瓜类蔓枯病发生流行的主导因素。瓜果膨大期遇上雨日多、雨量大、湿度高易引起病害流行。大棚种瓜时，棚内湿度影响发病程度，瓜蔓枯病随温度升高和湿度加大而加重。大棚瓜类蔓枯病在夏秋季节重于冬春季节，以夏季发生最重。

　　栽培管理水平影响病害发生程度。病菌可从整蔓和采摘造成的伤口侵入，引起病害发生流行。平畦栽培比高垄或高畦栽培发病重；大水漫灌或喷灌比滴灌发病重；地势低洼或雨后积水，地下水位高，缺肥、偏施重施氮肥的地块易发病；瓜类连作栽培比轮作栽培发病重；一般保护地栽培比露地栽培发病重。

　　防治方法　瓜类蔓枯病害发生与越冬菌源、气候条件和栽培方式有密切关系，因此，需采取以加强栽培管理为主和药剂防治为辅的病害综合防治措施。

　　清除初侵染菌源和消除发病中心　瓜果采收后及时清除病株残体，搞好田间卫生，减少田间初侵染菌源。播种前种子可选用 50% 多菌灵可湿性粉剂 500 倍液浸种 30 分钟用 50% 福美双可湿性粉剂按种子重量 0.3% 拌种。田间病害发生初期及时拔除病株或剪除病枝病果，消灭发病中心，减少再侵染。

　　实施非寄主作物轮作　与非瓜类作物轮作 2～3 年，避免瓜类作物连作。通过与非寄主作物轮作以消除和减少田间侵染菌源。

　　改善栽培环境，提高作物的抗病性　①控制水分和湿度。瓜田翻晒土壤，高畦深沟，雨后及时排除积水；提倡地膜覆盖种植，有利保持土壤水分和降低空气湿度；采用膜下滴灌技术，避免喷灌和大水漫灌。②合理施肥。施足充分腐熟的有机肥，进行配方施肥，避免重施或偏施氮肥，适当增施磷钾肥。

　　化学防治　发病前或发病初期可选用 50% 异菌脲可湿性粉剂 800 倍液、70% 代森锰锌可湿性粉剂 500 倍液、70% 百菌清可湿性粉剂 600 倍液、70% 甲基硫菌灵可湿性粉剂 1000 倍液、10% 苯醚甲环唑水分散粒剂 5000 倍液喷雾防治，隔 5～7 天喷 1 次，连喷 2～3 次。

参考文献

管炜，李淑菊，王惠哲，等，2010. 几种杀菌剂对黄瓜蔓枯病菌的室内毒力测定 [J]. 天津农业科学，16(3): 82-83.

陆佩，顾振芳，代光辉，等，2003. 黄瓜蔓枯病生物学特性及室内药剂筛选 [J]. 上海交通大学学报（农业科学版），21(3): 226- 231.

王培双，董勤成，2010. 瓜类蔓枯病重发原因及综合防治措施 [J]. 安徽农学通报，16(14): 140-142.

余文英，张绍升，杜雪茹，等，2009. 福建温室黄瓜病害鉴定及其发病规律 [J]. 福建农林大学学报（自然科学版），38(2): 119-123.

中国农业科学院植物保护研究所，1979. 中国农作物病虫害：上册 [M]. 2 版. 北京：中国农业出版社.

KEINATH A P, 2011. From native plants in central europe to cultivated crops worldwide: The emergence of *Didymella bryoniae* as a cucurbit pathogen[J]. Hortscience, 46(4): 532-535.

（撰稿：余文英、张绍升；审稿：杨宇红）

瓜类细菌性果斑病　bacterial fruit blotch of melons

　　由西瓜噬酸菌引起的危害西瓜、甜瓜等葫芦科作物的一种细菌性病害，是世界上很多西瓜、甜瓜产区重要的病害之一。

　　发展简史　1978 年 Schaad 等将瓜类细菌性果斑病菌命名为 *Pseudomonas pseudoalcaligenes* subsp. *citrulli*。1992 年，Willems 等根据表型和基因型的相似性，将部分假单胞菌划分到 *Acidovorax* 属，因此，该病原菌重新命名为 *Acidovorax avenae* subsp. *citrulli*。2008 年 Schaad 等再次重新命名其为 *Acidovorax citrulli*，将亚种提高到种的水平。2000 年 Walcott 等、2013 年赵廷昌等分别对国外和国内瓜类细菌性果斑病菌的种内遗传多样性进行了研究，根据其对不同寄主的致病力差异，将果斑病菌分为两个亚群。种子带菌作为该病害远距离传播的主要方式，种子带菌检测就尤为重要，国内外学者对西瓜、甜瓜种子带菌的检测技术进行了大量的研究。2007 年联合基因组研究所完成了瓜类细菌性果斑病菌 II 组菌株 AAC00-1 的全基因组测序（JGI；GenBankNC_008752）。

　　瓜类细菌性果斑病最早在美国发生。1965 年，Webb 和 Goth 第一次从西瓜种子上分离到这种病原菌，但是并未引起人们的重视，直到 1989 年该病在美国大陆严重暴发，种植商品西瓜的各州都相继报道了该病害的发生。到 1995 年，瓜类细菌性果斑病在美国多个州蔓延，发病严重地区 80% 以上的西瓜不能上市销售，此病菌还可以侵染除西瓜外的多种葫芦科作物，如甜瓜、南瓜、黄瓜等。

　　分布与危害　果斑病已在美国多个州和澳大利亚、巴西、土耳其、日本、泰国、以色列、伊朗、匈牙利、希腊等多个国家发生。中国作为西瓜、甜瓜种植大国，瓜类细菌性果斑病也呈逐年上升的趋势。自1998年在中国首次报道以来，已经遍布了海南、新疆、内蒙古、台湾、吉林、福建、山东、河北、甘肃、湖北、广东等地，给当地的西瓜、甜瓜种植业造成了不同程度的影响。瓜类细菌性果斑病已被列入中国国家禁止进境的检疫性有害生物。

病原及特征 病原为西瓜噬酸菌（*Acidovorax citrulli*）。菌体短杆状，革兰氏染色阴性，不产生荧光，严格好氧，单根极生鞭毛。无芽孢。能在41℃下生长，最适生长温度为24～28℃，极限低温为4℃；在KB培养基上呈现乳白色、圆形、光滑、全缘、隆起、不透明菌落，菌落直径1～2mm；在YDC培养基上呈现黄褐色、凸起、边缘扩展为圆形的菌落，菌落直径3～4mm（图1）。烟草过敏反应结果不一致，不能引起马铃薯腐败反应，具氧化酶活性，耐盐性为3%，无冰核活性。利用葡萄糖和蔗糖作碳源结果不一致，但可以利用β-丙氨酸、柠檬酸盐、乙醇、乙醇胺、果糖、L-亮氨酸和D-丝氨酸。不产生精氨酸水解酶，明

胶液化力弱，氧化酶和2-酮葡糖酸试验阳性；甲基红测定为阴性。

侵染过程与侵染循环 该病是一种种传病害，病菌可以附着于种子表面，也能存活于种子内部胚乳表层，且存活时间长，抗逆性强。存活了34年和40年的西瓜种子和甜瓜种子种植发芽后，用ELISA检测发病叶片，从结果为阳性的病组织中富集菌体，PCR进一步鉴定了病原菌为果斑病菌，可见果斑病菌抗干旱和衰老的能力非常强。

带菌种子是该病的主要初侵染来源。病菌在土壤表面的病残体上越冬，也成为翌年的初侵染来源，田间的次生瓜苗也是该病菌的寄主和初侵染来源。带菌种子萌发后病菌很快侵染子叶及真叶，引起幼苗发病。温室中，人工喷灌和移植条件下，病菌可迅速侵染邻近的幼苗，并导致病害大面积暴发。病叶和病果上的菌脓借雨水、风力、昆虫和农事操作等途径传播，成为再侵染来源（图2）。

流行规律 瓜类细菌性果斑病在高温高湿的环境下易

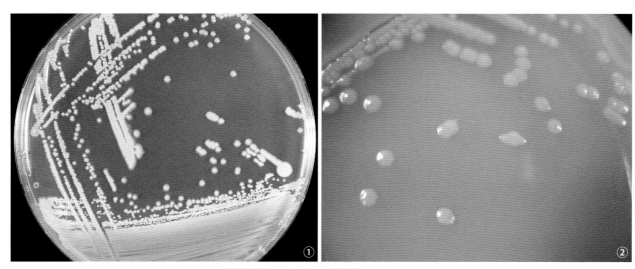

图1 瓜类细菌性果斑病菌上的菌落形态（赵廷昌提供）
①病原菌在KB培养基上的形态；②病原菌在YDC培养基上的形态

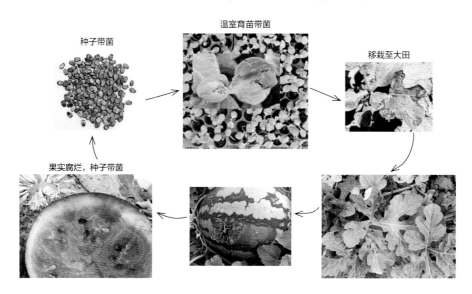

图2 瓜类果斑病生活史示意图（赵廷昌提供）

发病，特别是炎热、强光及暴风雨后，病菌的繁殖和传播加速，人为传播也可促使该病流行。

防治方法

植物检疫　瓜类细菌性果斑病是中国的检疫性病害，病原菌除了自然传播途径外，还可以随着人类的生产活动和贸易活动而做远距离的传播。所以进口时应杜绝带菌种子进入，同时注意从无病区引种，生产的种子应进行种子带菌率测定。

种子生产　种子生产方面，应使用无病菌的种子进行原种和商业种子生产，制种田必须与其他瓜类田自然隔离。发生或怀疑发生病害的田块不能采种，相邻地块发病而本身未发病的田块也不能采种。种子处理可以用3%盐酸处理瓜种15分钟，水洗后，再用47%加瑞农600倍液浸种处理过夜后播种。

农业防治　必须进行轮作倒茬，发生过果斑病的田块至少3年不种植西瓜或其他葫芦科作物。田间灌溉利用滴灌而不用喷灌。病害一旦出现，随时清除病株病果并彻底清除田间杂草。不要在叶片露水未干的病田中工作，也不要把病田中用过的工具拿到无病田中使用。做好苗床处理，使用同一温室多年繁育瓜苗，要在当年瓜苗移植之后彻底清理温室内的残留瓜苗和杂草。无病菌的种子不与未检验的种子在同一育苗室内生产幼苗，不同育苗室内的用具不能交换使用。

化学防治　防治瓜类细菌性果斑病的化学药剂主要有53.8%氢氧化铜干悬浮剂（可杀得）800倍液、50%氯溴异氰尿酸水溶性粉剂（消菌灵）800倍液、47%春·王铜可湿性粉剂（加瑞农）800倍液等。因果斑病菌部分菌株有抗铜性，应谨慎使用含铜杀菌剂。田间使用新植霉素有很好的防治效果。用47%加瑞农可湿性粉剂和90%新植霉素可溶性粉剂，苗期防效均超过80%。

生物防治　对果斑病有防治效果的生防菌主要有酵母菌（Pichia anomala）、荧光假单胞菌（Pesudomonas fluorescens）工程菌株（染色体整合了2,4-二乙酰基间苯三酚）、葫芦科内生细菌中的部分芽孢杆菌（Bacillus spp.）。

使用抗病品种是防治果斑病最根本最有效的措施，但是迄今并没有发现对果斑病免疫或高抗的品种。三倍体西瓜较二倍体抗病，且抗病性强的品种果皮坚硬，果皮颜色深，感病品种的果皮呈浅绿色。由于还没有开发出具有商业价值的抗果斑病品种，培育抗病品种依然是当前研究的难点。

参考文献

蔡学清，鄢凤娇，林玉，等，2009.西瓜细菌性果斑病拮抗内生细菌的分离和筛选[J].福建农林大学学报(5):465-470.

赵廷昌，孙福在，刘双平，等，2001.哈密瓜细菌性果斑病及其防治[J].植物保护(1):46-47.

中国农业科学院植物保护研究所，中国植物保护学会，2015.中国农作物病虫害[M].3版.北京:中国农业出版社.

BURDMAN S, WALCOTT R, 2012. *Acidovorax citrulli*: generating basic and applied knowledge to tackle a global threat to the cucurbit industry[J]. Molecular plant pathology, 13(8): 805-815.

（撰稿：赵廷昌；审稿：白庆荣、胡白石）

瓜类细菌性角斑病　cucurbits bacterial angular leaf spot

由丁香假单胞菌流泪（黄瓜）致病变种引起的、危害瓜类地上部的一种细菌性病害。

发展简史　20世纪50年代中国就有细菌性角斑病发生记载。1962年，以色列田间观察到黄瓜细菌性角斑病。

分布与危害　是一种世界性病害，危害黄瓜、西瓜、甜瓜、葫芦、西葫芦和丝瓜等葫芦科果蔬，欧洲发生普遍，特别在东欧各国发生严重。在中国，该病害只有危害黄瓜的报道，长江以南发生较多，东北、华北、华东及西北东部地区经常发生，有逐渐加重的趋势。黄瓜从幼苗到成株期均可受害。叶片发病以后，初期在叶片背面产生水渍状小斑点，叶片正面形成黄色褪绿斑，病斑扩大以后，因受到叶脉限制呈多角形，淡褐色至褐色，周缘有黄色晕圈，湿度大时病叶面产生乳白色菌脓，菌脓干燥以后留下一层白色菌膜，病斑干枯后易破裂穿孔，发病后期，邻近病斑相互联合，病叶上形成较大黄褐色或灰白色枯斑。叶脉受害形成黑色坏死，其周围健康叶片仍正常生长，引起病叶皱缩畸形。茎蔓、叶柄和卷须发病，沿茎沟产生水渍状条形斑点，后期病斑纵向开裂，高湿条件下溢出污白色菌脓，干燥后遗留白粉痕迹。瓜条发病，初期产生水渍状小斑点，扩展后呈不规则形或圆形，灰白色，有臭味，病斑向内发展，沿维管束侵染种子（图1）。

病原及特征　病原为丁香假单胞菌流泪（黄瓜）致病变种［*Pseudomonas syringae* pv. *lachrymans*（Smith et Bryan）Young Dye & Wilkie］，属假单胞菌属。菌体短杆状，易连接成链状，菌体端生1～5根鞭毛，大小为0.7～0.9μm×1.4～2μm，有荚膜，无芽孢，革兰氏染色阴性。在金氏B平板培养基上，菌落白色，近圆或略呈不规则形，扁平，中央凸起，污白色，不透明，具同心环纹，边缘一圈薄且透明。菌落直径5～7mm，外缘有放射状细毛状物，具黄绿色荧光。细菌好气性，不耐酸性环境。病菌在pH5.0～11.0和温度10～36℃范围内均能生长，pH6.0～8.0时生长最好，在22～29℃生长较好。病菌致死温度49～50℃（10分钟）。菌株能利用木糖、葡萄糖、果糖、蔗糖、棉籽糖、甘露醇、肌醇并产酸，对甲基红和明胶液化反应呈阳性，对乙酰甲基醇、吲哚、淀粉水解、硝酸盐还原、氧化酶、硫化氢反应呈阴性。

以ELISA（enzyme-linked immunosorbent assay）为代表的血清学检测方法操作简便，易标准化，但因丁香假单胞种下致病型变种多，难以获得特异性好的抗体，容易出现假阳性结果。随着分子生物学技术的发展，采用依据细菌性角斑病菌核糖体基因转录间隔区（16S～23S Ribosomal DNA Internal Transcribed Spacer，ITS）序列设计的特异性引物PLf1/PLr2（PLfl5'-ATA AGG GTG AGG TCG GCA GTT-3'，PLr2: 5'-CTC GTC TTT CAT CGC CTT TG～3'），从丁香假单胞菌细菌性角斑病致病型中扩增出1条473bp的特异性条带，可以直接对叶片汁液进行病原菌检测，能在接种后至症状出现前72小时内检测到病原菌，实现了对病害的早期诊断。

图 1 瓜类细菌性角斑病危害症状（张管曲提供）

①发病初期叶背面形成水渍状病斑；②叶片正面产生黄色褪绿斑点；③叶背面产生乳白色菌膜；④后期病斑破裂穿孔；
⑤病斑相互联合形成黄褐色枯斑；⑥叶脉受害引起叶片皱缩畸形；⑦病斑沿茎沟纵向扩展形成纵向开裂

侵染过程与侵染循环 病原细菌随病残体在土壤中越冬，种子也能体内带菌，二者均成为翌年初侵染源。带菌种子是病害远距离传播的主要途径。田间病株上产生的菌脓，随风雨、灌溉水、昆虫和农事操作传播，从叶片和瓜条上的伤口、气孔、水孔侵入，进行再侵染，细菌进入胚乳组织和幼胚根的外皮层以后可以造成种内带菌。细菌在种子内可存活 1 年，在土壤中的病残体上只能存活 3～4 个月（图 2）。

流行规律 生产中如果使用了带菌种子，幼苗出苗后即可引起子叶发病。露地黄瓜一般到蹲苗结束后，伴随雨季到来或田间浇水后开始发病，一直延续到结瓜盛期，随着高温季节的到来，田间病害逐渐减轻。病害发生的温度范围为 10～30℃，适宜温度 18～26℃。相对湿度 75% 以上，湿度愈大，病害愈重。低温高湿有利于病害发生，暴风雨过后病害易流行。叶片上病斑的大小与湿度相关：夜间饱和湿度大于 6 小时，叶片上病部大且典型；湿度小于 85%，或饱和湿度持续时间不足 3 小时，病斑小。昼夜温差大，结露重且持续时间长，发病重。地势低洼、排水不良、重茬、氮肥过多、钾肥不足、种植过密的地块，发病均较重。

防治方法

选用抗病、耐病品种 是防治细菌性角斑病发生的经济有效手段，种植抗、耐病品种，不需要额外的生产投入，就能有效控制病害发生，是理想的绿色环保防控手段。目前欧洲绝大多数黄瓜品种是感病的，但一些野生种质中存在部分抗病性。中国黄瓜种质对细菌性角斑病的抗病性研究报道较少。李光等通过苗期复合接种法对 44 份黄瓜高代自交系材料进行枯萎病、角斑病和黑星病多抗原鉴定和筛选，结果表明 14 份材料抗角斑病，2 份表现感病，其余均为中抗类型。同时兼抗 3 种病害的材料只有 1 份，占 2.3%；兼抗枯萎病和角斑病的材料 15 份，占 34.1%。

栽培防治 包括种植田块选择、田间生产管理和播种前种子处理等生产管理作业。降低田间病原菌基数，是控制病害发生程度的重要措施，重病田与非瓜类作物，最好与禾本

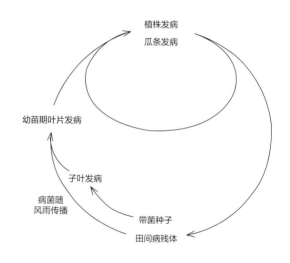

图 2 病害侵染循环图（张管曲提供）

科作物实行 3 年以上的轮作，以及收获后及时清除田间病残体，集中烧毁或者深埋等田间作业，均能有效降低田间菌原数量，显著控制病害的发生程度。田间管理中，通过创造有利于植物健康生长、不利于病害发生的环境条件，既可提高寄主抗病性，又能控制病害的扩展和蔓延。保护地栽植做好控制灌水，适时通风；露地栽植深翻晒土，高垄覆膜，均有良好的效果。

带菌种子是细菌性角斑病的重要越冬方式，还是病害从重病区远距离传播到无病区的主要途径，播种前进行种子处理，是病区控制病害扩展蔓延、无病区预防病害发生的关键措施，选择在无病区或无病植株上留种，播种清洁种子；催芽前对可疑种子进行消毒处理均能实现这个目的。种子消毒的常用方法有：温汤浸种，用 50℃ 温水浸 20 分钟后，晾干播种；或用新植霉素 200mg/kg 液或 50% 代森铵 500 倍液

浸种 1 小时；或用福尔马林 150 倍液浸种 1.5 小时，后洗净催芽，晾干播种。

化学防治　喷药防治是控制病害流行的常用手段，从发病初期开始进行喷药防治。可用 50% 琥胶肥酸铜可湿性粉剂 500 倍液，或 14% 络氨铜水剂 300 倍液，或 77% 可杀得可湿性微粒剂 400 倍液，或新植霉素 200mg/kg 药液，或 72% 农用链霉素可溶性粉剂 4000 倍液喷洒。

参考文献

李光，李淑菊，王惠哲，2007. 兼抗黄瓜枯萎病、角斑病和黑星病育种材料苗期筛选 [J]. 天津农业科学，55(3): 27-29.

刘关君，王丽娟，秦智伟，等，2009. 黄瓜叶片细菌性角斑病侵染初期 cDNA 文库分析 [J]. 遗传，31(10): 1042-1048.

孙福在，何礼远，1988. 黄瓜细菌性角斑病菌与寄主范围鉴定 [J]. 植物病理学报，18(1): 23-28.

王哲，陈青，田茜，等，2011. 应用 PCR 方法快速检测黄瓜细菌性角斑病菌 [J]. 植物检疫，25(6): 29-32.

FOGLIANO V, GALLO M, VINALE F, et al, 1999. Immunological detection of syringopeptins produced by *Pseudomonas syringae* pv. *lachrymans*[J]. Physiology and molecular plant pathology, 55(5): 255-261.

HELENA OLCZAK-WOLTMAN, MALGORZATA SCHOLLENBERGER, WIESLAW MADRY, et al, 2008. Evaluation of cucumber (*Cucumis sativus*) cultivars grown in Eastern Europe and progress in breeding for resistance to angular leaf spot (*Pseudomonas syringae* pv. *lachrymans*)[J]. European journal of plant pathology, 122: 385-393.

（撰稿：张管曲；审稿：杨宇红）

广藿香青枯病　pogostemonis bactrial wilt

由茄科雷尔氏菌引起的一种广藿香系统性维管束细菌病害。在广藿香整个生长期发生。又名广藿香细菌性青枯病。是中国广藿香药材产区发生的主要病害之一。

发展简史　青枯菌从发现至今已有 150 余年的历史。青枯菌（*Ralstonia solanacearum*）属于变形菌门（Proteobacteria）β 变形菌纲（Betaproteobacteria）薄壁菌目（Gracilicutes）假单胞菌科（Pseudomonaceae）雷尔氏菌属（*Ralstonia*）。它是一种引起植物青枯萎蔫症状的革兰氏阴性植物病原菌，广泛分布于热带、亚热带和温带地区，可以侵染 50 多科 450 多种植物，并具有明显的生理分化现象和致病性差异。根据其寄主范围或对 3 种二糖（乳糖、麦芽糖和纤维二糖）、3 种己醇（甘露醇、山梨醇和卫矛醇）氧化能力的差异，学者们将其分别划分为 5 个生理小种和 6 个生化变种。

广藿香作为一个自然分类群属于亚洲热带种，原产于马来西亚、印度尼西亚、菲律宾等东南亚国家，宋代传入中国，现主要是在海南万宁，广东湛江、肇庆、阳春、高要等地广泛栽培。引种至中国后少见开花结实，长期以来生产上均采用无性繁殖，病原体逐年积累，药材生产中一直面临青枯病的危害。广藿香青枯病最早报道见于 20 世纪 80 年代，

文衍堂等报道海南种植的广藿香青枯病发生严重，随后对病原菌进行分离，根据培养性状及生理生化特性，确认海南广藿香青枯病的病原细菌是青枯假单胞菌 [*Pseudomonas solanacearum*（Smith）Smith]，通过寄主范围、烟草浸润反应和黑素形成测定，各分离株属于青枯假单胞菌小种 I；根据对 6 种糖醇的利用与否，认为广藿香的 3 个分离株属于 Hayward 的生物型 III。2003 年，刘东明等研究报道了华南植物园中广藿香的细菌性青枯病的发病症状特征。有关广藿香细菌性青枯病的深入研究报道主要见于 2010 年之后，研究表明，青枯菌是一个复合种，其群体存在较大的变异性，在长期与寄主选择及协同进化过程中，青枯菌形成了不同的寄主专化型。侵染广藿香的青枯菌不是单一的菌株，而是由生理特征、致病力及寄主专化型不同的青枯菌菌群组成。杨玉秀等采用组织浸泡画线法从感染了青枯病的广藿香植株中分离青枯菌菌株，并进一步选用青枯菌的特异性引物对分离菌株进行 PCR 鉴定，共分离鉴定了 4 个青枯菌菌株；以广藿香、番茄与花生为材料，通过离体叶片接种法和苗期接种法，进行寄主专化性研究，其中菌株 HX15 及 HX17 对广藿香的致病性明显高于番茄和花生，寄主专化性较强，而菌株 HX6 的寄主专化性则不明显。余小曼等对广藿香青枯病的病原菌亦进行了分离鉴定研究，明确了广东阳春及高要广藿香种植区的青枯病的病原是薄壁菌门雷尔氏菌属茄科雷尔氏菌 [*Ralstonia solanacearum*（Smith）Yabuuchi et al.] 侵染引起的，且属于 1 号生理小种和生化变种 III。分子生物学分析结果进一步显示，广藿香青枯病菌属茄科雷尔氏菌演化型 I 即亚洲分支菌株、序列变种 44 或序列变种 17。杨春雨等对海南万宁广藿香青枯病菌生物变种和生理小种调查结果显示，万宁各种植区的广藿香青枯病病原菌均为青枯（茄）假单胞菌 [*Pseudomonas solanacearum*（Smith）Smith] 的生理变种 III 和生理小种 1。均与文衍堂等的研究结果一致。

分布与危害　广藿香青枯病是广东、海南两地广藿香主产区均存在的主要病害。为土传病害，一旦发生便会迅速蔓延，导致植物大面积死亡，造成毁灭性损失。发病初期个别枝条的叶片萎垂，随着病害的发展，部分枝条以至整株凋萎、死亡。剖开病株根茎，可见病部维管组织变褐。用手挤压切口，可见乳白色菌脓溢出（图 1）。

广藿香青枯病在海南一度严重发生，据文衍堂等 1982 年 11 月和 12 月在琼山和万宁的初步调查，1～2 月龄的小苗病田病死率 10%～40%，重者达 60%。作为无性繁殖材料田块的母株也严重发病。1983 年 6 月在万宁调查接近收获的田块，病死率达 60% 左右。杨春雨等于 2011 年对海南广藿香青枯病病原菌分布的调查结果发现，海南万宁广藿香青枯病的平均发病率为 16.68%，病原菌的分布没有地域选择性和植物器官选择性。另据学者报道，广藿香苗圃袋苗发病率达到 20%～70%，苗床小苗发病率达到 50%，大田中常年发病率 10%～20%，重病田块死亡率达 90%。

病原及特征　病原为茄科雷尔氏菌 [*Ralstonia solanacearum*（Smith）Yabuuchi]，属雷尔氏菌属。分子生物学分析结果显示，广藿香青枯病菌属茄科雷尔氏菌演化型 I 即亚洲分支菌株、序列变种 44 或序列变种 17，是由生理特征、致病力及寄主专化型不同的青枯菌菌群所组成。另有学者研究认

为广藿香青枯病病菌属生化型 I、II、III 和 V。

佘小漫等肉眼及显微镜下观察到广藿香青枯病病组织维管束的切口处可见有大量细菌喷出呈雾，与其他作物青枯病样镜检时观察到的"喷雾"现象类似；扫描电镜下，菌体为短杆状，两端钝圆，平均长为 1.119μm（0.76～1.56）μm，平均宽为 0.561μm（0.43～0.67）μm。进一步在 LB 琼脂平板上分离病组织得到的菌落呈圆形、近圆形或梭形，乳白色，表面光滑、隆起，中间粉红色，周围乳白色。刘丹等从广藿香青枯病植株中分离得到 7 种青枯菌菌株，经革兰氏染色观察，不同菌株大小不一，0.5～1.0μm×1.0～3.0μm，大多杆状，少数呈球形，菌体并列、堆状或分散排布，偶见短链状排列（图 2）。

广藿香青枯菌的最适生长温度范围为 33～35℃，对高温具有更强的耐受性，生长的最适初始 pH 6.5。广藿香青枯菌株在酵母浸膏培养基中生长最快，在蔗糖、果糖、麦芽糖和山梨醇培养基中具有较好的生长，在有机态氮培养基中比在无机态氮培养基中具较快生长，而在添加 KNO₃ 的培养基中生长受到抑制。

侵染过程与侵染循环　青枯菌在不同寄主植物、不同环境条件下所表现的症状和危害程度虽存在若干差异，但共同特点是细菌从植物茎或根部伤口入侵，甚至在天然条件下，也能从未受伤的次生根的根冠部位入侵。植物生长时，在次生根的根冠和主根的表皮间形成鞘，青枯菌能穿过这层鞘，侵入皮层细胞间隙生长，破坏细胞中胶层，使细胞壁分离、变形，形成空腔，继而侵染，木质部薄壁组织使导管附近的小细胞受刺激形成侵填体。侵填体破裂后被释放进导管，并在导管内大量繁殖和快速传播扩张，从而引起植株萎蔫死亡。

广藿香青枯病病原菌传播途径多，可以从移栽造成的根部损伤及风雨后造成的伤口入侵，还可以通过带病种苗、土壤、灌溉水、农具和人、畜活动等途径传播。青枯菌寄主范围广，生理分化明显，潜伏在周围的植物和土壤中，并可以在土壤和病残组织中越冬，连作的土地发病更为严重。此外，广藿香青枯病危害日益严重且病原菌耐药性不断增加的原因，可能是在与青枯菌的其他寄主轮作、互作过程中，病原体间交叉感染，病原长期积累及与寄主协同进化，使得广藿香青枯病病原菌的组成趋于复杂，且呈动态变化引起的。徐燃等对青枯菌浸染广藿香的组织病理学研究结果显示，青枯菌对广藿香具有强的亲和性，侵染速度快，青枯菌及其胞外致毒素能直接破坏寄主维管组织，使得水分运输受阻，造成植株枯萎死亡。

流行规律　广藿香青枯病可在整个生长期发生，但以盛夏的高温多雨季节发病最盛。病菌主要从移栽造成根部损伤及风雨后造成的伤口侵入，破坏输导组织。如果栽培地排水不良，发病较普遍和严重。广藿香青枯病在每年的清明节到初夏（高温、多雨季节），平均发病率为 9%～12%；夏季到秋季（高温、台风雨时节），平均发病率为 8%～10%，苗圃发病率达到 70%；冬季到翌年清明节前（低温、少雨季节），平均发病率为 3%～5%。

防治方法　田间应采取农业综合防治措施，加强栽培管理，如适时移栽、减少苗木根部损伤、轮作、清洁田园、合理施肥等农业措施也可以降低染病概率。可杀得 2000 铜基杀菌剂对广藿香青枯病菌有一定的抑制作用。

参考文献

佘小漫，何自福，罗方芳，2012. 广东广藿香青枯病病原菌鉴定 [J]. 植物病理学报，42(6): 569-576.

杨春雨，魏建和，张争，等，2011. 万宁广藿香青枯病菌生物变种和生理小种调查 [J]. 中国药业，20(22): 91-92.

杨玉秀，贺红，徐燃，等，2013. 广藿香青枯菌的 PCR 鉴定与寄主专化性研究 [J]. 广州中医药大学学报，30(4): 566-571.

（撰稿：刘军民、詹若挺；审稿：丁万隆）

图 1　广藿香青枯病发病植株（詹若挺提供）

图 2　广藿香青枯病菌（詹若挺提供）

桂花叶点病　sweet osmanthus leaf spot disease

由木樨叶点霉引起的一种桂花叶片病害。

发展简史　该病害 1988 年在浙江有报道，1993 年在云南昆明也有发现，随后在澳门、厦门、南宁等地陆续有报道。

分布与危害　国内分布广泛，常见于江苏、四川、重庆、云南、贵州等地。危害桂花的老叶，嫩叶很少受害。首先在叶缘，尤其在叶尖出现不规则形病斑，呈褐色、红褐色。随着病斑向叶片中部和基部的扩展，其中部颜色变浅，呈灰色，病健交界处红褐色或黄褐色；后期病斑出现同心轮状排列或散生的黑色小点，即病原菌的分生孢子器。病叶会枯萎，但大多不脱落，能长期残留于植株上，危害严重时枝枯，长势明显减弱。

病原及特征　病原为叶点霉属的木樨叶点霉（*Phyllosticta osmanthi* Tassi）。分生孢子器近球形，直径 185～360μm，分生孢子椭圆形、卵形、单细胞、无色透明，具有 2 个油滴，孢子大小为 14～31μm×23～31μm（见图）。

侵染过程与侵染循环　在南方地区，病原菌以菌丝体或分生孢子器在病叶上越冬。第二年分生孢子器中产生大量分生孢子，成熟后通过风雨传播到临近植株上。

流行规律　干旱、土壤通透性差、树势衰弱、虫害严重等情况下易发病。

防治方法　加强养护管理，防旱防涝，增强树势。清除病叶，集中并烧毁。适时化防，于 2 月下旬和 8 月喷施 1∶1∶160 的波尔多液或 0.3～0.5 波美度的石硫合剂预防；发病期用 50% 的多菌灵、50% 退菌特、70% 甲基托布津或 65% 代森锌 600～800 倍液防治，每隔 7～10 天喷施 1 次，连续 3～4 次。

参考文献

任玮，1993. 云南森林病害 [M]. 昆明：云南科技出版社 .

杨翠莲，2001. 桂花病虫害防治技术 [J]. 林业建设 (4): 30-32.

（撰稿：赵瑞琳；审稿：叶建仁）

桂花叶点病（李楠绘）

①症状；②病原菌分生孢子器；③病原菌分生孢子

过敏反应　hypersensitive response, HR

植物对不亲和性病原物侵染表现的高度敏感的防卫反应，其典型特征是在病原微生物的侵染细胞点及其邻近细胞迅速死亡，病原物被遏制在死亡的组织中。过敏反应的触发机制是植物中的抗病蛋白（resistance protein，R 蛋白）识别病原物的效应蛋白（effector）从而诱导植物产生级联防卫反应，被识别的病原物效应因子也被称为无毒蛋白（avirulent protein，Avr）或激发子（elicitor）。过敏反应是植物监测到病原物的侵染时主动诱导的一种细胞程序化死亡（programmed cell death，PCD）。在过敏反应的初始阶段，抗病蛋白的激活引发离子流，包括氢氧根和钾离子流出细胞，以及钙离子和氢离子流入细胞。在随后的阶段，细胞通过产生活性氧、超氧阴离子、过氧化氢、羟基自由基和一氧化氮等物质形成活性氧迸发，这些化合物进一步通过引发脂质过氧化和脂质损伤影响细胞膜功能。在活性氧物质存在的条件下，细胞离子组分会发生改变，其他细胞组分会发生分解，这会进一步导致细胞死亡并形成局部坏死。活性氧物质也能够引起木质素和胼胝质的沉积，这些物质有助于加固侵染点周围的细胞壁，制造屏障阻止病原菌进一步的扩散。过敏反应的过程中除了诱导产生细胞程序化死亡，还能诱导植物产生病程相关蛋白（pathogenesis-related protein，PR 蛋白）和植物保卫素等抗性物质的产生，进而进一步抑制病原物的定殖。植物局部组织的过敏反应还能诱导植物的系统获得抗性（systemic aquired resistance，SAR），最终抑制病原物扩散到植物的其他组织。过敏反应是植物上发生的最为普遍的防卫机制之一，对真菌、细菌、病毒和线虫等多种病原物普遍有效。

参考文献

HEATH M C, 2000. Hypersensitive response-related death[J]. Plant molecular biology, 44(3): 321-334.

LAM E, KATON, LAWTON M, 2001. Programmed cell death, mitochondria and the plant hypersensitive response[J]. Nature, 411(6839): 848-853.

LAMB C, DIXON R A, 1997. The oxidative burst in plant disease resistance[J]. Annual review of plant physiology and plant molecular biology, 48: 251-275.

（撰稿：陶小荣；审稿：陈东钦）

H

海棠白粉病　crabapple powdery mildew

由白叉丝单囊壳引起的危害海棠幼芽、新梢、嫩叶、花、幼果的一种真菌性病害。

分布与危害　苹果属植物种植区域均有发生。苹果属植物的幼芽、新梢、嫩叶、花、幼果均可受害。受害芽干瘪尖瘦；病梢节间缩短，发出的叶片细长，质脆而硬；受害嫩叶背面及正面布满白粉。花器受害，花萼、花梗畸形，花瓣细长。病果多在萼洼或梗洼处产生白色粉斑，果实长大后形成锈斑（见图）。

病原及特征　病原为白叉丝单囊壳［*Podosphaera leucotricha*（Ell. et Ev.）Salm.］，无性阶段为粉孢属（*Oidium* sp.），病部的白粉状物是该菌的菌丝体及分生孢子。菌丝主要在病斑表面蔓延，以吸器伸入细胞内吸收营养物质；发病严重时，菌丝有时亦可进入叶肉组织内。菌丝无色透明，多分枝，纤细并具隔膜。菌丝发展到一定阶段时，可产生大量分生孢子梗及分生孢子，致使病部呈白粉状。分生孢子梗短棍棒状，顶端串生分生孢子。分生孢子无色、单胞、椭圆形。病部产生的黑色颗粒状物为门粉病菌的闭囊壳。闭囊壳球形，暗褐色至黑褐色，闭囊壳上有两种形状的附属丝，一种在闭囊壳的顶端，有3～10根，长而坚硬，上部有1～2次二叉状分枝，但多数无分枝；另一种在基部，短而粗，菌丝状。1个闭囊壳中只有1个子囊，椭圆形或近球形，内含8个子囊孢子。子囊孢子无色、单胞、椭圆形。

海棠白粉病症状（王爽摄）

侵染过程与侵染循环　病菌以菌丝在冬芽的鳞片间或鳞片内越冬。春季冬芽萌发时，越冬菌丝产生分生孢子经气流传播侵染。

流行规律　4～9月为病害发生期，其中4～5月气温较低，枝梢组织幼嫩，为白粉病发生盛期。6～8月发病缓慢或停滞，待秋梢出现产生幼嫩组织时，又开始第二次发病高峰。春季温暖干旱，有利于病害流行。

防治方法

栽培防治　减少菌源。结合冬季修剪，剔除病枝、病芽；早春及时摘除病芽、病梢。加强管理。施足底肥，控施氮肥，增施磷、钾肥，增强树势，提高抗病力。

化学防治　春季开花前嫩芽刚破绽时，喷施药剂保护，开花10天后，结合防治其他害虫害，再喷药1次。首选药剂戊唑醇、醚菌酯；有效药剂苯醚甲环唑、腈菌唑、氟硅唑、三唑酮等。

生物防治　保护菌食性瓢虫。如十二斑褐菌瓢虫［*Vibidia duodecimguttata*（Poda）］、十六斑黄菌瓢虫［*Halyzia sedecimguttata*（Linnaeus）］、梵文菌瓢虫［*Halyzia sanscrita* Mulsant］等。

参考文献

北京市颐和园管理处，2018. 颐和园园林有害生物测报与生态治理 [M]. 北京：中国农业科学技术出版社.

邱强，2004. 中国果树病虫原色图鉴 [M]. 郑州：河南科学技术出版社.

邱强，2013. 果树病虫害诊断与防治彩色图谱 [M]. 北京：中国农业科学技术出版社.

（撰稿：王爽；审稿：李明远）

海棠斑点落叶病　crabapple blotch

由链格孢苹果专化型引起的，侵染叶片、幼芽、果实，造成海棠叶片脱落的真菌病害。

发展简史　斑点落叶病是1956年在日本的苹果上被首次发现。中国自20世纪70年代后期开始，陆续有该病发生危害的报道，80年代以后在渤海湾、黄河故道、江淮等地的种植区普遍发生，在中国北方苹果主产区迅速蔓延。全球有50%以上的苹果属植物生产受到该病威胁。

分布与危害　在世界范围内发生，亚洲产区危害最为严重，已成为中国苹果主产区的三大病害之一。在海棠观赏上主要危害嫩叶，也危害嫩枝及果实。特别是展叶 20 天内的嫩叶易受害。病原菌感染叶片后会出现直径为 2～5mm 的棕色或黑色病斑，其中一些病斑可合并或在叶片上呈现二次扩张，逐渐演变为不规则的枯斑，导致叶片枯焦脱落，严重影响果实产量；天气潮湿时，病斑反面长出黑色霉层。幼嫩叶片受侵染后，叶片皱缩、畸形。叶柄及嫩枝受害后产生椭圆形褐色凹陷病斑，造成叶片易脱落和柄易折、易枯。病原菌感染 1 年生枝条或徒长枝时，会出现褐色或灰褐色病斑，严重时会导致枝条边缘出现裂缝，影响正常的营养运输。病原菌感染幼果时，最先出现 1～2mm 边缘呈微红色的圆形病斑，后期逐渐发展成黑色发亮的小斑点，并且在病健交界处常形成龟裂，病斑不随清洗脱落，仅限于病果表皮，但有时皮下浅层果肉可呈干腐状木栓化。近成熟果实果面产生褐色斑点，周围有晕圈。果心受害后产生黑褐色霉层，可扩大至果肉。该病盛行时，会造成大片中下部叶片脱落，对海棠的花芽形成、正常生长、光合作用等造成重大危害，影响花、叶、果的观赏效果，造成园林景观的缺失（见图）。

病原及特征　病原为链格孢苹果专化型（*Alternaria alternata* f. *sp. mali*），属链格孢属。分生孢子梗丝状，有分隔，顶端串生 5～13 个分生孢子（通常为 5～8 个）。分生孢子褐色或暗褐色，形状差异很大，呈倒棍棒状、纺锤形、椭圆形等，具 1～5 个横隔，0～3 个纵隔，顶端有短喙或无，表面光滑，有的有突起，大小为 9.1～12.2μm×24.2～48.4μm。斑点落叶病病菌可能存在不同生理分化，而且随着栽培品种的变化，不断产生致病力更强的新的生理分化型。

侵染过程与侵染循环　病菌以菌丝在受害叶、枝条或芽鳞中越冬，翌春产生分生孢子，随气流、风雨传播，从皮孔侵入进行初侵染。分生孢子每年有两个活动高峰：第一个高峰从 5 月上旬至 6 月中旬，孢子量迅速增加，致春秋梢和叶片大量染病，严重时造成落叶；第二个高峰在 9 月，这时会再次加重秋梢发病严重度，造成大量落叶。受害叶片上孢子形成在 4 月下旬至 5 月上旬，枝条上 7 月才有大量孢子产生，所以叶片上形成较枝条上早。病害潜育期随温度不同而异，17℃ 时潜育期 6 小时，20～26℃ 时为 4 小时，28～31℃ 时为 3 小时，17～31℃ 时叶片均可发病。

流行规律　斑点落叶病发生轻重与流行程度取决于春秋 2 次抽梢期间的降水量、空间湿度、叶龄等因素。高温多雨病害易发生，春季干旱年份，病害始发期推迟，夏季降水多，发病重。新梢旺盛生长期，斑点落叶病菌大量侵染的决定性天气条件为在 24 小时内降水量与降雨持续时间的乘积至少要达到 12，且降雨开始后空气相对湿度维持在 90% 以上至少 10 小时，这种气象条件即可造成斑点落叶病菌的大量侵染，并导致病斑的大量出现。叶龄在 30 天以内的叶片较易感病，12～24 天的叶片发病率较高，平均感病率为 21.7%～30.4%，30 天以上的叶片发病逐渐减轻，36 天以上的叶片基本无病害发生。此外，感病的难易还与品种有关。此外，树势较弱、透风透光不良、地势低洼、地下水位高、枝细叶嫩均易发病。

防治方法

栽培防治　清洁果园。冬初将病叶清除烧毁，剪除病梢。7 月及时剪除徒长枝病梢，减少侵染源。

化学防治　春梢期和秋梢期多受害重，药剂防治重点是保护春梢和秋梢的嫩叶不受害。首选药剂有戊唑醇、吡唑醚菌酯，均匀喷雾，每季施药 3～4 次，间隔 7～14 天。发病轻或作为预防处理时使用低剂量，发病重或作为治疗处理时使用高剂量。不同作用机制的杀菌剂轮换使用。

生物防治　沤肥浸渍液含有有益微生物、代谢物质及营养成分，用于植物体时有营养树体、诱导抗病的作用。可筛

海棠斑点落叶病症状（王爽摄）

选内生拮抗细菌，如芽孢杆菌等对斑点落叶病进行生物防治。

参考文献

北京市颐和园管理处，2018. 颐和园园林有害生物测报与生态治理 [M]. 北京：中国农业科学技术出版社.

陈莹，2013. 苹果黑星病菌及斑点落叶病菌的寄主应答反应研究 [D]. 北京：中国农业科学院.

胡晓璇，2018. 苹果 NBS-encoding 基因对苹果斑点落叶病病菌侵染的响应 [D]. 南京：南京农业大学.

（撰稿：王爽；审稿：李明远）

海棠腐烂病　crabapple *Valsa* canker

由苹果黑腐皮壳引起，危害海棠的主枝、主干以及小枝的皮层部分，使皮层腐烂坏死，是海棠种植区最重要的病害之一。

发展简史　海棠腐烂病与苹果树腐烂病病原一致。苹果树腐烂病于 1903 年在日本发现，1909 年宫部和山田将其定名为 *Valsa mali* Miyabe et Yamada，其无性型产生壳囊孢属（*Cytospora*）的分生孢子器。随后，被三浦、富樫浩吾所证实，并为各国所采用。中国最早于 1916 年在辽宁南部地区发现苹果树腐烂病，至今该病在中国已有过多次大流行，造成了严重的经济损失。1972 年，小林享夫根据子囊菌分类系统，结合无性世代的研究结果，认为苹果属植物上的 *Valsa mali* 与阔叶树上的 *Valsa ceratosperma* 在形态、培养性状、寄主范围上一致，属于同物异名，主张 *Valsa mali* 应该归属于 *Valsa ceratosperma* 之中，因此，将苹果树腐烂病菌的学名更名为 *Valsa ceratosperma*（Tode et Fr.）Maire。然而，随后越来越多的研究认为来自于苹果树的 *Valsa ceratosperma* 和来自于其他阔叶树的 *Valsa ceratosperma* 分离株并不是同一个物种，它们在诸多方面存在较大的差异。1991 年 Kanehira 通过研究分别来自于苹果树的 *Valsa ceratosperma* 分离株和来自于其他阔叶树的分离株所产生的同工酶谱，认为这两者存在比较大的差异。1997 年 Suzaki 调查发现来自于苹果树的 *Valsa ceratosperma* 分离株对根皮苷具有一定的降解能力，同时对休眠期的苹果枝条也具有一定的致病性，而来自于阔叶树的 *Valsa ceratosperma* 分离株则没有这样的能力。随后，1998 年 Suzaki 通过对这两者的 rDNA-ITS（Internal Transcribed Spacer）区段的 PCR 扩增产物的 *AluI, HaeIII, HpaII, SamI* 四种酶切图谱的比较发现，来自于苹果树的 *Valsa ceratosperma* 分离株具有相同的带型，来自于其他阔叶树的 *Valsa ceratosperma* 分离株也具有相同的带型，但是这两者之间的酶切图谱却是不同的，表明这两者之间具有一定的遗传差异性。2005 年 Adams 等通过形态学和 rDNA-ITS 序列对壳囊孢 *Cytospora* 的多个种，以及其所对应的 *Valsa* 种类进行了比较系统的研究，研究结果表明 *Valsa ceratosperma*（Tode et Fr.）Maire 在形态上都属小孢子型，但在分子系统发育分析中却分散于几个差异很大的分支中，存在几个不同的谱系。根据其他一些形态特征和培养性状的差异，将其划分为 3 个不同的种类：将来自于桉树（*Eucalyptus*）

上的标本命名为新种 *Valsa fabianae*；将来自于栎属（*Quercus*）和水青冈属（*Fagus*）树木上的标本作为 *Valsa ceratosperma sensu stricto*；日本苹果树上的分离株与前两种的 ITS 核苷酸序列差异很大，将其作为 *Valsa ceratosperma sensu* Kobayashi。2012 年，黄丽丽课题组通过形态学观察和 rDNA-ITS 等序列分析，明确了中国苹果树腐烂病菌由 3 个种类组成，即 *Valsa mali* Miyabe et Yamada、*Valsa malicola* Z.Urb 和 *Valsa persoonii*（= *Leucostom persoonii*）；*Valsa mali* 种下又可以划分为两个不同的变种，即 *Valsa mali* var. *mali*（Vmm）和 *Valsa mali* var. *pyri*（Vmp），其中 Vmm 是中国苹果树腐烂病最主要的致病菌；来自于苹果或野苹果的 *Valsa cerastosperma* 与 *Valsa mali* 是同物异名，但其与来自其他阔叶树的 *Valsa cerastosperma* 有比较大的遗传差异。苹果树腐烂病菌的不同菌株之间存在丰富的遗传多样性，不同地理区域种群体间的差异相对较小。

海棠腐烂病最早见吴玲等人 1995 年对西府海棠腐烂病的报道，组织分离和致病性测定，确定病原学名为 *Valsa mali*，2017 年邹红竹等人对北京地区引种的北美海棠的不同品种感染的腐烂病进行分离、形态学及 rDNA-ITS 序列分析证实 *Valsa mali* 是引起北京地区观赏海棠腐烂病的病原菌。

分布与危害　海棠种植区域均有发生。在海棠的日常养护中，尤以腐烂病较难防治。海棠腐烂病是一种枝干病害，其主要危害果树主枝和主干的皮层部分，幼树和苗木也可以被侵染。常引起树干上疤痕累累，树冠残缺不全，得病的树木经过 2～3 年的发展即可死亡，是一种毁灭性病害。其症状可以分为溃疡和枝枯两种类型，这两种类型在林间都比较常见，在发病盛期，病斑多为溃疡型；而在发病末期，病斑则以枝枯型为主。溃疡型腐烂的典型症状是树皮的受害部位变为红褐色，呈水浸状软腐，病部稍肿胀，手压病部凹陷并流出有酒糟味的黄色汁液。病皮易撕裂，腐烂皮层鲜红褐色，有酒糟味。病部以后干缩凹陷，呈灰褐色或者棕褐色，表面弥生大量的小黑点，即病菌的子实体。枝枯型的症状主要发生于 4～5 年生以下的小枝上。其病部开始呈现红褐色，略潮湿肿起，很快变干、下陷，边缘不明显，形状不规则。病组织褐色或暗褐色，质地松散，糟烂，往往烂到相接的大枝上，引起大枝发病，或者绕小枝烂到一圈，使病部以上小枝枯死。发病后期，病皮表面长出较密的小黑点，即病菌的子座，天气潮湿时，从中涌出黄色的丝状孢子角（见图）。北京、山东、河北、山西、吉林、陕西、河南等绿地内的观赏海棠均有腐烂病的发生。不仅西府海棠、垂丝海棠等传统海棠易感病，北京地区引种的北美海棠也有不同程度的腐烂病发生，严重影响海棠的观赏价值。已报道腐烂病的寄主除苹果属（*Malus*）以外，还包括梨属（*Pyrus*）、杨属（*Populus*）、桑属（*Morus*）、榆属（*Ulmus*）、柳属（*Salix*）、槐属（*Sophora*）、桃属（*Amygdalus*）、杏属（*Armeniaca*）、紫穗槐属（*Amorpha*）等多种被子植物。

病原与特征　病原菌有性态为苹果黑腐皮壳（*Valsa mali* Miyabe et Yamada），属黑腐皮壳属。子囊壳生于内子座内，子囊壳球形，大小为 315～520μm×240～400μm，具长颈，颈长 400～850μm，有孔口，子囊无色，长椭圆形，23～42μm×4.7～7μm，子囊内有 8 个子囊孢子，子囊孢子香蕉

海棠腐烂病症状（王爽摄）

①②发病盛期溃疡症状；③④发病末期枝枯症状；⑤子座；⑥分生孢子角；⑦⑧夏秋季病斑多为表面溃疡仅局部扩展较深；
⑨表层溃疡边缘可见腐烂病白色菌丝团

状，4.5～11μm×0.75～2.1μm。无性态为壳囊孢属（*Cytospora*），分生孢子器生于外子座中，1个子座包藏1个分生孢子器，分生孢子器多室，形状不规整，有一个孔口，分生孢子器295.5～394μm×250.5～360μm，分生孢子无色，单胞，香蕉状，3～10μm×0.5～1.7μm。

海棠腐烂病具有潜伏侵染特性，腐烂病菌侵入寄主后，先在树皮的表层死伤组织中定殖，当树体健壮时，病菌可以较长时间呈潜伏状态，不立即扩展致病；当树体或者局部组织衰弱时，潜伏的病菌活跃起来，向健康的组织扩展危害，引起病部皮层腐烂。外观无症状的海棠树皮，往往带有病菌。枝条带菌，各地普遍存在，即使在腐烂病罕见的地区，枝条也带有病菌。因此，树势衰弱是腐烂病发生主要的病因。海棠腐烂病菌是寄生性很弱的兼性寄生菌。病菌只能从海棠的表皮伤口入侵已经死亡的皮层组织。这种伤口包括自然因素造成的伤口和人为因素制造的伤口两大类，自然因素造成的伤口主要包括叶痕、果柄痕、芽眼、皮孔以及因为低温而造成的冻伤和局部高温造成的灼伤；而人为因素造成的伤口，主要是指在养护管理过程中不可避免地造成的修剪伤

口和机械损伤。在自然条件下主要从剪锯口侵染，树皮烂透后，菌丝进入木质部表层可在其中存活3～5年，难以铲除。进入木质部的菌丝蔓延到病疤四周树皮引起树皮腐烂，是导致旧疤重犯的主要原因。除此之外，温度、湿度、pH对海棠树腐烂病菌孢子的萌发具有一定的影响。当病菌的孢子到达于侵染的伤口部位，并遇到适宜的温度、湿度和营养条件时，孢子即萌发并侵入死组织中。菌丝首先在死组织中生长，分泌毒素和各种酶类物质杀死周围的细胞，菌丝则进一步扩展到这些被杀死的细胞中，逐渐扩大危害的范围，造成皮层的腐烂。从病菌与组织接触并侵入到形成腐烂病斑，适宜条件下一般需要7～15天，有时需要35天甚至更长时间。子囊孢子在苹果树皮煎汁、干杏煎汁、葡萄糖液、蔗糖液和麦芽糖液中均可以萌发。子囊孢子的萌发最适温度分别为19℃左右。分生孢子在15～28℃的温度范围内均可以萌发，最佳的萌发温度为25～28℃。分生孢子的萌发需要饱和的相对湿度。分生孢子萌发的pH 2.14～7.10，最适pH5.10～6.10。而这个pH条件刚好与海棠树皮的浸出液pH相吻合，说明海棠伤口的浸出液可以为病原菌的萌发提供合

H

适的酸碱条件，有利于病菌的萌发和侵染。而光照条件对孢子萌发的影响较小。

侵染过程与侵染循环　海棠腐烂病菌全年均可以侵染果树，在一年当中会有两次发病的高峰期。第一次发病高峰期出现在每年的2月底或者3月初，在这个时期病株率高，病斑扩展比较迅速，危害较为严重；第二次发病高峰期出现在生长后期即晚秋时节。

从夏秋季病菌在落皮层组织扩展，树体出现表面溃疡开始发病，冬春季在果树休眠期进入发病盛期，至翌年树体进入生长期病菌活动停顿，发病盛期结束，是腐烂病的一个发病周期。

海棠腐烂病菌主要以菌丝体、分生孢子器、孢子角、子囊壳以及子囊孢子等在林间病株和修剪下来的残枝上越冬。发生再侵染的主要是分生孢子，而春季是分生孢子产生的特大高峰期。腐烂病菌主要通过风雨传播。由于腐烂病菌的孢子常与胶体物质一起形成分生孢子角，所以很难被风力吹散；只有在水滴中，孢子角才能充分溶解并分散，并且随着雨露的流淌和雨滴的飞溅而扩大病菌的传播范围。另外，黏质的孢子也可以黏附于一些昆虫的体表，并随着昆虫的活动而得到传播。

流行规律　海棠腐烂病的大面积流行与气象条件具有密不可分的关系。温度条件是影响腐烂病病情消长的主要因素。由于腐烂病菌的分生孢子主要靠雨水的飞溅而进行传播，因此，在孢子角出现时节的降雨量对腐烂病的大面积流行产生重要的影响。腐烂病的流行程度与3月和12月的月平均温度，8月的相对湿度和7月的降水量密切相关，其中3月的月平均温度对预测结果的影响最大。

在北方地区，海棠腐烂病的发生和流行与冻害有密切的关系。当晚秋低温来得早，或是晚秋多雨，或多雨并伴温度偏高，海棠往往不能及时进入休眠期。树木在越冬准备不足的情况下，加上初冬温度骤降，或低温持续时间过长，就会导致冻害。冻害的发生大大降低了树木抵御病原菌侵染的能力，为病原菌侵入寄主创造了良好的条件。

树势是诱发腐烂病的重要因素之一，凡是可以引起树木生长势衰弱的因素，对腐烂病的发生都具有一定的促进作用。诸如立地条件不好或土壤管理差而造成根系生长不良，施肥不足，干旱，结果过多或大、小年现象突出，病虫害严重，修剪不当以及造成大伤口太多而造成的树势衰弱对腐烂病的流行都有一定的促进作用。而在生产实践中经常可以发现，老龄海棠病重，幼龄海棠病轻。树龄与腐烂病的发生明显相关，表现为随着树龄的增加腐烂病的危害逐渐加重。树体负载量过大的在大年后病情显著加重，而结果量少或适当的病情较轻。不疏花疏果的大年树，在糖、氮、碳的总含量上均低于疏果的小年树，在早春的总糖量和总氮量上，两者的相差就更大。大年树，树体储藏的营养减少，抗病力大大降低。

养护管理水平的高低在很大的程度上决定了某一地区腐烂病是否能够大面积发生流行。管理较好，早期落叶病防治及时的园区，腐烂病的发生较轻，反之，腐烂病的发生较重。园区内海棠栽植的密度与腐烂病的发生有很大的关系。栽植的密度越大，越容易引起腐烂病的流行。推断产生这种结果的原因是由于种植密度大通风透光的条件比较差，园内

的湿度较大，适宜于腐烂病菌分生孢子的萌发和侵染。园内病残体及时彻底地清除，比一般的生产措施能更有效地降低树冠内的腐烂病原体密度，从而抑制腐烂病的发生。春季树冠内腐烂病菌病原体密度与剪口死组织的当年发病率之间存在显著的相关性。施肥不当，偏施化肥，不施或少施有机肥，很容易造成土壤板结，影响根系的呼吸作用和对各种矿质元素和水分的吸收，从而导致生长势衰弱，为病菌的侵染创造了有利条件。合理的灌溉是影响树体水分含量的重要措施之一，树皮的充水度与树体愈伤能力的形成具有很大的关系。在同一温度条件下，树皮的充水度越高的枝条愈伤较快。充水度在80%以上，可顺利的形成愈伤周皮，而当充水度降低到70%以下时，即丧失愈伤能力。

防治方法　防治海棠腐烂病的侧重点应该是以提高树木的生长势为中心，以铲除枝干潜伏的病菌和遗留于林间的病残体为重心，及时治疗已经表现出症状的病斑，并对因修剪等林间操作造成的伤口进行及时处理，必要的时候结合使用对海棠腐烂病防治效果好的化学药剂进行化学防治等，多项措施综合治理。

栽培管理　培养壮树，增强树体在各个龄期的抗病能力，同时改善较密树枝的通风透光条件，降低树冠内空气相对湿度，减少枝干树皮的结水时间，降低病菌孢子的发芽率和侵染数量。和众多弱寄生菌所致的病害相似，在腐烂病的防治上，凡是生产上广泛应用的能促进树木生长发育，有利于提高抗寒能力的栽培措施都有助于提高抗病力。包括合理负载、合理施肥、合理灌溉、园区卫生、落皮层的处理等。其中起关键作用的是加强水肥管理，科学增施肥料和微生态制剂，疏花疏果，预防早期落叶。树皮充水度低，抵抗腐烂病扩展蔓延的能力低，病害就发展得快；水分供应及时，树皮有较高含水量，当树皮充水量高于80%时，病斑基本停止扩展，在树木发芽前灌溉有利于控制病害的发生。树木其他需水时间也应及时供给，从而培养壮树，增强树体抗病的综合能力。生长后期土壤水分过多容易造成枝叶贪青徒长，而树木根颈、杈桠、秋梢等部位休眠期晚，生长不充实容易受冻。因此，生长后期注意排涝并应结合喷药，秋季结合喷药混加0.1%～0.3%磷酸二氢钾，或每株施用2kg硫酸钾肥可提高树体的抗病抗冻抗寒能力。控制后期贪青徒长，对于预防观赏海棠因越冬准备不足而遭受冻害，还是有重要作用的。

外科防治　主要有刮治法、桥接或脚接法。在施药前一个重要措施是刮除表面溃疡和粗皮，挖除干斑，剪除干枯枝。不刮除病斑而仅靠表面涂药不能解决根本问题。仅注重春季检查刮治的做法应予以改进。该病的防治重点放在8月底到9月初，即夏、秋季刮除表面溃疡，入冬之前，结合刮老翘皮，清除没有烂到木质部的小病块。

化学防治　甲基硫菌灵、丙环唑、甲硫·萘乙酸和腐植酸·铜兼有抑菌、愈伤、预防、治疗的作用，既可抑制菌丝生长，又能促进伤口愈合，可用于早春对枝条的保护，刮除病斑后的治疗以及深秋清园对病残体的消除。45%丙环唑可用1500～2000倍稀释液喷施或涂抹。波尔多液、石硫合剂可用于枝干的预防保护；施纳宁（45%代森铵）有保护、治疗、清园的作用，但刺激性气味较大，在开放的公园绿地

中使用应注意避让游人，为避免灼伤叶面，尽量选择在休眠期稀释 500 倍喷施。

生物防治　微生态制剂利用促生防病有益内生芽孢杆菌，通过竞争占位、拮抗病菌、诱导植物抗性等生防机制达到调控病害提高树势的目的；微生物代谢产物青霉素能增强树体的抗病性，有效促进腐烂病伤口愈合等。植物源药剂如腐必清（松焦油）由红松根干馏提炼而成，主要成分为多酚杂环类化合物，渗透性强，对树干上的腐烂病有较强的预防和铲除作用。小檗碱、苦参碱、烟碱等生物碱是中草药中重要的有效成分之一，已尝试应用于腐烂病的防治。

选用抗性品种　2017 年邹红竹等人对北京植物园国际海棠品种登录园中树龄、立地条件一致的 22 个品种的观赏海棠进行了腐烂病抗病性测试，综合抗病性和观赏性状，建议推广的海棠品种有草原之火海棠、宝石海棠、印第安魔力海棠、红丽海棠、撒氏海棠、斯教授海棠、火焰海棠、阿达克海棠、雷蒙海棠、罗宾逊海棠、丽丝海棠、艾丽海棠和钻石海棠。

参考文献

北京市颐和园管理处，2018. 颐和园林业有害生物测报与生态治理 [M]. 北京：中国农业科学技术出版社.

曹克强，国力耘，李保华，等，2009. 中国苹果树腐烂病发生和防治情况调查 [J]. 植物保护，35（2）：114-116.

陈策，2009. 苹果树腐烂病发生规律和防治研究 [M]. 北京：中国农业科学技术出版社.

吴玲，薛玲，1995. 西府海棠腐烂病研究 [J]. 园林科技信息（1）：24-25.

臧睿，2012. 中国苹果树腐烂病菌的种群组成、分子检测及其 ISSR 遗传分析 [D]. 杨凌：西北农林科技大学.

邹红竹，2017. 北京地区观赏海棠腐烂病病原菌鉴定及抗腐烂病品种筛选 [D]. 北京：中国林业科学研究院.

（撰稿：王爽；审稿：李明远）

海棠褐斑病　crabapple brown spot

由苹果链格孢的强毒株系侵染所引起的、发生在苹果上的病害。又名海棠褐纹病。

分布与危害　在世界各苹果产区均有发生。主要分布于中国、美国、新西兰和津巴布韦等国，日本、朝鲜半岛发生较重。病菌侵染成长叶，使叶片产生大斑病。在叶中部或边缘形成椭圆形至不规则形病斑，其边缘色深，中部色浅，边缘稍隆起，中央灰褐色似有同心轮纹，空气湿度大时，可见到深褐色至黑色小点，用放大镜看病症，多有黑色绒毛状物（见图）。

病原及特征　病原为苹果链格孢（*Alternaria mali* Roberts）。分生孢子梗暗色，单枝，长短不一，顶生不分枝或偶尔分枝的孢子链；分生孢子暗色，有纵横隔膜，倒棍棒状，椭圆形或卵形，常形成链，单生的较少，顶端有喙状的附属胞。

侵染过程与侵染循环　以菌丝和分生孢子在病落叶上

海棠褐斑病症状（伍建榕摄）

越冬。翌年苹果展叶期借雨露雾水萌发，随风雨或气流传播，侵染幼嫩叶片。春天气温上升到 15℃ 左右，天气潮湿时，产生分生孢子，随气流、风雨传播，在叶面有雨水和湿度大、叶面结露时，病菌在水膜中萌发，从皮孔侵入进行初侵染，温度为 20～30℃，叶片有 5 小时水膜，病菌可完成侵入。在 17℃ 时，侵入病菌经 6～8 小时的潜育期即可出现症状。病菌从侵入到发病需要 24～72 小时。生长期田间病叶不断产生分生孢子，借风雨传播蔓延，进行再侵染。

流行规律　一年有 2 个发病高峰期。第一高峰从 5 月上旬至 6 月中旬，孢子量迅速增加，导致春秋梢和叶片大量发病，严重时造成落叶；第二高峰在 9 月，这时会再次加重秋梢发病程度，造成大量落叶。不同品种的发病情况有明显差别，如富士、金冠等抗病。展叶后，雨水多、降雨早，则田间发病早。在夏、秋季，空气湿度大、高温闷热时，也有利于病原产孢和发病。果园密植，树冠郁闭，杂草丛生，树势较弱，地势低洼均易发病。此外，树势衰弱、通风透光不良、地下水位高、枝细叶嫩及沿海地区等均容易发病。此外，叶龄与发病也有一定关系，一般感病品种叶龄在 12～21 天时最易感病。

防治方法

农业防治　在夏秋季，尤其连绵几天下雨以后，病叶易产生明显病症，以秋季发生较普遍，冬春季是预防的好时机；病原菌在病落叶上越冬，防治宜在秋末彻底清除落叶烧毁，减少翌年春季的初侵染来源。

化学防治　夏、秋季初病时，此时叶片有不规则枯斑，可喷 50% 多菌灵 800～1000 倍液，或 65% 的代森锌 500～800 倍液，或 70% 甲基托布津 1000 倍液进行治理。每 7～10 天喷药 1 次，共喷 3～4 次。有较好效果。

参考文献

郭书普，2010. 新版果树病虫害防治彩色图鉴 [M]. 北京：中国农业大学出版社：1-23.

张天宇，2003. 中国真菌志：第十六卷　链格孢属 [M]. 北京：科学出版社.

（撰稿：伍建榕、韩长志、姬靖捷、吴峰婧琳；审稿：陈秀虹）

海棠花叶病毒病 crabapple mosaic virus disease

由苹果花叶病毒引起的，危害海棠叶部的一种病毒病。

分布与危害 海棠种植区均有发生，分布普遍。危害主要表现在叶片上，由于品种的不同和病毒株系间的差异，可形成以下几种症状。①斑驳型。病叶上出现大小不等、形状不定、边缘清晰的鲜黄色病斑，后期病斑处常常枯死。在一年中，这种病斑出现最早，而且是花叶病中最常见的症状。②花叶型。病叶上出现较大块的深绿与浅绿的色变，边缘不清晰，发生略迟，数量不多。③条斑型。病叶支叶脉失绿黄化，并延及附近的叶肉组织。有时仅主脉及支脉发生黄化，变色部分较宽；有时主脉、支脉、小脉都呈现较窄的黄化，使整叶呈网纹状。④环斑型。病叶上产生鲜黄色环状或近环状斑纹，环内仍呈绿色。发生少而晚。⑤镶边型。病叶边缘的锯齿及其附近发生黄化，从而在叶缘形成一条变色镶边，病叶的其他部分表现正常，这种症状仅在少数品种上可以偶尔见到。在自然条件下，各种症状可以在同一株、同一枝甚至同一叶片上同时出现，但有时也只能出现一种类型。在病重的树上叶片变色、坏死、扭曲、皱缩，有时还可导致早期落叶。花叶病叶上容易发生其他叶部病害；病株新梢节数减少，而造成新梢短缩；病树果实不耐储藏，而且易感染炭疽病（见图）。

病原及特征 病原为苹果花叶病毒（apple mosaic virus，ApMV）。病毒粒体为圆球形，大小有两种，直径分别为25nm和29nm。根据交互保护反应试验，将苹果花叶病毒区分为3个株系，即重型花叶系、轻型花叶系和沿脉变色系。三者之间没有截然可分的特异性症状，只是在症状类型的比例及严重程度上有所不同。

侵染过程与侵染循环 海棠感染花叶病后，便成为全株性病害，只要寄主仍然存活，病毒也一直存活并不断繁殖。病毒主要靠嫁接传播，无论砧木或接穗带毒，均可形成新的病株。此外，菟丝子可以传毒。

流行规律 嫁接后的潜育期长短不一，一般在3～27个月。症状表现与环境条件、接种时间、供试植物的大小等有关。气温10～20°C时，光照较强，土壤干旱及树势衰弱时，有利于症状表现；幼苗接种，潜育期一般较短。

防治方法

农业防治 ①严格植物检疫，挑选健株。②拔除病苗。在育苗期发现病苗及时拔除销毁，以防病害传播。③加强病树管理。对病树应加强肥水管理，增施有机肥料，适当重修剪；干旱时应灌水，雨季注意排水，以增强树势，提高抗病能力，减轻危害程度；对丧失结果能力的重病树和未结果的病幼树，及时刨除，改植健树，免除后患。

化学防治 春季发病初期，可试喷洒氨基寡糖水剂、植病灵乳剂或盐酸吗啉胍·铜可湿性粉剂，隔10～15天1次，连续2～3次。

参考文献

邱强，2004. 中国果树病虫原色图鉴 [M]. 郑州：河南科学技术出版社 .

邱强，2013. 果树病虫害诊断与防治彩色图谱 [M]. 北京：中国农业科学技术出版社 .

（撰稿：王爽；审稿：李明远）

海棠花叶病毒病症状（王爽摄）

海棠轮纹病　crabapple *Botryosphaeria* canker

由葡萄座腔菌引起，危害海棠的主枝、主干以及小枝的皮层部分，产生大量瘤状突起或溃疡，导致树皮粗糙、枝干坏死的海棠种植区最重要的病害之一。

发展简史　人类很早就开始了对轮纹病的研究，但由于葡萄座腔菌属（*Botryosphaeria*）真菌种类的分类学和亲缘关系的不确定，学术界对轮纹病的病原存在着近1个世纪的辩论和争议。因此，在各类出版物中轮纹病出现了不同的病原名称，归属关系十分混乱。轮纹病最初于1907年在日本报道，1921年鉴定为 *Macrophoma kawatsukai* Hara。1933年又定名为 *Physalospora piricola* Nose。1980年才鉴定为葡萄座腔菌属，认为轮纹病与干腐病（胴腐病）*Botryosphaeria berengeriana* 应该为同一种，但干腐病引起枝干溃疡，轮纹病（疣皮病）引起枝干树皮疣突粗糙，致病性有差异，1984年提出专化型的定名 *Botryosphaeria berengeriana* de Not. f. sp. *piricola*（Nose）Koganezawa et Sakuma。干腐病源于1919年发现 *Botryosphaeria ribis* Gross. et Dugg. 能侵害苹果树的枝干和果实，后来成为美国东南部苹果产区的重要病害。1954年认为 *Botryosphaeria ribis* 是 *Botryosphaeria dothidea*（Moug.）Ces. et de Not. 的异名。*Botryosphaeria dothidea* 在美洲、欧洲、大洋洲、非洲又被称之为白腐病（white rot）。1975年又指出 *Botryosphaeria ribis* 与 *Botryosphaeria dothidea* 不同，应是 *Botryosphaeria berengeriana* de Not. 的异名，以后干腐病一直采用该学名。2006年 Crous 修改 *Botryosphaeria* 属，在之前的 *Botryosphaeria* 属中只保留了 *Botryosphaeria dothidea* 和 *Botryosphaeria corticis*。除日本外，*Botryosphaeria berengeriana* 已不常用到。有关轮纹病菌和干腐病菌这两种病原的系统发育及分类地位一直是研究的热点。两者在形态上没有太大差异，接种果实均致果腐，仅在枝干的致病性上不同。中国学者通过对两种病菌的致病性比较，证明苹果轮纹病瘤和干腐病斑是由同一病菌引致的两种症状，当枝条正常生长时，病菌产生轮纹病瘤，当受到外界环境胁迫时，组织内病菌迅速扩展，诱发干腐病症状。将两种病菌接种后发病的病瘤和病瘤坏死进行组织分离，将得到的病菌与对应接种菌株进行 ITS 序列比对，其序列一致性均为100%。2012年国立耘等人对引起中国苹果属植物轮纹病的病原菌大量分离，并进行 ITS 序列测序和比对分析，证实中国苹果属轮纹病的病原菌为 *Botryosphaeria dothidea*。2015年孙广宇等人研究认为苹果属植物轮纹病病原有两种，分别是葡萄座腔菌（*Botryosphaeria dothidea*）和粗皮葡萄座腔菌（*Botryosphaeria kuwatsukai*），两种真菌在果实上引起的症状相似，而在枝干上，粗皮葡萄座腔菌引起典型的大型瘤突（3～4mm）及粗皮症状，葡萄座腔菌引起小型瘤突（0.7～1.0mm）。粗皮葡萄座腔菌在美国也存在。

关于观赏海棠轮纹病病原的研究，中国仅刘宝军等人于2007年报道，在山东泰安采集观赏海棠（*Malus* spp.）轮纹病组织，对病原菌进行分离纯化，回接健康海棠枝条确定其致病性，显微切片对其病原形态进行观察，初步确定观赏海棠轮纹病病原为 *Botryosphaeria berengeriana*，认为与苹果轮纹病的病原有所不同，但缺乏分子水平的证据。国外有研究表明在海棠中存在 *Botryosphaeria dothidea* 和该属其他的病原真菌。王金利等（2007）经 ISSR 系统发育分析，从海棠轮纹病标本的分离出的菌株与国外提供的 *Botryosphaeria dothidea* 菌株紧密地聚类在一起，无性世代为七叶树壳梭孢（*Fusicoccum aesculi*）。

分布与危害　关于海棠枝干轮纹病的调查研究，中国仅刘宝军等人报道不少国外观赏海棠品种在山东泰安发生枝干轮纹病，严重影响树势甚至引起枝干坏死，但未提及具体品种。北京地区西府海棠枝干轮纹病发生情况较为普遍，而且从欧美等地引进的现代海棠品种，也有发生，只是尚未引起相关方的注意。葡萄座腔菌属真菌的寄主范围非常广泛，分布范围几乎遍及整个地球，可以引起枝枯、溃疡、流胶或花果枯萎腐烂等症状，能侵染包含裸子植物和被子植物在内的几百个属以上的植物，包含七叶树属（*Aesculus*）、白蜡树属（*Fraxinus*）、苹果属（*Malus*）、杨属（*Populus*）、李属（*Prunus*）、栎属（*Quercus*）、松属（*Pinus*）、丁香属（*Syringa*）、桑属（*Morus*）等，其中不乏经济林、用材林和绿化林木及较为珍稀的树种。该属中，*Botryosphaeria dothidea* 危害寄主最多，是常见的病原菌、腐生菌和内生菌，引起的观赏树木病害已在许多国家有流行危害的记载。上海筹办"世博会"期间，大量从国外引入的北美枫香（*Liquidambar styraciflua*）、莲香树（*Cercidiphyllum japonicum*）、北美红栎（*Quercus rubra*）等彩叶树种就因葡萄座腔菌溃疡病流行而死亡严重。中国新发现或报道的由 *Botryosphaeria dothidea* 引起的观赏花木病害有逐渐增多之趋势，如牡丹（*Paeonia* spp.）溃疡病、红瑞木（*Tatarian dogwood*）溃疡病、七叶树（*Aesculus chinensis*）溃疡病、桂花（*Osmanthus fragrans*）叶斑病、山核桃（*Carya cathayensis*）干腐病、枣（*Ziziphus jujuba*）干腐病、石榴（*Punica granatum*）腐烂病，以及该属的其他种引起的白木香（*Aquilaria sinensis*）和雪松（*Cedrus deodara*）的枝枯病等，相关种植者和研究人员需要引起注意（见图）。

病原及特征　病原菌有性态为葡萄座腔菌［*Botryosphaeria dothidea*（Moug. ex Fr.）Ces. et de Not.］，属葡萄座腔菌属。有性子囊双层壁，56.8～81.5μm×14.8～22.3μm，子囊孢子半透明、薄壁、单细胞，20～27.5μm×7.5～10μm。无性态为七叶树壳梭孢（*Fusicoccum aesculi* Corda），载孢体有不同类型，从单室的分生孢子器型到复杂的多室的子座结构；分生孢子产孢细胞瓶梗形，向顶层出，第一个分生孢子以全壁芽生方式产生，分生孢子薄壁、透明、无隔、纺锤形，有绝对截形的基部，在同一位置增生导致环周加厚或向顶层出产生环痕，老的分生孢子产孢细胞是内壁芽生的，分生孢子大小变化较大。

侵染过程与侵染循环　轮纹病菌可通过皮孔、伤口及枝条表皮缝隙侵入，其中皮孔是最为主要的侵入途径。轮纹病菌侵染枝条后刺激寄主皮层细胞增生和木栓化，从而抑制轮纹病菌菌丝在寄主组织内生长和扩展，在枝干上形成轮纹病瘤；在病瘤的形成后期，病瘤外围细胞木栓化，将病组织与健康组织隔离，被隔离的皮层坏死脱落，形成"马鞍"翘起；当枝条因受干燥胁迫，叶片萎蔫时，病瘤和皮孔受抑制的菌丝能很快突破寄主的防御，在皮层迅速扩展，杀死皮层细胞，

海棠轮纹病症状（王爽摄）

①病瘤症状；②树皮凹陷皮下形成溃疡；③轮纹病引起树皮粗糙；④干腐症状

形成溃疡斑，进一步发展为典型的干腐症状。轮纹病菌产孢的最适温度为 25～30℃，当病斑被雨水润透后，病组织内的轮纹病菌即可发育产生分生孢子，降雨和高湿是孢子释放的必要条件；6～7 月枝条形成溃疡病斑，10 天内可形成分生孢子器，30 天内便能释放大量孢子；轮纹病菌的子囊孢子自 9 月初开始形成，直到翌年 6 月干腐病枝上仍能检测到子囊孢子。枝干轮纹病的侵染菌源主要来自枝干上的坏死皮层，干腐病斑产孢量最大，其次是病瘤周围的坏死组织，轮纹病瘤产孢量很少。

流行规律　海棠枝条自当年开始生长至落叶前，整个生长季都可能受到轮纹病菌的侵染。降雨是轮纹病菌孢子传播和侵染的必要条件。轮纹病孢子的萌发速度很快，超过 4 小时的连续降雨就能导致轮纹病菌孢子释放和传播。海棠枝条对轮纹病菌的抗侵染能力主要取决于皮孔的结构，如枝条上的皮孔密度、细胞的木栓化程度以及木栓化细胞的排列方式等；幼嫩枝条对轮纹病菌较为敏感，枝条完全木栓化，皮孔发育成熟后，抗性明显增强，与多年生枝条没有明显差异。

防治方法　由于葡萄座腔菌是条件致病菌，因此，轮纹病最好的防御方法就是保证植物健康，满足不同植物的养护需求，避免植物逆境和伤害，并做好环境卫生管理。同时雨季提前喷药保护枝干等多项措施，进行综合治理。

栽培防治　在园林绿化中正确地选择和布局植物，是获得健康而有活力的景观植物，抵抗葡萄座腔菌攻击的第一步。种植者应该仔细检查苗木，要避免购买有害虫寄生或遭受过伤害或胁迫的苗木。其次，满足不同树种喜好的生长条件；例如，美国紫荆（*Cercis canadensis*）和北美枫香（*Liquidambar styraciflua*）在遮阴条件下比全光条件下经历了更多更严重的葡萄座腔菌溃疡和枝枯病，而北美杜鹃（*Rhododendron canadense*）在全光条件下比遮阴条件下更容易感染葡萄座腔菌溃疡和枝枯病。很多环境胁迫因子，如高温、干旱、冰冻、土壤板结，使乔灌木易受葡萄座腔菌的侵染和定殖。目前发现的一些栽培问题有：修剪或其他农事操作中对植物组织造成伤害，栽植过深或过浅，在植物定植期没有及时灌溉，土壤酸碱度不当，在骤然和大幅度的降温的情况下没有及时对易感病的乔灌木进行保护，环境卫生差等。

选育抗病品种　对轮纹病有较强抗性的野生资源有海棠花（*Malus spectabilis*）、楸子（*Malus prunifolia*）、塞威氏苹果（*Malus sieversii*）、湖北海棠（*Malus hupehensis*）等，对轮纹病感病的有垂丝海棠（*Malus halliana*）、八棱海棠（*Malus robusta*）、西府海棠（*Malus micromalus*）等。

化学防治　丙环唑、苦参碱、苯醚甲环唑、氟硅唑、甲基硫菌灵、多菌灵、戊唑醇和醚菌酯对枝干轮纹病具有较好的防效，可探索林间应用并登记。在果树生产中，石硫合剂仍是早春管理的首选药剂，其次是多菌灵，使用方法主要是早春萌芽前喷施石硫合剂，生长季喷施多菌灵。从生产上来看，枝干轮纹病一旦形成粗皮，很难用直接喷药或涂药的方法铲除，而喷药保护枝干，防止病原菌孢子大量侵染就成为防治轮纹病的关键，因此，要特别注意 6～8 月生长季节的雨前喷药保护，如果没有做到，而降雨持续时间又超过 4 小时，则要及时喷施治疗剂铲除刚侵入的病菌。但是由于缺乏理想的治疗或铲除药剂，从苗期和幼树期就要开始药剂保护枝干不受轮纹病菌侵染，以防病菌在枝干上逐年积累，病原菌一旦侵入寄主体内，以上提到的任何药剂都难以铲除。

生物防治　赵白鸽等人从苹果树皮上分离得到枯草芽孢杆菌 *Bacillus subtilis* B-903，对轮纹病菌有明显的抑菌活性。解淀粉芽孢杆菌 *Bacillus amyloliquefaciens* PG12 对轮纹病有明显抑制作用。

参考文献

北京市颐和园管理处，2018. 颐和园林业有害生物测报与生态治理 [M]. 北京：中国农业科学技术出版社 .

程燕林，2012. 中国部分 Botryosphaeriaceae 真菌的系统发育及模式种 *Botryosphaeria dothidea* 的遗传多样性研究 [D]. 北京：中国林业科学研究院 .

国立耘，李金云，李保华，等，2009. 中国苹果枝干轮纹病发生和防治情况 [J]. 植物保护，35(4): 120-123.

刘宝军，韦广琴，刘振宇，等，2007. 观赏海棠轮纹病病原的初步研究 [C] // 王琦，姜道宏 . 中国植物病理学会第八届青年学术研讨会论文集 . 北京：中国农业科学技术出版社 : 30-31.

王金利，贺伟，陶乃强，等，2007. 树木溃疡病重要病原葡萄座腔菌属、种及其无性型研究 [J]. 林业科学研究，20(1): 21-28.

杨军玉，王树桐，曹克强，等，2014. 用于防治苹果病虫害的农药登记情况及田间应用情况比较分析 [J]. 北方园艺 (6): 196-201.

TANG W, DING Z, GUO L Y, et al, 2012. Phylogenetic and pathogenic analyses show that the causal agent of apple ring rot in China is *Botryosphaeria dothidea*[J]. Plant disease, 96(4): 486-496.

XU C, WANG C, SUN G, et al, 2015. Multiple locus genealogies and phenotypic characters reappraise the causal agents of apple ring rot in China[J]. Fungal diversity, 71: 215-231.

（撰稿：王爽；审稿：李明远）

海棠锈病　crabapple rust

由山田胶锈菌引起的，轻者造成海棠枯枝、叶黄脱落，重者导致海棠死亡的病害。

发展简史　1981 年，董其芬等人首次报道海棠锈病发病规律及防治技术。

分布与危害　海棠、圆柏种植区域均有发生。寄主为圆柏、翠柏、龙柏等，以及海棠等苹果属植物。严重圆柏病树菌瘿累累，造成大量针叶和枝条枯死。古柏受害，枝叶稀疏，树势减弱。海棠患病叶片枯黄，提早 1～2 个月脱落，影响坐果质量，感病严重的不能结实；嫩枝感病，病部隆起，后期裂开，枝条容易折断，还易引起溃疡病；幼果感病，病斑凹陷腐坏，生长停滞，果实畸形。

病原及特征　病原为山田胶锈菌（*Gymnosporangium yamadai* Miyabe），属胶锈菌属，专性寄生菌，具有转主寄生现象。海棠锈病的冬孢子呈椭圆形，淡黄褐色，其末端具有透明的梗。每个冬孢子均被一个位于中央的隔板分隔为 2 个细胞，每个细胞近隔板处均有 2 个芽孔。冬孢子的萌芽将从这些芽孔中长出。性孢子器呈烧瓶状，直径 0.25mm 左右，具有孔口。性孢子器和叶肉细胞之间有一加厚的隔离层组织。性孢子器孔口处有弯曲且有分支的受精丝，性孢子附着在受精丝上，呈芝麻状。海棠锈病的锈孢子器与性孢子器常伴同发生，初生在表皮内部，后外露。锈孢子器的变化主要分为 3 个阶段：早期的锈孢子器含有一个卵圆状的空腔，其腔内部可以分为 3 层，上下 2 层透明细胞层填满了单核的透明细胞，中间层为褐色不透明物质，间有指状的透明区域；中期的锈孢子器呈长椭圆形，后期的锈孢子器会突出叶背面，并进一步形成空腔。对成熟锈孢子器进行剖面观察发现，其空腔中产生了褐色中空的菌丝，锈孢子散生于菌丝上，球形，茶褐色，偶见 4 个锈孢子合生在一起。锈孢子随菌丝排出叶面。

侵染过程与侵染循环　菌丝在圆柏的菌瘿中越冬，菌瘿着生在圆柏小枝的一侧或包围小枝呈球形，吸取寄主养分（图 1）。小的直径 1～2mm，大的 20～25mm。越冬的菌瘿，春季开裂，冬孢子角萌发（图 2），缝内排列着冬孢子，遇雨后冬孢子角膨大成鲜黄色的"胶花"（图 3），冬孢子萌发产生小孢子侵染海棠，叶片、嫩枝、幼果均能受害。叶片感病轻的 1～2 个病斑，严重的几十到一百多个病斑。病斑黄褐色，边缘红色，中间有小黄点（后变黑色）即性子器，里面有性孢子（图 4），性孢子借分泌的黏液，由昆虫传带到异性的受精丝上，形成双核菌丝向叶背发展，叶组织加厚。秋季病斑上长出锈子器（黄褐色胡须状物，图 5），产生大量锈孢子，又飞回圆柏上，侵染形成菌瘿。

流行规律　此病的发生条件，必须在该地区植有圆柏、海棠这两类寄主，才能完成生活史。海棠感病主要靠三个条件：一有菌源；二在适温范围里有一定的雨量，使冬孢子萌发产生大量小孢子，飞散到海棠组织上，小孢子萌芽侵入；三是海棠组织幼嫩，适于小孢子侵入。由于从菌瘿吸水开始 15 小时即可转主侵染，所以在防治时应注意海棠春雨后立即喷药。越冬菌量（圆柏菌瘿数量和密度）是影响发病程度的主要因素之一。温度是影响菌丝发育冬孢子形成的主要原因。旬平均气温 3.8～4.8℃，日平均气温 9.7～11.3℃ 的条件，冬孢子就能形成；北京 3 月中旬大多年份具备这一温度，参考物候期是山桃开花、柳树发芽、杨树吐花絮。春季气温升高后，表面光滑的菌瘿明显突起，冬孢子从突起处顶开一个小缝，菌瘿开裂后，冬孢子角从裂缝处凸起长大，上面密生冬孢子。春雨是冬孢子萌发的关键。春雨早而雨量多，发生严重；春季干旱则发生轻微，或不发生。旬平均气温 8.2～8.3℃，日平均气温 10.6～11.6℃，遇 4mm 以上雨量菌瘿吸水膨大，冬孢子就能萌发；北京 3 月下旬个别年份，4 月上旬大多年份具备这一温度。冬孢子萌发后 4～5 小时就能产生小孢子，小孢子 11 小时即开始萌芽，小孢子萌芽后就可以侵染海棠。高温对冬孢子萌发有抑制作用。气温升

图 1 柏树上越冬菌瘿（祁润身摄）

图 2 越冬菌瘿冬孢子角（祁润身摄）

图 3 冬孢子角遇春雨膨大成"胶花"（祁润身摄）

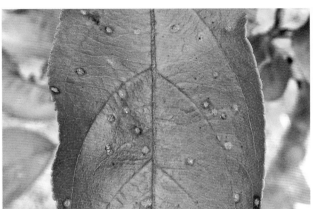

图 4 海棠锈病的性子器、性孢子（王爽摄）

图 5 海棠锈病的锈子器（王爽、祁润身摄）

高，不利于小孢子产生。雨后空气干燥，气温升高，萌发的孢子角逐渐干燥脱落，未萌发的菌瘿核心，气温适合又继续生长，这些菌瘿加上新形成的菌瘿，是翌年侵染的菌源。小孢子借风力吹到海棠上侵染叶片到显症出现小黑点即性子器，潜育期 10 天，平均气温 16～17.1℃，时间为 5 月上旬；7 月初病斑处叶组织加厚，7 月下旬病斑产生锈子器，锈孢子飞散时间，长达 2 个月。

防治方法

改善植物配置　新规划绿地，海棠与圆柏的栽植间距要在 5km 以上。海棠锈病是易于在北京市属公园内发生的病害，因为两种寄主同时存在，观赏海棠是古典园林的传统名木，园内又有相当数量的圆柏行道树、绿篱、孤立树和古柏，适合转主寄生病害的辗转侵染，单纯采取改善植物配置消除转主寄主的办法比较困难。

化学防治　粉锈宁是一种高效低毒的内吸性杀菌剂，不但具有保护作用，还具有治疗和铲除作用。在圆柏少、海棠多的地区，应重点在圆柏上喷药 1～2 次，控制冬孢子萌发，减少菌源，海棠上就可以适当少喷药。在圆柏多、海棠也多的地区，在靠近海棠，菌瘿多的圆柏喷药，同时在海棠上要全面喷药保护。在圆柏多、海棠少的地区，除在距离海棠近，菌瘿多的圆柏上喷药外，应重点保护海棠，减少锈孢子回飞圆柏的数量。①圆柏喷药，控制冬孢子萌发。掌握在圆柏上菌瘿开裂 1mm 冬孢子形成后，再根据气象预报，在中雨前、冬孢子未萌发的时候喷药最好；如果已降雨，则雨停后立即喷药也有效。一般年份在 4 月中下旬较适合。②掌握小孢子飞散期，喷药保护海棠。菌瘿开裂后，气温上升，此时再有 4mm 以上降雨，冬孢子即萌发。所以春雨是防治的信号。冬孢子萌发后很快就能产生小孢子，所以雨后应立即在海棠上喷药。

参考文献

董其芬，李荫隆，李玉冬，1981. 苹 - 桧锈病发病规律及防治技术的研究 [Z]. 北京市园林科学研究院内部资料 .

刘鹏远，李厚华，甘林鑫，等，2018. 海棠锈病病菌特征观察及其冬孢子萌发培养 [J]. 北方园艺 (10): 75-81.

（撰稿：王爽；审稿：李明远）

含笑褐斑病　*Michelia figo* brown spot

由木兰叶点霉引起的含笑叶片真菌病害。

分布与危害　中国华南南部各地均有发生。叶部有明显的枯斑，病斑近圆形至不规则形，灰褐色至灰白色，数个病斑常融合为大斑块。斑面散生针尖大的小黑点，病斑易破裂，部分小圆斑脱落成穿孔（见图）。

病原及特征　病原为叶点霉属木兰叶点霉（*Phyllosticta magnoliae* Sacc.）。分生孢子器埋生，直径 81～181μm。广圆形，黄褐色，具较大的孔口，分生孢子卵圆形至长圆形，

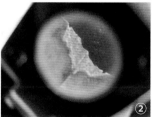

含笑褐斑病穿孔症状（伍建榕摄）

①南亚含笑褐斑病穿孔症状；②香籽含笑褐斑病穿孔症状；
③叶片受害症状

单胞，无色，大小为 9.8～14.9μm×6.8～8.1μm。

侵染过程与侵染循环　病原菌以菌丝体在病叶或枝梢病组织内越冬，翌年春天气温回升，降雨后产生分生孢子，借风雨传播，侵染叶片。低温多雨利于发病。

防治方法　注意庭院卫生，收集病残叶烧毁，彻底清园。清园后喷药保护，可用 0.5～1 波美度石硫合剂、65% 广灭菌乳粉 500 倍液，或 10% 多菌铜乳油 300～400 倍液；生长期的喷药控病可喷施 75% 百菌清 +70% 托布津可湿性粉剂（1∶1）1000～1500 倍液，或 30% 氧氯化铜悬浮剂 +70% 代森锰锌可湿性粉剂（1∶1）800 倍液，10～15 天 1 次，连续 2～3 次。

参考文献

陈秀虹，伍建榕，西南林业大学，2009. 观赏植物病害诊断与治理 [M]. 北京：中国建筑工业出版社 .

孙智婵，2019. 上海地区含笑真菌病害鉴定 [J]. 生物灾害科学 ,42(1): 32-36.

解琴，1988. 含笑常见病虫害的防治 [J]. 中国花卉盆景 (12): 28.

（撰稿：伍建榕、韩长志、杨蕊；审稿：陈秀虹）

含笑花腐病　*Michelia figo* flower rot

由褐孢霉引起含笑花腐和叶枯的病害。

分布与危害　含笑栽培地常有发生。一般成长叶的中、下部叶片先发病，后向上部叶片发病。初期叶片正面边缘出现不太清楚的黄色褪绿斑，其叶背在湿度大时出现密集灰白色绒毛状霉层，渐变为紫灰色霉层。病害严重时病斑连成一片，叶片卷曲，干枯早落。花瓣受害过程与叶相似，花朵提前萎蔫，病斑处有灰色绒毛状物（图 1）。

病原及特征　病原为褐孢霉属的褐孢霉［*Fulvia fulva*（Cooke）Ciferri = *Cladosporium fulvum* Cooke］（图 2）。其分生孢子梗多为丛生，有 1～10 个隔膜，呈褐色。大部分分生孢子细胞上部一侧较大，其上生有次生孢子。次生孢

图 1　含笑花腐病症状（伍建榕摄）

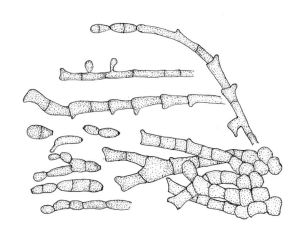

图 2 褐孢霉（陈秀虹绘）

子梗则多呈长椭圆形。产孢细胞为单芽生或多芽生，合轴式延伸。而分生孢子常为链式串生。

侵染过程与侵染循环　病菌存活在病株残体上，借助风雨、浇水、气流等传播，多从伤口、叶尖和叶缘处侵染危害。

流行规律　温暖湿润的环境易发生病害。7～10 月发病较重，严重时常会导致早期落叶。

防治方法　注意苗圃的环境卫生，及时清除秋季初期因病提前脱落的叶子，集中烧毁或深埋。在夏季雨水天注意观察这种病害的发生发展，若病害有严重发展的趋势，应摘除病叶和修去病虫枝等。主要对幼树或幼苗栽种地进行治理。在正常管护的情况下，对历史病株要特别关照，它发病早，树势相对弱。可提前预防，并加强抚育管理，若往年有过严重病情，必须喷保护剂波尔多液（石灰：硫酸铜：水 = 1：1：100），现配现喷，不宜过夜。大树一般不喷药，苗木发病可喷杀菌剂 2～3 次，7 天 1 次。

参考文献

陈秀虹，伍建榕，西南林业大学，2009.观赏植物病害诊断与治理 [M].北京：中国建筑工业出版社.

蓝必强，2014.乐昌含笑主要病虫害及其防治 [J].绿色科技 (10)：140.

（撰稿：伍建榕、韩长志、杨蕊；审稿：陈秀虹）

含笑灰斑病　*Michelia figo* gray spot

由壳针孢属真菌引致含笑叶片灰斑的一种病害。

分布与危害　在中国含笑种植区域均有分布。叶片上的病斑近圆形或不规则形，病健处不明显。病斑呈灰褐色，中央灰白色，散生一些小黑点即分生孢子器（图 1）。

病原及特征　病原为壳针孢属的一个种（*Septoria* sp.）（图 2）。分生孢子器球形或扁球形，孔口部稍突出，色较深，器壁膜质或革质，黑褐色，散生或聚生，埋生在寄主表皮下。分生孢子梗不明显或缺，产孢细胞全壁芽生产孢，合轴式延伸，分生孢子细长筒形，针形或线形，多胞，无色，

直或弯，一端较细。

侵染过程与侵染循环　病原菌在病落叶上以菌丝体越冬。翌年春季，当环境条件适宜时产生分生孢子，在合适的温湿条件下进行侵染。

流行规律　南方冬春温暖，雾大露重，该病害易发生。

防治方法　注意种植区的环境卫生，及时清除因病提前脱落的叶子，集中烧毁。雨天后注意观察病害的发生发展，若病害有严重发展的趋势，应加强摘除病叶和修去病虫枝等。苗圃不要设在幼树和大树下，避免病原就近传播。主要对幼树或幼苗栽种地进行治理。在正常管护的情况下，历史病株发病早，树势相对弱，可提前预防，并加强抚育管理。若往年有过严重病情，必须喷保护剂（波尔多液），苗木发病可喷杀菌剂，如：选用 10% 多菌铜乳粉 400 倍液、65% 广灭菌乳粉 600 倍液，或 50% 施宝功悬浮剂 800～1000 倍液，2～3 次，7～10 天 1 次。

参考文献

陈秀虹，伍建榕，西南林业大学，2009.观赏植物病害诊断与治理 [M].北京：中国建筑工业出版社.

蓝必强，2010.乐昌含笑育苗及病虫害防治技术探讨 [J].广东

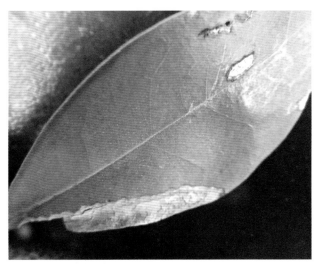

图 1　含笑灰斑病症状（伍建榕摄）

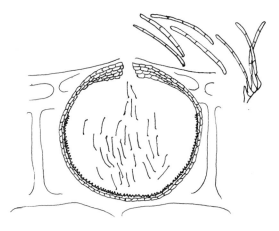

图 2　含笑灰斑病病原：壳针孢属的一个种（陈秀虹绘）

科技 ,19(24): 45-46.

（撰稿：伍建榕、韩长志、周媛婷、杨蕊；审稿：陈秀虹）

含笑煤污病　*Michelia figo* sooty blotch

由真菌所致含笑叶片上覆盖黑色粉末层的病害。

分布与危害　含笑栽培地均有发生。多在叶面形成一层锅烟状霉层，可用指甲揭下一些碎片，叶背和小枝上也有煤污状物，严重时受害部位全呈黑色霉层（图1）。

病原及特征　病原为小煤炱属小煤炱（*Meliola ampitrichia* Fr.）和煤炱属的一个种（*Capnodium* sp.）（图2）。小煤炱属子囊束生于黑色闭囊壳基部；子囊孢子椭圆形，暗褐色，2～4个隔膜。煤炱属无性态菌丝由圆形细胞连成串珠状，常并列结合成束，暗褐色。

侵染过程与侵染循环　病菌以菌丝体、分生孢子、子囊孢子在病部及病落叶上越冬，翌年孢子由风雨、昆虫等传播。蚜虫、介壳虫等昆虫的分泌物及排泄物遗留在植物上，影响光合作用，高温多湿、通风不良，蚜虫、介壳虫等分泌蜜露害虫发生多，均加重发病。

流行规律　病菌借风雨和昆虫传播，常在春秋两季发病。

防治方法　及时杀虫，减轻介壳虫和蚜虫等昆虫危害。可于春夏之交，用1～2波美度石硫合剂喷杀害虫和病菌，气温10～18℃时用1.5～2.5波美度，气温21～26℃时用0.5～1.5波美度，天阴浓度大些，天晴浓度小些。将药液直接喷在小枝和叶上有病虫处。若煤污菌黑色煤层未形成，烟煤很少并分散时，要着重防治介壳虫和蚜虫。检查寄主，发现带虫株及时处理，数量大时宜用药熏蒸，数量少时采取刮除法。蚧虫初孵期喷药毒杀，可用2.5%功夫乳油2000倍液，或30号机油乳剂30cm以上埋3～5g/盆，此法有利于保护天敌（对剪除带介壳虫的枝叶放置一段时间，让天敌离开后再烧毁）。喷杀各代初孵若虫，以抓好第一代若虫防治为关键。

参考文献

陈秀虹，伍建榕，西南林业大学，2009.观赏植物病害诊断与治理[M].北京：中国建筑工业出版社.

孙智婵，2019.上海地区含笑真菌病害鉴定[J].生物灾害科学，

图1 云南含笑煤污病症状（伍建榕摄）

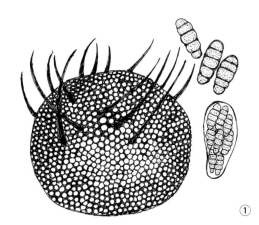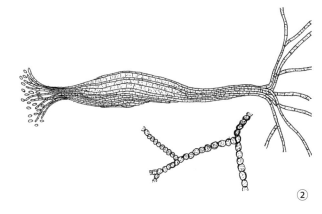

图2 含笑煤污病病原（陈秀虹绘）
①小煤炱；②煤炱属的一个种

42(1): 32-36.

　　解琴 , 1988. 含笑常见病虫害的防治 [J]. 中国花卉盆景 (12): 28.
　　　　　　（撰稿：伍建榕、韩长志、杨蕊；审稿：陈秀虹）

含笑叶斑病　*Michelia figo* leaf spot

　　由多种真菌引起含笑叶部产生圆斑的病害。

　　分布与危害　中国华南南部各地均有发生。病斑呈不规则赤褐色，分布叶缘和叶片内，病斑淡褐色，病斑边缘规整，内有分散的小黑点，特别小的是壳二孢，湿时可见有白色点状物，大一点的小黑点是壳蠕孢，最大的小黑点是盾壳霉，潮湿时稍有光泽（图 1）。

　　病原及特征　病原为盾壳霉的一个种（*Coroniothyrium* sp.）和壳二孢属的一个种（*Ascochyta* sp.）以及壳蠕孢属的一个种（*Hendersonia* sp.）3 种真菌（图 2）。壳二孢属分生孢子褐色、长形、有横隔、无附属丝。单个生于分生孢子梗上。

　　侵染过程与侵染循环　病原菌在降雨或高湿时产生并释放，通过风雨或由介体携带传播，主要是从伤口侵入。

　　流行规律　于 6～10 月发病，江南发病率高于北方。

　　防治方法　清除圃地病残体，烧毁，秋冬季节预防可选用 0.5%～1% 石灰半量式波尔多液，或 1～2 波美度的石硫合剂或 70% 甲基托布津 +75% 百菌清可湿性粉剂（1∶1）1000～1500 倍液，以减少翌年菌的侵染来源。生长期可喷 1∶1∶200 波尔多液保护，发病时喷杀菌剂，如 50% 退菌特 800 倍液等。

　　参考文献

陈秀虹 , 伍建榕，西南林业大学，2009. 观赏植物病害诊断与治理 [M]. 北京：中国建筑工业出版社：259-269.

　　魏景超 , 1979. 真菌鉴定手册 [M]. 上海：上海科学技术出版社 .
　　（撰稿：伍建榕、韩长志、周嫒婷、杨蕊；审稿：陈秀虹）

含笑叶疫病　*Michelia figo* leaf blight

　　由疫霉属真菌引致的危害含笑叶片的一种病害。

　　分布与危害　该病在含笑种植地均有发生。叶片受害时水渍状湿腐，叶背在空气潮湿时病斑可长出白色绒毛状物，叶正面相应部位有污斑，病叶随即脱落，病小枝叶片几乎脱光。其他种现未发现该病。

　　病原及特征　病原为疫霉属的一个种（*Phytophthora* sp.）（见图）。菌丝产生无限生长的分枝孢子囊梗，梗上产生大量孢子囊，在孢子囊梗生成孢子囊的位置变肿大。孢子囊柠檬形或卵形，顶端有乳突。

　　侵染过程与侵染循环　病株上的孢子囊借助气流传播，萌发后从气孔或表皮直接侵入周围植株，经过多次重复感染引起大面积发病。病株上的孢子囊也可随雨水或灌溉水进入土中，从伤口等处侵入组织。

　　流行规律　低温高湿条件时，孢子囊吸水后间接萌发，

图 1 香籽含笑叶斑病症状（伍建榕摄）

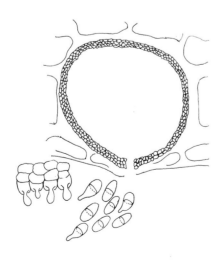

图 2 含笑叶斑病病原：壳二孢属的一个种（陈秀虹绘）

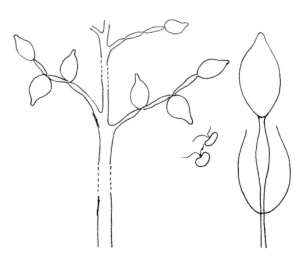

含笑叶疫病病原：疫霉属的一个种（陈秀虹绘）

产生双鞭毛的游动孢子进行侵染，为发病高峰期。

防治方法

农业防治　对苗圃和植株周围的杂草或野生寄主及时清除，集中销毁。在夏季高温高湿的气候中注意观察这种病害的发生发展，若病害有严重发展的趋势，应摘除病叶和修去病虫枝，要特别注意含笑植株周围的通风透光，降低相对湿度，有利于缓解病情。主要对幼树或幼苗栽种地进行治理。在正常管护的情况下，对历史病株要特别关照，它发病早，树势相对弱，可提前预防，并加强抚育管理。若往年有过严重病情，必须喷保护剂（波尔多液），现兑现喷，不宜过夜。

化学防治　大树一般不喷药，苗木发病可喷杀菌剂如硫黄粉，或50%退菌特可湿粉600～800倍液，或70%托布津1000～1500倍液，或50%苯来特可湿粉1000倍液，7～10天1次，喷2～3次。

参考文献

陈秀虹，伍建榕，西南林业大学，2009.观赏植物病害诊断与治理[M].北京：中国建筑工业出版社.

魏景超，1979.真菌鉴定手册[M].上海：上海科学技术出版社.

（撰稿：伍建榕、韩长志、周媛婷、杨蕊；审稿：陈秀虹）

含笑叶缘枯病　*Michelia figo* leaf margin blight

由得瓦亚比夹属真菌引起的含笑叶缘枯的病害。

分布与危害　分布于中国南部。叶片边缘有绿色霉污状病征，病斑边缘与健康处界线不明显（图1）。

病原及特征　病原为得瓦亚比夹属一个种（*Dwayabecja* sp.）（图2）。

分生孢子梗细小或半粗壮，直立或稍弯曲，不分枝或不规则分枝，浅褐色，光滑，具小疣突或细棘。分生孢子单生，干燥，从产孢细胞的上半部产生单个、两个或多个的分生孢子，简单，褐色，具细棘，多隔膜，隔膜处缢缩，具两种类型的分生孢子：一种分生孢子短，宽梭形、延长梭形，第二种分生孢子长，狭窄，尖锥形、鞭子状。

侵染过程与侵染循环　病菌存活在病株残体上，借助风雨、浇水、气流等传播，多从伤口、叶尖和叶缘处侵染危害。

流行规律　高温高湿环境易发生病害。7～10月发病较重，严重时常会导致早期落叶。

防治方法　保持苗圃的环境卫生，及时清除秋季初期因病提前脱落的叶子，集中烧毁或深埋。在夏季雨水天注意观察这种病害的发生发展，若病害有严重发展的趋势，应摘除病叶和修去病虫枝。主要对幼树或幼苗栽种地进行治理。在正常管护的情况下，对历史病株要特别关照，它发病早，树势相对弱，可提前预防，并加强抚育管理，若往年有过严重病情，必须喷保护剂波尔多液（石灰：硫酸铜：水=1：1：100），现配现喷，不宜过夜。大树一般不喷药，苗木发病可喷杀菌剂2～3次，7天1次。

参考文献

陈秀虹，伍建榕，西南林业大学，2009.观赏植物病害诊断与治

图1　含笑叶缘枯病症状（伍建榕摄）

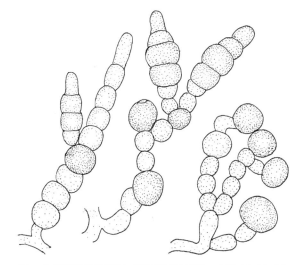

图2　含笑叶缘枯病病原：得瓦亚比夹属的一个种（陈秀虹绘）

理[M].北京：中国建筑工业出版社.

（撰稿：伍建榕、韩长志、周媛婷、杨蕊；审稿：陈秀虹）

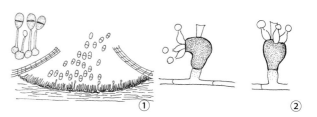

含笑藻斑病　*Michelia figo* algal spot

由寄生性红锈藻引起的危害含笑叶片的一种病害。

分布与危害　在中国含笑种植地区均有分布。叶片和嫩枝易受害，叶的正面比叶背面病斑多。病初叶上呈现出针头大小的灰白色、灰绿色或黄褐色小圆斑，扩大后仍以圆形斑为主，受害面病斑微微隆起，其边缘色淡有似放射状或羽毛状物，病斑上有纤维状细纹和绒毛。病斑在不同寄主上有不同的颜色，一般为暗褐色、暗绿色或橘褐色，在香籽含笑叶上为橘褐色，直径大小为 3～5mm（见图）。尚可侵染山茶、白兰、玉兰、胡椒、柑橘和桂花等植物，引起藻斑病。

病原及特征　病原为橘色藻科的寄生性红锈藻（*Cephaleuros virescens* Kunze）。植物体内生于叶片角质层下或寄生于叶片皮层细胞下方。植物体多呈规则或不规则的盘状或树状。具明显的异丝体分化，匍匐层为具分枝的藻丝愈合或不愈合形成的丝状结构或假薄壁组织，细胞内常积累大量的类胡萝卜素而使匍匐层呈绿色至橘黄色。直立枝伸出叶片角质外，分为不育毛和孢子囊梗 2 种。游动孢子囊着生于孢子囊梗上；配子囊着生于匍匐枝上，多位于角质层下；具假根。

侵染过程与侵染循环　病原以菌丝体在病植株残体上越冬。翌春，在炎热潮湿的环境条件下产生孢子囊，成熟孢子囊脱落后借风雨传播，遇水后散出游动孢子，游动孢子自植株叶片的气孔侵入寄主组织，开始侵染活动。在湿润气候带，一年可多次侵染发病。有时嫩枝也会受害。

流行规律　温暖潮湿的条件，利于孢子囊的产生和传播。荫蔽过度、植株密集、通风透光不良，使植株长势衰弱时，该病易发生及蔓延。土壤贫瘠、积水及干燥地，发病严重。

防治方法

农业防治　应加强经营管理，合理施肥，清除受害枝、叶，避免过度荫蔽。注意排水，促使林木健壮成长，提高植株的抗病力。

化学防治　病区每年 4～5 月定期喷洒 0.6～0.7 石灰半量式波尔多液（硫酸铜：石灰：水 =1：0.5：100）现配现用，隔 10 天 1 次，可保护叶片，抑制病菌侵入。

参考文献

陈秀虹，伍建榕，西南林业大学，2009. 观赏植物病害诊断与治理 [M]. 北京：中国建筑工业出版社 .

（撰稿：伍建榕、韩长志、周媛婷、杨蕊；审稿：陈秀虹）

含笑枝枯病　*Michelia figo* branch blight

由真菌引致含笑属枝枯和干腐的病害。

分布与危害　中国华南南部各地均有发生。病植株生长势弱，小枝因大量落叶而发黄变枯，枯枝表皮有黑色小圆点是双孢霉；树干烂树皮上有黑色短线条状物及黑色污点，是两种真菌的子实体。病菌引起溃疡、烂皮，上部茎叶片变褐，枯萎死亡（图 1）。

病原及特征　病原为双孢霉属一个种（*Didymosporium* sp.），小枯枝上尚有接柄霉（*Zygosporium* sp.）（图 2）。双孢霉属分生孢子盘散生，黑色，点状，埋生，后外露，直径 0.6～0.9mm；分生孢子梗不分枝，无色至浅黄色，大小为 18～25μm×3μm；分生孢子椭圆形、倒卵形或矩圆形，两端钝圆或基部稍尖，初期无色、无隔膜，后期青灰色至暗灰色并有一个隔膜，在隔膜处不缢缩或稍缢缩，大小为 11～15μm×5～7μm，由皮层内成堆挤出。

图 1　含笑枝枯病症状（伍建榕摄）

①干腐症状；②毛果含笑枝枯症状；③枝枯症状；④白缅桂干腐症状

图 2　含笑枝枯病病原（陈秀虹绘）

①双胞霉属的一个种；②接柄霉菌

含笑藻斑病症状（伍建榕摄）

侵染过程与侵染循环　该菌以菌丝体、分生孢子盘在枝干病部越冬，翌春病部菌丝恢复活动，产生分生孢子随风雨传播。

流行规律　大树 5～10 月均可发病，6～8 月和 10 月为发病的两次高峰期，特别是第一次危害较重。

防治方法

农业防治　避免过度修剪。管理粗放或虫害较重的园圃发病较多；高温干旱年份或季节也发病较重，故需一定的荫蔽。对于发病园圃结合修剪，集中烧毁枯枝落叶，减少侵染源，合理施肥，适量浇水。适时喷施叶面营养剂。

化学防治　常发病园圃加强植株生长期病害发生前喷药预防。可交替喷施 30% 氧氯化铜悬浮剂 +75% 代森锰锌可湿性粉剂（1∶1）800 倍液、0.5%～1% 石灰倍量式波尔多液，或 30% 氧氯化铜悬浮剂 600 倍液，或 10% 多菌铜乳粉 400 倍液等。用 50% 甲基硫菌灵硫黄剂或石灰加盐加淀粉涂干。

参考文献

陈秀虹，伍建榕，西南林业大学，2009. 观赏植物病害诊断与治理 [M]. 北京：中国建筑工业出版社 .

孙智婵，2019. 上海地区含笑真菌病害鉴定 [J]. 生物灾害科学，42(1): 32-36.

（撰稿：伍建榕、张俊忠、周媛婷、杨蕊；审稿：陈秀虹）

禾草灰斑病　grass gray leaf spot

由灰梨孢引起的危害草坪叶部的一种真菌病害。又名禾草瘟病。

发展简史　中国 1637 年在《天工开物》中就记载了水稻上由稻梨孢菌引起的稻瘟病。稻瘟病又称稻热病、火烧瘟、刻颈瘟、黑节瘟。根据受害部位及受害时期可把稻瘟病分为叶瘟、叶枕瘟、穗颈瘟等几种，其中对生产影响最大的是叶瘟、穗颈瘟。稻叶瘟和穗颈瘟严重时，病斑相互连接，秧苗一片焦枯，导致新叶不长，植株矮缩，难以抽穗，或穗期白穗、瘪粒，严重影响水稻的产量和质量。20 世纪初期，美国在水稻上首次报道由马唐灰梨孢菌引起的稻瘟病害。20 世纪 70 年代，美国路易斯安那州和密西西比州也有报道在饲用黑麦草中发现了这种病害。1991 年，宾夕法尼亚州首次报道了黑麦草球道上的叶瘟病，在该州的东南部尤为明显。1998 年，宾夕法尼亚州立大学的研究者第一次在西宾夕法尼亚州的球道上诊断了这种病害。同年，格鲁吉亚也第一次报道了在高羊茅草的草坪中发生这种病害。

分布与危害　该病可发生在 30 多种禾草和阔叶植物上，主要发生在剪股颖属、须芒草属、狗牙根属、马唐属、稗属、楼属、画眉草属、羊茅属、猬草属、李氏禾属、黑麦草属、乱子草属、黍属、雀稗属、早熟禾属、狗尾草属等 16 个属上。该病分布广泛，马唐灰斑病已在中国辽宁、吉林、江苏、山西、河北、福建、台湾、四川、云南、山东、河南等地发生；牛筋草灰斑病已在江苏、河南、广西等地有发生；狗尾草灰斑病已在新疆、四川、吉林、山西、辽宁、江苏、河南等地

发生；狗牙根灰斑病在福建发生；羊茅属灰斑病在中国上海地区发生。

在暖季型草坪上，受害叶和茎上出现细小的褐色斑点然后迅速增大，形成圆形至长椭圆形的病斑。病斑最大可延伸至整片叶片，严重发病时，病叶枯死。病斑中部灰褐色，边缘紫褐色。天气温暖潮湿时，病斑上覆盖灰色、毡状的霉层。发病严重时，植株整体呈现枯焦状，如遭受严重干旱的样子。

在黑麦草和高羊茅上发病症状开始表现为小的水渍状病斑，之后病斑迅速扩展。病斑在颜色、大小、形状上有明显特征，一般为梭形、椭圆形或圆形，中心灰色至浅褐色，边缘紫色至深棕色，部分老的病斑上会有黄色的晕圈。随着病情的发展，病斑会愈合为不规则的形状，并引起部分叶片枯萎。枯萎叶片尖端一般有明显的扭曲或者为鱼钩型，并覆盖有大量的灰色分生孢子（图 1 ①②）。

从草坪整体上看，病症初期症状为类似于币斑的小型斑点或者类似腐霉枯萎病，但区别在于没有气生菌丝。根据环境条件的不同，病斑不再扩展或迅速扩展成形状不规则的大型坏斑（图 1 ③），该病斑极易与褐斑病混淆。受害严重时会出现整个草坪坏死，只剩下抗性草种或野草存活。灰斑病症状与干旱胁迫或高温胁迫类似。

病原及特征　病原为灰梨孢［*Pyricularia grisea*（Cooke）Sacc.（syn. 稻梨孢 *Pyricularia oryzae* Cav.）］，属梨孢属，是一种广泛分布的病菌。在温暖潮湿的环境下可在受感染的叶片上产生大量灰色的分生孢子。分生孢子梗单生或 3～5 根丛生，从寄主气孔伸出，不分枝，浅褐色，顶部屈膝状，基部略膨大，孢痕明显，2～4 个隔膜，大小为 96～192μm×3～5μm。分生孢子洋梨型、梭形，无色，丛

图 1　草坪灰斑病症状（张家齐提供）

①叶片病斑；②枯萎叶片上覆盖大量灰色孢子；③田间症状

生时呈灰绿色，顶端尖，基部较圆，有小突起，2个隔膜（图2），大小为17～32μm×7～14μm。病菌有明显生理分化，一般来讲，不同生理小种会限制病原菌在不同草坪草之间的传播。

自然界中只发现了该致病菌的无性阶段，但在人工培养的条件下可产生该菌的有性态，该菌有性态是灰色大口球菌［*Magnaporth grisea*（T. T. Hebert）Barr Yaegash］。

侵染过程与侵染循环 当环境条件不适宜时，病原菌以休眠菌丝体形式存在于被感染叶片和植物残体上。当环境条件有利于病原菌生长时，真菌开始在腐烂的组织上产生孢子，分生孢子通过风、流水、机械作业和动物活动进行传播。分生孢子在温暖、潮湿环境下大量繁殖并在相对湿度大且寄主叶片表面潮湿时开始侵染，但叶表湿度过大会抑制孢子产生。在几天内干湿条件交替变化最有利于孢子的产生和病原物的侵染。

流行规律 禾草灰斑病多发生在温暖潮湿的环境下，最适发病温度28～32℃。在黑麦草上，病害一般发生在夏天，但河南在9月仍有病害发生的报道，一般在霜冻后病害开始减轻。灰斑病在新建植的草坪上发病比成熟草坪上严重，尤其是氮肥施用较多的地区。病害严重程度随氮肥施用增加而增加。与缓释性氮肥相比，水溶性氮肥能迅速提高氮含量，也会加重灰斑病的发生。除草剂和植物生长调节剂的使用，土壤紧实、干旱、过度施肥都可能导致草坪发生灰斑病。气温和空气湿度也是导致灰斑病流行的重要因素。在较适宜的温度（20～23℃）下，叶片湿度保持21～36小时，植株可染病；然而，在适宜的温度（28～32℃）下，叶片湿度只需要保持9小时就可以达到侵染高峰。可以用一个基于温度和叶片湿度的病害预测模型对灰斑病的发生进行预测预报。

防治方法 禾草灰斑病的防治，必须遵循"预防为主，综合防治"的植保方针和有害生物综合治理（IPM）的指导思想。即以选用抗病草种或品种为基础，科学养护和生态防控为前提。

首先，在建植草坪时，选用抗病草种或品种是防治灰斑病最有效而经济的方法，也是预防病害的第一关。最容易感染灰斑病的草种为钝叶草和黑麦草，次之为狗牙根、假俭草

和羊茅类草种。另外，加强田间养护管理可以有效预防灰斑病的发生。运用合理有效的草坪管理方法可以预防与减轻草坪病害。在炎热潮湿的环境下，应严格控制氮肥尤其是速效水溶性氮肥的使用。减少干旱胁迫，浇水应深浇并减少浇水次数，尽量缩短叶片表面潮湿的时间。进行深疏草，减少枯草层的厚度，需要注意的是清除染病植株只有在病情较轻的时候才能起到作用。通过打孔等手段降低土壤紧实度，减少植物生长调节剂和除草剂的使用。

及时有效的化学防治，应在病害发生初期及时进行。单剂可以选用具有治疗效果的稻瘟灵、春雷霉素或咪鲜胺、丙环唑等；使用复配药剂防治时应选用作用位点不同的药剂进行混用，如可以选用甲基硫菌灵和三环唑混合，或稻瘟灵与咪鲜胺或三环唑混合使用。使用浓度、次数和间隔时期视病情而定。同时，为了提高防治效果，要求药液量要充足，每平方米最少用药液量200ml左右。另外，在药剂防治的同时，将打孔、轻覆砂、增施磷、钾肥和避免缺水等措施很好结合起来，才能充分发挥药剂的效能。

参考文献
薛福祥，2003. 应引起高度重视的草坪病害——灰斑病 [J]. 草原与草坪 (5): 11-14.
张家齐，赵云梦，韩志勇，等，2017. 草坪灰斑病的田间诊断与控制 [J]. 草地学报，25(2): 442-444.
赵美琦，孙明，王慧敏，等，1999. 草坪病害 [M]. 北京：中国林业出版社.
中国农业科学院植物保护研究所，中国植物保护学会，2015. 中国农作物病虫害 [M]. 3 版. 北京：中国农业出版社.
JAMES B B, 1998. Color atlas of turfgrass disease[M]. Canada: Friesens, Altona, Manitoba: 170-172.
SMILEY R W, DERNOEDEN P H, CLARKE B B, 2005. Compendium of turfgrass disease [M]. St. Paul: The American Phytopathological Society Press: 24-28.

（撰稿：张家齐；审稿：李春杰）

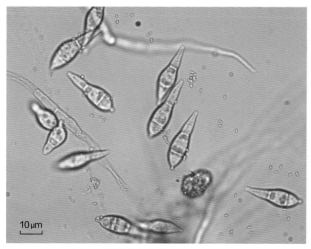

图 2 稻梨孢菌分生孢子（张家齐提供）

禾草喙孢霉叶枯病　grass *Rhynchosporium* leaf blotch

由喙孢霉属真菌侵染引起的禾草叶部病害。又名禾草云纹斑病、禾草云斑病。

发展简史 1897 年 Oudemans 最早在荷兰发现了黑麦喙孢霉。1921 年 Drechslerr 报道了另一种喙孢霉在美国严重危害鸭茅。1937 年 Caldwell 认为该致病菌不同于黑麦喙孢霉，而定名为直喙孢霉。后者还系统研究了喙孢霉的生物学特性、侵染方式、寄主范围与寄生专化性。鉴于喙孢霉还侵染大麦和黑麦，长期以来相关研究都是针对麦类作物开展的，少有禾草与草坪的专门研究。21 世纪以来，最重要的进展是依据分子生物学研究结果，廓清了种间关系，建立了几个新种。关于该病在国内的发生与危害，仅有零星的报道，例如戚佩坤等确认吉林雀麦感染黑麦喙孢霉，商鸿生发现了直喙孢霉侵染引起的鸭茅"云纹斑病"，周玉峰等报道了贵州南部的

发病和防治情况。

分布与危害 禾草喙孢霉叶枯病危害紫羊茅、黑麦草、早熟禾、鸭茅、剪股颖等多种禾本科草。在中国南北各地都有发生，通常发生不重，发病率仅10%上下，但在多雨高湿年份感病草种可严重发生，造成草地早衰，制种田种子产量降低。

叶片上病斑形状与尺度多有变化。在鸭茅叶片上病斑梭形、长椭圆形，在早熟禾和黑麦草叶片上多为长条形或不规则形。病斑长可达10～20mm，宽2～3mm。病斑内部枯黄色至灰黄色，边缘浓褐色，宽0.5～1mm。发病后期多数病斑汇合，略成云纹状，叶片枯死。叶鞘上病斑可环绕叶鞘一周，也使叶片枯黄死亡（图1）。病株多在草地上散生，很少形成草地斑。

病原及特征 病原为喙孢霉属真菌，属于无性型菌类。常见的有2种，即直喙孢霉（*Rhynchosporium orthosporum* Cald.）和黑麦喙孢霉［*Rhynchosporium secalis*（Oudem.）Davis］（图2）。两菌引起的症状相同。除禾草外，该菌还侵染黑麦、大麦等农作物。

直喙孢霉菌丝无色，产孢细胞由气生菌丝或叶表皮下的子座生出，环痕式延伸。分生孢子无色，圆筒形，多数正直，少数微弯，孢子中部有1个隔膜，两端细胞大小相近，少数

孢子一端细胞略有缢缩。分生孢子大小为10.2～19.1μm×2.5～3.5μm。在PDA培养基平板上，菌落白色，绒毛状，背面基质深红色。

黑麦喙孢霉菌丝无色，老化菌丝细胞中有明显颗粒状内含物。产孢细胞产生于叶表皮下的子座上或气生菌丝顶端。分生孢子无色，长椭圆形，正直，少数微弯，常一端钝圆，一端具短而偏斜的喙状突起，中部生1隔，隔膜处稍缢缩。分生孢子大小11.2～20.9μm×3.1～3.4μm。

侵染过程与侵染循环 病原菌主要以菌丝体和子座在病株、病残体上越冬，春季产生分生孢子，随风雨传播。在高湿条件下，着落在叶片上的分生孢子萌发，产生侵染菌丝，从气孔侵入或穿透表皮直接侵入。在一个生长季节产生多次再侵染。在热带、亚热带地区，禾草终年生长，不存在病原菌越冬问题，可以终年发病，但高温干旱季节，病原菌的侵染活动被抑制。

流行规律 气温较低，湿度较高的天气条件有利于该病流行，春季和秋季是发病高峰期。雨水较多的年份，湿度高，气温也相对较低，更适于禾草喙孢霉叶枯病流行。在贵州南部匍匐剪股颖草地，当日均温达18℃左右、相对湿度80%时开始发病，病害发生的最适温度为19～22℃，降水量多，湿度高是导致病害发生的关键因素之一。管理不善，不及时剪草的草坪，积累病源较多，发病加重。草种间发病有明显差异，鸭茅、黑麦草严重发病，但各草种均有抗病或轻病品种。

防治方法 在发病轻微地区，可在防治其他病害时予以兼治。在多发地区，需调整草种或品种结构，种植抗病或轻病类型，结缕草、细叶结缕草、狗牙根、高羊茅抗病，可资参考。要加强草地管理，清理病残体，合理施肥，避免偏施氮肥。在发病期间要避免喷灌，及时剪草。必要时可在发病初期喷施杀菌剂。

参考文献

尚以顺，唐成斌，周玉锋，1999. 匍茎剪股颖草坪禾草云斑病初步观察［J］. 草业科学，16(10): 51-53.

周玉峰，唐成斌，韩永芬，2001. 贵州南部地区禾草云斑病发生危害及防治研究［J］. 草业学报，10(4): 47-55.

SMILEY R W, DERNOEDEN P H, CLARKE B B, 2005. Compendium of turfgrass diseases[M]. St. Paul: The American Phytopathological Society Press.

（撰稿：商鸿生；审稿：李春杰）

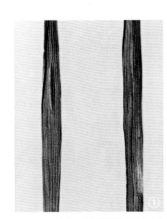

图1 禾草喙孢霉叶枯病危害症状（商鸿生提供）
①鸭茅叶片上的病斑；②早熟禾叶片上的病斑

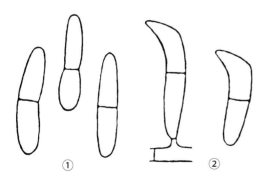

图2 病原菌分生孢子形态（商鸿生提供）
①直喙孢霉；②黑麦喙孢霉

禾草麦角病 grass ergot

由麦角菌属真菌侵染禾草花器，在花序部形成角状菌核的一类病害。其中多由麦角菌引起，是禾草常见的病害之一。

发展简史 麦角菌起源于上白垩纪时期的南美洲。最早记录由麦角菌引起的人类中毒于公元857年发生在德国，1350—1490年，报道人类食用麦角菌感染的黑麦面包会导致女性生育率下降。麦角菌产生的生物碱早在1474年的德国处方中就已经记载药用。1915年，美国中部3个州的牲畜因为食用含有麦角菌的饲料而导致严重的中毒事件；

19世纪末和20世纪初，Atanasoff对麦角菌的生物学、多样性和分类地位进行了研究总结。20世纪中期，Giles和Langdon发现并描述了澳大利亚和非洲共26种麦角菌，对麦角菌的分类学做出了重大贡献。1953年，Nmeneukan发现了看麦娘属（*Alopecurus*）和羊茅属（*Festuca*）等禾草上的麦角；1962年，苏联报道了黑麦（*Secale cereale*）麦角菌。1965年，Loveless等研究报道了津巴布韦的几个麦角菌新种，强调了分生孢子和寄主植物在麦角菌鉴定中的作用。1977年，日本学者Tanda等报道了白茅（*Imperata cylindrica*）的麦角病（*Claviceps imperatae*）。2001年，埃塞俄比亚有人类麦角中毒的报道。2009年，随着国际命名法规的变化，无性态的蜜孢霉属（*Sphacelia*）和有性态的麦角菌属（*Claviceps*）均可以称为麦角菌。根据2012年"一个真菌一个名称"的规定，现统一以有性态麦角菌属（*Claviceps*）命名。

在中国，1957年，陆师义等报道了华北多发的7种野生禾草麦角病；1984年，刘若和马振宇报道了甘肃14种野生禾草麦角病；2003年，李春杰等报道了醉马草（*Achnatherum inebrians*）麦角病；2008年，孙相辉等报道了6种禾草的麦角病；2016年，陈仕勇等对青藏高原地区的56份垂穗披碱草（*Elymus nutans*）麦角病进行了抗病性评价。

分布与危害　麦角病在世界各地均有分布，但主要分布在潮湿的温带地区，可划为6个区域：非洲、南美洲、欧亚大陆、北美洲、澳大利亚和印度。如加拿大和北欧一些国家生产的禾本科牧草或草坪草种子中含有较多的麦角。在中国从北到南、从西到东几乎都有分布，南至贵州，北达黑龙江，东自浙江，西抵青海。但以北方为主，其中又以新疆、青海和甘肃的受害草种为最多。

麦角病主要引起禾草种子减产，由于麦角菌可产生多种生物碱毒素（表1），被家畜摄食后引起中毒和流产，对畜牧业生产造成极大的危害，严重程度因摄食多少和中毒程度而不同。一般引起家畜体弱消瘦、怀孕母畜流产、泌乳量锐减等；重者引起耳、尾、足等部位的动脉血管末端萎缩退化，终因缺血而脱落；也时有引致家畜死亡的报道。若作用于神经系统，引起家畜昏睡、瘫痪等症。中国新疆布尔津草原禾本科牧草的麦角病发生严重，母畜流产常达40%～60%，是造成该地母畜流产的主要原因。

麦角菌只侵染禾本科植物的花器，感病小花初期分泌淡黄色蜜状液体，即为病原菌的分生孢子和含糖黏液一起泌出，故称为"蜜露"，此时称"蜜露期"。多种昆虫采食"蜜露"后体表携带其分生孢子代为传播，飞溅的雨点、水滴也可以传播病菌，故田间常成片发生。后期受侵染花器的子房膨大转硬，病粒内的菌丝体常发育成坚硬的紫黑色菌核，呈角状突出于颖片之外，极其显著，麦角病因其菌核形状很像动物的角，故称"麦角"。菌核内部为白色的菌丝组织。一穗上常有个别小花被侵害，生成一至数十个菌核，与麦角相邻的小花常不孕，成为空秤。有些禾草的花期短，种子成熟早，不常产生麦角，只有"蜜露"阶段。田间诊断时应选择潮湿的清晨或阴霾天气进行。此时，"蜜露"明显易见，干燥后只呈蜜黄色薄膜黏附于穗表，不易识别。

麦角的大小因寄主种类和一穗上所生种子个数而异。如黑麦上的麦角个体较大，一般长10～30mm，粗2～8mm；醉马草（图1①）、冰草（*Agropyron cristatum*）（图1②）、看麦娘（*Alopecurus aequalis*）、无芒雀麦（*Bromus inermis*）、紫羊茅（*Festuca rubra*）、虉草（*Phalaris arundinacea*）等禾草上的麦角长2～15mm，粗0.6～1.2mm；早熟禾的麦角少有超过3mm的。而赖草（*Leymus secalinus*）上的麦角（图1③），一穗上生6个者长为10～14mm，粗2mm，而一穗生39个者长为1.8～9mm，粗0.7～2.6mm。

病原及特征　病原麦角菌（*Claviceps*）属于麦角菌科的子囊菌，无性态为蜜孢霉属（*Sphacelia*）。最常见的为麦角菌［*Claviceps purpurea*（Fr.）Tul.］（表2）。"蜜露"内无性世代在寄主子房内的菌丝垫中形成不规则腔室，产生分生孢子，分生孢子卵形至椭圆形，单胞，无色，3.5～6μm×2.5～3μm（图2①②）。病原菌的菌核呈香蕉形、柱状，表层紫黑色，内部白色，质地坚硬，大小因寄主而异，一个病穗可产生几个到几十个麦角，使大多数花器不能产生种子。麦角成熟后落入土壤中越冬。翌年条件适宜时萌发出1～50个肉色有细长柄的子座。子座直径1～2mm，球形，肉红色，外缘生许多子囊壳；子座柄白色，长5～25mm；上有许多乳头状突起，即子囊壳的孔口，子囊壳埋生于子座表皮组织内，烧瓶状，内有若干个细长棒状的子囊，子囊壳大小150～175μm×200～250μm。子囊透明无色，细长棒状，稍弯曲，大小为4μm×100～125μm，有侧丝，子囊内含8个丝状孢子，后期有分隔，大小0.6～0.7μm×50～76μm。子座产生5～7天后子囊壳成熟，空气相对湿度为76%～78%时，子囊孢子可以强有力发射出来，有时也随黏性物质一起排出。

麦角菌可分为若干个专化型。如危害黑麦的专化型，也可危害大麦（*Hordeum vulgare*）、小麦（*Triticum aestivum*）

表1　常见的麦角生物碱（引自张海娟等，2019）

生物碱种类	产碱菌种	参考文献
棒麦角生物碱：包括田麦角碱、野麦角碱、裸麦角碱、瑟妥棒麦角碱、瑟妥棒麦角碱、6,7-断-田麦角碱、肋麦角碱、异瑟妥棒麦角碱、狼尾草麦角碱	雀稗麦角菌（*Claviceps paspali*，*Claviceps fusiformis*）	卢春霞和王洪新，2010
简单麦角酸衍生物：包括麦角新碱、麦角酸	雀稗麦角菌（*Claviceps paspali*）	Kobel and Sanglier，1990
肽型生物碱：包括麦角胺、麦角克碱、麦角考宁、麦角胺、麦角克碱、麦角斯亭、麦角坡亭碱、麦角宁碱、麦角布亭碱、α-麦角隐亭、麦角生碱	黑麦麦角菌（*Claviceps purpurea*）	Flieger et al.，1997
酰胺类麦角生物碱：主要是麦角它曼		Gröger and Floss，1988

图1　禾草麦角病危害症状（张海娟提供）

①醉马草麦角病症状；②冰草麦角病症状；③赖草麦角病症状

表2　常见的禾草麦角菌及其寄主植物

麦角菌种	寄主植物
Claviceps purpurea	醉马草（*Achnatherum inebrians*）、芨芨草（*Achnatherum splendens*）、冰草（*Agropyron cristatum*）、无芒雀麦（*Bromus inermis*）、细柄草（*Capillipedium parviflorum*）、鸭茅（*Dactylis glomerata*）、披碱草（*Elymus dahuricus*）、老芒麦（*Elymus sibiricus*）、多花黑麦草（*Lolium multiflorum*）、狼尾草（*Pennisetum alopecuroides*）、蘬草（*Phalaris arundinacea*）、纤毛鹅观草（*Roegneria ciliaris*）、河八王（*Saccharum narenga*）、黑麦（*Secale cereale*）、小麦（*Triticum aestivum*）
Claviceps paspali	雀稗（*Paspalum thunbergii*）
Claviceps imperatae	白茅（*Imperata cylindrica*）

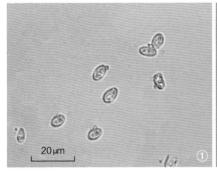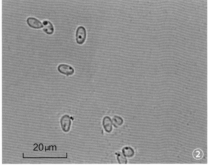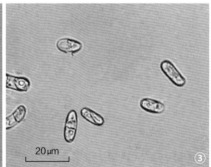

图2　禾草麦角菌分生孢子（张海娟提供）

①醉马草；②冰草；③赖草

和雀麦（*Bromus japonicus*）；另一个专化型可侵染黑麦，但不侵染大麦。多年生黑麦草（*Lolium perenne*）麦角菌，除能侵染黑麦草外，还能侵染雀麦，但不能侵染黑麦。早熟禾麦角菌只能侵染早熟禾，而不能侵染其他禾草。

寄主范围　麦角菌可以侵染70多属400余种禾本科植物，其中与牧草相关的属有冰草属（*Agropyron*）、剪股颖属（*Agrostis*）、看麦娘属（*Alopecurus*）、燕麦属（*Avena*）、野牛草属（*Buchloe*）、雀麦属（*Bromus*）、拂子茅属（*Calamagrostis*）、鸭茅属（*Dactylis*）、披碱草属（*Elymus*）、羊茅属（*Festuca*）、甜茅属（*Glyceria*）、绒毛草属（*Holcus*）、猬草属（*Hystrix*）、洽草属（*Koeleria*）、黑麦草属（*Lolium*）、蘬草属（*Phalaris*）、黍属（*Panicum*）、猫尾草属（*Phleum*）、芦苇属（*Phragmites*）、早熟禾属（*Poa*）、碱茅属（*Puccinellia*）、黑麦属（*Secale*）、狗尾草属（*Setaria*）、针茅属（*Stipa*）、小麦属（*Triticum*）和结缕草属（*Zoysia*）等。

侵染过程与侵染循环　麦角菌主要寄生禾草及禾谷类

作物的穗头上，当冬天来临时，菌核落入土壤中越冬。麦角菌侵染在开花期，菌核萌发，生出圆头长柄的肉质子座。在子座头的外层里面经过一系列有性过程，形成若干子囊壳。每个子囊壳内形成一群紧密排列的圆筒形子囊。一般由子座形成到子囊成熟，仅需5～7天。子囊内有8个线状子囊孢子。子囊孢子从子囊壳中放射出来，借助风力传播到寄主的花穗上，萌发长出芽管，由雌蕊的柱头侵入子房。菌丝滋长蔓延，发育成白色、棉絮状的菌丝体并充满子房。破坏子房内部组织后逐渐突破子房壁，生出成对短小的分生孢子。同时菌丝体分泌一种具有甜味的黏性物质，引诱蝇类、蚁类等昆虫把分生孢子传至其他健康植株的花穗上，随之重复传播。当植物种子快成熟时，受害子房不再产生分生孢子，花器内部全部的菌丝体继续生长并吸收大量养分逐渐紧密硬化，进而变成拟薄壁组织的坚硬菌核。

流行规律　麦角病是一种花器侵染的病害，寄主的感病期很短，约在初花出现的2周内可以侵染。因此，病害的严重程度与寄主的开花习性及影响开花授粉的气候条件都有密切关系。闭花的禾草免于受麦角菌的侵染，而开放式开花植物，如大麦品种 Hanchen 极易受到侵染。大麦穗上的侧面开放式小花也比顶部的闭花式小花易感病。花期长的品种也较花期短的品种感染麦角菌的机会多。因此，每朵小花的开花时间长短以及授粉方式与寄主本身的感病性密切相关。如黑麦开花时间为 20～35 分钟，小麦为 8～35 分钟，这意味着两种作物柱头暴露和可侵染的时间大致相同。而异花授粉黑麦比自花授粉的小麦感染麦角病的机会多。

冷凉潮湿的气候有利于病害的发生。一方面是对病原菌的侵入及生长发育有利；另一方面是对寄主植物的开花授粉不利，延迟授粉时间，给病原菌侵入造成更多的机会。如羊草（*Leymus chinensis*）开花的适宜温度为 20～30℃，适宜相对湿度为 50%～60%，如遇炎热或低温时，一般很少开花，阴雨天不开放。一个花序一般要 7～10 天开放完毕，如遇阴雨天时，开花延迟 15～20 天，因此，更有利于麦角菌的侵染。

菌核在土壤中或混杂的种子间越冬。翌年空气湿度达到 80%～93% 时，土壤含水量在 35% 以上，土温 10℃ 以上，麦角开始萌发产生子座。子座产生 5～7 天后子囊壳成熟。雨后晴暖有风的条件有利于子囊孢子发射，射出的子囊孢子借气流传播，黏液中的分生孢子借飞溅的水滴和昆虫传播到其他小花上。

防治方法　禾草麦角病是低温、高湿性病害，应以选用抗病品种、农业管理措施和选用无病种子等几种措施综合治理。

选用抗病品种　是麦角病最有效的防治方法。由于花是植物唯一易受感染的器官，因此，应该选择花期短的品种。

农业防治　焚烧。于冬春季节草返青以前，进行田间焚烧，使残株上及落在地表的麦角菌核被烧死，从而减轻病害发生。这在麦角病发生较重的天然草地和多年生牧草种子田推广应用，是一项经济有效的措施，但要注意控制火势避免火灾发生。建立无病留种田，使用无病的健康种子。首先要选择合适的地块作种子生产田，低洼、泡水和酸性土壤有利于麦角病的发生，不宜做种子田。使用存放过 2～3 年的陈草籽或经过精选的无麦角的种子作种用。做好种子检验，保证生产、出售的种子不带麦角。轮作和青刈。人工草地可实行与豆科牧草轮作，以减少麦角病的发生。禾本科牧草之后再种 2～3 年豆科牧草或其他非禾本科作物。麦角病主要危害花期，且在麦角成熟前无毒，所以在麦角病发病较重的草地，寄主抽穗前进行放牧或于开花期至麦角成熟前，进行刈割，制成干草，既可防止家畜中毒，又可减少菌源。

化学防治　适当使用杀菌剂可以降低麦角菌侵染的严重程度。施用土壤杀菌剂可以减少麦角菌菌核的萌发。为了达到最佳效果，必须在开花初期施用杀菌剂。可于开花前喷施 1～2 次多菌灵等杀菌剂，在麦角开始萌发时对地面，或者蜜滴开始形成时喷洒植株，在一定程度上可有效地预防和抑制麦角病的发生。

参考文献

陈仕勇，马啸，张新全，等，2016. 青藏高原垂穗披碱草种质麦角病抗性的初步研究[J]. 西南农业学报，29(2): 302-306.

孙相辉，纪燕玲，詹漓晖，等，2008. 部分禾本科植物麦角病的发生及其病原真菌的特征[J]. 草业科学，25(12): 104-110.

张海娟，何雅丽，李秀璋，等，2019. 麦角菌的研究进展[J]. 草业科学，36(12): 3076-3084.

FLIEGER M, WURST M, SHELBY R, 1997. Ergot alkaloids - sources, structures, and analytical methods[J]. Folia microbiologica, 42(1): 3-29.

PÉREZ LI, GUNDEL P E, GHERSA C M, et al, 2013. Family issues: fungal endophyte protects host grass from the closely related pathogen *Claviceps purpurea*[J]. Fungal ecology, 6(5): 379-386.

PÍCHOVÁ K, PAŽOUTOVÁ S, KOSTOVČÍK M, 2018. Evolutionary history of ergot with a new infrageneric classification (Hypocreales: Clavicipitaceae: *Claviceps*[J]. Molecular phylogenetics & evolution, 195: 301-311.

REHÁCEK Z, SAJDL P, 1990. Ergot alkaloids[M]. New York, NY: Elsevier: 28-86.

（撰稿：李春杰、张海娟；审稿：段廷玉）

禾草平脐蠕孢病　grass *Bipolaris* disease

为多种平脐蠕孢属病原真菌侵染禾草，引起叶部和根部症状。这类病害可以按照主要症状而分别命名，称为禾草叶斑病或禾草根腐病，也可以统称为禾草平脐蠕孢病或禾草平脐蠕孢综合症。

发展简史　相关病原菌多在 19 世纪后期和 20 世纪前期陆续发现，记载为长蠕孢属成员，1959 年 Shoemaker 将其移入平脐蠕孢属，采用了现行种名。各国研究人员发现，该属病原菌种类繁多，是引起禾草与禾谷作物的重要病害，分布也非常广泛。对禾谷平脐蠕孢等重要种类引起的叶枯病和根腐病，进行了全面和系统研究，涉及侵染循环、流行规律、致病机理、寄主抗病性和病害防治等多个方面。21 世纪以来，更进行了毒性相关基因、遗传图谱、基因组测序等分子生物学领域的研究。但这些研究多针对麦类作物，对草坪禾草则主要研究了草地病原菌区系、周年发病特点以及防治技术等，为草坪有害生物综合治理提供依据。

分布与危害　平脐蠕孢可以侵染各种禾草，产生叶斑、叶枯、根腐、茎腐等一系列症状，导致病株枯死，草地稀疏、早衰。该病分布很广泛，从西北干旱、半干旱草地到南方亚热带草地都有发生。在黄河中下游和长江中下游各地的草坪，根腐发生较普遍，早熟禾、羊茅、结缕草、狗牙根等受害尤其严重。

自苗期到成株期都可被病原菌侵染发病。幼芽、幼苗的下胚轴、种子根变褐腐烂，严重时幼芽溃烂死亡，不能出土。出土的幼苗也因根部腐烂而陆续死亡。

病株叶片和叶鞘上生成病斑，导致叶枯。草地早熟禾和羊茅叶片初生暗紫色至黑色小斑点，后变成长圆形、卵圆形病斑，中部枯黄色，边缘暗褐色至暗紫色，外缘有黄色晕（图①）。充分扩展后长度可达 0.5～1.2cm，宽度 0.1～0.2cm。几个病斑可相互汇合，病叶变黄或变褐，由叶尖向基部枯死。

天气条件适宜时病情发展很快，病叶枯死。剪股颖叶片初生黄色小斑，后扩展成为卵圆形或不规则形褐色病斑，严重时病斑汇合，病叶片黄化枯死（图②）。狗牙根病叶上多产生不规则形状的病斑，深褐色至黑色，严重时病叶大量枯死。高湿时病斑表面有黑色霉状物。

平脐蠕孢还侵染禾草根系、根状茎、匍匐茎、根颈部和茎基部，皆变黑褐色腐烂，基部叶鞘腐烂后，相连的叶片变黄枯死，多数分蘖死亡，严重时整株枯死（图③④）。从而使草地变得稀薄，甚至形成形状不规则的草地斑（图⑤）。

病原及特征　平脐蠕孢属为无性型真菌，其有性型为旋孢腔菌属（Cochliobolus）子囊菌。常见种类有麦根腐平脐蠕孢 [Bipolaris sorokiniana（Sacc.）Shoem.]、狗牙根平脐蠕孢 [Bipolaris cynodontis（Marignoni）Shoem.]、四胞平脐蠕孢 [Bipolaris tetramera（Mckinney）Shoem.] 等。以禾谷平脐蠕孢分布最广，危害最重。

平脐蠕孢属真菌分生孢子梗褐色，单生或簇生，直或弯，不分枝，有隔膜，梗的上部屈膝状，有的圆筒状、结节状，有明显孢痕。产孢细胞圆柱形，合轴式延伸，内壁芽生孔生式产孢。分子孢子单生，纺锤形、舟形、椭圆形、圆筒形，由中部向两端或一端变窄，褐色到暗褐色，有 2 个至多个假隔膜，有的隔膜厚而色深，脐平截。分生孢子由两端细胞萌发。

麦根腐平脐蠕孢分生孢子梗单生，少数集生，圆筒状或屈膝状，长可达220μm，宽6～10μm。分生孢子纺锤形、宽椭圆形，有的略弯曲，暗褐色，具3～12个假隔膜，多数6～10个，大小为40～120μm×17～28μm。寄主种类多，主要侵染早熟禾、冰草、剪股颖、雀麦、羊茅、黑麦草、猫尾草、野牛草、狗牙根、结缕草、雀稗、马唐等，引起芽腐、苗腐、根腐、茎基腐、鞘腐、叶斑、叶枯等症状。

狗牙根平脐蠕孢分生孢子梗筒状，梗长为170μm，宽5～7μm。分生孢子圆筒形、纺锤形，略弯曲，通常中部最宽，向两端渐狭，两端圆，褐色，具3～9个（多数7～8个）假隔膜，30～75μm×10～16μm。孢子由两端细胞萌发，萌发时该细胞膨大成圆球形，壁变薄。主要侵染狗牙根。

四胞平脐蠕孢分生孢子梗屈膝状，着生孢子处疤痕明显，长可达300μm，宽4～9μm。分生孢子直，长方形、圆筒形，两端圆，黄褐色，成熟孢子基细胞有明显淡色或无色区域，具3个假隔膜，大小为20～40μm×9～14μm，脐宽2～3μm。四胞平脐蠕孢的寄主范围也很广泛。

侵染循环　初侵染菌源来自带菌种子、土壤中病残体和发病无性繁殖材料。随种子或土壤中病残体越冬的菌丝体，先引起幼苗地下部分发病，进而侵染茎叶。茎叶发病主要是由气流和雨水传播的分生孢子再侵染而引起的。在温暖地区已建成的草地，病原菌以持续侵染的方式多年流行。

流行规律　播种建植草坪时，若种子带菌率高、气温低、萌发和出苗缓慢、因覆土过厚出苗期延迟以及播种密度过大等原因都可能导致烂种、烂芽和苗枯等症状发生。在冬季和早春禾草根部受冻，易诱发根腐。

禾谷平脐蠕孢多在夏季湿热条件下侵染冷季型禾草，在20～35℃时，随气温升高发病加重，20℃左右时只发生叶斑，23～24℃以上有轻度叶枯，29～30℃以上发生严重的叶枯。其他平脐蠕孢病原菌侵染引起的茎叶部发病，适温则为15～18℃，27℃以上受抑制，因而在春季和秋季发病较重。狗牙根、结缕草、雀稗等暖季型禾草茎叶部病害多在冷凉多湿的秋、春季流行，根部和根颈部则在高温和较干旱的夏季发病重。经受长期干旱，或久雨、大雨后突然转晴，温度升高，都使根腐严重发生。

草地管理不良，病残体和杂草多，枯草层厚，高湿郁闭，大水漫灌，偏施氮肥或缺肥，都有利于发病。禾草根部被地下害虫咬食，伤口多，根腐也加重。发生根与根颈腐烂的植株，易遭受高温和干旱胁迫而死亡。

防治方法　应以种子田和各类人工草地、草坪为重点，

禾草平脐蠕孢病（商鸿生提供）

①草地早熟禾叶片症状；②剪股颖叶片症状；③禾草根部、根颈部腐烂；④禾草基部叶鞘腐烂；⑤草地早熟禾发病草坪

采用栽培抗病品种和改进草地管护为主，药剂防治为辅的综合措施。

要尽量种植抗病、轻病或耐病草种或品种，使用无病种子或无病无性繁殖材料。提倡不同草种或品种混合种植。由国外引进的种子应先进行检验，以确保不传入危险性病原菌种类。

要适时播种，适度覆土，加强苗期管理，以减少幼芽和幼苗发病。要加强草地水肥管理，配合使用氮、磷、钾肥，避免植株旺而不壮。要合理灌溉，灌深、灌透，减少灌水次数，避免频繁的浅灌或大水漫灌，雨后应及时排水，避免草地积水，尽量避免在傍晚灌水。要适时修剪，保持植株适宜高度。要及时清除病残体和清理枯草层。

高价值草地要在发病前或发病初期喷施杀菌剂，防止发病或控制病情发展。喷药量和喷药次数可根据药剂特点、草种、草高、密度、天气和发病情况不同，参考农药说明书由试验或试用确定。可供选用的药剂有百菌清、代森锰锌、甲基硫菌灵、异菌脲、丙环唑等。

参考文献

王艳，陈秀蓉，南志标，等，2004. 甘肃环县草地白草病害的调查 [J]. 云南农业大学学报，19(6): 643-647.

SMILEY R W, DERNOEDEN P H, CLARKE B B, 2005. Compendium of turfgrass diseases [M]. St. Paul: The American Phytopathological Society Press.

（撰稿：商鸿生；审稿：李春杰）

禾草全蚀病　grass take-all patch

由真菌禾顶囊壳侵染引起的根病，严重危害各种禾草。引起草坪和天然草地衰退。全蚀病是一种危险性病害，发生尚不广泛，需加强监测，防止传播蔓延。

发展简史　1875 年 Saccardo 最早在意大利发现了草类全蚀病，此后长期未能准确了解病原菌的鉴别特征和确定其正确的分类地位，直至 1852 年 Arx 和 Olivier 等建立了顶囊壳属，方将病原菌种名确定为禾顶囊壳。1972 年 Walker 等进一步研究了种内致病性分化，划分出小麦变种、燕麦变种和禾谷变种。1992 年姚健民等发现了玉米变种。

草坪全蚀病主要发生在美国、欧洲和澳大利亚。1991—1993 年各国学者对主要草种致病菌进行了大量研究，例如 Elliott 等对狗牙根、Wilkinson 等对钝叶草、Wilkinson 对日本结缕草，以及多人对剪股颖的研究等。研究结果表明，禾谷变种和燕麦变种是草坪的主要侵染菌。对草坪全蚀病的流行规律和防治方法等也作了较多研究，但迄今还没有高效、低耗的理想防治方法。

中国于 20 世纪 50 年代末首先在河北发现了麦类全蚀病，以后蔓延到北方各麦区。80 年代以来又研究了禾谷作物致病菌的变种类型，确定主要是小麦变种，也有少量玉米变种和禾谷变种，没有发现草坪全蚀病。2004 年，商鸿生、王美楠等测定了中国小麦变种对禾草的致病性，发现可正常侵染草地早熟禾、剪股颖、黑麦草、高羊茅、硬羊茅、狗牙根等主要草种。2007 年石仁才等在对中国过渡带草坪禾草的根病研究中，首次确认中国有草坪全蚀病发生，并初步揭示了其分布特点、变种类型与发生生态。

分布与危害　全蚀病是禾草的重要根病，病株根系腐烂，矮小黄弱，干枯死亡。严重发病草地，禾草根系死亡，叶片发黄，甚至大量枯死，导致草地衰退。一旦发病，菌量将逐年积累，病情不断发展，直至大片草地被破坏殆尽。全蚀病一向是剪股颖、黑麦草、早熟禾等冷季型草坪的重要病害，分布于世界各地。20 世纪后期，美国南部结缕草、狗牙根、钝叶草等暖季型草坪也发生了严重的根腐病，称为暖季草根系衰退病，主要由全蚀病菌禾谷专化型侵染引起。中国天然草地和人工草坪已有全蚀病发生，但分布尚不广泛。

病株的根、根状茎、匍匐茎和根颈由皮层向内部腐烂，变成暗褐色至黑色。病根表面可见黑色匍匐菌丝束。根颈和茎基部叶鞘内侧与茎表面形成一层黑色物，由病原菌菌丝体构成，称为菌丝层或菌丝垫。用手持扩大镜观察，可见该处密生粗壮的黑色匍匐菌丝束和成串连生的菌丝节，秋季还可见到黑色点状突起物，为病原菌的子囊壳。茎基部表面有黑褐色长条状病斑（图 1 ①②）。在干旱条件下，茎基部不形成子囊壳，甚至也不形成黑色菌丝层，病株仅根系变黑腐烂。病株地上部分生长衰弱，矮小，分蘖明显减少，叶片变黄色至红褐色。

草坪发病后，首先出现小型圆形枯草斑，略凹陷，草株黄色至褐色，冬季可变灰色。以后草坪斑扩展增大并相互连接，汇合成为大型形状不规则的草坪斑。剪股颖草坪上的枯草斑每年可扩大 15cm，直径可达 1m 以上（图 1 ③）。但也有些枯草斑仅短暂出现，不扩展。在剪股颖混播草坪上，枯草斑中剪股颖病株枯死，中部残留较抗病草种，呈蛙眼状。

狗牙根、结缕草等暖季型草，在春季恢复生长后，草地上出现不规则形的黄色至褐色枯草斑，斑内病株矮小，根、根状茎、匍匐茎变褐腐烂，叶片黄化，生长衰弱，渐至枯死。枯草斑直径为数厘米至 1m 左右，有的更达 5m 以上。发病后 3～4 年内枯草斑往往在同一位置出现。

病原及特征　病原为禾顶囊壳 [*Gaeumannomyces graminis* (Sacc.) Arx & Oliver]，属顶囊壳属。

在 PDA 培养基平板上菌落黑褐色至黑色，产生黑色菌丝束，向四周放射生长，菌落边缘的菌丝向中心反卷。气生菌丝稀少，灰色（图 2 ①）。匍匐菌丝褐色至深褐色，有隔膜，粗壮，宽度为 2～4μm，多 3～4 根聚生成束。老化菌丝呈锐角分枝，分枝处主枝与侧枝各形成一横隔膜，呈"∧"形。匍匐菌丝在寄主根、茎表面和叶鞘内表面形成网络，在根部多与根轴平行生长。附着枝生于匍匐菌丝上。简单型附着枝，圆筒状，不分裂或分裂很浅，浅褐色，端生或间生；裂瓣状附着枝有深裂，花瓣状，深褐色，生于侧生菌丝顶端。多数附着枝聚生，形成菌丝垫。附着枝端部产生侵染菌丝，侵染菌丝壁薄、无色透明、较细。

有性繁殖产生子囊壳和子囊孢子。子囊壳单生，埋生或半埋生，壳体球形、卵圆形、梨形，黑色，外被茸状菌丝，大小为 180～400μm×160～220μm，颈筒形，居中或稍斜，具缘丝（图 2 ②）。子囊生于侧丝中间，单囊膜，成熟后棍棒状，上部钝圆较宽，下部窄，具柄，大小为

90～113μm×8～12μm，内含 8 个子囊孢子。子囊顶端有两个折光小亮点，为其顶环。子囊孢子线形，稍弯曲，无色，大小为 90～100μm×3～5μm，成熟孢子有 4～7 个隔膜，1～2 周后隔膜分解，内含多数油珠（图 2③）。

迄今已知禾顶囊壳有 4 个变种，即燕麦变种、禾谷变种、小麦变种和玉米变种。燕麦变种子囊孢子较长，产生简单型附着枝。禾谷变种与小麦变种子囊孢子大小相近，禾谷变种具有褐色裂状附着枝，小麦变种只有简单附着枝。玉米变种子囊孢子尺度最短，附着枝为褐色扁球形，不同于其他三个变种。

各个变种都能侵染禾本科作物和禾草，但主要寄主不同。燕麦变种主要侵染燕麦以及剪股颖等冷季型禾草，是引起草坪全蚀病的主要病原菌。禾谷变种对水稻致病性较强，可严重危害狗牙根、结缕草、钝叶草、狼尾草、地毯草、雀稗等暖季型草坪禾草。小麦变种主要危害小麦、大麦，玉米变种主要危害玉米。

禾谷变种在中国已有发生，引起严重的草坪全蚀病。中国发生的禾谷变种菌系对各种禾草都能致病，对狗牙根属、剪股颖属禾草和多年生黑麦草的某些品种致病性很强，对硬羊茅和中华结缕草的致病性次之。小麦变种引起小麦全蚀病，在中国分布广泛。玉米变种是中国学者发现的新变种。接菌测定结果表明，小麦变种中国菌系可正常侵染草地早熟禾、剪股颖、黑麦草、高羊茅、硬羊茅、狗牙根等草坪禾草，对

黑麦草和草地早熟禾的致病性较强。玉米变种对禾草的致病性很弱，但对饲料作物苏丹草的致病性强。

侵染循环　全蚀病菌以菌丝体在病草根部、根状茎、匍匐茎等部位越季，也可随病株残体在枯草层和土壤中越冬或越夏。在禾草整个生育期都能侵染。接触或接近植株根部的病残体，在适宜条件下长出侵染菌丝而侵入。全蚀病菌可以从植株地下部分，包括种子根、次生根、根状茎、根颈等部位侵入，也可由胚芽鞘、茎基部叶鞘侵入。全蚀病菌的菌丝沿根和根状茎扩展，并接触健株根系，实现植株间的传播，使病株不断增多。病原菌也可随黏附带菌土壤或病残体的农机具以及带病无性繁殖材料而传播扩散。

许多事实表明，全蚀病可以通过引种而传播到无病地区或无病地块，但是全蚀病菌并不侵染种子，种子本身也不带菌，很可能全蚀病是通过混杂在种子中间的带菌植物残片或土壤而远距离传播的。

全蚀病病株上在秋季产生病原菌的子囊壳和子囊孢子。子囊壳为子囊菌的有性繁殖器官，子囊孢子成熟后脱离子囊壳，分散传播。子囊孢子的侵染作用尚待证实。有人认为病株上的子囊孢子被雨水冲刷，进入土壤，在有利的条件下可以侵染根系，形成许多分散的小型枯草斑，每个枯草斑就是一个传病中心。

流行规律　影响全蚀病发生的环境因素很多。首先，土壤营养要素缺乏或不平衡有利于全蚀病发生。有机质含量低，

图 1　禾草全蚀病危害症状（商鸿生提供）

①狗牙根全蚀病症状；②臂形草全蚀病病株；③全蚀病引起的剪股颖草地衰退

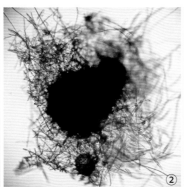

图 2　禾草全蚀病原特征（石仁才提供）

①在 PDA 培养基平板上的菌落；②禾顶囊壳的子囊壳；③禾顶囊壳的子囊和子囊孢子

保水保肥能力差的砂土草地病重。缺氮的草地，施用适量氮肥后病情减低。氮肥种类对全蚀病的影响也不一致，施用硝态氮可能加重发病，铵态氮则可能减轻发病。重施氮肥，严重缺磷、缺钾或氮磷钾比例失调将加重全蚀病发生。施用过量石灰，使根围土壤 pH 大幅升高后，全蚀病也显著加重，酸性土壤则发病较轻。

较为冷凉湿润的气象条件有利于冷季草全蚀病发生。病原菌侵染的最适地温为 12～18℃，但低至 6～8℃ 仍能侵染。一旦侵染成功，即使温度升高，受害也很重。多雨、频繁灌溉，土壤表层有充足的水分也是病原菌侵染和发病的必要条件。冬季温暖，春季多雨病重，冬季寒冷，春季干旱病轻。禾顶囊壳谷变种能耐受较高的温度，在温度较高的多雨季节，暖季草全蚀病严重发生。

不同草种对禾顶囊壳各变种的抗病性明显不同，同一草种的不同品种的抗病性也有一定差异。了解草种或品种的抗病性不能完全依据自然发病，因为病原地往往有不同病原菌复合侵染，最好用已知变种接菌鉴定。

土壤中拮抗性微生物增多，可抑制全蚀病菌，甚至使全蚀病自然消退。为防治草地虫害或杂草而进行药剂熏蒸后，重新补播的草坪发病较重。

防治方法　全蚀病是一种难以防治的病害，现在还缺乏特效防治方法。无病地区应严防传入，已发病地区需做好草地管护的基础工作，使坪草生长苗壮，提高抗病、耐病能力，创造不利于病原菌而有利于拮抗微生物的环境条件，减少发病。

不由发病地区引种，要播种清洁种子，使用无病无性繁殖材料。草地初次发现全蚀病后，应彻底清除病株和周围土壤。病穴施用杀菌剂消毒灭菌。严重发病草地需改种非禾本科地被植物，或与非禾本科作物轮作。鉴于剪股颖草坪发病最重，可用较抗病的紫羊茅与剪股颖混播建坪。要尽量种植适生的抗病、耐病品种。

要加强栽培管理，控制氮肥用量，施用铵态氮，增施磷、钾肥和有机肥。要合理灌溉，降低土壤湿度，防止草地积水。砂性瘠薄土壤，保水保肥力差，需增加水肥，使禾草生长健壮。要调节根围土壤 pH 为 5.5～6.0，病草地不可施用石灰。底层坚实的草坪应打眼透气。发病草坪要适当灌水施肥，以促进病株恢复。发病狗牙根等暖季草草坪，在适于病害流行的雨季，应提高留草高度，缓解症状。

在发病初期可用甲基硫菌灵、三唑酮（或其他三唑类杀菌剂）等杀菌剂药液喷布茎基部，也可施用荧光假单胞菌生防制剂，均有一定防治效果。

参考文献

何惠琴，干友民，吴勇刚，2002. 四川盆地常见草坪病害与防治 [J]. 四川草原 (4): 48-52.

石仁才，2007. 我国过渡带草坪禾草的根病研究 [D]. 杨凌：西北农林科技大学.

石仁才，商鸿生，2006. 禾草对禾顶囊壳玉米变种抗病性研究 [J]. 草业学报，15(5): 89-93.

张陶，张中义，刘云龙，等，1998. 云南省国外引种牧草，草坪病害研究：Ⅱ. 禾本科牧草、草坪真菌病害 [J]. 云南农业大学学报，13(1): 78-83.

SMILEY R W, DERNOEDEN P H, CLARKE B B, 2005. Compendium of turfgrass diseases[M]. St. Paul: The American Phytopathological Society Press.

（撰稿：商鸿生；审稿：李春杰）

禾草蠕孢霉　*Helminthosporium sorokinanum* Sacc.

大麦斑点病的病原菌，主要寄生在禾本科及其他经济作物上，从多种植物的种子、病斑、残株及土壤中均能分离获得，一般表现较强的纤维素酶活性。又名禾旋孢腔菌。

分布与危害　禾草蠕孢霉呈世界性分布。在中国主要从大麦、小麦上分离得到，可侵染植物叶片、根部和枝干等部位，引起局部坏死性病斑、根部腐烂、麦粒疫病和斑枯病等，使粮食减产。当植株幼苗出土后，该菌常侵染植株的幼叶，先在叶鞘近地面处产生褐色病斑，渐向茎基部及茎部扩展，引起根及茎基腐烂，使病苗矮小。叶片染病时，常形成椭圆形或梭形病斑，中部呈深褐色，边缘不规则，色浅，故称斑点病。叶鞘染病时，病斑较大，长形，灰色，其中杂有褐色斑点，边缘不明显。穗部染病时，小穗梗和颖片呈褐色。

病原及特征　禾草蠕孢霉（*Helminthosporium sorokinanum* Sacc.）属旋孢腔菌属。在 PDA 培养基上菌落绒毛状，灰绿色，边缘白色，背面褐色。菌落较平整，边缘整齐，菌丝致密。菌丝有隔，浅色，有分枝。分生孢子梗多分枝，分生孢子浅褐色，比菌丝颜色深，呈三角锥形，较饱满；孢子多细胞，有横隔和纵隔，隔很明显，单个着生或成链状（见图）。

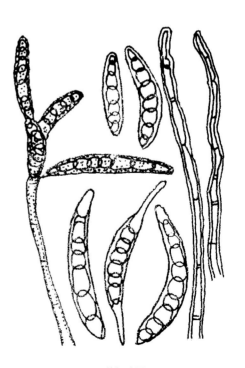

禾草蠕孢霉
（引自蔡静平，2018）

H

流行规律　该菌可随病残体一起在地表层越冬，翌年发病期随风、雨等媒介传播而侵染寄主。菌丝体发育温度为 0～39℃，最适温度 24～28℃。分生孢子萌发温度范围 6～39℃，以 24℃ 最适宜，在中性或偏碱性环境中萌发速度较快，但光对菌丝生长及孢子萌发无明显刺激作用。当空气湿度达到 98% 以上时，只要温度适宜即可萌发并开始侵染植株。除侵染小麦和大麦外，还能寄生在燕麦、黑麦等禾本科作物上。该菌寄主范围广，防治比较困难。

侵染过程与侵染循环　该菌可直接穿透侵入或由伤口和气孔侵入。直接穿透侵入时，芽管与叶面接触后顶端膨大，形成球形附着胞，穿透叶角质侵入叶内。由伤口和气孔侵入时，芽管不形成附着胞而直接侵入。在适宜的温、湿条件下，该菌侵染植组织后不久即形成病斑，菌丝体在组织细胞间蔓延并分泌毒素，破坏寄主组织而使病斑扩大。发病初期，叶面水分蒸腾作用增强，后期病叶丧失活力，造成植株缺水，叶枯而死。病菌以菌丝体在植株病残体、病种胚内越冬，也能以分生孢子在土壤中或附着种子表面越冬，成为初次发病的侵染源。

该菌的发病程度主要与耕作制度、种子带菌率、土壤温湿度、播种深度以及品种抗病性等因素有关。

毒素产生及检测　禾草蠕孢霉可产生杂色曲霉素，该毒素是合成黄曲霉毒素的前体物质，具有强烈的致癌性，主要由杂色曲霉（*Aspergillus versicolor*）和构巢曲霉（*Aspergillus nidulans*）等真菌产生。杂色曲霉素主要污染玉米、花生、大米和小麦等作物，但污染范围和程度不如黄曲霉毒素。在肝癌高发区居民所食用的食物中，杂色曲霉素污染较为严重。在食管癌高发区的食品中该毒素普遍存在。杂色曲霉素的急性毒性不强，慢性毒性主要表现为肝和肾中毒，但有较强的致癌性。

杂色曲霉毒素的检测方法　杂色曲霉素检测的方法主要有薄层层析法、高效液相色谱、气相色谱-质谱联用仪和固相酶联免疫技术等。

TLC 法操作简单，不需要复杂精密的仪器设备。中国已有食品检测的国家标准，其原理是将样品中提取、纯化、浓缩后薄层展开后用三氯化铝显色，再加热产生一种在紫外光下显示黄色荧光的物质。根据其在薄层上显示的荧光最低检出量来测定样品中的含量。

高效液相色谱、气相色谱-质谱联用仪等检测灵敏度和可靠性高，但需要精密仪器和经过专业训练的操作人员，预处理复杂，无法同时对大批量样品进行检测。

酶联免疫法灵敏度高，特异性强，预处理简单，不需要昂贵的仪器设备，但其前提条件是需要先制备抗体，而中国尚无大批量生产抗体的厂家。因此，现阶段难以广泛使用酶联免疫法。

杂色曲霉毒素的去除　谢同欣等研究了日光消除杂色曲霉毒素致突变性的作用，发现日光可消除杂色曲霉毒素的致突变作用。姚冬升等人研究了嗜酸乳杆菌及其菌体蛋白对杂色曲霉毒素的去除能力，发现嗜酸乳杆菌菌体总蛋白对杂色曲霉毒素相对吸附率可达 75.8%，面包酵母菌体总蛋白的吸附率为 48.9%。嗜酸乳杆菌菌体总蛋白质含量与吸附效率呈一定的量效关系。Abdel-Wahhab 等人研究发现不同浓度的

蒙脱石对杂色曲霉素都具有较强的吸附能力，吸附率可达 93% 以上。

防治方法　①提高粮食入库质量，及时改善粮仓的储藏条件，采用科学有效的保管与管理措施。

②将粮食中水分降到粮食储藏的安全水分之下。高水分的粮食在储藏过程中，由于温度的升高极易发热和霉变，造成粮食品质下降。

③采用化学保藏法进行防霉。如霉丁、克霉灵、SOA 及磷化氢熏蒸等方法。

参考文献

蔡静平，2018. 粮油食品微生物学 [M]. 北京：科学出版社.

楼建龙，1992. 杂色曲霉素研究新进展 [J]. 国外医学卫生学分册 (4): 218-220.

田禾菁，刘秀梅，2004. 粮食中杂色曲霉素酶联免疫吸附测定方法 [J]. 卫生研究 (1): 111.

王若兰，2016. 粮油储藏学 [M]. 北京：中国轻工业出版社.

姚东生，胡亚冬，谢春芳，等，2004. 嗜酸乳杆菌对杂色曲霉吸附作用的研究 [J]. 食品科学 (25): 79-84.

袁建，杜鹃，汪海峰，等，2011. 高效液相色谱法测定小麦种的杂色曲霉毒素 [J]. 食品科学 (32): 174-177.

ABDEL-WAHHAB M A, HASAN A M, ALY S E, et al, 2005. Adsorption of sterigmatocystin by montmorillonite and inhibition of its genotoxicity in the Nile tilapia fish (*Oreachromis nilaticus*)[J]. Mutation research, 582: 20-27.

（撰稿：胡元森；审稿：张帅兵）

禾草炭疽病　grass anthracnose

由禾生炭疽菌引起的危害草坪根、茎和叶部的一种真菌病害。

发展简史　炭疽病最早于 1790 年被发现，之后陆续被报道发现于高粱、苹果等植物上。关于草坪上炭疽病的报道，1954 年 J. D. Smith 报道了一年生早熟禾草坪上该病的发生。在中国关于草坪炭疽病的相关研究开展较晚，2003 年石仁才报道了发生在高羊茅和多年生黑麦草混播草坪上的炭疽病；2006 年陈莉等报道了麦冬上的炭疽病；2009 年曾蓉等报道了高羊茅炭疽病原菌的生物学特性，并对其基因序列进行了 ITS 分析。

分布与危害　禾草炭疽病是在世界各地几乎所有草坪上都可以发生的一类病害。在北美和欧洲炭疽病主要危害一年生早熟禾和剪股颖属草坪，此外，也可以侵染狗牙根属、假俭草属、羊茅属、黑麦草属和其他早熟禾属草坪。

不同环境条件下炭疽病症状表现不同。在夏季高温胁迫，尤其是当土壤干燥而大气湿度很高时，形成炭疽叶枯病。叶片上形成长形的、红褐色病斑，而后叶片变黄、变褐以致枯死。当茎基部被侵染时，整个分蘖也会出现以上病变过程。草坪上出现直径几个厘米到几米的、不规则枯草斑（图 1 ①），斑块呈红褐色—黄色—黄褐色再到褐色的变化，在病株下部叶片、叶鞘和茎上可以发现小黑点（分生孢子盘）

（图1②）。在冬季和早春冷凉潮湿的环境下，病菌主要造成根、根颈、茎基部腐烂，以茎基部症状最为明显。病斑初期水渍状，颜色变深，并逐渐发展成圆形褐色大斑，后期病斑上长有小黑点（分生孢子盘）。当冠部组织也受侵染严重发病时，草株生长瘦弱，发黄枯死。

病原及特征　病原为禾生炭疽菌［Colletotrichum graminicola（Ces.）G. W. Wils.］。属炭疽菌属，是一种广泛分布的病菌，有性态为禾生小丛壳（Glomerella graminicola Politis）。在人工培养条件下，炭疽菌菌丝体的性状、颜色、产孢等变化很大。菌丝体发育适温为28℃，培养中进行光暗交替容易产生孢子。菌丝体灰色至橄榄色，有隔膜，分枝少。该菌在受害植株表面形成小黑点状的分生孢子盘，散生或聚生，突出表皮。分生孢子盘狭长，有刚毛。刚毛暗褐色，顶端色较淡，正直或微弯，基部略膨大，顶端较尖，长约100μm，有隔膜。分生孢子单细胞，新月形，大小为17～32μm×3～5μm，萌发时产生芽管（图2）。分生孢子在10～40℃的条件下均能萌发，最适萌发温度为25～30℃。高湿有利于孢子萌发，在有糖分或有高粱、玉米等植物活体组织时也利于萌发。

自然条件下有性态小丛壳很少产生，但在灭菌的玉米叶片上进行培养能产生子囊壳。子囊圆筒形至棍棒形。子囊孢子镰刀形，弯曲，单胞，无色，两端渐尖，大小为18～26μm×5～8μm。

侵染过程与侵染循环　病原菌以菌丝体和分生孢子在病株体内和病残体中度过不适期。当草坪草处于逆境环境下，大气湿度高且叶片表面湿润时，病菌可侵染叶、茎或根部组织。在坏死的组织中形成分生孢子盘，并释放大量分生孢子，分生孢子随风、雨水飞溅传播到健康的禾草上，造成再侵染。

散落在地表的病株残体中的菌丝体可存活18个月之久，但离开病株残体的分生孢子或菌丝体仅能存活几天，埋在土壤中的病菌也不能长久存活。播种带菌种子后，病菌从萌动的种子侵入幼苗组织，直接引起幼苗发病。

流行规律　病害发生的严重程度常与气候条件、品种的抗病性和栽培管理措施等有关。阴天、高湿或多雨的天气有利于发病。在高湿或多雨、多露的气候条件下，病斑上易形成分生孢子盘和分生孢子，在22℃下约经14小时分生孢子即可成熟。在适宜的温度条件下，高湿、重露或细雨连绵的气候条件下发病重；暴风雨可能会冲刷掉病菌的分生孢子，甚至破坏病菌子实体，可减轻发病。

其他造成病害发生的基本条件还包括土壤紧实，磷肥、钾肥、氮肥和水分供应不足，叶面或根部有水膜等。该病几乎任何时候都能发生，但通常在夏季数月中的凉爽天气里最具破坏性。

防治方法　对于禾草炭疽病的防治，要以科学的养护管理为基础，并结合药剂防治为辅的病害综合治理措施，草坪建植时要尽量选用无病种子。

养护管理措施　合理施肥，避免在高温、干旱期间使用含氮量高的氮肥，增施磷、钾肥；避免在午后或晚上浇水，应深浇水，尽量减少浇水次数，避免造成逆境条件；保持土壤疏松；适当修剪；及时清除枯草层；种植抗病草种和品种均能减轻病害。

化学防治　可以预防性地使用杀菌剂，如百菌清和嘧菌酯、氯苯嘧啶醇、丙环唑、托布津、三唑酮或肟菌酯等，需要在病害发生前2～3周开始使用；发病初期要及时喷施杀菌剂进行控制。可以使用百菌清、乙膦铝，500～800倍兑水喷雾。

参考文献

陈莉，檀根甲，丁克坚，等，2006. 合肥市草坪主要病害种类调查及病原鉴定 [J]. 草业科学，23(5): 100-103.

石仁才，2003. 禾顶囊壳对草坪禾草的致病性及关中地区草坪根（茎）部病害病原菌的鉴定 [D]. 杨凌：西北农林科技大学.

曾蓉，陆金萍，陈文俊，等，2009. 高羊茅炭疽病病菌的生物学特性及其 ITS 序列分析 [J]. 上海农业学报，25(4): 47-50.

中国农业科学院植物保护研究所，中国植物保护学会，2015. 中国农作物虫害 [M]. 3 版 . 北京：中国农业出版社 .

JAMES B B, 1998. Color atlas of turfgrass disease[M]. Canada: Friesens, Altona, Manitoba.

SMITH J D, 1954. A disease of Poa annua[J]. Sports turf research institute, 8: 344-353.

（撰稿：张家齐；审稿：李春杰）

图 1 禾草炭疽病症状（赵云梦提供）
①田间症状；②叶片症状及分生孢子盘

图 2 禾生刺盘孢菌的分生孢子盘和分生孢子（赵云梦提供）

禾草香柱病　grass choke disease

香柱菌在寄主体内度过大部分生活周期，当禾草开花时，真菌沿着花序生长并在其基部形成子座，最终整个花序被内生真菌菌丝包裹而停止生长，形状似一截"香"，称为香柱病。

发展简史　禾草香柱病最早于20世纪50年代发生在英国，90年代在美国俄勒冈州发现并遍布全州的鸭茅种子生产基地。Persoon 最早于1798年将香柱病菌命名为 Sphaeria typhina Pers.，1863年命名为 Epichloë typhina（Pers.）

Brockm.。1996 年 Glenn 等将枝顶孢属（*Acremonium*）的 Albolanosa 组从该属中分离出来，以 *Acremonium coenophialum* Morgan Jones & Gams 为模式种，成立新属 *Neotyphodium*。由于 *Neotyphyodium* 属的真菌全部为典型的内生真菌，不在禾草体外产子实体，故将其称为禾草内生真菌属。有些禾草，如鸭茅（*Dactylis glomerata* L.）的部分分蘖上可以产生有性态的子座，即香柱；而大多禾草被 *Neotyphodium* 感染而不产生香柱。根据 2012 年在墨尔本召开的"第十八届国际植物学会"形成的《国际藻类、菌物和植物命名规则》"一个真菌一个名称"的规定，Leuchtmann 等于 2014 年重新确定了其分类地位，将尚未发现有性态的 *Neotyphodium* 属内生真菌统一命名为 *Epichloë* 属。

分布与危害　分布在法国、英国、德国、瑞典、瑞士、美国、捷克、波兰、匈牙利、罗马尼亚、西班牙。中国的新疆、甘肃、内蒙古、江苏等地。

香柱病是禾草常见病害之一，尤其在气候比较潮湿的地区。由于病菌的寄生，造成种子产量损失。鸭茅香柱病在美国俄勒冈州种子几乎均感染香柱菌；在法国，一年或两年后鸭茅种子将失去再生产能力；在英国，一年生鸭茅发病率很低，但二年生和五年生的鸭茅其侵染率分别达到 33% 和 81%。同时，感染香柱病的禾草产生麦角类生物碱，家畜采食后引起中毒，影响草地畜牧业的健康发展。

自禾草种子萌发开始，病菌菌丝体可系统侵染营养生长的各个部位，在组织细胞间生长，不穿透细胞壁，无明显症状。当禾草进入繁殖期时，菌丝体穿透宿主组织在体表生长出纤细的白色菌丝呈蛛网状，逐渐增多形成毡状的"鞘"，包围在茎秆、花序、叶和叶鞘之外，外观像一截"香"，故称为香柱病。子座初为白色后变为黄色、黄橙色，长 5～10cm，光滑，隆起，被子囊壳包围。子囊壳完全埋没于子座中，子座成熟后细丝状的子囊孢子会喷射而出，在适当的基质表面，这些子囊孢子会萌发产生分生孢子。子座的生长抑制了花序的发育、抽穗、结实和种子的形成，影响种子产量。

中国新疆鸭茅的部分分蘖上长有真菌的子座（图 1）。子座包裹着叶鞘，阻碍了宿主植物花序的生长。子座为黄色，表面粗糙，子座长 45～55mm；茎髓部菌丝体细长，粗细均匀，略带弯曲，很少分叉。所发现的鸭茅群落中，长有子座的植株较少。

病原及特征　病原为香柱菌属（*Epichloë*）真菌。最常见的为新疆阿勒泰鸭茅香柱病菌［*Epichloë typhina*（Fr.）Tul.］，另外，*Epichloë bromicola* Leuchtm. & Schardl 和 *Epichloë baconii* White 等也可引起该病。

新疆阿勒泰鸭茅香柱病菌子座圆柱状，成熟期为黄色，表面粗糙，子座长 45～55mm；在 PDA 培养基上 25℃ 培养 2 周后，菌落直径 45～54mm，菌落正面白色，棉质，质地紧密，中央隆起或稍有皱褶（图 2 ①），背面白色至黄色；菌丝体细长，分枝，分隔，不易产生分生孢子。在受到胁迫时产生孢子，孢子梗长 13～33μm，基部宽 2.7～4.1μm，顶端变尖小于 1μm；分生孢子无色透明，椭圆形或肾形，单个顶生（图 2 ②），4.1±0.5μm×2.2±0.5μm。

匈牙利匍匐冰草（*Agropyron repens*）香柱病菌（*Epichloë bromicola*）子座长 16～31mm，子囊壳大小为 520～560μm×160～250μm，密度每平方米 35～45 个，子囊大小为 270～310μm×5.2～6.5μm，子囊孢子大小为 225～275μm×1.5～1.7μm。

香柱菌可侵染冰草属（*Agropyron*）、剪股颖属（*Agrostis*）、看麦娘属（*Alopecurus*）、芨芨草属（*Achnatherum*）、黄花茅属（*Anthoxanthum*）、燕麦草属（*Arrhenatherum*）、雀麦属（*Bromus*）、鸭茅属（*Dactylis*）、发草属（*Deschampsia*）、披碱草属（*Elymus*）、羊茅属（*Festuca*）、洽草属（*Koeleria*）、

图 1　鸭茅香柱病（李春杰提供）

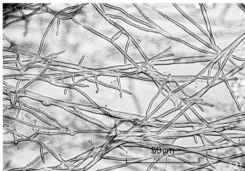

图 2　鸭茅香柱菌形态（王正凤提供）
①菌落；②分生孢子梗和分生孢子（标尺 =50μm）

三种 *Epichloë* 属真菌的形态学比较表

真菌	分生孢子梗		分生孢子大小（μm）	分生孢子形状	文献
	长（μm）	基部宽（μm）			
Epichloë baconii	24.8±3.7	2.2±03	4.4±0.6×1.7±0.25	半月形、肾形	Vaquero 等（2003）
Epichloë bromicola	8～23	1.2～2.9	3.8±0.4×2.0±0.3	舟形、椭圆形	Lembicz 和 Górzyńska（2010）
Epichloë typhina	13～33	2.7～4.1	4.1±0.5×2.2±0.5	椭圆形、肾形	李春杰等（2009）

黑麦草属（*Lolium*）、虉草属（*Phalaris*）、梯牧草属（*Phleum*）、早熟禾属（*Poa*）和鹅观草属（*Roegneria*）等禾草。

侵染过程与侵染循环　病原菌的菌丝体寄生于禾草的地上部，在生殖分蘖上产生子座，引起病害发生。病菌的传播途径包括两种：一是垂直传播，是主要的传播途径，有性态的种间杂交形成了无性型的内生真菌，通过种子进行亲代向子代的传播，不会引起病害的症状。二是水平传播，有性态不同交配型杂交产生的子囊孢子的传播导致香柱病感染健康植株。

流行规律　病原菌侵染后可在生殖分蘖上产生子座，导致香柱病。由双翅目花蝇科植种蝇属（*Botanophila*）的昆虫将孢子传播，并在子座上取食和产卵。在相反交配类型的子座上受精后，白色菌丝增殖，导致基质增厚，发育形成子囊壳和子囊孢子。在子座上产生的子囊孢子在夜间湿度达高峰期间排出，萌发产生新一代的分生孢子。通过孢子将香柱病菌由一个植株传播到另一个植株，即 *Epichloë* 属病菌的水平传播。一般香柱菌的子囊孢子更易侵染禾草幼小的分蘖。早期成熟的子座释放出的子囊孢子可以使后期形成的子座受精。在高湿条件下，病菌容易形成子座，香柱病容易发生并流行。

防治方法　没有有效的手段来防治香柱病在田间的暴发和传播。子囊孢子和分生孢子在病害传播过程中作用尚不明确。因此，建议以农业管理措施进行防治。

选用健康种子播种。对禾草种子进行种子带菌检测。合理灌水，勿使草地土壤过湿。科学施肥，应避免过多施速效氮肥。过量氮肥可促使子座大量产生。病草提前刈割，减少田间病原。轮作倒茬。鸭茅种子田的利用以不超过 2 年为宜。

参考文献

王正凤, 李秀璋, 李春杰, 2016. 鸭茅香柱菌形态学、生理学及系统发育研究[J]. 草业学报, 25(6): 118-125.

LARGE E C, 1954. Surveys for choke (*Epichloë typhina*) in cocksfoot seed crops 1951–1953[J]. Plant pathology, 3: 6-11.

LEMBICZ M, GÓRZYŃSKA K, LEUCHTMANN A, 2010. Choke disease, caused by *Epichloë bromicola*, in the grass *Agropyron repens* in Poland[J]. Plant disease, 94(1): 1372.

LEYRONAS C, RAYNAL G, 2008. Role of fungal ascospores in the infection of orchardgrass (*Dactylis glomerata*) by *Epichloë typhina* agent of choke disease[J]. Journal of plant pathology, 90(1): 15-21.

PFENDER W F, ALDERMAN S C, 1999. Geographical distribution and incidence of orchardgrass choke, caused by *Epichloë typhina* in oregon[J]. Plant disease, 83: 754-758.

PFENDER W F, ALDERMAN S C, 2006. Regional development of orchard-grass choke and estimation of seed yield loss[J]. Plant disease, 90: 240-244.

VAQUERO M R, DE ALDANA BRV, CIUDAD AG, et al, 2003. First report of choke disease caused by *Epichloë baconii* in the Grass *Agrostis castellana*[J]. Plant disease, 87(3): 314.

（撰稿：李春杰、刘静、王正凤；审稿：段廷玉）

禾草雪霉叶枯病　grass *Microdochium* patch or pink snow mold

由雪腐小座菌引起的危害草坪根、茎、叶等部位的真菌性病害。

发展简史　国内外关于禾草雪霉叶枯病的研究相对较少，1975 年 Arsvoll 等较详细地介绍了在挪威草坪上发生的雪霉叶枯病；而中国 1961 年该致病菌首次在陕西武功丰产 3 号小麦品种上发现，而草坪上几乎没有关于该病的详细报道。

分布与危害　禾草雪霉叶枯病主要发生在冷凉多湿地区，引起各种禾草苗腐、叶斑、叶枯、鞘腐、基腐和穗腐等多种症状，以叶斑和叶枯症最为常见。该病害几乎可以侵染所有冷季型草种，对早熟禾属（*Poa*）和剪股颖属（*Agrostis*）危害最重。同时也可侵染高羊茅属（*Festuca*）和黑麦属（*Lolium*）、狗牙根（*Cynodon dactylon*）。积雪或枯草覆盖的草地发生严重，比如北美和北欧地区，中国多地区也有报道。

在无雪条件下，染病草坪首先出现直径小于 5cm 的圆形枯草斑，橘褐色或深红色，开始显症后 48～72 小时内，病斑直径扩大至 30cm 甚至更大。有时，病斑边缘的病菌仍在活动，但中部的植株已开始恢复健康，形成"蛙眼"症状，呈浅灰色或棕褐色（图 1 ①）。随着病情发展，斑块会连接成片。当气候长期冷凉湿润，侵染叶片在低修剪草坪上会形成环状斑块，具水浸状灰黑色边缘。

在积雪或高湿情况下，叶片上会看到白色蓬松状菌丝（图 1 ②），当积雪消退，侵染的叶片会呈现出棕褐色或漂白色，病斑边缘呈粉红色。

病原及特征　病原为雪腐小座菌［*Microdochium nivale*（Fr.）Samuels & I.C. Hallett，异名 *Fusarium nivale*（Fr.）Ces.，*Gerlachia nivalis*（Ces.ex Berl. & Voglino）W.Gams & E. Müll.］，属微座孢属。在叶片、叶鞘等发病部位产生病原菌的分生孢子座，黏分生孢子团和分生孢子。分生孢子以顶层式层出的方式生出，宽镰形，弯曲，顶端尖削，无脚胞，1～3 隔，2.5～5μm×10～30μm（图 2）。在 PDA 培养基上菌落浅橙色或橙红色。气生菌丝较少，薄绒状，有时呈羊毛状或毡状。菌落边缘较整齐。菌丝透明，壁薄，光滑，分隔，宽 2.5～5μm。培养中可形成鲜橙色黏分生孢子团，不产生厚垣孢子。

病原菌的有性型为雪腐小画线壳［*Monographella nivalis*（Schaffn.）E. Müll.］，属小画线壳属。子囊壳黑色，近球形，大小为 147～200μm×126～188μm，有侧丝，具乳突状孔口。自然条件下子囊壳埋生于病组织表皮下，只有孔口外露。子囊棍棒状或圆柱状，单囊膜，大小为 40～73μm×6.5～10μm，顶部有淀粉质环，可用碘液染成蓝色。子囊孢子纺锤形或椭圆形，无色透明，1～3 隔，大小为 9.5～10.5μm×2～5.5μm。

在雪霉叶枯病的病样中除了能分离到致病菌 *Monographella nivale* 外，还可以分离到 *Fusarium culmorum*、*Fusarium equiseti*、*Fusarium avenaceum* 和 *Fusarium semitectum*。

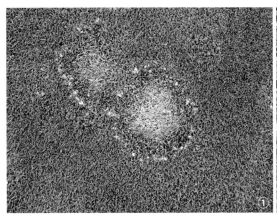

图 1　禾草雪霉叶枯病田间症状（Courtesy R.W. Smiley 提供）

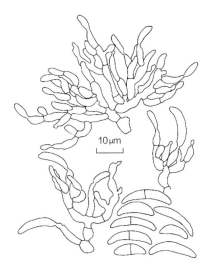

图 2　雪霉小座菌分生孢子梗和分生孢子
（仿 Samuels and Hallett, 1983）

所有这些菌都可以在低温环境下对草坪产生致病性。而 *Monographella nivale* 并不一定是主要的致病菌。

侵染过程与侵染循环　病原菌在带病植株、病残体、带病种子上渡过不利环境条件，当环境条件适宜时，病菌萌发侵染幼芽、幼根和其他部位，并产生分生孢子和子囊孢子，随风和雨水传播，由伤口和气孔侵入，不断引起再侵染。在高湿条件下产生气生菌丝，通过搭接也可以传播蔓延。

流行规律　寒冷潮湿的环境有利于雪霉叶枯病的发生，病害发生的最适温度为 0～8℃。

反复积雪和溶化、霜冻、大雾和细雨都十分有利于病原菌在叶片之间的传播。当空气湿度较低或草坪表面较干燥时，病害流行较慢。偏施氮肥、排水不良、低洼积水、草坪郁闭、枯草层厚等因素都有利于病害的发生。坪床表层土的 pH 高于 6.5，此病更加严重。

该病在一年生早熟禾和剪股颖属草坪上发生尤为严重，同时对多年生早熟禾、羊茅属和黑麦草属草坪也会造成严重的影响。

防治方法　草坪雪霉叶枯病的防治应以科学管理和药剂防治为主，草坪建植时要尽量选用无病种子。

科学养护管理　调节土壤 pH，尽量将碱性土壤的 pH 降低到酸性范围。对酸性土壤，不要在生长季节末施用石灰，最好在秋季施用；秋季必须修剪草坪，避免积雪覆盖高草。在生长季节末修剪时，将修剪高度提高 20%，可提高草坪草在低温阶段的存活率。修剪应一直持续到顶部停止生长。

化学防治　在冬季有积雪的地区，禾草雪霉叶枯病在苗期发生造成苗基腐等，建议在草坪建植时采用种衣剂拌种进行预防。可以选用的种衣剂有 2.5% 咯菌腈悬浮种衣剂、20% 萎锈灵悬浮种衣剂等。对于已成坪草坪，发病时可选用叶面喷雾防治，药剂有 25% 三唑酮可湿性粉剂、12.5% 烯唑醇可湿性粉剂、25% 多菌灵可湿性粉剂。

冬季经常有降雪的地区，应在第一次预报有降雪后的 2 周内施药处理。在冬末和早春，只要天气情况允许，也应及时用药。在没有降雪的地区，如果可供选择的药剂只有粉锈宁、丙环唑、甲基托布津和乐必耕，则在出现冷湿的天气情况之前就应当施药，间隔 7～14 天，只要天气情况允许，就应当持续下去。

参考文献

赵美琦，孙明，王慧敏，等，1999. 草坪病害 [M]. 北京 : 中国林业出版社 .

中国农业科学院植物保护研究所，中国植物保护学会，2015. 中国农作物病虫害 [M]. 3 版 . 北京 : 中国农业出版社 .

JAMES B B, 1998. Color atlas of turfgrass disease[M]. Canada: Friesens, Altona, Manitoba: 170-172.

SAMUELS G J, HALLETT I C, 1983. *Microdochium stoveri* and *Monographella stoveri*, new combinations for *Fusarium stoveri* and *Micronectriella stoveri*[J] . Transactions of the British mycological society, 81(3): 473-483.

（撰稿：张家齐；审稿：李春杰）

禾谷镰刀菌　*Fusarium graminearum* Schw.

该菌在玉米、小麦和土壤中较为常见，是禾本科作物的重要病原菌之一，可引起小麦、大麦、水稻、燕麦等农作物穗枯病或穗疮痂病及玉米的茎腐病和穗腐烂病。禾谷镰刀菌有性阶段称玉米赤霉菌，侵染小麦籽粒或玉米后，产生玉米赤霉烯酮、脱氧雪腐镰刀菌烯醇等毒素。由于镰刀菌具有腐生能力，可在粮食和食品上生长，使其腐烂变质，因此，在合适水分条件下能使储藏的小麦、玉米等粮食作物发热霉变。

病原及特征　禾谷镰刀菌（*Fusarium graminearum* Schw.）属镰刀菌属。在马铃薯–葡萄糖琼脂培养基上，禾谷镰刀菌菌丝棉絮状至丝状，生长茂盛，初期白色，后逐渐变为玫瑰红色、白洋红色或白砖红色，中央有黄色气生菌丝区，培养基背面呈深红色或淡砖红赭色。

菌丝有分枝，透明或玫瑰红色。从气生菌丝生长出分生孢子梗和分生孢子，分生孢子分大小两种类型。大型分生孢子近镰刀形、纺锤形、披针形，稍弯，两端稍窄细，顶细胞末端稍尖或略钝。单个孢子无色，聚集时呈浅粉色。小型分生孢子生于分枝或不分枝的孢子梗上，大多是单细胞，偶尔有少数分隔，形态多样。分生孢子群集时，呈黄色、粉红色或橙红色，一般无厚垣孢子。菌核呈各种深浅不同的紫红色、暗紫红色、鲜明玫瑰红色或无色。有性阶段的子囊壳散生或聚生，卵圆形或圆形，深蓝至黑色。子囊棍棒状，无色，内有8个纺锤形子囊孢子（图1）。

侵染过程与侵染循环　禾谷镰刀菌生活力较强，既可以在活的寄主上生活，也能够在死亡植物体上生长。菌丝最适生长温度为25℃，湿度越大，菌丝生长越快，黑暗条件有利于菌丝的生长发育。该菌引起的病害多为土传病害，禾谷镰刀菌以菌丝和分生孢子在病残体组织内外、土壤中存活越冬。带病种子和病残体产生子囊壳，翌年春季释放子囊孢子是主要的侵染源。

流行规律　玉米抽雄期至成熟期，高温、高湿是茎腐病流行的重要条件，尤其是雨后骤晴，土壤湿度大，气温剧升，往往导致该病暴发成灾。串珠镰刀菌在高湿时不发病，而腐霉菌只在高湿条件下才发病。土壤质地黏重，地势低洼、透水性差，地下水位高的地块发病严重。当底肥不足，氮肥偏多时会降低植株的机械支撑作用，对病菌的侵染及扩展有利。

毒素产生及检测　禾谷镰刀菌主要产生 B 型单端孢霉烯族毒素，其基本化学结构式如图2所示。粮食作物中存在 20 多种毒素，其中几种主要为 B 型单端孢霉烯族毒素的特异性功能基团（见表），而最主要的一种是脱氧雪腐镰刀菌烯醇（doexyni valneol，简称 DON），也称为致呕毒素

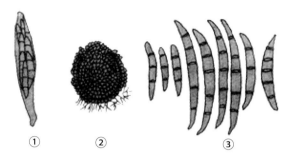

图 1　禾谷镰刀菌
（引自蔡静平，2018）
①子囊及子囊孢子；②闭囊壳；③分生孢子

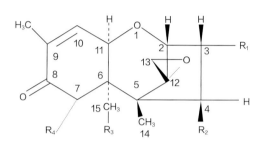

图 2　B 型单端孢霉烯族毒素的化学结构
（引自魏润蕴，1994）

（vomitoxin）。

不同禾谷镰刀菌菌株产生毒素的种类和数量差别很大，而培养基组成、培养温度、pH、菌种接种量等都对毒素产生有一定的影响。禾谷镰刀菌在固体培养基和液体培养基中均可产生毒素，但在前者中的产毒量较高。

毒素的检测　①生物测定法。利用部分生物材料，如器官（种子、根、茎、叶等）、组织、细胞等在毒素的胁迫作用下，引起生物体的生理生化指标发生变化。通过检测这些生理生化指标变化量，评价菌株致病力和品种抗病性。国内外利用整体植株、组织器官、细胞、酶等为材料进行毒素生物测定方法很多，如幼苗浸渍法、叶片浸渍法、花粉萌发法、APL 法等。

②化学测定法。是用于镰刀菌毒素测定的主要方法，具有快速、准确、重现性好等特点。现已建立了薄层色谱、气相色谱、高效液相色谱用于测定该毒素的方法。HPLC 和 GC 精确度高，一次能够检测出多种毒素的类型和含量，仪器和试剂的选择性范围较大，实践中应用较多。但此类方法纯化程序费时复杂，对操作人员的业务素质要求较高。

③酶联免疫吸附法（ELISA）。应用 ELISA 法测定真菌毒素，操作简单，费用较低，但因为检测出的毒素中常含有一些其他衍生物，所以测定的结果往往偏高。由于镰刀菌毒素抗原多数为半抗原，通常需要改变毒素分子或与其他蛋白质分子偶联后作为抗原，制备多克隆或单克隆抗体，目前商品化的镰刀菌毒素特异抗体不多。

脱毒方法　主要为物理去毒和消毒剂、杀菌剂去毒。在谷物收获后，干燥、低温条件下储藏并防止虫害；用消毒剂处理，但这些处理都可能导致小麦籽粒的湿度增加而不利于

几种主要 B 型单端孢霉烯族毒素的特异功能基团表

种类	功能基团			
毒素类型	R1	R2	R3	R4
脱氧雪腐镰刀菌烯	OH	H	OH	OH
雪腐镰刀菌醇	OH	OH	OH	OH
3–乙酰脱氧雪腐镰刀菌烯醇	OAc	H	OH	OH
15–乙酰脱氧雪腐镰刀菌烯醇	OH	H	OAc	OH

储藏。国内外禾谷镰刀菌生物防治也有较多研究，如戴富明等分离来自不同地理环境的土壤、叶面芽孢杆菌及营养竞争球菌等 4 个细菌菌株，对小麦赤霉病均有显著的防治作用，与多菌灵的防治效果无显著差异。Jun 等则利用从土壤中分离的一种细菌，降低禾谷镰刀菌产生毒素 DON 的含量。Pekrowksi 研究了 DON 和谷粒大小的相关性，建议剔除小谷粒，以达到物理去毒的目的。但上述这些降解毒素 DON 的方法，效果都不十分理想，虽然在一定程度上能够降低禾谷镰刀菌的产毒量，但引入的物质本身可能产生二次污染。

防治方法　谷类作物入库前，确保水分含量降到安全水分以下。① 含水量高或短时间难以晾晒的玉米可采用站秆剥皮法，即把玉米果穗苞叶从顶部剥成两瓣。剥皮的适宜时间一般掌握在玉米乳熟末期，大多数玉米定浆后进行，经 15 天散水即可收获。② 低温储藏，大米水分一般在 16% 左右，温度在 15°C 以下时，霉菌几乎不生长，采用机械制冷的方法控制温度，保证大米安全度过高温季节。

参考文献

蔡静平，2018. 粮油食品微生物学 [M]. 北京：科学出版社.

何家泌，1992. 小麦赤霉病菌源种类和禾谷镰刀菌的特性及变异研究 [J]. 国外农学—植物保护，5(4): 9-11.

王若兰，2016. 粮油储藏学 [M]. 北京：中国轻工业出版社.

王裕中，MLLIER J D，1994. 中国小麦赤霉病菌优势种——禾谷镰刀菌产毒素能力的研究 [J]. 真菌学报，13(3): 229-234.

魏润蕴，1994. 单端孢霉烯族化合物化学结构的稳定性 [J]. 中国食品卫生杂志 (4):54-56.

武爱波，2010. 禾谷镰刀菌 (Fusarium graminearum) 致病力鉴定、毒素检测及其分子生物学研究 [D]. 武汉：华中农业大学.

（撰稿：胡元森；审稿：张帅兵）

合欢枯萎病　mimosa wilt

由尖孢镰刀菌的一个专化型 Fusarium oxysporum f.sp. perniciosum（Hept.）Toole 引起，危害合欢枝干、根的输导组织，致使整株植物生病的一种真菌性病害。又名合欢干枯病。是合欢树的主要病害。

发展简史　1935 年，在美国卡罗来纳州首次报道了合欢枯萎病。1939 年，Hepting 将其病原菌定名为 Fusarium oxysporum f.sp. perniciosum。在中国，吴玲等于 1990 年首先报道了发生在山东济南的合欢枯萎病；戴玉成等报道了发生在北京的合欢枯萎病，并明确其病原菌为 Fusarium oxysporum f. sp. perniciosum。对病原菌的生物学特性、病害的发病规律、综合防治也多有研究报道。

分布与危害　在中国分布于江苏、浙江、安徽、山东、河北、河南、天津、北京等地。幼苗和大树均能受害，严重时全株枯死。幼苗发病表现为猝倒。大树得病后，叶片萎蔫、下垂、变干并萎缩，以后叶片脱落，枝条枯死。症状有时由 1～2 枝或几个枝表现出来，有时半边枝条枯死，严重时全株在树干和枝条的横断面上出现一整圈变色环。病株根部皮层变褐腐烂。在潮湿条件下，树干的皮孔中可产生肉桂色至白色粉状霉层（图 1）。北京东北旺苗圃的合欢 6 年生大苗死亡率达 45.3%，几年后全部死亡。济南街头成年树平均死亡率 24%，发病严重的林地在 2～3 年内即可毁林。据 2010 年的调查，河南驻马店 2245 株合欢树中，因枯萎病死亡植株达 35.2%。合欢育苗工作也由于此病为害而屡遭失败，已成为当前绿化生产中重要的问题。国外分布于美国、希腊、伊朗、俄罗斯、日本、阿根廷等国，在波多黎各和阿根廷，阔荚合欢［Albizzia lebbek（Linn.）Benth］，和黄豆树［Albizzia procera（Roxb.）Benth.］也受到该病的侵害。

病原及特征　病原为尖孢镰刀菌的一个专化型 Fusarium oxysporum f. sp. perniciosum（Hept.）Toole，属镰刀菌属真菌。病原菌在 PDA 培养基上气生菌丝茂盛，呈絮状菌丛，培养基背面呈淡紫色至紫色，少数白色。小型分生孢子产生于简单的瓶梗上，或产生在分枝的分生孢子梗上；卵圆形、圆形至圆筒形，大小为 5～12μm ×2.5～3.5μm。在 PDA 培养基上不易产生大型分生孢子，移至高粱培养基上，在室温下进行光暗交替培养，易形成大型分生孢子。大型分生孢子纺锤形至镰刀形，孢壁薄，两端尖，通常顶端细胞稍弯曲，3～5 个分隔；3 分隔的大小为 26～44μm×3～5μm，4 分隔的大小为 32～50μm×3～5μm，5 分隔的大小为 47～62μm×3～5μm。厚垣孢子球形，光滑或粗糙，顶生或间生，单生或双生，偶尔串生（图 2）。

侵染过程与侵染循环　病原菌在病株上或随病株残体在土壤中越冬。翌年春、夏，遇到条件合适的环境时产生分生孢子，由地下根直接侵入或通过伤口侵入，经维管束而扩散到植株各部分，并在维管束内继续增殖，毒害输导组织，引起植株萎蔫以至枯死。潜育期 1 个月至 1 年。在苗圃中，有的发病苗木根部完好，但剪口处变枯，纵向剪开后，内部已变褐色，从变褐色的边材中也能分离到病菌。因此，剪口也是病原菌侵入途径之一。该病属系统性侵染病害，在整个生长季均能发生，5 月出现症状，6～8 月为发病盛期，病害可一直延续到 10 月。高温高湿有利于病原菌的增殖和侵染，暴雨和灌溉有利于病原菌的传播。病菌的厚垣孢子可通过土壤或生产工具传播。

流行规律　该病的发生与立地条件密切相关，土壤瘠薄、通气性差处，如行道两侧、山地、高坡处发病率较高。田间 1 年生苗不易感病，6～8 年的合欢树发病较严重。虽

图 1　合欢枯萎病症状（贺伟摄）

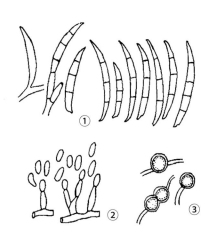

图 2　合欢枯萎病菌（贺伟提供）
①大型分生孢子及其着生方式；②小型分生孢子及其着生方式；
③厚垣孢子

然高温、高湿有利于病害的扩展，但缺水和干旱也将促进病害的发生。

防治方法　该病菌源广，侵染适期长，通过土壤传播，又是系统性病害，在发病早期难以觉察，一旦出现症状，则难以挽救，所以，必须以预防为主，强调综合防治。

加强植物检疫　严格控制合欢苗木的调运，尽量避免到合欢枯萎病高发地区调运苗木；在疫区内也应严格执行相关规定，不能使用带病苗木，防止病害的远距离扩散蔓延。

选择适于合欢生长的生态环境种植　合欢在土壤较疏松的条件下生长较好，而街道上土壤坚实，地下空间狭窄，因此，最好不要把合欢作路间行道树，应栽植于路两侧的绿带之内。

加强抚育管理　定期松土或树盘四周铺通气砖增加土壤通气性，并注意防旱排涝。应尽量少剪枝，或剪后伤口涂保护剂。发现病株有超过 1/3 的枝干存在叶子发黄脱落时，需砍伐病株，连土壤一起移走或用 20% 石灰水处理土壤，防止病害蔓延。

化学防治　在生长季节于病害未出现症状前，对合欢树开穴浇灌内吸性药剂，如 50% 托布津 500 倍液，40% 多菌灵胶悬剂 800 倍液等。另外，在移植时用 1% 硫酸铜溶液蘸根，枝干处的伤口涂保护剂以防病原菌侵染。

参考文献

陈保光，张颖，赖永梅，2004. 合欢枯萎病的发生与防治 [J]. 防护林科技（增刊）: 132-140.

戴玉成，曾大鹏，史玉恭，1990. 苗圃合欢枯萎病的初步研究 [J]. 林业科技通讯 (8): 26-27.

贺伟，叶建仁，2017. 森林病理学 [M]. 2 版. 北京：中国林业出版社.

刘慧芳，王俊学，梁晨，2008. 合欢枯萎病菌生物学特性研究 [J]. 天津农学院学报 (4): 32-34.

吴玲，李绍凯，1990. 合欢枯萎病研究初报[J]. 森林病虫通讯(4): 13-14.

WESTCOTT C, 1960. Plant disease handbook[M]. New Jersey: D. Van Nostrand Company, Inc.

SINCLAIR W A, LYON H H, 2005. Diseases of trees and shrubs, second edition[M]. Ithaca and London: Comstock Publishing Associates, Cornell University Press.

（撰稿：贺伟；审稿：叶建仁）

核桃腐烂病　walnut *Cytospora* canker

由胡桃壳囊孢引起的主要危害核桃枝干的一种真菌病害，是核桃的主要病害之一。又名核桃黑水病。

发展简史　新疆农业科学院林科所 1977 年在阿克苏对该病害进行了调查，并将病原初步鉴定为胡桃壳囊孢（*Cytospora juglandicola*）。2015 年 Fan 等研究认为，*Cytospora atrocirrhata*、*Cytospora chrysosperma*、*Cytospora sacculus* 和一个新种 *Cytospora gigalocus* 都是核桃腐烂病的病原菌。2016 年郭开发等利用分子生物学技术对南疆地区的核桃腐烂病菌进行了鉴定，认为金黄壳囊孢（*Cytospora chrysosperma*）是南疆地区核桃腐烂病的主要致病菌。2018 年冯雷等研究发现，核桃腐烂病的发生不仅与土壤养分、韧皮部 N、P、K 含量相关，而且与 N/K、P/K 比例关系密切，当 N/K＜1.65，P/K＜0.28 时，腐烂病斑增长缓慢。

分布与危害　在中国新疆、辽宁、河南、河北、山东、陕西、山西、甘肃、浙江、云南等核桃主要产区均有发生，主要危害枝干，造成枝干干枯死亡。植株感病率一般为 20% 左右，重的达 70%，严重影响核桃产量，且导致树冠逐年缩小。北京平谷靠山集乡彰作村和小东沟村的核桃树腐烂病发病率达 90%。

在幼树上危害，主要发生在幼树主干、骨干枝。病斑初期近梭形，暗灰色水渍状，微肿起，用手按压，流出带泡沫状液体，树皮变黑褐色，有酒糟味。中期病皮失水干陷，病斑上散生许多小黑点，即病菌的分生孢子器。天气潮湿时，器内涌出橘红色胶质丝状物（病菌的孢子角）。病斑沿树干的纵向方向发展。后期病部皮层纵裂，流出大量黑水，当病斑环绕枝干一周时，即可造成枝干或全树死亡。

在大树上危害，主要发生在大树主干上，病斑初期隐藏在韧皮部，有时许多病斑呈小岛状互相串联，周围集结大量的白色菌丝层，一般从外表看不出明显症状，当皮层溢出黑水时，皮下已扩展为较大的病斑。后期病斑处沿树皮裂缝流出黑水，干后发亮，好像刷了一层黑漆。枝条受害后枯枝或失绿，皮层上产生小黑点，与木质部剥离（见图）。核桃腐烂病在同一株树上的发病部位以枝干的阳面、树干分杈处、剪锯口和其他伤口处较多。同一园中，挂果树比不挂果树多，老龄树比幼龄树多，弱树比旺树发病多。

病原及特征　由壳囊孢属真菌（*Cytospora* sp.）侵染引起。在病枝接近枯死时产生黑色小点，这是病菌的分生孢子器。分生孢子器埋生于表皮下，多室，形状不规则，黑褐色，有明显的长颈，成熟时孔口突破表皮外露，放射橘红色的分生孢子角。分生孢子单胞无色，腊肠状。不同种类的分生孢子大小不等。核桃壳囊孢（*Cytospora juglandicola*）为

核桃腐烂病的症状特点（①②③王树桐提供；④冯玉增提供）

①水渍状溃疡型；②主干症状；③枝条症状；④病部症状

1.94～2.9μm×0.39～0.58μm，金黄壳囊孢［*Cytospora chrysosperma*（Pers.）Fr.］分生孢子大小为 3.5～5.0μm×0.9～1.4μm。*Cytospora gigalocus* 的分生孢子大小为 4.6～5.6μm×0.8～1.3μm。

侵染过程与侵染循环　核桃腐烂病病菌为弱寄生菌，并有潜伏侵染的特性。病菌一般从伤口侵入，死亡的皮层组织，分泌有毒物质，杀死周围的活细胞，或从死亡皮层组织以及主干上干桩枯橛、主枝上抽干枯梢、冻害部位获得繁衍，并产生繁殖体，继续传播，进行再侵染，引起发病。该病菌以菌丝体及分生孢子器在病枝上越冬。一般早春核桃树液流动时，病菌开始活动，病斑逐渐扩展蔓延，病菌活动及病斑扩展以 4 月下旬到 5 月为最盛，直至越冬时才停止。春季产生分生孢子，借风、雨、昆虫等传播。核桃生长期间，病菌可进行多次再侵染。该病菌在生长健壮、但有局部坏死组织的树上侵染，呈潜伏状态，当树体衰弱或局部组织衰弱，寄主抗病力降低时，潜伏病菌便会转为发病状态。

流行规律　一年中春、秋两季为发病高峰期，尤以春季为重。

防治方法　以防为主，防治并重，对腐烂病的预防要从选用无菌母树入手，尽量采用无菌繁殖，在高接过程中要注意刀具消毒，凡嫁接不同植株时都要进行一次刀具消毒，严防相互传染。嫁接后要及时涂白消毒防病。

农业防治　选择良好的园址，改善土壤条件。在平均温度 9℃左右的丘陵沟壑区，园址要选择海拔 1200m 以下的阳坡、半阳坡地，避免沟底、阴坡、山顶、风口等处建园，同时要注意核桃是散生树种，不宜集中连片栽植。山前台田采用小坑定植的早实核桃园，要及时进行深翻改土，为根系生长创造良好的生长环境，深翻时配合施有机肥。

保证肥水供应，改善核桃园的生态条件。每年采果后，要施入足量的迟效性有机肥，初果期树每株 30～50kg，盛果期树每株 50～100kg；3 月中下旬施 1 次速效性氮肥，每株约 1.5kg，施肥后及时灌水；6 月中下旬施 1 次氮磷复合肥。秋季深埋柴草和施有机肥，以肥调水，秋水春用。有灌溉条件的核桃园可在春季萌芽前浇 1 次透水，土壤封冻前浇足 1 次封冻水。无灌溉条件的，要进行地膜覆盖或秸秆覆盖，减

少土壤水分蒸发。及时清理锯下的病枯枝，雨天、刮风天停止刮治腐烂病。

适当修剪，控制负载量。秋季落叶前对树冠密闭的树疏去部分大枝，打开天窗，生长期间疏除下垂枝、老弱枝，恢复树势，并对剪锯口用 1% 硫酸铜消毒。适期采收，尽量避免用棍棒击伤树皮。搞好疏花疏果，保持树体生长健壮。一是疏除雄花，在花芽膨大期人工掰除，疏除量以总芽数的 90%～95% 为宜；二是疏除幼果，疏果时间在花后 20 天进行，留果量以树冠投影面积每平方米约 80 个果实为宜。

树干保护。入冬前树干涂白（涂白剂的配方为水：生石灰：食盐：硫黄粉：动物油=100：30：2：1：1），降低树皮温差，减少冻害和日灼。开春发芽前，6～7 月和 9 月，在主干和主枝的中下部喷 2～3 波美度的石硫合剂，铲除核桃腐烂病。

伤口保护。生长季经常巡视果园，对枝干上出现的各种伤口包括剪锯口、机械伤、虫伤、冻伤、日灼等及时发现并涂药保护。可以选用菌毒清、甲硫萘乙酸等涂抹伤口。

病斑治疗对病斑要及时刮治，然后涂药保护。刮治的范围可控制到比变色组织大出 1cm，略刮去一点好皮即可。早春发病盛期要突击刮治，并坚持常年治疗。树皮没有烂透的部位，只需要将上层病皮削除。病变达到木质部的要刮到木质部。刮治后，再涂药剂保护。刮时要求刀口平整光滑，茬口向外倾，病疤要刮成菱形，且将病斑周围的好皮层刮去 1cm 左右，对于木质部已开始腐烂的，要将腐烂的木质部一并刮去。刮后用 5% 菌毒清水剂 40～50 倍液涂抹。

划道防治。划道防治是用锋利的刀在病斑外围 1.5cm 左右处划一隔离圈，深达木质部，然后在圈内相距 0.5～1.0cm 划交叉平行线，再涂药保护。

化学防治　常用药剂有 4～6 波美度石硫合剂、40% 福美胂 50 倍液、60% 腐植酸钠 50～75 倍以及 S-921 等，亦可直接在病斑上敷 3～4cm 厚的稀泥，超出病斑边缘 3～4cm，用塑料纸裹紧即可。

参考文献

冯雷，徐万里，薛权宏，等，2017. 矿质元素对核桃腐烂病病害程度的影响 [J]. 经济林研究，35(4): 49-56.

郭开发，王刚，吴彩兰，等，2016. 新疆南疆核桃树腐烂病菌鉴

定 [J]. 新疆农业科学 , 53(3): 496-501.

曲文文 , 杨克强 , 刘会香 , 等 , 2011. 山东省核桃主要病害及其综合防治 [J]. 植物保护 , 37(2): 136-140.

新疆农科院林科所 , 1977. 核桃腐烂病的初步调查及防治试验 [J]. 新疆林业 (3): 71-77.

中国农业科学院植物保护研究所 , 中国植物保护学会 , 2015. 中国农作物病虫害 [M]. 3 版 . 北京 : 中国农业出版社 .

FAN X L, HYDE K D, LIU M, et al, 2015. Cytospora species associated with walnut cankerdisease in China, with description of a new species *C. gigalocus*[J]. Fungal biology, 119: 310-319.

（撰稿：王树桐；审稿：曹克强）

核桃黑斑病　walnut bacterial blight

由黄单胞杆菌引起，危害核桃叶片、果实、嫩枝和花器的一种细菌病害，是世界上核桃发生最严重的病害之一。又名核桃黑腐病或核桃黑。

发展简史　国际上关于核桃细菌性黑斑病菌的最早报道是 1901 年由 Pierce 命名的胡桃黄单胞菌（*Xanthomonas juglandis*），后更名为野油菜黄单胞菌胡桃致病变种［*Xanthomonas campestris* pv. *juglandis*（Pierce）Dye.］，中国过去也一直采用这个学名。后来又更名为树生黄单胞杆菌胡桃致病变种［*Xanthomonas arboricola* pv. *juglandis*（Pierce）Vauterin］，这也是国际上公认的核桃黑斑病菌学名。陈善义等（2011）提议将 *Xanthomonas arboricola* 更改回 *Xanthomonas juglandis*（Pierce）Dowson，但尚未得到广泛认可。现在，病菌的多个菌株已经完成了基因组全序列测定。2015 年 Cesbron 等人采用比较基因组学研究，对两种引起不同症状类型的病原菌株与两个非致病性菌株进行对比研究，发现了致病性菌株与非致病性菌株在可移动遗传因子、三型分泌系统和鞭毛系统等多方面的差异。

分布与危害　核桃细菌性黑斑病在欧美一些国家有发生。该病广泛分布于河北、山东、山西、辽宁、河南、江苏、浙江、四川、云南、山西、甘肃等核桃产区，且危害严重程度有加重趋势，部分产区发病严重。河南安阳等地一般植株受害率达 70%～90%，果实受害率 10%～40%，严重时达 65%，造成果实变黑早落，出仁率含油量均降低，严重影响核桃的产量和品质。在甘肃兰州、天水、临夏等地，病果率可达 80%。核桃黑斑病除危害核桃外，还能侵染多种核桃属植物。

核桃黑斑病主要危害叶片、嫩枝、幼果及花器。在叶片上危害，在嫩叶上出现多角形小褐斑，病斑外围有水渍状晕圈；在较老叶片上病斑呈圆形，中央灰褐色，边缘褐色，外围有黄色晕圈，中央灰褐色部分有时可形成穿孔，严重时，病斑连片扩大，叶片皱缩、枯焦，病部中央变成灰白色，有时呈穿孔状，致使叶片残缺不全。提早脱落。有时叶柄也可出现边缘绿褐色，中央灰色的病斑，病斑外缘有黄色晕圈（图①②③）。枝梢上病斑长形，黑褐色，稍凹陷，严重时因病斑扩展包围枝条而使上段枯死（图④）。花序受害后，产生黑褐色水渍状病斑。果实是主要受害部位，初期果面出现稍隆起的油浸状褐色小病斑，病斑稍软，后病斑迅速扩大，渐凹陷变黑，外围发生黑色小斑点，有水渍状晕圈，果实由外向内腐烂至核壳，常称为"核桃黑"。幼果发病时，因其内果皮尚未硬化，病菌向果内扩展可达核仁，导致全果变黑，引起早期落果。如在果核尚未硬化前病菌已侵入核内并危害果仁，则会导致全果变黑而脱落（图⑤⑥）。果实长到中等

核桃黑斑病症状特点（王树桐提供）

①幼叶上的病斑；②叶片上的初期病斑；③严重发病的叶片；④发病的核桃枝条；⑤⑥发病的果实

大小，内果皮硬化，病菌此时只能侵染外果皮，但核仁生长也会受到影响，成熟后核仁呈现不同程度的干瘪，常称为"莺米粒"。嫩梢受害，在嫩梢上出现长形，褐色并略有凹陷的病斑，当病斑扩展并绕枝干1周时，病斑以上枝条枯死。

病原及特征 病原为树生黄单胞菌胡桃致病变种（*Xanthomonas arboricola* pv. *juglandis*），异名野油菜黄单胞菌胡桃致病变种［*Xanthomonas campestris* pv. *juglandis*（Pierce）Dye.］，属于黄单胞菌，也有人认为核桃黄极毛菌［*Xanthomonas juglandis*（Pierce）Dowson］是中国核桃黑斑病病原菌。该菌呈短杆状，两端圆，大小1.5～3.0μm×0.3～0.5μm。极生鞭毛，有荚膜。革兰氏反应呈阴性。好气性，在PDA培养基上菌落透明初呈白色，渐呈草黄色；在牛肉汁琼脂培养基上菌落生长旺盛，凸起，有光泽，光滑，不透明，浅柠檬黄色，有黏性。形成黄色圆形菌落，能使明胶渐渐液化，并使牛乳浑浊胨化。在葡萄糖、蔗糖及乳糖中不产酸也不产气。病菌发育生长最适温度为26.7～32.2℃，最高临界温度为37.2℃，最低临界温度为1.1℃，致死温度为51～52℃10分钟。生长适应pH5.2～10.5，以pH6～8为适宜。病菌暴露在阳光下经30～45分钟即失去生活力，在干燥条件下可存活10～13天，在枝梢溃疡组织内可存活1年以上。落于地面病组织内的病菌，约经6个月后死亡。

侵染过程与侵染循环 病原细菌在染病枝条、芽苞或茎的老病斑上越冬。翌春借雨水、风、昆虫等活动进行传播，首先使叶片感病，再由叶传播到果实及枝条上。细菌能侵入花粉，所以花粉也可成为病菌的传播媒介。每年4～8月发病，生长季有多次再侵染。蚜虫、蜜蜂、壁虱、蚂蚁和举肢蛾也能传播病害。气温在4～30℃时对叶片、5～27℃对果实均能感病、潜育期10～15天，侵入的细菌主要破坏柔膜组织。发病的轻重与雨水有关。温度高、湿度大的雨季发病高，一般在核桃展叶期至开花期最易感染。

病菌侵入果实内部时，核仁也可带菌，细菌自气孔、皮孔、蜜腺及伤口侵入。该病菌能侵染多种核桃，不同品种、类型、树龄、树势的植株发病程度均不同。一般薄壳核桃重于本地核桃，弱树重于健壮树，老树重于中幼龄树，有虫害发生的植株或地区发病重。树冠稠密、通风透光不良、定植密度过大的发病就重。

核桃黑斑病的发生及发病程度与温湿度关系密切，高温高湿是该病发生的先决条件，在多雨年份发病早而严重。核桃最易感病的时期是展叶至花期，当组织幼嫩、气孔充分开放或伤口多、表面潮湿的情况下有利病菌侵入，一般雨后病害迅速蔓延，病菌的潜育期一般为10～15天。

举肢蛾、核桃长足象、核桃横沟象等在果实、叶片及嫩枝上取食或产卵造成的伤口，以及灼伤、雹伤都是该菌侵入的途径。核桃最易感病期为展叶和开花期，当组织幼嫩，气孔充分开放或伤口多，表面潮湿的情况下，有利于病菌侵入。核桃黑斑病的发生及发病程度与温湿度关系密切。在多雨年份和季节（春、夏雨水多）发病早而严重，高温高湿是该病发生的先决条件，山西汾阳气候干燥、雨量小，当地核桃一般不发病。1988年6～8月，汾阳雨量为常年的1.93倍，新疆核桃普遍感病，感病率为95%，汾阳本地核桃也有发生，但病果率仅为11.6%；河北中部地区7月下旬到8月中旬为

发病盛期，细菌侵染幼果的适温是5～27℃，侵染叶片的适温是4～30℃。一般雨后病害迅速蔓延。潜育期，果实上为5～34天，叶片上8～18天。

流行规律 ①伤口。伤口为核桃细菌性黑斑病侵染创造了有利条件。调查同龄（20年生）同树势同立地条件核桃树60株，其中无伤口的健壮树、冻伤、日灼伤、机械伤、修剪口、嫁接口树各10株，病害侵染分别为0%、60%、40%、70%、80%、60%。结果表明各种伤口（包括冻伤、日灼伤、机械伤、修剪口、嫁接口等）均有利核桃细菌性黑斑病病菌侵染繁殖，以修剪伤口、机械伤口病菌侵染率最高。②湿度及密度。空气湿度大时，有利于该病发生，雨后病害迅速蔓延，高温多雨季节发病严重，干旱少雨发病较轻；当核桃园密度较大、树冠郁闭、通风透光不良时，有利于病菌侵染，发病较重；密度小，则发病较轻。③立地条件及树势。核桃树生长的立地条件及树势强弱也是影响核桃细菌性黑斑病发生发展的重要因素，包括土、肥、水经营管理水平等因素。立地条件好，经营管理细致，营养水平高，核桃树势好，抗病性强，不易发病；相反则易发病。因此，在土壤瘠薄、排水不畅、地下水位高、肥力不足及不合理整形修剪造成树势衰弱时，易发此病。

防治方法 核桃黑斑病发生和流行与核桃品种感病性、越夏越冬菌源和气候条件等关系密切相关，发病因素复杂，因此，需采取以选育和栽培抗病品种、加强农业栽培管理措施和药剂防治相结合的病害综合治理措施。

选育优良的抗病品种 不同的核桃品种对核桃黑斑病的抗性不同，晋龙1号、辽核4号、礼品2号、香玲、丰辉、陕核1号、强特勒（Chandler）抗病性较强；核桃楸较抗黑斑病，以此作砧木嫁接的核桃抗病性较好。任丽华等（2004）对部分核桃品种进行了抗黑斑病测试。结果表明，黑核桃抗病性最好，寒丰和拥金26也有较强的抗病性。核桃树不宜与李、杏、樱桃等易感病的果树混栽，避免互相传染。李树对细菌性黑斑病的感病性很强，往往成为果园内的发病中心，然后传染到核桃树上。因此，在以核桃树为主的果园，应将李、杏、樱桃等果树栽植到距离较远的地方。

农业防治 加强苗期管理。尽量减少病菌，幼苗定植前进行仔细检查，剔除病苗。

肥水管理。基肥施用时间应在秋季采收后到落叶前，结合深翻施入腐熟的有机肥，施肥量一般是初果期树每株30kg，盛果期树每株100～150kg。施用方法可采用放射状沟施或条状沟施，也可撒施后深翻。追肥一般每年三次，第一次在萌芽前，以速效氮肥为主，促进梢叶生长和开花坐果；第二次在果实迅速膨大期；第三次在果仁充实期（6月下旬至7月上旬），以增施磷钾肥为主。在施肥的同时对核桃周围进行松土和除草。同时还要注意合理间作，及时灌水与排水，合理修剪，综合防治病虫害的综合林业技术措施，提高树体营养水平，增强树势，以增加核桃抗寒抗冻抗病虫能力。山区果园还需注意刨树盘，蓄水保墒，增强树势，保持树体健壮生长，提高抗病能力。

减少伤口。采收时尽量避免棍棒敲击，以减少树体伤流。在虫害严重发生的地区,特别是核桃举肢蛾发生严重的地区，应及时防治害虫，从而减少伤口和传播病菌介体；采收后，

及时处理脱下的果皮。

清洁园内卫生，清理并烧毁病枝。修剪病枝、枯枝，同时要搞好核桃园内卫生，及时消除园内病枝、枯枝、病枝，在园外集中烧毁，以减少病菌来源。

树干涂白。对核桃树干进行涂白，特别是新定植的幼树，更应注意冬夏进行树干涂白，防止核桃树冻害和日灼发生，减少病菌侵入通道。涂白剂配方为生石灰 12kg，食盐 1.5kg，植物油 250g，硫黄粉 500g，水 50kg。

化学防治　喷药保护。在核桃树发芽前可喷 3～5 波美度石硫合剂，或 0.8% 波尔多液。张恩华等用硫酸铜：硫酸锌：石灰：水 =0.4：0.6：4：200 的铜锌石灰液防治黑斑病防效可达 90%，是一种经济实用、防效高的药剂，已在生产上大面积推广使用。

展叶期防治。展叶后全树喷施 50% 敌杀死 +50% 甲基托布津 1000～1500 倍液，兼治核桃举肢蛾等害虫。7 天后，喷波尔多液。

幼果期防治。落花后 7～10 天为该病侵染果实的关键期，应尽早喷施内吸杀菌剂及保护剂。治疗剂可选用 50% 多霉清 1200～1500 倍液 + 链霉素 50mg/L，或消菌灵 1000 倍液；保护剂可用代森锌 800 倍液、大生 800～1000 倍液。因幼果期果小，不可用铜制剂或锰制剂。同时注意调整负载量，增强树势，提高抗病力。

果实膨大后防治。此期进入雨季，降雨增多，高温高湿，病菌侵染加剧，需加强防治。雨少延长用药间隔，反之增加喷药次数，力争做到 10～15 天用药 1 次，治疗剂与保护剂交替配合施用，雨后补喷。治疗剂可选用消菌灵 1000 倍液 + 多菌灵 800～1000 倍液，或 50% 多霉清（25% 多菌灵 +25% 乙霉威）1200～1500 倍液 + 链霉素 50mg/L，或 70% 甲基托布津（日本）1000 倍液 + 链霉素 50mg/L；保护剂可选用波尔多液 1：2：200，或代森锰锌、大生、喷克等 800～1000 倍液。一般应在配药时加入叶面肥，如磷酸二氢钾、植乐等，及时补充营养，增强树体抗病力。

参考文献

中国农业科学院植物保护研究所, 中国植物保护学会, 2015. 中国农作物病虫害[M]. 3 版. 北京：中国农业出版社.

BURKHOLDER W H, 1948. Bacteria as plant pathogens[J]. Annual review of microbiology, 2: 389-412.

DU PLESSIS H J, VAN DER WESTHUIZEN T J, 1995. Identification of *Xanthomonas campestris* pv. *juglandis* from (Persian) English walnut nursery trees in South Africa[J]. Journal of phytopathology, 143: 449-454.

LAMICHHANE J R, 2014. *Xanthomonas arboricola* diseases of stone fruit, almond, and walnut trees: progress toward understanding and management[J]. Plant disease, 98(12): 1600-1610.

SOPHIE C, MARTIAL B, SALWA E, et al, 2015. Comparative genomics of pathogenic and nonpathogenic strains of *Xanthomonas arboricola* unveil molecular and evolutionary events linked to pathoadaptation[J]. Frontiers in plant science, 6: 1126.

（撰稿：王树桐；审稿：曹克强）

核桃溃疡病　walnut *Botryosphaeria* canker

主要由群生小穴壳侵染引起的核桃树干上的一种常见病害。

发展简史　早在 1915 年美国加利福尼亚州即已发现此病。中国于 1970 年在安徽亳县开始发生危害。1985 年 Cummmings 等还在黑核桃上发现了由拟枝孢镰孢（*Fusarium sporotrichioides*）引起的核桃溃疡病的类型。1986 年，刘世骐对核桃溃疡病病原进行培养鉴定，分离得到的病菌中，有杨树溃疡病菌群生小穴壳（*Dothiorella gregaria*）及茄镰孢，另外，还有部分细菌。致病性测定结果表明，*Dothiorella gregaria* 是引起中国核桃溃疡病的主要病原。在山东核桃溃疡病上分离获得了茄镰孢（*Fusarium solani*）和葡萄座腔菌（*Botryosphaeria ribis*）。2013 年王安民等对河南商洛地区以及 2014 年马瑜等对陕西核桃溃疡病病原的鉴定也获得了相同结论。2000 年 Chen 等在南非一果园中发现一种幼嫩枝条干上伴随溃疡病斑，出现形成层组织变色的核桃枝枯病。随后在溃疡病斑边缘的色变组织上分离到的病菌中，茄镰孢（*Fusarium solani*）占 74.5%、细极链格孢（*Alternaria tenuissima*）占 17.3%、茎点霉（*Phoma* sp.）占 6.25%。经致病性测定表明，茄镰孢为引起核桃溃疡病的致病菌。

分布与危害　20 世纪 70 年代初期，曾在安徽亳县核桃林场几度猖獗危害，病株率一般为 20%～40%，重病区可达 70%。陕西、山西、河北、河南、山东、江苏、湖北、安徽等地均有分布。该病害严重发生时不仅影响当年的产量，而且削弱树势，导致果树过早衰亡。除危害核桃（*Juglans regia*）外，还发生于垂柳（*Salix babylonia*）、刺槐（*Robinia pseudoacacia*）、枫杨（*Plerocarya stenoptera*）、苹果及多种杨树。

病害多发生于树干基部 0.5～1.0m 处。初为褐黑色近圆形病斑，直径为 0.1～2cm，多发生在树干及主侧枝基部。有的扩展成菱形或长条形病斑。在幼嫩及光滑的树皮上，病斑呈水渍状或为明显的水泡，破裂后流出褐色黏液，遇空气变黑色，并将其周围染成黑褐色。后期病部干瘪下陷，其上散生很多小黑点，为病菌分生孢子器。罹病树皮的韧皮部和内皮层腐烂坏死，呈褐色或黑褐色，腐烂部位有时可深达木质部。当病部环绕枝、干一周时，出现枯梢、枯枝或整株死亡。秋季病部表皮破裂。在较老的树皮上，病斑多呈水渍状，中心为黑褐色，病部腐烂深达木质部。果实受害后呈大小不等的褐色圆斑，早落、干缩或变黑腐烂（见图）。

病原及特征　病原为群生小穴壳（*Dothiorella gregaria* Sacc.）。分生孢子器球形，暗色，通常数个聚生于子座内，79～165μm×89～132μm。子座在寄主表皮下，成熟时突破表皮而外露。孢梗短，不分枝。分生孢子多数为梭形，表面有云纹，单胞，13.1～21.8μm×3.3～6.3μm。病原菌的有性态为葡萄座腔菌［*Botryosphaeria dothidea*（Moug. ex Fr.）Ces. et de Not.］。多见于枯死的枝干上。子座黑色，近圆形，其中埋生一至数个子囊腔。黑褐色，扁圆形或洋梨形，具乳头状孔口，直径 120～289μm。子囊束生腔内，无色，棍棒状，有短柄，双层壁，顶壁厚易消解，50～72μm×16～20μm。

核桃溃疡病的症状特点（王树桐提供）
①水渍状病斑；②突起的病瘤；③褐色黏液

子囊孢子椭圆形或倒卵形，一端略呈梭形，无色，单胞，13.0～23.2μm×5.0～9.0μm。病菌在 PDA 培养基上生长良好，菌丝在 10～40℃ 都能生长，但最适温度为 25～30℃。分生孢子在 13～40℃ 均可萌发，但萌发适温范围为 25～35℃，最适温度为 30℃。孢子萌发要求相对湿度在 80% 以上。萌发适宜 pH 5.6～7.2，并以 pH 6.3 萌发率最高。

侵染过程与侵染循环 病菌主要以菌丝状态在当年罹病树皮内越冬，翌年 4 月上旬当气温为 11.4～15.3℃ 时，菌丝开始生长，病害随即发生，并以老病斑复发最多。5 月下旬以后，气温升至 28℃ 左右，病害发展达最高峰。6 月下旬以后，气温升高到 30℃ 以上时，病害基本停止蔓延。入秋后，当外界温、湿度条件适宜于孢子萌发和菌丝生长时，病害又有新的发展，但不如春季严重，至 10 月为止。

流行规律 春季病害发生的早晚，与冬季温度高低有关，冬季温度高，发病期提早，反之则推迟。病菌的分生孢子一般在 6 月大量形成，借风雨传播，萌发，并多从伤口侵染寄主。病害潜育期的长短与外界温度的高低呈负相关，如在 15～28℃ 时，从侵入到症状出现需时 1～2 个月；而在 25～27℃ 时，病害潜育期只需 29 天。发病后又约需 2 个月产生分生孢子器。

防治方法 该病害的防治应以预防为主，以加强栽培措施为基础，结合清除菌源和药剂防治，进行综合治理。

选用抗病品种，增强抗病能力 各地应因地制宜选育抗病品种。

农业防治 改善立地条件，实行科学施肥。增施肥料，增加树体营养。核桃以生产坚果为主，需消耗大量营养物质，营养不足，树势减弱或未老先衰，易罹患病害。根本办法是种植绿肥，增加土壤有机质含量，并及时适量施用矿质肥料。树势衰弱是引发该病的根本原因，最好在秋季采果后施入腐熟的农家肥料，结果树按每株 50～75kg 施在树盘内，可有效增强树势，控制溃疡病的发生。防止氮肥过多，磷、钾肥料适当配合。

合理灌水。核桃园应建立良好的灌水及排水系统，实行春灌秋控。应根据不同地区土壤的特性加以改良，做到能灌能排。特别在平原地区，应注重排涝，开沟沥水，降低地下水位，使之适于核桃的生长发育，提高抗病能力。

合理修剪，调整负载量。整枝修剪，既能恢复树势，增强抗病能力；又可改善树冠结构，提高光能利用率，增加花芽形成量，为丰产奠定基础。结果树应根据树龄、树势、肥水水平等条件，通过疏花疏果，做到合理负载，克服大小年现象。

搞好果树防寒，减少冻伤。幼树防寒以培土为主，结果树防寒进行树干涂白。涂白剂的配方是生石灰 5kg、食盐 2kg、油 0.1kg、豆面 0.1kg、水 20L。

清除菌源。修剪时注意清除病枝、残桩、病果台，剪下的病枝条、病死树及时清除烧毁；剪锯口及其他伤口用煤焦油或油漆封闭，隔断病菌侵染途径。

化学防治 喷药保护。早春树体萌动前喷杀菌剂，药剂有 3～5 波美度石硫合剂、5% 菌毒清水剂 50 倍等。

刮除病斑。发现病株后，马上刮除病斑，刮除时树下铺报纸或塑料薄膜，将刮下的病树皮及时清除集中烧毁；或将病斑纵横深划几道口子，然后涂刷 3～5 波美度石硫合剂、或 1% 硫酸铜液、或 10% 碱水、5%～10% 甲基托布津或多菌灵油膏等。

生长季防治。5～6 月发病期，全园喷施多菌灵 600 倍液或甲基托布津 800 倍液，间隔 15 天，连喷 2 次。

参考文献

马瑜，柯杨，王琴，等，2014. 核桃溃疡病症状及其病原菌鉴定 [J]. 果树学报，31(3): 443-447.

王安民，梁英，张治有，2013. 核桃溃疡病病原菌鉴定及药效筛选防治研究 [J]. 北方果树 (3): 6-8.

中国农业科学院植物保护研究所，中国植物保护学会，2015. 中国农作物病虫害 [M]. 3 版 . 北京：中国农业出版社 .

CHEN S F, MORGAN D P, HASEY J K, et al, 2014. Phylogeny,

morphology, distribution, and pathogenicity of Botryosphaeriaceae and Diaporthaceae from English walnut in California[J]. Plant disease, 98: 636-652.

LI G Q, LIU F F, LI J Q, et al, 2016. Characterization of *Botryosphaeria dothidea* and *Lasiodiplodia pseudotheobromae* from English Walnut in China[J]. Journal of phytopathology, 164: 348-353.

（撰稿：王树桐；审稿：曹克强）

核桃炭疽病　walnut anthracnose

由胶孢炭疽菌侵染引起的、主要危害核桃果实的一种真菌病害，是核桃主要病害之一，在中国核桃产区普遍发生。

发展简史　中国在1972年就由山东省农学院的专家调查发现了该病害的发生危害。1998年喻璋等将核桃炭疽病病原鉴定为胶孢炭疽菌［*Colletotrichum gloeosporioides*（Penz.）Sacc.］。2011—2018年，曲文文、王清海、徐慧娟等也先后将山东、新疆和广西等地的炭疽病菌鉴定为胶孢炭疽菌。*Colletotrichum fructicola*、*Colletotrichum siamense* 和 *Colletotrichum fioriniae* 也被认为是中国核桃炭疽病的病原。2017年，王清海等建立了山东地区核桃炭疽病的流行规律模型。

分布与危害　在新疆、山西、云南、四川、河南、山东、河北、重庆、湖北等地均有不同程度发生，主要危害果实，在叶、嫩梢和芽上亦有发生。引起核桃仁干瘪，使产量、品质大大降低。

果实受害后，果皮上出现褐色至黑褐色、圆形或近圆形的病斑，中央凹陷，病部有黑色小点产生，有时呈轮状排列。湿度大时，病斑小黑点处呈粉红色突起，即病菌的分生孢子盘及分生孢子。一个病果常有多个病斑，病斑扩大连片后导致全果变黑、腐烂达内果皮，核仁无食用价值。发病轻时，核壳或核仁的外皮部分变黑，降低出油率和核仁产量，或果实成熟时病斑局限在外果皮，对核桃影响不大。叶片感病后，病斑不规则，有的沿边缘1cm处枯黄，或在主脉两侧呈长条形枯黄，严重时全叶枯黄脱落。苗木和幼树的芽、嫩枝感病后，常从顶端向下枯萎，叶片呈烧焦状脱落。潮湿时在黑褐色的病斑上产生许多粉红色的分生孢子堆（见图）。

病原及特征　病原为刺盘孢属胶孢炭疽菌［*Colletotrichum gloeosporioides*（Penz.）Sacc.］。分生孢子盘生于果实表皮下，褐色，平坦，无刚毛。分生孢子无色，圆柱形，单胞。在PDA培养基上24小时开始出现白色圆形菌落，菌落边缘整齐，菌丝不发达，绒毛状，培养7天后菌落变成灰白色，产生淡黄色分生孢子盘。分生孢子圆柱形或椭圆形，两端钝圆，单胞，无色，内有油球2～3个，大小12～15μm×3～5μm。菌丝生长最适温度为25℃，菌丝在10～35℃均能生长，低于5℃和高于40℃时不能生长；分生孢子萌发与菌丝生长所需温度条件基本一致，25℃萌发最高，在10～35℃温度条件下均能萌发。病原菌菌丝生长和分生孢子萌发最适pH 6.5～7，pH低于3和高于11菌丝不能生长，分生孢子萌发受抑制。病原菌分生孢子在相对湿度75%时开始萌发，100%萌发最高，低于70%停止萌发。有性阶段属于子囊菌门小丛壳菌。子囊壳褐色，球形或梨形，具喙。子囊平行排列于壳内，无色，棍棒状。内含子囊孢子8个，无色，圆筒形，稍弯曲，单胞。

侵染过程与侵染循环　病菌以菌丝体在病枝、芽上越冬，成为翌年初侵染源。分生孢子借风雨、昆虫传播，孢子在温度27～28℃、有水滴的条件下，6～7小时即可萌发侵染。自伤口或自然孔口入侵，在25～28℃条件下，潜育期3～7天。

流行规律　一般幼果期易受侵染，7～8月发病重，并

核桃炭疽病的发病症状（①②③王树桐提供；④⑤⑥冯玉增提供）

①②③④果实受害症状；⑤叶片受害症状；⑥核仁受害症状

可多次再侵染。早实核桃感病重。

防治方法

农业防治　加强树体管理，改善通风透光条件；果树休眠期结合修剪，清除病枝，收拾净枯枝病果，集中烧毁或深埋，以减少病源。

化学防治　核桃发芽前，喷一次5波美度石硫合剂，兼治其他病（虫）害，如核桃枝枯病、核桃霉烂病等。核桃展叶前喷1∶0.5∶200（硫酸铜∶生石灰∶水）的波尔多液，既保护树体，又经济实用。在核桃开花前、开花后、幼果期、果实速长期各喷1次1∶1∶200（硫酸铜∶石灰∶水）波尔多液、代森锌可兼治多种病虫。5月中旬左右，核桃炭疽病病原菌分生孢子飞散、侵染期时，用核桃保果灵加5%腈菌唑或10%苯醚甲环唑（世高）1500倍液进行喷雾防治，每隔15天防治1次，每年防治2～3次。也可用25%亚胺硫磷乳剂加65%代森锌可湿性粉剂加尿素加水（2∶2∶5∶1000）等混合液喷雾。可达到病虫兼治包括核桃果实象等，还可起到根外追肥的作用，防治效果良好。

参考文献

曲文文，杨克强，刘会香，等，2011. 山东省核桃主要病害及其综合防治[J]. 植物保护，37(2): 136-140.

王清海，李广强，刘幸红，等，2017. 核桃炭疽病在山东地区季节流行动态及防治措施[J]. 西部林业科学，46(5): 13-17.

中国农业科学院植物保护研究所，中国植物保护学会，2015. 中国农作物病虫害[M]. 3版. 北京：中国农业出版社.

FAN X, HYDE K D, LIU M, et al, 2015. *Cytospora* species associated with walnut canker disease in China, with description of a new species *C. gigalocus*[J]. Fungal biology, 119: 310-319.

WANG Q H, FAN K, LI D W, et al, 2017. Walnut anthracnose caused by *Colletotrichum siamense* in China[J]. Australasian plant pathology, 46(6): 585-595.

（撰稿：王树桐；审稿：曹克强）

核桃枝枯病　walnut branch blight

由矩圆黑盘孢侵染引起的中国核桃上的一种重要病害。

发展简史　1991年，胡国良等首次报道了该病害在山核桃上的发生，并提出了针对该病害的防治方案。翌年，将该病害的病原鉴定为矩圆黑盘孢（*Melanconium oblongum* Berk.）。在浙江地区始发于8月中下旬，盛发于收山核桃之后的10～11月，冬季仍有少数新的病枯枝出现，4～5月时林区内已有较多分生孢子传播。进入21世纪以来，对核桃枝枯病的研究有所增加。2013年，孙俊将辽宁地区发生的核桃枝枯病病原鉴定为胡桃楸拟茎点霉（*Phomopsis juglandina*）。2016年，吴跃开等将贵州地区的核桃枝枯病病原鉴定为越橘间座壳（*Diaporthe vaccinii* Shear）。2015年，尹万瑞将四川地区的核桃枝枯病病原鉴定为新壳梭孢（*Neofusico ccumparvum*），这一结果与Yu等对陕西地区核桃枝枯病的病原鉴定结果一致，也与韩国核桃枝枯病的病原鉴定结果一致。2016年，尹万瑞等还对该病原菌的生物

学特性进行了观察描述。

分布与危害　在中国的辽宁、河南、河北、山东、陕西、山西、甘肃、浙江、云南等核桃主要产区均有发生，主要危害枝干，造成枝干干枯死亡。植株感病率一般为20%左右，严重的达70%，严重影响核桃产量，且导致树冠逐年缩小。

主要危害枝干，造成枝干枯死以至全株死亡。病菌多从1～2年生的枝梢或侧枝上侵染树体，侵染发病后，再从顶端逐渐向下蔓延到主干。受害枝的叶片变黄脱落。感病初期病部皮层失绿呈灰褐色，后变为浅红褐色或深灰色，病部稍下陷，干燥时开裂下陷露出木质部，当病斑扩展绕枝干一周时，出现枯枝以至全株死亡。在病死的枝干上，产生密集黑色小点粒，即病菌的分生孢子盘（图1）。湿度大时，从分生孢子盘上涌出大量黑色短柱状分生孢子，如遇湿度增高则形成长圆形黑色孢子团块，内含大量孢子。大量分生孢子和黏液从盘中涌出，在盘口形成黑色小瘤状突起（图2）。

病原及特征　病原为矩圆黑盘孢（*Melanconium oblongum* Berk.），属黑盘孢属。病枯枝上的小黑点为病菌的分生孢子盘，初埋生于皮层内，后突破皮层外露。分生孢子梗紧密排列于分生孢子盘中，梗端生分生孢子，分生孢子初无色，后变暗色，椭圆形，单细胞，两端钝圆，有时一端稍弯，大小为10.6～16.5μm×3.3μm（图2）。在山核桃病枯枝以及培养物上，未发现病菌的有性世代。该病菌在PDA+10%核桃枝皮水提液（PDAB）上生长较好。在25℃下培养时，最初菌落为近白色，渐呈黄白色，后变为暗灰色。10天左右菌落上出现集结的菌丝团，逐渐由松变紧，由软变硬。15天左右菌丝团上出现露珠状物，并逐渐变成黑色角状物，即病菌的分生孢子角。分生孢子在蒸馏水中不能萌发，在核桃枝皮液中极易萌发。在20～25℃时萌发最适，25℃时12～14小时为萌发高峰。菌丝在最初两天生长缓慢，以后则转为直线生长期。菌丝在25～30℃生长最适，15℃生长极慢，35℃时生长缓慢，45℃时不能生长。在25℃时接

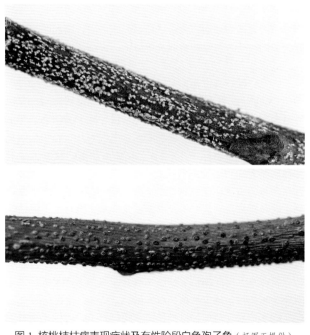

图1 核桃枝枯病表现症状及有性阶段白色孢子角（杨军玉提供）

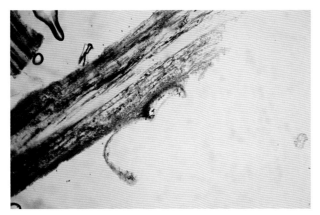

图 2 核桃枝枯病菌分生孢子盘（杨军玉提供）

种潜育期为 18 天左右。

新壳梭孢（*Neofusicoccum parvum*）也被广泛认为是该病害的病原菌之一。分生孢子成近似圆形或椭圆形状，一般大小为 15.2～17.2μm×4.6～6.4μm。对该病菌生物学特性的研究表明，该菌在 PDA 培养基、生长最适温度 25～30℃，致死温度为 60℃。在 pH 7～8、光照条件下适合生长。

侵染过程与侵染循环 该病菌在枝干的病斑内以菌丝体和分生孢子等形态越冬。老的病枯枝也于秋天向下蔓延，引起大枝条枯死。翌年分生孢子借风、雨水、昆虫传播，孢子萌发后从各种伤口或枯枝处侵入皮层，逐渐蔓延。

流行规律 空气湿度大或雨水多时，遭受冻害或春旱、长势弱或伤害重的树易发病；栽植密度过大，通风透光不良时，发病较重。

核桃枝枯病始发于 8 月中下旬，盛发于秋季采收后的 10～11 月，冬季仍有少数新的病枯枝出现，这可能是先染病后遭冻所致，而 3 月至 8 月上旬核桃旺盛生长的 5 个多月里，则不见有新的病害发生，也不见老的病枯枝向下蔓延引起枝条枯死的现象，在这段时间里见到的都是上年遗留下来的老病枯枝。

防治方法 该病害的防治应以预防为主，以加强栽培措施为基础，结合清除病源和药剂防治，进行综合治理。

选用丰产优质抗病品种 这是防治核桃枝枯病的重要技术措施。以核桃楸作砧木嫁接的核桃抗病性较好。

农业防治 ①适地适时，合理密植。新建核桃园，要选择适合当地生态条件的良种，合理密植，减少感病率。②加强树体管理，增强树势。深翻改土，中耕除草。每年全园耕翻 1 次，树盘中耕除草 1～2 次。增施有机肥。秋季或早春每株成年大树根施腐熟有机肥 50kg +2.5kg 复合肥。萌芽和开花期每株追施碳酸氢铵 2kg，提高树体营养水平，增强树势，提高核桃抗病能力。及时灌水及排水，搞好水土保持。③树干涂白。对核桃树干涂白，进行防冻、防虫和防病。涂白剂配方为：生石灰 12.5kg、食盐 1.5kg、植物油 0.25kg、硫黄粉 0.5kg、水 50kg。④清洁园内卫生，烧毁病枯枝。可结合修剪及时剪除病枝、枯枝，搞好园内卫生，并将其带出园外及时烧毁，减少病菌初次侵染。

不在休眠期修剪，以免伤流和伤口感染，死枝死树剪锯口用波尔多液涂抹保护伤口，以免病菌侵染。

化学防治 ①病部涂药。发病初在病部用 2% 五氯酚蒽油胶泥涂抹，每 7 天涂抹 1 次，连续抹 2～3 次。涂抹药的防治效果明显。②树冠喷药防治。采用 50% 多菌灵可湿性粉剂 600 倍液、40% 退菌特可湿性粉剂 800 倍液、70% 甲基托布津 500 倍液、80% 代森锰锌 300 倍液任选一种，在发病初或发病前进行树冠喷洒，7 天喷 1 次，连喷 3 次。杀菌效果明显，可起到控制病害的作用。

参考文献

胡国良，李文彪，陆惠平，1991. 山核桃枝枯病的防治研究 [J]. 浙江林学院学报，8(1): 93-97.

胡国良，李文彪，马良进，1992. 山核桃枝枯病观察与研究 [J]. 浙江林业科技，12(1): 18-22.

吴跃开，余金勇，朱秀娥，2016. 贵州核桃枝枯病病原菌的初步鉴定 [J]. 贵州林业科技，44(4): 1-6.

尹万瑞，朱天辉，2016. 核桃枝枯病病原菌生物学特性及药剂防治 [J]. 东北林业大学学报，44(7): 98-101.

中国农业科学院植物保护研究所，中国植物保护学会，2015. 中国农作物病虫害[M]. 3 版. 北京：中国农业出版社.

YU Z D, TANG G H, PENG S B, et al, 2015. *Neofusicoccumparvum* causing canker of seedlings of Juglansregia in China[J]. Journal of forest research, 26(4): 1019-1024.

（撰稿：王树桐；审稿：曹克强）

黑麦秆锈病 rye stem rust

由禾柄锈菌黑麦变种侵染多年生黑麦引起的真菌病害。

分布与危害 黑麦秆锈病在世界范围内，一般年份发病较轻，造成的危害轻于黑麦叶锈病，主要原因是黑麦比其他禾谷类的种植面积较少且为异花授粉植物，因此，黑麦品种常具有混合的抗病基因型。中国在黑龙江、吉林有发生。1982 年在巴西南部半个国家分散的黑麦田被该病全部毁坏。历史上，在北欧黑麦秆锈病曾是严重的病害。澳大利亚黑麦秆锈病发生危害也较重。

黑麦秆锈病与小麦秆锈病相似，主要发生在茎秆和叶鞘上，叶片次之，有时穗部也能发生。在发病部位产生的铁锈色夏孢子堆长椭圆形，不规则散生，大小可达 3～10mm。一般先从叶背生出，很快穿透叶片，发病严重时可相互愈合成长方形。成熟后，表皮大片开裂并散出大量锈褐色粉末，即夏孢子。植株生长后期在同一夏孢子堆或其附近产生椭圆形或长条形黑色冬孢子堆，含有大量冬孢子（见图）。

病原及特征 禾柄锈菌黑麦变种（*Puccinia graminis* var. *secalis* Eriks et Henn.），与小麦秆锈菌有许多相同的基因。夏孢子单胞，长椭圆形，暗橙黄色，大小为 17～47μm×14～22μm，中腰部有 4 个发芽孔，具有明显棘状突起。冬孢子双胞，棍棒状或纺锤状，浓褐色，大小为 35～65μm×11～22μm。在隔膜处稍缢缩，表面光滑，顶端圆形或略尖，壁较厚，具孢子柄，柄上端黄褐色，下端近无色。性孢子器小，烧瓶形，橙黄色，埋在叶片的上表皮下，孔口外露，成熟后产生大量无色丝状的受精丝和椭圆形的性孢子。锈子器

黑麦秆锈病发病症状（马占鸿提供）

产生于与性子器相对应的叶背，初埋生于寄主表皮下，后突破表皮呈杯状，成簇聚生。锈子器由叶表伸出 5mm。锈孢子球形至六角形，橘黄色，表面光滑，在锈子器内链生，直径 14～16μm。

黑麦秆锈菌有较宽的寄主范围，除黑麦外还能侵染大麦、冰草、偃麦草、雀麦草、看麦娘属、黑麦草属和鸭茅草属植物。

黑麦秆锈菌的生理专化最早由 Levine 和 Stakman 于 1923 年开始研究。因为黑麦是异花授粉并且一般是自花不孕，所以黑麦秆锈菌生理专化性的研究比小麦秆锈菌更困难。当一个品种超过 75% 的植株具有 0、1、2 反应型即认为是抗病。当 25%～75% 被侵染植株具有 3 或 4 型反应或大多数植株具有 X 型反应即认为是混合型，超过 75% 植株具有 3 或 4 型反应即认为是感病。1976 年澳大利亚的 Tan 等人育成一套自花授粉黑麦品系以更细致地研究黑麦秆锈菌的毒性，这套具有单基因抗性的黑麦系在美国和澳大利亚被用来研究黑麦秆锈菌的变异。

侵染过程与侵染循环　在北方地区，夏孢子不能越冬，在南方病菌以夏孢子在麦苗上越冬，春季借助风雨传播危害。病菌侵入黑麦后经过 7～14 天，长出深褐色的夏孢子堆，其中的夏孢子传播到其他麦株上继续危害。到黑麦生育后期长出黑色的冬孢子堆，经过休眠后冬孢子发芽产生担孢子，侵入小檗叶内长出性子器，以后又长出锈子器，产生的锈孢子侵入黑麦后再生出夏孢子堆。但黑麦秆锈菌一般并不需要经过冬孢子到锈孢子的阶段，病菌主要以夏孢子世代在麦株上越冬，翌年春季又长出夏孢子继续危害。北方寒冷地区夏孢子不能越冬，翌年的初次侵染来源于南方吹来的夏孢子。

流行规律　病菌夏孢子通常在叶面潮湿时发芽并侵入麦株。侵入和发展的适宜温度分别为 18～22℃ 和 20～25℃。雨量多、土壤潮湿、结露、降雾和氮肥施用过多是促使病害流行的主要条件。

防治方法

农业防治　①种植利用抗病黑麦品种。注意品种搭配和轮换种植，避免长期单一种植某一抗病品种。②适期播种，防止播种过早过晚，合理密植。③施足基肥，增施磷钾肥，巧施追肥，切忌氮肥偏多偏晚。黑麦生育后期，磷酸二氢钾加水用于叶面喷施，防止黑麦叶片早衰，减轻锈病危害。多

雨时注意排水降湿。④消除自生麦苗有助减轻锈病发生。

化学防治　①药剂拌种。用种子重量 0.03%～0.04%（有效成分）的叶锈特或用种子重量 0.2% 的 20% 三唑酮乳油拌种。②提供使用 15% 保丰 1 号种衣剂（活性成分为粉锈宁、多菌灵、辛硫磷）包衣种子后自动固化成膜状，播后形成保护圈，且持效期长。用量每千克种子用 4g 包衣防治小麦叶锈病、白粉病、全蚀病效果优异，且可兼治地下害虫。③于黑麦孕穗至抽穗期病叶率达 5% 时，喷洒 20% 三唑酮乳油 1000 倍液可兼治条锈病、秆锈病和白粉病，隔 10～20 天 1 次，防治 1～2 次。常用药剂叶锈特、三唑酮、粉锈宁、多菌灵、辛硫磷、烯唑醇、粉唑醇、戊唑醇、丙环唑、氟环唑、硫悬浮剂、福酮、硫酮等。

参考文献

СТЕПАНОВ К М，杨世诚，1979. 小麦秆、条锈和黑麦秆锈病的分阶段预测 [J]. 云南农业科技 (2): 53-56.

郭普，2006. 植保大典 [M]. 北京：中国三峡出版社.

吕佩珂，高振江，张宝棣，等，1999. 中国粮食作物、经济作物、药用植物病虫原色图鉴：上 [M]. 呼和浩特：远方出版社.

喻璋，马奇祥，王成俊，2002. 小麦病虫害及其防治 [M]. 成都：四川大学出版社.

中国农业科学院植物保护研究所，中国植物保护学会，2015. 中国农作物病虫害[M]. 3 版. 北京：中国农业出版社.

（撰稿：马占鸿；审稿：陈万权）

黑麦叶锈病　rye leaf rust

由禾草叶锈病菌侵染多年生黑麦所致的真菌病害。

分布与危害　叶锈病是黑麦上的重要病害，分布遍及各地，黑麦感染叶锈病之后减产严重，对黑麦的质量以及黑麦籽粒的品质都有不同程度的影响。

主要发生于叶部，其他地上部分受害较少。夏孢子堆较小，近圆形，赤褐色，粉末状，排列不整齐，通常不穿透叶背。冬孢子堆多生于叶背或叶鞘上，黑色，近圆形，不突破皮，扁平。

病原及特征　病原为柄锈属的隐匿柄锈菌（*Puccinia recondita* Rob. et Desm.）。性孢子器多生于叶上面，聚生。锈孢子器生于叶下面、叶柄和茎上，杯状或短柱状；锈孢子球形或宽椭圆形，19～29μm×13～26μm，壁 1～1.5μm 厚，近无色，密生细疣。夏孢子堆生于叶两面，以叶上面为主，小，肉桂褐色，粉状；夏孢子球形或宽椭圆形，19～30μm×15～28μm，壁 1～2μm 厚，有刺，黄褐色或肉桂褐色，芽孔 6～10 个，散生。冬孢子堆生于叶两面或叶鞘上，椭圆形，散生，长期被表皮覆盖，黑褐色，有深褐色的侧丝，孢子堆常分成若干小室；冬孢子多为矩圆棒形或圆柱形，形状大小变化较大，30～65（～75）μm×13～24（～28）μm，顶端圆或平截，基部狭，侧壁 1～1.5μm 厚，顶部 3～5μm 厚，栗褐色，光滑，芽孔不清楚；柄褐色，很短，通常不及 20μm（见图）。转主寄主为唐松草属（*Thalictrum*）、小乌头（*Isopyrum fumaxioides*）。国外报道，飞燕草属（*Dephinium*）、

H

黑麦叶锈病菌夏孢子、冬孢子形态（马占鸿提供）

银莲花属（*Anemone*）、类叶升麻属（*Acteae*）和毒毛茛（*Rannunculus virosa*）也是其转主寄主。

侵染过程与侵染循环 其侵染循环可分为越夏、侵染秋苗、越冬及春季流行 4 个环节。黑麦叶锈菌一般以夏孢子进行不断的再侵染，可随气流、雨水、人畜、机械传播。夏孢子随气流进行远距离传播。叶锈菌以冬孢子在黑麦病部或残体上越冬。翌年萌发产生担孢子侵染转主寄主。该病主要是以叶锈菌的夏孢子直接或借气流进行远距离传播，从气孔侵入寄主。病菌侵害适宜的温度为 18～22℃，气温降至 1～2℃时，锈菌开始进入越冬阶段。

流行规律 锈病流行需要较高的温度和湿度，在有液态水如降雨、霜、露、雾等，露温高、露时长等条件下易发病。夏孢子萌发和侵入适温为 15～25℃，萌发时相对湿度为 100% 且需要有液态水膜，同时也必须有充足的光照，才能正常生长和发育。

防治方法

使用抗病类型 选育或引进抗病品种是最可行和经济的防治方法。不同基因型禾草往往对某些锈病的抗性有显著差异。由国外或外地引入的抗病材料，应先试种，视其在当地表现，再决定是否大面积种植。中国禾草抗锈育种工作尚待开展。

科学施肥 根据当地土壤分析结果，进行配方施肥，务求土壤中磷、钾元素有足够水平，不宜过施速效氮肥。

合理排灌 播种前细致平整土地；不在低洼易涝处建立草地和草坪；及时排涝，防止植株表面经常存在液态水。不在傍晚灌溉，尽可能在清早及上午灌水，以便入夜时禾草地上部分已干燥。以减少孢子在液态水膜中萌发和侵染的概率。

草地卫生 发病较重草地应当提早刈割，以减少菌源，并且不宜留种。刈草时尽可能降低刈茬高度，减少病原菌残留量。

化学防治 对草坪及科研等地块，可适时喷药防治，发病期内每 7～10 天施药 1 次，药剂可选用萎锈灵、氧化萎锈灵、防线酮、粉锈宁、福美双、代森锌、百菌清、吡锈灵、叶锈敌、麦锈灵、甲基托布津等。刈草后喷药效果显著提高。用药量及浓度参考药品说明书。

参考文献

戴芳澜，1979. 中国真菌总汇 [M]. 北京：科学出版社.

沈瑞清，2007. 宁夏植物病原真菌区系研究 [D]. 杨凌：西北农林科技大学.

张定源，们发良，郭兆海，等，2008. 黑麦草锈病的防治 [J]. 云南畜牧兽医，6(1): 34.

（撰稿：马占鸿；审稿：陈万权）

黑曲霉 *Aspergillus niger* Tiegh.

分布与危害 广泛分布于粮食、植物性产品和土壤中。黑曲霉能产生多种活力性强的淀粉酶和蛋白酶，已广泛用于多个工业领域，如产生的淀粉酶用作生产酒精、白酒或制造葡萄糖和糖化剂；酸性蛋白酶用于蛋白质的分解或食品消化剂的制造；果胶酶用于水解聚半乳糖醛酸、果汁澄清和植物纤维精炼等。

黑曲霉属高温、高湿好氧菌，具有较强的分解有机物能力，可产生多种有机酸和水解酶类，常引起高水分粮食霉变发热。植株感染黑曲霉后，受害籽粒上的霉菌菌丝初期为白色，随后在其上长出一层致密的地毯状黑色粉粒，即无性繁殖体。黑曲霉危害粮食品质主要表现为气味不正、重量减轻、水分增加、发芽率降低、脂肪酸值升高等现象，黑曲霉侵染粮食后还会引起总氮和可溶性糖含量下降，从而降低甚至完全丧失食用及饲用价值。

病原及特征 黑曲霉（*Aspergillus niger* Tiegh.）是曲霉属真菌中的一个常见种。黑曲霉菌落形成迅速，初期为白色，后变成暗黄色直至黑色厚绒状，背面中央略带黄褐色。孢子接种到 PDA 培养基上，30℃ 培养 48 小时菌落就可基本形成了，绒毛状，中央呈放射状，具有同心圆，菌落疏松，颜色黄色，直径约为 3cm。培养至第 4 天时，菌落直径 9～10cm，边缘整齐光滑。第 4 天以后，菌落开始衰竭，颜色逐渐由黄褐色变成黑褐色，顶囊大，呈球形。

黑曲霉主要以无性繁殖，形成分生孢子器，初期为球形，呈绿黑色、黑褐色、紫黑色至炭黑色等，平滑或粗糙。成熟后呈放射状，或裂成一些不规则的形状，有的状如"菊花"。分生孢子梗足细胞上垂直生出，无色透明至褐色，光滑，但在少数种中略带颗粒或小黑点，易碎，在受到压力时纵向裂开，不聚束。顶囊呈球形或近似于球形，其上全部覆盖一层梗基和一层小梗。小梗有单层或双层，通常着色深或充满色素（图 1），分生孢子球形、近球形、椭圆形或横向扁平，较为光滑，有的带有明显的纵向条纹。菌丝发达多分枝，为有隔多核的多细胞真菌，对紫外线及臭氧的耐受性强。

流行规律 黑曲霉属于高温、高湿性霉菌，生长适温为 35～37℃，最高可达 50℃；孢子萌发的最适相对湿度为 80%～88%，能引发高水分粮食霉变，对种子发芽力的伤害很大，是自然界中常见的霉腐菌。

毒素产生及检测 黑曲霉只产生赭曲霉素 A（ochratoxin A，OTA）一种毒素，而且产毒菌株占 3%～10% 的比例，在花生等粮食中黑曲霉的产毒菌株分布稍多，还有学者指出黑曲霉是葡萄及其酿造的酒中产生 OTA 的主要菌株。

OTA 的化学名称为 7-（L-β-苯基丙氨基-羰基)-羧基-5-氯代-8-羟基-3,4-二氢化-3R-甲基异氧杂奈邻酮（香豆素）

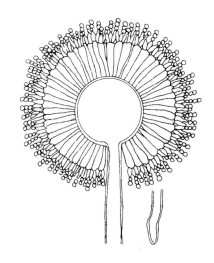

图 1 黑曲霉（引自蔡静平，2018）

图 2 OTA 的分子结构（引自 Richard，2007）

（分子结构见图 2）。分子量为 403，是一种无色的晶体状化合物，在紫外光下可发出蓝色的荧光，易溶于极性有机溶剂，微溶于水，呈弱酸性，能溶于稀的碳酸氢盐水溶液。在有机溶剂和碱水中，OTA 对空气和光不稳定，尤其是在潮湿环境中，短暂的光照都能使之分解，但在乙醇溶液中低温条件下可保存一年。OTA 对热不太稳定，高温可使之分解产生 Cl_2 与氧化氮。当以苯：乙酸（99：1，V/V）为溶剂时，最大吸收峰的波长为 333nm，摩尔吸光系数为 5500。

OTA 是毒性最强的一种赭曲霉毒素，广泛存在于动植物产品中，理化性质稳定且不易降解，是储藏谷物中极易检测到的仓储毒素。赭曲霉毒素对动物的肾脏危害最大，可以导致肾癌，此外，它对肝脏也有损害，还有免疫抑制、致畸性。OTA 是一种致癌很强的毒素，已被国际癌症研究机构定义为 2B 类致癌物。每千克饲料中含有 0.2～0.3mg OTA 就能使猪和鸡中毒。反刍动物的易感性要小得多，因为它们瘤胃中的微生物会将毒素降解。中国对谷类和豆类中最新的 OTA 限量是 5μg/kg。

OTA 的检测 薄层色谱分析法（thin-layer chromatography，TLC）是较早用于毒素检测的一种方法，其优点是方法简单、成本低，但灵敏度相对较差，所需检测试剂繁多、检测周期长、重现性不好等缺点。

酶联免疫吸附检测法（enzyme-linked of immunosorbent assay，ELISA）具有灵敏、快速、简便等特点，对样品中毒素的纯度要求不高，特别适合于大批量样本的检测，但检测结果的重现性差，易造成假阳性，常需要用其他的方法来验证。此方法主要被应用于 OTA 的快速检测和大批量样品的初筛。OTA 的 ELISA 试剂盒已经得到产业化应用，价格较为昂贵。ELISA 检测方法线性范围一般为 2～500μg/L，检测下限为 1μg/L。

高效液相色谱法（high performance liquid chromatography，HPLC）是最常用于食品中毒素检测的方法，它可进行定性和定量分析，结果较为准确可靠，灵敏度高，重现性好，应用较为广泛。但这种方法需精密仪器设备，对毒素纯度要求较高，检测成本高。HPLC 方法可用于检测玉米、小麦和大麦等粮食中的 OTA，回收率大于 90%，检测下限可达 0.05μg/kg。

毒素的去除 粮食及食品中毒素去除主要有物理法、化学法和生物法。物理法包括挑选法、水洗浸泡、加热处理、吸附和紫外线辐射处理等。霉菌毒素一般遇碱被分解而失活，故可采用氨、NaOH、$NaHCO_3$、$Ca(OH)_2$ 等化学药剂进行处理。除了碱性试剂外还可以采用臭氧、H_2O_2、次氯酸钠、Cl_2 等氧化剂进行处理，可使霉菌毒素降解而失活。生物法则主要指微生物脱毒法，通过筛选特定功能的微生物菌株，利用其生物转化作用使毒素破坏或转变为低毒物质。

新兴方法还有辐照降解处理。有研究人员以受 OTA 污染的玉米为研究对象，比较不同剂量 γ 射线辐照处理的 OTA 的降解率，探讨 γ 射线对于 OTA 的辐照降解效果。结果表明玉米中 OTA 经过辐照后，含量明显降低，在 10KGy 的辐照剂量下，降解率可达 50%；经过辐照后玉米的营养组分没有明显变化。辐照能够降解玉米中赭曲霉毒素 A，且不会降低玉米品质。

除常规方法，外牛至提取物也具有抑制黑曲霉生长的作用。用琼脂平板培养法检测黑曲霉的生长情况，发现在浓度为 2.5ml/100ml 时，牛至提取物对黑曲霉的抑制率为 45.6%。牛至提取物的组成经检测含有 21 个不同的组分，主要成分为香芹酚（34.2%）和香芹酮（18.1%）。

防治方法 玉米等禾谷类作物入库前，一定要保证把水分降到 13% 以下。在北方玉米种子含水量高，用站秆剥皮法，即把玉米果穗苞叶从顶部剥成两瓣。剥皮要找准适宜的时间，一定要掌握在玉米乳熟的末期，大多数玉米定浆后进行，经过约 15 天水分散失之后即可收获。剥皮的时间不宜过早，或过迟，成熟不一致的可分 2～3 次进行。

当储存的粮食受到黑曲霉的污染后，黑曲霉会产生 3-甲基 -1- 丁醇和 3- 辛醇，可以利用电子鼻、色谱等技术检测粮食的气味来判断黑曲霉的存在。潮湿的地区，或者短时间难以晾干的地区可在收割前采用以上两种方法来减少种子的水分。

参考文献

蔡静平，2018. 粮油食品微生物学 [M]. 北京：科学出版社.

迟蕾，2011. 玉米中赭曲霉毒素 A 辐照降解技术研究 [D]. 北京：中国农业科学院.

梁志宏，黄昆仑，何云龙，等，2008. 黑曲霉及其食品安全领域的赭曲霉毒素问题 [J]. 食品安全与检测 (10): 191-194.

王若兰，2016. 粮油储藏学 [M]. 北京：中国轻工业出版社.

杨家玲，岳田利，高振鹏，等，2008. 赭曲霉毒素 A 检测方法的研究进展 [J]. 农产品加工学刊 (6): 4-7.

RICHARD J L, 2007. Some major mycotoxins and their mycotoxicoses—An overview[J]. International journal of food microbiology, 119: 3-10.

SCHUSTER E, DUNN-COLEMAN N, FRISVAD J C, et al, 2002. On the safety of *Aspergillus niger*—a review[J]. Applied microbiology and biotechnology, 59: 426-435.

（撰稿：胡元森；审稿：张帅兵）

红花枯萎病　safflower blight

由尖镰孢红花专化型引起的、一种防治难度很大的土传性维管束病害。又名红花根腐病，是红花的主要病害之一。

发展简史　镰刀菌是一类世界性分布的真菌，它不仅可以在土壤中越冬越夏，还可侵染多种植物，引起植物的根腐、茎基腐等，它侵染寄主植物维管束系统，并在生长发育代谢过程中产生毒素危害作物，造成作物枯萎死亡，影响产量和品质，是生产上很难防治的重要病害之一。

镰刀菌的分类是当今世界上的一大难题。从1809年Link命名镰刀菌属以来，其研究已有210多年的历史。由于镰刀菌形态变异大，人们常将不同形态的菌当作新种来描述，到20世纪30年代，全世界出现了近千种镰刀菌种名。1935年，德国Wollenweber和Reinking出版了第一本镰刀菌专著（*Die Fusarium*），提出了镰刀菌的第一个较完整的分类系统，成为镰刀菌属分类研究的基础。目前，国际上存在10种不同的镰刀菌分类系统。1940—1957年，Snyder和Hansen指出镰刀菌的变异性，认为镰刀菌分类必须用单孢分离的方法，最可靠的鉴定性状是大孢子的形状及小孢子和厚垣孢子的有无等。

由镰刀菌引起的红花根腐病在中国最早发生于西北等地，以后随着红花的推广种植，发病区逐年扩大，已遍及大部分红花种植区，造成大面积减产甚至绝产。不同地域报道的病原种类和防治措施差异较大，存在复杂的多病原复合侵染、难以控制等特点。

分布与危害　全世界油用红花栽培主要集中在印度、墨西哥、美国、埃塞俄比亚、西班牙、澳大利亚。中国红花主要分布在新甘宁区、川滇区、冀鲁豫区和江浙闽区，其中以新疆、云南、河南和四川等地种植历史悠久。红花根腐病在新疆、云南、河南、四川、内蒙古、辽宁、浙江和江苏等地均有发生，红花播种后即可被病菌侵染，最早在幼苗出土前即可发病死亡，而在整个生长过程中均可发生病害。红花枯萎病的发病率一般为10%以上，严重地块发病率可达60%，中等程度的发病可导致25%左右的减产，发病严重时可造成植株大量死亡甚至完全绝收。

红花枯萎病主要在幼苗期发病，现蕾期和开花期时有发生。幼株发病，发病初期根部出现褐色斑点，茎基部表面出现斑点状或线条状褐色病变，潮湿时茎表面有粉红色的黏质物，随着病程的不断进展，茎基部皮层组织及须根发生腐烂，根系及根部维管束变褐，根部缢缩、变细，叶片萎蔫，然后整株枯死，叶片不脱落。成株期发病植株生长缓慢，叶片变成黄绿色并萎蔫，进而整株凋萎枯死。剖视发病植株的根部，可见维管束变成褐色。病部保湿培养后产生白色菌丝体，这些菌丝生长一定时间后出现粉红色的霉层（见图）。若生长期间灌溉或大雨后，病株的叶片快速萎蔫下垂，表现出急性萎蔫型症状。在开花前后，病株先是侧根变黑褐色，逐渐扩展到主根，根部腐烂，如遇阴雨天气，发病严重，全株枯死。红花现蕾期感病较轻的植株，随着植株的生长，症状趋向不明显或隐蔽，但收获时，种子空瘪率高，品质差。

病原及特征　病原为镰刀菌属尖镰孢红花专化型（*Fusarium oxysporum* f. sp. *carthami* Klisiewicz & Houston）。病原菌的菌丝体白色；小型分生孢子为卵圆形或椭圆形，无色，单胞，少数有1个隔膜，长5～9μm；大型分生孢子镰刀形，无色，两端尖稍弯曲，大小为3～5μm×30～45μm，有3～5个隔膜，多数3个隔膜。

侵染过程与侵染循环　红花枯萎病的病菌为土壤习居菌，以厚垣孢子在土壤中或以菌丝体在病残体中越冬。病菌在土中可存活5～7年，带菌土壤和病残体中的菌丝体是主要初侵染源。病菌菌丝在高温、潮湿条件下易形成分生孢子，孢子借助土壤、流水扩展蔓延形成再侵染。在气候干旱条件下，土壤中的菌源大大减少。此外，病菌还能通过农事操作随人、畜和农具等进行传播。红花种子带菌也可以是田间发病的初侵染源，而且是此病传播到无病区的主要途径。

流行规律　红花枯萎病孢子萌发最适温度为24～28℃，土温在25～30℃时发病重，低于10℃或高于38℃时，

红花枯萎病的根部症状（刘旭云提供）

病害的发展明显受到抑制。翌年当气温达到 24℃，遇高湿条件，越冬的病菌可迅速产生分生孢子侵染植株。分生孢子易从根毛、须根或侧根的自然裂缝以及主根、茎部的伤口入侵，也可直接从嫩根表皮特别是根尖非角质化部分或下胚轴侵入。一般来讲，病菌可以直接侵入感病品种，但对抗病品种则通常通过伤口才能侵入。病菌侵入后通过根的表皮、皮层、内皮层扩展到木质部导管，并沿导管逐渐向上蔓延扩展，使导管充满菌丝体和分生孢子，并可分泌出毒素，严重破坏代谢作用，致使叶绿体破坏，或蛋白质成分改变以及碳水化合物含量下降，造成叶片变色，组织坏死，维管束变褐，从而导致根、茎的快速腐烂，整个植株失水枯萎甚至枯死。发病植株根、茎部产生新的分生孢子，分生孢子可借助土壤、流水进行再侵染。种子带菌也可成为初侵染源，但红花种子的带菌率一般较低，在老病区作为初侵染源的作用是次要的，但是带菌种子可导致病害的远距离传播。灌水和土壤耕作可对病原作短距离传播。多年连作、排水不良、雨后积水、地下害虫危害重及栽培上偏施氮肥等的田块发病较重。年度间春、夏多雨的年份发病重。

防治方法

选用抗（耐）病品种 由于红花枯萎病是由多病原混合侵染而引起，且传染迅速，所以选育和利用抗、耐品种是防治该病的方向。

农业防治 红花枯萎病是土传病害，连作地块会逐年加重，轮作倒茬能够降低病原菌积累，使土壤中的病原菌维持在较低的水平。实行合理轮作，在重病区与禾本科等非寄主作物轮作 3～4 年，可有效降低病害程度，尤其实行水旱轮作可有效控制病害发生。限制由病区引进种子，选择从健株上收获种子留种。减少田间积水，使土壤质地疏松，透气良好，可减轻枯萎病的发生。南方红花秋播在较寒冷地区要适当晚播，北方红花春播时可适时早播。

化学防治 红花播种前用 50% 多菌灵 300 倍液浸种20～30 分钟或用 70% 的敌克松可溶性粉剂拌种（用量为种子重量的 0.4%～0.5%，放置 24 小时后播种）或用 50% 多菌灵可湿性粉剂或 50% 福美双可湿性粉剂拌种。发病初期用农用链霉素 200 万单位 40g/ 亩；农用链霉素 1000 万单位15g/ 亩；70% 甲基托布津可湿性粉剂 600 倍；50% 敌克松700 倍液；20% 地菌灵可湿性粉剂 1000 倍液；70% 代森锰锌可湿性粉剂 500 倍液；75% 百菌清可湿性粉剂 600 倍液；硫酸铜：石灰：水（1：2：200）的波尔多液灌根，连灌 2～3次，可以取得良好的防治效果。也可以用 70% 的敌克松（或10% 的立枯灵乳剂）500～800 倍液添加 200g 磷酸二氢钾、30g 绿风 95 进行叶面喷雾。

参考文献

阿格里斯，2009. 植物病理学 [M]. 3 版 . 沈崇尧，译 . 北京：中国农业大学出版社 .

董金皋，2013. 农业植物病理学 [M]. 3 版 . 北京：中国农业出版社 .

（撰稿：严兴初、刘旭云；审稿：杨艳丽）

红花锈病 safflower rust

由红花柄锈菌引起的、危害红花叶片的重要气传病害。中国各种植区广泛发生，流行性强，造成不同程度的损失。

发展简史 关于红花柄锈菌的生活史，许多研究者认为是单主寄生的长生活史锈菌，但锈菌具有形态上的多型性、生理上的专化性和变异性等特点，故国内外学者对红花柄锈菌孢子类型还存在一定争议，此类真菌的生活史比较复杂，在农业上颇受重视。在 20 世纪 60 年代前，Arthur 等认为在性子器后形成的孢子体形态上与夏孢子相似，故可将其称为初生夏孢子，确定了本菌为单主寄生的缺锈型锈病菌。但在 60 年代后，Zimmer 等认为性子器通过了交配作用后形成的孢子阶段，它与性子器群集伴生，不像夏孢子堆那样散生，尽管孢子形态与夏孢子相似，但其占据的是锈子器位置，具备了锈子器必备条件，应将其称为锈孢子阶段，从而认为本菌是单主寄生全孢型的锈病菌。罗友文等经过调查和试验也认为红花柄锈菌是全孢型单主寄生锈菌，在红花植株的生长阶段能够产生性孢子、锈孢子、夏孢子、冬孢子和担孢子五种类型的孢子，但是他们报道的冬孢子表面是光滑的，未见有任何形式的纹饰描述。骆建敏等采用常规接种结合扫描电镜技术对红花锈菌株进行研究，发现冬孢子外壁具瘤纹状结构，继性子器后发育形成的孢子阶段行使夏孢子的生理功能，且孢子形态与孢壁的纹饰特征与夏孢子的无异，基本确定本菌株是缺锈型的单主寄生锈病菌。

分布与危害 在中国新疆、四川、云南、内蒙古、河南、浙江、江苏和东北等地普遍发生，流行性强，危害面积大。红花锈病不仅引起大量红花幼苗死亡，造成缺苗，还在成株期叶片感病后迅速枯死，不能正常开花结实，对产量影响极大。病株花瓣质量下降，所结籽实不饱满，含油量等品质显著下降。

在红花幼苗期，锈病病原菌担孢子侵染子叶、下胚轴及根部，形成黄色病斑，大小为 0.2～0.3cm×0.5～1.0cm，其上密集针头状黄色的颗粒物，即性孢子器。之后，性孢子器边缘产生褐栗色圆形或近圆形的斑点，即锈子器，逐渐连成片状，表皮破裂后，散出褐栗色锈孢子（或为初生夏孢子器和初生夏孢子）。受害幼苗可见下胚轴单面扭曲，严重时不能直立，最终导致死苗。

在红花的成株期，锈病主要危害叶片、苞叶，在叶片和苞叶背面产生许多呈茶褐色或暗褐色的稍隆起的小疱状物，当表皮破裂时，散逸出大量的褐色粉末，即病原菌的夏孢子堆和夏孢子，有时夏孢子堆周围有次生夏孢子堆分布并排列成环状，叶片正面出现褪绿斑点。随着病程的发展，夏孢子堆处出现黑褐色的疱状物，即为冬孢子堆和冬孢子。病株花朵色泽差，种子不饱满，产量与品质降低，病害发生严重时，造成叶片局部或全部枯死（见图）。

病原及特征 病原为红花柄锈菌 [*Puccinia carthami*（Hutz）Corda.]，属柄锈菌属。该病原菌在锈菌类型的划分上还存在分歧，即单主寄生全孢型还是单主寄生缺锈型，二者的差异在于性孢子器边缘形成的是锈孢子还是初生夏

红花锈病症状（刘旭云提供）
①成株期；②叶片

孢子。无论叫锈孢子器和锈孢子还是初生夏孢子器和初生夏孢子，在冬孢子萌发形成担孢子侵染植株后，都可以将其分为以下几个阶段：

性孢子器与性孢子　孢子器呈球形，颈部凸起于表皮外，黄褐色，直径为72.5～112.5μm，孔口着生丛状缘丝与管状受精丝。性孢子为单胞，无色，呈椭圆形，大小为2.5～5μm×2.5～3.5μm。成熟的性孢子从缘丝和受精丝外排出，并密集呈"蜜露"状。

锈孢子器和锈孢子　锈孢子器褐栗色，呈圆形或近圆形，后扩展连片为条状或不规则垫状。锈孢子黄褐色，圆形、近圆形或椭圆形，表面具小刺，大小为21～25.9μm×22～31.7μm，壁厚1.2～2.4μm。

夏孢子堆与夏孢子　夏孢子堆主要发生于叶片的正、背两面，茶褐色，呈圆形，粉状，直径为0.5～1.0mm，多数散生，周围表皮翻起。病害严重时，孢子堆布满叶片正、背两面，终引致叶片枯死。夏孢子为黄褐色或淡茶色，单胞，呈球形、近球形、卵圆形或广椭圆形，表面具细刺，于孢子中轴线上有2个发芽孔。夏孢子大小为24～29μm×18～26μm。

冬孢子堆和冬孢子　冬孢子堆出现于夏孢子堆旁边，呈圆形或长椭圆形，粉状，直径1.0～1.5mm，黑褐色，散

生或聚生。冬孢子广椭圆形，茶褐色，双胞，顶端和基部均呈圆形，中央具一隔膜，隔膜处稍缢缩，表面有小瘤，膜厚2.5～4.0μm。冬孢子大小为28～45μm×19～25μm，具一易脱落的无色短柄，周壁厚1.7～2.4μm，顶壁厚1.7～6.6μm。

侵染过程与侵染循环　在红花春播区，病菌以附着在种子表面和种子间夹带的冬孢子或散落于田间病残体上的冬孢子越冬，翌春冬孢子萌发产生担孢子引起初侵染。生长季节条件适宜时夏孢子可产生多代，借助气流进行远距离再侵染。冬孢子在红花生长后期产生，冬孢子无休眠期，在干燥条件下可存活2年。在干燥环境条件下，贮存在跨年度至翌年春播期间的冬孢子生活力呈现旺盛的势头，条件适宜（萌发温度10～35℃，最适宜为18～28℃）即可萌发。如此循环往复。

在四川雅安等红花秋播区，病残体和种子及土壤中冬孢子越夏后，当年萌发产生担孢子侵染红花幼苗，入冬前夏孢子能够再侵染，入冬后病情发展缓慢。翌年4月前后随气温回升，病害进入盛发期。

流行规律　红花锈病是否流行，取决于品种的抗病性、菌源、菌量以及环境条件。在此病的流行因素中，夏孢子的萌发和侵染需要高湿度或水分，种植红花年份间温度变化不大，但田间湿度和水分条件有较大差异，所以湿度是此病流行的重要条件之一。种子表面带菌是远距离传播的主要途径，具冠毛的品种幼苗期发病率较高。连作地发病重。

防治方法

选用抗病品种　红花不同品种对锈病菌的敏感性有明显差异。所以应着重在当地选育抗病品种，或从外地引进抗病力强的品种。在同一地区，品种合理布局，避免抗源基因单一化。有效控制病害的发生。

农业防治　适时播种，秋播地区避免过早播。在病田可实行红花与其他非寄主作物轮作2～3年。出苗后一个月内，结合间苗彻底拔除病苗，集中烧毁。带菌种子进行处理。选择地势较高、排水良好的地块种植红花。根据品种形态特性，合理密植。施用腐熟农家肥为主的基肥，增施磷钾肥，促进植株生长健壮。防止偏施氮肥，植株过密而徒长，影响通风透光，降低抗性。根据红花田间长势及需水特性，减少浇水次数，控制灌水量，雨后及时开沟排水。

化学防治　播种前进行种子处理，可用15%粉锈宁拌种，用量为种子重量的0.2%～0.4%。发病初期用70%代森锰锌粉可湿性粉剂500倍；15%粉锈宁可湿性粉剂1000倍；40%福美胂可湿性粉剂600倍；20%萎锈灵乳油600倍；50%退菌特（三福美）500倍；25%敌力脱（丙环唑）乳油2000倍；75%百菌清500～800倍液；50%二硝散200倍液及0.3波美度的石硫合剂；30%特富灵可湿性粉剂1500倍；45%特克多悬浮剂1000倍；50%硫黄悬浮剂200倍；80%代森锌可湿性粉剂500倍。喷雾防治。每10天左右喷1次，连续喷施2～3次，均有良好的防治效果。

参考文献

阿格里斯，2009. 植物病理学 [M]. 5版. 沈崇尧，译. 北京: 中国农业大学出版社.

董金皋，2013. 农业植物病理学 [M]. 3版. 北京: 中国农业出版社.

贾菊生，汤斌，1988. 红花锈病菌 Puccinia carthami Cda. 的孢子

阶段及生活史研究 [J]. 植物病理学报，18(1): 1-5.

骆建敏，贾菊生，2002. 红花柄锈菌 *Puccinia carthami* (Hu+z) Cda. 生活史超微结构研究 [J]. 新疆大学学报 (自然科学版)，19(3): 315-318.

ZIMMER D E, 1963. Spore stages and lifecycle of *Puccinia carthami*[J]. Phytopathology, 53: 316-319.

（撰稿：严兴初、刘旭云；审稿：杨艳丽）

红花羊蹄甲灰斑病　bauhinia gray spot

由 *Phyllosticta bauhiniae* 引起的，一种常见的红花羊蹄甲叶部真菌性病害。

分布与危害　分布于香港以及广东的广州、深圳、佛山、湛江、南海等地。该病造成红花羊蹄甲叶片枯黄脱落，危害一般。主要危害叶片。发病初期出现圆形或近圆形的黄色斑点，直径 5～12mm，病部与健部交界处明显，边缘棕褐色，病斑相互连结为不规则形或长条斑，黄褐色至灰白色。后期易脆裂，叶片两面生稀疏的小黑点，但不常见（见图）。

病原及特征　病原为 *Phyllosticta bauhiniae* Cooke，属于叶点菌属。兼性寄生。

病斑上的小黑点是病菌的分生孢子器，分生孢子器埋生，突破叶片表皮外露，暗褐色，近球形，直径 66～150μm；分生孢子无色，单胞，卵形或近梭形，大小 4.1～9.6μm×1.7～3.1μm。

侵染过程与侵染循环　病原菌在病组织上越冬，翌年经风雨传播，不断侵染危害。

流行规律　在 6～11 月均有发生，8～9 月高温高湿季节危害严重。一般幼树和长势不良的树易染病。

防治方法　一般可不用防治，严重时可喷洒多菌灵 1000 倍液或 1% 波尔多液 2～3 次。

红花羊蹄甲灰斑病症状（岑炳沾提供）

参考文献

苏星，岑炳沾，1985. 花木病虫害防治 [M]. 广州：广东科技出版社 .

（撰稿：王军；审稿：叶建仁）

红黄麻立枯病　kenaf and jute damping-off

由丝核菌引起的红麻、黄麻苗期主要真菌病害，是红麻、黄麻最常见病害之一。

分布与危害　在中国各个红麻产区均有不同程度发生。美国、澳大利亚等国红麻产区也有分布。该病是红麻、黄麻苗期主要病害，病株率 10% 以上。播种后如遇低温多雨天气，病情加重，可造成缺苗断垄，甚至毁耕重播。

在红麻、黄麻整个生育期均可发生，以苗期为重。麻种萌发未出土前发病，可造成烂种。幼苗出土后，子叶发病多在中部呈棕褐色不规则病斑，病组织易脱落穿孔。发病幼苗茎基部呈黑褐色腐烂，病斑处缢缩，导致幼苗枯萎。久雨初晴时，田间成片倒伏死苗。成株期发病，茎基部病斑黑褐色，稍凹陷，严重时病斑绕茎一周，并纵裂露出纤维，有的麻株病部痊愈后形成粗糙圆疤（见图），其上生许多不定根。

病原及特征　病原为立枯丝核菌（*Rhizoctonia solani* Kühn）和禾谷丝核菌（*Rhizoctonia cerealis* Van der Hoveven），属丝核菌属。前者初期菌丝无色，较细，分枝处多缢缩，近分枝处有隔膜。随菌龄增长，菌丝细胞渐变粗短，并纠结形成菌核。菌核形状各异，初为白色，后变为褐色，表面粗糙。后者菌丝较细，为 3～7μm。菌核初色淡，后变灰渐变深褐色，呈近球状、半球状、片状，不定形，结构均一，不分化为菌环和菌索，较大的菌核多数有萌发孔。

侵染过程与侵染循环　病菌主要以菌丝体和菌核在土壤中或植物病残组织上越冬。翌年以菌丝体直接侵入幼苗。在病部又可产生菌丝进行再侵染。病菌在土壤中营腐生生活可达 2～3 年。

流行规律　阴雨多湿、春季低温的年份发病重。黏性土壤、排水不良、地势低洼、多年连作的麻地发病较重。

防治方法

农业防治　与甘薯、禾谷类作物轮作 3 年以上，可大大

红麻立枯病症状（潘兹亮供图）

①苗期发病；②成株期发病

减轻病害。施足底肥，适当晚播，减少幼苗出土时间，可有效减轻发病。

化学防治　播种前，用种子重量 0.5% 的 40% 拌种双可湿性粉剂，或 0.5% 的 20% 稻脚青可湿性粉剂，或 0.5% 的 50% 退菌特可湿性粉剂，或 0.5% 的 50% 苯菌灵可湿性粉剂拌种。麻苗出土后遇阴雨天气或发病初期喷洒上述药剂 800 倍液防治。隔 5～7 天喷 1 次，连续喷 2～3 次。

参考文献

潘兹亮，乔利，吕玉虎，等，2011.信阳地区黄麻立枯病的发生情况与综合防治 [J].中国麻业科学，33(6): 294-297.

VAWDREY L L, PETERSON R A, 1990. Diseases of kenaf (*Hibiscus cannabinus*) in the Burdekin River irrigation area[J]. Australasian plant pathology, 19(2): 34-35.

（撰稿：余永廷；审稿：张德咏）

图 1　红麻斑点病症状（曾向萍、陈绵才提供）

红麻斑点病　kenaf brown spot

由马来尾孢引起的红麻病害，可危害红麻叶片、叶柄和茎秆。

分布与危害　红麻斑点病分布范围很广，在中国各红麻产区均有发生。红麻整个生长期都可受害，尤其生长后期发病最为严重。影响麻株的生长发育和留种麻的种子产量和品质。

红麻斑点病可危害红麻叶片、叶柄和茎秆。子叶和真叶受害，发病初期产生小斑点，后扩大成近圆形病斑，边缘呈暗红色的水渍状，中央黄褐色，当叶片上的病斑多时常引起叶片发黄脱落（图 1）。蒴果及茎秆感病，初生暗红色小斑，后逐渐扩展为圆形或菱形病斑，中央黄褐色，边缘深褐色。多雨高温天气，病部表面长出灰色霉层，即病原菌的分生孢子。

病原及特征　病原为马来尾孢（*Cercospora malayensis* Stev. et Solh.），属尾孢属。病斑上的灰色霉层即病原菌的分生孢子梗及分生孢子。分生孢子梗丛生，褐色，不分枝，大小为 9～45μm×2～4μm，具 1～2 个隔膜。分生孢子无色，鞭形，直或略弯。3～5 个隔膜，淡褐色，大小为 40～80μm×3～8μm（图 2）。染病组织经人工培养诱发产生的分生孢子梗和分生孢子一般比田间采集大，隔膜也增多。病菌在马铃薯葡萄糖琼脂培养基上生长较慢，极少产生分生孢子。

侵染过程与侵染循环　从新病斑产生的分生孢子借风雨传播，进行重复侵染。

病原菌主要以菌丝体在种子内越冬，也可在病残组织内越冬，形成翌年初次侵染源。带病种子是远距离传播的主要途径。

流行规律　麻株生长中后期易感病，多雨高湿的天气有利于该病的发生。偏施氮肥、麻株生长不良、密度过大、低洼积水的麻地发病较重。

防治方法

种子消毒　见红麻炭疽病。

选用抗病品种　种植适宜当地的抗病品种。

加强麻田管理　防治该病应合理密植，深沟高畦，雨后

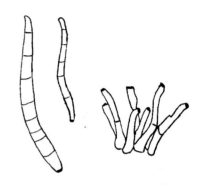

图 2　尾孢分生孢子及分生孢子梗（仿陆家云，2004）

及时排水，降低田间湿度。合理施肥，增施有机肥，氮、磷、钾相配合，提高植株抗病力，减轻病害。深翻土地及时清除病残组织。

化学防治　发病初期喷药，50% 多菌灵可湿性粉剂 500 倍液或 70% 甲基硫菌灵可湿性粉剂 800～1000 倍液或 40% 氟硅唑乳油 6000～8000 倍液或 50% 异菌脲可湿性粉剂 1000～1500 倍液，均匀喷施，发病较重时，间隔 7～10 天再喷 1 次。

参考文献

陆家云，2004.植物病害诊断 [M].2 版.北京：中国农业出版社.

戎文治，徐珊，1983.我国红麻上的几种真菌病害 [J].浙江农业大学学报，9(1): 47-53.

中国农业科学院植物保护研究所，1995.中国农作物病虫害：下册 [M].2 版.北京：中国农业出版社.

（撰稿：曾向萍；审稿：陈绵才）

红麻根结线虫病　kenaf root- knot nematode

红麻生产上一种世界性分布的常见病害。

发展简史　1958 年 Summers 和 Seale 等最先发现南方根结线虫（*Meloidogyne incognita*）能使红麻植株死亡率大

大增加，而且导致植株发育不良，显著降低红麻产量。20
世纪 70 年代，美国东南部红麻生产普遍受到根结线虫病
的危害，其病原以南方根结线虫为主，还有花生根结线虫
（*Meloidogyne arenaria*）的侵染。在印度、尼日利亚等地区
也曾报道红麻根结线虫病是红麻生产中的一种主要病害，其
主要的病原就是南方根结线虫。1986 年，Wu 等对中国湖南、
浙江、广东和广西红麻产区的根结线虫病进行了调查研究，
发现侵染中国红麻的根结线虫以南方根结线虫为主，也有少
数地区发现有爪哇根结线虫（*Meloidogyne javanica*）与花生
根结线虫的侵染。并对湖南沅江地区红麻主要病原南方根结
线虫的发育历期进行了系统的研究，表明该地区南方根结线
虫每年发生 4 代。在 20 世纪 70～90 年代，有关红麻根结
线虫病的研究主要集中在病原种类或小种的鉴定以及病原线
虫田间动态变化等。随后开展了红麻根结线虫病相关防控技
术研究，早期主要以化学防治为主。随着环保意识的加强，
人们开始将注意力逐渐转向生物防治、抗性品种的选育以及
轮作等综合防控技术。

分布与危害　国内外主要麻区都有发生。中国主要分布
于长江、珠江流域，黄淮海的局部地区也有发生。特别是在
湖南、湖北、广东、广西、浙江和河南等红麻、黄麻主产区
危害严重，一般减产 20%～30%，严重者达 50%，甚至失收。

病原及特征　红麻根结线虫病是由根结线虫属
（*Meloidogyne*）引起。其病原主要为南方根结线虫，少数
为花生根结线虫和爪哇根结线虫。在中国麻产区采集的标样
鉴定结果表明，南方根结线虫占绝大多数，占 75.1%，属于
1 号与 2 号生理小种；其次为爪哇根结线虫，占 18.1%；多
数麻区有少量花生根结线虫 2 号生理小种，占 6.8%。南方
根结线虫雌雄异形，幼虫呈细长蠕虫状。雄成虫线状，尾端
稍圆，无色透明，大小为 1.0～1.5mm×0.03～0.04mm。雌
成虫梨形，每头雌虫可产卵 300～800 粒，雌虫多埋藏于
寄主组织内，大小 0.44～1.59mm×0.26～0.81mm。二龄幼
虫无色透明，0.22～0.56mm×0.01～0.02mm，为侵染阶段龄
期。红麻的幼苗及成株期根系均能受害。该病危害麻根，产
生大小不等的根瘤，或成饼状，导致叶黄、株矮、生长发育
不良（见图），并诱遭病菌如镰刀菌属（*Fusiarium*）及丝
核菌属（*Rhizoctonia*）等真菌的侵染，促使根系加速腐烂，
植株提早枯死。

侵染过程与侵染循环　根结线虫多在土壤 5～30cm 处
生存，常以卵或二龄幼虫随病残体遗留在土壤中越冬，病土、
病苗及灌溉水是主要传播途径。一般可存活 1～3 年，翌春
条件适宜时（一般当温度高于 13℃ 时），由埋藏在寄主根
内的雌虫产出卵，卵产下经几小时形成一龄幼虫，蜕皮后孵
出二龄幼虫，根结内孵出的幼虫不久即迁入土中，在土壤中
作短距离的移动寻找根尖，由根冠上方侵入定居在生长锥内，
其分泌物刺激根部细胞膨胀，使根形成巨型细胞成虫瘿（或
称根结）。在生长季节根结线虫的数量以对数增殖，发育到
四龄时交尾产卵，卵在根结里孵化发育，二龄后离开卵块，
进入土中进行再侵染或越冬。南方根结线虫在湖南等地一般
1 年发生 4～5 代，且世代重叠明显，一般 30 天左右完成 1 代。
南方根结线虫生存最适温度 25～30℃，高于 40℃，低于 5℃
都很少活动，55℃ 经 10 分钟致死。

根结线虫危害症状（成飞雪摄）
①示根部根结；②地上部分症状

流行规律　田间土壤湿度是影响孵化和繁殖的重要条
件。土壤湿度适合麻类生长，也适于根结线虫活动，雨季有
利于孵化和侵染，但在干燥或过湿土壤中，其活动受到抑制。
病原线虫为好气性，故地势高燥、结构疏松以及含盐量低的
砂质土壤发病较重；地势平坦、保水保肥性能好的土壤发病
轻；盐分较高的土壤发病也轻，pH4～8.0 土壤适宜根结线
虫生长，发病较重。

防治方法　根结线虫寄主范围广，防治困难，同时由于
化学杀线剂带来的严重环境污染等问题，红麻根结线虫病害
防治策略也由早期单纯的化学防控向着安全、有效的综合防
控技术发展。如实施轮作，进行水旱轮作或是与棉花或杂粮
（如玉米、高粱、芋等）进行轮作，也能减轻受害。此外，
进行深耕土壤或水淹以及合理施肥与灌溉等田间管理对抑制
病害的危害也非常重要，如施用氯化钾及锰、硼、铜、锌、
钼等微量元素肥料，以促进麻株生长发育，增强植株抗病性。
此外，清除病残体也极其重要，病麻必须集中在田内收剥，
病麻秆及病残组织也要集中作燃料烧毁，以防病原传播与再
侵染。对于发病严重的地块，化学药剂防治仍然发挥着重要
作用，如利用棉隆或威百亩进行土壤熏蒸，或是利用噻唑膦、
氯硫磷等进行防治也可达到较好的效果。随着分子生物学技
术与基因工程的发展，病原线虫与作物间互作因子的发现与
抗性基因的挖掘，通过 RNAi 技术或转基因抗性育种来控制
红麻根结线虫病害将是一种安全有效的防控手段。

参考文献

牛小平，祁建民，陈玉森，等，2013. 红麻种质资源根结线虫病
抗性鉴定 [J]. 植物遗传资源学报，14(2): 355-360.

ADEGBITE A A, AGBAJE G O, AKANDE M O, et al, 2008.
Expression of resistance to *Meloidogyne incognita* in kenaf cultivars
(*Hibiscus cannabinus*) under field conditions[J]. Journal of plant diseases
and protection, 115(5): 238-240.

ADENIJI M O, 1970. Reaction of kenaf and roselle varieties to the
root-knot nematode in Nigeria[J]. Plant disease reporter, 54: 547-549.

MINTON N A, ADAMSON W C, WHITE G A, 1970. Reaction
of Kenaf and Roselle to three root-knot nematode species[J].

Phytopathology, 60: 1844-1845.

SUMMERS T E, SEALE C C, 1958. Root knot nematodes, a serious problem of Kenaf in Florida[J]. Plant disease reporter, 42: 792-795.

WU J Q, XUE Z D, 1986. A preliminary study on the root-knot nematode disease of kenaf[J]. Acta phytopathologica sinica(1): 55-58, 67.

ZHANG F, NOE J P, 1996. Damage potential and reproduction of *Meloidogyne incognita* race 1 and *M. arenaria* race 1 on kenaf[J]. Journal of nematology, 28: 668-675.

（撰稿：成飞雪；审稿：张德咏）

红麻灰霉病　kenaf gray mold

由灰葡萄孢引起的、红麻生长后期的一种重要真菌病害。

分布与危害　灰霉病在中国各红麻产区均有发生，以华南和长江流域麻区危害较重。美国、意大利、西班牙、南非、韩国、越南等红麻生产国也有分布。该病是红麻蒴果上的重要病害，尤其对留种麻危害很大，常引起花蕾脱落、烂果和烂种，降低种子产量与品质。麻田病株率可高达100%。

能危害叶片、茎秆、花蕾和蒴果。叶片发病，初期呈现水渍状小斑，以后沿叶脉扩展，引起叶片早落。茎秆发病，多从叶痕、腋芽处侵染，后逐渐扩展为灰褐色大斑，病部表皮干枯，光泽消失，常常引起上部组织枯萎（见图）。花蕾和蒴果发病，变褐脱落，种子不成熟，以致种子霉烂。遇到雨水多、湿度大时，各部位的病斑均可长出灰色霉状物及黑色菌核。

病原及特征　病原为灰葡萄孢（*Botrytis cinerea* Pers. ex Fr.），属葡萄孢属。分生孢子梗细长，大小为300～1700μm×9～22μm，无色或淡褐色，有少数横隔膜，数根丛生，顶端分枝2～3次，分枝顶端簇生分生孢子成葡萄穗状，分生孢子散落后，梗顶端可见凹凸状痕迹。分生孢子单胞，无色，近圆形或卵圆形，大小为6～11μm×5～8μm，聚集成堆时呈灰色。菌核黑色，形状不规则，大小为1.5～3.2mm×0.7～1.4mm，多产生于寄主表皮层下面。此病菌为红麻上弱寄生菌，腐生性强，可在有机物上腐生。该菌寄主广泛，包括红麻、棉花、小麦、甘薯、向日葵、烟草、番茄、白菜、辣椒、莴苣、茄子、蚕豆、桃、杏、柿、桑、葡萄、草莓等多种植物。

侵染过程与侵染循环　病菌主要以菌核在土壤中或以菌丝及分生孢子在病残体上越冬，也可以分生孢子黏附在种子上越冬。条件适宜时，菌核开始萌发，产生菌丝体和分生孢子梗和分生孢子，分生孢子成熟后脱落，借气流、雨水或露珠及农事操作进行传播和侵染。分生孢子萌发时产生芽管，从寄主伤口或衰老的器官及枯死的组织入侵，之后在病部又产生分生孢子进行再侵染。

流行规律　病菌发育温度为20～31℃，适宜温度为20～23℃，相对湿度80%～85%，15～17℃时可产生大量菌核。

防治方法

农业防治　选用抗病品种，如青皮3号、湘江1号、南选、72-2等。与玉米、高粱、水稻等轮作1年，可消灭土壤中的灰霉病菌。收获后清除田间病残体，深耕细作。合理密植，及时中耕除草，增强田间通风透光，及时开沟排水，防止湿气滞留，均可减少发病。

化学防治　播种前用50%退菌特可湿性粉剂500倍液，或80%炭疽福美可湿性粉剂100倍液，在18～24℃下浸种24小时；也可用50%退菌特可湿性粉剂1kg拌种子100kg，拌种后贮存3～5天后播种。发病初期喷洒50%退菌特可湿性粉剂500倍液，或80%炭疽福美800倍液，或50%硫菌灵可湿性粉剂1000倍液，或50%多菌灵可湿性粉剂1000倍液。

参考文献

陈玉森, 1994. 红麻灰霉病的发生与防治 [J]. 福建农业科技 (4): 34.

CAMPBELL T A, O'BRIEN M J, 1981. Differential response of Kenaf to gray mold[J]. Crop science, 21(1): 88-90.

FRISULLO S, CORATO U, LOPS F, et al, 1995. Diseases of kenaf in Basilicata[J]. Informatore fitopatologico, 45(1): 37-41.

SWART W J, TESFAENDRIAS M T, TERBLANCH J, 2001. First report of *Botrytis cinerea* on Kenaf in South Africa[J]. Plant disease, 85(9): 1032-1032.

（撰稿：余永廷；审稿：张德咏）

红麻枯萎病　kenaf wilt

由尖孢镰刀菌引起的、红麻上常见的一种根部病害。

分布与危害　在中国各红麻产区均有分布。危害严重时可诱使植株烂根死苗和成株早枯，甚至整片枯死，在整个生育期中都会发生，严重影响纤维的产量和品质。

红麻枯萎病危害幼苗和成株。麻苗受害后，整个根系变褐色，逐渐腐烂，苗凋萎死亡。成株受害后，主根和侧根产生大小和长短不一的褐色病斑，多数须根腐烂，地上部分生长发育不良，叶片变小，褪色黄化。湿度大时，染病部位表面可见粉红色霉状物，即分生孢子，纵剖茎基部可见维管束呈褐色病变。发病严重时根系褐腐，终致整株枯死。

病原及特征　病原为尖孢镰刀菌（*Fusarium oxysporum*

红麻灰霉病症状（王会芳提供）
①叶片和茎秆发病；②茎秆发病

Schlecht.），属镰刀菌属。病菌在自然条件下或人工培养条件下可产生小型分生孢子、大型分生孢子和厚垣孢子 3 种类型。小型分生孢子着生于单生瓶梗上，常在瓶梗顶端聚成球团，单胞，卵形，5～12μm×2.5～3.5μm；大型分生孢子纺锤形至镰刀形，少许弯曲，多数为 3 隔膜，27～46μm×3～4.5μm；厚垣孢子通常能大量形成，呈淡黄色，球形，间生或顶生、单生、偶尔串生，壁光滑或粗糙。在 PDA 平板上培养，菌落突起絮状，菌丝白色致密，菌落粉白色，浅粉色至肉色，略带有紫色，由于大量孢子生成而呈粉质。

侵染过程与侵染循环　病原菌主要以菌丝体或在种子、病残组织或土壤中越冬，无寄主环境下可存活 3 年以上，成为翌年初侵染源。病原的菌丝体可以直接侵入红麻根系，也可通过根结线虫危害和人为伤口侵入，到达导管后在其中不断繁殖，借助植株的输导作用在维管束中增殖。植株表面形成的分生孢子借气流和风雨传播进行再侵染。流水、农具、农事操作和带菌有机肥是该病的传播途径。

流行规律　该病的发生和流行与气温和降水量关系密切，麻苗出土后土壤积水且气温在 20℃ 以上即可发病，23～25℃ 的温度范围最易危害流行，7 月以后高温季节病害相对受到抑制。深翻犁田，增施有机肥，合理追施氮、磷、钾肥，排灌设施良好的麻田发病较轻。采用水旱轮作的耕作模式栽培红麻可以减轻病害。

防治方法

农业防治　选用无病种子，不在发病麻园留种并控制带病种子调运。用非寄主换茬轮作 3 年以上。深翻和改良土壤，施足有机基肥，苗期或发病初期及时施用有机速效氮肥和磷、钾肥，提高植株抗病能力。及时发现和拔除中心病株。雨后及时排水，降低田间湿度。合理密植，生长中期结合间苗、除草等农事操作清除无效麻株，保持麻园通风透气。

化学防治　发病初期可用 99% 噁霉灵原粉 3000 倍液，或 2.5% 二硫氰基甲烷可湿性粉剂 1500 倍液，或 50% 多菌灵可湿性粉剂 600 倍液灌根，每隔 7～10 天灌施 1 次，连续施用 2～3 次。

参考文献

陆家云，1997. 植物病害诊断 [M]. 2 版. 北京：中国农业出版社.

戎文治，徐珊，1983. 我国红麻上的几种真菌病害 [J]. 浙江农业大学学报，9(1): 47-53.

中国农业科学院植物保护研究所，1995. 中国农作物病虫害：下册 [M]. 2 版. 北京：中国农业出版社.

（撰稿：曾向萍；审稿：陈绵才）

红麻炭疽病　kenaf anthracnose

由木槿刺盘孢和束状刺盘孢引起的，是红麻生产上危害最严重的一种病害，是中国检疫对象。

发展简史　1912 年，在中国台湾首次发现该病，随后 1950 年该病在中国、古巴和美国麻区开始大流行。1953 年中国华北、东北大部分麻区的红麻因该病的危害而停种，南方麻区改种黄麻。直到 1975 年前后，中国采取了种植抗病品

种及种子消毒、轮流换茬等防治措施，使得该病得到了控制。

分布与危害　在全世界种植红麻的国家和地区均有发生。红麻炭疽病在红麻整个生育期间均能发病，其幼芽、幼苗、嫩叶、顶芽、花蕾、嫩果等均能受害。带菌的种子萌发后，胚轴组织上产生黄褐色斑点，严重时可导致腐烂。幼苗染病后，茎基部产生水渍状病斑，病斑呈长圆形或梭形，边缘褐色，中间黑色凹陷。在苗高 17～20cm 以后，顶芽常变黑腐烂，引起"烂头"，发病严重时横枝顶芽枯死。在成株期发病，病斑最初呈水渍状小斑点，以后逐渐扩大呈紫红色圆斑，最后中央呈浅灰色。病斑多沿叶脉发生，使叶片皱缩变形，当病斑相合并后呈不规则形，最后病斑腐烂脱落形成穿孔。花蕾被害，可致腐烂，不能开花结实。蒴果受害，初呈圆形或椭圆形暗红色斑点，中央浅红色，严重时不能结实或种子表面产生污白色菌丝。该病严重时可引起红麻茎部折断或引起病部以上组织枯死。在高温高湿的环境下，病斑表面产生带红色黏质状的小黑点，为病原菌的分生孢子盘和分生孢子（图 1）。

病原及特征　病原为木槿刺盘孢（*Colletotrichum hibisci* Poll）和束状刺盘孢 [*Colletotrichum dematium*（Pers.）Grove]。两种病原菌均属刺盘孢属。木槿刺盘孢，分生孢子盘褐色，不规则形，散生或偶尔聚生，大小为 225μm×65μm，刚毛短，末端尖锐，暗紫色，大小为 3.5μm×55μm，自然条件下极少见到。分生孢子盘上成串着生大量的分生孢子。分生孢子单胞无色，内有 1～2 个发亮的油球，大多为长圆筒形，有的中部稍缢缩，少数为长椭圆形。长期在马铃薯脂培养基上培养，也能形成卵圆形分生孢子。新分离的病原菌在马铃薯琼脂培养基上菌落呈土黄色或橘红色，老熟后呈深灰色。

束状刺盘孢是一个分布很广的弱寄生至腐生的种。分生孢子盘有大量刚毛。分生孢子呈镰刀形或梭形，19.5～24μm×2～2.5μm（图 2）。附着胞很多，呈黑褐色，棍棒形或圆形，链状复合体，产生菌核。

图 1　红麻炭疽病症状（曾向萍、陈绵才提供）

①叶片；②茎部

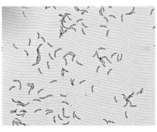

图 2　束状刺盘孢分生孢子（左）、分生孢子盘（右）

（曾向萍、陈绵才提供）

侵染过程与侵染循环　播种带菌种子造成烂种或死苗所产生的分生孢子和越冬菌一起，借风雨或昆虫感染其他健康植株。病部产生大量分生孢子进行再侵染。可从胚轴、叶片的自然扎口侵入或直接穿越表皮侵入。

病原菌以菌丝体或分生孢子潜伏于种皮和病残组织中越冬而成为翌年初侵染源。病原菌在种子内可存活 21～31 个月，在病残组织内可存活几个月至 1 年左右。带病种子是远距离传播的主要途径。

流行规律　湿度是红麻炭疽病流行的主要影响因素。由于该病的潜伏期短，产孢量大，因此，只要阴雨天气持续时间长，降水量大，相对湿度大，该病就发生严重。中国南方地区发病高峰期多在 5～6 月的梅雨季，北方地区发病高峰期多在 6～8 月。麻地低洼，地下水位过高，播种过密，苗期偏施氮肥，土温低时过早播种，种植密度过大也有利于该病害的发生。

防治方法

检疫　严格执行检疫制度，特别是从国外引种时要严防新的小种传入中国。

选用抗病品种　选择适合当地的优质品种进行种植。如红麻 722、福红 2 号、福红 952、中红麻 10 号、中红麻 11 号、中红麻 13 号。

种子消毒　用 20% 福美双 +20% 拌种灵可湿性粉剂 160 倍液进行浸种，浸种 24 小时。

加强麻田管理　雨后及时排水，及时清理病残株，合理密植，适当增施钾肥，提高植株的抗病力。在土温 13℃ 以上进行播种，避免过早播种，造成烂种、烂苗现象。

化学防治　发病初期可用化学药剂对植株进行喷雾，每隔 7～10 天喷 1 次药，喷 2～3 次药。可选用 25% 咪酰胺乳油 1500 倍液或 50% 甲基托布津 1200 倍液或 10% 苯醚甲环唑水剂 2000 倍液。

参考文献

邓建民，刘国忠，2007. 黄麻红麻品种与高效配套技术 [M]. 北京：台海出版社.

陆家云，2004. 植物病害诊断 [M]. 2 版. 北京：中国农业出版社.

吕佩珂，苏慧兰，吕超，2007. 中国粮食作物、经济作物、药用植物病虫原色图鉴：下册 [M]. 3 版. 呼和浩特：远方出版社.

中国农业科学院植物保护研究所，1995. 中国农作物病虫害：下册 [M]. 2 版. 北京：中国农业出版社.

中华人民共和国农业部组，2009. 麻类技术 100 问 [M]. 北京：中国农业出版社.

（撰稿：曾向萍；审稿：陈绵才）

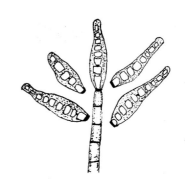

长蠕孢属分生孢子及分生孢子梗（仿陆家云，2004）

10～15cm。湿度大时，病斑表面覆盖一层具轮纹状的黑色霉状物。病部可深入至植株木质部使之变褐色，染病组织易折断，严重时可引起病部以上组织凋萎枯死。

病原及特征　病原菌为 *Helminthosporium* sp.，属长蠕孢属。菌丝呈淡褐色。分生孢子梗粗大，不分枝，多丛生，圆柱形，暗褐色，光滑或有细刺。分生孢子单生、顶生、侧生，倒棍棒形，两端钝圆，无色或褐色，表面光滑，有隔膜，基部具一个永存性的黑色疤痕（见图）。通常有较大的子座，黑色。产孢细胞有限生长，孔出式产孢，分生孢子轮状排列，倒棍棒形。

侵染过程与侵染循环　病原菌主要以菌丝体在种子或病组织内越冬，引起翌年初次侵染。从新病斑产生的分生孢子借风雨传播，对植株造成重复侵染。主要靠种子带菌进行远距离传播。

流行规律　多雨高湿天气有利于该病的发生。麻株种植密度大、麻地低洼易积水、多年连作，也可造成该病发病严重。

防治方法

农业防治　收获后清除田间病残株，可减少越冬菌源。及时排除雨后积水，降低田间湿度。增施有机肥，提高植株抗病性。

化学防治　发病初期可选用 50% 异菌脲可湿性粉剂 600～800 倍液，或 75% 百菌清可湿性粉剂 800 倍液，或 50% 福美双可湿性粉剂 600 倍液进行喷雾，每隔 7～10 天喷 1 次药，连续喷施 2～3 次。

参考文献

陆家云，2004. 植物病害诊断 [M]. 2 版. 北京：中国农业出版社.

戎文治，徐珊，1983. 我国红麻上的几种真菌病害 [J]. 浙江农业大学学报，9(1): 47-53.

中国农业科学院植物保护研究所，1995. 中国农作物病虫害：下册 [M]. 2 版. 北京：中国农业出版社.

（撰稿：曾向萍；审稿：陈绵才）

红麻折腰病　kenaf break off

由长蠕孢属引起的一种危害红麻茎秆的病害。

分布与危害　红麻折腰病在中国各红麻产区均有发生。该病可危害红麻茎秆，引起茎秆折倒，影响红麻产量与质量。在茎秆中部和叶腋处最易发病。病斑呈椭圆形，开始为浅褐色，后因病情的加重逐渐扩大成黑色，整个病斑长达

红毛丹炭疽病　rambutan anthracnose

由胶孢炭疽菌引起红毛丹的一种重要的真菌病害。是红毛丹储藏期间的主要病害。

发展简史　1983 年，泰国首次报道红毛丹炭疽病，随

后菲律宾、斯里兰卡、南非、波多黎各等国先后报道该病危害。2005 年，贺春萍等报道海南保亭红毛丹炭疽病引起叶斑病，随后，胡美姣等人研究发现红毛丹炭疽病也是储藏期的重要病害之一。

分布与危害 在田间可危害枝条、叶片和花序。

危害叶片 多从叶尖或叶缘开始发病，也可从叶片中间任何位置发病，初期出现黄褐色小病斑，随之扩展，褐色，病健界限明显，潮湿条件下，叶背并不产生黑色小颗粒（即病原菌的分生孢子盘和分生孢子）。严重时引起大量落叶。危害幼苗，可引起幼苗枯死。

危害花序 可引起花梗和花瓣变褐色，造成花朵大量脱落。

危害果实 发病初期，病斑黑色、圆形，发病后期，病斑进一步扩大，凹陷，潮湿条件下，会出现粉红色的分生孢子堆（图 1）。

病原及特征 病原为胶孢炭疽菌［*Colletotrichum gloeosporioides*（Penz.）Sacc.］，属炭疽菌属（图 2）。有性世代为围小丛壳［*Glomerella cingulata*（Stonem.）Spauld. et Schrenk］，属小丛壳属，在田间和培养条件下偶有发现。

详细描述见杧果炭疽病。

侵染过程与侵染循环 病菌以菌丝体和分生孢子盘在树上和落在地面的病叶、病果上越冬。翌年春天气候条件适宜时，分生孢子借助风雨和昆虫等传播到幼嫩的组织上，萌发产生附着胞和侵入丝，从寄主的伤口或直接穿透表皮侵入寄主。温湿度适宜时，病斑上又产生大量分生孢子而继续传播。该病具有明显的潜伏侵染特性，病菌侵入寄主后，有时并不表现症状，待条件适宜时再表现症状。

流行规律 该病的发生与栽培管理关系密切，栽培管理

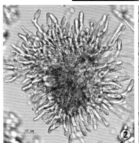
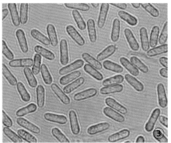

图 2 红毛丹炭疽病病原菌（胡美姣提供）
①胶孢炭疽病菌落形态；②③分生孢子盘和分生孢子

粗放，缺乏水肥或偏施氮肥，树势衰弱，发病较重。病菌适宜生长温度为 21～28℃，因此，高温高湿的天气条件下容易诱发该病。炭疽病菌具有潜伏侵染特性，采收季节如遇台风雨，会促成已侵染潜伏的病菌发病，使果实成熟期病害大面积发生，造成大量烂果，影响产量。

防治方法

农业防治 加强栽培管理，增施有机肥和磷钾肥，切忌偏施氮肥，从而增强树势，提高植株的抗病性。采果后彻底清园，剪除病叶、病枝，并集中烧毁或深埋，并喷药进行保护。

化学防治 及时施药，保护新梢、幼果。在发病初期，或新梢抽发初期和谢花坐果期，均应及时施药。可选用的杀菌剂有 70% 甲基托布津可湿性粉剂 800～1000 倍液、75% 百菌清可湿性粉剂 700～1000 倍液、50% 多菌灵可湿性粉剂 800～1000 倍液、70% 代森锰锌可湿性粉剂 500～600 倍液等。隔 7～10 天喷 1 次，连喷 2～3 次。

参考文献

贺春萍，吴伟怀，余贤美，等，2010. 红毛丹炭疽病菌生物学特性研究［J］. 热带作物学报，31(2): 253-258.

谢昌平，郑服丛，2010. 热带果树病理学［M］. 北京：中国农业科学技术出版社.

（撰稿：高兆银；审稿：胡美姣）

图 1 红毛丹炭疽病（胡美姣提供）
①叶片受害状；②果实受害状；③果皮内部症状

红松烂皮流脂病 korean pine bark rot

由白孔座壳菌引起的、危害红松人工林、造成红松干部烂皮和枯枝的一种常见病害。

发展简史　该病最早于 1977 年在辽宁本溪发现，随后在东北三省其他红松人工林内均有发现。

分布与危害　分布于中国东北，危害红松。发病初期，病部表皮无明显变化，削开韧皮部呈现黄褐色。至韧皮部深处后，从皮孔处不断溢出许多松脂滴黏附于树皮上。病部横向扩展绕树干一周成环状烂皮，并向上、下方向和皮层深层深处发展，被侵染幼树连续发病多年，随着病史的延长，溢出的流脂越来越多，最终病部表皮覆盖一层流脂。连续多年发病的重病树，病部可达 1m 以上。由于病部形成层受到破坏，失去增生能力，使树干病部逐渐凹陷缢细、烂皮干缩、开裂、粗糙呈褐色。最严重时，树干呈上粗下细畸形。

病原及特征　病原为白孔座壳菌［*Leucostoma kunzei*（Fr.）Munk］。属白壳菌属（*Leucostoma*）真菌。假子座平顶的圆锥形，初埋生于皮内，后突破表皮孔口外露，内由污白色疏松组织构成，有 4～30 个卵形具长颈的子囊壳埋生于假子座内，颈部聚集一起。假子座与寄主组织间界限明确，基缘具黑色线带。假子座宽 882～1311µm，高 694～977µm，外子座宽 240～700µm。子囊壳卵形具长颈，革质，成熟为绿褐色或褐色，大小 244～330µm×289～366µm，颈长 599～688µm，粗 33～55µm。子囊棒状，壁薄，无色，中部略粗，顶端钝圆，下端渐细，无柄，大小 21.3～27.5µm×4.3～5.0µm。内有 8 个子囊孢子，成不规则的双行或三行排列。子囊孢子腊肠形，单胞，无色，大小 7.0～7.8µm×1.0～1.5µm。

侵染过程与侵染循环　病菌侵害红松干部和侧枝，从伤口侵入至韧皮部和形成层，甚至深达边材表层木质部。侧枝被侵染以后，全枝外观无任何变化，削皮检查发现，韧皮部变褐色腐烂。病菌很快扩展至全枝，针叶变黄绿色，翌年春天全枝枯死。在病健交界处可见流脂滴现象。主干初发病部位多在发病侧枝基部的干皮或受机械损伤处。当环状烂皮部位的形成层完全烂死后，重病幼树便枯死，在 4、5 月显枯死病状。到 6 月中旬，在病枯枝、干皮上密生乳突状褐色的假子座和分生孢子器。自然病枯枝、干皮上产生的多为有性子实体。有性、无性混生一起，肉眼不易区分。重病活立木病部干皮，也散发无性和有性子实体，而以无性为多，被流脂覆盖，削去流脂层仔细检查可见。

防治方法　该病原菌是弱寄生菌，防治方法以营林措施为主，辅以化学防治。

营林措施　加强抚育管理，保持适宜的生长密度，增强树势是预防该病发生的关键。对发病林分要清除病枯枝和重病树，减少侵染源。

化学防治　可刮皮用 NaOH 加 Ca(OH)$_2$ 25% 水液进行涂液保护。也可用松焦油，松焦油加柴油 1∶1，百菌清 10% 油剂等涂治。

参考文献

邵力平，沈瑞祥，张素轩，等，1984.真菌分类学 [M].北京：中国林业出版社.

孙丽娟，钟建文，喻德生，1988.红松流脂病林中的 *Leucostoma* 菌 [J].森林病虫通讯 (3):4.

王云章，王永民，任玮，等，1984.中国森林病害 [M].北京：中国林业出版社.

袁嗣令，1997.中国乔、灌木病害 [M].北京：科学出版社.

（撰稿：宋瑞清、王占斌；审稿：张星耀）

红松流脂溃疡病　korean pine canker

由混杂芽孢盘菌引起的、中国北方红松人工林中危害红松枝干部的一种危险性传染病害。

发展简史　1936 年，Hansbrough 首次发现了芽孢盘菌（*Tympanis* sp.）溃疡病，对病害病理学作过较系统的研究；随后 Groves et Leach，Groves，Funk，Ouellette et Pirozynski 等先后对芽孢盘菌属的分类学、生理学作过较深入的研究。中国的孔宝贵、项存悌等人对该病进行了较为系统的研究。1982 年对本溪城郊林场红松人工林调查，该病发病率 90.9%，死亡率 2%～3%。1983—1985 年对黑龙江、吉林等 6 个林业局进行调查结果表明，该病发病率 37.0%～86.9%，病情指数 14.3～49.4，死亡率 0～9%。

分布与危害　该病的寄主为红松，在黑龙江、吉林、辽宁的人工林中几乎都有不同程度发生。以 20 年生左右林分危害最重。主要危害主干和侧枝，一般从干基至 2m 处，最高可达 2m 以上或主干上部，造成流脂溃疡，严重时可引起林木枯死，导致严重损失。

发病初期，病皮略有肿胀，并出现许多松脂小泡，直径约 1cm，不断增大、增多。因泡内松脂不断积累，最后顶破表皮，不断流出淡黄色松脂，带状凝固在树干上，干燥后变灰白色。病部上缘界线清楚，下缘由于松脂遮盖不太明显，病皮颜色加深，剖开可见皮层变黑褐色，腐烂，形成层也变成深褐色，木质部为棕色。溃疡斑通常为长椭圆形、圆形，长 7～90cm，宽 2～15cm，病斑长轴与树干平行，偶尔数个溃疡斑联合环截树干一周，有时可见几段。树干被害后皮部失水、下陷、收缩、纵裂，导致梭形扁干、细缢或畸形，严重者，输导组织被破坏，树木整株枯死。后期在病皮上散生或丛生分生孢子器和黑色子囊盘。同时在松脂上伴生许多橘黄色子囊盘和分生孢子器。

病原及特征　引起红松流脂溃疡病的病原菌为混杂芽孢盘菌（*Tympanis confusa* Nyl.），属芽孢盘菌属（*Tympanis*）。其无性型为美形侧茎点壳菌［*Pleurophomella eumorpha*（Penz.& Sacc.）v.Hohn］，属侧茎点壳属（*Pleurophomella*）。子囊盘自皮下突出，散生或簇生，黑色圆形或波浪状，近无柄，基部窄，直径 0.5～1.5mm，高 0.3～2mm，角质，湿时变软。子实层下凹至平埋，暗黑色至浅黑色。囊层基由密丝组织交织而成。子囊盘中层为交错丝组织，菌丝褐色至近无色，直径 1～2µm，壁厚胶质。子囊盘外层环状菌丝变厚变暗。子囊圆筒形至棍棒形，具短柄，内含初生子囊孢子 1～4 个，后期含多个孢子，子囊大小为 80～160µm×9～16µm。初生子囊孢子无色，长纺锤形至棍棒形，1 至多个细胞，聚成不规则二列或单列，大小为 13～17µm×2～4µm。次生子囊孢子无色，圆筒形至腊肠形，单胞，大小为 2～4µm×1.0～1.5µm，侧丝无色线形，具分隔，分枝或不分枝，直径 1.5～2µm，顶端膨大到 3.0µm，埋在胶质中形成囊层被。

分生孢子器褐色至黑色，生于子座内，单腔或多腔。多腔一般少于6个，自皮下突出，无柄，球形至不规则形，侧壁常融合，具共同子座，无毛，有时具灰白色粉，直径0.2～0.3mm，组织和硬度与子囊盘相似。分生孢子梗无色，线形，不分枝，有分隔，大小为25～60μm×2.0～2.5μm。分生孢子无色，单胞，圆筒形或腊肠形，大小为2.0～4.0μm×1.2～1.5μm，从分生孢子梗顶端或侧面生出（见图）。

侵染过程与侵染循环　该菌以菌丝、分生孢子器和子囊盘越冬，并成为翌年的初侵染源。病害从4月下旬开始发生，5～6月为发病盛期，7月末病情减缓或趋于停止。病菌由伤口侵入，潜育期50天以上，繁殖期80天以上。该菌孢子借风和雨水传播。孢子飞散量随着温度和降水量增高而增多。

流行规律　红松流脂溃疡病是一种潜在性侵染病害，病菌是一种弱寄生菌，发病主要取决于诱病因子的存在与否，其中林龄是发病的重要条件，抚育措施恰当与否是病害发生的关键，纯林、阳坡、过密或过稀、日灼、被压木、虫害等则有利于发病。

防治方法

营林防治措施　①营造混交林。在适宜的立地条件下可以营造红松与紫椴、黄波罗、胡桃楸、水曲柳、桦木、色木等阔叶树红松混交林。以带状或块状混交为宜。②幼林抚育。造林后1～5年间主要是除草、割灌、割蔓等项工作，改善林地环境，促进红松迅速生长，加速郁闭成林，提高对病虫害的抵抗能力。③适时抚育间伐。根据红松人工林的生长动态和病害流行规律，对次生林冠下或疏林地造林的红松林分通过抚育伐进行透光。抚育强度以50%～70%为宜。

化学防治　在4月下旬至5月发病初期对病树喷洒松焦油加柴油（1∶1）、25%琥珀酸铜胶悬剂100倍液、松焦油加汽油（1∶1）、代森锰锌200倍液、松焦油原液、75%百菌清200倍液，防治效果较好。

参考文献

邵力平，沈瑞祥，张素轩，等，1984.真菌分类学[M].北京:中国林业出版社.

项存悌，1985.红松流脂溃疡病的研究[J].东北林业大学学报，13(4): 28-42.

喻德生，赵经周，孙丽娟，等，1989.红松脂病防治技术的研究[J].森林病虫通讯(1): 11-13.

袁嗣令，1997.中国乔、灌木病害[M].北京:科学出版社.

GROVES J W, 1953. Concepts and misconcepts in tympanis[J]. Mycologia, 45: 619-621.

（撰稿：宋瑞清、王占斌；审稿：张星耀）

H

红松流脂溃疡病病原菌子囊、子囊孢子和分生孢子及分生孢子梗（宋瑞清提供）

宏观植物病理学　macro-phytopathology

植物病理学的一个分支，研究植物病害发生宏观规律及其宏观治理策略。宏观植物病理学相对传统植物病理学和传统植物病害流行学而言，其研究对象的特点是空间广、时间长和系统层次结构复杂。是在大尺度的时间和空间上研究植物病害的变化并依靠大数据分析重要的环境因素，诸如全球气候变化、大规模的物种交流以及重大的农业措施的影响。时间跨度一般为十几年到几十年，空间跨度往往是省际、洲际或次大陆级的。宏观植物病理学研究的不只是寄主、寄生物和相互作用，而且是病害、自然条件和人类活动组成的系统。这是个多层次、多因素的复杂系统，是生物学规律和人类活动密切连接的跨界系统。

发展历史　宏观植物病理学是21世纪初才形成的新学科，最早由中国农业大学曾士迈教授提出并开展相应的教学和研究工作。作为植物病理学的一部分，他沿着植物病害流行学的方向研究更为宏观的发病规律。20世纪末，世界发生了一些重要的事件。一方面，人们在80年代提出可持续发展、可持续农业的概念并形成世界各国的共识；另一方面全球气候变暖的趋势可能导致一些病原菌分布区域的变化或在一些作物种植区域里次要病害上升为主要病害；全球商贸一体化，农业贸易的扩大和发展，全球范围内种子贸易的发展也都可能增加新病原菌传播的风险。人们迫切希望解除这些忧虑，加强病虫害发生风险的长期预测。研究植物病害的宏观问题日益突显了重要的经济价值和理论意义。基于这样的背景，曾士迈在20世纪90年代，带领他的团队以北京郊区秋季大白菜病虫害为例，研究了农田有害生物系统灾变预测方法；以北京通县麦田为例，进行了麦田有害生物综合治理系统分析，为决策者辨识现存系统、改进管理、提高决策水平提供了依据；也利用模型模拟的方法，研究了小麦条锈病流行体系中寄主品种—病原物小种协同进化的动态关系。发现在病理学研究中还要强调人和植物病害系统的相互作用。1996年曾士迈在中国第三次全国农作物病虫害综合防治学术讨论会上首次提出宏观植物病理学的概念，2005年，他主编出版了《宏观植物病理学》一书，标志着这个学科的理论体系已经成型。

研究内容 曾士迈在"宏观植物病理学拟议"中提出了一些课题，包括：病害系统人工进化规律；寄主病原物相互作用的群体遗传学和病原物抗药性的群体遗传学；病害系统的超长期预测；病害系统宏观管理研究；地理植物病理学3S与技术的应用以及分子植物病理学和宏观植物病理学相印互证，相互结合。在《宏观植物病理学》一书中，他还介绍了极端天气和全球气候变暖对农业有害生物发生的影响以及有害生物风险分析方面的研究进展。

研究方法 由于研究对象时空尺度大，因素复杂，无法在整体上进行控制条件下的试验，调查研究，包括地域级的大面积考察和多年的系统监测，便成为其主要方法。应用现代的高科技手段的自动信息收集系统，如全球定位系统、遥感技术、地理信息系统以及分子生物学技术，都已用于建立洲际或全球范围内病情或与病害发生相关因素的数据库。大量的病害数据主要来源于政府机构和国际性大农业公司。随后就需要计算机技术和大数据分析方法，包括一般的数理统计方法和专业的数学分析方法，如地理统计学、气象统计学。如果系统结构复杂，因素多，则需要采用系统模拟的方法。

参考文献

曾士迈, 2003. 关于宏观植物病理学 [J]. 中国农业科技导报，5(3): 3-7.

曾士迈, 2005. 宏观植物病理学 [M]. 北京：中国农业出版社.

（撰稿：杨小冰；审稿：肖悦岩）

胡椒根结线虫病 pepper root knot nematodes

主要由南方根结线虫引起，线虫直接侵入胡椒根系，使受害根部形成许多不规则、大小不一的根瘤，严重影响胡椒的生长和产量。

分布与危害 胡椒根结线虫病分布广泛，是世界胡椒产区的重要病害之一。中国海南、广东、广西、云南和福建等胡椒种植区都有发生。在海南除危害胡椒外，还侵害香蕉、菠萝、番木瓜、番石榴、甘蔗、茶树、咖啡、可可、香茅、西瓜、辣椒、茄瓜、丝瓜、苦瓜等。

线虫直接侵入胡椒根系，使受害根部形成许多不规则、大小不一的根瘤（图1）。根瘤初期乳白色，后变淡褐色或深褐色，最后呈暗黑色。雨季根瘤腐烂，旱季根瘤干枯开裂。被害植株地上部分叶片无光泽，叶色变黄，生长停滞，节间变短，落花落果，严重影响胡椒的生长和产量，甚至整株死亡。

病原及特征 主要类群为南方根结线虫［*Meloidogyne incognita*（Kofoid et White）Chitwood］，少量为花生根结线虫［*Meloidogyne arenaria*（Neal）Chitwood］。雌雄异体，幼虫呈细长蠕虫状。雄成虫线状

（图2），尾端稍圆，无色透明，大小为 1.0～1.5mm×0.03～0.04mm。雌成虫梨形，多埋藏在寄主组织内，大小为 0.44～1.59mm×0.26～0.81mm。该属线虫雌雄异体，世代重叠，终年均可危害。热带作物中除危害胡椒外，还侵害咖啡、可可、香蕉、菠萝、番木瓜等。

侵染过程与侵染循环 病原线虫多分布在 10～30cm 深的土层内，以卵或幼虫随病体在土壤中存活，寄主存在时孵化出的二龄幼虫侵入危害。雌成虫周年的寄生量比较均匀。初侵染源来自病根和土壤，引种带病种苗是重要的传播途径。由于线虫在土壤中的移动距离非常有限，再侵染主要靠灌溉和流水，人畜的行走、肥料、农具运输等亦能传播。

流行规律 根结线虫病的发生和流行与土壤类型、气候和栽培管理等有关。一般在通气良好的砂质土中发生较严重，栽培管理差，缺乏肥料特别是缺乏有机肥，土壤干旱的胡椒园易发生，在旱季，寄主地上部症状表现更明显、严重。6～8月气温较高，降水量偏小，土壤中二龄幼虫密度相对较大；9～10月降水量增大，土壤温度较高，二龄幼虫密度开始降低；进入11月后，降水量减少，气温回落，二龄幼虫密度较前两个月又逐渐上升。

防治方法 加强栽培管理。适施磷钾肥，增施有机肥，以改良土壤、提高肥力、增强胡椒抗性；定期清理园区杂草及周围野生寄主；冬季及高温干旱季节在椒头盖草，保持椒头湿度；把胡椒根系引入 40cm 以下的土层里，使胡椒根系发达，生势旺盛，能增强植株对线虫的抵抗力。

对发生根结线虫危害的植株，施 10% 噻唑膦颗粒剂 10～15g/ 株或 0.5% 阿维菌素颗粒剂 20～35g/ 株，每隔60天施药 1 次，连施 2 次。施药方法：沿胡椒植株冠幅下缘开

图 1 胡椒根结线虫危害症状（刘爱勤提供）
①胡椒根系形成根瘤；②根瘤横切面

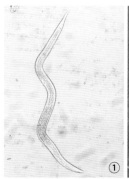

图 2 胡椒根结线虫（刘爱勤提供）
①雄成虫；②雌成虫

挖环形施药沟，沟宽 15～20cm、深 15cm，药剂均匀撒施于沟内，施药后及时回土；或沿根盘四周松土 5～10cm 深施药。

参考文献

桑利伟，刘爱勤，孙世伟，等，2010. 海南省胡椒主要病害现状初步调查 [J]. 植物保护 (5): 133-137.

（撰稿：高圣风；审稿：刘爱勤）

图 1 胡椒感病叶片和健康叶片的差异（刘爱勤提供）

图 2 胡椒感病植株和健康植株的差异（刘爱勤提供）

胡椒花叶病　pepper mosaic disease

由黄瓜花叶病毒引起的一种世界性的胡椒病毒病。又名胡椒小叶病、胡椒皱缩叶病、胡椒镰刀叶病和胡椒发育不良病。

发展简史　该病最早于 1975 年在中国海南兴隆华侨农场发现。后来随着引种和栽培范围的逐渐扩大，发病也就越来越普遍。

分布与危害　该病在中国最早于 1975 年在海南兴隆华侨农场发现。后来随着引种和栽培范围的逐渐扩大，发病也就越来越普遍，现已遍布广东、广西、云南、福建等胡椒种植区。胡椒花叶病的发生范围广泛，除中国外，亚洲的菲律宾、斯里兰卡、马来西亚、印度尼西亚、越南和印度等国家及南美的巴西均发现此病的危害。

胡椒植株感病症状因严重程度、品种、茎蔓年龄、病毒性质、气候条件及相关病毒载体不同而表现不一，加上生长季节、生长阶段或其他因素不同造成的影响，有时难以通过肉眼鉴别是否感病。轻微感病的胡椒植株只在叶片上出现花叶症状，而植株生长发育正常，产量也表现正常，甚至有时部分感的茎蔓表现出一部分枝叶正常，一部分枝叶表现感病症状。随着病情的发展，感病植株通常表现为叶色斑驳，形似马赛克，叶片变小、皱缩、卷曲、畸形，残存的叶片边缘坏死，叶组织硬而易碎（图 1）。严重感病的胡椒叶片成熟前通常脱落，植株生长受到显著抑制，茎蔓发育迟缓，植株矮缩（图 2），从而导致产量严重下降甚至绝产，而且商品价值差。如在中国海南，该病可造成胡椒减产 40% 以上。重病胡椒园胡椒花叶病的发病率超过 60%，如海南儋州有些重病胡椒园发病率曾一度高达 90%。

病原及特征　病原为黄瓜花叶病毒（cucumber mosaic virus，CMV），是一种世界性分布的病毒，为近球形的 20 面粒体，直径为 27～30nm。CMV 在室温下干燥 72 小时即失去活性，高温 65～70℃下 10 分钟即死亡。CMV 属于雀麦花叶病毒科黄瓜花叶病毒属，是寄主范围最为广泛的 RNA 病毒之一，能侵染 85 科 365 属 1000 多种单、双子叶植物。

侵染过程与侵染循环　CMV 寄主范围非常广泛，毒源植物十分普遍。侵染胡椒的 CMV 初侵染源主要来自其他寄主植物。CMV 在胡椒干叶中存活时间较短，但是在根残体中存活的时间相对较长，而且土壤吸附可增加 CMV 的稳定性。胡椒是热带多年生常绿藤本植物，CMV 在热带地区没有明显越冬期，因此，全年都可侵染胡椒。胡椒花叶病可由棉蚜、嫁接、带病的插条、制作插条用的刀具等传播，但是胡椒种子不传病。该病远距离传播主要是通过带毒的种苗，在田间短距离传播的媒介是棉蚜。蚜虫以非持久性方式传播，吸毒 15 分钟后就可以传毒。高温、干旱和微风有利于蚜虫的孳生、繁殖和迁飞，从而能加快病毒的传播。

流行规律　高温、强光照、干旱会抑制胡椒植株生长和降低其抗病能力，使病毒的潜育期缩短，同时，高温、干旱有利于传毒媒介（蚜虫等）的繁殖、迁飞和取食活动，有利于病毒迅速传播和复制，加剧了胡椒花叶病的发生和流行。椒园管理差，特别是苗期管理不当，幼苗徒长或生长衰弱及肥水管理不当均有利于发病。养分不足，胡椒生长不良，发病率高且症状严重，而且感病越早的植株病情越重，同时，偏施氮肥，幼嫩组织较易感病，也利于该病的暴发，而且症状表现较快。土壤瘠薄、排水不良的椒园，胡椒植株生长衰弱，发病也重。生长年限较长、杂草丛生的胡椒园也利于该病的发生。此外，土壤中缺钙、钾等元素和追肥不及时都能助长花叶病的发生。在椒园有带毒胡椒植株的情况下，蚜虫发生的迟早和数量与胡椒花叶病发生及流行的轻重呈正相关，尤其是田间有翅蚜的数量和迁飞直接影响该病在椒园的传播。胡椒植株的抗病性也与胡椒花叶病的发生与流行有一定的关系，遗憾的是还没有发现抗 CMV 侵染的胡椒品系。

防治方法　通过优化肥水管理等改进栽培管理技术，可改善胡椒生长状态，同时创造不利于 CMV 侵染繁殖的条件，抑制病害的发生。治虫防病是胡椒花叶病的重要防治措施和应急措施。化学杀虫剂杀灭的介体昆虫主要是刺吸式口器的棉蚜。当化学杀虫剂被内吸到胡椒植株体内，棉蚜吸食时，因吸入化学杀虫剂而中毒死亡，这对控制棉蚜种群数量、减少病毒传播至关重要。当前，椒园防虫药剂主要有锐劲特、混灭威、吡虫啉等。由于棉蚜的传毒速度快、效率高，在防治胡椒花叶病时应以选用速杀型的杀虫剂为佳。

参考文献

陈利锋，徐敬友，2001. 农业植物病理学 [M]. 北京：中国农业出版社 .

黄朝豪，狄榕，马遥燕，1988. 胡椒花叶病传播途径的研究 [J]. 热带作物学报，9(1): 121-125.

（撰稿：高圣风；审稿：刘爱勤）

胡椒枯萎病　pepper blight

由镰刀菌和线虫复合侵染引起的一种胡椒重要病害。又名胡椒慢性姜蔫病、胡椒慢性衰退病、胡椒黄化病。

分布与危害　20 世纪 20 年代末、30 年代初在印度尼西亚的邦加岛发生严重的黄化（枯萎）病，损失胡椒 2200 万株，损失率 90%；印度因枯萎病损失 10% 的胡椒植株，圭亚那损失 30%，在马来西亚、文莱也造成严重损失。在巴西由腐皮镰刀菌引起的胡椒枯萎病比胡椒瘟病造成的损失更严重，是巴西胡椒生产中的第一大病害。2002 年以来，中国海南文昌、琼海、万宁、儋州、琼中、白沙、乐东等地和广东湛江地区的一些胡椒园，先后发生胡椒枯萎病，该病多在结果胡椒园发生，其分布地区比胡椒瘟病范围更广，造成胡椒植株的损失达 5%～15%，且有逐年增加的趋势。

发病初期表现为胡椒植株停止生长，顶端叶片褪绿、变黄；随后自上而下扩展至植株大部分叶片发黄、变褐脱落，最后整株枯死。症状表现期一般持续 4～6 个月，初期症状同慢性型相似，但发病半年左右，植株突然失水萎蔫，短时间内枯死，大量叶片萎垂不落（见图）。

病原及特征　自 20 世纪 30 年代初，胡椒枯萎病就开始在国外发生。有关此病的报道不少，但多未肯定病原或意见不一。20 世纪 80 年代，基本意见均趋向于该病是由镰刀菌和线虫复合侵染所致。中国研究报道认为该病是由尖孢镰刀菌（*Fusarium oxysporum* Schlecht.）及线虫共同侵染引起的。

流行规律　该病全年均有发生，以 10 月至翌年 3 月发病较集中。气候及土壤因素是影响该病发生的主要因素。高温、干干湿湿的气候有利于该病的侵染和扩展。气温在 20～30℃ 时最适此病的发生流行。土壤黏重、酸性较大、肥力低、排水渗透性差、湿度高、低洼积水的胡椒园易发病，施城镇垃圾肥、伤根多的植株易发病。大风、大雨或人、畜活动频繁的椒园病害扩展蔓延快。降雨量大、降雨天集中、降雨持续时间长的发病严重。土质好、肥力高、保水渗透性好、生长健壮的植株发病少。

该病的发生流行受耕作栽培条件的影响也很大。多年连作的胡椒园，病菌在土壤内不断积累，发病严重。深翻和精耕细作的胡椒园，胡椒生长旺盛抗病力强，发病轻。在缺钾等养分的椒园，胡椒枯萎病特别严重，偏施氮肥有促进病害

胡椒枯萎病植株受害症状（刘爱勤提供）

发展的趋势。

防治方法　发病初期喷施和淋灌 45% 噁霉灵·溴菌腈可湿性粉剂或绿亨一号 + 多菌灵或五氯硝基苯 + 多菌灵 500 倍液，每隔 7～10 天 1 次，连用 3 次。

发现病株，及早挖除，并将枯枝、落叶、落果等集中园外烧毁，再用 2% 福尔马林 15kg 或 46% 尿素 3kg 或 60% 氯化钾 2.5kg 或石灰 6kg 或硫酸铜粉 1kg，分 3 层由下而上，逐层均匀地喷洒或撒施到面积 1m²、深 40cm 的病土中杀菌。

参考文献

刘爱勤，2013. 热带特色香料饮料作物主要病虫害防治图谱 [M]. 北京：中国农业出版社：20-22.

（撰稿：高圣风；审稿：刘爱勤）

胡椒瘟病　pepper *Phytophthora* foot rot

由疫霉菌引起的一种土传性真菌病害。又名胡椒基腐病。是世界胡椒种植区的首要病害。

发展简史　早在 1885 年，印度尼西亚已有胡椒发生突然凋萎死亡的报告，此后印度亦有类似的报道，但病原菌不确定，把死亡归因于栽培不当，或其他真菌、细菌或虫所致，看法不一。直到 1936 年 Muller 在印度尼西亚对该病进行较为详细的研究，把病原菌定为 *Phytophthora palmivora* var. *piperis* Muller。1963 年，Holliday 和 Mowat 在沙捞越的工作再次肯定了 Muller 的研究结果，以后在巴西、印度、泰国、柬埔寨、越南、斯里兰卡和南美洲与非洲的一些国家相继发生。1954 年，海南较大量地试种胡椒。1956 年，在苗圃首次出现病叶。1958—1959 年东平农场结果椒死亡 160 多株。1960 年兴隆农场、海南植物园等地区的胡椒曾发生大量死亡。当时亦曾引起有关生产和科研单位的注意，对病因进行调查，但都笼统地把胡椒的死亡归因为水害和管理不当。随着栽培面积和地区扩大，1964 年在万宁兴隆和儋县部分地区大面积暴发流行，此后，1967 年和 1970—1972 年再次暴发流行，遍及全岛，摧毁了许多结果椒园，造成严重的损失。

分布与危害　此病在巴西、印度、泰国、柬埔寨、越南、斯里兰卡和南美洲与非洲的世界胡椒主产区均发生。在中国海南、广东、云南、广西的胡椒种植区也有发生，其中对海南胡椒产业危害最严重。

叶片感病症状是识别胡椒瘟病的典型特征。在植株下层枝蔓上的叶片最先感病，开始为浅褐色或灰黑色水渍状斑点，斑点迅速扩大成黑褐色、圆形或菱形或半圆形病斑（图 1①②），边缘呈放射状扩展，环境潮湿时在病叶背面长出白色霉状物，即病菌的菌丝和孢子囊。主蔓基部（胡椒头）感病，剖开主蔓见到木质部导管变黑，有褐色条纹向上下蔓延，病健交界处不明显（图 1③）。后期，外表皮变黑、腐烂、脱落（图 1④），从腐烂的木质部流出黑色液体（黑水病因此得名），中柱分裂成一束松散的导管纤维。

病原及特征　Muller 于 1936 年首次记载并鉴定出胡椒瘟病的病原为棕榈疫霉胡椒变种（*Phytophthora palmivora* var. *piperis*）。其后，又相继有人报道了胡椒瘟病病原，并被归入棕榈疫霉［*Phytophthora palmivora*（Butler）Butler］中。由于其形态特征与其他种不同，作为一个新变异体，也称为 *Phytophthora palmivora*（Butler）Butler MF4；又因它与马来西亚的辣椒疫霉（*Phytophthora capsici* Leon.）极其相似，因而又定名为辣椒疫霉。刘爱勤等通过形态学和分子生物学技术对采自海南不同市（县）的胡椒瘟病病原菌进行了系统鉴定，将引起海南胡椒瘟病的病原菌鉴定为辣椒疫霉（*Phytophthora capsici* Leon.）。

辣椒疫霉，在 CA 上菌落呈放射状、絮状，气生菌丝中等到繁茂（图 2）。孢子囊形态、大小变异甚大，从近球形、肾形、梨形、椭圆形到不规则形，可见颗粒状内含物，大小为 50～110μm×25～60μm，乳突明显，呈半球形，单个，偶见双乳突，排孢孔宽 5～7μm；孢子囊易脱落，具长柄，柄长 20～100μm（图 3）。

侵染过程与侵染循环　病原菌在胡椒植株的病组织内和土壤中存活。含菌土壤、病（死）植株的病残组织及其他寄主植物均可提供初侵染菌源。病菌主要借流水和风雨传播，人、畜、农具、种苗和大蜗牛也能带菌传病。孢子囊或游动

图 1　胡椒瘟病危害症状（刘爱勤提供）

①圆形病斑；②菱形病斑；③初期木质部导管变黑；
④后期外表皮变黑

图 2　菌落形态（刘爱勤提供）

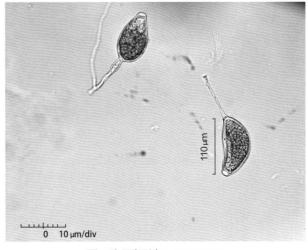

图 3　孢子囊形态（刘爱勤提供）

孢子的芽管可从寄主的自然孔口或伤口侵入，亦可直接穿入幼嫩组织。接种木栓化胡椒主蔓，潜育期 15～20 天；接种嫩叶或嫩蔓，潜育期 2～5 天。

流行规律　胡椒瘟病的发生流行与气象因子有极密切的关系。在气象因子中，降雨（特别是台风后连续降雨）是病害流行的主要因素。病害的发生和流行主要取决于当年的雨量。据海南部分地区 5 个流行年雨量的初步分析，每年流行季节的月雨量和当年发病有极密切的关系。年降水量在 2000mm 以上的植椒区，流行期 9～10 月（个别年份 9～11 月）两个月的总降水量超过 1000mm 时，就可能局部发生和流行；如流行期两个月的总降水量超过 1000mm 时，持续雨天在 15 天以上，加上台风暴雨的影响，则可导致大面积瘟病流行。台风是加剧瘟病流行的重要因素。台风吹倒和动摇支柱，吹落大量叶片，给胡椒造成大量伤口，增加病菌侵染机会，特别是强台风把整株胡椒打倒在地，不但扭伤椒头，而且使整株叶片大量染病。台风还将感病叶片传到无病椒园，造成瘟病较远距离的传播。瘟病流行与温度有一定关系，但还不是决定因素，从病害流行季节的温度来看，月平均温度 26～28℃时，适合于病菌产孢、萌发和侵染，加上雨量充足，瘟病发生严重，较高的温度不利于病菌产孢繁殖，而比较冷凉的天气有利于病害发生和流行。但一般来说流行期 9～11 月的气温是适宜的。

防治方法

检查　贯彻勤检查，早发现，早防治的原则。暴雨过后应及时检查有无病叶出现（特别是曾发生过瘟病的椒园），发现病叶的植株应用标记物做好标记。

摘病叶　病叶少的胡椒，在露水干后摘去病叶（病花、果穗），再喷药保护。病叶太多或天气不好，可先喷药一次，再摘病叶（特别注意：病叶摘后要集中园外低处烧毁）。

叶片喷药　病叶采摘后，用 68% 精甲霜·锰锌、25% 甲霜·霜霉威或 50% 烯酰吗啉 500 倍液整株喷药，或在离最高病叶 50cm 以下的所有叶片喷药。喷药时喷头向上，并由下而上喷，以确保叶片正反面都喷湿，以有药液滴下为好。每隔 7～10 天喷 1 次，连喷 2～3 次，直到无新病叶产生为止。

椒头淋药　发病初期在中心病区（即病株的 4 个方向各 2 株胡椒）的胡椒树冠下淋 68% 精甲霜·锰锌或 25% 甲霜·霜霉威 250 倍液，每株 5～7.5kg/ 次。视病情轻重，淋药 2～3 次。

参考文献

刘爱勤，桑利伟，孙世伟，等，2009.胡椒瘟病病原菌对 12 种杀菌剂的敏感性测定 [J].热带农业工程，33（2）：11-13.

桑利伟，刘爱勤，谭乐和，等，2010.胡椒瘟病田间发生规律观察 [J].热带作物学报，31(11): 1996-1999.

（撰稿：高圣风；审稿：刘爱勤）

胡椒细菌性叶斑病　pepper bacterial leaf spot

由黄单胞菌萎叶致病变种引起的一种传染性很强的细菌病害。

发展简史　1978 年，印度喀拉拉邦发现该病害，病原菌被鉴定为 *Xanthomonas campestris* pv. *betlicola*（Patel. et al.）Dye。1962 年，在中国海南的一些胡椒园开始零星发生，1966 年后此病逐渐普遍和严重。20 世纪 70 年代初在海南万宁大面积流行，重病植株叶片落光，枝蔓干枯而失去生产能力，直至整株死亡。

图 1　胡椒细菌性叶斑病危害症状（刘爱勤提供）

①胡椒叶片受害症状；②胡椒整株受害症状；③胡椒枝蔓受害症状；④胡椒果穗受害症状

分布与危害　此病在印度、斯里兰卡、越南等东南亚胡椒种植区均有发生。在中国海南、云南、广东、广西等胡椒种植区也有发生。

胡椒细菌性叶斑病在各龄胡椒园均有发生。以大、中椒发病较多，叶片、枝蔓、花序和果穗均受害，主要侵害老熟叶片。叶片感病后，初期出现水渍状斑点，几天后病斑变为紫褐色，呈圆形或多角形，随后病斑渐变为黑褐色。后期许多病斑连合成为一个灰白色大病斑，边缘有一黄色晕圈，病健交界处有一条紫褐色分界线。在潮湿条件下，叶片背面的病斑上出现细菌溢脓，干后形成一层明胶状薄膜。病叶早期脱落，严重时只留下光秃的蔓（图1）。该菌除侵害胡椒外，还能侵染蒌叶、假蒟、海南蒟等胡椒属植物。国外报道还可侵染柠檬、菜豆等植物。潜育期为10～14天。

病原及特征　病原为野油菜黄单胞菌萎叶致病变种［*Xanthomonas campestris* pv. *betlicola*（Patel. et al.）Dye］。1981年文衍堂等鉴定，认为海南胡椒细菌性叶斑病的病原菌与印度报道的相同。该病原菌菌落呈圆形，直径1～2mm，表面光滑，闪光，边缘完整，乳酪状，低度凸起，半透明或不透明，乳白带浅黄色。菌体形态菌体短杆状，末端圆形，大小为0.4～0.7μm×1.0～2.4μm，单个或成双排列，也有3～5个排成短链状（图2、图3）。革兰氏染色阴性反应。无芽孢，鞭毛单极极生。

侵染过程与侵染循环　此病菌的主要侵染来源是带病种苗和田间病株及其残体，病菌在病组织内可存活1个月以上。感病的野生寄主也是侵染来源之一。病菌从伤口和自然孔口侵入寄主。病菌主要借雨水传播，雨水能冲散病斑上的细菌溢脓，分散的细菌随着雨水流到下层叶片上和土壤里，溅散的雨滴又能把土中细菌带回到下层叶片上使其发病。露水、流水、风雨、昆虫及工人在田间操作时也能传病。

流行规律　降雨量（高湿度）是该病发生发展的基本条件，雨水能有效地传播病原细菌。降雨期间椒园湿度高，胡椒叶片上形成水膜，更有利于病斑上菌脓的产生、细菌的传播和侵入。因此，降水量大的年份发病严重，台风雨是该病流行的主导因素。台风期间，风夹雨能远距离传播病原细菌，最有利于病原细菌的繁殖、侵入和扩展，重复侵染也多。同时，胡椒遭受台风袭击后，出现大量伤口，抗病力下降，使病原细菌很快与胡椒建立寄生关系，发病率和发病指数迅速上升，并在短期内出现流行。温度对该病有一定影响。上半年高温干旱，不利于病原细菌的繁殖、传播和侵入，发病缓慢，病情轻；下半年气温较低，又是台风季节，有利于病原细菌的繁殖、传播和侵入，新病斑迅速增多，扩展快，病情

严重。

防治方法

选择排水良好的地块建园　胡椒园面积以0.2～0.3hm²为宜。建设胡椒园内外的排水沟，营造防护林。

做好椒园抚育管理　定期清除枯枝落叶及椒园杂草，降低园中湿度。适当施用磷钾肥，增施有机肥，改良土壤，提高肥力，增强植株抗病能力。雨季来临前清理病叶并集中园外烧毁。雨天或露水未干时，不进入病园作业。

定期巡查病害　建立检查制度，做到"勤检查、早发现、早防治"。重点在雨季及时做好检查工作，主要检查植株下层叶片。若发现中心病株或小病区，及时把病株上的病叶摘除干净，剪除病枝蔓，拔除病株冠幅下的自生苗，一同清出园外烧毁。当天喷洒1%波尔多液，保护伤口和健康枝叶；地面也要喷药消毒。处理后加强水肥管理，台风前后勤检查，及时处理，以杜绝病害扩散。

发病严重的胡椒园，病叶采摘后，选用1%波尔多液或77%可杀得可湿性粉剂500倍液或72%农用硫酸链霉素可溶性粉剂2000倍液喷药。每隔7～10天喷1次，连喷2～3次，直到无新病叶产生为止。

参考文献

黄根深，1989. 胡椒细菌性叶斑病的流行规律 [J]. 热带作物研究 (1): 35-40.

黄根深，1991. 胡椒细菌性叶斑病的综合防治 [J]. 热带作物研究 (1): 71-74.

桑利伟，刘爱勤，孙世伟，等，2010. 海南省胡椒主要病害现状初步调查 [J]. 植物保护 (5): 133-137.

（撰稿：高圣风；审稿：刘爱勤）

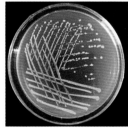
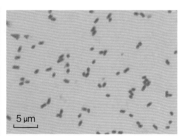

图2　病原菌菌落形态　　　图3　菌体形态（刘爱勤提供）
（刘爱勤提供）

胡麻白粉病　linseed powdery mildew

由亚麻粉孢侵染引起的、一种危害胡麻地上部的真菌病害。是胡麻生产中常发性病害之一，对胡麻产量和质量影响较大。

发展简史　杨学等人于2004—2005年明确了适宜亚麻白粉病发生流行的温度为20～25℃，过高或过低都会抑制其流行；在阴天、高湿条件下有利于亚麻发病与流行；播种密度越大、春季播种时期越晚，亚麻白粉病发病就越严重。*9801-1* 对亚麻白粉病的抗病性属于完全显性单基因细胞核遗传，杨学等人通过 RAPD 法对 *9801-1* 抗白粉病基因进行了标记，为亚麻抗白粉病基因克隆奠定了基础。2008年后，胡麻产业技术体系病害防控岗位专家张辉研究员与兰州、白银、新疆综合试验站联合开展了胡麻白粉病流行规律研究，鉴定了中国主栽品种对白粉病的抗性，筛选出了两种防治白粉病的高效低毒低残留化学药剂，防效在75%以上。

分布与危害　随着全球气候变暖，胡麻种植面积不断增加，胡麻白粉病日趋成为一种常发病。该病侵染胡麻茎、叶及花器，使其上面覆盖白粉状薄层，胡麻受害后，呼吸作用提高，蒸腾作用强度增加，光合效率降低，严重阻碍胡麻的正常生长发育，造成早枯、落叶、原茎光泽度差、种子结实

胡麻白粉病症状（张辉提供）

率低、千粒重低、纤维质量差，降低胡麻产量和品质，给胡麻生产带来较大的损失。

黑龙江等地，胡麻生长后期白粉病全田大发生，很少有抗病品种，国外品种危害特别严重，胡麻白粉病在新疆胡麻种植区均有发生，已成为胡麻田的主要病害。2002年胡麻白粉病在云南宾川和祥云、永胜等发生危害严重。2002年，宾川发生面积为1100hm²，2003年为1400hm²，给胡麻生产造成了较大损失。

胡麻白粉病主要危害叶片和茎秆。病原菌侵染一般首先从下部叶片开始，逐渐往上部叶片和茎秆侵染。受侵染后，茎、叶及花器表面上出现白色绢丝状光泽的斑点，即病斑，随着病斑不断扩大，呈现圆形或椭圆形，呈放射状排列。病菌侵染并扩展到一定程度，在叶片的正面出现白色粉状薄层（为菌丝体和分生孢子），粉状层之后可扩大至叶片背面和叶柄，最后覆盖全叶（见图）。病菌粉状层随后变成灰色或浅褐色，上面散生黑色小粒（为病原菌子囊壳）。发病的叶片提前变黄，卷曲枯死，严重影响光合作用，最终引起胡麻种子、纤维的减产和质量的下降。

病原及特征 病原为亚麻粉孢（*Oidium lini* Skoric），其有性态为二孢白粉菌（*Erysiphe cichoracearum* DC.），属子囊菌门真菌。病原菌侵染胡麻后，菌丝着生于寄主表面，依靠深入寄主表皮细胞内的吸器吸取养分，菌丝上垂直着生分生孢子梗，分生孢子梗顶端着生成串的分生孢子，分生孢子无色，圆筒形，单胞，大小为6.0～15.0μm×22.5～40.5μm，自顶端向下逐渐成熟后，单个脱落，有的也形成短链。胡麻生育后期，在菌丝层中产生黑色小点（即子囊壳），这是白粉菌的有性繁殖器官。子囊壳瓶状，黑褐色，大小为27.0～46.5μm×33.0～105.0μm。子囊孢子无色，单胞，椭圆形，大小为1.5～4.5μm×4.0～10.5μm。

侵染过程与侵染循环 胡麻白粉病的病原菌是一种表面寄生菌，以子囊壳在种子表面或病残体上越冬，翌年壳中的子囊孢子在适宜的温度、湿度条件下传播引起初次侵染，发病后由白粉状霉上产生大量分生孢子，经风雨传播，引起再侵染。一个生长季节中再侵染可重复多次，造成胡麻白粉病的发生和危害。

流行规律 胡麻白粉病原菌有较强的寄生专化性，不同胡麻品种对白粉病的抗性有显著差异，但一般栽培品种很少是高抗白粉病的，主栽品种的抗病力不强，导致田间病害严重和病原菌的积累，也是造成胡麻白粉病发生趋于严重的主要原因之一。

虽然该病原菌适宜的温度范围较广，但如果温度在10℃以下时，白粉病发展缓慢，当气温在20～26℃时，最适宜白粉病的发生。在阴天、高湿条件下有利于白粉病的发生和流行。胡麻播期过晚，苗期温度高，可促进白粉病的发生，苗期即可发病。播种方式及密度也影响白粉病发病，撒播通风透光条件不良，有利于白粉病发生及蔓延，条播行间通透性较好，发病较撒播轻。密度过大也可促使白粉病发生蔓延。

防治方法

选用抗病品种 胡麻白粉病的病原菌有较强的寄生专化性，品种间抗病性有明显差异，但缺乏高抗白粉病品种。中国育成胡麻品种中抗白粉病相对较好的品种有天亚4号、陇亚10号、陇亚13号、定亚19号、伊亚4号、坝亚11号、宁亚6号、宁亚7号和轮选2号等。

化学防治 白粉病田间发病一般在胡麻生育阶段的中后期，即现蕾期之后，但不同年份发病早晚也有不同，在温湿度条件适宜时一旦发病，流行很快。因此，白粉病防治应加强预测预报，应防则防。一是要适时早防，在白粉病侵染初期，可用40%氟硅唑（福星）乳油每亩7.5g或43%戊唑醇（好立克）悬浮剂每亩15g，可取得较好的防治效果。二是要重复防，白粉病发生后产生大量的分生孢子，传播很快，且可重复侵染，故一次难以完全控制，应在初防之后10天左右重复喷药防治，重病田块增加用药次数，直至压住病害。同时喷药要细致，防止漏喷，苗高的加大用药量、用水量，保证下部分叶片附有药液。不同药剂交替使用，具有更好的防治效果。

综合防治 加强栽培管理，合理密植，防止倒伏，提高抗病力；选用早熟品种具有避病的效果，适时早播，适量施用氮肥，配合施用磷钾肥；合理密植，采用条播，增加田间通透性；合理轮作，禁忌迎茬重茬种植。

参考文献

党占海，赵玮，2015.胡麻产业技术[M].兰州：兰州大学出版社.

何建群，杨学芬，王少怀，等，2003.纤用型亚麻白粉病综合防治技术初报[J].中国麻业，25(3): 128-129.

沈成，康爱国，李爱荣，2011.张家口市胡麻白粉病发生规律研究[J].河北农业科学，15(4): 25-28.

杨学，赵云，关凤芝，等，2008.亚麻品系9801-1对白粉病的抗性遗传分析[J].植物病理学报，38(6): 656-658.

中国农业科学院植物保护研究所，中国植物保护学会.2015.中国农作物病虫害[M].3版.北京：中国农业出版社.

周宇，张辉，叶春雷，等，2015.甘肃省胡麻白粉病发生规律[J].中国麻业科学，37(1): 26-29.

（撰稿：张辉、周宇；审稿：李子钦）

胡麻病害　linseed diseases

胡麻是中国对油用亚麻和油纤兼用亚麻的统称，属亚麻科（Linaceae）亚麻属（Linum），为一年生草本植物。胡麻起源于靠近印度的地中海东部地区，是种植历史最悠久的栽培植物之一，距今有近万年的历史。史料记载，中国胡麻是张骞自西域引入，有 2000 多年的栽培历史。胡麻广泛分布于世界各地，主要种植国家有加拿大、中国、印度、美国、俄罗斯等。中国为世界胡麻生产大国，约占世界产量的20%，主要分布在新疆、甘肃、宁夏、内蒙古、山西、河北、青海、陕西、西藏、云南、贵州、广西、山东、辽宁、吉林、黑龙江等地也有零星种植。胡麻病害有胡麻锈病[*Melampsora lini*（Ehrenb.）Lév.]、胡麻枯萎病[*Fusarium oxysporum* f. sp. *lini*（Bolley）Snyder et Hansers]、胡麻白粉病（*Oidium lini* Skoric）、胡麻派斯莫病[*Septoria linicola*（Speg.）Garassini]、胡麻立枯病（*Rhizoctonia solani* Kühn）、胡麻炭疽病（*Colletotrichum linicolum* Pethybr. et Laff.）、胡麻茎褐斑病（*Polispora lini* Laff et Peth）、胡麻褐斑病（*Ascochyta linicola* Naum et Vass）、胡麻细菌病（Bacteriosis）、胡麻顶枯病（*Alternaria tenuis* Naes）和胡麻灰霉病（*Botrytis cinerama* Pers）等 10 多种，但发生普遍、危害严重的主要有枯萎病、锈病、白粉病和立枯病。

胡麻病害中研究最多且最深入的是枯萎病和锈病，在病害诊断和检测、病原菌分离和识别、病害流行、抗病性遗传、抗病品种选育、防治措施等方面都有系统研究，对病害防治发挥了巨大作用。针对胡麻锈病，Flor 博士发现一个单株只对具有相应无致病力基因的病原体有抗性，而一个病原体对具有相应抗病基因的单株无致病力，据此提出了关于锈病抗性的"基因对基因假说"。中国对胡麻病害的系统研究相对较晚，较多集中在病害诊断、病原菌分离、侵染途径、流行规律、综合防治技术等方面。国家胡麻产业技术体系组建以来，在对胡麻病害系统调查的基础上，对枯萎病进行了深入系统的研究，也对派斯莫病、白粉病开展了研究。

胡麻病害的发生受种植品种、气候变化、耕作制度和栽培管理等诸多因素的影响，病害防治应遵循"预防为主，综合防治"的方针，完善预警体系，加强预测预报，因病施策，提倡生物防治和综合农艺防治，谨防过量施用农药对农业环境及农业产品造成污染。

参考文献

BBELEN G R, DOWNEY R K, ASHRI A, 1991. 世界油料作物[M]. 兰州：兰州大学出版社.

熊和平, 2008. 麻类作物育种学 [M]. 北京：中国农业科学技术出版社.

中国植物志编辑委员会, 1998. 中国植物志：第四十三卷 第一分册 [M]. 北京：科学出版社.

（撰稿：张辉、周宇；审稿：李子钦）

胡麻枯萎病　linseed wilt

由尖孢镰刀菌亚麻专化型侵染引起的、以土壤传播为主的系统性维管束真菌病害，是一种普遍发生且对胡麻危害最大的病害。又名胡麻萎蔫病。

发展简史　早在 19 世纪末枯萎病就在北美胡麻产区流行蔓延。1894 年，Bolley 首次在北达科他州农业试验站建立枯萎病病圃以选择抗枯萎病品种，1908 年选育出第一批抗枯萎病品种，直到 20 世纪 20～30 年代 Bison、Redwing、Bolley Golden 等抗枯萎病品种选育成功后，胡麻才得以大面积种植。1961 年第一个兼抗亚麻锈病和枯萎病的亚麻品种 Renew，在美国北达科他州立大学 Mandan 试验站育成。

胡麻枯萎病在中国也早有发生。到 20 世纪 70 年代末，在新疆伊犁地区有该病害发生，到 80 年代发生更为严重，之后在胡麻主产区普遍蔓延。中国研究认为，该病害是尖孢镰刀菌亚麻专化型真菌引起，抗枯萎病被列为育种的主要目标之一，广泛开展了抗病种质鉴定和抗病品种选育，筛选出一系列抗病资源，育成一大批抗病丰产新品种。1994 年，杨万荣、薄天岳证明高抗枯萎病品种资源具有的抗性属于细胞核显性遗传，适宜在早代进行严格选择，适合进行回交转育。中国不同育种单位育成的抗枯萎病胡麻品种如轮选一号、轮选 2 号、内亚九号、陇亚 7 号、天亚 5 号、晋亚 6 号、伊亚 2 号等在油用及油纤兼用亚麻品种联合区试的各个试点均表现高抗枯萎病，且延续至今，表明中国胡麻枯萎病菌至今没有明显的生理小种分化。1994 年，张志铭等也认为亚麻枯萎病菌没有明显的生理小种分化。但 1998 年，郭世华通过用内蒙古不同地区病土对同一品种接种，证明了不同地区病菌致病力存在明显差异，同时抗性品种在同一菌种的压力下，抗性易丧失，反映出菌种与植物协同进化的关系。陈书龙等研究发现不同亚麻品种的根冠细胞对亚麻枯萎病病菌毒素的反应不同，根冠细胞的死亡率与田间枯死率呈极显著正相关，利用此方法可快速、大量地进行室内抗病性鉴定。

国家胡麻产业技术体系启动之后，病害防控岗位开展了胡麻枯萎病菌遗传多样性及群体结构变异研究，明确了甘肃、内蒙古、宁夏、新疆、河北和山西 6 个胡麻种植区枯萎病菌遗传多样性及群体结构变异情况，筛选出了对胡麻枯萎病病原有较强拮抗作用的 3 个生防菌：枯草芽孢杆菌、放线菌和萎缩芽孢杆菌，制定颁布了胡麻品种抗枯萎病田间鉴定方法。

分布与危害　在世界各地的胡麻产区均有分布，是胡麻生产上最重要、最具毁灭性的病害。这一病害早在 19 世纪末就在北美胡麻产区流行蔓延，20 世纪初由于胡麻枯萎病的发生，北美地区的胡麻生产不断地向新开垦的土地转移，以避免枯萎病的危害。胡麻枯萎病在中国也早有发生，一般发病率为 10%～20%，严重时可达 30% 以上，对部分地区胡麻生产造成了严重影响，但并没有引起足够重视。到 20 世纪 70 年代末，该病表现出严重的危害并有逐年上升的趋势，最早是在新疆伊犁地区，1980 年严重发生，面积达 5.63 万亩，占该地区胡麻种植总面积的 12.58%。80 年代中期以来，该病害在中国胡麻主产区普遍蔓延，90 年代中国系列高抗枯萎病品种育成和应用后，胡麻枯萎病的危害才得以控制。

胡麻枯萎病从苗期至收获期均有发生，以苗期发病最重，在苗期引起猝倒和死亡。病原菌主要有两种的侵染方式：一种侵袭幼根的皮层，而不侵袭维管束，干旱时根部皮变皱，呈灰褐色或淡蓝色，土壤湿度大，根部变腐烂；另一种从土壤经根部进入茎内，在导管里发育，导管组织变黄或变褐，导管被堵塞，最初下部叶片黄化，失绿凋萎，向上部发展，梢部下垂，最后全株死亡，变褐色，病株根系破坏，极易从土中拔出。胡麻前期发病多成萎蔫，植株变褐，整个胡麻田像火烧过一样，后期发病多成片发生，受害植株矮小，很容易从地里拔出，即使未死的成株，因导管的堵塞，也出现条形失绿，呈红褐色的条斑（见图）。

病原及特征　病原为尖孢镰刀菌亚麻专化型（*Fusarium oxysporium* f. sp. *lini*），属镰刀菌属。胡麻枯萎病菌在被害茎上初期不产生分生孢子，而在寄主组织中有纵横分布的有隔菌丝，只在后期才穿过茎表皮而生出粉状物，这是分生孢子及分生孢子梗。分生孢子梗短小，乳白色至淡肉色，丛生，有分枝。

此菌产生 3 种类型的孢子：小型分生孢子无色，卵圆形或肾形单胞，很少有 1 个隔膜；大型分生孢子无色，月牙形或镰刀形，两端略尖稍弯曲，具有 2～9 个隔膜，典型的为 3 个隔膜，大小为 4～7.5μm×25～45μm；厚垣孢子，淡黄色，近圆形，光滑，顶生或间生于菌丝及大型分生孢子上，单生或串生。

病菌生长的温度为 10～36℃，最适温度为 20～30℃，致死温度为 75℃10 分钟。pH 为 2.3～8.8，最适 pH 为 3.5～5.5。

侵染过程与侵染循环　胡麻枯萎病的初侵染源主要是病田土壤和带菌种子。此病原菌腐生性很强，土壤中残株上的病菌可存活多年，病菌可侵入蒴果和种子，分生孢子能附在种子表面越冬，这些均可成为翌年初侵染来源。分生孢子

借雨水传播，重复侵染。在田间，病原菌还可借流水、灌溉水、农具和耕作活动而传播蔓延。

胡麻枯萎病菌最易从根部伤口侵入，如害虫咬伤处等，也可直接从嫩根表皮特别是根尖非角质化部分或下胚轴侵入。一般而言，对感病胡麻品种，病菌可以直接侵入，但对抗病品种则通常要通过伤口才能侵入。病菌虽在胡麻整个生长期都能侵入，但以苗期最易侵入。

流行规律　胡麻枯萎病是以土壤传播为主的系统性维管束病害，它的发生及危害受土壤及耕作栽培条件的影响很大。在胡麻重茬、迎茬地块，可使病菌在土壤内不断积累，发病加重。胡麻田地势低洼，排水不良，地下水位高，造成土壤湿度大，病害则加重。深翻和精耕细作的麻田，麻株生长旺盛抗病力强，发病轻。

土壤温度对枯萎病的发生有一定影响。一般土温达 20℃ 时开始发病；25～30℃ 时最适合枯萎病的发生，是发病的高峰期；超过 35℃ 时，病情停止发展。雨水和湿度的影响也很大，一般在多雨的年份，土壤湿度大，有利于病害的发生，干旱的年份病害发生较轻。

防治方法

选用抗病品种　生产上推广种植的高抗品种有陇亚 10 号、陇亚 11 号、陇亚 12 号、陇亚杂 1 号、陇亚杂 2 号、陇亚杂 3 号、定亚 22 号、定亚 23 号、天亚 8 号、内亚九号、晋亚 11 号、晋亚 12 号、宁亚 17 号、伊亚 4 号等。在选择抗病品种的同时，还应选择无病的地块留种，避免病株残体及带病土壤通过种子传播扩散。对种子要认真精选，使其具备成熟、饱满、光泽良好、无病等条件。

化学防治　枯萎病的初次侵染源来自土壤和种子带菌，播前种子用药剂处理是十分必要的。播前用种子重量 1% 的 70% 代森锰锌或 50% 福美双或 50% 多菌灵拌种，或用胡麻专用种衣剂进行包衣处理。

综合防治　清理干净胡麻茎秆等残体，收获后立即翻耕胡麻田将病残体埋入地下以减少菌源，收获后及时深耕晒田，熟化土壤；合理密植，每亩播量控制在 3.5～4.5kg，保苗 22 万～35 万株，采用机播，以利田间通风透光；合理控制氮肥，增施磷肥，配合钾肥，能促进根系发育，提高抗病力；节约灌水，避免田间积水，避免重茬、迎茬种植，合理轮作，无病轻发区可实行 3 年以上，病发区实行 5 年以上轮作。

参考文献

薄天岳，2002. 亚麻抗锈病，抗枯萎病基因的分子标记及品种资源对枯萎病的抗性评价 [D]. 雅安：四川农业大学 .

郭世华，李心文，希日格乐，2002. 胡麻抗枯萎病的鉴定比较研究 [J]. 内蒙古农业大学学报（自然科学版），23(3): 58-61.

王海平，李心文，李景欣，等，2004. 胡麻枯萎病病原尖孢镰刀菌生态生物型的划分研究 [J]. 华北农学报，19(2): 115-118.

杨万荣，薄天岳，1994. 高抗萎蔫病胡麻品种资源的筛选利用及抗病性遗传浅析 [J]. 华北农学报，9(增刊): 100-104.

张志铭，刘信义，陈书龙，等，1994. 亚麻枯萎病菌鉴定 [J]. 河北农业大学学报，17(2): 40-41.

中国农业科学院植物保护研究所，中国植物保护学会，2015. 中国农作物病虫害 [M]. 3 版 . 北京：中国农业出版社 .

LAY C, HAMMOND J J, 1984. Highlights of flax breeding and

胡麻枯萎病植株（张辉提供）

genetic[J]. Proceedings of the 50th flax institube of the United States: 8-11.

（撰稿：张辉、周宇；审稿：李子钦）

胡麻苗期立枯病（张辉提供）

胡麻立枯病 linseed blight

由立枯丝核菌侵染引起的、一种危害胡麻的土传真菌病害。

发展简史　2002年，杨学报道了胡麻立枯病发生规律及其综合防治措施的研究；2005年，何建群等报道了杀菌剂处理种子防治胡麻立枯病的技术研究；2006年，李广阔等报道了几种药剂处理种子对胡麻立枯病的防效；2009年，杨学等报道了胡麻立枯病病原菌鉴定及药剂筛选结果。

分布与危害　是胡麻苗期的一种常见病害，在国内外胡麻产区均有不同程度的发生，一般发病率为10%～30%，严重时可达50%。胡麻幼苗感病后，在幼茎基部的一边出现黄褐色条状斑痕，病痕逐渐向上下蔓延，形成明显的凹陷缢缩，植株生长缓慢以致枯死，发病严重的地块常造成田间缺苗、断垄甚至毁种。该病的发病速度快，除了连作等因素外，由于病原菌的寄主范围很宽，有许多田间杂草或其他农作物也感病，所以该病害具有逐年加重的趋势。

胡麻立枯病主要发生在苗期。胡麻幼苗出土前受到侵染，可造成烂芽而影响出苗。幼苗出土后，罹病植株先在幼茎基部的一边出现黄褐色条状斑痕，病痕逐渐向上下蔓延，形成明显的凹陷缢缩，直至腐烂断裂，致叶片萎蔫、变黄死亡，易从地基部折倒死亡（见图）。发病轻的植株，地上部不表现症状，只在地下茎或直根部位形成不规则的褐色稍凹陷病痕，可以恢复，重者顶梢萎蔫，逐渐全株枯死。条件适宜时，病部出现褐色小菌核。

病原及特征　病原为立枯丝核菌（*Rhizoctonia solani* Kühn），属丝核菌属。该病菌自然条件下只形成菌丝体和菌核，主要由菌丝体繁殖传染。初生菌丝无色，较纤细；老熟菌丝呈黄色或浅褐色，较粗壮，肥大，菌丝宽为8～15μm，在分枝处成直角，分枝基部略细缢，近分枝处有一隔膜。在酷暑中有时能形成担孢子，担孢子无色，单胞，椭圆形或卵圆形，大小为4.0～7.0μm×5.0～9.0μm，能生成表面粗糙的菌核，菌核成熟时呈棕褐色，形状不规则。

病原菌生长的温度范围为10～38℃，最适温度为20～28℃，致死温度为72℃10分钟。该菌对酸碱度的适应范围很广，在pH2.0～8.0条件下均可生长，但以pH5.0～6.8为最适。日光对菌丝生长有抑制作用，但可促进菌核的形成。

侵染过程与侵染循环　胡麻立枯病的病原菌是典型的土传真菌，能在土壤的植物残体及土壤中长期存活。病原菌菌丝在罹病的残株上和土壤中腐生，又可附着或潜伏于种子上越冬，成为翌年发病的初侵染来源。条件适宜时，菌丝可在土壤中扩展蔓延，反复侵染。在田间，病原菌还可借动物、昆虫、流水、灌溉水、农具和耕作活动等途径传播蔓延，对防治造成较大难度。

流行规律　胡麻苗期的气候条件是影响立枯病发生的主导因素，播种后如果土温较低，出苗缓慢，抵抗力弱，会增加病原菌侵染的机会。出苗后半个月之内，幼茎柔嫩，最易遭受病原菌侵染。虽然病原菌的发病适宜温度较高，但其发病的温度范围较广，一般在土温10℃左右即开始活动。在多雨、土壤湿度大时，极有利于病原菌的繁殖、传播和侵染，有利于病害的发生。

胡麻立枯病是以土壤传播为主的病害，其发生发展受土壤及耕作栽培条件的影响很大。在胡麻重茬、迎茬地块，可使病菌在土壤内不断积累，发病加重，胡麻田地势低洼、排水不良，易造成田间积水，土壤湿度增大，病害则加重。土质黏重，土壤板结，地温下降，使幼苗出土困难，生长衰弱，立枯病严重。播期过早、过深，均使出苗延迟，生长不良，也有利于发病。深翻和精耕细作的胡麻田，植株生长旺盛抗病力强，发病轻。由于病原菌可以侵染许多其他农作物和杂草，其他来源的病菌也可能有助于病害的流行。

防治方法

选用抗病品种　生产上应用的抗病或耐病品种有内亚九号、陇亚10号、陇亚13号、陇亚杂1号、陇亚杂2号、陇亚杂3号、定亚22号、定亚23号等。

化学防治　胡麻立枯病的初次侵染源来自种子带菌和土壤附生菌，播前种子用药剂处理具有较好的防治效果。用种子重量0.5%～0.8%的50%多菌灵拌种或每100kg种子用70%的土菌消可湿性粉剂300g和50%福美双可湿性粉剂400g混合均匀后再拌种。2.5%适乐时悬浮剂、3.5%满适金悬浮剂、15%多·福悬浮剂种衣剂等药剂处理胡麻种子，对苗期立枯病防效可达80%以上，对出苗无不良影响。出苗后有立枯病发生时，可用80%的退菌特可湿性粉剂1000倍或50%多菌灵可湿性粉剂500倍液灌根。胡麻田在苗期发现零星发病植株时，每亩用50%的多菌灵可湿性粉剂80g兑水5kg或80%的甲基托布津50g兑水15kg或70%的代森锰锌70g兑水5kg喷施。如发病较重，一次喷施后继续发病，可用上述药剂以相同剂量防治。为避免病菌产生抗药性，提倡药剂轮换使用。

综合防治　实行合理轮作，胡麻立枯病菌腐生于土壤中，多年种植胡麻的连作地不仅土壤理化性状变劣，对胡麻生长发育不利，而且土壤中的病菌日积月累，增加了土壤中初侵染源。实行较长年限轮作倒茬既可减轻立枯病发生，又可提高胡麻产量，尽可能与其他非寄主作物轮作 5 年以上，避免重茬或迎茬种植。加强栽培管理，深翻灭草，夏粮作物收获后及时伏耕晒垡，有益于除灭杂草，秋后再进行耕翻耙糖，既有除草防病的效果，还可达到接纳雨水，秋雨春用，抗旱增收的目的。适时早播，播种过早，萌发的幼芽埋在土壤中，感染立枯病的几率增加。合理施肥，提倡秋施底肥，增施有机肥，氮、磷、钾和微量元素合理搭配施用，根据苗情，结合降雨，巧施追肥。及时清除田间杂草，防治虫害，培育壮苗，促进胡麻的生长，以提高植株抗病力。收获后清除胡麻残体，减少越冬菌源。

参考文献

杨学 , 2002. 亚麻立枯病发生规律及其综合防治措施 [J]. 黑龙江农业科学 (1): 43-44

杨学 , 刘丽艳 , 关凤芝 , 2009. 亚麻立枯病病原菌鉴定及药剂筛选 [J]. 黑龙江农业科学 (4): 67-68.

中国农业科学院植物保护研究所 , 中国植物保护学会 , 2015. 中国农作物病虫害 [M]. 3 版 . 北京 : 中国农业出版社 : 1688-1690.

（撰稿：张辉、周宇、党占海；审稿：李子钦）

胡麻派斯莫病　linseed pasmo disease

由胡麻生壳针孢侵染引起的、一种危害胡麻的真菌性检疫病害。又名胡麻斑点病或胡麻斑枯病，是一种检疫性病害。

发展简史　据国外文献报道，该病于 1911 年最先在阿根廷发现。1930 年，苏联引进非洲油用亚麻种子发现该病，1934 年宣布为对外检疫对象。除美洲外，1937 年，这一病害也在南斯拉夫报道。1938 年，Wollenweber 描述了病原菌的完整形态，与 *Sphaerella linorum* 相似产生气流传播的子囊孢子。1942 年，Garcia-Rada 将病菌重命名为 *Mycosphaerella linorum*。1955—1957 年，在波兰鉴定出了亚麻派斯莫病的第一症状。1999 年，在立陶宛报道派斯莫病菌（*Septoria linicola*）是腔胞菌（Coelomycetes）的一个新种。该病菌导致的亚麻病害为派斯莫病，危害亚麻茎秆及叶片，其有性态在立陶宛尚未发现。2004 年，杨学明确了中国该病的发生与品种抗性、耕作栽培及气象因素的关系，明确了种子带菌是病害主要侵染源和传播途径，为病害防治提供了依据。

分布与危害　在世界各胡麻种植国均有发生和危害，北美洲、南美洲、非洲、欧洲在 20 世纪 30 年代已有报道。在中国，胡麻派斯莫病近几年在黑龙江和云南等地的发病率为 10%～30%，严重地块收获期 80% 以上的植株有病斑，造成胡麻落叶和早衰，发病严重时可显著降低种子产量和质量。在西北和华北胡麻主产区也均有发生，发病程度受温度、湿度等气候因素的影响明显，年度间也变化较大。山西朔县这一病害的发病率曾达到 80% 以上，山西大同新荣的病情亦较重。

胡麻派斯莫病对胡麻从幼苗出土、开花、结果及种子成熟期间都能侵染和危害。胡麻子叶、真叶上的病斑一般呈近圆形，初为黄绿色，后逐渐变成褐色至暗褐色，迅速扩大到全叶，叶片变褐干枯，表面散生许多黑色小粒点状的分生孢子器，真叶中心病斑变透明，布满集中的黑点，病叶干枯脱落。茎部染病初生褐色长圆形斑，扩展后呈不规则形，严重的可环绕全茎，因与绿色交错分布使茎变得五光十色，斑点中心开始透明，出现黑色分生孢子器，后病斑蔓延融合变灰褐色，覆盖大片分生孢子器，在枯茎上形成子囊壳。感病植株的种子瘦小、粗糙。胡麻植株开花以后病症最明显，在花蕾和蒴果上也可出现病斑，接近成熟期时斑点边缘变成灰色及黑褐色，在斑点中央产生许多小黑点（分生孢子器）；发病植株的产量低，品质差。

病原及特征　病原为胡麻生壳针孢［*Septoria linicola*（Speg.）Gar.］。有性态为胡麻球腔菌［*Mycosphaerella linorum*（Wr.）Gbncia-Raba］。病原菌子囊壳球形至卵形，黑褐色，直径 70～100μm；子囊圆筒形或棍棒形，无色，大小为 11.5～15.0μm×27.0～48μm，内含 8 个子囊孢子排列不规则两列或单列；子囊孢子梭形，稍弯曲，无色，大小为 2.5～6.9μm×9.6～17.0μm。无性态分生孢子器寄生于寄主组织中，扁球形，黑褐色，大小为 50～73μm×77～126μm。分生孢子直杆形或弓形，两端钝圆，无色，有 0～7 个隔膜，多为 3 个隔膜，大小为 1.5～4.5μm×12.0～52.5μm。

侵染过程与侵染循环　胡麻派斯莫病的病原菌以菌丝体和分生孢子器及子囊壳在胡麻种子或病残体上越冬，翌年当气候条件适宜时即产生分生孢子和子囊孢子，传播引起初次侵染。重复侵染主要靠病部不断产生的分生孢子，一个生长季节中再侵染可重复多次，造成田间病害的严重发生。初次侵染和再次侵染都可以借助风、流水、昆虫、人为农事操作等途径传播。带菌胡麻种子是病害远距离传播的主要途径之一。

流行规律　带菌胡麻种子是派斯莫病菌远距离传播的主要途径，大量异地引种可造成病害流行。病原菌的菌丝体和分生孢子器及子囊壳等都可借助风、流水、昆虫、农事操作等途径传播。不同胡麻品种对派斯莫病的抗性有一定差异，长期大面积种植感病品种，在一定程度上可以促进病害流行。相反，种植抗病品种可以抑制病原菌的增殖和扩散。现有胡麻品种中绝大多数抗病性较差，选育高抗派斯莫病品种对遏制病害流行具有重要意义。病菌流行受温度、湿度等气候因素的影响明显，派斯莫病病菌的适宜气温为 20～30℃，阴雨天多、湿度高的气候条件有利于派斯莫病的发生和流行，同一地区年度间气温等因素的不同造成病害发生流行有较大变化。

防治方法

选用抗病品种　虽然现有胡麻品种绝大多数的抗性较差，但品种间抗病性差异明显，选用抗病性相对较强的品种仍不失为防治派斯莫病行之有效的方法。在选用抗病品种的同时，也需要在无病田留种，异地调种应采取严格的检疫措施，防止带病种子远距离传播病害。

综合防治　实行合理轮作，最好与豆科、禾本科作物进行 5 年以上轮作倒茬，切忌重茬或迎茬种植胡麻。适当耕作，用养结合，合理密植，采用条播；科学施肥，注重氮、磷、钾和微量元素的合理搭配施用，提倡测土配方施肥技术的推广应用；收获后要及时清除销毁田间胡麻残体，减少病原寄主，减轻初次侵染；加强田间管理，促进植株健康生长，增强植株自身抗性。

参考文献

杨学，2004. 亚麻派斯莫病发生特点及防治技术研究 [J]. 中国麻业，26(4): 170-172.

中国农业科学院植物保护研究所，中国植物保护学会，2015. 中国农作物病虫害 [M]. 3 版 . 北京：中国农业出版社 .

MERCER P C, HARDWICK N V, FITT B D L, et al, 1994. Diseases of linseed in the UK[J]. Plant varieties and seeds, 7: 135-150.

RASHID K Y, 2017. Diverse population of *Septoria linicola* causing pasmo disease in flax[J]. Candian journal of plant pathology, 39(1): 107.

SANDERSON F R, 1963. An ecological study of pasmo disease (*Mycosphaerella linorum*) on linseed in Canterbury and Otago[J]. New Zealand journal of agricultural research, 6: 432-439.

（撰稿：周宇、张辉；审稿：李子钦）

胡麻炭疽病　linseed anthracnose

由亚麻炭疽菌引起的胡麻苗期的重要病害之一。

发展简史　是一种普发性病害，但系统研究较少。杨学等 2010 年报道了亚麻炭疽病病原菌鉴定及药剂筛选结果，2011 年报道了亚麻炭疽病发生规律，为防治提供了一定的依据。

分布与危害　在中国胡麻产区均有分布，常年一般田块发病率为 10%～30%，死株率 19% 左右，对胡麻生产具有重要影响。胡麻炭疽病病原菌自幼苗出土至蒴果成熟，植株各器官均可感染，一般以苗期发病较重，幼苗感病后，植株生长缓慢或全株枯死，发病严重时可造成田间缺苗断垄。

病菌危害亚麻的幼苗、叶片、茎及蒴果。病原菌多从叶尖或叶缘侵入，子叶被侵染后产生暗褐色小病斑，逐渐扩大呈椭圆形或圆形、略显同心轮纹，最外缘有淡黄绿色的晕圈带，后期呈灰褐色，形成缢缩，直到子叶全部变褐后脱落，严重时致幼苗死亡。叶片及茎部病斑小，水渍状，形圆色暗，叶片病斑上有轮纹；蒴果上病斑呈褐色圆形，菌丝侵入内部可侵入种皮，致种皮色黑无光，种子瘦小，生活力弱，发芽率低。受害较重的种子即使萌发，也往往因苗弱顶土力弱而夭折土中，不能出苗。当湿度大时，可在病部产生许多橙红色点状黏液物，即病原菌分生孢子盘上聚集的大量分生孢子。

病原及特征　病原为亚麻炭疽菌（*Colletotrichum lilicolum*），属炭疽菌属。病原菌在寄主皮下形成分生孢子盘，分生孢子盘上有深褐色刚毛，具 3 个隔膜，无分枝，大小为 150μm×4μm。分生孢子梗短条状、单胞、无色，长椭圆形或新月形，大小为 16～19μm×3～4.5μm。

侵染过程与侵染循环　炭疽病病原菌多从叶尖或叶缘侵入，侵染后在寄主皮下形成分生孢子盘，病原生长繁衍，病斑扩展，在茎部出现缢缩病状，以致子叶变褐脱落至死亡。病株的残枝落叶所携带的病菌又一次进行新的侵染。菌丝侵

入蒴果内部可侵入种皮，致种子带菌，带菌种子又可造成循环侵染。

流行规律　种子携带病原菌是炭疽病流行的重要原因。胡麻种子炭疽病菌的带菌率可高达 9.6%，带菌种子的引种势必引起病害的流行。感病植株的残体组织落入土壤，带菌的土壤无疑是病菌的流行之源，土壤中水分移动及地表径流也可造成病害流行。另外，胡麻种植密度过大、轮作年限偏少甚至迎连茬种植、单一施氮、过量施氮等耕作管理措施可促使炭疽病田间发病率和病情指数提高。

防治方法

选用抗病品种　不同胡麻品种对炭疽病的抗性有一定差异，选用抗病品种具有较好的防治作用。炭疽病种子带菌率较高，胡麻繁种田要远离发病区，繁种田发现有炭疽病发生的，要转为商用，禁忌作为种子使用。

化学防治　采用杀菌药剂进行拌种处理可有效减轻炭疽病的发生，播种前用种子重量 0.3% 的炭疽福美或 10% 多菌灵等药剂拌种。多种杀菌剂都有很好的抑菌效果，发病初期喷洒 60% 多福混剂 800～1000 倍液、36% 甲基硫菌灵悬浮剂 600 倍液、75% 甲基托布津可湿性粉剂 800 倍液、50% 苯菌灵可湿性粉剂 1500 倍液、25% 炭特灵可湿性粉剂 500 倍液，可起到防治作用。

综合防治　胡麻收获后及时清除田间病残组织，深翻土地，消灭菌源。合理密植，提倡条播，增强田间通风透光。合理施肥，适当控制氮素用量，合理配施磷肥、钾肥及微肥，增施有机肥。轮作倒茬，延长胡麻种植间隔年限，禁忌连茬迎茬种植胡麻。

参考文献

杨学，关凤芝，李柱刚，等，2010. 亚麻炭疽病病原菌鉴定及药剂筛选 [J]. 东北农业大学学报，41(3): 26-28.

杨学，关凤芝，李柱刚，等，2011. 亚麻炭疽病发生规律的研究 [J]. 中国麻业科学，33(2): 81-83.

（撰稿：党占海、党照；审稿：李子钦）

胡麻锈病　linseed rust

由亚麻栅锈菌引起的危害胡麻叶片、茎秆及蒴果的一种真菌病害。是世界胡麻种植区最重要的病害之一。

发展简史　在美国、澳大利亚和西欧等地，有关胡麻锈病的研究有 70 多年的历史。1925 年美国育成的高抗枯萎病而重感锈病的胡麻品种 Bison 的大面积种植，导致锈病迅速蔓延，对生产造成了严重损失，引起了对锈病研究的重视，抗锈病育种被列为胡麻育种的主要目标。在美国，胡麻曾被作为植物抗病性研究的模式化植物进行了大量的研究，特别是在胡麻抗锈病研究方面取得了较大的成就。1926 年 Henry 首次报道了亚麻对锈病的抗性是由基因控制的，并证明抗锈基因为显性基因。1937 年 Myers 命名了 L 和 M 两个独立遗传的抗锈病位点。1956 年，Flor 根据多年对亚麻与亚麻锈病菌的遗传学研究，提出了著名的"基因对基因假说"，这一假说为经典遗传学与分子遗传学分析植物与病原物互作关系

提供了基础理论，现已被 40 多种植物与病原物互作的实例所验证，并得到不断完善。1978 年和 1983 年 Hammond 等成功地选育出同时含有 *L6*、*M3* 和 *P3* 抗锈基因的亚麻品种。1995 年 Lanrence 等人克隆了胡麻抗锈病基因 *L6*，属于植物中分离克隆的第一批抗病基因。Murdoch、Kobayashi 和 Hardham 利用单克隆技术对亚麻锈病细胞壁成分单克隆抗体进行了生产和特征描述。Anderson、Lawrence 等从分子遗传学方面研究亚麻抗锈病基因 *M* 与亮氨酸的关系。中国有关胡麻锈病研究，多集中在化学药剂筛选等防治措施的研究。2000 年，毛国杰等进行了亚麻与亚麻锈菌互作机制的研究，讨论了亚麻抗锈病基因的结构、分子克隆、抗病信号传导的分子基础以及抗锈基因特征等。2002 年，薄天岳等进行了胡麻分子标记的研究，获得与抗锈基因 *M4* 紧密连锁的标记，并将其转化为 SCAR 标记。

分布与危害　胡麻锈病在世界各胡麻产区均有发生。1925 年美国育成了早熟、粒大、高抗枯萎病品种 Bison 并在生产上大面积种植，但由于该品种高感锈病，其大面积推广促进了锈病的流行和蔓延，对胡麻生产造成了严重损失。国外先后根据胡麻品种田间的抗性反应差异，发现了锈病病原菌的生理小种分化，生理小种每发生一次变化，胡麻生产用品种必须有相应的更新。胡麻锈病在中国也时有发生。发生的时间早晚、危害程度受气候因素影响明显。由于中国胡麻主要分布在西北、华北等干旱、冷凉地区，锈病不曾有大面积发生，危害程度也不是很重。但是，随着气候变暖，特别是降雨多的年份，锈病发生较为严重而且发生范围较宽，因此，是一个值得关注的潜在危险性病害。

锈病在胡麻整个生育期间均可发生侵染和危害，但总体上开花前症状更为明显，一般先侵染上部叶片，后扩展到下部叶片、茎、枝、蒴果及花梗等部位。病原菌首先侵染幼叶和嫩茎，病部呈淡黄色或橙黄色小斑，即性孢子器和锈孢子器，以后在叶、茎、蒴果上产生鲜黄色至橙黄色的小斑点为夏孢子堆。到成熟期则在病部表皮下产生许多密集的褐色至黑色有光泽的不规则斑点，即为冬孢子堆，茎上特别多，叶及萼片上较少。由于此病能使胡麻光合作用降低，影响种子产量，同时茎部病斑常使纤维折断，不易剥离，也影响纤维产量和品质。

病原及特征　病原为亚麻栅锈菌［*Melampsora lini*（Ehrenb.）Lév.］，属栅锈菌属。胡麻锈病寄主范围窄，是一种单主寄生的专性寄生菌，无中间寄主，整个生活史都在胡麻上完成。锈菌锈子腔散生在叶片两面，近圆形至椭圆形，黄色至橘黄色，内生锈孢子。夏孢子倒卵形至椭圆形，表生细刺，孢子间混生丝状体，夏孢子堆在叶上的直径 0.3～0.9mm，茎上的长达 2mm。冬孢子堆生在叶的两面或茎表皮下，初为红褐色，后变黑。冬孢子圆柱形或角柱形成层排列，褐色光滑，大小为 46.8～80μm×8～19μm。担孢子球形，无色至黄色。锈病病菌有生理分化现象，国外已发现 42 个生理小种。

侵染过程与侵染循环　胡麻锈病以种子上黏附的冬孢子及病残体上的冬孢子堆越冬，翌春条件适宜时，冬孢子萌发产生担孢子进行初侵染，侵染胡麻的嫩叶和茎秆，一般感染后约两周即形成性孢子器，并再经 4～10 天出现锈孢子器，内生锈孢子。锈孢子从气孔侵入胡麻叶而形成夏孢子堆，散出大量夏孢子，随气流和昆虫传播，到达健株上，再从气孔侵入进行重复侵染。至生长后期在胡麻上形成冬孢子堆并以冬孢子在病株残体和种子上越冬。

流行规律　气候条件与胡麻锈病发病程度有密切关系。病株残体上的冬孢子，翌年萌发产生担孢子先侵染胡麻幼苗，约半月后形成性孢子器，4～10 天形成锈子腔，产生大量锈孢子，再侵染上部叶片形成夏孢子堆，夏孢子在 22℃ 下能存活 1 个月左右，靠气流传播，从胡麻气孔侵入，以后夏孢子在田间循环侵染流行。侵染最适温度为 18～20℃，夏孢子在水中发芽，因此，在有风、雾或露水的潮湿天气里，气温在 18～20℃ 时，最适宜夏孢子的传播与侵染，每 5～10 天就能产生一代夏孢子，夏孢子可连续产生数代，病势扩展迅速，而在凉爽干燥的天气中，胡麻很少感染锈病。夏孢子只能侵染绿色多汁的胡麻，当胡麻开始成熟时，夏孢子堆则被冬孢子堆所代替。

胡麻锈病的发生扩展受土壤理化性状和气候因素的影响很大，胡麻田地势低洼，排水不良，易造成田间积水，土壤湿度增大，病害则加重。土质黏重，土壤板结，使幼苗出土困难，生长衰弱，锈病就严重。

胡麻锈病的发生与种植品种有很大关系，抗锈病品种多为单基因垂直抗性，即一个品种抗一个生理小种，而生产中常以某一个生理小种为主、多个生理小种同时发生，在应用抗主要生理小种的抗病品种后，随着主要生理小种被抑制，次要小种可上升为主要小种，缺乏兼抗多个生理小种的多抗品种或具有水平抗性的品种是造成胡麻锈病发生严重的原因。

防治方法

选用抗病品种　胡麻锈病具有高度的专化性，病菌有生理小种的分化并存在不断变异的可能，因此，在选用抗病品种时要注意特定产区病菌生理小种的状况。胡麻不同品种间对锈病有明显的抗性差异，很多品种是抗某一生理小种的单抗性品种，即垂直抗性品种；也有不少是具有多个抗病基因、可抗多个生理小种的多抗品种，即水平抗性品种。故在引种和选种工作中，要结合本地情况选用抗锈品种。一般情况下，选用具有多个抗病基因的水平抗性品种更为有利。抗病品种是开展综合防治的基础，需要在筛选抗病资源的基础上，将锈病抗性与高产、优质、抗逆等性状相结合。可用的抗锈品种有 Redwood65、Flor、McGregor、Norlin、Linnot、天亚 4 号、陇亚 10 号、晋亚 7 号、天亚 7 号、定亚 23 号等。

化学防治　胡麻锈病生理小种多，且易发生变化，在推广应用抗、耐病品种的基础上，还应根据情况做好药剂防治。药剂防治的前提是科学的预测预报，可防可不防的不防为佳，必要防的突出早防早治。胡麻锈病的初次侵染源来自种子带菌，播前种子用药剂处理十分必要。播前使用种子重量 0.3% 的 20% 萎锈灵可湿性粉剂拌种。生长期间发病喷洒 20% 三唑酮（粉锈宁）乳油 2000 倍液或 20% 萎锈灵乳油或可湿性粉剂 500 倍液、12.5% 三唑醇（羟锈宁）可湿性粉剂 1500～2000 倍液。喷 30～50kg/ 亩，隔 10 天 1 次，连续防治 2～3 次，可以取得良好的防治效果。

综合防治　多年种植胡麻的连作地块不仅会使土壤理

化性状变劣，不利于生长发育，而且土壤中的病原菌不断积累，增加侵染来源。因此，在胡麻产区实行轮作换茬十分必要。较好的轮作模式为秋作物→豆科作物→小麦→胡麻或豆科作物→小麦→秋作物→胡麻，避免重茬或迎茬种植。收获时尽可能清理干净胡麻茎秆等残体，收获后立即翻耕将病残体埋入地下以减少菌源。适当减少施氮量，氮、磷、钾合理搭配施用。

参考文献

薄天岳，叶华智，王世全，等，2002. 亚麻抗锈病基因 *M4* 的特异分子标记 [J]. 遗传学报，29(10): 922-927.

毛国杰，刘建华，任勇，等，2000. 亚麻抗锈病的分子基础 [J]. 植物病理学报，30(3): 200-206.

中国农业科学院植物保护研究所，中国植物保护学会，2015. 中国农作物病虫害 [M]. 3 版 . 北京 : 中国农业出版社 .

FLOR H H, 1947. Inheritance of reaction to rust in flax[J]. Journal of agricultural research, 74: 241-262.

FLOR H H, 1954. Identification of races of flax rust by lines with single rust-conditioning genes[J]. USDA technical bulletins: 1087.

FLOR H H, 1956. The complementary genic systems in flax and flax rust[J]. Advances in genetics, 8: 29-54.

FLOR H H, 1965. Inheritance of smooth-spore-wall and pathogenicity in *Melampsora lini*[J]. Phytopathology, 55: 724-727.

HAMMOND J J, 1978. Screening for two rust resistant genes of flax[J]. Proceedings of the 47th flax institute of the United States: 18-21.

HAMMOND J J, 1983. Registration of Flor flax[J]. Crop science, 23:401.

HENRY A W, 1926. Flax rust and its control[J]. Minnesota agricultural experiment station technical bulletins: 36.

LAWRENCE G J, FINNEGAN E J, AYLIFFE M A, et al, 1995. The *L6* gene for flax rust resistance is related to the *Arabidopsis* bacterial resistance gene *RPS2* and the tobacco viral resistance gene *N*[J]. Plant cell, 7: 1195-1206.

（撰稿：周宇、张辉、党占海；审稿：李子钦）

葫芦科蔬菜白粉病　cucurbitaceae vegetables powdery mildew

主要由苍耳叉丝单囊壳菌和奥隆特高氏白粉菌引起的、危害葫芦科蔬菜的一种真菌病害，是一种世界性和破坏性的疾病，严重发生在甜瓜、黄瓜、西瓜、南瓜和葫芦等作物上。

发展简史　引起葫芦科蔬菜白粉病的病原菌名称一直存有争议，20 世纪 60 年代，在保加利亚、巴西、伊拉克等多个国家报道引起瓜类白粉病的病原为 *Sphaerotheca fuliginea*。Braun 在 1987 年出版的《白粉菌》专著中将瓜类白粉病的病原菌鉴定为 *Sphaerotheca fusca*（syn. *S. cucurbitae*）和 *Golovinomyces orontii*（syn. *Erysiphe cichoracearum*, *E. orontii*）。Shishkoff, Braun & Takamatsu, Braun 等基于寄主范围和形态特征，认为 *Sphaerotheca fusca* 至少由两个不同的类群组成，寄生在蒲公英和其他菊科植物上的病原菌为 *Sphaerotheca fusca*，而寄生在向日葵、马鞭草和瓜类蔬菜上的病原菌为 *Podosphaera xanthii*。但仍有一些研究者，如 Pérez-García 等和 Vakalounakis 等认为 *Podosphaera fusca* 是 *Podosphaera xanthii* 的正确名字。Braun 等认为 *Podosphaera fusca* 与 *Podosphaera xanthii* 的区别在于它具有大和宽的子囊眼。刘淑艳等根据形态学及分子系统学分析证明，发生在中国长春瓜类上的白粉菌为 *Podosphaera xanthii*。目前 *Golovinomyces orontii* 和 *Podosphaera xanthii* 被认为是引起世界上瓜类白粉病的两种主要病原菌，其中又以 *Podosphaera xanthii* 的报道较为常见。这两种真菌在地理分布上有所不同，*Podosphaera xanthii* 主要分布在热带和温带地区，*Golovinomyces orontii* 主要发生在欧洲大陆，这一差异是由于 *Podosphaera xanthii* 相对于 *Golovinomyces orontii* 有更高的喜温性。

分布与危害　白粉病是葫芦科蔬菜的重要病害之一，世界各国均有发生。中国瓜类白粉病发生也较普遍，给温室、大棚及露地瓜类生产带来极大的威胁。报道较多的地区为吉林、黑龙江、陕西、新疆等地，发病率可以达到 90% 以上，对一些观赏性的瓜类其发病率更高，严重影响其观赏价值。据戴芳澜 1979 年报道，中国黄瓜上发生的白粉菌为葫芦科白粉菌 *Erysiphe cucurbitacearum*（现用名 *Golovinomyces orontii*）及瓜类单囊壳 *Sphaerotheca cucurbitae*（现用名 *Podosphaera xanthii*）。前者主要分布在黑龙江、甘肃、青海、新疆、江苏；后者主要分布在河北、内蒙古、辽宁、江苏、台湾、广西、云南、四川等地，但是在多数地方只产生无性世代，病原菌种类的确定仅根据无性世代特征存在一定的误差。自 20 世纪 90 年代后，*Podosphaera xanthii* 又在江苏、黑龙江、北京、海南、陕西、吉林、浙江、新疆、山西、河南等地被报道，*Golovinomyces orontii* 仅在山西和江苏有报道。

葫芦科蔬菜白粉病主要侵染叶片，其次是叶柄和茎，果实一般不受害。起初在叶片或幼茎上出现白色、近圆形的小粉斑，以叶正面为多。条件适宜时，粉斑迅速扩大，相互连接成边缘不明显的大片白粉区，甚至布满整个叶面（图 1），这些白粉就是病原菌的气生菌丝体、分生孢子梗及分生孢子，后期白粉状物变成灰白色。最后病叶枯黄、卷缩，一般不脱落。有时病斑上形成黄褐色或黑褐色的小粒点，即闭囊壳，尤以秋季病斑上的闭囊壳为多。

葫芦科蔬菜白粉病在苗期至收获期均可发生，严重影响瓜的品质和产量，甚至导致部分栽培地区绝收，有的可导致收获后储藏期变短。几乎所有的瓜类都可发生白粉病，如黄瓜、西瓜、甜瓜、南瓜、西葫芦、丝瓜、苦瓜、冬瓜等，但发生程度和产量损失因品种抗性程度和种植方式不同而有所差异，其中南瓜、黄瓜、西葫芦等抗性较低，发病严重，发病率可达 100%，而丝瓜的抗病性较强，很少发病。此类病害在保护地生产中有日趋严重的趋势。

病原及特征　引起葫芦科蔬菜白粉病的病原菌国内外已报道有 6 个种，在中国主要有 2 个种，即苍耳叉丝单囊壳 ［*Podosphaera xanthii*（Castagne）U. Braun et Shishkoff］和奥隆特高氏白粉菌 ［*Golovinomyces orontii*（Castagne）V. P. Heluta］。其中 *Podosphaera xanthii* 属叉丝单囊壳属，其菌丝壁薄，光滑或近光滑，附着器不明显至轻微乳头状；分生孢子椭圆形、卵圆形至瓮形，内有明显的纤维体，芽管侧面生，简单至叉状，短；分生孢子梗直立，脚孢圆筒形；闭囊壳球形，近球形，附属丝菌丝状，长度为闭囊壳直径的 0.25～4 倍，内含单个子囊，每个子囊内通常含有 8 个子囊孢子，子囊孢子广卵形至亚球形。*Golovinomyces orontii* 隶属高氏白粉菌属，菌丝略微弯曲，附着器乳头状，分生孢子内没有纤维体，芽管从分生孢子的顶端或底部长出，通常很短，与分生孢子等长或更短，通常扭曲，有时直或弯，但很少叉状；闭囊壳很少见，通常含有 5～14 个子囊，内含 2～4 个子囊孢子。在瓜类白粉病中以前者危害居多。

侵染过程与侵染循环　分生孢子接触葫芦科蔬菜叶片后萌发形成芽管，芽管顶部膨大形成附着胞，并在芽管基部产生一个隔膜，在附着胞下形成侵染钉侵入寄主表皮细胞，侵染钉的顶部膨大形成吸器中心体，再发育成吸器；吸器吸收营养后供表面菌丝生长，又由菌丝再侵入寄主表皮细胞形成次生吸器，如此反复多次菌丝扩展并形成菌丝体；菌丝体生长一定阶段后产生分生孢子梗；分生孢子梗再产出分生孢子链。

在温暖地区或温室内，病菌无明显的越冬现象，菌丝及分生孢子可在病株上存活，分生孢子不断产生，辗转危害。

图 1　葫芦科蔬菜白粉病症状（刘淑艳提供）

①西葫芦病株；②黄瓜病株

在寒冷的地区，病菌主要以温室活寄主或其他野生寄主上的分生孢子或菌丝体越冬，成为翌年的初侵染源。分生孢子具很强的致病性，主要靠气流传播，特别是可被大风吹到很远的地方，萌发后以侵染丝直接侵入寄主表皮细胞。瓜类生长中后期发病较多，露地多在 8 月中下旬至 9 月上旬天气干旱时流行，温室和大棚整个生育期均可发病。有些年份病菌在生长晚期，菌丝聚集，产生有性的闭囊壳，度过不良的环境，成为翌年的初侵染源。在南瓜、黄瓜上较易产生闭囊壳，在其他瓜类上很少形成。以黄瓜为例展示瓜类白粉病的病害循环（图 2）。

流行规律　葫芦科蔬菜白粉病病原菌有两个特点：第一，为专性寄生，即只能在活体瓜类植株上吸取营养，一旦寄主死去，病原菌也随即不能生长繁殖；第二，病原菌为外寄生，不能进入寄主内部，主要是产生吸器吸取植物营养，整个生活史都在植物表面完成。初侵染来源为残留在瓜类病株上的有性世代，即闭囊壳，翌年春天，当温度适宜释放出子囊孢子进行侵染；葫芦科白粉病病原菌一般不产有性世代，所以在一些温暖的地区和温室大棚中，初侵染源可以是分生孢子和菌丝。带菌的瓜类种子和瓜苗也可以成为初侵染源。气流是瓜类白粉病传播的主要途径，病原孢子随气流在田间或温室中传播，子囊孢子或分生孢子可在适宜条件下萌发侵染，从叶面直接侵入。雨水或灌溉也是病原菌的传播途径，病原孢子随水滴冲刷或飞溅从发病植株传播到健康植株，引起病害的流行。另外，雨后干燥有利于分生孢子的繁殖和病情的扩展，容易造成此病的流行。影响病害流行的主要环境因素为温度和相对湿度，在适宜的条件下，白粉病发展特别快，从侵染到显症通常仅需 3～7 天，同时可产生大量的分生孢子。分生孢子萌发温度为 10～30℃，以 20～25℃最适宜。白粉病菌孢子萌发时，并不要求有水滴，水滴反会使分生孢子膨胀过度，细胞破裂，影响萌发，但需要较高的相对湿度，通常 50%～85% 最为有利，超过 95% 时则受到抑制。一般在雨量偏少的年份，当气温在 16～24℃，如遇连续阴天，光照不足，天气闷热或雨后放晴，但田间湿度仍大时，白粉病很易流行。温室和大棚黄瓜通常比露地黄瓜发病早且重，主要原因是室内和棚内湿度大，温度较高，有利于分生孢子的大量繁殖和病害的迅速蔓延。

在华北地区，温室黄瓜在 4～5 月，大棚黄瓜在 5～6 月，露地黄瓜在 6～8 月最易发病。秋黄瓜病害轻，但南瓜、西葫芦受害较重。东北地区发病稍晚，长江流域，一般在梅雨期和多雨潮湿的秋季发病重。盛夏季节，高温干旱，病菌生长缓慢，分生孢子不易萌发，甚至很快失去活力，病害往往停止蔓延。

不同叶龄的叶片对白粉病的抵抗能力不同。一般是嫩叶及老叶比较抗病，叶片展开后 16～28 天内最易感病，这段时间为防病的最重要时期。此外，栽培管理粗放、缺水、缺肥，或浇水过大、偏施氮肥、植株徒长、通风不良以及光照不足、生长衰弱的地块发病也重。

防治方法　葫芦科蔬菜白粉病的防治以选用抗病品种及喷洒药剂为主，同时配合良好的栽培管理措施。

选用抗病品种　尚未发现免疫品种，但不同品种间抗、耐病性存在较大差异。其中黄瓜、西葫芦、南瓜、冬瓜等较

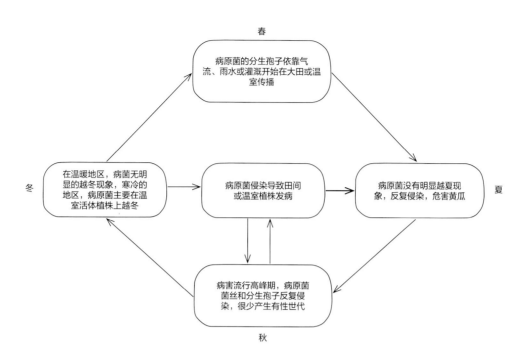

图 2 黄瓜白粉病侵染循环示意图（刘淑艳提供）

感病，几乎年年会有不同程度的发生，其次苦瓜、瓠瓜等，而丝瓜的抗病性最强。黄瓜露地栽培较抗白粉病的品种有津春4号、津春5号、中农4号、中农8号、夏青4号、津研4号等。大棚栽培的较抗病品种有中农5号、中农7号、津春1号、津春2号、津优1号、津优3号、龙杂黄5号等。温室栽培可选用中农13号、农大春光1号、津春3号、津优3号、津优2号、鲁瓜黄10号等抗病品种。

南瓜中的青绿贝1号、谢花面、三星、红栗、二星、蜜本南瓜等都较抗病。不同栽培地区根据当地实际情况可选择不同的品种。

加强栽培管理　加强光温、肥水调节等苗期田间管理工作，选择地势较高、排灌良好的地块定植。合理密植，避免栽植过密；及时摘除植株下部的重病叶，带出地块进行烧毁或深埋；科学浇水，降低植株间空气湿度；合理施肥，底肥中配合适量的磷钾肥。生长中后期应适当追肥，既要防止植株徒长，也要防止脱肥早衰。冬季温室与大棚不要连作。避免在温室里栽培易感白粉病的花卉，如月季花。

化学防治　防治白粉病的有效药剂较多，国内登记用于瓜类白粉病防治的药剂主要有三唑类杀菌剂己唑醇、戊唑醇腈菌唑以及甲氧基丙烯酸酯类杀菌剂醚菌酯、吡唑醚菌酯。

一般常见药剂有26%三唑酮（粉锈宁）可湿性粉剂2000倍液，或20%三唑酮（粉锈宁）乳油2000～3000倍液，防治效果较好，持效期可达20天左右。此外，还可用2%农抗120水剂或2%武夷霉素（BO-10）水剂100～200倍液，或50%多菌灵可湿性粉剂600倍液，或45%硫黄胶悬剂500倍液，或70%甲基硫菌灵（甲基托布津）可湿性粉剂800倍液，或30%二元酸铜（珑胶肥酸铜悬浮剂）500倍液，或45%代森铵水剂1000倍液，或75%百菌清可湿性粉剂600倍液等，若在发病初期喷洒，可基本控制蔓延。后三种药剂可兼治霜霉病。白粉病菌容易产生抗药性，各种药剂应轮换使用。一般每隔7～10天喷1次，连续2～3次。喷药应细致周到，以成熟叶片及叶背为主。有些黄瓜和甜瓜品种对硫制剂敏感，要注意用药浓度及避免在苗期和高温下使用。

除上述常规药剂外，有研究报道4%四氟醚唑、苯菌酮、大黄酚对瓜类白粉病也有较好的防治效果。

物理防治　即在发病前喷洒植物防病膜剂无毒高脂膜30～50倍液，每隔7～10天喷1次，连续3～4次，也有一定效果。

参考文献

李良孔，2011. 黄瓜白粉病菌对氟吡菌酰胺敏感基线的建立及其抗药性风险评估 [D]. 长春：吉林大学 .

曲丽，秦智伟，2007. 黄瓜白粉病病原菌及抗病性研究进展 [J]. 东北农业大学学报，38(6): 835-841.

MCGRATH T M, 2001. Fungicide resistance in cucurbit powdery mildew: experiences and challenges[J]. Plant disease, 85(3): 45-236.

MIAZZI M, LAGUARDIA C, FARETRA F, 2011. Variation in *Podosphaera xanthii* on cucurbits in Southern Italy[J]. Journal of phytopathology, 159(7-8): 538-545.

PÉREZ-GARCÍA A, ROMERO D, FERNÁNDEZ-ORTUÑO D, et al, 2009. The powdery mildew fungus *Podosphaera fusca* (synonym *Podosphaera xanthii*), a constant threat to cucurbits[J]. Molecular plant pathology, 10(2): 153-160.

SHISHKOFF N, 2000. The name of the cucurbit powdery mildew: *Podosphaera* (sect. *Sphaerotheca*) *xanthii* (Castag.) U. Braun & N. Shish. comb. nov. (Abstr.)[J]. Phytopathology, 90: S133.

VAKALOUNAKIS D J, KLIRONOMOU E, PAPADAKIS A, 1994. Species spectrum, host range and distribution of powdery mildew on cucurbitaceae in Crete[J]. Plant pathology, 43: 813-818.

（撰稿：刘淑艳；审稿：杨宇红）

葫芦科蔬菜病毒病　cucurbitaceae vegetables virus disease

由病毒侵染葫芦科蔬菜引起的危害叶、茎蔓和果实的一类病害。是全世界葫芦科蔬菜的主要病害之一。

发展简史　1981年，在意大利和法国发现了小西葫芦黄色花叶病毒，随后在美国及五大洲的其他17个国家发现此种病毒，常常引发大流行，给西葫芦、笋瓜、甜瓜和西瓜生产造成毁灭性的打击。南瓜花叶病毒也一直是西方国家南瓜上的重大病害。随后又发现一些新的病毒危害。

分布与危害　分布极其广泛、寄主范围较广、经济损失惨重。中国葫芦科蔬菜种类丰富，特别是黄瓜、西葫芦、南瓜和丝瓜等在全国各地大面积栽培、周年不断。对病毒病都很敏感，发病严重，损失巨大，通常减产10%~30%，严重时达50%~100%。其中秋季黄瓜病毒病和西葫芦的发病株率分别达到30%以上和70%以上。南瓜病毒病是南瓜上最常见、最严重的病害之一，有时田间发病率高达100%。

由于葫芦科蔬菜种类比较多，可被侵染的病毒种类也很多，因此，造成其田间症状复杂多样（见图）。下面分述黄瓜、西葫芦、南瓜和丝瓜4种主要葫芦科蔬菜病毒病的症状。

黄瓜病毒病　黄瓜整个生育期均可受害。幼苗发病，子叶变黄枯萎，幼叶出现浓绿和浅绿相间的花叶；成株发病，新叶上产生黄色斑纹，病叶小略有皱缩，随着叶片的伸展，黄色斑纹逐渐明显，叶缘向下卷曲，重病株从下部开始叶片枯黄；瓜条发病，果面出现深绿和浅绿相间的瘤状斑块，果面凹凸不平或畸形；重病株节间短缩、簇生小叶，结瓜少或不结瓜，最终萎缩枯死。

西葫芦病毒病　通常，西葫芦病毒病的症状要比黄瓜病毒病复杂和严重。主要是新叶首先出现褪绿斑，进而发展为花叶、畸形，严重时叶片呈现鸡爪状或线叶形；病株矮化，病瓜小并有瘤状凸起。也有的症状是植株上部叶片出现黄绿斑点，进而黄化、皱缩下卷，全株枯死；病瓜很小、畸形，瓜面上生有许多瘤状凸起或皱褶。有的时候，上述两种症状混合发生，危害加剧，常常造成植株成片死亡。

南瓜病毒病　南瓜病毒病的症状往往也很严重，主要表现为叶面出现浓绿和浅绿相间的病斑、花叶，或形成深绿和浅绿相间的条带，尤以新叶明显，重病叶凹凸不平，绿色部分往往凸起，叶脉皱曲，叶片发脆并畸形；重病株茎蔓节间缩短，植株矮化，结瓜少，病瓜表面产生黄绿斑块或有疣状凸起。在田间，一般是几种病毒复合侵染，表现出复杂的症状。

丝瓜病毒病　丝瓜病毒病是丝瓜上最常见的病害，一般在开花以后表现症状，首先在幼嫩叶片上出现深绿和黄绿相间的病斑或褪绿色小斑，老叶感病则表现出黄色或黄、绿色相间的花叶，叶脉抽缩，严重时叶片变硬、发脆，叶缘缺刻加深，后期产生枯死斑。果实发病，病果呈螺旋状畸形，或小扭曲状，果面产生不规则形的褪绿黄斑。

病原及特征　在自然条件下，中国葫芦科作物有12种病毒侵染：小西葫芦黄化叶病毒（zucchini yellow mosaic virus，ZYMV）、西瓜花叶病毒（watermelon mosaic virus，WMV）、黄瓜花叶病毒（cucumber mosaic virus，CMV）、番木瓜环斑病毒西瓜株系（papaya ringspot virus-

葫芦科蔬菜病毒病症状（①~④古勤生提供；⑤引自浙江省蔬菜重大病虫害远程诊断平台；⑥引自 *Texas Plant Disease Handbook*）
①黄瓜病毒病；②西葫芦病毒病；③苦瓜病毒病；④瓠子病毒病；⑤丝瓜病毒病；⑥南瓜病毒病

watermelon strain，PRSV-W）、南瓜花叶病毒（squash mosaic virus，SqMV）、黄瓜绿斑驳花叶病毒（cucumber green mottle mosaic virus，CGMMV）、瓜类蚜传黄化病毒（cucurbit aphid-borne yellows virus，CABYV）、甜瓜蚜传黄化病毒（melon aphid-borne yellows virus，MABYV）、丝瓜蚜传黄化病毒（suakwa aphid-borne yellows virus，SABYV）、瓜类褪绿黄化病毒（cucurbit chlorotic yellows virus，CCYV）、西瓜银灰斑驳病毒（watermelon silver mottle virus，WSMoV）和中国南瓜曲叶病毒（squash leaf curl China virus，SLCCNV）。这12种病毒的分类地位和重要特征见表。

侵染过程与侵染循环　中国葫芦科蔬菜上的12种病毒可以在多种葫芦科作物和某些多年生杂草宿根上越冬，也可在温暖地区或温室内的病株上越冬。翌年春天，不同的病毒通过不同的方式传播，如蚜虫、烟粉虱，或汁液接触，或带毒种子以及带毒土壤等。

汁液传播（机械传播）　如ZYMV（小西葫芦黄化叶病毒）、WMV（西瓜花叶病毒）、CMV（黄瓜花叶病毒）、PRSV-W（番木瓜环斑病毒西瓜系）、SqMV（南瓜花叶病毒）和CGMMV（黄瓜绿斑驳花叶病毒），这些病毒容易通过汁液直接传播。因此，中耕搭架、整枝打杈、浇水施肥和采收果实等田间农事操作，都易将病株汁液中的病毒经手摸、衣服和农具与健株接触传播开来。

种子传播　ZYMV、WMV、CMV、PRSV-W、SqMV和CGMMV由带毒种子传播，如与带毒砧木嫁接也很容易传毒，并且成为田间病害的初侵染源。发病后的植株可通过蚜虫非持久性方式或汁液传播方式进行再侵染、再传播，从而将病害扩展到全田。

侵染中国葫芦科蔬菜的病毒种类及其特征表（古勤生提供）

病毒种名	分类地位	分布	重要特征
小西葫芦黄化叶病毒	马铃薯Y病毒科马铃薯Y病毒属	全国	正义单链RNA病毒，病毒粒体线条状，长750nm；钝化温度60℃，稀释限点10^{-4}，室温下体外存活期3天；机械传播和蚜虫非持久方式传播；能侵染多数葫芦科作物
西瓜花叶病毒	马铃薯Y病毒科马铃薯Y病毒属	全国	正义单链RNA病毒，病毒粒体线条状，长725～765nm；钝化温度58～60℃，稀释限点10^{-4}～10^{-2}，室温下体外存活期20～25天；由种子传播、机械传播和蚜虫非持久方式传播；主要危害南瓜、黄瓜、西瓜、甜瓜和葫芦等
黄瓜花叶病毒	雀麦花叶病毒科黄瓜花叶病毒属	全国	病毒粒子为等轴对称二十面体，直径约29nm；含3条正链RNA；钝化温度55～70℃，稀释限点10^{-4}，室温下体外存活期3～6天；由种子和机械传播，也由瓜蚜、桃蚜等蚜虫以非持久方式传播；可侵染多数葫芦科作物
番木瓜环斑病毒西瓜株系	马铃薯Y病毒科马铃薯Y病毒属	全国	正义单链RNA病毒，病毒粒体线条状，长760～780nm，直径12nm；钝化温度60℃，稀释限点$5×10^{-4}$，室温下体外存活期40～60天；由机械传播和蚜虫非持久方式传播；可侵染多数葫芦科作物
南瓜花叶病毒	豇豆花叶病毒科豇豆花叶病毒属	西北地区	正单链RNA病毒，病毒粒子为等轴对称二十面体，直径30nm；钝化温度70～80℃，稀释限点10^{-6}～10^{-4}，室温下体外存活期超过4周；由种子传播和机械传播；侵染葫芦科作物
黄瓜绿斑驳花叶病毒	秆状病毒科烟草花叶病毒属	全国多数地区	正义单链RNA病毒，病毒粒子秆状，300nm×18nm；钝化温度90～100℃，稀释限点10^{-7}～10^{-6}，室温下体外存活期数月至1年；由种子传播和机械传播；主要危害黄瓜、西瓜、葫芦等葫芦科作物
瓜类蚜传黄化病毒 甜瓜蚜传黄化病毒 丝瓜蚜传黄化病毒	黄症病病毒科马铃薯卷叶病毒属	全国多数地区	正义单链RNA病毒，病毒粒子为等轴对称二十面体，直径25nm；不能机械传播，而以蚜虫持久方式传播
瓜类褪绿黄化病毒	长线病毒科毛形病毒属	海南、河南、北京、山东、浙江、江苏等	基因组含2条线性正义单链RNA；病毒粒体为长线形，长700～900nm；由烟粉虱以半持久性方式传播
西瓜银灰斑驳病毒	布尼亚病毒科番茄斑萎病毒属	华南	基因组含3条线性单链RNA，ssRNA-L为负义，ssRNA-M和ssRNA-S为双义；病毒粒体为球形，具囊膜；由蓟马以持久性方式传播
中国南瓜曲叶病毒	双生病毒科菜豆金色花叶病毒属	全国多数地区	双分体病毒，无包膜，由两个不完整的二十面体组成；基因组含2条闭环状DNA链；由烟粉虱持久方式传播

H

蚜虫传播　蚜虫传播可分非持久性传播和持久性传播两种方式。

通过蚜虫以非持久性传播方式传播的病毒有 ZYMV、WMV、CMV、PRSV-W 等，常见的传毒蚜虫有棉蚜（*Aphis gossypii* Glover）和桃蚜（*Myzus persicae* Sulzer）。ZYMV、WMV、CMV、PRSV-W 具有广泛的寄主，一些杂草也是田间病毒宿主，能够成为田间病害的初侵染源。通常，蚜虫获毒和传毒时间短，病毒不能在口针内长时间停留，因此，这类蚜虫的传播类型也称为口针污染传毒型。

通过蚜虫以持久性方式传播的病毒有 CABYV（瓜类蚜传黄化病毒）、MABYV（甜瓜蚜传黄化病毒）和 SABYV（丝瓜蚜传黄化病毒），获毒和饲毒的时间较长，往往需要数分钟，病毒在介体内潜伏数小时或数日后才能传毒，且这种传毒能力可保持终生，甚至卵传给子代。

烟粉虱传播　烟粉虱（*Bemisia tabaci* Cennadius）传播病毒也可分为非持久性传播和持久性传播两种方式。由烟粉虱半持久性方式传播的病毒有 CCYV（瓜类褪绿黄化病毒），是经 Q 型和 B 型烟粉虱传播的。因此，病害的暴发与 Q 型烟粉虱的大发生直接相关。SLCCNV（中国南瓜曲叶病毒）则由烟粉虱以持久性方式传播。

蓟马传播　WSMoV 和 MYSV 由蓟马通过持久性方式传播。

流行规律

种子传播的病毒病害　如 ZYMV、WMV、CMV、PRSV-W、SqMV 和 CGMMV 等病毒可由种子传播，这类病毒引起的葫芦科蔬菜病毒病，其病害的严重程度主要取决于带毒种子或带毒砧木的比率，当然在育苗的过程中，介体以及田间农事操作造成的传毒也影响到病害的发生和蔓延。

蚜虫非持久性传播　如 ZYMV、WMV、CMV、PRSV-W 等病毒可由蚜虫以非持久性的方式传播病毒，这类病毒引起的葫芦科蔬菜病毒病，其病害的发生时间与危害程度取决于传毒蚜虫的发生早晚与群体数量，蚜虫的发生动态决定了病毒的发生与流行。在日平均气温 19～27℃ 时，发病高峰约出现在有翅蚜虫迁飞高峰后 15 天左右。有翅蚜出现早，病毒病害也发生早；干旱少雨的年份或田间小气候均有利于蚜虫的大发生，病毒病也就随之大发生、大流行。此外，带毒种子、带毒杂草以及其他发病的葫芦科作物都可以成为田间病毒病的初侵染源。因此，在同一块地内，一般田边地头或附近杂草多的地块，发病早，往往 2～3 个病株紧密相邻成为田间十分显著的发病中心，病害由此逐渐向四周蔓延。

棉蚜和桃蚜都可以传布西葫芦病毒。在同样条件下，棉蚜传毒的潜育期为 5～11 天，桃蚜为 9～15 天，因此，棉蚜传毒效率比桃蚜略高，潜育期也较短，但其潜育期可以随着寄主生育期的向后延迟而逐渐加长。较高的温度（23.5～28.6℃）和较低的相对湿度（65% 以下）有利于蚜虫的繁殖，能促使病毒病害的蔓延和流行。

烟粉虱半持久性传播方式　如 CCYV 是由烟粉虱以半持久性方式传播。20 世纪末，该病毒病害只在中国东部沿海地区发生，由于当时对该病的发病规律和防治措施不太了解，检疫意识淡薄，全国各地保护地面积很大，葫芦科蔬菜周年种植，加上 B 型烟粉虱繁殖快和传毒能力强等因素，因此，只经过短短的 5 年时间，该类病毒病害就已迅速扩展到南至海南、北至黑龙江。

防治方法　由于葫芦科蔬菜病毒病的病原种类、传播方式和流行规律不同，需根据不同的病毒种类而采用不同的防治方法。

加强检疫　CGMMV 是中国检疫性病毒，加强检疫是阻隔该病害大量发生和大地域传播的重要途径。

清洁田园　田间杂草是葫芦科蔬菜病毒的重要寄主，因而及时清除杂草和清洁田园是在葫芦科蔬菜栽培过程中必须要做好的一项重要的农业防病措施。

选用抗（耐）病品种　中国已培育出一批具有抗病毒性的葫芦科蔬菜品种，各地可因地制宜地选用。如长春密刺、中农 5 号、中农 18 号、中农 106、京旭 2 号、津春 4 号、津优 42 号、津优 48 号、津优 401 号、春秋大丰等黄瓜品种，在田间的病毒病发生较轻；比较耐病的西葫芦品种有长青王 4 号、长青王 5 号、早青杂交一代西葫芦、黑皮西葫芦、邯郸西葫芦和天津 25 号等，引自荷兰 EAST WEST SEED 公司的极纳 544 西葫芦的抗病性较强；耐病毒病的南瓜品种有瑞绿 1 号、黑贝—贝贝南瓜、博山长南瓜和枣庄南瓜等。

源自中国的华北型黄瓜材料绝大多数抗 ZYMV、WMV、中抗或抗 CMV；一些华南型黄瓜材料也表现抗病；多数源自欧洲和美国的黄瓜材料不抗这 3 种病毒。美国获得抗 ZYMV 和 WMV 的转基因西葫芦 ZW-20，抗 ZYMV、WMV 和 CMV 的转基因西葫芦 CWZ-3，并分别于 1994 年、1996 年通过安全性评价，获得在田间释放。

种子消毒　用 10% 磷酸三钠溶液浸泡种子 3 小时，以削弱种子上病毒的侵染能力，可起到较好的防治效果。种子干热处理是防治 CGMMV 的关键措施，种子在 72℃ 下干热处理 72 小时，可以有效降低病毒病尤其是黄瓜绿斑驳花叶病毒病的发生，但需要严格控制温度，而且消毒设备内部的通风必须要好。根据韩国的经验，种子依次经过 35℃24 小时、50℃24 小时、72℃72 小时的处理，然后逐渐降温至 35℃以下 24 小时。

诱导抗性　可以采用苯基（1，2，3）噻二唑 -7- 硫代羧酸硫甲酯（BTH）200 倍液、腐植酸肥料等提高植株抗病性。

接种弱毒苗　日本利用不同病毒株系交叉保护的原理，于黄瓜苗期接种 ZYMV、或 WMV、或 CMV 的弱毒株系，其后能够有效地减轻相应病毒的危害。

控制介体昆虫　覆盖防虫网是防蚜最简单有效的措施，即在温室或大棚外覆盖 50～60 目的防虫网，以阻止或减少蚜虫、烟粉虱等传播介体进入棚室内；覆盖银灰膜也能有效地驱避蚜虫，起到一定的防病效果。

此外，在田间和棚室内悬挂黄色粘板，也可起到诱杀蚜虫和烟粉虱的作用；在葫芦科蔬菜田里套种玉米、高粱等；秋种黄瓜之前，采用高温焖棚等措施，都可减轻病毒病害。

化学控制　如喷洒 20% 病毒 A 可湿性粉剂 500～800 倍液，或 1.5% 植病灵 II 号乳剂 1000～1200 倍液，或 3.95% 病毒必克可湿性粉剂 500 倍液，或 0.5% 菇类蛋白多糖水剂 200～300 倍液，或 83 增抗剂 100 倍液，或壳寡糖溶液（每 50mg 兑水 1L），或 2% 宁南霉素水剂 250 倍液，或 4% 嘧肽霉素水剂 200～300 倍等，对减轻葫芦科蔬菜病毒病的危害程度有一定的作用。施药间隔期约 7 天，可交替连续使用。

参考文献

顾兴芳，张圣平，冯兰香，等，2005. 黄瓜抗病毒病材料的鉴定与筛选 [J]. 中国蔬菜 (6): 21-23.

中国农业科学院植物保护研究所，中国植物保护学会，2015. 中国农作物病虫害 [M]. 3 版. 北京：中国农业出版社.

（撰稿：古勤生；审稿：杨宇红）

葫芦科蔬菜根结线虫病 cucurbitaceae vegetables root-knot nematodes

由根结线虫引起的、危害葫芦科作物根部的一种线虫病害，是世界上许多国家农作物种植区重要的土传病害之一。

发展简史　在 1855 年，著名的植物病理学家、微生物专家 Berkeley 在英国的黄瓜上发现并首次报道了根结线虫，描述了根结线虫及其危害症状。其后多位科学家在不同作物上发现了根结线虫，直到瑞士科学家 Émil August Göldi 在 1887 年详细描述了根结线虫不同时期的发育形态，并命名为 Meloidogyne，为根结线虫的研究奠定了重要基础。在 1919 年，美国线虫学家 Kofoid 和 White 描述并确定了南方根结线虫（*Meloidogyne incognita*），直到 1949 年 Chitwood 确定了根结线虫属（*Meloidogyne*），并描述了 5 种主要的根结线虫种，南方根结线虫、爪哇根结线虫、花生根结线虫、短小根结线虫、北方根结线虫。其后 Sasser，Franklin 和 Jepson 等多位科学家在对根结线虫的分类、病理及防治等方面做出了重要的贡献。在中国自 1915 年开始对植物寄生性线虫进行研究，1932 年涂治在蔬菜上发现根结线虫危害，并在 1980 年对根结线虫等植物寄生性线虫首次进行了全国范围的普查，详细地报道了中国根结线虫的种类及危害。自从在黄瓜上发现根结线虫以来，人们对黄瓜根结线虫病研究已 160 多年。在全世界发现的植物寄生性线虫种类已经超过 5000 种，其中根结线虫种类达到了 95 种。

分布与危害　根结线虫广泛分布于世界各地，寄主范围广泛，达到 3000 多种，分属于 114 科。在农业生产中，葫芦科蔬菜为其主要寄主，如黄瓜、南瓜、丝瓜、苦瓜、甜瓜等。最常见的葫芦科蔬菜根结线虫种类为南方根结线虫、花生根结线虫、爪哇根结线虫以及象耳豆根结线虫，广泛分布于中国南方地区及北方温室。随着大棚温室等设施栽培技术在北方蔬菜产区的普及，复种指数大幅提高，为根结线虫提供了适宜的生存环境，导致葫芦科蔬菜根结线虫病害严重，尤以黄瓜南方根结线虫危害最为严重。据 1983 年统计调查，黄瓜根结线虫的发病率可以达到 100%，病情指数达到 46.7～100。根结线虫入侵寄主后会诱导根尖组织上产生巨型细胞，侵染部位进而膨大形成根结，显著抑制地下部根的生长，同时干扰水分和养分的正常运转，影响地上部的生长，造成地上部矮小黄化，蔬菜产量和质量显著下降，在中国根结线虫引起的产量损失平均达到 10%，在黄瓜上损失重达 60%。目前，根结线虫在中国各地发生普遍，根结线虫危害已经成

为制约蔬菜产业发展的重大问题。

根结线虫病主要危害瓜类作物的根部，一般在植物的侧根和须根部形成许多大小、形态各异的根结，不同种根结线虫在葫芦科蔬菜上危害具有相似的症状，例如，在南方根结线虫对黄瓜的危害中，发病初期根结颜色较浅，呈白色，中期根结呈串珠状，使整个根系变粗，后期由于其他致病菌侵染或是侵染部位的组织死亡，根部逐渐变成淡褐色。随着危害加重，根系逐渐腐烂。感病植株地上部分也表现出生长迟缓，植株矮小，长势衰弱似缺水缺肥状。有的植株延迟开花，甚至不开花，结果少而小。根结线虫危害的植株在中午气温高时会出现间歇性萎蔫，早晚气温降低或浇水充足时，植株可恢复正常，随着病情加重，植株渐渐不能恢复正常而萎蔫、枯死。苦瓜、南瓜、西葫芦等瓜类蔬菜被根结线虫侵染后，其根部的根结在生长后期可显著膨大，并可紧密聚集在一起形成巨大团块（图 1）。解剖根结可见许多乳白色鸭梨形的雌虫。根结线虫引起的伤口有利于其他土壤病原物的侵入，提高寄主的易感性形成复合侵染，例如，与枯萎病等土传病害共同发生，形成复合侵染，使植株枯萎死亡，从而加重损失。

病原及特征　引起葫芦科根结线虫病的线虫主要有南方根结线虫 [*Meloidogyne incognita*（Kofoid et White）Chitwood]、爪哇根结线虫 [*Meloidogyne javanica*（Treub.）Chitwood]、北方根结线虫（*Meloidogyne hapla* Chitwood）和花生根结线虫 [*Meloidogyne arenaria*（Neal）Chitwood]，均属于线虫动物门垫刃目根结线虫属，为高度专化寄生性的病原物。在中国，以南方根结线虫为主要病原物，其中主要为 1 号生理小种。据估计，根结线虫危害严重时，1 英亩（4046.86m^2）可耕地中可能含有高达 30 亿头线虫和卵。象耳豆根结线虫（*Meloidogyne enterolobii*）在中国海南等地区对葫芦科蔬菜的危害也日益严重，并逐渐扩散成为一种主要危害线虫种类。

根结线虫从卵到成虫需要经过 4 次蜕皮，整个生活史中主要有卵、幼虫、雌虫和雄虫等形态。根结线虫卵呈椭圆形，大小约为 83μm×38μm，由胶状物包裹在一起，初期呈白色，后期呈淡褐色。卵在适当条件下孵化，并在卵壳形成一龄幼虫。一龄幼虫蜕皮并从卵内孵化出，形成侵染性二龄幼虫，可自由移动，侵染性二龄幼虫呈蠕虫状，长 250～600μm，食道腺发育良好，且尾部含有透明尾，尾长 15～100μm。二龄幼虫侵入寄主植物的根系后固定寄生，虫体膨大，并再经过 3 次蜕皮，发育成三龄、四龄及成虫。雌虫为固定寄生型，呈圆球形或梨形，虫体白色，具有凸出和时有略弯曲的颈，平均长 440～1300μm，宽 325～700μm，雌虫的口针细弱，长 10～25μm，中食道球发达。在完全成熟的雌虫上，只有头部和尾部的会阴花纹上能观察到特殊的环纹，是根结线虫分类的重要依据。雄虫为非定居性，呈蠕虫状，具有体环，长 600～2500μm，头部呈圆锥状，口针长，且基部呈球状，中食道球小于雌虫，背食道腺开口距口针基部球 2～13μm，尾端具有交合刺长 20～40μm（图 2）。

南方根结线虫、爪哇根结线虫、北方根结线虫、花生根结线虫和象耳豆根结线虫这 5 种主要根结线虫的雌虫形态相近，主要以会阴花纹进行区别：南方根结线虫会阴花纹背弓

图 1 葫芦科蔬菜主要根结线虫病症状（茆振川 提供）

①黄瓜根结线虫病根部症状；②苦瓜根结线虫病根部症状；③甜瓜根结
线虫病根部症状；④南瓜根结线虫病根部症状

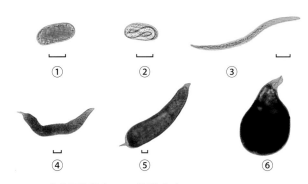

图 2 南方根结线虫不同时期的虫态（标尺：50μm，茆振川 提供）

①卵；②卵内的 J1，一龄幼虫；③J2，二龄幼虫；④J3，三龄幼虫；⑤
J4，四龄幼虫；⑥雌成虫

较高，背弓有波浪形的平滑线纹，侧面的一些线纹有分叉，没有侧线；爪哇根结线虫会阴花纹背弓近圆而扁平，侧线明显；花生根结线虫会阴花纹背弓较低，环纹清楚，通常侧线不明显；北方根结线虫会阴花纹从近圆形的六边形至扁平的卵圆形，背弓低，侧线不明显，线纹平滑至波浪形，肛门通常具有刻点；象耳豆根结线虫会阴花纹特征主要表现在整体呈卵圆形到椭圆形，背弓较高，线纹较细，尾尖区环纹不规则，侧线不明显（图 3）。

侵染过程与侵染循环　二龄幼虫头部有敏感的化感器可以被吸引到植物根部。二龄幼虫通过口针的物理伤害和在分泌的各种酶类的作用下侵入植物根部，并迁移到根尖分生区，用口针刺激根尖分生区维管束组织形成巨大细胞。在此过程中，易感植物的细胞核分裂但细胞质不分裂，不形成细胞壁，而产生巨型细胞，这种状态可为根结线虫的生长和繁殖提供营养来源。巨型细胞的产生使根部细胞分裂形成瘤肿和过渡分枝，或使细胞中胶层溶解引起细胞裂解，使根部和皮层形成空洞以致细胞死亡。

根结线虫远距离的移动和传播，通常是借助于灌溉水、雨水、土肥、种苗、病土搬迁和农机具沾带的病残体、病土等进行传播，且只有自由移动的二龄幼虫能够侵染寄主植物。根结线虫的完整生活史经历卵、幼虫（一龄至四龄）和成虫3 个阶段，多生活在 5～25cm 深的土层里。在大田中，根结线虫的卵产在线虫体外根结表面，并有一层胶状物包裹在一起，在适宜条件下卵块可立即孵化，进行再侵染，而处于不良环境条件时，可形成休眠状态的卵块且不会马上孵化，可存活 1～3 年。设施栽培技术使得根结线虫一年四季都可以在温室中连续繁殖，造成多次再侵染，世代混杂，对作物造成严重危害。南方根结线虫、爪哇根结线虫、花生根结线虫以孤雌生殖方式进行繁殖，虽然有雄虫存在，但是基本不起作用。胚胎形成后，卵内的一龄幼虫经历第一次蜕皮发育成二龄幼虫并从卵壳中孵化出，二龄幼虫由根尖部位侵入，并迁移到分化区的维管束,刺激形成巨型细胞(通常为6个),建立根结线虫的取食位点。成功侵染的二龄幼虫继续发育后形态会发生变化,逐渐膨大变成瓶状,并再经历3次蜕皮,最终发育为球形或是梨形的成虫。雌成虫固定寄生并连续产卵到体外,每头雌虫每天可产30～80粒卵,每头雌虫可产卵300～800粒。雄虫发育完成后逸出根外,可进行有性生殖也可无性生殖(图4)。在适宜温度下,整个发育期为21～25天。

流行规律　温度、湿度、土质以及栽培制度等因子均对根结线虫病发生的严重程度有着巨大影响。温度是影响根结线虫发生及危害的首要因素,它影响着线虫的分布、存活、

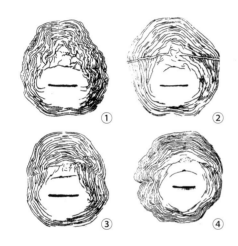

图3　四种主要根结线虫的会阴花纹比较(引用刘维志,2000)
①南方根结线虫;②爪哇根结线虫;③花生根结线虫;④北方根结线虫

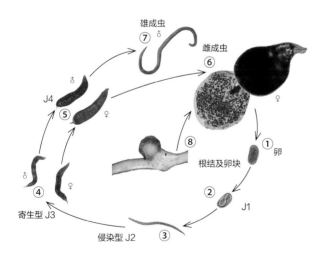

图4　南方根结线虫生活史(茆振川提供)
①卵;②卵内一龄幼虫(J1);③侵染型二龄幼虫(J2);
④寄生型三龄幼虫(J3);⑤四龄幼虫(J4);
⑥雌成虫;⑦雄成虫;⑧根结及卵块
♀:雌虫;♂:雄虫

生长及繁殖,在24～30℃时,病原线虫生长和繁殖速度最快。当温度处于10℃以下时,根结线虫的幼虫停止活动,温度过高过低对线虫的活动均不利。一些根结线虫,如南方根结线虫等在北方露地不能正常越冬存活。土壤的质地、湿度及通风特性也影响根结线虫病的发生,盐分低的壤土和结构疏松的砂质土壤有利于线虫生存,发病严重。土壤湿度40%～70%时,根结线虫活跃度最大。土壤含水量过大会影响线虫生长发育,发病程度降低。

根结线虫在北方温室及南方露地中具有相似的发生规律,在土壤平均地温达10℃以上时,卵开始陆续孵化为一龄幼虫;平均地温在12℃以上时,可发育成为二龄幼虫;当平均地温在13～15℃时二龄幼虫就可成功侵染植物。最适宜根结线虫生长发育的土壤温度为24～30℃,适宜的湿度为40%～70%,pH为4～8。在最适宜条件下其完成1个世代仅需要21～25天。根结线虫具有好气性,它可在地势高、土壤疏松、含水量较高、渗透压适宜的砂壤土中生存,而在过于潮湿、板结、呈碱性的土壤中难以生存。

北方露地黄瓜根结线虫一年可发生4代左右,3月上旬至10月下旬为危害期,尤其在6月中旬至7月下旬(平均地温为22～30℃)根结线虫危害最为严重。在温室环境、华南热带地区气候适宜根结线虫生长发育,因此,根结线虫可以周年侵染、危害、繁殖,一年可发生10代左右,每个雌虫产卵300～800枚。自3月开始进入危害期,到6月达到高峰。在设施栽培中造成根结线虫世代混杂,容易形成致害成灾的局面。

防治方法　种子上一般不存在根结线虫,但是无性繁殖材料的球茎、球根及培育幼苗的根部常带有根结线虫或是卵。葫芦科蔬菜中缺乏抗性良好的抗根结线虫种质资源,因而在栽培黄瓜、南瓜、丝瓜等蔬菜时应以"预防为主,综合防治"为原则,采取相应的农业技术防治措施,控制病害的发生,尽量减少作物产量的损失。

合理轮作　线虫是一种专性寄生生物,虽然寄主范围很广,但是对寄主的适应性及趋向性存在差异,在缺乏合适寄主的情况下,根结线虫种群数量会由于缺乏营养而大量降低。因此,农业生产中常利用合理轮作减少土壤线虫量,减轻病害的发生。通过葫芦科蔬菜与抗根结线虫的番茄及辣椒等品种进行轮作,可以有效地减少根结线虫的种群基数,降低危害程度。另外,可以和其他发病较轻的蔬菜进行轮作,如大葱、大蒜、韭菜等。如将黄瓜根结线虫病田块改种大葱、大蒜、韭菜后,15～20cm的土层中线虫量减少75%～92%,病情指数下降48%～67%。在黄瓜根结线虫严重危害的田块可以与玉米、小麦或是水稻育苗田进行两年以上的轮作,均可以有效控制根结线虫的危害。

物理防治　土壤10cm深处的地温达30～40℃,土壤5cm深处的地温白天达60～70℃即可有效控制根结线虫。在7～8月灌水后,用塑料膜平铺地面、压实,水淹土层10cm可达到利用高温杀虫的效果,降低根结线虫的生存和繁殖能力。有条件的温室或是无土栽培基质可以采用90～95℃的热水灌溉或是蒸汽进行热力消毒杀虫,可以有效控制根结线虫的危害。南方根结线虫等不耐低温,不能在北方露地越冬,因此,在冬季休闲季,将发生根结线虫的设施

土壤翻耕，在低温中自然处理 10～15 天可以有效杀死大量线虫。

种苗管理　根结线虫远距离传播主要通过种苗携带的方式，特别是随着种苗的规模化及工厂化培育，种苗传播已经成为根结线虫一种重要传播方式。使用消毒种植材料将植物种植在苗床或育苗钵中，能够有效控制根结线虫的数量。根结线虫传播主要通过苗床，因此，选用未发生根结线虫病的土壤或是两年以上的水稻田土壤作为苗床土，可以起到良好的预防作用。工厂化育苗时，要用高温对配制的营养基质进行灭菌，可有效防止根结线虫病害的发生及传播。另外，播种前用药剂消毒种子、温汤浸种等，以杀灭虫卵，防止病害随种子传播。

生物防治　土壤中的许多天敌可以有效控制根结线虫的数量。有益生防菌是用于生物防治的重要菌剂，其具有安全性能好、不污染环境的特性，符合现代农业安全生产的发展方向。研究较多的防治根结线虫的生防菌有厚垣孢普可尼亚菌（*Pochonia chlamydosporia*）、淡紫拟青霉（*Paecilomyces lilacinus*）、木霉菌（*Trichoderma spp.*）、穿刺巴氏杆菌（*Pasteuria penetrans*）、枯草芽孢杆菌（*Bacillus subti*）和苏云金芽孢杆菌（*Bacillus thuringiensis*）等。厚垣孢普可尼亚菌分布广泛，可以寄生于线虫卵内，在没有寄主时也可营腐生生活。淡紫拟青霉及木霉菌等真菌在世界范围内分布，主要以腐生的方式存在，可以产生杀线虫的次生代谢产物或是寄生根结线虫，杀死根结线虫或是抑制侵染，从而防控根结线虫的危害。现在部分生防菌株已经形成商品化制剂用于生产，如淡紫拟青霉颗粒剂、木霉菌（*Trichoderma harzianum*）粉剂等。但是由于商品化、生产、贮存、田间应用技术上存在不同程度的限制，因此，生防菌的利用十分有限，且其制剂在防治效果、稳定性及配合使用技术方面往往需要进一步的改善。

化学防治　杀线虫剂是控制根结线虫的主要药剂之一，可迅速防控根结线虫的危害，以获得较高的经济效益。化学药剂虽然杀虫快，效果好，但有些药剂对人畜剧毒，破坏生态环境，许多杀线虫化学药剂已经被禁止应用，如溴甲烷、涕灭威等。特别是在蔬菜作物上高毒、剧毒、高残留以及高污染的农药被禁止应用，因此，在安全生产的原则下在蔬菜上合理选用化学杀线虫剂十分重要。中国在葫芦科蔬菜上可以选用的主要化学杀线虫剂有阿维菌素、噻唑膦、威百亩、棉隆等。

棉隆（daomet）。使用棉隆前，先进行深翻（30cm 左右），再用旋耕机进行打地，使土壤颗粒细小而均匀。保持土壤湿度 60%～70%（湿度以手捏土能成团，1m 高度掉地后能散开为标准），以便让线虫和病原菌及草籽萌动，更容易被棉隆气体杀死。湿度太小（40% 以下），棉隆的颗粒不能完全分解，湿度太大（70% 以上）不利于棉隆气体在土壤颗粒间流动，杀线虫效果较差。

施药方法　根据不同需要有全地撒施、沟施、条施等。98% 棉隆颗粒剂 75～105kg/hm² 撒施或是沟施，施药深度不低于 20cm，以 25～30cm 为宜，并覆膜。土传病虫害严重时用高剂量，轻则用低剂量。撒施药后马上用旋耕机混匀土壤。沟施和穴施时，使药剂与土壤颗粒充分接触，温室大棚内使用要确保立柱和边角用药到位，以防消毒不彻底。覆盖的塑料膜不能太薄，要用无透膜（不透气）。且从开始旋耕到盖膜结束时间越短越好，最好在 2～3 小时内完成，减少有效成分挥发。覆膜后，根据温度高低（最佳施药温度在 12℃ 以上），密封消毒 12～20 天，不得少于 12 天。确保敞开放气完全，保证无残留药害。揭去薄膜，按同一深度 30cm 进行松土，透气一星期以上，再取土以甘蓝或其他易发芽种子做安全发芽试验，安全后才可再进行育苗。

威百亩（metham sodium）。种植前 17～18 天，温度达 15℃ 以上时开沟，沟深 16～23cm，沟距 24～33cm，每亩用药剂 4～5kg（重发生地块可用 8～10kg），加水 300～500kg，均匀施于沟内，随即盖土踏实，盖地膜，15 天后揭膜，翻耕透气 2～3 天后，再播种或移栽。用威百亩熏蒸土壤消毒，应避免人为再传入线虫。同时，注意施入优质有机肥或复合肥，以尽快建立良好的土壤微生物环境。

氰胺化钙（calcium cyanamide）。氰胺化钙土壤消毒技术主要利用太阳射线产生的高温和毒性氰胺液杀死土壤中大部分的根结线虫和线虫卵。在温室、大棚 6、7 月休闲换茬时，按照每 1000m² 施用稻草或麦秸等未腐熟的有机物 1～2t、氰胺化钙颗粒剂 100kg 的用量，将其均匀撒施于土壤表面。用旋耕机充分深翻，然后浇大水，土表覆盖地膜，把棚封闭，高温闷棚 20～30 天，可杀死土壤上层的绝大多数线虫。

噻唑膦颗粒剂。种植前每亩用药剂 1.5～2kg，拌细干土 40～50kg，均匀撒于土表或畦面，再翻入 15～20cm 耕层。也可均匀撒在沟内或定植穴内，再浅覆土。施药后当日即可播种或定植（施药与播种、定植的间隔时间尽可能短）。在黄瓜、西瓜上对线虫防效达 75%～90%。

阿维菌素乳油。防治根结线虫病应于种植前 1m² 用药剂 1～1.5ml，1.8% 阿维菌素乳油稀释 2000～3000 倍，全面均匀喷洒土表，然后立即耙入 15～20cm 耕层，充分拌匀后播种或定植；也可兑水均匀沟施或穴施，浅覆土后播种或定植。阿维菌素易光解，不可长时间暴露。若在植物生长期施药，可用 1000～1500 倍液灌根，每株灌药液 250ml。1.8% 阿维菌素乳油对根结线虫病防效达 65%～88%。但有些地方连续使用多年后防效有所下降，应与其他土壤消毒技术配合或交替使用。

参考文献

简恒译，2011. 植物寄生线虫学 [M]. 北京：中国农业大学出版社.

廖金铃，彭德良，郑经武，等，2006. 中国线虫学研究：第一卷 [M]. 北京：中国农业科学技术出版社.

刘维志，2000. 植物病原线虫学 [M]. 北京：中国农业出版社.

刘杏忠，张克勤，李天飞，2004. 植物寄生线虫生物防治 [M]. 北京：中国农业出版社.

PERRY R N, MOENS M, STARR J L, 2009. Root-knot nematodes [M]. Pondicherry, India: MPG Books Group Press.

（撰稿：茆振川；审稿：杨宇红）

葫芦科蔬菜红粉病　cucurbitaceae vegetables pink-mold rot

由粉红单端孢引起的、危害葫芦科蔬菜的一种真菌病害。

发展简史　1800 年，德国柏林首次报道该病。1902 年，在美国纽约也有发生，随后在世界各地都有该病发生的报道。中国吉林于 1966 年在黄瓜上发现了红粉病，当时危害较轻、影响很小，算不上葫芦科蔬菜的主要病害，不为人们重视。随着设施蔬菜的发展，黄瓜、甜瓜等葫芦科蔬菜红粉病的发病程度、频率、危害面积都显著增加，一般减产 5%～10%，发病严重时减产达 30% 以上，已成为瓜果类蔬菜重要病害之一。

分布与危害　葫芦科蔬菜红粉病是世界性分布的一种真菌病害，在欧洲、美洲、亚洲等地都有危害发生的报道。中国先后在甘肃、新疆、天津、北京、河北、江西、福建、山东和河南等地发生，一般减产 5%～10%，发病严重时减产达 30% 以上，在危害严重的地块，该病害可造成大量叶片坏死、植株连片枯萎，导致减产甚至绝收。瓜类红粉病由粉红单端孢引起，该病菌的寄主范围较广，以腐生为主，可从腐烂植物体、土壤、空气中分离获得；兼性寄生，可以侵染多种植物引起红粉病，除引起葫芦科、茄科蔬菜红粉病外，还可侵染苹果、棉花、醋栗等多种植物，导致红粉病的发生。

葫芦科蔬菜红粉病主要危害叶片，也可危害瓜条和茎部。从叶中间或叶缘开始发病，在叶片上产生圆形、椭圆形或者不规则形的浅褐色病斑，病斑大小 1～5cm，湿度大时边缘呈水浸状，病斑薄易破裂，湿度大时病斑上出现淡橙红色霉状物，且迅速扩大，致叶片腐烂或干枯。瓜条受害，病菌多从花蒂部侵入，向瓜上扩展，受害部位停止生长，组织先变黄，后生浅红色霉层；茎部受害可造成茎节间开裂，湿度大时呈水浸状淡橙红色病斑（图 1）。

病原及特征　病原为粉红单端孢［*Trichothecium roseum*（Bull）Link］，属单端孢属真菌。粉红单端孢分生孢子梗直立不分枝，无色，顶端有时稍大；分生孢子顶生，多可聚集成头状，呈浅橙红色，分生孢子倒洋梨形，无色或半透明，具 1 隔膜，隔膜处略缢缩，孢子大小为 15～28μm×8～15.5μm（图 2）。

粉红单端孢在 5～35℃ 均能生长，15～30℃ 为最适温度，温度在 15℃ 以下和 30℃ 以上，粉红单端孢菌丝伸长的速度明显降低，5℃ 低温环境，172 小时菌丝仅伸长 2.5mm。在不同温度下培养粉红单端孢，10～35℃ 番茄红粉病菌均能形成分生孢子，20～30℃ 为产孢适宜温度，在 20℃ 以下和 30℃ 以上产孢量明显下降，低温环境不利于菌体产孢。粉红单端孢喜好中等偏酸性条件，也可在碱性条件下生存，菌丝伸长和孢子着生在 pH5～9 的环境下均较为适宜。

侵染过程与侵染循环　葫芦科蔬菜红粉病菌分生孢子落到感病葫芦科蔬菜的叶片上，遇合适的温、湿度条件即萌发长出芽管，遇到伤口、气孔等孔口，侵入孔口内，菌丝在寄主细胞间扩展，用以从瓜类蔬菜组织中吸取养料和水分，至此，葫芦科蔬菜红粉病菌——粉红单端孢分生孢子萌发侵入寄主的过程即告完成。

H

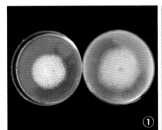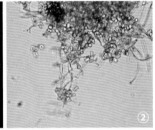

图 2　粉红单端孢的形态（王勇提供）
①菌落；②分生孢子

图 1　黄瓜红粉病田间症状（王勇提供）
①发病叶片；②发病瓜条

葫芦科蔬菜红粉病菌以菌丝、孢子随病残体在土壤中越冬，成为翌年初侵染来源（图3）。翌年春季条件适宜时，病菌分生孢子传播到黄瓜、甜瓜等葫芦科蔬菜上，由伤口、自然孔口等侵入，侵染叶片或果实，菌丝在寄主细胞间扩展。发病后，病部产生大量分生孢子，借风雨和灌溉水传播蔓延进行再侵染。如此春去秋来，循环往复，构成葫芦科蔬菜红粉病的侵染循环。

流行规律　葫芦科蔬菜红粉病菌的发育适温为20～30℃，相对湿度高于85%时最易发病。因此，该病的发生多集中在春、秋两季，葫芦科蔬菜红粉病易于在春季温度高、光照不足、通风不良的大棚或温室里发生。一般中下部果实先发病，此时由于棚内湿度大，植株长势弱，病情控制不及时易造成流行，一旦流行则较难控制，对葫芦科蔬菜产量及质量构成极大威胁。

影响葫芦科蔬菜红粉病发生流行的因素有多种。生产上灌水过多、湿度过大、放风不及时易发病，植株栽植过密、偏施氮肥发病重，主要原因是该条件下适于病菌发育、侵染，且易造成植株徒长，长势衰弱，对葫芦科蔬菜生长不利，从而加重病害流行。葫芦科蔬菜红粉病菌以腐生为主兼具寄生，地势低洼、易于积水、管理粗放或肥水不当使植株长势衰弱等，往往加重葫芦科蔬菜红粉病的危害，发病严重的植株，常造成大量叶片坏死、植株连片枯萎，导致严重减产。此外，在阴雨连绵、光照不足、忽晴忽雨、天气闷热、多露等天气条件下，植株生长不健壮，风雨有利于红粉病菌传播，造成的伤口有利于病菌侵染，因此，也有利于发病。

防治方法　葫芦科蔬菜红粉病的发生和流行与葫芦科蔬菜抗病力、菌源和环境条件等密切相关，因素复杂，因此，需采取合理密植、合理灌溉、适时整枝、摘除病果等栽培措施以及药剂防治的病害综合治理措施。

合理密植　栽培密度不仅影响蔬菜的产量和质量，还影响葫芦科蔬菜红粉病的发生和蔓延。栽培密度过大，则易形成湿度大、光照不足、通风不良的环境，加重葫芦科蔬菜红粉病的发生。因此，保护地蔬菜的种植应合理密植。

适时插架绑蔓、整枝打杈、摘除病果　保护地内湿度、光照等对葫芦科蔬菜红粉病的发生影响较大，蔬菜定植后到开花前要及时插架绑蔓，以提高群体通风透光性，利于植株茎叶生长。由于粉红单端孢菌为弱寄生菌，种植蔬菜时应适当整枝和摘除多余的侧枝，加强通风透光，防止植株徒长，同时结合整枝进行疏花疏果，摘除老叶、病果、病叶，改善植株生长环境，提高植株抗病能力。

合理灌溉　棚室内湿度大易诱发葫芦科蔬菜红粉病，因此，在保证蔬菜生长适温的前提下，棚室要加强放风排湿，使棚室内相对湿度低于85%。同时注意合理浇水，葫芦科蔬菜初花期坐果前不宜过量供水，进入盛果期，应保持土壤湿润适中，切忌忽干忽涝。棚室内采用滴灌和膜下浇水的方式，有利于保持土壤持水量、降低棚室内湿度，是防止葫芦科蔬菜红粉病蔓延和危害的有效方法。

化学防治　发病后要及时防治，控制病情发展和流行。可于发病前或发病初期喷洒50%咪鲜胺锰盐可湿性粉剂1000～1500倍液，或10%苯醚甲环唑水分散粒剂1000～1500倍液，或72%霜脲·锰锌可湿性粉剂800倍液，或50%苯菌灵可湿性粉剂1000～1500倍液，或50%硫黄·多菌灵可湿性粉剂800～1000倍液，7～10天施用1次，连续施用2～3次。

参考文献

郭玉蓉，毕阳，曹孜义，2003. 硅剂处理对'玉金香'甜瓜红粉病的抑制 [J]. 园艺学报，30(5): 586-588.

李利平，张建英，杜自海，2003. 黄瓜红粉病的发生为害及防治方法 [J]. 植保技术与推广，23(11): 21.

吕佩珂，刘文珍，段半锁，等，1996. 中国蔬菜病虫原色图谱续集 [M]. 呼和浩特：远方出版社.

马桂芝，张道明，2002. 大棚番茄红粉病的防治与建议 [J]. 北方园艺，29(2): 17.

CHEEMA S S, MUNSHI G D, SHARMA B D, 1981. Laboratory evaluation of fungicides for the control of *Trichothecium roseum* Link. A new fruit rot pathogen of sweet orange[J]. Hindustan antibiotics bulletin, 23:27-29.

ZABKA M, DRASTICHOVA K, JEGOROV A, et al, 2006. Direct evidence of plant-pathogenic activity of fungal metabolites of *Trichothecium roseum* on apple[J]. Mycopathologia, 162(1): 65-68.

（撰稿：王勇；审稿：杨宇红）

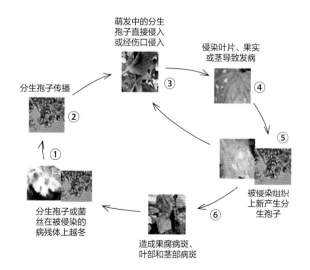

分生孢子传播　②

萌发中的分生孢子直接侵入或经伤口侵入　③

侵染叶片、果实或茎导致发病　④

⑤

①

分生孢子或菌丝在被侵染的病残体上越冬

被侵染组织上新产生分生孢子　⑥

造成果腐病斑、叶部和茎部病斑

图3　葫芦科蔬菜红粉病病害循环示意图（王勇提供）

葫芦科蔬菜灰霉病　cucurbitaceae vegetables gray mold

由灰葡萄孢引起的，危害黄瓜、葫芦、瓢瓜、冬瓜、南瓜、丝瓜、西瓜、甜瓜等葫芦科蔬菜地上部分的一种真菌病害，因病部产生灰色至灰褐色粉状霉层而得名。是世界上许多葫芦科蔬菜种植区重要的病害之一。

发展简史　灰葡萄孢为葡萄孢属真菌，该属是Micheli在1729年建立且最早描述的真菌属之一。依据1905年双系统的真菌命名法原则，灰霉病菌具有无性和有性阶段，因此，其存在两个名称，即：无性名称（*Botrytis cinerea*）和有性名称（*Botryotinia fuckeliana*）。随着菌物学的发展，真菌学家于 2011 年提出简化分类和命名真菌，并倡议"一个真菌一个名字"。在"XVI International Botrytis Symposium"上，讨论并通过采用无性名称 *Botrytis cinerea* 作为通用名称。

1960 年，美国首次报道了灰葡萄孢引起的葫芦科蔬菜灰霉病。随后在苏格兰、加拿大、希腊、澳大利亚、新西兰、韩国和波兰等地均有报道。中国记录的葫芦科蔬菜灰霉病始于 20 世纪 70 年代。1979 年，戴芳澜发表的《中国真菌总汇》中对灰葡萄孢危害葫芦科蔬菜黄瓜进行报道。2006 年，张忠义主编的《中国真菌志：第二十六卷 葡萄孢属 柱格孢属》也记载了灰葡萄孢危害葫芦科蔬菜，且分布广泛。

分布与危害 灰葡萄孢寄主范围十分广泛，不仅能够危害葫芦科蔬菜（黄瓜、西葫芦、瓠瓜和苦瓜等），还能够危害其他蔬菜种类（如茄科蔬菜、葱属蔬菜和十字花科蔬菜等）以及多种水果作物（草莓、葡萄和樱桃等）。保护地和露地栽培蔬菜的灰霉病发生也呈上升趋势，对葫芦科蔬菜的生产构成危害，造成了重大的经济损失。以黄瓜灰霉病为例，黄瓜灰霉病是在保护地栽培时很易发生的病害，常年均可发生，一般温度较低且湿度较大时易感染病害，引起腐烂，导致产量大幅下降，且果实品质也受到影响。一般田块可造成减产 10%～30%，重病田病瓜率高，提前拉秧，损失更大，严重损害菜农的经济利益。在中国各地均有发生，危害较重。在安徽淮安地区，黄瓜灰霉病普遍流行，如果防治不及时，可造成黄瓜减产 10%～30%，严重时减产 50% 以上。在陕西榆林地区冬暖棚栽培的黄瓜一般减产 20%～30%，发病严重时导致全棚萎蔫。在山东滨州地区，每年由于灰霉病造成的

西葫芦减产 20% 左右，严重大棚者损失可达 80% 以上，甚至毁棚。

葫芦科蔬菜灰霉病菌主要危害幼瓜、叶和茎蔓。瓜条发病时，病菌大多从开败的雌花处开始侵染，使花瓣和蒂部呈水渍状，很快变软，萎蔫腐烂，并长出灰色的霉层，病情沿瓜条蔓延。叶部病斑初为水渍状，发病迅速时病斑处的叶肉组织变薄，病斑上有明显的轮纹，湿度高时易穿孔。发病后期变成淡灰褐色斑，边缘明显，呈不规则形，表面生有灰色粉状霉层（图 1）。烂瓜或烂花附着在茎蔓时，能引起茎蔓部的腐烂，严重时下部的节腐烂致蔓折断，植株枯死。

病原及特征 病原菌无性态为灰葡萄孢（*Botrytis cinerea* Pers. ex Fr.），分生孢子梗单生或丛生，大小为 712～1745μm×10～17μm，在顶部产生多轮互生分枝，最后一轮分枝顶端膨大，芽生分生孢子。分生孢子呈簇状着生分生孢子梗顶端，椭圆形，单胞，大小为 7～14μm×6～13μm（图 2①②）。有性态为富氏葡萄孢盘菌［*Botryotinia fuckeliana*（de Bary）Whetzel.］，属于子囊菌，菌核萌发产生子囊盘，在子囊盘中产生子囊及子囊孢子。在自然条件下，灰霉病菌发生有性繁殖极为少见。

灰葡萄孢菌丝生长的温度范围是 3～30℃，最适生长温度为 20～23℃。在马铃薯葡萄糖琼脂培养基（PDA）上，灰葡萄孢菌落边缘整齐。菌丝体初期灰白色，绒毛状。后期在菌落表面及皿壁边缘产生分生孢子梗、分生孢子及菌核。菌核初期为白色菌丝团原基，逐渐变成灰白色颗粒状，有水滴从菌核溢出。成熟菌核黑色，形状不规则、散生于整个培养皿，大小为 1.0～12.9mm×0.7～6.1mm。菌核不易脱离基质（图 2③）。

图 1 葫芦科蔬菜灰霉病症状（①张静提供；②③④⑤⑥吴楚提供）
①黄瓜灰霉病在瓜条上的症状；②黄瓜灰霉病叶片症状；③瓠子灰霉病病果；④瓠子灰霉病病花；
⑤西葫芦灰霉病发病初期病部有大量灰色霉层；⑥西葫芦灰霉病叶片发病

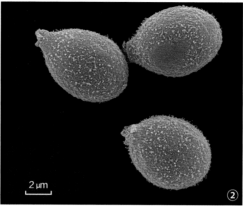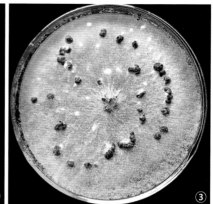

图 2 灰葡萄孢的形态特征（张静提供）
①分生孢子梗；②分生孢子；③菌落形态

侵染过程与侵染循环 灰葡萄孢主要以分生孢子借助风、气流、流水或雨水溅射进行传播。分生孢子落到葫芦科蔬菜植株地上部分（叶片或残花），在环境条件适宜的情况下萌发长出芽管，芽管伸长通过植物表面气孔或伤口侵入植物组织，或是在芽管顶端形成类似附着胞的结构，附着胞则通过机械压力及分泌一些细胞壁降解酶类物质直接穿透寄主植物表皮，进入寄主植物体内。侵入寄主植物体内后，灰葡萄孢产生毒素类化学物质杀死寄主植物细胞并形成初始病斑，经过一段时间的潜伏侵染之后，病斑开始扩展并造成植物组织腐烂；侵染后期，空气湿度大的条件下，寄主组织表面产生大量分生孢子和分生孢子梗，并开始下一轮的侵染循环。

灰葡萄孢以分生孢子、菌丝体及菌核附着于病残体上或遗留在土壤中越冬。病残体存在于土壤表面和土壤中。当环境条件（温度、湿度和降水量）适宜时，病残体中的菌丝产生分生孢子，菌核也可萌发产生分生孢子。分生孢子借气流、雨水溅射、人们的生产活动等方式进行传播，接触葫芦科蔬菜花瓣、茎叶组织伤口或者衰弱的残花后侵染。在外源营养物质（衰老花瓣、花粉、植物伤口外渗物）的刺激下，分生孢子萌发，进而进行菌丝生长，侵染植物薄壁组织，造成植物组织发生腐烂。同时，灰霉病菌在腐烂组织表面产生大量粉状霉层（分生孢子梗和分生孢子）。这些新形成的分生孢子可以进行再侵染。发病后期，发病组织表面产生黑色扁平状菌核（图 3）。结瓜期是病菌侵染和发病的高峰期。气温 18～23℃、相对湿度 90% 以上，有利于病害的发生。

流行规律 葫芦科蔬菜灰霉病的流行与菌源数量、温度和湿度、栽培措施以及瓜类品种及生育期等因素密切相关。

菌源数量 灰葡萄孢分生孢子是田间发生灰霉病的主要侵染源。分生孢子数量大灰霉病发生严重。灰葡萄孢的寄主范围十分广泛，源于其他寄主植物病残体上的灰葡萄孢也可以感染葫芦科蔬菜。

温度和湿度 低温高湿的环境是葫芦科蔬菜灰霉病发生流行的主要原因。一般情况下，温度在 20～23℃、相对湿度达到 80% 以上便开始发病，连续阴雨，田间湿度大，易造成灰霉病流行。在长江流域黄瓜灰霉病的发生盛期为 3～6 月和 11～12 月，春季发生重，秋季发生轻。大棚温度在

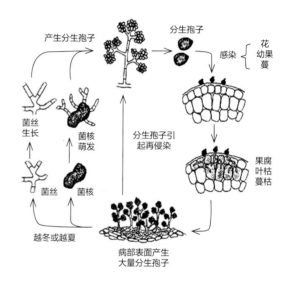

图 3 黄瓜灰霉病侵染循环
（引自《中国农作物病虫害》，2015）

10～15℃，如遇连阴雨天气，灰霉病就迅速流行。当温度高于 30℃ 或低于 4℃ 时，如果大棚内湿度低于 80%，灰霉病则停止流行。

栽培措施 对葫芦科蔬菜灰霉病的发生影响很大。保护地地势低洼潮湿，光照不足，氮肥施用过多，葫芦科蔬菜生长过于旺盛，植株密度过大，漫灌浇水，未及时整枝、打顶、中耕、除草等粗放栽培措施都会加速灰霉病流行。此外，长期旱地连作有利于灰霉病流行，反之实行水旱轮作则可减少田间菌源数量，从而减轻灰霉病流行。此外，通风状况不良的大棚也有利于灰霉病流行。

寄主生育期状况和品种 葫芦科蔬菜在生长衰弱或组织受冻、受伤时易感染灰霉病。另外，生育期对灰霉病流行影响很大，苗期和花期较易感病。迄今尚未发现真正抗病品种，可能存在着耐病品种，但耐病性的利用有待进一步研究。

防治方法 葫芦科蔬菜灰霉病与菌原数量、温湿度、栽

培措施等密切相关。因而可采取生态防治、加强栽培管理、药剂防治和生物防治等措施。

生态防治　控制大棚温湿度可以减轻灰霉病发生。如果每天棚内气温高于 30℃ 的时间达 2～3 小时，可有效抑制灰葡萄孢滋生。例如：在晴天，上午和中午适时揭开大棚上的草帘等不透明覆盖物，增加棚内光照时间，使棚内温度达到 33℃，并维持 2 小时，之后放风排湿，使棚内空气湿度降低至 80% 左右。当棚内气温降至 24℃ 时，关闭通风口。下午则覆盖草帘，以维持棚内温度为 20～21℃，相对湿度为 65%～70%。在夜间，棚内温度应控制在 14℃ 以上，防止夜间放风时间过长引发冻害。

管理水分　合理管理棚内水分可起到降低大棚湿度的效果，包括实行滴灌及勤灌，减少大水漫灌；及时疏通大棚内外沟系，防治雨后积水；实行高畦栽培，降低地下水位，减少叶片表面结露和叶缘吐水时间，可以减少病菌的侵染机会；阴天不浇水，防止空气湿度过高。

栽培防治　妥善处理病残体，瓜条坐住后摘除幼瓜顶部的残余花瓣及瓜条套袋，发现病花、病瓜、病叶要及时摘除并深埋；收获后彻底清除病残组织；及时打掉黄瓜植株下部的老叶，而后盘蔓。合理轮作，在灰霉病发生的田块，提倡将瓜类蔬菜与水生蔬菜或禾本科作物轮作 2～3 年。加强田间管理，苗期施足磷肥，结果期增施磷、钾肥与叶面肥，增强植株的抗（耐）病能力。

生物防治　从发病初期开始，采用 1% 农抗武夷菌素 150 倍液防治，每隔 6～7 天喷 1 次，连续喷 3～4 次。在大棚施用发酵沼液可能起到防治灰霉病的效果。木霉（*Trichoderma viride*，*Trichoderma harzianum*）和粉红黏帚霉（*Gliocladium roseum*）通过寄生灰葡萄孢菌丝和菌核可产生防治灰葡萄孢的效果。木霉菌的商品制剂包括特力克可湿性粉剂和快杀菌可湿性粉剂，已经在生产上使用。枯草芽孢杆菌（*Bacillus subtilis*）的一些菌株通过产生抗真菌物质及竞争作用产生防治灰葡萄孢的效果。

化学防治　大棚熏蒸施药，发病之前用 10% 速克灵烟剂或 45% 百菌清烟剂对大棚进行熏蒸过夜。每亩用烟剂 250g，每隔 5～7 天熏蒸 1 次。一般选择在阴雨天傍晚进行熏蒸，烟熏点应均匀分散。熏蒸后第二天清晨应开棚通风。植株喷雾施药，对防治黄瓜灰霉病而言，重点抓住 3 个用药关键时期：黄瓜移栽前期、开花期和果实膨大期。许多杀菌剂，如：65% 甲硫·霉威（甲基硫菌灵与乙霉威复配）可湿性粉剂、50% 多霉灵可湿性粉剂、50% 异菌脲（扑海因）可湿性粉剂、50% 速克灵可湿性粉剂、40% 嘧霉胺可湿性粉剂、40% 嘧霉胺悬浮剂（施佳乐）、40% 啶菌唑·福美双悬浮剂、50% 乙烯菌核利干悬浮剂和 40% 嘧霉胺乳油等均对黄瓜灰霉病有明显的防治效果。每隔 7～10 天喷 1 次药，连续喷施 2～3 次。为避免灰葡萄孢抗药性产生，可交替使用不同杀菌剂。为避免加水喷雾引起的棚内湿度过高，可采用喷粉的方法施药。现有防治黄瓜灰霉病的干粉剂包括 5% 灭霉灵粉尘剂、5% 百菌清粉尘剂和 6.5% 甲霉灵粉尘剂。蘸花施药，在进行人工授粉时，可结合用药，抑制花瓣上散落的灰葡萄孢分生孢子萌发及定殖。具体操作方法是在配好的 2,4-D 或防落素稀释液中加入 0.1% 的 50% 扑海因可湿性粉剂或 50% 多菌灵可湿性粉剂进行蘸花或涂抹。

参考文献

戴芳澜，1979. 中国真菌总汇 [M]. 北京：科学出版社：850-853.

张中义，2006. 中国真菌志：第二十六卷　葡萄孢属　柱隔孢属 [M]. 北京：科学出版社.

中国农业科学院植物保护研究所，中国植物保护学会，2015. 中国农作物病虫害 [M]. 3 版. 北京：中国农业出版社.

WINGFIELD M J, DE BEER Z W, SLIPPERS B, et al, 2012. One fungus, one name promotes progressive plant pathology[J]. Molecular plant pathology, 13(6): 604-613.

（撰稿：张静；审稿：杨宇红）

葫芦科蔬菜菌核病　cucurbitaceae vegetables *Sclerotinia* disease

由核盘菌引起的、危害葫芦科植物地上部的一种病害，是世界许多地区葫芦科蔬菜上的一种重要病害。又名葫芦科蔬菜白腐病。

发展简史　1837 年 M. A. Libert 最早将核盘菌命名为 *Peziza sclerotiorum*，这一拉丁文学名一直维持到 1870 年 L. Fuckel 建立并描述核盘菌属 *Sclerotinia* 为止。Fuckel 为了向 Libert 致敬，将核盘菌重新命名为 *Sclerotinia libertinia* 来替代 *Peziza sclerotiorum*。世界各地的学者接受并使用了 *Sclerotinia libertinia* Fuckel 这一名称。直到 1942 年 Wakefield 指出这一命名法与国际植物命名法不一致，其实 Massee 在 1895 年就使用过 *Sclerotinia sclerotiorum*（Lib.）Massee，而且 de Bary 早在 1884 年的著作里就是使用的这一名称。根据 Buchwald and Neergaard（1973）和 Dennis（1974）的建议，1978 年 Purdy 认为核盘菌的名称仍应该是 *Sclerotinia sclerotiorum*（Lib.）de Bary。20 世纪 70 年代以后对核盘菌的寄主范围、地理分布、病原分类、形态学、细胞学、生理学、组织病理学、生态学、病害流行学和菌核病防治等方面开展了广泛的研究。

分布与危害　葫芦科蔬菜菌核病在世界各地分布十分广泛，在葫芦科蔬菜种植的地区几乎都有菌核病发生，主要分布于北美洲、欧洲、亚洲和大洋洲等地区各国。该病不仅可以危害葫芦科蔬菜，还可危害多种绿叶蔬菜、茄果类、豆类以及油料作物等。

20 世纪 80 年代以前，葫芦科蔬菜菌核病在中国报道较少。此后随着保护地栽培蔬菜的发展，菌核病的发生频率和危害面积都呈上升趋势。以黄瓜菌核病为例，在各蔬菜产区都有发生，尤其在上海、内蒙古、新疆、北京、西藏、黑龙江、辽宁、吉林、宁夏、江苏、湖北、江西、天津、河北、河南、甘肃、陕西、山西和山东等地发生严重，一般由菌核病导致减产 10%～30%，重病地块减产 90% 以上。

葫芦科蔬菜苗期和成株期均可感病，主要发病部位是茎基部和果实，也能危害叶片和茎蔓。茎蔓感病主要发生在茎基部和茎蔓分枝处，发病初期为水渍状病斑，湿度大时，病部长出白色棉絮状菌丝，后期菌丝密集形成黑色鼠粪状菌核。

果实腐烂多发生在幼瓜期，病菌从花瓣或柱头侵染，初为水渍状，渐向瓜条内发展，病部逐渐变软腐烂。病部长出白色棉絮状菌丝和黑色鼠粪状菌核（图 1 ①②）。叶片感病，初为水渍状，很快湿软腐烂，有时会穿孔，湿度大时，也会长出白色絮状菌丝（图 1 ③），后期形成黑色鼠粪状菌核。

病原及特征 病原为核盘菌［*Sclerotinia sclerotiorum*（Lib.）de Bary］，属核盘菌属真菌。菌核黑色，鼠粪状或不规则状，大小为 1.5～5μm×1.5～22μm。核盘菌菌核萌发有两种方式，第一种方式是菌核直接萌发产生菌丝；第二种方式是菌核萌发产生子囊盘，然后释放子囊孢子。菌核萌发产生子囊盘时，先形成针状肉质的子囊盘柄，柄顶端在散射光刺激下发育成子囊盘；子囊盘小，直径仅为 0.5～1cm，单个或多个从菌核上生出，子囊盘初期杯状，浅肉色，后期盘状，深褐色；子囊和侧丝平行排列于子囊盘的开口处，子囊呈棍棒状，大小为 125～129μm×7～11μm，每个子囊内有 8 个子囊孢子；子囊孢子椭圆形，无色透明，单胞，大小为 8～15μm×3～7μm。核盘菌子囊孢子可传播 25cm 至数百米，甚至数千米。据测算，单个子囊盘产生的子囊孢子数量可高达 $3×10^7$ 个，而单个菌核可产生 $2.3×10^8$ 个子囊孢子。英国的核盘菌菌株 IMI390053 产生的单个子囊盘释放子囊孢子的最大速度为每小时 1600 个孢子，释放时间可超过 20 天，释放总子囊孢子量可达 $7.6×10^5$ 个。有一种黏性物质随着子囊孢子一起排出，这种黏性物质可将孢子与寄主植物组织或在迁飞期间遇到的其他物体黏附在一起。沉降在植物组织上的子囊孢子并不立即进行侵染，它可以存活很长时间，直到可能得到侵染所必需的潮湿条件及外来营养为止。在实验室条件下，核盘菌薄壁的子囊孢子在相对湿度为 70% 的条件下可以存活 21 天，但在相对湿度为 100% 条件下，存活期不足 5 天。在大田条件下，散落在植物叶片上的子囊孢子最长可存活 12 天。子囊孢子萌发的适宜温度为 10～25℃。子囊孢子对紫外线很敏感，因此，在田间不能长期存活。目前，还未发现核盘菌的无性繁殖阶段。

核盘菌生长及产生菌核的温度范围为 5～30℃，最适温度为 15～28℃。菌核是核盘菌越冬越夏和度过其他不良环境的主要结构形式。在核盘菌的生活史和侵染循环中起着非常重要的作用。菌核在低温干燥环境下可存活 4～5 年，但在淹水土壤中的存活时间不到 1 个月。土壤湿度也是影响核盘菌菌核萌发的一个重要因子。菌核最适萌发产生子囊盘的温度条件为 15℃，土壤水势为 -0.03～-0.07MPa。当土壤水势较高、土壤中氧气缺少时，土壤中的菌核容易腐烂。

核盘菌寄主范围非常广泛，可以侵染 75 科 278 属 408 种及 42 个变种或亚种的植物，以双子叶植物居多。在中国，已经报道核盘菌的自然寄主有 36 科 214 种植物，除葫芦科植物外，还有油菜、莴苣、茄子、辣椒、向日葵、胡萝卜、蚕豆、大豆和豌豆等重要的经济作物也都是核盘菌的常见寄主。

侵染过程与侵染循环 核盘菌子囊孢子落到葫芦科蔬菜的花器、叶片和茎蔓上，在合适的温湿度条件下，子囊孢子利用衰老花瓣上的营养物质以及花粉粒、叶片及茎蔓上的外渗物，萌发产生菌丝进行生长，进而侵染瓜条、叶片和茎蔓，从而引起瓜条、叶片和茎蔓的腐烂。

核盘菌主要以菌核在土壤、病残体和种子中越冬越夏，并随种子调运进行远距离传播。在温度 5～20℃ 和土壤潮湿的条件下，土壤中的菌核吸水萌发产生子囊盘，子囊盘释放的子囊孢子侵染衰老的花瓣，进而危害柱头和幼瓜，菌丝靠接触形成再侵染，引起瓜条腐烂。在发病后期，病部表面或内部形成黑色鼠粪状菌核。成熟菌核随病残体进入土壤，或在收获时混在种子中，成为下茬田间病害的菌源（图 2）。土壤中越冬菌核数量是影响菌核病发生的重要条件。

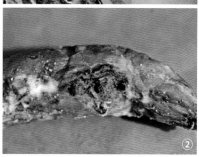

图 1 葫芦科蔬菜菌核病（吴楚提供）

①冬瓜菌核病症状；②黄瓜菌核病症状；③苦瓜菌核病叶片症状

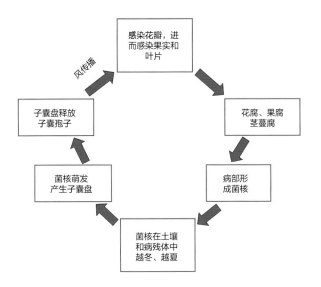

图 2　黄瓜菌核病侵染循环（引自《中国农作物病虫害》，2015）

流行规律　核盘菌主要以菌核在土壤中越冬，其次菌核混在种子中越冬。在条件适宜时，菌核萌发产生子囊盘，释放子囊孢子，借风雨传播，侵染衰老的花瓣，进而危害柱头和幼瓜，菌丝靠接触形成再侵染。低温高湿环境有利于发病。温度 15～20℃、相对湿度 85% 以上时，有利于菌核萌发产生子囊盘和菌丝生长、侵入。低温、高湿、早春多雨年份，蔬菜种植密度过大、连茬种植、排水不良和氮肥过多的地块发病严重。保护地和露地均可发病，但以保护地为重。这是由于保护地多年重茬造成菌源积累而引起的，菌核病发生的轻重与菌源的积累成正相关，土壤中积累的菌核越多，子囊盘出土就越多，释放的子囊孢子就越多，发病就越重。此外，菌核病与植株开花数量的多少、降雨多少、棚内湿度和浇水次数相关。开花多、湿度大、日照少、温度低有利于病害的发生。

防治方法　核盘菌的侵染循环具有土传和气传双重特点，形成的菌核抗逆性强，且尚未发现真正抗菌核病的葫芦科蔬菜品种，防治相当困难。因此，对菌核病的防治主要采用包括生态防治、农业防治、生物防治和化学防治在内的综合治理技术。

生态防治　通过调控大棚与温室内的温度和湿度可以起到一定的防病效果。这一防治措施不仅可以防治菌核病，而且可以防治灰霉病。具体做法：在早春和秋冬季节，提倡闷棚杀菌。核盘菌不耐高温，可在中午关闭大棚，使温度上升至 40℃ 左右，闷棚时间可持续 2 小时左右。闷棚结束之后及时通风降湿，将温度保持在 20～25℃。

在开花前控制浇水，维持土壤含水量在 20% 左右。浇水应在晴天上午进行，温度可提高到 30～35℃，下午多放风降湿。要尽量防止叶片结露，缩短结露时间，将空气相对湿度控制在 85% 以下。

农业防治　提倡水旱轮作，以减少土壤中的残存的菌核数量；提倡深耕土壤，以减少菌核萌发产生子囊盘的数量；提倡地膜覆盖栽培，以减少子囊盘散发的子囊孢子数量。播种前用 10%～40% 盐水漂洗种子 2～3 次，可以汰除混杂在

种子中的菌核。加强田间管理，推广配方施肥，提高抗病力。控制好大棚与温室内的温、湿度，创造不利于发病的条件。及时摘除病瓜、病叶及下部老叶。收获结束时彻底清园，深翻土壤，将病残体深埋至 30cm 以下。

生物防治　土壤中存在着一些寄生核盘菌菌核的真菌，如木霉菌（*Trichoderma* spp.）和盾壳霉（*Coniothyrium minitans*），还存在着一些取食菌核的动物。研究与开发利用这些生物因子，制成的生防菌剂将对减少土壤中核盘菌菌核存活及减少子囊盘数量起到一定的作用。

化学防治　可采用 10% 腐霉利烟剂和 45% 百菌清烟剂等烟剂熏烟法施药，通常在阴雨天傍晚进行熏烟，每亩用烟剂 250g，每隔 5～7 天熏烟一次。熏蒸后第二天清晨开棚通风。也可采用喷雾法施药，可选用的杀菌剂有 40% 菌核净可湿性粉剂 500 倍液、或 50% 乙烯菌核利可湿性粉剂 1000～1500 倍液、50% 腐霉利可湿性粉剂 1500 倍液、50% 异菌脲可湿性粉剂 800 倍液、多·酮可湿性粉剂（按产品说明书施药）每隔 7～10 天喷 1 次药，连续喷施 2～3 次。为避免产生抗药性，不同杀菌剂可交替使用。

还也可采用涂抹施药。在发病初期，将药液涂抹在病叶、病枝和病瓜上，能有效控制病斑扩展。

参考文献

中国农业科学院植物保护研究所，中国植物保护学会，2015. 中国农作物病虫害[M]. 3 版. 北京：中国农业出版社.

BOLAND G J, HALL R, 1994. Index of plant hosts of *Sclerotinia sclerotiorum*[J]. Canadian journal of plant pathology, 16: 93-108.

BUCHWALD N F, NEERGAARD P, 1973. A plea for the retention of *Sclerotinia* sclerotiorum as type species for the genus *Sclerotinia* Fckl. emend[J]. Friesia, 10: 96-99.

CLARKSON J P, STAVELEY J, PHELPS K, et al, 2003. Ascospore release and survival in *Sclerotinia sclerotiorum*[J]. Mycological research, 107: 213-222.

DENNIS R W G, 1974. Whetzelinia Korf and Dumont, a superfluous name[J]. Kew bulletin, 29: 89-91.

PURDY L H, 1979. *Sclerotinia sclerotiorum*: history, diseases and symptomatology, host range, geographic distribution, and impact[J]. Phytopathology, 69: 875-880.

SCHWARTZ H F, STEADMAN J R, 1978. Factors affecting sclerotium populations of, and apothecium production by, *Sclerotinia sclerotiorum*[J]. Phytopathology, 68: 383-388.

STEADMAN J R, 1979. Control of plant diseases caused by *Sclerotinia* species[J]. Phytopathology, 69: 904-907.

（撰稿：杨龙、李国庆；审稿：杨宇红）

葫芦科蔬菜枯萎病　cucurbitaceae vegetables *Fusarium* wilt

由尖孢镰刀菌引起的、危害葫芦科蔬菜的一种系统性的真菌病害，是一种世界性的葫芦科蔬菜土传病害。又名葫芦科蔬菜蔓割病、葫芦科蔬菜萎蔫病。

发展简史　最早发现的葫芦科蔬菜枯萎病是黄瓜枯萎病，于1925年由Weber首次报道发生在美国佛罗里达州，此后其他葫芦科蔬菜的枯萎病相继发现并报道。

中国早在1966年戚佩坤等最先关注葫芦科蔬菜枯萎病，对发生于吉林的黄瓜枯萎病进行了研究，并认为其病原为瓜萎镰孢菌（*Fusarium bulbigennm*）；而在1985年丁金城等报道天津郊区黄瓜枯萎病病原为尖孢镰刀菌黄瓜专化型（*Fusarium oxysporum* f. sp. *cucumerinum*）和尖孢孢芬芳变种（*Fusarium oxysporum* var. *redolens*）两种，但在此后对不同地区的黄瓜枯萎病病原的调查或研究中，均认为其主要病原是尖孢镰刀菌黄瓜专化型。

对于葫芦科蔬菜枯萎病菌，1955—1956年，Owen曾根据对不同葫芦科蔬菜的侵染力差异将其分为5个专化型，包括黄瓜专化型（*Fusarium oxysporum* f. sp *cucumainum* Owen）、西瓜专化型（*Fusarium oxysporum* f. sp *niveum* Snyder et Hansen）、甜瓜专化型（*Fusarium oxysporum* f. sp. *melons* Snyder et Hansen）、丝瓜专化型（*Fusarium oxysporum* f. sp. *luffae* Suzuki et Kawai）和葫芦专化型（*Fusarium oxysporum* f. sp. *lagenariae* Matuo et Yamamoto）。1983年，Sun和Huang发现苦瓜专化型（*Fusarium oxysporum* f. sp. *momordicae* Sun et Huang），1985年Gerlagh和Ester发现冬瓜专化型（*Fusarium oxysporum* f. sp. *benincasae* Gerlagh et Ester）。目前，已知至少有以上7个专化型可引起葫芦科蔬菜的枯萎病。

葫芦科蔬菜枯萎病的防治，除了传统化学防治和农业防治外，抗性育种、生物防治等可持续防治措施已经越来越受到关注，其中，植物源药剂、交叉保护技术、生防微生物的研究和利用已受到更多重视。充分利用黄瓜抗枯萎病基因资源，也是国内外一直研究的热点，已经发现黄瓜对枯萎病的抗性存在单基因显性、单基因隐性、寡基因抗性以及数量性状遗传等，并研究了黄瓜枯萎病抗性相关基因及其转录调控，为黄瓜抗枯萎病基因的进一步研究提供基础。

分布与危害　葫芦科蔬菜枯萎病以热带和亚热带地区发生最为严重，其中，在中国不同葫芦科蔬菜的枯萎病发生分布情况不同，黄瓜枯萎病在各地均有发生，主要发生在黑龙江、吉林、辽宁、甘肃、陕西、河北、河南、山东、江苏、安徽、浙江、湖南、湖北、云南、广东、江西、内蒙古、宁夏和北京、天津、上海等地；冬瓜枯萎病主要发生在四川、广东和福建等地；苦瓜枯萎病主要发生在浙江、四川和台湾等地。

葫芦科蔬菜枯萎病可危害多种葫芦科蔬菜，其中危害最重的是黄瓜，其次是苦瓜和冬瓜，而南瓜、西葫芦和瓠瓜等受害较少。在蔬菜整个生育期都能发生枯萎病，以开花结果后发病较重、结瓜期最盛，一般病株率在10%～30%，重病地可达60%～70%。

葫芦科蔬菜枯萎病在种子幼芽出土前即可危害，造成烂芽而不能出土。苗期发病子叶先变黄，幼苗顶端失水状、萎垂，茎基部缢缩、变褐，或呈立枯状。成株期发病，一般在开花和结瓜前后表现症状，多从距地面较近的叶片开始，初期叶片自下而上逐渐萎蔫，有时全株叶片萎蔫，有时半边正常半边萎蔫，有时中上部叶片或侧蔓部分叶片萎蔫；中午萎蔫明显，早晚能恢复，反复数次后整株叶片萎垂，不能再

恢复，4～5天后枯死。病株根系发育差、须根少、变褐腐烂、易拔起。病害逐渐由根部向上扩展，茎基部发病初呈水渍状、软化缢缩，后逐渐干枯，常纵裂，表面产生粉红色的胶状物，病茎内可见维管束变色；湿度大时，病茎表面可产生白色或粉红色的霉层（图1～图4）。

病原及特征　病原为尖孢镰刀菌（*Fusarium oxysporum* Schlecht.），属镰刀菌属真菌。其中，黄瓜专化型强侵染黄瓜，不侵染南瓜、冬瓜、丝瓜、葫芦；冬瓜专化型强侵染冬瓜，弱侵染黄瓜，不侵染南瓜、丝瓜和西葫芦；苦瓜专化型高度侵染苦瓜，不侵染冬瓜、黄瓜和丝瓜；葫芦专化型侵染葫芦和冬瓜，不侵染黄瓜、丝瓜、南瓜和西葫芦；丝瓜专化型主要侵染丝瓜，不侵染黄瓜；西瓜专化型可侵染黄瓜，不侵染南瓜、冬瓜、丝瓜、西葫芦和葫芦。

病菌在马铃薯葡萄糖琼脂培养基上，菌落呈浅橙红色、淡紫色或蓝色；气生菌丝白色、絮状；小型分生孢子无色、长椭圆形，单胞或偶有双胞；大型分生孢子无色，镰刀形，具1～5个隔膜，多数为3个隔膜；厚垣孢子顶生或间生，圆形，淡黄色（图5、图6）。不同专化型枯萎病菌的培养形态特征差异不大。黄瓜专化型在马铃薯葡萄糖琼脂培养基上25℃培养6天，菌落浅橙红色，气生菌丝乳白色；在马铃薯蔗糖琼脂培养基上则呈淡青紫色或淡褐色，气生菌丝白色；大型分生孢子大小，一个隔膜的为12.5～32.5μm×3.75～6.25μm，两个隔膜的为21.25～32.5μm×5.0～7.5μm，三个隔膜的为27.5～45.0μm×5.5～10.0μm；小型分生孢子为7.5～20.0μm×2.5～5.0μm。

根据对同种不同品种鉴别寄主的抗感反应不同，不同专化型可有多个生理小种。利用黄瓜鉴别寄主MSU$_{8519}$、MSU$_{441034}$、PI$_{390265}$对病菌的抗感反应，将黄瓜专化型鉴别为4个生理小种：感－感－抗为小种1号（美国）、抗－感－抗为小种2号（以色列）、抗－抗－抗为小种3号（日本）、抗－抗－感为小种4号（中国）。

侵染过程与侵染循环　葫芦科蔬菜枯萎病菌从根和茎基部伤口或根毛顶端细胞间侵入，在根部皮层细胞间生长，当菌丝体到达木质部后，可侵入导管，并在导管向上生长，

图1 大田黄瓜枯萎病症状（梁志怀提供）

图 2 黄瓜枯萎病茎部症状（郭荣君提供）

①病茎基部纵向开裂并溢出胶状物；②后期病茎基部干枯；③病茎折断后可见维管束变色；④病茎纵剖面维管束变色

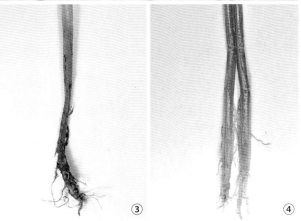

图 3 黄瓜幼苗枯萎病症状（①②梁志怀提供；③④郭荣君提供）

①苗盘中幼苗部分枯死；②枯萎病幼苗症状，右为健康幼苗；③病苗茎基部水渍状、缢缩；④病苗茎基部纵剖面维管束变色

至植株的茎和顶部。病菌也可通过木质部的纹孔横向进一步扩展；由于病原菌在植株维管束组织内生长，阻碍了植株体内营养和水分的供应，导致植株萎蔫甚至死亡。同时，病菌还能分泌毒素破坏细胞，引起组织坏死。病菌还可通过导管从病茎经果梗到达果实，引起果实发病，并导致种子带菌。

　　葫芦科蔬菜枯萎病病菌以菌丝体、厚垣孢子随病残体在土壤和未腐熟的有机肥中越冬，也可种子带菌越冬。越冬菌体成为翌年病害的初侵染源。病菌从根部侵入并引起植株萎蔫死亡，病菌随病残体重新进入土壤。种子带菌可使病菌随种子进行远距离传播，播种带菌种子可导致苗期发病（图 7）。

　　流行规律　病菌主要借土壤、粪肥、雨水、灌溉水、农具、地下害虫、土壤线虫或种子等传播和扩散。病菌存活能力强，在土壤中能存活 5～6 年；厚垣孢子通过牲畜的消化道后仍能存活。

　　病菌菌丝生长的温度范围为 5～35°C，适宜温度为 20～30°C，25°C 生长最快，低于 5°C 或高于 35°C 时病菌不再生长。在 10～30°C 时能产生大量大型和小型分生孢子；在 15～30°C 下各种孢子均可萌发，20°C 时两种分生孢子的萌发率都最高，低于 15°C 或高于 30°C 时，孢子萌发率均下降；pH 为 6 时最适于孢子萌发，pH 超过 7 时，萌发率显著降低。

　　植株根部、茎基部的伤口或自然裂口有利于病菌的侵染和病害的发生。15～35°C 病菌均可对根系进行侵染，以 23～28°C 为最适侵染温度。

　　葫芦科蔬菜枯萎病的发生和蔓延与土壤温度和湿度的关系密切。通常土温在 20°C 左右，植株便开始发病，上升到 25～28°C 时会出现首次发病高峰；到了秋季，土温降至 25°C 左右时，会出现第二次发病高峰。在适宜温度下，雨

图 4 温室苦瓜枯萎病症状（胡繁荣提供）

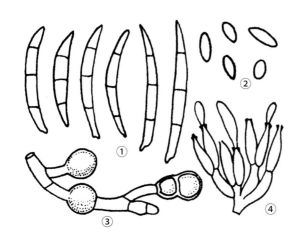

图5　黄瓜枯萎病菌形态特征（仿自吕佩珂等，1992）

①大型分生孢子；②小型分生孢子；③分生孢子梗；④厚垣孢子

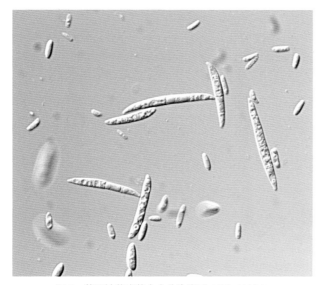

图6　黄瓜枯萎病菌大小分生孢子（缪作清提供）

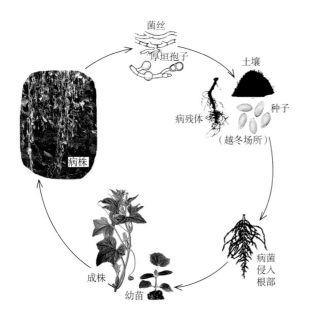

图7　葫芦科蔬菜枯萎病侵染循环示意图（缪作清提供）

水成为影响病害发展的重要因素，相对湿度80%以上容易发病，相对湿度70%以下发病减轻，夏季降雨期长或暴雨后往往容易导致病害流行；酸性土壤不利于植株根系生长和伤口愈合，因此，土壤pH4.5～6.0时发病较重，pH9.0以上不发病。

地势高、排水方便、土壤含水量低，病害较轻；反之，地势低洼、土壤黏重、偏酸、易积水或地下水位高，病害较重；砂壤土发病重，而壤土、红壤土发病较轻。

在通常情况下，枯萎病发病盛期是在植株现蕾前后，即营养生长转为营养和生殖生长并进的开花结瓜期；此时，植株需要大量养分，若施肥不及时或养分不够，均有利于病害发生；盛瓜期过后，植株抗病性逐渐增强，轻病株常可恢复正常生长，症状趋向隐退。

连作地、移栽或中耕时伤根多、植株长势弱发病重，而新植田或轮作田发病轻；合理施肥的较偏施氮肥的田块发病轻。不同品种对枯萎病的抗性不同，一般杂交品种抗病性好、发病轻。

由于蛴螬、金针虫等地下害虫以及线虫等直接危害植株根部，造成大量伤口，有利于病菌侵入，因此，地下害虫和线虫危害重的田块，枯萎病发生亦重。混合接种枯萎病菌和根结线虫，有利于枯萎病的发生。

防治方法　需要采取以选用抗耐病品种为主、结合轮作和嫁接等农作防治措施，充分利用物理防治，适当采用化学防治，尽量采用生物防治等综合防控方法。

选用抗（耐）病良种　黄瓜上的抗性品种较多，其中在中国可选用的黄瓜抗（耐）病品种有北京碧春，北京小刺，津春1号至津春5号，中农3号、5号、7号、8号、11号和13号，津杂1号、2号、3号、4号和7号，津研6号和7号，津优10号、30号和40号，新杂2号，长春密刺，鲁春1号和西农58等。另外，冬瓜可选用福建华大冬瓜、湖南青杂1号和四川蓉惠1号等。

农业防治　育苗地或苗床土2～3年更换一次。发病严重地块，宜与非葫芦科作物如玉米、大豆、葱属植物等轮作5年以上；也可水旱轮作，能显著减少土壤中枯萎病菌的数量，减轻病害的发生。

采用营养钵育苗或塑料套（袋）育苗，可有效地避免移栽时伤根，减少病菌侵染；同时采用无病菌的营养基质育苗，可避免苗期被土壤中的病菌侵染。

利用黄瓜枯萎病菌不侵染南瓜的特性，可用黑籽南瓜（主要是云南黑籽南瓜）作砧木，与黄瓜嫁接；还可用长筒形的普通丝瓜作砧木嫁接苦瓜；冬瓜还可用中晚熟大型南瓜、丝瓜和或西葫芦作为砧木进行嫁接，可有效地减少枯萎病的发生。

定植黄瓜等嫁接苗时，特别需注意在嫁接口以下埋土，避免土壤接触接口，防止病菌从嫁接口侵入，从而导致嫁接苗发病。

如果种植土壤偏酸性，可适当施用石灰，将土壤pH调节到大于6，使之不利于病菌的生长发育，减少病害发生。如对土壤pH5.5～6.0的地块，在深耕和翻犁时，撒施石灰粉75～100kg，可将耕作层土壤的pH调到7.0～7.5。

选择地势高、排水良好地块，采用高畦栽培；施足充分腐熟的有机肥作基肥，避免偏施氮肥，及时追施磷、钾肥。根据天气状况和植株生长需要进行合理灌水，保持土壤湿润；避免大水漫灌，雨后及时排水；结瓜前应当控制浇水次数，以提高地温、促进根系发育；结瓜后则应当增加浇水次数，防止植株早衰；夏季高温时不要在中午浇水，防止土温骤然下降而诱发病害。及时打杈、整蔓、摘去底部老叶，保持田间通风透光，降低田间湿度；棚室栽培要及时通风降湿。田间出现病株后应及时清除，并带出田外烧毁或深埋，同时用石灰消毒病穴土壤。及时防治地老虎、蛴螬、蝼蛄以及根结线虫等，减少植株根部伤口。

物理防治　太阳能高温消毒是非常经济而有效的防治枯萎病的方法。在收获后深耕、翻晒土壤，利用太阳高温和紫外线可杀死部分病菌；对于发病轻微的连茬田块，夏季可利用高温消灭枯萎病菌，每亩撒施石灰 50～100kg，翻入土中深达 40cm 左右，然后起栽培垄，垄沟灌满水，后覆盖地膜 10 天左右，其间须始终保持垄沟满水。棚室栽培还可同时密闭大棚进行闷棚，提高消毒效果。

将种子在 55℃ 的温水中浸种 15 分钟，并不断搅动，再用冷水冷却后催芽播种；或将干燥种子进行 70℃ 恒温处理 72 小时后再催芽播种，均可以有效杀灭种子所带病菌。

在大棚栽培地区，春季气温回升后，保留棚膜和裙膜，平时将裙膜卷起、棚门打开，下雨时放下裙膜、关上棚门，用以避雨降湿，可预防病害发生。

在保护地栽培中，用没有种植过葫芦科蔬菜的土壤替换病土，以减少土壤中的病原菌，防止病害发生。

化学防治　播种前，按种子重量 0.3%～0.4% 的 50% 多菌灵可湿性粉剂拌种；也可将种子在 2%～3% 的漂白粉溶液中浸泡 30～60 分钟、或在 40% 甲醛 150 倍液中浸泡 90 分钟；还可用 50% 多菌灵可湿性粉剂 800 倍液浸种 60 分钟，然后用清水洗净后催芽播种；也可按每 2～3kg 种子使用 10ml 2.5% 咯菌腈悬浮种衣剂进行包衣、拌种或蘸种。

播种时，可按每 1m² 用 50% 多菌灵可湿性粉剂 8g，与苗床细土拌匀，将 2/3 的药土均匀撒在苗床上，然后播种，再用余下的药土覆盖种子；或按 1m² 用 40% 甲醛 30～50ml 兑水 3L 喷洒苗床，再用塑料薄膜闷盖 3 天后揭膜，待甲醛气体散尽后播种；还可在定植前，每亩用 50% 多菌灵可湿性粉剂 2kg，与干细土 30kg 混合均匀，撒于定植穴内。

药剂灌根可有效进行苗期预防和发病初期的防治。可用 2.5% 咯菌腈悬浮剂 2000～4000 倍液进行苗床灌根和移栽时浇定根水，按每亩用药液 250～300kg，或在定植后 7 天，用高锰酸钾 800～1000 倍液灌根，每株灌药液 100ml，以后每隔 7 天灌 1 次，共灌 3 次。在发病初期防治，可选用 50% 多菌灵可湿性粉剂 500 倍液，或 20% 噻菌铜悬浮剂 500～600 倍液，或 70% 甲基硫菌灵可湿性粉剂 +50% 多菌灵可湿性粉剂（1:1）1000 倍液，或 30% 噁霉灵水剂 500～1000 倍液等进行灌根，每穴灌 300～500ml 药液，每隔 5～7 天灌 1 次，连灌 2～3 次，注意病株周围 2m² 范围内的植株都应灌药。还可用 50% 多菌灵可湿性粉剂或 70% 甲基硫菌灵可湿性粉剂加少量水制成糊状，涂抹在病部，每 7～10 天涂抹 1 次，连续涂抹 2～3 次。

生物防治　于发病初期，用 20% 嘧啶核苷类抗菌素水剂 100 倍液灌根，每株灌 250ml 药液，10 天后再灌 1 次。还可以用甲壳质等动物源物质、大蒜鳞茎提取物等植物源杀菌物质，以及木霉（Trichoderma）等生防菌。

参考文献

吕佩珂，李明远，吴钜文，1992. 中国蔬菜病虫原色图谱 [M]. 北京：农业出版社 .

中国农业科学院植物保护研究所，中国植物保护学会，2015. 中国农作物病虫害 [M]. 3 版 . 北京：中国农业出版社 .

（撰稿：缪作清、李世东；审稿：杨宇红）

葫芦科蔬菜霜霉病　cucurbitaceae vegetables downy mildew

由古巴假霜霉或南方轴霜霉引起的、主要危害葫芦科蔬菜叶部的一种卵菌病害，是世界上葫芦科蔬菜生产最为重要的病害之一。

发展简史　于 1868 年首次报道在古巴的黄瓜上发生，此后 20 年一直无该病害的具体报道，直到 1888 年日本东京附近发现霜霉病危害黄瓜，1889 年美国亦有相同报道，同一年许多学者通过研究指出在美国和日本的霜霉病是同一种病原菌侵染引起的。霜霉病的危害日益严重，已知有 70 多个国家和地区报道该病害发生，其主要危害叶片，对葫芦科蔬菜生产威胁极大。自从发现葫芦科蔬菜霜霉病以来，世界各国学者相继对病原菌生物学、病害流行学、抗病育种等多方面进行了大量研究，提出了多种防治措施，但由于霜霉病发病率高、发病迅速、流行性强，危害日益严重，该病害已在全球范围内迅速扩散和蔓延，严重影响了蔬菜的产量和品质。

分布与危害　该病是一种毁灭性和世界性分布的病害，主要分布于温带地区，如美国、欧洲、日本、澳大利亚和南非等，热带、亚热带和半干旱地区也有发生，该病在中国俗称"跑马干"，各黄瓜产区都有不同程度的发生。霜霉病是一种气流传播、流行性较强的病害，发病特点是来势猛、传播快、发病重，在露地和保护地栽培的葫芦科蔬菜上均普遍发生且危害严重，尤其对保护地或大棚栽培的葫芦科蔬菜危害更为严重，一般造成露地栽培葫芦科蔬菜减产 20%～30%，保护地栽培的葫芦科蔬菜损失高达 50%～60%，重则超过 90%，甚至绝产绝收。随着保护地蔬菜规模逐渐扩大和现代设施农业的不断发展，大棚内蔬菜种植规模和复种指数不断提高，棚内湿度及昼夜温差的变化都利于霜霉病的发生和流行，霜霉病有扩大蔓延的趋势，严重威胁着葫芦科蔬菜的生产。

霜霉病在葫芦科蔬菜的整个生育期均可发病，主要危害叶片，但有时也能危害茎秆和花序。幼苗期发病，在子叶上表现为正面出现褪绿黄斑，扩大后变成不规则的枯黄斑，潮湿时叶背面病斑上产生灰黑色霉层，病情若进一步发展时，子叶很快变黄干枯。茎秆和花序染病后则形成不定形状的褐色病斑，并且整个花序肿大、弯曲、畸形，在受害部位形成黑色或灰色的霜霉层。通常情况下，霜霉病主要在成株期发病，且多发生在开花结瓜之后，成株期发病，从下部叶片开始，逐渐向上蔓延，发病初期，叶片上出现浅绿色水渍状斑点，在叶片正面表现为褪绿，有露水的清晨或雨后较为明显，随着病情加重，病斑受叶脉限制而呈多角形扩大，色泽变为黄褐色或褪绿，但不穿孔（图1①②），在湿度大时，叶片背面长出灰黑色或紫黑色霉层（孢囊梗及孢子囊），干燥时霉层易消失（图1③）。严重时，全叶病斑连成片，黄褐色，干枯卷缩，瓜田一片枯黄，植株生长受抑制，病株瓜条形小质劣（图1④）。在较抗病的品种上，病斑小，圆形褐色，叶背霉层很少。

病原及特征　有两种病原菌可引起葫芦科蔬菜霜霉病：一种是古巴假霜霉［*Pseudoperonospora cubensis*（Berk. et Curt.）Rostov.］，属假霜霉属，可侵染绝大多数葫芦科蔬菜，是葫芦科蔬菜霜霉病的优势（主要）病原菌。另一种是南方轴霜霉［*Plasmopara australis*（Spegazzini）Swingle］，属单轴霉属。可侵染丝瓜，尚不知是否侵染葫芦科其他蔬菜。

形态特征　古巴假霜霉为专性寄生菌，菌丝体无隔膜，无色，菌丝体在寄主细胞间生长发育和扩展蔓延，以卵形或指状分枝的吸器深入到寄主细胞内吸收营养。无性繁殖产生孢子囊，孢子囊着生于孢囊梗上。孢囊梗由寄主叶片的气孔伸出，单生或2～5根丛生，长240～340μm，无色，主干基部稍膨大，先端锐角分枝3～5次，末端为小梗，小梗直或稍弯曲，长1.7～15μm，在小梗顶端着生一个孢子囊。孢子囊淡褐色，椭圆形或卵圆形，顶端有乳突状突起，

大小为15～31.5μm×11.5～14.5μm，在水中可萌发产生6～8个（大型孢子囊可产生15～22个）游动孢子。游动孢子无色，圆形或椭圆形，具2根鞭毛，游动30～60分钟休止，鞭毛收缩，形成休止孢，1～1.5小时萌发产生芽管，由气孔或直接贯穿表皮侵入寄主，在寄主细胞内菌丝体生成后，从气孔伸出孢囊梗，产生孢子囊。孢子囊在较高温度和湿度不足的条件下，可直接产生芽管侵入寄主（图2①）。南方轴霜霉菌孢囊梗从叶片气孔伸出，常为1～3次分枝，无隔膜、圆柱形、直立，长270～860μm；孢囊梗基部10～18μm一段稍肿胀，孢囊梗上部呈3～6次单轴分枝，长1.7～6.7μm，顶端钝平，3次分枝时通常为直角，4次分枝时有时为簇生；孢子囊椭圆、卵圆或近球形，具1～2μm长的轻微乳突，大小为11.6～23.3μm×10～15.2μm，成熟后脱落（图2②），尚未发现卵孢子。

有性繁殖　古巴假霜霉存在A1和A2两种交配型，A1交配型偏好在黄瓜属植株上表达，A2交配型偏好在南瓜属植株上表达，A1和A2两种交配型同时存在时可进行有性繁殖产生卵孢子，但至今没有卵孢子萌发及接种成功的报道，且卵孢子在一般情况下极少见，所以卵孢子在生活史和病害循环中的作用尚不明确。

致病性（生理小种）分化　不同地区和寄主来源的古巴假霜霉存在不同的生理小种，根据其在黄瓜、网纹甜瓜、越瓜、酸甜瓜、西瓜和南瓜等6种葫芦科瓜类作物上的致病性反应，可将古巴假霜霉分为5个生理小种或致病型。致病型1只对黄瓜及网纹甜瓜具强致病性；致病型2对黄

图1　黄瓜霜霉病症状（①③兰成忠提供；②④引自《中国农作物病虫害》，2015）
①叶背水渍状病斑；②叶面多角形黄褐色病斑；③病斑背面黑褐色霉层；④"跑马干"病株，全田枯死

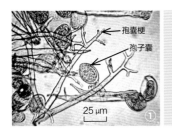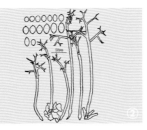

图 2 葫芦科蔬菜霜霉病菌形态特征
（引自《中国农作物病虫害》，2015）
①古巴假霜霉菌的孢子囊和孢囊梗；②南方轴霜霉菌的孢子囊和孢囊梗

瓜、网纹甜瓜及越瓜具致病性，对酸甜瓜、西瓜和南瓜无致病性；致病型 3 对黄瓜、网纹甜瓜、越瓜及酸甜瓜具致病性，对西瓜和南瓜无致病性；致病型 4 对黄瓜、网纹甜瓜、越瓜、酸甜瓜及西瓜具致病性，对南瓜无致病性；致病型 5 毒力最强，对黄瓜、网纹甜瓜、越瓜、酸甜瓜、西瓜及南瓜均具有致病性。

抗药性　古巴假霜霉被认为是全球 10 种具有抗药性风险的病原菌之一。虽然内吸性杀菌剂的广泛应用能明显地提高黄瓜霜霉病的化学防治效果，但是大多数内吸性杀菌剂通常是具有特殊的作用方式和单一的作用位点，这也就意味着这类杀菌剂作用在病原菌的一个代谢途径上的特定位点上，在频繁使用之后很多病原菌就很容易对这类杀菌剂产生较高的抗药性风险。在 1979 年以色列首次报道了甲霜灵防治黄瓜霜霉病failed，随后欧洲等地也发现霜霉病菌对甲霜灵和乙膦铝均产生了严重的抗药性。实验证明，对甲霜灵产生抗性的霜霉菌株亦会对酯菌胺、灭菌丹、杀毒矾、恶唑烷酮和乙膦铝产生正交互抗药性。

寄主范围　古巴假霜霉寄主范围广泛，在自然条件下可侵染葫芦科中的黄瓜、甜瓜、西瓜、南瓜、苦瓜、节瓜、越瓜、瓠瓜、丝瓜、冬瓜、香瓜、葫芦及蛇瓜等瓜类作物，其中受害最严重的是黄瓜、甜瓜、南瓜和西瓜。

侵染过程与侵染循环　霜霉菌成功侵染并发病的完整过程如下：①孢子囊萌发产生游动孢子。孢子囊通过气流、昆虫或操作工具等途径传播到寄主叶片上，在有露存在的条件下，孢子囊可直接萌发，也可释放出游动孢子。②游动孢子在叶片表面的水膜中游动片刻后形成休止孢。③休止孢萌发产生芽管，从寄主气孔或细胞间隙侵入。④休止孢芽管在寄主细胞间生长发育和扩展蔓延，形成侵染菌丝。⑤侵染菌丝以卵形或指状分枝的吸器深入到寄主细胞内吸收营养。⑥菌丝扩展，形成更多的吸器。侵染菌丝吸收营养后不断繁殖，产生更多的菌丝和吸器，在叶片内形成微形菌落。⑦菌落形成后菌丝从叶背面气孔伸出孢囊梗。⑧孢囊梗上产生孢子囊，在有露存在的条件下，孢子囊可直接萌发，也可释放出游动孢子，从而进行循环侵染。

葫芦科蔬菜霜霉病是一种气传病害，孢子囊在病菌的侵入、传播和流行上起着重要的作用，一旦寄主植株被霜霉病菌侵染形成中心病株后，发病叶片即可连续多次产生大量的孢子囊，孢子囊成熟后随着风（气流）、雨水、昆虫和农事操作等传播侵染新寄主，使中心病株周围的植株发病，而后不断扩大，在一个生长季节中可多次发生危害。

霜霉病菌是专性寄生菌，必须终年存活在田间或室内的寄主上，由于地区气候条件不同，侵染循环存在两种情况：①南方气温较高，一年四季都种植葫芦科蔬菜，因此，霜霉病菌可终年在活体寄主上存活，当温湿度等诸多条件合适时便侵染寄主引起发病，发病植株上生长出大量新的孢子囊，传播后进行再侵染，病原菌孢子囊可在各茬葫芦科蔬菜上不断侵染危害，周年循环。②北方天冷，特别是一年只能种一季葫芦科蔬菜的高寒地区，一年中有几个月以上时间不能种植葫芦科蔬菜，此地区霜霉病菌是随季风从南方吹来的，热带地区的霜霉病菌是北方高寒区域植株感染霜霉菌的初侵染源，随着设施农业和北方保护地的迅速发展，北方寒冷地区冬季也可于温室加温生产葫芦科蔬菜，为霜霉病提供了危害场所和越冬场地，病菌可从冬季加温温室或日光温室（不加温）的植株上传播到春茬温室和春茬大棚的植株上，再传给春露地寄主上，接着传到夏露地寄主上，然后又传到秋露地或秋大棚的寄主上，发病后，霜霉病菌又传回到加温温室或日光温室的植株上，如此，病菌不断侵染循环（图3）。

流行规律　葫芦科蔬菜霜霉病的发生与环境气候条件、寄主植物和人为农事操作等因素存在着密切关系。

与环境温湿度的关系　霜霉病菌适宜于高湿下生长繁殖，其孢子囊的产生、萌发以及游动孢子的释放、萌发和侵入等过程都需要较高的湿度和适宜的温度条件。因此，黄瓜霜霉病的发生、发展和流行与温湿度密切相关。叶片上有水膜条件下，孢子囊在 5～32℃ 范围内均可萌发释放游动孢子，随即游动孢子产生芽管并侵入寄主，平均温度为 15～16℃ 时，病菌侵入后潜育期为 5 天，17～18℃ 时潜育期为 4 天，20～25℃ 时潜育期为 3 天，孢子囊产生和侵染的最适温度是 15～22℃。高湿是发病的最重要条件，湿度愈大孢子囊形成愈快，数量愈多，孢子愈容易侵染叶片，如空气相对湿度在 83% 以上并维持 4 小时，病斑上就能产生孢子囊，在饱和湿度或叶面有水膜的条件下，可产生大型孢子囊。在绝大部分葫芦科蔬菜种植区域，瓜类蔬菜生长期内温度条件适宜霜霉病发生和流行，所以湿度才是霜霉病危害程度的决定性因素。因此，在高湿、降雨丰富、多露、多雾、昼夜温差大、阴晴交替的区域霜霉病往往极易流行且危害较为严重。当湿度低于 60% 时，霜霉菌无法产生孢子囊，所以当湿度很低时，

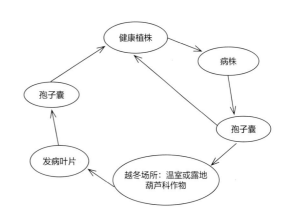

图 3 葫芦科蔬菜霜霉病侵染循环示意图
（引自《中国农作物病虫害》，2015）

很难发病。

与光照关系　光照能够使寄主植物积累足够的营养物质，有利于病原菌侵染植株。霜霉菌在持续光照或是持续黑暗条件下几乎都不能产生孢子囊，只有在光照和黑暗交替的条件下才能大量产生孢子囊。

与植株叶龄的关系　在成株期不同部位的叶片抗病性差异较大。一般植株顶端嫩叶不发病，距地面较近的老叶发病很轻，以植株中部的功能叶片发病较重。这主要是与老叶钙积累多，嫩叶含糖高有关。6～8 天的叶片容易发病。

与植物营养条件系　高氮、高磷和低钾同时施用可降低霜霉病的发生，而低用量的氮和钾同时施用时，会加重病害的发生，微量元素中的锌和铜可以明显减轻病害的发生。

与寄主品种的关系　霜霉病在不同品种上的发病程度不一样，抗性品种（如黄瓜品种：津杂 1 号、津杂 4 号、津春 4 号）发病轻，发病迟，病害流行慢，叶片上的病斑小且少，叶背上的霉层不多；而感病品种（如黄瓜品种：长春密刺、北京小刺瓜）发病重，发病早，流行快。

与寄主花粉的关系　葫芦科作物的花粉能刺激霜霉菌孢子囊的萌发。因此，葫芦科瓜类开花结瓜期极易发生霜霉病。

与栽培管理的关系　栽培管理可影响田间小气候，还可以影响植株的抗病性强弱。田间排水不良、地势低洼、栽植过密、通风透光不良、浇水过多、植株徒长、地表潮湿、田间湿度过大等都利于霜霉病发生流行。土壤板结、施肥不当、植株生长衰弱、抗霜霉病性下降。保护地操作管理不当、阴天或雨天浇水、浇水过多、放风排湿时间不够、晚上闭棚过早、叶面长时间结露或水膜形成多等都利于霜霉病菌孢子囊的产生、萌发和侵入，极易导致霜霉病发生流行。

防治方法　应贯彻"预防为主、综合防治"的原则。综合防治包括利用抗病品种、栽培防治、生态防治和化学防治等，创造有利于葫芦科蔬菜生长而不利于霜霉病发病的条件。

因地制宜选用抗病新品种　对霜霉病具有抗性的黄瓜品种有：津研 1 号、2 号、3 号、5 号、4 号，宁阳大刺，唐山秋瓜，津杂 2 号、4 号，津春 2 号、4 号，津优 10 号、20 号、中农 5 号、15 号、19 号、21 号，碧春，鲁黄瓜 11 号、12 号，济南密刺，早春 2 号，龙杂黄 5 号，北京 102，津绿 3 号，津春 3 号，津优 30 号，农大 12 号、14 号。较为抗霜霉病的冬瓜品种有碧绿翡翠、绿春小冬瓜、新选 2003 黑皮冬瓜、宁化爬地冬瓜、牛脾冬瓜、灰斗、车轴皮、柿饼冬瓜、青皮、梅花瓣和广优 1 号等耐热冬瓜。较为抗霜霉病的苦瓜品种有早优苦瓜、湘苦瓜 5 号、夏丰苦瓜、夏丰 3 号、湘丰十一号、碧绿二号苦瓜、泰国大肉王和青翠 1 号等。较为抗霜霉病的丝瓜品种有特优墨旺丝瓜、粤农双青丝瓜、白沙夏优 1 号棱丝瓜、翠绿早丝瓜、短棒早丝瓜、驻丝瓜 9 号、皖绿 1 号和早杂 5 号等；中国台湾育成的高抗霜霉病的丝瓜品种有 CITC-70-180、CITC-70-181、长种、粗胖米筒种、中长丝瓜和白种米筒等，中抗品种有北港丝瓜、云林丝瓜、台北丝瓜、黑仔丝瓜、林技丝瓜和棱角丝瓜等。因各地气候条件、栽培措施、霜霉病菌致病力（生理小种、致病型）及市场需求等不同，因此，在选择抗病（性）品种时，需因地制宜，尽量选择已经通过当地作物品种审定委员会审定的抗

性品种。

农业防治　①合理轮作。栽培上应尽量避免瓜类作物连作，有条件的地方可实施水旱轮作或与非葫芦科蔬菜轮作，可减轻霜霉病的发生危害。②清洁田间。葫芦科蔬菜生长中应随时除病叶、病花、病瓜和衰老黄叶，既可减少病虫源，又可通风降湿，一茬收获后，应及时彻底地清除所有的残株、败叶和杂草，有条件地方可进行集中沤肥或烧毁，以减少残留在田中的病原菌数量。③苗床消毒、培育壮苗。选好苗床，在播种前进行苗床消毒，苗床尽量用无病虫土壤，可用 50% 福美双、58% 甲霜灵锰锌、50% 烯酰吗啉可湿性粉剂等量混合，每平方米用混合药 8g 加细干土 20kg 混匀制成药土，1/3 撒入苗床，2/3 盖种，即"上铺下盖"，做到全方位保护；培育壮苗，苗床湿度控制在 60% 以下，避免叶面结露，发现有零星病株应及时拔除，并结合相应的药剂防治，可喷施 58% 甲霜灵锰锌可湿性粉剂 800 倍或 50% 烯酰吗啉可湿性粉剂 1000 倍，防止病原菌侵染，苗床可多施有机肥料，促进幼苗生长健壮。加强光照，增强抗病能力。④栽培管理。选择地势高、排水条件好的地块，采用双行高垄种植，地膜覆盖，既保温又防止水分蒸发和降低棚内湿度；控制种植密度，植株生长的中后期及时整枝、打杈、吊蔓，减少叶面重叠，有利于空气流通，降低空气湿度，增强叶片光合作用；科学灌水，在生长前期适当控制浇水，以促进植株根系发育，结瓜后要防止大水漫灌，有条件的地方采用滴灌和膜下暗灌技术，避免大水漫灌，浇水原则是：上午浇、下午不浇；晴天浇、阴天不浇；暗水浇、明水不浇；科学施肥，根据土壤肥力采用配方施肥技术，施足底肥，特别注意多施用有机肥、磷肥、钾肥，加强植株长势，增强功能叶的抗病力；植株生长后期适量追施叶面肥，可选用 0.1% 磷酸二氢钾和 0.1% 尿素的混合液，或 0.2% 硼酸液叶面喷施，每 15 天喷 1 次，可有效缓解叶片衰老，增强抗性，减轻病害发生。

生态防病　温湿度对葫芦科蔬菜霜霉病的发生和蔓延有重要的作用。①棚室覆盖无滴膜或转光膜。无滴膜或转光膜有防雾滴、保温好，提高植物光合作用等性能，防止薄膜上的水滴溅落到黄瓜叶片上，导致感病。②调节温、湿度。晴天日出后闭棚增温，至 28℃ 时开始通风，高于 32℃ 时加大通风量，空气相对湿度降到 75%。下午保持室温 20～25℃，空气相对湿度 70% 左右。傍晚，放风 2～3 小时，使上半夜温度降到 15～20℃，湿度保持 70% 左右，既控制了湿度，又创造了利于光合作用产物输送和转化的温度条件，下半夜由于不通风，湿度可能上升至 85% 以上，但温度降至 12～13℃，低温对霜霉病的发生不利，对黄瓜生理活动也不影响，但夜间温度高于 12℃ 时，即可整夜通风，实现温湿度双控制。③高温高湿闷棚。此为在植株生长旺盛和病害普遍发生难以防治时采取的控病措施。选择晴天上午进行，密闭棚室升温至 45～48.5℃，最佳温度 48.5℃，最适宜的高温持续时间 1.5～2.0 小时，然后再放风降温，次日再浇 1 次水。隔 10～15 小时再进行 1 次，可控制病害发展并延长采收期。

化学防治　化学防治具有高效、速效性等特点，对于一些流行性很强的病害发挥着重大作用，在葫芦科蔬菜霜霉病综合防治中占有重要地位，在保护地栽培条件下具有重要作

用。尽管霜霉病化学防治中存在着病菌抗药性、对环保的压力等诸多问题，但它仍然是其他防治措施不可完全替代的。化学防治中常用的药剂分为保护性杀菌剂、内吸性杀菌剂。①喷雾防治。发病前，可喷施 80% 代森锰锌可湿性粉剂 500 倍液或 75% 百菌清可湿性粉剂或悬浮剂 600 倍液。发病初期可喷施 35% 烯酰吗啉·霜脲氰可湿性粉剂 1500 倍液，或 60% 氟吗·锰锌可湿性粉剂 700 倍液，或 72% 克露（霜脲氰·代森锰锌）可湿性粉剂 600～800 倍液，或 52.5% 抑快净（噁唑菌酮·霜脲氰）水分散粒剂 2000～3000 倍液，或 250g/L 阿米西达（嘧菌酯）悬浮剂 1500 倍液，或 68% 金雷（精甲霜灵·代森锰锌）水分散粒剂 700～800 倍液，或 86.2% 铜大师（氧化亚铜）可湿性粉剂 1500 倍液，或 50% 安克（烯酰吗啉）可湿性粉剂 1500 倍液，或 18.7% 凯特（吡唑醚菌酯·烯酰吗啉）水分散粒剂 1500 倍液，或 64% 杀毒矾（噁霜灵·代森锰锌）可湿性粉剂 600～800 倍液，或 60% 百泰（吡唑醚菌酯·代森联）水分散粒剂 1000～1500 倍液，或 100g/L 科佳（氰霜唑）悬浮剂 2000 倍液，每隔 7～10 天喷施 1 次。古巴假霜霉菌已普遍对苯基酰胺类杀菌剂甲霜灵和甲氧基丙烯酸酯或 Qol 类杀菌剂嘧菌酯产生了抗性，甚至不少地方对三乙膦酸铝和霜霉威也产生了抗性。为避免病原产生抗药性，杀菌剂要交替、轮换或混合使用，每种内吸性杀菌剂一个生育时期喷施次数不可超过 2 次，以避免因长期施用单一药剂使病原菌产生抗药性。施药应注意作用部位，尽量将药液喷施到叶片背面。②烟熏防治。保护地葫芦科蔬菜，因前期温度低、棚室内湿度高，可用烟熏剂防治代替喷雾防治，效果更佳。烟熏剂有 45% 百菌清、30% 百菌清和 25% 霜霉清烟剂等。发病前，可选用 45% 百菌清烟剂，每次每亩用 250g，熏蒸时，关闭棚室，药剂分放 4～5 处，用香或卷烟等暗火点燃，密闭棚室熏烟 1 夜，次日早晨通风，每隔 7 天熏 1 次，连续熏 2～3 次。发病初期每次可选用 45% 百菌清烟剂 200g 或 25% 霜疫净烟雾剂 250g，分放在棚室内 4～5 处，用香或卷烟等暗火点燃，密闭棚室熏烟 1 夜，次日早晨通风，一般隔 7 天熏 1 次，连续熏 2～3 次。③喷粉防治。采用喷粉防治保护地蔬菜病虫害，具有省工省药、不增加棚内湿度、防效显著等优点。可选用 5% 百菌清粉尘剂，或 5% 春·王铜粉尘剂，施药前先闭棚，按照喷粉 1kg/亩计量，把农药装入喷粉器药箱，排粉量调整在每分钟 200g 左右。喷粉时，注意一定要对空均匀喷粉，否则药粉不能均匀分散及沉降，造成防效降低。隔 9～11 天喷粉 1 次，连续 2～3 次。上述方法可单独使用或与喷雾法交替使用。

生物防治　在病害初期或病害较轻情况下，可选用 6% 农抗 120（嘧啶核苷类抗菌素）水剂 1000 倍液，或 0.3% 苦参碱水剂 600～800 倍液喷雾预防，每隔 5～7 天施用 1 次。

参考文献

熊艳，王鹤冰，向华丰，等，2016. 黄瓜霜霉病研究进展 [J]. 中国农学通报，32(1)：130-135.

中国农业科学院植物保护研究所，中国植物保护学会，2015. 中国农作物病虫害 [M]. 3 版 . 北京：中国农业出版社 .

祝海娟，刘大伟，张艳菊，等，2016. 黄瓜霜霉病菌对甲霜灵的抗药性 [J]. 西南农业学报，29(8)：1869-1874.

GRANKE L L, MORRICE J J, HAUSBECK M K, 2014. Relationships between airborne *Pseudoperonospora cubensis* sporangia, environmental conditions, and cucumber downy mildew severity[J]. Plant disease, 98(5): 674-681.

OJIAMBO P S, GENT D H, QUESADA-OCAMPO L M, et al, 2015. Epidemiology and population biology of *Pseudoperonospora cubensis*: A model system for management of downy mildews[M]. Annual review of phytopathology, 53: 223-246.

（撰稿：兰成忠、王文桥；审稿：杨宇红）

葫芦科蔬菜炭疽病　cucurbitaceae vegetables anthracnose

由瓜类小丛壳引起的、危害葫芦科蔬菜的一种病害，是葫芦科蔬菜上的主要病害。

分布与危害　在世界范围内均有发生，不仅危害黄瓜，还能危害西瓜、甜瓜、冬瓜、苦瓜、南瓜和瓠瓜等多种蔬菜作物的叶片、茎蔓、叶柄、果实，导致蔬菜作物的产量下降，品质降低。随着设施农业的快速发展，葫芦科蔬菜炭疽病的发生不断加重，尤其在黄瓜生产中，春秋两季均有发生。黄瓜从苗期到收获前均可被害，特别在生长后期，受病害侵染的植株中下部叶片大量干枯，果实产生病斑，致使品质降低或完全失去商品价值，产量损失 40% 以上，甚至绝收。由于该病原菌的侵染力强、繁殖率高，在适宜的条件下会造成病害的大面积流行，严重时棚、室内的病株率达 100%，且防治难度较大，对生产影响较大。

炭疽病在葫芦科蔬菜的各生长期均可发病，以中后期发病较重，现以受害严重的黄瓜炭疽病症状为例。主要危害叶片，也危害叶柄、茎、瓜条。幼苗发病，多在子叶边缘出现半圆形或圆形淡褐色病斑，稍凹陷，病斑边缘明显，湿度大时上有淡红色黏稠物，严重时，幼苗茎基部呈淡褐色，病部凹陷并逐渐萎缩，造成幼苗折倒死亡。真叶受害，初呈水渍状圆形或椭圆形斑点，病斑黄褐色，边缘有时有黄色晕圈，严重时病斑相互连接成不规则的大病斑，干燥时病斑中部易破碎穿孔，叶片干枯死亡，潮湿时病斑正面生粉红色黏稠物或黑色小点，即为分生孢子盘和分生孢子。叶柄受害，产生长圆形病斑，稍凹陷，初呈黄色水渍状，后变为深褐色；茎部受害，在节处产生黄色的不规则形病斑，稍凹陷，严重时病斑连结环绕茎部，致使病部以上或整株枯死。瓜条被害，开始产生水渍状浅绿色的病斑，后变为黑褐色稍凹陷的圆形或近圆形病斑，干燥时凹陷处常龟裂，上生许多黑色小粒点，即病菌的分生孢子盘，潮湿时生红色黏稠物（图 1）。

冬瓜、苦瓜炭疽病的症状与黄瓜十分相似，以叶片和果实受害为主，茎部较少被害。但叶片病斑的大小差异较大，其直径可为 3～30mm，多为 8～10mm；果实染病多在顶部，而且病斑常常连片致使皮下果肉变褐。

病原及特征　病原菌的有性态为瓜类小丛壳［*Glomerella lagenarium*（Pass.）Stev.］，属小丛壳属，但在自然情况下很少出现。无性态为葫芦科刺盘孢［*Colletotrichum orbiculare*（Berk. et Mont.）Arx］，为毛盘孢属的真菌。

分生孢子盘产生在寄主表皮下，成熟后突破表皮外露。分生孢子盘上着生一些暗褐色基部膨大的刚毛，长 90 ～ 120μm，有 2 ～ 3 个横隔；分生孢子梗无色，单胞，圆筒状，大小为 20 ～ 25μm×2.5 ～ 3.0μm；分生孢子单胞，无色，长圆或卵圆形，一端稍尖，大小为 14 ～ 20μm×5.0 ～ 6.0μm，多数聚结成堆后呈粉红色（图 2）。病菌生长适温为 24℃，30℃ 以上 10℃ 以下即停止生长；分生孢子萌发适温为 22 ～ 27℃，4℃ 以下不能萌发，分生孢子萌发还需高湿以及充足的氧气。

引起葫芦科蔬菜炭疽病的刺盘孢菌通常有两个小种：1 号小种主要危害黄瓜，2 号小种（即美国印第安纳州常见的小种）主要危害西瓜。相比之下，甜瓜对 1 号小种比 2 号小种更易感病。

侵染过程与侵染循环　炭疽病菌主要以菌丝体和拟菌核（发育未完成的分生孢子盘）随病残体遗落在土壤里越冬，种子表面附带的菌丝体也可越冬；病菌还能在温室或大棚内旧木料上腐生，这些病原菌都可成为田间病害的初侵染源。翌年春季环境条件适宜时，越冬后的病菌产生大量的分生孢子，成为田间病害的初侵染来源。分生孢子接触寄主表皮后，萌发产生芽管后，再产生侵入丝侵入寄主，分生孢子也可以芽管从伤口或自然孔口直接侵入，经过 3 ～ 4 天的潜育期后引起发病，新病斑上形成的分生孢子盘再产生大量的分生孢子，经雨水、流水、昆虫或人畜活动传播引起再侵染，使病害扩展蔓延（图 3）。通过种子调运可造成病害的远距离传播，未经消毒的种子播种后，病菌可直接侵入子叶引起幼苗发病，病苗定植后往往成为田间病害的中心病株。摘瓜时果面携带的分生孢子，在贮运中也能萌发侵染造成瓜果发病。

流行规律　低温、高湿是葫芦科蔬菜炭疽病发生流行的主要条件。在 10 ～ 30℃ 范围内均可发病，但相对湿度要求在 80% ～ 98%，因为该菌的分生孢子外围有水溶性胶质，干燥时黏结成团，经雨水冲散才能传播，湿度低于 54% 不发病。在适宜的温湿度条件下，病菌侵染次数频繁，病原累计速度快，在短时间内即可造成病害的大流行。当温度为 24 ～ 26℃、相对湿度在 97% 以上时，炭疽病仅需 5 小时即可完成侵染过程，3 ～ 4 天后即可产生分生孢子；15 ～ 20℃ 的温度会延迟病斑产生分生孢子的时间，10℃ 时，病斑则停止扩展；气温超过 30℃、雨水少、空气干燥时，病势也停止发展。在湖北、湖南、江西、安徽、江苏、浙江及上海等地，保护地黄瓜发病较多，发病盛期在 5 ～ 6 月和 9 ～ 10 月，因此，严格控制湿度是防治炭疽病的关键。

此外，管理不当、氮肥过量、排水不畅、通风不好、植株衰弱、连作地块等发病都较重；早春塑料棚温度低、湿度高，叶面结有大量水珠或吐水，病害易流行。

防治方法

选用抗病品种，搞好种子处理　选用抗病品种是预防炭疽病的关键，不同的种类、不同品种对炭疽病的抗性不同。播前对种子进行处理，是预防炭疽病的有效方法。可用温汤浸种，也可用 0.1% 高锰酸钾溶液浸种 5 ～ 6 小时，浸种后用清水冲洗 3 ～ 4 遍后催芽播种或直播，效果较好。

农业防治　合理轮作与科学施肥。避免与瓜类蔬菜长期连作，重病区可与麦类、玉米等大田作物实行 2 ～ 3 年以上

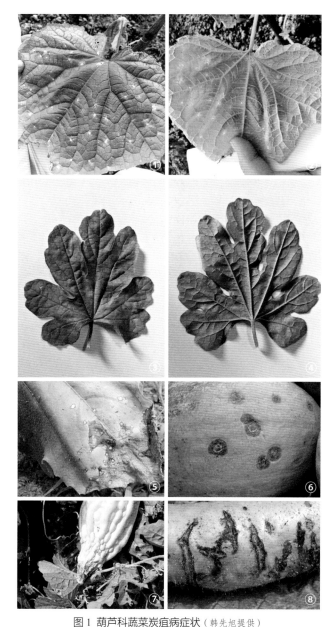

图 1　葫芦科蔬菜炭疽病症状（韩先旭提供）

①黄瓜病叶正面；②黄瓜病叶背面；③苦瓜病叶正面；④苦瓜病叶背面；⑤冬瓜炭疽病病叶；⑥南瓜炭疽病；⑦苦瓜炭疽病；⑧瓠瓜炭疽病

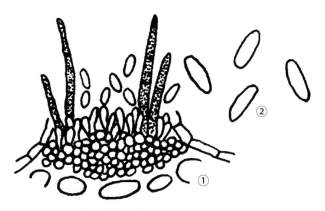

图 2　黄瓜炭疽病病原菌（引自吕佩珂等，1992）

①分生孢子盘；②分生孢子

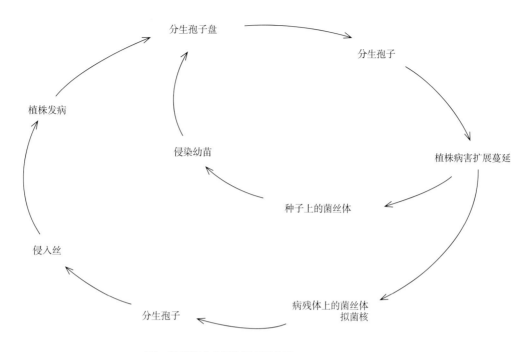

分生孢子盘

分生孢子

植株发病

侵染幼苗

植株病害扩展蔓延

种子上的菌丝体

侵入丝

分生孢子

病残体上的菌丝体
拟菌核

图 3　黄瓜炭疽病侵染循环示意图（韩先旭提供）

的轮作倒茬。生产中推荐采用高畦地膜栽培，地块平坦，排水通畅良好；栽培中采用测土配方施肥技术，施足基肥，多施腐熟有机肥和磷钾肥，少施氮肥，促进植株生长健壮，提高植株的抗病能力，有利于减轻病害的侵染。

加强田间管理。露地栽培的葫芦科蔬菜在定植后至结瓜前控制浇水，雨后及时排水，降低田间湿度；棚室栽培防病的关键是控温排湿，应注意提高棚内温度，及时放风降低湿度，减少结露时间，以抑制病菌萌发和侵入；在整枝、绑蔓、采收、病虫防治等各项农事操作时，应尽量选择在晴天或露水干后进行，避免碰伤植株，以减少人为传播蔓延。另外，应及时清除病株、病叶，带出田外集中销毁。

化学防治　发病初期及时喷药可取得较好的防治效果。可选用 75% 百菌清可湿性粉剂 800 倍液 +25% 溴菌腈可湿性粉剂 600～1000 倍液，或 80% 炭疽福美可湿性粉剂 800 倍液，或 70% 代森猛锌可湿性粉剂 800 倍液 +25% 咪鲜胺乳油 1000～2000 倍液，或 80% 烯酰吗啉水分散粒剂 2500 倍液，或 12.5% 烯唑醇可湿性粉剂 4000～6000 倍液 +70% 丙森锌可湿性粉剂 800 倍液进行防治。防治时注意每隔 7 天喷药 1 次，连喷 3～4 次，喷施时应喷雾均匀、周到；为防止病菌产生抗药性，建议多种药剂轮流交替使用。

参考文献

陈义娟，贾福丽，陈佳，等，2011. 植物提取物对黄瓜炭疽病的抑制作用及其苗期防治效果 [J]. 上海交通大学学报（农业科学版），29(4): 67-71.

吕佩珂，李明远，吴钜文，1992. 中国蔬菜病虫原色图谱 [M]. 北京：农业出版社 .

王久兴，张慎好，2006. 瓜类蔬菜病虫害诊断与防治 [M]. 北京：金盾出版社 .

魏明山，彭玉祥，吴崇文，等，2011. 不同药剂防治黄瓜炭疽病

药效试验 [J]. 上海蔬菜，6: 63-64.

于洋，李宝聚，陈雪，等，2006. 瓜类及茄果类炭疽病的识别与防治 [J]. 中国蔬菜 (12): 49-50.

张玉聚，张振臣，刘红彦，等，2009. 中国农业病虫草害新技术原色图解 [M]. 北京：中国农业科学技术出版社 .

赵红珠，2008. 黄瓜炭疽病的识别与防治 [J]. 河北农业科技 (1): 24.

（撰稿：韩先旭；审稿：杨宇红）

葫芦科蔬菜疫病　cucurbitaceae vegetables blight

由疫霉菌引起的、危害葫芦科蔬菜，如黄瓜、南瓜、冬瓜等的一种真菌病害，是世界葫芦科蔬菜种植区的一种重要病害。

发展简史　1937 年，美国科罗拉多首次报道了黄瓜疫病严重发生，一些地块的黄瓜果实腐烂率达 100%。1968 年，日本也报道了黄瓜疫病的发生。1940 年，美国又报道了南瓜疫病的发生。2001 年意大利、2007 年英国（Sholberg 等）也出现了南瓜疫病。在中国，报道瓜类疫病的时间较晚。20 世纪 50 年代以来，浙江绍兴从北方引入青皮黄瓜后，疫病开始出现，群众称为"扭折疤"或"吊死瘟"。1970 年以后病情逐渐加重，并在全国黄瓜产区开始大规模发生和流行。1978 年，黄瓜疫病在杭州发生。此后在 1980 年疫病在广州地区黄瓜、节瓜及冬瓜上危害严重。随着设施栽培面积不断扩大、蔬菜复种指数不断提高，该病在全国瓜类蔬菜产区的发生愈来愈烈，无论露地、保护地或温室大棚，瓜类蔬菜受害都比较严重。自 20 世纪 80 年代以后，黄瓜、冬瓜、南瓜、

节瓜及丝瓜等疫病的发生地区涉及新疆、辽宁、广西、广东、上海、杭州、南京、成都、武汉、北京、西安、甘肃等地。目前，瓜类疫病是中国冬瓜和黄瓜产区发生最严重的病害之一。

自瓜类疫病被发现并报道后，对其病原菌的鉴定工作一直在进行。1937年，美国 Kreutzer 认为黄瓜疫病是由辣椒疫霉（Phytophthora capsici）引起的，而1968年，Katsura 分离鉴定病原菌，将日本的黄瓜疫病菌命名为瓜类疫霉（Phytophthora melonis Katsura）。1982年，黄建坤等鉴定广州黄瓜疫病菌为辣椒疫霉，1992年，但成家壮等则认为广州黄瓜疫病菌是瓜类疫霉。1980年，王燕华等鉴定上海黄瓜疫病菌是瓜类疫霉。1984年，陆家云则鉴定黄瓜疫病菌是掘氏疫霉（Phytophthora drechsleri）。冬瓜疫病主要是由掘氏疫霉侵染引起的病害，中国也有报道是由瓜类疫霉引起的。南瓜疫病主要由辣椒疫霉引起，但王国良对浙江宁波西洋南瓜疫病进行病原鉴定，认为其病原菌是柑橘褐腐疫霉（Phytophthora citrophthora）。据现有报道，一种疫病菌可侵染多种瓜类作物，一种作物也可被多种疫病菌侵染。随着生物技术的发展，学者利用分子生物学技术对瓜类疫病菌进行分析，为鉴定、区分瓜类疫病菌提供了有力证据，郑莹等利用核糖体 DNA—ITS 序列确认侵染丝瓜的是烟草疫霉（Phytophthora nicotianae）。但瓜类蔬菜疫病菌还有待进一步研究和明确。

分布与危害　疫病是葫芦科作物上的重要病害之一，在世界各葫芦科蔬菜产区都有分布，主要危害黄瓜、南瓜、冬瓜、丝瓜、苦瓜等葫芦科作物，在苗期至成株期均可染病。中国、日本、丹麦、印度、冰岛、西班牙、伊朗、埃及、希腊、阿根廷、波兰、英国、南非、美国、新西兰、澳大利亚、德国等国家对此病的危害都有报道。

20世纪70年代初，中国黄瓜少数产区发生了疫病。此后，瓜类疫病发生越来越严重，广州地区春植冬瓜、黄瓜、节瓜及夏植黄瓜在初花及盛花阶段遇多雨潮湿天气常导致大量死藤，严重时发病率达50%。广西冬瓜疫病是黑皮冬瓜最主要的病害，常年发生面积占种植面积的50%～60%，一般年份造成产量损失20%左右。湖南浏阳沙的冬瓜疫病成为沙市冬瓜最主要的病害，常年发病面积占种植的30%以上，每年造成产量损失5%以上，尤其是2006年，造成减产15%以上，该病成为影响当地冬瓜生产的主要障碍之一。2000年广西全州南瓜疫病大发生，发生面积26hm²，占成片规模种植面积的53.9%，减产3～5成，严重时种植点的90%南瓜因病坏烂在地。2010年，黑龙江东宁南瓜疫病流行，发病严重地块减产30%以上，特别严重的甚至绝产，严重制约南瓜产业发展。此外，在成都、武汉、南京、上海、杭州、北京、西安、甘肃、新疆及台湾的黄瓜和冬瓜等瓜类疫病极为严重，流行年份发病株率高达50%～70%，造成瓜类蔬菜严重减产甚至大面积死亡。

瓜类幼苗多在幼嫩的生长点、嫩茎部位或嫩叶先发病，初呈暗绿色水渍状萎蔫。成株发病，多在茎基部或嫩茎节部，出现暗绿色水渍状斑，后变软、显著缢缩，病部以上叶片萎蔫或全株枯死。节部发病，病部缢缩并扭折。叶片发病产生圆形或不规则水渍状大病斑，边缘不明显，扩展迅速，干燥时

中部淡褐色，易破裂，潮湿时，全叶腐烂。瓜条发病同茎基部症状，潮湿时表面长出稀疏白霉，迅速腐烂（图1①）。

其中黄瓜、冬瓜和南瓜的各个生育期均可发生疫病，病菌能侵染黄瓜、冬瓜和南瓜的叶、茎和果实，以蔓茎基部及嫩茎节部发病较多（图1）。近地面茎基部发病，初呈暗绿色水渍状，病部缢缩，其上的叶片逐渐枯萎，最后造成全株死亡，但横切茎部，其维管束不变色。节部被害，病部缢缩并扭折，后造成其上部枝叶枯萎。叶片被害，初产生暗绿色水渍状斑点，后扩展成近圆形大病斑。天气潮湿时，病斑扩展很快，常造成全叶腐烂。天气干燥时，病斑边缘为暗绿色，中部淡褐色，干枯易脆裂。果实被害，形成暗绿色近圆形凹陷水渍状病斑，很快扩展到全果。病果皱缩软腐，表面长有灰白色稀疏霉状物，迅速腐烂，有腥臭味。籽用南瓜的瓜子颜色由正常的白色变为暗黄色，表面的透明软皮也随之消失，导致瓜子的品质严重下降。

病原及特征　引起葫芦科蔬菜疫病的病原菌有5种，即辣椒疫霉（Phytophthora capsici Leon.）、掘氏疫霉（Phytophthora drechsleri Tucker）、瓜类疫霉（Phytophthora melonis Katsura）、柑橘褐腐疫霉［Phytophthora citrophthora（R. et E. Smith）Leon.］和烟草疫霉（Phytophthora nicotianae van Breda de Haan），均属于疫霉属。不同葫芦科蔬菜疫病的病原物不尽相同，一种病菌可侵染多种葫芦科作物，一种作物也可被多种病菌侵染。

黄瓜疫病菌有辣椒疫霉、瓜类疫霉和掘氏疫霉。冬瓜疫病菌有辣椒疫霉和掘氏疫霉。南瓜疫病菌主要是辣椒疫霉和危害西洋南瓜的柑橘褐腐疫霉。丝瓜疫病菌是烟草疫霉。节瓜疫病菌是掘氏疫霉。

辣椒疫霉在固体培养基上气生菌丝中等至旺盛。菌丝宽 3～10μm。孢囊梗分枝不规则，宽 1.3～1.5μm。孢子囊形状、大小变异较大，近球形、卵形、椭圆形、长椭圆形或不

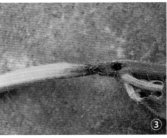
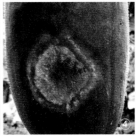

图1 葫芦科蔬菜疫病症状（林壁润、沈会芳提供）

①黄瓜疫病症状；②黄瓜疫病症状；③冬瓜疫病病叶症状；
④冬瓜疫病病果症状

规则形，21～51μm×21～34μm，长宽比 1.5～2.2，具乳突
1 个，偶有 2 个，大多明显，厚度 ≥ 5μm，部分孢子囊乳突
较薄。孢子囊脱落具长柄，平均长度 > 20μm。异宗配合，
配对培养可产生大量藏卵器，藏卵器球形，壁光滑，直径
20～31μm，柄多为棍棒状。雄器围生。卵孢子球形，直径
16～26μm（图 2）。

掘氏疫霉在固体培养基上菌落均一，具短绒毛状气生菌
丝。菌丝无色无隔，自由分枝，老后具隔，4～7μm。菌丝
膨大体球形或近球形，10～30μm。孢囊梗与菌丝无明显分化，
或简单地假轴式分枝，粗 2.5～4.0μm；在皮氏液中，孢子
囊卵形至长卵形，不脱落，无乳突，具内层出现象，大小
为 24～80μm×20～40μm，长宽比 1.2～2.2，能释放游动孢
子，排孢孔宽 9～10μm×14～18μm，游动孢子肾形，大小
为 11～17μm×8～12μm。有性生殖为同宗配合，在 OMA 培
养基上，藏卵器球形或亚球形，浅褐色，直径 19～46μm。
雄器近球形或短柱形，无色，围生，单胞，少见双胞，7～
37μm×9～25μm。卵孢子球形或近球形，浅褐色，直径 16～
38μm，外壁平滑，厚 2.0～3.8μm，满器或几乎满器，未见
厚垣孢子（图 3）。

侵染过程与侵染循环　疫霉菌菌丝通过寄主表皮伤口、
自然孔口侵染茎蔓部、下胚轴，侵染后首先引起表皮、皮层、
韧皮部和髓射线细胞变形直至收缩，在木质部导管中，菌丝
及其侵染时所产生的絮状物、侵填体可单独或共同堵塞整个
导管、造成病害的发生。

另外，疫霉属可分泌毒素，作用于寄主植物，引发病害。
毒素的作用位点主要在寄主细胞质膜、线粒体、叶绿体等细
胞结构上，毒素破坏细胞的膜系统，严重影响植物的代谢过
程及能量改变，对寄主蛋白、核酸、酶等引起一系列不良反
应，导致生理失调、细胞死亡以至整个植株枯死。瓜类蔬菜
的几种疫霉病菌，如辣椒疫霉、瓜类疫霉、掘氏疫霉、柑橘
褐腐疫霉和烟草疫霉均可产生毒素。毒素可引起细胞质壁分
离，质膜断裂；叶绿体膨胀严重，膜消失，基粒片层紊乱；

线粒体膜、脊被破坏、核膜不均一。

因此，疫霉菌对葫芦科植物的致病机理是菌丝体的堵塞
和毒素的作用，致使葫芦科蔬菜发病后出现萎蔫。在抗病育
种中，可以根据寄主植物对毒素的敏感性与对病原菌的反应
一致，可在育种中用毒素代替病原物对植物品种个体、器官、
细胞团和原生质体进行筛选，加速抗病育种进程。在这方面
的研究中，国内外不乏成功的例子。

在温室大棚及南方温暖地区，瓜类疫病病菌无明显的越
冬现象，菌丝在病株上存活，不断产生孢子囊并释放游动孢子，
连续为害。在寒冷地区，病原菌以菌丝体、卵孢子及厚垣孢
子随病体在土壤或粪肥中越冬，成为春季初侵染源。病菌经
雨水、灌溉水传播到寄主上，萌发产生芽管，其顶端与寄主
表面接触，而形成附着胞、侵染钉，在酶的降解作用和机械
压力下，穿过寄主表皮，引起发病。造成田间再侵染的主要
是孢子囊和游动孢子，其传播途径主要是风、雨水、带病种
苗、土壤和灌溉水。在适宜条件下，疫病菌侵入寄主植物后，
通常几天就可以在病部表面产生大量孢子囊并释放游动孢子，
成为再侵染源。黄瓜疫病再侵染频繁，25～30℃ 时，并有水
滴存在，1 次侵染仅需 24 小时，使病原菌的侵染数量可在短
时间内迅速上升，一旦温度、湿度适宜时，病害即可迅速蔓
延与流行。南瓜疫病菌在高温高湿条件下，4～6 小时病菌
即可完成侵染，2～3 天繁育 1 代，5～7 天即可蔓延全田，
特别是在大雨后病害迅速蔓延成灾（图 4）。

流行规律　黄瓜疫病对温度的要求不严格，病原菌生长
的温度范围是 8～40℃，发病适温为 24～30℃。在适温范
围内，雨季来临的早晚、降雨量及雨日数是疫病发生的决定
因素。因此，雨季来临早、雨量大、雨日多的年份则发病早，
再侵染频繁，传播蔓延快，病情重，损失大。田间发病高峰
期通常在降雨高峰之后。黄瓜疫病在南方一般是 4 月下旬开
始发病，5 月中下旬到 6 月是发病盛期；北方的发病盛期是
7～8 月。海南冬种黄瓜，12 月上旬发病，翌年 1 月中下旬
到 2 月是发病盛期。田间小气候也是影响该病发生的重要因

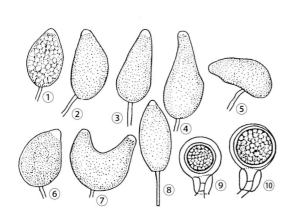

图 2　辣椒疫霉形态特征（引自陆家云）
①～⑧孢子囊（⑦具乳突的孢子囊；⑧脱落的孢子囊具长柄）；
⑨⑩藏卵器、卵孢子与围生雄器

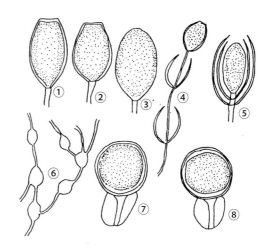

图 3　掘氏疫霉的形态牲特征（引自陆家云）
①～③孢子囊；④⑤孢子囊层出；⑥串生的菌丝膨大体；
⑦⑧藏卵器、雄器和卵孢子

素，地势低洼、地下水位高、浇水过多或水量过大、排水不良的田块，常导致根系发育不良、植株嫩弱、抗病力下降，故而发病重，相反则发病轻。

同样，在适宜发病的温度范围内，雨季长短和降雨量多少也是南瓜疫病发生流行的决定性因素。在华南地区，5月上旬在南瓜幼苗上零星发现病株，5月下旬病害开始盛发，部分地块内出现因病毁株现象。6月中下旬病害迅速扩展流行，程度达到大发生。而在黑龙江东宁，日平均气温16℃以上，南瓜疫病开始发病，一般在6月中下旬开始侵染茎蔓，以后扩展到叶和瓜上，在7～8月病害陆续进入高发期，通常在8月中旬发病最重。这期间也是降雨集中期，相对湿度85%以上发病重，病菌借雨水的冲溅和径流的移动，加速了传播蔓延，连阴雨后骤晴、气温迅速升高时发病迅猛。

在中国南方地区，春植冬瓜疫病的发生程度比夏植冬瓜重。春植冬瓜发病往往整株死亡或烂瓜，基本上不能形成商品瓜。在5、6月，雨量充足，是冬瓜疫病的高发时期，此时正值春植冬瓜的结果期，往往因该病危害造成大量烂瓜，影响瓜的产量和品质。夏植冬瓜主要在8～9月生长前期造成死苗、缺苗，生长后期多为叶片、叶柄发病，此时高湿天气造成冬瓜疫病流行。

2000年，广西全州成片规模种植的南瓜品种以日本的赤颈、红太郎及泰国的橘红一号等早熟品种为主，这些品种对疫病的抗病性较弱，在有利于疫病发生流行的天气条件下，导致病害大面积发生危害。橘红一号发病率高达95%，赤颈发病率33.3%，而对照种植的桂林牛腿南瓜发病率仅15.6%。

不同的作畦方式直接影响病害的发生。对垄膜栽培和平畦栽培的黄瓜田进行调查，平畦田黄瓜疫病平均病株率为36.7%，垄膜栽培黄瓜疫病平均病株率为12.3%。高畦深沟、小高畦和半垄栽培使植株根系处在一个相对较高的位置，避免根系和茎基部直接浸泡于水中，降低了土壤湿度，减少病菌侵染的概率，发病轻。平畦栽培，由于根际周围容易积水，有利于孢子囊形成和游动孢子活动，且不利于植株根系发育，则发病重。不同的土质及栽培方式对发病也有影响。砂壤土黄瓜疫病平均病株率为18.4%，黏土田黄瓜疫病平均病株率为32.3%，表明砂壤土较黏土田发病轻。

不同的耕作制度也与病害发生程度有关。由于卵孢子可以在土壤中存活5年，所以连作发病重，轮作发病轻。种植过密，氮肥过量，田园不洁，施用带病残体或未经腐熟的厩肥的田块均发病重。此外，瓜类的不同生育期抗病力有所差异，苗期易感病，成株期较抗病。

防治方法　由于葫芦科蔬菜疫病潜育期短、蔓延快，仅靠化学药剂防治，很难控制病害的发生及蔓延，因此，在生产中需采用农业与化学药剂相结合的综合防治措施。以栽培管理为主，结合选用抗（耐）病品种，及时进行药剂防治的措施，可收到良好的效果。

选用抗、耐病品种　抗疫病育种最大的挑战是疫霉抗性来源的复杂性和疫霉菌的变异。在山东地方黄瓜品种中，棒锤瓜类型对疫病的群体抗性高于刺瓜类型，线瓜类型对疫病抗性均较差。在黄瓜品种中尚未发现对疫病完全免疫或高抗的类型，但黄瓜品种间存在着显著的抗性差异，早青2号、中农2号、津杂1号、津杂3号、津研7号和88-1较抗病。冬瓜品种中，较抗疫病的有黑皮冬瓜等。南瓜可选用抗疫病的友谊1号等早熟南瓜品种及多伦大矮瓜、大瓜、矮瓜等抗逆性强的品种。

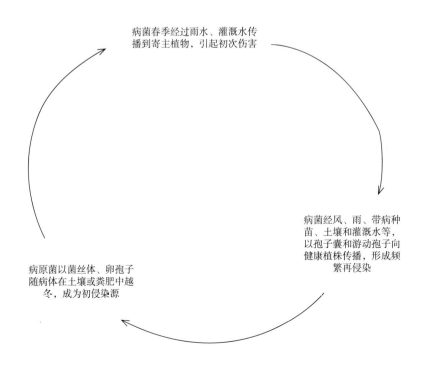

病菌春季经过雨水、灌溉水传播到寄主植物，引起初次伤害

病菌经风、雨、带病种苗、土壤和灌溉水等，以孢子囊和游动孢子向健康植株传播，形成频繁再侵染

病原菌以菌丝体、卵孢子随病体在土壤或粪肥中越冬，成为初侵染源

图4　瓜类疫病侵染循环示意图（林壁润、沈会芳提供）

农业防治　嫁接防病。利用对多种土传病害高抗的砧木与丰产性良好的品种进行嫁接栽培,可有效防止疫病的发生,克服连作障碍,达到高产稳产的目的。利用砧木进行瓜类嫁接栽培,是克服瓜类重茬,预防疫病发生的一项有效措施。西瓜、黄瓜、冬瓜嫁接苗对疫病有良好的抗性。圆弧瓜、黑籽南瓜和冬瓜均适作黄瓜的嫁接砧木,其嫁接苗的成活率在98%以上,在接种黄瓜疫病条件下,成活率比非嫁接苗高20%,产量比非嫁接苗增加100%以上,且生长势旺, 对果实品质无影响。其中,又以圆弧瓜最适作黄瓜的嫁接砧木。以白籽南瓜作砧木嫁接苦瓜效果最好,嫁接对植株叶绿素含量、果实产量和品质没有影响,对疫病有很好的控制效果。成活率达98%,疫病发病率仅为1.7%,病情指数为3.4,产量比自根苗对照增加63.2%。

合理轮作。病菌主要以卵孢子在土壤残体内越冬,成为翌年疫病传播的主要途径。连作地块病原在病株残体上存活,成为疫病初侵染源,使植株感染病害,重茬地种植黄瓜,疫病发生严重;连作时间越长,发病越严重。因此,在茬口安排上应避免重茬或与瓜类作物连作,实行与十字花科、豆科等蔬菜的轮作制度,2～3年轮作1次,可有效地降低植株感染病害的概率。

加强水肥管理。选地势高燥的地块,采用垄作栽培,挖好排水沟,雨季及时排水,降低田间湿度。大力推广垄膜栽培技术,覆盖地膜,阻挡土壤中病菌溅附到植株茎叶果实上,减少侵染机会。瓜类生长期适当浇水,严格控制生长前期浇水量,结瓜后浇水也不宜过勤,切勿大水漫灌,最好采用滴灌方式。发现病株时可适当停止浇水,控制病情扩展,但进入结瓜盛期要及时供给所需水量。施足腐熟有机肥,及时补充磷、钾肥,做到适时追肥,注意氮、磷、钾的合理配施,避免偏施氮肥。瓜类生长的中后期要注意增施磷、钾肥及其他微肥。及时拔出田间病株,清除田间病残体,瓜类生长期间发现疫病中心病株,立即拔除。拉秧后对田间病残体要彻底清除,集中深埋或烧毁,以减少传染源。

栽培管理。种植前深翻土壤,经过冻土和晒土,直接杀死土壤中的害虫和病物。定植前选择晴天盖上棚膜,密闭闷棚7～10天,使室内温度提高10℃以上,以杀死土表、墙体上的病菌。采用高垄宽窄行定植,注意合理密植,防止过密造成株间郁闭,影响棚室的通风透光。及时拔除病株,摘除病叶,收获后及时清除棚室内的枯枝烂叶、根茬及杂草,可有效减少生长期及对下茬蔬菜的侵染来源。降低棚室内空气湿度,棚室内空气湿度大是引发病害的主要原因。

生物防治　中国筛选出木霉菌株(TR–5)、淡紫拟青霉菌FHM–1、枯草芽孢杆菌LY–38和P78,对黄瓜疫病均有一定的防治效果。另外,以黄瓜疫病为靶标筛选出放线菌2507,其产生的抗生素万隆霉素对黄瓜疫霉菌有明显的抑制作用和杀菌作用。抗生素2507浓度为300.0μg/ml,预防效果就已经达到了91.0%,农用抗生素万隆霉素的研发已进入中试阶段。开发利用复合菌成为生物防治的研究热点,复合菌一般是由2种或2种以上且互不拮抗的微生物菌种制成的微生物制剂。国内用枯草芽孢杆菌R1、恶臭假单胞菌J1、产气肠杆菌G6、黏质沙雷氏菌F3和草生欧文氏菌R6复配的菌剂AR98,采用浓度20亿CFU/ml浇灌对黄瓜疫病的平均防效为90.8%,平均增产率为32.25%。

但现在生物防治存在的主要问题是生物活菌制剂因其在生产、包装、储运等过程中要求严格、技术复杂、操作难度大,同时使用效果不稳定和见效缓慢等缺点,导致生产者使用积极性不高,生产上尚未大规模应用。

化学防治　预防要早,在安全间隔期内使用农药。育苗期和田间生长期见初发病必须抓紧喷药,关键是要抓住“早”字,把疫病控制在发病初期。

种子处理。在无病田或无病植株上留种,可防止种子带菌。播种前可用药剂消毒,选用甲霜灵、霜霉威、霜脲氰·锰锌、霜·锰锌或福美双拌种。

苗床处理。有条件的菜区最好制作新苗床,新苗床要选用无病地或大田土进行育苗,营养钵内的土也要选用无病土。如果在旧苗床上育苗,可选用克霜氰、甲霜灵或甲霜铜加干细土,充分拌匀后施入苗床内进行土壤消毒。

喷施药剂。在发病前做好预防工作,发病初期要及时拔除中心病株,并立即喷洒或浇灌防病药剂。可选用甲霜铜、甲霜灵·锰锌、甲霜灵或霜·锰锌交替灌根防治。也可用烯酰吗啉、霜脲氰、烯肟菌酯或霜霉威等,采用喷灌结合,先灌后喷,隔7～10天再喷1次。喷雾处理可在发病初期选用霜脲氰·锰锌、甲霜灵、代森锰锌或甲霜灵·锰锌,每隔5～7天喷1次,连喷3～4次。

参考文献

成家壮, 1992. 广州地区为害黄瓜的疫霉菌及其致病性的研究 [J]. 植物保护, 18(1): 12-13.

黄建坤, 戚佩坤, 1982. 广州地区黄瓜疫病病原菌的鉴定及防治研究 [J]. 华南农学院学报, 3(2): 36-45.

李卫民, 晏卫红, 黄思良, 等, 2007. 广西黑皮冬瓜疫病的病原菌鉴定及其生物学特性 [J]. 植物病理学报, 37(3): 333-336.

王燕华, 杨顺宝, 1980. 上海地区黄瓜疫病窗的分离及鉴定 [J]. 植物保护 (5): 2-4.

谢大森, 何晓明, 彭庆务, 2009. 瓜类疫病病原物研究进展 [J]. 农业科技通讯 (3): 75-78.

浙江农业大学园艺系蔬菜病害课题组, 杭州市江干区农业局, 1978. 黄瓜疫病病原菌的鉴定 [J]. 微生物学通报, 5(1): 3-5.

郑莹, 段玉玺, 陈立杰, 等, 2008. 沈阳地区丝瓜疫病病原菌研究 [J]. 植物保护, 34(5): 27-31.

HO H H, LU J Y, GONG L Y, 1984. *Phytophthora drechsleri* causing blight of cucumis species in China[J]. Mycologia, 76(1): 115-121.

KREUTZER W A, 1937. A Phytophthora rot of cucumber fruit[J]. Phytopathology, 27: 955.

KREUTZER W A, BODINE E W, DURRELL L W, 1940. Cucurbit diseases and rot of tomato fruit caused by *Phytophthora capsici* [J]. Phytopathology, 30: 972-976.

TIAN D, BABADOOST M, 2004. Host Range of *Phytophthora capsici* from pumpkin and pathogenicity of isolates[J]. Plant disease, 88(5): 485-489.

（撰稿：林壁润、沈会芳；审稿：杨宇红）

互隔交链孢霉　*Alternaria alternata* (Fr.) Keissl.

互隔交链孢霉在自然界广泛分布，是土壤、谷物、水果、蔬菜及枯草上常见的腐生菌，也常寄生在植物的叶片和种子上。

分布与危害　互隔交链孢霉是粮食中常见的霉菌之一，主要为田间型真菌。在谷物扬花灌浆期即可侵入谷粒，在生长过程中产生有毒代谢产物。它也是水稻褐穗病、烟草赤星病、梨黑斑病等植物常见病害的致病菌。在谷物储藏期间，该菌逐渐被青霉、曲霉等储藏型真菌代替，但也可引起高水分粮食发生腐败变质。该菌可致支气管哮喘和过敏性肺炎等疾病，是世界范围内最主要的致敏性真菌之一。

病原及特征　互隔交链孢霉［*Alternaria alternata*（Fr.）Keissl.］属链格孢属真菌。菌落呈绒状，菌丝灰黑色至黑色，有隔膜，以分生孢子进行无性繁殖。分生孢子梗较短，暗色，单生或成簇，大多数不分枝，与营养菌丝几乎无区别。

分生孢子呈纺锤状或倒棒状，顶端延长成喙状，褐色或青褐色，有壁砖状分隔，有1～2个纵隔，3～5个横隔，分生孢子常数个形成链状，一般为褐色，尚未发现有性世代。

侵染循环　主要在植株病残体上越冬，翌年产生分生孢子，借风、雨传播蔓延。孢子从植株伤口侵入，一般高湿多雨或多露季节易使植株发病。

流行规律　互隔交链孢霉喜温暖潮湿的环境，最适生长温度25℃，最高生长温度37℃。在相对湿度85%以上时，孢子萌发率高达90%，繁殖速度较快。该菌在酸、碱性土壤中均能存活，pH0.5～8.6的土壤中都可以发现互隔交链孢霉，但在近中性土壤中数量最多。

毒素产生及检测

毒素产生　互隔交链孢霉主要产生4种真菌毒素，即交链孢霉酚（alternariol，AOH）、交链孢霉甲基醚（alternariol mono methylether，AME）、交链孢霉烯（altenuene，ALT）、交链孢霉酮酸（tenuazonic acid，TeA）（见图）。AOH和AME已被证实具有致突变和致癌作用。交链孢霉毒素在自然界产生水平低，一般不会导致人或动物发生急性中毒，但长期食用则可能导致慢性中毒。食管癌的发生与摄入互隔交链孢霉毒素有重要关系。

互隔交链孢霉毒素可从霉变的番茄、苹果及粮食谷物中分离。从番茄中分离的毒素以TeA为主，粮食中则主要以AOH和AME为主。ALT和交链孢毒素（altertoxin，ATX）在各种食物中检出较少。在霉变的蔬菜、水果中，可检出较大量的ALT和ATX-Ⅰ。交链孢霉在谷类培养基中生长良好，并易于在番茄、柑橘和马铃薯上生长。交链孢霉产毒需要一定的条件，TeA的产生需较高的温度和稳定的湿度，被认为是接种培养时产生的主要毒素。AME和AOH的产生则需要较低温度和遮光条件；ALT在一定的温度和低氮状况时产生，它在天然或培养中相对检出较低。

毒素的检测　对AOH与AME的检测方法有薄层色谱法、液相色谱法、液相色谱－质谱联用分析法、免疫学法等。Benjamin等采用了液相色谱－质谱联用分析法（LC-MS）与液相色谱－串联质谱（LC-MS/MS）分析法测定果汁与饮料中的AOH与AME，发现LC-MS与LC/MS-MS法的灵敏度比液相色谱－紫外（LC-UV）检测法更高。

①薄层色谱法。使用硅胶G薄层层析，流动相可选择氯仿：甲醇（90：10）、乙酸乙酯：苯（99：1）、氯仿：甲醇（80：20）和苯：丙酮：乙酸（70：25：5）等溶剂系统。检测以已知浓度的互隔交链孢霉毒素为标准，在紫外光下或显色试剂中检测样品。

②液相色谱分析法。以80%甲醇水作流动相，流速0.25ml/min，可变波长编程测定，波长设定258nm用作测定AOH和AME。记录仪纸速0.2cm/min。外标法测定各毒素的含量。

③液相色谱－质谱联用分析法。以80%甲醇水作流动相，流速0.5ml/min，解离室温度60℃，离子源温度200℃，电离能量40eV，电离电流180μAEI+电离模型，50～650AMU全谱扫描，扫描时间间隔0.1秒，氩气用作雾化气，压力保持137.8952kPa。

④ELISA快速检测方法。获得AOH单克隆抗体或多克隆抗体，结合ELISA技术可检测食品中的AOH。将得到的AOH多克隆抗体，利用间接竞争ELISA方法，检测玉米、动物饲料和天然原料中AOH的含量，最后得到AOH的检测灵敏度为0.4ng/ml。

防治方法　预防仓储粮食中互隔交链孢霉等霉菌引发的粮食霉变主要通过以下措施：

①控制水分含量。粮食收获后要及时干燥，降低入库时的水分含量，达到储藏安全水分，易于储藏。

alternariol (AOH)

alternariol mono methylether (AME)

altenuene (ALT)

tenuazonic acid (TeA)

互隔交链孢霉产生四种毒素的化学结构

交链孢霉酚（AOH）、交链孢霉甲基醚（AME）、交链孢霉酮酸（TeA）、交链孢霉烯（ALT）

（引自 Zwickel et al., 2016）

②清除杂质。粮食中的杂质在入库时，由于自动分级现象聚积在粮堆的某一部位，形成明显的杂质区。杂质区的有机杂质含水量高，吸湿性强，带菌量大，呼吸强度高，储藏稳定性差。泥杂等细小杂质可降低粮粒孔隙度，使粮堆内湿热不易散发，也是储藏的不安全因素。

③通风降温。粮食入库后，应根据气候特点适时通风，缩小粮温与外温及仓温的温差，防止发热、结露。

④低温密闭。在完成通风降温、防治害虫之后，冬末春初气温回升以前粮温最低时，因地制宜采取有效的方法，压盖粮面密闭粮堆，以长期保持粮堆的低温或准低温状态，延缓最高粮温出现的时间及降低夏季粮温。

参考文献

蔡静平，2018.粮油食品微生物学[M].北京：科学出版社.

李碧芳，郑彦婕，陈素娟，2010.粮油制品中交链孢霉毒素的测定[J].广东化工，37(5): 220-227.

李文静，黄南，杨雅琪，等，2018.尘螨及交链孢霉多重致敏的变应性鼻炎患者免疫治疗有效性及安全性研究[J].临床耳鼻咽喉头颈外科杂志，32(21):22-25.

满燕，梁刚，李安，等，2016.链格孢霉毒素检测方法研究进展[J].食品安全质量检测学报(2):453-458.

乔金玲，台莲梅，王平，等，2010.水稻褐变穗病原菌生物学特性的研究[J].现代化农业(4):9-10.

王若兰，2016.粮油储藏学[M].北京：中国轻工业出版社.

杨胜利，董子明，裴留成，等，2007.河南林县居民粮食中互隔交链孢霉及其毒素污染和人群暴露状况研究[J].癌变·畸变·突变，19(1):44-046.

ZWICKEL T, KAHL S, KLAFFKE H, et al, 2016. Spotlight on the underdogs—an analysis of underrepresented Alternaria mycotoxins formed depending on varying substrate, time and temperature conditions[J]. Toxins, 8(11): 344.

（撰稿：胡元森；审稿：张帅兵）

花椒干腐病　prickly ash stem rot

由花椒镰刀菌等引起的、危害花椒枝干的一种真菌病害。又名花椒溃疡病、花椒流胶病。

发展简史　1988年首先在陕西渭北花椒产区发现此病害，1992年正式报道了病原菌种名及其药剂防治。随后，西北、西南和华北各花椒产区相继有花椒干腐病发生的报道。2016年订正病原菌无性型种名。

分布与危害　花椒干腐病是常伴随花椒窄吉丁虫而发生的一种严重枝干病害，主要发生在陕西、甘肃和四川的各花椒产区。在陕西富平、凤县等地，一般椒园的发病株率在20%以上，最高可达100%，病情指数高达30～50。该病能迅速引起树干基部韧皮层坏死、腐烂，严重影响营养运输，导致叶片黄化乃至整个枝条或树冠枯死，往往使一个建立不久的椒园毁于一旦。

该病常伴随花椒窄吉丁虫发生于树干基部，严重时树冠中上部枝条上也产生病斑。发病初期，病变部呈湿腐状，病

皮凹陷，并伴有流胶出现。后期病斑干缩、龟裂，并出现许多橘红色小点，即病菌分生孢子座（图1②）；老病斑上则密生、蓝黑色颗粒状子囊壳（图1③）。病斑可逐年扩展，大型病斑长达5～8cm，往往造成大面积的树皮坏死甚至环绕树干。因而在干腐病严重发生的椒园，常出现椒叶黄化、枝条和整株死亡现象（图1①）。

病原及特征　病原为花椒镰刀菌（*Fusarium zanthoxyli* Zhou, O'Donnell, Aoki & Cao）和连续镰刀菌（*Fusarium continuum* Zhou, O'Donnell, Aoki & Cao）。分生孢子座突破寄主表皮生，宽370～1280μm，高320～550μm。分生孢子梗单生或少量分枝，产孢细胞细长，呈瓶梗状。大型分生孢子具1～5个隔膜，顶细胞渐尖，呈喙状，足细胞明显（图2①），三隔膜分生孢子大小为40～65μm×4～5μm；4～5隔膜分生孢子大小为62～72μm×5μm；小型分生孢子罕见。有性型子囊壳球形，壁蓝紫色，集生于蓝紫色的子座上，子座突破寄主表皮而外露（图2②）。干燥条件下，在子囊壳上方常出现凹陷，子囊壳直径为200～300μm；子囊棒状，大小为60～90μm×9～13μm；子囊孢子椭圆形，2～3隔膜，分隔处常缢缩，淡黄色，大小为13～31μm×5～8μm（图2③）。

侵染过程与侵染循环　病菌以菌丝体及繁殖体状态在病变组织内越冬。5月初，当气温升高时，病斑恢复扩展，

图1 花椒干腐病症状（曹支敏摄）

①枝叶黄化病状；②枝干皮层腐烂、流胶和病菌分生孢子座；③枝干溃疡斑和病菌子囊壳

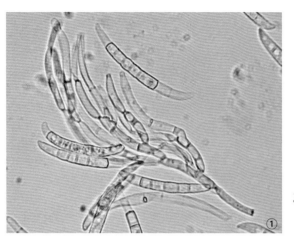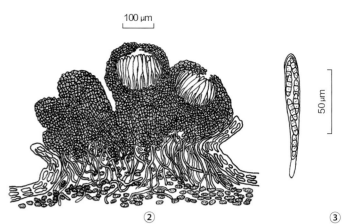

图 2　花椒干腐病菌形态特征（曹支敏提供）

①无性型（*Fusarium zanthoxyli*）产孢细胞与分生孢子；②子座与子囊壳；③子囊和子囊孢子

并于 6～7 月产生分生孢子。分生孢子主要借雨水传播，通过伤口入侵。自然条件下，凡被吉丁虫危害的椒树，大都有干腐病发生。研究证明，花椒窄吉丁幼虫可携带干腐病菌，并在入蛀花椒树皮时将病菌传入树干。病害的发生可持续到 10 月。当气温下降时，病害停止发展。

流行规律　该病害的发生程度与花椒品种、树龄及立地条件有关。大红袍品种发病最重，其次是豆椒和苟椒，米椒抗病性较强，竹叶椒等野生花椒种则很少发生。幼龄树发病较轻。冷凉山地椒园发病较轻。病原菌的两种无性型分布不同，花椒镰刀菌多分布于陕西、甘肃和四川等地，连续镰刀菌主要分布于山东、河北。

防治方法

植物检疫　加强花椒苗木调运的检疫工作。

抚育管理　改变传统的花椒园粗放经营方式，及时修剪、清除病枝与病株。加强椒园水肥管理、除草等基本栽培管理措施，提高花椒树的生长势和抗病虫性。

化学防治　早春花椒萌芽前，给全园椒树树干全面喷洒一次 3～5 波美度的石硫合剂，对夏秋季花椒病虫害控制可起到好的效果。4 月上旬至中旬，用 8.7% 戊唑醇 +1.5% 吡虫啉注干液剂对有流胶出现的花椒树主干挂吊瓶注药，以杀死越冬窄吉丁虫。7～8 月采椒后，可用 50% 乙基托布津 500 倍液加 40% 增效氧化乐果 5 倍液涂树干。对少量初发生流胶病斑亦可直接刮除越冬虫，并在伤口处涂抹 50% 甲基托布津 500 倍液以防干腐病菌的侵染，以防治吉丁虫促进对干腐病的防效。

参考文献

刘永清，王小虎，2005. 花椒病虫害的防治 [J]. 河北林业 (3): 31.

卢凯洁，张升恒，魏云林，等，2016. 天水市花椒病虫害调查 [J]. 甘肃农业科技 (3): 13-15.

孙双，周明强，何香，等，2017. 南充市花椒病虫害调查研究 [J]. 四川农业科技 (1): 40-42.

杨学毅，刘萍，沈平，等，2013. 临夏州花椒有害生物种类及分布 [J]. 甘肃林业科技，38(4): 25-30.

赵元惠，2007. 武都区花椒主要病虫害的发生及防治 [J]. 现代农业科技 (24): 75-76.

ZHOU X, O'DONNELL K, AOKI T, et al, 2016. Two novel *Fusarium* species that cause canker disease of prickly ash (*Zanthoxylum bungeanum*) in northern China form a novel clade with *Fusarium torreyae*[J]. Mycologia, 108(4): 668-681.

（撰稿：曹支敏；审稿：田呈明）

花椒落叶病　prickly ash leaf dropping

由花椒盘二孢引起的花椒叶片提前脱落的真菌性病害。又名花椒褐斑病。

发展简史　1955 年印度最早记载此病害，1994 年中国在陕西、甘肃首次报道。

分布与危害　花椒落叶病广泛分布于陕西、甘肃、河北和山东等花椒主产区，是严重影响花椒产量的叶部病害之一。可侵染栽培花椒各个品种，尤其以大红花椒品种发病严重。落叶病主要危害叶片、叶脉和叶柄，其次是嫩梢，致使椒叶提前衰老、枯黄而大量脱落，严重影响椒树生长，连年发病则加速椒树老化，甚至枯死。

病害主要发生在叶片背面，由树冠下部向上发展，嫩梢、叶柄均能产生病斑。发病初期，在叶片上产生许多 0.5～1mm 大小的黑色病斑，在病斑中央形成疹状小突起，即病菌的分生孢子盘。病斑常集生。湿度大时，在疹状小突起上产生白色针状分生孢子角。后期，随着病斑坏死组织的扩大，众多病斑连合成大型不规则褐色病斑，密生分生孢子盘，并产生性孢子。严重发病时，病叶正面也产生疹状分生孢子盘。有的花椒品种的老病斑周围还可见到紫色晕圈。嫩梢发病后常产生带有分生孢子盘的梭形紫褐色至黑褐色病斑。该病害常造成叶片提前衰老、发黄和大量脱落，甚至出现椒树二次萌叶（图 1）。

病原及特征　病原为花椒盘二孢（*Marssonina zanthoxyli* Chona et Munjal），属盘二孢属（*Marssonina*）。病原菌分生孢子盘多生于叶背表皮下，少量生于叶正面。分生孢子盘宽 160～650μm，厚 75～160μm。分生孢子梗单生，产孢细胞倒棒状，大小为 8～10μm×4～5μm。分生孢子棒状、弯曲，双胞，极少数三胞，细胞不等大，无色，大小为 15～26μm×5～8μm（图 2①）。发病后期，常伴随病菌分生孢子盘产生大量单胞、杆状性孢子（图 2②）。

侵染过程与侵染循环　病菌以菌丝体、分生孢子盘在落叶或枝梢的病组织内越冬，翌年雨季到来时产生分生孢子，成为当年初侵染源。在陕西关中，7 月下旬至 8 月初，病害开始发生，一般是位于树冠基部的椒叶首先出现病斑，然后再逐渐向上部发展。分生孢子主要借雨水下溅传播。一般在 8 月下旬至 9 月初达到发病高峰，病叶陆续脱落。发病严重的椒树树冠中下部叶子全部脱落。10 月病害发展减缓。

流行规律　病害发生与降雨有关，雨季早、降雨多的年份，发病早而重。凡土壤瘠薄、管理粗放的椒园，因树势较弱而发病较重。树龄越大，发病越重。米椒品种较其他花椒品种抗病。

防治方法

加强苗木检疫　由于花椒幼枝可以带菌，所以应加强对调运花椒苗的检疫，防止病害传播。

减少侵染源　及时清理烧毁病落叶，并结合整形修剪，剪去带有病叶的枝条，以减少初侵染源。

加强抚育管理　加强水肥、除草等管理措施，以提高树势，增强其抗病性。整形修枝，使树冠通风透光，以降低湿度，减少发病条件。

喷药保护　用 65% 代森锰锌可湿性粉剂 300～500 倍液、1∶1∶200 倍的波尔多液、或 50% 托布津可湿性粉剂 800～1000 倍液喷雾均可取得防治效果。7 月上旬喷药 1 次，摘椒后再喷 1～2 次。

图 1 花椒落叶病症状（曹支敏摄）

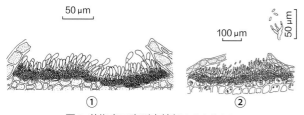

图 2 花椒盘二孢形态特征（曹支敏绘）
①分生孢子盘和分生孢子；②分生孢子盘与性孢子

参考文献

曹支敏，田呈明，梁英梅，等，1994.陕甘两省花椒病害调查 [J].西北林学院学报，9(2): 39-43.

陈丹，曹支敏，王培新，2008. 花椒落叶病寄主抗病性及其病原菌生物学特性 [J]. 西北林学院学报，23(6): 126-128.

陆燕君，李桂林，1995.盘二孢属一新种——花椒盘二孢 [J]. 真菌学报，14(3): 184-186.

CHONA B L, MUNJAL R L, 1955. Notes on miscellaneous Indian fungi Ⅱ[J]. India phytopathology, 8: 192-196.

（撰稿：曹支敏；审稿：田呈明）

花椒锈病　prickly ash rust

由花椒鞘锈菌引起的、危害花椒叶片的一种真菌病害，是花椒栽植区最重要的叶部病害之一。又名花椒叶锈病（prickly ash leaf rust）。

分布与危害　花椒锈病主要分布于陕西、甘肃、四川、河北等花椒栽培地。可危害栽培花椒、竹叶花椒、野花椒、川陕花椒等 10 余种花椒属植物，其中以栽培花椒各品种最为常见。在发病年份发病率可达 50%～100%，发病指数达 30～57，导致花椒叶在采椒后不久大量脱落，并引起当年二次萌芽，严重影响树势，使翌年结果量下降。花椒锈病在花椒苗圃地发生尤为严重。

发病初期，在叶子正面出现 2～3mm 水渍状褐绿斑，并在与病斑相对应的叶背面出现黄褐色的疱状夏孢子堆。在病斑中心较大夏孢子堆周围出现许多由小型夏孢子堆排列成的环状圈（图 1）。疱状物破裂后放出橘黄色粉状物，即夏孢子。发病后期夏孢子堆基部产生红褐色蜡质的冬孢子堆。在叶表面，褪绿斑发展为 3～6mm 的淡褐色坏死斑，发病严重时，叶柄上也出现夏孢子堆及冬孢子堆。

病原及特征　病原为花椒鞘锈菌（*Coleosporium zanthoxyli* Diet. & Syd.），属鞘锈属（*Coleosporium*）。其夏孢子堆叶背生，散生或通常集生成同心环状，单个夏孢子堆圆形，直径 0.4～1mm，破皮而外露，粉状，橘黄色；夏孢子多为长椭圆形，少数球形、棒状，22.5～50μm×15～25（～27.5）μm，密被疣，疣呈棒状，顶圆，橘黄色（图 2①）。冬孢子堆叶背散生或环状排列集生，并在集生圈周围产生 3～6mm 的褐色坏死病斑，冬孢子堆近圆形，直径 0.3～1mm，表皮下生，垫状，呈橘黄色或红褐色，胶质；冬孢子多为宽棒状、或矩圆至椭圆形，50～85μm×21～30μm，黄褐色，在孢子堆中 1 至多层排列，胶质鞘厚 10～20μm（图 2②）。内生担子较短，53.5～65μm，常具 2 横隔和 1 纵隔或斜隔，萌发后呈淡色，基部有柄形不孕细胞；担孢子椭圆形至长椭圆形，18～35μm×15μm，黄褐色至淡黄色。

侵染过程与侵染循环　花椒鞘锈菌以夏孢子重复侵染花椒，并通过气孔侵入花椒叶片。

流行规律　花椒锈病的发生主要与气候条件有关。凡降水量大，特别是第三季度雨量大、降雨天数多的条件下，病

图 1 花椒锈病症状（曹支敏摄）

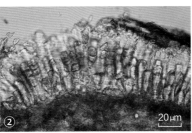

图 2 花椒鞘锈菌形态特征（曹支敏摄）
①夏孢子；②冬孢子堆和冬孢子及内生担子

害容易发生。在陕西，一般在 7 月下旬至 8 月上旬开始发病，树冠下部叶子首先发病；8 月下旬至 9 月下旬为普发期，随之出现病叶脱落，至 10 月上中旬病叶全部落完，二次新叶开始萌生。该病发生迟早与当年 6、7 月温湿度密切相关，秋季降水量决定锈病发病程度。病菌通过气流传播。只要气候适宜，病菌繁殖很快，再侵染频繁。因此，该病具有暴发性发生的特点。定点观察表明，在一个生长季节内，花椒锈病的发生发展符合逻辑斯蒂病害流行时间动态。

该病的发生与椒园所处地的海拔高度无关，与坡向有关，阴坡较阳坡发病轻；零散栽植的椒树较成片椒园发病轻。病害的发生与花椒品种有关，大红袍品种发病最重，豆椒次之，米椒、野生苟椒较抗病。各龄椒树均可发病。

国外报道花椒锈菌的性孢子、锈孢子阶段寄主为二针松，但通过多年调查，中国未见该锈菌的转主寄主。

防治方法

选育抗病品种 在栽培的花椒中，有些品种（如米椒）表现出较强的抗病性，可直接选用这些品种，或以此为材料培育丰产抗病的花椒品种，是控制花椒锈病的重要途径。

栽培措施 椒园定植密度要合理，依据土壤肥力与立地条件，每亩地定植 50～60 株；椒树苗圃地也要控制苗床密度，并及时除草，以降低湿度。

化学防治 于 7 月中旬至 8 月上中旬对椒树用 25% 粉锈宁可湿性粉剂 600 倍液或 43% 戊唑醇悬浮剂 800～1000 倍液喷雾，每隔 10～15 天喷雾 1 次，可起到防治作用。

参考文献

曹支敏，李振岐，1999. 秦岭锈菌 [M]. 北京：中国林业出版社：24-25.

曹支敏，田呈明，梁英梅，1991. 花椒锈病流行规律及药剂防治研究 [J]. 森林病虫通讯 (3): 6-9.

岳晓丽，曹支敏，2010. 陕西省花椒锈病寄主抗病性调查 [J]. 森林病虫通讯，29(1): 19-21.

（撰稿：曹支敏；审稿：田呈明）

花生白绢病 peanut southern stem rot

由齐整小核菌侵染引起的、一种分布广泛的土传真菌病害，是世界范围内普遍发生的花生重要病害。又名花生白脚病、花生菌核枯萎病、花生菌核根腐。

发展简史 Rolfs 于 1892 年首次在西红柿上发现白绢病菌。杨家珍在 1957—1959 年对安徽花生白绢病病原、症状、发病规律和药剂防治进行了研究，是国内关于花生白绢病较早的报道。随着花生种植规模的扩大，气候条件变化，加上病菌的寄主范围广，花生白绢病在中国很多产区已从次要病害变成主要病害，而且防治难度大。

分布与危害 在世界各个花生产区均有发生，尤其是温暖潮湿地区发生更为严重。在埃及、印度和美国花生白绢病危害严重，其中仅美国的佐治亚州平均每年由该病造成的经济损失就高达 4300 万美元。在中国，花生白绢病主要分布于长江流域和南方各产区，如江苏、福建、湖南、广东、广西、河南、江西、安徽、湖北等地，一般田块零星发生，严重田块发病率达 30% 以上。随着耕作制度的改变及高产新品种的推广应用，带来了田间小气候的显著变化，使花生白绢病的分布范围和发生程度逐年扩大，并有北移趋势，如 2004 年在山东临沂花生发病面积达到 6 万 hm^2，病株率 67.3%，病情指数高达 56.8，减产 40% 以上。

病原及特征 病原菌无性态为齐整小核菌（*Sclerotium rolfsii* Sacc.），属小核菌属真菌，从培养基中可以产生无性孢子；有性态罗耳阿太菌 [*Athelia rolfsii*（Curzi）Tu & Kimbr.]，属阿太属，在自然环境或者人工培养情况下均少见。

该病菌在多种培养基上生长良好，能够形成菌核，菌核坚硬，表面光滑，呈球形或近似球形，菌核直径一般为 2～3mm，菌核内部灰白色，边缘细胞小而排列紧密，中部细胞大而排列疏松（见图）。在花生田里菌核生出菌丝，从接近地面的茎部直接侵入寄主，病组织很快生出白色丝状的菌丝，因此而得名。生长初期菌丝为白色，随后增大而呈淡黄色，后变黄褐色，宽 3～9µm，常见有锁状联合，菌丝在基物上往往形成菌丝束。菌丝的分枝顶端形成棍棒状的担子，担子无色，单细胞，大小为 9～20µm×8～7µm。担子顶端长出 4 个小梗；小梗无色，牛角状，长 3～5µm，每个小梗的顶端生 1 个担孢子。担孢子无色，单细胞，倒卵圆形，顶端圆形，基部略尖，大小为 5～10µm×3.6～10µm。根据菌丝生长不同分为 A 型和 R 型，A 型菌丝生长较疏，生有较多菌丝；R 型菌丝生长较厚实，边缘处生的菌核较少。

菌核在水中或高湿的土壤中存活时间较短，在干燥的土壤中或干枯的病株上存活时间较长。菌核萌发的温度为 10～42℃，最适温度为 25～30℃；酸碱度为 pH3～8，最适为 pH5～6。病菌生长的温度为 13～38℃，适温为 31～32℃，一般情况下，8℃ 以下、40℃ 以上病菌停止生长。

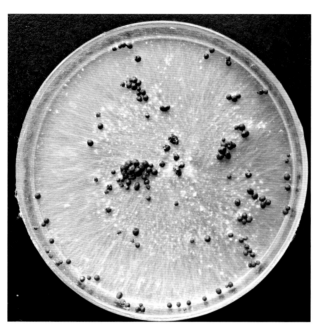

培养基上的齐整小核菌菌丝和菌核（晏立英提供）

病菌生长的酸碱度范围为 1.9～8.8，最适酸碱度为 5.9；在培养基上长期培养，易丧失致病性。

侵染过程与侵染循环　病菌能够以菌核或菌丝体在土壤中及病残株上越冬，同时花生种子和种壳也可以携带病菌传播，流水和昆虫可以帮助病菌扩散。在条件适宜时，菌核萌发长出菌丝，利用地表和浅表植物残株和有机质作为营养及传播桥梁，从植株茎基部的表皮或伤口侵入，也可侵入子房柄或荚果。

流行规律　温暖潮湿气候有利于病害发生和流行，高温多雨、土质黏重、排水不良、植株生长过茂以致田间湿度过大时发病重，长期连作病害逐年加重。在安徽当年种花生的地块发病率 0.5%～2%，连种 3 年的发病率 20%～30%，连种 5 年的发病率 25%～51%。轮作地发病轻，前茬是水稻或其他禾本科作物的发病较少；前茬是烟草、马铃薯、甘蔗、甘薯等感病作物的，发病较重。花生田一般 7 月中下旬开始发病，8 月中旬为盛发期。如遇高温、多雨，病害就会蔓延，特别是雨后立即转晴，病株可很快枯萎死亡。珍珠豆型花生品种发病重，普通型大花生品种发病较轻。有机质丰富、落叶多，植株长势过旺倒伏，病害加重。春花生晚播和夏播花生发病相对较轻。

防治方法　花生白绢病与气候、品种、栽培管理有密切关系，实行轮作、改良土壤、加强肥水管理、切断传播途径、药剂拌种、田间药剂喷雾或淋根等措施可控制该病的发生。

农业防治　花生收获后及时清除病残体。收获后深翻土壤，减少田间越冬菌源。合理轮作是防治白绢病的基本措施。选择与非寄主作物或禾本科作物实行 3～5 年轮作，可以在一定程度上减轻病害的危害。在南方，花生与水稻轮作则效果更好，淹水 10 天左右菌核有 50% 以上死亡。施用腐熟的有机肥。注意防涝排渍，改善土壤通气条件。春花生适当晚播，苗期清棵蹲苗，提高抗病力。

化学防治　用种子重量 0.5% 的 50% 多菌灵可湿性粉剂拌种，或用种子重量 0.1%～0.2% 的 2.5% 适乐时悬浮种衣剂拌种。发病初期，对发病中心进行重点防治，用 50% 苯菌灵可湿性粉剂，或 50% 扑海因可湿性粉剂，或 50% 腐霉利（速克灵）可湿性粉剂，或 20% 甲基立枯磷乳油 1000～1500 倍液灌根，每株灌 100～200ml，然后全田喷雾，每 7～10 天喷 1 次，连续喷 2～3 次。用 70% 五氯硝基苯和 60% 福美双等量混合，每亩用混合药粉 1kg，再加细泥土 15kg 混合配成毒土，覆盖病穴，每穴用药土 50～100g。使用除草剂既能除草又能防病，花生播种时喷洒对花生白绢病菌核具有毒力的除草剂（如三氟竣草醚和乙氧氟草醚）可有效减少田间初侵染源。

选用抗病品种　目前还没有育成高抗白绢病的花生品种，但不同品种间的抗病力有差异。白沙 1016 较抗病，台湾早熟蔓生也较抗病。美国佐治亚州和佛罗里达州分别培育出多个蔓生型的抗病品种，如 Georgia-07W、Georgia-03L、AP3、C-99R 等，具有一定的抗性。

参考文献

徐秀娟，2008. 中国花生病虫草鼠害 [M]. 北京：中国农业出版社.

中国农业科学院植物保护研究所，中国植物保护学会，2015. 中国农作物病虫害 [M]. 3 版 . 北京：中国农业出版社.

KOLALIS-BURELLE N，PORTER D M，RODRIGUEZ-KABANA R, et al, 1997. Compendium of peanut diseases[M]. 2nd ed. St. Paul: The American Phytopathologital Society Press: 36-37.

（撰稿：姜晓静；审稿：曲明静）

花生斑驳病　peanut mottle disease

由花生斑驳病毒引起的、危害花生的一种重要病毒病。

发展简史　1965 年，C. W. Kuhn 首次报道了花生斑驳病毒（peanut mottle virus，PMV）引起的花生斑驳病害，如今 PMV 的报道已遍及世界花生生产国。由于该病害的重要性，美国在 20 世纪 70～80 年代开展了病害流行规律和防治技术的研究，并开展了花生品种资源对病害抗性的筛选。在中国，2010 年刘媛媛等用 RT-PCR 技术从山东青岛两份花生病毒病样品中检测到 PMV，证实 PMV 在中国花生上的零星发生。对中国 PMV 花生分离物 *cp* 基因序列分析，证实其以与以色列分离物相近，与美国、澳大利亚分离物较远。

分布与危害　该病害分布遍及世界各地，包括东部非洲、欧洲、南美洲、印度、澳大利亚、日本、马来西亚、菲律宾、泰国等地区和国家。在美国、苏丹等国花生上有大面积流行的报道。在中国仅山东青岛零星发生。

PMV 在花生嫩叶上引起轻斑驳症状，浓绿与浅绿相间，在透光情况下更容易观察。通常叶缘向上卷曲，脉间组织凹陷，使得叶脉更加明显（见图）。随着植株成熟，特别在炎热、干旱的气候条件下，会出现隐症，但适合条件下，症状会重新出现。病株不矮化，没有其他明显的症状。病株荚果比正常荚果小，有的产生不规则灰至褐色斑块。

由于该病害症状较轻，不易引起人们重视。但是美国温室和田间试验说明田间占优势的 PMV 株系早期感染分别引起花生减产 25% 和 22%。1973 年，美国佐治亚州统计由该病毒引起的花生产量损失达 1100 万美元。印度田间试验感病花生品种产量损失在 40% 以上。PMV 在美国大豆、豇豆、羽扇豆和豆科牧草上发生普遍，也给这些作物生产造成影响。

病原及特征　病原病毒为花生斑驳病毒（peanut mottle virus，PMV），属马铃薯 Y 病毒科（Potyviridae）马铃薯 Y 病毒属（Potyvirus）。病毒粒体为线状，常见长 740～750nm，但长度范围在 704～984nm。体外致死温度 60～64℃，稀释限点 10^{-4}～10^{-3}，在 20℃下存活期限 1～2 天。

寄主范围比较狭窄，主要局限于豆科植物。在自然情况下，除花生外尚能侵染大豆、菜豆、豌豆、豇豆、蓝羽扇豆、地中海三叶草、望江南、白羽扇豆、决明、细荚决明等。通过人工接种尚可侵染黄瓜、千日红、芝麻、克利夫兰烟、绛三叶草、决明、白羽扇豆、葫芦巴、鹰嘴豆、西瓜等。PMV 在上述寄主上主要引起斑驳和花叶症状，但在一些寄主上能引起坏死。

采用 PMV 提纯制剂肌肉注射家兔，制备抗血清环状沉淀反应的效价为 1：8192。PMV 和 BCMV、BYMV、CABMV、SMV、PVY、CYVV、SuMV、PStV、PGMV、TEV 及 GEV 血清学亲缘关系相远。

PMV 基因组为正、单链核酸，除去 Poly（A）尾端，全长 9709nt，显著小于 PStV 基因组 10 059nt。PMV 基因组含 1 个大的阅读框架（ORF），9300nt 长；5′端和 3′端非编区大小分别为 122nt 和 280nt。PMV ORF 编码单个的 1 个大的聚蛋白，随后加工产生的 10 种蛋白：P1 蛋白、辅助成分蛋白酶（HC-Pro）蛋白、P3 蛋白、细胞质/柱状内含体（CI）蛋白、病毒编码与基因组连接（NIa-VPg）蛋白、核内含体蛋白 a（NIa-Pro）、核内含体蛋白 b（NIib）、外壳蛋白（CP）以及 P3 和 CI 蛋白间的 2 个 6K 蛋白。

中国 2 个 PMV 山东分离物 cp 基因序列片段，与国外 8 个 PMV 分离物 cp 基因的核苷酸和氨基酸一致率分别为 95.3%～99.2% 和 93.5%～99.6%。构建系统进化树，中国与以色列分离物聚为一组，美国和澳大利亚分离物分别构成另 2 个组。

PMV 存在引起不同花生症状类型的株系。在美国，除去田间占优势的轻斑驳（M）株系外，还有重花叶（S）、坏死（N）和褪条纹（CLP）株系。这些株系在寄主植物上的反应、花生种传率和蚜传效率上存在差异，但血清学性质密切相关。

侵染过程与侵染循环　PMV 通过带毒花生种子越冬，种传花生病苗是病害主要初侵染源。在田间，PMV 被蚜虫以非持久性方式扩散，同时传播到邻近的大豆、豇豆、菜豆以及豆科牧草上。PMV 在美国佐治亚州羽扇豆上流行，曾达到 80% 以上发病率，病毒可以在羽扇豆上越冬，成为病害翌年初侵染源。

流行规律　在田间条件下，花生 PMV 种传率在 0.1%～1%。美国佐治亚州检测 6 个花生栽培品种，PMV 种传率在 0.3% 左右。病害发生初期，病害从种传病苗向邻近花生传播，可以观察到明显的发病中心，随后进入病害迅速扩散期。佐治亚州 1971 年病害在播种后第六周迅速扩散，3 周后从 5% 上升到 90% 发病率。种子传毒率高低是影响病害流行的一个重要因素。蚜虫发生和活动是影响病害流行重要因素之一，但佐治亚州黄皿诱蚜观察田间有翅蚜活动与病害传播的关系，未发现明显正相关。

防治方法

应用无毒花生种子　无毒花生种子可以在无病害区域或病害隔离区生产，病害隔离区与发病花生及其他感病寄主隔离距离至少在 100m 以上。也可以利用对 PMV 种传的抗性，美国对 283 份花生资源材料进行抗种传的筛选，其中 EC76446（292）和 NCAC17133 两份材料在各自检测的 12000 多粒种子中，没有发现带毒种子，而其他材料均表现种传，最高为 4.8%。

应用抗（耐）病品种　在美国 37 个花生品种和 428 份材料的抗性筛选中，获得两份耐病材料 PI261945 和 PI261946，这两份材料虽然感染 M 株系，但没有产量损失，而感病品种 Starr 减产 31%。在对 156 份野生花生材料抗性筛选中，PI468171 等 8 份材料在人工接种条件下表现对 PMV 的高度抗性。

参考文献

刘媛媛，侯珊珊，常文程，等，2010. 花生斑驳病毒青岛分离物 cp 基因序列克隆与分析 [J]. 植物病理学报，40(6): 647-650.

中国农业科学院植物保护研究所，中国植物保护学会，2015. 中国农作物病虫害 [M]. 3 版. 北京：中国农业出版社.

BERGER P H, WYATT S D, SHIEL P J, et al, 1999. Phylogenetic analysis of the Potyviridae with emphasis on legume-infecting potyviruses[J]. Archives virology, 142: 1979-1999.

BOCK K R, 1973. Peanut mottle virus in East Africa[J]. Annals applied biology, 74: 171-179.

DEMSKI J W, 1975. Source and spread of peanut mottle virus in soybean and peanut[J]. Phytopathology, 65: 917-920.

KUHN C W, 1965. Symptomatology, host range, and effect on yield of a seed-transmitted peanut virus[J]. Phytopathology, 55: 880-884.

（撰稿：许泽永、陈坤荣；审稿：廖伯寿）

PMV 引起的花生轻斑驳症状（许泽永提供）

花生病害　peanut diseases

花生（*Arachis hypogaea*）是世界上重要的油料与经济作物，分布于亚洲、非洲、美洲、大洋洲 100 多个国家，2019 年全球播种面积约 2960 万 hm²，总产约 4876 万 t，其中中国、印度、美国是主要的花生生产国。中国花生年种植面积近 500 万 hm²，约占全球的 20%（仅次于印度居第二位），主要分布在黄淮、东北、长江流域和华南产区，年总产 1750 万 t，约占全球的 36%（居花生生产国首位，而且位居中国油料作物总产首位）。随着全国花生播种面积的不断扩大，轮作倒茬困难，连作种植越来越普遍，加上全球气候变暖的因素，花生病害的发生和危害总体上逐年加重，严重影响花生的产量和品质。

全国农业技术推广服务中心组织对全国范围内花生病害进行为期 4 年的调查发现，花生田间常见的病害有 31 种，主要有花生褐斑病、花生黑斑病、花生网斑病、花生锈病、花生疮痂病、花生青枯病、花生白绢病、花生根腐病、花生茎腐病、花生病毒病、花生根结线虫病、花生焦斑病、花生立枯病、花生冠腐病、花生炭疽病、花生灰霉病和花生紫纹羽病等。其中，花生褐斑病和花生黑斑病是分布最广的病害，全国几乎所有花生种植区均有发生；花生网斑病在黄淮产区和东北产区广泛发生，常年与褐斑病或黑斑病交错发生和危害；花生锈病主要发生在华南和长江流域产区；花生疮痂病 20 世纪以前主要发生在华南和长江流域少数地区，但已扩展到黄淮和东北花生产区，成为一些产区的主要病害；花生根腐和花生茎腐病主要发生在苗期；花生白绢病在一些产区发生越来越严重。

花生病害的发生和危害程度受花生品种抗性水平、水肥管理、耕作制度和气候条件等因素的影响很大。花生品种抗病性的遗传改良和应用是最为经济有效的防治措施。中国在花生青枯病、锈病、叶斑病等抗性育种中取得了良好进展，尤其是花生青枯病和锈病均依靠种植抗病品种得到了有效控制，花生叶斑病、网斑病等主要叶部病害可以通过种植抗（耐）病品种结合化学防治措施得到有效防控。花生多种土传真菌性病害（花生根腐病、茎腐病、白绢病等）的防控仍然难度很大，与禾本科作物合理轮作或间作、加强田间水肥管理、科学进行种子处理、辅之以必要的化学防治措施，可以有效降低这些病害的发生严重度。为了提高花生生产效益和产品的食用安全性，有必要针对花生主要病害的发生和危害特点，实施"预防为主、综合防治"的策略，建立以抗病品种为核心的综合防治技术，降低化学农药的使用量，保障花生生产的高产、优质、高效、绿色发展。

参考文献

廖伯寿，2012. 花生主要病虫害识别手册 [M]. 武汉：湖北科学技术出版社 .

徐秀娟，2008. 中国花生病虫草鼠害 [M]. 北京：中国农业出版社 .

中国农业科学院植物保护研究所，中国植物保护学会，2015. 中国农作物病虫害 [M]. 3 版 . 北京：中国农业出版社 .

（撰稿：廖伯寿；审稿：雷永）

花生疮痂病　peanut scab

由落花生痂圆孢引起的导致花生叶片、叶柄、茎秆、果针和荚果等器官疮痂斑及茎秆、叶片扭曲的一种真菌病害。

发展简史　1940 年，首次在巴西发现，之后在阿根廷和日本也有报道。中国 1992 年在广东首次报道其发生和危害，随后陆续在多个省（自治区、直辖市）有报道，已成为局部产区的主要病害之一。2012 年以来，该病害的防治技术已取得较好进展。

分布与危害　是中国花生产区广泛发生的重要病害之一，该病害首次于 1992 年在广东花都春花生上大暴发之后，在广西、福建、江西、江苏、湖北、河南、山东和辽宁等地均发现了该病害的发生和流行。一般可导致花生减产 10%～15%，重病田减产 30%～50%。在发病较早而疏于防治的田块，花生荚果少而小，产量与质量受到严重影响。

花生疮痂病可危害花生叶片、叶柄、托叶、茎、果针和幼嫩荚果。一般花生顶端的叶片和叶柄最先表现症状，在新叶和叶柄上形成大量针尖大小的褪绿斑，病斑在叶片正面和背面都有分布，大量分布在叶片中脉附近，受感染的新叶易内卷。随着病情的发展，叶片正面的病斑颜色变褐，背面病斑变浅褐色，病斑边缘隆起，中部凹陷；后期叶片上病斑中部穿孔，整个叶片粗糙、皱缩、扭曲。在叶背主脉或侧脉上，病斑狭长，连生成短条状斑、锈褐色，其表面呈木栓化、粗糙。叶柄和茎上病斑较叶片上的大，不规则，中部下陷，边缘稍隆起，后期呈典型的"火山口状"开裂，患部均表现木栓化疮痂状，潮湿时出现隐约可见的橄榄色薄霉。病害严重时花生茎秆弯曲生长，呈倒 L 或 S 状（见图）。果针上症状与叶柄相同，但有时肿大变形，荚果发育明显受阻。情况严重时，疮痂状病斑遍布全株，植株严重矮化，荚果少而小，种仁充实度差。

病原及特征　病原为落花生痂圆孢（*Sphaceloma arachidis* Bit. & Jenk.），属痂圆孢属。病菌分生孢子盘为浅盘状，大小 300μm×45μm，初埋生，后突破表皮外露，褐色至黑褐色，盘上无刚毛。分生孢子梗圆形或圆锥形、透明，聚集成栅栏状。分生孢子透明、单胞，长卵圆形至纺锤形，两端钝圆，一端略尖钝，油点 1～2 个，但多不明显。有大、小两种类型的分生孢子，阿根廷和中国报道的分生孢子大小有些差异。

该病菌能在 PSA 培养基、花生和大豆等豆类煎汁培养基上生长，菌落生长缓慢。在固体培养基上菌落隆起呈肉质块状，表面有皱纹，颜色淡黄色至黑色。病原菌生长适温为 25～30℃，超过 30℃生长不良；适宜 pH 为 4～8，最适 pH 为 6。

侵染过程与侵染循环　花生疮痂病菌只侵染花生，不侵染其他植物。病残体、荚果和土壤中越冬的花生疮痂病菌在翌年春季或者夏季当气温达 16℃ 以上时产生分生孢子，分生孢子借风雨传播，落到花生的组织上，分生孢子萌发的芽管在花生组织表面伸展，从气孔、伤口或直接从表皮侵入，在表皮细胞间和表皮细胞的下层组织蔓延，汲取营养，完成侵染过程。病原菌在花生叶片的潜伏期为 2.5～4 天，后期

花生疮痂病症状（廖伯寿提供）

在病斑表面形成分生孢子盘，产生大量的分生孢子，分生孢子借助风、雨传播，进行再次侵染。该病害具有潜育期短、再侵染频率高、孢子繁殖量大的特点。感病花生品种的荚果带菌率较高，病原菌通过种子调运和销售进行远距离传播，使病区不断扩大。花生收获后，病原菌在病残体、荚果和土壤中越冬。

流行规律　花生疮痂病流行与否及其程度主要取决于以下几个因素：①低温多雨的气候条件。②传播病原菌的多种途径。③缺乏抗性的花生品种。④花生生育期的敏感时期。同时具有上述因素发病重，病害容易流行。

充足的雨湿是该病发生流行的主导因素。持续多雨、寡照天气、气温偏低利于病菌的繁殖和传播。该病害在南方花生产区多发生在4～6月，长江流域、黄淮和东北花生产区多发生在6～8月。在开花下针期，病害暴发的早晚受降水量的影响，一般雨季早、降雨量偏高，发病早；雨季迟、降雨量少，发病迟、发病轻。南方春花生出苗后，当旬均温20℃，雨日5天左右，即可发病，产生分生孢子通过雨水和气流向附近植株传播。山东6月上中旬，日平均气温达到16℃以上、相对湿度超过60%时，田间开始发病，随着温度升高、降雨量增大，病害快速扩散至叶柄、茎部。

花生疮痂病能否流行取决于感病品种开花下针期与降雨的吻合程度，感病品种开花下针期的雨日达到3天以上，病害就可能流行；开花下针期持续降雨或持续暴雨，可导致疮痂病迅速蔓延和大面积暴发成灾。病菌只侵染感病品种的幼嫩组织，新叶尚未展开前最感病。果针和尚未入土的幼嫩荚果也能受感染。随着组织老熟，感病性降低。

多年连作重茬、耕作管理粗放、田间杂草多、缺少有机肥、氮肥施用过多的田块发病重。水田和旱地无明显差异，瘠瘦地和肥沃地发病也无明显差异。

防治方法

选用抗病品种　国内外尚未发现免疫和高抗的花生材料，相对而言徐花8号、贺油13、粤油290、濮花28、湛油62、油油217、粤油9号、鲁花11号、豫花15号、花育17号、淮花8号、阜花17、锦花14、新花1号、新花2号和铁引花2号等品种具有一定的田间抗性。种植花生时尽量选择丰产且具有一定抗性的品种，而且要避免单一品种的大面积种植。

农业防治　由于花生种子可以携带疮痂病菌，留种时宜选择无病田的花生，减少病害初侵染源。田间病残物、花生收获后的秸秆等都应集中烧毁；加工场地的花生壳应在播种前处理完毕。不施用未经腐熟的肥料。长江流域和南方产区与水稻轮作，旱地可与玉米、甘薯等作物轮作。适当增施磷、钾肥，控制氮肥施用量，培育壮苗，增强植株的抗病能力。

化学防治　花生疮痂病发生普遍和具有流行风险时，需要采取杀菌剂防治。为提高防效，尽量在疮痂病的始发期进行药剂施用，间隔7～10天再喷1次。可选用的药剂和制剂用量包括70%甲基托布津可湿性粉剂每公顷用药450～900g、加水450～750L10%苯醚甲环唑（世高）可湿性粉剂450g、加水450L，以及60%吡唑醚菌酯·代森联水分散粒剂、30%苯甲·丙环唑乳油、43%戊唑醇（好力克）悬浮剂、40%氟硅唑乳油（杜邦福星）、25%嘧菌酯悬浮剂喷雾防治效果均较好。种子消毒也是防治花生疮痂病的重要环节，可用种子重量0.5%的50%多菌灵可湿性粉剂或用种子量0.2%的60%吡唑醚菌酯·代森联（百泰）进行拌种。

参考文献

方树民，王正荣，黄龙珠，等，2007.花生疮痂病发生规律与防治试验 [J].植物保护，32(5): 75-78.

徐秀娟，2008.中国花生病虫草鼠害 [M].北京：中国农业出版社.

张宝棣，何荣根，何庆平，1992.花生新病害——疮痂病调查研究初报 [J].广东农业科学 (6): 33-34.

中国农业科学院植物保护研究所，中国植物保护学会，2015.中国农作物病虫害 [M].3版.北京：中国农业出版社: 1615-1617.

周如军，徐喆，傅俊范，等，2014.辽宁花生品种对疮痂病抗性及流行时间动态分析 [J].植物保护学报，41(5): 597-601.

KOLALIS-BURELLE N, PORTER D M, RODRIGUEZ-KABANA R, et al, 1997. Compendium of peanut diseases[M]. 2nd ed. St Paul: The American Phytopathologital Society Press: 33-34.

（撰稿：晏立英；审稿：廖伯寿）

花生根腐病　peanut root rot

由镰刀菌引起的、危害花生地下部分的一种真菌病害，是世界上部分国家花生种植区的重要病害之一。

发展简史　花生根腐病是由多种镰刀菌引起的世界性病害。该病害1932年在美国佐治亚州首次报道，后来在其他国家的花生种植区也相继报道发生，包括亚洲的中国、巴基斯坦、印度尼西亚，非洲的津巴布韦、尼日利亚、马拉维、埃及，美洲的美国、阿根廷等。

分布与危害　在中国多个花生产区均有发生，包括南方的广东、广西、福建，长江流域的湖北、江西、安徽、江苏，北方的河南、山东、河北、北京、辽宁等。近些年来，花生根腐病发生和危害呈上升趋势，不同产区、不同播期发生程度存在差异，一般春花生比秋花生发生严重。该病害轻则引起 5%～8% 的减产，重则减产 20% 以上，2009—2010 年山东一般发病地块发病率为 20%～40%，老产区发病率高达 60%～70%。根腐病主要危害花生地下部分，包括根系和茎基部。在花生整个生育期都可以发生，花生出苗前遇到阴冷潮湿的天气，种子容易受镰刀菌感染，造成烂种；幼芽未出土前受害，可导致烂芽；盛花期前后是发病高峰期，可引起不同的症状，一种症状是幼茎基部受侵染后表皮腐烂，叶片枯死脱落；另一种症状是植株矮化，叶片干枯，主根变褐、侧根脱落，或侧根少而短，如同鼠尾状，由于主根受损，在环境潮湿时主茎近地面处可产生大量的不定根（图 1）。花生根腐病的病程长短与环境条件和花生生育期相关，一般为 7～10 天，严重时从表现症状至枯死仅需 2～3 天。未枯死的植株开花结果少，且多为秕果，严重影响产量。土层下面的果针也容易受镰刀菌侵染，受害果针纤维组织碎裂，收获时荚果容易脱落。幼嫩荚果受感染后容易凋萎，不能继续发育；成熟荚果受感染后，荚壳内层表皮呈现灰色、粉红色或者浅紫色。受侵染的种仁容易腐烂，种皮颜色变白，一些部位呈现蓝紫色。

病原及特征 花生根腐病由多种镰刀菌引起。危害花生的主要是镰刀菌的无性阶段。国外从发病的花生幼苗、根、果针、荚果和种仁上分离到 17 种镰刀菌，其中主要的是 6 种镰刀菌，包括茄腐皮镰孢［*Fusarium solani*（Mart.）Sacc.］、尖孢镰孢（*Fusarium oxysporum* Schlecht.）、粉红镰孢［*Fusarium roseum*（Link）S. et Hansen］、三隔镰孢［*Fusarium tricinctum*（Corda）Sacc.］、串珠镰孢（*Fusarium moniliforme* Sheld.）和燕麦镰孢［*Fusarium avenaceum*（Corda et Fr.）Sacc.］等。在田间，花生根腐病是由一种或多种镰刀菌复合侵染造成，*Fusarium solani* 与苗期腐烂病有关，*Fusarium solani* 和 *Fusarium oxysporum* 导致花生萎蔫，*Fusarium solani*、*Fusarium oxysporumhe* 和 *Fusarium equiset* 共同侵染果针，多种镰刀菌共同危害荚果。镰刀菌也可与其他病原菌复合感染花生，如山东花生荚果腐烂是由茄腐皮镰刀菌与群结腐霉共同作用的结果。

镰刀菌无性阶段能产生 3 种不同类型的孢子，即大分生孢子、小分生孢子和厚垣孢子。侵染花生镰刀菌的大分生孢子为镰刀形或新月形，具有 3～5 个分隔；小分生孢子单细胞，无色、卵形、椭圆形或者圆筒形（图 2）；厚垣孢子单生或串生。在河北新乐和行唐从腐烂的花生荚果分离得到的镰刀菌主要是茄腐皮镰刀菌，该镰刀菌在 PDA 培养基上菌丝疏松，灰白色；厚垣孢子近球形；大型分生孢子呈不对称的纺锤形，多为 3 个分隔；小型分生孢子卵圆形。山东泰安导致荚果腐烂的镰刀菌也为茄腐皮镰刀菌，该菌在 PDA 培养基上 25℃ 黑暗条件下培养 7 天后的菌落为白色至米黄色，直径 72μm 左右；产生两种不同的分生孢子，大型分生孢子镰刀形，稍弯曲，3～5 个分隔，小型分生孢子卵圆形至长椭圆形，无隔膜或一个分隔；该菌丝致死温度为 65℃。利用 AFLP 技术可以将侵染花生的镰刀菌与 *Fusarium solani* f. sp. *pisi*、*Fusarium solani* f. sp. *phaseoli*、*Fusarium oxysporum*、*Fusarium tucumaniae* 和 *Fusarium virguliforme* 区分为不同的类群。

侵染过程与侵染循环 土壤、种子和病残体上越冬的菌丝体、分生孢子和厚垣孢子在翌年合适的条件下产生分生孢子，分生孢子萌发后的菌丝从花生根颈的伤口或表皮直接侵入，在根表皮细胞间生长，吸收营养，完成侵染过程。当菌丝进入木质部后，通过木质部的纹孔或直接侵染导管，导管中的菌丝体可以通过纹孔横向侵入到维管组织中从而影响植物维管束内水分和营养的运输，导致根颈腐烂，地上部分叶片、茎秆枯萎；花生生育后期病菌侵染果针、荚果导致果针纤维组织碎裂，荚果腐烂。镰刀菌引起的花生根腐病属于土壤传播的病害，病原菌以菌丝体、分生孢子和厚垣孢子在土壤、病株残体或种子上越冬，成为翌年田间的初侵染菌源。镰刀菌腐生性强，厚垣孢子能在土壤中存活很长时间。花生荚壳和种子都能带菌，荚壳带菌率可达到 67.7%，种子带菌率可高达 40% 以上。侵入花生组织后的镰刀菌通过导管在花生组织中扩展，到达植株地上部分后能在受害组织表面产生大量分生孢子，落入到土壤中成为再侵染来源。分生孢子和菌丝体可借助风雨、农事操作、水流等进行传播。花生连作可导致土壤中镰刀菌菌群的积累。

图 1 花生根腐病症状（晏立英提供）

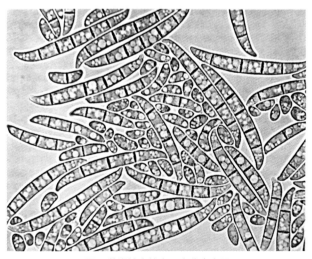

图 2 茄类镰孢的大、小分生孢子
（引自美国《花生病害概要》，1997）

流行规律　镰孢菌引起的花生根腐病是全生育期侵染的病害，在花生盛花期前是发病高峰期。一般种子带菌率高发病严重；种子带菌在出苗前或出苗后如遇到低温潮湿的天气可造成烂种和苗枯。土壤中病菌多发病重；大量施用没有充分腐熟带菌的有机肥，发病也相对严重。

栽培措施影响病害发生的严重度，连作土壤发病比生地发病重，前茬发病重的重茬地发病更重。氮肥施用过多、栽培过密、长势差的花生易感病。不适当的耕作，如中耕导致的根系机械伤害、除草剂引起的根系伤害，都可以加重病害的发生。低洼积水地块、土壤黏重和板结地块，容易发病。播种期也影响根腐病的发生，一般早播病害发病重，适期播种可降低根腐病的发病率。

气候因素对花生病害的发生起着重要作用，降雨与日照时数多少与花生根腐病发生发展有密切关系，日照时数较少、低温寡照发病重。花生苗期遇到连续阴雨天易发病。夏季高温高湿、暴雨骤晴的天气也容易发病。

不同品种对花生根腐病有一定的抗性差异。一般珍珠豆型早熟品种抵抗力较差。连续种植高度感病的花生品种容易增加土壤中的菌源数量和病害压力。

防治方法

选用抗病品种　花生不同品种对根腐病的抗性存在一定差异，桂花 17、桂花 22、粤油 22、鲁花 6 号、鲁花 9 号、鲁花 11 号、北京 5 号、北京 9 号等均存在一定的田间抗性。

农业防治　实行合理轮作，因地制宜确定轮作方式、作物搭配和轮作年限。长江流域和南方水分充分的地区，最好采用水旱轮作；无水旱轮作条件的地方，需与非寄主作物轮作，如与玉米、小麦等作物轮作，避免与大豆、红薯套种间作。轻病田隔年轮作，重病田须 3～5 年以上的轮作。播种前将地块覆盖透明薄膜 1～3 周，进行土壤消毒可降低病害发生。提倡非病田留种，严格选种。加强田间管理，花生收获后及时清除病残体；播种前清洁田园，深翻灭茬。重视施用腐熟有机肥，减少氮肥的使用量。推荐起垄播种，加深垄沟，合理排灌水，防止积水，雨后及时清沟、排水降湿。适期播种，避开倒春寒导致的低温寡照，确保一次全苗。

化学防治　①种子拌种或者包衣。使用 6% 苯醚甲环唑悬浮种衣剂和 15% 苯醚甲环唑微囊悬浮剂 100～200g 有效含量，或 12% 氟啶胺微囊悬浮剂 160g 有效含量对 100kg 花生种子进行包衣；40% 福美双·萎秀灵胶悬剂（卫福）200ml 拌种 100kg；10～20ml 2.5% 咯菌腈（适乐时）加水 150ml 搅拌均匀后拌花生种 25kg；25% 多菌灵可湿性粉剂按种子重量的 0.5% 或 50% 多菌灵可湿性粉剂按种子重量的 0.3% 拌种；用 35% 精甲霜灵种子处理乳剂 40ml 加入种子重量 1.5% 的清水混匀后拌种 100kg，晾干后播种，均可以降低花生根腐病的发生。②土壤处理。播种前用石灰 300～450kg/hm² 或噁霉灵（绿亨一号）按 750g/hm² 加水 450kg 均匀施于地表，进行消毒。③药剂防治。发病初期，用 70% 甲基托布津可湿性粉剂或 50% 多菌灵可湿性粉剂喷施或灌根，或 72.2% 的普力克水灌根或喷雾，每隔 7 天喷 1 次，连续喷 2～3 次。

生物防治　木霉属是潜在的生防菌，将哈茨木霉分生孢子悬浮液用助剂包裹于种子表面，晾干后种子表面孢子浓度达到 103CFU/ 粒，可有效降低病害发生率和病害严重度。

参考文献

徐秀娟，2008. 中国花生病虫草鼠害 [M]. 北京：中国农业出版社 .

中国农业科学院植物保护研究所，中国植物保护学会，2015. 中国农作物病虫害 [M]. 3 版 . 北京：中国农业出版社 .

AHMED S, ZAMAN N, KHAN S N, 2012. Evaluation of manuring practices on root rot disease and agronomic characters of *Arachis hypogaea* L.[J]. African journal of biotechnology, 11(5): 1119-1122.

KOLALIS-BURELLE N, PORTER D M, RODRIGUEZ-KABANA R, et al, 1997. Compendium of Peanut Diseases[M]. 2nd ed. St. Paul: The American Phytopathologital Society Press: 20-22.

ROJO F G, REYNOSO M M, FEREZ M CHULZE1, et al, 2007. Biological control by *Trichoderma* species of *Fusarium solani* causing peanut brown root rot under field conditions[J]. Crop protection, 26: 549-555.

（撰稿：晏立英；审稿：廖伯寿）

花生根结线虫病　peanut root-knot nematodes

由花生根结线虫和北方根结线虫引起的花生病害，是一种世界性病害。又名花生线虫病，俗称花生地黄病、花生地落病、花生矮黄病、花生黄秧病等，几乎所有种植花生的国家和地区都有发生。

发展简史　根结线虫病在世界范围内都是一类非常重要的病害。1855 年，Berkeley 最早在英格兰的温室黄瓜上注意到了线虫引起的虫瘿现象。1879 年，Cornu 将根结线虫描述成 *Anguillula marioni*。1884 年，Muller 认为根结线虫和在根部引起虫瘿的线虫应该都是孢囊线虫（*Heterodera radicicola*）。1887 年，Geoldi 将巴西咖啡上发生的根结线虫描述为 *Meloidogyne exigua*。1932 年，Goodey 认为根据国际动物命名规则 *Heterodera radicicola* 并非是一种根结线虫，他重新将其命名为 *Heterodera marioni*。1949 年，Chitwood 将根结线虫从孢囊线虫中分离出来，并依据阴门花纹的形态描述了 5 种根结线虫。

危害花生的根结线虫种类包括北方根结线虫（*Meloidogyne hapla* Chitwood）、花生根结线虫［*Meloidogyne arenaria*（Neal）Chitwood］和爪哇根结线虫（*Meloidogyne javanica* Chitwood）。早在 1889 年，Neal 首次报道了发生在美国佛罗里达花生上的根结线虫病，将其命名为 *Anguillula arenaria*，后来 Chitwood 将其重新命名为 *Meloidogyne arenaria*。Sasser 报道了花生易受 *Meloidogyne arenaria* 和 *Meloidogyne hapla* 的侵染。Martin（1958）和 Minton 等（1969）又分别在不同地区发现了爪哇根结线虫危害花生。

中国最早发现于山东烟台，至今已有 60 多年的历史，曾被列为检疫对象。

分布与危害　花生根结线虫病在山东、河北、辽宁、河南、安徽、江苏、北京、湖北、湖南、广东、广西、贵州、陕西等地均有发生，其中黄河以北主要为北方根结线虫，黄河以南主要为花生根结线虫。山东、河北、辽宁是花生线虫病发生和危害最重的地区，但该病害在大多数田块的分布和危害程度是不均匀的，受害花生一般可减产20%～30%，重者达70%～80%，甚至绝产。线虫病不仅影响花生产量，也严重影响荚果质量，对花生的出口贸易也有较大影响。

根结线虫对花生的地下部分（根、荚果、果柄）均能侵入和危害。花生播种后，当胚根突破种皮向土壤深处生长时，侵染期幼虫即能从根端侵入，使根端逐渐形成纺锤状或不规则形的根结（虫瘿），初呈乳白色，后变淡黄至深黄色，随后从这些根结上长出许多幼嫩的细毛根。这些毛根以及新长的侧根尖端再次被线虫侵染，又形成新的根结。这样经过多次反复侵染，使整个根系形成了乱发似的须根团，根系沾满土粒与沙粒，难以抖落。根结线虫主要侵害根系，根的输导组织受到破坏，影响到水分与养分的正常吸收与运转，因此，受害植株的叶片黄化瘦小，叶缘焦灼，植株萎缩黄化。在山东病区，花生植株生长前期地上部症状明显，到7、8月间伏雨来临，病株才由黄转绿，稍有生机，但与健株相比仍较矮小，生长势弱，田间经常出现片状的病窝。

北方根结线虫危害形成的根结如小米粒大小，其上增生大量细根，严重时根密集成簇，在根结上方生出侧根是北方根结线虫侵染的特征。花生根结线虫危害所形成的根结较大或稍大，症状特点为根结与粗根结合，根结大并包着主根。花生荚果受侵染后，荚壳上的虫瘿呈褐色疮痂状突起，幼果上的虫瘿乳白色略带透明状，而根颈部及果柄上的虫瘿往往形成葡萄状的虫瘿穗簇（见图）。

线虫引起的根结与固氮根瘤容易混淆。主要区别是：虫瘿长在根端，呈不规则状，表面粗糙，并长有许多小毛根，剖视可见乳白色砂粒状的雌虫；根瘤则长在根的表面，圆形或椭圆形，表面光滑、不长小毛根，容易脱落，内呈褐色海绵状，内有共生细菌（根瘤菌）脓液。

北方根结线虫的寄主植物多达550多种，主要包括番茄、萝卜、南瓜、甜瓜、花生、大豆、菜豆等。花生根结线虫的寄主植物有330多种，包括蔬菜和食用作物如茄子、甘蓝、莴苣、辣椒、马铃薯、花生等。根结线虫还与多种真菌性根部病害发生交叉危害，如接种根结线虫对花生猝倒病有加重的作用，北方根结线虫和花生根结线虫对花生黑腐病的发生有促进作用。

病原及特征　危害中国花生的根结线虫有两个种，即北方根结线虫（*Meloidogyne hapla* Chitwood）和花生根结线虫［*Meloidogyne arenaria*（Neal）Chitwood］，属根结线虫属。北方根结线虫主要分布于北方花生产区，是危害中国花生的主要根结线虫，花生根结线虫主要分布在南方花生产区。

北方花生根结线虫雌虫梨形或袋形，排泄孔位于口针基球后，会阴花纹圆至卵圆形，背弓低平，侧线不明显，近尾尖处常有刻点，近侧线处无不规则横纹。雄虫蠕虫形，头区隆起，与体躯界限明显，侧区具4条侧线。头感器长裂缝状。幼虫体长347～390μm，头端平或略呈圆形，头感器明显。排泄孔位于肠前端，直肠不膨大，尾部向后渐变细。

花生根结线虫雌虫乳白色，梨形，大小为405～960μm，

花生根结线虫病危害症状（吴楚 提供）

口针基部呈球圆形，向后略斜。会阴花纹圆或卵圆形，背弓低，环纹清楚，侧线常常不明显。近尾尖处无刻点，近侧线处有不规则横纹，有些横纹伸至阴门角。雄虫细长灰白，头略尖，尾钝圆，导刺带新月形，大小为1272～2226μm×35～53μm。幼虫体长约448μm，半月体紧靠排泄孔前，直肠膨大，尾部向后渐细，末端较尖。

花生根结线虫与北方根结线虫的主要区别是前者雌虫阴门近尾尖处无点刻，近侧线处有不规则的横纹，雄虫体较长，达1800μm；而后者雌虫阴门近尾尖处常有点刻，近侧线处没有横纹。现在根结线虫基因组DNA和rDNA指纹图谱分析技术用于种和小种的鉴定取得很大进展，该项技术灵敏、可靠，在根结线虫种、小种的鉴定上十分有效。

侵染过程与侵染循环

侵染来源　花生根结线虫可以卵、幼虫在土壤中越冬，包括在土壤中、粪肥中的病残根上的虫瘿以及田间寄主植物根部的线虫。因此，病地、病土、带有病残体的粪肥和田间的寄主植物是花生根结线虫病的主要侵染来源。

传播途径　在很长一段时间内，国内一直认为花生荚果、叶柄上虫瘿内的线虫通过种子调运远距离传播，因此，把线虫列为检疫对象，并把检测荚果作为检疫的主要检测手段。山东省花生研究所试验证明，当荚果含水量低于26.1%时，线虫全部死亡，因此，充分干燥的荚果是不传病的。所以，田间传播主要由病残体、病土、病肥及其他寄主根部的线虫经农事操作和流水传播。

侵染及发病过程　线虫卵在春天平均地温为12℃时开始孵化。刚孵化的幼虫为仔虫期幼虫，在卵壳内蜕第一次皮后脱壳而出，发育成侵染期幼虫。随着土壤温度的升高，越冬幼虫与刚孵化的幼虫在土壤中开始活动；当平均地温达到12℃以上时，春播花生的胚根刚萌发，侵染期幼虫就能从

根端侵入，由根皮细胞向内移动，经过皮层，头部钻入中柱或中柱的分生组织，用吻针对细胞壁进行频繁穿刺，最后吻针插入细胞内，靠食道腺分物破坏中柱细胞的正常生长，引起薄壁部细胞过度发育、核多次分裂，形成多核和核融合的巨型细胞，并以此为中心增生性生长，形成突起的瘤状根结（虫瘿）。在根组织内的幼虫，取食巨型细胞内的液汁，作为其生长发育所需的营养。当雌雄虫发育成熟后，雌成虫仍定居于原处组织内继续危害、产卵，不再移动；雄虫则可离开虫瘿到土壤中，钻入其他虫瘿与雌虫交配。雌虫产卵集中在卵囊内，卵囊一端附于阴门处，一端露于虫瘿外或埋于虫瘿内，雌虫产卵后即死亡。卵在土壤中孵化成侵染期幼虫，继续危害花生。卵囊内卵的孵化不是同期完成的，延续期可长达 4～5 个月。

消长规律　山东地区，北方根结线虫在花生上一个生长季可以完成 3 个世代，第一代需 50～62 天，于 6 月下旬到 7 月上旬完成；第二代需 32～46 天，于 8 月下旬完成；第三代需 44～56 天，于 10 月下旬完成。花生根结线虫在广东花生上 1 年发生 3～4 代，田间存在世代交替现象，线虫可反复侵染危害，最后再以卵、幼虫和虫瘿越冬。

流行规律

土壤温湿度　土壤温度为 12～34℃ 时幼虫均能侵入花生根系，最适温度为 20～26℃，4～5 天即能侵入，地温高于 26℃ 时，侵入困难。土壤含水量 70% 左右最适宜根结线虫侵入，20% 以下或 90% 以上均不利于根结线虫侵入。土壤内的线虫可随土壤水分的变化而上下移动。

土壤质地　花生根结线虫病多发生在砂土地和质地疏松的土壤，尤其是丘陵山区的瘠薄沙地、沿河两岸的沙滩地发病严重。温度较高、通透性和返潮性较好的土壤，有利于线虫生长发育、生存和大量繁殖，通气性不良的黏质土、碱性土不利于根结线虫的生长发育。

耕作制度　常年连作地发病重，与非寄主作物轮作地发病轻，生茬地种植花生则很少发病。早播的花生比晚播的花生发病重，一般 5 月播种的花生发病重，6 月播种的花生发病轻。

野生寄主　花生地寄主杂草的种类和密度及其受根结线虫的危害程度，与花生病害的发生轻重有密切关系，野生寄主多，发病重，反之则轻。

水流及灌溉　花生根结线虫病田内的线虫及病残体可随着雨水径流和灌溉水转移到无病地，这是此病害扩展蔓延的主要途径。因此，河流两岸的花生地、下水头地及过水地发病严重。

农事活动　病土和病残株随人、畜、农具的携带而传播。用病残株沤粪积肥，施入无病地亦可使病害扩大蔓延。

防治方法

选用抗病品种　选育和应用抗性品种是防治花生根结线虫病的重要途径。美国已在野生花生中发现了对花生根结线虫表现高抗的材料如 *Arachis cardenasii*、*Arachis batizocoi*、*Arachis diogoi* 等，通过抗性转育而培育出了抗线虫病的 COAN、NemaTAM、Tifguard 等品种。山东省花生研究所经多年在病圃对花生种质资源筛选鉴定发现，花生不同类型和不同品种对北方根结线虫的抗性有明显差异，已选出 2 份高抗、3 份中抗资源作为亲本用于抗病育种。除常规抗病育种外，研究者从番茄中克隆获得了抗根结线虫的 *Mi* 基因并开展抗性分子机制的研究，为通过基因工程技术培育抗根结线虫作物品种提供了新的途径。

农业防治　北方花生产区实行花生与玉米、小麦、大麦、谷子、高粱等禾本科作物或甘薯实行 2～3 年轮作，能有效减少土壤内线虫的虫口密度，轮作年限越长，效果越明显。深翻改土，多施有机肥，创造花生良好的生长条件，增强抗病力，是一项重要措施。花生收获后，进行深翻以把根上线虫带到地表，通过阳光暴晒和干燥消灭一部分线虫。修建排水系统，清除田内外的杂草和野生寄主，都可减轻花生线虫病的危害。种植诱捕作（植）物是一种降低线虫群体的很好方法，但要注意及时销毁诱捕作（植）物。

生物防治　穿刺巴氏杆菌（*Pasteuria penetrans*）对根结线虫有很好的生防效果。该生防菌在美国已经开始制剂化生产。国外研究发现淡紫拟青霉菌（*Paecilomyces lilacinus*）和厚垣孢子轮枝菌（*Verticillium chlamydosporium*）能明显降低花生根结线虫群体和消解虫瘿。国内调查卵寄生真菌对花生根结线虫的自然寄生率一般为 5% 左右，有的高达 10% 以上甚至 30%。此外，有研究发现一些土壤根际细菌属（如 *Pseudomonas* 和 *Agrobacterium*）的一些种能抑制根结线虫卵的孵化和二龄幼虫的生长，为根结线虫病的生物防治提供了更多的微生物资源。

化学防治　常用的杀线虫剂有熏蒸剂、触杀或内吸性的非熏蒸剂。①熏蒸剂常用的有 90% 氯化苦乳剂每公顷施 75kg，90% 棉隆粉剂每公顷施 45～75kg 等；在播种前 20～30 天，结合春耕施药，沟深 20cm，沟距 30cm，将药均匀施于沟底，立即覆土以防止挥发，并压平表土，密闭闷熏。熏蒸剂剧毒、易挥发，使用时要注意保障人畜安全。②内吸剂常用的有 5% 涕灭威每公顷施 45kg，15% 涕灭威颗粒剂每公顷施 15kg，10% 克线磷颗粒剂每公顷施 30～60kg，3% 呋喃丹颗粒剂每公顷施 75kg，播种时用药盖种或撒于播种沟内。③触杀剂。80% 益舒宝颗粒剂每公顷施 22.5～30kg，10% 克线丹颗粒剂每公顷施 30kg，5% 灭线唑颗粒剂每公顷施 45～60kg，10% 防线剂 1 号（灭克磷 + 甲拌磷）乳剂每公顷施 37.5～45kg，结合播种施药于播种沟内，沟深 15cm，与种子隔离施用，以防发生药害。此外，40% 甲基异硫磷乳剂每公顷施 30kg，在线虫病轻而虫害重的地块，结合播种施药可同时防治线虫病和其他地下害虫。

参考文献

宾淑英，冯志新，1993. 花生根结线虫对花生的致病性研究 [J]. 仲恺农业技术学院学报 (1): 7-13.

宾淑英，姚圣梅，林进添，等，1999. 花生根结线虫对花生植株主要生理指标的影响 [J]. 华中农业大学学报 (2): 121-124.

宋协松，董炜博，闵平，等，1995. 花生根结线虫病产量损失估计与防治指标的研究 [J]. 植物保护学报，21(2): 181-186.

宋协松，栾文琪，董炜博，等，1995. 花生种质资源对花生根结线虫病的抗性鉴定 [J]. 植物病理学报，25: 139-141.

BERKELEY M J，1855. Vibrio forming cysts on the roots of cucumbers[J]. Gardener's chronicle and agricultural gazette, 14: 220.

（撰稿：迟玉成、董炜博、张霞；审稿：徐秀娟）

花生冠腐病　peanut crown rot

由黑曲霉引起的、危害花生幼苗的一种土传真菌病害，是分布广泛的花生重要病害。又名花生黑霉病、花生曲霉病。

发展简史　1926年，Jochem首次报道了冠腐病在花生上的发生情况。

分布与危害　花生冠腐病在世界各国花生产区均有发生。在中国，该病最初是花生生产上的次要病害，大部分产区虽有分布，但大多零星发生，一般不造成重大危害。由于在同一地块连作、与寄主作物轮作等原因，花生冠腐病有逐年加重的趋势，已发展成为花生的一种主要病害，其中山东、河北、河南、广东等地危害较严重，可造成花生缺苗10%左右，严重时可达50%以上。在印度、埃及和美国的花生产区，冠腐病是一种严重的病害，每年引起的花生产量损失在5%左右，发生严重地区减产可达40%。

病菌从花生种子脐部、受伤的子叶或直接从种皮侵入，在发芽前或发芽后直接造成烂种。花生种子出苗后，病菌可从残存的子叶处侵染茎基部或根颈部。受侵染后，根冠部最初出现稍凹陷的黄褐色病斑，病斑边缘呈褐色，随着病斑的扩大，表皮组织发生纵裂，呈干腐状，最后病部只剩下破碎的纤维组织，维管束变深褐色，地上部茎叶呈现失水状态，叶片对合，失去光泽，随后叶缘微卷，植株很快枯萎死亡。在环境潮湿的情况下，病部丛生黑色霉状物，即为病原菌子囊和分生孢子。将病部纵向切开，可见维管束和髓部变褐色。拔起病株时，易从茎基的病部折断（图1）。由于茎基部腐烂维管束组织被破坏，地上部茎叶表现为失水状态，叶片对合，失去光泽。叶缘稍向内卷缩，病株逐渐萎蔫枯死。如果病害发生在茎节以下的根颈部，土壤若潮湿，仍能长出新根，病株还能恢复生长。

病原及特征　病原为黑曲霉（*Aspergillus niger* Tiegh.），属曲霉属真菌。分生孢子梗无色或上部1/3呈黄褐色，光滑，长200～400μm，有的长达数毫米，宽7～10μm，有的达20μm以上；顶端膨大成球形或近球形，直径20～50μm，大的可达100μm，无色或黄褐色；球状体着生放射状小梗，串生圆形、单胞、褐色分生孢子，大小为2.5～4μm。在马铃薯培养基上，初期菌丝白色，能分泌黄色素。分生孢子形成后，菌落变为黑色（图2）。病菌生长的适温为32～37℃，在土壤中30～35℃条件下生长最快，能耐较低的土壤湿度。

侵染过程与侵染循环　病菌以菌丝或分生孢子在病株残体、种子和土壤中的有机物上越冬，为翌年初侵染病源。带菌种子播种后，分生孢子萌发成菌丝，从种子脐部和子叶间隙侵入，也可以直接从种皮侵入。花生苗出土后，病菌可以从残存的子叶处侵染茎基部或根颈部。病部产生分生孢子，随风、雨、气流传播，进行扩大再侵染。

流行规律　花生冠腐病菌能在土壤中腐生，只能侵染生活力弱或受伤的花生组织，如播种后不能正常萌发的种子、因环境低温或水分胁迫发芽慢的种子、失去生活力的子叶以及近地面易受伤的部位等。冠腐病的发生与种子质量好坏有密切关系，凡荚果受潮、发热、霉捂而生活力较弱的种子，播种后都易感染。高温、高湿条件，或间歇性干旱和多雨，都有利于该病害的发生。播种过深导致幼苗迟迟不能出土，发病加重；田间排水不良，耕作栽培粗放，常年连作的花生田发病重。其他病害发生严重，能促进该病的发生，此病常与花生青枯病、花生白绢病、花生根腐病、花生茎腐病等混合发生。花生品种对冠腐病抗性存在差异，一般直立型较蔓生型花生抗病。花生团棵期达到发病高峰，后期发病较少。以收获时种子堆发热、受冻或入仓时晒得不干的种子作种，则易感染病害。

防治方法　花生冠腐病的防治应该实施预防为主、综合防治的策略。在花生冠腐病未发生之前，通过相关农业措施减少病菌的初始菌量。把好花生种子质量关是防治冠腐病最主要的措施之一。要在无病田选留花生种子，迅速晒干，单独保存，储藏期防止种子受热霉捂。播种前晾晒几天后剥壳选种。播种前选用饱满无病、没有霉捂的种子。花生播种时，适当浅播晚播，深浅均匀；播种后遇雨时，雨后及时松土，增加通气，以利出苗；加强田间管理，及时排除田间积水，促使花生健壮生长，减轻病害的危害；田间除草松土时不要伤及花生根部。另外，提高植株抗病性来间接降低病菌的侵染效率。一般珍珠豆型品种的抗性相对强于普通型大花生品种，而且珍珠豆型小粒品种发芽出苗速度快，对苗期低温的忍耐力较强，发病率较低。因此，在发病重的地区，以选用珍珠豆型或中间型的品种为宜，如远杂9102、中花16、白沙1016等。

当病害发生时，可以通过喷施杀菌剂来降低病害的发生程度，减小经济损失。用种子重量0.2%～0.5%的50%多菌灵可湿性粉剂拌种或用药液浸种，也可以用种仁重量0.5%～0.8%的25%菲醌粉剂拌种，可取得良好的防病效果。戊唑醇、咪鲜胺、醚菌酯、多菌灵、福美双对冠腐病菌具有良好的防治效果。对于冠腐病发生严重的田块，播种时采用拌种处理防治。对于冠腐及其他花生常见病害混合发生的地块，可在团棵期灌墩防治。

参考文献

中国农业科学院植物保护研究所,中国植物保护学会,2015.中国农作物病虫害[M].3版.北京:中国农业出版社.

JOCHEM S C J, 1926. *Aspergillus niger* on groundnut[J]. Indisch culturen (Teysmannia), 11: 325-326.

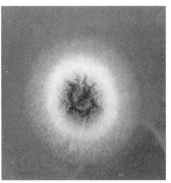

图1　花生冠腐病症状　　　图2　培养基上的花生黑曲霉菌
（晏立英提供）　　　　　　　（晏立英提供）

RUARK S J, SHEW B B, 2010. Evaluation of microbial, botanical, and organic treatments for control of peanut seedling diseases[J]. Plant disease, 94(4): 445-454.

（撰稿：姜晓静；审稿：曲明静）

花生黄花叶病　peanut yellow mosaic disease

由黄瓜花叶病毒中国花生株系引起的花生黄花叶病，是危害中国花生生产的重要病害。又名花生花叶病。

发展简史　早在1939年，俞大绂报道了江苏和山东的花生病毒病，对花叶病的症状作了描述。20世纪50年代，周家炽等对北京花生花叶病病原病毒做了初步鉴定。70年代，该病害在北方花生产区大范围流行，引起广泛的重视。1983年，许泽永等完成该病毒的寄主反应、颗粒形态和血清性质研究，报道该病原病毒为CMV一个株系，定名为CA株系。CMV是具有经济重要性的病毒，有悠久历史和广泛寄主范围，但这是CMV侵染花生并引起重大损失的首次报道。2005年，S. D. E. Breuil等报道CMV在阿根廷花生上的流行和危害。20世纪80年代，许泽永等通过国内合作以及在北京病害流行区建立试验基地，促进了病害流行规律和防治研究进展。2005年，晏立英等完成CMV-CA株系的全序列分析，确认CMV-CA属CMV IB亚组。

分布与危害　广泛分布于辽宁、河北、山东和北京等地，属多发性流行病害。流行年份发病率可达80%以上，并常与花生条纹病毒病混合流行。阿根廷报道了CMV在花生上流行，田间发病率高达27%～90%。

CMV-CA感染花生植株后，最初在顶端嫩叶上出现褪绿黄斑、叶片卷曲，随后发展为黄绿相间的黄花叶、花叶、网状明脉和绿色条纹等各类症状（图1）。通常叶片不变形，病株中度矮化。病株结荚数减少、荚果变小。病害发生后期，有隐症趋势。早期感病可减产30%～40%。

病原及特征　病原为黄瓜花叶病毒（cucumber mosaic virus，CMV），属雀麦花叶病毒科黄瓜花叶病毒属（*Cucumovirus*）。CMV危害多种植物，包括葫芦科、茄科、豆科、十字花科等多种作物、蔬菜和花卉植物，造成重大经济损失。侵染花生的CMV株系定名为中国花生株系（China Arachis，CA），简写为CMV-CA。

人工接种条件下，CMV-CA可以系统侵染花生、望江南、绛三叶草、长豇豆、菜豆、刀豆、扁豆、豌豆、蚕豆、金甲豆、克利夫兰烟、白氏烟、普通烟、心叶烟、明刚氏烟、欧氏烟、酸浆、茄子、千日红、长春花、百日菊、甜菜、菠菜、玉米，引起花叶、黄花叶、坏死和矮化等症状；隐症感染番茄和黄瓜。局部侵染白藜、苋色藜、昆诺藜、绿豆、曼陀罗，在接种叶上产生褪绿斑和坏死斑。不侵染大豆、小麦、白三叶草、红三叶草、杂三叶草。

鉴别寄主：花生，在新叶产生褪绿斑和卷曲，随后表现黄花叶，植株矮化；苋色藜，接叶出现大量针状褪绿斑，有的中心枯死呈白色，无系统侵染；黄瓜和番茄，隐症感染；大豆，不侵染。

CMV-CA通过花生种子传播和包括豆蚜、桃蚜等多种蚜虫以非持久性方式传播，田间花生病株种子种传率1.3%左右。

CMV-CA提纯粒体为球状，中心呈暗色，直径28.7nm（图2）；体外存活期限6～7天，致死温度55～60℃，稀释限点10^{-3}～10^{-2}。

CMV-CA属于CMV的DTL血清类型。CMV-CA与PSV-Mi、E株系、番茄不孕病毒（tomato aspermy virus，TAV）有血清学关系，而与PSV-W株系无血清学关系。

CMV-CA基因组正、单链RNA，由三组分构成。RNA1全长3356nt，含1个ORF，编码993个氨基酸、分子量为111kDa的1a蛋白，5′UTR95nt，3′UTR279nt。RNA2全长3045nt，含两个ORF，编码858个氨基酸、分子量为96.7kDa的2a蛋白和编码111个氨基酸、13.1kDa的2b蛋白，5′UTR95nt，3′UTR279nt。RNA3全长2219nt，含两个ORF，编码279个氨基酸、分子量为30.5kDa的3a蛋白和218个氨基酸、分子量为24kDa的外壳蛋白（CP），5′UTR122nt，3′UTR302nt，3a和*cp*基因间区域长298nt。3a蛋白与病毒在细胞间的运转相关。此外，含有亚基因组RNA4（1.0kb）和RNA4A（0.7kb），RNA4编码病毒壳蛋白，RNA4A编码2b蛋白（15kDa）是寄主沉默的抑制子。

CMV-CARNA1与CMV亚组IACMV-Fny、亚组IBCMV-SD、亚组IICMV-Q株系序列一致性分别为91.3%、91.1%和76.5%，RNA2分别为92.1%、90%和71.2%，RNA3分别为96.1%、92.6%和74.5%。对CMV-CARNA35′UTR和CP系统进化树分析表明，CMV-CA属CMVIB亚组；与中国CMV-SD和K株系关系最近。

在田间发现引起花生严重矮化的强毒力株系CMV-CS寄主范围和CA株系相似，蚜传效率低于CA株系，血清学性质和CA株系非常相近。CS和CA株系RNA1、2和3的序列一致性分别为98.4%、98.9%和96.7%。

侵染过程与侵染循环　CMV-CA通过带毒花生种子越冬。除菜豆外，未发现其他蔬菜、杂草上CMV株系能侵染花生，因此，带毒种子成为翌年病害主要初侵染源。种传花生病苗出土后即表现症状，病毒被蚜虫在田间迅速扩散。在病害流行年份，花生花期即可形成发病高峰，迅速达到50%以上发病率。

流行规律　CMV-CA种传病苗在田间发生早，提供了丰富的毒源，在合适气象条件下，蚜虫发生早、发生量大时，病害会迅速传播、流行，流行包括如下因素。

种子传毒　CMV-CA种传率较高。北京密云自病地收

图1 黄瓜花叶病毒CA株系引起的花生黄花叶症状（许泽永提供）

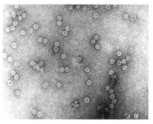

图2 花生黄瓜花叶病毒CA株系粒体电镜照片（许泽永提供）

获花生种子，CMV-CA 种传率 0.1%～4.2%，平均 1.7%。覆膜地花生病害轻，种传为 0～2%，平均为 0.9%，而露地栽培花生种传率 1.7%～4.2%，平均达 3%。病毒种传率高，病害发生早、扩散快，损失重。

蚜虫传毒　花生地内蚜虫发生早、发生量大，病害流行严重；反之，发生则轻。北京密云 1986 年花生出苗即见蚜虫，6 月上旬百株花生蚜量高达 1670 头，造成病害严重流行，发病率高达 95%。1987 年和 1990 年，花生上蚜虫始见期推迟 20 天，同期百株花生蚜量分别为 238 头和 30 头，病害发生显著减轻。

品种抗性　花生品种对 CMV-CA 的抗性有显著差异，如鲁花 11 号、鲁花 14 品种有较强田间抗性，发病轻；而鲁花 10 号、白沙 1016 感病，发病重。因此，在同一地区，因品种对病害抗性不同，不同地块发病程度有明显差异。

气象因素　花生苗期降雨少、温度高年份，蚜虫发生量大，病害严重流行；降水量大、温度偏低年份，蚜虫发生少，病害偏轻。

防治方法

应用无（低）毒花生种子　可由无病区调入无（低）CMV 病毒种子。北京密云 1987 年调入无 CMV 病毒种子，在隔离区扩大繁殖，翌年提供全县 333.3hm² 花生用种，对减轻病害起到重要作用。此外，自轻病地留种也可以减轻病害发生。

应用抗（耐）病花生品种　应用鲁花 11 号、鲁花 14 号等具有田间抗性的品种，淘汰感病品种，可以减少病害发生和病害损失。田间小区诱发鉴定，属于低抗的品种有鲁花 11 号、中花 3 号、鲁花 14 号（发病率低于 30%），而多数品种属于低、中感（30%～50% 发病率），占参试品种的 72.3%，属于高感的（高于 50% 发病率）占参试品种的 19.4%。

应用地膜覆盖栽培　地膜覆盖是一项花生增产的栽培措施，同时又能驱蚜，减轻病害发生。1985 年北京密云覆膜花生黄花叶发病率幅度 29%～90%，平均 57%，病情指数平均 32.5；露地花生黄花叶病发病率 91%～100%，平均 95%，病情指数平均 85。

早期拔除种传病苗　CMV 种传病苗在田间出现早，易于识别。此时田间蚜虫发生少，及时在病害扩散前拔除，可以减少毒源，减轻病害。

药剂治蚜防病　以种衣剂拌种，或苗期及时喷药治蚜，有一定防病效果。

检疫　由于 CMV-CA 种传率高，容易通过种质资源交换和种子调运而扩散，有必要将 CMV-CA 列为国内检疫对象，禁止从病区向外调运种子。

参考文献

张宗义，许泽永，陈坤荣，等，1989. 北京地区花生病毒病及流行规律研究 [J]. 植物保护学报，16(4): 227-232.

中国农业科学院植物保护研究所，中国植物保护学会，2015. 中国农作物病虫害 [M]. 3 版 . 北京：中国农业出版社 .

BREUIL S D E, GIOLITTI F, LENARDON S, 2005. Detection of cucumber mosaic virus in peanut（*Arachis hypogaea* L.）in Argentina [J]. Journal of phytopathology, 153: 722-725.

XU Z, BARNETT O W, 1984. Identification of a cucumber mosaic virus strain from naturally infected peanut in China[J]. Plant disease, 68: 386-389.

YU T F, 1939. A list of plant viruses observed in China[J]. Phytopathology, 29: 459-461.

（撰稿：许泽永、晏立英；审稿：廖伯寿）

花生灰霉病　peanut gray mould

由灰葡萄孢侵染引起的花生真菌病害。

发展简史　中国于 1976 年首次田间调查发现花生灰霉病在广东高要和花县严重发生，2013 年辽宁报道花生灰霉病在局部地区轻度发生。在其他花生产区，还未见有灰霉病发生报道。

分布与危害　花生灰霉病属世界性病害，分布比较广泛，美国、委内瑞拉、苏联、日本、坦桑尼亚及澳大利亚等地均有报道。花生灰霉病一般危害不是很严重，在个别地方由于适宜的气候条件可引起病害暴发。中国花生灰霉病主要发生在南方产区，春季如遇长期低温阴雨天气，可引起该病害的流行危害，给生产带来很大损失，如 1976 年在广东高要和花县等地的春播花生田，灰霉病流行成灾，轻病地死苗率 30%，病重地花生死苗率达 90%，损失很大。在辽宁花生产区也有该病发生的报道。

灰霉病主要发生在花生生长前期，危害叶片、托叶和茎，尤其顶部的叶片和茎最易感病，茎基部和荚果也可受害。被害部初期形成圆形或不规则水渍状病斑，似开水烫过一样。天气潮湿时，病部迅速扩大、变褐色、呈软腐状，表面密生灰色霉层（病菌的分生孢子梗、分生孢子和菌丝体），最后导致植株局部或全株腐烂死亡。如遇天气转晴、高温低湿条件下，轻病株可恢复生长；仅局部死亡的病株也可能恢复生长，长出新的侧株。天气干燥时，叶片上的病斑近圆形、淡褐色，直径 2～8mm。茎基部和荚果受害后变褐腐烂，病部产生黑褐色菌核（见图）。

病原及特征　病原菌无性态为灰葡萄孢［*Botrytis cinerea* Pers. ex Fr.］，有性态为富氏葡萄孢盘菌［*Botryotinia*

花生灰霉病叶片的症状（引自吉林农业有害生物专家系统）

fuckeliana（de Bary）Whetzel.］，属葡萄孢盘属。中国尚未发现其有性世代。该菌寄主范围很广，除花生外，还包括葡萄、茄子、番茄、甘蓝、菜豆、洋葱、马铃薯、草莓等 60 多种植物。

病菌的分生孢子梗直立、丛生、浅灰色、有隔膜，长 350 ～ 500μm、宽 11 ～ 19μm，顶端有几个分枝，分枝顶端细胞膨大，近圆形，大小为 38.4μm×32.0μm，其上生许多小梗；小梗顶端着生 1 个分生孢子，形成葡萄穗状。分生孢子卵圆形，单细胞，浅灰色，大小为 16 ～ 28.8μm×19.8 ～ 16.0μm。菌核黑褐色，扁圆形或不规则形，表面粗糙。直径 0.5 ～ 5mm，菌核萌发产生 2 ～ 3 个子囊盘；子囊盘直径 1 ～ 5mm，柄长 2 ～ 10mm，浅褐色。子囊圆筒形或棍棒形，大小为 100 ～ 130μm×9 ～ 13μm。子囊孢子卵形或椭圆形，无色，大小为 8.5 ～ 11μm×3.5 ～ 6μm。侧丝有隔膜，呈线形。病菌生长的适温为 10 ～ 20℃，饱和湿度有利于分生孢子的产生和萌发。

侵染过程与侵染循环　病菌以菌核在土壤中或病株残体中越冬，翌年菌核萌发，长出的菌丝、分生孢子梗和分生孢子随气流和风雨传播，在适宜的温湿度条件下，分生孢子萌发，直接侵入或从伤口侵入寄主，是病害的主要初侵染来源。几天后从发病部位长出大量的分生孢子，传播进行多次再侵染，短期内病害就可能严重发生。病叶接触茎部，也能导致茎部发病。发病后期在病部产生很多菌核，落入土中或在病株残体中越冬。

流行规律

气候因素　低温、高湿有利于病害的发生流行。病情的发展随气候条件而变，低温、低湿和高温、高湿都不利于病害的发生；1976 年此病在广东各地流行的情况，气温在 12 ～ 16℃ 和相对湿度 90% 以上，则有利于病害发生；若气温超过 20℃，则不利于病害的发生。长期多雨多雾、气温偏低、花生生长弱是灰霉病发生流行的主要条件。

花生生育期　花生初花期抗病力最弱，苗期和生长后期抗病力较强。

品种抗性　花生品种间抗病性不同，澄油 15 号、粤油 551 选等品种抗病性较强。

土壤环境　砂质土病重，冲积土或黄泥土病轻。过量偏施氮肥病重，施用草木灰或钾肥病轻。

防治方法

选用抗病品种　种植抗病品种或抗性较强的花生品种。

农业防治　实行轮作、及时排除积水，降低田间湿度；避免偏施过量氮肥，增施磷钾肥或草木灰。适期播种，长江以南春季寒潮频繁的地区不宜过早播种，以免播种后迟迟不能出苗或出苗后遇上寒潮都能促使灰霉病的发生。北方无霜期短，秋雨较多，会促使生长后期发生此病，不宜过晚播种。

化学防治　发病初期及时喷施 50% 腐霉利可湿性粉剂 2000 倍液或 50% 异菌脲可湿性粉剂 1500 倍液喷施；70% 的甲基托布津和 50% 的百菌清也对该病害具有防治效果。每 7 ～ 10 天打药 1 次，连续打药 2 ～ 3 次。

参考文献

博俊范，杨凤艳，周如军，等，2013.辽宁花生病虫害发生危害及种类鉴定 [J].植物保护，39(1): 144-147.

徐秀娟，2009.中国花生病虫草鼠害 [M].北京：中国农业出版社．

张广民，1997.山东省花生病害的发生及防治 [J].农药，36(4): 6-8.

中国农业科学院植物保护研究所，中国植物保护学会，2015.中国农作物病虫害 [M].3 版．北京：中国农业出版社．

周桂元，梁炫强，2012.花生灰霉病与黑霉病的发生规律与防治措施 [J].广东农村实用技术 (12): 22.

（撰稿：陈坤荣；审稿：晏立英）

花生焦斑病　pepper spot and leaf scorch

由粗小光壳引起的、一种发生在花生叶、茎、果柄和荚果的真菌性病害，是花生中后期的重要病害之一。又名花生枯斑病、花生斑枯病、花生胡麻斑病。

发展简史　1968 年 Jackson & Bell 报道了 *Leptosphaerulina crassiasca* Sechet 是一种能侵染花生的真菌，1991 年 Wu & Hanlin 通过鉴定明确了引起花生焦斑病的病原菌是 *Leptosphaerulina crassiasca*。

分布与危害　焦斑病是一种世界范围内普遍存在的花生病害，在中国、阿根廷、澳大利亚、印度、马达加斯加、南非、波多黎各均有发生的报道。在中国，以河南、山东、湖北、广东和广西等地发病率相对偏高，少数发病严重的田块发病率可达 100%，但多数田块仅零星发生，引起的经济损失也不大。

病原及特征　病原为粗小光壳（*Leptosphaerulina crassiasca* Séchet）。这种真菌的子囊果为假囊壳，散生，内生数个子囊，子囊初无色透明，近卵圆形，成熟时变黄褐色，子囊内有 8 个长圆形或椭圆形的孢子。孢子大小一般为 26 ～ 31μm×9 ～ 15μm，浅褐色，有 3 ～ 4 个横隔膜和 1 ～ 2 个纵隔膜，隔膜处缢缩。病菌在 8 ～ 35℃ 的马铃薯琼脂培养基均可生长，最适生长温度为 28℃。

花生焦斑病症状包括焦斑和胡麻斑两种类型，其中焦斑类型症状较为常见。在该类型的染病叶片上，叶尖叶缘处的病斑常呈楔形（似 "V" 字形）或半圆形，有时不规则。最初病斑为黄色，逐渐变成褐色，边缘深褐色，外围有黄色晕圈，后期病斑变灰褐色至深褐色，导致叶片枯死、破裂，甚至脱落；叶片内部的病斑为褐色，病斑中部呈灰褐色或灰色，中央有一明显褐点，周围有轮纹（见图），后期病斑上出现许多针头大的小黑点，即病菌有性子实体（假囊壳）。如果收获前碰到多雨、潮湿的天气，叶片上出现黑色水渍状圆形或不规则形的斑块，病斑变黑褐色后迅速蔓延到叶柄、茎和果柄。茎和叶柄上的病斑不规则形，浅褐色，水浸状，病斑边缘不明显。

当病原菌不是自叶尖端或边缘侵染时，通常在叶片正面产生密密麻麻的小黑点，故称为胡麻斑。胡麻斑类型病害发生严重时，花生呈焦灼状枯死，枯死部常可达叶片 1/3 ～ 3/4，远望如火烧焦状。焦斑病与其他病害如锈病、晚斑病等混合发生，可加重损失。

花生焦斑病症状（晏立英提供）
①焦斑型；②胡麻斑型

侵染过程与侵染循环　病菌以菌丝体和子囊壳在花生病残株中越冬，翌年花生生长季节子囊孢子从子囊壳内释放出来，通过芽管直接穿入花生叶片表皮细胞，在晴天露水初干和开始降雨时达到扩散高峰。病害潜伏期 15～20 天，病斑上再产生子囊壳和子囊孢子，借风雨或气流传播，生长期可出现多次再侵染，每次再侵染后随即出现一次发病高峰。

流行规律　花生焦斑病通常发生较早，自花生初花期开始发病，结荚中后期危害加重。夏季高温高湿、雨水频繁的天气使焦斑病更容易发生。在低洼积水、土壤贫瘠、偏施氮肥的田块发病严重。病株在田间分布不均匀，有明显的发病中心，首先在某一株或几株发病，然后向四周扩展，严重时可导致全田发病。

防治方法　从田间栽培管理和药剂防治两方面对花生焦斑病进行防控。

农业防治　首先要合理施肥，增施磷钾肥，不过多、过晚偏施氮肥；其次要完善排灌系统，及时排除田间积水；再次要在花生收获后将病残体集中销毁。

化学防治　在花生齐苗后植株开始发棵时即开始喷施农药，一般应于植株封行或花针期起进行施药防控。喷施农药可选用 25% 三唑酮可湿性粉剂、10% 苯醚甲环唑水分散粒剂、12.5% 烯唑醇可湿性粉剂、25% 丙环唑乳油、25% 咪鲜胺乳油，喷药时加入 0.2% 展着剂（如洗衣粉等）有增效作用。

参考文献

中国农业科学院植物保护研究所，中国植物保护学会，2015.中国农作物病虫害 [M]. 3 版 . 北京 : 中国农业出版社 .

JACKSON C R, BELL D K, 1968. *Leptosphaerulina crassiasca* (Sechet), the cause of leaf scorch and pepper spot on peanut[J]. Oleagineux, 23(6): 387-388.

WU M, HANLIN R T, 1991. Neotypification of *Leptosphaerulina crassiasca*[J]. Mycotaxon, 41(1): 27-41.

（撰稿：姜晓静；审稿：曲明静）

花生茎腐病　peanut collar rot

由棉色二孢真菌引起的花生重要的土传病害之一。又名花生色二孢茎腐病。

发展简史　于 1932 年由 J. H. Miller 等在美国首次发现报道，其后在北卡罗来纳州、弗吉尼亚州产区曾多次发生花生茎腐病，造成严重的产量损失，但多年没有关于病原物的研究报道。直到 1998 年，P. M. Phipps 等详细研究了由可可毛色二孢（*Lasiodiplodia theobromae*）引起的花生茎腐病。2006 年，越南报道了由可可毛色二孢引起的花生茎腐病，并认为棉色二孢（*Diplodia gossypina*）、蒂腐色二孢（*Diplodia natalensis*）、可可球二孢（*Botryodiplodia theobromae*）与可可毛色二孢（*Lasiodiplodia theobromae*）是同物异名。在中国，侯绪友等（1979）报道花生茎腐病由色二孢属（*Diplodia*）真菌引起，种名未确定。20 世纪 90 年代，李君彦等从形态学对陕西花生茎腐病的病原菌进行鉴定，认为该病原菌是棉色二孢。国外的花生病害专著中指出，虽然可可毛色二孢和可可球二孢与花生茎腐病有关，但棉色二孢可能是花生茎腐病的真正病原菌。中国的真菌分类相关文献也认为棉色二孢是花生茎腐病的病原菌，可能与柑橘蒂腐病菌（*Diplodia natalensis*）是同一个种，都是柑橘蒂腐囊孢菌（*Physalospora rhodina*）的无性世代。

分布与危害　中国花生上的一种常见病害，特别是重茬地块发生程度更为严重。其中以山东、江苏、河南、河北、陕西等北方花生产区发病严重。随着花生种植面积的增大、地区间调种频繁、重茬地块增多等因素的影响，花生茎腐病呈逐年加重的趋势。世界上花生茎腐病在非洲、南美洲、美国、澳大利亚、印度尼西亚、印度等地均有发生。

花生植株在苗期及成株期均可受害，主要在幼苗的胚轴及成株的茎基部第一次分枝以下部位发病，导致整个植株枯死。花生幼苗出土前即可感病，病菌通常先侵染子叶，使子叶变黑褐色腐烂，并侵入植株根颈部（下胚轴），产生黄褐色水渍状病斑，以后逐渐变成黑褐色病斑。病斑自根颈部向纵横方向扩展，致使茎基组织腐烂，地上部萎蔫枯死。幼苗发病到枯死通常历时 3～4 天。在潮湿条件下，病部产生密集的黑色小突起（病菌分生孢子器），表皮易剥落，软腐状。田间干燥时，病部皮层紧贴茎上，呈褐色干腐，髓部干枯中空。发病植株地上部开始表现叶片发黄，叶柄逐渐萎蔫下垂，最后整株枯死（图 1）。成株期发病时，特别是在花期后发病，主茎和侧枝基部产生黄褐色水渍状病斑。病斑向上、向下发展，茎基部变黑枯死，引起部分侧枝或全株萎蔫枯死，病灶部位有时长达10～20cm，表面密生小黑点。有时仅侧枝感病，病枝往往先后枯死。发病植株用手拔起时，往往在近地表处（即病灶部位）发生折断，发病植株地下部的荚果易腐烂。花生生长中后期有时也可见仅主茎离地面较高的部位及其着生侧枝感病，造成病部以上茎枝枯死，病部以下茎枝照常生长。该病害还可危害花生种子，造成种子受损伤、饱满度下降并带菌。一般发病地块病株率10%～20%，重者可达50%以上，尤其在多雨年份危害更大，经常造成大量死株，使花生缺苗断垄，甚至成片死亡、颗粒无收。

该病害的病原菌寄主范围广泛，除花生外，还能够侵染棉花、大豆、绿豆、扁豆、菜豆、赤豆、豇豆、豌豆、甘薯、芸豆、苕子、田菁、马齿苋、甜瓜、马铃薯、柑橘、香蕉、苹果、杨树、月季等多种植物或局部组织，引起黑腐、梢枯、萎蔫等症状。

病原及特征　病原为棉色二孢（*Diplodia gossypina* Cooke），属色二孢属真菌，异名为可可毛色二孢[*Lasiodiplodia theobromae*(Pat.)Criff. et Maubl.]和可可球二孢（*Botryodiplodia theobromae* Pat.）。病菌分生孢子器散生或集生，球形或烧瓶形，在寄主表皮下埋生，成熟后暴露。孢子器直径130～250μm（以220～230μm居多），暗褐色至黑色，单腔，壁厚，有一乳头状突出孔口（图2）。产孢细胞不分枝，少见分隔，形状多样，呈倒棍棒状或圆筒形，大小为8.5～10.3μm×2.9～3.6μm。全壁芽生环痕式产孢，分生孢子单个顶生于产孢细胞上，椭圆形、长圆形或卵圆形，基部平截，端部钝圆，初期未成熟时无色、单胞，椭圆形，大小为7～15μm×15～30μm；成熟外释时孢子转变为暗褐色、双细胞、椭圆形，表面光滑，少数有纵纹，孢子比原来稍小一些。两种分生孢子都能萌发，具有较强的生活力。分生孢子在27℃的水滴中经过105分钟就能萌发，2小时能达到60%的萌发率，2.5小时芽管长度能达到孢子长度的8～10倍。

病菌在马铃薯琼脂培养基上菌落呈灰白色，质地疏松，菌丝绒毛状，呈辐射状生长。培养3～5天后，菌落中央聚集成絮状，后随菌丝黑色素产生，菌落变为灰黑色，培养基底部变黑色，10天后开始产生暗灰色、小蘑菇状、近圆形的菌丝团，直径3～5mm。20天后，菌丝团顶端产生黑色子座，分生孢子座炭黑色，圆柱形，直径1～3mm。在麦粒培养基上易产生分生孢子器和分生孢子。菌丝体生长温度为10～40℃，最适温度为23～35℃，致死温度为52℃10分钟。长时间培养，菌丝能产生色素，生长条件越适宜，培养基颜色越深。多数菌株能在35℃高温下生长，个别菌株生长受到抑制，在35℃培养时能够产生红色色素使培养基变粉红色。该菌耐低温能力较强，-1～-3℃下经27天仍有侵染力，耐高温能力较弱。用人工培养3～4天的菌丝，附于干枯的花生茎秆表面，放干燥器内，在-1～-3℃下，菌丝体可存活7～294天，25℃下可存活7～36天。附于干燥果仁（含水量60%左右）表面的菌丝体，放25～30℃的干燥器中，经80天后取出接种花生，仍有侵染力。田间自然病株在室外存放7个月，或在室内存放2年，仍有致病力。菌丝在pH3～12范围内都能生长，生长最适pH4～8。光照对菌丝生长的影响不大，对子实体的形成影响很大，在黑暗条件下不能形成子实体。

图1　花生茎腐病症状（郭宏参提供）　图2　花生茎腐病分生孢子器

（郭宏参提供）

侵染过程与侵染循环　病菌菌丝和分生孢子器在土壤中的花生病残株、果壳和种子上越冬，成为翌年初侵染来源。病菌在土壤中分布很深，可达30cm，以0～15cm的表层土内较多，病株和粉碎的果壳饲养牲畜后的粪便以及混有病残株的未腐熟农家肥也是传播蔓延的重要菌源。种子是花生茎腐病远距离、异地传播的主要初侵染源。另外，病菌还能在其他感病植物残体上越冬，如棉花、大豆、马齿苋等，因此，这些作物也可以成为病害发生的初侵染来源。

病菌以分生孢子作为初侵染源与再侵染源，从花生组织表皮或伤口侵入致病。在田间主要借风雨或流水传播，病原菌借雨水返溅和流水冲带等再侵染，造成花生成株期发病，农事操作过程中携带病菌也能传播。花生苗期为最适侵染时期，其次为结果期，而花期不利于病菌的侵入。在北方花生产区，一般在5月下旬到6月初出现病株，6月中下旬出现发病高峰，夏季高温季节不利于病害发生，8月中下旬可出现第二次发病高峰，一般发病较轻。

流行规律　花生茎腐病的发生流行与天气、种子、栽培管理等因素密切相关。其中，花生种子质量好坏，是影响茎腐病发病的主要因素，霉捂种子由于生活力下降及带菌率明显增加，容易引起病害发生。种子霉捂主要是种子收获后遭遇阴雨天气，种子不能及时晒干，储藏期间容易霉捂。晾晒好的种子带菌率为5%左右，田间发病率为3%～4%，而霉捂种子荚果的带菌率可达50%以上，田间发病率可达25%。

气候条件对病害发生的影响也很大，当5cm土温稳定在20～22℃，田间即开始出现病株。当5cm土温达23～25℃、相对湿度60%～70%、旬降水量10～40mm时，适于病害发生。花生苗期降雨较多，土壤湿度大，病害发生重，尤其雨后骤晴，气温回升快，容易出现大量死苗。一般雨水较多湿度较大的年份，病害发生较重。

花生连作田病重，轮作田病轻，轮作年限越长，发病越轻。春播花生病重，夏播花生病轻。早播的病重，晚播的病轻。4月22日播种的地块由于茎腐病造成的死株率为41.4%，5月4日播种的为17.2%，5月15日播种的为10.9%，收麦后播种的很少发生茎腐病。早播茎腐病重的原因主要是前期低温不利于花生的生长，有利于病害的发生。土壤结构和肥力好的花生地病轻；沙性强、瘠薄的地病重。一般施有机肥多的花生田病轻，反之病重。但是施用带菌的有机粪肥，往往又传播病害，病害发生严重。花生田深翻或田间精细管理，或进行地下害虫防治的田块发病轻。花生品种间抗病性有一定差异，一般直立型早熟花生品种高度感病，龙生型、蔓生型品种发病相对较轻。

防治方法　首先要把好种子质量关，在保证种子质量的前提下，做好种子消毒，同时还要做好各项农业防治工作。

选用抗病品种　尚未有对茎腐病免疫的花生品种，但不同品种间抗性差异较大。高产、抗性较强的品种有鲁花 13、花育 20、远杂 9102、豫花 10 号、豫花 14 号、豫花 2 号、豫花 4 号、豫花 5 号、豫花 7 号、豫花 8 号等。

保证种子质量　留种用花生要适时收获、及时晒干、安全储藏。播种前进行粒选，选大粒饱满的，剔除变质、霉捂、受伤的荚果，精选的荚果播前晒种数天。北方产区可选用夏播花生留种，因夏播花生发病轻，种子生活力强。

种子消毒　种子消毒是十分有效的防病措施，增产作用十分显著。①拌种用药剂以 70% 甲基托布津可湿性粉剂、50% 或 25% 多菌灵可湿性粉剂较好，还可以兼治立枯病、根腐病、菌核病、白绢病。拌种的方法包括药土拌种和药液拌种。药土拌种用 50% 多菌灵可湿性粉剂按干种子量的 0.3%，或用 25% 多菌灵可湿性粉剂按干种子重量的 0.5%，再加 5～10 倍的细干土，混合均匀，配成药土。花生种子先浸泡一夜或用水使之湿润，再分层与药土掺和拌匀，使每粒种子上都沾有药土，拌后立即播种。药液拌种将以上用量的药粉加水 2kg，配成药水，均匀地喷在 50kg 花生种子上，晾干后播种。②浸种用 70% 甲基托布津可湿性粉剂、50% 或 25% 的多菌灵可湿性粉剂，按干种重量的 0.3% 或 0.5%，即药剂∶水∶种子 =1∶100∶200 配成药液，浸泡 24 小时（种子将水吸完），中间翻动 2～3 次。③种子包衣剂。2.5% 适乐时种衣剂，药种比为 1∶500；25% 多克福种衣剂，药种比为 1∶50。

农业防治　①合理轮作。与禾谷类非寄主作物轮作，轻病田轮作 1～2 年，重病田轮作 2～3 年以上，不要与棉花、大豆、甘薯等易感病作物轮作。②清除田间病株残体。花生收后及时清除田间遗留的病株残体并进行深翻，以减少土壤中的病菌积累。③加强田间管理，增施肥料，不要用带菌的肥料，要施足底肥，追肥可增施一些草木灰，中耕时不要伤及根部。

化学防治　在花生苗期用 50% 多菌灵可湿性粉剂 1000 倍液、70% 甲基托布津可湿性粉剂 800～1000 倍液喷雾，有一定防病效果。用 50% 多菌灵可湿性粉剂 1000 倍液，或 70% 甲基托布津可湿性粉剂 +75% 百菌清可湿性粉剂按 1∶1 的比例混匀配制 1000 倍液，或利用多菌灵与好力克（43% 戊唑醇）混合喷施，或 60% 百泰可分散粒剂 1500 倍液，在花生齐苗后和开花前各喷 1 次，或在发病初期喷药 2～3 次，着重喷淋花生茎基部。

参考文献

高新国，渠占奇，2005. 花生茎腐病的发病规律及防治技术 [J]. 河北农业科学 (4): 87-88.

郭洪参，张悦丽，齐军山，等，2014. 山东花生茎腐病病原菌研究 [J]. 中国油料作物学报，36(4): 524-528.

侯绪友，王家绍，1979. 花生茎腐病研究 [J]. 植物保护 (2): 7-11.

袁虹霞，李洪连，汤丰收，等，2006. 药剂处理种子对花生茎腐病防治效果 [J]. 植物保护，32(2): 73-75.

KOKALIS B N, PORTER D M, RODR R, 1997. Compendium of peanut diseases[M] 2nd ed. St Paul: The American Phytopathologital Society Press: 16-17.

MILLER J H, HARVEY H W, 1932. Peanut wilt in Georgia[J]. Phytopathology, 22: 371-383.

NGUYEN C M T, DANG T T V, NGUYEN H X, et al, 2006. Collar rot of groundnut caused by *Lasiodiplodia theobromae* in north Vietnam[J]. International arachis newsletter, 26: 25-27.

PHIPPS P M, PORTER D M, 1998. Collar rot of peanut caused by *Lasiodiplodia theobromae*[J]. Plant disease, 82:1205-1209.

（撰稿：迟玉成、张霞、刘同全；审稿：徐秀娟）

花生菌核病　peanut *Sclerotinia* blight

包括花生小菌核病、花生大菌核病和花生叶部菌核病。其中，花生大菌核病又名花生菌核茎腐病。花生叶部菌核病在北方花生产区常直接称为花生菌核病。花生菌核病主要发生在中国北方花生产区。

发展简史　1971 年，在美国首次发现，随后陆续在美国各花生产区报道。长期以来中国一直把花生小菌核病和大菌核病统称为花生菌核病，1993 年，徐秀娟等发现一种引起花生叶部的病害也能形成大量菌核，也将其归为花生菌核病，并系统研究了叶部菌核病的病原菌和发生规律。

分布与危害　花生菌核病主要发生在花生生长的中后期，由菌丝体在病体上纠结形成菌核，故此而得名。花生叶部菌核病通常称为"花生菌核病"，花生茎枝和荚果上发病的称为"花生小菌核病"，花生菌核茎腐病通常称为"花生大菌核病"。在花生上能结核的真菌病害除以上 3 种外，还有花生立枯病、花生紫纹羽病、花生纹枯病、花生炭腐病、花生白绢病等。为便于比较，特将不同真菌性病害的症状等特征比较列入下表。

花生叶部菌核病　是中国花生产区发生的一种新病害。该病在中国大部分花生种植地区都有发生，特别是山东、河南、安徽、广东等地发生尤为严重。

花生叶部菌核病的症状特点随着田间湿度的不同而有所变化。当花生进入花针期，病菌首先危害叶片，总趋势是自下而上，随着病害发展也可危害茎秆、果针等地上部分。若天气干旱，叶片上的病斑呈近圆形，直径 0.5～1.5cm，暗褐色，边缘有不清晰的黄褐色晕圈；当雨量多、田间湿度大、高温高湿条件下，叶片上的病斑为水渍状，不规则黑褐色大斑，边缘晕圈不明显。感病叶片干缩卷曲，很快脱落。茎秆上病斑长椭圆或不规则形，稍凹陷，导致茎秆软腐，轻者造成烂针、落果，重者全株枯死。田间湿度大时，病组织表面常有白色蛛丝状的菌丝，落叶丝连，故其在田间往往呈点片发生。菌体上的菌丝逐渐纠结成团，初呈白色小线球状，逐渐变为褐色至黑褐色菌核，变得越来越坚实。菌核近圆形或不规则形，大小不一，小的如小米粒，大的不小于绿豆粒，其直径为 1.0～3.5mm。表面较粗糙，内外颜色一致。

该病害一般导致减产 15%～20%，发病重的年份减产达

25% 以上。后由于花生高产田面积不断扩大，花生群体较大，田间小气候郁闭现象明显，加重了该病害的发生。1993年，在山东莱西花生实验地块植株呈点片枯死，死亡率高达30% 以上，危害较重。由于该病危害叶片，很快造成脱落，蔓延至茎秆，致使其全株枯死，故严重影响产量和质量。引起花生减产程度的大小取决于发病的早与晚，发病的早晚又取决于6～7月雨季来的早与晚，雨季来得早，发病早危害重，否则相反。目前，该病害发生越来越普遍，很容易与花生叶腐病、花生纹枯病等病害混淆。

该菌寄主范围广泛，除危害花生外，还可以侵染水稻、棉花、大豆、番茄、菜豆、黄瓜、向日葵等多种作物。

花生小菌核病　主要分布于吉林、甘肃、新疆、广西、四川、云南、广东、山东和安徽等地。一般危害不大，个别地区和田块，雨水多的年份危害严重。花生小菌核病与花生大菌核病相似，但比花生大菌核病危害重、分布更广。

花生小菌核病常发生在花生生长后期，危害叶片、茎、果柄、荚果等各个部位。初期在叶片产生近圆形、直径3～8mm不明显轮纹状褐色病斑。潮湿时，病斑呈水渍状。茎上病斑由褐色变深褐色，进一步蔓延扩大，造成茎秆软腐，植株萎蔫枯死。在潮湿条件下，病斑上布满灰褐色绒毛状霉状物和灰白色粉状物，即病菌菌丝、分生孢子梗和分生孢子。花生接近收获时，在病组织内外产生大量黑色小菌核。果针易受害，使荚果掉落在土内。荚果受害后变褐色，表面及内部都可以产生白色菌丝和黑色菌核，种子腐败干缩。

该菌寄主范围广泛，除危害花生外，还可以侵染大豆、菜豆、西红柿、马铃薯、甘薯、萝卜、黄瓜、向日葵、紫花苜蓿、鳢肠、油莎草、繁缕等多种植物。

花生大菌核病　又称花生菌核茎腐病。主要分布于山东、山西、河南和江苏等地，一般危害不大。

花生大菌核病与小菌核病的症状相似，多发生在花生生长的后期，主要危害花生的茎，也能危害根、荚果、叶片和花。茎部的病斑初为水渍状暗褐色，不规则形；在潮湿的情况下，病部组织很快软化腐烂，颜色逐渐由深变浅而呈灰褐色。

病部皮层组织撕裂而呈纤维状，往往露出白色的木质部。病部表面长满棉絮状的菌丝层，茎、叶逐渐枯死。后期病部产生鼠粪状、大小不一的黑色菌核，潮湿时菌核产生在病部表面，干燥时菌核产生在髓腔之内（见图）。菌核初为白色，以后变黑褐色且坚硬。荚果受害后腐烂，并长出棉絮状菌丝，荚果内部也能产生菌核。

该菌寄主范围广泛，除危害花生外，还可以侵染燕麦、大麦、高粱、小麦、玉米、西兰花、生菜、洋葱、南瓜、西红柿、萝卜、向日葵、大豆、菜豆、马铃薯、甘薯、棉花、三叶草、繁缕等多种植物。

病原及特征

花生叶部菌核病病原　病菌无性阶段为立枯丝核菌（*Rhizoctonia solani* Kühn），属丝核菌属，AG1-1A 菌丝融合群（标准菌株为国际普遍采用的 Ogoshi 的融合群标准菌株：AG1-IA、AG1-IB、AG1-IC）。该菌与花生立枯病菌、花生纹枯病菌、花生叶腐病菌不同，不属于一个菌丝融合群。

花生菌核病病原和症状特点比较表

病害	病原菌学名	侵害部位	主要症状	菌核形态		
				大小	形状	颜色
花生叶部菌核病	*Rhizoctonia solani*	叶片、茎秆、荚果	圆或不规则水渍状斑点，株枯	0.5～3.5mm	不规则形表面粗糙	黑褐色内外色一致
花生小菌核病	*Rhizoctonia arachidis*	叶片、茎秆、荚果等	圆或不规则形斑，株枯	0.5～2.5mm	不规则表面粗糙	外黑内白
花生大菌核病	*Sclerotinia miyabeana*	茎秆	不规则赤褐色大斑，株枯	大小不一	不规则表面粗糙	黑色
花生立枯病	*Rhizoctonia solani*	植株各部器官	凹陷伤痕，芽枯、株枯	大小不一	扁平不规则	褐至黑褐
花生叶腐病	*Rhizoctonia solani*	叶片边缘、茎秆、荚果	褐色或黑褐色病斑，株枯	0.34～3.5mm×0.25～1.9mm	圆形或扁圆形	褐色或黑褐色
花生纹枯病	*Rhizoctonia solani*	主要叶片、茎秆	圆或水渍不规则斑，株枯	大小不一，多为绿豆大	圆形至卵圆形	褐色至暗褐色
花生炭腐病	*Rhizoctonia bataticola*	茎基部	赤褐色不规则大斑，株枯	0.5～1.0mm	圆或不规则形，表面光滑	黑色
花生白绢病	*Scleotium rolfsii*	茎基部	病体地表一层白绢，株枯	0.5～2.0mm	近圆形表面光滑	深褐色
花生紫纹羽病	*Rhizoctonia crocorum*	茎基部、根及荚果	叶尖黄植株生长迟滞病部有紫色霉	大小不一	扁球形	褐紫至黑紫

有性阶段为瓜亡革菌［*Thanatephorus cucumbers* (Frank) Donk］。在 PDA 培养基上培养，菌落呈圆形、黄白色，长绒毛状菌丝体向四周放射生长，3～4 天菌丝开始菌核。初生菌丝有隔膜，分枝呈锐角，分枝处缢缩，分枝不远处有一隔膜，细胞内有多个细胞核。老熟菌丝黄褐色，后期形成黑褐色菌核。菌丝直径 6.0～12.5μm。子实体为一紧密薄层，浅黄色。担子近棍棒型，大小为 12～18μm×8～11μm，顶生 4 个小梗，每个小梗顶端生 1 个担孢子；担孢子近长椭圆形，单细胞，无色，大小为 7～12.5μm×4～7μm。

花生叶部菌核病原适宜生长的温度范围为 15～30℃，最适温度为 25～30℃，其临界生长温度为 5℃ 和 40℃，在适宜温湿度条件下生长迅速，长势旺，在最适温度范围内培养 3 天即长满培养皿，第四天即产生菌核。在 10℃ 和 35℃ 下仍能较慢生长，7 天才长满培养皿并产生菌核。病原菌适宜生长的酸碱度范围较广，在 pH 为 3～14 条件下均能生长，适宜生长的 pH 为 5～9，培养第三天即长满培养皿，第四天即结核。最适宜 pH 为 7，菌落生长速度最快，第二天菌落直径即达到 3.0～5.6cm，第三天即长满培养皿。临界生长的 pH 为 3 和 14，当 pH 为 1 和 15 时均不能生长。病原菌核对光照不敏感，有光、无光，或在不同光照条件下均能正常生长发育，生长基本一致。耐旱性较强，于室内干贮 4 年半仍有 12.8% 有生命力，但失去侵染能力。而于室内干贮半年的 100% 有较强的生命力和侵染力。

花生小菌核病病原　国内外报道种类有 *Sclerotinia arachidis* Hanzawa、*Sclerotinia minor* Jagger、*Botryotinia arachidis*（Hanzawa）Yamamoto，但 *Botryotinia arachidis*（Hanzawa）Yamamoto 比较准确，为核盘菌属落花生核盘菌。病菌无性态为葡萄孢属（*Botrytis* spp.），分生孢子梗直立、细长、褐色，有隔膜，顶端对生分枝，分枝上部者生分生孢子；分生孢子无色或浅灰色、单胞，卵圆形或椭圆形，大小为 6～12μm×6～9μm。菌核不规则状，外层黑色，内部白色，大小为 1～2.5mm×0.5～1.5mm。菌核在土表萌发，初生分生孢子，后形成 1 至数个子囊盘。子囊盘初呈圆柱形，后变

花生大菌核病症状（迟玉成提供）

为漏斗状，顶部扁平，直径 0.6mm 左右。子囊棍棒形，略有弯曲，子囊内生 8 个透明、扁椭圆形、单胞子囊孢子，大小为 11～14μm×6～7μm。菌核一般很少形成子囊盘，多形成葡萄孢（*Botrytis*）型的分生孢子。

花生大菌核病病原　病菌有性态 *Sclerotinia miyabeana* Hanzawa 为核盘属真菌。菌核黑色，圆柱形或不规则形，似鼠粪，表面平滑或微皱缩，大小为 3～12mm×3～5mm，较花生小菌核病菌的菌核要大一些。菌核外皮由 2～4 层（一般 3 层）近圆形细胞组成，组织比较松散。菌核萌发长出几个子囊盘，初呈圆柱形，后变漏斗状，直立或稍弯曲，柄长 15mm、宽 3mm，上部黄褐色，基部黑褐色，顶部盘状扁圆形，黑褐色，直径 3.5～4mm。盘内形成多个子囊，排列成层。子囊无色，棍棒形，大小为 130～170μm×10～15μm，内生 8 个子囊孢子，排列成 1 行。子囊孢子无色，单胞，椭圆形，大小为 10～15μm×5～7μm；子囊孢子成熟后，从顶端孔口强烈射出；子囊间有侧丝，侧丝丝状，顶端膨大，有隔膜，直径 3～6μm。菌核在一年之中可产生两次子囊盘，一次在春季，另一次在秋季。病菌无性态为葡萄孢属的一种，产生小型分生孢子，无色，单细胞，球形，大小为 3.6～6.2μm。

侵染过程与侵染循环

花生叶部菌核病　初侵染源来自残留于土壤中的病残体，以菌核为主在土壤中越冬。再侵染发生在病株与健株相互接触时，病部的气生菌丝攀缘到健株的枝叶上，连续蔓延扩展，重复侵染。病菌也可以随人畜田间作业携带或病体随流水、风力进行传播。

花生小菌核病　病菌以菌核在病残株、荚果和土壤中越冬，菌丝体也能在病残株中越冬。翌年小菌核萌发产生菌丝和分生孢子，有时产生子囊盘，释放出子囊孢子。分生孢子和子囊孢子借风雨传播，菌丝也能直接侵入寄主，分生孢子和子囊孢子萌发产生芽管，多从伤口侵入；从侵染到发病需一周左右时间，发病即长出分生孢子梗及分生孢子，进行再侵染。产生菌核需 18 天，在一个季节里可有多次再侵染。通常连作地病害重，高湿促进病害扩展蔓延，并进一步加重病情。

花生大菌核病　病菌以菌核在土壤和病株残体中越冬，菌丝体也可以在病株残体中越冬；在干燥情况下，病组织中的菌丝体可以存活 8 个月。翌年菌核萌发，产生子囊盘，释放子囊孢子，借风雨或气流传播，从伤口侵入，引起发病。病菌随荚果或果仁的调运也可作远距离传播。

流行规律

花生叶部菌核病　发病初期，在中国北方产区一般为 7 月上旬，高峰期为 7 月下旬至 8 月中旬。在南方产区（广东），始发期和盛发期相应提早半个月左右，始发期为 6 月中下旬，盛发期为 7 月上中旬至 8 月初。高温高湿有利于菌核病的发生蔓延，如连续阴雨，温度又较高或是田间小气候郁闭，易引起流行。北方产区，1993 年和 1998 年是花生生长期间降雨较多的年份，1993 年田间平均发病率为 20.3%，最重的地块为 34%；1998 年大田平均发病株率为 27.8%，最重的地块高达 46.2%。2002 年降水量一般，平均病株率为 14.5%。广东 2000 年花生生长期间降雨较多，大田调查，平均病株率 24%。地块低洼或是排水不畅，内涝积水的田块发病较重；

重茬地易发病。品种间抗性差异显著，高抗品种一般年份发病株率很少超过 10%，而高感品种发病株率高达 50% 以上。由于病原菌的特性是对温度、pH 的适应范围幅度较大，对光照不敏感，耐旱性和耐水性较强，有较强的生命力和侵染能力，因而发生率较高，蔓延较快。

花生小菌核病　菌核在适宜条件下萌发，以菌丝体侵染花生。菌核萌发和侵染的适宜温度为 17～21℃，相对湿度大于 95%，土壤 pH 为 6.5。在适宜条件下，花生叶、茎、荚果均被侵染，通常在土壤 2.54cm 以上土层部分受害最重。受伤害植株更易被侵染。

花生大菌核病　一般花生连作田病害发生严重；土壤黏重、排水不良，可促进病害的发生。

防治方法

选用抗病品种　对花生叶部菌核病抗性较好的大果类型品种有：鲁花 11 号、鲁花 8 号、鲁花 9 号、潍花 6 号、豫花 5 号等小果类型抗性较好的有：青兰 2 号、S17、白沙、鲁花 15 号等。对小菌核病抗性较好的品种有：VA-98R、VA93B、Perry 等。

减少初侵染源　花生菌核病初侵染源来自土壤，可通过控制病原基数减轻病害发生。在花生播种时，将除草剂与杀菌剂混合同时喷洒到地面，可达到防病除草双重目的。试验结果较好的药剂组合有灭菌威 + 乙草胺、绿亨 2 号 + 乙草胺、锰锌·霜脲 + 乙草胺、菌核净 + 乙草胺 4 个处理。另外，这些处理不仅防治菌核病效果显著，同时兼治叶斑病和其他病害，饱果率和出仁率也明显比对照高。

化学防治　应用菌核净可湿性粉剂 500 倍液、多菌灵可湿性粉剂 800 倍液、炭疽灵可湿性粉剂 500 倍液、霉易克可湿性粉剂 600 倍液、菌克宁悬浮剂 600 倍液等，在花生生长期间共喷药 2～3 次，每次喷药间隔 10～15 天，均有较好防治效果。用药剂拌种也有一定的防病效果，药剂拌种效果较好的有绿亨 1 号、绿色木霉菌剂、农乐一号，用药量为种子重量的 0.3%，平均防治效果 50% 以上。

农业防治　运用有效的农艺措施防治花生菌核病，经济实用无公害，也是防治花生菌核病较好的途径之一。措施有轮作换茬、适度深耕、早耕与反转耕翻和及时清除病株残体等。

参考文献

徐秀娟，赵志强，宋文武，等，2003. 花生菌核病及其防治研究 [J]. 山东农业大学学报，34(1): 33-36.

徐秀娟，赵志强，王佩圣，等，2004. 花生菌核病病原分类及其特性研究 [J]. 广西农业科学，35(3): 211-212.

徐秀娟，赵志强，鄢洪海，等，2006. 绿色木霉菌剂及其在有机食品花生的应用 [J]. 农药，45(4): 273-275.

鄢洪海，徐秀娟，卢钰，等，2006. 花生叶部菌核病流行规律及生物防治初报 [J]. 花生学报，35(3): 28-31.

PORTER D M, BEUTE M K, 1974. *Sclerotinia* blight of peanuts [J]. Phytopathology, 64: 263-264.

WADSWORTH D F, 1979. *Sclerotinia* blight of peanuts in Oklahoma and occurrence of the sexual stage of the pathogen[J]. Peanut science, 6: 77-79.

YAN H H, ZHANG R Q, CHI Y C, 2013. *Rhizoctonia solani* identified as the disease causing agent of peanut leaf rot in China[J]. Plant disease, 97(1): 140.

（撰稿：迟玉成、吴菊香、许曼琳；审稿：徐秀娟）

花生立枯病　peanut soreshin blight

由立枯丝核菌引起的、危害花生的一种真菌性枯萎病。又名花生叶腐病。

分布与危害　花生立枯病主要分布于北方及长江流域的花生产区。该病在花生各生育期均能发生，但主要以花生幼芽期和苗期受害最重。随着耕作制度的变化，病害发生有加重现象，发病花生减产 15%～20%，严重时减产 30%～40%。花生播后出苗前染病致种子腐烂而不能出土；幼苗染病时，基部发生黄褐色病斑，病斑与健组织边缘较明显，内向渐凹陷，病斑扩展到整个茎基部和根系，植株就干枯、死亡。根系染病后会腐烂。花生中后期发病时，在叶片受害处产生暗褐色病斑，遇高温、高湿，病斑扩展加快，导致叶片变黑褐色、卷缩干枯。下中部叶片受害最重，其次是茎秆和果针，蛛丝状菌丝由下部向植株中、上部茎和叶片蔓延，在病部产生的灰白色棉絮状菌丝中形成灰褐色或黑褐色小颗粒菌核。发病轻时底部叶片腐烂、提前脱落，严重时植株干枯死亡。病菌还可侵染果针和荚果，致荚果腐烂，种仁品质下降（见图）。

病原及特征　病原为立枯丝核菌（*Rhizoctonia solani* Kühn），属丝核菌属。病菌在马铃薯琼脂培养基上产生匍匐状气生菌丝，初生菌丝靠近分枝处形成隔膜，分枝菌丝基部稍有缢缩，多呈直角状。菌丝宽 4～15μm，白色至深褐色。菌丝紧密交织而成菌核，菌核初期呈白色，后变黑褐色，圆形或不规则形。*Rhizoctonia solani* 是一个大的复合种，存在许多形态相似而致病性不同的类型。目前，多采用菌丝融合方法划分成若干个菌丝融合群，菌丝融合群下面又分菌丝融合亚群。中国花生立枯病菌为 AG-1 融合群 AG-1-IC 融合亚群。从花生种子和荚果分离的病菌属多核的 AG2 和 AG4 菌丝融合群，从叶片和茎秆病组织分离的病菌属 AG-1 和 AG4 菌丝融合群。病菌有性态为瓜亡革菌［*Thanatephorus cucumeris*（Frank）Donk］。该菌在土表或病残体上形成一层白色菌膜，子实体为一紧密的薄层，浅黄色。担子近棍棒形，

花生立枯病的危害症状（陈坤荣提供）

大小为 12～18μm×8～11μm，顶生 4 个小梗，每个小梗顶生 1 个担孢子；担孢子长椭圆形、单细胞、无色，大小为 7～12μm×4～7μm。此菌的寄主植物很多，有 74 种之多，如水稻、棉花、大豆、芝麻、番茄、菜豆、黄瓜等。

侵染过程与侵染循环 立枯病菌是一种土壤习居菌，能在很多土壤中长期存活。病菌以菌核和附在病残体上的菌丝越冬，也可以在荚果上和荚果内种子上越冬。播种带菌的种子或在病土中种植花生，都可以引起花生发病。在合适条件下，菌丝通过伤口或直接从寄主表皮组织侵入花生，病菌分泌纤维素酶和果胶酶以及真菌毒素杀死寄主组织，从分解的植物组织中汲取营养，供其生长需要。

流行规律 该病菌生长温度范围 10～38°C，最适生长温度 28～31°C。菌核在 12～15°C 开始形成，以 30～32°C 形成最多，40°C 以上菌核则不形成。高温多雨、积水有利发病。偏施氮肥，花生植株徒长或密造成通风透光不良，或连续阴雨、高温高湿气候条件，能造成该病大发生。一般低洼地、排水条件差、土壤湿度大的花生地病害重；常年连作地病害重；前茬作物纹枯病重的田块，花生立枯病也较重。

防治方法

农业防治 常发病田块避免花生连作，提倡轮作，特别是水旱轮作。精细整地，高畦深沟栽培，排水降湿。掌握合适的播种深度和覆土厚度，创造有利于幼苗萌发出土的土壤条件。合理密植，科学施肥，增施磷、钾肥，促进植株健壮生长，增强抗病力。选用未破损的无病种子播种。收获后及时将病残体清理干净，深埋或烧毁，切勿堆沤作肥。

种子处理 用种子重量 0.3% 的 50% 多菌灵或 40% 三唑酮·多菌灵或 45% 三唑酮·福美双可湿性粉剂拌种；或按种子重量 0.5% 的 50% 多菌灵浸种 24 小时。

化学防治 发病初期喷 5% 井冈霉素水剂 800～1000 倍液，或用 40% 三唑酮·多菌灵 1000 倍液或 45% 三唑酮·福美双可湿粉 1000 倍液，视病情 7～10 天喷 1 次，连续防治 2～3 次。花生结荚期发病，可叶面喷施 25% 多菌灵可湿性粉剂 1000 倍液，每隔 10 天喷 1 次，连喷 2～3 次，可减轻病害的发生危害。

参考文献

徐秀娟，2009. 中国花生病虫草鼠害 [M]. 北京：中国农业出版社．

鄢洪海，张茹琴，迟玉成，等，2015. 丝核菌 (*Rhizoctonia* spp.) 对花生的危害及病原学研究 [J]. 中国油料作物学报，37(6): 862-867.

张广民，1997. 山东省花生病害的发生及防治 [J]. 农药，36(4): 6-8.

中国农业科学院植物保护研究所，中国植物保护学会，2015. 中国农作物病虫害 [M]. 3 版. 北京：中国农业出版社．

（撰稿：陈坤荣；审稿：晏立英）

花生普通花叶病 peanut common mosaic disease

由花生矮化病毒轻型（Mild）株系（PSV-Mi）引起的花生普通花叶病。是危害中国花生生产的重要病害之一。

发展简史 1983 年，许泽永等在河南病害调查中首次发现花生普通花叶病，病毒鉴定与 PSV 血清反应呈阳性，1985 年，首次报道病原病毒的鉴定结果，确认为花生矮化病毒（PSV）。由于该病毒仅引起花生普通花叶症状，与美国流行 PSV 株系引起的严重矮化不同，因此，称作花生矮化病毒轻型（Mild）株系（PSV-Mi）。

花生矮化病毒（PSV）引起的花生矮化病害于 20 世纪 60 年代在美国弗吉尼亚州等花生上流行，1966 年在美国首次报道。PSV 存在明显株系分化现象，1969 年 G. I. Mink 等报道寄主反应和血清学性质不同的 PSV-E 和 W 株系。C. C. Hu 等 1997 年完成 PSV-ER 和 W 株系的 RNA 全序列分析，将 PSV E 和 W 两个血清组进一步归纳为 PSV 两个亚组。1998 年，许泽永等通过 RNA 序列分析确认中国 PSV-Mi 株系单独构成 PSV 亚组Ⅲ，晏立英等 2005 年完成 PSV-Mi 基因组全序列分析。2008 年，L. Kiss 依据匈牙利 PSV 刺槐分离物（*Rp*）基因组全序列分析，构成一个新的 PSV 亚组Ⅳ，进一步说明了 PSV 遗传变异的多样性。

分布与危害 花生普通花叶病从 20 世纪 70 年代以来，在山东、河北、辽宁和河南等北方花生生产区流行，造成经济损失。在中国发生普遍的是 PSV-Mi 株系。感染 PSV-Mi 的花生最初在顶端嫩叶出现明脉或褪绿斑，随后发展成浅绿与绿色相间的普通花叶症状，沿侧脉出现辐射状绿色小条纹和斑点。叶片变窄、小，叶缘波状扭曲，病株通常轻度或中度矮化（图 1）。病害影响花生荚果发育，形成很多小果和畸形果。中国也存在 PSV 强毒力株系，引起花生叶片变小，病株显著矮化。花生早期感染 PSV 病害减产 40% 以上。除花生外，在中国报道 PSV 发生危害的作物还有菜豆、大豆和刺槐等。

PSV 在美国引起花生病株叶片变小，叶柄变短，叶缘上卷、变形，严重矮化，故称花生矮化病。尽管很少见到 PSV 在其他国家花生生产发生危害的报道，但 PSV 分布遍及世界各地，包括法国、匈牙利、波兰、日本、中国、泰国、伊朗、苏丹、塞内加尔和摩洛哥等。

病原及特征 病原为花生矮化病毒（peanut stunt virus，PSV），属雀麦花叶病毒科（Bromoviridae）黄瓜花叶病毒属（*Cucumovirus*）。提纯 PSV 粒体为球状，直径 30nm（图 2）。PSV 体外致死温度 55～60°C，稀释限点 10^{-3}～10^{-2}，体外存活期限 3～4 天。

PSV 自然侵染寄主植物包括花生、菜豆、大豆、豌豆、芹菜、普通烟、苜蓿、红三叶草、白三叶草、羽扇豆、刺槐、地中海三叶草等。PSV 在这些寄主植物上引起各种花叶症状、叶片畸形、坏死，植株不同程度矮化。

PSV 基因组为正、单链核酸，由 3 个组分组成，即 RNA1、RNA2 和 RNA3。RNA1 含一个大的开放阅读框架（ORF），编码 1a 蛋白。RNA2 含 2a 和 2b 两个 ORF，编码 2a 蛋白。2bORF 与 2aORF 有重叠，通过亚基因组 RNA4A 表达，1a 和 2a 蛋白为核酸复制酶，与病毒复制相关。2b 蛋白与病毒寄主范围和症状相关。RNA3 含两个 ORF，其中上游 ORF 编码 3a 蛋白，与病毒在细胞间运转相关；下游 ORF，为 *cp* 基因，CP 蛋白由亚基因组 RNA4 表达。RNA1、RNA2 和 RNA3 单独包裹在不同病毒粒体内，RNA3 和 4

包裹在同一粒体内。此外，PSV 病毒颗粒内还包裹着卫星 RNA（satRNA）。

中国 PSV-Mi 基因组全序列分析表明：*1a* 基因，大小 3015nt，编码 1a 蛋白分子量 111604Da。*2a* 基因长 2538nt，编码 2a 蛋白分子量 94647Da。*2b* 基因编码 2b 蛋白分子量 10748Da。*3a* 基因 864nt，编码 3a 蛋白分子量 30942Da。*cp* 基因 654nt，编码 CP 蛋白分子量 23643Da。PSV-Mi 与亚组 I PSV-ER、J 株系 *cp* 基因序列一致性仅为 75.7%～77.8%，与亚组 II *PSV-Wcp* 基因序列一致性为 74.3% 和 74.6%，确立了中国 PSV-Mi 株系独自构成一个新亚组，即 PSV 亚组Ⅲ。

侵染过程与侵染循环　PSV 通过花生种子越冬，种传是病害初侵染源之一。但由于 PSV 种传率很低，美国从中等矮化病株收获较大种子的种传率为 0.0073%，从严重矮化病株收获小种子的种传率为 0.207%。中国从河南开封收集病株种子，PSV 种传率为 0.05%，因此，种子可能不是病害主要初侵染来源。中国北方花生地周围、路边、村庄内均有很多刺槐树，刺槐 PSV 感染率 30% 左右。早春，刺槐抽芽早，蚜虫发生也早。当花生出苗时，刺槐上产生有翅蚜向花生地迁飞，同时将病毒传入。

病毒被蚜虫在花生田间传播，而感病花生又成为病毒向其他感病寄主植物传播的再侵染来源。PSV 被多种蚜虫以非持久性方式传播，包括桃蚜、豆蚜等。在美国，白三叶草等饲用牧草可成为 PSV 越冬寄主和翌年初侵染来源。

流行规律　该病害在花生生长前期发展缓慢，流行年份通常在 7 月中下旬进入发生高峰期，8 月上中旬达到 80% 以上发病率。毒源、蚜虫以及气候条件是影响病害流行的重要因素。

刺槐传毒　刺槐树数量与病害流行区域相关。凡病害流行区如河北唐山、河南开封均有一定数量的刺槐树。

蚜虫传毒　蚜虫发生与病害流行关系密切。河南开封 1988 年和 1991 年病害流行，花生苗期和结荚期分别出现蚜虫发生高峰，两年发病率分别达到 90% 和 45%；而 1989 年和 1990 年，蚜虫发生少，两年病害均很轻。

气候因素　气候条件通过影响蚜虫发生与活动，从而影响病害流行。开封 1988 年 5 月中旬至 6 月中旬和 6 月下旬至 8 月上旬降雨量最少，旱情严重导致蚜虫大发生和病害严重流行。1990 年同期雨水调匀，蚜虫发生少，病害很轻。

品种抗性　虽然未发现高抗花生品种，但是花生品种对 PSV 抗性存在差异。中花 1 号、中花 3 号对 PSV 有较强田间抗性。在人工接种条件下鉴定，86-1004、86-1010、86-1011 和 2241 等 4 个花生品系对 PSV 有一定抗性，发病率

和病指均显著低于感病品种。野生花生（*Arachis glabrata*）PI262801 等材料对病毒表现高抗。

防治方法

减少病害初侵染源　自无病地选留种子，花生种植区域内除去刺槐花叶病树或与刺槐相隔离，均可有效杜绝或减少病害初侵染源，达到防病目的。

地膜覆盖栽培　地膜覆盖可以减少病害发生和减轻病害损失。

种植抗（耐）病品种　在病区推广应用中花 1 号、中花 3 号等具田间抗性的品种，可以减少病害损失。

参考文献

张宗义，陈坤荣，许泽永，等，1998. 花生普通花叶病毒病发生和流行规律研究 [J]. 中国油料作物学报，20(1): 78-82.

中国农业科学院植物保护研究所，中国植物保护学会，2015. 中国农作物病虫害 [M]. 3 版 . 北京：中国农业出版社 .

HU C C, ABOUL-ATA A E, NAIDU R A, et al, 1997. Evidence for the occurrence of two distinct subgroups of peanut stunt *Cucumovirus* strains: molecular characterization of RNA3[J]. Journal of general virology, 78: 929-939.

MILLER L E, TROUTMAN J L, 1966. Stunt disease of peanut in Virginia[J]. Plant disease, 67: 490-492.

YAN L, XU Z, GOLDBACH R, et al, 2005. Nucleotide sequence analyses of genomic RNAs of PSV-Mi, the type strain representative a novel PSV subgroup from China[J]. Archives of virology, 150: 1203-1211.

（撰稿：许泽永、晏立英；审稿：廖伯寿）

花生青枯病　peanut bacterial wilt

由假茄科雷尔氏菌引起的、主要危害花生根部的一种维管束细菌性病害，是世界局部花生生产区的重要病害，也是花生唯一具有经济重要性的细菌性病害。

发展简史　1890 年，Burrill 最先发现茄科植物青枯病。1896 年，Smith 首次鉴定了该病原菌，并命名为 *Bacillus solanacearum* Smith。1914 年，Smith 将其更名为 *Pseudomonas solanacearum* Smith。1992 年，Yabuuchi 等将其命名为 *Brukholderia solanacearum* Yabuuchi。1995 年，Yabuuchi 提议更名为 *Ralstonia solanacearum* Yabuuchi。1996 年，《国际系统细菌学》杂志（IJSB）将其正式命名为 *Ralstonia solanacearum* E.F. Smith。目前国际上将茄科雷尔氏菌（*Ralstonia solanacearum*）又划分成 3 个不同的种，即由亚洲和非洲分支菌株构成的假茄科雷尔氏菌（*Ralstonia pseudosolanacearum*）、由美洲分支菌株构成的茄科雷尔氏菌（*Ralstonia solanacearum*）以及由印尼分支菌株构成的蒲桃雷尔氏菌（*Ralstonia syzygii*）。该病原应为假茄科雷尔氏菌。1998 年，Deslandes 等首次研究明确了拟南芥对青枯病的抗性受隐性单基因控制，并于 2002 年首次克隆了拟南芥抗青枯病的基因 *RRS1-R*。进入 21 世纪，随着分子生物学技术的兴起，青枯菌的基因组学研究广泛开展。2002 年，Salanoubat 等首次完成了青枯病菌的全基因组测序，

图 1　花生 PSV-Mi 株系侵染花生引起的普通花叶症状
（许泽永提供）

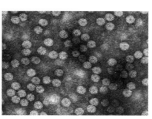

图 2　花生矮化病毒 *PSV*-Mi 株系球状粒体电镜照片（许泽永提供）

为了解青枯病菌的基因组结构和致病机制奠定了基础。已完成的青枯菌基因组测序的株系超过40个。国际上关于花生青枯病的文献报道始见于20世纪初期。中国于20世纪30年代报道了花生青枯病的发生，70年代以来在花生青枯病的研究和防控上取得了显著进展，并有效推进了病害防控的国际合作。

分布与危害 该病主要分布在印度尼西亚、马来西亚、越南、斯里兰卡、泰国、菲律宾、中国和一些非洲国家，美国曾在20世纪60年代报道过该病的发生，但之后未出现明显的流行和危害。中国花生青枯病发病区域主要分布在长江流域和南方各地，包括广东、广西、福建、湖北、湖南、安徽、江苏、四川、重庆、贵州、河南、江西、浙江、海南等。在北方产区，山东临沂地区发病较重，其他地区较轻。青枯病区占全国花生种植面积的10%左右。在20世纪80年代以前，中国花生青枯病危害程度严重，病区发病率一般在10%～30%，重病地发病率可达50%～100%，导致严重减产，甚至完全绝收。在花生的细菌性病害中，青枯病是导致经济损失最大的病害。

花生青枯病是细菌性维管束病害。花生整个生育期都能发病，一般开花结荚期达到发病高峰。通常是植株主茎顶梢叶开始失水萎垂，早晨叶片张开晚，傍晚提前闭合。1～2天后全株叶片自上而下急剧凋萎，叶色暗淡仍呈绿色，故称"青枯"（见图）。青枯病引起的枯萎，根与茎不易断裂，植株容易整株拔起，拔起的主根没有须根而呈光滑的鼠尾状。病株主根尖端呈褐色湿腐状，纵切根颈部，导管为黑褐色。挤压切口处，有白色的菌脓溢出。病株上的果柄、荚果呈黑褐色湿腐状。

中国花生青枯病区多数是土壤贫瘠的传统花生产区，由于种植其他作物难以取得较好的收益，而种植花生的效益比较高，致使花生连作十分普遍，青枯病菌在土壤中持续累积，病害的潜在威胁很大。过去认为花生青枯病主要发生在酸性砂壤土上，但已经在碱性土壤和黏重土壤上发现了这一病害的大面积发生。随着花生种植区域的持续扩大，青枯病的新病区不断出现。由于能侵染其他寄主，病菌能在土壤中积累，即使未种植过花生的地块，也具有发生青枯病的风险。

青枯病菌的寄生范围很广，可以危害番茄、辣椒、茄子、花生、芝麻、蓖麻、生姜、向日葵、萝卜、菜豆、马铃薯、西瓜、黄瓜、田菁、香蕉、桉树、桑树等超过50个科的400多种作物、树木和杂草。

病原及特征 病原为假茄科雷尔氏菌［*Ralstonia pseudosolanacearum*（Smith）Yabuuchi］曾命名为*Pseudomonas solanacearum*（Smith）Smith。病菌革兰氏染色阴性，短杆状，两端钝圆形，大小为0.9～2μm×0.5～0.8μm，无芽孢和荚膜，极生鞭毛1～4根，好气性，菌体内有聚-β-羟基丁酸盐的蓝黑色颗粒。在马铃薯琼脂培养基上培养2天后，形成乳白色、圆形、光滑、中央稍突起、直径2～5mm的菌落，有荧光反应，初期边缘整齐，2天后菌落因具流动性而不规则。随培养时间延长，菌落周围易产生褐色水溶性色素。

在自然界中，青枯病菌存在致病型和非致病型两种类型。在含有氯化三苯基四氮唑盐酸盐培养基（TTC）上，致病型菌落大、圆形、中心粉红色、边缘乳白色，生长2天后边缘不规则，具流动性；非致病型菌落较小，圆形、深红色，边缘整齐，不具流动性。致病型青枯菌菌体有明显的黏质层，非致病型菌体无明显的黏质层。在长期脱离寄主的人工培养条件下，致病型青枯菌致病力容易丧失，随着菌种在培养基上继代次数增多，致病力下降。

青枯菌生长的温度范围为10～40°C，最适温度为28～33°C，致死温度为52～54°C，10分钟。青枯菌喜欢微酸性的环境，太酸太碱的环境都不利于其生长，适宜的pH为6～8，pH在5以下生长微弱，pH在4时死亡。青枯菌能忍耐低盐的环境，可以适应的含盐量为0.1%～0.5%，含盐量达1%时，生长受到抑制。青枯菌不耐干燥，在干燥条件下10分钟即死亡。病株暴晒2天病菌全部死亡。青枯菌也不耐光照。

青枯菌具有丰富的种内遗传多样性，不同地理起源的青枯菌在与寄主长期协同进化的过程中，演化出明显的生理分化或菌系多样性。现有几个分类系统被国际所公认。按不同来源的青枯菌对不同植物种类的致病性的差异，划分为5个生理小种。Baddenhagen、Sequeira和Kelman最早于1962年根据青枯菌对不同寄主植物致病性的差异，划分为3个生理小种，侵染茄科（包括马铃薯、茄子、番茄、烟草和辣椒）和油料植物的为1号小种，侵染香蕉、大蕉和海里康等植物的为2号小种，只侵染马铃薯和偶尔侵染番茄和茄子的为3号小种。Zehr（1969）分离到对生姜致病力强而对其他植物致病力弱的4号小种，该小种主要分布在菲律宾。1983年，何礼远等将对桑树致病力强、对其他植物致病力弱或无致病力的青枯菌命名为5号小种。侵染花生的青枯菌属于1号小种。

Hayward等（1964）根据青枯菌对3种双糖（乳糖、麦芽糖和纤维二糖）和3种己醇（甘露醇、卫矛醇和山梨醇）氧化产酸能力的差异，将青枯菌区分为4个生化变种（biovar，以前称为生化型，biotype）：①生化变种Ⅰ。不能氧化3种双糖和3种己醇。②生化变种Ⅱ。只能氧化3种双糖，不能氧化3种己醇。③生化变种Ⅲ。能氧化3种双糖和3种己醇。④生化变种Ⅳ。只能氧化3种己醇，不能氧化3种双糖。后

花生青枯病症状（廖伯寿提供）

来何礼远等（1983）发现侵染桑树的菌株能氧化 3 种双糖和甘露醇，但不氧化卫矛醇和山梨醇，将其划分为生化变种 V。目前侵染花生的青枯病菌有生化变种 Ⅰ、Ⅲ、Ⅳ型，其中生化变种 Ⅰ 分布于美国东南部，其他国家的花生青枯菌均为生化变种 Ⅲ 和 Ⅳ。生理效应与生化变种之间并没有严格的对应关系。在中国，侵染花生的青枯菌为生化变种 Ⅲ 和 Ⅳ。

随着分子生物学技术的发展，根据 ITS 区间、青枯菌 Ⅲ 型分泌系统调控（*hrpB*）基因和内切葡聚糖酶基因（*egl*）核苷酸序列分析，将其分为四种演化型（Phylotype）：亚洲型（演化型 Ⅰ）、美洲型（演化型 ⅡA 和 ⅡB）、非洲型（演化型 Ⅲ）和印尼型（演化型 Ⅳ）。花生青枯病菌属于演化型 Ⅰ。根据青枯菌葡聚糖酶序列将青枯菌进一步细分为不同的序列变种，花生青枯菌存在多个不同的序列变种，如序列变种 18、44 等。

中国花生青枯菌的致病力存在差异。李文溶等（1987）按照青枯菌对 6 个花生鉴别品种的致病表现，划分为 7 个致病型，南方菌株比北方菌株的致病力强。Ⅲ 和 Ⅴ 型是占优势的致病型，在南、北方 5 个地区都有出现，而 Ⅰ、Ⅱ 型主要分布在北方，Ⅵ、Ⅶ 型主要分布在南方。尚未发现花生青枯菌株与花生品种之间有明显的专化性存在。

侵染过程与侵染循环 自然条件下，青枯菌通常从花生根颈的伤口和次生根的根冠部位侵入。从次生根冠侵入的青枯菌穿过根冠和主根表皮形成的鞘，同时引起相邻的薄壁组织膨胀。青枯菌侵入皮层后在细胞间隙繁殖，再侵入邻近的皮层细胞。青枯菌还可以从花生的伤口处侵入，直接进入导管繁殖。青枯菌主要在土壤中越冬，病土、病残株和土杂肥是主要的初侵染源，晒干的种子不传带致病菌。青枯菌在土壤中能存活 1～8 年，一般 3～5 年仍能保持致病力。花生青枯病菌在田间主要靠土壤、流水及农具、人畜和昆虫等传播到未发病的植株。受侵染的花生植株死亡后，细胞分解，青枯病菌又释放到土壤中，经流水侵入附近的植株进行再侵染。

流行规律 花生青枯病是一种土传病害。青枯病菌是一种喜温的细菌，高温有利于病害发生。土壤温度对青枯病的发生有直接影响，土温高，发病迅速。在田间，气温日均稳定在 20℃ 以上，耕作层土层温度稳定在 25℃ 以上 6～8 天，田间花生植株即开始出现病症。旬平均气温在 25℃ 以上、土壤温度在 30℃ 左右，发病可达到高峰。雨日数及降水量的多少对病害影响很大，时晴时雨和雨后骤晴最有利于病害的暴发。干旱年份病害发生比较集中，主要在持续几天雨日后发病；而降雨持续时间长或雨日分布均匀的年份，病害发生比较缓慢，病情也较轻。

青枯病在花生生长的各个时期都可以发生，但始发期和盛发期一般都发生在盛发期前，特别是初花期发病最为严重。当花生初花期温度和降水条件合适，青枯病就容易流行。

土壤有机质含量低的细砂土或有机质含量高、土质黏重、地下水位高、通透性不良、保水力强的黏土不利于青枯病发生，而保水、保肥力差、有机质含量低的瘠薄土壤如片麻岩、片岩、板岩风化后并在流水的冲刷和分选形成的砂泥土、麻骨土，土层瘠薄、土壤颗粒大、孔隙多，通气性强，呈中性到微酸性，适合好气性青枯菌生长繁殖，此类土壤利于发病；局部地区黏重土壤，只要有一定的通气性，仍有花

生青枯病的发生。新种植区或新垦地，极少发生青枯病。旱坡地连年种植花生，病害会越来越重。旱坡地与单子叶作物轮作的年限越长，发病越轻。花生与水稻轮作，青枯病发生很少或不发病。青枯病发生严重田块，要求水旱轮作 2 年以上，旱地轮作 4 年以上。

青枯菌对抗、感花生品种均能侵染，但抗病品种根系和茎中的含量显著低于感病品种。不同抗病品种在花生青枯菌潜伏侵染后，单株生产力受影响程度不同，有的抗病品种受青枯菌潜伏侵染时，对单株生产力影响很小，它们在生产上应用的潜力更大。

防治方法 花生青枯病是中国及东南亚最严重的病害之一，各国学者一直致力于相关方面的研究，取得了一定的进展。

选用抗病品种 国际上花生抗青枯病育种工作早在 20 世纪 20 年代已经开展。1926 年前后，印度尼西亚首次育成抗青枯病花生品种 Schwarz21，后来以 Schwarz21 为抗源，又培育出 Gadjah、Macan、Tupai 等品种。中国花生青枯病抗病育种工作开展时间相对较晚，但进展迅速。自 20 世纪 70 年代中期鉴定出协抗青、台山三粒肉、台山珍珠等抗源以来，利用这些抗源培育出了适应当地生态条件的抗病品种，有效地遏制了青枯病的危害，如中花 2 号、中花 6 号、中花 21、鄂花 5 号、鄂花 6 号、粤油 256、粤油 202、粤油 92、粤油 79、粤油 114、粤油 200、远杂 9102、远杂 9307、桂花 836、桂花 21、桂花 833、桂油 28、泉花 646、泉花 227、抗青 19 号、抗青 29 号、日花 1 号、贺油 0172、贺油 0326、贺油 11 号、贺油 14、贺油 15 等。这些品种在自然病地上的存活率在 90% 以上，各地可因地制宜选用。这些抗病品种在各地青枯病区大面积应用，田间青枯病发病率降低到 5% 以下，有效控制了青枯病的发生危害，但是这些品种的产量和品质有待进一步提高和改良。

农业防治 在有条件的地区进行水旱轮作，是控制花生青枯病的有效措施。对旱坡地花生种植区，可与青枯病菌的非寄主植物轮作，如玉米、甘薯、高粱、大豆、胡萝卜等，一般轮作 2～3 年，具有明显减轻病害的作用。在青枯病发生区，应注意田间水肥管理。对旱坡地通过深耕、深翻、平整土地、开沟作畦、排除积水、增施石灰、有机肥等措施，可以减轻发病。增施硅肥和壳聚糖也可以减轻病害。

化学防治 在发生发病初期或者始花期，每亩可选用 20% 噻菌铜悬浮剂 300～500 倍液或 47% 王铜可湿性粉剂 300～600 倍液，或 20% 噻森铜悬浮剂 150～200ml 或 41% 乙蒜素乳油 60～75ml，亩施药液 50～60kg 喷淋花生茎基部或者浇灌花生根部，7～10 天喷淋 1 次，连续施用 2～3 次。

参考文献

陈晓敏，胡方平，吴燕榕，2000. 福建省花生青枯病菌致病型及生物型的测定 [J]. 福建农业大学学报，29(4): 470-473.

谈宇俊，廖伯寿，1990. 国内外花生青枯病研究述评 [J]. 中国油料 (4): 87-90.

许泽永，李文溶，陈春荣，等，1980. 花生青枯病的研究 Ⅰ 花生青枯病菌致病性分化问题的研究 [J]. 中国油料 (2): 29-34.

DESLANDES L, OLIVIER J, THEULIERES F, et al, 2002. Resistance to *Ralstonia solanacearum* in *Arabidopsis thaliana* is conferred by the recessive *RRS1-R* gene, a member of a novel family of resistance genes[J]. PNAS, 99: 2402-2409.

HAYWARD A C, 1964. Characteristics of *Pseudomonas solanacerum*[J]. Journal of applied bacteriology, 27: 256-277.

LIAO B, 2005. A broad review and perspective on breeding for resistance to bacterial wilt [M]//Allen C, Prior P, Hayward A C. Bacterial wilt disease and the *Ralstonia solanacearum* species complex. Saint Paul: The American Phytopathological Society Press: 225-238.

（撰稿：廖伯寿、晏立英；审稿：姜慧芳）

花生炭疽病　peanut anthracnose

由平头刺盘孢引起的花生叶部病害。

发展简史　花生炭疽病于 1909 年由中国台湾首次鉴定报道，病原鉴定为花生炭疽刺盘孢菌（*Colletotrichum arachidis*），20 世纪 50 年代花生炭疽病在非洲坦桑尼亚发生，病原鉴定为辣椒炭疽病菌（*Colletotrichum capsici*）。1966 年吉林报道花生炭疽病发生，病原鉴定明确为平头刺盘孢（*Colletotrichum truncatum*）。1967 年，印度鉴定花生炭疽病病原为束状刺盘孢（*Colletotrichum dematium*）。

分布与危害　在中国南北花生产区均有发生，河南、吉林、江西、湖南、山西等地都有报道，一般危害不重。美国、印度、阿根廷、塞内加尔、坦桑尼亚和乌干达等国也有报道。

此病主要危害花生叶片，尤以下部叶片发病较多，逐渐向上扩展。多在叶缘或叶尖产生大病斑，叶缘病斑呈半圆形或长半圆形，直径 1～2.5cm；叶尖病斑多沿主脉扩展，呈楔形、长椭圆形或不规则形，病斑面积占叶片面积的 1/6～1/3。病斑褐色或暗褐色，有不明显轮纹，病斑边缘呈不明显浅黄褐色，病斑内部黑褐色，在适宜条件下病斑迅速扩大成不规则形，可蔓延至整个叶片，甚至引起整株死亡。病斑上有许多不明显小黑点，即病菌分生孢子盘（见图）。

病原及特征　病原为平头刺盘孢〔*Colletotrichum truncatum*（Schw.）Andr. et Moore〕，中国台湾鉴定为

花生炭疽病叶片的症状（晏立英提供）

Colletotrichum arachidis Sawada（1909），属小丛壳属，无性阶段为炭疽菌属。国外报道的还有 *Colletotrichum mangenoti* Che.（1952，非洲）、*Colletotrichum capsici*（Syd.）But. & Bis.（1955，坦桑尼亚）和束状刺盘孢〔*Colletotrichum dematium*（Pers.）Grove〕（1967，印度）。不同种炭疽病菌引起的症状也略有不同。病斑上密生的小黑点即病菌的分生孢子盘，孢子盘半球形，直径 16～33μm，刚毛混生在分生孢子盘中，有或无隔膜，基部黑褐色，尖端颜色变浅，大小为 3～4μm×43～63μm。分生孢子无色透明，单胞，镰刀形两端略尖，大小为 3～3.6μm×16～23μm。

侵染过程与侵染循环　病菌以菌丝体和分生孢子盘随病残体在田间土壤中越冬，或以分生孢子黏附在荚果或种子上越冬。土壤病残体和带菌的荚果和种子就成为翌年病害的初侵染源。翌年春天温湿度适宜时，菌丝体和分生孢子盘产生分生孢子，分生孢子通过风雨传播，到达寄主感病部位，从寄主伤口或气孔侵入致病，完成初次侵染。初次侵染产生病斑后，又可以产生新的分生孢子进行再侵染，一个生长季节可以有多次再侵染。

流行规律　温暖高湿的天气条件有利病害发生。连作地或偏施过量氮肥植株长势过旺的地块往往发病较重。

防治方法

农业防治　花生收获后及时清除病株残体，也可以结合秋天深翻土地掩埋病株残体，但一定要将病株埋于土下 20cm。加强栽培管理，合理密植；增施磷钾肥，减少氮肥施用量；雨后及时清沟排水，不留积水，降低田间湿度。播前带壳晒种、精选种子，并用种子重量 0.3% 的 70% 托布津 + 70% 百菌清（1：1）或 45% 三唑酮·福美双拌种，密封 24 小时后播种。

化学防治　结合防治其他叶斑病时喷药，可用溴菌腈可湿性粉剂或咪鲜胺·锰盐可湿性粉剂，喷 2～3 次，隔 7～15 天喷 1 次。

参考文献

刘惕若，王守正，李丽丽，1983. 油料作物病害及其防治 [M]. 上海：上海科学技术出版社.

徐秀娟，2009. 中国花生病虫草鼠害 [M]. 北京：中国农业出版社.

张广民，1997. 山东省花生病害的发生及防治 [J]. 农药，36(4): 6-8.

中国农业科学院植物保护研究所，中国植物保护学会，2015. 中国农作物病虫害 [M]. 3 版. 北京：中国农业出版社.

（撰稿：陈坤荣；审稿：晏立英）

花生条纹病　peanut stripe

由花生条纹病毒引起的花生条纹病。又名花生轻斑驳病。广泛分布于东亚和东南亚花生生产国，也是危害中国花生生产的重要病害。

发展简史　包含花生条纹病在内的花生病毒病在中国有较长的历史。早在 1939 年，俞大绂报道了江苏和山东的花生病毒病，1959 年周家炽报道了北京地区的花生花叶病

毒病。一直到 70 年代，花生病毒病在中国北方花生产区大范围流行，引起生产部门和研究单位的广泛重视，但当时大多局限于病害发生的田间调查研究。1981 年，中国农业科学院油料研究所许泽永课题组开展花生条纹病病原病毒的鉴定，发现了该病毒寄主反应与国外报道引起花生相似症状的花生斑驳病毒（PMV）的明显差异。1982 年，许泽永在美国克莱姆逊大学完成病毒提纯、粒体电镜观察和血清鉴定，确认不同于 PMV，称为花生轻斑驳病毒（PMMV）。与此同时，美国 J. W. Demski 等报道从中国引进的花生种质资源上分离的该病毒鉴定结果，定名为花生条纹病毒（PStV）。F. Fukumoto 等以花生褪绿环斑驳病毒（PCRMV）报道了泰国花生上该病毒的研究。1987 年，国际半干旱作物研究所组织花生条纹病毒协作会议，为了避免混乱，与会专家同意在 Phytopathology 期刊上发表通讯，以 PStV 命名该病毒。20 世纪 80 年代以来，国内外合作研究和交流推动了花生病毒病研究的进展，也扩大了中国花生病毒病研究的国际影响。历时 20 年，花生病毒病研究完成了两项研究成果："中国花生病毒种类及分布"，"花生病毒株系、病害发生规律和防治"。

分布与危害　花生条纹病，广泛分布于包括中国、印度尼西亚、马来西亚、日本、韩国、缅甸、泰国和越南等国，后来通过带毒花生种子传播到美国、印度和塞内加尔，引起国际社会的广泛关注。

花生条纹病是中国花生上分布最广的一种病毒病害，广泛流行于北方花生产区。山东、河北、辽宁、陕西、河南、江苏、安徽和北京等地花生产区一般发病率在 50% 以上，不少地块达到 100%，但在南方和多数长江流域花生产区仅零星发生。

感染 PStV 的花生开始在顶端嫩叶上出现清晰的褪绿斑和环斑，随后发展成浅绿与绿色相间的轻斑驳、斑驳、斑块和沿侧脉绿色条纹以及橡树叶状花叶等症状，通常一直保留到生长后期。除种传苗和早期感染病株外，病株一般不明显矮化，叶片不明显变小。白沙 1016 等珍珠豆型花生品种感病后叶片稍皱缩，症状明显，而花 37 等普通和中间型品种症状较轻，引进的一些国外多粒型花生品种产生明显的环斑症状。田间仅零星发生的 PStV 坏死株系引起花生叶脉坏死和产生黄斑，叶柄下垂，严重时顶芽坏死、叶片脱落，植株明显矮化（见图）。

该病害一般引起花生减产 5%～10%，但早期感病可以造成 20% 左右的产量损失。由于该病害流行范围广，发生早，发病率高，是影响花生生产的重要病毒病。在花生和大豆、芝麻混作地区，PStV 可以从发病的花生传到邻近的大豆、芝麻，给这两种作物生产也可造成损失。

病原及特征　病原是菜豆普通花叶病毒（bean common mosaic virus，BCMV），曾称为花生条纹病毒（peanut stripe virus，PStV），在中国曾报道为花生轻斑驳病毒（peanut mild mottle virus，PMMV），属马铃薯 Y 病毒科马铃薯 Y 病毒属（Potyvirus）。有关 PStV 在马铃薯 Y 病毒属内的归属，依据高分辨率的液相色谱对壳蛋白（CP）多肽组成分析，将 PStV、BICMV、AzMV 和 BCMV 部分株系，划为同一种病毒，仍称作 BCMV；另一些 BCMV 株系

花生条纹病毒引起的花生沿叶侧脉绿色条纹症状
（许泽永提供）

称为菜豆普通花叶坏死病毒（BCMNV）。cp 基因序列分析表明，PStV 与 BCMV、AzMV、BICMV 等病毒 cp 基因序列一致性略低于 90%，CP 氨基酸序列一致性在 90% 左右，而 CP/3′ UTR 核苷酸序列一致性高于 90%，也证实可以将 PStV 划作 BCMV 的一个株系。在国际病毒分类委员会（ICTV）第七次及以后历次病毒分类报告中得到了认可。但在应用上，仍习惯称作花生条纹病毒。

PStV 病毒粒体为线状，长度 750～775nm，宽度 12nm。病毒体外稳定性状：致死温度 55～60℃，稀释限点 $10^{-4}～10^{-3}$，存活期限 4～5 天。

PStV 主要侵染豆科植物。除花生外，PStV 在自然条件下还能侵染大豆、芝麻、长豇豆、扁豆、鸭跖草、白羽扇豆等 17 种植物，在大豆和芝麻上分别引起花叶和黄花叶等症状。在人工接种情况下，PStV 还侵染望江南、决明、绛三叶草、克利夫兰烟、白氏烟、苋色藜、灰藜、昆诺藜、葫芦巴、绿豆、紫云英等植物。

可以用花生、大豆、苋色藜作为鉴别寄主区分中国花生上的 PStV 和黄瓜花叶病毒（CMV-CA）、花生矮化病毒（PSV-Mi）、花生斑驳病毒（PMV）以及辣椒褪绿病毒（CaCV）5 种病毒。PStV 接种大豆后嫩叶出现明脉，随明脉症的消失，叶片表现系统花叶；苋色藜接种叶出现褪绿斑，随后发展为 3mm 左右带红褐晕圈的白色枯斑，无系统侵染。枯斑寄主有苋色藜、昆诺藜、灰藜。繁殖寄主有白氏烟、克利夫兰烟、羽扇豆。

PStV 在病组织细胞质内产生卷筒类型风轮状内含体，归类于 Edwardson 划分的 Potyvirus 属病毒内含体类型 I。在血清学性质上，PStV 与 BCMV、BICMV、大豆花叶病毒（SMV）、三叶草黄脉病毒（CYVV）和 AzMV 有明显亲缘关系，与花生斑驳病毒（PMV）无血清学亲缘关系。

PStV 通过花生种子和被蚜虫以非持久方式传播。花生种子子叶和胚均带毒，种皮通常不带毒。花生种传率较高，达 0.5%～5.0%。

PStV 基因组为正、单链核酸，全长 10059nt，含 1 个大的阅读框架（ORF），被翻译成单个的聚合蛋白，加工后产

生的 8 种蛋白及大小为：P1 蛋白，48kDa；HC-Pro 蛋白，51kDa；P3 蛋白，38kDa；CI 蛋白，70kDa；NIa-VPg 蛋白，21kDa；NIa-Pro 蛋白，27kDa；Nib 蛋白，57kDa；CP 蛋白，32kDa。PStV 基因组含有其他 *Potyvirus* 一致的保守序列，但特殊的是 P1 蛋白碳端的氨基酸保守序列由 Potyvirus 基本一致的 FI（V）VRG 变为 FMIIRG。

PStV 存在株系分化。依据在花生上的症状，来源于 8 个国家的 24 个 PStV 分离物划分为 7 个症状类型株系，这些株系血清学上没有明显差异，与地区来源没有相关性。中国 PStV 划分为轻斑驳、斑块和坏死 3 种症状类型株系，斑块株系引起症状重于轻斑驳株系，而轻斑驳株系田间发生最为普遍；中国台湾地区报道有 PStV 坏死和大豆株系。武汉分离的 PStV-W1（轻斑驳）和 W2（斑块）序列一致性为 100%，与广州花生上分离的 PStV-G *cp* 基因序列一致性为 99.5%，与山东分离物 PStV-Sh 一致性 99.4%，而 PStV-G 与 Sh 一致性 99.2%，表明 *cp* 基因变异和症状没有关系。

虽然 PStV 株系在血清学上没有明显差异，但它们 CP 基因和 3′ 端 UTR 区段序列一致性存在着差异，反映了遗传亲缘关系的差异。来源于泰国、印度尼西亚、中国、美国和南非等国家和地区的 28 个不同症状类型 PStV 株系 *cp* 基因序列变异，地域间最大差异为 7.3%，地域内最大差异为 3.1%。地域间，如泰国和印度尼西亚变异为 4.9%～7.3%，中国和泰国为 4.5%～6.3%，中国和印度尼西亚为 2.3%～3.1%，都存在比较大的变异。地域内变异相对较小，中国为 0～0.5%，印度尼西亚为 0～2.1%，泰国为 0.1%～3.3%。PStV 株系地域间遗传变异明显大于地域内，表明 PStV 在国家和地区内是独立进化的。74 个中国 PStV 分离物 *cp* 基因序列，核苷酸一致性为 98%～100%，氨基酸一致性为 98.3%～100%。依据亲缘关系中国和美国分离物组成 IA 亚组，印度尼西亚分离物为 IB 亚组；越南、泰国和中国台湾地区分离物组成 II 组。中国 PStV 分离物全基因组序列，全长 100056nt，包含 1 个 9669nt 开放阅读框架，编码 3222 个氨基酸。

在世界范围内，包括菜豆普通花叶病毒在内的 10 种经济上重要的花生病毒的基本特性和地理分布情况见表。

侵染过程与侵染循环　PStV 通过带毒花生种子越冬，花生种传病苗是病害主要初侵染源。春季，病害通常在花生出苗 10 天后发生，这时多为种传病苗。病害被蚜虫以非持久性传毒方式在田间传播，传播效率高，但传播距离短。发病初期可以观察到由种传病苗形成的发病中心，然后迅速在全田扩散。据在北京、徐州和武昌等地观察，病害在花生

经济上重要的花生病毒的基本特性和地理分布表

病毒名称	科、属	基本特性			地理分布	在花生上首次报道的文献
		粒体形态	传毒介体	种传		
菜豆普通花叶病毒 bean common mosaic virus	马铃薯 Y 病毒科 Potyviridae 马铃薯 Y 病毒属 *Potyvirus*	线状，750nm 左右	蚜虫、非持久性方式传播	1%～5% 花生种传率	东亚和东南亚	Xu et al., 1983
花生斑驳病毒 peanut mottle virus		线状，50nm 左右	蚜虫、非持久性方式传播	1%～2% 花生种传率	美国等世界范围	Kuhn, 1965
黄瓜花叶病毒 cucumber mosaic virus	雀麦花叶病毒科 Bromoviridae 黄瓜花叶病毒属 *Cucumovirus*	球状，直径 30nm 左右	蚜虫、非持久性方式传播	1%～2% 花生种传率	中国、阿根廷	许泽永等，1984
花生矮化病毒 peanut stunt virus		球状，直径 30nm 左右	蚜虫、非持久性方式传播	0.1% 以下花生种传率	中国、美国等	Miller and Troutman, 1966
番茄斑萎病毒 tomato spotted wilt virus	布尼亚病毒科 Bunyaviridae 番茄斑萎病毒属 *Tospovirus*	球状，直径 80～120nm，有脂质包膜	蓟马	非种传	美国、澳大利亚等	Coster, 1941
花生芽枯病毒 peanut bud necrosis virus					南亚、东南亚国家	Reddy et al., 1992
花生丛簇病毒 groundnut rosette virus	形随病毒属 *Umbravirus*	单链 RNA，全长 4000nt	被 GRAV 粒体包裹、蚜传	非种传	由两种病毒及卫星 RNA 病原复合体引起的花生丛簇病仅发生在非洲	Zimmerman, 1907
花生丛簇协助病毒 groundnut rosette assistor virus	黄症病毒科 Luteoviridae 黄症病毒属 *Luteovirus*	球状，直径约 26nm	蚜虫、持久性方式	非种传		
花生丛矮病毒 peanut clump virus	花生丛矮病毒属 *Pecluvirus*	秆状，长 190nm 和 245nm，宽 21nm	禾谷多黏菌（*Polymyxs graminis*）传播	5%～6%	非洲	Thouvenel, 1976
印度花生丛矮病毒 Indian peanut clump virus					印度	Reddy et al., 1983

花期形成发病高峰，随流行年份不同，历时半个月至一个多月达到 80% 以上发病率。生长季内 PStV 传播距离通常在 100m 以内。花生上的 PStV 同时向邻近的大豆、芝麻以及地块内外的杂草寄主植物传播。

流行规律

种子传毒　病毒的种传率高低直接影响病害流行程度，种传高的地块，发病早，病害扩散快，损失也重。病毒种传率高低受花生品种、病毒侵染时期影响。海花 1 号等普通型或其他型花生品种种传率低，而白沙 1016 等珍珠豆型品种种传率高。早期发病花生，种传率高，开花盛期以后发病花生，种传率明显下降。地膜覆盖花生病害轻，种传率也低。大粒种子带毒率低，小粒种子带毒率高。

蚜虫传毒　豆蚜、桃蚜等多种蚜虫均能以非持久性传毒方式传播病毒。花生田间蚜虫发生早晚、数量及活动程度与病害流行程度密切相关。据江苏徐州观察，1979 年、1981 年和 1982 年苗期 30 株花生最高蚜量分别为 273 头、597 头和 360 头，病害严重流行，花生出苗后 26～28 天达到 50% 发病率；而 1980 年和 1983 年同期发生最高蚜量分别为 2 头和 3 头，病害发生轻，历时 50 天和 58 天达到 50% 发病率。传播病毒的主要是田间活动的有翅蚜。1990 年，武昌花生上很少见到蚜虫，但苗期黄皿诱蚜 234 头，病害在播后 80 天达到 100% 发病率。

气象因素　在气象因素中，花生苗期降水量与蚜虫发生和病害流行密切相关。凡花生苗期降雨多的年份，蚜虫少，病害也轻；反之，病害则重。1983 年、1984 年和 1985 年武昌的花生苗期降水量分别为 191.5mm、85.8mm 和 246mm，这 3 年分别为病害中度、严重和轻度流行年。根据 1979—1985 年徐州 7 年病害和蚜虫观察资料建立病害流行预测式：$Y=19.1756+0.544X_1-0.2662X_2+1.72$（$Y=$ 出苗至 50% 发病率的日距，$X_1=$ 出苗后 20 天内总雨量，$X_2=$ 出苗后 20 天内最高蚜株率）。经检验，7 年历史符合率为 100%。

花生品种感病程度　花生品种对 PStV 感病程度存在差异。一般来说，海花 1 号、徐州 68-4、花 37 等普通或中间型品种感病程度低，种传率也较低，田间发病较迟，病害扩散较慢；而伏花生、白沙 1016 等珍珠豆型品种感病程度高，种传率高，发病早、扩散快。

生态环境　靠近村庄、果园、菜园或杂草多的花生地，蚜虫多，病害也重。

防治方法

种植感病程度低和种传率低的花生品种　种植具有相对抗性的花生品种如花 37、豫花 1 号、海花 1 号等，逐步淘汰感病重、种传率高的品种可以减轻病害发生。国内外曾对近万份花生种质资源进行筛选，均未在栽培花生资源中发现对 PStV 免疫和高抗材料。在野生花生资源中抗性差异显著，Arachis glabrata PI262801 和 PI262794 两份材料对 PStV 免疫。

花生对 PStV 种传的抗性存在明显差异。在近千份花生资源材料中，PStV 种传率变异幅度为 1%～50%，多数材料为 5%～20%，未发现不种传材料；通常珍珠豆型花生种传率高，普通型花生较低；种传特性是遗传的。

应用转基因技术选育抗病转基因花生是研究的热点。

澳大利亚和印度尼西亚科学家合作将 PStV cp 基因通过基因枪技术导入印度尼西亚 Gajah 花生品种，获得 RNA 介导对 PStV 高抗的转基因品系。放到烟草病害里。中国也开展了相关研究，晏立英等利用 RNAi 介导的抗病性获得抗 PStV 和 CMV-CA 的转基因烟草，但应用转基因抗性花生品种仍要经历一段较长的过程。

应用无毒种子　无毒种子可以由无病地区调入或本地隔离繁殖。轻病地留种或播前粒选种子，减少种子带毒率也可以减轻花生条纹病害发生。

采用地膜覆盖栽培　既是一项丰产栽培措施，又具有驱蚜和减轻花生条纹病害的作用。

减少蚜虫传毒　清除田间和周围杂草，减少蚜虫来源并及时防治蚜虫。

病害检疫　中国南方花生产区该病仅零星发生，因此，应防止从北方病区向南方大规模调种将病毒带到南方。

参考文献

陈坤荣，许泽永，张宗义，等，1999. 花生条纹病毒株系的生物学特性和壳蛋白基因序列分析 [J]. 中国油料作物学报，21(2): 55-59.

中国农业科学院植物保护研究所，中国植物保护学会，2015. 中国农作物病虫害 [M]. 3 版 . 北京 : 中国农业出版社 .

DEMSKI J W, REDDY D V R, SOWELL G JR, et al, 1984. Peanut stripe virus–a new seed-borne *Potyvirus* from China infecting groundnut（*Arachis hypogaea*）[M]. Annals of applied biology, 105: 495-501.

GUNASINGHE U B, FLASINSKI S, NELSON R S, et al, 1994. Nucleotide sequence and genome organization of peanut stripe virus[J]. Journal of general virology, 75:2519-2526.

HIGGINS C, DIETZGEN R G, AKIN H M, et al, 1999. Biological and molecular variability of peanut stripe potyvirus[J]. Current topics in virology, 1: 1-26.

XU Z, CHEN K, ZHANG Z, et al, 1991. Seed transmission of peanut stripe virus in peanut[J]. Plant disease, 75: 723-726.

XU Z, YU Z, LIU J, et al, 1983. A virus causing peanut mild mottle in Hubei Province, China[J]. Plant disease, 67: 1029-1032.

（撰稿：许泽永、晏立英；审稿：廖伯寿）

花生晚斑病　peanut late leaf spot

由落花生短胖孢菌引起的、危害花生叶片、叶柄、托叶、茎及果柄的真菌病害。在中国也称花生黑斑病。是世界上发生分布最广和总体危害最大的花生病害。

发展简史　花生晚斑病是一种古老的真菌性病害。该病害主要在花生生长后期发生，曾被种植者当成花生成熟的标志之一，可见其发生的普遍性。花生晚斑病的病原于 1875 年被命名为落花生枝孢霉（*Cladosporium personata* Berk. & Curt.），1885 年更名为球座尾孢（*Cercospora personata* Berk. & Curt.），1902 年再更名为（*Cercospora arachidis* Hennings）。1938 年，Jenkins 发现其有性世代，命名为伯克利球腔菌（*Mycosphaerella berkeleyi* Jenkins）。1961 年，巴基斯坦学者将其命名为花生钉孢菌［*Passalora personata*（Berk. & Curt.）］，1967 年，英国真菌学会将其修定为落花生短胖孢［*Cercosporidium personata*（Berk. & Curt.）Deighton］。1983 年，von Arx 根据该真菌的形态和生理特征将其易名为 *Phaeoisariopsis personata* von Arx，是国际上普遍采用的学名。世界各地花生晚斑病的存在时间大体上与花生的栽培历史相同。病原特性、流行规律、抗病育种、化学防治等研究起始于 20 世纪 60 年代，总体取得较大进展，主要依靠抗病花生品种和化学农药进行有效防治。

分布与危害　花生晚斑病是世界范围内分布最为广泛和危害最大的花生病害，发生范围和总体经济损失均超过其他病害。该病害尤其在花生生长后期存在高温和干旱胁迫、土壤瘠薄的地区发生更为严重，如印度、非洲国家以及中国的北方地区。在中国各花生产区，晚斑病的发生非常普遍，尤其是北方产区更为严重，而且晚斑病在北方产区经常与网斑病混合发生，在南方产区与锈病混合发生。晚斑病主要危害花生叶片，严重发生时也危害叶柄、托叶、茎和果针。该病原菌只侵害花生，尚未发现其他的寄主植物。

花生晚斑病的病斑呈黑褐色至黑色，一般比早斑病小，直径 1～5mm，近圆形或圆形（见图），病斑在叶片正、反两面的颜色相近。晚斑病病斑周围的黄色晕圈与花生品种对病害的反应特性相关，仅少数品种有明显的黄色晕圈。在叶片背面的病斑上，通常会产生许多黑色（或深褐色）的分生孢子座，紧密排列成同心轮纹状。病菌侵染花生茎秆后产生黑褐色病斑，受侵染部位表面可略微凹陷，严重时导致茎秆变黑枯死。病害严重时，花生叶片出现大量黑色斑点，容易引起叶片干枯脱落，导致光合作用下降，荚果发育受阻，一般可引起 10%～30% 的减产，严重时可减产 50% 以上，并严重影响花生的品质。

病原及特征　病原菌无性世代为落花生短胖孢［*Cercosporidium personata*（Berk. & Curt.）Deighton］，国际上也普遍采用 *Phaeoisariopsis personata*（Berk. & Curt.）von Arx 的新命名，属假尾孢属。其有性世代为 *Mycosphaerella berkeleyi* Jenkins，属球腔菌属，在美国和中国都曾有其有性世代的报道。

花生晚斑病症状（廖伯寿提供）

病菌无性世代的分生孢子座着生于花生表皮下，一般着生在叶片背面的表皮下，近球形或长椭圆形，呈深褐色至黑色。分生孢子梗成簇紧密着生于分生孢子座上，梗粗短，直立或微弯曲，无分枝，多数无隔膜，平滑；孢痕明显，厚而突出，末端呈膝状弯曲，褐色至深褐色，大小为 24～54μm×5～8μm。分生孢子呈倒棒状，较早斑病分生孢子粗短，顶部钝圆，基部倒圆锥平截，直立或微弯曲，基脐褐色至深褐色，分生孢子有隔膜，1～8 个，多数 3～5 个，不缢缩，大小为 18～60μm×5～11μm。美国报道的晚斑病菌子囊壳扁卵圆形至球形，大小为 112.6～147.7μm×112.4～141.4μm。子囊孢子双细胞，分隔处有缢缩、透明，大小为 10.9～19.6μm×2.9～3.8μm。国外曾在尚未腐烂的花生病叶组织内发现晚斑病菌的子囊壳，中国江苏等地在花生病株茎秆组织上也发现过该病菌的有性世代。

侵染过程与侵染循环　花生晚斑病菌越冬的菌丝或分生孢子座上产生的分生孢子落在花生叶片上萌发，产生芽管，芽管或菌丝沿叶片表面扩展，从寄主气孔侵入或直接从表皮细胞侵入，在寄主细胞内部产生葡萄状的吸器汲取营养，完成侵染过程。

花生晚斑病病原菌主要以无性阶段完成整个侵染循环。晚斑病菌以菌丝或分生孢子座随花生病残体在土壤中越冬，或以分生孢子黏附在花生荚果、茎秆表面越冬。田间极少发现晚斑病菌的子囊壳，因此，子囊孢子不是主要的初侵染源。翌年环境条件合适时，越冬分生孢子萌发后产生的芽管或菌丝直接为初侵染源。病斑一般首先出现在花生植株基部的老叶上，这与初侵染源来自土壤以及衰老叶片的抵抗力差有关。花生晚斑菌最适的侵染条件是温度 20℃ 左右，相对湿度大于 93% 超过 12 小时，或叶片表面持续湿润超过 10 小时。该病害的潜伏期为侵染后的 10～14 天，潜伏期比早斑病更长。下部叶片病斑上产生的分生孢子可以成为田间的再侵染源。花生晚斑病菌产生的分生孢子多于早斑病菌，所以更能在田间短时间内流行。分生孢子扩散的最适环境是早上露水消失之前时或开始下雨时。花生晚斑病在田间的发生时间随环境温度、湿度变化而有所不同，降雨和结露有利于分生孢子萌发，促进病害的发生和流行。气流、风速、雨水、昆虫等因素均可影响分生孢子的传播和病害的流行。

流行规律　病害流行主要受风速、降雨和雨日数的影响，其次也与相对湿度、温度相关。花生晚斑病菌生长发育的温度为 10～35℃，适宜温度为 20～30℃，最适温度为 28℃，低于 5℃ 或高于 40℃ 均不能生长。分生孢子在低于 10℃ 或高于 40℃ 时不能萌发，在 20～30℃ 时孢子萌发率较高，最适温度为 25℃。在适宜的温度内，病害的流行受雨露影响很大。分生孢子在水滴中具有较高的萌发率，其他湿度条件下萌发率均较低。阴雨天气或叶面上有露水，有利于病菌分生孢子萌发、侵染及病害流行。因此，花生生长中后期降雨频繁、田间湿度大或早晚雾大露重的天气有利于病害的发生和流行。

花生晚斑病的发生时间通常是在植株生长后期，一般在花生结荚期开始发生，少数情况下可在开花下针期出现，成熟期达到发病高峰。花生新生叶片比老龄叶片抵抗力强，衰老叶片更容易受到侵染。

花生品种对晚斑病的抗性存在广泛差异。一般早熟品种比晚熟品种发病重，蔓生型或半蔓型品种发病相对较轻，直立型品种发生较重。叶片小而厚、叶色深绿、气孔较小的品种发病慢，发病轻，而叶片大而薄、叶色浅、叶背面气孔多而大的品种容易感病，发病重。在栽培种花生资源中，来自于南美洲的多粒型材料对晚斑病的抗性较强，这一抗病性已成功转移到高产品种中，但迄今利用多粒型抗源育成的抗病品种仍然存在荚果和籽仁形状不好、荚果网纹深、出仁率低等缺陷。野生花生资源对晚斑病的抗性普遍较强，一些高抗的野生种质不产生病斑（近于免疫），或潜伏期长、病斑少、病斑小、不产生分生孢子、受损叶面积小，这些高抗材料可作为抗病亲本加以利用。国外已经培育出多个抗花生晚斑病的品种，如印度的 GPBD4 和美国培育出的南方蔓生、DP-1、GA-01R 和 Golden 等。中国虽然尚未有高抗的花生品种，但中花 12、鲁花 11 号、鲁花 14 号、花育 16 号和群育 101 对晚斑病的感病程度相对较轻。

连作花生的地块由于土壤中菌源基数较高，病害偏重，连作年限越长一般病害流行越重，而轮作田尤其是水旱轮作或与禾本科的小麦、玉米等轮作，发病晚，发病较轻。花生晚斑病的发生与花生长势也密切相关，通常土质好、肥力水平高、花生长势好的地块病害轻，而山坡地、肥力低、长势弱的地块病害相对较重，高温干旱胁迫条件下更容易引起落叶。

防治方法

选用抗病品种　是防治晚斑病的重要技术措施。由于花生晚斑病抗性与产量、品质性状的矛盾，国内外尚没有高抗晚斑病的高产优质品种，各地可因地制宜选用感病程度较轻的花生品种，如中花 12、鲁花 11 号、鲁花 14 号、豫花 14 号、豫花 15 号、湛江 1 号和粤油 92 等，以减少病害造成的损失。

农业防治　花生收获后及时清除田间病叶和深耕深埋，可减少菌源和减轻病害。使用有病株沤制的粪肥时，要使其充分腐熟后再施用，以减少病源数量。花生与甘薯、玉米、水稻等作物轮作 1～2 年，可有效减轻晚斑病的发生和危害程度。通过适期播种、合理密植、施足基肥、保持田间通风、注意排渍防涝等，可促进花生健壮生长、提高抗病力、减轻病害发生。

化学防治　化学防治仍然是花生晚斑病防控最有效的手段。通过化学防治可提高花生产量 9%～46%。根据田间综合防治花生晚斑病和其他主要叶部病害（早斑病、网斑病）的需要，可在花生生长中后期（结荚期，播种后 60～80 天）开始防治。用于晚斑病防治的药剂有 50% 多菌灵可湿性粉剂 800～1500 倍液、75% 百菌清可湿性粉剂 500～800 倍液、70% 甲基托布津可湿性粉剂 1000 倍液、12.5% 烯唑醇可湿性粉剂 1500～2000 倍液、80% 代森锌可湿性粉剂 800 倍液、12.5% 氟环唑悬浮剂 2000 倍液、30% 苯甲·丙环唑乳油 2000 倍液、18.3%Opera 乳油等。第一次施药后，每隔 10～15 天喷 1 次，病害重的地块喷药 2～3 次，可以控制病害发生，而且可兼防治早斑病。

参考文献

韩锁义，张新友，朱军，等，2016. 花生叶斑病研究进展 [J]. 植物保护，42(2): 14-18.

中国农业科学院植物保护研究所，中国植物保护学会，2015. 中国农作物病虫害 [M]. 3 版 . 北京 : 中国农业出版社 .

KANADE S G, SHAIKH A A, JADHAV J D, et al, 2015. Influence of weather parameters on tikka (*Cercospora* spp.) and rust (*Puccinia arachidis*) of groundnut (*Arachis hypogaea* L.)[J]. Asian journal of environmental science, 10(1): 39-49.

LEAL-BERTIOLI S C, FARIAS M P, SILVA P T, et al, 2010. Ultrastructure of the initial interaction of *Puccinia arachidis* and *Cercosporidium personatum* with leaves of *Arachis hypogaea* and *Arachis stenosperma*[J]. Jounal of phytopathology, 158: 792-796.

（撰稿：廖伯寿、晏立英；审稿：雷永）

花生网斑病　peanut web blotch

由花生派伦霉引起的、危害花生叶片的一种真菌病害，是世界一些较为冷凉地区包括中国北方地区的重要花生病害之一。又名花生褐纹病、花生云纹斑病、花生污斑病、花生泥褐斑病。

发展简史　花生网斑病于 1972 年首次在美国得克萨斯州发现，之后在各花生产区相继报道。在中国，1982 年首次发现花生网斑病。花生网斑病原菌的无性世代最初定为壳二孢属真菌（*Ascochyta* spp.）。Boerema 等对病菌作重新鉴定后，于 1974 年将其确定为 *Phoma arachidicola* Marasas, Pauer & Boerema。Rajak 和 Rai 于 1985 年为在纯培养系中鉴定包括 *Phoma arachidicola* 在内的茎点霉属的种类编制了检索表。而该病菌的有性世代的分类则经历了多种分歧，曾先后被定为球腔菌属（*Mycosphaerella*）、亚隔孢壳属（*Didymella*）、隔孢球壳属（*Didymosphaeria*）的一个种，而 van Wyk 等于 1987 年则指出该真菌不应归于 *Didymella*、*Didymosphaeria* 或 *Mycosphaerella* 的任何一属。与其他花生病害相比，网斑病存在时间相对较短，主要发生在纬度较高、生长后期温度下降较快而且湿度较大的地区。随着中国北方尤其东北地区花生种植规模的进一步扩大，网斑病危害呈加重的趋势。针对该病害的特点，中国已建立有效的防治措施体系。

分布与危害　在中国北方花生产区发生普遍，并具有不断加重的趋势。1982 年在山东、辽宁首次发现，此后陕西、河南等地相继报道。国外该病于 1972 年首次在美国得克萨斯州发现，之后在佛罗里达州、佐治亚州、新墨西哥州、俄克拉何马州和弗吉尼亚州也相继发现，同时在非洲津巴布韦也有报道。还在安哥拉、阿根廷、澳大利亚、巴西、加拿大、日本、莱索托、马拉维、毛里求斯、尼日利亚、南非、赞比亚和苏联等国均有过报道。

花生网斑病最早可发生于花生的开花下针期，但主要发生在生长中后期。以危害叶片为主，茎、叶柄也可以受害。一般先从下部叶片发生，通常表现两种类型（见图）：一种是污斑型，初为褐色小点，渐渐扩展成近圆形、深褐色污斑，病斑较小，直径 0.7～1.0cm，近圆形，病斑边缘较清晰，周围有黄色晕圈，病斑可以穿透叶片，但叶片背面形成

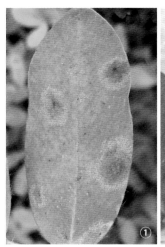

花生网斑病症状
①污斑型（廖伯寿提供）；②网纹型（迟玉成提供）

的病斑比正面的要小；另一种是网纹型，病斑较大，直径可达 1.5cm，在叶正面形成边缘白色网纹状或星芒状、中间褐色病斑，病斑形状不规则，边缘不清或模糊，周围无黄色晕圈，病斑颜色不均匀，一般不穿透叶面，该类型往往由多个病斑连在一起形成更大的病斑，甚至布满整个叶片。污斑型病斑多出现在高温多湿的雨季，而当外界条件不利时多形成网纹型的症状。上述两种类型病斑可在同一个叶片上发生，可相互融合，扩展至整个叶面。感病叶片可在症状出现后短时间内脱落，田间病害发生严重时，植株很快叶片落光，造成光秆。茎秆、叶柄上的症状初为一个褐色斑点，后扩展成长条形或长椭圆形病斑，中央凹陷，严重时引起茎叶枯死。

花生植株受网斑病菌侵染后，叶绿素含量明显下降，随着病害的进一步扩展和蔓延，叶片的光合强度降低，并导致生长后期快速大量落叶，最终导致花生籽粒充实受阻，严重影响产量，一般可减产 10%～20%，严重的达 30% 以上，而网斑病和其他叶部病害混合发生造成的产量损失则可达50% 以上。

病原及特征　病原菌无性世代为花生派伦霉（*Peyronellaea arachidicola* Marasas，Pauer & Boerema），属派伦霉属。该病菌的有性世代的分类尚不统一，存在较大争议，曾被分别报道为 *Mycosphaerella*、*Didymosphaeria* 和 *Didymella* 属的一个种，尚待进一步明确。有性世代在侵染循环中不起作用。

花生网斑菌在燕麦琼脂培养基上 25℃ 下培养，菌落初呈白色，后变成灰白色，平铺，较薄。在气生菌丝中产生球形、表面光滑、褐色的厚垣孢子，大小为 7.5～12.5μm。在近紫外光照射培养下，可大量产生淡褐色、球形、壁薄、具孔口的分生孢子器，直径 125～250μm。分生孢子无色，椭圆形，单胞，极少数双胞，大小为 2～4μm×3.3～9.16μm。在麦芽汁培养基上，菌丝生长适宜温度为 5～34℃，最适温度 20℃；分生孢子在 5～30℃ 条件下均能萌发，最适温度 20～25℃，低于 0℃ 或高于 30℃ 不能萌发。适宜 pH 5～7，孢子萌发率一般在 90% 以上，pH 2 以下和 11 以上不能萌发。自然条件下，病斑组织产生的分生孢子器为黑色，球形或扁

球形，埋生或半埋生，具孔口，直径 50～200μm。病原菌接种 8 种豆科作物 20～30 天后观察，只有花生出现症状，其他物种未发病，说明其专化寄生性较强。

取发病的离体叶片在高湿条件下培养两周可形成子囊壳，在田间自然条件下也可形成子囊壳。子囊壳呈深褐色，球状，有短嘴或无嘴，单生，直径 65～154μm，埋生于寄主表皮下。子囊柱状或棍棒状，多有一个分化的足胞，大小为 10～17μm×35～60μm。子囊孢子椭圆形，大小为 5～7μm×12.5～16μm，有一隔膜，光滑，透明至淡黄色，随成熟而变暗。

侵染过程与侵染循环　花生网斑菌以菌丝、分生孢子器、厚垣孢子和分生孢子等在花生病残体上越冬，为翌年的初侵染来源。病害初侵染源还有病菌子囊孢子。条件适宜时，分生孢子借风雨、气流传播到寄主叶片上，萌发产生芽管直接侵入，菌丝以网状在表皮下蔓延，杀死邻近的细胞，形成网状坏死症状。菌丝也能伸入到表皮下组织，随着菌丝大量生长引起细胞坏死，产生典型坏死斑块症状。病组织上产生的分生孢子经风雨传播在田间扩散引起反复再侵染，导致病害流行。在中国北方产区，病害一般在花生花针期开始发生，8、9 月是发病盛期，病害严重地块造成花生多数叶片脱落，显著影响产量。花生收获后，病菌随病残体越冬。

流行规律　花生网斑病田间发病规律在各地基本一致。中国北方产区始发期为 6 月上旬，盛期为 8 月末。在此期间，持续阴雨和生长后期低温对病害的发生极为有利。病害一般在花生花针期开始发生，8、9 月是发病盛期，病害严重时导致花生多数叶片脱落。网斑病的发生程度与生育日数、气温和相对湿度呈正相关，与降水量呈负相关，各因子对网斑病发生的直接效应依次为生育日数 > 相对湿度 > 气温；间接效应多数因子通过生育日数对发病效应最大，说明随生育期的延长，发病愈重。发病情况与相对湿度关系较大，每逢雨后 5～10 天出现一次发病高峰，干旱胁迫下病害发生平缓，危害轻。

防治方法

选用抗病品种　对网斑病抗性和产量均较好的花生品种有群育 101、P12、鲁花 9 号、鲁花 10 号、鲁花 14 号、8130、花 37、鲁花 11 号、潍花 6 号、潍花 8 号、豫花 15、丰花 8 号、花育 16、花育 17 号、花育 19 号、花育 26 号等，可因地制宜地选用。

减少初侵染源　花生收获时应清除病株、病叶，以减少翌年病害初侵染源。初侵染来源主要来自本田，播种时应用除草剂，将杀菌剂与除草剂混配，于花生播种后 3 天内喷洒地面，防病除草效果显著。适用的药剂包括联苯三唑醇 500倍液 + 乙草胺（2250ml/hm²）、多菌灵 500 倍液 + 乙草胺（2250ml/hm²）、代森锰锌 + 乙草胺等。

农业防治　①适度深翻土地，把表土残留的病菌翻转至底层，降低初侵染基数，防病效果明显。②合理肥水管理，增施基肥和磷肥、钾肥，合理灌溉，及时中耕除草，提高植株抗病力。使用的有机肥要充分腐熟，并不得混有植物病残体。③优化种植模式，垄种及大垄双行种植较平种好。④实行合理轮作，由于该病菌寄主范围很窄，越冬分生孢子生活力不超过一年，与其他作物（如甘薯、玉米、大豆等）合理

轮作 1～2 年，可减轻病害发生。

化学防治　北方产区 7 月上中旬开始用杀菌剂、物理保护剂和生物制剂喷洒叶片，以联苯三唑醇最好，防治效果可达 57.2%，其次是抗枯灵，防治效果为 35.2%，代森锰锌为 31.0%，多菌灵为 29.4%。以上药剂混用防治效果更好，可兼治花生其他叶斑病。

参考文献

傅俊范，王大洲，周如军，等，2013. 辽宁花生网斑病发生危害及流行动态研究 [J]. 中国油料作物学报，35(1): 80-83.

李君彦，李有志，焦锋，等，1991. 陕西省花生网斑病病原菌的研究 [J]. 花生科技 (1): 1-6.

徐秀娟，崔凤高，石延茂，等，1995. 中国花生网斑病研究 [J]. 植物保护学报，22(1): 70-74.

徐秀娟，石延茂，徐明显，等，1992. 花生网斑病主要发生因子的关联性研究 [J]. 山东农业大学学报，23(4): 430-434.

周如军，崔建潮，傅俊范，等，2015. 花生褐斑病菌和网斑病菌混合侵染对侵染概率和潜育期的影响 [J]. 中国农业科学，48(21): 4264-4271.

（撰稿：迟玉成、许曼琳、于建垒；审稿：徐秀娟）

花生锈病　peanut rust

由落花生柄锈菌引起的、危害花生叶片及托叶、茎枝、果针的一种真菌性病害，是热带和亚热带地区广泛发生的主要花生病害之一。又名花生叶锈病。

发展简史　花生锈病最早于 19 世纪 80 年代在南美洲巴拉圭首次报道。引起该病害的病原菌被命名为落花生柄锈菌（Puccinia arachidis Speg.），多年来一直没有变化。在 20 世纪 60 年代末以前，花生锈病主要限于在南美洲和中美洲局部地区流行，1969—1973 年该病害迅速扩散，在沿赤道两侧的热带亚热带地区迅速流行起来，美洲、非洲、亚洲、大洋洲的花生产区均有发生、流行和危害，但超过 30° 的高纬度地区锈病一般不造成明显的经济损失。中国关于花生锈病的文字记载最早见于 20 世纪 30 年代（河北），但这一病害真正在花生上造成严重经济损失是在 20 世纪 70 年代以后，主要在淮河以南的产区发生和流行。20 世纪 70 年代以来关于花生锈病的研究取得显著进展，尤其是抗病性资源的发掘和抗病育种的有效开展对防治病害起到了良好作用。近十多年来全球花生锈病的危害程度已整体下降，在许多地区下降为一个次要病害。

分布与危害　在中国，花生锈病主要分布在长江流域及以南的花生产区，包括广东、广西、海南、福建、四川、江西、湖南、湖北等，在河南、安徽、江苏及山东、河北、辽宁的沿海地区也可见锈病的发生，但一般不造成明显的经济损失。1973 年，花生锈病在广东汕头地区大流行，发病面积占种植面积的 51%，而湛江地区发病面积占 85%。在广东，春花生和秋花生均有锈病发生，而福建、江西则以秋花生发病较多。20 世纪末以来，中国花生锈病的危害程度总体呈下降趋势，除了气候因素之外，也与花生品种抗性水平提高有关。

锈病主要危害花生的叶片，叶柄、茎秆、果柄和果壳也可受病菌的侵染。锈病主要发生在花生生长的中后期，一般植株下部叶片首先发病，逐渐向顶部叶片扩展。受侵染的叶片背面开始出现针头大小的疹状白斑，对应的叶片正面出现鲜黄色小点，叶片背面病斑逐渐变成淡黄色的圆形或近圆形斑点，随着病情的进一步扩展，背面病斑逐渐扩大，病斑中部突起呈黄褐色，后来突起部位的表皮破裂，露出铁锈色粉末，即病菌夏孢子堆和夏孢子（图 1）。夏孢子堆直径 0.3～0.6mm，叶片正、反两面均可产生。叶片被夏孢子堆密集分布后，很快变黄干枯，与叶斑病和网斑病危害花生叶片导致落叶的症状不同，花生锈病只导致叶片枯死但不脱落，严重时可导致植株连片枯死，远望如火烧状。病害严重时，也可从叶片蔓延到茎部和荚果等部位，托叶上的夏孢子堆稍大，叶柄、茎和果柄上的夏孢子堆呈椭圆形，长 1～2mm，果壳上的夏孢子堆圆形或不规则形，直径 1～2mm，夏孢子数量较少。锈病症状较重的花生植株在收获时果柄易断、落荚。花生植株发生锈病后，由于叶片提早枯死，失去光合功能而引起减产，减产的程度与病害发生的时期相关，发病越早，损失越严重，在开花下针期受到侵染，减产可达 50%以上。如果在生长后期（如成熟期）才开始发病，损失则较小。锈病除对花生产量有影响外，也可降低出仁率和出油率。花生锈菌除侵染花生外，尚未发现其他寄主植物。

病原及特征　病原为落花生柄锈菌（Puccinia arachidis Speg.），属柄锈菌属真菌。田间主要观察到的是病菌夏孢子阶段，夏孢子是该真菌的无性世代。该菌通常在叶片上形成夏孢子堆，是最主要的病状。夏孢子堆呈小丘状突起，圆形或椭圆形，初始形成时隐埋在叶片表皮下，表面有一层薄薄的被膜，成熟后孢子堆突出，变成暗橙色，后期被膜破裂，粉末状的夏孢子溢出，散落在孢子堆周围。夏孢子一般呈椭圆形或卵圆形，橙黄色，壁厚 1μm，表面有细刺（图 2），大小为 22～29μm×16～22μm，孢子的中轴两侧各有 1 个发芽孔。

冬孢子是该病菌的有性世代。冬孢子堆一般零星、裸

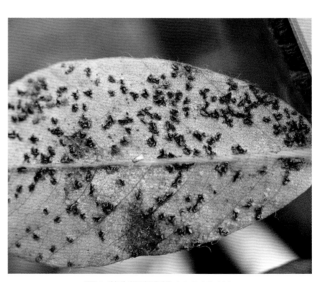

图 1　花生锈病症状（廖伯寿提供）

图 2 花生锈病的夏孢子（晏立英提供）

露地分布在叶片的下表面，呈栗褐色或暗橙色，冬孢子萌发时变成灰色。冬孢子长圆形、椭圆形或卵圆形，顶端较厚，外壁光滑，大多双胞，偶尔单胞、三胞或四胞，大小为38～42μm×14～16μm，淡黄色或金黄色。成熟冬孢子萌发无需休眠期。中国很少见该病菌的冬孢子。

锈菌夏孢子萌发温度为 11～33℃，最适温度为25～28℃，致死温度为 50℃10 分钟，但在 60℃干热下 10 分钟仍不丧失萌发力。孢子萌发需要高湿度和充足的氧气。在热带地区，夏孢子存活时间很短，如在广州夏季室温下能存活 16～29 天，40℃时可存活 9～11 天，45℃时可存活 7～9 天，冬、春季温度较低时可存活 120～150 天。在人工接种的情况下，夏孢子在叶片上 2 小时萌发，6 小时在芽管的顶端形成附着胞。

夏孢子只有在有水滴或水膜的情况下才能萌发，无水滴时，即使在饱和的湿度下也不萌发。已萌发的夏孢子，在侵入叶片组织前如果水膜已干，便失去生活力，即便再置于充足水分环境中，芽管也不能再生长。大多数夏孢子萌发只产生 1 个芽管，极少数能产生 2 个芽管。新鲜夏孢子在 22℃的水滴中 1 小时后开始发芽。在 24.5～26℃下，7 小时后产生附着胞。在 22℃的温度条件下，15 小时后产生侵染丝。在 25～28℃温度范围内，潜伏期为 9 天左右，在 20℃恒温下，潜伏期为 13 天。光照对夏孢子萌发有抑制作用，黑暗条件下夏孢子萌发良好，即使温、湿度合适，强烈阳光下夏孢子不能萌发。夏孢子在缺氧的情况下不萌发。人工接种条件下，24℃12 小时光照 / 黑暗条件下保湿培养，15 天后表现明显的锈病病斑，叶片背面出现大量的夏孢子堆。

侵染过程与侵染循环　夏孢子落在花生叶片上，在有水滴的情况下萌发，产生芽管，随后产生附着胞和侵染管，菌丝在叶片上扩展，从气孔或表皮细胞间隙侵入。在菌丝末端及其他部位产生吸器从叶部组织汲取营养，完成侵染过程。由于花生锈菌的精子器、锈孢子器和担孢子的寄主未知，完整的侵染循环尚未完全明确。花生锈病生活史的主要阶段是夏孢子，靠夏孢子传播来完成侵染循环。除了南美少数国家有锈菌冬孢子的报道外，多数国家无冬孢子的报道。花生夏孢子存活时间的长短与温度关系密切，高温下存活时间短，低温下存活时间长。

花生锈菌具有高度的寄主专化性，尚未发现除花生之外的其他寄主植物，热带地区周年均存在花生植株或病残体，那里产生的锈菌孢子是重要的侵染源。在中国南方地区，夏孢子可在室内外堆放的秋花生病株上或冬季储藏的果壳上越冬、春花生锈病的侵染源可来自秋花生落粒病苗、病藤和带病荚果，而落粒病苗是侵染来源之一。长江流域和北方产区的锈菌初侵染源主要来自热带地区，夏孢子主要通过季风长距离传播。在田间，则主要靠风、气流、雨水或昆虫传播，形成多次侵染循环。

流行规律　花生锈病是常发性病害，但不同年份间发病及危害程度差异很大，不同播期发生严重度也有所不同。花生品种间存在抗病性的差异，但缺乏免疫的品种，种植感病品种容易加重锈病的流行与危害。锈病的发生不受花生生育期的影响，南方花生苗期就能感染锈病，长江流域和以北的春花生和夏花生栽培区，病害通常发生在生长中后期。温度和湿度是花生锈病发生和流行的主要条件，病害在 18～29℃条件下，随着温度升高，潜伏期缩短，而低于 18℃或高于 29℃下，潜伏期时间延长。叶片上水滴或水膜的有无是孢子发芽的关键，雨水与雾露是花生锈病流行的主导因素，降雨和雾露天数多，病害发生重。水田湿度大，有利于锈病的发生，旱坡地湿度小，发病则轻。春花生早播锈病轻，晚播病重，秋花生则早播病重，晚播病轻。锈病发生严重度与花生生长期的太阳光照时间也高度相关，光照时间 4～6 小时 / 天，发病重。田间风速也与病害发生严重度相关，风速大，发病重。合理配方施肥，有利于花生生长，发病较轻；施氮过多或种植密度大，通风透光不良，排水条件差，发病偏重。

防治方法

选用抗病品种　推广种植抗病或耐病的花生品种，并注意品种合理搭配，做好品种提纯复壮，防止长期大面积种植单一品种。目前育成的抗锈病花生品种主要集中在广东和湖北，包括汕油 27、汕油 523、粤油 223、粤油 79、湛油 30、湛油 12、粤油 5 号、湛油 62、湛油 41、仲恺花 1 号、汕油 162、粤油 7 号、中花 4 号、中花 12 等。

农业防治　实施合理轮作，春花生和秋花生不宜连作。花生收获后应及时清除病蔓，减少初侵染源。花生病蔓沤肥，室内病蔓在播种前处理掉。因地制宜调节播期，合理密植，保持田间通透性较好。高畦深沟，雨后及时清沟排水，降低田间湿度。少施氮肥，增施磷钾肥和石灰，增强花生抗病力，适时喷施叶面营养剂。

化学防治　锈病发生初期及时喷施杀菌剂，可选用药剂有 50% 胶体硫、75% 百菌清可湿性粉剂、15% 三唑酮乳油、95% 敌锈钠加 0.1% 洗衣粉、25% 苯醚甲环唑等稀释喷洒叶片，间隔 7～10 天 1 次，连续防治 2～3 次，具有较好的防治效果。

参考文献

曾永三，郑奕雄，2010. 花生锈病的识别与防控关键技术 [J]. 广东农业科学 (4): 52-53.

周亮高，陈福坤，吴有女，1986. 花生锈病菌生理小种研究初报 [J]. 广东农业科学 (1): 44-45.

周亮高，霍超斌，刘景梅，等，1980. 广东花生锈病研究 [J]. 植物保护学报，7(2): 67-74.

KANADE S G, SHAIKH A A, JADHAV J D, 2015. Sowing environments effect on rust (*Puccinia arachidis*) disease in groundnut (*Arachis hypogaea* L.) [J]. International journal of plant protection, 8(1):

174-180.

KOKALIS-BURELLE N, PORTER D M, RODRIGUEZ-KABANA R, et al, 1997.Compendium of peanut diseases[M]. 2nd ed. St. Paul: The American Phytopathologital Society Press: 31-33.

LEAL-BERTIOLI S C M, FARIAS M P, SILVA P I T, et al, 2010. Ultrastructure of the initial interaction of *Puccinia arachidis Cercosporidium personatum* with leaves of *Arachis hypogaea* and *Arachis stenosperma*[J]. Journal of phytopathology, 158: 792-796.

（撰稿：廖伯寿、晏立英；审稿：姜慧芳）

花生芽枯病　peanut bud necrosis disease

由辣椒褪绿病毒引起的、危害花生茎枝生长点的一种病毒病。主要在中国华南产区发生。

发展简史　许泽永等 1986 年首次报道广州郊区发生的花生芽枯病，并对病原病毒生物学特性、粒体形态进行了鉴定，确认其属于番茄斑萎病毒属（*Tospovirus*）的一种新病毒。2006 年，陈坤荣等完成该病毒基因组小片段 RNA 序列分析，明确为辣椒褪绿病毒。

与花生芽枯病毒病症状类似的一类花生病毒病有悠久历史，广泛分布于世界各花生产区。它们均由番茄斑萎病毒属的 6 种不同病毒引起。2002 年，A. M. Lee 等首次报道澳大利亚辣椒和番茄上发生的辣椒褪绿病毒，随后泰国从番茄和花生上分离了该病毒。

分布与危害　广泛发生在中国广东、广西花生产区，田间多为零星发生，但在局部发生重的地块发病率超过 20%，给生产造成损失。

CaCV 感染花生植株后，最初在顶端叶片上出现很多伴有坏死的褪绿黄斑或环斑。沿叶柄和顶端表皮下维管束坏死呈褐色状，并导致顶端叶片和生长点坏死，顶端生长受抑制，节间缩短，植株明显矮化（图 1），严重影响产量。

20 世纪 80 年代中期以来，由番茄斑萎病毒属番茄斑萎病毒引起的花生斑萎病在美国曾成为影响花生的主要病害，造成美国东南部花生严重产量损失。由花生芽枯病毒引起的花生芽坏死病发生在印度主要花生产区，严重地块病害发病率高达 100%。花生上发生的类似病害还有美国的凤仙花坏死斑病毒、南美的花生环斑病毒以及中国台湾的褪绿扇斑病毒，均对花生有潜在影响。在南亚，花生上广泛发生的花生黄斑病毒，仅引起花生叶片黄斑，不引起系统症状。

病原及特征　病原病毒为辣椒褪绿病毒（capsicum chlorosis virus，CaCV），属布尼亚病毒科（Bunyaviridae）番茄斑萎病毒属（*Tospovirus*）。在电镜下观察花生病叶超薄切片，CaCV 中国花生株系（China peanut，CP）球状病毒粒体，直径 70～90nm，外面有一层脂蛋白双膜，分散于内质网膜间隙，有的粒体聚集，外面有一层包膜（图 2）。体外致死温度 45～50℃；稀释限点 $10^{-4}\sim10^{-3}$；体外存活期为在室温下 5～6 小时。

CaCV 自然侵染寄主包括辣椒、番茄和花生等。在人工接种试验中，CaCV-CP 系统侵染花生、菜豆、白羽扇豆、黄烟、心叶烟、杂交烟、白氏烟、欧克氏烟、番茄、普通烟、曼陀罗、马铃薯、茄子、辣椒、酸浆、矮牵牛、决明、田菁等，引起枯斑、花叶、坏死、皱缩和矮化等症状；局部侵染苋色黎、昆诺黎、千日红、豇豆、长豇豆和望江南，引起接种叶褪绿斑和枯斑；不侵染蚕豆、芝麻、百日菊、黄瓜、木豆、鹰嘴豆和长春花。

鉴别寄主：CaCV-CP 对豆科植物侵染力较弱，不侵染大豆、豌豆，仅局部侵染绿豆、菜豆和短豇豆；白氏烟和欧克氏烟可作为繁殖寄主。

CaCV 属于 WSMoV 血清组。在 ELISA 血清试验中，CaCV-CP 和同一血清组的 PBNV 印度分离物抗血清起弱阳性反应，与番茄斑萎病毒（tomato spotted wilt virus，TSWV）抗血清无反应。

与 *Tospovirus* 属病毒一样，CaCV 具有 3 组分、单链 RNA 基因组，依据分子大小分别称为 L、M 和 S RNA。L RNA 为负义（negative sence）链，而 M 和 S RNA 采用双义（ambience）编码方式。中国 CaCV-CP 株系 S RNA 全长 3399nt，含两个开放阅读框架，分别为病毒非结构蛋白（NSs）和核壳蛋白（N）基因。NSs 基因大小为 1320nt，推导编码 NSs 蛋白分子量 49.9kDa，第二个 ORF 长 828 个 nt，编码分子量为 30.7kDa 的 N 蛋白。5′ 和 3′ 端非编码区均为 66nt。CaCVn 基因与 4 个 CaCV 澳大利亚和泰国分离物 n 基因序列一致性为 84.7%～86.4%，N 蛋白氨基酸序列一致性为 92.4%～93.1%。CaCV-CP 与同一 WSMoV 血清组的花生芽枯病、西瓜银叶斑驳病毒和西瓜芽坏死病毒 3 种病毒 n 基因序列一致性为 77.2%～79.4%，N 蛋白氨基酸序列一致性为 81.9%～86.3%；而与该血清组百合褪绿斑病毒同源性较低，分别为 63.5% 和 64.6%。与同属的番茄斑萎病毒、花生斑萎病毒、褪绿扇斑病毒、菜瓜致死褪绿病毒、菊茎坏死病毒和凤仙花坏死斑病毒等其他病毒 n 基因序列一致性在 39%～65%。

侵染过程与侵染循环　病株多分布田边，逐渐向地内扩散。在印度花生芽枯病毒通过 5 种蓟马传播，通常蓟马若虫获毒，成虫传毒。花生芽枯病毒和蓟马均有广泛寄主范围，花生芽枯病毒随蓟马从其他寄主作物、杂草传入花生。花生种子不传毒。

在美国，携带番茄斑萎病毒的蓟马是田间病害流行仅有的主要初侵染源。仅若虫在番茄斑萎病毒病株吸食，获得病毒，获毒若虫发育成成虫，经过无翅到有翅成虫，带毒有翅蓟马成虫向外扩散，传播病毒。带毒有翅蓟马能在生命大多数时间内传毒，但不能传给下一代。传毒介体西方花蓟马和烟蓟马在美国多数花生生产州花生田间发生，是传播番茄斑萎病毒的主要介体昆虫。

流行规律　花生芽坏死病流行与毒源数量、介体密度、寄主抗性及环境条件密切相关。病害最早在花生出苗后 13 天出现，有明显的发病高峰期，出苗后 60～75 天，病害发展趋缓，有明显的成株期抗性。抗病品种 IGCV86029 和 2159-5（9）平均发病率分别为 9.9% 和 8.1%，而感病品种 JL24 高达 60.4%。不同地区环境条件下发病差异大，发病率高的达 85% 以上，而最低仅 25% 左右。蓟马通过风传，迁入花生地，蓟马数量以及花生上蓟马群体数量与病害发生

图 1 花生感染 CaCV 引起的顶端叶片黄斑坏死和顶芽坏死（许泽永提供）

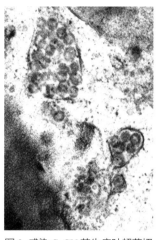

图 2 感染 CaCV 花生病叶超薄切片中球状病毒粒体（许泽永提供）

成正相关。播种时期与病害发生密切相关，在 7 月 1 日正常播种期前两周播种的花生发病率最高，而推迟到 7 月中下旬播种的花生发病率最低。

防治方法

种植抗病品种　ICRISAT 选育的一些高产花生品种同时对病害和蓟马均表现明显抗性。如 ICGV91228、90013、91177 等品种在田间花生芽枯病害平均发病率为 13.6%～23.7%，对照 JL24 发病率为 58.4%。ICGS44 和 ICGS11 等抗性品种已在印度推广应用。

调整播种期　调整播种期可以使花生早期感病阶段避开蓟马迁飞和传毒高峰期。优选种子，合理密植，促使花生早封行，减少迁入的蓟马和蓟马发生密度。与谷类作物如高粱和珍珠粟间作。

防治蓟马　播种时随种子施入内吸杀虫颗粒剂加上前期适时喷撒内吸杀虫剂可以防治蓟马，减轻病害发生。

参考文献

陈坤荣，许泽永，晏立英，等，2006. 侵染花生的辣椒褪绿病毒（*Capsicum chlorosis virus*）SRNA 全序列分析 [J]. 中国病毒学，21(5): 506-509.

中国农业科学院植物保护研究所，中国植物保护学会，2015. 中国农作物病虫害 [M]. 3 版. 北京：中国农业出版社.

CULBREATH A K, TODD J W, BROWN S L, 2003. Epidemiology and management of tomato spotted wilt in peanut[J]. Annual review of phytopathology, 41: 53-75.

GHANEKAR A M, REDDY D V R, IIZUKA N, et al, 1979. Bud necrosis of groundnut (*Arachis hypogaea*) in India caused by tomato spotted wilt virus[J]. Annals of applied biology, 93: 173-179.

LEE A M, PERSLEY D M, THOMAS J E, 2002. A new *Tospovirus* serogroup IV species infecting capsicum and tomato in Queensland, Australia[J]. Australian plant patology, 31: 231-239.

（撰稿：许泽永、陈坤荣；审稿：廖伯寿）

花生早斑病　peanut early leaf spot

由花生尾孢引起的、危害花生叶片、叶柄、托叶、茎及果柄的真菌病害，是世界上发生范围仅次于花生晚斑病的病害。又名花生褐斑病。

发展简史　最早于 1917 年在日本报道。病原菌被命名为花生尾孢（*Cercospora arachidicola* Hori）。1934 年，美国 W. A. Jenkins 发现该病菌的有性世代并命名为花生球腔菌（*Mycosphaerella arachidicola* Jenkins），1967 年英国真菌学会将该菌的有性世代重新命名为 *Mycosphaerella arachidis* Deighton。世界各地花生早斑病的存在时间大体上与花生的栽培历史相同。中国关于该病害的病原特性、流行规律、抗病育种、化学防治等研究起始于 20 世纪 60 年代，取得了一定进展，主要依靠抗病花生品种和化学农药进行有效防治。

分布与危害　其分布范围仅次于花生晚斑病，几乎覆盖所有花生产区，但发病程度在不同地区之间、同一地区不同年份之间存在很大差异，所以其总体危害程度小于花生晚斑病。中国各个地区都有发生的报道，危害程度在年度之间有较大波动，受各地气候环境的影响较大。花生早斑病菌主要危害花生，尚未发现侵染其他的寄主植物。

早斑病主要危害花生叶片，也能侵染和危害花生的叶柄、茎秆、托叶和果针。该病害一般情况下初始侵染发生在花生初花期，在植株生长中、后期达到发病高峰。受侵染的叶片上开始出现如针头大小的细小褪绿斑点，与晚斑病相似而不易区分，但随着病程的扩展，形成近圆形或略不规则形的黄褐色病斑，病斑大小（直径）随不同年份、不同环境条件、不同花生品种而存在较大差异，变异范围在 1～10mm。病斑在叶片正面呈黄褐色至深褐色，背面黄褐色，因此被称为"褐斑病"，病斑周围一般有黄色的晕圈（图 1）。花生早斑病菌的分生孢子在叶片正面和背面都能产生，但以叶片正面为主，在潮湿条件下叶片正面病斑上产生明显可见的灰绿霉状物，即为分生孢子梗和分生孢子。茎秆上的病斑呈褐色至黑褐色，一般为长椭圆形，边缘清晰，表面略微凹陷。花生受早斑病菌侵染后，由于叶片上产生很多病斑，导致光合面积和光合能力下降，随着病害的加重，花生生长中后期病斑可连成一片，叶片枯死或脱落。一般情况下，干旱、瘠薄土壤上花生早斑病发生早、发病重，旱坡地上比水田发病重，旱坡地上受干旱和病害的双重影响，花生茎秆容易枯死，严重影响植株干物质积累和荚果的充实与成熟。早斑病一般可导致花生减产 10%～20%，严重发生时可达 40% 以上。

病原与特征　花生早斑病的病原为花生尾孢（*Cercospora arachidicola* Hori），属钉孢属。其有性世代为落花生球腔菌 ［*Mycosphaerella arachidis*（Hori）Jenkins］，属球腔菌属，迄今仅在美国有报道，在中国尚未发现。

花生尾孢菌的分生孢子座一般着生在花生叶片正面的病斑上，散生，排列不规则，深褐色，直径 25～100μm。分生孢子座上着生的分生孢子梗丛生或散生，膝状弯曲，不分枝，黄褐色，基部颜色深，隔膜少，无隔膜或有 1～2 个隔膜，分生孢子梗大小为 15～45μm×3～6μm。分生孢子生长在分生孢子梗顶端，底部平整，细长形，无色或淡褐色，3～12个隔膜，多数为5～7个隔膜，大小为35～110μm×3～6μm（图2）。有性世代子囊壳近球形，着生于叶片的正反两面，大小为47.6～84μm×44.4～74μm；子囊壳的孔口处有乳状突起；子囊圆柱形或倒棍棒状，束生，大小为27.0～37.8μm×7.0～8.4μm，内生8个子囊孢子，子囊孢子无色，上部细胞较大，弯曲无色，一般双胞，大小为7.0～15.4μm×3～4μm。该病原菌的有性世代在花生上很少发现。在人工培养条件下，该病原菌在多数培养基上生长缓慢，产孢很少。

花生早斑病菌在10～35℃下都可生长，20～30℃为生长适宜温度，最适温度为28℃，最适pH6。在水滴中分生孢子萌发率较高，光、暗交替培养有利于孢子萌发，分生孢子致死温度为52℃。

利用ITS核苷酸序列进行进化树分析，花生早斑病菌与 *Passalora arachidicola* 归为一个进化分支。花生尾孢菌基因组方面的研究较少，2015年国际上发表了早斑病菌基因组序列的第一张草图，基因组序列与 *Passalora arachidicola* 核苷酸序列一致性较高。

侵染过程与侵染循环 花生早斑病菌分生孢子落到花生叶片上，在温度和湿度合适的条件下萌发产生1个至多个

图1 花生早斑病症状（晏立英提供）

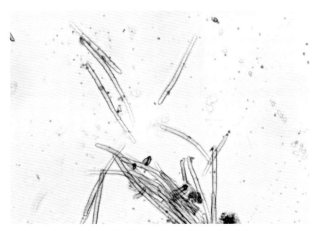

图2 花生早斑病病原菌的分生孢子（晏立英提供）

芽管，芽管在叶片表面上生长，遇到叶片上的气孔可从气孔侵入，也可以直接从表皮侵入。菌丝体在细胞间隙蔓延，不产生吸器，菌丝侵入栅栏组织和海绵组织的叶肉内汲取营养，完成侵染过程。

在中国，花生早斑病菌主要存在无性世代，以无性阶段完成整个生活史，无性阶段只产生分生孢子。以分生孢子座和菌丝在土壤中未腐烂的病残体上越冬，其中茎秆、叶柄和果柄上的菌丝比叶片上的菌丝更易越冬，或以分生孢子黏附在荚果、茎秆或枯叶表面越冬。翌年当温、湿度条件合适时，菌丝和分生孢子座产生分生孢子，孢子随风雨传播到花生叶片上，为初侵染源。当气温高于20℃、湿度大于90%时，分生孢子开始萌发，侵染花生组织，产生黄褐色的病斑。病害潜伏期的长短与温度相关，一般22～24℃时潜伏期为6～8天左右，随后产生分生孢子，病斑上产生的分生孢子借助风、气流、雨和昆虫进行短距离传播，进行再侵染。

花生早斑病发病最适宜温度为25～28℃，低于10℃或高于37℃均不能发病。相对湿度80%以上有利于病害发展，如合适温度条件下，遇长期阴雨，则很快流行。该病菌喜高温的习性导致田间发病高峰主要在花生生长中后期。当气温为19℃，田间相对湿度超过95%持续较长时间时，利于分生孢子形成。有露水或水膜的情况下产孢量最大。清晨叶片上露水刚消失和下雨之前是分生孢子扩散的高峰期，再侵染发生频繁。在合适的温、湿度条件下，分生孢子反复再侵染，病害流行危害，至收获前造成几乎所有叶片脱落。在福建、广东和广西等南方花生产区，春花生收获后，病残株上病菌又成为秋花生的初侵染源。通常子囊孢子不是病菌主要侵染源。

流行规律 早斑病是中国花生上的常发性病害，田间主要靠气流和雨水传播，在田间可以多次重复再侵染。该病害的流行程度受气候因子的影响较大，尤其是温度和湿度。花生早斑病菌生长发育温度为10～37℃，最适宜的温度为25～30℃，低于10℃或高于37℃病菌均不能生长。早斑病产生分生孢子的最适温度为25℃，此温度产生的分生孢子量最多，随着温度的上升或下降，分生孢子的数量均下降。最适宜分生孢子产生的相对湿度为83.7%，随着相对湿度的下降，分生孢子的数量也下降。花生早斑病的流行程度与花生苗期（5～6月）的平均湿度正相关。降水量也是影响病害流行的重要因子，雨量大，温度适宜，产生分生孢子数量多，雨量大而温度过高，不利于孢子形成。降雨日在3天以上，露日3～4天，有利于分生孢子形成。在温度20～30℃条件下，持续阴雨天气或叶面上有露水，有利于病菌分生孢子萌发、侵入和分生孢子的形成。因此，花生生长中后期多雨，气候潮湿，病害发生就重，少雨干旱天气病害则轻。

花生早斑病的严重度与受感染的生育期相关。花生不同生育阶段感病程度存在差异。通常生长前期发病轻，中、后期发病重；幼嫩叶片发病轻，老叶片发病重。春花生以饱果成熟期（收获前1个月左右），南方6～7月发病重，北方为8～9月发病重。

花生早斑病的流行危害与田间缺乏抗性品种有很大关系。在栽培花生品种中，尚未发现对早斑病免疫的品种。人工接种条件下，大多数高产优质花生品种对早斑病表现感病。

在种质资源中存在对早斑病表现高抗的材料。花生的抗病性水平主要根据病斑数和落叶情况来判断，不同花生材料早斑病的潜伏时间、落叶时间、落叶程度和产孢量存在差异，抗病材料上病原菌的潜伏时间长，病斑小，单位叶面积的病斑数少，病斑产孢量少，从病斑开始出现到落叶的时间长，落叶少；而感病材料病害的潜伏时间短，病斑大，产孢量多，从病斑出现到落叶的时间短。花生品种对早斑病存在不同水平的田间抗性，一般早熟品种发病早而重，晚熟品种发病晚而轻。

花生早斑病发生程度还与土壤条件、肥力水平和花生长势相关。山坡地上由于土壤瘠薄、肥力较低、生长势弱，病害发生早而且严重；土质好、肥力水平高、花生长势好的地块病害轻。花生连作，土壤中菌源多，发病严重，连作年限越长，病害越重。

防治方法 花生早斑病的发生与流行与越冬菌源、品种的感病性和气候条件等关系密切，防治应以选用具有田间抗性或耐病性品种为主，栽培和药剂防治为辅。

选用抗病品种 是防治该病害最经济有效的措施。一些花生资源材料中存在早斑病抗性，如从南美洲收集的多粒型品种中存在较高水平的早斑病抗性，但抗性与不良农艺性状的紧密连锁而在育种中的应用效果较差。国外从野生花生与栽培种花生的杂交后代中选育出了高抗早斑病的品种，如国际热带半干旱地区作物研究所（ICRISAT）培育的 ICGV86699 具有高抗水平，其他品种 ICGV-SM-93531、ICGV-IS-96802、ICGV-IS-96827 和 ICGV-IS-96808 也对早斑病具有较好抗性。中国在花生叶斑病抗性改良方面也取得了进展，但是高产品种的抗性水平仍不高，只具有中抗水平或一定的田间抗性，如湛油 1 号、花 17、鲁花 4 号、开农31、豫花 6 号、豫花 15 号、豫花 11 号、花 28、中花 4 号、粤油92、粤油 7 号、中花 12、开农 31、濮花 8030、豫花 15 号、花育 23、日花 1 号等等，这些品种主要表现为病斑较少、落叶晚、不早衰。

农业防治 南方有水源条件的地方，可实行花生与水稻的轮作；其他无水源条件的旱地，可与甘薯、玉米等非寄主作物轮作 1～2 年，均可减少田间菌源，明显减轻病害发生程度。适期播种、合理密植、施足基肥、增施磷钾肥、避免偏施氮肥，生长中后期喷施叶面肥可起到减轻病害的作用。起垄种植，雨后田间及时清沟排水等，促进花生健壮生长、提高抗病能力，可减轻病害发生。花生收获后及时清除田间病茎、病叶，深耕深埋或销毁，减少菌源，从而减轻下季病害的发生。

化学防治 从花生开花期开始药剂防治，可有效防止病害的流行与危害。经过多年的田间筛选试验，国内已获得多种有效控制花生早斑病（包括晚斑病）的杀菌剂，如：30% 苯醚甲环唑·丙环唑乳油 2000 倍、5% 吡唑醚菌酯 +55% 代森联液 600 倍液、32.5% 苯醚甲环唑·嘧菌酯、12.5% 氟环唑悬浮剂 2000 倍液、18.3%Opera 乳油（由吡唑醚菌酯和氟环唑混配）、20% 戊唑醇·烯肟菌胺悬浮剂和一些传统的杀菌剂 50% 咪酰胺锰盐 500～1000 倍液、12.5% 戊唑醇水乳剂、50% 多菌灵可湿性粉剂 800～1500 倍液、70% 代森锌可湿性粉剂 600～800 倍液、75% 百菌清可湿性粉剂 500～800 倍液、70% 甲基托布津可湿性粉剂 1000 倍液或 12.5% 烯唑醇可湿性粉剂 1500～2000 倍液、80% 代森锌可湿性粉剂 800 倍液等。北方花生早斑病常发地区一般在播种后 60 天左右开始第一次喷药，南方可提早施药，以后视病情发展，相隔 10～15 天喷 1 次，病害重的地块喷药 3～4 次，可有效控制病害发生。不同杀菌剂可以交替使用，避免病菌产生抗药性。

参考文献

温少华，晏立英，方先兰，等，2012. 五种杀菌剂对花生褐斑病菌室内毒力的影响和田间药效 [J]. 中国油料作物学报，34(4): 433-437.

徐秀娟，2008. 中国花生病虫草鼠害 [M]. 北京 : 中国农业出版社 .

中国农业科学院植物保护研究所，中国植物保护学会，2015. 中国农作物病虫害 [M]. 3 版 . 北京 : 中国农业出版社 .

JOHNSON R, CANTONWINE E G, 2014. Post-infection activities of fungicides against *Cercospora arachidicola* of peanut (*Arachis hypogaea*)[J]. Pest management science, 70: 1202-1206.

NUTSUGAH S K, ABUDULAI M, OTI-BOATENG C, et al, 2007. Management of leaf spot diseases of peanut with fungicides and local detergents in Ghana[J]. Plant pathology, 6(3): 248-253.

WOODWARD J E, BRENNEMAN T B, KEMERAIT R C, et al, 2010. Management of peanut diseases with reduced input fungicide programs in fields with varying levels of disease risk[J]. Crop protection, 29: 222-229.

（撰稿：廖伯寿、晏立英；审稿：雷永）

花生紫纹羽病 peanut violet root rot

由担子菌引起的花生茎基部、根和荚果的一种真菌性病害。在中国零星发生。

发展简史 花生紫纹羽病最早于 1936 年在辽宁首次报道，1964 年安徽报道了该病的发生。20 世纪 70～80 年代在其他多个省份也有报道。

分布与危害 该病菌可以侵染花生、甘薯、棉花、大豆、梨、李、苹果等多种作物和果树，寄主较为广泛。花生紫纹羽病害在中国花生上零星发生，分布在辽宁、河南、安徽、湖北、江苏等地，造成的产量损失一般不大。

该病害主要侵染花生茎基部、根和荚果。受感染部位变褐，腐烂，紫褐色革质状的菌丝层覆盖在受侵染部位，类似菌毯（见图）。受侵染的花生叶尖变黄，植株生长迟缓，逐渐枯萎死亡。荚果早期受感染变褐腐烂，籽仁发育不良，后期受感染则种仁变黑褐腐烂。

病原及特征 病原菌无性态为紫纹羽丝核菌（*Rhizoctonia crocorum* Fr.），有性态为桑卷担菌（*Helicobasidium mompa* Tanaka Jacz.）。菌丝紫红色，菌丝层呈红紫色的网膜状，类似纹羽。菌核紫红色半球形，直径 1～2mm。病菌子实体扁平，深褐色，表面排列一层担子；担子无色，圆筒形或棍棒形，4 个细胞，每个细胞生 1 小梗；小梗顶生无色、单胞、卵圆形的担孢子。

花生紫纹羽病茎基部和根部症状（晏立英提供）

病原菌在 PDA 上 26°C 条件下培养，7～9 天才能长出淡褐色的菌丝。病原菌生长温度范围为 8～35°C，最适生长温度为 25°C；低于 8°C 和高于 35°C 生长停止。生长 pH 为 5.0～8.7，最适生长 pH 为 5.0～6.5。病原菌好氧，在厌氧的条件下不能生长，干燥条件下生长受抑制。

侵染过程与侵染循环　花生紫纹羽病菌主要以菌丝体、根状菌索和菌核在土壤中越冬，是翌年的初侵染源。条件合适时，根状菌索和菌核产生菌丝体，菌丝体集结形成菌丝束，在土壤表面或浅土层下扩展，当接触到花生的根、茎基部和荚果时就侵入危害，菌丝体在花生受害组织表面扩展。病原菌在田间通过发病部位与健康部位接触、田间农事操作、地面流水等方式进行传播。河南病株地上部 7 月上中旬初现症状，7 月下旬至 8 月下旬为发病盛期。田间病残体及使用未经腐熟带有病残体的有机肥，均能传播病害。地区间调运带病花生荚果及带病的寄主苗木、甘薯块根，并与花生间作或邻作，可扩大花生紫纹羽病的发生。

流行规律　花生紫纹羽病菌是一种腐生菌，可以在土壤中长期存活，也是一种弱寄生菌，一般在花生生长势弱的情况下才容易侵入和产生症状。病原菌在土壤中的分布集中在土壤耕作层中，随土壤温度的升高，发病率增加。当地温达到 25～26°C 时，最有利于发病，10cm 土层温度若低于 15°C 以下时，发病则减轻。多雨年份发病早而重，高温高湿对发病有利。在砂质土、土层浅薄或排水通气性好的花生田中，常发生危害。土壤酸性、缺肥植株，生长不良发病重。

一般重茬地的花生发病重，重茬年限越长发病越重；低洼潮湿的地块也发病重；开垦时间短、黏土含量低、pH 低的未熟化土壤容易发病，尤以砂质或排水通气性较好的坡地发病重。施用未腐熟的有机质肥料也容易引起发病。

防治方法

农业防治　花生与禾本科作物轮作，特别是水旱轮作，可有效防治这一病害，同时对其他土传性真菌病害也具有防治作用。在花生种植中增施充分腐熟的有机肥，防止外部菌源输入，减少初侵染源。改善排灌条件，防止田间积水及其对花生根系生长的抑制，促进花生健壮生长以提高抗病力。

及时拔除早期发病的病株并销毁，病穴用生石灰消毒。发病严重的地块，花生播种前施用生石灰（1200～1500kg/hm²）杀灭病菌。

化学防治　在栽培防治的基础上，对于发病严重的地块可用 70% 甲基托布津、45% 代森铵、50% 多菌灵可湿性粉剂处理土壤，20% 石灰水或 2.5% 硫酸亚铁溶液进行土壤消毒，能够取得较好的防治效果。对病株用 70% 甲基托布津药液进行灌根，也能起到一定的防治效果。

参考文献

刘协广，郝同华，李国昌，1995. 花生紫纹羽病的发生和防治 [J]. 现代农业科学 (6): 32-33.

邢小萍，袁虹霞，孙炳剑，等，2010. 花生根部主要土传真菌病害的发生与防治 [J]. 杂粮作物，30(6): 441-444.

徐秀娟，2009. 中国花生病虫草鼠害 [M]. 北京：中国农业出版社.

中国农业科学院植物保护研究所，中国植物保护学会，2015. 中国农作物病虫害 [M]. 3 版. 北京：中国农业出版社.

（撰稿：晏立英；审稿：廖伯寿）

化学防治　chemical control

使用各种化学农药防治植物病害的方法。农药具有高效、速效、使用方便、经济效益高等优点。但是如果使用不当，可对植物产生药害，引起人、畜中毒，杀伤有益生物，导致病原物产生抗药性，并造成环境污染。

发展历史　公元前 1000 年，古希腊已有用硫黄熏蒸防治植物病害的记录。春秋战国时期，中国已有用硫磺防治植物病害的记载。1885 年，Millardet 研制出了波尔多液（bordeaux mixture）用于防治葡萄霜霉病，从而开始了植物病害化学防治史上的第一个里程碑——无机杀菌剂阶段。这个阶段的植物病害化学防治主要使用的是含铜化合物及汞、锌、硫、砷等制剂。1934 年，福美双（thiram）的诞生，标志着有机合成杀菌剂使用的开始，是化学防治历史的第二个里程碑，这个阶段植物病害防治主要使用福美类和代森类有机硫杀菌剂。这两个阶段的植物病害化学防治的基本原理是保护作用，这些杀菌剂为传统的保护剂。1996 年，第一个内吸性杀菌剂萎锈灵（carboxin）的出现，标志着内吸性杀菌剂使用时期的到来，是化学防治的第三个里程碑，作用原理是治疗作用。三环唑与烯丙苯噻唑是较早使用的无杀菌毒性的化合物，它们在离体状态下对病原菌无毒性，可以抑制附着孢黑色素的形成，从而抑制孢子萌发和附着孢形成，阻止病菌侵入和减少病菌孢子的产生，主要起保护剂的作用，这是植物病害化学防治第四个里程碑。β- 甲氧基丙烯酸酯类杀菌剂来源于天然产物 strobilurin，是线粒体呼吸抑制剂，即通过在细胞色素 b 和 c1 间电子转移抑制线粒体的呼吸，能有效控制子囊菌、担子菌、半知菌和卵菌，在杀菌剂开发史上树立了继三唑类杀菌剂之后又一个新的里程碑。

基本原理　包括 4 个方面：①保护作用。在病原物侵入寄主植物之前使用化学药剂，以阻止病原物的侵入而使植物得到保护。这类药剂称为保护剂。②治疗作用。当病原物已经侵入植物或者植物已经发病时，使用化学药剂处理植物，使植物体内的病原物被杀死或受到抑制，阻止病害继续发展或者使植物恢复健康。这类药剂都有一定的内吸传导作用，称为内吸治疗剂，简称内吸或者铲除剂。③免疫作用。将化学药剂引入健康植物体内，提高植物体对病原物的抵抗力，减轻或免于发病。这类药剂称为免疫剂。④钝化作用。在植物病毒病防治中，常使用金属盐、氨基酸、维生素、植物生长调节剂和抗菌素等物质来钝化病毒，使其侵染力和增殖力降低，从而达到减轻病毒的目的。

发展趋势　化学防治是当今乃至今后一个时期防治植物病害的主要手段，但是随着环保观念的加强和可持续发展战略的实施，使用高效、低毒、高活性、低残留的杀菌剂防治植物病害已成为植物病害化学防治发展的必然趋势。主要表现在3个方面：①甲氧基丙烯酸酯类杀菌剂由于其杀菌谱、对环境友好等特点，将逐渐取代三唑类杀菌剂的主导地位。②三唑类杀菌剂仍将继续成为杀菌剂喷雾体系中的主角，三唑类杀菌剂通过与甲氧基丙烯酸酯类杀菌剂混配，扩大防治谱，改变作用方式。③作用机理独特、广谱高效的杀菌剂已成为国际上近期的开发重点。主要是内吸性及选择性较好的，大多具有杂环结构，有些引入氟原子以增加杀菌活性。

参考文献

中国农业科学院植物保护研究所，中国植物保护学会，2015. 中国农作物病虫害 [M]. 3 版 . 北京：中国农业出版社 .

（撰稿：董文霞；审稿：李成云）

化学防治途径　chemical control approaches

在植物病害的化学防治过程中，所使用的化学农药达到缓解或消除植物病害效果的作用方式。

化学防治途径可以分为保护作用、治疗作用、铲除作用和抗扩展作用。

保护作用　在病原物侵入寄主之前将其杀死或抑制其活动，阻止侵入，使植物避免受害而得到保护。达到这一目的主要有以下3种方法：① 消灭侵染来源。植物病害初期的侵染来源包括病原物的越冬越夏场所、中间寄主、带病土壤、带病种子和田间发病植株。在侵染来源上施用化学农药，消灭或减少病原侵染的数量可以有效防止病害的发生。例如使用福美双、二硫氰基甲烷等进行种子处理，防治禾谷类作物的腥黑穗病、条纹病、水稻恶苗病、干尖线虫病等种子传播类病害，不仅成本低，而且防治效果可以高达95%。② 药剂处理可能被侵染的植物或农产品表面，在寄主植物被病原物侵染之前通过喷洒、浸蘸等方式将化学农药均匀地施加于寄主植物或器官上，使植物表面形成一层药膜，杀死病原物或干扰病原与寄主植物的互作阻止病原物的侵染。③ 在病原物侵染前施用化学药剂干扰病原菌的致病或诱导寄主植物产生抗病性，例如在稻瘟病菌侵染前喷施三环唑能够抑制稻瘟菌附着胞中黑色素的生物合成，使附着胞丧失侵入寄主植物的能力，从而保护水稻免受稻瘟病的危害。

治疗作用　在病原物侵入以后至寄主植物发病之前使用化学农药，抑制或杀死植物体内外的病原物，终止或削弱病原与寄主的寄生关系，阻止发病。用于治疗的化学农药必须具备两种重要的生物学特性，其一是必须具备能够被植物的根、叶、嫩茎及其他组织器官吸收，并通过输导组织在植物体内再分配的性质；其二是必须具备高度的选择性，只对病原物有杀伤作用而对植物无害。

铲除作用　在植物发病部位施加化学农药，完全抑制或杀死发病部位的病原物，阻止已经出现的病害症状进一步发展，防止病害加重蔓延。

抗扩展作用　利用化学农药抑制病原物的繁殖，阻止发病部位形成新的病原繁殖体，控制病害流行危害。

参考文献

徐汉虹，2018. 植物化学保护 [M]. 5 版 . 北京：中国农业出版社 .

（撰稿：王扬；审稿：李成云）

环境监测　environment monitoring

任何生物都不能脱离其周围环境而独立存在，都依存于围绕它们的环境条件。作为植物、病原物相互作用而发生的植物病害，更易受到环境条件发展变化的影响。一方面，直接影响病原物，促进或抑制其传播和生长发育；另一方面，环境条件影响寄主的生长状态及其抗病性。因而环境对于病害的影响是通过植物及病原物双方、改变其实力对比而起作用。因此，只有当环境条件有利于病原物而不利于寄主植物时，病害才能发生和发展。病害流行是病原物群体和寄主植物群体在环境条件影响下相互作用的过程；环境条件常起主导作用。对植物病害影响较大的环境条件主要包括下列3类：①气象因素。能够影响病害在广大地区的流行，其中以温度、水分（包括湿度、雨日、雨量）、光照和风最为重要，气象条件既影响病原物的繁殖、传播和侵入，又影响寄主植物的生长和抗病性。②土壤因素。包括土壤结构、含水量、通气性、肥力及土壤微生物等，往往只影响病害在局部地区的流行。③农业措施。如耕作制度、种植密度、施肥、田间管理等。

气象因素的监测　气象变化影响病害流行程度的事例十分普遍。如小麦扬花期降水量和降雨天数往往是中国小麦赤霉病流行的主导因素，因为引致该病的病原物（*Fusarium raminearum*）广泛存在于稻茬（南方）、玉米秸秆、小麦秸秆（北方）上，小麦抗病品种和抗病程度又有限，有利的气象条件和感病的生育期的配合就成了流行的关键因素。在以往的病害预测实践中，监测最多的是气象因素。从国家和地区气象部门可以获得大量的气候和天气信息，除了在特殊地区或为了特殊需要，植病工作者无须进行雷同的观测和预测，而将注意力放在农田小气候的观测。有关农田小气候观测的方法和仪器的介绍仍可参阅气象学教科书。关于农田小气候观测的方法和仪器有很多。其中温度计、最低最高温度计、自记温湿度计、地温计、风速计和照度计是经常需要的观测仪器。较精细的研究中还会用到能够测定叶面温度的红外点温仪、热球式风速计等。对多数真菌性病害而言，植物茎叶表面结露时间的长短和露量的多少是影响侵染的主要因素。如瓜果腐霉（*Pythium aphanidermatum*）的孢子囊萌发、泡囊形成、释放游动孢子、静止孢子的再萌发和侵入都需要在水中才能完成；小麦白粉病菌的分生孢子对湿度的要求不严，相对湿度在 0～100% 均可萌发，而小麦条锈病菌夏孢子萌发则一定要有微露，并且需要持续一定的时间。常规的气象观察中只记录结露与否，显然不能满足病害研究和预测的需要。国际上已研制出多种测露仪，按其工作原理大致可分为：机械和电子两类。机械类测湿仪如：德维特记录仪（dewit recorder）、泰勒记录仪（taylor recorder）等，都是利用传感元件在受外界湿度和露水影响时出现的形状、外观发生的相应变化而进行测量的，它们的缺点是不易将空气中高湿现象和叶面结露区分开来。电学测露仪是利用露水能导电这一物理现象，通过记录假叶上电容、电导值的变化来反映露量的多少及结露时间的长短，由伊大成等（1993）研制成的智能测露仪就属于这种类型。

随着科技的发展，现在已经成功研制出了农田小气候自动气象站。能够自动记录田间的风速、风向、太阳辐射、空气温度、土壤温度、降水量和相对湿度等气象参数，同时还可以自主设置数据记录的时间间隔，如每分钟、每小时还是每天记录一次数据。

其他因素的监测　主要包括土壤因素和栽培措施。对一固定地区而言，其固有的地形、地势、土质、地下水、排灌等情况均可一次记载备查，但对于土壤有机质含量、含水量、土壤氮、磷、钾等元素的含量、有益和有害微生物种类及数量等是随时间有所变化的。栽培措施如施肥、灌溉等也随着种植不同的作物类型发生变化，进而影响土壤要素。其中与病害发生和所致损失有密切关系的是土壤微生物群落，有效氮、磷、钾含量。栽培措施包括播期、密度和施肥水平等，这些对植物病害的发生和发展都有一定的影响。

土壤微生物种类和数量的测定方法与土壤病原物的测定方法基本上一致。这里主要介绍土壤中氮、磷、钾含量的测定方法。常用的方法有两大类，即土壤养分速测法和实验室常规分析法。前者具有快速、简便、易于掌握、设备简单等优点，但速测结果并不能换算为植物可利用的养分数量及施肥量。常规分析法虽复杂，但相对准确度较高，在田间施肥中有一定的指导意义。①速测方法。采用一种通用浸提剂将土壤中硝态氮、铵态氮、速效磷和速效钾提取出来，然后用不同的比色法来确定它们在土壤中的含量。例如硝酸试粉比色法可以用来测定土壤中硝态氮的含量。②常规分析法。根据不同的对象，分别提取和测定。如硝态氮是用硫酸钾作为提取剂，提取液用硝酸银电极法测定；铵态氮用氧化镁（MgO）扩散吸收法；速效磷用 $NaHCO_3$ 提取，钼蓝比色法测定；速效钾用 NH_4Ac 提取，火焰光度法测定。

此外，离子交换树脂法也用于土壤中有效磷、钾含量的测定，还有用于氮测定的生物培养法和化学提取法、用于磷测定的氧化铁试纸法和氢氧化铁透析管法以及用于测定钾的四苯硼钠法。

参考文献

马占鸿 , 2008. 植物病害流行学导论 [M]. 北京 : 科学出版社 .

肖悦岩 , 季伯衡 , 1998. 植物病害流行与预测 [M]. 北京 : 中国农业大学出版社 .

（撰稿：檀根甲；审稿：丁克坚）

黄葛榕锈病　podocarpus leaf blight

由 *Uredo* sp. 侵染引起的，一种常见的榕树叶锈病。

分布与危害　广州、湛江、佛山等地均有发生。本病在 3～12 月均有发生，以 7～10 月最重。病株的牙鳞片、叶痕、不脱落的病老叶和嫩枝梢，都可能成为病菌越冬场所，成为翌年的初侵染源。

黄葛榕锈病是黄葛榕重要的病害，危害叶片，造成大量的叶片脱落，在城市公园、道路两旁的树发病严重。1983 年广州环市路栽植的路树发病率达 90%，造成大量落叶。病叶叶背上的黄褐色粉末是病菌的夏孢子堆。春末夏初叶片抽出后即发病。开始在叶片正背两面出现圆形小黄点，以后稍扩大，叶面病部呈黄褐色或褐色，背面长出黄褐色粉末。有的病斑相互连结成大斑块，病叶稍微皱缩，受害严重的病株叶片落光（见图）。

病原及特征　病原菌为 *Uredo* sp.，属夏孢锈菌属，专性寄生。

夏孢子单胞，圆形至卵圆形，几乎无色至淡黄色，有小刺，大小 15～28μm×15～18μm，壁厚 0.7～1.1μm。

侵染过程与侵染循环　病菌在病株的牙鳞片、叶痕、不脱落的病老叶和嫩枝梢部位越冬，翌年成为初侵染源。

流行规律　在 3～12 月均可发病，7～10 月发病最重。

防治方法　及时清除病叶，集中烧毁或深埋。冬季落叶后用 2～5 波美度石硫合剂喷杀树上越冬病原，减少翌年初侵染源。初春抽新叶后喷 1∶3∶200 倍波尔多液 1～2 次，保护新叶；发病盛期用粉锈宁可湿性粉剂 800 倍液可减轻病情。

参考文献

苏星 , 岑炳沾 , 1985. 花木病虫害防治 [M]. 广州 : 广东科技出版社 .

（撰稿：王军；审稿：叶建仁）

黄葛榕锈病症状（岑炳沾提供）

黄瓜褐斑病　cucumber target leaf spot

由多主棒孢引起的、危害黄瓜叶片的一种真菌病害，是黄瓜叶部的重要病害。又名黄瓜靶斑病、黄瓜棒孢叶斑病，俗称黄瓜黄点子病。

发展简史　1906年，Gussow在黄瓜上发现此病原菌，建立了棒孢属（*Corynespora*）。1950年，由中国魏景超报道命名，病原菌为*Corynespora cassiicola*（Berk. & Curt.）Wei。1978年，首次报道了黄瓜对棒孢叶斑病的抗性基因*Cca*。20世纪90年代黄瓜褐斑病在中国辽宁发生，从而开展了病原菌多主棒孢的基础生物学特性和防治方法的研究。2002年，邹庆道等进行了黄瓜褐斑病病原菌鉴定及生物学特性的研究。2007年，陆宁海等研究了黄瓜褐斑病菌的产孢条件、产毒培养条件及其毒素的致病范围。2010年，王惠哲等对黄瓜种质资源对褐斑病的抗性进行了鉴定。随着国内黄瓜棒孢叶斑病频繁暴发并造成严重损失，研究进一步深入，中国又报道有3个隐性单基因：*cca*、*cca-2*和*cca-3*，有关3个基因的定位和连锁标记等研究也获得了突破性进展。

分布与危害　黄瓜褐斑病于1906年欧洲首次报道，1957年美国北卡罗来纳州报道该病发生。在中国，20世纪60年代有报道黄瓜上发生危害，由于当时保护地种植面积小，该病较为少见，未引起足够重视。至90年代初，在辽宁瓦房店保护地黄瓜大面积发生危害，且连年为害，渐趋严重，逐年扩展蔓延。黄瓜褐斑病在露地和保护地均有发生，以保护地受害严重。随着蔬菜保护地种植规模的不断扩大，病害蔓延趋势明显。曾在山东主要黄瓜产区如寿光、沂南、莘县、济阳等地区大面积发生。2008年，全国各地黄瓜产区普遍有褐斑病发生，一般病田叶发病率为10%～25%，严重时可达60%～70%，甚至100%。现已成为保护地黄瓜生产中亟待解决的叶部病害之一。

褐斑病多在黄瓜生长中后期发生，以危害叶片为主，严重时蔓延至叶柄、茎蔓。叶片正、背面均可受害，叶片发病多在盛瓜期，中下部叶片先发病，再向上部叶片发展。

发病初期，病叶上产生黄色水渍状斑点，直径1mm左右，渐扩展至1.5～2.0mm。病斑近圆形或稍不规则，外围颜色稍深，黄褐色，中部颜色稍浅；当病斑扩展至3～4mm时，多为圆形，少数多角形或不规则，叶片正面病斑粗糙不平，隐约有轮纹。病斑整体褐色，中央灰白色、半透明，背面产生大量黑色霉状物；正面霉层较少，迎光观察，病部叶脉呈黄褐色网状。条件适宜时，病斑扩展迅速，边缘水渍状，失水后呈青灰色。后期病斑直径可达10～15mm，圆形或不规则形，对光观察叶脉色深，网状尤为明显，病斑中央有一明显的眼状靶心，严重时病斑可连片呈不规则状。发病严重时，病叶干枯死亡。重病植株中下部叶片相继枯死，造成提早拉秧（图1）。

叶片症状可分为小斑型、大斑型和多角型3种病斑类型。

小斑型。低温低湿时多表现在发病初期的黄瓜新叶上。病斑直径0.1～0.5cm，呈黄褐色小点。病斑扩展后，叶片正面的病斑略凹陷，近圆形或稍不规则，病健部界限明显，黄褐色，中部颜色稍浅，淡黄色；叶片背面病部稍隆起，黄白色。大斑型。高温高湿且植株长势旺盛时多产生大斑型病斑。多为圆形或不规则形，直径2.0～5.0cm，灰白色，叶片正面的病斑粗糙不平，隐约有轮纹。湿度大时叶片两面均可产生大量灰色霉状物，为病原菌菌丝体，病部不易产生分生孢子和分生孢子梗。多角型。易与小斑型、大斑型病斑及霜霉病混合发生。病斑黄白色，多角形，病健交界处明显，直径0.5～1.0cm，易与黄瓜霜霉病混淆，被菜农称为"假霜霉""小霜霉"等。

以上3种症状类型均可不断蔓延，后期病斑在叶面大量散生或连成片，造成叶片穿孔、枯死、脱落。高温高湿条件下，病菌也可侵染黄瓜果实，造成果实开裂、流胶或流黄色黏状物。

黄瓜褐斑病与霜霉病和细菌性角斑病极易混淆，生产上易误按霜霉病和细菌性角斑病用药，影响防治效果。

与细菌性角斑病的区别：褐斑病叶片病斑两面色泽相近为黄褐色，湿度大时上生灰黑色霉状物；而细菌性角斑病病斑枯白色，叶背面白色菌脓形成的白痕清晰可辨，而非霉状物。

与霜霉病的区别：褐斑病叶片病斑颜色明亮，形状不规则圆形，且斑面粗糙不平，病健交界不齐整具晕环，且多单独成型；而霜霉病病斑正面褪绿、发黄，形状棱角分明，斑面平展，病健交界清晰，病斑多连汇成片。

黄瓜褐斑病的大斑型病斑与炭疽病的区别：褐斑病病斑颜色较暗，后期不形成穿孔，病斑产生灰黑色霉状物；炭疽病病斑颜色为黄褐色，中后期形成挣裂式穿孔，病斑上产生黑色粒状物。发病前期两者症状不易区分，需经镜检或分离培养病原菌进行确诊。

图1　黄瓜褐斑病症状（刘志恒提供）

病原及特征　病原为多主棒孢 [*Corynespora cassiicola* (Berk.& Curt.) Wei]，属子囊菌无性态棒孢属真菌。

病菌子实体多生于叶面，分生孢子梗细长，不分枝，着生在表生菌丝上，倒棍棒形、圆筒形、线形或"Y"形，基部膨大，顶端钝圆，直立或略微弯曲，单生，平滑，壁厚，无色至褐色，具有 0～10 个层出梗，分生孢子着生于分生孢子梗顶端，可单生或串生。分生孢子倒棒形或圆柱形，单生或串生，具有假隔膜，浅褐色至深褐色。分生孢子从梗上脱落下后，基部形成深褐色的基脐（图 2）。

棒孢菌在 10～35℃ 温度下均可生长，30℃ 左右生长最快；分生孢子产生的温度范围为 20～35℃，以 25℃ 左右产孢量最大；孢子萌发的温度范围为 10～35℃，萌发适温为 30℃。病叶上产孢量与湿度关系密切，湿度越高产孢量越大，一般在相对湿度 90% 以上时才能产孢，尤以在叶片上有水膜条件下产孢量更高，是饱和湿度下产孢量的 3 倍左右。叶片背面与正面产孢情况基本一致。菌丝生长的 pH 范围为 3～12，最适 pH 为 5；孢子萌发的 pH 为 3～13，最适为 5～6。

病菌生长对碳源的利用以乳糖为最好；产孢量以肌醇为最多。病菌生长对氮源的利用以硝酸铵为最好；产孢量以酪氨酸为最多。病菌在连续光照下生长最快；在光暗交替条件下产孢量最高。

侵染过程与侵染循环　黄瓜褐斑病病原菌以分生孢子丛、菌丝体或厚垣孢子随病残体在土壤中越冬，也可通过种表附着或种皮内潜伏休眠菌丝进行传播，种子带菌是远距离传播的主要途径。翌年春季产生分生孢子，通过气流和雨水飞溅传播，进行初侵染。初侵染后的病斑所生成的分生孢子借风雨向周围蔓延。一个生长季病菌可以多次再侵染，使病害日益加重。在室外条件下分生孢子难以越冬，而在保护地内能安全越夏，成为下茬黄瓜的初侵染源。

黄瓜褐斑病是一种气传病害，分生孢子萌发产生芽管，从气孔、伤口或直接穿透表皮侵入，潜育期 5～7 天。致病菌侵染后会产生果胶酶、纤维素酶，可以分解植物细胞壁，增加质膜的透性，引起细胞死亡。

黄瓜褐斑病的病情消长与温室内小气候的变化关系密切，根据其病情的消长，将保护地内黄瓜棒孢叶斑病的周年发生大致分为始发期、始盛期、盛发期、终止期及休眠期 5 个时期。春保护地一般在 3 月中旬开始发病，4 月上中旬后病情迅速扩展，至 5 月中旬达发病高峰。

流行规律　高温、高湿有利于发病。阴雨天较多，或长时间闷棚、叶面结露、光照不足、昼夜温差大均有利于发病。发病适温 20～30℃，相对湿度 90% 以上。温度 25～27℃ 和湿度饱和时，病害发生较重。

田间发病后，在适宜条件下病部产生大量分生孢子。病菌潜育期 5～7 天。保护地内的高温高湿环境有利于病菌的繁殖，叶面结露、光照不足、昼夜温差均会加重病害。该病菌侵染成功率极高，以危害叶片为主，黄瓜染病显症后 10～14 天，落叶率达 5%，在其后 6 天内落叶率从 5% 剧增到 90%。严重时蔓延至叶柄、茎蔓，并可造成果实流胶。

栽培管理中，大水漫灌，保护地放风不及时，田间湿度较大的田块往往发病较重，保护地中缓冲室及过道附近发病明显较轻；灌后遇阴天或者下雨，发病较重。

防治方法

选用抗病品种　现有的黄瓜种质资源中蕴涵着潜在的改良黄瓜褐斑病抗性基因。W17-2-1、Q6、XL6-1-2、Q5、W43-1-2 等为高抗品种；XL6-3、66B 等为抗病品种；S9、A18-2-1、Q10 等为中抗品种。津春 5 号、中农 5 号、津优 3 号、津优 38 等均较抗病。

农业防治　生产中与非瓜类作物实行 2～3 年以上轮作，可有效减少发病。彻底清除前茬作物病残体，减少初侵染源，同时喷施消毒药剂加新高脂膜进行消毒处理；摘除中下部病斑较多的病叶，减少病原菌数量。加强农业管理，适时中耕除草，浇水追肥，控制空气湿度，实行起垄定植，地膜覆盖栽培，膜下沟灌，减少水分蒸发，要小水勤灌，避免大水漫灌，注意通风排湿；增加光照，创造有利于黄瓜生长发育，不利于病菌萌发侵入的温湿度条件，并在生长期适时喷施促花王 3 号抑制主梢旺长，促进花芽分化；在开花前、幼果期、果实膨大期喷施壮瓜蒂灵促使瓜蒂增粗，加大营养输送量，加快瓜体发育速度。结瓜盛期及时冲施含有芸薹素内酯的碧禾冲施肥，叶面喷施斯德考普叶面肥，及时摘除大瓜，促进植株迅速长秧，新叶发育。

种子处理　将种子用常温水浸种 15 分钟后，转入 55～60℃ 热水中浸种 10～15 分钟，并不断搅拌，然后待水温降至 30℃，继续浸种 3～4 小时，捞起沥干后于 25～28℃ 处催芽，消除种内病菌。若结合药液浸种，杀菌效果更好。

生态防治　大棚黄瓜围绕以控制温度、降低湿度为中心进行生态防治。要求黄瓜叶面不结露或缩短结露时间，大棚薄膜应选无滴膜。上午日出后揭开草苫，使棚室温度尽快升至 25～30℃、最高不超过 33℃，然后通风降温散湿，使相对湿度降到 75% 左右。若早晨棚室温度较高、相对湿度又较大，可先行短时间通风降湿，再封闭棚室升温。下午温度降至 25～20℃，相对湿度降至 70% 左右，傍晚 20℃ 左右时封闭棚室。

化学防治　发病初期及时喷施 50% 福美双可湿性粉剂，或 25% 嘧菌酯悬浮剂，或 40% 嘧霉胺悬浮剂，或 40% 福星乳油，或 43% 戊唑醇悬浮剂，或 40% 腈菌唑乳油、41% 乙蒜素乳油喷雾，间隔 5～7 天再喷施 1 次，连续喷施 2～3 次，防治效果较好。对发病严重者，加喷铜制剂，如 64% 可杀

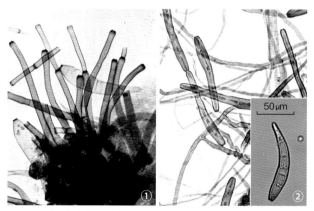

图 2　黄瓜褐斑病病原形态图（引自 Truman State University 和刘志恒）
①分生孢子梗；②分生孢子

得可溶性粉剂，或 30% 硝基腐殖酸铜可湿性粉剂，进行叶面喷雾，轮换交替用药。在喷药液中加入适量的叶面肥效果更好。

生物防治　根际促生菌绿针假单胞菌 O6（*Pseudomonas chlororaphis*）可以诱导黄瓜对黄瓜棒孢叶斑病的系统抗性，绿针假单胞菌诱导了肌醇半乳糖苷的内源性表达增加，而外施肌醇半乳糖苷同样可以增强黄瓜对棒孢叶斑病菌的抗性。也有用姬松茸乙醇提取液，提高黄瓜内源过氧化酶活性，增强黄瓜对褐斑病的抗性。

参考文献

韩小爽，高苇，傅俊范，等，2011. 黄瓜棒孢叶斑病的诊断与防治 [J]. 中国蔬菜 (9): 20-21.

纪军建，张小风，王文桥，等，2010. 黄瓜褐斑病化学药剂防治研究进展 [J]. 河北农业科学，14(8): 28-31.

李金堂，2011. 黄瓜靶斑病的新症状及综合防治技术 [J]. 长江蔬菜 (19): 39-40.

王惠哲，李淑菊，管炜，2010. 黄瓜褐斑病抗源鉴定与抗性遗传分析 [J]. 中国瓜菜 (1): 24-25.

王文静，赵廷云，范慧霞，2011. 黄瓜褐斑病的发生症状及防治方法 [J]. 上海蔬菜 (3): 45-46.

曾蓉，陆金萍，戴富明，2011. 上海地区黄瓜靶斑病病原鉴定及 ITS 的分析 [J]. 上海交通大学学报（农业科学版），29(4): 13-17.

张自心，谢学文，傅俊范，等，2016. 黄瓜棒孢叶斑病病原学和抗性基因研究进展 [J]. 生物技术进展，6(3): 169-173.

邹庆道，傅俊范，朱勇，2002. 黄瓜褐斑病病原菌鉴定及生物学特性研究 [J]. 沈阳农业大学学报，33(4): 258-261.

（撰稿：赵秀香、刘志恒；审稿：杨宇红）

黄瓜黑星病　cucumber scab

由瓜枝孢菌引起的、危害黄瓜地上部的一种真菌病害，是黄瓜生产上的一种世界性病害，中国的检疫性病害，也是大棚的毁灭性病害之一。又名黄瓜疮痂病。

发展简史　1889 年，J. C. Arthur 在美国首次报道了黄瓜瓜条上受黑星病侵害的情况，并与 J. B. Ellis 一起定名为 *Cladosporium cucumerium* Ellis and Arthur。1920 年前后，荷兰人 Krofl 和 Terchen 在自然发病条件下筛选出黄瓜抗黑星病品系列 Baarlose Nietolekker，并广泛运用于生产。1939 年，Bailey 利用自然发病鉴定出抗源 Longfellow，通过杂交育种获得 Maine No.2 抗病品种。1985 年，Lebeda 报道黑星病菌具有生理分化现象。1988 年，Arnone 从被 *Cladosporium cucumerinum* 侵染的黄瓜幼苗上分离到两种毒素：瓜枝孢色素 A 和 B（Clasochrom A，B）。

中国最早于 20 世纪 50 年代在河南的葫芦、黄瓜上发现黑星病，70 年代末 80 年代初该病害开始在东北三省的保护地黄瓜上普遍发生，成为东北三省保护地黄瓜生产上的重要病害之一，后蔓延至内蒙古、山东、北京、河北、河南、山西、海南乃至全国各地。1991 年，中国将黑星病列为检疫病害。2006 年，将其列为全国农业检疫性有害生物。2000 年，

李宝聚等初步明确了 Cx- 酶（羧甲基纤维素酶）、β–葡萄糖苷酶和 PMG（聚甲基半乳糖醛酸酶）、PMTE（果胶甲基反式消除酶）在病菌侵染黄瓜中的作用，并明确了细胞壁降解酶和毒素对寄主超微结构的影响及其协同作用。1991 年，天津市黄瓜研究所杂交培育出高抗黑星病兼抗黄瓜霜霉病、白粉病、枯萎病和细菌性角斑病的保护地黄瓜新品种津春 1 号。1996 年，方秀娟等选育出高抗黑星病、枯萎病、抗角斑病，中抗霜霉病的日光温室专用品种中农 13 号，用于生产。

分布与危害　该病除澳大利亚、南美洲尚未见报道外，已广泛分布于欧洲、北美洲和东南亚。随着大棚、温室的面积扩大，黄瓜黑星病在中国东北三省保护地黄瓜上严重发生并逐年扩展。迄今为止，在北京、天津、内蒙古、山东、山西危害，个别地区由于黑星病的大流行，曾导致毁灭性的损失。已成为中国北方保护地及露地栽培黄瓜的常发性病害。黄瓜幼苗受害后，导致烂芽，对生产影响很大，结瓜前可全株枯死。生长中期发病，危害瓜条，造成瓜条畸形，发病严重的大棚病株率可达 100%，病瓜率可达 90% 以上，轻则减产 20% 左右，严重时减产 80% 以上，有时甚至造成绝收。严重影响产量和品质，降低或丧失商品价值。

黄瓜黑星病在全生育期均可危害，可危害黄瓜植株地上部的各个器官部位，以瓜条受害损失最重。

幼苗染病，真叶较子叶敏感，子叶上产生黄白色近圆形斑，后发展至全叶干枯，严重时导致生长点腐烂、幼株死亡。嫩茎染病，初为水渍状暗绿色梭形斑，凹陷龟裂，湿度大时病斑上长出黑色霉状物，即病原菌的分生孢子梗和分生孢子。卷须染病则变褐腐烂。生长点染病，经两三天烂掉致死形成"秃桩"；叶片染病初为污绿色、近圆形斑点，逐渐扩大，形成穿孔渐进式扩大，穿孔边缘略呈星形放射状，且具明显的黄色晕环。叶柄、瓜蔓被害，病部中间凹陷，形成疮痂状病斑，逐渐扩大成暗绿色、凹陷病斑，有的呈琥珀色，病部表面溢出胶质状物——"流胶"，表面长出灰黑色霉状物，后期病部表面呈疮痂状。病部停止生长，形成畸形瓜（图 1）。

植株不同部位的发病症状各有特点：

幼瓜到成瓜均可受害。发病初期产生暗绿色、圆形至椭圆形病斑，渐溢出半透明胶状物，不久变为琥珀色；以后病斑逐渐扩大，胶状物增加，病斑凹陷，形成横向穿孔，可深达瓜瓤，甚至接触籽粒，导致种子带菌；后期空气干燥时，胶状物脱落，病斑表明龟裂呈疮痂状，病斑直径一般为 2～4mm。空气潮湿时，病斑长出灰黑绿色霉状物，为病菌的分生孢子梗和分生孢子。病斑上霉层致密，表观似一层绒毯状。因病斑处组织生长受到抑制，致使瓜条生长不平衡，粗细不匀、弯曲畸形。罹病瓜条一般不腐烂。

叶片上病斑近圆形，直径多为 1～3mm，少数可达 5mm，病斑不受叶脉限制，淡黄褐色，后期病斑上星状开裂穿孔渐进式扩大，穿孔边缘长短不等，呈星芒或锯齿状，病斑周围具有黄色晕圈。叶片受害后，病斑处组织生长受阻，周围健部继续生长，因而使病斑周围叶组织扭皱，病斑长纺锤形，后形成木栓化组织龟裂。

茎秆上病斑长梭形、淡黄褐色，中间开裂下陷，分泌出琥珀色胶状物，潮湿时也生出灰黑绿色霉层。

图1 黄瓜黑星病症状（刘志恒提供）

卷须、叶柄、果柄上亦可受害，病斑大小不等，特点与茎秆上相似。

黄瓜黑星病在抗病、感病材料叶片上的症状表现有本质的不同，抗病材料在侵染点处形成黄色小点，组织木质化，病斑不扩展。感病材料上则形成扩展型褪绿斑，条件适宜时病斑扩展。黄瓜黑星病存在阶段抗性，感病材料在组织幼嫩时表现感病，组织成熟后则表现抗病。

病原及特征 病原为瓜枝孢（*Cladosporium cucumerinum* Ellis et Arthur），属枝孢属真菌。病菌菌丝灰色至淡褐色，具分隔，分生孢子梗细长，丛生，褐色或淡褐色，呈合轴分枝，大小为160～520μm×4～5.5μm，顶端串生大量分生孢子。分生孢子形状各异，梭形、长梭形、哑铃形，串生，具0～2个隔膜，淡褐色，单胞大小为11.5～17.8μm×4～5μm，双胞大小为19.5～24.5μm×4.5～5.5μm（图2）。

黄瓜黑星病菌适宜于中低温环境，与病害在田间发生发展温度一致。病菌生长发育适宜的温度范围15～25℃，最适为20℃，温度达35℃时，病菌停止生长和产孢。分生孢子适宜pH范围5～7，最适合为pH6，低于3.5和高于11时孢子不萌发。光照对病菌孢子萌发有一定影响，散射光和黑暗利于分生孢子萌发。

病菌在果实、燕麦片、黄瓜汁及PDA培养基上均可生长，以果实培养基和燕麦片培养基上生长速度较快。不同碳源中，以葡萄糖和蔗糖最有利于病菌菌丝生长，以葡萄糖为碳源产孢最多，而以山梨糖为碳源菌丝生长慢，以淀粉为碳源产孢最少；在不同氮源中，以酵母提取物、硝酸钠、牛肉膏最有利于病菌菌落生长和产孢。病菌分生孢子在无碳源情况下在各相对湿度下均不易萌发，无机盐溶液不利于孢子萌发；碳源中麦芽糖、乳糖和木糖利于孢子萌发；氮源中，天冬氨酸利于孢子萌发。总体上碳源比氮源更有利于孢子萌发。

病菌具有生理分化，病菌主要危害葫芦科作物，甜瓜和南瓜等均可侵染。

侵染过程与侵染循环 黄瓜黑星病菌以菌丝体在病残体上于田间或土壤中越冬，成为翌年主要的初侵染来源；瓜条受害穿孔，致使分生孢子附着在种子表面或以菌丝潜伏在种皮内越冬，成为该病远距离传播的重要途径；病菌也可以

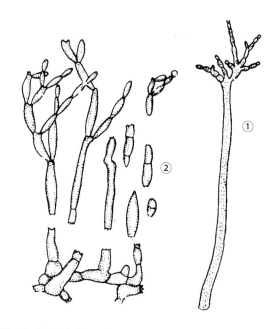

图2 黄瓜黑星病病原形态图（引自《中国农作物病虫害》，2015）
①分生孢子梗；②分生孢子

黏附在棚室墙壁缝隙或支架上越冬。播种带菌种子，病菌可直接侵染幼苗；翌年越冬病菌产生分生孢子，萌发后从气孔、伤口或直接穿透表皮侵入，侵染植株。田间黄瓜发病后，新产生的分生孢子借气流、雨水和农事操作等传播蔓延，反复多次侵染。

在冬暖棚栽培区，病菌在大棚中黄瓜上侵染，后传播到春季大棚中，进一步扩展到露地秋黄瓜上，故不存在越冬问题。

黄瓜黑星病的潜育期因温度而异，温度越高，潜育期越短。在棚室中一般为3～5天，露地栽培为9～10天。

流行规律 黄瓜黑星病菌对温度的适应范围较广，5～30℃孢子均可萌发，15～30℃较易产孢，但病菌发育的最适温度为20～22℃。该病菌对湿度要求较高，要求相对湿度为93%～100%，水膜存在对分生孢子萌发最为有利。因此，

当大棚内温度超过 10℃，相对湿度高于 90% 时，就易引起黑星病的发生。露地黄瓜黑星病的发生和流行与当年的雨量和雨日成正相关。

低温、高湿和光照不足有利黑星病的发生。温度 15～20℃、相对湿度 90% 以上、叶面有水滴（膜）时，分生孢子很快萌发。病菌喜弱光。因此，春天温度低、湿度大、雨雪大或透光差的棚室发病早而重。黄瓜连茬发病重；前期长势差、抗性减弱病害重；植株过密、密郁闷湿、通风不良、土壤黏重、管理粗放等病害重。

此外，该病的发生与品种抗性关系密切。袁美丽等人试验测定 28 个品种和品系，绝大多数感病，其中长春密刺和津研系统为高感品种，吉杂一号和丹东刺瓜为高抗品种。

防治方法　对于黄瓜黑星病的防治，应采取加强检疫防止种子带菌和抗病品种及农业措施为主，辅以药剂防治的综合措施。

选用抗病品种　黄瓜品种之间对黑星病存在着明显的抗病性差异。吉杂 1 号，丹东刺瓜，青杂 1、2 号，92-82，中农 11、13、19、29 和 31 号等较抗黑星病，各地可因地制宜选用。

农业防治　加强检疫，严防传播蔓延。目前，除了东北发生较普遍外，其余地区黄瓜黑星病均为小面积发生，应当尽快制定出疫区和保护区，防止疫区的病种子向无病区流通。同时要制定出切实可行的检疫方法，供各检疫部门采用。

轮作。发病严重地块应与非葫芦科作物进行 2～3 年的轮作。

加强田间管理。保护地栽培，尽可能采用生态防治。从定植期到结瓜期严格控制浇水，放风排湿，降低棚内湿度，减少叶面结露，抑制病菌萌发和侵入，白天控温在 28～30℃，夜间 15℃，相对湿度低于 90%。中温低温棚平均温度 21～25℃，或控制大棚湿度高于 90% 不超过 8 小时，可减轻发病。增施磷钾肥，提高植株抗病力。

消灭菌源。发病田收获后，彻底清除病残体，予以深埋或烧毁。也可休闲期或定植前空棚时，熏蒸环境消毒处理，消灭残留菌源。

化学防治　用 50% 多菌灵可湿性粉 500 倍液浸种 20 分钟种子处理后冲净后催芽，或用 50% 多菌灵可湿性粉剂拌种，均可取得良好效果。

烟熏处理。棚室定植前 10 天，按 100m³ 用硫黄粉 0.25kg、锯末 0.5kg，混合后分放几处，点燃闭棚熏 1 夜；在发病初期用 45% 百菌清烟剂，按每亩每次用 200～250g，连续熏 3～4 次。

粉尘喷施。用 5% 防黑星病粉尘或 10% 多百粉尘剂，按每亩每次 1kg，省工、省水，价格便宜，且不易增加棚内湿度。

喷雾防治。发病初期应及时拔除病株并喷药防治。田间发病初期施药防治，施药时以喷施幼苗及成株嫩叶、嫩茎、幼瓜为主。药剂可选用 250g/L 嘧菌酯悬浮剂，或苯醚甲环唑、氟菌·肟菌酯（露娜森）或 40% 氟硅唑乳油，或 20% 腈菌唑·福美双可湿性粉剂，或 12.5% 腈菌唑可湿性粉剂，均匀喷施，间隔 7 天喷施 1 次，连续防治 3～4 次。

参考文献

韩明，宋汝国，2008. 大棚黄瓜黑星病突发原因分析与防治建议 [J]. 上海农业科技 (1): 87-88.

李宝聚，王文莉，王福建，等，2002. 高温高湿对黄瓜黑星病菌孢子萌发及侵染的影响 [J]. 植物病理学报，32(3): 257-261.

逯凤伟，2011. 黄瓜黑星病发病症状、规律及防治技术 [J]. 中国园艺文摘 (7): 134-135.

王莹莹，谢学文，李宝聚，2015. 黄瓜黑星病的发生与防治 [J]. 中国蔬菜 (6): 73-75.

王育水，王玉，许会才，2008. 黄瓜黑星病菌的生物学特性研究 [J]. 湖北农业科学，47(1): 62-64.

赵聚勇，宋铁峰，刘永丽，2010. 温室黄瓜黑星病的发病原因及防治措施 [J]. 上海蔬菜 (3): 48.

中国农业科学院植物保护研究所，中国植物保护研究所，2015. 中国农作物病虫害 [M]. 北京：中国农业出版社 .

（撰稿：赵秀香、刘志恒；审稿：杨宇红）

黄花菜锈病　daylily rust

由萱草柄锈菌引起的、危害黄花菜地上部的一种真菌病害。又名黄花菜黄锈病。是世界黄花菜产地重要的病害之一。

分布与危害　锈病被认为是黄花菜上最严重的"三大病害"之一，世界各产区都有发生。在美国 2001 年首次报道此病。中国各产区包括北京、上海、重庆、湖南、湖北、浙江、江苏、贵州、四川、山东、河南、河北、陕西、山西、甘肃、宁夏和内蒙古等地普遍发生，危害严重，常引起叶片变黄、干枯、花蕾短小、粗糙、干瘪、脱落，重者造成全株叶片枯死。一般发病率 30%～50%，重病地区或重病地块病株可达 100%；轻者减产约 10%，严重时减产 30% 以上，特别严重地块可造成绝收。严重影响黄花菜的产量和品质，制约了黄花菜产业的发展。

黄花菜锈病主要危害植株中上部叶片，也可危害花茎和花柄。病害初期，叶片及茎薹上产生黄色或橘红色或铁锈色疱状斑点（病菌夏孢子堆），孢子成熟以后散发黄褐色粉末（病菌孢子），孢子堆排列不规则，其周围的叶片往往失绿而呈现淡黄色圈。孢子堆多，连结成片时，叶片表层明显翻卷，叶片逐渐黄枯。黄花菜生长后期，叶片上产生短线状或长椭圆形黑色疱斑，即冬孢子堆，一般不破裂。田间该病始发现有明显的发病中心，先是点片发生，逐步扩散全田。受害叶片颜色变黄，似缺乏营养的症状，病害严重发生时，整株叶片枯死，花薹短瘦或根本不能抽薹，花蕾易凋萎脱落。

病原及特征　病原为萱草柄锈菌（*Puccinia hemerocallidis* Thüm），属柄锈菌属真菌。该菌在生活史上属于转主寄生锈菌，其中间寄主为败酱草。性孢子和锈孢子产生于败酱草，夏孢子堆和冬孢子堆产生于黄花菜上。夏孢子堆黄色或黄褐色，夏孢子单细胞、椭圆形或卵形，橙黄色，表面有微刺，内有 1～3 个油球，大小约为 24.1μm×18.62μm；冬孢子堆群生于叶片的两面，大多数在叶背，圆形或椭圆形、黑褐色，冬孢子棒形，具无色至黄色的柄，双胞，中部横隔处微微缢缩,黄褐色,顶端平切且壁较厚,大小为40.25～72.82μm×15.36～22.12μm。

侵染过程与侵染循环 黄花菜锈病菌属转主寄生型。冬孢子在黄花菜病叶残体上越冬,翌春冬孢子经越冬休眠和减数分裂后萌发并产生担子和担孢子,担孢子成熟后借风传到败酱草上,先在其叶面产生性孢子器和性孢子,性孢子借昆虫、气流、雨水传播到败酱草叶背产生锈孢子腔和锈孢子。锈孢子成熟后从锈孢子腔顶端弹射出,借气流传到黄花菜叶片上进而产生橘黄色的夏孢子堆及夏孢子,寄主表皮破裂后夏孢子借气流和雨水传播蔓延反复进行再侵染小循环,至秋苗期再产生黑褐色的冬孢子堆及冬孢子后,正值黄花菜准备进入越冬大休眠期而随病株残体越冬,积累大量菌源,准备翌年完成大循环侵染。长江流域各地一般在5月中下旬始病,6月中旬至7月上旬形成田间发病的高峰期,7月下旬以后气温高,黄花菜已到采收盛期,病害逐渐停止蔓延,10月气温下降,几次秋雨后,锈病又开始危害秋苗。

黄花菜锈菌以冬孢子在病株残体上越冬。冬孢子在春季温暖潮湿的条件下即萌发产生担孢子,担孢子不能侵染黄花菜,只能通过气流传播侵染败酱草,之后产生性孢子和锈孢子,锈孢子是锈病的初侵染源;锈孢子侵染黄花菜发病后产生大量夏孢子,靠气流传播,在黄花菜生长季节重复进行多次再侵染,加重田间病情,夏孢子是锈病的再侵染源。黄花菜生长季晚期,在叶片和花梗上又重新形成冬孢子堆和冬孢子越冬(见图)。

流行规律 黄花菜锈病多发生在花蕾末期,发生早的在初蕾期就出现锈病流行。病害首先从植株茎部的叶片开始发病,然后向植株中上部扩展蔓延,最后导致植株严重发病,而且往往先在老病区出现发病中心,然后迅速蔓延到各处。在有利于病害发生的条件下,病害发展速度很快,造成病害流行和生产损失。

影响锈病发生的因素很多,包括品种的抗感病性、气象环境、栽培管理等方面的因素。

品种 黄花菜锈病的发生与品种的关系极为密切,凡抗病性强的品种,病害发生轻而迟,流行期短,损失较小;反之,感病性品种受害严重,发病早,损失亦大。抗病的品种

有白花、大乌嘴、黑嘴子花、五月花、猛子花、蟠龙花、荆州花、片子花、四月花、早茶山条子花、中花等;感病品种有汉花、茶子花、冬茅花、细叶花、权子花、清早花、线黄花、山西大同黄花等。

气象因子 气象因素主要是温、湿度。黄花菜生长期,平均气温24～26℃,相对湿度85%左右最有利发病。降雨天多,空气潮湿,尤其在晴雨相间和时晴时雨的湿热天气里,此病易流行。降雨量与病害的流行程度有密切关系。例如,在甘肃庆阳,1996年7月降雨量达139.5mm,约为历年同期的2倍,相对湿度85%,黄花菜锈病较常年提前到7月下旬进入盛发期,尤其是7月22～27日连续阴雨促成锈病大流行。1997—1999年因持续干旱少雨,锈病于9月下旬轻度发生;1999年9月中旬至2000年6月上旬连续215天无有效降水,7月降雨量仅41.6mm,但8月降雨量已骤增至93.3mm,仅8月上旬降雨量为52.2mm,比历年同期偏多97%,锈病于8月上旬始发,9月下旬降雨多达54.5mm,使锈病大流行。2003年1～9月全县总雨量达648.5mm,比历年同期多45%,6～8月中旬降雨112.7mm,较历年同期少37%,而呈阶段性干旱,但8月24～26日降雨量高达214.2mm,普遍遭水灾,造成2003年黄花菜锈病大流行。

种植密度 不同栽种密度对黄花菜病害的发生有一定的影响。每亩以1000～2000株为宜。密度提高,发病期提早,发病程度重。这是因为黄花菜栽种密度高,株间郁闭,通风透光条件差,易形成高湿的田间小气候,不但有利于病菌孢子的萌发侵染,同时也促进了病蔸与健蔸叶片之间的接触,增加了病害的传播几率。

种植年限 随着黄花菜种植年限的延长,其生活力显著衰退,表现为地下根群密集丛生,根系活力下降,纺锤根增多;地上无效分蘖增多,蔸间株丛拥挤,从而导致植株抗病力下降,易发多种病害。种植1～5年的黄花菜,病叶率和病指发生相对较低;而栽种8年以上的黄花菜,发病期比1～5年的菜地提早10～15天,病情指数增加2.3～12.4倍。

施肥量 黄花菜锈病随着氮肥用量的增加而加重。施尿素0.07kg/m²,黄花菜锈病的病情指数为33.8,比施尿素0.02kg/m²处理病情指数(6.4)增加4.3倍。氮肥用量过多,黄花菜植株叶片组织生长疏松,易造成贪青徒长,抗病性下降,有利病菌侵染而加重病害。而合理的氮、磷、钾配方施肥(比例为2∶1∶2)使锈病的发病率低,产量高。

防治方法 黄花菜锈病的防治应采取以农业防治为主、药剂防治为辅的综合防治措施。

选用抗(耐)锈丰产良种 黄花菜不同品种对锈病的抗性差异明显,利用抗锈良种是防治锈病最经济、有效的措施。目前各地都选育出了不少抗锈丰产品种,可因地、因时制宜地推广种植。中国抗锈黄花菜品种有白花、大乌嘴、黑嘴子花、五月花、猛子花、蟠龙花、荆州花、片子花、四月花、早茶山条子花、中花等。在选用抗锈丰产良种时,要注意品种的合理布局和搭配及轮换种植,防止大面积单一使用某一个品种。

农业防治 ①清除田间杂草,切断侵染循环。败酱草是黄花菜锈病生活史中的转主寄生植物,结合中耕除草、施肥灌水等田间作业彻底清除败酱草等转主寄生植物,做到除

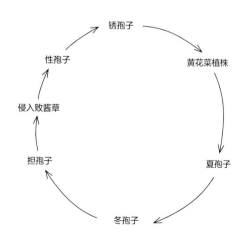

黄花菜锈病侵染循环示意图(曾永三提供)

早除了，以切断侵染循环而打断其生活史。②及时清除病枯叶，减少菌源数量。对发病的枯叶要及时采取刈割，集中焚烧以减少越冬菌积累量，并喷药保护，未发病的田块可在晨露未干前撒"三灰粉"（鲜生石灰粉：鲜草木灰：细硫黄=6：10：2）保护叶片预防传染。专业黄花菜园应在采收蕾后秋苗期全田普喷1～2次0.5波美度石硫合剂或15%粉锈宁进行预防，杜绝锈菌夏孢子萌发侵染。③合理施肥。合理施用氮、磷、钾肥料，氮：磷：钾为1：0.6：0.8的比例对控制锈病的发生非常有益，增施锰、硼等中微量元素。结合整地每亩施腐熟有机肥2000～3000kg作底肥。一般在萌芽前4月中旬、6月中旬及8月中旬各追施1次萌芽肥、催薹肥、催蕾肥和秋季展叶肥。催薹肥宜重施，每亩可用尿素10～15kg、钾肥10kg、过磷酸钙25kg，以促进抽薹和花蕾形成。在生长季看苗适当追肥，每亩施尿素等速效氮肥15～20kg，配合施过磷酸钙50kg、氯化钾20kg，切勿过量施用速效氮肥。增施有机肥，并配合喷施叶面肥及微量元素，使黄花菜生长健壮，增强抗病能力。④适当灌水。3～6月是黄花叶丛旺盛生长和花芽分化中后期，水分需求量比较大，要及时灌水，以免减产。蕾期如遇连续降水，往往会造成渍涝，使花蕾大量脱落，所以，在雨季来临之前及时清沟排渍，降低田间湿度。干旱会引起落蕾，用1mg/L的2,4-D喷布植株，对防止落蕾有一定效果。⑤及时分株，更新老株株。深挖覆土30cm，并去掉部分老根，促进秋苗分株。对5年生以上株丛的黄花菜应及时改造更新，以保持壮龄当家，提高植株的抗病能力。一般生长10年以上的植株长势衰弱、地下老根交互拥挤，影响生长，需分株更新。将老龄株丛全部挖出，剔除老根茎，选苗移栽，施足有机肥和化肥，深翻土地，耙糖整地，以备栽苗。⑥合理密植。可以增强通风透光，降低田间小气候湿度，减少病菌孢子的萌发侵染，同时可以减少病蔸与健蔸叶片之间的接触，进而减少病害的传播几率。⑦栽培管理。对黄花菜园地进行秋季深翻土，是一项有效的控病措施，采用秋季深翻土、增施石灰等管理措施，能加深和熟化菜地的耕作层，起到疏松土壤、降酸增钙、消毒灭菌和改良土壤理化性状的作用，有利于黄花菜翌年壮苗早发，减轻病害的发生。

化学防治 喷药防治是大面积控制锈病流行的主要手段之一。要充分发挥药剂的最大防锈保产效果，提高经济效益，必须根据当地黄花菜锈病的发生流行特点、气候条件、品种感病性及杀菌剂特性等，结合预测预报，确定防治对象田、用药量、用药适期、用药次数和施药方法等。在发病前或发病初期病斑未破裂前，病叶率达5%时开始用药。可选用25%三唑酮乳油、12.5%烯唑醇可湿性粉剂、20%腈菌唑可湿性粉剂、25%敌力脱乳油、15%粉锈宁可湿性粉剂、50%敌菌灵可湿性粉剂、30%特富灵可湿性粉剂、30%百科乳油、6%乐必耕可湿性粉剂、40%福星乳油等。各种药剂的具体用药量根据使用说明书确定。视病情发展，每隔7～10天喷药1次，连喷2～3次。注意药剂的交替使用。

参考文献

丁新天，邓曹仁，朱静坚，等，2003. 农艺措施对黄花菜病害影响初探 [J]. 中国农学通报，19(1): 112-113, 155.

雷福成，刘红敏，杨国兴，2010. 黄花菜锈病的发病规律及防治

[J]. 广东农业科学 (5): 102-103.

李钧，2005. 黄花菜锈病的综合防治技术 [J]. 湖南农业科学 (4): 65-66.

杨文成，2003. 黄花菜锈病的发生与防治 [J]. 江西农业科技 (6): 36-37.

杨正锋，王本辉，范学钧，等，2005. 黄花菜锈病转主寄生及其发生、流行与防治研究 [J]. 蔬菜 (8): 24-25.

BUCK J W, WILLIAMS-WOODWARD J L, 2002. Efficacy of fungicide treatments for control of daylily rust[J]. The daylily journal, 57, 53-59.

MUELLER D S, BUCK J W, 2003. Effects of light, temperature, and leaf wetness duration on daylily Rust[J]. Plant disease, 87, 442-445.

WILLIAMS-WOODWARD J L, HENNEN J F, PARDA K W, et al, 2001. First report of daylily rust in the United States[J]. Plant disease, 85: 1101.

（撰稿：曾永三；审稿：赵奎华）

黄兰花疮痂病　*Michelia champaca* scab

由痂圆孢属的一个种引起的黄兰花叶片病害。

分布与危害 该病害在黄兰花种植地均有发生。病害多发生在叶背面，叶肉组织上产生许多不规则近短条纹凸起的紫红色硬斑（近木质化）。在一定程度上影响光合作用，病害严重时引起早落叶（见图）。

病原及特征 病原为痂圆孢属一个种（*Sphaceloma* sp.）。分生孢子梗暗色，单枝，长短不一，顶生不分枝或偶尔分枝的孢子链；分生孢子暗色，有纵横隔膜，倒棍棒形、椭圆形或卵形，常形成链，单生的较少，顶端有喙状的附属丝。

侵染过程与侵染循环 以菌丝体在病梢等受害部位越冬。春季气温上升到15℃以上，遇阴雨连绵、雾大露重的天气时，产生分子孢子，借风、雨、昆虫传播，萌发芽管侵入春梢、嫩叶、幼果、花蕾，侵入寄主约10天后，病部又

黄兰花疮痂病症状（伍建榕摄）

产生分生孢子，进行再侵染，造成大量发生与流行。

流行规律　温度和湿度是该病发生、流行的决定因素，最适温度是 20～23℃，超过 24℃ 时停止发生。多雨季节发病严重。苗木或幼龄树发病重，老龄树发病轻。

防治方法　往年已发生过该病的植株要早做喷药预防，尤其对未出圃的幼树应喷保护剂 1～2 次。苗圃地发生该病时应迅速隔行（或隔 2～3 行）移去一些苗木。减少潮湿度，加强通风透光度，使叶片加速成长，缩短嫩叶期，避开侵染时期。

参考文献

陈秀虹，伍建榕，西南林业大学，2009. 观赏植物病害诊断与治理 [M]. 北京：中国建筑工业出版社.

（撰稿：伍建榕、韩长志、周媛婷、杨蕊；审稿：陈秀虹）

黄兰花花腐病　*Michelia champaca* flower rot

由核盘菌属的一个种侵染引起的危害黄兰花花朵的一种真菌病害。

分布与危害　该病害在黄兰花栽培地均有发生。受害花蕾呈现湿腐状，褐色，不能正常开花。受害花朵花瓣水渍状，部分渐变湿腐至全朵花。在病部长出黑褐色圆形菌核或菌落的是核盘菌；在病部长出灰白色绒毛状物的是密集葡萄孢。在空气干燥时，病蕾病花变为干腐状（图 1）。

病原及特征　病原为核盘菌属的一个种（*Sclerotinia* sp.）（图 2）。核盘菌属菌核由黑色的外层和白色的髓部组成，不含寄主组织残余物；子囊盘自菌核上产生，具柄、漏斗形、盘状或中央稍突起；外囊盘被为矩胞组织或角胞组织，细胞壁薄，无色或带褐色；盘下层为交错丝组织，菌丝壁薄，无色；子囊具 8 个子囊孢子，近圆柱形，孔口在碘液中呈蓝色；子囊孢子椭圆形，无色，单细胞，具油滴。小分生孢子在子实层表面和培养中形成。菌核在寄主组织上和培养中形成。

侵染过程与侵染循环　初次侵染主要以土壤中残留的菌核为主。越冬的菌核在翌春萌发形成菌丝体后直接侵染敏感的寄主组织，在适宜的环境条件下，越冬的菌核还可以萌发形成子囊盘，并释放出子囊孢子，然后子囊孢子经空气或风力传播，入侵寄主地上部分。

流行规律　高温多雨的条件利于该病原菌的繁殖和扩散，并且为发病的高峰期。

防治方法　苗圃中的大苗应逐渐移去使之株行距加大，使小气候相对湿度降低。抚育管理幼树时要注意修去着生病蕾病花的小枝，集中销毁。少量植株发病时，可不做专门的药物防治，但在管理中应注意加强预防工作，及时清除带有病原的残体。

参考文献

陈秀虹，伍建榕，西南林业大学，2009. 观赏植物病害诊断与治理 [M]. 北京：中国建筑工业出版社.

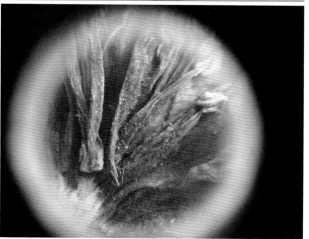

图 1　黄兰花花腐病症状（伍建榕摄）

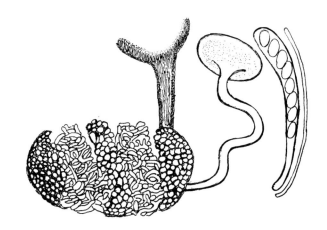

图 2　核盘菌属的一个种（尚未见子囊盘产生）（陈秀虹绘）

庄文颖，1998. 中国真菌志：第八卷　核盘菌科　地舌菌科 [M]. 北京：科学出版社 ..

（撰稿：伍建榕、韩长志、周媛婷、杨蕊；审稿：陈秀虹）

黄栌白粉病　smoke tree powdery mildew

由漆树钩丝壳引起，主要危害黄栌叶片正面的病害。叶面布满白粉，发病严重时，也可侵染枝条，甚至可以造成叶片提早脱落，严重影响秋季红叶观赏效果。

分布与危害　黄栌种植区均有发生。发病初期在叶面上出现白色针尖状斑点，大多会从树体的下部叶片开始出现病斑，逐渐扩大为近圆形的病斑，病斑周围呈放射状散布。发病中期病斑逐渐扩大呈不规则形的粉斑，相互连接成片，病部表面被白粉覆盖，此时开始侵染黄栌1～2年生枝条，出现病斑，通常这一时期已开始侵染植株中上部叶片。发病（盛期）后期逐渐向上侵染，危害严重的可影响树势，并开始侵染黄栌二次生长的嫩叶（秋梢）。此阶段叶面上布满了白粉，并开始在叶面上逐步形成由黄到黄褐色、最后变为黑褐色的颗粒状子实体。受白粉病危害的叶片组织褪绿，致使叶片叶色不正常，影响叶片的光合作用，使叶片干枯提早脱落。严重时整株树被白粉覆盖，影响秋季的红叶景观（见图）。

病原及特征　病原为漆树钩丝壳（*Uncinula verniciferae* P. Heen.），属钩丝壳属。菌丝体叶表面生，或叶的两面生。分生孢子串生，柱形，无色。闭囊壳散生或聚生，暗褐色，扁球形。附属丝14～26根，长度为闭囊壳直径的1～1.5倍，直或弯曲，顶端钩状或钩状部分卷曲1～1.5圈，圈紧。闭囊壳内含子囊5～8个，稀为少于5个或多于8个。子囊卵圆形或近球形，子囊内含子囊孢子4～8个，多为5～7个。子囊孢子长卵形或矩圆形，带黄色。

侵染过程与侵染循环　病菌以闭囊壳在病落叶及病枝上或病枝上的菌丝越冬，翌年6月温湿度适宜时闭囊壳张开，散布子囊孢子，进行初侵染。或在枝条上越冬的菌丝春季直接产生分生孢子进行初侵染。子囊孢子和分生孢子均借风、雨传播，直接侵入。当气温在20～25℃、湿度较大时，以分生孢子侵入寄主体内，进行再侵染危害。分生孢子可进行多次再侵染。潜育期为16～20天。

闭囊壳开裂，放出孢子和子囊孢子，多先从近地面的叶片开始侵染，子囊孢子萌发后，菌丝在叶片表面生长，以吸器插入寄主表皮细胞吸取营养，分生孢子的侵染力强，繁殖快，可以进行多次再侵染，造成危害。在北京地区，6月中旬开始发病，8～9月是发病盛期。

流行规律　温湿度是黄栌白粉病发生流行的主要条件之一。高温、高湿有利于白粉病的发生和流行。子囊孢子和分生孢子萌发的适宜温度为25～30℃，而且要求相当高的空气湿度。7～8月日平均温度在22～27℃，空气相对湿

黄栌白粉病症状（祁润身、王爽提供）

度为 84%～90% 条件下，最有利于病菌的侵染。早春气温回升早，全年发病较重，气温回升迟，全年发病则较轻。7～8月的降雨量也是影响病情发展的决定因素。降雨偏多、雾霾天气增多，致使发病严重。

防治方法

农业防治　黄栌林间适当清杂、疏剪，使林间通风透光。冬季可以清除落叶，集中销毁，减少翌年的病原侵染物。及时清理林间垃圾，提高植株抗病能力，降低发病率，保证黄栌正常生长和合理演替。调节林间温湿度，加强林地和肥水管理，增强树势。施足底肥，科学合理搭配施用各类肥料，严格控制灌水，科学灌水，忌大水漫灌。合理移栽、修剪。早春抽梢前，剪除病芽、病梢、病枝和过密枝。发病初期，及时剪除病叶、病枝，并集中处理，从而有效地防止病害的扩散和发病。选择没有病虫危害的苗木种植，且不能种植过密。完善景区基础设施建设，采取适当方式减少人为影响。合理完善景区道路、观景台、观景亭、空中观景廊等基础设施建设，分时期对黄栌密集区采取封闭育林，以减少对自然植被的破坏，保护原有生态环境，减少人为对白粉病的传播。调整黄栌林区管理方式，黄栌常绿混交林和黄栌阔叶混交林的病害发生情况明显低于黄栌纯林。引进其他红叶树种，如红枫、垂枝黄栌、紫叶黄栌和美国黄栌等，可为公园提供新红叶树种资源，也可适当控制黄栌林区病虫害的发生和流行。

化学防治　4 月初在黄栌林区喷洒如石硫合剂等保护性杀菌剂，每年在发病初期（即下部叶片开始出现病斑，时间为 6 月底或 7 月初）可使用内吸性杀菌剂喷施，由于病情发展较缓，所以防治时间可以持续 2 个月左右，这一时期的防治最关键。生长在水源方便的黄栌，可用 20% 三唑酮（粉锈宁）乳油 800～1000 倍液、1% 农抗 BO-10 武夷菌素水剂 500 倍液常量喷雾。生长在山地或是水源缺乏的黄栌，可采用 15% 三唑酮可湿性粉剂超低容量喷雾，用药量 7.5kg/hm²。发病后期，可使用治疗性杀菌剂，50% 嘧菌酯散粒剂 0.45kg/hm²、20% 氟硅唑散粒剂（溶水）1000 倍液，可抑制白粉病的继续扩散。

参考文献

杜万光，2011. 香山公园黄栌白粉病的发生及防治技术 [J]. 植物医生，24(3): 31-32.

（撰稿：王爽；审稿：李明远）

黄栌枯萎病　smoke tree *Verticillium* wilt

由大丽轮枝菌引起的，危害黄栌枝干、根维管束系统的一种真菌病害。又名黄栌黄萎病。是中国、美国黄栌种植区的重要病害。

发展简史　由大丽轮枝菌引起树木枯萎病的报道已有几十年了，中国报道在黄栌上引起枯萎病的，最初见于李俊文、雷增普。20 世纪 90 年代末期以来，北京林业大学开展了病害发生发展规律、致病机理、影响病害发生环境因素的调查、病害防治等研究。

分布与危害　国外分布于北美等种植黄栌的国家。国内北京、青州、济南等地有发生。在北京，黄栌枯萎病在香山公园危害十分严重。在面积逾 60hm² 共 9.4 万余株的黄栌林中，在不同地块，发病株零星或成片分布，发病株率 0.11%～46.2%；在 1981—1991 年的 10 年中，先后伐除死树 13600余株。近几年每年仍有许多病株死亡。轻者严重影响红叶景观，重者很快死亡。

该病病原菌寄主广泛，能侵染 70 多个种和变种的树木以及多种灌木，其中以槭属植物最易受侵染，梓属、栾树属、椴树属也很感病。紫荆属、鹅掌楸属、假山毛榉属、刺槐属、白蜡树属、蔷薇属的某些种类也感病。

在叶部表现为 2 种萎蔫类型。①黄色萎蔫型。先自叶缘起叶肉变黄，逐渐向内发展至大部或全叶变黄，叶脉仍保持绿色，部分或大部分叶片脱落。②绿色萎蔫型。初期，叶表现失水状萎蔫，自叶缘向里逐渐干缩并卷曲，但不失绿，不落叶，约 2 周后变焦枯，叶柄皮下可见黄褐色病线。根、枝横切面上边材部分形成完整或不完整的褐色条纹。剥皮后可见褐色病线，重病枝条皮下水渍状。花序萎蔫、干缩，花梗皮下可见褐色病线。种皮变黑。病害发生初期，一株树一般只有几个侧枝出现叶片变色、枝条干枯，随着病情的加重整株树木枯萎死亡（图 1）。

病原及特征　病原为无性型菌物大丽轮枝菌（*Verticillium dahliae* Kleb.）。该菌为土壤习居菌，在 PDA 培养基上菌落灰白色，产生黑色的微菌核。分生孢子梗基细胞无色透明。分生孢子梗有 1～3 轮分枝，每轮有 3～4 个小枝。分生孢子长卵圆形，无色，单胞，大小为 2～9μm×1.5～4μm（图 2）。病菌在 PDA 培养基上生长良好，分生孢子致死温度大约为 45°C，最适宜萌发温度为 25～30°C。对碳的利用以葡萄糖、麦芽糖、淀粉为最佳；对氮的利用以硝酸钾为最佳，铵态氮对菌落的生长繁殖有抑制作用。

侵染过程与侵染循环　大丽轮枝菌是植物土传病害病原菌。病菌在植物体内存活，可通过苗木、接穗、芽、砧木传播。病植株死亡后，病菌以微菌核的形式在土壤或病残体中生存，对大多数逆境的抵抗力很强，即使在无寄主的情况下仍可存活多年。当受到来自植物根系分泌物或正在分解的有机物质的刺激时，微菌核萌发形成的菌丝伸展到寄主的根部表面进行侵入。病原菌通过树木的根部和干基部的伤口，病根与健根的接触，也可能直接从黄栌苗木根部侵入。孢子萌发后产生的菌丝，通常附着在根尖或通过根尖延伸到主、侧根表面，菌丝会在表皮细胞间隙生长。大丽轮枝菌首先出现的位置在黄栌根尖的 1～3cm 处，同时该区域的表皮有瓦解的现象，

图 1 黄栌枯萎病症状（贺伟摄）
①叶片枯萎；②病枝木质部表面出现褐色条纹

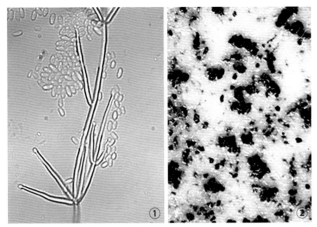

图 2 大丽轮枝菌（贺伟摄）
①分生孢子梗和分生孢子；② PDA 上的微菌核

表皮细胞的间隙同样有菌丝存在。因此，大丽轮枝菌很可能是由黄栌根部的伸长区及成熟区内进行侵入。病原菌侵入根组织后，在皮层中生长并进入中柱细胞，以菌丝形式不断生长，或者产生分生孢子通过水分运输到树木地上部。病原菌在黄栌上的纵向扩展过程中，导管内的胶状物及侵填体对于菌丝扩展可能起到阻碍的作用，导致菌丝及受侵染导管在垂直方向上是不连续的。通常在发病导管及其附近的导管中会产生胶状物、侵填体与导管壁的增厚，以此缩小导管内径或将导管堵塞，从而阻止病菌的扩展，大部分健康的导管仍然可以维持植株正常的水分运输。因此，虽然导管的阻塞具有致萎作用，但不足以影响到正常的生命活动。病原菌产生毒素干扰树木的水分输导和其他生理功能从而引起植物生病。

流行规律 干旱、积水、营养不良及其他减弱树势的因子均加重病情。病害症状严重的程度取决于树木根系受侵染的程度。病害发展速度及严重程度，与黄栌主要根系分布层中的病原菌数量呈正相关。病害的严重程度也受土壤湿度、边材中的含水量的影响，种植在含水量低的土壤中的树木以及边材含水量低的树木，萎蔫程度和边材变色的程度都有所增加。土壤中速效磷和速效钾含量较多的土壤病情较轻，过量的氮会加重病害，而增施钾肥则缓解病情。

防治方法 选择无轮枝孢枯萎病的地块培育苗木，栽植不带菌的黄栌苗木。加强栽培管理，增强树势。施用低氮和高钾肥。栽培管理过程中避免黄栌的根部和根颈部损伤。

挖除重病株并烧毁，以减少侵染源，用后的工具应消毒。

在病害发生严重地段换栽抗病树种。杨树、桑树、臭椿、银杏等阔叶树和针叶树抗病。苗圃土壤中若存在大丽轮枝孢菌，应培育针叶树苗木或其他抗病树种苗木，或经土壤熏蒸剂处理或土壤暴晒后再培育黄栌苗木。

某些植物寄生性线虫能与轮枝孢菌协同作用，增加感病树木的病株率和病害严重程度，因此，在那些已知有轮枝孢菌出现的苗圃，针对线虫的防治措施也是有必要的。

参考文献

鲍绍文，陶万强，田呈明，等，2011. 黄栌与大丽轮枝菌互作的组织病理学变化 [J]. 林业科学，47(2): 58-65.

贺伟，叶建仁，2017. 森林病理学 [M]. 北京：中国林业出版社，227-229.

雷增普，1993. 北京地区黄栌黄萎病病原菌的研究 [J]. 北京林业大学学报 (3): 88-92.

李俊文，1992. 黄栌黄萎病病原的研究 [J]. 林业科技通讯 (1): 21-24.

王建美，田呈明，葛瑾，等，2008. 轮枝菌属真菌所致林木枯萎病研究进展 [J]. 中国森林病虫，27(5): 30-34.

CHEN W, 1994. Vegetative compatibility groups of *Verticillium dahliae from* ornamental woody plants[J]. Phytopathology, 84: 214-219.

SINCLAIR W A , LYON H H, JOHNSON W J, 1987. Diseases of trees and shrubs[M]. Ithaca: Cornell University Press.

（撰稿：贺伟；审稿：叶建仁）

黄麻根腐病　jute root rot

由丝甚霉属真菌引起的一种黄麻根部和茎基部病害。

分布与危害 该病害局部分布于中国各黄麻产区。由于各地土壤等自然环境差异很大，发病程度也有很大差异。病菌在自然情况下主要危害圆果种黄麻，也能侵染长果种黄麻、花生、苜蓿等作物。人工盆栽接种，可侵染陆地棉、亚洲棉和蚕豆。

播种后种子受害不发芽，或幼根伸出 1～2cm 即变黄枯萎，不能成苗。被害幼茎和幼根呈水浸状，由黄褐色变为暗褐色半湿腐状。在后期，病部往往产生许多黑色小菌核。

成株被害，多从直根尖端或中段发生黑褐色小斑，逐渐扩展可使整个根系呈黑褐色而败坏，病部呈湿腐状。茎基部发病，多在离地面 5cm 以下，病斑褐色至黑褐色，逐渐扩大形成环腐。近收获期，根部或茎基的病斑可延伸至地面 30cm 以上，如遭台风袭击，病部可蔓延达植株高度的一半以上，同时木质部及中柱均变成褐色。后期，被害部皮层内外及木质部、中柱等处产生许多椭圆形或近圆形扁平的黑色小菌核。病部一般不收缩，或微收缩，有别于病斑凹陷的黄麻炭疽病的茎基病斑。后期纤维无散乱、暴露现象，也有别于黄麻枯腐病。

病原及特征 病原菌 *Papulospora* sp. 属丝甚霉属。在病组织内所产生的菌核椭圆形或近圆形，黑色、较扁平，大小为 0.28～1.97mm×0.2～0.6mm，平均 0.63mm×0.36mm，在马铃薯蔗糖琼脂培养基上的菌丝体初无色，后渐变为暗绿色，老熟的菌丝原生质浓缩，细胞壁加厚，隔膜处缢缩，形成圆形或近圆形的细胞，单生或链生，内含多个油球，后渐形成黑色小菌核，大小为 0.13～0.72mm×0.1～0.2mm，较病株上的略小。

病原菌的培养适温为 25～30℃，10℃ 时只能长出很少菌丝，5℃ 时停止生长，35℃ 时抑制生长。生长最适 pH 为 5～7。

病组织上菌核的存活力，在土层 10～20cm 深处为 1 年左右，在土面可存活 3 年以上，在室内常温、常湿下活 11～12 个月。在原麻精洗中，菌核经 30 天仍有活力。

侵染过程与侵染循环 病菌主要以菌核随病组织遗留

在土中越冬，成为翌年的初次侵染源。病土可由人、畜、农具或水流等扩散蔓延。

流行规律 黄麻根腐病的发生与土壤温度关系密切，在15～30℃的土壤温度范围内，且土壤含水量为70％时，发病率随土壤温度的上升而递增。含砂粒较多的砂壤土，保水、保肥力差，麻株生长不良，易感病，而黏壤土发病较轻。圆果种黄麻较长果种黄麻感病。圆果种黄麻的品种间抗病性差异很大，同一麻园里抗病品种其发病率仅4％左右，而感病品种的发病率可高达80％以上。多年连作的老麻地较轮作地发病重，采用稻麻轮作或冬种小麦可以减轻病害。黄麻感染根结线虫后，可加重根腐病的危害，麻园的部分枯死麻株主要是由于根结线虫与根腐病菌复合侵染所致。

防治方法

合理轮作 避免连作，实行轮作，可采取稻麻轮作或冬季播种小麦，对减轻病害有较好效果。

加强栽培管理 黄麻根腐病菌属于弱寄生性病菌，麻株生长不良时易感病，应注意及时中耕除草和清除发病中心病株，保持麻园清洁与通风透光，促进麻株的光合作用，增强抗病能力。干旱季节应及时灌水，洪涝季节要注意及时排水。

合理施肥 播种前下足基肥，注意增施有机肥，黄麻生长期间追施草木灰或高钾叶面肥，提高麻株的抗病和抗倒伏能力。避免过量施用氮肥，尤其是病害发生季节要少施或不施氮肥。

化学防治 发病初期用50％异菌脲可湿性粉剂800倍液，或50％腐霉利可湿性粉剂800倍液，或3％多抗霉素水剂600倍液，或30％噁霉灵水剂800倍液，或60％多菌灵磺酸盐可溶性粉剂800倍液，或2.5％咯菌腈悬浮剂1500倍液喷淋或灌根，视病情连续施用2～3次。此外，在感染根结线虫病的麻园，可选10％噻唑膦颗粒剂，或5％阿维菌素颗粒剂，于播种前沟施或穴施，对根腐病可起到兼治作用。

参考文献

中国农业科学院植物保护研究所，1995.中国农作物病虫害：下册[M].2版.北京：中国农业出版社.

（撰稿：王三勇；审稿：陈绵才）

黄麻褐斑病 jute brown spot

由黄麻叶点霉引起的常见的黄麻叶部病害。又名黄麻叶斑病、黄麻斑点病、黄麻叶点霉病或黄麻锈斑病。

分布与危害 该病害在中国各黄麻产区及日本有不同程度的发生。发病重时可引起叶片脱落，影响麻苗生长。全生育期均可发病，但以苗期和幼株期发生居多。主要危害叶片，初呈褐色小斑，扩展后呈近圆形或不规则形，中间黄褐色，四周褐色，后期病斑上散生黑色小粒点，即病原菌的分生孢子器。圆果种黄麻的老病斑易破裂穿孔，长果种则少见。

病原及特征 病原为黄麻叶点霉（*Phyllosticta corchori* Sawada），属叶点霉属。分生孢子器球形至扁球形，黑褐色，大小为80～125μm×65～90μm。分生孢子梗无色，条

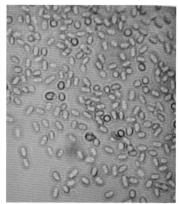

图1 黄麻褐斑病病叶   图2 黄麻褐斑病的分生孢子
（王三勇提供）   （王三勇提供）

状，大小为6～10μm×3μm。分子孢子卵形至椭圆形，单胞无色，大小8～11μm×5～6μm。据中国台湾报道黑叶点霉（*Phyllosticta nigra* Sawada）也是该病病原。

侵染循环 病菌主要以分生孢子器和菌丝体在田间病残组织上越冬，翌春菌丝体生长，分生孢子器吸水，溢出大量分生孢子进行初侵染。生长期间分生孢子借风雨传播进行再侵染。

流行规律 苗期低温多雨利于病菌入侵和发病。生产上，长果种黄麻较圆果种发病轻。

防治方法

农业防治 进行3年以上轮作。收获后及时深翻，消灭病残组织中的病菌，减少危害。常发病地区和重病田，提倡采用轮作，特别是水旱轮作。选用健康、饱满的种子，做到适期播种，防止过早播种。及时间苗，清除弱苗；适当增施有机肥和草木灰等钾肥，避免偏施过施氮肥。整治排灌系统，注意雨后清理排水沟，排渍降湿，提高麻株抗病力。

化学防治 喷洒12％绿乳铜乳油500倍液、30％氧氯化铜悬浮液600倍液、70％可杀得悬浮液800倍液、40％三唑酮多菌灵可湿性粉剂1000～1500倍液、60％百菌通可湿性粉剂500倍液、14％络氨铜水剂300～400倍液，苗期喷1～2次，均有良好防病保苗作用。成株期发病前或发病初期，喷施2～3次。

参考文献

TANAKA T, 1919. New Japanese fungi. Notes and translations: VI[J]. Mycologia, 11(2): 80-86.

（撰稿：余永廷；审稿：张德咏）

黄麻黑点炭疽病 jute black-spot anthracnose

由胶孢炭疽菌引起的长果种黄麻上的一种主要真菌病害。

分布与危害 20世纪70年代初在湖南和浙江部分麻区发现该病危害长果种黄麻，而后在长江流域以及以南麻区普遍发生。整个生长期均可被害。苗期可造成大量死苗。成株期发病，麻株的茎秆、叶片和蒴果上病斑密布，病叶早衰脱落，

危害严重时麻株呈光秆状，一般减产 10% 以上，严重影响纤维和种子的产量和品质。自然条件下，黄麻黑点炭疽病原菌不侵染圆果种黄麻。除了长果种黄麻外，许多蔬菜、果树、花卉和热带作物，如辣椒、菜豆、西瓜、生姜、香蕉、杧果、荔枝、苹果、柑橘、枇杷、红掌和橡胶均为该病原菌的寄主。

长果种黄麻幼苗被害，幼茎初呈局部褐色病变，逐渐扩展可使整个茎基和根部变褐腐烂，致苗倒伏死亡。子叶多在叶缘发病，初生褐色小斑点，后扩大成半圆形或近圆形的黑褐色病斑，子叶早落。被害成株其茎秆一般先从下部发病，产生 1～4mm 近圆或椭圆形黑褐色斑点，后逐渐向上蔓延扩散。染病的茎秆梢部多产生菱形或椭圆形褐色凹陷斑，病斑密生全茎，可深达木质部，后期可见大量小黑点。叶片上的病斑灰褐色，近圆形，大小 3～5mm，中央具 1 个颜色较深的黑点。叶柄和叶脉上的病斑梭形或短条状，黑褐色，稍凹陷。花器上的病斑黑褐色，严重者导致花朵凋落，不能结实。蒴果被害后可产生黑褐色近圆形凹形斑。种子被害后轻者不饱满或不能成熟，重者腐烂。

病原及特征　病原为胶孢炭疽菌 [*Colletotrichum gloeosporioides*（Penz.）Sacc.]，属刺盘孢属（见图）。有性世代为围小丛壳 [*Glomerella cingulata*（Stonem.）Spauld. et Schrenk]，属小丛壳属。分生孢子盘多在茎秆、叶柄、蒴果等部位产生，不规则开裂，盘上着生数根刚毛。刚毛褐色，越向上部色越淡，具 1～4 个横隔。分生孢子长椭圆形，无色，单胞，内含 1 至数个油球，多数为 1 个油球。该菌在 PDA 培养基上的菌丝初白色，后变墨绿色，菌落表面着生的褐色分生孢子呈轮纹状排列。温度 25℃ 和 pH7 的条件最适宜菌丝生长。

侵染过程与侵染循环　黄麻黑点炭疽病原菌主要以菌丝体潜伏在种子内越冬。种子内部带菌是主要初侵染源，其次是遗留在田间未被分解腐烂的病残组织。据检验，病区生

产的种子都有不同程度的感染，重的带病率 20% 以上。遗留于地面病残组织上的菌丝体及分生孢子盘亦可越冬。越冬的病菌翌年产生分生孢子侵染麻苗，引起发病，各病部又产生分生孢子，进行多次再侵染。在发病流行过程中，病菌的分生孢子主要靠风雨传播，远距离传播主要靠带菌种子。

流行规律　种子带菌的程度与发病的关系密切。种子带菌率高，则田间发病重。种子带菌率在 0.5% 时，麻株中期发病率只有 8%，病情指数仅 2.7，而当种子带菌率为 11% 时，发病率和病情指数分别高达 100% 和 43.5。

高温高湿有利于病害的发生，长江流域多在 5～6 月阴雨连绵季节流行黄麻黑点炭疽病，9～10 月秋雨时间长，花、蒴果病害严重。连作、种植密度大、偏施氮肥及低洼积水地受害重。

防治方法　防治黄麻黑点炭疽病主要要做好种子消毒、轮作和无病留种，田间发病时，进行喷药防治。

药剂处理种子　药剂浸种：将种子放在 40% 福美·拌种灵可湿性粉剂 160 倍液中，或有效浓度为 0.5% 的退菌特或 0.75% 百菌清药液中，于 20～22℃ 温度下浸 24 小时，平均防治效果达 98% 以上。药剂拌种用每千克种子 5g 的 40% 福美·拌种灵可湿性粉剂，或 50% 多菌灵，或 50% 托布津，或 50% 退菌特可湿性粉剂进行拌种后，密闭闷种 15 天左右播种，防治效果显著。

轮作、加强田间管理　黄麻黑点炭疽病菌寄主范围狭窄，在田间病残体和病土中的存活期不超过 1 年，因此，用非寄主作物进行 1 年以上的轮作或将长果种黄麻和圆果种黄麻混播都有好效果。加强田间管理一是采用配方施肥技术，注意增施有机肥和钾肥；二是注意雨后及时排水，防止湿度过大；三是及时清除病苗，集中烧毁或深埋。

化学防治　发病前施 75% 百菌清可湿性粉剂 600 倍液，或 80% 代森锰锌可湿性粉剂 600 倍液，或 46.1% 氢氧化铜水分散粒剂 1000 倍液，或 12% 松脂酸铜乳油 800 倍液等喷雾保护。发病初期选用 10% 苯醚甲环唑水分散粒剂 1500 倍液，或 20% 醚菌酯悬浮剂 1500 倍液，或 25% 咪鲜胺水乳剂 2500 倍液，或 70% 甲基托布津可湿性粉剂 500 倍液等喷雾治疗。每隔 5～7 天 1 次，连续 2～3 次。

参考文献

中国农业科学院植物保护研究所, 1995. 中国农作物病虫害：下册 [M]. 2 版. 北京：中国农业出版社.

（撰稿：王三勇；审稿：陈绵才）

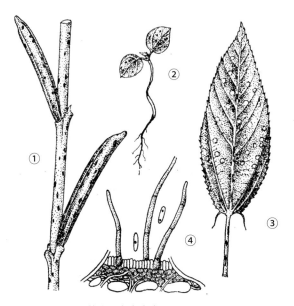

黄麻黑点炭疽病（仿吴家琴）

①病茎及病蒴果；②病苗；③病叶；
④病原菌分生孢子盘及分生孢子

黄麻茎斑病　jute stem spot

由黄麻尾孢引起的长果种黄麻上普遍发生的一种病害。又名黄麻黑星病、黄麻黑斑病。

分布与危害　中国各黄麻产区均有发生。被害严重的麻株，茎、叶上的病斑星罗棋布，病叶发黄早落，被害麻株虽不至于枯死，但原麻产量降低，并且麻皮在精洗过程中病斑不易脱落，增加洗麻劳力，并使精洗麻上紧附许多黑色的病斑皮屑，妨碍纤维的加工纺织，降低纤维强力，影响产品的

质量和利用价值。

黄麻整个生长期都可发生，危害子叶、真叶、茎和蒴果。子叶上的病斑初呈黄褐色至褐色小圆点，逐渐扩大成褐色至黑褐色的近圆形斑。叶缘的病斑多呈半圆形。受病子叶易脱落。子叶发病后约 2 周，真叶即可发病，病斑最初也和子叶上的相似，扩大后呈多角形或不整圆形的褐色或黑褐色病斑，互相愈合后则呈不规则形，病斑外缘往往褪成黄绿色。当病叶变黄将凋落时，病斑外缘的叶绿素有时不褪，形成绿色的晕圈。在发病严重时，叶柄也常受害，产生椭圆形或长椭圆形的黑褐色病斑。茎部发病一般始于 7 月中下旬，多自下部开始，逐渐向上发展，至 9 月下旬以后，重病株从主茎到分枝普遍发生黑褐色梭形、近椭圆或不规则形的病斑，初期表面平整或略隆起，后期有的稍凹，严重的可深入木质部而使之变褐色。蒴果受害多在乳熟期，初生褐色小点，以后逐渐扩大成椭圆形或不规则形病斑，颜色逐渐变为黑褐色，并可深入到内部而使种子带菌。在早晚湿度高或天气阴湿情况下，叶片及茎部病斑上生有灰白色的霉状物，即病菌的分生孢子梗和分生孢子。在叶上，茎斑病的初期症状和细菌性斑点病很相似，但前者多发生在长果种上，对光透视病斑不呈半透明，而后者主要危害圆果种，病斑水渍状，对光透视呈半透明，可以此区别。

病原及特征　病原为黄麻尾孢（*Cercospora corchori Sawada*），属尾孢属。分生孢子梗丛生，单条状，顶端钝圆，褐色，越近顶部颜色越淡，0～5 个隔膜。分生孢子鞭状，直或弯曲，基部较粗，向顶端渐细，无色，1～6 个隔膜（见图）。

侵染过程与侵染循环　病原菌主要以菌丝体潜伏在种子内部越冬，种子表面不黏附孢子。病菌也能随组织遗留在田间越冬。这些都是引起初次侵染的主要来源。幼苗子叶受害后，病斑上产生的分生孢子，主要借风雨传播，进行再侵染。

黄麻茎斑病病原菌（仿吴家琴）

①分生孢子梗；②分生孢子

茎斑病菌侵染子叶和真叶，其潜育期均为 7 天左右，而侵染 23～30cm 高的麻株茎部，潜育期为 27～41 天。由此推论，在田间麻株茎部发病迟于叶部，其原因可能与潜育期长短和寄主的生育期有密切关系。

流行规律　种子带菌是病害发生的主要来源。无病区茎斑病的发生，主要是由带病种子引起的。种子带菌率越高，病害发生就越普遍，危害也越重。圆果种黄麻较长果种抗病。多雨季节特别是在 7、8 月风雨频繁，有利于病菌分生孢子的传播侵染，如遭台风袭击，使麻株受伤后抗病力降低，更易感染发病，从而导致病害严重流行。地势平坦、肥沃湿润的地块发病轻；地势较高、土壤干旱瘠薄的地发病重，盐土地发病也重。深耕深埋土表病残组织的地发病轻，连作比轮作地发病重。

防治方法

农业防治　建立无病留种地，选用无病种子，是防治的基本措施，具体方法见黄麻黑点炭疽病。老麻地要深翻改土，实行轮作，盐土地要增施有机基肥，增施氮肥和磷、钾肥；干旱季节要及时灌溉；加强防风措施，台风过境后要及时扶理倒伏麻株；要适时收剥。

化学防治　种子处理，注意田间卫生。喷药以防治茎部病害为主。在茎秆近基部初发病时，进行喷药防治。可用 50% 甲基硫菌灵可湿性粉剂，或 50% 多菌灵可湿粉剂或 75% 百菌清可湿性粉剂、80% 代森锰锌可湿性粉剂、10% 苯醚甲环唑水分散粒剂，每隔 7～10 天喷 1 次，共喷 2 次。

参考文献

中国农业科学院植物保护研究所，1995. 中国农作物病虫害：下册 [M]. 2 版. 北京：中国农业出版社.

（撰稿：王三勇；审稿：陈绵才）

黄麻枯萎病　jute wilt

由半裸镰刀菌引起的、在长果种黄麻上普遍发生的一种病害。

分布与危害　是 20 世纪 70 年代在浙江、湖南局部麻区长果种黄麻上发现的一种真菌病害。在印度和孟加拉国等黄麻主产国家均有分布，中国所有黄麻种植区域均见该病普遍危害。被害麻株生长受阻，矮小，重者叶片萎蔫，最后全株枯死。重病地往往因病而翻耕重播或改种，轻病地也会成堆成片死苗，给生产带来很大的损失。自然条件下，该病原菌只危害长果种黄麻。

麻苗自出土后至成株期均可受害。初期幼苗子叶呈失水状萎蔫，重病苗根部或茎基部多呈褐色至黑褐色腐烂，苗枯死。数片真叶期发病的幼苗，初期顶叶呈黄绿色，后自下而上萎蔫脱落，仅剩 1～2 片顶叶，最终全株枯死。剥开幼茎皮层，木质部呈黄褐色，并有褐色至黑褐色长短不一的细条纹。主根与侧根交界处常有褐色病斑，但严重染病麻株整个根系呈现褐腐。

黄麻生长中、后期染病，叶片最初褪绿，似缺肥缺水，后自下而上萎蔫且逐渐脱落，茎秆表面可见白色至淡红色粉状霉，皮层和木质部极易剥离，木质部呈淡黄褐色、黄褐色至褐色，表面也有褐色至黑褐色细条纹。病株根部外表无异样，但木质部呈褐色。工艺成熟期罹病较轻的麻株外观较正常，或叶片略黄而不挺直，能开花结果，但木质部多呈黄绿色或淡黄褐色。

病原及特征　病原为半裸镰刀菌（*Fusarium semitectum* Berk. et Rav.），属镰刀菌属。分生孢子梗无色，不分枝或多次分枝，最上端为产孢细胞；产孢细胞内壁芽生产孢，具单个或多个产孢口，一般可产生大小两种类型分生孢子。大型分生孢子无色透明，呈小舟形或镰刀形，较直或略弯曲，多胞，有1～5个横隔膜，多数为3隔，基部常有一个显著的突起，称为足胞；小型分生孢子无色透明，多为单胞，少数为具1隔膜的双胞，椭圆形、卵形或短圆柱形，单生或串生（见图）。厚垣孢子在老熟菌丝顶端或中间形成，灰色，近圆形或椭圆形或瓶状，单生或2～3个链生。

侵染过程与侵染循环　病原菌主要以菌丝体和厚垣孢子在种子和遗留在土壤里的病残组织上越冬，麻田病残组织内的菌丝可存活3年以上，成为翌年的主要初侵染源。病原的菌丝体可以直接侵入黄麻根系，也可通过根结线虫危害和人为伤口侵入。侵入麻株后到达导管，在其中不断繁殖，并借输导作用转移到植株各个部位。田间病株表面产生的分生孢子借风雨传播进行再侵染。病残体及带菌土壤也能通过水流、人为农事操作、农机具和未腐熟的有机肥传播。黄麻生长后期可传播到蒴果上并侵入内部而使种子带菌。

流行规律　黄麻枯萎病的发生发展与温度和降水量密切相关，麻苗出土后雨水充足，气温回升到20℃时开始发病，23℃左右最利于病害的扩展；麻株生长中期如遇多雨天气，发病亦重。7月中旬以后气温达29℃以上，麻株随气温增高而生长茂盛，病害受到抑制，轻度染病的麻株仍能开花结实。

长果种黄麻极易感病，至今尚未有抗病的种质材料。圆

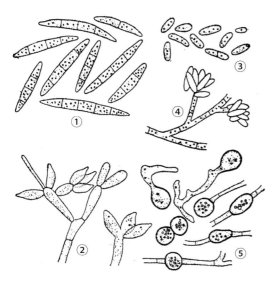

黄麻枯萎病病原菌（仿陈绵才）
①大型分生孢子；②大型分生孢子梗；③小型分生孢子；④小型分生孢子聚生在孢子梗上；⑤厚垣孢子及其萌芽

果种黄麻抗病性极高，人工接种和自然条件下均未发现染病。

病害发生与危害程度与连作年限成正相关，连作的麻地发病严重，轮作尤其是水旱轮作可减轻病害。深翻犁土，播种前施足有机肥，黄麻生长季节及时合理追施氮、磷、钾肥，排灌设施良好及精耕细作的麻地，一般发病都较轻。

防治方法

农业防治　选用无病种子，不在发病麻田留种并控制从病区调运种子。采用圆果种黄麻、红麻换茬轮作、或水旱轮作3年以上。有条件的麻区冬种绿肥和回田，改善土壤质地和地力；播种前深翻犁土、施足有机基肥，合理追施磷肥和钾肥。雨季及时开沟排水，降低田间湿度。加强中耕除草，及时发现和拔除发病中心病株，均可有效地减轻病害。

化学防治　发病初期选用99%噁霉灵原粉3000倍液，或20%乙酸铜可湿性粉剂，或2.5%二硫氰基甲烷可湿性粉剂1500倍液，或50%多菌灵可湿性粉剂600倍液，或70%甲基硫菌灵可湿性粉剂600倍液浇灌，力求湿透根系。每隔7～10天灌施1次，连续施用2～3次。

参考文献

中国农业科学院植物保护研究所, 1995. 中国农作物病虫害：下册 [M]. 2版. 北京：中国农业出版社.

（撰稿：王三勇；审稿：陈绵才）

黄麻炭疽病　jute anthracnose

由黄麻刺盘孢引起的、黄麻上发生普遍和危害严重的一种病害。

发展简史　20世纪40年代该病在日本首次报道，而后印度、孟加拉国和中国相继大面积发生。

分布与危害　发生在中国各主要麻区，以南方麻区最多，主要危害圆果种黄麻。发病严重时麻苗成片枯死。成株茎部黑斑累累，重者茎基部变黑腐烂，叶片发黄早落，以至整株枯死，轻病株也造成纤维折断等，对产量和品质影响很大。

黄麻整个生育期的各种组织均可受害。幼苗受害，先在茎基部产生黄褐色湿润的小斑，以后扩大并呈深褐色，病部缢缩，萎蔫猝倒而死亡，较迟发病的麻苗一般不倒伏。发病后期病部表面常散生许多黑色小粒点。成株染病，多从茎部叶痕处开始发生，初为黑褐色至黑色的近圆形水渍状斑点，逐渐扩大与交汇形成不规则大病斑，时见沿茎部上下延伸达数厘米，初期病斑呈凸起状，后期干缩凹陷，严重时病斑明显凹陷可深入木质部而使之变褐色，交汇成片的病斑使病茎表面凹凸不平，皮层破裂，韧皮纤维外露，病部易折断。叶痕间的茎部受害，病斑呈不规则形，略隆起，黑褐色，表面一般不产生黑色小粒点。茎基部严重被害后整个变黑腐烂，并延伸至根部而致全株枯死。叶片被害，最初沿叶脉出现水渍状的黑褐色小斑，后扩大成近圆形或不规则形黑褐色大斑，并沿叶脉扩展而使病斑周围的叶脉变黑，严重时叶片腐烂脱落。蒴果被害，最初呈黑褐色或黑色小斑点，后使果面变黑干枯，并可深入到种子，使种子呈灰暗色且不能正常发育。病斑还可沿果柄蔓延至茎部，果柄及其连接处的枝干变色。

病害后期遇上多雨高湿度气候，各个部位的病斑可散生许多黑色小粒点，即病原菌的分生孢子盘。

病原及特征 病原为黄麻刺盘孢（*Colletotrichum corchorum* Ikata et Tanaka），属炭疽菌属。病菌的分生孢子盘埋生于病组织内，大部分露出，呈盘状或碗状，直径为100～350μm，高25～50μm，周缘着生数根至数十根刚毛。刚毛褐色，基部较粗而上端尖细，直立或弯曲，具2～5个隔膜。分生孢子梗无色透明，单胞，短棒状，大小为13～35μm×4～5μm。分生孢子单个顶生于分生孢子梗上，无色，单胞，新月形，大小为12～25μm×3.6～6.0μm（见图）。病菌生长适温范围25～30℃，分生孢子形成与萌发的最适温度为30℃左右，低于20℃或高于40℃时分生孢子萌发率显著降低。分生孢子在pH5.0～8.0范围内均能萌发，以pH5.5为最适。光照利于分生孢子萌发与芽管生长。分生孢子保湿4小时后即可萌发，16小时后产生附着胞。菌丝和分生孢子的致死温度是50℃下10分钟。菌丝和分生孢子形成的最佳碳源为山梨醇和蔗糖，最佳氮源为硝酸铵，最佳矿质营养为钾素。

侵染过程与侵染循环 病菌以分生孢子附着在种子外表或以菌丝体潜伏在种子内越冬，植株病残组织内的菌丝体也能越冬，从而成为翌年初侵染源。越冬菌源翌年侵染麻苗引发病害后，病部产生分生孢子盘，其上的分生孢子借风雨传播，在适宜的温湿度条件下，分生孢子产生1个横隔膜，并从一端或两端长出芽管，芽管先端产生1个球形附着胞，再长出菌丝从表皮细胞间隙侵入，形成再侵染。

流行规律 高温高湿的气候最利于病害的发生与蔓延，南方麻区的整个黄麻生长季节中均可发病，但发病高峰多在8月中下旬，尤其是暴雨或台风季节最利于病菌的传播和侵染，诱致病害的大流行。圆果种黄麻比较感病，长果种黄麻因其抗病性很强而自然情况下极少发病。圆果种黄麻不同品种间的抗病性存在明显差异。多年连作的老麻地由于土质变劣，地力下降，麻株长势弱，发病严重，轮作地特别是水旱轮作的麻地发病较轻。施肥不当如氮肥施用量过大或追施不适时，常引起严重发病，少施或不施磷肥和钾肥，也会加重发病。此外，地势低洼、排水不良和湿度大的麻地，也有利于病害的发生。

防治方法

农业防治 选育抗病品种，无病田留种或调用无病种子，种子要经过淘选和日晒处理；要施足有机基肥、勤施、

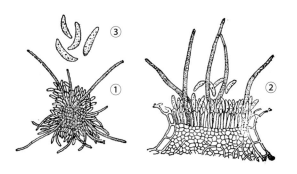

黄麻炭疽病病原菌（仿张继成）
①分生孢子盘；②分生孢子盘纵剖面；③分生孢子

轻施苗肥，早施氮肥，配施磷钾肥；重病区要实行轮作，尤以稻麻轮作为佳，在缺乏水源地区也可与杂粮轮作，在无法轮作地区应采取深翻土壤、破畦换沟及挑加河塘土等措施，也可改种红麻和长果种黄麻。

化学防治 ①种子处理。种子可用种子重量0.3%的甲基托布津、多菌灵或退菌特拌种；或用50%退菌特可湿性粉剂0.5kg兑水50kg，每50kg药液浸20kg种子，每隔3～4小时搅动1次，在18～24℃浸种20～24小时，然后将种子捞出晾干即可播种。②发病初期及时喷药。选用的药剂有20%咪鲜胺微乳剂、10%苯醚甲环唑水分散粒剂、46.1%氢氧化铜水分散粒剂、80%代森锰锌M45可湿性粉剂、25%吡唑醚菌酯乳油等进行喷雾防治。

参考文献

中国农业科学院植物保护研究所，1995.中国农作物病虫害：下册[M].2版.北京：中国农业出版社.

（撰稿：王三勇；审稿：陈绵才）

黄麻细菌性斑点病 jute bacterial blight

由黄单胞菌引起的、圆果种黄麻常见的一种叶部病害。

分布与危害 该病害在中国各个黄麻产区均有不同程度的发生。苏丹、印度等国也有报道。

叶片发病，初期呈现水渍状褐色小点，后逐渐扩展成多角形或近圆形油渍状黑褐色小斑，大小为2～3mm。严重时，一片叶可达数十个病斑，有时连接成较大病斑，引起病叶发黄早落。严重时造成中下部叶片大量脱落，影响麻株生长。

病原及特征 病原为黄单胞菌［*Xanthomonas nakatae*（Okale）Dowson］，属于黄单胞菌属。菌体单生，杆状，大小0.3～0.4μm×1.1～2.5μm，有1根极生鞭毛，无荚膜。革兰氏染色反应阴性，严格好气性。发育最适温度30～32℃，最高39℃，最低10℃，致死温度52℃10分钟。

浸染过程与侵染循环 病原细菌主要在病残组织中或附在种子表面越冬，翌年从幼苗叶片的气孔或水孔侵入，引起初次侵染。种子上带菌在幼苗长出时便可危害子叶。天气潮湿时，病部产生菌脓，由风雨或昆虫传带进行再侵染。

流行规律 长江流域在梅雨期及秋雨期发病最盛，7～8月天气干旱，病害发展受到抑制。高温、高湿的环境有利于病菌的繁殖和侵染。暴风雨常引起该病的大流行。

防治方法

农业防治 用无病麻地留种或从无病区引种。重病区可改种长果种黄麻。收获后清除田间病残体，深耕细作。及时中耕除草，增强田间通风透光，及时开沟排水，防止湿气滞留，均可减少发病。

化学防治 播种前用50%退菌特可湿性粉剂100倍液，或80%炭疽福美可湿性粉剂100倍液，或40%拌菌双可湿性粉剂100倍液浸种；隔3～4小时搅拌1次，在18～24℃温度下浸种24小时，将种子捞起即可播种。如遇阴雨无法播种，可晾干备用。发病初期喷洒1:1:100倍波尔多液，视病情防治1～2次。

参考文献

BISWAS C, DEY P, SATPATHY S, 2014. First report of bacterial leaf blight of jute (*Corchorus capsularis* L.) caused by *Xanthomonas campestris* pv. *capsularii* in India[J]. Archives of phytopathology and plant protection, 47(13): 1600-1602.

SABET K A, 1957. Studies in the bacterial diseases of sudan crops[J]. Annals of applied biology, 45(3): 516-520.

（撰稿：余永廷；审稿：张德咏）

黄皮梢腐病　wampee shoot rot

由砖红镰刀菌长孢变种引起的黄皮梢病害。又名黄皮顶死病。主要危害嫩梢，有时也可以危害枝条、叶片和果实，是黄皮的主要病害之一。

分布与危害　在中国黄皮种植地区普遍发生，并随带病种苗向新区扩散。发病轻时造成减产，严重时造成植株枯死，甚至毁园。

该病害危害不同的部位，产生不同的症状，一般可分为梢腐、叶腐、果腐和枝条溃疡4类。

梢腐　危害嫩梢，在嫩梢上的幼芽幼叶感病后变褐坏死、腐烂；嫩梢顶端受害呈黑褐色至黑色，病部干枯并明显收缩呈烟头状。在潮湿环境条件下，病部产生大量白霉和橙红色黏孢团。

溃疡　危害枝条，在枝条上产生梭形病斑，长3～12mm，褐色，病部隆起而中央凹陷，表面因木栓化较粗糙。

叶腐　危害叶片，病斑多从叶尖叶缘开始发病，叶片褐色腐烂，水浸状，病斑可扩展到叶片的大部分或全叶，病健分界处常有一条深褐色的波纹。

果腐　危害果实，多发生在近成熟的果实上。病斑圆形，水渍状，褐色，在潮湿时病部产生大量的白霉。

病原及特征　病原为砖红镰刀菌长孢变种（*Fusarium lateritium* Nees var. *longun*），在马铃薯葡萄糖琼脂培养基（PDA）上气生菌丝稀疏，菌落平铺，初无色后转为鲑红色，菌落中央有橙红色黏性孢子团，菌落反面乳酪色至鲑红色。分生孢子梗简单或分枝，瓶梗圆柱形、直或弯曲，大小为12～21μm×3～4μm；分生孢子以5个隔膜的最多，3～4或6～7个隔膜的次之，其余甚少，5个隔膜的分生孢子的大小为41.5～61.5μm×4.0～5.5μm。厚垣孢子较少，顶生或间生，单生或2～4个串生，近球形，直径为9～18μm。

侵染过程与侵染循环　病原菌以菌丝体和厚垣孢子在病株上或土壤中越冬，在潮湿的环境条件下，病原菌产生大量的分生孢子，通过风雨或雨水进行田间近距离传播，也可以通过带病苗木进行远距离传播。主要通过伤口侵入。采用人工刺伤接种在嫩梢上15天可表现出与田间自然发病相同症状。

流行规律　在广东，该病害一年四季均可发生，4～8月为发病高峰期。土壤贫瘠、黏重、酸性较大、排水不良或透水透光差，肥料不足，植株长势较差，易于发病。一般春梢发病重于秋梢；刚抽出的嫩芽和嫩枝易于发病，越冬的老芽老枝较抗病。

防治方法

加强种苗的检疫工作，培育无病种苗　严禁在靠近病区设置苗圃育苗，在种苗出圃前应加强检疫，选用无病健康的种苗种植。

加强田间管理　苗圃育苗时，培养土应充分拌和腐熟的有机肥，在生长过程中，应增施钾肥，使黄皮抽梢整齐健壮。及时清除苗圃周边的杂草；苗圃发现病苗植株应及时清除病株，大田发现病梢后应剪除所带病的枝条，并集中烧毁。

化学防治　在苗圃育苗过程中，一旦发现病株后，首先清除病株，病株周边植株应及时喷药保护，可选用多菌灵可湿性粉剂、甲基托布津可湿性粉剂进行喷雾，间隔7～10天1次，连续3～4次。

参考文献

谢昌平，郑服丛，2010. 热带果树病理学 [M]. 北京：中国农业科学技术出版社.

（撰写：谢昌平；审稿：李增平）

黄皮炭疽病　wampee anthracnose

由胶孢炭疽菌引起黄皮的一种真菌病害。

发展简史　中国20世纪90年代华南5省（自治区）病害普查时在海南、广东等地发现该病害；戚佩坤等（2000）对广东黄皮病害进行了系统鉴定，认为各生育期均可感病；2008年，杨凤珍等人报道炭疽病引起海南黄皮果实腐烂并对其病原菌进行了鉴定。

分布与危害　黄皮炭疽病是中国黄皮生产上的一种常见病，各个生育期均可感病，引起叶斑、叶腐、秃枝、果腐等症状，危害花序和果实造成大量的落花落果，严重影响其产量和果品质量，该病还是黄皮采后的主要病害。

果腐　一般幼果期发病较轻，成熟果较易发病。果实上初现水渍状褐色小斑点，以后逐渐扩展为圆形病斑，呈褐腐状，表面密生橘红色黏孢团，果汁从病部裂口处溢出（图1）。

叶斑　叶片中央和边缘都会受害，病斑圆形或半圆形，直径2～12mm，病斑可以相互连合，灰白色，边缘水渍状，病部与健部分界明显。

叶腐　主要发生在苗期的嫩叶上。病斑常从叶尖、叶缘处开始，呈浅褐色腐烂，病部扩展快，病健组织交界不明显，5～7天内可导致全叶腐烂；叶柄受害变褐，易产生离层而导致叶片早落，造成秃枝。

枝枯　枝条发病后，病部呈褐色坏死。

病原及特征　病原为胶孢炭疽菌 [*Colletotrichum gloeosporioides* (Penz.) Sacc.]，属炭疽菌属。有性态为围小丛壳 [*Glomerella cingulata* (Stonem.) Spauld. et Schrenk]，属小丛壳属，偶有发现（图2）。

从黄皮果实病部的橘红色孢子堆镜检观察，分生孢子盘内产生大量褐色有隔刚毛，产孢细胞圆筒形，无色，分生孢子无色单胞，圆筒形，两端钝圆，内含物颗粒状。在PDA培养基上，菌落初为白色，后变为灰白色，气生菌丝绒毛状，

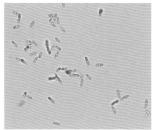

图1 黄皮炭疽病果实受害状　　图2 黄皮炭疽病菌（胡美姣提供）
（胡美姣提供）

后期产生橘红色黏孢团。镜检发现，菌丝无色，有隔，分生孢子无色，单胞，圆筒形，两端钝圆，大小为 9.5～16.7（13.6）μm×3.2～5.5（4.2）μm，具 1～2 个油球。分生孢子萌发后遇硬物则在芽管端部产生一褐色、近圆形或不规则形附着胞。

侵染过程与侵染循环 病菌主要以菌丝体在病叶、病枝和病果上越冬，翌年春季当环境适宜时，病菌产生分生孢子靠风雨或昆虫传播，在寄主组织表面从伤口、气孔入侵危害。

流行规律 该病在黄皮的整个生长期均可发生，一般在夏梢、秋梢以及花果期发病较多。

病菌适宜生长温度为 21～28℃。所以一般高温高湿的天气条件下容易诱发该病。该病的发生与栽培管理关系密切，栽培管理粗放，缺乏水肥或偏施氮肥，树势衰弱，发病较重。果园的土壤条件也是诱发病害的原因之一，土质过分黏重，或者过分疏松，保水保肥力差的果园，病害容易发生。炭疽病菌具有潜伏侵染特性，因此，收果季节如遇台风雨，会促成已侵染潜伏的病菌发病，使果实成熟期病害大面积发生，造成大量烂果，影响产量。此外，该病与黄皮品种密切相关。一般白糖黄皮、鸡心黄皮和无核黄皮较本地黄皮品种发病重。

防治方法

加强栽培管理　科学用肥用水，增施有机肥和磷、钾肥，增强树势，提高植株抗病能力，做好田园清洁，及时剪除病枝、病叶、病果，集中烧毁或深埋。此外，覆盖地膜也可减少病害发生。

化学防治　在发病初期，或新梢抽发初期和谢花坐果期，均应及时施药。可选用的杀菌剂有 70% 甲基托布津可湿性粉剂 800～1000 倍液、50% 退菌特可湿性粉剂 500～600 倍液、75% 百菌清可湿性粉剂 700～1000 倍液、50% 多菌灵可湿性粉剂 800～1000 倍液、70% 代森锰锌可湿性粉剂 500～600 倍液等。隔7～10天喷1次，连喷2～3次。采收后可使用 400mg/L 咪鲜胺浸泡 1 分钟处理，储藏在 8℃ 下可取得良好的防治效果。

参考文献

何裕威，黄丽华，骆莺伦，1992. 黄皮炭疽病病原及发生规律初步研究 [J]. 仲恺农业技术学院学报，5(1): 80-85.

胡美姣，李敏，高兆银，等，2010. 热带亚热带水果采后病害及防治 [M]. 北京：中国农业出版社：183-184.

黄家德，黄栩，无核黄皮主要病虫害的发生与防治 [J]. 广西植保，19(3): 12-14.

刘淑娴，陈军，徐社金，等，2011. 不同环境因子对黄皮果实炭疽病发病的影响 [J]. 中国园艺文摘 (11): 48-49.

潘海燕，2011. 无核黄皮果树病虫害的发生与防治 [J]. 农业研究与应用 (4): 64-65.

杨凤珍，高兆银，李敏，等，2008. 黄皮果实炭疽病病原菌鉴定及其拮抗内生菌筛选 [J]. 中国南方果树，37(6): 48-50.

（撰稿：高兆银；审稿：胡美姣）

黄皮细菌性叶斑病　wampee bacterical leaf spot

由地毯草黄单胞菌柑橘致病变种引起的黄皮病害。该病害仅危害叶片，是黄皮常见的病害之一。

分布与危害 1993 年在海南首次报道该病害的发生。在黄皮种植区均有分布。仅危害叶片。发病初期出现直径 1～3mm 的黄色油渍状小斑，随后病斑背面出现疮痂状小突起，病斑透过叶片上下表面，并可扩大到直径 5～8mm，数个病斑可连成斑块。后期病斑中央变灰褐色，稍凹陷，但不呈火山口状开裂，病斑周围有明显的黄色晕圈。切取小块病健交界处组织在显微镜下观察，可见切口处有大量云雾状细菌溢流从薄壁组织中涌出（见图）。

病原及特征 病原为地毯草黄单胞菌柑橘致病变种（*Xanthomonas axonopodis* pv. *citri*）。菌体短杆状，两端钝圆，多数单个排列，大小为 0.4～0.6μm×1.5～1.7μm。鞭毛单根极生，荚膜不明显，不产生芽孢，革兰氏染色阴性，好气，氧化酶反应阴性，过氧化酶反应阳性，36℃ 时菌体能生长。

侵染过程与侵染循环 病原菌在柑橘、柠檬和黄皮的病叶片上越冬，在适宜环境条件下，病部溢出菌脓经风雨或雨水进行传播，通过气孔、水孔、皮孔或伤口侵入。湿度较大时，从病斑上溢出菌脓进行再侵染。病害远距离传播主要通过带菌苗木。病菌除侵染黄皮外，人工接种还能侵染甜橙类、柚子、柠檬和九里香。

流行规律 高温潮湿多雨是该病发生的主要条件。降雨有利于病原菌的繁殖和传播。在台风暴雨季节，不仅能造成寄主较多的伤口，而且有利于病菌的侵入，同时又有利于病菌的传播，病害发生更为严重。

防治方法

搞好苗圃园建设　苗圃园应远离柑橘和柠檬等芸香科

黄皮细菌性叶斑病危害症状（谢昌平提供）

植物；田间种植应选用无病的种苗。

搞好田间卫生工作　做好清园工作，及时摘除田间病叶，并集中烧毁，以减少侵染来源。

化学防治　松脂酸铜悬浮剂、噻菌铜悬浮剂、氧氯化铜悬浮剂、代森铵水剂、波尔多液、虎胶肥酸铜悬浮剂、铜皂液（硫酸铜0.5kg、水200kg）、络氨铜水剂、退菌特可湿性粉剂、可杀得悬浮剂和叶枯唑可湿性粉剂等。

参考文献

谢昌平，郑服丛，2010. 热带果树病理学 [M]. 北京：中国农业科学技术出版社.

（撰写：谢昌平；审稿：李增平）

黄芪白粉病　*Astragalus* powdery mildew

由豌豆白粉菌、蓼白粉菌和黄芪束丝壳引起的、危害黄芪地上部的一种真菌病害，是黄芪生产中的重要病害之一。

发展简史　1966年戚佩坤报道豌豆白粉菌（*Erysiphe pisi* Dc.）可引起吉林白城、通化、永吉、蛟河、延吉、和龙等地黄芪白粉病，蓼白粉菌（*Erysiphe polygoni* DC. Sensu str.）引起永吉及延吉黄芪白粉病。戴芳澜1979年提出黄芪白粉病的病原为蓼白粉菌（*Erysiphe polygoni*）。1987年郑儒永报道豌豆白粉菌（*Erysiphe pisi*）可危害黄芪。陆家云于1995年提出豌豆白粉菌（*Erysiphe pisi*）和黄芪束丝壳［*Trichocladia astragali*（DC.）Neger］均可侵染黄芪引起黄芪白粉病。对东北、内蒙古、河北、北京、山西、山东、陕西及湖北等地的黄芪白粉病病原的报道为豌豆白粉菌。2000年Shin在韩国报道豌豆白粉菌侵染黄芪引起白粉病。2004年和2011年骆得功、陈秀蓉先后报道甘肃定西黄芪白粉病的病原为黄芪束丝壳（*Trichocladia astragali*），而且在甘肃未发现豌豆白粉菌危害黄芪。根据以往各地的报道，引起黄芪白粉病的病原有3种，分别为豌豆白粉菌、蓼白粉菌和黄芪束丝壳，主要为前两种。陈泰祥2014年对甘肃黄芪白粉病的病原、发生规律和防治进行了研究。

分布与危害　黄芪白粉病在东北、内蒙古、河北、北京、山东、山西、陕西、甘肃、湖北等黄芪主产区均普遍发生，且有不同程度的危害。根据2012—2014年调查，黄芪白粉病在甘肃陇西、渭源和岷县发病率35.0%～93.0%，严重度2～4级。在其他地区黄芪白粉病严重发生时，发病率也可达到100%。

黄芪白粉病危害黄芪地上部分，叶片、叶柄、嫩茎及荚果均受害。在叶正背面均产生白粉。初期产生小型白色粉斑，后扩大至全叶，菌丝层厚，似毡状，即病菌的分生孢子梗和分生孢子。后期白粉层中产生黑色小颗粒，即病菌的闭囊壳（图1）。病株叶色发黄，干枯脱落。严重时全株枯死。在白粉层中常见有一种更小的黑色颗粒，即白粉菌的寄生菌。

病原及特征　病原主要为白粉菌属豌豆白粉菌（*Erysiphe pisi* DC.）和束丝壳属黄芪束丝壳［*Trichocladia astragali*（DC.）Neger］。

豌豆白粉菌：分生孢子桶形、柱形至近柱形，大小为25.4～38.1μm×12.7～17.8μm。闭囊壳聚生或近散生，暗褐色，扁球形，直径92～120μm，个别达150μm。附属丝菌丝状，12～34根，大多不分枝。子囊5～9个，卵形、近卵形，少数近球形或其他不规则形状。一般有短柄，少数无柄或近无柄。子囊孢子3～5个，卵形、矩圆至卵圆形，带黄色，大小为20.3～25.4μm×12.7～15.2μm。

束丝壳属黄芪束丝壳：闭囊壳近球形、近球形、黑褐色，直径94.6～161.1μm（平均116.4μm）。子囊椭圆形、长椭圆形，多为6～8个，大小为62.7～85.0μm×31.3～53.7μm，有柄。子囊孢子椭圆形、长椭圆形，多为4个，淡黄色至鲜黄色，大小为24.6～35.8μm×15.7～20.2μm。附属丝丝状，无色，无隔，常弯曲，顶端有1～2次分枝，长宽为165.7～645.0μm×17.9～31.4μm（平均450μm×22.4μm），9～24根（图2）。蒙古黄芪、膜荚黄芪及红芪上的病原菌相同。

侵染过程与侵染循环　病菌以闭囊壳随病残体在地表

图1　黄芪白粉病症状（陈秀蓉提供）

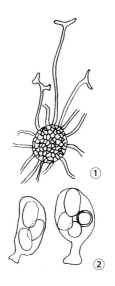

图2　黄（红）芪白粉病菌（魏勇良提供）

①分生孢子器；②子囊及子囊孢子

越冬或以菌丝体在根芽上越冬。翌年，温湿度适宜时，释放子囊孢子进行初侵染,病部产生的分生孢子借气流风雨传播，有多次再侵染。甘肃黄芪白粉病在6月下旬已开始零星发病，7月发展缓慢，8月中旬至9月上旬为盛发期，直至采挖。

流行规律 海拔2000m以下地区发生较重。在20～26℃，相对湿度51.0%～65.0%时，潜育期6天。20℃以上菌丝生长迅速。温度对病害的发生和流行影响较大。红芪发病很轻，发病率低于5%，抗白粉病。

防治方法

农业防治 施足底肥，氮、磷、钾比例适当，不可偏施氮肥，以免植株徒长。合理密植，以利通风透光。收获后彻底清除田间病残体，减少初侵染源。

化学防治 发病初期喷施62.25%腈菌唑。每公顷用药1120～1456g（有效成分）或75%拿敌稳每公顷用药113～169g（有效成分），25%三唑酮可湿性粉剂每公顷用药150～188g（有效成分）及10%苯醚甲环唑水分散颗粒剂每公顷用药101～127g（有效成分），有良好的防效。

参考文献

陈泰祥，陈秀蓉，王艳，等，2013.甘肃省黄芪白粉病病原鉴定及田间药效试验[J].农药，52(8):599-601.

李绥峰，2010.黄芪白粉病发生特点及防治方法[J].现代园艺(5):57.

骆得功，韩相鹏，邓成贵，等，2004.定西市药用黄芪病害调查与病原鉴定[J].甘肃农业科技(1):38-40.

戚佩坤，白金铠，朱桂香，1966.吉林省栽培植物真菌病害志[M].北京:科学出版社:297.

SHIN H D, 2000. *Erysiphaceae* of Korea[M]. Suwon, Korea: National Institute of Agricultural Science and Technology.

（撰稿：陈秀蓉、王艳；审稿：高微微）

黄芪霜霉病 *Astragalus* downy mildew

由黄芪霜霉引起的、危害黄芪地上部分的病害，是黄芪生产中最重要的病害之一。

发展简史 国内外记载黄芪霜霉（*Peronospora astragalina* Syd.）可寄生黄芪属（*Astragalus*）多种植物。李春杰等1994年报道该病原菌可侵染新疆地区藏黄芪（*Astragalus tibetanus* Benth. ex Bge.），但没有对其形态进行描述。2003年Shin和Choi在韩国报道该菌可寄生膜荚黄芪［*Astragalus membranaceus*（Fisch.）Bge.］。骆得功和韩相鹏（2004）系统调查研究了甘肃黄芪病害种类及病原，确定甘肃黄芪霜霉菌侵染膜荚黄芪和蒙古黄芪［*Astragalus membranaceus*（Fisch.）Bunge var. *mongholicus*（Bge.）Hsiao］引起黄芪的霜霉病。2013年陈泰祥对该病害的症状、病原、发病规律以及防治经济阈值进行了系统调查研究。

分布与危害 黄芪霜霉病在甘肃黄芪各主产区普遍发生，且发生较重，病株率普遍达43.0%～100.0%，严重度1～4级，主要危害叶片，严重时病叶卷曲、干枯、脱落，严重影响黄芪的产量和品质。

该病害具有局部侵染和系统侵染特征。在1～2年生黄芪植株上表现为局部侵染，主要危害叶片，发病初期叶面边缘生模糊的多角形或不规则形病斑，淡褐色至褐色，叶背相应部位生有白色至浅灰白色霉层，即病原菌孢囊梗和孢子囊，发病后期霉层呈深灰色，严重时植株叶片发黄，干枯，卷曲，中下部叶片脱落，仅剩上部叶片（图1①）。在多年生植株上多表现为系统侵染，即全株矮缩，仅有正常植株高度的1/3，叶片黄化变小，其他症状与上述局部侵染症状相同（图1②）。

病原及特征 病原为黄芪霜霉（*Peronospora astragalina* Syd.）。属霜霉属。该菌孢囊梗自气孔伸出，多为单枝，偶有多枝，无色，全长224.0～357.4μm×6.1～8.2μm（平均285.6μm×7.5μm），主轴长占全长2/3，上部二叉状分枝4～6次，末端直或略弯，呈锐角或直角张开，大小为7.7～15.9μm×1.5～2.5μm（平均10.5μm×2.2μm）（图2①）。孢子囊卵圆形，一端具突，无色，大小为18.0～28.3μm×14.1～20.6μm（平均20.4μm×19.1μm）（图2②）。藏卵器近球形，淡黄褐色，大小为43.7～61.7μm×43.7～61.7μm（平均51.2μm×47.3μm）。雄器棒状，侧生，单生，大小为30.8～39.8μm×9.0μm。卵孢子球形，淡黄褐色，直径23.1～36.0μm（平均31.5μm）

图1 黄芪霜霉病症状（陈秀蓉提供）

①局部症状；②系统症状

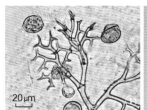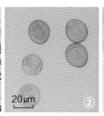

图 2 黄芪霜霉病菌形态示意图（陈秀蓉提供）

①孢囊梗；②孢子囊；③病组织中卵孢子

（图 2③）。孢子囊在水滴中 10～12 小时后开始萌发，萌发的温度为 5～30℃，最适 20℃。孢子囊在水滴中能很好萌发，相对湿度 100% 时，36 小时仅 5.5%，低于 95% 不萌发；pH 4.98～9.18 均可萌发，最适为 pH 7.28。黄芪叶片榨出液对孢子囊萌发有较强的刺激作用。该菌可危害蒙古黄芪、膜荚黄芪和红芪。

侵染过程与侵染循环　病菌随病残体在地表及土壤中越冬或在多年生植株体内越冬。翌年，环境适宜时，病残体和土壤中越冬病菌侵染寄主，引起初侵染。在甘肃陇西 5 月上中旬当多年生黄芪植株返青后不久，即出现系统侵染的症状，成为田间发病中心，可引起局部侵染并扩大蔓延。病部产生的孢子囊借气流风雨传播，引起多次再侵染。一般在 20～26℃ 及 65%～77% 的相对湿度下，潜育期为 5 天。局部侵染的植株一般在 7 月上中旬开始发病，7 月中下旬病情缓慢发展，在 8 月上旬至 9 月中旬为盛发期，直至采挖。通常中上部叶片发病重，下部叶片发生较轻。发病后期病残组织内形成大量的卵孢子，卵孢子随病叶等病残组织落入土中越冬，成为翌年的初侵染来源。

流行规律　降雨多、露时长、湿度大，特别是在 7～8 月连续的阴雨天气病害蔓延迅速。在甘肃岷县、漳县及渭源等高海拔地区，7～8 月的夜间露时多在 9～11 小时，叶面有水膜有利于孢子囊的萌发和侵染，所以，在海拔 2000m 以上地区发生较重。

防治方法

农业防治　增施磷、钾肥，提高寄主抗病性。合理密植，以利通风透光，减轻病害蔓延。收获后彻底清除田间病残体，减少初侵染源。

化学防治　发病初期喷施 72.2% 霜霉威盐酸盐水剂，每公顷用药 650～1083ml（有效成分），66.8% 霉多克每公顷用药 1002～1332g（有效成分），52.5% 抑快净每公顷用药 184～276g（有效成分），70% 安泰生可湿性粉剂每公顷用药 1050～1575g（有效成分）兑水喷施，对黄芪霜霉病防治效果好。一般每 8～10 天喷施 1 次，连喷 2～3 次，可有效地控制该病害。为延缓病原菌产生抗药性，交替使用上述药剂。由于病原菌霜霉状物主要生长于叶背，因此，喷药时注意均匀喷施叶背，可达到良好的防治效果。

参考文献

陈泰祥，王艳，陈秀蓉，等，2013. 甘肃省黄芪霜霉病病原鉴定及田间药效试验 [J]. 中药材 (10): 1560-1563.

陈泰祥，杨小利，陈秀蓉，等，2015. 甘肃省黄芪霜霉病发病规律及防治经济阈值研究 [J]. 草业学报，24(9): 113-120.

骆得功，韩相鹏，2006. 黄芪霜霉病发生与药剂防治 [J]. 植物保护，32(3): 104-105.

（撰稿：陈秀蓉；审稿：高微微）

黄曲霉　*Aspergillus flavus* Link

自然界常见的腐生性霉菌，多在发霉的粮食及其他霉腐农产品上，是引起储藏粮食霉变和发热的主要危害菌。

分布与危害　黄曲霉侵染玉米时，会在其胚部形成粗地毯状或絮状的菌落，初为黄色，后变为黄绿色，最后变成棕绿色。部分黄曲霉菌株具有较强的淀粉糖化与蛋白质分解能力而被广泛用于白酒、酱油和酱的生产。黄曲霉分布较广，部分菌株可产生黄曲霉毒素，使食品、粮食和饲料带毒，人畜食用后发生中毒反应，甚至致癌。

中国广东、广西等南方地区的玉米籽粒携带的霉菌以黄曲霉居多，数量可达 105 个 /g。当粮食水分含量达到 16% 及以上时，黄曲霉便会大量快速繁殖。用霉变粮食酿造啤酒，啤酒中黄曲霉素可高达 20μg/kg 以上，禁止用霉变粮食酿造啤酒。

病原及特征　黄曲霉（*Aspergillus flavus* Link）属曲霉属。黄曲霉菌落生长很快，较平坦或有放射状皱纹。在培养基上初为灰白色、扁平，菌落颜色转为亮黄绿色至深绿色，菌落背面呈无色或至淡红色，有的菌株会产生灰褐色的菌核。

黄曲霉菌丝体由许多复杂的分枝菌丝构成。营养菌丝具有分隔，而气生菌丝的一部分形成长而粗糙的分生孢子梗。分生孢子梗壁厚、无色，长度小于 1mm，直径 10～20m；顶端产生的顶囊近球形或烧瓶状，大部分表面产生许多小梗，小梗单层、双层或单双层同时生于一个顶囊上，直径 300～400m；小梗上会着生成串的表面粗糙的球形分生孢子。分生孢子梗壁粗糙或有刺，无色；分生孢子头为半球形、柱形或扁球形（图 1）。孢子萌发、生长和菌丝体产孢的湿度

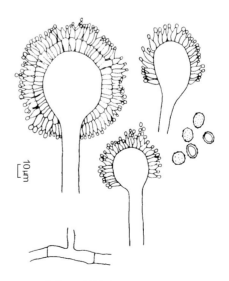

图 1 黄曲霉无性繁殖体（引自蔡静平，2018）

都在 80% 以上。

发生规律　黄曲霉属中温性、中生性霉菌。生长的适应温度范围一般为 12～42℃，最适温度为 33℃；适应的最低水分活度为 0.78，最适为 0.93～0.98。温度与水分活度对黄曲霉生长有综合的影响，当温度为 15℃ 时，水分活度为 0.95 时才能生长。黄曲霉产毒的最适温度与其最适生长温度不同，该菌产毒的适合温度一般在 24～28℃。黄曲霉在生长初期不产毒，一般随着分生孢子的形成而开始产毒。

黄曲霉毒素（aflatoxins，AF）　是粮食、食品和饲料中污染最普遍的毒素之一，它的毒性和致癌性都极强，1993 年被世界卫生组织（WHO）的癌症研究机构划定为 I 类致癌物，也是一种毒性极强的剧毒物质。

黄曲霉毒素的种类和结构　AFT 是一组化学结构类似的化合物，基本结构为一个二氢呋喃环和氧杂萘邻酮（香豆素）。目前已分离鉴定出 20 余种黄曲霉毒素相关化合物，包括 B1、B2、B2a、G1、G2、M1、M2 等。一般认为，二氢呋喃环为该毒素的基本毒性结构，而氧杂萘邻酮与其致癌性有关。几种毒素中，B1 为毒性及致癌性最强的物质（图 2）。

根据黄曲霉毒素在 365nm 紫外线照射下发出的荧光颜色，将黄曲霉毒素分为两类，一类为 B 族，显蓝紫色荧光；另一类为 G 族，发黄绿色荧光。食品中常见且危害性较大的黄曲霉毒素多为 B1、B2、G1、G2、M1、M2 等，其中 M1 和 M2 是 B1 和 B2 的羟基衍生物。

黄曲霉毒素的理化性质　黄曲霉毒素无色，难溶于水，易溶于油、甲醇、丙酮和氯仿等有机溶剂，但不溶于石油醚、己烷和乙醚中。在中性溶液中较稳定，但在强酸性溶液中稍有分解，在 pH9～10 的强碱溶液中分解迅速。该毒素纯品为无色的结晶，耐高温。AFTB1 的分解温度为 268℃，紫外线对低浓度 AFT 有一定的破坏性。

黄曲霉毒素的危害性　AFT 在豆粕、玉米、花生及牛奶、食用油等中时常检测到，在热带和亚热带地区食品中 AFT 的检出率较高。

动物试验表明，AFTB1 的毒性高于农药，比砒霜、氰化钾等剧毒药物的毒性还强，可使动物发生急性中毒，其作用靶器官主要是肝脏，常引起动物的肝脏实质细胞坏死、胆管上皮细胞增生、肝出血等病变，降低动物免疫力。

含低剂量 AFT 的粮食和食品非常容易被忽视或难以发现，人或动物长期食用这些食品可导致慢性中毒或发生癌变。食用被 AFT 污染的食物与癌症的发病率呈正相关性，长期食用含低浓度 AFT 的食物被认为是导致肝癌、胃癌、肠癌等疾病的主要原因。

AFT 的检测方法　1985 年中国制定食品中 AFTB1 测定方法的国家标准；1995 年，世界卫生组织制定的食品 AFT 最高允许浓度为 15g/kg，人消费的牛奶中 AFTB1 含量不能超过 0.5g/kg，其他动物饲料中 AFTB1 含量不能超过 300g/kg。AFT 的常用检测方法有以下几种：

薄层层析法：薄层层析（TLC）是在 AFT 研究方面应用最广的分离检测方法。1990 年，它被列为 AOAC（association of official agricultural chemists）标准方法，该方法同时具有定性和定量分析 AFT 的功能。天然污染的粮油及其食品中，AFTB1 含量最大，毒性和致癌性也最强，在粮油食品 AFT 的监测中常以 AFTB1 作为主要指标。国家标准中的检测方法是通过薄层色谱进行分离，比较样液与标液中 AFTB1 荧光强度来定量的，检出限为 5g/kg，回收率 75% 以上，适合各类粮油食品中 AFTB1 的测定。

液相色谱法：液相色谱（liquid chromatography，LC）与薄层层析在许多方面具有相似性，二者可以互补。通常用 TLC 进行前期的条件设定，选择适宜的分离条件后，再用 LC 进行 AFT 的定量测定。

免疫化学分析方法：利用具有高度专一性的单克隆抗体或多克隆抗体设计的 AFT 的免疫分析也是最常用的 AFT 检测方法。这类方法通常包括放射免疫分析方法（radioimmunoassay，RIA），ELISA 和免疫层析法（immunoaflinity column assay，ICA）。它们均可以对 AFT 进行定量测定。

薄膜层析法和液相色谱法是中国绝大多数检测机构都在使用的方法，随着现代科学技术的不断发展，以金标试纸为代表的这些方法已经被很多国家广泛使用。

脱毒方法：对 AFT 的脱毒途径主要包括 3 种，即脱除毒素、把毒素转变为无毒的化合物或者使 AFT 被分解为无毒的小分子化合物。相对应的脱毒方法有物理法、化学法和生物法。

物理法包括剔除霉粒、吸附、辐照、粉碎水洗、高温及熏蒸处理法；化学法包括添加氢氧化钠、氧化降解、有机溶剂处理法等；生物方法则利用可吸附 AFT 或降解 AFT 的微生物来进行。其中物理法只是将 AFT 转移，并没有消除 AFT 对环境的危害，化学法又容易引起二次污染，影响粮食的品质，所以，生物脱毒法是近年来研究的热点。

用无根根霉、米根霉、橙色黄杆菌和亮菌等进行处理，对去除粮食和饲料中的 AFT 有较好效果。与物理学和化学方法相比，微生物发酵处理法对饲料营养成分的损失和影响较少。此法仍处于研究阶段，尚未应用于生产，但它是一种

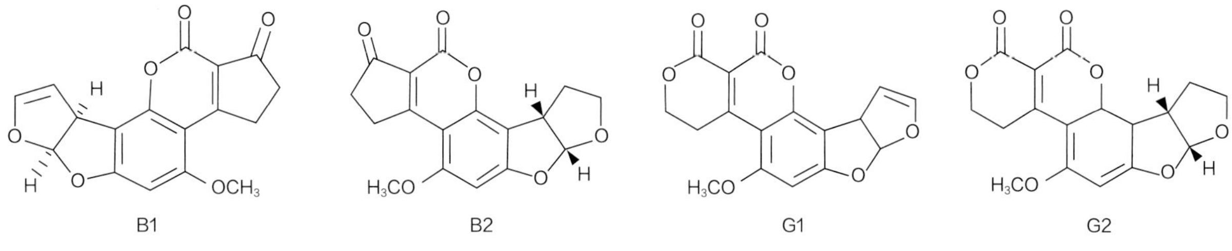

图 2　主要 AFT 的分子结构式（胡元森提供）

有应用前景的方法，也是一个比较活跃的研究领域。

防治方法　①降低粮食籽粒的含水量以及周围环境湿度和温度，入库前要把粮食籽粒含水量降至安全水分以下。

②用氨、二氧化硫及丙酸等化学药剂通过低温干燥系统可有效控制霉菌的生长。

③准低温保藏。通过谷物制冷机等冷却系统把仓温控制在 10°C 左右，可有效抑制霉菌呼吸，减少危害。

参考文献

蔡静平，2018.粮油食品微生物学 [M].北京：科学出版社.

刘岚，2010.粮油食品中黄曲霉毒素检测方法 [J].农产品加工 (4): 66-67.

王若兰，2016.粮油储藏学 [M].北京：中国轻工业出版社.

GARCIA D, RAMOS A J, SANCHIS V, et al, 2012, Effect of *Equisetum arvense* and *Stevia rebaudiana* extracts on growth and mycotoxin production by *Aspergillus flavus* and *Fusarium verticillioides* in maize seeds as affected by water activity[J]. International journal of food microbiology, 153: 21-27.

TAYEL A A, 2010. Innovative system using smoke from smoldered plant materials to control *Aspergillus flavus* on stored grain[J]. International biodeterioration and biodegradation, 64: 114-118.

XING Y G, LI X H, XU Q L, et al, 2010. Antifungal activities of cinnamon oil against *Rhizopus nigricans*, *Aspergillus flavus* and *Penicillium expansum* in vitro and in vivo fruit test[J]. International journal of food science & technology, 45(9): 1837-1842.

（撰稿：胡元森；审稿：张帅兵）

图 1　黄鸢尾茎枯病症状（伍建榕摄）

黄鸢尾茎枯病　yellow iris stem blight

由泪珠小赤壳引起的鸢尾茎部出现斑点并枯萎的一种真菌性病害。

分布与危害　广泛分布于鸢尾种植地区。病株茎上有散生的橘红色至淡红色半埋生近颗粒状物，大小 0.3～0.5mm。6～12 月在黄鸢尾枯叶纤维和茎上发生，后呈茎枯状，病区相当普遍（图 1）。

病原及特征　病原为泪珠小赤壳［*Nectriella dacrymycella*（Nyl.）Rehm.］，属小赤壳属（图 2）。子实体在寄主皮下形成，后暴露；子囊壳丛生；每个子囊含孢子 8 个；子囊孢子双胞，无色。可侵染其他鸢尾。

侵染过程与侵染循环　病菌以菌丝在寄主残体或土壤中越冬，翌年 4 月初老叶开始发病，5～6 月气温达到 22～28°C 时发展迅速。病菌孢子靠气流、风雨、浇水等传播，多从伤口处侵入。以菌丝体和分生孢子器在病部或土中越冬，翌春释放出分生孢子，可循环再侵染。

流行规律　该病在炎热潮湿的季节多发生，浇水过多、放置过密、偏施氮肥、缺乏磷钾肥以及通风透光不良时发病严重。高温高湿的多雨季节发病严重。

防治方法

农业防治　种植株行距不能过密，周围应保持通风透光，尽量消除种植环境中的枯枝败叶。发现病叶及时修剪、

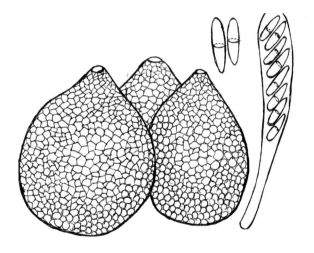

图 2　泪珠小赤壳（陈秀虹绘）

销毁。

化学防治　病区喷杀菌剂。药剂选择见鸢尾球腔菌叶斑病，7～10 天喷 1 次。空气湿度大时喷硫黄粉剂。

参考文献

陈秀虹，伍建榕，西南林业大学，2009.观赏植物病害诊断与治理 [M].北京：中国建筑工业出版社.

王丽霞，2012. 主要花卉真菌病害调查与病原真菌鉴定 [D]. 沈阳：沈阳农业大学.

（撰稿：伍建榕、魏玉倩、周媛婷；审稿：陈秀虹）

黄鸢尾茎叶菌核叶斑病   yellow iris stem and leaf spot

由鸢尾茎叶菌核引起的叶部真菌性病害。

分布与危害   主要分布在种植鸢尾的地区。侵染叶片，病叶上形成大型枯斑，坏死区周围有半透明的褐色晕圈，在绿色病叶组织上生有黑色长形颗粒状物（菌核）（图1）。由于该病只产生菌核故称黄鸢尾茎叶菌核叶斑病。

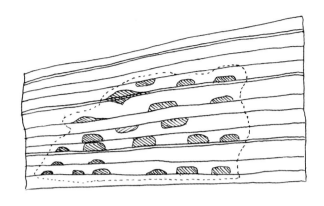

图 2 鸢尾茎叶菌核分布示意图（陈秀虹绘）

病原及特征   病原为鸢尾茎叶菌核（*Ectostroma iridis* Fr.），属茎叶菌核属真菌。该病原菌只产生菌核，大小为 1～2mm×2～2.5mm，它与叶肉组织相结合，无孢子产生（图2）。

侵染过程与侵染循环   病原在病残体或土壤中越冬，翌年发病期随风、雨传播侵染寄主。

流行规律   连作、过度密植、通风不良、湿度过大均有利于发病。

防治方法

农业防治   花期注意通风透光，修剪病叶、病花穗等，减少侵染来源。加强通风，控制温棚中的温度在 20～24°C，相对湿度不大于70%。浇水时不用喷雾和高淋法，而改用顺土壤走低灌法。

化学防治   近花期要特别注意喷施杀菌剂，药剂见鸢尾眼斑病，也可用 0.3 波美度石硫合剂喷雾，每 10 天喷 1 次，连续 2～3 次。

参考文献

陈秀虹，伍建榕，西南林业大学，2009. 观赏植物病害诊断与治理 [M]. 北京：中国建筑工业出版社.

王丽霞，2012. 主要花卉真菌病害调查与病原真菌鉴定 [D]. 沈阳：沈阳农业大学.

张柏松，傅循晶，徐文通，等，2003. 球根花卉主要病害发生规律与防治措施 [J]. 引进与咨询 (7): 33-35.

（撰稿：伍建榕、魏玉倩、周媛婷；审稿：陈秀虹）

图 1 黄鸢尾茎叶菌核叶斑病症状（伍建榕摄）

黄鸢尾叶枯病   yellow iris leaf blight

由黑斑白洛皮盘菌引起的危害黄鸢尾叶部的一种真菌病害。

分布与危害   主要分布在种植鸢尾的地区。发生在叶部，造成叶片枯萎。植株下部叶易枯，在一年生老叶枯斑上生有 0.4mm 左右的黑色小点（子囊盘），6～7 月黄鸢尾（黄菖蒲）叶上出现病症。用放大镜观察可见黑点旁布满黑色绒毛（图1）。

病 原 及 特 征   病原为黑斑白洛皮盘菌（*Belonium*

图 1　黄鸢尾叶枯病症状（伍建榕摄）

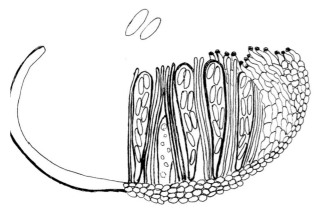

图 2　黑斑白洛皮盘菌（陈秀虹绘）

nigromaculatum Graddon），属皮盘菌属。子囊盘半埋生，内有子囊，子囊孢子单胞无色，子囊间有侧丝（图 2）。

侵染过程与侵染循环　叶枯病在病叶上越冬，翌年在温度适宜时，病菌的孢子借风、雨传播到寄主植物上发生侵染。

流行规律　病菌在 5 ～ 25℃ 均可生长，而以 20 ～ 25℃ 生长最适宜。秋季多雨和花期发病严重。该病在 7 ～ 10 月均可发生。植株下部叶片发病重。高温多湿、通风不良均有利于病害的发生。植株生长势弱的发病较严重。

防治方法

农业防治　花期注意通风透光，修剪病叶、病花穗等，减少侵染来源。加强通风，控制温棚中的温度在 20 ～ 24℃，相对湿度不大于 70%。浇水时不用喷雾和高淋法，而改用顺土壤走低灌法。

化学防治　近花期要特别注意喷施杀菌剂，药剂见鸢尾

眼斑病，也可用 0.3 波美度石硫合剂喷雾，每 10 天喷 1 次，连续 2 ～ 3 次。

参考文献

陈秀虹，伍建榕，西南林业大学，2009. 观赏植物病害诊断与治理 [M]. 北京：中国建筑工业出版社.

（撰稿：伍建榕、魏玉倩、周嫒婷；审稿：陈秀虹）

活体营养型病原菌　biotrophic pathogen

通过与寄主活细胞建立密切的营养关系来生存的一类病原菌。如白粉菌、锈菌等。

主要特点　①不能完全离体培养。②高度发达的侵染结构。③具备由菌丝特化而成的吸器。④能够长时间抑制寄主的防卫反应。

危害　活体营养型病原菌属于更高级的寄生物，寄主范围一般较窄，有较高的寄生专化性。它们可以从寄主的自然孔口或直接穿透寄主表皮侵入，侵入后在细胞间隙蔓延，常形成专门吸取营养的结构——吸器。它们的寄生能力很强，侵染过程中几乎不产生任何分解酶或毒素，对寄主细胞的直接杀伤作用较小，依赖于活的寄主细胞来完成其生命周期，寄主对活体营养病原菌的防御主要是由于细胞的程序性细胞死亡，以及由水杨酸依赖性途径调节的防御反应的相关激活。一旦寄主细胞和组织死亡，该类病原菌也会随之停止生长并迅速死亡，不能脱离寄主营腐生生活。在自然环境中，活体营养型病原的侵染会降低寄主的生存能力，导致农作物的严重经济损失。

参考文献

LO PRESTI L, LANVER D, SCHWEIZER G, et al, 2015. Fungal effectors and plant susceptibility[J]. Annual review plant biology, 66: 513-545.

OKMEN B, DOEHLEMANN G, 2014. Inside plant: biotrophic strategies to modulate host immunity and metabolism[J]. Current opinion in plant biology, 8(20): 19-25.

SPANU P D, 2012. The genomics of obligate (and nonobligate) biotrophs[J]. Annual review of phytopathology, 50: 91-109.

STAPLES R C, 2000. Research on the rust fungi during the twentieth century[J]. Annual review of phytopathology, 938: 49-69.

VOEGELE R T, MENDGEN K, 2003.Rust haustoria: nutrient uptake and beyond[J]. New phytologist, 159(1): 93-100.

（撰稿：康振生、王晓杰；审稿：杨丽）

J

鸡蛋果茎基腐病　passion fruit damping-off

由多种病原菌侵染引起的、鸡蛋果上的一种毁灭性病害。

发展简史　1930年，澳大利亚首次报道了该病害的发生，后在巴西、乌干达、南非、美国、印度等国家均有报道，中国福建、广东、海南等地也有发生。

分布与危害　该病害是鸡蛋果产区的主要病害之一，发病率20%～80%，甚至连片枯死，严重影响产量和产业发展。

主要危害根、茎，一般在茎基离地面约20cm处发生水渍状褐色斑，后扩展成暗褐色，稍凹陷，皮层腐烂，海绵状，最后皮层脱裂，木质部横切面变褐色。后期茎基部逐渐变黑，烂根、烂茎，整株枯死，拔起腐烂病株，可闻到类似蘑菇的气味。在潮湿条件下，病部表面长满白色絮状物，不久后产生许多鲜红色颗粒状物（见图）。

病原及特征　该病病原较为复杂，报道的病原菌有①西番莲尖镰孢（*Fusarium oxysporum* f. sp. *passiflorae* Schlecht.）。②茄腐皮镰刀菌[*Fusarium solani*（Mart.）Sacc.]，有性世代为赤球丛赤壳菌[*Nectria haematococca*（Berk. & Broome）Samuels & Rossman]。③烟草疫霉（*Phytophthora nicotianae* van Breda de Haan）。

西番莲尖镰孢在CDA平板上产生典型的大分生孢子和小分生孢子。镰刀形的大分生孢子无色透明，具3～4个隔膜，大小为40～50μm×3～4.5μm；小分生孢子圆形，单胞，无色，大小为5～12μm×2～3.5μm。

茄腐皮镰刀菌在PSA培养基上，气生菌丝体较发达，白色絮状，并产生许多黏分生孢子团，后期培养皿反面呈淡蓝色，在米饭培养基上呈淡棕蓝色。在PSA培养基上大孢子镰刀形，稍弯，有的呈纺锤形，产生于短而多分枝的分生孢子梗上，2～4个隔膜，以3个隔膜居多，大多数足细胞不明显，顶细胞喙状，3隔膜的大小为28～38μm×3.8～4.8μm；小孢子卵形，椭圆形或肾形，0～1个隔膜，大小为8～12μm×3～4μm；厚垣孢子球形、近球形，淡褐色，顶生或间生，常2个串生。其有性世代赤球丛赤壳菌，形成颜色鲜艳的子座，表生，不发达；子囊壳鲜红色，丛生于子座上，球形，近球形或卵圆形，孔口内壁具缘丝，直径129～198μm；子囊圆筒形、棍棒形，有时弯曲，具短柄，大小为39～58μm×4.2～7.2μm；内含8个子囊孢子，子囊孢子单列，无色，椭圆形至倒卵形，1个隔膜，分隔处缢缩，8.4～12.4μm×3～4μm。

烟草疫霉在V8平板上，菌落圆形，气生菌丝欠发达，将菌丝块置于无菌水中培养1～2天后产生大量孢子囊，孢子囊梗无分枝或有短分枝，孢子囊不易从孢囊梗上脱落，孢子囊倒梨形、柠檬形或椭圆形，基部钝圆，大小为24.5～44.3μm×22.8～34.5μm，孢子囊有明显的乳状突起，部分孢子囊具小柄，柄长3～5μm，未见厚垣孢子，冷冻后孢子囊释放游动孢子。

侵染过程与侵染循环　病菌主要以菌丝体、子囊壳和厚垣孢子随病残体或在土壤中越冬，翌年雨季遇上高温高湿的条件，厚垣孢子等萌发产生菌丝体，菌丝体再分化产生分生孢子梗和分生孢子；子囊壳雨水后释放子囊孢子；子囊孢子和分生孢子随流水、土壤和农具等传播进行再侵染。

流行规律　在雨季易发生和流行，旱季停止发生；果园排水不良，土壤含水量大，病害严重。田间除草操作时，弄伤植株茎基部，极易诱发该病。

防治方法

农业防治　种植地选择通风透光、排水良好的土地，起高畦种植，篱架式搭架。种植抗病品种，在重病区选种较抗病的黄果品种或黄果品种与紫果品种的杂交种，或用黄果品种为砧木，嫁接紫果品种。注意及时修枝整蔓，固蔓，增施钾肥。

化学防治　及时挖除和烧毁病株，并对病穴及周围的土壤进行消毒，可用1.5%生石灰喷淋土壤和病穴进行消毒处理，50%敌克松可湿性粉剂500～1000倍液灌根和1000～1500倍液淋灌土壤。在发病初期淋灌根颈部进行保

鸡蛋果茎基腐病危害症状（詹如林提供）

护。可选用的杀菌剂有 50% 多菌灵可湿性粉剂 200～500 倍液、70% 甲基托布津可湿性粉剂 600～800 倍液、25% 瑞毒霉可湿性粉剂 500～800 倍液等。修剪后用石灰加多菌灵和杀虫剂刷杆预防或用多菌灵淋灌预防。

参考文献

李德富，孙龙芳，林寿峰，1991. 福建省西番莲茎基腐病调查研究报告 [J]. 福建热作科技 (4): 9-11.

吕劲锋，戚佩坤，1992. 广东鸡蛋果真菌病害调查初报 [J]. 华南农业大学学报，13(4): 91-96.

詹如林，郑服丛，HO H H，2003. 海南西番莲茎腐病病原的分离与鉴定 [J]. 热带作物学报，24(4): 39-42.

郑冠标，1991. 鸡蛋果病害文献综述 [J]. 热带作物研究 (2): 83-88.

郑加协，黄盈，1997. 福建西番莲茎基腐病及其防治研究 [J]. 福建农业学报 (1): 40-43.

（撰稿：高兆银；审稿：胡美姣）

鸡蛋果炭疽病　passion fruit anthracnose

由多种炭疽菌引起的一种鸡蛋果真菌病害。

发展简史　2000 年，Wolcan 等人首先报道阿根廷因 *Glomerella cingulata*（*Colletotrichum gloeosporioides*）引起鸡蛋果炭疽病。Tarnowski 等 2010 年报道 *Colletotrichum boninense*、*Colletotrichum capsici* 和 *Glomerella* sp. 等引起美国佛罗里达鸡蛋果储藏期间的炭疽病。在中国，吕劲锋等于 1991 年对广东鸡蛋果病害调查发现，胶孢炭疽菌、辣椒炭疽菌引起炭疽病。

分布与危害　该病主要危害主蔓、叶片和果实。

危害主蔓　在发病初期，主蔓上产生灰白色小圆斑，稍凹陷，外缘有一黑褐色线圈。病斑表面着生许多轮状排列的黑色小点即病原菌的分生孢子盘和分生孢子。发病后期，病斑迅速扩大至主蔓整个皮层，多个病斑相接，形成不规则形病斑，直至整个主蔓变为灰白色。解剖病株主蔓，皮层干缩，呈干腐状。

危害叶片　病斑圆形、近圆形，中央淡褐色，边缘褐色，常多个病斑连合成大斑，导致叶片局部枯死，严重时引起落叶，病部产生黑色小粒，为病原菌的分生孢子盘，天气潮湿时，形成橙红色的黏分生孢子盘。

危害果实　病斑圆形，黄褐色，病健交界处水渍状，潮湿时病斑逐渐扩展软化，表面也产生黑色分生孢子盘，最终脱落腐烂（见图），储藏期发病，病斑凹陷，果实皱缩。

病原及特征　引起该病的病原菌有多种，胶孢炭疽菌 [*Colletotrichum gloeosporioides*（Penz.）Sacc.]、辣椒炭疽菌 [*Colletotrichum capsici*（Syd.）Bulter & Bisby]、博宁炭疽菌（*Colletotrichum boninense*），均属炭疽菌属。

胶孢炭疽菌在病部形成分生孢子盘，常具刚毛，在 PSA 培养基上，刚毛有或无，产孢细胞梗型，分生孢子圆筒形，边缘规则，内含物颗粒状，两端钝圆，无色，9～14μm×3.3～4.3μm，附着胞褐色，边缘不规则。

鸡蛋果炭疽病危害症状（胡美姣提供）

辣椒炭疽菌在病部形成分生孢子盘，常具刚毛，在 PSA 培养基上，刚毛有或无，产孢细胞梗型，分生孢子镰刀形，无色，内含 1 油球，39～51μm×4.5～6.5μm，附着胞暗褐色，椭圆形或近球形，边缘规则。

侵染过程与侵染循环　病菌以菌丝体和分生孢子盘在病株上或随病残体在土中存活越冬，以分生孢子作为初侵染与再侵染源，借风雨传播，从伤口侵入致病。

流行规律　高温高湿的环境有利于病害发生，处于树冠内荫蔽处的叶片容易感病。偏施氮肥，叶色浓绿的植株易发病。黄果种较紫果种更易感病。

防治方法

抓好田园清洁　收集病叶病果集中烧毁。发病较重的果园在冬春清园后，宜随即在地面结合树上喷施 30% 氧氯化铜悬浮剂或 0.5% 倍量式波尔多液（1:1:200）1 次。

化学防治　发病初期及时连续喷药控病。药剂可选用 69% 安克锰锌 +75% 百菌清（1:1）1000～1500 倍液、25% 炭特灵可湿粉 500 倍液、60% 多福可湿粉 600 倍液、50% 施保功可湿粉 1000～1500 倍液、40% 多硫悬浮剂 600 倍液、40% 三唑酮多菌灵可湿粉 800～1000 倍液等，视病情喷 2～3 次，隔 7～15 天喷 1 次，前密后疏。

参考文献

吕劲锋，戚佩坤，1992. 广东鸡蛋果真菌病害调查初报 [J]. 华南农业大学学报，13(4): 91-96.

郑冠标，1991. 鸡蛋果病害文献综述 [J]. 热带作物研究 (2): 83-88.

郑继华，1999. 西番莲主蔓干腐病 [J]. 广西热作科技 (4): 25-26.

（撰稿：高兆银；审稿：胡美姣）

积年流行病害　polyetic disease

需要经过连续几年甚至更长时间才能完成菌量积累过程并造成严重危害的病害。与单年流行病害相对应，是植物病害流行学类型之一。这类病害的病害循环中多半没有再侵染，或虽然有少量的再侵染但在流行过程和危害上作用不大，在植物病理学分类中属于单循环病害（monocyclic disease）。由于此类病害的病原物在一年中仅增殖 1 次，范德普朗克（J. E. Van der Plank，1963）称之为单利病害（simple interest disease，简称 SID）。三个名词在多数场合下可以通用。1974 年，扎多克斯（J. C. Zadoks）曾提出积年流行过程（polyetic procrsses）的术语，主要指各种病害的逐年流行动态。1979 年他曾经用 polyetic disease 一词，直译为"积年（流行）病害"，原义泛指多年生作物上发生的一类病害，像香蕉的巴拿马黏萎病（*Fusarium oxusporum*）、丁香萎蔫病（*Valsa eugenia*）、松梭锈病（*Cronartium fusiforme*）。1986 年，中国的曾士迈提出积年流行病害的术语并且归纳这类病害的一般特点。这类病害最本质的特征是在病害循环中只有初次侵染而没有再侵染，或虽然有再侵染但代数很少，在病害流行和危害上所起的作用不大，相应的是其潜育期长达 1 年或更长。在 1 年里只有 1 次增殖机会，所以单年增殖的潜能较小。从病害发生部位看多为系统性侵染或仅发生在寄主的地下部的病害；从传播方式看多为土传或种传，如果排除人为的远距离调运种子携带病原物，传播距离较近，效能较低；从病原物传播体对环境的敏感性看，由于多数病害以休眠体度过冬季或非寄生长期，其寿命较长，对不良环境的抗性较强。另一方面，病菌一旦侵入成功，在寄主体内较少受环境影响。侵染数量往往就是发病数量，所以此类病害每年增长速率不高但年度间变化不大，表现为病害数量在年度间按几何级数稳步增加。当病害传入一个新区，开始几年不会引起注意，但菌量不断积累，达到一定基数后也会暴发成灾。

这类病害单一生长季节菌量增长幅度不大，往往被叫做流行性弱的病害并误解其危害潜能也小，这是不对的。小麦散黑穗病、小麦腥黑穗病、小麦线虫病、水稻恶苗病、稻曲病、大麦条纹病、玉米丝黑穗病、麦类全蚀病、棉花枯萎病、棉花黄萎病、马铃薯卷叶病和多种果树病毒病都属于此类，也都是重要的农作物病害。其中小麦腥黑穗病每年可以增长 4～10 倍，假设第一年病穗率仅为 0.1%，如果连续种植自留的种子，第四年病穗率将达到 30%。另根据观察，棉花枯萎病菌随种子传入无病田，尽管第一年仅零星发病，病株率每年增长也只有 8 倍左右，但 4 年后病株率将达到 50%。

病害预测的主要依据是每年的初始菌量，如种子带菌量或带菌率（针对小麦腥黑穗病）、种子携带虫瘿数量（针对小麦线虫病），其次是注意越冬病菌萌发的侵入阶段的环境条件。此类病害防治策略应该以控制每年的初始菌源或初始病情为主。农田改制、轮作、清除越冬的菌源地、药剂或物理方法处理种子和土壤消毒都有良好的防病效果。在中国 20 世纪 40 年代，小麦散黑穗病、小麦秆黑粉病、小麦线虫病、水稻恶苗病等都曾普遍发生并造成严重减产。50 年代开始推广建立无病留种田、换种和种子处理措施，基本上控制了流行危害。其后，由于放松防治工作，病害又几度回升，局部地区还造成了严重损失。

参考文献

曾士迈，杨演，1986. 植物病害流行学 [M]. 北京：农业出版社 .

（撰稿：肖悦岩；审稿：胡小平）

基因对基因假说　gene-for-gene theory

对应于寄主植物中一个决定抗病性的基因，病原物方面也存在一个与之匹配的无毒基因。反之，对应于病原物方面的一个无毒基因，在寄主方面也存在一个与之匹配的抗病基因。

简史　1956 年，弗洛尔（H. H. Flor）在研究亚麻和亚麻锈菌（*Melampsora lini*）的小种特异抗性时提出了基因对基因假说。他发现，对应于寄主方面的每一个决定抗病性的基因（*R*），病原菌方面也存在一个决定致病性的毒性基因（virulence，*vir*）；任何一方的每个基因，都只有在另一方相对应基因的作用下才能被鉴定出来。只有当植物拥有显性抗性基因（*R*）、病原菌表达互补的显性无毒基因（avirulence，*avr*）时，植物才表现抗性，而其他情况下植物都是感病的。后来经过许多研究者的检验，基因对基因假说已经应用于许多寄主植物与真菌、病毒、细菌、线虫等多种病原物的组合。1981 年，布什内尔（W. R. Bushnell）等用激发子—抑制子模式解释了马铃薯与晚疫病菌的小种专化性互作。1990 年，科恩（N. T. Keen）提出了激发子—受体模型来解释其基因对基因理论的分子机制。一般认为针对植物抗病基因编码受体，病原物的无毒基因直接或间接产生激发子，两者之间相互作用激发一系列信号传递途径，最后诱导植物产生防卫反应，即激发子—受体模型（elicitor-receptor model）。

假说的内容　弗洛尔在亚麻和亚麻锈菌的研究中，发现寄主植物中存在着显性的抗性基因（*R*）和隐性的感病基因（*r*），而在病原菌中对应存在着显性无毒的基因（*A*）和隐性毒性基因（*a*）。当用某一病原菌的显性无毒小种（*A*）和隐性毒性小种（*a*）分别接种带有相应抗性基因（*R*）和感病基因（*r*）的植物品种时，可能产生的基因型组合和反应类型见下表：

病原菌基因	植物基因	
	R（抗病）显性	*r*（感病）隐性
A（无毒）显性	*AR*（-）	*Ar*（+）
a（有毒）隐性	*aR*（+）	*ar*（+）

注：-表示不亲和反应，即抗病；+表示亲和反应，即感病。

在以上 4 种结果中，只有当寄主植物中的抗病基因（*R*）与病原菌中的无毒基因（*A*）相互识别后，才能发生不亲和反应，表现出抗病。寄主的每个基因存在与否，都只能由病原菌中相应基因是否存在而鉴定出来，反之亦然。

假说的意义　基因对基因假说解释了在自然界中寄主植物的抗病性与病原菌的毒性共存并逐步进化的现象，不仅在多种植物真菌病害中得到验证，在一些细菌、病毒、高等寄生植物、线虫引起的病害中同样有效。现已有多种病原菌的无毒基因和寄主植物的抗性基因被分离出来，基因对基因学说也被广泛应用于植物抗性育种的领域，对病害的有效防控具有指导意义。

参考文献

AGRIOS G N, 2009. 植物病理学 [M]. 沈崇尧，译 . 北京：中国农业大学出版社 .

商鸿生，2014. 植物免疫学 [M]. 北京：中国农业出版社 .

王金生，2001. 分子植物病理学 [M]. 北京：中国农业大学出版社 .

许志刚，2009. 普通植物病理学 [M]. 北京：高等教育出版社 .

（撰稿：彭友良；审稿：孙文献）

寄生　parasitism

　　两种生物间的一种生活方式，一种生物依赖另一种生物提供水分和养分而生存的现象。提供水分和养分的生物体称寄主或宿主，依赖寄主而生存的生物称寄生物。寄生物与寄主之间的关系是寄生与被寄生的关系。寄生性是植物病原物必须具备的第一属性。

　　专性寄生　只能从活的植物细胞和组织中获得营养物质的称专性寄生。这类生物称专性寄生物，其营养方式为活体营养型。植物病原真菌中的锈菌、白粉菌、霜霉菌等以及植物病毒和植原体，寄生性植物，都是专性寄生物。

　　腐生　在死的植物组织上生活或以死亡的有机体作为营养来源的称腐生。这类生物称腐生物，其营养方式称为死体营养型。

　　兼性寄生或兼性腐生　既可以在寄主活体上营寄生生活也可以在死体或有机质中营腐生生活的称为兼性寄生或兼性腐生，也称非专性寄生。其中以寄生为主、腐生次之，或寄生的时间长、腐生时间短的，称为兼性寄生；相反，如以腐生为主、寄生为辅的，则称为兼性腐生。寄生能力很弱的接近于腐生物，寄生能力很强的则接近于专性寄生物。一般许多植物病原真菌和细菌具有兼性的营养方式，是典型的兼性寄生物。兼性寄生的植物病原真菌和细菌以对土壤的适应能力的差异，在土壤中存活的时间不同，可以分为土壤习居菌和土壤寄居菌。

　　内寄生　寄生在寄主组织或细胞内部的现象称内寄生。如植物病原细菌、病毒和少数真菌。

　　外寄生　完全存活在寄主体外的现象称外寄生。如矛线虫目的寄生线虫。有的病原物大部分子实体留在寄主体外，只有少数或部分留在寄主体内，如白粉菌、半穿刺线虫等。

　　重寄生　在寄生物上营寄生生活的现象称重寄生。如寄生在菟丝子茎上的炭疽病菌、寄生在植物病原细菌上的噬菌体和蛭弧菌等。

　　参考文献

王金生，1999.分子植物病理学[M].北京：中国农业出版社.

许志刚，2009.普通植物病理学[M].4版.北京：高等教育出版社.

中国农业百科全书编辑部，1996.中国农业百科全书：植物病理学卷[M].北京：中国农业出版社.

（撰稿：王慧敏；审稿：康振生）

寄生适合度　parasitic fitness

　　相对寄生适合度是在一定外界环境等条件下，品种—小种间在群体上相互关系的综合表现的相对量化值，是由品种抗性和小种致病性相对作用决定的，具体包括小种的毒性、侵袭力、水平抗性和垂直抗性等。

　　形成和发展过程　1997年，Nelson认为病原物的寄生适合度是寄生物基因型或群体能够长期成功繁殖和生存的能力的度量，包括病原物在各种条件下对寄主的侵染和繁殖能力、不同地区间的传播能力和主要寄主缺乏时的生存能力。在实际操作中病原物总要受到外界环境的影响，绝对寄生适合度是无法测量的，因此，Nelson把在一定时间、一定环境和一定的寄主条件下，用病原物的基因型或小种的相对存活能力表示病原菌的相对寄生适合度（relative parasitic fitness）。1979年Roughgarden提出了病原物的寄生适合度是衡量某一个体或基因型对下一代基因库的贡献大小的度量。1979年Parlevliet认为病原物的寄生适合度是寄主和病原物之间相互作用的结果。Van der Plank基于遗传学的角度提出了寄生适合度为病原物对下一代的贡献率，即经过一定时期后的子代和亲代的分离比。1996年曾士迈提出相对寄生适合度是多小种共存和相互竞争的能力，是在多小种共存的相互竞争的条件下，某小种相对其他小种的繁殖能力和竞争能力在统一参照品种组合的适合度的比值，根据基因对基因假说，寄生适合度由寄主的垂直抗性和水平抗性及病原物的毒性和侵袭力的综合作用决定，在没有垂直抗性或其被克服的情况下，品种水平抗性和小种侵袭力的综合作用决定了寄生适合度。具体关系可用公式表示：

相对寄生适合度 = 品种水平抗性（以相对感病性表示）× 小种侵袭力

　　相对寄生适合度的测试方法　关于相对寄生适合度的测定方法国内外自20世纪40年代以来已有很多研究，Leonard以产孢强度作为感病品种对简单小种和复杂小种选择强度的依据。Nelson将同一小种在不同品种上的病害严重程度的比值作为寄生适合度，Leonard等以不同小种在同一品种上的产孢量的比值代表寄生适合度。曾士迈等基于小麦条锈病的研究，首次提出了病菌综合病情指数法、流行速率法和流行组分法3种分小种测定法。曾士迈进一步归纳了多循环病害相对寄生适合度的4种测定方法，即相对综合病指法、相对r值法、流行组分合成法和一代病情的间接推导法。其中，综合病指法是指病原菌在接种之后，分别测定品种—小种组合的综合病情指数。综合病情指数 = 普遍率 × 严重度 × 反应型产孢系数，其中反应型产孢系数可以通过试验转换成产孢系数，以综合病情指数最大的组合（即最感病品种和毒性最强小种组合的病情）为分母，各供试品种小种组合的综合病情指数为分子，其比值即为各组合的寄生适合度，数值为0～1，0表示品种最抗病，小种最不致病；1表示品种最感病，小种最致病。借此可以判断病菌小种的致病性，即生存能力，也可判断品种的抗病性。此方法在小麦条锈病、小麦白粉病和稻瘟病上都有所研究。相对r值法是以品种—小种组合中表观侵染速率r最大的为对照，计算出的各组合的相对表观侵染速率作为相对寄生适合度。流行组分合成法需要分别测定侵染过程中的侵染率、潜育期、病斑扩展速率和单位产孢面积的产孢量等来分析各组合的相对寄生适合度。

　　科学意义与应用价值　寄生适合度是由寄主基因型和病原菌基因型综合决定的该病原菌在寄主上寄生、繁殖能力的量化值，是衡量寄主—病原物互作程度的重要指标，是研究品种和小种群体互作动态的基础，对抗病品种的合理布局、抗病育种持久性研究都有重要的实践意义。病原物寄生适合度既可反映品种抗病性与病原物致病性之间的相互作用，又可反映病原物小种与小种之间的相互关系；既可作为植物病害流行学的重要指标，也可作为病原菌遗传多样性研究的辅助手段，且不受诸多因素的影响，比如同一批品种和小种，在不同地方试验，有可能受地域和环境条件的影响，病情指数等参数不一样，但相对寄生适合度一般保持一致不变。

寄生适合度在病原小种的预测中起着重要的作用，通过对病原物寄生适合度的测定，明确病原物毒性的强弱，特别是病原物在当前大面积种植寄主品种上寄生适合度的研究，对于病原物种群动态的监测和预防病害大面积流行具有重大的意义。

参考文献

曾士迈, 1996. 植物病原菌寄生适合度测定方法的研究（以小麦条锈菌为例）[J]. 植物病理学报, 26(2): 97-104.

曾士迈, 2005. 宏观植物病理学 [M]. 北京：中国农业出版社.

LEONARD K J, 1969. Factors affecting rates of stem rust increase in mixed planting of susceptible and resistance oat varieties[J]. Phytopathology, 59: 1845-1850.

NELSON R R, 1979. The evolution of parasitic fitness[J]. Plant disease, 4: 23-26.

PARLEVLIET J E, 1979. Components of resistance that reduce the race of epidemic development[M]. Annual review of phytopathology, 17:203-222.

ROUGHGARDEN J, 1979. Theory of parasitic fitness[J]. Plant disease, 4: 23-26.

（撰稿：马占鸿；审稿：王海光）

寄生性　parasitism

寄生物为了生存和繁殖，克服寄主植物的组织屏障和生理抵抗，从活体寄主的细胞和组织中获取生活物质（水分、养分等物质）的生物特性。一种生物生活在其他活的生物上，以获得它赖以生存的全部或部分营养物质，这种生物称作寄生物，如细菌、真菌、立克次体、螺旋体、病毒和各种寄生虫等。为寄生物提供营养物质和居住场所的生物就叫寄主，也称为宿主。植物病害的病原物都是寄生物，但是寄生的程度有所不同，可分为专性寄生物和兼性寄生物。专性寄生物是寄生物在自然条件下只能从活的植物细胞和组织中获得所需要的营养物质才能生长发育，其营养方式为活体营养型；既可以在寄主活体上营寄生生活也可以在死的植物上生活，或者以死的有机质作为生活所需要的营养物质称为兼性寄生物，这种以死亡的有机体作为营养来源的称为死体营养型。只能从死有机体上获得营养的称腐生物。

植物病原物中，如真菌中的锈菌、白粉菌、霜霉菌等，以及寄生在植物上的病毒和种子植物，都是专性寄生的活体营养型。病毒与寄主的关系较为特殊，它只能在活的寄主细胞内复制增殖，借助于寄主细胞的核糖体和其他物质复制新的病毒，所以它也是专性寄生物。

绝大多数的植物病原真菌和植物病原细菌都是非专性

寄生的，寄生能力很弱的接近于腐生物，寄生能力很强的则接近于专性寄生物。弱寄生物的寄生方式大都是经过分泌酶或其他能破坏或杀死寄主细胞和组织的物质，继而从死亡的细胞和组织中获得所需要的养分，所以，它们一般也称作死体寄生物或低级寄生物。强寄生物和专性寄生物在初期对寄主细胞和组织的直接破坏作用较小，主要是从活的细胞和组织中获得所需要的养分，因此，这类寄生物一般也称作活体寄生物或高等寄生物。对于既能营活体营养又能营死体营养的寄生称为兼性寄生物。

寄生植物从寄主体内夺取生活物质的成分并不完全相同。菟丝子喜欢寄生在荨麻、大豆、棉花一类的农作物上，在农业生产上造成较大的危害，其所有的生活物质（有机养分、无机盐和水）都要从寄主体内吸取，属于全寄生性；桑寄生科植物主要危害热带或亚热带林木，这类植物体内大都具有叶绿素，可以自己合成有机物质，但是仍然需要寄主提供水分和无机矿物盐，这种寄生性称为半寄生性或水寄生性。

参考文献

阿格里斯, 2009. 植物病理学 [M]. 5 版. 沈崇尧, 主译. 北京：中国农业大学出版社.

（撰稿：张正光、张海峰；审稿：杨丽）

寄生性滴虫　plant trichomons

在植物体内营寄生生活并可引起病害的、在形态上为单细胞且具鞭毛的原生动物。在生物学分类上，植物寄生性滴虫属于原生动物门、鞭毛虫纲、东质体目、锥体虫科的植生滴虫属。植生滴虫属下的生物学分类尚无报道。植物寄生性滴虫的虫体为单细胞，虫体表面为细胞膜，1 个细胞核，胞质功能分化，各施其功能，具有鞭毛 1 根或者 4 根是其运动胞器，胞口、胞咽食物胞和胞肛为营养胞器。眼点为感觉胞器。尽管植物寄生性滴虫仅为单细胞，但它是一个完整的生命体，完全具有原生动物应有的生物学特征。迄今为止，植物寄生性滴虫不能人工培养基上生长，也没有人用回接的方法对植物寄生性滴虫进行致病性检测。推断其致病的理由主要是如下 3 个方面：一是植物寄生性滴虫总是在罹病植物的韧皮部发现，而健康植株体内从未发现；二是有滴虫的病株内从未发现有其他种类的病原物；三是发病过程中，滴虫的数量不断增殖，并可在感病植株间传播。

一般认为，嫁接和昆虫媒介是植物寄生性滴虫传播的主要途径。媒介昆虫主要包括蜡科、长蜡科和缘蜡科等刺吸式口器昆虫。有些植物寄生性滴虫要在植物和昆虫两种寄主上完成生活史。植物寄生性滴虫寄主范围不甚清晰，目前报道的寄主主要有大戟、棕榈、咖啡、椰子和萝藦科的某些植物。在产胶植物中，滴虫主要寄生在产乳细胞，其他植物主要寄生在韧皮部。其致病机理主要认为是阻碍植物光合产物向植物根部运输。

参考文献

许志刚, 2009. 普通植物病理学 [M]. 4 版. 北京：中国农业出版社.

（撰稿：喻大昭；审稿：黄丽丽）

寄生性高等植物　parasitic higher plants

　　由于某些植物的根系或叶片退化，或缺乏足够的叶绿素不能自养而在另外的植物上营寄生生活的高等植物。寄生性高等植物大多是双子叶植物。它们能开花，能产生种子，所以也称为寄生性种子植物。寄生性高等植物从被寄生的植物上获取生活物质的方式和成分不同，对被寄生的植物的依赖程度也不尽相同。按照对被寄生植物的依赖程度和从被寄生的植物上获取养分的不同，寄生性高等植物可以分为全寄生和半寄生两类。从被寄生植物上获取它生活所需的所有营养物质的称为全寄生。全寄生高等植物通过将吸根的导管和筛管分别与寄主植物维管束的导管和筛管相连获取营养。全寄生高等植物多半寄生一年生草本植物。寄生性高等植物茎叶内有叶绿素，自己能进行光合作用制造所需的碳水化合物，只是根系退化需要从被寄生植物体内吸取水分，这种寄生方式称作半寄生。半寄生性高等植物只将导管与寄主植物维管束的导管相连。半寄生类寄生性高等植物的寄主大多为木本植物。有些寄生性高等植物寄生在其他寄生性高等植物上，这种寄生现象称为重寄生。寄生在被寄生植物的根部，地上茎叶和寄主彼此分离，这种寄生称为根寄生，寄生在寄主植物茎干枝条或叶片上，和寄主紧紧地结合在一起，这类寄生称为茎（叶）寄生。寄生性高等植物都有一定的致病性，致病力因种类不同而不同。半寄生对寄主的危害缓慢些，全寄生对寄主植物的危害较重。无论是全寄生还是半寄生，当寄生植物的群体过大时，寄主受害都会很重。受害寄主植物一般表现为营养被剥夺后生长势衰弱、发黄和枯死。

　　寄生性高等植物传播方式主要有种子成熟后吸水膨胀开裂弹射传播、风力吹散传播、鸟类媒介传播和随寄主植物种子调运传播等。

　　寄生性高等植物在热带地区分布较多，温带次之，干燥冷凉和高海拔地区分布较少。它们的寄主范围各不相同，较为专化的只能寄生1种或少数几种植物，有些寄生性高等植物寄主范围广，能寄生多科和多种植物。寄生性高等植物主要有菟丝子科、桑寄生科、列当科、玄参科、檀香科和樟科植物。

参考文献
曼纳斯，1982.植物病理学原理 [M]. 王焕如，等译. 北京：中国农业出版社.

许志刚，2009.普通植物病理学 [M]. 4 版. 北京：中国农业出版社.
（撰稿：喻大昭；审稿：黄丽丽）

寄生性藻类　plant parasitic algae

　　在植物上营寄生生活的一类低等藻类植物。常见的寄生性藻类大多属于绿藻门的丝藻目和绿球藻目的藻类植物。对高等植物具有寄生能力的藻类多为绿藻门的头孢藻属和红点藻属。寄生性藻类的营养体为多层细胞组成的假薄壁组织状的细胞板，由细胞板形成圆盘状营养体。寄生性藻类的繁殖分为无性繁殖和有性繁殖两种方式。无性繁殖是在较老的细胞板上分化出称为藻丝的直立的两种丝状体，也称毛状体。毛状体顶端渐尖，称为刚毛。一种丝状体不分枝。另一种顶端分化出 8～12 个小梗，称为分枝状孢囊梗，梗长为 274～452μm，在每个孢囊梗顶端着生一个近圆形的孢子囊，称为柄孢子囊。孢子囊成熟后脱落，遇水萌发，散发出很多无色薄壁、有 2～4 条等长鞭毛的椭圆形游动孢子。有性繁殖是在藻丝末端的营养细胞膨大成无柄的瓶状细胞，称球形配子囊。有水时每个配子囊释放出几十个有两根等长鞭毛的游动配子。游动配子可在囊内外结合成接合子，然后接合子发育成有柄的包囊体，每个包囊体可释放出 4 个有 4 根等长鞭毛的游动孢子。无性繁殖和有性繁殖的游动孢子在水中游动 10 分钟后停止游动，鞭毛缩进体内，即成为初生圆盘。

　　寄生性藻类主要分布在北纬 32° 至南纬 32° 的范围内。寄生藻类主要寄生木本植物。寄生性藻类的寄生是初生圆盘或圆盘状营养体的底面长出突起，穿透寄主的组织表皮形成寄生。游动孢子也可从气孔侵入寄主植物。寄生性藻类与寄主植物争夺水分、无机盐和养分，阻碍寄主植物的正常生长发育。寄主植物被寄生性藻类寄生后在枝干和叶片上表现出藻斑、红锈、天鹅绒状或纤维状饰纹，侵染点周围栅栏细胞增生变厚。

参考文献
许志刚，2009.普通植物病理学 [M]. 4 版. 北京：中国农业出版社.
（撰稿：喻大昭；审稿：黄丽丽）

J

寄生种子植物独脚金　parasitic plant–*Striga*

　　由玄参科恶性半寄生杂草独脚金引起的、危害高粱的一种寄生性种子植物病害。

　　发展简史　寄生种子植物独脚金是世界上最严重的入侵性杂草之一。全世界有 30 多种独脚金（独脚金属），其中 22 种原产非洲，在赤道以北的地区，独脚金物种的多样性更高。

　　独脚金在南非特别猖獗，是玉米和高粱田中危害最严重的杂草，每年因独脚金造成高粱、玉米的损失比因害虫和病菌造成损失的总和还大。1956 年，独脚金在美国北卡罗来纳州东部地区被发现，随后在北卡罗来纳州东南部和南卡罗来纳州东北部都有发生。鉴于独脚金在美国对玉米、高粱、稻和其他禾本科作物危害极大，决定在其危害地区采取检疫措施，这是最早的对杂草的检疫措施。在苏丹，独脚金危害高粱也有很长历史，产量损失很大。

　　2006 年 Mohamed 等报道，独脚金在热带、亚热带和半干旱地区，包括非洲、阿拉伯半岛、南亚、东南亚和澳大利亚等地区发生。在热带雨林地区，独脚金可能仅在开放区域出现，因为它们不耐阴，而且在空气不足的潮湿土壤中发芽也会受到阻碍（湿休眠）。独脚金这种寄生性杂草一旦传入便很难根除，需要长时间的人力和资金投入方可根除。在中国，未见独脚金危害高粱的报道。

　　分布与危害　独脚金广泛分布于非洲、阿拉伯半岛、南亚、东南亚、澳大利亚和美国的热带和亚热带环境恶劣的干旱、半干旱地区。在中国分布于江西、广东、广西、贵州、云南、福建等地，但未见危害高粱的报道。

独脚金可寄生于多种寄主植物，在高粱、玉米、珍珠粟和豇豆上危害最为严重。

独脚金从寄主植物体内吸收水分和营养，导致寄主生长发育不良、瘦弱、矮小、黄化。高粱被独脚金寄生危害，其症状颇似旱害，植株矮化、瘦弱，叶片褪绿、黄化、卷缩、枯萎，严重时叶片呈火烧焦状，即使土壤湿度饱和时也不能恢复。高粱被一株独脚金寄生，其被害症状不明显，但一株高粱被百株以上独脚金同时寄生时，则受害症状非常明显（见图）。

独脚金已经成为世界粮食生产的限制因素，在一些独脚金严重发生地区，造成作物产量损失为10%～95%。受独脚金危害，在抗病高粱品种上产量损失为5%，在感病的品种上损失为95%，在耐病品种上损失为45%～63%。在高粱试验田中，独脚金危害造成的高粱产量损失为10%～35%，而在生产田，严重发病田块的产量损失可达100%。在印度，雨季里生长的高粱受独脚金危害产量损失为14.7%～32%，雨季后生长的高粱产量损失为21.9%～84.5%。高粱杂交种受独脚金的寄生危害，平均产量损失为19.7%。独脚金尚未分布于世界各地，但很易向干旱地区传播蔓延，尤其在非洲的热带半干旱雨养农业地区，对作物产量的威胁很大。独脚金除危害禾谷类作物外，对豆科植物尤其是豇豆的危害也是不可忽视的。

病原及特征 巫婆草（witchweed）是多种独脚金植物的统称，因许多植物在出苗前被寄生导致长势衰弱、枯萎死亡，似被施用巫术产生症状而得名。独脚金种类较多，不同地区危害高粱的重要独脚金种类有：

美丽独脚金［*Striga hermonthica*（Del.）Benth.］，广泛分布于非洲的南纬5°至北纬20°，在亚洲的一些地区也有发生。美丽独脚金为直立草本植物，株高50～100cm。花呈鲜石竹色、粉色，在同一田块里植株间的石竹色花深浅不一，偶尔也出现白色的植株。花萼上有5条肋状突起，花下部苞片具腺毛。专化异形杂交，其种群形态多样，植株大小不同，花的色调也不同，甚至在同一地块可见粉色和白色花朵。在非洲和阿拉伯地区发现，美丽独脚金能寄生多种禾谷类作物。

亚洲独脚金［*Striga asiatica*（L.）Kuntze］，其花萼上有10个明显的肋状突起，幼芽上具腺毛，植株纤弱直立，

株高15～30cm，有毛或光滑。亚洲独脚金在不同的地理区域内有不同的形态类型：在印度，其花色呈白色；在美国，花呈深红色；在南非，花冠呈鲜红色，里面黄色；在印度尼西亚，花呈黄色或淡石竹色；在布基纳法索和南非，该种独脚金红色花群里偶见有黄色花植株。

福拜氏独脚金（*Striga forbesii* Benth.），广泛分布于非洲和印度洋群岛，主要生长于南半球土壤环境潮湿的地区，如坦桑尼亚、津巴布韦和马达加斯加。植株大小介于美丽独脚金和亚洲独脚金之间，株高通常为30～40cm，但其叶片的形状明显不同，为浅裂状叶，其花朵较美丽独脚金的大，但数量较少，每个花序里一次仅有2～6朵花开放。花的颜色为浅三文鱼肉粉色，偶见白色，花冠橙红色。福拜氏独脚金除危害农作物外，还寄生于多种野生寄主。

粗毛独脚金［*Striga aspera*（Willd）Benth.］，主要分布于西非和苏丹。它颇似美丽独脚金，不同的地方是粗毛独脚金的花冠筒有腺毛，且高出花萼顶部；而美丽独脚金的花冠无腺毛，其冠筒裂瓣状弯曲高出萼顶。

密花独脚金（*Striga densiflora* Benth.），仅见于印度，常被误认为是白花独脚金。植株苗壮，少有分枝，直立，多毛，干燥后变为深蓝色。花呈白色稍带淡蓝色，花药黑色，花萼上有5条肋状突起。

小米草独脚金（*Striga euphrasioides* Benth.），仅分布于印度。它与亚洲独脚金很相似，主要区别是花萼上有15～17条肋状突起。小米草独脚金虽然在高粱田里常见，但危害性不大。

侵染过程与侵染循环 独脚金靠种子繁衍。种子落入寄主植物附近，在寄主的刺激物作用下萌发。萌发时，胚根突出，形成主根。当主根接触到寄主的根后，其顶端膨大，成为乳头状突起，吸附在寄主根的表面。从乳头状突起的中央发育出的吸器原基细胞向外生长，穿过寄主根的表层、皮层，一直伸到寄主根的维管系统，分别与寄主的木质部和韧皮部相连接，然后再分化出相应的管胞和筛管，并与它自身的维管组织相连接。管胞和筛管分子的出现标志独脚金的初级吸器已发育成熟。初级吸器的上部可以长出许多不定根，并朝向寄主生长。当不定根与寄主根接触后，按上述方式形成大量的次级吸器。独脚金通过初级和次级吸器，不断地从寄主体内吸收营养和水分。

独脚金是一年或多年生半寄生草本植物，其种子在土壤里的生活力特别强，寿命也很长，可达20年。独脚金寄生高粱等植物上完成其生活史，在这期间，寄主植物必须提供其生长发育的条件，使其产生种群延续的种子。新产生的种子散落到土壤中遇到寄主，再行侵染，周而复始使其种群延续。

流行规律 独脚金种类较多，其共同特点是适应热带半干旱地区的气候条件，整个生育期处于半寄生状态。独脚金的种子很小，直径200μm，产量惊人，每株可产种子1万～50万粒。种子很轻，似灰尘，很易被人、畜、水和风携带传播。种子在土壤中可存活达20年。独脚金种子要在适宜的温湿度条件下，并且有寄主根部分泌的化学物质刺激才能萌发，一般田间条件下能否萌发主要取决于来自寄主或非寄主植物的化学信号。在有寄主根部分泌的化学物质刺激和适宜的温

独脚金寄生高粱症状（刘可杰提供）

湿度条件下，独脚金种子经 8～12 小时即可萌发。

独脚金种子萌发后，由于向化性反应，胚根顶端向最靠近的寄主根部生长，接触寄主根表后，胚根顶端形成铃状的吸盘，从中产生小指状乳突侵入寄主根部。胚根吸盘的形成与寄主的化学信号关系密切，抗生的高粱品种根内皮层细胞壁变厚比感病的品种早。胚根吸盘进入寄主组织的维管束后，建立了寄生物与寄主输导组织的连接系统。在独脚金定殖于寄主根部尚未出土前，完全依赖从寄主根部吸收营养和水分，出土后地上部植株可形成一些叶绿素，经 25～30 天长出花器。独脚金的一半生活史是在土壤内寄生于寄主体上完成，此期间是独脚金对农作物危害较大的时期，但不同高粱品种对独脚金抗性明显不同。

防治方法　独脚金植物的种子很小，数量很多，需要在特殊环境里才能萌发，在土壤里存活时间长，生活力极强，并且出土前已对作物寄生，并造成一定程度的危害，因此，防治难度大。在生产上应采取抗性品种防治、农业防治、化学防治和生物防治等相结合的综合防治措施。

选用抗（耐）性品种　选用抗性或耐性品种可有效降低产量损失，这是一项经济有效的防治措施。国际上将抗性育种作为防治独脚金的重点措施，选育出一批抗性或耐性品种。高粱品种 SRN39 对多种独脚金寄生具有广谱抗性，Framidia、IS9830、N13、Teton、Dobbs、IS7777 和 IS4202 等也具有明显的抗性。N13、SRN4841 和 IS9830 是抗美丽独脚金的优良品系，SAR19、SAR29 和 SAR33 是抗福拜氏独脚金的优良品系。印度、美国学者通过抗性基因聚合选育出高抗独脚金的高粱杂交种 P9401 和 P9408，在多个国家应用取得了明显的增产效果。

农业防治　轮作倒茬，与非寄主作物进行轮作是一项有效的防治独脚金的措施，如棉花、大豆、花生和向日葵等，既是非寄主植物，又能诱发独脚金属植物种子发芽，是高粱理想的轮作作物。增施氮肥，独脚金的寄生危害主要是和寄主竞争水分和营养，增施氮肥可提高高粱产量，同时土壤中高浓度氮素能干扰独脚金种子的萌发和对寄主根的寄生，从而降低其出土能力；在独脚金开花前喷洒 20% 的尿素液，可致使其植株灼伤，从而减少其种子产量。加强田间管理，平衡施肥，适时追肥，促进植株健壮生长，提高植株抵抗力；结合中耕除草及时拔除田间独脚金植株，防止其开花结籽，减少种群数量。

化学防治　独脚金种子一旦萌发，如果接触不到寄主植物根系 1 周之内便会死亡，在适宜的条件下喷洒乙烯或合成萌芽剂，可诱导土壤中独脚金种子在无寄主的条件下"自杀性萌发"，从而降低土壤中种子含量。

在独脚金出苗后至开花前，可定向喷洒 2,4-D 等除草剂杀死植株，防止其开花结籽，减少种群数量。

参考文献

白金铠，1997. 杂粮作物病害 [M]. 北京：中国农业出版社.

徐秀德，刘志恒，2012. 高粱病虫害原色图鉴 [M]. 北京：中国农业科学技术出版社.

OBILANA A T, 1984. Inheritance of resistance to striga in sorghum[J]. Protection ecology, 7: 305-311.

（撰稿：刘可杰；审稿：徐秀德）

寄主—病原物相互关系群体遗传学　population genetics of host-pathogen interaction

研究寄主群体和病原菌群体互作关系中其遗传结构及其变化规律的学科。它应用数学和统计学的原理和方法研究寄主和病原群体互作关系中其基因频率和基因型频率的变化，以及影响这些变化的选择效应、遗传突变作用、迁移、基因重组及遗传漂变等因素与遗传结构的关系。实际上它是抗病性和致病性遗传、植物病害流行学和群体遗传学等方面有关内容和方法的交叉领域。

简史　群体遗传学最早起源于英国数学家哈迪和德国医学家温伯格在 1908 年提出的遗传平衡定律，以后英国数学家费希尔、遗传学家霍尔丹和美国遗传学家赖特等建立了群体遗传学的数学基础及相关计算方法，从而初步形成了群体遗传学理论体系，群体遗传学也逐步发展成为一门独立的学科。群体遗传学是研究生物群体的遗传结构和遗传结构变化规律的科学。严格意义上说，植物病理学研究领域中的寄主—病原物相互关系的群体遗传学研究刚刚开始，目前还未达到一般生物群体遗传学的高度和深度。20 世纪中期由于分子植物病理学和 DNA 标记等技术的发展大大促进了寄主—病原菌群体互作遗传学的研究。

寄主—病原物群体互作的遗传学过程　群体遗传学主要包括变异、选择、遗传重组、遗传漂变、基因流动等过程，它们是和有性生殖和无性生殖的过程同步或交叠而实现的。其中变异和选择是比较重要的，两者是相互依存、相辅相成的，无变异就无从选择，无选择变异也不能发展。对病原菌群体致病性结构的变化来说，变异来源固然是必要的，但选择的作用却相对更为重要。病原菌群体毒性（小种）或致病性结构的变化，往往就是因为寄主抗性群体的变化导致的，新小种产生和发展均是因为单一抗性品种大面积推广，对病原菌群体的定向选择，从而导致相应毒性小种快速上升，而使其寄主抗性丧失有效性。

影响寄主—病原物群体互作遗传结构变化的主导因素　寄主植物—病原物群体在长期的协同进化过程中建立了植物病害系统的动态平衡，在自然生态系中往往表现为病害经常发生，但病害发生水平不高，即使偶尔流行，也只局限于一定的时空。造成植物病害流行主要与寄主—病原物的群体遗传关系有三个方面的原因：①寄主植物缺乏遗传防御。这往往是由于引入一种病原菌到以往未曾出现的地区，或者引进一种寄主植物到一个新的地区，寄主植物未能有机会发展对地区病害的抗性。②寄主农作物的遗传一致性或同一性。人类栽培农作物，造成农作物种类和品种减少，寄主作物的遗传防御机制脆弱，遭到毒性强烈的病原物毒性小种侵袭。③原有的寄主植物抗性被病原物克服而导致寄主的抗性丧失。大面积种植单一抗性或抗性基因的品种，对病原物群体造成定向化选择，使其相应的小种迅速上升，从而导致抗病性丧失。

寄主和病原物的相互作用可分为两个层次：物种—物种相互作用和品种—小种间相互作用。寄主群体的抗病性遗传结构是病原物群落和种群进化的主导因素，寄主植物的抗病性遗传结构和植物的其他遗传特性一样，都是进化的产物，在长期的进化过程中，寄主—病原物相互作用、相互适应又相互选择，寄主发展出种种类型的抗病性，病原物也发展出种种类型和程度的致病性。寄主群体的抗病性遗传结构包括寄主群体不同寄主种类及其寄主种中各品种的抗病性（遗传结构）和各品种面积比例。品种的抗病性遗传结构，如为单一基因型纯系，则指该抗病基因型的主效基因和微效基因的数量和功能，如为多个基因型的混系、混合或多品种，则包括其中每个基因型和各基因型的比例；相对应的病原菌群体致病性遗传结构是包括群体中病原菌的种类及其小种或毒性基因型组成和比例，病原菌群体中不同病原菌种类的消长，是由气候、土壤、其他寄主、腐生和休眠条件、传播介体等自然因素和寄主抗病性结构共同造成的，如自然因素变化不大或影响不大时，寄主因素便成了主导因素。病原物种群中的小种或毒性基因型消长则主要取决于品种的抗病性遗传结构，对于无腐生能力的高级寄生物和专性寄生物来说，寄主品种的抗病性遗传结构更是决定病原物进化的主导因素。

参考文献

肖悦岩，季伯衡，杨之为，等，1998. 植物病害流行与预测 [M]. 北京：中国农业大学出版社.

曾士迈，2005. 宏观植物病理学 [M]. 北京：中国农业出版社.

曾士迈，杨演，1986. 植物病害流行学 [M]. 北京：农业出版社.

曾士迈，张树榛，1998. 植物抗病育种的流行学研究 [M]. 北京：科学出版社.

MILGROOM M G, 2015. Population biology of plant pathogen: genetic, ecology, and evolution [M]. St. Paul: The American Phytopathological Society Press.

（撰稿：周益林；审稿：段霞瑜）

寄主监测　host monitoring

寄主是病害发生的本体和场所，同时也是病原物赖以生存繁殖的物质基础。作物个体发育和群体动态对病害动态的影响很大。在作物动态监测中，生长发育阶段的进展和生物量的增长是两个最基本的观测项目。生物量中又以有害生物直接危害的器官或部位最为重要。如对叶部病害来说，叶片数和叶面积是最需要测量的。

生长发育阶段的划分　植物不同生育阶段的抗病性存在差异，如 1992 年农秀美等研究表明有的水稻品种在苗期对细菌性条斑病表现出感病，后期则转变为抗病，并且这种抗性差异达到显著水平。因此，把作物的生长发育过程划分成不同的阶段，例如萌发、出苗等，在病害流行监测上有十分重要的意义。目前，关于各种作物生长发育阶段的划分在农学中都有比较明确的文字说明和标准图谱，监测时也可以记录相应的代码，但是最有名和使用最广的是 Feekes 标准。它是由 Feekes 1941 年提出，并于 1954 年经 Large 修改和完善的关于禾谷类作物生长发育的划分标准。此外，在禾谷类作物发育阶段上还有十进制代码标准，由于它是用数字来表示作物的发育阶段，因此，在病害流行研究中对数据的积累更有效。此外，由于任何生物或器官都有其自身的生命周期，而这种周期也能明显地影响寄主的抗病性，因此，对于某些病害系统来说，还需要记录寄主的年龄。如苹果树的树龄（与腐烂病的发生有关），水稻叶片的叶龄（与稻瘟病发生有关）。

生物量　对有些病害如苜蓿褐斑病来说，在某些阶段，由于没发病的新组织的增加和部分已发病组织的死亡，虽然总的发病组织数在增加，但是病害的严重度却下降。对这类病害来说，就应该对作物的群体结构的变化动态进行监测。实际上，作物群体结构的变化可以分解为处于不同发育阶段的个体或不同器官的数量变化。其中最常用的观测项目是叶片数、叶片面积和叶面积系数，除此之外还有茎数、分蘖数、果数及根长等。

叶片数、茎数、分蘖数和果数比较容易调查，但也需明确计数的标准，如叶片就规定以叶片展开，露出叶舌为准。叶面积可以通过测量叶片的长度和叶片宽度，将二者乘积。目前常用的叶面积的测定方法有方格纸法、称重法、叶面积仪法、图像处理法、系数法等。①方格纸法将叶片摘取后，平铺于 1mm^2 小方格组成的方格纸上，用铅笔描出叶片的形状，或将透明方格纸（膜）平压在叶片上，然后统计叶片（图形）所占的方格数，再乘以每个方格的面积即得到叶片面积。对于处在叶片（图形）边缘的不完整方格按实际情况进行取舍，常用的比例为 1/2 或 1/3，当叶片（图形）所占面积大于此值时算一个方格，相反则忽略不计。这种取舍是方格纸法的最主要误差来源，要求设置合理的取舍比例。②称重法有打孔称重法和称纸重法，都要求精度很高的称重设备。打孔称重法使用直径一定的打孔器在叶片上均匀取一定的孔，这几个孔的重量与其面积之比为单位叶面积重量，再称出叶片重量，则叶面积为叶片重量比单位叶面积重量；因叶片的状况分为秤干重法和称鲜重法。打孔法破坏叶片，耗时耗力，测量结果受叶片的厚薄、叶龄、打孔位置以及叶片含水量影响很大。称纸重法将叶片的形状描到纸上，将叶子形状剪下来称重得图形重量，用图形重量除以单位面积纸重量即可得到叶面积。称重法排除了叶片含水量、厚薄、叶龄的影响，结果准确，可作为标准叶面积。在冬小麦上，Aase（1978）发现了叶面积和叶片干重之间有很显著的相关性（$r = 0.975$），并建立了回归方程：$LA = -28.54 + 201.90x$。式中，LA 为叶面积（cm^2）；x 为叶片干重（g）。③叶面积仪法利用光学反射和透射原理，采用特定的发光器件和光敏器件，测量叶面积的大小。从选用的光学器件来分，叶面积仪可分为光电叶面积仪，扫描叶面积仪和激光叶面积仪三类；从测量过程中是否移动叶片来分，可分为移动式和固定式测量。叶面积仪测量叶面积精确度高，误差小，操作简单，速度快。①图像处理法是建立在计算机图像处理基础之上的，具有严密的科学性，其原理为：计算机中的平面图像是由若干个网状排列的像素组成的，通过分辨率计算出每个像素的面积，然后统计叶片图像所占的像素个数，再乘以单个像素的面积就可以得到叶面积。图像通常用扫描仪和数码相机获取，然后通过计算机进行处理，获得叶面积。获取图像过程中，不仅要垂直取图或有一定面积的对照物，还要有合理的算法，这样才能减小误差。⑤系数法又称直尺法、长宽法，该法将量出各片叶的长度（从叶基到叶尖，不含叶柄）和叶宽（叶片上与主脉垂直方向上的最宽处），求出长与宽的乘积。将各片叶用经典的方格法测得的面积除以这片叶的长宽积，算得面积与长宽积之比，即"系数"，以 50 片叶的系数的平均值为该品种的"系数"，记为 C，将各片叶的长宽积乘以 C，即得到各以系数法估测的叶面积。此外，还有人针对狭长形与圆形叶片分别采用长宽法和等效直径近似圆法获得"系数"，提高了测量的准确性。

植物抗病性鉴定　种植大量感病寄主是植物病害流行不可缺少的条件之一，而种植抗病寄主则是有效控制病害的措施之一，因此，对植物的抗病性进行监测在病害流行监测上具有重要的作用。植物的抗病性是在一定的环境条件下寄主与特定的病原物相互作用的结果，受其所携带的抗性基因的控制。植物抗病性的差异表现为病害发生的轻重或蒙受损失的多少。因而抗病性鉴定是在适宜于发病的条件下用一定的病原物人工接种或在该病害的自然流行区，比较待测品种（品系）与已知抗病品种的发病程度来评价待测品种的抗性。在接种鉴定时，应对病原物和环境条件有严格的控制。所用的病原物应该是生产中有代表性的优势小种，进行分小种或混合小种接种。鉴定时要采用合适的分级标准调查记载。目前，抗性鉴定可以分为田间鉴定法和室内鉴定法。①室内鉴定。是在温室或其他人工控制条件下进行的品种抗病性鉴定，可以不受生长季节的限制和自然条件的影响，适合对所有植物进行抗病性鉴定。一般在苗期进行，具有省时、省力等优点。可以在人工控制条件下使用多种病原物或多个小种进行鉴定，较短时间内可以进行大量植物材料的抗性初步比较。此外，对于那些能在器官、组织和细胞水平表达的抗病性，可以采用离体接种鉴定。如小麦赤霉病的抗性鉴定就常用扬花期的麦穗接种，其结果与田间鉴定一致。但是室内鉴定受到空间条件的限制，难以测出植株在不同发育阶段的抗性变化。因此，室内鉴定结果不能完全反映品种在生产中抗病性的实际表现。②田间鉴定。在田间自然发病或人工接种诱导发病条件下鉴定品种的抗病性，可以揭示植株各发育阶段的抗性变化，能够比较全面、客观地反映待测品种的抗性水平。它往往在特定的鉴定圃中进行。当依靠自然发生的病原物侵染造成发病时，鉴定圃应设在该病害的常发区和老发区；而采用人工接种时，鉴定圃多设在不受或少受自然病原干扰的地区。由于田间鉴定需要在不同地区和不同栽培条件下对待测品种进行抗性评价，所需的周期较长，同时也受到生长季节的限制，但是，它是抗性鉴定中最基本的方法，是评价其他方法可靠性的重要依据。

参考文献

马占鸿, 2008. 植物病害流行学导论 [M]. 北京: 科学出版社.

肖悦岩, 季伯衡, 1998. 植物病害流行与预测 [M]. 北京: 中国农业大学出版社.

（撰稿：檀根甲；审稿：丁克坚）

寄主抗病性　host resistance

抗病性是指植物避免、中止或阻滞病原物侵入与扩展，减轻发病和损失程度的可遗传性状。抗病性是植物与病原物长期斗争和共同进化中逐步发展起来并保存下来的为保持物种生存和繁衍所必需的特性，广泛存在于植物种属及其品种（系）中，其表现与植物本身的遗传特性、病原物致病为害的遗传特性、环境条件等诸多因子有关。

各种病原物都有一定的寄主范围，能够被某种病原物致病的植物物种，称为病原物的寄主植物，寄主范围以外的植物则为非寄主，非寄主植物具有的抗病性称为非寄主抗病性，与此相对应的是寄主抗病性，也被称为品种抗病性、基因型抗病性或专化抗病性。

非寄主抗病性　种水平上的植物抗病性，即某种植物的所有个体对某种病原物表现的抗病性称为非寄主抗病性，是植物最主要的抗病类型，不易随着病原物的变异而丧失，具有抗性稳定持久的特点。

寄主抗病性　种水平内的植物抗病性，即在某种植物种内，一部分植物品种（系）对某种病原物表现抗病，一部分植物品种（系）表现感病。

发展简史　19 世纪中后期，各国学者相继发现和描述了植物对各种病原物的抗病性。1896 年瑞典的埃里克森（J. Eriksson）、1916 年美国的斯塔克曼（E. C. Stakman）等关于麦类秆锈菌寄生性分化以及同一时期关于植物过敏性坏死反应的发现，有力地促进了小种专化型抗病性的研究和利用，育成了一大批高效抗病品种，促进了抗病品种在植物病害防治中的应用。1905 年英国的比芬（R. Biffen）发表了小麦抗条锈病遗传研究结果，开创了抗病遗传分析的先河。1940 年德国的缪勒（K. O. Muller）发现了植物保卫素，促进了对植物抗病机制的研究。20 世纪 40～50 年代，美国的弗洛尔（H. H. Flor）通过对亚麻抗锈性和亚麻锈菌致病性的遗传研究，提出了基因对基因假说。小种专化抗病品种被广泛应用后，因病原物小种变异而导致寄主品种"丧失"抗病性的现象日益严重，在这种背景下，1963 年南非的范德普朗克（J. E. Van der Plank）提出了垂直抗病性和水平抗病性的观点，倡导研究植物抗病性的群体属性和群体效应。1975 年英国的约翰逊（R. Johnson）和劳（C. N. Law）提出了持久抗病性概念，即在有利于病害发生的环境条件下，寄主品种大规模长期种植后仍能保持其原有的抗病特性，称之为持久抗病性，这是由植物本身所具有的持久抗病基因所决定的。在 1980 年前后，随着研究者对病毒致病机制和致瘤土壤杆菌致瘤机制的研究，植物抗病性迅速进入了分子生物学研究和基因操作的新阶段。2000 年拟南芥全基因组测序完成，其作为模式植物为研究者提供了丰富的资源和极大的便利，推进了植物抗病性分子机制的研究。

寄主抗病性分类　寄主植物抗病性，根据不同的目的或者按照不同的标准可以划分为多种类型，不同的类别之间所表示的涵义经常有所交叉或者重复。抗病和感病分界线需根据不同研究目的和要求而划定，比如避病性、抗病性和耐病性；单基因抗性和多基因抗性；主效基因抗病性和微效基因抗病性；寄主抗病性和非寄主抗病性；吸器前抗病性和吸器后抗病性；基因抗病性和生理抗病性；被动抗病性和主动抗病性；质量抗病性和数量抗病性；小种专化抗病性（垂直抗病性）和非小种专化抗病性（水平抗病性、一般抗病性、广谱抗病性）；苗期抗病性和成株抗病性（田间抗病性）；持久抗病性和非持久抗病性；完全抗病性和部分抗病性；快病性和慢病性等。

衡量抗病性的指标种类很多，包括发病率、严重度、病情指数、病斑大小、潜伏期、病原物繁殖程度等等。植物抗病性通常是指对特定病原物种或一定小种的抵抗能力，为了鉴定品种的抗病性，一般划分为在免疫（没有任何症状）到高度感病之间存在高度抗病、中度抗病、中度感病等一系列中间类型。抗病和感病分界线需根据不同研究目的和要求而划定。

寄主抗病性机制　寄主植物的抗病性不仅取决于植物本身的基因型，还取决于病原物的基因型。因此，植物与病原物互作的遗传基础形成了植物抗病的遗传基础。寄主植物针对病原物的抗病性，除了植物表面的物理屏障（细胞壁、蜡质层等），其主动防御反应可分为两个层次：病原相关分子模式（pathogen-associated molecular patterns，PAMPs）激发的免疫反应（PAMP-triggered immunity，PTI），即植物通过模式识别受体（pattern recognition receptors，PRRs）识别来自于病原物的PAMPs进而启动植物的防卫反应；植物另一层主动防御体系，是通过胞内定位的抗病蛋白（R蛋白）识别病原物分泌的效应蛋白，称为效应蛋白激发的免疫反应（effector triggered immunity，ETI）。目前，广为接受的描述植物—病原物互作关系的是zig-zag模型，该模型系统描述了植物与病原物互作的一般过程和进化关系。

现代农业中寄主抗病性利用　在农业系统中，农作物在生长发育过程中受到病原微生物的侵袭，通过长期的相互适应、选择、协同进化，植物的抗病性与病原物的致病性之间形成动态平衡。人类开展农业活动之后，由于作物的单一种植，降低了遗传多样性，经常发生作物病害的大流行，植物病害已经成为农业生产上不可忽视的重要问题。

通过杂交育种培育抗病品种是人类克服植物病害的主要途径之一。植物抗病性主要源于抗病基因，其挖掘依赖抗病表型的鉴定。抗病基因介导的抗性一般依赖对病菌单一效应蛋白的识别，因此，在一些作物中开始利用基于效应蛋白识别的方法在野生种中快速鉴定抗病基因。由于抗病基因具有小种专化特性，其品种抗病性丧失现象严重。人们在植物抗病种质资源的挖掘、利用实践中，逐渐重视基于病菌相关分子模式、核心效应蛋白识别的广谱、持久抗性基因的利用，选育具有不同遗传基础的广谱、持久抗性的品种。随着新型植物育种技术的迅速发展，特别是基因组测序技术以及分子标记技术在抗病育种中的应用，大大加快了抗病育种的进程。

转基因和基因编辑手段的开发加速了抗病基因向栽培品种中的导入，也使得利用感病基因（susceptibility genes，S genes）获得的植物抗病性，成为抗病育种的新途径。特别是随着新型生物技术手段，如基因组编辑技术（CRISPR/Cas9）的发展，使得对感病基因及其表达进行精准修饰成为

可能，从而避免了单纯敲除感病基因造成的对植物生长发育的负面影响，为创制广谱持久抗性植物材料提供了理论指导。

参考文献

李振岐，商鸿生，2005. 中国农作物抗病性及其利用 [M]. 北京：中国农业出版社 .

BUTTERWORTH, VANDERPLANK J E, 1984. Disease resistance in plants[M]. 2nd ed. New York: Acadmic Press.

JONES J D G, DANGL J L, 2006. The plant immune system[J]. Nature, 444: 323-329.

VLEESHOUWERS V G A A, RAFFAELE S, VOSSEN J H, et al, 2011. Understanding and exploiting late blight resistance in the age of effectors[J]. Annual review of phytopathology, 49: 507-531.

（撰稿：单卫星；审稿：陈东钦）

寄主诱导基因沉默　host-induced gene silencing, HIGS

在寄主体内利用病毒介导瞬时表达病原菌基因片段对病原菌内源性基因的表达进行干扰，从而沉默病原菌基因的一项技术。

研究进展　寄主诱导的基因沉默技术是建立在病毒诱导基因沉默技术的基础上。Pinto将水稻黄斑驳病毒复制所需酶的基因片段导入到水稻中，发现水稻具有抗该病毒的特性。利用该技术，Huang研究发现，一些根结线虫等通过摄食将dsRNA等带入体内，引起线虫一些基因的沉默。近年，RNA干扰技术也应用于真菌与植物互作的研究当中。Tinoco将GUS的dsRNA转入到烟草体内，接种镰刀菌GUS表达菌株后发现GUS基因处于沉默状态。Nowara首次提出了寄主诱导的基因沉默技术（HIGS），对76个小麦白粉菌基因进行沉默，发现16个影响吸器的形成。Yin首次利用HIGS在小麦条锈菌上对其分泌蛋白进行功能分析，发现3个分泌蛋白被显著性抑制表达。

分子机制　寄主诱导的基因沉默是转录后基因沉默的一种。主要分为3个阶段：

起始阶段　发卡结构dsRNA通过病毒感染等方式进入寄主体内，在核酸内切酶的作用下被切割成长短为21～35个核苷酸大小的RNA片段（siRNA）。

效应阶段　小干扰RNA在RNA解旋酶的作用下，解旋成正义链和反义链，并与Argonaute（AGO）RNA结合蛋白等形成RNA沉默复合体，通过碱基互补配对原则，特异性寻找相应的切割靶标，进而抑制基因的表达。

级联放大阶段　siRNAs在病毒RNA依赖的RNA聚合酶（RdRP）的引导下，以单链的RNA为模板合成dsRNA，合成过程中siRNA扮演扩增引物的作用，进一步扩大基因沉默反应。

优点与缺点　该技术的应用对于研究植物与真菌互作中病原真菌基因功能分析具有重要意义。该技术具有明显的优点：①与RNAi相似，能同时沉默多拷贝基因。②不需要转化系统，对于专性寄生真菌提供方便的研究技术。③沉默

并不完全，对致病基因的研究提供了可能。④通过克隆基因的小片段就能实现沉默，方法简单。该技术在应用中也存在一些不足：①通过小片段沉默，可能导致其他同源非靶标的沉默。②并不是所有的病原真菌系统都能达到理想状态。总之，作为一项新的研究技术，该技术有待进一步发展和完善。

发展前景　由于寄主诱导的基因沉默技术的广泛应用，不仅能够从反向遗传学方向鉴定植物专性寄生病原菌的基因功能，而且使培育转基因抗病作物成为可能，并逐渐成为一种鉴定植物与病原物互作和控制病害的有效工具。该技术已在很多真菌病原物的基因功能研究和病害控制方面得到应用，并且取得了显著的成就，逐渐显示出其巨大的应用潜力。

参考文献

NOWARA D, GAY A, LACOMME C, et al, 2010. HIGS: host-induced gene silencing in the obligate biotrophic fungal pathogen *Blumeria graminis*[J]. Plant cell, 22(9): 3130-3141.

HOLZBERG S, BROSIO P, GROSS C, et al, 2002. Barley stripe mosaic virus - induced gene silencing in a monocot plant[J]. The plant journal, 30(3): 315-327.

PANWAR V, MCCALLUM B, BAKKEREN G, 2013. Host-induced gene silencing of wheat leaf rust fungus *Puccinia triticina* pathogenicity genes mediated by the barley stripe mosaic virus[J]. Plant molecular biology, 81(6): 595-608.

BAULCOMBE D C, 2015. VIGS, HIGS, FIGS: small RNA silencing in the interactions of viruses or filamentous organisms with their plant hosts[J]. Current opinion in plant biology, 26: 141-146.

（撰稿：王晓杰；审稿：梁祥修）

寄主与病原物互作　host-pathogen interaction

在植物病理学中指寄主植物与真菌、卵菌、细菌、病毒、线虫以及植原体等微生物在接触过程中受到各种因素相互作用并最终决定发病表型。这种相互作用可以发生在分子、细胞、组织、个体以及群体水平。影响相互作用的因素包括环境因素、人类活动因素以及寄主和病原物的生物因素。

寄主—病原物互作分为亲和性（compatible）和非亲和性（incompatible）互作两种。亲和性互作指病原物能有效逃避寄主识别和抑制、破坏寄主抗病反应从而成功与寄主建立寄生关系，表现为感病；非亲和互作指病原物不能逃避寄主识别，不具有抑制和破坏寄主抗病反应的能力，从而不能和寄主建立寄生关系，表现为抗病。两种互作类型主要受到寄主和病原物不同基因型背景的相互作用。植物在自然界中普遍展现抗病表型，而感病表型仅在特定情况下发生。而对病原物来说，能侵染的寄主植物在整个植物界中总是少数，多数是它的非寄主植物。

亲和性互作包括基本亲和性互作和小种特异性亲和性互作

基本亲和性互作　指寄主和病原物在种的水平上的亲和关系，即一种病原物对寄主植物具有种的专化性。与此相对的一个概念叫基本不亲和性互作导致非寄主抗性。它表示一种植物对大多数病原菌具有抗性而不受侵染。一种病原物能成功地侵染寄主植物是自然进化的结果，使其获得在特定寄主植物上生长和完成生活史的能力。这些能力包括从寄主植物获得并利用必要的营养元素，克服植物抗病性和侵染后诱导产生的如植保素、活性氧等防卫物质，利用效应因子（effector）和化学毒素（toxin）特异性地抑制和破坏植物防卫反应的启动。病原菌获得侵染特定寄主的能力可能是由自由生活的腐生菌（saprophyte）或非寄主植物上的病原菌通过适应性进化（adaptation）、寄主跳跃（host jumps）和近缘杂交（cross）等过程获得的，从进化上观察，越是亲和性高的病原菌往往致病力越强，但是寄主范围往往也越窄或者说专化性越高。这种亲和性互作也诱导寄主的基础防卫反应（基础抗性），在一定程度上起限制病害扩展的作用，使得寄主植物不至于完全溃烂和最终死亡。

小种特异性亲和性互作　在具有小种特异性的病原物和寄主的相互关系中，亲和性发生有两种情况：①由于寄主的抗病表型决定于寄主抗病基因（R）和病原物无毒基因（AVR）的显性互作，即寄主识别病原菌从而诱导产生强烈的防卫反应机制而表现抗病，因此，当病原物无毒基因和寄主抗病基因两者之一发生突变，上述的识别就不会发生，病原物因而逃避识别而引起寄主发病。②以化学毒素或者坏死诱导蛋白为关键致病因子的病害，其亲和性决定于寄主细胞膜（包括原生质膜和线粒体膜）上毒素的特异性敏感受体，当受体对毒素敏感时，寄主能被病原菌侵染产生亲和互作反应，病害随之发生。

非亲和性互作包括非寄主抗病互作和小种专化非亲和性互作

非寄主抗病互作　是自然界存在最广泛的非亲和性互作类型。非寄主抗病互作从进化角度看：①病原菌由于地理或生态位上的阻隔尚未进化出有效的侵染能力。②病原菌由于受到协同进化（co-evolution）的作用和某一种寄主植物相互作用紧密，发生了定向变异从而失去了侵染原先寄主的能力。非寄主植物对非致病性病原菌的抗性可能主要包括营养缺陷、预存性抗病机制（包括结构性的和化学性的）和主动防卫机制等方面。从植物和病原物的基因型角度分析，虽然不排除基因对基因关系，但不太可能是一种植物对每一种微生物都有一个抗病基因，影响非寄主抗病性的遗传因素可能非常复杂，涉及多重基因型的相互作用。

小种专化非亲和性互作　主要由于植物识别病原菌并激发主动防卫反应，常常伴随着寄主细胞程序化死亡，大量活性氧物质迸发和病程相关基因被强烈诱导为主要特征。识别决定于寄主抗病基因和病原物无毒基因的显性互作，即抗病受体蛋白对无毒蛋白的特异性识别。主动防卫反应是由识别作用诱发，通过一系列信号传导途径，从而启动细胞死亡、抗病相关基因表达和抗菌物质表达积累的程序化生理过程。在小种专化性非亲和互作中，寄主中的抗病基因与无毒基因互作通常是由一对或者多对单显基因控制的，最近研究进展也显示这种模式可能过于简单，还存在着一个无毒基因识别多个抗病基因，以及一个抗病基因识别多个无毒基因的例子，此外抗病基因与无毒基因互作也存在着上位效应。在对毒素为致病因子的病害抗性中，寄主的非亲和作用可以表现为降解毒素、对毒素的不敏感或对毒素的损伤具有修复机制。

参考文献

CUI H T, TSUDA K, PARKER J E, 2015. Effector-triggered immunity: from pathogen perception to robust defense[J]. Annual review of plant biology, 66(66): 487-511.

DODDS P N, RATHJEN J P, 2010. Plant immunity:towards an integrated view of plant-pathogen interactions[J]. Nature reviews genetics, 11(8): 539-548.

JONES J D, DANGL J L, 2006. The plant immune system[J]. Nature, 444(7117): 323-329.

ZHOU J M, ZHANG Y L, 2020. Plant Immunity: Danger perception and signaling[J]. Cell, 181(5): 978-989.

（撰稿：王源超、董莎萌；审稿：孙文献）

剪股颖赤斑病　agrostis red leaf spot

由赤斑内脐蠕孢侵染引起的剪股颖叶部病害。病株出现叶斑和叶枯，严重时造成草地早衰，常与其他类似病原真菌复合发生。

发展简史　最早为 Drechsler（1925，1935）在北美发现，并确定为长蠕孢属一新种，后来 Shoemaker（1959）将其移入内脐蠕孢属。长期以来，对该病的研究是围绕草坪，特别是高尔夫球场草坪的病害防治开展的。主要研究内容包括诊断和监测方法、流行规律、气象因子和施肥对病情的影响以及防治技术等。在防治技术开发方面则侧重品种选配、杀菌剂合理使用以及兼治策略等。

分布与危害　该病主要危害剪股颖属禾草，其中包括匍匐剪股颖、细弱剪股颖、普通剪股颖等建坪常用草种。中国南北各地都有分布，以黄淮、江淮地带发生较多，病株率可达 20% 以上。在适温高湿条件下，管理不良的草坪可能严重发生，形成草地斑，造成草坪早衰。

叶片上病斑初为卵圆形、椭圆形，细小，扩大后病斑变长椭圆形或条形，红褐色，有的病斑中部淡褐色。病斑可相互汇合，使叶片缢细、枯萎、死亡（图①）。病株多散生，但发病严重时，病草增多，草坪上出现形状不规则的红褐色草地斑（图②）。剪股颖也可被其他种类的内脐蠕孢属病原菌或禾谷平脐蠕孢（*Bipolaris sorokiniana*）侵染，出现相似症状，需注意鉴别。

病原及特征　病原为赤斑内脐蠕孢［*Drechslera erythrospila*（Drechsler）Shoem.］，其有性型为核腔菌属（*Pyrenophora*）成员。

病原菌分生孢子梗单生或对生，圆筒形，上部屈膝状，基部膨大，淡褐色至褐色，大小为 100～340μm×6～8μm。分生孢子正直，有的略弯，圆筒形，两端钝圆，褐色，有 2～10 个（多数 4～6 个）假隔膜，大小为 40～70μm×11～13μm，脐黑色明显，内陷。

侵染过程与侵染循环　赤斑病菌主要在枯草层病残体中或病株上越冬，春季重新产生分生孢子，随风雨传播。在叶片表面有露水时，着落在叶片上的孢子萌发，产生侵染菌丝，从气孔、伤口侵入，也可穿透叶表皮直接侵入。在适宜条件下，发生多次再侵染。

流行规律　春季是发病高峰期，夏季也有发生，秋季则是另一个发病高峰期，冬季气温低，病害发生被抑制。在终年温度较高而湿润的地区，也可终年发生，雨季发病较重，旱季较轻。

地势低洼、排水不畅、郁闭高湿的草地有利于赤斑病流行。春季氮肥施用过多，磷肥、钾肥缺乏时，草株抗病性降低，发病较重。草坪管理粗放，修剪不及时，病叶多，枯草层欠清理，或修剪后遗留较多病残体，都有利于菌量积累和病害发生。

防治方法　建坪时要选用抗病品种或发病较轻、适应性较强的品种。要加强草地管理，均衡施肥，避免过多施用氮肥。要合理排灌，防止草地积水和干旱，发病时期不要喷灌。要及时清理枯草层，减少病残体积累。草坪要适时修剪，发病草坪的剪下物要清理干净。必要时在发病初期可喷施保护性杀菌剂。

参考文献

商鸿生，王凤葵，1996. 草坪病虫害及其防治 [M]. 北京：中国农业出版社.

商鸿生，王凤葵，2002. 草坪病虫害识别与防治 [M]. 北京：金盾出版社.

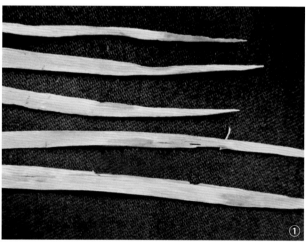

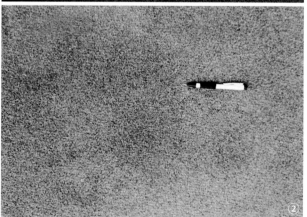

剪股颖赤斑病危害症状（商鸿生提供）

①剪股颖罹病叶片；②剪股颖的草地斑

SMILEY R W, DERNOEDEN P H, CLARKE B B, 2005. Compendium of turfgrass diseases[M]. St. Paul: The American Phytopathological Society Press.

（撰稿：商鸿生；审稿：李春杰）

剑麻斑马纹病 sisal zebra disease

主要由烟草疫霉引起的剑麻生产中的一种毁灭性病害。

发展简史 1961年坦桑尼亚首先发现此病，造成严重损失。中国1970年首次在广东东方红农场出现此病，1973年暴发流行，此后在广西、海南、福建和云南等地相继发生此病，并连续流行，成为剑麻生产影响最大的病害。

分布与危害 剑麻斑马纹病菌侵害剑麻植株各部分，引起叶斑、茎腐和轴腐，这3种症状可在同一麻株上单独发生或合并发生，故称斑马纹复合病，发病多数是叶片先感病，进而感染茎、轴，最终整株死亡。

叶斑症状 叶片感染初期出现绿豆大小的褪绿斑点，水渍状，在高温高湿的环境中，病斑扩展迅速，一天内直径可达2～3cm。由于昼夜温差的影响，形成深紫色和灰绿色相间的同心环，边缘淡绿色至黄绿色，呈水渍状。病斑中心逐渐变黑，有时溢出黑色黏液，后期病斑老化时，坏死组织皱缩，形成深褐和淡黄色相间的同心轮纹，呈典型的斑马纹状。即使叶片干枯失水，同心轮纹仍然明显，肉眼易于鉴别。斑马纹叶斑，有时会不规则地出现没有轮纹的病斑。潮湿时病斑上长出一层白色霉状物，即病菌的菌丝体和孢子，天气干燥时，霉状物可因失水而消退（图1）。

茎腐症状 病株叶片最初呈失水状，褪色发黄、纵卷，而后萎蔫，下垂；重病株叶片失去膨压，全部下垂至地面，只剩下一根孤立的叶轴。纵剖茎部，病部呈褐色，在病健交界处有一条粉红色的分界线，此后病组织逐渐变黑，腐烂组织发出难闻的臭味，茎腐病株摇动易倒。

轴腐症状 叶斑和茎腐病变向叶轴扩展而成，病株叶片初为褐色，卷起，严重时用手轻拉叶轴尖端，长锥形的叶轴易从茎基部抽起或折断。未展开的嫩叶在叶轴中腐烂，有恶臭味。剥开叶轴可看到在嫩叶上有规则的轮纹病斑。有时呈灰色和黄白相间的螺旋形轮纹。

病原及特征 Wienk证实，在坦桑尼亚地区11648斑马纹病的病原菌主要为烟草疫霉烟草变种（*Phytophthora nicotianae* var. *nicotianae*），另 *Phytophthora arecae*（Coleman）Pethybridge 和 *Phytophthora palmivora*（Butler）Butler 亦能引起同样的症状。

中国剑麻斑马纹病主要致病菌为烟草疫霉（*Phytophthora nicotianae* van Breda de Haan），属疫霉属（*Phytophthora*）。该菌在固体培养基上气生菌丝旺盛。菌丝粗细不均匀，宽8.5（5～11）μm。菌丝膨大体有或无，其上有若干条放射状菌丝。孢囊梗简单合轴分枝或不规则分枝。孢子囊卵圆至近圆形，少数椭圆形，平均长47（23～64）μm，宽35（18～51）μm，长宽比1.3（1.2～1.5）。部分孢子囊上有丝状附属物。孢子囊具乳突，通常1个，少数2个，乳突大多明显，半球形，平均厚5.8（3～8.5）μm，少数孢子囊乳突不明显。孢子囊顶生，常不对称。具脱落性，孢囊柄短，平均2.8（0.5～5）μm。排孢孔宽5.8（4～8.3）μm（图2）。厚垣孢子有或无，顶生或间生，平均直径32（18～51）μm。异宗配合，配对培养容易产生大量卵孢子。藏卵器小，球形，壁光滑，基部棍棒状，直径26（20～32）μm。雄器围生，近圆形或卵形，高10（8～14）μm，宽13（10～19）μm。卵孢子满器或不满器，直径22（18～28）μm。寄主范围很广。病原菌的最适生长温度为24～28℃，最适pH6.0～7.0，最适湿度为90%～95%，最适光照为24小时连续光照。

侵染过程与侵染循环 病田土壤中带有病菌，冬旱期处于休眠状态，5月以后经过连续降雨，提高了土壤含水量，病菌由休眠转为活跃，环境条件适当时，产生孢子和游动孢子，经雨水、气流和人畜、车辆、农具等进行传播，通过伤口或叶片气孔侵入，几天后产生病斑，形成当年的新病株。病菌在这些株上繁殖增殖，为田间侵染提供大量菌源。整个雨季一批批的麻叶受害，田间菌量很大，遇到合适条件病害开始流行，10月以后病菌又回到土壤，由活跃转为休眠，如此反复循环，不断蔓延危害。

流行规律 剑麻斑马纹病，在一个地区或一块麻田的流

图1 剑麻斑马纹病病株和病叶（易克贤提供）

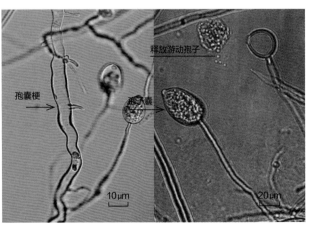

图2 烟草疫霉菌显微特征（郑金龙摄）

行多数不易突发，往往有一个从点到面、由轻到重的发生和发展过程。斑马纹病一年中的发病阶段大致可以分为点、片发病，扩大流行和流行势下降三个阶段。病害发生流行与气象因素、立地环境、麻龄、品种、栽培管理措施及田间菌量等因素都有一定的关系。一年中病害发生发展的规律，新老病区有所不同。新发病区始病期迟，7 月以前只在少数麻株上发现，8 月以后病株增多，9～10 月病情急剧上升并出现大批茎腐、轴腐植株，达到流行高峰；10 月以后病势下降，不出现新病株，只是流行期感染病的植株还会发展为茎腐、轴腐。往年发过病的田块始病期出现早，4 月就开始发病，6～7 月进入流行期，直到 10 月。

防治方法

选育抗病品种　剑麻不同品种对斑马纹病的抗性差异非常明显，利用抗病良种是防治斑马纹病最经济、有效的措施。抗病品种可通过引种、杂交育种、系统选育、转基因和人工诱变等途径获得。中国热带农业科学院热带生物技术研究所经抗病性鉴定，番麻、东 368、墨引 6、墨引 12、墨引 7、墨引 5、假 7、马盖麻、东 109、金边弧叶龙舌和墨引 4 号为高抗种质；假菠萝麻、墨引 1、东 2 和南亚 1 号属中抗种质；灰叶剑麻、墨引 2、粤西 75 属感病种质；弧叶龙舌兰、银边假菠萝麻、东 292、金边东 1 号、蓝剑麻、广西 76416、粤西 114、桂幅 4 号、东 74、墨引 10 和墨引 11 属中感种质；多叶普通剑麻、普通剑麻、雷神、墨引 8、东 16、南亚 2 号、金边番麻、H.11648、粤西 117 等 9 份种质为高度感病种质。

国外剑麻栽培品种主要以普通剑麻和灰叶剑麻为主；中国剑麻栽培品种主要以 H.11648 为主，国内外剑麻主要栽培品种单一。由于剑麻营养生长期一般是 10 年以上，有些甚至长达 15 年以上，且由于各品种的花期不一致、花粉储藏不易、品种多为多倍体、F$_1$ 代育性差、种子发芽率低、缺少抗源等因素，给杂交育种工作带来很大的困难。尚未培育出高抗剑麻斑马纹病又具有较好品质的剑麻。

农业防治

设专职技术人员管理。技术管理人员对从事剑麻工作的人员进行技术培训，使他们对剑麻栽培管理、剑麻斑马纹病的症状、发生流行规律及危害的严重性有足够的认识，要求在岗人员尽职尽责搞好麻田的管理工作。

建立无病苗圃。苗圃地应选择在土壤疏松，阳光充足，靠近水源，远离病麻田、牛栏或剑麻加工场的地块。无病苗圃的种苗，必须选择无性优良单株（周期长叶 600 片以上）的株芽苗培育成繁殖母株，建立繁殖圃，从繁殖圃育出来幼苗或直接用无性优良单株的株芽苗进行培育。杜绝在生产麻田采集走茎苗培育。

开好三沟。麻田定植完毕，应立即开好排水沟、防冲刷沟和隔离沟，防止大雨淹没麻田或流水冲刷。坚持每年雨季前检查"三沟"畅通情况，若有破损的地方，应及时进行维修。

合理施肥。不偏施氮肥，做到氮、磷、钾、钙、镁等各种元素的协调施用。若施用麻渣或垃圾肥，必须通过堆沤，充分腐熟后才能施用。施用时必须穴施，并回土覆盖，忌用小行间覆盖。

加强抚育管理。麻田要坚持及时中耕除草，消灭荒芜。

特别是幼龄麻，由于植株小，叶片较接近土壤，通透条件差，湿度大。若管理不及时，容易发生斑马纹病。幼龄麻管理，无论是除草、培土或是割叶，必须在晴朗天气进行，减少病菌从伤口侵入的机会。忌雨天在麻田作业。

及时处理病株。雨季派人经常检查麻田情况，若发现病株，应选择在天气晴朗时进行处理，挖除病株烧毁，在病穴喷 2% 的硫酸铜液或病穴周围喷 1∶1∶1000 的波尔多液。

作物间作套种技术。间作热研柱花草、日本青回田的生物量最大，可增加大量有机质。间种大豆、花生，成熟期大量落叶和根瘤菌固氮，均可培肥地力。间种作物培肥地力后，便及时调整施肥措施，如减少氮肥的投入，控制徒长，提高抗性，并降低生产成本等。

化学防治　化学药剂防治只限于发病的田块。90% 疫霜灵（又名三乙膦酸铝、乙膦铝）可湿性粉剂 45～90 倍液、68% 金雷（含甲霜灵 4%，代森锰锌 64%）水分散粒剂 100 倍液、55% 敌克松可湿性粉剂 200 倍液和 70% 甲基托布津可湿性粉剂 400 倍液对剑麻斑马纹病的防治效果较好，防效可达 90% 左右。

参考文献

陈河龙，郭朝铭，刘巧莲，2011. 龙舌兰麻种质资源抗斑马纹病鉴定研究 [J]. 植物遗传资源学报，12(4): 546-550.

郭朝铭，2006. 龙舌兰属麻类种质资源遗传多样性的 AFLP 分析与抗病性鉴定 [D]. 海口：华南热带农业大学.

刘巧莲，郑金龙，易克贤，等，2010. 剑麻斑马纹病病原菌对 13 种药剂的筛选 [J]. 热带作物学报，31(11): 2010-2014.

卢浩然，1993. 中国麻类作物栽培学 [M]. 北京：中国农业出版社.

钟文惠，2003. 世界剑麻产销概况及中国剑麻产业的发展前景 [J]. 热带农业工程 (3):2-5.

CRAWFORD A R, BASSAM B J, DRENTH A, et al, 1996. Evolutionary relationships among *Phytophthora* species deduced from rDNA sequence analysis[J]. Mycological research, 100: 437-443.

DRENTH A, WHISSON S C, MACLEAN D J, et al. 1996. The evolution of races of *Phytophthora sojae* in Australia[J]. Phytopathology, 86: 163-169.

GIL VEGA K, GONZALEZ CHAVIRA M, MARTINEZ DE LA VEGA O, et al, 2001. Analysis of genetic diversity in *Agave tequilana* var. *azul* using RAPD markers[J]. Netherlands journal of plant breeding, 119(3): 335-341.

HEGSTAD M J, NICKELL C D, VODKIN L O, 1998. Identifying resisrance to *Phytopldthora sojae* in selected accessions using RFLP technoques[J]. Crop science, 38: 50-55.

NIKAM T D, BANSUDE G M, ANEESH KUMA K C, 2003. Somatic embryogenesis in sisal[J]. Plant cell reports, 22(3): 188-194 .

TROGNITZ F, MANOSALVA P, GYSIN R, et al, 2002. Plant defense genes associated with quantitative resistance to potato late blight in *Solanum phureja* × Dihaploid *S. tuberosum* Hybrids[J]. Molecular plant-microbe interactions, 15(6): 587-597.

（撰稿：郑金龙；审稿：易克贤）

剑麻茎腐病　sisal stem rot

由黑曲霉引起的、对剑麻危害最大的真菌性病害之一。

发展简史　20世纪50年代初，坦桑尼亚和肯尼亚最早报道发生此病。该病是坦桑尼亚普通剑麻上的最重要病害。中国于1987年在广东的一些国营农场发现此病，给植麻区造成重大经济损失。近三十年来，该病又相继在中国各剑麻主产区发生危害，特别是对广东、广西植麻区危害尤为严重。

分布与危害　1987—1988年雷州半岛植麻区因该病死亡20多万株（折合850亩），直接损失纤维250 t，折合人民币70多万元，给植麻区造成重大经济损失，广西、海南、福建和云南等地也有此病发生，并连续流行，成为影响剑麻生产最大的病害之一。

剑麻茎腐病多发生在旺产期后的中老龄麻。根据扩展快慢可将病斑（集中在叶片基部）分为急性和慢性两个类型。

急性型　病斑初期呈浅红色，然后变浅黄色水浸状，病组织腐烂，并有大量浊水溢出。病菌通过叶基入侵茎部后再纵横向扩大侵染，致茎部组织腐烂，严重时叶片失水、凋萎（下垂叶片的基部呈红色），植株死亡。病组织初期有发酵酒酸味，后期腐烂变恶臭。叶基病斑后期失水变黑褐或灰白色（疏松无肉汁），表面有大量黑色孢子产生。纵剖茎，可见病健交界处有明显的红褐色交界线（图1）。

慢性型　病斑黑褐或红褐色水浸状，扩展慢，一般不易造成植株死亡。

病原及特征　病原为黑曲霉（*Aspergillus niger* Tiegh.），属曲霉属（*Aspergillus*）。分生孢子梗无色或顶部黄色至褐色，直立，具隔膜，200～400μm×7～10μm，大型者长数毫米，宽达20μm以上。分生孢子灰黑色、炭黑色、初球形，后变辐射状，直径300～1000μm。顶囊球形、近球形，直径20～50μm，大型的可达100μm，无色或黄褐色。产孢结构两层排列，常呈褐色至黑色。顶层孢梗长瓶形，6～10μm×2～3μm，分生孢子球形，褐色，初光滑后变粗糙或具细刺，有色物质沉淀成瘤状、条状或环状，直径2.5～4μm，呈链状串生。有时产生菌核。常产生色较浅的突变种。尚未发现有性态（图2、图3）。

侵染过程与侵染循环　黑曲霉是一种土壤习居菌，土中到处可见，不存在冬天死亡的问题，同时它又是一种空气真菌。该菌腐生兼寄生。经室内测定，孢子在-25℃低温条件下处理2小时未能致死；14℃左右孢子开始活动，40℃左右生长受抑制。60℃左右可致死；27～28℃在培养基上培养1天可产生孢子。

流行规律　剑麻茎腐病病菌主要是气流传播，轻微的空气流动就可以把孢子传送到另一田块的植株上。另外，还可水溅传播（指第一、第二刀麻）。经接种叶基割口，在孢子量很少（折算数3个左右）的情况下也能致病，且孢子量的多少与病斑扩展程度无明显相关。病菌侵入途径主要是割口，其次是叶片折口，晴天一般在割叶后1～2天内由新鲜割口入侵，2天后伤口干燥愈合便不再入侵危害。

防治方法

选育抗病品种　培育和繁殖抗病品种用于大田生产可

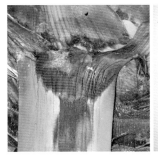
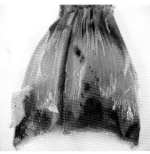

图1　剑麻茎腐病发病症状（郑金龙提供）

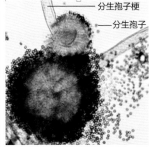

— 分生孢子梗

— 分生孢子

图2　病原菌菌落图（郑金龙提供）　　图3　病原菌显微结构图
（郑金龙提供）

以有效解决剑麻茎腐病。广东农垦1989年经大田接种测定，发现东12达到中抗水平，但其株形、产量等不及H.11648麻。由于剑麻营养生长期一般是10年以上，有些甚至长达15年以上，且各品种的花期不一致、花粉储藏不易、品种多为多倍体、F1代育性差、种子发芽率低、缺少抗源等因素，给杂交育种工作带来很大的困难，目前中外剑麻工作者尚未培育出高抗剑麻茎腐病又具有较好品质的剑麻。

农业防治　选择无病壮苗、不得从病区选苗，繁殖苗宜采用株芽苗自繁自育，不宜选用走茎苗作种苗。种植剑麻地块要选择无病地块，更新麻园不宜连作，要轮作1～2年后再种剑麻。种植前，畦面用石灰撒在地上进行消毒处理，种前的小苗，用甲基托布津或多菌灵1∶1000倍液浸泡进行消毒杀菌处理。坚持起龟背状的畦种植，尽量不用低洼积水地种，周围开深排水沟，避免积水。施石灰，石灰既能防病，又能增产，且能提高出麻率，故建议大田全面施用，并结合增施有机肥和合理配施其他营养元素，以提高防治效果。石灰应于发病前（即3月前）施用。可均匀撒施于土壤疏松的大小行面上。也可均匀撒施于大行面上然后中耕，还可与有机肥混合沟施，但禁止穴施。一般病田按0.5kg/株、非病田按0.25kg/株的用量施用，连施2～3年。若麻株抗性提高和土壤pH提高到6左右，可暂停施，或减少施用量，或改施石灰石粉。此外，钾肥和酸性磷肥的施用要适当控制。调整割叶期。将病田和易感病田调至低温期割叶。原6月前割叶的提前到3月10日前割叶，原7月后割叶的推迟至11月中旬后割叶。不要反刀割叶，以免造成更多伤口。病区麻园割叶时要注意避免交叉感染，先割好株，然后再割病株，割下的病叶要专机专打，麻渣不要施回麻田。经常检查及时处理病株。麻园一经发现病株要立即挖除，集中堆放在远离麻园的地方烧毁或深埋，并用石灰对病穴消毒或用多菌灵、托布津 800 倍液对病穴消毒，防止病菌传染。

作物间作套种技术　间作热研柱花草、日本青回田的生物量最大，可增加大量有机质，间种大豆、花生成熟期大量落叶和根瘤菌固氮，均可培肥地力。间种作物培肥地力后，便及时调整施肥措施，如减少氮肥的投入，控制徒长，提高抗性，并降低生产成本等。

化学防治　病田和易病田于敏感期割叶的应进行药剂防治。于割叶后 3 天内用 40% 灭病威、25% 多菌灵、50% 咪酰胺锰盐、10% 苯醚甲环唑、40% 硫黄多菌灵和 7.5% 氟环唑乳油喷洒割口，药液用量为 20～25kg/ 亩，均能达到较好的防治效果。

参考文献

蔡东宏，2000. 中国剑麻业现状和发展对策 [J]. 广西热作科技 (4): 20-22.

黄标，邓业余，郑立权，等，2007. 剑麻主要病虫害防治技术研究及推广 [C] // 中国热带作物学会 2007 年学术年会论文集：373-375.

黄标，符清华，1990. H. 11648 麻茎腐病发生规律及防治研究 [J]. 热带农业科学 (3): 38-45.

谢恩高，黄东桃，周文钊，1996. 剑麻抗病高产新品种的选育及其探讨 [J]. 中国麻作 (2): 14-17.

赵艳龙，何衍彪，詹儒林，2007. 我国剑麻主要病虫害的发生与防治 [J]. 中国麻业科学，29(6): 334-338.

郑服丛，黎乙东，黄标，等，1992. 剑麻茎腐病病原生物学特性的研究 [J]. 热带作物学报 (1): 79-85.

CIFFERRI R，1951. Red rot of sisal in Venezuela[J]. Phytopathology, 41(8): 766.

WALLANCE M, DIEKMAHNS E C, 1952. Bole rot of sisal[J]. The East African agricultural journal, 18(1):24-29.

YANAGITA T, YAMAGISHI S, 1958. Comparative and quantitative studies of fungitoxicity againse fungal spores and mycelia[J]. Applied microbiology, 6(6): 375-381.

（撰稿：郑金龙；审稿：易克贤）

剑麻炭疽病　sisal anthracnose

由剑麻刺盘孢引起的、主要危害剑麻老叶的一种真菌病害。

发展简史　剑麻炭疽病在中国发生比较普遍。华南各地的植麻场无论是龙舌兰麻杂种 H.11648 或是普通剑麻都有此病的报道。

分布与危害　剑麻炭疽病分布较为普遍，多发生在老叶上，纤维因感病而易折断，对纤维质量有一定影响。病斑最初为暗褐色，略凹陷，外围有一灰绿色晕圈，以后病斑扩大，干燥后呈不规则形，表面散生许多小黑点，有时呈轮纹状（图 1）。

病原及特征　病原为炭疽菌刺盘孢属的剑麻刺盘孢（*Colletotrichum agaves* Cav.），有性态为围小丛壳［*Glomerella cingulata*（Stonem.）Spauld. et Schrenk］，子囊菌。分生孢子盘初生于寄主表皮组织内，后突破而外露。分生孢子盘

通常散生或聚生，排列成同心轮纹。孢子堆基部暗褐色，由基部至顶部颜色逐渐变浅。基部有密集的分生孢子梗。分生孢子梗无色，直立。分生孢子圆筒形，两端钝圆，大小为 28～35μm×6～7μm（图 2）。

侵染过程与侵染循环　病原菌主要以菌丝体在剑麻病组织上潜伏越冬，翌年春季天气适宜时，在病残体上产生大

图 1 剑麻炭疽病症状（刘文波提供）

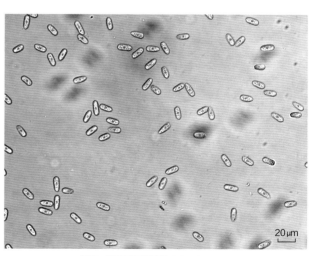

图 2 剑麻炭疽病菌（刘文波提供）

量分生孢子，通过风雨、昆虫和枝叶接触传播到寄主表面，从寄主的伤口、皮孔、气孔侵入，经过一定时间后出现症状。病部产生分生孢子又进行再侵染。

流行规律　该病借风雨传播，经伤口侵入剑麻叶片组织；一般在台风雨和寒害后发生，高温多雨季节发病较为严重；麻田管理好，植株长势好的发病较轻；麻田荫蔽、株行距密及排水不良的发病严重。

防治方法　剑麻炭疽病的防治主要是在有台风和常遇大风的地区，麻田周围要增设防护林带，以减少风害造成的叶片伤口；搞好麻田卫生，结合中耕除草割除老病叶，以减少田间病菌源；采用合理的株行距，避免种植过密，保持麻田通风透光；冬季加强麻田管理，增施钾肥，以提高麻株抗寒力、抗病力；雨季可喷施 1% 波尔多液或 0.3%～0.5% 多菌灵等杀菌剂进行防治。

参考文献

陈邓，2008. 剑麻病虫害防治 [J]. 中国热带农业 (4): 50-52.

李增平，郑服丛，2015. 热带作物病理学 [M]. 北京：中国农业出版社.

王华宁，2013. 广西农垦剑麻病虫害防治方法和技术 [J]. 广西职业技术学院学报，6(3): 1-8.

赵艳龙，何衍彪，詹儒林，2007. 我国剑麻主要病虫害的发生与防治 [J]. 中国麻业科学，291(6): 334-338.

（撰稿：郑金龙；审稿：易克贤）

剑麻紫色卷叶病　sisal purple curving leaf disease

病叶边缘紫色，两边向中间卷曲的一种新病害，已成为中国剑麻种植业的重大隐患。

发展简史　2001 年 11 月在海南昌江青坎农场首先发现，2002 年 4 月便迅速蔓延全场及周边农村。此后，海南省国营红泉农场、广坝农场及其他植麻区也先后大量发生紫色卷叶病，发病面积高达 2 万多亩，重病田发病率高达 80%，减产 30% 以上，损失惨重。2003 年 1～2 月在广东省东方剑麻集团公司属下东方红、金星农业公司和国有火炬、五一等农场及周边农村剑麻发生零星病株，其中东方红农业公司较重，发病田占 60%，此后，蔓延到整个广东植麻区，给广东剑麻产业造成严重打击。2018 年 12 月在广西农垦国有东方农场发现该病害，并有蔓延趋势。

分布与危害　该病主要在中国海南和广东发生，在其他地区还未发现。剑麻紫色卷叶病是危害剑麻最严重的传染性病害之一，给剑麻产业造成极大影响。

多出现在老叶或成熟叶片的先端上，病叶边缘呈紫色，叶缘两边向中间卷曲。发病初期在植株顶部叶片的叶尖叶缘变紫或紫红色，叶尖向内卷曲，并向下扩展至叶片中部，逐渐干枯；同时伴有大量的褪绿黄斑，先是黄豆大小，其交界不明显，以后扩大成花生仁大小或连片，边缘紫红色，后期干枯变黑；根系大部分枯死。此外，70% 以上的病株并发心腐，病组织初期灰黑色，叶肉叶汁被消耗，仅余表皮和

纤维；后期变白色，并在病健交界处断落。剑麻病株卷叶内常有新菠萝灰粉蚧及蚂蚁。该病不造成植株死亡，但生势衰弱而大幅减产，品质骤降（见图）。

病原及特征　剑麻紫色卷叶病的病原正在鉴定中。中国热带农业科学院环境与植物保护研究所科研人员已从紫色卷叶病病株中大量检测出植原体，且该病的发生与剑麻新菠萝灰粉蚧的危害有密切关系。

流行规律　剑麻紫色卷叶病在冬季和早春发病严重。7～8 月高温多雨季节也偶尔发生，与气温呈显著负相关，与降水量关系不显著。同时该病与剑麻新菠萝灰粉蚧的危害密切相关，剑麻新菠萝灰粉蚧危害严重则该病发病严重，反之则较轻；发病植株里一定有新菠萝灰粉蚧危害，而有新菠萝灰粉蚧的植株不一定发病。

防治方法　治虫防病。冬季至早春剑麻新菠萝灰粉蚧虫口密度大，天敌处于蛹期，此时进行化学防治不致伤害天敌，主要化学药剂有亩旺特（有效成分为螺虫乙酯，是一种高效内吸且双向传导的全新化合物）、二嗪磷（安全广谱性硫逐式一硫代磷酸酯类杀虫杀螨剂）等，病株少时，可结合杀虫后，挖除或砍除病株（预防虫及卵未能杀灭）集中烧毁并深埋。实行轮作，减少新菠萝灰粉蚧发生机会。合理定植密度，及时收割和除草灭荒，保持田间通风、透光等良好的生态环境。增施有机肥，补施钼、硅、铜等微肥，合理配施氮、磷、

剑麻紫色卷叶病田间发病症状（易克贤提供）

钾、钙等营养元素，使植株体内养分平衡，促进正常生长，从而提高抗性，达到减少或削弱剑麻新菠萝灰粉蚧危害。

参考文献

陈邓，2008. 剑麻病虫害防治 [J]. 中国热带农业 (4): 50-52.

王华宁，2013. 广西农垦剑麻病虫害防治方法和技术 [J]. 广西职业技术学院学报，6(3): 1-8.

赵艳龙，何衍彪，詹儒林，2007. 我国剑麻主要病虫害的发生与防治 [J]. 中国麻业科学，291(6): 334-338.

（撰稿：郑金龙；审稿：易克贤）

姜瘟病　ginger bacterial wilt

由假茄科雷尔氏菌引起的一种世界性分布的土传细菌性病害。

发展简史　19 世纪中晚期，亚洲、美国南部和南美洲相继出现了青枯病在马铃薯、烟草、番茄、香蕉和花生上发生危害的报道。直至 1890 年，Burrill 才首次从罹病马铃薯植株中分离获得了青枯菌并完成了柯式法则验证。1896 年，青枯菌被植物病原细菌学的奠基人美国科学家 Erwin F. Smith 定名为茄科芽孢杆菌（*Bacillus solanacearum*）。此后，青枯菌的系统分类地位几经变化，1995 年，Yabuuchi 等将青枯菌归入新成立的雷尔氏菌属，正式更名为茄科雷尔氏菌（*Ralstonia solanacearum*）。目前国际上将茄科雷尔氏菌又划分成 3 个不同的种，即由亚洲和非洲分支菌株构成的假茄科雷尔氏菌（*Ralstonia pseudosolanacearum*）、由美洲分支菌株构成的茄科雷尔氏菌（*Ralstonia solanacearum*）以及由印尼分支菌株构成的蒲桃雷尔氏菌（*Ralstonia syzygii*）。该病原应为假茄科雷尔氏菌（*Ralstonia pseudosolancearum*）。

青枯菌不仅寄主范围广泛而且地理分布广阔，可侵染 54 个科的 450 余种植物，几乎遍布除南极洲之外的各个大洲及其周边岛屿。青枯菌在与寄主和环境长期协同进化的过程中，表现出广泛的生态及寄主适应性，并演化出明显的生理及致病力分化等表型特征差异。

Gillings 等为了反映青枯菌种内基因型和表型的多样性，提出了青枯菌复合种的概念（*Ralstonia solanacearum* species complex，RSSC）。传统种以下分类框架依据寄主范围将青枯菌划分为 5 个不同的生理小种；根据 3 对双糖（麦芽糖、乳糖、纤维二糖）和 3 对己醇（甘露醇、山梨醇和甜醇）的氧化利用情况，将其划分为 5 个生化变种（biovar，bv）；根据内源葡聚糖酶等核心基因的系统进化关系，将其划分为与地理分布密切相关的 4 个演化型。引起姜瘟病的青枯菌株属于演化型 I，4 号小种，生化变种 3 或 4。

分布与危害　由青枯菌 4 号小种引起的姜瘟病广泛分布于热带和亚热带生姜种植区，美国夏威夷、韩国、日本、澳大利亚、菲律宾、越南、印度、马来西亚、毛里求斯、尼日利亚、斐济和印度尼西亚均有该病发生危害的报道。1993 年，姜瘟病在美国夏威夷的发病率高达 60% 以上，造成的产值损失约 900 万美元。中国关于姜瘟病的描述始见于 20 世纪 50 年代，目前该病在山东、福建、四川、重庆、贵州

和广西等生姜主栽区普遍发生，常年造成的平均产量损失约 20%～30%，重病田块则可高达 70%，甚至绝产，成为中国生姜产业健康发展的制约瓶颈。

姜瘟病发病初期的症状表现为植株茎基部呈水渍状，下部叶片萎蔫变黄，随后向上扩展至整株叶片呈金黄色萎蔫，植株茎基部与地下肉质根茎分离。地下部肉质根茎初呈水渍状，黄褐色，剖开后有污白色菌脓。根茎组织内部渐至软化腐烂，散发臭味，最后仅残留外皮（图 1）。

病原及特征　病原为雷尔氏菌属（*Ralstonia*）的假茄科雷尔氏菌 4 号小种［*Ralstonia pseudosolanacearum*（Smith）Yabuuchi］。

青枯病菌为革兰氏阴性、好氧棒状杆菌，菌体长度为 0.5～1.5mm。不形成芽孢和荚膜，具极生纤毛和 2～3 根周生鞭毛。生长下限温度为 8～10℃，生长上限温度为 40℃，最适生长温度为 32～35℃，致死温度为 68℃（30 分钟）。生长 pH 下限为 6.0，上限为 8.0，最适生长 pH 为 6.6。2%NaCl 溶液可抑制其生长。在 TZC 培养基（葡萄糖 10g，蛋白胨 5g，牛肉膏 3g，酵母 0.5g，琼脂粉 18g，加蒸馏水至 1000ml，pH 7.0～7.2。附加 5ml 1% 红四氮唑溶液）上培养 48 小时后，典型的青枯菌菌落中央呈粉红色、外缘为白色的奶油状，形状不规则（图 2）。

侵染过程与侵染循环　生长季节青枯菌经生姜植株地下部根和根茎的自然孔隙或伤口进入寄主根部皮层细胞间隙，继而通过 II 型分泌系统泌出的纤维素酶和果胶酶，降解

图 1　姜瘟病危害症状（徐进提供）

①地上部危害症状；②地下部危害症状

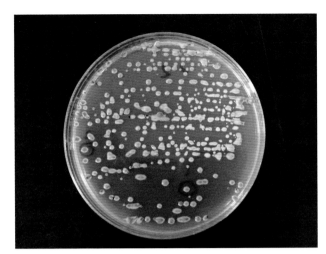

图 2　青枯菌菌落形态（徐进提供）

寄主皮层细胞和维管束薄壁组织，打开进入维管束的通道，并随维管束组织中的液流向上扩展并大量增殖。侵染后期，维管束组织中大量堆积的胞外多糖阻塞寄主的水分和养料运输，导致罹病植株迅速萎蔫死亡。随着死亡植物组织的降解崩溃，病原菌被释放出来，通过雨水飞溅、地表径流、根际接触、农事操作和生产工具进一步扩散传播。

流行规律　带菌植物繁殖材料是青枯菌局地扩散和远距离传播的重要途径。已有明确的流行学证据表明，青枯病2号小种引起的香蕉细菌性枯萎病，于1968年随香蕉繁殖材料球茎从洪都拉斯传入菲律宾，1989年随观赏植物海里康的球茎从美国夏威夷传至澳大利亚昆士兰州；1999—2000年马铃薯青枯病3号小种通过天竺葵鲜切花材料传入美国；1954年姜青枯病4号小种通过生姜根茎材料从广州传入昆士兰；近年来由5号小种引起的桑青枯病在浙江的流行与无序的种苗调拨存在密切关系。

作为土壤习居菌，青枯菌可于土壤、病残体、地表水体、未腐熟的厩肥与堆肥以及隐症寄主中长期存活，并成为翌年或下一季的初侵染来源。1989年和1995年，比利时、荷兰和部分西欧国家相继出现马铃薯青枯病沿加工薯工厂下游河道水系蔓延暴发的情况，随后的研究证实了青枯菌可于河道水体中长期存活，且可以通过根部潜伏侵染的方式以河道中的半水生植物欧白英作为替代寄主。

青枯病严重发生的最适温度为24～35℃，土壤湿度为−1～−0.5bar。连续5天的日平均气温超过20℃，烟草青枯病即可发生危害。高温多雨季节，姜瘟病从零星发生到毁灭性大面积暴发往往仅需1周时间。

防治方法

加强检疫　建立无病种姜繁育基地，建立健全健康种姜认证体系，严禁从疫区调拨调运种姜。

农业防治　采用高垄栽培技术，保持姜根部透气。使用井水或清洁灌溉水源，提倡采用滴灌技术，避免串围串灌与大水漫灌。及时拔除病株，清理病残体，撒施生石灰，周围健康植株以农用链霉素、噻菌铜、春雷王铜或中生菌素等进行保护性灌根处理。杜绝使用未腐熟的厩肥与堆肥。减少不必要的农事操作，注意农机具与鞋底消毒，避免交叉污染。

水旱轮作5～8年。

化学防治　因地制宜采用氯化苦或棉隆进行土壤化学熏蒸处理，采用精甲霜灵、咯菌腈等进行播前种姜处理。

参考文献

徐进，冯洁，2013. 植物青枯菌遗传多样性及致病基因组学研究进展 [J]. 中国农业科学，46(14): 2902-2909.

（撰稿：徐进、冯洁；审稿：赵廷昌）

交叉保护　cross protection

交叉保护的概念在19世纪30年代早期被提出来，最初指的是植物被弱毒力的病毒株系感染后，可以避免或延缓同一病毒强毒力株系侵染的现象。该现象在病毒与寄主植物互作过程中广泛存在，但不同病毒的弱毒力株系在控制强毒力株系侵染时的效果不一样。关于交叉保护作用机理，一般认为是在弱毒力株系感染后，植物产生了类似动物体内的免疫球蛋白而使其免受强毒力株系的感染；或弱毒力株系感染后植株体内产生了类似干扰素的物质；此外，先侵入植株体内的弱毒力株系的外壳蛋白和核酸对后侵染的强毒力株系也有可能产生拮抗作用。进一步研究证实交叉保护现象同样适用于真菌或细菌病害，用无毒或弱毒力的病原真菌或细菌处理植物，也可减弱或抑制同类型强致病力真菌或细菌的侵染。

交叉保护现象被成功应用于多种病毒病害的生物防治，如在烟草花叶病毒（tobacco mosaic virus）、柑橘衰退病毒（citrus tristeza virus）和番木瓜环斑病毒（papaya ring spot virus）等病毒的控制方面均取得了一定的效果。但利用交叉保护现象防控病害的方法目前并没有被广泛应用，主要原因是该方法存在一定的局限性，如有时候弱毒力株系的获得存在一定的困难，同一弱毒力株系对不同强毒力株系的保护效果不一致，弱毒力株系存在突变成强毒力株系或感染其他作物的风险，同时该方法提高了复合侵染的可能并增大了劳动强度等。而在多年生作物病害的防控中，由于弱毒力株系在整株植物中的分布不均匀，弱毒力株系处理植物也常常在几年后丧失了对强毒力株系的控制作用，这些因素均限制了利用交叉保护现象防控植物病害的实际应用。

参考文献

GEORGE N A, 2015. Plant pathology[M]. 5th ed. New York: Academic Press.

（撰稿：程家森；审稿：杨丽）

茭白胡麻斑病　wildrice brown leaf spot

由菰离平脐蠕孢引起的、危害茭白叶片的一种真菌病害。又名茭白叶枯病，是茭白生产上的主要病害之一。

发展简史　茭白胡麻斑病由于过去不受重视，所以对其的研究报道很少。1929年，Nisik 将此病菌记载为 *Helminthosporium zizaniae*，1959年 Shoemaker 将其更名为 *Bipolaris* *zizaniae*。中国对该病害最早的文献报道可见 1985 年徐允元发表的《茭白胡麻斑病的初步研究》，之后国内对该病害的研究主要集中在防治上，直到 2007 年，才由王建等对该病害的生物学特性进行了初步的探究。但是在寄主与病原物的互作机理以及抗性基因和抗性品种上的研究极少，甚至没有相关的报道，并且对病原物本身的研究也存在很大的空白。

分布与危害 胡麻斑病在茭白上发生普遍、蔓延迅速、危害严重，并有逐年加重的趋势。该病在中国的南方比北方发生要重，大棚茭白的叶片发病率一般为 57.5%，严重时 80%～100%；露地茭白的产量损失 10%～20%，严重田块减产 50% 以上。在广西桂林有少数地方的茭白田全部发病，造成全田一片枯黄，植株提早枯死，对产量影响极大。1989 年，江苏无锡约有 90% 的茭白田发生胡麻斑病，病情指数高达 70。病害的发生，不仅使茭白瘦小不丰满，直接造成减产，而且还严重影响茭白的商品性，减少茭农收入。自 21 世纪以来，中国的茭白栽培面积不断扩大、连片种植并且达到相当大的规模，致使茭白胡麻斑病越来越重。

该病主要危害叶片，叶鞘也可发病。叶片受害初期，其上密生褐色小点，后扩大为椭圆形、边缘深褐色、中部黄褐色至灰褐色，病斑外围具有黄色晕圈，潮湿时，病斑表面出现暗灰色至黑色霉（即病菌分生孢子梗及分生孢子）。因其病斑大小和形状近似芝麻粒，故名胡麻斑病。叶鞘病斑较大，数量较少。胡麻斑病严重时，叶片上的病斑密密麻麻，并往往连合成不规则的大型斑块，致使叶片由叶尖或叶缘向下或向内逐渐枯死，最后全叶干枯（图 1）。

病原及特征 病原为菰离平脐蠕孢［*Bipolaris zizaniae*（Y. Nisik.）Shoemaker］，属平脐蠕孢属真菌。分生孢子梗丛生，黄褐色至绿褐色，大小为 150～275μm×7.4～9.5μm；分生孢子倒棍棒状，黄褐色至褐绿色，大小为 40～165.8μm×12.3～29.3μm，有 5～8 个横隔膜，胞壁较厚，脐明显突出（图 2）。

菌丝生长的适宜温度为 10～35℃，最适温度为 25℃；分生孢子产生的适宜温度为 10～30℃，最适温度为 25℃，致死温度为 56℃；分生孢子萌发适温为 28℃，并需要高湿，尤以在水滴或水膜中萌发更好；菌丝生长和分生孢子产生的

pH 为 3～12，最适值 pH 为 6～9，中性偏碱的条件有利于分生孢子的形成。菌丝生长的最适碳源为乳糖，产孢最适碳源为果糖；以酵母膏为氮源能促进菌丝生长，酵母膏和氯化铵能促进产孢，而牛肉膏和硝酸钾不利于产孢。

侵染过程与侵染循环 病菌以菌丝体和分生孢子梗在茭白老株上越冬或随病残体遗落在土壤中越冬，是翌年病害的初侵染源。天气回暖后，越冬病菌产生分生孢子，萌发后的菌丝直接侵入叶片表皮或气孔，引起田间植株发病；病部新产生的分生孢子，借助气流、雨水飘移到茭白叶片上，又穿透寄主表皮细胞或从气孔直接侵入，进行多次再侵染（图 3）。

流行规律

气候与发病的关系 病害蔓延与温、湿度密切相关，气温在 15℃ 以下，病害仅零星发生，扩展缓慢。在气温为 20～32℃ 和高湿、多雨的环境下，病情发展很快，病叶率急剧上升。南方的 5 月下旬至 6 月下旬往往是梅雨季节，也是病害发生的高峰期。在武汉，通常 5 月下旬的平均气温可上升到 20℃，该病开始发生，以后随着温度的升高，病害迅速蔓延。如 1988 年，在 5 月 28 日至 6 月 7 日期间，田间的病叶率由较低的 11% 迅速地上升至 46%，病情指数由 0.024 上升至 0.168。6 月 18～29 日，正值梅雨季节，病害蔓延更加迅速，10 天内病叶率由 51% 上升至 100%，病情指数由 0.236 上升至 0.574，因此，5 月下旬至 6 月下旬是该病流行危害的高峰期。此期平均气温为 20～26℃，田间重复侵染极为频繁，病情不断加重。7 月中旬以后，气温常常在 35℃

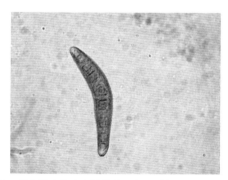

图 2 茭白胡麻斑病病原菌分生孢子形态（韦继光提供）

图 1 茭白胡麻斑病症状（韦继光提供）

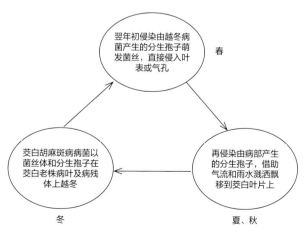

图 3 茭白胡麻斑病侵染循环（韦继光提供）

以上并高温干旱，病情有所抑制。8月中旬以后，秋雨期来临，气温有所下降，病害进入新的流行期，也是全年的第二个发病高峰期。

浙江茭白胡麻斑病一般在6月初见，但受年度间气候等条件影响，差异较大。1999年病害初见期为6月7日，2000年初见期为6月24日，两年相差17天。不同年份发病指数、发展速率也不相同。1999年该病在始发后的30天中，病指从1.6上升到68.7，呈直线上升态势，随后上升缓慢，到后期呈下降态势（可能与人为剥叶有关）；2000年在病害始发后近2个月中，病指从1.77上升到25，上升态势比较缓慢，但在随后的8天中，病指从25很快上升到37.9。

品种的抗病性　已知胡麻斑病具有抗性的品种15种，其中高抗材料4种：印尼茭、水珍1号、北京茭和十月茭；抗性材料4种：武汉双季茭、浙大茭白、浙991和浙911；中抗品种7种：四九茭、浙茭2号、六月白、武汉单季茭、8820、武义单季茭和嘉兴单季茭。感病品种15种，其中高感品种2种，感病品种7种。

栽培技术与发病的关系　连作地、偏施氮肥、施用未腐熟有机肥且植株密度过大、通风透光性能差的田块发病严重。缺钾或缺锌致植株生长不良有利于该病害的发生与发展。

防治方法

选用抗病品种　各地的抗病品种不完全相同，要从当地使用的品种中选择抗病性好的品种，如印尼茭、水珍1号、北京茭和十月茭。

轮作　重病田实行2年以上轮作，水旱轮作最好。

清除病残体　及时清除重病株、病残体、病叶、枯叶、黄叶、老叶，剪去晒干部分，并集中烧毁或深埋，以增加通风透光，有利于分蘖，减少病害发生。

在冬前清除茭白田的植物病残体及四周杂草，齐泥割去地上残株枯叶，集中沤肥或销毁，以减少虫口和病菌的越冬基数。掘出雄茭（墩）、灰茭株，保持田间平整、湿润不干裂。

施肥防病　施用钾肥能减轻病害发生，以每亩施15kg的防病增产效果最好，不仅病情减轻30%左右，还提早成熟5～6天，比对照增产11.2%～18.93%。

肥料施用要采取前促（分蘖）、中控（无效分蘖）、后补（催茭肥促孕茭）的策略，采用测土配方施肥技术，施足基肥，适时适量追肥，加强田间管理，促植株早生快发，壮而不过旺，稳生稳长，提高植株自身抵抗力。

化学防治　病害盛发期喷洒杀菌剂，每隔15～20天喷1次，视病情连续喷雾2～3次，孕茭前停止用药。可使用的农药有25%丙环唑乳油2000～3000倍液，或50%异菌脲可湿性粉剂600倍液，或40%氟硅唑乳油5000倍液，或40%多·硫悬浮剂600倍液，10%双苯环唑水分散性粒剂5000倍液，或75%百菌清可湿性粉剂800倍液，或80%抗菌剂402乳油8000倍液等。

参考文献

蔡国梁，吴森贤，周永忠，等，2006.茭白胡麻斑病的发生与防治[J].中国植保导刊，26(6)：29-30.

黄怀东，魏林，梁志怀，2015.茭白胡麻斑病研究进展[J].长江蔬菜(22)：34-36.

王建，朱世东，袁凌云，等，2007.茭白胡麻斑病菌生物学特性研究[J].中国农学通报，23(11)：297-300.

徐允元，华雄超，1991.茭白胡麻斑病及其防治技术研究[J].上海农业科技(1)：23-24.

郑许松，陈建明，陈列忠，等，2006.茭白种质资源对胡麻斑病和锈病的抗性鉴定和分析[J].浙江农业学报，18(5)：337-339.

KIRK P M, CANNON P F, MINTER D W, et al, 2008. Ainsworth & Bisby's dictionary of the fungi[M]. 10th ed. Wallingford, UK: CAB International.

（撰稿：韦继光；审稿：边银丙）

茭白细菌性基腐病　water bamboo bacterial basal culm rot

由阴沟肠杆菌引起、危害茭白地上茎的一种细菌病害。又名茭白笋基腐病，简称茭白基腐病，其英文名亦译为bacterial basal stalk rot of water bamboo、bacterial basal stalk rot of *Zizania latifolia* 及 bacterial basal stem rot of *Zizania latifolia* 等。

发展简史　茭白细菌性基腐病是新记录病害。1999年6月中国台湾首次发现危害，2001年5月该病被命名为"茭白笋基腐病"（即茭白基腐病）。2002年，台湾中兴大学植物病理学系洪明伟，通过接种试验、生理生化特性测试及分子技术检测，确认病原为肠杆菌科（Enterobacteriaceae）肠杆菌属（*Enterobacter*）的阴沟肠杆菌（*Enterobacter cloacae*）。2016年，武汉市农业科学研究院蔬菜研究所在武汉及云南曲靖麒麟区三宝镇黄旗村发现该病危害。

分布与危害　该病在台湾、湖北（武汉）、云南、浙江等地已发现危害。台湾地区茭白发病面积曾达1000hm²以上（约占台湾茭白栽培面积的50%）。台湾地区茭白田间5月开始发病，6～7月为发病高峰期。2016年调查，武汉地区8～9月为发病高峰期。国家种质武汉水生蔬菜资源圃内春季定植（4月18日定植）品种发病率近100%，其中单季茭白品种病株率33.33%～100%（平均值82.00%），双季茭白品种病株率50.00%～100%（平均值91.00%）；夏秋季定植（7月15日定植）品种发病率55.56%，病株率为0～67%。就病株分蘖发病数而言，为2.2～8.4个/株，而且多为有效分蘖。2016年，云南曲靖麒麟区三宝镇黄旗村茭白产区引进的双季茭白病株率高达82%，但当地地方品种单季茭白未见发病。

感染茭白细菌性基腐病的茭白植株，以分蘖为单位发病。初期，从分蘖基部的地上茎（薹管）上部节位开始发病，分蘖的心叶发黄、枯萎死亡。之后，从发病节位向下蔓延，整个地上茎发病，常致整个分蘖叶片和叶鞘全部枯萎死亡。进一步蔓延，重者导致整株的全部分蘖发病，枯萎死亡。发病的分蘖，基部腐烂变软，无纤维残留，易于在发病节位与母体分开，容易拔起。发病部位无明显症疤。嗅闻腐烂基部，臭味浓烈，手捻有黏滑感。在清水中挤压腐烂基部，明显可见白色雾状散开的菌脓。有效分蘖发病后，不能正常孕茭（见图）。在茭白田间，茭白细菌性基腐病易与二化螟的危害混淆，应注意区别。

病原及特征　病原为肠杆菌属（*Enterobacter*）的阴沟肠杆菌（*Enterobacter cloacae*）。该菌为革兰氏阴性细菌，具周生鞭毛，有游动性，为兼性嫌气细菌，在 PDA 培养基上形成黏稠流体状的白色菌落，此菌在罹病茭白植株残体上可存活一年以上。

侵染过程与侵染循环　病原菌在茭白种墩（种苗）上和茭白种植田中越冬，借助茭白种苗引种传播，或随田水串灌等传播侵染。

流行规律　一般在气温较高时开始发病。如湖北武汉地区，一般 6 月下旬开始少数植株发病，之后随着气温增高，病株率逐渐增加，约 8 月上中旬病株率达 5%；9 月下旬至 10 月上旬病株率达到最高。10 月中下旬天气转凉以后，症状减轻。田间长期淹水、连作等条件下，发病较重。

茭白细菌性基腐病症状（刘义满、赵娟提供）

①发病初期的茭白短缩茎节部；②发病初期心叶枯萎；③发病初期的短缩茎及心叶枯萎；④整个分蘖死亡；⑤整株枯萎死亡；⑥腐烂的地上茎（薹管）节部（易与植株母体分离，无残留纤维）；⑦腐烂的叶鞘；⑧发病后期的地下短缩茎纵剖面（内部腐烂、根系死亡）；⑨腐烂的叶鞘基部（可见白色菌脓）

防治方法 发病初期，排干田水，每亩使用 77% 可杀得粉剂 50g（800 倍液）喷雾防治。

参考文献

郭建志，2004. 茭白细菌性基腐病菌 *Enterobacter cloacae* 检测技术之研发与应用 [D]. 台中：中兴大学植物病理学系 .

洪明伟，2002. 茭白细菌性基腐病菌之鉴定与侦测 [D]. 台中：中兴大学植物病理学系 .

刘义满，钟兰，李峰，等，2020. 武汉地区茭白细菌性基腐病田间发生动态调查 [J]. 安徽农业科学，48(2): 156-158.

魏玉翔，刘义满，2019. 水生蔬菜答农民问 (23)：茭白植株基部腐烂发臭是什么原因？[J]. 长江蔬菜 (9): 46-48.

（撰稿：刘义满、赵娟、魏玉翔；审稿：李建洪）

茭白锈病 water bamboo stem rust

茭白生长中后期的重要病害，尤其是在结茭期前后发病时，严重影响光合作用和茭白的生殖生长，已成为茭白可持续发展的主要制约因子。又名茭白黄疸病。

分布与危害 锈病是茭白病害中危害最为严重的病害。在中国各产区包括江西、湖北、浙江和福建等地普遍发生，发病期从分蘖到孕茭采收，长达数月。在常规等距的栽培方式下，茭白密度高、封行早、群体大、株间郁闭，锈病发生普遍、危害重。一般发病率达 30%～40%，重者达 80% 以上，产量减少 25%。锈病使茭白瘦小不丰满，直接造成茭白减产，减少茭农收入，成为茭白优质高产的最大障碍，严重影响了茭白产业的发展。

茭白锈病主要危害叶片。叶鞘也可被害。开始在叶片上出现散生的褪绿小点，逐渐成为稍隆起、黄褐色小疱斑。后疱斑破裂，散出锈褐色粉末（病菌夏孢子）。严重的叶片布满黄褐色疱斑，不但降低光合效能，还使病叶早枯。叶鞘上症状与叶片相同。发病后期，叶片、叶鞘上产生黑色疱斑（病菌冬孢子堆），表皮不易破裂。

病原及特征 病原为茭白单胞锈菌（*Uromyces coronatus* Miyabe et Nishida），属单胞锈属。夏孢子堆生于叶背的较多，边缘表皮破裂的残余明显，病斑呈褐色；夏孢子球形或椭圆形，大小为 21～30μm×15～22μm，表面有细刺，黄褐色，顶端色浓，侧丝头状或光棍棒形，长 40～75μm，顶端直径 15～21μm，细胞壁薄。冬孢子堆生于叶的正反两面，但以叶背为多，受害部位表皮破裂，冬孢子堆裸露，黑色；冬孢子卵形或长椭圆形，大小为 24～40μm×20～30μm，顶圆而壁厚，有指状突起 1～8 个，高 8～16μm，下部略窄，壁厚 1.5μm，淡褐色；柄褐色或淡褐色，不脱落，长约 45μm（图 1）。

侵染过程与侵染循环 病菌以菌丝体及冬孢子在老株、病残体上越冬，翌年在茭白生长期间，夏孢子借气流从叶片的气孔侵入进行初侵染，病部产生的夏孢子不断进行再侵染使病害扩散蔓延。茭白锈病病菌喜温暖气候，气温 14～24℃ 适于孢子萌发和侵入，20～25℃ 夏孢子迅速增多，病害易流行。一般 4 月初病害始发（春暖年份 3 月下旬始发），

5 月上旬至 6 月中旬进入发病高峰，常年 4～6 月多雨、湿度大、菌源足、危害重，偏施氮肥有利于发病。生长季节结束后，病菌又在老株和病残体上越冬（图 2）。

流行规律 茭白锈病从分蘖到孕茭采收均可发生。往往在植株下部的茎叶先发病，在老病区出现发病中心，然后迅速向外蔓延。在有利于病害发生的条件下，病害发展速度很快，造成病害流行和损失。

影响锈病发生的因素很多，包括品种的抗感病性、气象环境、栽培管理等方面的因素。

品种 茭白锈病的发生与品种的关系密切，凡抗病性强的品种，病害发生轻而迟，流行期短，损失较小；反之，感病性品种受害严重，发病早，损失亦大。茭白品种对锈病的抗性有明显差异。四九茭、吴岭茭、8820 为高抗，浙 991

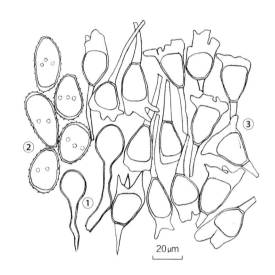

图 1 茭白锈菌夏孢子和冬孢子形态图（引自庄剑云，2005）
①夏孢子堆侧丝；②夏孢子；③冬孢子

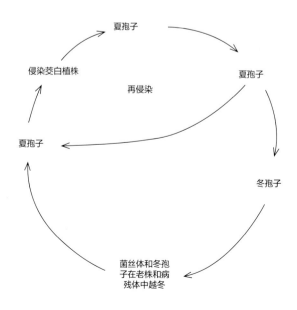

图 2 茭白锈病侵染循环示意图（曾永三提供）

和丽水高山茭为抗性品种，浙茭 2 号、六月白、余茭 3 号为中抗品种；嘉兴双季茭、浙农 3 号、天台茭和嘉兴单季茭为高感品种，水珍 1 号、浙大茭白、河姆渡梅茭、十月茭、武汉单季茭、象牙茭、金华冷水茭、磐安单季茭、姜山一点红、余茭 1 号、余茭 2 号为感病品种。

气象因素　主要是温、湿度。茭白生长期，平均气温 25～30℃，相对湿度 80%～85% 最易发病。降雨天多，雨量大，此病易流行。在福建古田，一般年份 5 月旬平均气温 18～23℃、旬雨日 6 天以上、旬雨量 60mm 以上、旬平均相对湿度 80% 以上时锈病易大流行。个别年份，如 1997 年于 4 月上旬起，旬平均气温就达 18℃ 以上，锈病提前于 4 月流行。每年 6 月下旬至 8 月下旬，旬平均气温达 26℃ 以上、旬雨日少于 5 天、旬雨量少于 50mm、旬平均相对湿度 80% 以下时病害受到抑制。9 月下旬至 10 月下旬，旬平均气温下降到 18～23℃，但因秋高气爽，多数旬雨日少于 5 天、旬雨量少于 50mm、旬平均相对湿度在 80% 以下，所以锈病又轻度流行。由于每年春季一般雨日、雨量和湿度足够发病，锈病发生的迟早和轻重，主要取决于早春气温回升的快慢；夏季因气温高、雨日和雨量少，湿度低，锈病潜伏不流行；秋季虽然温度适合发病，但因雨日和雨量不足，湿度低，一般锈病发生较轻。

种植密度　不同栽种密度对茭白病害的发生有一定的影响。每亩以 1000～1100 株为宜。密度提高，发病期提早，发病程度越重。这是因为栽种密度高、株间郁闭、通风透光条件差，易形成高湿的田间小气候，不但有利于病菌孢子的萌发侵染，同时也促进了病株与健株叶片之间的接触，增加了病害的传播概率。

施肥　施肥与病害发生关系密切，配方施肥，施用复合肥田块发病轻；偏施氮肥田块发病重。茭白施锌肥可提高植株对锈病的抗病力，减轻锈病的发生。

防治方法　茭白锈病的防治应采取以农业防治为主、药剂防治为辅的综合防治措施。

选用抗（耐）锈丰产良种　茭白不同品种对锈病的抗性差异大。生产上可选种美人茭、象茭、四九茭、吴岭茭、8820、浙 991、丽水高山茭、浙茭 2 号、六月白和余茭 3 号抗性品种，但是要做好提纯复壮工作，选用无病种苗。

农业防治　主要包括以下措施：①清洁田园，减少越冬菌源。冬季清园，结合冬前割茬，收集病残老叶烧毁，并铲除四周杂草，清除越冬菌源。②选适栽土壤，实行轮作。生产上应选灌方便、土层深厚、富含有机质、保水保肥力强的黏壤土或壤土栽植。条件许可的，可实行 2 年以上的水旱轮作。③合理密植。可以增强通风透光，降低田间小气候湿度，减少病菌孢子的萌发和侵染，同时可以减少病株与健株叶片之间的接触，进而减少病害的传播几率。定植时，适宜密度为每亩种植 1000～1100 穴，宽窄行种植，每穴种 4~5 株。株距 60cm，行距 100～120cm。④加强栽培管理。适时适度晒田，提高根系活力，增强植株抗病能力。⑤加强水肥管理，科学施肥。茭白耐肥，但偏施氮肥发病重。根据茭白的需肥规律，应施优质有机肥作底肥，适时追肥，适当增施磷、钾肥。基肥一般每亩施猪栏肥 3500～4000kg，或者是菜籽饼肥 50～150kg，追肥第一次中耕施尿素 20～25kg，过磷酸钙

或钙镁磷肥 15～20kg，氯化钾 15～20kg；分蘖期施复合肥 5.0～7.5kg；孕茭施尿素 5～10kg 或复合肥 20kg。合理灌溉。茭白灌水宜掌握"薄水栽植、浅水分蘖，中后期加深水层，湿润越冬"的原则。移栽成活后灌 3.5cm 水层，从萌芽到分蘖保持 3～5cm 水层，分蘖后期到孕茭前采取干湿管理，孕茭期灌深水 12～15cm，但不能高过叶枕。当盛夏 30℃ 以上高温时，应日灌夜排，降温防病，促进茭白生长。结合除草等农事操作，及时摘除基部病、老叶，并深埋或焚毁，增加田间通风透光。

化学防治　喷药防治是大面积控制锈病流行的主要手段之一。要充分发挥药剂的最大防锈保产效果，提高经济效益，必须根据当地茭白锈病的发生流行特点、气候条件、品种感病性及杀菌剂特性等，结合预测预报，确定防治对象田、用药量、用药适期、用药次数和施药方法等。在发病前或发病初期病斑未破裂前，病叶率 1%～5% 时开始用药。可选用 25% 三唑酮乳油、12.5% 烯唑醇可湿性粉剂、腈菌唑（20% 可湿性粉剂、12% 乳油）、75% 达科宁可湿性粉剂、25% 使百克可湿性粉剂、10% 世高水散颗粒剂、15% 粉锈宁可湿性粉剂、25% 敌力脱乳油等。各种药剂的具体用药量根据使用说明书确定。视病情发展，每隔 7～10 天喷药 1 次，连喷 2～3 次。注意药剂的交替使用。

参考文献

丁新天，2004. 栽培技术对茭白锈病控病效果的探讨 [J]. 中国植保导刊 (1): 32-33.

胡美芳，邓建平，2002. 茭白锈病的发生情况及防治技术 [J]. 植保技术与推广，22(11): 15-16.

庄剑云，2005. 中国真菌志：第二十五卷　锈菌目（三）[M]. 北京：科学出版社.

叶琪明，顾国平，李建荣，等，2003. 茭白锈病和胡麻斑病发生危害规律及其无害化防治 [J]. 浙江农业学报，15(3): 144-148.

郑许松，陈建明，陈列忠，等，2006. 茭白种质资源对胡麻斑病和锈病的抗性鉴定和分析 [J]. 浙江农业学报，18(5): 337-339.

（撰稿：曾永三；审稿：赵奎华）

接种密度—发病数量曲线　inoculum density – disease incidence curve

以接种量（或接种体密度）为横坐标，发病数量（或发病率）为纵坐标绘制的曲线，简称 ID-DI 曲线。反映接种体密度与相应的发病数量的定量关系。在一定数量范围内，发病位点与接种体数量可呈现直线正比关系。这是简单的情况。直线的斜率即为侵染概率。这种情况在接种量较低的范围内是真实的。当一定叶面积或植株上可供侵染的位点有限，随着接种量的不断增加，会出现同一位点被 2 个或 2 个以上的接种体侵染而仅仅出现 1 个新的发病位点的现象，即所谓重叠侵染现象。发病点数不再按原有的比例增加，曲线斜率会有所下降。在有些病害上，当接种体数量由低到高时，侵染概率提高了，ID-DI 曲线会向上翘。这表明可能存在某种协生作用（synergism）。另一些病害在接种量过大时，又会因为接种个体间存在某些拮抗或自我抑制作用而使曲线的斜

土传病害的几种ID-DI模型表（引自E. Bsker,1978,1981等）

模型类别	侵染特点		病例及说明 *	曲线方程 **	直线方程	直线方程斜率
	接种体	侵染部位				
I	固定	固定，根围		$S=KI$	$y=x+C_1$	1
II	固定	固定，根面	*Rhioxroni solani* 侵染萝卜下胚轴	$S=K(I)^{2/3}$	$y=(2/3)x+C_2$	0.67
III	固定	运动	*Fusarium* spp. 侵染菜豆根尖，根尖不断生长	$S=gK(I)^{2/3}$	$y=(2/3)x+C_3$	0.67
IV	运动	固定	*Aphonomyces* spp. 游动孢子侵染甜菜下胚轴	$S=K/(D-rt)^2$	$y=-2x+C_4$	-2
V	运动	运动	*Phytophthora parasitica* var. *nicotianae* 游动孢子侵染根尖	$S=gK/(D-rt)^2$	$y=-2x+C_5$	-2

注：* 第一类型为根围侵染，即根四周一定距离内的病菌可因趋化性蔓延到根表面进行侵染。
** S：侵染数量（成功率）；I：接种体密度；g：根尖生长速度；D：接种体间距离；r：游动孢子游动速度；t：时间。

率下降。这些都要根据具体病害和试验进行具体分析。试验中，也曾发现接种量低到一定程度后发病数量呈零的现象，曾提出侵染数限的概念。但范德普朗克从理论和试验数据的分析中证明不存在侵染数限。

贝克尔等针对土壤传播病害研究了接种量与发病的关系。由于土传病害大多没有再侵染或再侵染不重要，因此，发病程度为接种量与侵染概率的乘积。贝克尔假设传播体在土壤的三维空间中呈随机分布；侵染数量与根表面的接种体数量呈正比；寄主感病性又一致。在此基础上归纳出以下几种土传病害的ID-DI模型：①接种体与侵染部位均为固定不动的，侵染数量（S）与根围中的接种体数量（I）呈正比关系：

$$S=IK$$

式中，K为侵染概率，即在以 I 为横坐标，S 为纵坐标的直角坐标系中形成直线的斜率，其取值依品种、病菌、土壤环境而异。

②接种体为固定的，但只有与根表面接触的菌体可造成侵染，即为根表面侵染。设四面体中任何两个接种体的距离一致，则：

$$S=K(I)^{2/3}$$

式中，K仍然显示 I 和 S 的关系，但数值之间不是直线关系。当原始数值经过双对数转换后，成为直线方程，K转换成常数 C_2，是方程的截距。式中，I 仍然为接种体密度，即根表面接种体的侵染数量。

③受侵染的部位为土壤中不断运动、生长的根尖，接种体只在根表面固定位置造成侵染时，把运动的受侵染部位看成一个点，则：

$$S=gK(I)^{2/3}$$

式中，g 为根的直线生长速度，S 和 I 定义与以上两类相同，相互关系则更加复杂。当接种体变成运动的，或受侵染部位是固定的或运动的，又会构建另外两种理论模型，见上表。贝克尔曾经用上述模型分析生物防治病害的机制。

参考文献

曾士迈，杨演，1986.植物病害流行学[M].北京：农业出版社.

（撰稿：骆勇；审稿：肖悦岩）

锦鸡儿白粉病　caragana powdery mildew

由长叉丝壳引起的危害锦鸡儿［*Caragana sinica*（Buc' hoz）Rehd.］、红花锦鸡儿（*Caragana rosea*）及 *Caragana brevifolia* 的一种白粉病害。

发展简史　1963 年 10 月在中国北京颐和园万寿山后山见到锦鸡儿上的一种比较特别的白粉菌，经鉴定是一个新种：长叉丝壳（*Microsphaera longissima* M.Y. Li）（李明远，1977）。此后，该种白粉菌被收入《中国真菌志：第一卷　白粉菌目》。在 2012 年该菌学名改为 *Erysiphe longissimi*（M.Y. Li）U. Braun & S.Takam.。

分布与危害　在中国华东、华中、华北、东北及西北都有分布，但常见的是无性孢子。发病时在叶片上产生白色粉状物，覆盖在叶表面，使叶片逐渐枯死变形。每年春、秋各流行一次，以秋季较重。进入中、晚秋后，有时在叶片表面长出带有较长附属丝的闭囊壳，叶面像有一层棉絮。该病可引起叶片较早脱落，造成植株衰弱。

病原及特征　病原为长叉丝壳［*Erysiphe longissima*（M.Y.Li）U.Braun & S. Takam.］，属白粉菌属。菌体叶两面生，主要生在正面，有时也生在叶柄上。菌丝体存留且均匀，无色，宽 $1.6\sim4.3\mu m$，闭囊壳散生到群生，黑褐色，球形或扁球形，直径 $99.5\sim158.0\mu m$（平均 $128.99\mu m$），细胞壁多角形，宽 $6.3\sim19.0\mu m$（平均 $12.6\mu m$）（图 1），附属丝 $6\sim14$ 根，丝状，弯曲，表面有许多小疣，其特点是主梗很长，长度为闭囊壳直径的 $5\sim10$ 倍（平均 7.8 倍）（图 2），附属丝宽 $5.5\sim7.9\mu m$（平均 $6.5\mu m$）基部略粗，浅褐色，罕见有 1 个隔膜者，顶部多二叉分枝，少数为三叉分枝，分枝次数较多，为 $3\sim8$ 次（多为 $4\sim7$ 次），第一次分枝一般都比较短，末次分枝一般不反卷（图 3）；每个闭囊壳内含子囊 $8\sim24$ 个（图 4），无色，卵形、椭圆形或棒形，有柄，大小为 $61.1\sim91.6\mu m\times31.0\sim53.7\mu m$（平均 $73.22\mu m\times36.28\mu m$）（图 5）。子囊孢子 $6\sim8$ 个，无色，卵形、椭圆形或长椭圆形，大小 $17.3\sim26.9\mu m\times8.6\sim13.5\mu m$（平均 $21.33\sim10.59\mu m$）

J

（图1③）。

　　李明远在鉴定时未见到无性孢子。虽然 U. Braun 给出无性孢子的图（图6），徐公天也认为该菌有分生孢子阶段，但都没有给出进一步的描述。

　　侵染过程与侵染循环　由于锦鸡儿用途广泛，生长的条件各异。可以野生，可以在露地栽培，也可以作为盆景在室内越冬，因此，锦鸡儿白粉菌的越冬方式也各不相同。如果作为盆景，锦鸡儿白粉菌可以菌丝或分生孢子在室内越冬，当春暖花开条件合适时在植株上扩大繁殖进行危害。如果是野生，则以闭囊壳在落叶上越冬，翌年条件合适时放出子囊孢子进行侵染。

　　病菌的传播和扩展主要借助于气流，使病菌孢子或近或远地飞散。如果被选作盆景的桩材，也可以通过桩材运输进行远距离传播。

　　病菌的分生孢子及子囊孢子经传播落在锦鸡儿植株的叶片表面，在条件适合时即可萌发，长出菌丝，在叶表面扩展。同时产生吸器穿透表皮的角质层进入表皮细胞，吸取营养，建立起寄生关系。接着植株表面的菌丝向上产生孢子梗，产生串生的分生孢子。在外力的作用下分生孢子脱落及飞散，进行再侵染扩大蔓延。经多次再侵染，导致组织表面病菌的积累，病情加重，并使锦鸡儿叶片坏死，造成严重的损失。当秋季来临气温下降的时候，白粉菌产生闭囊壳，随落叶在植株附近越冬。但在作为盆景用桩材的锦鸡儿，白粉菌可以菌丝及分生孢子长期在温室或居室内植株上

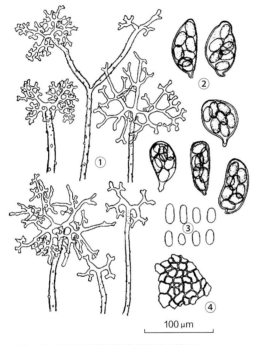

100 μm

图1　锦鸡儿白粉菌有性世代的形态特征（李明远绘）
①附属丝分枝；②子囊；③子囊孢子；④闭囊壳

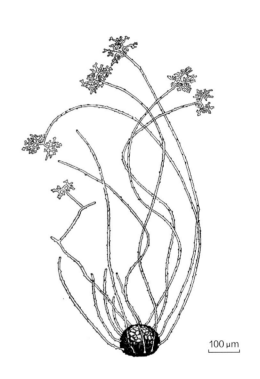

100 μm

图2　锦鸡儿白粉菌有性世代的闭囊壳及附属丝（李明远绘）

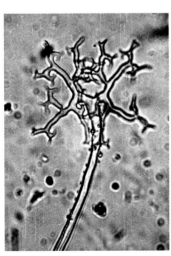

图3　锦鸡儿白粉菌附属丝顶端分枝情况（李明远摄）

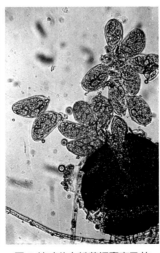

图4　锦鸡儿白粉菌闭囊壳及放出的孢子囊（李明远摄）

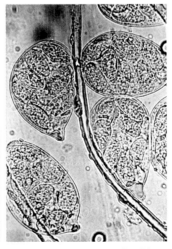

图5　锦鸡儿白粉菌孢子囊及其子囊孢子（李明远摄）

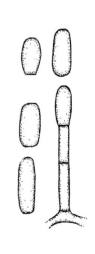

图6　锦鸡儿白粉菌无性孢子（U. Braun 绘）

越冬。翌年条件适合时，开始新一轮的侵染循环（见菊花白粉病）。

流行规律　锦鸡儿白粉菌发生的适温 15～30℃，相对湿度 80%～95%。虽然在低湿的情况下也能发生，但高湿时发病更快。在少雨季节或室内环境湿度大时，该病流行的速度加快，尤其当高温干旱与高温高湿交替出现、又有大量白粉菌源时很易流行。但是该白粉菌的孢子在雨水及灌溉水长时间的浸泡下会破裂而失去侵染的能力。因此，长时间的降雨及喷水，可抑制锦鸡儿白粉病的发生。

防治方法　应采取以栽培措施和药剂防治、生物防治并重的综合措施。

栽培措施　①选用抗病或耐病品种。锦鸡儿种类丰富，在取材时应选一些抗性较好、不带病的品种或植株来使用。②在栽培锦鸡儿的园区，注意清除病残。在越冬前做好残枝败叶的清除工作，减少越冬的闭囊壳。③改善种植条件。适量施肥，增施磷钾肥，提高植株抗病性。避免多浇水，增加田间湿度。作为盆景用的锦鸡儿，应注意环境通风，抑制病害的发展。

化学防治　在集约种植田一般应在发病初期喷药防治，可使用的药剂较多。包括 40% 代森锰锌可是性粉剂 400 倍液、30% 氟菌唑（特富灵）可湿性粉剂 3500～5000 倍液、12.5% 腈菌唑乳油 2000 倍液、25% 腈菌唑·代森锰锌（仙生）可湿性粉剂 600 倍液、10% 苯醚甲环唑（噁醚唑、世高）水分散粒剂 2000 倍液、20% 丙硫咪唑（施宝克）悬浮剂 1000 倍液、40% 氟硅唑（福星）乳油 8000 倍液、43% 戊唑醇（好力克）悬浮剂 3000 倍液、40% 多·硫悬浮剂 500～600 倍液、50% 硫黄悬浮剂 250～300 倍液。

生物防治　2% 农抗 120 水剂 200 倍液、2% 武夷菌素水剂 200 倍液、27% 高脂膜乳剂 80～100 倍液，每隔 6～7 天喷洒 1 次，连续喷 2～3 次。

作为盆景的锦鸡儿，如果发病也可以使用上述农药进行防治。可以将盆景移出室外空旷处喷药。但是要严格掌握用量，避免造成药害。由于该菌易产生抗药性，因此，在多次用药时，应避免单一使用一种农药。即在发现药效下降时，及时更换更有效的农药。如在发现代森锰锌等保护剂防治效果不好时，可改用具有治疗作用的三唑酮、氟硅唑、甲醚苯环唑。或使用复配剂或同时混用两种不同类别的杀菌剂。如：在使用氟硅唑时加入代森锰锌或硫悬浮剂，以提高药效，延缓抗药性的产生。

参考文献

李明远，1977. 白粉病的一个新种 [J]. 微生物学报，17（2）：96-100.

徐公天，2003. 园林植物病虫害防治原色图谱 [M]. 北京：中国农业出版社：99.

BRAUM U, COOK T A, 2012. Taxonomic manual of the ersiphales (powder mildews) [M]. The Netherlands: CBS-KMAW Fungal Biodiversity Centre Utrecht, 477.

（撰稿：李明远；审稿：王爽）

近程传播　short distance spread

近程传播的划分一般以百米为限，植物病害的一次传播距离在百米以内的称为近程传播。近程传播所造成的病害在田间往往是连续分布，或可追踪出其连续关系，即当田间寄主和环境条件在空间分布上基本一致时，田间可观察到一定程度的病害梯度，尤其是在病害扩展的"前沿"部分，在中心地带有时可能因为病害水平接近或达到饱和而不再能观察到梯度。很多病害在植物冠层或者地表产生的传播体去向可分为三部分，即落到地面、留在冠层内或者近冠层以及为上升气流携带升空。近程传播主要是由那些未被上升气流携带至高空的传播体所为，传播动力主要是植物冠层内或贴近冠层的地面气流或水平风力。

很多病害的分布往往是近程和中远程传播的混合结果。在近程传播占主导地位时，在田间可见明显的病害从发病中心向外的病害梯度。如果是只由单一风向造成的，则围绕发病中心的新生病害分布呈角状或者扇形分布，如风向多变而各方向风速基本相同，则大体呈圆形，如风向以单一风向为主，则大体呈椭圆形。这样的近程传播主要包括一些孢子较大的真菌病害，以及主要靠雨水飞溅传播的细菌病害和依靠移动范围较小的昆虫传播的病毒病。比如，马铃薯早疫病，其分生孢子大而无主动弹射机制，病害在田间的传播主要是近程传播；再如大豆花叶病毒病，其介体蚜虫一次传播距离的概率分布符合韦布尔模型，在植株间的一次传播平均距离为 1m。

参考文献

彭建强，张明厚，1990. 大豆花叶病侵染介体一次传播距离的概率分布 [J]. 大豆科学 (3): 228-233.

曾士迈，杨演，1986. 植物病害流行学 [M]. 北京：农业出版社.

（撰稿：吴波明；审稿：曹克强）

经济损害水平　economic injury level, EIL

造成经济损失的最低有害生物种群密度。所谓经济损失是指防治费用与防治挽回损失金额的差值。经济损害水平是从追求最大经济效益的目的出发，权衡预测发生的一场病虫害是否值得防治的密度指标；也是针对一场应该防治的病虫害，如果进行防治，其控制后的最佳密度指标。在近代，不同人提出的有害生物综合防治（IPC）和有害生物综合治理（IPM）的概念中，"把有害生物的种群控制在经济损害水平以下"均为其基本点之一。其理论和研究方法在生态效益和社会效益研究中亦有参考价值。

经济损害水平的明确提出，标志着植物保护工作目标由追求最大收获量向争取最大经济效益的战略转移。防治工作也由追求最高防治效果转向争取最大经济效益。这种目标的转移，有助于防止滥用农药，减少环境污染和延缓病虫抗药性增加的速度，间接产生一定的生态效益和社会效益。经济损害水平的研究涉及生物学、防治学和经济学理论和方法，带动了病虫害定量预测、损失估计、防治技术规范和各种模拟模型的研究，在提高植保学科理论水平和应用水平上也有重大意义。

经济损害水平（EIL）最早由美国昆虫学家斯特恩（V. M. Stern）等人提出并用于有害生物综合治理（IPM）。由于这个概念首次将经济学观点引入害虫防治理论，所以颇受重视。黑德利（J. C. Headly）根据经济边际分析原理研究防治费用、防治收益以及防治的纯效益随防治后害虫种群密度而变的曲线，对"经济损害水平"下了更精确的定义。黑德利从获取最大防治效益的目的出发，通过害虫防治经济学边际分析，研究了控制后最优的害虫种群密度，并用图加以说明。图中横坐标是防治后的种群密度。前提条件是：有害生物自然发生密度预计会超过 EIL，达到 X_{max}。如果采用不同的防治方案（如增加化学农药的剂量或防治次数），使密度降低，其边际费用如曲线 A，边际收益如曲线 D，而防治费用曲线如 C，挽回损失金额（产值）曲线如 B。在这里，边际费用可以理解为消灭一个单位的有害生物所要增加的防治费用（费用增殖率）。由于害虫群体中个体抗药性存在一定的差异以及害虫空间分布的原因，边际费用也随之增大。边际收益是指减少一个单位的有害生物所能挽回的损失金额，即产值增殖率。一般是随防治后种群密度下降而变小。经济学边际分析采用线性分析方法寻找利润最优解，只有在边际收益等于边际费用的情况下，生产值和防治费用之间的差值最大。也就是说，对于预计发生密度为 X_{max} 的病虫害，如果不予防治，则没有费用也没有收益，效益为"0"。在不断增加加防治强度的尝试过程中发现，随着防治后病虫密度不断下降，在到达 M 值以前边际收益总是大于边际费用，纯效益不断增加。一旦防治后种群密度低于 M 值以后，边际费用则大于边际收益，纯效益则逐渐变小。因此，黑德利把 M 值定义为经济损害水平［黑德利当时采用"经济阈值"的术语，Hall, Luckmann，肖悦岩认为恰好是斯特恩定义的经济损害水平的］。肖悦岩认为斯特恩和黑德利从不同角度定义了 EIL。前者把经济损害水平作为权衡一场预计发生的病虫害是否值

得防治的密度指标。对于最终流行水平将低于这一指标的一场病害不应该进行防治，而对于高于这一指标的一场病害则有必要进行防治，因为防治可以带来经济效益。后者探求对于一场值得防治的病虫害究竟应该用多大的防治强度（防治次数、用药量），把有害生物控制在什么密度才能获得最大的经济效益？也是一种最佳的病虫害控制目标。根据他们两人的定义推算出的数值也是一致的。

在此之后，相继有许多人对这一概念做出不同解释，并研究了具体计算和应用的方法。深谷昌次认为 EIL 可以包含"受害水平"和"害虫密度"两方面含义。前者以农作物所表现的受害程度为单位，他采用了"受害允许水平"（tolerable injury level）的术语；后者以害虫种群密度为单位，称"受害允许密度"（tolerable pest density），而受害允许水平又是害虫密度达到受害允许密度时对作物所造成的损害程度。陈杰林提出在上述两个术语前冠以"经济"二字，采用经济受害允许水平和经济受害允许密度，以明确它们的经济学含义。同时他将"受害允许密度"解释为作物所能忍受的害虫密度。这种害虫密度和更低的密度并不引起产量或品质的明显下降，它的大小完全由作物自身的耐害性和补偿能力来决定。多数学者则称这种单纯从生物学角度考虑的造成作物产量和（或）质量损失的最低有害生物种群密度为"作物损失阈值"（crop loss threshold）。在植物病害研究中，病情既代表病害所致的损害程度也间接代表了病原物的密度，实际上也很少有人真正测定病原物数量或病原物的密度，因此，没有必要再区分病害密度和危害程度。荷兰扎多克斯（J. C. Zadocs）使用损失阈值（damage threshold）和经济损害水平（EIL）相对应，以"病害阈值"（disease threshold）与作物损失阈值相对应。它们都用病害密度（病情）为单位。

植物病害防治活动包含了生物学过程和经济学过程，需要分析以下重要关系，包括：防治费用与防治强度；防治强度与防治效果（病情变化）；病情与减产量（病情变化与挽回损失量）；挽回损失量与防治收益。根据试验或实地观测中获得的数据资料，可以分别建立相应的函数式。人们针对不同的情况，采用了多种方式推算经济损害水平。应用最广的 EIL 推算方法是把上述变动因素特定化，可以简化计算过程，仅用一个方程式来推算，这样推算出来的就是固定的 EIL。

$$N=C/(D \cdot M \cdot P)$$

式中，N 为害虫的种群密度（植物病害的病情），在这里求出的是 EIL；C 为防治费用，如果采用化学防治，则包括药费、用工费、机具折旧费等；D 为单个害虫造成的减产量（单位病害造成的产量损失）；M 为防治后害虫的死亡率（防病效果）。如果用 C/P 计算防治费用相当的减产量，同时建立病虫害密度与作物产量或减产量的关系函数，也可以推算出 EIL。其次是由植物保护专家和有经验的实际工作者个人或集体商讨后制定的经验的 EIL。虽然带有一定的主观性和随意性，但对于那些定量研究资料尚不充分的病虫害来说也只能如此。这种方式也有其优点，即可以综合考虑多种因素（如产量水平、产品价格、自然抑制因素、农民种田的积极性、防治的风险度等等）和新的科研成果（如病害预测、损失估计、防治效果的定量模式），而应用时免除了烦琐的

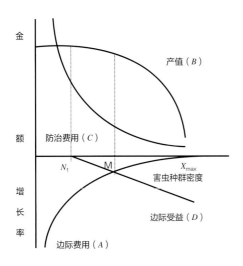

边际费用、边际收益、防治费用、防治收益与防治后害虫种群密度的关系（仿 Headly，1972）

计算，比较适合指导大面积的生产。另一种被称作统计的 EIL（statistical EIL）它是在多年的和广域的防治工作基础上，统计某一种病虫害发生频率和防治与不防治田的产量产值和防治费用，大体计算经济效益后确定的 EIL。这种推算似乎已经不是计算某一个密度值，而是依据经济阈值原理来进行防治决策。在这里，决策者只是在"每年都进行防治"和"每年都不进行防治"中选择一种方案。诺顿在这方面做了很好的工作。

参考文献

肖悦岩，季伯衡，杨之为，等，1998. 植物病害流行与预测 [M]. 北京：中国农业出版社 .

HEADLEY J C, 1972. Defining the economic threshold[M]. Washington, D. C: National Academy of Sciences.

ZADOCS J C, SCHEIN R D, 1979. Epidemiology and plant disease management[M]. New York: Oxford University Press.

（撰稿：肖悦岩；审稿：胡小平）

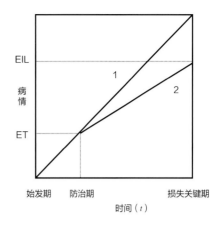

病害防治中经济损害水平和经济阈值的关系（肖悦岩提供）

ZADOCS J C, SCHEIN R D, 1979. Epidemiology and plant disease management[M]. New York: Oxford University Press.

（撰稿：肖悦岩；审稿：胡小平）

经济阈值　economic threshold, ET

由经济损害水平（EIL）派生出来的。当人们预测到某一场病虫害的发生程度将要超过 EIL 时，应该根据病虫害发生动态规律推算出在防治适期内的某一病虫害密度值，在此密度必须采取某种防治措施，以防止害虫种群密度增加而达到经济损害水平。它是控制开始时的种群密度。它直接指导防治行动，所以也常称之防治阈值（control threshold, CT，或称防治指标）。扎多克斯在植物病害流行学中采用"行动阈值（action threshold）"与之对应。中国通常采用的术语是防治指标。它在有害生物综合治理（IPM）中占有重要的地位，其理论和研究方法在生态效益和社会效益研究中亦有参考价值。

经济损害水平和经济阈值是不同的概念。前者往往是以病害发生高峰或影响产量的关键期病情为准，后者则是处于防治适期内的某一密度值。推算这两个值时，首先确定的是 EIL，其次才能根据病虫害动态规律（预测模式）和防治效率推算 ET（见图）。以药剂防治为例，应用高效触杀剂防治害虫时，由于可以完全停止其危害，ET 可以等于 EIL。如果使用药效迟缓的胃毒剂或采用生物防治，ET 往往小于 EIL。由于存在着自然抑制因素，一部分害虫将会自然死亡，ET 也可能大于 EIL。植物病害防治中 ET 一般小于 EIL，这是由于病原物侵染具有潜育期、再侵染等环节，药剂防治一般只能降低病害的流行速率，难以做到药到病止。以图 1 为例，当预测到一场病害的病情将按照直线 1 所显示的趋势发展，在损失关键期将超过 EIL，必须采取防治措施来改变病害的流行速率，也就是用将直线 1 变成直线 2 并且让损失关键期的病情恰好为经济损害水平。那么，两线的焦点对应的纵坐标值就是经济阈值，对应的横坐标值为防治时间。

参考文献

HEADLEY J C, 1972. Defining the economic threshold[M]. Washington D. C: National Academy of Sciences.

荆芥茎枯病　*Schizonepeta tenuifolia* stem blight

由烟草疫霉菌引起的、危害荆芥地上部的一种真菌病害。又名荆芥黑胫病，是中国荆芥主产区的主要病害之一。

发展简史　1976 年，俞永信最早报道荆芥茎枯病的病原、田间表现症状、病害发生发展规律，对与其密切相关的环境因子进行了详细阐述，并提出了防治措施。当时认为荆芥茎枯病系由 *Fusarium graminerarum* Schw.、*Fusarium equiseti*（Corda）Sacc. 和 *Fusarium semitectum* Berk.3 种镰刀菌感染引起。1991 年出版的《中国药用植物栽培学》中认为该病害由 *Fusarium equiseti*（Corda）Sacc.、*Fusarium solani*（Mart.）App. et Wollenw 和 *Fusarium graminearum* Schw. 复合侵染所致，病原的种类与俞永信的报道存在差异。此后近 20 年内未见有关该病害的其他相关报道。直至 2007 年，陈玉菌、傅俊范均提及荆芥茎枯病，且病原也是 *Fusarium equiseti*、*Fusarium solani* 和 *Fusarium graminearum*3 种镰刀菌。

2009 年，中国医学科学院药用植物研究所魏建和课题组首次报道荆芥黑胫病由烟草疫霉菌（*Phytophthora nicotianae*）侵染所致。2010 年，中国医学科学院药用植物研究所丁万隆课题组也得到同样的试验结论。为此，两个课题组共同发表文章，重新对荆芥茎枯病的病原进行了更正。此后，丁万隆课题组又深入开展了木霉对荆芥茎枯病菌的抑菌机理以及荆芥茎枯病害的生物防治相关研究。

分布与危害　荆芥茎枯病在中国各地荆芥产区多有发生，其中尤以南方多雨地区发病较重。主要危害荆芥地上部，其中尤以茎秆受害最重，叶、叶柄和果穗均能发病。茎秆受害后产生水渍状褐色病斑，很快向四周扩展，并环绕茎秆呈褐色枯death。病部不凹陷，其以上枝叶萎蔫，最后变褐枯死。叶柄受害产生无明显界限的水渍状病斑。叶部发病多从叶尖和叶缘开始，呈开水烫伤状。受害穗黄褐色，不能开花。发病过程中，先出现发病中心，此后该病迅速蔓延。幼苗易发病，常造成大面积植株枯死，导致产量下降（图1）。

病原及特征 病原菌烟草疫霉（*Phytophthora nicotianae* van Breda de Haan）在V8培养基的菌落呈白色，菌丝浓密。显微观察发现，病菌菌丝粗细不均，上多有瘤状突起（图2①）。孢子囊 25～40μm×15～20μm 着生于菌丝顶端，表面光滑，椭圆形或近梨形，有明显突出的脐（图2②）。成熟的游动孢子 2～4μm×1～2μm 从孢子囊口排出，圆形、近圆形或椭圆形，单胞（图2③）。

侵染过程与侵染循环 病原菌孢子可以从根部导管、寄主气孔或表皮直接侵入，导致寄主地上部茎秆部位或是叶片产生水渍状病斑，并迅速向上、下扩大环绕茎秆，出现一段褐色的枯茎。并可进行多次再侵染，向周围植株传染蔓延。

荆芥茎枯病菌在荆芥发病残体或土壤中越冬，翌年5月下旬，气候和湿度适宜时开始侵染，逐渐形成发病中心。病株上成熟孢子囊产生的大量游动孢子迅速随雨水传播扩散，继而引起邻近健康植株发病。

流行规律 荆芥茎枯病的发生、发展与气象因子的关系极为密切，特别是气温和雨量（湿度）。雨水少，发病轻。连续阴雨天气3天以上常出现发病高峰；夏秋季降水量及雨日多的年份发病重。日平均温度20℃以上，相对湿度80%以上，茎枯病开始发生，气温25℃左右，相对湿度100%，持续3～6天，就会出现发病高峰。另外，土质黏重、播种晚、氮肥施用过多及连作地块，病害发生较重。6～7月为盛发期。

防治方法

农业防治 选择土壤肥沃疏松、排水性好的高地或旱地种植；与禾本科作物实行3～5年轮作。适时早播，以4月下旬为宜；麦茬地种植应施足基肥，早施苗肥，注意氮、磷、钾配合施用以促进生长。

化学防治 发病初期喷洒50%代森锰锌600倍液、50%多菌灵500倍液或1：1：200波尔多液各1次，间隔7～10天。

参考文献

傅俊范，2007. 药用植物病理学 [M]. 北京：中国农业出版社.

易茜茜，张争，丁万隆，等，2010. 荆芥茎枯病病原菌的分离与鉴定 [J]. 植物病理学报，40(5): 530-533.

ZHANG Z, WEI J H, CAO L, et al, 2009. First report of *Phytophthora nicotianae* causing black shank of *Schizonepeta tenuifolia* in China[J]. Plant pathology, 58(4): 804.

（撰稿：李勇；审稿：丁万隆）

图1 荆芥茎枯病田间危害症状（李勇提供）
①健康植株；②发病植株；③茎秆发病症状

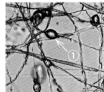

图2 烟草疫霉菌孢子显微形态特征（李勇提供）
①瘤状突起；②孢子囊；③游动孢子

警戒模型和诱饵模型 guard model and decoy model

病原微生物、线虫、昆虫在侵染植物宿主过程中，特异分泌大量分子到植物细胞周质空间或胞内，这些分子被称为效应子，以蛋白质为主，但也有小分子毒素。效应子通过靶向特定的宿主分子（通常是蛋白，也称靶蛋白），使其产生翻译后修饰或构象改变，从而干扰植物细胞的活动、帮助病原生物的侵染或定殖。而植物在与病原生物的长期适应中进化出庞大的胞内免疫受体NLR（nucleotide-binding, leucine-rich repeat domain protein）家族，各成员特异识别进入胞质的不同效应蛋白，激活免疫。NLR识别效应蛋白有直接和间接两种方式，前者以受体—配体方式直接与效应蛋白互作完成识别；而后者则通过与效应子靶蛋白互作、感受效应子引发的靶蛋白翻译后修饰或构象变化，从而实现对病原效应子的识别。关于间接识别存在两个模型：警戒模型和诱饵模型，其定义如下。

警戒模型：NLR通过监控效应子的毒性靶点，间接实现对效应子的识别，激活免疫反应。在此过程中，NLR是"哨兵"（guard），被监控的毒性靶点是监护对象（guardee）。

诱饵模型：NLR通过监控与毒性靶蛋白结构类似的蛋白，也称"诱饵"（decoy），而不是毒性靶点本身，完成对效应子的间接识别。当效应子靶向"诱饵"蛋白时，并不会产生对病原侵染或定殖有利的细胞或生理变化，但导致NLR的激活。

简史 20世纪50年代，植物免疫研究的先驱H.H. Flor通过对亚麻和锈菌的遗传分析，发现了植物抗病基因与真菌的基因间存在一一对应关系，提出了基因对基因假说。

随后的几十年中，这一规律在大量的植物—病原互作中都得到了验证。早期的一个假说是，抗病基因编码受体，感受"无毒基因"编码的配体蛋白。自80年代起，大量的"无毒基因"被克隆。进入90年代，植物抗病基因被逐渐克隆。抗病基因编码的产物中最大一类是NLR蛋白，但也有其他蛋白。比如，Gregory Martin和Brian Staskawicz两个研究组发现番茄对丁香假单胞菌"无毒基因"avrPto的识别，不仅依赖于NLR蛋白Prf，还需要蛋白激酶Pto。在此识别中，AvrPto蛋白与Pto直接互作，而非Prf。随后的一系列研究发现，当植物中相应的抗病基因不存在时，包括avrPto在内的许多"无毒基因"实际上对病原微生物侵染或定殖是有帮助的。由此认识到"无毒基因"实际上编码的是毒性蛋白（也称效应蛋白），其"无毒性"并非病原生物中最初进化产生的功能，而是植物进化出抗病基因后产生的结果。

1998年，Jonathan Jones首次提出，Pto可能是AvrPto的毒性靶点，而Prf则通过监控Pto来完成对AvrPto的识别，激活免疫反应。2001年，Jonathan Jones和Jeff Dangl首次明确提出了警戒模型的概念：NLR蛋白通过监控毒性靶点、感知其变化，从而识别效应蛋白的存在。这一假说首次将NLR对病原的识别机理，放在植物与病原生物共进化的框架下思考，对理解植物与病原生物间的互作具有深远的意义。随后，Jeff Dangl和Brian Staskawicz两个研究组发现RPM1和RPS2这两个NLR蛋白分别通过监控RIN4蛋白的磷酸化和完整性感知效应蛋白AvrRpm1，AvrB和AvrRpt2，激活植物的免疫反应；Roger Innes研究组则发现NLR蛋白RPS5通过监控胞内蛋白激酶PBS1的完整性来实现对效应蛋白AvrPphB的识别。这些发现为警戒模型提供了支持。2015年，效应蛋白AvrB靶向RIN4被发现有利于病原菌侵染，为RIN4作为监护对象提供了直接的证据。

2008年，随着更多的AvrPto的靶点被发现，周俭民和柴继杰指出Pto并不具有毒性功能，很可能是与毒性靶点模式识别受体结构类似的"诱饵"蛋白，由此首次提出诱饵模型，指出NLR监控的不是毒性靶点，而是与毒性靶点结构类似的"诱饵"蛋白。随后，Renier van der Hoorn和Sophien Kamoun详细阐述了诱饵模型与警戒模型的异同和可能的进化方式。随后的几年中，诱饵模型并未得到广泛接受。2010年，周俭民研究组根据诱饵模型反向推测效应蛋白AvrPhB的毒性靶点可能是PBS1-Like（PBL）家族蛋白，而非PBS1。研究发现，AvrPphB通过靶向PBL家族中的成员BIK1和PBL1，能导致植物免疫缺陷，从而为诱饵模型提供了强有力的证据。周俭民研究组随后还发现，BIK1是野油菜黄单胞菌的效应蛋白AvrAC的毒性靶点，而另一个与之相似的靶点PBL2并非毒性靶点。PBL2受到NLR蛋白ZAR1的监控，以诱饵的方式完成对AvrAC的识别，为诱饵模型提供了明确证据。目前，诱饵模型与警戒模型均为学界接受的主流模型。

随后，诱饵模型有了更进一步的发展。2014年Peter Dodds提出了整合诱饵模型，指出成对存在NLR蛋白可以形成异源二聚体共同参与效应蛋白的识别，其中一个NLR蛋白融合了效应蛋白毒性靶点的结构域，形成"整合诱饵"，

效应蛋白对其修饰或改变，从而被另外一个NLR蛋白所监控，激活免疫反应。水稻的NLR蛋白RGA5羧基端携带一个ATX1结构域，稻瘟病菌效应蛋白AVR-Pia和AVR1-CO39能够与ATX1结构域直接结合，从而被识别。但因AVR-Pia和AVR1-CO39的毒性靶点未知，其毒性靶点是否含有ATX1结构域有待于进一步验证。另一个整合诱饵的例子是NLR蛋白RRS1，其羧基端携带一个转录因子WRKY结构域。2015年，Jonathan Jones和Laurent Deslandes两个研究组同时发现，青枯菌效应蛋白PopP2很可能通过靶向并修饰WRKY转录因子、抑制植物防卫基因表达来完成毒性功能，而RRS1所携带的WRKY结构域也能被PopP2所修饰，这一修饰直接被RRS1所监控，激活免疫反应。这一发现为整合诱饵模型提供了强有力的证据。

展望　在自然界中，植物在整个生命周期中可能要受到不同种类病原菌的攻击，而每个病原菌携带几十甚至几百个效应蛋白，因此，每个植物需要应对的效应蛋白数目巨大，远远超出其基因组中编码的NLR蛋白数目。那么植物如何识别数量如此庞大的效应蛋白？NLR蛋白通过与毒性靶点、"诱饵"、或下游蛋白的结合，可以监控整条信号通路，任何攻击这一通路的效应蛋白均有可能激活同一个NLR蛋白介导的免疫，从而实现一个NLR蛋白对多个效应蛋白的识别。警戒模型和诱饵模型已经成为植物NLR作用机理的主流模型之一。"整合诱饵"的发现，表明植物与病原共进化进入到了更高级的形式。人们已经开始通过对诱饵的改造，使NLR获得全新的抗病功能，其应用前景值得期待。

参考文献

CESARI S, BERNOUX M, MONCUQUET P, et al, 2014. A novel conserved mechanism for plant NLR protein pairs: the "integrated decoy" hypothesis[J]. Frontiers in plant science, 10: 3389.

CHISHOLM S T, DAHLBECK D, KRISHNAMURTHY N, et al, 2005. Molecular characterization of proteolytic cleavage sites of the *Pseudomonas syringae* effector AvrRpt2[J]. Proceedings of the national academy of science, 102: 2087-2092.

DANGL J L, JONES J D, 2001. Plant pathogens and integrated defense responses to infection[J]. Nature, 411: 826-833.

LEE D, BOURDAIS G, YU G, et al, 2015. Phosphorylation of the plant immune regulator RPM1-INTERACTING PROTEIN4 enhances plant plasma membrane H^+-ATPase activity and inhibits flagellin-triggered immune responses in Arabidopsis[J]. Plant cell, 27: 2042-2056.

MACKEY D, BELKHADIR Y, ALONSO J M, et al, 2003. Arabidopsis RIN4 is a target of the type III virulence effector AvrRpt2 and modulates RPS2-mediated resistance[J]. Cell, 112: 379-389.

RAFFAELE S, BERTHOMÉ R, COUTÉ Y, et al, 2015. A receptor pair with an integrated decoy converts pathogen disabling of transcription factors to immunity[J]. Cell, 161: 1074-1088.

SHAO F, GOLSTEIN C, ADE J, et al, 2003. Cleavage of Arabidopsis PBS1 by a bacterial type III effector[J]. Science, 301: 1230-1233.

VAN DER BIEZEN E A, JONES J D, 1998. Plant diseaseresistance proteins and the gene-for-gene concept[J]. Trends plant science, 23:

J

454-456.

WANG G, ROUX B, FENG F, et al, 2015. The decoy substrate of a pathogen effector and a pseudokinase specify pathogen-induced modified-self recognition and immunity in plants[J]. Cell host microbe, 18: 285-295.

ZHOU J M, CHAI J, 2008. Plant pathogenic bacterial type III effectors subdue host responses[J]. Current opinion in microbiology, 11: 179-185.

ZHOU Z, WU Y, YANG Y, et al, 2015. An arabidopsis plasma membrane proton ATPase modulates JA signaling and is exploited by the *Pseudomonas syringae* effector protein AvrB for stomatal invasion[J]. Plant cell, 27: 2032-2041.

ZIPFEL C, RATHJEN J P, 2008. Plant immunity: AvrPto targets the frontline[J]. Current biology, 18: 218-220.

（撰稿：周俭民、周朝阳；审稿：梁祥修）

韭菜灰霉病　Chinese chive gray mold

由葱鳞葡萄孢引致的、危害韭菜叶片的一种真菌病害，是保护地韭菜产区普遍发生的重要病害之一。又名韭菜白点病。

发展简史　该病首次由美国的 J. C. Walker 发现于葱头上，并于 1925 年以葱头腐败病进行了报道。后在日本有过报道，危害葱头、藠头、葱和韭菜。在中国，最早于 1981 年在北京保护地韭菜上发现，主要危害韭菜。

分布与危害　韭菜灰霉病在中国自发现以来扩展较快，在长江流域（包括云南、安徽）以及以北的广大地区（包括新疆、黑龙江）普遍发生和危害。如甘肃武山 1067hm² 塑料大棚韭菜发病率 10%～46%，重病田 76.3%，损失 25%，严重田毁种。

危害症状有：①白点型。在叶面上产生灰白色斑点，椭圆或近圆形，1～3mm，由叶尖向下发展，散落成片。病斑扩大互相融合，形成大坏死斑，叶片卷曲、枯死，湿度大时枯叶上生出大量灰色霉层。②干尖型。从韭菜叶尖向下先出现"V"字形水浸斑，干枯后呈灰白色，潮湿时出现轮纹和明显霉层。③湿腐型。在韭菜储运期被感染的叶片迅速腐烂，呈湿腐状，有明显腥臭味（图 1）。

病原及特征　病原以葱鳞葡萄孢（*Botrytis squamosa* Walker）为主，有性态为葱鳞核盘菌［*Sclerotinia squamosa*（Viennot，Bourgin）Dennis］。葱鳞葡萄孢为葡萄孢属真菌，菌丝无色透明，直径 5μm，具分隔，分枝基部不缢缩；分生孢子梗密集、丛生、直立，暗褐色，0～7 个分隔，208～1216μm×9.6～19.2μm，基部稍膨大，表面有疣状突起，分枝处正常或缢缩，顶部形成孢子前多分枝，孢子生在顶端膨大的枝梗顶端；小梗短、透明，孢子脱落后侧枝干缩，形成波状皱褶，最后由基部分隔处折倒，脱落，留下疤

图 1 韭菜灰霉病危害症状（李明远提供）
①白点型；②白点型晚；③干尖型；④湿腐型

痕；分生孢子卵形至椭圆形、光滑、透明、褐色，大小为12.5～25μm×8.75～18.5μm（图2）；菌核在PDA上形成，但在田间未发现。圆形或不整齐形，黑褐至黑色、片状，厚0.5～1.5mm，大小为1～9mm×1.5～5mm。

灰葡萄孢（*Botrytis cinerea* Pers. ex Fr.）有时也会危害韭菜，其有性态为福克尔核盘菌［*Sclerotinia fuckeliana*（de Bary）Fuckel］。

侵染过程与侵染循环　越冬或越夏的病菌分生孢子遇到适宜条件萌发产生芽管，直接或从伤口侵入细胞壁组织。在侵染过程中分泌细胞壁降解酶（果胶酶、纤维素酶和蛋白水解酶），利用胞壁多糖作为碳源生长发育形成菌丝体，同时产生毒素破坏细胞组织造成坏死，形成病斑。后期，分生孢子梗从韭菜叶组织内伸出，并产生新的分生孢子。该病菌可以形成菌核抵抗不良环境。

葱鳞葡萄孢和灰葡萄孢引起的灰霉病，一般都在秋、冬、春三季发生，在病残体或土壤中以菌核和分生孢子越夏。在遇到适合的条件时，在菌核上产生孢子梗，继而长出分生孢子，进行再次传播。病菌直接侵染植株后，经过较短时间的潜伏，叶组织便出现病变。在潮湿的条件下，在病组织上产生新的分生孢子梗以及分生孢子，进行下一轮侵染（图3）。

流行规律　病菌随气流、雨水、灌溉水、农事操作以及种子带菌等进行传播。葱鳞葡萄孢发育温度范围为2～31℃，最适温度18～23℃，相对湿度70%以上适合病菌生长，相对湿度90%以上，特别是叶片表面有水膜时，病菌蔓延迅速。植株密度过大、通风不良、缺磷钾肥或氮肥施用过多、植株生长衰弱、环境温度较低时更容易发病。低温引起冻害、高温灼伤以及收获时造成的刀伤等，均有利于此病的发生与扩展。大水漫灌、棚内湿度大、结露持续时间长病害易流行。韭菜灰霉病是一种暴发性病害，韭菜灰霉病在收割前7天开始发病，从初见侵染点到点片发病只需一夜，从点片发病到整棚暴发流行只需2～3天。韭菜灰霉病发生和地域、季节、保护地类型以及连作时间有关，主要发生在保护地内，深秋露地也有少量发生。在河南驻马店地区，保护地韭菜灰霉病可跨越秋、冬、春三个季节，危害期达5～6个月；西安地区保护地发生期为3个月。不同地区的韭菜灰霉病发生因生育期而异，在河北东部地区，春季小棚韭菜第二刀最重，到第三刀，气温升高，病情减轻；在甘肃武山，从第二刀到第三刀，不断地加重，到第四刀病情才减轻。保护地覆盖的空间越小病害越重，高宽为0.6m×1.0m小拱棚中的韭菜灰霉病要比高宽1.2m×1.5m的中型棚中的重。连作3年以上的保护地病情加重。

防治方法　韭菜灰霉病的发生危害与品种抗性、栽培方式、管理水平、环境条件及寄主种类等关系密切，应采取综合措施进行防治。

种植抗病品种　适应性、商品性好的韭菜抗病品种有寒青韭霸、寒绿王F1、天津青苗、天津津南青、中韭二号、平韭1号、平韭4号、雪韭、平丰8号、平丰6号、独根红、克霉一号、雪韭、平丰8号、嘉兴白根、竹竿青、多抗富韭6号、791、金钩、寒冻、大马蔺等。采取无病田留种比病田留种病情轻10%。

实行轮作　每茬韭菜定植后的收获年限以2～3年为宜，

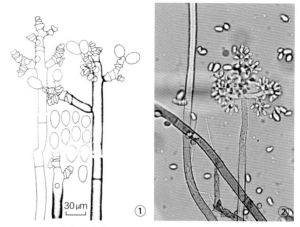

图2 病菌的分生孢子梗和分生孢子（李明远提供）
①葱鳞葡萄孢；②灰葡萄孢

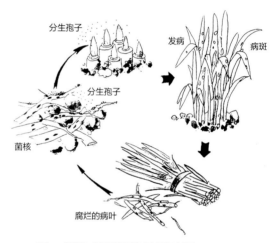

图3 韭菜灰霉病菌侵染循环示意图（李明远提供）

病重田实行与十字花科及伞形科的蔬菜轮作。

合理密植　以每公顷600万～900万株为宜。

高畦栽培　多雨地区实行，防止田间积水。对越冬韭菜进行适时扣棚。应采用防灰雾的无滴膜为好。

增施有机肥　定植前1hm²施有机肥75000～105000kg、磷酸二胺15kg、硫酸钾12kg（或草木灰50kg），浇一次透水。

加强田间管理　棚室注意通风换气、降低湿度，白天18～28℃、夜间8～12℃适合韭菜生长。棚温至24℃以上时，要开顶棚通风散湿。及时除草、抽取韭薹，减少伤口。收获后及时清除病残体。

科学收获和储运　韭菜长到25cm时即可收获，具体收获时要考虑市场价格和病情发展。有灰霉病的韭菜要适当早收，收获时要避开有露、雨水阶段，收后不要长时间存放。

化学防治　首先在扣棚后进行棚室消毒，用45%百菌清烟剂1hm² 3.75kg熏一次；植株开始发病时，可用75%百菌清可湿性粉剂600倍液、50%福·异菌可湿性粉剂600～800倍液、65%甲硫·霉威（甲霉灵）可湿性粉剂500～600倍液、50%腐霉利（速克灵）可湿性粉剂600～700倍液、50%乙烯菌核利（农利灵）可湿性粉剂1000～1500倍液、50%抑菌脲（扑海因）可湿性粉剂1000～1500倍液、40%

嘧霉胺（施佳乐）悬浮剂 1200 倍液、50% 啶酰菌胺（凯泽）水分散粒剂 2000 倍液等进行喷雾防治，每隔 7～10 天 1 次，共 2～3 次。喷药时重点在心叶、割口和地面，每次收割都要做到边收割边喷药。保护地可使用烟剂和粉尘进行防治，收割时用 10% 百菌清烟剂 1hm² 3750～4500g 熏一次，在第二茬长到 5cm 时及其以后 7 天各熏 1 次。注意农药交替使用和收获时安全间隔期。

参考文献

李明远，刘洁，1985.韭菜灰霉病 [J].植物保护 (1): 49-50.

中国农业科学院植物保护研究所，中国植物保护学会，2015.中国农作物病虫害 [M].3 版.北京：中国农业出版社.

WALKER J C, 1925. Two undescribed species of *Botrytis* associated with the neck rot diseases of onion bulbs[J]. Phtopathology, 15: 708-713.

（撰稿：李明远；审稿：赵奎华）

韭菜疫病 Chinese chives *Phytophthora* blight

由烟草疫霉引起的危害韭菜的一种重要真菌病害。

分布与危害 韭菜的根、茎、叶、花薹等部位均可受害，尤以假茎和鳞茎受害最重。叶片、花薹感病多从下部开始，初呈暗绿色水渍状病斑，当病斑蔓延扩展到叶片的一半左右，全叶变黄、下垂、软腐、潮湿时，病部产生灰白色霉状物，即病原菌的孢囊梗和孢子囊。假茎受害，呈水渍状、浅褐色软腐，叶鞘容易脱落，湿度大时，也产生灰白色霉层。鳞茎被害时茎盘部呈水渍状浅褐色软腐，纵切鳞茎内部组织呈浅褐色，影响植株养分贮存，生长受到抑制，新生叶片纤弱。根部受害呈褐色腐烂，根毛明显减少，影响水分吸收，使根的寿命大减，很少发生新根，生长势明显减弱。

疫病在韭菜的整个生育期均可发生，韭菜的各个部位均能被侵染，以假茎和鳞茎受害最重。①叶片。发病初期为暗绿色水浸状病斑，病斑初呈半圆形深绿色，周围有暗绿色晕圈，外叶首先受害并从带有病斑一侧及尖端变黄，发病初期半片叶下垂，后期全叶逐渐变黄软腐、腐烂，出现白色霉层（图 1）。天气潮湿时病斑软腐，有灰白色霜。②假茎。假茎发病，呈浅褐色软腐，叶鞘易剥下；剥去外部腐烂叶鞘后保湿，假茎上可长出灰白色稀疏霉层。③鳞茎。鳞茎发病，根盘部呈水渍状，浅褐色至深褐色，易腐烂病部无明显边缘，纵切鳞茎内部组织呈浅褐色，潮湿时，在病部产生白色稀疏的霉状物，生长受抑制，影响植株储存养分。④根部。根部受害呈褐色，腐烂，根毛减少，影响水分吸收，根的寿命缩短，很少发新根，长势明显减弱，致使地上部分倒折或干枯。危害严重时韭菜大片死亡。

病株率达 7%～11%，严重的达 23%。韭菜是多年生蔬菜，占地时间较长，随着连作种植年限的增加，菌源集中，疫病为害越来越严重，个别地块发病率高达 70%，各菜区普遍发生，主要危害韭菜、葱类和大蒜等蔬菜。露地、保护地栽培韭菜均可危害，保护地栽培重于露地栽培。梅雨期长、雨量多的年份发生危害重。发病严重时常造成叶片枯萎，直接影响产量。

病原及特征 病原为烟草疫霉（*Phytophthora nicotianae* van Breda de Haan）。在固体培养基上菌落呈棉絮状，气生菌丝发达；菌丝较平直，粗 3～8μm，菌丝膨大体球形或不规则，单生、串生或聚集成簇。孢子囊椭圆形至卵圆形，29～64μm×21～47μm，平均 41.2μm×27.5μm，不脱落（图 2）。厚垣孢子球形、近球形，直径 21～43μm，顶生，量大。藏卵器球形，直径 23～58μm，壁光滑，卵孢子多充满藏卵器；雄器围生，筒形或近圆形，11～26μm×12～31μm，平均 16.8μm×17.3μm。菌丝生长最低温度为 10℃，最适温度为 28～31℃，最高温度 37℃。可以侵染茄果类、葱蒜类等。

侵染过程与侵染循环 病菌随病残体在土壤中越冬，成为初侵染来源。翌年条件合适，侵染寄主发病，7 月下旬进入发病盛期，8 月上旬病情达到高峰，到 10 月下旬才停止发展。7～8 月雨多，高温高湿，容易发病。

病菌主要以菌丝体、卵孢子及厚垣孢子随病残体在土壤中越冬，翌年条件适宜时，产生孢子囊和游动孢子，借风雨或水流传播，萌发后以芽管的方式直接侵入寄主表皮。发病后湿度大时，又在病部产生孢子囊，借风雨传播蔓延，进行重复侵染。

图 1 韭菜疫病症状（吴楚提供）

流行规律　病菌在病株上或随病残体在土壤中越冬。韭菜发病后，在潮湿条件下，病斑上产生大量游动孢子，随风雨和灌溉水传播到韭菜叶片上，在温度适宜并有水滴存在时侵入韭菜，引起再侵染。在生长季节中重复发生多次再侵染，病株不断增多。高温高湿有利于疫病发生，发病最适温度为25～32℃，降雨多，高湿闷热时发病重。夏季是露地韭菜疫病的主要流行时期，夏季多雨年份常常大流行。以北京地区为例，7月下旬至8月上旬为盛发期，以后随降雨减少而流行减缓，10月下旬停止发生。重茬地、老病地、土质黏重、排水不畅的低洼积水地块和大水漫灌地块发病重。扣棚韭菜因棚内温、湿条件适宜，发病早，病势发展快，受害重。3月中旬以前棚内温度超过25℃，若放风不及时，浇水过量，湿度增高，韭菜幼嫩徒长，可造成疫病大发生。

病菌喜高温、高湿环境，病菌发育适温为25～32℃，相对湿度达90%以上。孢子囊产生和萌发均需90%以上的相对湿度，并有水滴。露地养根期间，遇多雨或雨量大时发病严重。日光温室和塑料棚扣韭菜，在高湿温暖条件下，也容易发生疫病。浙江及长江中下游地区露地栽培韭菜疫病的主要发病盛期为5～9月。韭菜疫病的感病生育期在成株期至采收期。

连作、田间积水、偏施氮肥、植株徒长以及棚室通风不良的田块发病重。年度间梅雨期长、雨量多的年份发病重。

防治方法

农业防治　育苗地和栽植地宜选择土层深厚肥沃，能灌能排的高燥地块，3年内未种过葱属蔬菜和烟草黑霉的其他寄主植物。苗床应冬耕施肥休闲，春季顶凌耕耙，细致整地作畦。栽植地亦应深耕，施入腐熟有机肥，掺匀细耙。南方雨水多，应作高畦，畦周围筑水沟以便排水，做到大雨后不积水。加强水肥管理，培养健株。应施足基肥，合理追肥。浇足底水，幼苗期先促后控，轻浇勤浇，结合灌水施入速效氮肥2～3次，以促进幼苗生长，苗高12～15cm后，应控水蹲苗，不追肥或少追肥，加强中耕除草，以培育壮苗，防止幼苗徒长倒伏。栽植地也要施足基肥。不从病田取苗，栽植健苗、壮苗。定植当年着重养根壮秧，夏季雨水多应控制灌水，及时排涝。定植第二年以后根据长势和气温，合理确

定收割次数和间隔天数，每次收割后宜追肥1～2次，以补充养分，促进生长，防止早衰。3年以上的植株还需及时剔根、培土，防止徒长和倒伏。

露地栽培的要避免大水漫灌和田间积水，做好雨季排涝。发病田块应控制或停止浇水。栽植密度较大，田间郁闭的还可采取"束叶"措施，即进入雨季前，摘去植株下层黄叶，将绿叶向上拢并松松地捆扎，以避免叶片接触地面并促进株间通风散湿。棚室栽培的要严格管理，适时通风换气，降低温度和湿度，避免或减少叶面结露。

不论保护地还是露地栽培，收获后要及时清洁田园，清除病叶残株及杂草，并将它们带出田外集中深埋或烧毁。

选用直立性强，生长健壮的791、平韭四号、赛松等优良品种，对韭菜疫病均有较强的抗性。

化学防治　当田间出现少数中心病株时，及时拔去病株，并立即对病穴土壤及周围植株进行药剂防治，防止病害的进一步蔓延。发病初期，可选用25%甲霜灵可湿性粉剂600～1000倍液，或58%甲霜灵·锰锌可湿性粉剂500倍液，或50%甲霜·铜可湿性粉剂600倍液，或40%三乙膦酸铝可湿性粉剂250倍液等喷雾防治，每7天喷1次，连续防治2～3次。除喷雾施药外，也可在栽植时用药液蘸根，或雨季来临前用药液灌根。

参考文献

何忠全，陈德西，郭云建，等，2012.韭菜疫病的发生与防治[J].四川农业科学，44.

卢绍泉，姚合英，2016.作物肥害产生的原因及防止对策[J].现代农村科技(17): 26.

（撰稿：张修国、夏吉文；审稿：赵奎华、竺晓平）

局限曲霉　*Aspergillus restrictus*

是引起低水分粮食霉坏变质的主要霉菌，在小麦储藏期间从籽粒种胚侵入，引起胚部变褐，并使其丧失发芽力，是形成"褐胚小麦"或"病小麦"的主要原因之一。

分布与危害　其在自然界中广泛分布于谷物及其他干贮食品、土壤等中，在陈粮表面和仓储害虫体表带菌率很高。由于该菌干生性强，在一般合成培养基上难以生长或生长极慢，常为其他生长快的霉菌所掩盖，不易被人们发现。

病原及特征　局限曲霉（*Aspergillus restrictus*）属于丝孢目曲霉属。在普通察氏培养基上生长极慢，25℃培养2～3周直径可达10～20mm，稍隆起，质地丝绒状到絮状；菌落局限暗绿色或灰绿色，反面褐绿或暗黄绿色。

顶囊由分生孢子梗顶端凸面膨大至近球形不等。小梗单层，着生顶囊上部。分生孢子梗短，椭圆形、卵圆形、桶形或球形，表面具有小刺，通常无色透明，但偶尔在末端区呈绿色。分生孢子幼龄时长椭圆形或近圆柱状，成熟时明显椭圆形或梨形，壁粗糙或显著粗糙（见图）。

流行规律　局限曲霉属干生性霉，孢子能在低水分条件下萌发生长，引起水分在13.5%左右粮食霉变的重要菌类。

防治方法　在储藏粮食之前，通过机械烘干或机械通风

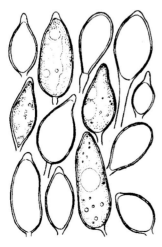

30μm

图2 韭菜疫病孢子囊（吴楚提供）

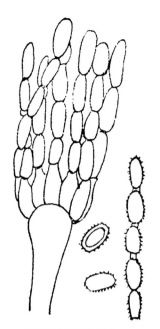

局限曲霉的分生孢子
（引自蔡静平，2018）

J

等方法将水分控制在 13.5% 以下，但应注意烘干温度不能太高，否则会引起粮食出现应裂纹，造成粮食品质下降。使用古堡防霉剂（60% 丙酸和 40% 二氧化硅）、磷化氢熏蒸和臭氧离子等技术手段防霉。采用气调储粮，对粮堆进行严格密封，通过生物脱氧、真空充氮、二氧化碳置换、分子脱氧等技术方法降低粮堆中的氧气浓度。

参考文献

蔡静平，2018. 粮油食品微生物学 [M]. 北京：科学出版社.

王若兰，2015. 粮油储藏理论与技术 [M]. 郑州：河南科学技术出版社.

王若兰，2016. 粮油储藏学 [M]. 北京：中国轻工业出版社.

（撰稿：胡元森；审稿：张帅兵）

菊花白粉病　chrysanthemum powdery mildew

由白粉菌引起的菊花病害。

发展简史　1853 年以其无性孢子定名为 *Oidium chrysanthemi* Rabenh。1932 年戴芳澜、魏景超观察到中国发生的菊花白粉菌有性世代，将发生在安徽野菊上的白粉菌定为 *Erysiphe cichoracearum* DC.。

分布与危害　在世界上的分布较广。已知的包括美国、英国、加拿大、日本、朝鲜、新西兰、波多黎各、维尔京群岛等地。在中国吉林、河北、江苏、上海、安徽、浙江、福建、广东、四川等地都有发生。

初发时在叶正面隐约有些白粉状的斑点，直径多为 5～10mm（图 1）。后病斑逐渐变白，经扩展及互相融合白粉会布满整叶。有时病菌还可发展到叶柄和枝干上，引起类似叶片的白粉状的症状。鉴于该菌在菊花上难见到有性世代，

在白粉斑中一般见不到黑点状的闭囊壳。发生严重时植株枯死。菊花是观赏植物，即便是少量的发生，对菊花的影响都很大。

病原及特征　鉴于菊花白粉病常见到的是它的无性态，多认为由菊粉孢（*Oidium chrysanthemi* Rabenh）所致。属粉孢属。在显微镜下可见菌丝团聚或分散，其间混有带有串生孢子的分生孢子梗。孢子梗及孢子一般无色，较菌丝宽，直立于匍匐的菌丝上，其顶端串生分生孢子。分生孢子桶状至长椭圆状，表面光滑，大小为 24.51～42.34μm× 11.77～23.54μm，30 个孢子平均为 33.37μm×16.97μm（图 2、图 3）。

该菌有时也能见到有性态，初被命名为二孢白粉菌（*Erysiphe cichoracearum* DC.）。二孢白粉菌属白粉菌属。该菌的闭囊壳直径 85～144μm，附属丝丝状，闭囊壳中有子囊 6～21 个，子囊卵形或短椭圆形，大小为 44～107μm× 23～59μm，每个子囊内有子囊孢子，多为 2 个，有时也会出现 3 个。子囊孢子椭圆形，大小为 19～38μm×11～22μm。

目前该菌的有性态分类地位又有些变化。有文献将其定名为菊科高氏白粉菌 [*Golovinomyces cichoracearum*（DC.）V. P. Helnt]，将 *Erysiphe cichoracearum* DC. 作为其异名。此外，U. Braunn 仅描述了菊花白粉病的无性态，取名 *Euoidium chryanthemi*（Rabenh）U. Braun & R. T. A. Cook。

侵染过程与侵染循环　由于菊花一般仅有无性繁殖体，可以在越冬母株及冬季生产的菊花上以菌丝或分生孢子越冬，当条件合适时进行扩大繁殖。特别是有些菊品种是周年生产的（如切花菊），周年都会有白粉病发生，所以这类菊花不存在越冬的问题。此外，白粉病菌还可以产生有性世代——闭囊壳越冬，尽管在多数地区很难见到闭囊壳，但是，仍有可能作为病害的越冬方式。病菌的传播和扩展主要借助于气流，将病菌孢子或近或远地扩散。此外，还可以借助于染病的插穗、种苗及产品，通过运输进行远距离传播。

病菌的分生孢子及子囊孢子经传播后如落在菊花植株

图 1　菊花白粉病危害症状（唐智勇提供）
①大棚中盆栽菊花发生的白粉病；②叶部受害状

的表面，在条件适合时即可萌发，长出菌丝，在菊花叶、茎组织表面扩展，同时产生吸器穿透表皮的角质层进入表皮细胞，吸取营养，和菊花建立起寄生关系。之后植株表面的菌丝向上产生孢子梗、再产生串生的分生孢子。在外力的作用下分生孢子脱落及飞散、再侵染进行扩大蔓延。经多次再侵染，导致组织表面病菌的积累，病情加重，使菊花的叶茎坏死，造成严重的损失。当出现寄主营养不良或气温下降的时候，白粉菌有时产生闭囊壳，进行越冬。但大部分的白粉菌可以菌丝及分生孢子潜伏在温室菊花植株或母株上越冬。翌年条件适合时，开始新一轮的侵染循环（图 4）。

流行规律　白粉菌发生的适温 15～30℃，相对湿度 80%～95%。虽然在低湿的情况下也能发生，但高湿时发病

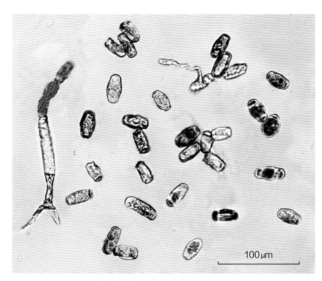

图 2　菊花白粉病的分生孢子（李明远摄）

更快。在少雨季节或在保护地里田间湿度大，白粉病流行速度加快，尤其当高温干旱与高温高湿交替出现、又有大量白粉菌源时很易流行。但是白粉菌的孢子在雨水及灌溉水长时间的浸泡下会破裂而失去侵染的能力。因此，长时间的降雨及喷水，不利于白粉病的发生。

菊花白粉病的发生还和种植的品种有关，在相同的条件下，抗病或耐病的品种发病较轻。与种植模式也有关，一般保护地较露地更易发病。种植较密、棚室通风条件差的更容易发病。

防治方法　应采取以栽培措施和药剂防治并重的综合措施。

农业防治　①选用抗病或耐病品种。各地都有一些抗性较好的品种，种植前应有所选择。发生较重的地区应考虑轮作倒茬。②避免与各种菊科花卉连作。③改善种植条件。施足底肥，追施氮肥，增施磷钾肥，避免植株早衰。避免大水漫灌增加田间湿度。发病时加大棚室的通风量，抑制病害的发展。④发病初期及收获后及时清除病残，集中销毁。保护地种植的菊花母株，在采完插穗后及定植前使用硫黄（一般每亩用 5kg 发烟）消毒棚室。

化学防治　一般应在发病初期喷药防治，可使用的药剂包括 40% 代森锰锌可湿性粉剂 400 倍液、30% 氟菌唑（特富灵）可湿性粉剂 3500～5000 倍液、12.5% 腈菌唑乳油 2000 倍液、25% 腈菌唑·代森锰锌（仙生）可湿性粉剂 600 倍液、10% 苯醚甲环唑（噁醚唑、世高）水分散粒剂 2000 倍液、20% 丙硫咪唑（施宝灵）悬浮剂 1000 倍液、40% 氟硅唑（福星）乳油 8000 倍液，43% 戊唑醇（好力克）悬浮剂 3000 倍液、40% 多·硫悬浮剂 500～600 倍液、50% 硫黄悬浮剂 250～300 倍液。由于该菌易产生抗药性，因此，应避免单一使用一种农药进行防治。即在发现药效下降时，

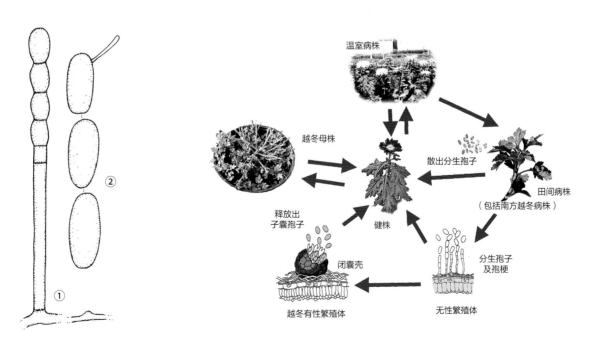

图 3　菊花白粉病菌（U.Braun 绘）

　　①分生孢子梗；②分生孢子

图 4　菊花白粉病侵染循环示意图（李明远绘）

及时更换更有效的农药。如在发现代森锰锌等保护剂防治效果不好时，改用具有治疗作用的三唑酮、氟硅唑、甲醚苯环唑，或同时使用复配剂（如 25% 腈菌唑）或两种不同类别的杀菌剂。如在使用氟硅唑时加入代森锰锌或硫悬浮剂，以提高药效，延缓抗药性的产生。

生物防治　2% 农抗 120 水剂 200 倍液、2% 武夷菌素水剂 200 倍液、27% 高脂膜乳剂 80～100 倍液。每次喷药的间隔一般 6～7 天。

参考文献

戴芳澜，1979. 中国真菌总汇 [M]. 北京：科学出版社：134-136，1008.

方中达，1996. 中国农业植物病害 [M]. 北京：中国农业出版社：591-592.

李明远，唐智勇，马春林，等，2019. 李明远断病手迹（九十一）菊花白粉病的鉴定与防治 [J]. 农业工程技术（温室园艺）(10): 73-75.

中国科学院中国孢子植物志编辑委员会，1987. 中国真菌志：第一卷　白粉菌目 [M]. 北京：科学出版社：68-70.

MCGOVERN R, ELMER W H, 2018. Handbook of florists' crops diseases[M]. Switzerland: Springer Cham.: 461-462.

BRAUN U, COOK T A, 2012. Taxonomic manual of the ersiphales (powder mildews) [M]. The Netherlands: CBS-KMAW Fungal Biodiversity Centre Utrecht: 325, 333.

（撰稿：李明远；审稿：王爽）

菊花白色锈病　chrysanthemum white rust

由堀氏菊柄锈菌引起菊花的一种重要病害，是菊花上 3 种锈病发生的最普遍，也是危害最严重的一种。

发展简史　菊花白色锈病最早于 1895 年发现于日本，1901 年 Hennings 定名为堀氏菊柄锈菌（*Puccinia horiana* Henn.），先经种苗及鲜切花传入远东及南非，又传入欧美，曾在美国（新泽西、宾夕法尼亚、俄勒冈、华盛顿州）、英国、法国和丹麦暴发。曾被美国、欧洲和地中海地区列为检疫对象。但目前仍传遍六大洲、40 多个国家。

中国 1963 年在上海由日本引进的扦插苗中发现。1979 年和 1994 年中国检疫部门又从日本引进的菊花中截获过。后在山东（1997）、辽宁（1999）、甘肃（2000）、浙江（2002）、北京（2004）、广东（2011）等地都有发生，据山东潍坊 1997 年记载，某公司因该病流行损失达 70 万元。因为此病可危害 13 种菊属植物，使中国鲜切花的出口，受到了很大限制。

分布与危害　除上文提到的 6 省（直辖市）外，吉林、湖北和台湾也有发生。特别是随着菊花产业的发展，该病的分布不断扩大。

该病主要危害叶片，开始在叶正面为一些褪绿小点，点中纤毛较少，后病斑略有扩大，一般发展为近圆形直径为 2～5mm 的病斑，斑往往凹陷，连成片时叶片被害部为黄白色（图 1 ①③）。同时在菊花叶背对应部位生凸起疱斑。疱斑初白色，一般和叶正面见到的病斑大小相近（图 1 ②③），疱斑不受叶脉限制，堆积起来可形成更大的病斑，严重时往往布满大部叶面。后疱斑逐渐变浅黄褐色、近白色（图 1 ⑥），在多数情况下，疱斑被有包膜，在后期包膜破裂，露出担孢子（图 1 ④）。在多数情况下，见到的病斑是由冬孢子堆构成，有时引起叶组织坏死，在叶面引起较大的褐斑。褐斑不整齐形，大小不等，一般 4～6mm，有时直径达 20mm，并使褐斑的边缘叶组织变黄，病斑的背面生有小型（0.5～1mm）的疱斑（图 1 ⑤）。在病斑多时，叶片变小、上卷，使植株抽缩畸形。病菌还可危害叶柄、幼茎和花的萼片。在花上可产生坏死斑点。该病流行时引起植株由下往上枯死，损失十分严重（图 2）。

图 1 菊花白色锈病症状图（李明远摄）

①轻病区叶正面病斑；②轻病区叶背面病斑；③叶背面和正面症状比较；④叶背面孢子堆放大；⑤引起叶组织坏死型症状；⑥重病区叶背面病斑

图 2 菊花白色锈病流行时造成的植株枯萎（李明远摄）

图 3 冬孢子堆内部分孢子的聚集状（李明远摄）

病原及特征   病原为堀氏菊柄锈菌(*Puccinina horiana* P. Henn.)，属锈菌属真菌。冬孢子堆多在叶背，大小 2～5mm，黄白色至无色，堆内孢子聚生在一起未见散出（图3）。冬孢子长椭圆形至纺锤形，淡黄色，顶圆形或尖突，顶壁厚4～13μm；一般具1个分隔，个别2～3个分隔，分隔处略缢缩，基部狭窄，平滑，大小 30～52μm×11～17μm。柄无色至浅黄褐色，不脱落，长为 36.4～42.2μm，个别长达45μm（图4）。冬孢子原位萌发，产生微弯的担子，其上生2～4个担孢子，担孢子单胞，无色，圆肾形、椭圆形或纺锤形，大小 4～7μm×5～9μm。

侵染过程与侵染循环   病菌可在冬季生长的植株上、病残体和病株芽内以菌丝或冬孢子越冬。但在中国兰州地区该菌不能在露地及土温室越冬；相对湿度高时，病菌在离体叶上可成活2～4周；在离体叶上相对湿度为50%时，病菌冬孢子可成活8周；在堆肥中最多活3周。

菊花白色锈病存在着简化了的世代交替，一般称为"短循环型生活史"。即它没有锈孢子和夏孢子阶段。在适合的条件下冬孢子堆中的冬孢子萌发。萌发时一般仅上端的细胞萌发，偶见双胞同时萌发。萌发后产生担子（又称"先菌丝"），担子具3个隔，上产生2～4个担孢子。病害的传播主要靠担孢子。担孢子放出后随风、雨及人工操作进行传播。在有风时可传播700m或更远。落在菊花植株上，在田间条件适合时侵染。但是担孢子对相对湿度要求严格，相对湿度低于90%时，成活期变短，所以一般不能做长距离的传播。菊花白色锈病远距离的传播主要靠繁殖材料带菌（冬孢子堆或菌丝）传播。单核的担孢子由气孔侵入后，菌丝体可在菊花叶肉内大量繁殖形成菌丝束，集结形成性孢子器，性孢子器中的性孢子与受精丝配合产生双核菌丝，但该菌丝不能形成锈孢子夏孢子堆，而直接形成了冬孢子堆。其中的冬孢子仍为双核，萌发时经减数分裂形成的担子和产生出的担孢子为单核，再由担孢子传播危害。此时即完成了它的侵染循环（图5）。

流行规律   该病的流行和寄主的感病性、病原的积累以及环境条件有关。

在菊花上，白色锈病菌对不同品种的寄生力差异较大。

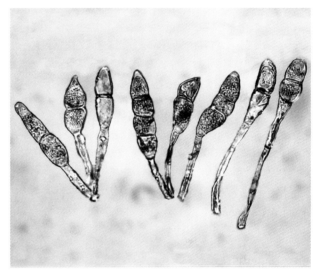

图 4 冬孢子形态（李明远摄）

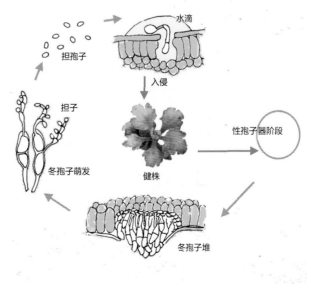

图 5 菊花白色锈病侵染循环示意图（李明远绘）

感病的品种有京白、京黄、四季白、玉台1号等。如兰州从94个品种中选出了维纳斯、绿宝、秀丽、碧海金蟾、黄玉、白玉、金不凋、日本雪青、金不换、夏粉红、海林、雪中绿宝、春桃、C3、C11、C12、C14 17个品种对锈病免疫。有文献将菊花对白色锈病的抗性划分为完全免疫型、不完全免疫型、枯斑型及感病型4个类型。完全免疫型受1个显性基因控制，该类型抗性稳定。选出的品种在10年内未见抗性被破坏。不完全免疫型的抗性只是延缓了孢子的产生，并不能完全阻止的侵染，但在商业上有一定的意义。而对枯斑型、感病型评价较差，它们对入侵的病原过敏性反应通常太慢或没有抗性，不能完全阻止孢子的产生。

环境条件对菊花白色锈病的影响明显。冬孢子在4～32℃都可萌发（日本有研究认为6～36℃），适温15～24℃（18～21℃最适），但高于24℃冬孢子很少萌发。在17℃适合的湿度下3小时内冬孢子即可产生担孢子，担孢子的萌发管在4～24℃可以侵入叶片（在17～24℃时仅需2小时）。用冬孢子接种在不同温度下潜育期不同，温度在10℃、17℃、21℃时，潜育期分别为14天、12天、12天，也有在25～10℃下第9天发病及温度在30℃时29天没发病的报道。因此，认为该菌属低温域病害，在气温高的夏季该病即停止扩展。

相对湿度对菊花白色锈病冬孢子的存活、萌发、传播也有明显影响。在100%的相对湿度下萌发和温度有关，在适温下6小时冬孢子即萌发，温度不适合时24小时才萌发；有文献认为96%的相对湿度及叶片上存在水膜的情况下冬孢子才能萌发；叶面的自由水是冬孢子迅速萌发必须的条件，在无自由水时，即使在100%的饱和水蒸气中24小时冬孢子也不能萌发。总之冬孢子的萌发需要很高的湿度，叶面湿润有利于病菌侵入。

由于温、湿度的影响，各地流行的时间也有不同。在广东秋末至夏初是盛发期，在吉林4～5月及9～10月发病较重。北京海拔600m的地区，在7、8月只要阴雨连绵时仍可蔓延成灾，需要注意预防。

浮载剂对冬孢子萌发也影响。用水和1%～2%的葡萄糖做浮载剂发芽试验，发芽率无差距；而用菊花煎汁做浮载剂，发芽率反而降低。有可能被煎的菊花叶片出现了不利于冬孢子萌发的物质。此外，浮载剂的酸度对冬孢子的萌发也有影响，pH4～6冬孢子的萌发率最高，pH再高发芽率下降得较快，说明微酸性更适合它萌发。通风的情况对发病也有影响，为空气流通性好有利于担孢子的飞散，引发病害快速传播；反之由于流通性差，病害传播较慢。但孢子堆可穿透叶片，在叶正面长出较多的孢子堆。光照时间对冬孢子萌发的影响不大。

在病害的传播方面，将病叶碎片与土1：4混合栽培菊花，较对照发病重，说明土中病残有传病的作用。此外，使用的插穗带菌、花盆摆放过密造成互相接触以及高压喷水的冲刷都能促使病害传播与发生。在栽培管理上如缺少肥料、光照弱、连阴雨、湿度大、通风不良、日暖夜寒的情况下发病更重。

菊花白色锈病菌也有生理小种的区分，但中国尚未见研究报道。

防治方法

检疫措施 对新开辟的菊花种植地来讲，检疫是很重要的预防措施。新引进的菊苗应在隔离室栽种半年，无病时才能放行；对引进的切花菊或菊花的母株及插穗做好检疫和消毒，剔除病叶、病枝或病株，集中销毁。如是少量的插穗，可用45℃的温水浸5分钟，或将发病的植株置于38～40℃的环境下处理24小时；或使用10%苯醚甲环唑水分散粒剂1500倍液，12.5%敌力康2500倍液＋50%福美双500倍液药浴15分钟，杀死携带的病菌。如有条件还可采用组培苗，避免种苗带菌。

抗病品种 根据各地的需求，注意观察不同菊花品种对白色锈病的抗病性，尽量选用抗病的品种，例如舞姬、桃金山、秀品、金不凋、绿宝、维纳斯等。

农业防治 土壤消毒或轮作。保护地种植菊花，可在采完插穗后定植新一茬菊花前，拔除残留的母株，旋耕一次土壤后，高温闷棚7～10天，或种一茬蔬菜或其他花卉，利用换茬清除病原。搞好田间卫生。尽量在冬孢子堆破裂前及时摘除病叶，摘除时先将病叶用塑料袋罩住再摘除，集中深埋，彻底清除病残体。发病初清除病残。搞好栽培管理提高植株抗性。为降低环境湿度，选择适合的栽植密度和栽培方式，以利通风透光；灌溉时避免从植株顶部浇水，采用地膜覆盖滴灌或地下灌溉；雨后及时排水，做好温室通风、除湿和降温，使叶面保持干燥。合理施肥，根据地力施用底肥和追肥，避免偏施氮肥，增施磷钾肥。提高植株的抗病性。

化学防治 ①土壤处理。定植前3周，用75%棉隆可湿性粉剂，每公顷52.5kg处理土壤，处理后扣膜1周，揭膜后旋耕后，隔2周再定植。②发病初期喷药。常用药有10%苯醚甲环唑微粒剂1500倍液、40%氟硅唑乳油7000倍液、50%甲基硫菌灵·硫黄悬浮剂800倍液、25%敌力脱乳油3000倍液、12.5%腈菌唑800倍液、25%阿米西达1500倍液、10%苯醚甲环唑悬浮剂2000倍液、22.5%腚氧菌脂悬浮剂2000倍液、10%戊菌唑乳油3000倍液等，7～10天1次。也可挂硫黄熏蒸罐进行熏蒸，一般80～100m² 挂一个罐。鉴于硫黄熏蒸罐有多种，应根据说明书使用（或经过试验），以免造成药害。

在使用化学农药时，需要注意的是药害和抗药性的问题。一些三唑类的农药（如己唑醇、戊唑醇＋粉锈宁、丙环唑）对菊花苗的生长有抑制作用，尽量避免栽苗期使用。有的地区三唑酮、百菌清、代森锰锌、甲基托布津几乎无效，是因病菌抗药性所致，应及时更换更有效的药剂品种。

参考文献

李明远，2010. 李明远断病手迹（七）菊花锈病的诊断纪实 [J]. 农业工程技术（温室园艺）(11): 56-57.

王顺利，王红利，雷增普，等，2008. 菊花白锈病研究进展 [J]. 北方园艺 (1): 67-70.

祝朋芳，齐丹，段玉玺，等，2010. 菊花锈病病原菌侵染循环的显微镜观察 [J]. 沈阳农业大学学报，41（2）：221-223.

（撰稿：李明远、黄丛林；审稿：王爽）

菊花斑枯病　chrysanthemum *Septoria* leaf spot

由壳针孢属真菌引起的菊花病害。又名菊花黑斑病、菊花叶枯病。实际上称其为黑斑病并不妥，因为菊花上还有一种由交链孢属（*Alternalia*）引起的病害，才是真正的黑斑病，如将斑枯病也称为黑斑病容易造成混乱。

发展简史　由 Saccardo 于 1895 年报道。在中国最早于 1919 年由泽田兼吉发现于台湾，此后，于 1922 年由戴芳澜等人在大陆陆续报道，目前在中国分布甚广。

分布与危害　该病是世界性病害，在有菊花栽培的地方都会有或轻或重的发生。除危害菊花外还危害甘菊［*Chrysanthemum lavandulifolium*（Fisch.ex Trautv.）Ling et Shih］、除虫菊（*Crysanthemum cinerariaefo lium* Bocc.）。该病在不同的地区发生季节不同，在广东等低纬度地区周年都可发生，在河北一带多发生于 4～10 月，尤以秋、冬发生较重。相比之下南方更为严重一些，对菊花的产量及品质造成较大的影响。

主要危害叶片，发病时先在下部叶片上出现暗褐色小点，后扩展成黑褐色多角形、近圆形至不规则形病斑，病斑周围有时有一不明显黄色晕圈。后期病斑呈暗褐色或黑色，病斑大小差别较大，在发生轻的地方，直径较小，一般不超过 5mm（图 1①），但在高温多雨病害严重的地区，病斑较大，直径一般 1～3cm（图 1②），湿度大时病斑扩展迅速，互相融合，甚至引起整个叶片的变黑、卷曲、枯死。在一些地区变黑的叶片往往被认为是雨涝灾害，但是，在显微镜下可见到其表面生有许多不大明显的小黑点，即病菌分生孢子器。严重时下部叶片均为黑色，花变小，给产量造成很大的影响

（图 1③）。

病原及特征　危害菊花的斑枯病原常见的有 2 个种，即菊壳针孢（*Septoria chrysanthemella* Sacc.）和钝头壳针孢（*Septoria obesa* Syd.）。后者也称菊粗壮壳针孢（*Septoria chrysanthemi-indici* Bubak et Kabat）。均属壳针孢属真菌。

两种菌的孢子器均分散在叶斑中（图 2①），多为埋生，上端有孔口露出菊花叶表皮，孢子器的孔口附近细胞色较深，围生在孔口周围。壁细胞多为多角形，色较孔口的颜色要浅（图 2②）。两种病菌分生孢子均为针状，但是，两菌在分生孢子器大小及分生孢子的大小及形态上有些差异，即菊壳针孢分生孢子器较小，分生孢子较短，分生孢子较窄，分生孢子不弯曲（表 1）。

该菌在 PDA 培养基上生长缓慢，菌落黑褐色半球状，致密。在燕麦培养上生长较好，菌落直径大，产孢也多。光照与黑暗对该菌产孢无影响。分生孢子在清水中不发芽或发芽率很低。

湖北荆门与麻城存在着两种壳针孢引起的斑枯病。两者分生孢子宽度相近，分生孢子器直径及孢子长度与报道的有区别，即疑似菊壳针孢的分生孢子器和分生孢子较大，但孢子不弯向一侧；而疑似钝头壳针孢的分生孢子器和分生孢子较小，但孢子弯向一侧。根据形态不好辨认两种壳针孢的归属（表 2、图 2③④）。

侵染过程与侵染循环　该菌主要在病残和菊花越冬母株上的分生孢子器中越冬。所以在菊花连作田的母株及插穗都不乏越冬的病原。翌年当温度适合时又放出分生孢子进行侵染。病菌产生的分生孢子借风雨传播，经约 1 个月潜育，发病后又产生分生孢子进行再侵染。以后被侵染的叶片不断形成分生孢子器扩大蔓延，造成更大面积的发病。入冬前又随

图 1 菊花斑枯病危害症状（李明远摄）

①轻病区菊花斑枯病叶部症状；②重病区菊花斑枯病叶部症状；③菊花斑枯重病田被害状

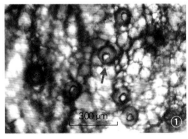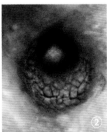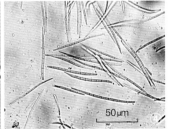

图 2 菊花斑枯病病原特征（李明远摄）

①分生孢子器（红箭头所示）在叶面的分布状；②分生孢子器的形态特征；③疑似钝头壳针孢的分生孢子；④疑似菊壳针孢的分生孢子

着采集的母株或遗散在田间的病残株越冬，翌年再引起病害的流行，形成周年的侵染循环（图3）。

流行规律　菊花斑枯病的分生孢子萌发温限为12～32℃，萌发适温26～28℃，在20～25℃病害的潜育期4～8天。55℃经10分钟致死。分生孢子萌发需有水滴或水膜及充足的氧气，否则即使相对湿度接近饱和也不萌发。芽管经气孔侵入菊花叶组织。适宜pH为3～11，其中以pH5～7最适。

病菌一般在病残体上越冬，翌年条件适宜时发病，高温多雨时发生严重。在华南一般5～10月气候温暖潮湿易发病，

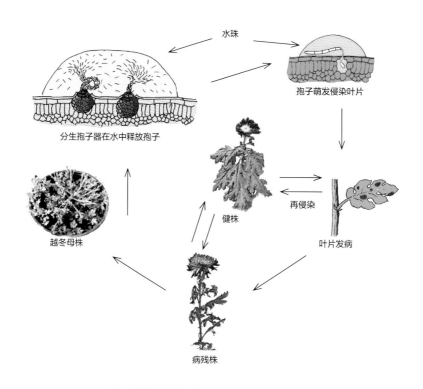

图3　菊花斑枯病侵染循环示意图（李明远绘）

表1　Waddall及方中达对两种菊花斑枯病菌子实体大小及形态的比较

项目名称	两种病菌子实体的比较			
	钝头壳针孢		菊壳针孢	
发布者	Waddall	方中达	Waddall	方中达
分生孢子器（μm）	60～160（平均92）	142～180	40～124（平均68）	78～123
孢子长（μm）	44～108（平均74.2）	56～91	22～70（平均38.4）	36～65
孢子宽（μm）	2.5～4.5（平均3.2）	2.7～3.5（平均3.2）	1.8～3.0（平均2.1）	1.5～2.5
孢子隔数（个）	5～14	5～9	0～5	4～9
孢子形态	线状，通常弯曲，末端渐尖细		线状，通常不弯曲	

表2　李明远对两种菊花斑枯病菌子实体的比较

项目名称	两种病菌子实体的比较	
	疑似钝头壳针孢	疑似菊壳针孢
分生孢子器（μm）	70.7～108（平均85.96）	78.93～198.71（平均115.72）
孢子长（μm）	24.72～56.82（平均40.20）	40.62～82.62（平均63.03）
孢子宽（μm）	2.3～3.99（平均3.13）	1.85～3.60（平均2.64）
孢子隔数（个）	0～4	3～9
孢子形态	线状，末端渐尖细，通常弯向一侧	线状，通常不弯曲
显微照片	图6	图7

北方多在 8～10 月雨季或以后发病较重。特别是连作田、栽植过密及老根留种田，菊花发病重。

菊花的不同品种间抗病性有一定的差异。如在山东，亓玲美等（2002）对 14 个菊花品种进行了调查，其中免疫的有 2 个品种、中抗的有 4 个品种、中感的有 6 个品种、高感的有 2 个品种；但是，不同调查的结果有差异。如张宝棣等（1986）在广东调查，14 个菊花品种中无抗病的，发病轻的病情指数都在 17.22～20.66。

防治方法

选用抗病品种　菊花品种间抗病性差异明显。特别是在花期多雨的地区，应重视抗病品种的选用。已知较抗病的品种有小球菊、火凤凰、金背红、鸳鸯、紫荷等。

农业防治　轮作与换土。发生斑枯病较重的菊田，应进行一年以上的轮作，栽过菊花的基质或园土，不要继续使用，需要更换新的。选用无病株作繁殖材料。保护地棚室消毒。在种植前可使用硫黄粉 4kg/ 亩分成几堆发烟，发病初及时剪除病叶，花后及时清除病残株，深埋或烧毁。发病期要加强管理。易发生菊花斑枯病的地区定植菊花时应适当稀植，以保证田间的通风透气；大面积露地种植时，要及时排涝，降低田间湿度；盆栽的菊花选晴天上午浇水，浇水量要适宜，避免阴天浇水或用喷淋法浇水。施用经高温沤制过的有机堆肥，避免偏施含氮高的化肥。

化学防治　发病初期喷洒 50% 多菌灵可湿性粉剂 500 倍液、或 50% 甲基硫菌灵·硫黄悬浮剂 800 倍液、或 20% 龙克菌悬浮剂 500 倍液、或 50% 苯菌灵可湿性粉剂 1000 倍液、或 40% 氟硅唑（福星）乳油 7000 倍液、或 12.5% 腈菌唑乳油 4000 倍液、或 10% 苯醚甲环唑可分散粒剂 2000 倍液。隔 10～15 天 1 次，老龄植株或转入生殖生长的隔 7～10 天 1 次，视病情防治 3～5 次。

参考文献

方中达，1996. 中国农业植物病害 [M]. 北京：中国农业出版社：590.

张宝棣，黎毓干，1986. 菊花斑枯病菌生理性状的研究 [J]. 华南农业大学学报，7（1）：21-27.

（撰稿：李明远；审稿：王爽）

菊花病毒病　chrysanthemum virus disease

由多种病毒引起，主要危害叶片生长，导致菊花减产和品种退化的一种病毒病害。

发展简史　菊花 B 病毒（chrysanthemum virus B，CVB）是菊花上的主要病毒病病原之一，是由美国科学家 Kellar 于 1951 年首次报道；迄今，世界上已报道危害菊花的病毒有 20 余种。中国报道的侵染菊花的病毒有 CVB、番茄不孕病毒（tomato aspermy virus，TAV）、黄瓜花叶病毒（cucumber mosaic virus，CMV）、烟草花叶病毒（tobacco mosaic virus，TMV）、马铃薯 Y 病毒（potato virus Y，PVY）、马铃薯 X 病毒（potato virus X，PVX）和小西葫芦黄花叶病毒（zucchini yellow mosaic virus，ZYMV）7 种病毒以及菊花矮化类病毒（chrysanthemum stunt viroid，CSVd）和菊花枯黄斑点类病毒（chrysanthemum chlorotic mottle viroid，CChMVd）2 种类病毒。

分布与危害　菊花病毒病病原多为世界范围内分布的病毒。病株心叶黄化或花叶，叶脉绿色，叶片自下而上枯死；病株幼苗叶片畸形，心叶上有灰绿色略隆起的线状条纹，排列不规则，后期症状逐渐消失；叶片上产生黄色不规则斑块，边缘界限明显；叶片暗绿色，小而厚，叶缘或叶背呈紫红色。发病植株易染霜霉病和褐斑病致叶片早枯。其中 CVB 引发轻花叶或无症状，在感病品种上可形成重花叶和坏死斑。TAV 常表现为株小，花色不正常，有时致叶片变形或产生耳突。番茄斑萎病毒（tomato spotted wilt virus，TSWV）引起叶片上产生白色环线状斑纹（见图）。

病原及特征　主要病原有香石竹潜隐病毒组 CVB、番茄斑萎病毒组 TSWV 和黄瓜花叶病毒组 TAV 三种病毒。此外，PVY、PVX、CMV、TMV、番茄环斑病毒（tomato ringspot nepovirus，ToRSV）、南芥菜花叶病毒（arabis mosaic virus，ArMV）、烟草环斑病毒（tobacco ring spot virus，TRSV）、类病毒 CSVd 和 CChMVd 也是菊花病毒病的主要毒源。

CVB 病毒粒体线条状，690nm×12nm，致死温度 60～65℃，体外存活期 1～6 天，稀释限点 100～1000 倍。ToSWV 病毒粒体扁球状，直径 80～96nm，易变形，具包膜，存在于内质网和核膜腔里，有的具尾状挤出物，质粒含 20% 类脂，7% 碳水化合物，5%RNA；致死温度 40～46℃，10 分钟；稀释限点 100～1000 倍，体外存活期 3～4 小时。TAV 病毒颗粒球形，直径 25～30nm。该病毒可能是单链 RNA 病毒，其核苷酸的克分子百分数为 G23.7%、A26.4%、C21.2%、U28.7%，其蛋白和其他组分未有报道。PVY 病毒粒子线状，大小为 11nm×680～900nm，钝化温度 52～62℃，稀释限点 100～1000 倍，体外存活期 2～3 天。PVX 病毒粒子线状体，大小 515nm×13nm，呈螺旋结构，核酸分子量为 2.1×10 的单链 RNA，约占粒子重量的 6%。CMV 等轴对称的二十面体（T=3），无包膜，三个组分的粒子大小一致，直径约 29nm，易被磷钨酸盐降解，经醛类固定或用醋酸铀负染后可显示清晰的结构，有一个直径

菊花毒病症状（刘红彦提供）

约12nm的电子致密中心，呈"中心孔"样结构；RNA1和RNA2各包裹在一个粒子中，RNA3和RNA4一起包裹在一个粒子中，常存在卫星RNA分子。TMV病毒杆状，长300nm、直径15nm，单链（＋）RNA病毒，核酸被2130个分子量为17530Da的蛋白质亚基所包裹。ToRSV为线虫传多面体病毒，其病毒粒子特征研究不详。ArMV病毒RNA等径粒子，直径为30nm。TRSV病毒粒子为球形，直径为25～29nm。CSVd单链环状RNA类病毒，病毒基因组354～356nt。CChMVd0类病毒，398～399nt。

侵染过程与侵染循环　病毒在留种菊花母株内越冬，靠分根、扦插繁殖传毒。此外，CVB、TAV、PVY、ToRSV和CMV还可由蚜虫传毒；TSWV则由叶蝉、蓟马传毒。ArMV易由汁液传播，也由线虫 *Xiphinema diversican datum* 传播。TRSV可通过汁液摩擦接种传毒，也可通过线虫及种子传毒。菊花叶片中含多酚氧化酶，能抑制病毒体外传染，所以健康的植株不易发病。

流行规律　在田间蚜虫发生早、发生量大的地区或年份易发病，菊花单种、土壤贫瘠、管理粗放的地块发病重。气温24℃，利于症状表现。菊花病毒病多在6～7月零星发生，病株叶片上出现条状褪绿斑驳、明脉等症状，严重地块病株率可达50%，但随着菊花的生长，症状逐渐减轻。后期主要表现为叶片从叶缘呈现紫发红。

防治方法

农业防治　栽种脱毒菊苗。菊花收获前在田间选择生长健壮、开花多而大的植株留种。因地制宜推广栽培套种，利用其他作物为屏障，减轻传播介体（蚜虫等）的危害。在栽苗时，用锌、铜、钼、硼等微量元素配合复合肥蘸根，现蕾前叶面喷施钾、硼等肥料，以增加抵抗力。

化学防治　生长季节及时防治传播介体，减少传毒。发病初期，可喷施一些常用的抗病毒药剂，如病毒A、植病灵、菌毒清等。

参考文献

LIU X L, ZHAO X T, MUHAMMAD I, et al, 2014. Multiplex reverse transcription loop-mediated isothermal amplification for the simultaneous detection of *CVB* and *CSVd* in chrysanthemum[J]. Journal of virological methods, 210: 26-31.

SINGH L, HALLAN V, JABEEN N, et al, 2007. Coat protein gene diversity among chrysanthemum virus B isolates from India[J]. Archives of virology, 152: 405-413.

（撰稿：文艺；审稿：丁万隆）

菊花番茄斑萎病毒病　tomato spotted wilt virus of chrysanthemum

由番茄斑萎病毒引起的菊花病害，是一种世界性的重要病害。

发展简史　番茄斑萎病毒最早发现于澳大利亚（Britt lebomk，1919），1930年正式将番茄斑萎病毒命名为tomato spotted wilt virus（简称TSWV）。20世纪末随着西花蓟马（*Frankliniella occidentalis*）的蔓延，TSWV开始在世界范围快速传播。在荷兰、法国、英国、意大利和西班牙先后发现该病毒，几乎是同期日本、中国、韩国、伊朗等亚洲国家也陆续发生。

在中国最早于1944年在成都发现了TSWV，此后多地都有报道。1986年，许泽永等以中国南方花生为材料，对TSWV进行了深入报道，之后又广泛收集TSWV样本，对其寄主范围、致死温度、体外存活时间等做了系统研究。之后的十几年，TSWV病害主要发生在云南、广东、四川等部分地区，虽整体扩散较慢，但造成了巨大的损失。随着国外植物品种和产品的大量引进、国内区域间植物种质交流的频繁，以及TSWV病毒重要的传播媒介西花蓟马的大面积发生，导致了TSWV发生案例的明显增多。

番茄斑萎病毒属（*Tospoviruses*）被列为世界十大植物病毒之一。中国2007年将TSWV定为进境检疫对象。

菊花是TSWV易感植物，最早关于菊花感染TSWV的报道可追溯到1936年，当时在菊花上已经是一个非常严重的病害。

分布与危害　在日本、韩国等切花生产大国多有报道。在中国，菊花TSWV自20世纪90年代以来在福建、上海、江苏、云南、广东、湖北、西安、辽宁、海南都有发现。2017年前后北京某公司切花菊敏感品种TSWV病株率高达90%。陈东亮等首次用分子病理学方法对其进行了鉴定和确认。TSWV已经成为切花菊生产过程中最严重的威胁。可侵染的寄主极其广泛。包括许多油料、蔬菜、花卉及野生植物，共84个科1090种植物。

菊花发生了TSWV，危害症状是系统性的，花、茎、叶都会异常。一旦染病，菊花即失掉商品价值。概括起来它的症状有以下几种类型。

花叶斑驳型：即植株略矮，多个叶片出现黄绿相间斑驳（图2①）。

条斑型：即在茎的一侧自下而上断续出现暗褐色的条纹或斑块。变色部分多在皮层，不深入髓部（图2②）。

图1　菊花TSWV的田间病株（箭头指示的那棵）（李明远摄）

图 2 番茄斑萎病毒在菊花上的症状 （李明远摄）

①花叶斑驳型；②条斑型；③摩擦接种发病的情况；④褪绿斑型；
⑤顶部垂萎型；⑥矮化坏死型；⑦花瓣变色；⑧花瓣畸形型

褪绿斑型：一般发生在发病初期的叶片上。即由每个叶片的叶缘开始，出现 1～3 个褪绿斑。病斑近圆或不定形，病斑边缘的界限不清，直径 8～10mm。有时在斑内出现褐色的坏死区（图 2④）。

顶部垂萎型：茎部条斑若发生在幼嫩的部位时，有时会引起茎坏死，坏死部分失水后茎部萎缩，并导致植株上部枝条及幼叶倾倒或垂萎（图 2⑤）。

矮化坏死型：病株明显矮化，顶部叶片褪绿、抽缩，心叶及幼茎生暗褐色枯死斑（图 2⑥）。

花瓣变色、畸形：在菊花的花期开放的花部分花瓣变浅（图 2⑦），或花瓣减少并扭曲（图 2⑧）。

其中花叶斑驳型较为少见。因多数菊花植株未到花期即枯死，因此，花瓣变色、畸形型，也不多见。

因此，如要准确诊断 TSWV，一般多利用 PCR 等项技术，通过检测来进行确认。

病原及特征　番茄斑萎病毒（tomato spotted wilt virus，TSWV）属番茄斑萎病毒属（*Tospoviruses*）的一种病毒。病毒粒体球状，直径 80～110μm，立体外层由一层胞质包裹，胞质由两种被称为 G1 和 G2 的多糖蛋白组成，基因组属于负单链 RNA（－SSRNA 类型），由 3 个片断组成，从大至小分别称为 L RNA、M RNA、S RNA。该属有 14 个确定种和暂定种。其中除包括菊花 TSWV 外，还包括一种可侵染菊花的菊花坏死病毒（chrysanthemum stem necrosis virus，CSNV）。

鉴于 TSWV 是一种虫传病毒。它的发生源于传毒介体蓟马的大量的发生。因此，这种害虫的猖獗，应当是菊花 TSWV 的第一诱因。

侵染过程与侵染循环　菊花常用的繁殖方式多使用无性繁殖的扦插方法作种苗，这样带 TSWV 的种苗（插穗）就成了病原越冬和繁殖的主要途径。实际上切花菊是周年生产的，这些菊花并不存在越冬的问题。

由于番茄斑萎病毒可危害多种经济作物，如大豆、花生和多种蔬菜，所以邻近这些作物的菊花被 TSWV 染病的风险较大。此外，病毒还可在露地或保护地内的多年生的野生寄主上越冬，TSWV 的野生寄主广泛。包括牛繁缕［*Malachium aquaticum*（L.）Fries.］、车前（*Plantago asiatica* L.）、打碗花（*Calystegia hederacea* Wall. ex. Roxb.）、灰绿藜（*Chenopodium glaucum* L.）、苦苣菜（*Sonchus oleraceus* L.）、白蒿（*Herba artimisiae* Sieversianae）、蒲公英（*Taraxacum mongolicum* Hand.-Mazz.）、夏枯草（*Prunella vulgaris* L.）等。其中的二年至多年生的杂草在病害侵染循环中起到了十分重要的作用。

TSWV 通过蓟马的取食进行传播。据报道可传播番茄斑萎病毒属的蓟马有 25 种，但不同种类间的传毒能力差异较大。其中较常见的种类有西花蓟马［*Frankliniella occidentalis*（Pergande）］、花蓟马［*Frankliniella intonsa*（Trybom）］、棕榈蓟马（*Thrips palmi* Karny）、烟蓟马（*Thrips tabaci* Lindeman）等。在田间往往存在几种蓟马混合发生的情况，以西花蓟马的传毒能力最强。

除蓟马可传毒外，人工摩擦接种的方法也可以使寄主染病。一般将染毒寄主的组织加入 1∶2（w/v）0.02mol/v（pH7.2）磷酸缓冲液研磨汁，使用 500 目的金刚砂，摩擦接种即可。通过 TSWV 汁液人工接种可传播的寄主有 50 科 360 种植物。

TSWV 在菊花上的侵染循环规律：通过带毒菊花插穗经扦插带到田间，在蓟马取食的过程中使其带毒，又在蓟马的辗转危害时将病毒扩散、再扩散，造成该病毒在菊花上大面积的发病或流行；发生严重的植株被毁，发病轻或尚无显症的植株仍可被作为产品上市并进入流通领域，包括产品上携带的带病毒的蓟马，也可作为病毒的载体被远距离传播。此外，留作第二年繁殖用的带毒菊花作母株生产菊花插穗，又成了第二年发病的起点，不断扩大危害（图 3）。

另外，菊花引进（包括从国外引进）和流通过程中存在的漏洞，有可能成为 TSWV 传播最大的隐患。

流行规律　不同的菊花品种对 TSWV 的抗病性差异明显。在同一时期感病品种（如 ROSSANO）严重发病的情况下，有些品种是看不到症状的。而不同的品种间的抗病程度是连续性的，即存在着许多中间类型和轻微型。但这些不同病情植株的带毒量是否有差异，其中无症状的品种是否带毒未知。

病害的流行和传毒介体蓟马的发生规律密切相关。蓟马若虫及成虫不仅可在植物体表面（包括缝隙间）迅速爬行并善于跳跃。还可以借助于气流作远距离的迁移。蓟马的繁殖力很强，以西花蓟马为例，其一生可产 150～300 粒卵，可以营两性生殖和孤雌生殖。西花蓟马的适应能力也极强，在 10～30℃ 均能完成生长发育，并随气温的升高进度加快。它对低温的耐受力较强，若虫和成虫的过冷却点为 –22～–13℃，在 –5℃ 下可存活 56～63 天，但是在高于 35℃ 的条件下不能完成整个生长发育。在 40℃ 下处理 2 小时各虫态的死亡率达 80%，采用高温闷棚的措施，防效可

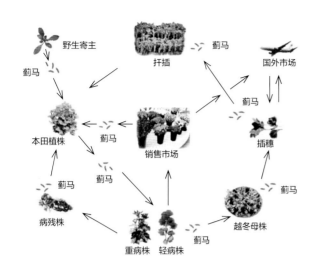

图3 菊花番茄斑萎病毒侵染循环示意图（李明远绘）

达84.5%。

蓟马的传毒方式属于持久性传毒。即它可以终生带毒，但是仅若虫期获毒的蓟马要经一个巡回期在成虫期才可传毒。而且病毒不能经卵传给下一代。蓟马获毒期为30分钟，持毒时间为43小时。

防治方法　应采用包括植物检疫、防治传毒介体和培育抗病品种在内的综合措施。

实行严格的植物检疫制度　中国菊花TSWV尚属点片发生阶段，为防止疫情的扩大，有必要实行严格的对外、对内的检疫措施，防止TSWV通过菊花的插穗、幼苗及带病产品出售、转移，扩大危害。

选育抗病品种　利用菊花的不同品种对TSWV抗性不同的特点，加速抗病新品种的选育，并淘汰感病的品种。

发病初彻底清除病残株　如发现可疑病株立即与科研单位联系进行检测，确认后，病株少时可在清除病株后，全面使用农药防治蓟马。病株较多时应当罢园，用药杀死蓟马后，将病株彻底销毁深埋。

消灭传毒介体蓟马　已知蓟马是TSWV的重要传播介体。但是，从防病的角度，要将蓟马消灭也是件难事，因为蓟马传毒所需的数量不多，将其杀灭干净难度较大。消灭的方法如下：①在6～7月应利用换茬的时候做好棚室的消毒。即在定植菊花前，彻底清除上茬的母株。旋耕掩埋田间杂草（尽可能地做到一草不剩），然后采用高温闷棚的方法（在北京的6～8月晴天时闷棚，棚温可达70～80℃）杀死残存的蓟马。②发现蓟马后即使用农药进行防治。可用的农药有25%噻虫嗪水分散粒剂1500倍、10%虫螨腈悬浮剂2000倍液、10%吡虫啉可湿性粉剂1000倍液、5%啶虫脒可湿性粉剂1500倍液、6%乙基多杀菌素（艾绿士）悬浮剂20ml/亩等。蓟马较易产生抗药性，防治时用药切忌品种单一。应考虑采用不同类别的农药轮换或混用（混用时一般不超过两种）才可取得较持久的效果。③在棚室里挂上蓝色黏虫板，每亩20～30块，高度为1～1.5m，诱杀残余的蓟马。

及时清除田间杂草特别是二年生及多年生的杂草，对防止病害传播有较大的作用，应及时清除干净。

参考文献

陈坤荣，许泽永，晏立英，等，2005.番茄斑萎病毒属(Tospovirus)病毒研究进展[J].中国油料作物学报，22(3): 91-97.

方中达，1996.中国农业植物病害[M].北京：中国农业出版社：596.

郑元仙，刘雅婷，2009.番茄斑萎病检测技术研究进展[J].云南农业大学学报，24(4): 609-611.

CHEN D L, LUO C, LIU H, et al, 2017. First report of chrysanthemum stem blight and dieback caused by tomato spotted wilt virus[J]. Plant disease, PDIS-07-17-1088-PDN.

PARRELLA G, GOGNALONS P, GEBRE-SELASSIÈ K, et al, 2003. An update of the host range of tomato spotted wilt virus[J]. Journal of plant pathology, 85(4): 227-264.

（撰稿：李明远、陈东亮、黄丛林；审稿：王爽）

菊花褐斑病　chrysanthemum brown spot

由菊壳针孢引起的主要危害菊花叶片的一种真菌病害。

分布与危害　中国各种植区广泛发生，严重影响菊花产量和品质。主要危害叶片，从植株的下部叶片先发生，病斑散生，初为褪绿斑，而后变为褐色或黑色，病斑逐渐扩大成为圆形、椭圆形或不规则状，严重时多个病斑可互相连接成大斑块，后期病斑中心转浅灰色，散生不甚明显的小黑点，叶枯下垂，倒挂于茎上（图1）。

病原及特征　病原为菊壳针孢（Septoria chrysanthemella Sacc.），属壳针孢属真菌。分生孢子器球形或近球形，褐色至黑色，器壁膜质，顶部有孔口，分生孢子线状无色，有隔膜0～2个（图2）。

侵染过程与侵染循环　该病在菊花整个生长期均可发生，病菌以菌丝体和分生孢子器在病株和地表病残体上越冬。翌年分生孢子器释放出分生孢子产生初侵染。分生孢子借风雨、昆虫和接触传播，引起田间多次再侵染。

流行规律　温度在10～27℃，只要有雨露，田间就可发病，但以秋季孕蕾开花期灌水或下雨造成的高湿条件下危害最重，连作田和分株繁殖发病重。该病在菊花整个生长期均可发生，但在秋季遇高温、多雨的天气发病严重。不同的菊花品种对褐斑病的抗性有差异，感病品种有紫蝴蝶、新大白、蟹爪黄和香白梨等，较抗品种有湖上月、秋色、玉桃和紫桂等。

防治方法

农业防治　因地制宜地选用抗病品种。加强管理，合理施肥灌水，不偏施氮肥，配合施用磷、钾肥。选晴天上午浇水，阴天不浇水或少浇。收获后彻底清除病残体，集中深埋或烧毁以减少越冬后的初侵染源。栽植密度适当，调节通风透光。采用无病母株扦插繁殖。

化学防治　发病初期喷洒20%龙克菌悬浮剂500倍液，或1∶1∶100倍式波尔多液、50%杀菌王可溶性粉剂800倍

图 1 菊花褐斑病症状（伍建榕摄）

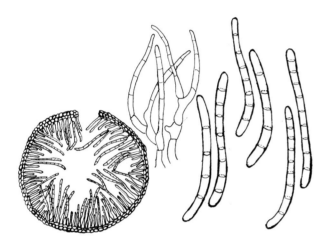

图 2 菊壳针孢（陈秀虹绘）

液、50% 甲基托布津 800 倍液、50% 代森锰锌 500 倍液，10～15 天 1 次，进行 3～5 次，都有很好的效果。

参考文献

伊建平，贺杰，单长卷，等，2012. 常见植物病害防治原理与诊治 [M]. 北京：中国农业大学出版社 .

孙小茹，郭芳，李留振，2017. 观赏植物病害识别与防治 [M]. 北京：中国农业大学出版社 .

张中义，1999. 观赏植物真菌病害 [M]. 成都：四川科学技术出版社 .

（撰稿：伍建榕、张俊忠、姬靖捷；审稿：陈秀虹）

菊花黑斑病　chrysanthemum black spot

由链格孢属侵染引起的一种真菌性病害，是菊花上发生普遍的重要叶部病害。

发展简史　链格孢属（*Alternaria* Nees）真菌是一类分布广泛、对生态环境和基质适应性很强的真菌。它可以引起多种植物的病害。迄今为止，菊花病原的研究主要集中在堀柄锈菌（*Puccinia horiana*）引起的锈病，而菊花黑斑病的研究很少。2009 年许高娟和陈发棣报道菊花黑斑病由 *Alternaria alternata* 和 *Alternaria tenuissima* 侵染引起，2016 年 Dominguez-Serrano 等首次报道了这两种病原菌在墨西哥引起叶斑病。1984 年，美国学者 Alfieri 等报道 *Alternaria chrysanthemi* 能侵染菊花引起黑斑病。

分布与危害　菊花黑斑病在中国、美国、墨西哥均有分布。在中国各菊花栽培地区普遍发生，主要危害菊花叶片，下部叶片先发病，逐渐向上扩展。发病初期，叶片边缘出现褪绿色或淡褐色小点，逐渐扩大为黑褐色圆形或不规则形病斑，病斑的发展受叶脉限制，无轮纹。后期病斑上生黑色霉层，为病原菌的分生孢子梗和分生孢子。多个病斑连合后，在叶片边缘形成"V"字形枯死斑，最终导致叶片干枯脱落。发生严重时全株叶片变黑枯死，病叶吊挂在茎秆上（见图）。

病原及特征　病原为链格孢属的链格孢［*Alternaria alternata*（Fr.）Keissl.］。分生孢子梗膝状，单生或数根簇生，直立或弯曲，具有隔膜，很少有分枝。分生孢子黄褐色倒棒形、卵形，少数为不规则形，链生或单生，有喙或无，有 1～7 个横隔膜（不包括喙），0～2 个纵隔膜，隔膜处缢缩。细极链格孢［*Alternaria tenuissima*（Fr.）Wiltsh.］和菊花链格孢（*Alternaria chrysanthemi* E.G. Simmons & Crosier）也能侵染菊花引起黑斑病。

侵染过程与侵染循环　病原菌以菌丝体在病株残体上越冬，成为菊花黑斑病的主要初侵染源。翌春气温适宜时，产生大量分生孢子，侵染菊花及其他寄主。分生孢子主要从气孔侵入，侵入植株后 20～30 天发病。病斑上产生的分生孢子借风雨传播，引起再侵染。温度和降雨与病害发生程度密切相关，降雨次数多、降水量大有利于病菌的传播和蔓延。

流行规律　黑斑病是菊花生产中危害最为严重的病害，常常和斑枯病混合发生。在菊花整个生长期均可发生，7 月中旬菊花封行后进入危害盛期，造成中下部叶片干枯脱落，

菊花黑斑病症状（刘红彦提供）

8月中旬至9月下旬发病最严重，10月以后随着气温的下降，病害开始减弱。田间密度大，通风透光不良，高温高湿时发病较重，连作时间长及留种花圃发病严重。

防治方法

农业防治　加强田间管理，菊花收获后及时清除田间病残体，并销毁病株、病叶，减少初侵染菌源。实行轮作倒茬，忌重茬种植。种植密度要适当，保证通风透光。加强水肥管理，适时适量浇水，雨季及时排水，氮磷钾平衡使用。

化学防治　在发病初期，用80%代森锰锌600倍、50%多菌灵可湿性粉剂500倍液，或70%甲基托布津可湿性粉剂800倍液喷洒，7~10天1次，连喷3次。

参考文献

刘红彦，鲁传涛，王飞，等，2003.怀菊花主要病害的发生与防治[C]//河南省植物保护学会.农业有害生物可持续治理的策略与技术.北京：中国农业科学技术出版社.

周如军，傅俊范，2014.药用植物病害原色图览[M].北京：中国农业出版社.

（撰稿：高素霞、刘红彦；审稿：丁万隆）

图1　菊花花腐病症状（伍建榕摄）

菊花花腐病　chrysanthemum flower rot

由菊花壳二孢和灰葡萄孢引起的危害菊花的一种重要真菌性病害。又名菊花疫病。

分布与危害　中国杭州时有发生，该病主要危害菊花，分布广泛。花腐病主要危害花芽和花瓣，也危害叶片、叶柄及茎部。花芽染病变成深褐色至黑色，随之腐烂，腐烂斑沿花梗扩展造成花芽脱落。花瓣早期染病一侧受侵染，造成花冠畸形，花瓣变为褐色或棕褐色。花梗染病变黑软化，造成花冠下垂。叶片染病生不规则形黑斑，有时沿叶柄扩展到茎部，受害茎上现2~3cm长黑色条斑（图1）。该病主要侵染菊花花冠，流行快，几天之内可使花冠完全腐烂；也可以使切花在运输过程中大量落花，给商品菊造成很大的损失。花腐病主要侵染菊科植物。人工接种可以侵染莴苣、金光菊、百日草等植物。

病原及特征　病原为菊花壳二孢（*Ascochyta chrysanthemi* F. L. Stev.）（图2），属壳二孢属真菌。分生孢子器暗色，球形，分开，埋生在寄主组织中，有孔口；分生孢子无色双胞，卵圆形到长圆形。灰葡萄孢（*Botrytis cinerea* Pers. ex Fr.），属葡萄孢属真菌。分生孢子梗细长，无色或有色素，分枝，有时近顶部二叉状，顶部细胞扩大或圆形，在短梗上有分生孢子簇；梗上孢子无色或灰白色，成团时灰色，单胞，卵圆形，通常产生黑的不规则的菌核。

侵染过程与侵染循环　病原菌以分生孢子器、子囊壳在病残体上越冬，子囊壳在干燥的病残茎上大量形成，而花瓣上却较少。翌年春天产生子囊孢子和分生孢子，子囊孢子借气流传播到花上，分生孢子主要借淋雨水溅射传播，条件适宜时能进行多次再侵染。孢子由气流或雨滴飞溅传播，昆虫、雾滴也能传播，插条、切花、种子做远距离传播。

流行规律　该菌分生孢子器发育适温为27℃和潮湿的

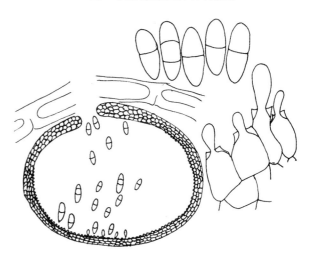

图2　菊花壳二孢（陈秀虹绘）

条件，而子囊壳发育适温21℃，喜低温，在9~26℃条件下侵染，24℃为侵染适温，38℃抑制侵染。萌发的孢子生活力可保持2天以上。高温、干燥天气抑制孢子萌发。多雨、多雾、多露有利于病害的发生。该病扩展迅速，可在短时间内致花腐烂；常致切花在运销过程中落花。该病可能有潜伏侵染现象，有时外表健康的扦插苗，栽植后会突然发生花腐病。

防治方法

农业防治　对进口的切花、种子、插条、花苗需严格检疫。发现带菌要马上处理，对可疑的繁殖材料须在检疫花圃内试种观察。发现病花或病株应马上深埋或烧毁。棚室栽培时要注意控制湿度，不要淋浇，最好采用滴灌。

化学防治　出现发病苗头时喷洒80%喷克或大富丹可湿性粉剂600倍液、70%代森锰锌可湿性粉剂500倍液、50%苯菌灵可湿性粉剂1000倍液。

参考文献

陈会勤，薛金国，2011.观赏植物学[M].北京：中国农业大学出版社.

方中达，1998.植病研究法[M].3版.北京：中国农业出版社.

（撰稿：伍建榕、张俊忠、姬靖捷、杨蕊；审稿：陈秀虹）

菊花菌核病　chrysanthemum *Sclerotinia* stem rot

由核盘菌引起的一种菊花病害。又名菊花萎蔫病。

发展简史　菌核病是世界性病害，1894 年在美国马萨诸塞州（Massachustts）的温室中为人所知。在中国最早是 1917 年在台湾有报道，危害的寄主有 104 种，其中包括除虫菊和冠菊。1948 年在大陆首次报告，发生在菊属的一种野菊花上。自 20 世纪 80 年代以来，随着保护地菊花在中国的大面积发展，菊花菌核病的分布也不断扩大，已成为中国菊花的重要病害之一。

分布与危害　菊花菌核病在中国分布广泛，从东北至海南多在设施菊花产区发生。一般随着所处的纬度不同，发生的季节也不同。例如在海南，主要发生在比较冷凉的冬季，引起花器及植株腐烂枯死。在长江流域主要发生在 10 月至翌年的 5 月，11 月至翌年 4 月为菊花菌核病发生的盛期，而在北京等北方地区一般有两个时期较多，一是在 11～12 月，此时正值切花菊、大菊和食用菊的花期，花部被侵染，对产量和观赏有较大影响。二是在翌年的 2、3 月发生也较多，此时正是扦插育苗的阶段，引起母株及根蘖芽的死亡。鉴于夏天菊花多种于露地，而且高温天气也不适合该病发生，往往在这一时期病情较轻。

病菌可危害菊花的根、茎秆、叶片、花蕾及花朵。菊花发病时一般被害部先出现水渍状病斑，后变为淡褐色至灰白色，并引起组织霉烂，在潮湿的环境下表面生浓密的白色霉层，后霉层中的菌丝聚集，产生黑色的菌核。菊花在春季受害时，多引起母株整株青枯（图 1 ①），茎基腐烂并生霉（图 1 ②），有时可见腐烂根部在潮湿条件下产生白色霉层（图 1 ③），晚期在病部表面还可见到有菌核产生。病菌除在茎表面产生菌核外，剖茎后还可见髓部中空（图 1 ④）形成的菌丝及菌核。有时菌核病还会由茎扩展到叶片，引起叶片腐烂（图 1 ⑤）。菊花在初冬发病多侵染花蕾及花朵。病部先呈水渍状，失掉原来的颜色，变为淡褐色，后腐烂产生白色霉层，覆盖在花朵和花托的表面，造成花和花托的腐烂，最后菌丝聚集转化为鼠粪状的菌核（图 1 ⑥）。严重的整株枯死。

病原及特征　病原为核盘菌［*Sclerotinia sclerotiorum*（Lib.）de Bary］。在 PDA 上菌丝无色，有隔膜和分枝。菌丛初为白色，毡状，菌丝体平展，粗糙，生长迅速，后变为灰褐色。在培养皿的边缘菌丝纠结，会产生一圈菌核（图 2 ①）。菌核圆形、卵圆形至不规则形，初白色，后变为黑色，大小一般为 2～5mm×1～3mm（1.5～10mm）。在病株上病部产生菌核一般鼠粪状，随产生的位置不同大小不

图 1　菊花菌核病危害症状（李明远摄）

①菊花母株死亡状；②菊花茎基受害状；③菊花根部被害状；④株髓部中空；⑤叶部被害状；⑥花被害状

等，一般在花上的菌核较大，而在茎中的菌核较小。菌核由皮层、拟薄壁和疏丝组织组成。菌核在土中（或土表）可萌发产生5～10个（1～20）个子囊盘。子囊盘具有细柄，细柄初为乳白色小芽，子囊盘出土后顶部逐渐扩展成杯状，最后为盘状，颜色也逐渐变深，先为肉色，后转变为淡褐色（图2②）。孢子盘大小不等，最大的直径可达15mm，子囊盘的细柄弯曲，其长度随菌核埋藏的深度而异，最长的可达70mm。子囊盘的上表面为子实层，由大量的子囊和侧丝构成。侧丝无色，丝状，顶部较粗，其间生子囊。子囊无色，棒状及圆筒状，大小为113.87～155.42μm×7.7～13μm，内有子囊孢子8个，呈纵斜向排成一列，子囊孢子无色，单胞，椭圆形至梭形，大小为8.7～13.67μm×4.97～8.08μm。

侵染过程与侵染循环 菊花菌核病一般冷凉的季节在保护地菊花上发生或流行，在高温条件下不适合菌核病发生，此时一般会进入越夏的阶段，形成菌核进行休眠。经过越夏的菌核在温度适合的时候，会萌发形成子囊盘，子囊盘成熟后，遇空气湿度变化时，往往会爆裂，将子囊中的孢子射出，使孢子落在周围的植株上进行侵染。除此之外菌核还可以直接产生菌丝进行侵染。无论是子囊孢子还是菌丝，菌核病侵染时一般先在菊花衰弱的地方落脚，积累营养后再扩展到健康的部分危害。

菊花菌核病除可以通过带病的母株进行传播外，主要通过菌核进行传播。由于此病的寄主广泛，它可以潜伏在种过敏感植物（包括油料、蔬菜及其他花卉）的土壤中、病残体上或混在堆肥中越夏（或越冬）。实际上有些野草对菌核病更为敏感，野草上的菌核病菌丝与菊花叶片接触时，也会将菌核病传带过去，使植株发病。当气温高时，病菌逐渐休眠，等待时机进入下一个侵染循环（图3）。

菌核病菌的子囊孢子可以从表皮直接侵入外，也可以通过伤口、自然孔口侵入。子囊孢子附着在寄主上后，一般在有水和营养物质的时候才可以萌发。有时只有水而没有营养物质虽可以萌发，但不能侵染。在侵染时萌发的菌丝顶端产生附着胞，再形成侵染栓，穿过叶面的角质层直接侵入，先在角质层和表皮细胞之间形成疱囊，再长出侵染菌丝在组织间扩展。

菌核病菌在侵染的时候会放出草酸和果胶酶、纤维素酶和半纤维素酶等细胞壁水解酶，使寄主的细胞和组织分解为简单的化合物，为病菌生长发育的能源，是属于"死体营养型"的侵染。

流行规律 病菌的菌丝在5～35℃都能生长，最适的生长温度为20℃（在不同的分离物中有少量菌株的最适温度为25℃），也就是环境温度达到20～25℃之前，温度越高菌丝生长越快，当环境在20℃以上时，随着温度的升高，菌丝生长的速度越慢，至35℃即不再生长；但是此时菌丝并没有死亡，在室内一般的湿度下，50℃经5分钟即致死。适合菌核病生长发育的土壤酸度为pH4～7。

菊花菌核病在发病后较易形成菌核，它是病菌越夏和越冬的主要形态。实际上菌核病的发生不需要越冬，在保护地中冬季是它侵染危害最适合的季节。菌核对环境的湿度要求较严格，在长期积水土壤中1个月即死亡。在湿润的土中可存活3～5年，在干燥的土壤中菌核可存活6～8年甚至更长。菌核无休眠期，只要条件合适即可以长出菌丝直接侵染菊花。菌核病也可以生成子囊盘以子囊孢子侵染菊花。在形成子囊盘时，盘芽需要连续10天有适合的温度、水分和光照。即需10～25℃的温度及80%～90%相对湿度盘芽才能形成。紫外线能刺激菌核萌发，蓝光和橙光下只能形成盘原体，在白、红、黄、绿光230lx以上8小时以上才能形成子囊盘。因子囊萌发时需要一定的空气，以0～1cm处的萌发最多，在水中或深度达18cm紧实的土中不能萌发。在室温下相对湿度70%的条件下，子囊孢子可存活21天；相对湿度100%只存活5天。因此，在冬季保护地中非常适合子囊孢子的存在。

菊花菌核病的发生，往往与耕作方式有关。一般来讲连作的地块，积累的菌核较多，使得病害更易发生。菌核病的

图2 菊花菌核病病原特征（李明远摄）

①菊花菌核病菌在PDA培养基上形成菌丝和菌核；②菊花菌核病菌的子囊盘出土后的着生状态

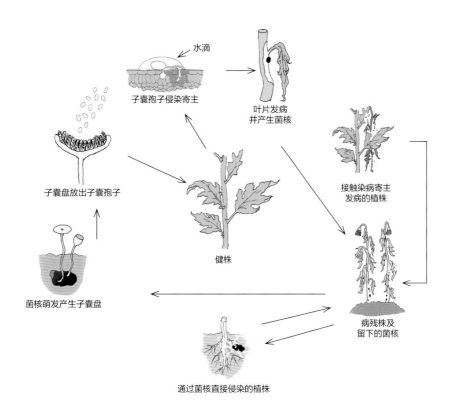

水滴

子囊孢子侵染寄主

叶片发病
并产生菌核

子囊盘放出子囊孢子

接触染病寄主
发病的植株

健株

菌核萌发产生子囊盘

病残株及
留下的菌核

通过菌核直接侵染的植株

图 3　菊花菌核病侵染循环示意图（李明远绘）

寄主范围广泛，在菊花种植地块的选择上，还需要考虑和其他对菌核病敏感植物连作带来的负面的影响。同时在菊花的管理中还和种植环境条件的控制有关。菌核病较适应低温高湿的环境，遇到连阴天、雾霾天、排水不良、通风透光差、氮肥施用过量、遭遇冻害以及管理不到位时，都有利于菌核病的发生。此外，还与种植菊花的类别有关。北京一般适合露地种植的地被菊、茶菊等小花品种，花期早，气温较高不易发病；而属于大花类型的观赏菊、食用菊及切花菊花期时如果气温较低，菌核病就比较严重。这些都是在控制菌核病时应注意的方面。

防治方法　应当采用以农业防治、生态防治、生物防治及化学防治相配合的一套综合措施进行防治。

农业防治　在有条件的地区提倡水旱田轮作。为减少菌核萌发子囊盘出土，除深耕翻土，将菌核深埋外，还可用地膜或河泥覆盖土面，减少子囊盘露出造成子囊孢子的飞散。推广配方施肥，避免偏施氮肥，提高植株的抗病性。在菊花换茬期间利用高温杀灭土中的菌核。在保护地中可以利用 6 月菊花换茬的时候，浇水、旋耕、闷棚（棚温可达 70～80℃）处理 1 周，杀灭耕层土中残留的菌核。在大菊、食用菊的花期，适当控制设施内的水分供应，不要用水喷淋植株，避免因高湿诱发病害的发生。在需要浇水、打药时，尽量安排在晴天上午进行，避免在阴天浇水、打药。浇后扣棚，利用中午的高温，使叶面和棚室内水分蒸发，并在下午将湿气放出，减少夜间棚内的湿度。

生物防治　利用木霉菌等生物制剂，杀灭土中的菌核病菌。即每公顷用含 1.5 亿～2 亿个活孢子/g 的木霉素菌剂

400～450g 与 50kg 的细土混匀盖在菊花的根部。

化学防治　该项措施一般在子囊盘大量出土期或发病初使用，预防子囊孢子对菊花的侵染。可用来防治菌核病的化学农药包括烟熏剂：10% 腐霉利烟剂，250g／亩利用傍晚或夜间点燃发烟。液剂：可用 50% 咪鲜胺锰盐可湿性粉剂 1000～2000 倍液、或 50% 乙烯菌核利 1000 倍液、或 50% 腐霉利可湿性粉剂 1000 倍液、或 50% 扑海因可湿性粉剂 1000 倍液、或 50% 多硫悬浮剂 600～700 倍液、或 70% 甲基硫菌灵可湿性粉剂 500～600 倍液、或 50% 混杀硫悬浮剂 600 倍液、或 80% 多菌灵可湿性粉剂 600～700 倍液、或 50% 啶酰菌胺水分散粒剂 2000 倍液、或 42.8% 氟菌·肟菌酯悬浮剂 1500 倍 +25% 嘧环·咯菌腈悬浮剂 1200 倍液、或 42.8% 氟菌·肟菌酯悬浮剂 1500 倍液、或 42.8% 氟菌·肟菌酯悬浮剂 1500 倍 +40% 嘧霉胺悬浮剂 1500 倍等，每隔 7～10 天 1 次，连续防治 2～3 次。

参考文献

李明远，陈东亮，李雪梅，2017. 李明远断病手迹（七十九）鉴定菊花菌核病 [J]. 农业工程技术（温室园艺），37(10): 76-79.

王晓娥，安艳霞，王国军，等，2020. 陕南油菜菌核病侵染循环及农业防治措施研究 [J]. 陕西农业科学，63（4）：61-62, 92.

叶琪明，郭方其，吴超，等，2020. 浙江菊花菌核病的发生及防治研究初报 [J]. 绿色科技 (7): 164-165.

中国农业科学院植物保护研究所，中国植物保护学会，2015. 中国农作物病虫害：中册 [M]. 3 版. 北京：中国农业出版社：28-30.

（撰稿：李明远；审稿：王爽）

菊花枯萎病 chrysanthemum *Fusarium* wilt

由尖孢镰刀菌菊花专化型引起的、危害菊花根部的一种真菌性病害，是菊花上重要病害之一。

发展简史 尖孢镰刀菌是一种世界性分布的土传病原真菌，寄主范围广泛，可侵染 750 多种植物。尖孢镰刀菌致病菌株具有高度的寄主专化性。已报道的专化型和生理小种至少有 120 多个。据报道，从非洲菊枯萎病病根上能分离到 3 种镰刀菌，主要病原为尖孢镰刀菌（*Fusarium oxysporum* Schl.），但引起非洲菊枯萎病的尖孢镰刀菌与引起菊花枯萎病的菊尖镰孢菌是否属同一专化型还有待研究。

分布与危害 菊花枯萎病在中国、美国、加拿大、印度、德国、意大利、韩国都有发生。在中国河南、浙江等地菊花产区普遍发生，虽发病率不高，但危害性很大，植株一旦染病，很难防治，植株迅速萎蔫枯死。发病初期地上部叶片失绿发黄，萎蔫下垂，植株生长缓慢，后期叶片全部干枯。茎基部受害变成浅褐色，粗糙、破裂，湿度大时病组织上可产生白色菌丝体，即病菌分生孢子梗和分生孢子。茎内部可见维管束变褐，茎基部腐烂，根部坏死或变黑腐烂，病株枯萎死亡（见图）。

病原及特征 病原为尖孢镰刀菌菊花专化型（*Fusarium oxysporum* f. sp. *chrysanthemi* Snyder et Hansen），属镰刀菌属。气生菌丝絮状。大分生孢子纺锤形或镰刀形，无色，壁薄，两端尖，多具 3 个隔膜；小分生孢子生于分生孢子梗上，多为单胞，少数为双胞，卵圆形或椭圆形；厚壁孢子球形至椭圆形，1～2 个细胞，顶生或间生；单生或双生，个别串生。

侵染过程与侵染循环 病原菌主要以厚垣孢子在土壤中生活或越冬。菌丝或孢子主要通过雨水、灌溉水传播，也可移栽时随土传播。病菌发育适宜温度 24～28℃，条件适宜时病程 2 周即会出现病死株。

菊花枯萎病症状（刘红彦提供）

流行规律 6 月上旬开始发病，7 月上旬至 8 月上中旬正值雨季，田间湿度大，有利于发病，是枯萎病的危害盛期，特别是一些低洼积水的地块，常导致成片枯死。施氮肥过多，土壤偏酸易发病。

防治方法

农业防治 种植抗病品种。与禾本科作物合理轮作。加强栽培管理，平整土地，及时排水，防止田间积水。选择无病种苗，不从病田老根上分株繁殖。

化学防治 发现植株被病菌感染时，迅速施药，可用 50% 多菌灵可湿性粉剂 500 倍液，或 70% 甲基托布津可湿性粉剂 800 倍液浇灌根部，并对大田喷洒预防。对一些重病植株，及时拔除销毁，并对病株附近的土壤消毒。

参考文献

刘红彦，王飞，2008. 道地药材规范化种植技术 [M]. 郑州：中原农民出版社.

FARR D F, ROSSMAN A Y, 2017. Fungal databases, systematic mycology and microbiology laboratory, ARS, USDA. Retrieved January 9. from http://nt.ars-grin. gov / fungaldatabases /.

（撰稿：高素霞、刘红彦；审稿：丁万隆）

菊花霜霉病 chrysanthemum downy mildew

由菊花霜霉引起的一种菊花病害。

发展简史 菊花霜霉（*Peronspora radii* de Bary.）为菊花病害重要病原之一。最早由 de Bary 于 1863 年命名。后 Gäumann（1923）将其改名为 *Peronspora danica* Gäumann，虽在有些文献上也用过此名，但终未被承认。

分布与危害 在中国主要分布在皖南以北的广大地区，如安徽、湖北、江苏、河北、吉林等地。1983—1987 年该病在安徽南部大流行，仅歙县栽培的药用贡菊就有 2000 多亩发病，减产 80%～90%。

该病主要危害叶片、叶柄、嫩茎、花梗和花蕾。发病时病组织褪绿色，一般叶背生白色霉层（图 1 ①）。如发生在叶片上先形成不规则、界限不清的病斑，叶正面初呈浅绿色，后变为淡褐色，后病叶向下微卷、皱缩（图 1 ②），在叶背产生大量的白色霉层。病叶自下而上发展，严重时下部叶片干枯，仅留上部少数健叶，枯死病叶不脱落，并逐渐萎蔫（图 1 ③），轻者成为弱苗，重者幼苗全株变褐枯死。有时叶片、嫩茎、花梗和花蕾上均长满白色霉层。

病原及特征 病原为菊花霜霉（*Peronspora radii* de Bary），属霜霉属真菌。孢囊梗单生或丛生，主梗为全长的 43.7%～57.88%，冠部叉状分枝 4～6 回（图 2），顶端二叉分枝，一般锐角，大小为 337.10～473.54μm×8.13～14.37μm，初级分枝不对称，末级分枝梗长 9.92～16.95μm（图 3），主梗下端稍膨大。孢子囊近圆至椭圆形，淡褐色，无乳突，大小为 18.31～26.32μm×16.27～22.34μm。

菊花霜霉的有性阶段可产生卵孢子，但比较少见。卵孢子球形或近球形，淡黄褐色，外壁略皱褶，多在叶柄、茎、花梗的皮层可见到，大小为 24～28μm×21～28μm。

图 1 菊花霜霉病危害症状（李明远摄）

①初生病叶正（左）反面的症状；②晚期病叶症状；③菊花霜霉病严重时下部叶片干枯，仅留上部少数健叶

侵染过程与侵染循环　菊花霜霉病菌主要以潜伏在芽中的菌丝越冬，也可以卵孢子越冬。菊花霜霉病菌一般以无性繁殖法进行繁殖，即在秋末冬初菊花霜霉病菌的菌丝可随留下的母株越冬，春季母株生芽，在扦插时随芽将病菌传给苗床。成苗后潜伏在苗上的病菌被带到田间，在田间温湿度合适时发病，先形成发病中心，产生的霜霉病菌的孢子囊经过风、雨及器具的反复传播、侵染，扩大蔓延。当菌量积累足够菌源，在条件合适时即引起病害的流行。此外，连作田里的卵孢子在翌年也可侵染菊花，并形成发病中心，扩大蔓延引起霜霉病的流行。入秋后留在田间的病残株及采回的母株中的病菌又可作为翌年的初侵染源，形成周年的侵染循环（图 4）。

流行规律　菊花霜霉病的发生和流行与环境的温、湿度关系极大。病菌的孢子囊在 3～25℃ 下都可以存活，最适温度 8～15℃，即病菌喜欢比较冷凉的条件，菊花霜霉病的孢子囊置于 -7℃ 的条件下，处理 72 小时仍有 4.5% 的孢子囊可萌发。相对湿度对病害的侵染关系较大，一般当植株表面存在自由水时，便于病菌的孢子囊萌发和侵染。所以病害多发生在平均温度 16.4～19.0℃、年降雨量 1500mm 左右的地区。因此，多雨的山区，低温多雨的年份，连作或栽植过密的地块易发病或发病严重。气温超过 30℃，发病受到抑制。

安徽南部 3 月初病害开始发生，至 5 月下旬，当气候高温干燥时，病害停止发展。到 9 月下旬天气凉爽时又再度流行。发病时一般病害先在地势低注潮湿处形成发病中心，然后向四周扩散。环境条件适宜时，几天之内就会蔓延到全田。

该菌主要危害菊花，田间的野菊在春季多雨时有轻度发病。但不侵染菊花脑、黄花蒿、除虫菊、贡菊、滁菊、资菊和杭白菊等。

防治方法　采用以化学防治为主的综合防治措施。

农业防治　注意品种的抗病性，根据需要尽量选用抗病

图 2 菊花霜霉病病原（李明远摄）　　图 3 菊花霜霉病孢子囊梗顶端
①孢子囊；②孢子囊梗　　　　　　　　　　分枝状况（李明远摄）

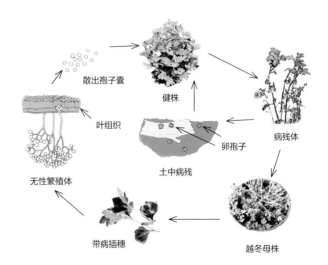

散出孢子囊　　健株　　病残体

叶组织　　卵孢子

无性繁殖体　　土中病残

带病插穗　　越冬母株

图 4 菊花霜霉病的侵染循环示意图（李明远绘）

的品种。从无病田选留用作繁殖用的菊花母株。倒茬轮作。在安排种植菊花时，不要重茬，避免留在田间的越冬卵孢子的侵染。清除病残。春季发现病株时及时拔除，集中深埋或烧毁，力争将其彻底消灭。在病害的常发区，适当稀植或宽窄行种植，增加田间通透性。加强肥水管理，雨后及时排涝，防止田间积水及湿气滞留。

化学防治 可用的农药包括75%代森锰锌（大生、新万生、喷克）600倍液、25%甲霜灵（金雷多米尔）可湿性粉剂600倍液、64%噁霜锰锌（杀毒矾）可湿性粉剂400倍液等、72%霜脲锰锌（克露）可湿性粉剂600倍液、66.8%丙森·缬霉威可湿性粉剂2000倍液、60%氟吗·锰锌（灭克）可湿性粉剂800～1000倍液、69%安克·锰锌可湿性粉剂800倍液、50%烯酰吗啉可湿性粉剂、52%噁酮·霜脲氰（抑块净）水分散粒剂2000倍液，隔7～10天1次，防治2～3次。在无病时或发生的初期，可用代森锰锌进行预防。一旦发病应尽可能使用防效较好的农药噁酮·霜脲氰及安克锰锌连续防治2次将病情稳住，之后再使用霜脲锰锌等防效较一般的农药继续防治。在防治菊花霜霉病时，要做到药剂交替使用，避免产生抗药性。

参考文献

方中达, 1996.中国农业植物病害[M].北京：中国农业出版社：592.

高启超, 任春苟, 吴精阳, 等, 1988.药用菊花霜霉病研究初报[J].植物保护(4): 21.

王义平, 2004.菊花霜霉病的发生特点及防治措施初步研究[J].植保导刊(6): 21.

薛俊华, 邓志刚, 关树伟, 等, 2009.菊花霜霉病的形态特征及其防治技术[J].吉林农业科学, 38（6）：45.

（撰稿：李明远；审稿：王爽）

菊花锈病 chrysanthemum rust

由掘柄锈菌和菊柄锈菌引起的主要危害菊花叶片，也可侵染叶柄和茎部的真菌性病害。

分布与危害 在江苏、安徽、四川、贵州、广东和台湾等地均有过记载。上海、南京、合肥和成都等地均有发生。主要发生在叶片上，偶尔危害茎。初期感病叶片表面出现淡黄色斑点，相应叶背面也产生小的变色斑。随后，产生隆起的疱状物，不久疱状物破裂，散出大量褐色粉状物。感病严重的植株生长极为衰弱，不能正常开花，而且大量落花，叶片布满病斑，并向上卷曲（图1）。

病原及特征 病原为掘柄锈菌（*Puccinia horiana* P. Henn）和菊柄锈菌（*Puccinia chrysanthemi* Roze）。属柄锈菌属真菌。在条件适宜的情况下侵染菊科植物。柄锈菌属，冬孢子长椭圆形、棍棒形至纺锤形，黄褐色，顶部圆形成尖突、双细胞，分离处微缢缩，茎部狭窄，表面平滑（图2）。

侵染过程与侵染循环 锈菌可潜伏在新芽中越冬，随菊田传播危害，病株可将病害传带进温室。露地栽种的菊花在秋末多雨的天气发病严重。病菌在病株或病残体上越冬。翌年春末初夏发病。夏孢子从叶片气孔侵入。夏孢子萌发的最适温度为16～21℃，侵染一般发生在16～27℃。温暖及相对湿度较高（85%以上）的环境有利于病菌萌发侵入。

流行规律 温暖高湿有利于发病，4～5月雨季及秋末多雨天气发病严重。

防治方法

农业防治 清除病叶病株残体，减少侵染源。温室栽培加强通风透气，降低空气湿度有利抑制病菌生长。露地栽培防止土壤湿涝。浇水方式采用地面浇灌，避免喷淋。

图1 菊花锈病症状（伍建榕摄）

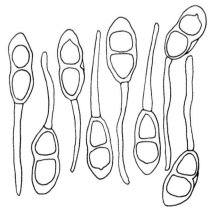

图2 掘柄锈菌（陈秀虹绘）

化学防治　发病期间，可选用 15% 粉锈宁可湿性粉剂 1000 倍液、65% 代森锌可湿性粉剂 500 倍液，或 50% 苯来特可湿性粉剂 1500 倍液进行喷洒防治。

参考文献

蒋细旺，包满珠，薛东，等，2002. 我国菊花病害种类及危害特征 [J]. 甘肃农业大学学报，37(2): 185-189.

王晶，2002，菊花几种常见真菌病害的识别与防治 [J]. 吉林蔬菜 (3): 24.

（撰稿：伍建榕、张俊忠、姬靖捷、杨蕊；审稿：陈秀虹）

菊花中国菟丝子　chrysanthemum Chinese dodder

在菊花上寄生的一种种子植物。

发展简史　中国菟丝子主要寄生在草本双子叶植物上。包括菊科、豆科、蓼科、藜科、无患子科等，偶见于禾本科植物上。发生在经济植物上的中国菟丝子，于 1889 年在中国即有记载，主要发生在大豆上。中国菟丝子对菊花的危害，在 20 世纪即有发生。

分布与危害　全世界报道的菟丝子共约 220 种和 70 个变种。原产于美洲，现在已广布于世界各地，但主要分布在亚热带及温带地区，分布种类最多的地方仍在美洲。在中国分布的菟丝子有 10 余种。其中较常见的是中国菟丝子（Cuscuta chinensis Lam）和日本菟丝子（Cuscuta japonica Choisy）。不同种类的菟丝子分布地区有所不同，中国菟丝子主要分布在新疆、内蒙古、宁夏、河北、北京、山东、广西及云南等地。在北京，菊花菟丝子发生得比较分散，多发生在山区管理比较粗放的地区，呈点片分布，如不防治一个被害株蔓延的直径可达 5m。

中国菟丝子危害菊花时，主要以黄色的丝状物（菟丝子的茎）缠绕在菊花的茎上，且黄丝在植株间纵横蔓延，覆盖在植株叶丛之间。黄丝上还可以长出黄白色颗粒状物，即为菟丝子的花蕾、花及种子（图 1 ①②③）。被缠绕的菊花生长势衰弱，发育不良，植株矮化，花少或不能开放，失去商品价值，严重时植株被害部死亡。菟丝子还有传布多种病毒病的作用，使菊花表现相应病毒病的症状。

病原及特征　中国菟丝子属于旋花科菟丝子属，是一年生草本寄生性种子植物。菟丝子的茎纤细，多分枝，直径约 1mm、黄色，表面光滑，截面近圆形；叶片退化掉，一般也看不到根，靠绕在菊花茎部及叶柄上的黄丝产生的吸器吸取植株的养分生长发育，在田间植株为一团黄丝。菟丝子的花簇生，花冠白壶形，外有膜质苞片，花萼杯形 5 裂，裂片常后反曲；雄蕊 5 个，花丝短，与花冠裂片互生；子房 2 室，每室胚珠 2 个，花柱 2 个，顶端球形，直立。蒴果近球形，内含种子 2～4 粒，种子较小，表面粗糙，淡褐色。菟丝子的繁殖能力很强，一般每株可产 2500～3000 粒种子，多时可产到几万粒。

侵染过程与侵染循环　菟丝子以种子混在土壤中或菊花种子中越冬。菟丝子的传播除了靠植株生长主动蔓延外，主要靠种子和新鲜的茎段传播、蔓延。种子的传播可借助于风力、水流、农具及人和鸟兽活动携带，进行远、近距离的传播。菟丝子的种子在被鸟、兽取食经消化道后仍可成活，所以带有菟丝子种子的粪便仍可成为侵染源。

越冬的种子萌发后，种胚的一端先形成无色或黄白色丝状幼芽，以棍棒状的粗大部分固着在土粒上，种胚的另一端脱离种壳形成丝状的菟丝。菟丝的顶尖部分在生长时会不停地绕动寻找寄主，当遇到菊花的茎时，便缠绕在茎上面生长。这时菟丝子茎的表皮细胞向外发育成锯齿状突起的垫状物并与寄主茎表皮紧密接触（图 1 ④）。垫状物中心部分的细胞向外分裂，长出一个穿刺结构——吸器（也称"吸根"）通过寄主茎的表皮、皮层一直伸达维管组织，吸器前端丝状的长形细胞和寄主维管组织中的导管和筛管分别接触，吸器中也分化出相应的输导系统与其相连，此时菟丝子就可由寄主组织中源源不断地吸取无机盐及有机养料。一旦完成与维管束的对接，菟丝子下部的茎即腐烂干枯和土壤断开，靠吸收寄主制造的养分生长发育、扩大蔓延。如果种子萌发后 7～10 天还找不到寄主，其幼茎即渐渐消亡。菟丝子的茎与寄主衔接后，其再生的能力较强，即当菟丝子的茎剥离不彻底时，菟丝子仍会再生出新的茎，并发展成新的植株覆盖菊花。菟丝子的种子在土中休眠期长短不一，有的 3～5 年仍有发芽的能力。越冬的种子在遇到适合的条件即可萌发，在寄主上开始新一轮的侵染循环（图 2）。

流行规律　中国菟丝子种子萌发最适温度是 25～30℃，低于 10℃ 高于 35℃ 都不能萌发，最适湿度为 15%～30%。种子萌发时需要一定的光照，一般种子处于 0～3cm 土壤浅层较易萌发，在轻黏土中 4～8cm 仍有种子萌发。

在中国北方菟丝子一般 6～9 月开花，9～10 月种子成熟，

图 1　菊花中国菟丝子危害症状（李明远摄）

①菊花被菟丝子的田间危害状；②菟丝子缠绕菊花枝蔓；③菟丝子在死亡的菊花旁结籽；
④菟丝子缠在菊花的茎上后，在接触部分以吸器与茎接合

菟丝子的花期很不整齐，在同一株上，早开花的菟丝子的种子已经成熟，迟开花的还处在花期，延续时间长达2～3个月。一般从出土到种子成熟需90天，其中从现蕾到开花一般需10天，从开花到种子成熟需20天。但菟丝子的种子十分顽强，在土壤中3～5年仍有生命力。

中国菟丝子的寄主广泛。包括蒲公英（Taraxacum mongolicum Hand.-Mazz）、小藜（Chenopodium serotinum L.）、葎草〔（Humulus scandens（Lour.）Merr.〕、龙葵（Solaqnum nigrum L.）、三叶鬼针草（Bidens pilosa Linn.），甚至禾本科的野燕麦（Avena fatua L.）、双穗雀稗（Paspalum distichum L.）等都可以被中国菟丝子寄生，并成为它危害菊花的桥梁寄主。

防治方法　应使用包括农业防治、生物防治和化学防治在内的综合措施。

农业防治　将带有菟丝子的种子汰除。虽然菊花以无性繁殖为主，但是，有时也会用到种子，所以在种植实生苗时应注意种子中菟丝子的汰除，鉴于菊花的种子和菟丝子种子差异较大，一般用手拣除，多时可用尼龙纱网过筛即可。使用经过高温发酵腐熟的粪肥。菟丝子的种子经过牲畜的消化系统仍可成活，因此，混在畜禽粪便中的菟丝子种子仍可发芽生长，所以应使用经过高温发酵畜粪做的肥料。对发生过菟丝子的地块进行深度达到30cm的深翻。因为位于土面以下5cm的菟丝子种子发芽后难以出土，所以深翻有助于对它的防治。但在操作前应尽量将此前发生的菟丝子清理一次，减少菟丝子的存量。土面适时覆盖土与塘泥。在菟丝子发芽前，在菊田覆盖3cm的粉碎过的土层或塘泥，有助于阻止其出土。鉴于塘泥可以肥田，这样还会为菊花生长发育，提高肥力。在菊花定植前浇水，诱发菟丝子萌发出土，使其或找不到菊花而死亡。勤中耕。利用中耕可以除掉菟丝子出土

的幼茎，同时还可清除已被其危害的杂草（桥梁寄主），防止它借助于杂草蔓延到菊花植株上。每年的初发阶段，结合给菊花整枝、打顶、除草等农事活动，经常检查田间菟丝子的发生情况。一经发现即将受害的菊花枝条单株剪去或拔除销毁，避免其扩大蔓延。一般不提倡使用人工剥离菟丝子的方法进行防治。一是此法十分费工、易伤到菊花，二是很难彻底，容易复发。合理的做法是将被寄生的植株或枝蔓一起除掉。此外，菟丝子的清除工作不要过晚，如其已进入结籽阶段，在清除过程中造成菟丝子的种子脱落，为翌年种植带来隐患。做好清茬、轮作换茬。每年花谢后，清茬时尽可能地将菟丝子植株清理干净，对预留的菊花母株应确保不带菟丝子的植株。同时利用菟丝子一般不侵染禾本科作物的特点，用它们和菊花轮作，减轻菟丝子的危害。

生物防治　在菟丝子的幼苗期使用"鲁保一号"（毛炭疽菌的孢子粉）生物农药喷雾防治。每亩使用15亿孢子/g的菌剂500～800g，喷洒在菟丝子的茎蔓上。鉴于"鲁保一号"怕强紫外光，应尽量选阴天或傍晚使用，喷洒前最好能给菟丝子造成伤口，以提高药效。每5～7天1次，连续3次。

化学防治　①定植菊花前，在菟丝子发芽的高峰期使用2%扑草净，杀死刚出土的菟丝子幼苗和其他杂草，再进行菊花的定植。②发生初期，还可使用40%的草甘膦300倍液涂在菟丝子的茎上。但涂时要小心，不要涂在菊花的植株上。③菟丝子在发生较多而尚未结籽时，可用48%地乐胺乳油150～200倍液进行茎叶喷雾。鉴于菊花对地乐胺敏感，使用时应预先做好菟丝子的调查，确定被害株，选无风天，定株喷杀，以免给没有菟丝子寄生的植株造成药害。

参考文献

雷增普，2005. 中国花卉病虫害诊治图谱：上卷 [M]. 北京：中国城市出版社 .

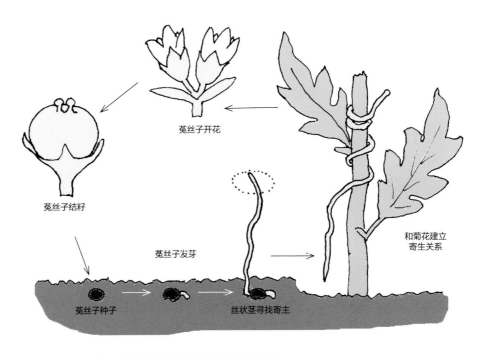

图 2　菟丝子危害菊花时的侵染循环示意图（李明远绘）

石晓峰, 2014. 菟丝子的发生与防治 [J]. 陕西林业科技 (2): 101-103.

田立超, 万涛, 关道军, 等, 2017. 菟丝子属植物常见种类鉴定特性及防控方法 [J]. 绿色科技 (13): 3-5.

（撰稿：李明远；审稿：王爽）

菊叶枯线虫病　chrysanthemum leaf nematodes

由菊叶线虫引起的菊花的重要病害之一。又名菊花叶线虫病、菊花芽叶线虫病。

分布与危害　此病广泛分布于全世界，中国的上海、南京、合肥、广州、长沙、昆明、浙江等地均有发生。主要危害菊花叶片，导致叶片变黄早落。同时也能侵染花芽和花。一般植株下部叶片最先受害。受线虫侵染的叶片，侵入点处很快变褐。以后褐色斑逐渐扩大，受叶脉限制而形成多角形或不规则形褐色病斑。最后，叶片卷缩，凋萎下垂，造成大量落叶。花器受侵染后，花不发育，即使开花，也长得细小畸形。花芽、花蕾干枯或退化，有的花芽膨大而不能成蕾。发病严重植株，开花前即枯死，造成相当严重的损失（见图）。

病原及特征　病原为菊叶线虫 [*Aphelenchoides ritzemabosi* (Schwarte) Steiner]。属滑刃线虫属。雌虫体细长，两端渐细，头部半球形、缢缩。雄虫体前部和消化系统的形态特征似雌虫；光滑，无喙突，尾部长圆锥形。

侵染过程与侵染循环　菊叶线虫的整个一生可在叶片内或其他植物器官的表面度过，雌虫产卵在叶片的细胞间隙中，卵孵化并经过 4 个幼虫期，一直到成虫，全阶段并不需要在土壤中度过，但是常常可发现有被感染的土壤，它们是从受感染的枯死落叶中爬出来的，或者碰巧是在植物组织表面被雨水或灌溉水冲洗至土壤中，在土壤中可存活数月，低龄幼虫和雄虫抵抗力较弱，雌成虫和老熟幼虫对不良环境有较强的抵抗力，在干叶片中能存活 20～25 个月。

菊花线虫在具有足够的湿度和 22～25℃ 生长的最适温度时，从卵发育到雌成虫仅 14 天，整个发育周期在被害组织内完成，只要温湿度适宜，全年都可繁殖，其中幼虫发育成雌成虫，需要 7～10 天，雌成虫取食两天后即开始产卵，每天产卵两块，每块卵有 25～30 粒。

菊花叶枯线虫具有寄生多种野生植物的能力，能长期生活在菊花残留病株的地上部分甚至最小的残叶上，还可在土壤中存活 6～7 个月。

病原线虫在病株、病残体和野生寄主苣荬菜、繁缕、飞燕草等植株上越冬，一般通过雨水、灌溉水传播，从叶子气孔钻入组织内危害。

防治方法

农业防治　加强检疫，防止病苗、病株及其繁殖材料进入无病区。选用健康无病的插条作为繁殖材料。由于菊叶枯线虫不侵害茎部顶芽的特性，可利用顶芽做繁殖材料。对与病苗、病土接触过的园艺工具要及时消毒。对种过有病植株的土壤、花盆要消毒。露地栽培时，要防止浇水飞溅，及时拔除病株烧毁，减少传播机会。

菊叶枯线虫病症状（伍建榕摄）

化学防治　使用 3% 呋喃丹颗粒剂进行穴施，每公顷 45～75kg，有一定疗效。

参考文献

蒋细旺, 包满珠, 薛东, 等, 2002. 我国菊花病害种类及危害特征 [J]. 甘肃农业大学学报, 37 (2): 185-189.

刘维志, 1995. 植物线虫研究技术 [M]. 沈阳: 辽宁科学技术出版社.

薛金国, 张付根, 闫惠吾, 等, 2007. 植物病害防治原理与实践 [M]. 郑州: 中原农民出版社.

（撰稿：伍建榕、张俊忠、姬靖捷、杨蕊；审稿：陈秀虹）

橘青霉　*Penicillium citrinum*

稻谷在收割后或储藏过程中含水量过高，被橘青霉感染，使精白的大米变成带黄绿色的"黄变米"，也称为"黄粒米"。"黄变米"现象主要见于大米，也可发生在小麦和玉米中，特点是粮食籽粒变为黄色，由青霉菌（主要由橘青霉）引起。

橘青霉属于不对称青霉组，橘青霉系。一般大米产区都有此菌发病，早在 1951 年就从黄变米中分离到了橘青霉。"黄变来"的急性中毒症状表现为神经麻痹、呼吸障碍、惊厥等症状，可因呼吸麻痹而死亡。慢性中毒会发生溶血性贫血，并可致癌。橘青霉污染的黄变米对肾脏毒性大，出现肾脏肿大、肾小管扩张及坏死等症状。橘青霉一旦侵染了稻谷或大米，就会迅速生长繁殖，使米粒表面及内部都变为黄色，在紫外灯下能够发出荧光。橘青霉的产毒能力很强，当水分、温度等条件适宜时，往往一昼夜就能使米粒变黄。

橘青霉属中温、中湿性霉菌，生长最适温度为25～30℃，最高生长温度为37℃，生长最低水活度为0.80～0.85。该霉菌在自然界中分布广泛，世界各国大米产区都有此菌发生，是粮食中常见的霉菌之一，亦能引起柑橘的"橘青霉病"。

病原及特征　菌落生长局限，10～14天后直径2～2.5cm；有典型的放射状沟纹，绒状，有的呈絮状；菌落呈暗绿色至黄绿色，有窄白边；渗出液淡黄色；反面呈黄色至褐色。在察氏琼脂培养基上24～26℃培养10～14天时，菌落呈天鹅绒状，灰绿色，外缘呈白色，背面有黄色色素。紫外线照射下，可见黄色荧光。

菌丝帚状枝为典型的双轮生，不对称；分生孢子梗多数由基质长出，壁光滑，带黄色，梗基2～6个，轮生于分生孢子梗上，明显散开，端部膨大；小梗6～10个，密集而平行，基部圆瓶形；分生孢子链为分散的柱状；分生孢子球形或近球形，光滑或接近光滑（图1）。

毒素产生与检测　橘青霉素（citrinin，CIT）又称橘霉素，是由赭曲霉、橘青霉等产生的一种可广泛污染大米、小麦、大麦、燕麦和黑麦等农作物的真菌毒素。受污染小麦或大米中橘青霉素的含量可达80μg/g，而以玉米为基质时毒素产量可达2.96g/kg，表明谷物是橘青霉产生毒素的适合基质。橘青霉素难溶于水，易溶于乙醚、氯仿、丙酮、苯、甲醇等有机溶剂。溶于稀氢氧化钠溶液时，加入氯化铁溶液，出现浅黄色沉淀，继续加氯化铁溶液转为褐色，说明该物质显酸性，有酚羟基结构存在（图2）。

在谷物上，经常发现橘青霉素与赭曲霉毒素A共同存在。CIT对豚鼠、小鼠、大鼠、兔、家禽、狗和猪等动物有明显的肾毒性。在短期试验中，发现CIT具有胚胎毒性、致畸性和遗传毒性，用CIT喂养小鼠后还可以观察到良性的肾腺瘤的产生。CIT对人类也具有严重的致畸、致癌和诱发基因突变等作用，人食用了含有CIT的食物后肝和肾等器官会受到损伤，CIT引起的污染问题越来越受到人们的关注。

橘青霉毒素的检测　薄层层析法（TLC）、高压液相色谱法（HPLC）和高效液相色谱－质谱联用技术是检测CIT最常用的方法。其中TLC法适于大量样本CIT的定性检测，HPLC法灵敏度高，多用于少量样本中CIT的检测。高效液相色谱荧光检测法（HPLC–FL）和液相色谱串联质谱法（LC/MS/MS）两种检测食品中的CIT的方法，两种方法效果几乎相同，回收率可以达到70%～88%，灵敏度达到0.1μg/kg。

除了常规的化学检测法以外，还可以应用免疫化学方法来检测CIT的存在与含量，该方法同时具备灵敏度特异性高和操作简便两大优点，适合于大批量样本的筛查，已得到广泛应用。

防治方法　预防黄粒米生成关键在于抑制橘青霉等霉菌的生长。当稻谷的水分含量在14.5%以下时，橘青霉菌

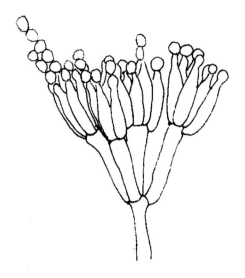

图1　橘青霉
（引自蔡静平，2018）

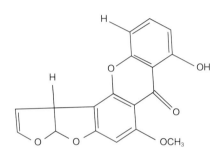

图2　CIT分子结构图
（引自蔡静平，2018）

的生长繁殖会停留在胚芽和皮层部位；当水分超过14.5%时，橘青霉更容易生长和繁殖，它们将蔓延到糊粉层，进入胚乳，并且很快蔓延。橘青霉生长繁殖最适宜温度为30℃，温度控制在10℃时能基本抑制它们的生长繁殖。所以，稻米储藏要在安全的水分活度以内，并尽可能采用低温储藏。

稻谷要适时收割，收割太晚造成减产，收割过早稻谷籽粒含水量太高，易发生黄变。收割后要及时脱粒、干燥，并把稻谷含水量降到安全水分以下再入库。如果不能及时脱粒，需将稻谷先晾晒4～5天后再堆垛，垛不要堆得过大，尽量不压实，垛顶要盖好，防止雨水漏入。如果是在阴雨天收割的稻谷，必须边收割边脱粒，湿谷不能立即入囤，应做好应急防霉处理，等稻谷干燥之后再入库储藏。

参考文献

蔡静平，2018.粮油食品微生物学 [M].北京：科学出版社.

连喜军，鲁晓翔，刘勤生，等，2007.橘霉素的定性及定量测定方法研究进展 [J].环境与健康杂志，24(11):935-937.

鲁银，袁慧，2012.橘青霉毒素细胞毒性及其检测方法研究 [J].生物技术 (39): 60-63.

唐为民，1997.黄变米和黄粒米的成因及预防 [J].粮油仓储科技通讯 (2): 34-46.

王若兰，2016.粮油储藏学 [M].北京：中国轻工业出版社.

VESELA D, VESLY D, JELINEK R, 1983. Toxic effects of

ochratoxin A and citrinin, alone and in combination, on chicken embryos [J]. Applied and environmental microbiology, 45: 91-93.

（撰稿：胡元森；审稿：张帅兵）

君子兰暗条纹斑病　*Clivia miniata* dark stripe

由链格孢属引起君子兰叶部出现暗色条纹斑的一种真菌性病害。

分布与危害　在中国各种植区广泛分布。病斑暗褐色，不规则形大斑，初湿腐，后干燥脆裂皱缩，在叶背病斑处有明显的、分散的黑色细条纹状物（图1）。

病原及特征　病原为链格孢属的一个种（*Alternaria* sp.）。分生孢子梗具横隔，分生孢子倒棍棒状，表面具横隔和纵隔（图2）。

图1 君子兰暗条纹斑病症状（伍建榕摄）

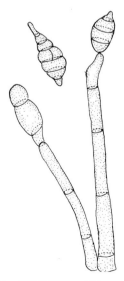

图2 链格孢属的一个种（陈秀虹绘）

侵染过程与侵染循环　病菌主要以菌丝体及分生孢子在病残体上、土壤中、采种株上以及种子表面越冬，成为田间发病的初侵染来源。翌年5月中下旬开始侵染发病，7～9月为发病盛期。分生孢子借风雨传播，萌发产生芽管，从寄主气孔或表皮直接侵入。环境条件适宜时，病斑上能产生大量的分生孢子进行重复侵染，扩大蔓延危害。

流行规律　分生孢子借风、雨或昆虫传播、扩大再侵染。雨水是病害流行的主要条件，降雨早而多的年份，发病早而重。低洼积水处、通风不良、光照不足、肥水不当等有利于发病。

防治方法

农业防治　及时修去病部，带出园外销毁，或将盆栽病株搬出隔离，或就地将病株修剪后喷杀菌剂。君子兰怕晒、高温和严寒，夏季休眠，秋冬生长，喜温暖凉爽的气候。种好君子兰一定给它创造适宜的环境，才能减少病害发生。

化学防治　大面积栽培时需定期喷波尔多液等保护剂。在多发病的栽培区内每10天1次，连续2～3次，防止病害大发生或流行。

参考文献

张天宇, 2003. 中国真菌志：第十六卷　链格孢属 [M]. 北京：科学出版社.

（撰稿：伍建榕、魏玉倩、周媛婷；审稿：陈秀虹）

君子兰白绢病　*Clivia miniata* southern blight

由齐整小核菌引起的危害君子兰的一种病害。又名君子兰基腐病。

发展简史　该病早在1996年以前就被发现，是君子兰的主要病害之一。

分布与危害　主要分布于上海、南京等地。此病主要发生在君子兰靠近地面的茎基部，初期病部产生水渍状紫褐色斑点，后蔓延扩展，叶基腐烂，病部及附近土表有明显白色菌丝层，并有许多油菜籽大小的菌核，初为白色，后逐渐变为黄色、褐色，直至植株萎蔫枯死（图1）。

病原及特征　病原为齐整小核菌（*Sclerotium rolfsii* Sacc.）。属小核菌属。菌丝白色，有绢丝状光泽，在基物上呈羽毛辐射状扩展，有隔膜，菌核表生，球形、椭圆形，直径0.5～1.0mm，大的3mm，平滑有光泽，初白色，后变棕褐色（图2）。

侵染过程与侵染循环　病菌主要以菌核在土壤中越冬，也能以菌丝体在病残体上存活，营腐生生活。

流行规律　菌核直接产生菌丝沿土隙裂缝蔓延危害，高温潮湿季节发病重。上盆时，若土壤为未经消毒的垃圾土、菜园土则发病重。温室湿热的条件，最有利于发病。冬季温室保暖保湿以及春季随着气温的增高，不断浇水发病重。菌核对不良环境的抵抗力很强，可在土壤中存活3～4年。

防治方法

农业防治　园艺防治，有病污染的土壤应携带出温室之外烧毁。施行配方施肥。提高植株抗逆性。晴天浇水，温室浇水后适时放风排湿。

图 1　君子兰白绢病症状（伍建榕摄）

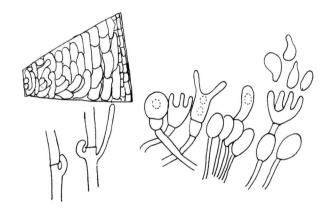

图 2　齐整小核菌（陈秀虹绘）

化学防治　发病初期进行药剂防治，常用喷雾药剂 25% 甲霜灵可湿性粉剂 600 倍液、40% 疫霉灵可湿性粉剂 250 倍液、58% 甲霜灵锰锌可湿性粉剂 500 倍液、64% 杀毒矾可湿性粉剂 500 倍液或 77.2% 普力克水剂 800 倍液。土壤消毒可用土壤重量 0.2% 的 70% 五氯硝基苯。温室、大棚栽培时，可试用烟雾剂。

参考文献

郭红娜，2005.君子兰主要病害的诊断与防治 [J].西南园艺，33(2): 46-49.

魏景超，1979.真菌鉴定手册 [M].上海：上海科学技术出版社.

（撰稿：伍建榕、魏玉倩、周媛婷；审稿：陈秀虹）

君子兰斑枯病　*Clivia miniata* spot blight

由侧壳囊孢属引起的君子兰叶片上出现斑点并枯萎的真菌性病害。

分布与危害　分布范围广。叶尖至叶基常呈现枯斑，病斑不规则形，在叶肉较厚处，干燥时出现黑色小点，潮湿时在小黑点位置上呈现乳白色小点粒或丝状物（分生孢子角）（图 1）。

病原及特征　病原为侧壳囊孢属一个种（*Pleurocytospora* sp.）。分生孢子器暗褐色，扁球形至烧瓶形，初埋生，成熟后孔口外露，大小为 190～339.6μm×150～165μm，单生或多个聚生，有的多腔室，成熟时多单腔室。分生孢子梗无色，基部或上部有分枝，大小为 12～24μm×1～1.5μm。分生孢子单胞无色，直或稍弯，两端钝圆，腊肠状，大小为 3.8～6.3μm×1～1.3μm（图 2）。

侵染过程与侵染循环　病菌孢子靠气流、风雨、浇水等传播，多从伤口处侵入。以菌丝体和分生孢子器在病部或土中越冬，翌春释放出分生孢子，可循环再侵染。

流行规律　该病在炎热潮湿的季节多发生，浇水过多、放置过密、植株在偏施氮肥、缺乏磷钾肥以及在通风透光不良时发病严重。在夏季由于土壤过湿，氮肥用量过多，或没有使用磷肥、钾肥时，容易发生此病。高湿多雨季节发病严重。病菌以菌丝在寄主残体或土壤中越冬，翌年 4 月初老叶开始发病，5～6 月气温达到 22～28℃ 时发展迅速，高温高湿的多雨季节发病严重。

防治方法

农业防治　发现病叶及时剪除。适当增施钾肥，避免淋

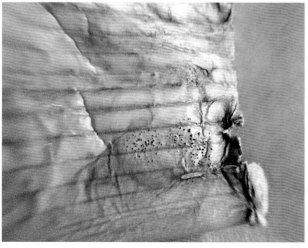

图 1　君子兰斑枯病叶部症状（伍建榕摄）

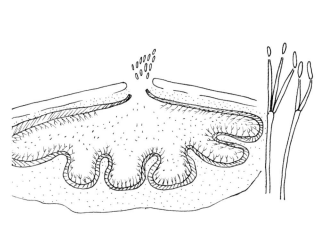

图 2　侧壳囊孢属的一个种（陈秀虹绘）

君子兰赤点叶斑病症状（伍建榕摄）

水过多，防止湿气滞留。

化学防治　发病初期喷洒 50% 苯菌灵可湿性粉剂 1000 倍液或 25% 炭特灵（溴菌腈）可湿性粉剂 500 倍液、15% 亚胺唑可湿性粉剂 3000 倍液、40% 福星（氟硅唑 +）乳油 7000～8000 倍液。

参考文献

魏景超 ,1979. 真菌鉴定手册 [M]. 上海：上海科学技术出版社 .

（撰稿：伍建榕、魏玉倩、周嫒婷；审稿：陈秀虹）

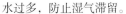

君子兰赤点叶斑病　*Clivia miniata* red spot leaf blight

一种由茎点霉属引起君子兰叶片上产生红色病斑的真菌性病害。

分布与危害　中国君子兰栽植区均有发生。病叶初发病时，先从叶尖或叶缘向内变褐有坏死斑，产生阶段性的病健界线（隆起轮纹），然后继续向内变褐，有水渍状晕圈。此处坏死时，再次产生病健界线。故一片病叶有多个不规则的轮纹隆起边界线，在坏死斑中有紫红色小点（见图）。

病原及特征　病原为茎点霉属真菌的一个种（*Phoma* sp.）。分生孢子器起初埋入寄主表皮内，后露出表层，壁为膜质、革质、角质或炭质，黑色、球形、扁球形、锥形或瓶形，有乳头状突起或无，有孔口。分生孢子器的壁由多层疏松菌丝交织而成。分生孢子梗很短，有时难见，分枝或不分枝。分生孢子单生于梗的末端如呈椭圆形、卵形、针形、筒形、梨形、角形和肾形等单细胞，少数多细胞(有 1～3 隔)，透明，通常有 2 个油滴。

侵染过程与侵染循环　病原以菌丝在病叶上越冬。翌年 4～5 月产生分生孢子，借风雨传播，萌发后从气孔侵入，形成初侵染。大约 20 天出现症状，进行再侵染。一个生长季内，分生孢子可多次重复侵染。借风雨、昆虫或农事操作传播蔓延。

流行规律　高温多雨有利于病害大发生，梅雨季节常形成发病高峰，秋季 9 月形成第二次高峰。

防治方法

农业防治　及时修去病部，带出园外销毁，或将盆栽病株搬出隔离。

化学防治　发病期可喷 70% 代森锰锌可湿性粉剂 500 倍液或 70% 甲基托布津可湿性粉剂 1000 倍液，交替使用，每 7～10 天 1 次。大面积栽培时，需定期喷波尔多液等保护剂。在多发病的栽培区内每 10 天 1 次，连续 2～3 次，防止病害大发生或流行。

参考文献

郭红娜 ,2005. 君子兰主要病害的诊断与防治 [J]. 西南园艺 , 33(2): 46-49.

刘乃元 ,2005. 君子兰常见叶部病害的诊断及防治方法 [J]. 河北林业科技 (4): 154.

（撰稿：伍建榕、魏玉倩、周嫒婷；审稿：陈秀虹）

君子兰褐斑病　*Clivia miniata* brown spot

一种发生在君子兰叶片上产生褐色斑点的真菌性病害。

分布与危害　分布范围广。叶片和茎上生有褐色大病斑，有时病斑呈轮纹状，多次环纹呈现在病斑的外圈，病斑中心淡褐色，有许多分散的小黑点粒（图 1）。

病原及特征　病原为壳多孢属一个种（*Stagonospora* sp.）引起，分生孢子器壁薄，孢子梗缺乏，孢子光滑，无色，多个分隔（图 2）。

侵染过程与侵染循环　病菌以菌丝在寄主残体或土壤中越冬，翌年 4 月初老叶开始发病，5～6 月气温达到 22～28°C 时发展迅速。病菌孢子靠气流、风雨、浇水等传播，多从伤口处侵入。以菌丝体和分生孢子器在病部或土中越冬，翌春释放出分生孢子，可循环再侵染。

流行规律　该病在炎热潮湿的季节多发生，浇水过多、放置过密、植株在偏施氮肥，缺乏磷、钾肥以及在通风透光不良时发病严重。高湿多雨季节发病严重。

防治方法

农业防治 改善环境条件，注意通风和光照。在营养管理上要适当增施磷钾肥，控制氮肥的施用量，提高植株抗病力。发病植株及时剪除病叶，并予以烧毁或深埋。改进浇水方法，应从花盆边沿浇；盆土排水也要良好，尽量降低盆土湿度。

化学防治 发病初期，喷洒 70% 甲基托布津可湿性粉剂 1000～1500 倍液或 60% 炭疽福美可湿性粉剂 800～1000 倍液，每 7～10 天 1 次，连续 3～5 次，能够起到治疗和预防作用。

参考文献

郭红娜，2005. 君子兰主要病害的诊断与防治 [J]. 西南园艺，

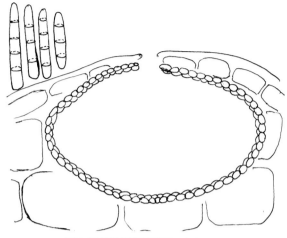

图 2 君子兰褐斑病病原（陈秀虹绘）

33(2): 46-49.

刘乃元，2005. 君子兰常见叶部病害的诊断及防治方法 [J]. 河北林业科技 (4): 154.

魏景超，1979. 真菌鉴定手册 [M]. 上海：上海科学技术出版社.

（撰稿：伍建榕、魏玉倩、周媛婷；审稿：陈秀虹）

君子兰褐红斑病 *Clivia miniata* red brown spot

由微黑枝孢引起君子兰的叶片变黄枯萎的一种真菌性病害。

分布与危害 中国君子兰栽植区均有发生。花梗、花瓣、嫩叶片基部及老叶尖部均易受害，形成不规则的褐红色斑，有大有小的梭形斑或块状斑，很快枯萎、皱缩。其上生有橄榄绿至褐色的小霉堆状物（图 1）。

病原及特征 病原为枝孢属的微黑枝孢（*Cladosporium nigrellum* Ellis & Everh.）（图 2）。营养体为分隔菌丝体，长的、椭圆形的、不分隔或单隔的黑色分生孢子，在分生孢子梗上向顶式发育成链，分生孢子梗末端带有成丛的小梗。

侵染过程与侵染循环 病菌常在荫蔽、温暖、降雨频繁的地方越冬，病菌对温度的适应能力很强，孢子可在 3～33°C 萌发，最适温度为 25°C。因此，在温带地区，冬季、春季和夏季都能发病。

流行规律 低洼积水处、通风不良、光照不足、肥水不当等有利于发病。

防治方法

农业防治 君子兰要通水透气性好，用腐熟的肥料，浇水量不宜过大。及时修去病部，带出园外销毁，或将盆栽病株搬出隔离，或就地将病株修剪后喷杀菌剂。

化学防治 发病初期可用达克宁软膏在叶病部正反两面涂抹，严重时进行翻盆处理，兰根用清水洗净，浸泡在稀释成粉红色的高锰酸钾稀释液里 20～30 分钟，取出换新盆种植。

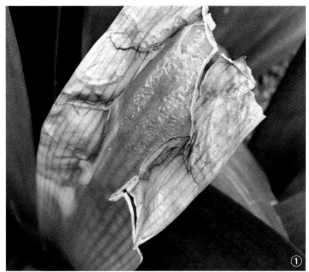

图 1 君子兰褐斑病症状（伍建榕摄）

图 1 君子兰褐红斑病症状（伍建榕摄）

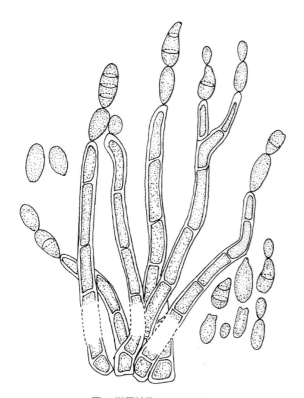

图 2 微黑枝孢（陈秀虹绘）

参考文献

郭红娜，2005. 君子兰主要病害的诊断与防治 [J]. 西南园艺，33(2): 46-49.

石蕴琏，1986. "君子兰"病害研究初步 [J]. 北京农业大学学报 (12): 422.

张中义，2003. 中国真菌志：第十四卷　枝孢属　黑星孢属　梨孢属 [M]. 北京：科学出版社 .

（撰稿：伍建榕、魏玉倩、周嫒婷；审稿：陈秀虹）

君子兰坏死斑纹病　*Clivia miniata* necrotic streak

君子兰上产生坏死性病斑的一种病毒性病害。

分布与危害　中国君子兰栽培地区均有发生，分布广。叶片发病，初生黄褐色小点，随着小点增大，叶肉细胞崩坏，出现表面凹陷的黄褐色斑纹，叶面、叶缘都可发生。斑纹形状不规则，有长条形、椭圆形、近圆形等（见图）。

病原及特征　病毒，其类群待定。一株上的叶片大多显症。传毒介体尚不明确。

侵染过程与侵染循环　暂无相关研究资料。

流行规律　高温干旱天气，幼苗生长受到抑制，抗病能力下降时易受病毒侵染发生，传毒昆虫迁飞季节或者感病与非感病植物之间相互传毒容易导致再侵染。

防治方法　园艺作业时，接触病株的手和工具应在肥皂水中充分洗涤。发现病株应拔除销毁，对珍贵品种可用高温消毒茎尖组培法培育无病母株进行繁殖。必要时对栽培环境和工具进行消毒，较好的消毒液有 2% 的福尔马林和 2% 的氢氧化钠水溶液；无水磷酸三钠 164g 或含结晶的磷酸三钠 377g，加水 1000ml。

参考文献

陈秀虹，伍建榕，西南林业大学，2009. 观赏植物病害诊断与治理 [M]. 北京：中国建筑工业出版社 .

（撰稿：伍建榕、魏玉倩、周嫒婷；审稿：陈秀虹）

君子兰坏死斑纹病症状（伍建榕摄）

君子兰灰斑病　*Clivia miniata* gray spot

一种引起君子兰灰色病斑的真菌性病害。

分布与危害　在君子兰栽培地均有发生，北京6月发病普遍，叶片病斑发生裂缝影响观赏。病叶边缘有深褐色近圆形斑，当多个病斑相连时，呈不规则灰褐色大斑，病斑大小不等，形状不一。中央灰白色，后期有裂缝的不规则斑，内有黑色糊状小点粒（图1）。

病原及特征　病原为拟多毛孢属的胶藤生盘多毛孢（*Pestalotia elasticola* P. Herm.）。分生孢子盘生在寄主表皮下。分生孢子梭形，直或略弯，5个细胞，中间3个细胞褐色，上边2个色深，下边1个色浅，大小为22～27μm×6.8～9μm。中间有色细胞长度为14～17μm，顶部无色透明细胞圆锥形，基部透明细胞锐角形，具长柄。顶端生3～4根长22～34μm的纤毛。分生孢子萌发时由最下面的浅褐色有色细胞膨大产生芽管（图2）。

侵染过程与侵染循环　初次侵染以伤口入侵为主，通过分生孢子再侵染。病菌以菌丝或分生孢子盘在病部或病残体上越冬，翌年产生分生孢子盘和分生孢子，借空气或水滴溅

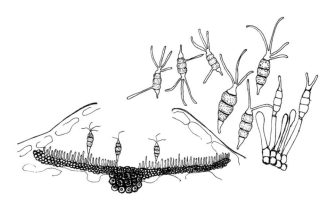

图2　胶藤生盘多毛孢分生孢子盘及分生孢子（陈秀虹绘）

射传播，由伤口侵入，经2～3天潜育即可发病。

流行规律　偏施过施氮肥或湿气滞留易发病。

防治方法

农业防治　发现病叶及时剪除，注意清除病残体。精心养护，减少伤口。

化学防治　发病前可用国光银泰可湿性粉剂600～800倍液进行预防，发病初期可喷施国光英纳可湿性粉剂400～600倍液、或国光必鲜乳油500～600倍液、70%代森锰锌可湿性粉剂500倍液或58%甲霜灵锰锌可湿性粉剂500～600倍液叶面喷雾进行防治。

参考文献

郭红娜，2005. 君子兰主要病害的诊断与防治 [J]. 西南园艺，33(2): 46-49.

刘乃元，2005. 君子兰常见叶部病害的诊断及防治方法 [J]. 河北林业科技 (4): 154.

（撰稿：伍建榕、魏玉倩、周媛婷；审稿：陈秀虹）

图1　君子兰灰斑病症状（伍建榕摄）

君子兰烂根病　*Clivia miniata* root rot

由镰刀菌引起的危害君子兰根部的一种真菌性病害。

分布与危害　中国君子兰栽培地区均有发生，分布广。主要危害君子兰根部，侵染后造成君子兰根部溃烂腐臭，植株死亡（见图）。

病原及特征　病原为镰刀菌属的一种真菌（*Fusarium* sp.）。镰刀菌鉴定上主要根据无性时期的形态特征。小型分生孢子：形态多样，多为单细胞，少数为1～3分隔，形状有卵形、椭圆形、肾形，少数为瓜子形、梨形、纺锤形、哑铃形、披针形等。有的种类只有1～2种形状，有的种类具有多种形状，而有的种类缺乏小孢子或小孢子极少，或者只有在不良环境中产生。小孢子形成于气生菌丝上，着生方式有单生、串生、假头状着生。

大型分生孢子：散生于气生菌丝上或生于分生孢子座上、黏孢团及黏滑层中。形状多样，有马蹄形、镰刀形、橘瓣形、长筒形、纺锤形等。大孢子顶胞形状有锥形、楔形、

君子兰烂根病症状（伍建榕摄）

鸟嘴形、渐尖形、钝形等；基胞为有或无足跟。大型分生孢子的分隔数多为3～10，有的分隔数更多。隔膜也不一样，有的分隔明显，而有的分隔不明显。产生于分生孢子座上的孢子形态比气生菌丝上的典型和稳定。

侵染过程与侵染循环　病原菌常以往年的病残体在土壤中度过不良环境。遇条件适宜，则可发病，传染到健康植株。君子兰对生长环境要求比较苛刻，耐寒性和耐热性都不强，适宜温度15～25℃。

流行规律　暂无相关研究资料。

防治方法

农业防治　加强栽培管理。用深盆栽植。春秋两季是其生长期，盆土可略湿些，但不要过湿甚至积水，每20～30天追施1次液肥。盛夏和入冬后暂停追肥，盆土也应偏干。开花前20天施一次磷肥，春、夏、秋季应注意通风，夏季应防烈日暴晒。冬季放于室内向阳处，室温不可低于5℃，夏季防雨淋烂心。平时浇水避免自上方喷淋。

化学防治　发现病株及时挖出，用清水冲洗，剪除带病肉质根，浸入50%多菌灵可湿性粉剂200倍液中杀菌3分钟，再晾晒2～3天。原盆土废弃，旧盆消毒，用火烧或浸入1%硫酸铜液中24小时，或用新盆换用新土重新栽植。

参考文献

郭红娜，2005. 君子兰主要病害的诊断与防治 [J]. 西南园艺，33(2): 46-49.

孙小茹，郭芳，李留振，2017. 观赏植物病害识别与防治 [M]. 北京：中国农业大学出版社 .

（撰稿：伍建榕、魏玉倩、周嫒婷；审稿：陈秀虹）

君子兰轮纹病　*Clivia miniata* ringworm spot

一种引起君子兰叶片上产生轮纹状病斑的真菌性病害。

分布与危害　分布范围广，中国君子兰栽植区均有发生。也可危害山茶和棕榈等植物。主要危害君子兰叶片、茎基。初期叶斑深褐色，近圆形，0.7～0.8cm，多个圆形斑汇集成不规则的重叠，外围具黄色晕环，后期病斑赤褐色，有轮纹状排列的小黑点（图1）。

病原及特征　病原为盾壳霉属的盾壳霉（*Coniothyrium* sp.）。分生孢子器黑色，圆形，有孔口，初埋生，后外露。产孢细胞桶形。分生孢子卵圆形，单胞，个别双胞，浅褐色（图2）。

侵染过程与侵染循环　病菌以无性孢子全年侵染危害，以菌丝体或分生孢子器在病株上或病残体上或土壤中存活越冬。通过伤口或气孔、水孔和皮孔侵入，发病后通过雨水、浇水、昆虫和结露传播。空气湿度高、多雨、夜间结露多有利于发病。

流行规律　春秋季病情较轻，夏季病害往往发生较重。温暖而高湿的天气，特别是高温为该病发生的主要条件。园圃、盆栽通气不良或肥水管理不当，发病较重。

防治方法

加强检疫　严格实行检疫制度，严禁将病株引入无病区。

农业防治　合理修剪，必要时进行重修剪，修剪后结合喷药预防，如能坚持1～2年，防效显著。合理施肥。实行配方施肥，避免氮肥偏施，增施有机肥。改善土壤通透性，盆栽的适当掺入木炭或煤渣块，不要用喷灌方式浇水，改变浇水时间。换土时，一定要将旧盆土晒透或高温灭菌。

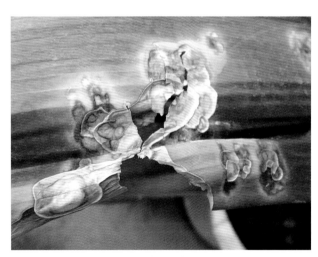

图1 君子兰轮纹病叶部症状（伍建榕摄）

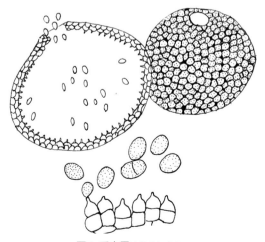

图2 盾壳霉（陈秀虹绘）

化学防治　及时喷药预防控制。在早春植株抽生新叶、病害未发生或初发之时连续喷施 0.5%～1% 石灰等量式波尔多液、0.5 波美度石硫合剂，或 50% 苯来特可湿性粉剂 100 倍液，7～10 天 1 次，连喷 3～4 次。

参考文献

郭红娜，2005. 君子兰主要病害的诊断与防治 [J]. 西南园艺，33(2): 46-49.

孙小茹，郭芳，李留振，2017. 观赏植物病害识别与防治 [M]. 北京：中国农业大学出版社.

郑玉红，贾春，顾永华，2012. 君子兰及其研究进展 [J]. 北方园艺 (19): 189-195.

（撰稿：伍建榕、魏玉倩、周嫒婷；审稿：陈秀虹）

君子兰炭疽病　*Clivia miniata* anthracnose

一种由炭疽菌引起的君子兰具轮纹状病斑的真菌性病害。

发展简史　1986 年在中国有报道，当时炭疽菌在君子兰上寄生，国外报道有两个种。

分布与危害　世界各地广为分布。君子兰栽培区均有发生。该病除危害中国兰花外，还危害虎头兰、宽叶兰、广东万年青、米兰、扶桑、茉莉花、夹竹桃等多种植物。该病危害君子兰，感病植株的叶片上产生坏死斑，影响君子兰生长及观赏价值。主要危害叶片和嫩茎，老叶不易感病。发病初

图 1 君子兰炭疽病症状（伍建榕摄）

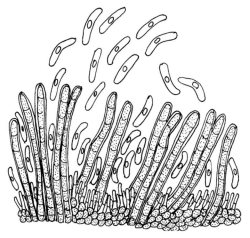

图 2 胶孢炭疽菌（陈秀虹绘）

期，感病叶片中部产生圆形或椭圆形斑；发生于叶缘时，产生半圆形斑；发生于尖端时，为部分叶段枯死；病斑发生于基部时，许多病斑连成一片，也会造成整叶枯死。病斑初为红褐色，后变为黑褐色，下陷。发病后期，病斑上可见轮生小黑点，为病原菌的分生孢子盘（图 1）。

病原及特征　病原为胶孢炭疽菌［*Colletotrichum gloeosporioides*（Penz.）Sacc.］，属刺盘孢属。分生孢子器在寄主表皮下形成后突破表皮，分生孢子盘四周散生多数刚毛，深褐色，刺状，有 2～3 个隔膜。分生孢子梗短小，分生孢子单胞，无色圆柱状，有 1～2 个油滴（图 2）。

侵染过程与侵染循环　病菌孢子靠气流、风雨、浇水等传播，多从伤口处侵入。以菌丝体和分生孢子在病部或土中越冬，翌春释放出分生孢子，可循环再侵染。

流行规律　该病在炎热潮湿的季节多发生，浇水过多、放置过密，植株在偏施氮肥、缺乏磷钾肥以及通风透光不良时发病严重。病菌以菌丝在寄主残体或土壤中越冬，翌年 4 月初老叶开始发病，5～6 月气温达到 22～28℃时发展迅速，高温高湿的多雨季节发病严重。

防治方法

农业防治　改善环境条件，注意通风和光照。在营养管理上要适当增施磷钾肥，控制氮肥的施用量，提高植株抗病力。发病植株及时剪除病叶，并予以烧毁。改进浇水方法，应从花盆边缘浇；盆土排水也要良好，尽量减小盆土湿度。

化学防治　发病初期，喷洒 70% 甲基托布津可湿性粉剂 1000～1500 倍液，或 60% 炭疽福美可湿性粉剂 800～1000 倍液，每 7～10 天 1 次，连续 3～5 次，能够起到治疗和预防作用。

参考文献

丁世民，2008. 君子兰炭疽病的识别与防治 [J]. 农业知识 (17): 45.

郭红娜，2005. 君子兰主要病害的诊断与防治 [J]. 西南园艺，33(2): 46-49.

（撰稿：伍建榕、魏玉倩、周嫒婷；审稿：陈秀虹）

君子兰细菌性软腐病　*Clivia miniata* bacterial soft rot

由胡萝卜果胶杆菌引起的一种君子兰细菌性病害。又名君子兰烂头病。

发展简史　细菌性软腐病是君子兰最严重的叶斑病，1986 年首次报道鉴定出此病害的病原细菌。

分布与危害　在中国广泛分布。发生在君子兰叶片上，并多在中下部叶片。病斑初为黄绿色，水渍状，透明，后变褐色软腐，不规则状，与健康组织界线分明。在病斑边缘伤口处有菌溢流出，后期病斑干枯下陷，变褐色，严重时整个叶片脱落。①茎腐型。茎部发病使茎软腐，导致植株倒伏死亡。发病初期先是茎基部腐烂，初期不易发现，等到发现时已发展到叶片腐烂，短缩茎烂成糨糊状，并有臭味。而且发展很快，2～3 天叶片全部软腐脱落，叶片病组织呈黏滑软

腐状。君子兰叶片及假鳞茎是病害主要受害部位。②烂叶型。叶茎基部，叶片局部腐烂，并逐渐蔓延至其他叶片，感病叶片暗绿色水浸状病斑。发病组织变褐色，软腐，逐渐扩大蔓延，最后整个叶片下垂。③烂叶心型。外叶良好，叶心开始腐烂。④烂根型。君子兰是白色肉质根，当发生烂根后，叶片全部萎蔫，将病株拔起后，可以看到肉质根呈脓液状（图1）。

病原及特征 病原为胡萝卜果胶杆菌胡萝卜亚种（*Pectobacterium carotovorum* subsp. *carotovorum*），病菌存活在寄主植物病残体及植物碎片上，多从伤口处侵染危害（图2）。杆状，周生鞭毛，是唯一兼行嫌气性植物病原菌，能发酵多种碳水化合物，特别能利用水杨苷，并产生酸及气体。

侵染过程与侵染循环 病原细菌在土壤中的病残体或土壤内越冬，在土壤中能存活几个月，6～11月均可发生，但多发生于夏季高温多湿时期，通风不良有利病害蔓延发展。病菌可在土壤中存活几个月，有病土壤是重要侵染源，用土消毒不彻底很容易导致此病的发生。细菌由雨水及灌溉水传播，也可以通过病叶及健叶的相互接触，或操作工具等物传播；细菌由伤口侵入，凡是虫害机械和人为造成的伤口都有利于病菌的侵入，它可以分泌解聚酶，使细胞中间层果胶水解而被破坏，致使病组织细胞分散。另一方面，由于中间层的水解，增加了细胞间隙可溶性的浓度，细胞间隙渗透压相应增加，引起细胞质壁分离而死亡。由于病组织细胞解体，呈现出软腐性症状。潜育期短，2～3天即可发病，而且在生长季节可以多次重复侵染。

流行规律 此病多发生在夏秋高温炎热时，在高湿闷热、通风不良的环境，都可感染此病。高温高湿条件有利于发病，其中高湿是影响发病的主要因素，夏季喷水不慎灌入茎心内都是软腐病发生的主要诱因，多施氮肥也会加重病害的发生。

防治方法

农业防治 控制盆土水分。注意除虫。加强通风。

化学防治 在发病初期喷洒0.5波尔多液或200～1000倍

图1 君子兰细菌性软腐病症状（伍建榕摄）

①烂叶心型；②烂叶型；③茎腐型；④烂根型

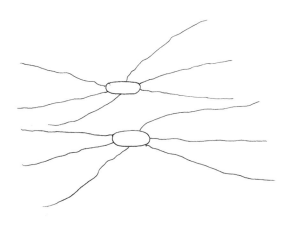

图 2 胡萝果胶杆菌（陈秀虹绘）

农用链霉素、土霉素均能有一定控制作用。发病较重时要及时剪除病叶，更换盆土，喷洒碱式硫酸铜悬浮剂 300～400 倍液，或 50% 琥胶肥酸铜可湿性粉剂 500 倍液、72% 农用硫酸链霉素可溶性粉剂 400 倍液、7% 可杀得可湿性微粒粉剂 500 倍液、47% 加瑞农可湿性粉剂 800～1000 倍液，隔 10 天 1 次，连续防治 2～3 次。

参考文献

郭红娜，2005. 君子兰主要病害的诊断与防治 [J]. 西南园艺，33(2): 46-49.

刘乃元，2005. 君子兰常见叶部病害的诊断及防治方法 [J]. 河北林业科技 (4): 154.

（撰稿：伍建榕、魏玉倩、周嫒婷；审稿：陈秀虹）

君子兰叶斑病 leaf spot of *Clivia miniata*

由大茎点菌真菌引起的君子兰的重要叶部病害。

发展简史 中国 1987 年就报道过此病害，直到现在仍经常发生在君子兰上。

分布与危害 在中国各地都有分布。君子兰叶斑病发生在叶片上，病斑初为褪绿色黄斑，周边组织变为黄绿色，病斑扩大呈不规则状斑，边缘突起黄褐色，内部灰褐色，稍显轮纹状。后期病斑背面出现黑色粒状物即病原菌分生孢子器（图 1）。受害后叶片上病斑累累，影响君子兰的生长发育及观赏效果。

病原及特征 病原为大茎点菌（*Macrophoma* sp.）真菌。其分生孢子器黑色，球状，有孔口，着生在寄主组织内，部分外露。分生孢子梗短小，不分枝，分生孢子卵圆形至椭圆形，单细胞，无色（图 2）。

侵染过程与侵染循环 病原菌在病残体内越冬，通过分生孢子再侵染，翌年借浇水工具和气流传播，从君子兰伤口处侵入危害。常温下 5～9 月为易发病期，如放在温室内可常年发病，7～11 月发病更加严重，如果室内空气流通不畅，温度过高，散射光少，有利病害发生。浇水不慎滴入叶鞘，促进病菌生长发育，加重病害。

流行规律 该病一般发生在春、秋季，但在温室里四季都可以发生，过度密植、通风不良、湿度过大均利于发病。换了尚未腐熟的生土，使用未发酵好的肥料，盆土长期不换，所施用的肥料氮、磷、钾不平衡，施肥量过大等等也能发生此病。在高温干燥条件下，或者受介壳虫危害严重时，病菌易从气孔或伤口侵入导致病害发生，温室内通风不良、光照过少、湿度过高不利于植物生长，从而降低抗病能力。浇水时如果浇到叶片上，有利病菌的生长发育，这些都很容易发病。

防治方法

农业防治 不使用生土生肥，施肥浓度不要过大，固体肥不要直接接触根部。在春季换盆时，施足基肥，置阴棚内，生长期间应多施追肥，使得土壤保持湿润，通风良好，夏季一般不施肥。清除病叶及病残体，防治介壳虫避免虫害，减

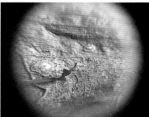

图 1 君子兰叶斑病叶部症状（伍建榕摄）

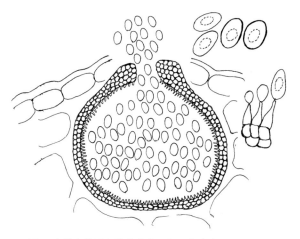

图 2 大茎点菌属真菌分生孢子器及分生孢子（陈秀虹绘）

少侵染。剪除病叶，随时清洁叶面，减少病菌侵染机会。操作时要精心细致，尽量减少创伤。

化学防治　发病后及时更换腐熟的新土，停止施肥，喷洒药物，用甲基托布津70%、退菌特等药剂，每10天喷洒1次，连续喷洒3～4次即可治愈。从发病初期开始喷药，防止病害扩展蔓延。常用药有25%多菌灵可施性粉剂300～600倍液（50%的1000倍、40%胶悬剂600～800倍）、50%托布津1000倍、70%代森锰500倍、80%代森锰锌500倍等。要注意药剂的交替使用，以免病菌产生抗药性。

参考文献

段明革，2008. 盆栽花卉君子兰叶斑病的发生与防治 [J]. 河北农业科技 (7): 19.

郭慧卿，1995. 君子兰叶斑病 [J]. 植物医生 (3): 23.

（撰稿：伍建榕、魏玉倩、周嫒婷；审稿：陈秀虹）

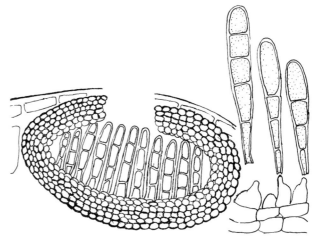

图 2　厚壳多孢属的一个种（陈秀虹绘）

君子兰叶基褐斑病　*Clivia miniata* leaf base brown spot

由厚壳多孢属引起的一种发生在君子兰叶片基部出现褐色斑点的真菌性病害。

图 1　君子兰叶基褐斑病症状（伍建榕摄）

分布与危害　分布范围广。病害发生在茎基近土壤处，病斑圆形，褐色，中心腐烂，病健交界处有小黑点（图 1）。

病原及特征　病原为厚壳多孢属一个种（*Sclerostagonospora* sp.），分生孢子器壁厚，分生孢子淡褐色，多个隔（图 2）。

侵染过程与侵染循环　病菌孢子靠气流、风雨、浇水等传播，多从伤口处侵入。以菌丝体和分生孢子器在病部或土中越冬，翌春释放出分生孢子，可循环再侵染。

流行规律　盆土颗粒不能太大，颗粒土不要靠近君子兰茎部，否则易产生日灼，灼伤是该病的诱因。

防治方法

农业防治　松土时，要将土块粉碎，肥粒、土壤大颗粒均不能留在茎旁。

化学防治　见到病斑时，可用石灰水或杀菌剂涂抹。

参考文献

郭红娜，2005. 君子兰主要病害的诊断与防治 [J]. 西南园艺，33(2): 46-49.

郑玉红，贾春，顾永华，2012. 君子兰及其研究进展 [J]. 北方园艺 (19): 189-195.

（撰稿：伍建榕、魏玉倩、周嫒婷；审稿：陈秀虹）

君子兰叶枯病　*Clivia miniata* leaf spot

由君子兰柱盘孢引起的，危害君子兰叶片的一种真菌性病害。

发展简史　在云南昆明和四川成都由研究者观察发现，是该菌在石蒜科植物上的首次发现。

分布与危害　在中国广泛分布。该病主要危害君子兰的叶片，一般先从叶尖和叶缘开始发生，初期为褐色小点，后扩展为半圆形的干枯状，病斑皱缩，中央灰褐色，边缘为水渍状暗褐色的环带，其上的黑褐色小点（假囊壳）呈同心圆状排列，突破表皮外露，严重时整个叶片变黄枯萎（图 1）。

图1　君子兰叶枯病症状（伍建榕摄）

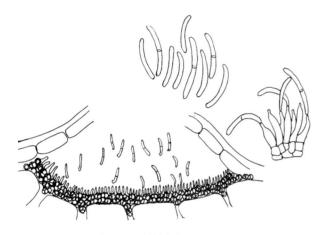

图2　君子兰柱盘孢（陈秀虹绘）

病原及特征　病原为君子兰柱盘孢（*Cylindrosporium cliviae*）。属柱盘孢属。分生孢子线形、圆柱状，直或略弯，无色，两端尖，0～3个隔，分隔处不缢缩，15.1～31.5μm×1.8～2.5μm。分生孢子梗简单、无隔、无色、圆柱形，栅状排列，基部不分枝，分生孢子盘散生、暗褐色，由薄壁角状细胞构成（图2）。

侵染过程与侵染循环　以菌丝体和分生孢子盘在病部或土中越冬，翌春释放出分生孢子，借风雨和流水传播，从微伤口侵入植物体，并可循环再侵染。

流行规律　5～10月发病较多，温室及大棚内全年皆可发病，高温多雨利于此病侵染。

防治方法

农业防治　加强温室管理，及时通风控制温室的湿度。施用充分腐熟的肥料，合理使用氮肥，增施磷、钾肥。培育无病壮苗。及时清除病残体。

化学防治　发病初期开始喷洒64%杀毒矾可湿性粉剂500倍液、50%混杀硫悬浮剂，或甲基硫菌灵可湿性粉剂500倍液，或1:1:200波尔多液，选其中1种隔10～15天喷1次，连喷2～3次，防治效果90%以上。

参考文献

刘乃元，2005.君子兰常见叶部病害的诊断及防治方法[J].河北林业科技(4): 154.

杨海艳，洪逗，王云月，等，2014.柱盘孢一新种和一中国新记录种[M].云南农业大学学报，29(4): 606-609.

（撰稿：伍建榕、魏玉倩、周嫒婷；审稿：陈秀虹）

君子兰硬斑病　*Clivia miniata morphea*

由陷茎点属菌引起君子兰叶片出现坚硬病斑的一种真菌性病害。

分布与危害　中国君子兰栽植区均有发生。病叶内有大大小小的不规则形边缘有硬圈的斑，这些斑块有的近圆形，有的近菱形，有的椭圆形或不规则形。后期硬圈外叶肉也变色软腐至整片叶子水渍状坏死。在初发病的硬斑内有些小黑点（图1）。

病原及特征　病原为陷茎点属真菌的一个种（*Trematophoma* sp.）。分生孢子器有孔口，分生孢子梗短，分生孢子诞生于梗的末端，椭圆形、卵圆形（图2）。

侵染过程与侵染循环　病菌以菌丝体或分生孢子器在枯枝或土壤中越冬。翌年5月中下旬开始侵染发病，7～9月为发病盛期。无性孢子借助风、雨、昆虫等传播可再次侵

图1　君子兰硬斑病症状（伍建榕摄）

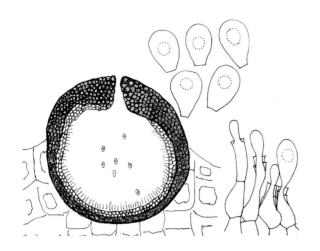

图 2　陷茎点属真菌一个种的分生孢子器及分生孢子（陈秀虹绘）

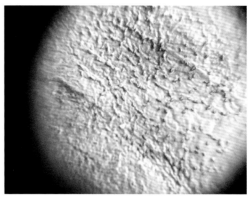

图 1　君子兰小圆斑和花腐病症状（伍建榕摄）

染植株引起发病。附着在病残体或种子上等处的无性或有性孢子一般可成为翌年的侵染来源。

流行规律　低洼积水处、通风不良、光照不足、肥水不当等有利于发病。

防治方法

农业防治　改善环境条件，注意通风和光照。在营养管理上要适当增施磷钾肥，控制氮肥的施用量，提高植株抗性。发病植株及时剪除病叶，并予以烧毁或深埋。改进浇水方法，应从花盆边沿浇；盆土排水也要良好，尽量减小盆土湿度。

化学防治　发病初期，喷洒 70% 甲基托布津可湿性粉剂 1000～1500 倍液，或 60% 炭疽福美可湿性粉剂 800～1000 倍液，每 7～10 天 1 次，连续 3～5 次，能够起到治疗和预防作用。

参考文献

郭红娜，2005. 君子兰主要病害的诊断与防治 [J]. 西南园艺，33(2): 46-49.

魏景超，1979. 真菌鉴定手册 [M]. 上海：上海科学技术出版社 .

（撰稿：伍建榕、魏玉倩、周嫒婷；审稿：陈秀虹）

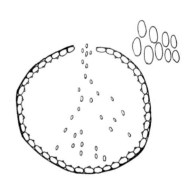

图 2　叶点霉属的一个种（陈秀虹绘）

君子兰圆斑病　*Clivia miniata* round spot

由叶点霉属引起的在君子兰上引起小圆斑并伴有花腐的一种真菌性病害。

分布与危害　在中国广泛分布。初病期呈小圆斑症状，病叶小圆斑淡褐色，逐渐形成褐色斑，斑点边缘上常发生再次侵染，使之扩大受害，其上有灰色小点成排有序分布。斑外有黄晕圈，边缘较硬微微隆起，形成轮纹圈，叶正面斑中两圈内有小黑点（病症）。病原侵染花时花瓣呈水渍状腐烂（图 1）。

病原及特征　病原为叶点霉属的一个种（*Phyllosticta* sp.）。分生孢子器球形，分生孢子近球形或卵圆形至椭圆，单胞，无色（图 2）。

侵染过程与侵染循环　病原以菌丝体和分生孢子在病残体或采种株上存活越冬。条件适宜时产生分生孢子，借风雨传播进行初侵染，发病后在病部产生分生孢子进行再侵染。

流行规律　病菌在病残体或随之到土地表层越冬，翌年发病期随风、雨传播侵染寄主。君子兰圆斑病春、秋发生，但温室中四季均可发生。连作、过度密植、通风不良、湿度过大均有利于发病。

防治方法　温棚需加遮阳网，减少灼伤。大面积栽培时需定期喷波尔多液保护。尤其在各种叶斑病易发生的栽培区内，5～7 月每 10 天 1 次。发现病株及时修去病部，带出园外销毁，或将植株搬出隔离，加大行距，使之通风，或就地将植株修剪后喷施杀菌剂。

参考文献

白金铠，2003. 中国真菌志：第十五卷　球壳孢目　茎点霉属　叶点霉属 [M]. 北京：科学出版社 .

（撰稿：伍建榕、魏玉倩、周嫒婷；审稿：陈秀虹）

菌物学　mycology

　　菌物是指具有真正细胞核、没有叶绿素，能产生孢子，一般都能进行有性和（或）无性繁殖，其营养体是菌丝体或是单细胞、原质团，具有甲壳质或纤维质的细胞壁，以吸收或吞噬的方式吸收营养的一群生物。菌物学就是研究菌物生物特性的科学，属于生命科学的一个分支学科。

　　菌物的重要性　菌物由一个非常庞大的有机体类群组成，在自然界广泛分布。1991年霍克斯沃思（Hawksworth）估计全球的菌物种类约有150万种；2011年，布莱克威尔（Blackwell）基于高通量测序技术估计菌物应有510万种。已被描述的仅约12万余种。菌物种类繁多、数量巨大、繁殖速度快、适应能力强，与人类关系密切，对国民经济和科学研究影响深远。早在远古时代，人们就开始认识和利用菌物，酿酒和食菌就是最典型的代表。菌物在工业、农林业、医药和生物工程等方面既有益也有害。菌物具有很强的分解木质素、纤维素、半纤维素等多种复杂有机物质的能力，是自然界物质循环中重要的分解者。可食用的菌物，因其丰富的营养、特殊的风味、鲜美的味道，成为人类食谱中不可或缺的食品。世界上食用菌有2000余种，能够大面积栽培的有40～50种。菌物直接作为药材应用的历史悠久，随着青霉素的发现，人们从越来越多的菌物中挖掘和筛选到具有抗癌、抗肿瘤和抗病毒的药物，因此，菌物被认为是最具生物医药开发潜力的生物资源。菌物同样在工业生产中发挥着重要作用，已被广泛应用到纺织、造纸、制革和石油发酵等领域。菌物通过多种方式在农林业生产中发挥中重要作用，如与植物形成菌根，帮助植物吸收水分和养料；产生生长素类物质，促进动植物生长发育；通过寄生、重寄生和拮抗作用，应用于有害生物的生物防治。与此同时，菌物也可引起人、畜以及植物病害。

　　菌物学的研究简史　Mycology是从希腊文Mykes（蘑菇）一词衍生而来。人类自开始利用菌物发酵酿酒和采食蘑菇起，至今认识和利用菌物已有数千年之久，但是菌物作为一门学科开展研究还不足300年。中国著名菌物学家李玉教授在《菌物学》一书中将菌物学的发展历史分为以下4个时期。

　　古典菌物学时期（B.C. 5000—A.D.1728）：中国作为最早认识和利用菌物的国家，早在距今6000～7000年的仰韶文化时期，我们的祖先开始大量采食蘑菇，并在7000～8000年前的新石器时期开始酿酒的历史。《台上灵宝芝草品》是存世最早的菌物图鉴；菌物专著则首推1245年南宋陈怀玉编著的《菌谱》，其中记载了11种菌类的形态、生态等特点。西方人也是从酿酒开始认识菌物，古希腊人和罗马人崇拜酒神，庆祝酒神节。同时，在西方文字中记载了因菌物带来的灾害，如《圣经》中有关枯萎和霉病克卢修斯的记载。克卢修斯（Clusius，1526—1609）第一个出版了涉及菌物的专著，被认为是在这一时期对于菌物研究贡献最大的人。

　　菌物学形成时期（1729—1968）：菌物科学奠基人的荣

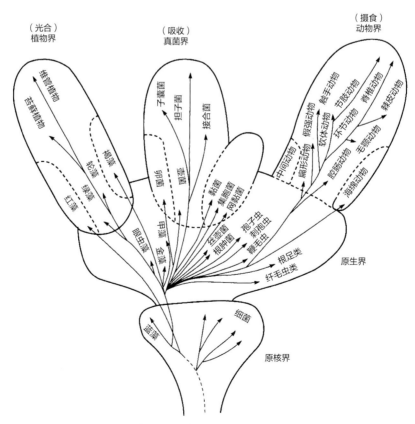

仿惠特克（Whittaker）五界系统示意图（黄丽丽提供）

誉应当属于意大利真菌学家米奇里（Pier Antonio Micheli，1679—1737），他在 1729 年发表了 *Nova Plantarum Gnera*（植物新属），标志着真正的菌物学的诞生。在这一时期，众多研究学者在菌物系统发育、细微结构、生理学、生物化学、遗传变异、医学真菌、药用真菌、真菌毒素、蕈菌学和系统学等诸多方面取得了重要进展，从而推动菌物学获得了全面发展。这一时期也出现了一批代表性学者。瑞典林奈（Carl von Linnaeus，1707—1778）所著的《自然分类》作为菌物命名的起点；荷兰佩尔松（Christian HendrikPersoon，1761—1836）的《真菌观察》《真菌纲要》和《欧洲真菌》是菌物学的奠基之作；瑞典弗里斯（Elias Magnus Fries，1794—1878）的《真菌系统》对大型真菌的分类具有特殊意义，被誉为"真菌学的林奈"。德国学者德巴利（Heinrich Anton de Bary，1831—1888）出版了《黑粉菌》《地衣》，论证了马铃薯晚疫病的致病性，阐明了小麦秆锈病的多态性和转主寄生现象，撰写的《真菌、黏菌、细菌的比较形态学和生理学》被多次再版。正是因为他在多方面的成就和渊博的学识，被誉为"近代菌物学的第一人"。

菌物独立成界时期（1969—1994）：1969 年，惠特克（Whittaker）提出五界系统，即原核生物界、原生动物界、植物界、真菌界、动物界，从而打破了生物三界系统的传统。这一系统是一个比较合理的纵横交一系统：纵的方面显示生物系统发育过程，即由原核生物到真核生物，由单细胞演化到多细胞；横的方面显示生物获取营养的方式，即植物的光合自养型，动物的摄食异养型和菌物的吸收异养型。这一时期菌物学在超微结构、酶学、生物合成途径、基因结构分析，尤其是在系统进化方面取得了重大突破。同时，在这一阶段菌物学家间的学术交流和合作不断加强。1971 年在法国召开了第一届国际菌物学大会，并确定每五年举办一次，以促进世界菌物学各研究领域的学术交流。1993 年中国菌物学会正式成立。

菌物多界化时期（1995—?）：1981 年汤玛斯·卡弗利尔-史密斯（Thomas Cavalier-Smith）等提出八界系统后，科学家们对菌物的内涵不断完善，提出新的观点。第八版《菌物词典》（1995 年）接受了八界生物系统的观点，并将菌物划分在真菌界（Fungi）、藻物界（Chromista）和原生动物界（Protozoa）中，从而使菌物进入一个多界化的时代。这一时期的菌物学研究，已经从传统的分类学、生物学等领域扩展到基因组学、蛋白质组学等全新的领域。为了更好地利用菌物，由多国科学家组成的国际研究小组与美国能源部基因组研究所合作，启动了一项以菌物的生命之树为版本的菌物基因组测序项目。该项目的目标是对 500 个科（每个科至少 2 个种）的菌物进行基因组测序，从而为深入研究菌物起源、进化以及开发利用提供理论依据。

菌物的一般特性　菌物的营养方式包括腐生、共生和寄生三种。菌物是多型性生物，在其生长发育过程中，表现出多种形态特征。菌丝及其相互交织形成的菌丝体是菌物典型的营养体。除典型的菌丝体外，有些菌物（如黏菌）的营养体是一团多核、无细胞壁的原生质团。有些菌物（如酵母和壶菌）的营养体是具细胞壁的单细胞。

菌物的菌丝在与外界环境长期的适应过程中，产生了具有特殊功能的菌丝营养结构，如吸器、附着胞、侵染垫、附着枝、假根以及菌环和菌网等。寄生菌物形成的吸器形状各异，其主要功能是增加菌物吸收营养的面积，提高从寄主细胞内吸取养分的效率。附着胞和侵染垫是植物病原菌在穿透完整的植物表面过程中产生的特殊结构。附着枝是有的菌物在菌丝两旁产生的耳状结构，其主要功能为攀附和吸收养分。假根是有些菌物在某一点上的菌体形成的外面似根的根状菌丝，可深入基质内吸取养分。菌环和菌网是捕食性菌物的菌丝分枝形成的环状或网状组织，用以捕捉线虫类动物。此外，菌物的菌丝体还可疏松或密集地交织在一起，形成具有一定组织化的密丝组织。密丝组织包含两种类型，即疏丝组织和拟薄壁组织，他们可构成菌物的各种不同类型的营养和繁殖结构。

菌物的繁殖包括无性繁殖和有性生殖两种形式。无性繁殖是不经过两个性细胞或性器官的结合而进行繁殖产生新个体，其整个过程中不包括核配和减数分裂。经过无性繁殖产生的各种孢子成为无性孢子。菌物产生无性孢子的方式有断裂、裂殖、芽殖及原生质割裂等四种。菌物产生的无性孢子主要有分生孢子、游动孢子、孢囊孢子和厚垣孢子等。由于菌物无性繁殖过程可不断重复，后代数量群体大，因此，在植物生长季节中对植物病害的发生、蔓延和流行具有重要作用。有性生殖是通过两个性细胞或者两个性器官结合产生新的个体，其过程包括核配、质配和减数分裂三个阶段。经过有性生殖产生的孢子称为有性孢子，有休眠孢子囊、卵孢子、接合孢子、子囊孢子和担孢子 5 种类型。菌物的有性生殖过程产生遗传物质重组的后代，从而有利于增强菌物种的生活力和适应性。有些菌物还可进行准性生殖。准性生殖是指异核体菌丝细胞中两个遗传物质不同的细胞核可以结合成杂合二倍体的细胞核，其在有丝分裂过程中可以发生染色体交换和单倍体化，从而形成遗传物质重组的单倍体过程

植物病原菌物的主要类群：植物病原菌物是引起植物病害的重要病原物，已知引起植物病害的菌物约 30 000 种，占植物病害种类的 70%～80%。植物病原菌物分为根肿菌门、卵菌门、壶菌门、接合菌门、子囊菌门和担子菌门。

参考文献

李玉，刘淑艳，2015.菌物学 [M].北京：科学出版社.

（撰稿：黄丽丽；审稿：陈万权）

菌源中心　focus

产生传播体、为病害传播提供菌源的地方。是指高度集中在一定空间范围内的病菌孢子、其他病原传播体或可产生传播体的发病植株。通常最先发生病害的地点或病原物向周围传播的起始地点就是菌源中心。尽管菌源中心在病害传播中的作用很早就有记载，但是直到 1946 年切斯特（Chester）描述小麦叶锈病时，才第一次正式使用了菌源中心"islands or foci of infection"一词。此后在各种真菌病害、细菌病害、病毒病、线虫病中都报道了菌源中心的存在，大多数情况下，它们通常是近似圆形，但因为风的影响有时也可以呈"V"

形或彗星状。

菌源中心是计算传播距离的原点，根据研究的目的不同，可大到一块病田，小到一个病斑、一棵病株或一丛病株，主要取决于传播距离研究所涉及空间规模和精度的要求。根据形状，菌源中心可分为三类：

点源（point source）　几何学上的点只有位置，没有面积，而这里的点源是有一定面积的，可以是单病斑、单病叶、单病株或发病中心等，但是通常规定其半径不得超过传播距离的 5%（有人认为 1%），超出该尺度后则应按区源对待。

线源（line source）　即为线状的菌源中心。线源可看作是线形排列的点源的集合，例如在病害传播研究中种植的用作诱发行的感病品种，一般情况下规定，其宽度之半不得超过可能传播距离的 1%～5%。

区源（area source）　即较点源和线源面积大的菌源中心，是二维排列的点源的集合。在生产上，已发病田块可以作为周围未发病田块的区源。

参考文献

曾士迈，杨演，1986.植物病害流行学 [M].北京：农业出版社．

ZADOKS J C, VAN DEN BOSCH F, 1994. On the spread of plant disease: A theory on foci[J]. Annual review of phytopathology, 32: 503-521.

（撰稿：吴波明；审稿：曹克强）

咖啡褐斑病　coffee brown spot

普遍发生在小粒种咖啡上的一种由咖啡尾孢引起的真菌病害。又名咖啡叶斑病、咖啡雀眼病。

分布与危害　此病分布广泛，在咖啡主产区均有发生。咖啡叶片受侵染后，叶背、叶面均出现病斑，病斑近圆形，边缘褐色，中央灰白色，在幼苗叶上为红褐色病斑。随着病斑扩大，出现同心轮纹，并有明显的边缘。潮湿情况下，病斑背面长出黑色霉状物，有时数个病斑可连在一起，但仍能看到原来病斑的白色中心点，病叶一般不脱落（图1①）。浆果受侵染后，产生近圆形病斑，随着病斑扩大，可覆盖全果，引致浆果坏死、脱落（图1②）。

病原及特征　病原为咖啡尾孢（*Cercospora coffeicola* Berket Cooke），属尾孢属。无性时期分生孢子梗褐色至黑褐色，有格但不分枝，呈屈膝状，丛生于子座组织上。分生孢子梗着生分生孢子，分生孢子无色，多细胞，鼠尾形、线形或鞭形，直或稍微弯曲（图2）。

侵染过程与侵染循环　病菌常以菌丝在病组织内越冬，有些地方无越冬现象，整年均以分生孢子借风雨传播。发芽最适温度为25℃左右，在叶片上孢子通过气孔侵入，在果实上则通过伤口侵入。危害叶片、果实，引起落叶、落果，造成一定损失。

流行规律　土壤瘠瘦、缺少荫蔽、生势较差的幼苗和幼树发病严重。苗圃幼苗或新植区的幼苗如直接暴露于阳光下，叶片就易感染此病；反之则较少感病。苗圃幼苗通常在4～11月发病，以阴雨天盛行，严重感病植株的叶片大量脱落，甚至枯枝。此病是苗圃的主要病害之一。降雨多、相对湿度95%以上或咖啡园长期阴湿，咖啡植株表面长时间保持湿润最有利于该病发生。

防治方法

农业防治　加强抚育管理，合理施肥。咖啡园适当种植荫蔽树，创造适合咖啡生长的小气候环境，使咖啡树生长健壮，提高植株抗病能力。

化学防治　发现病株时，选用0.5%～1.0%波尔多液、苯来特800～1000倍液、50%多菌灵可湿性粉剂500倍液喷施，每15～20天1次，连喷2～3次。

参考文献

刘爱勤, 2013. 热带特色香料饮料作物主要病虫害防治图谱[M]. 北京：中国农业出版社：78-80.

（撰稿：孙世伟；审稿：刘爱勤）

图1　咖啡褐斑病症状（刘爱勤提供）

①叶片感病初期症状；②果实感病症状

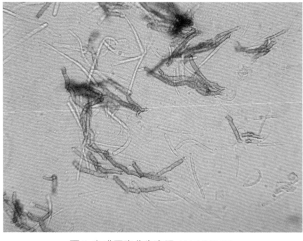

图2　咖啡尾孢分生孢子（刘爱勤提供）

咖啡炭疽病　coffee anthracnosis

由咖啡刺盘孢等3种病菌引起的一种咖啡真菌病害。叶片受害时，多在叶缘发病，叶片上下表面呈现出不规则的淡褐色至黑褐色病斑。

分布与危害　咖啡炭疽病几乎在所有咖啡种植区都有发生。叶片受害多在叶缘发病。叶片初侵染后，上下表面呈现出不规则淡褐色至黑褐色病斑。病斑受叶脉限制，直径约3mm，以后数个病斑汇成大病斑，病斑中央白色，边缘黄色，后期灰色，其上有许多黑色小点（病原菌的分生孢子）排列成同心轮纹（图1）。

病原及特征　病原有胶孢炭疽菌［*Colletotrichum gloeosporioides*（Penz.）Sacc.］（图2）、咖啡刺盘孢菌（*Colletotrichum coffeanum* Noack）和 *Colletotrichum kahawae* 3种。菌落白色或灰白色，气生菌丝绒毛状聚集，具有典型真菌隔膜；分生孢子梗呈短小圆柱形、排列密集，无色，无隔膜；分生孢子多呈圆柱形，或近椭球形，无色，无隔膜。

流行规律　病原侵染的最适条件是气温20℃左右，湿度90%以上并持续7小时以上，冷凉、高湿季节特别是长期干旱后连续降雨有利该病发生。1～2月中旬病情较轻，随着冬季气温低，叶片受到轻微冻伤，病害呈上升趋势；3月中旬开始，叶片发病出现高峰。之后随着高温干旱天气出现，新感病叶少，老病叶脱落多，病情逐渐减轻，6月上旬叶片发病降到全年最低点；下半年雨水多，相对湿度大，新感病的叶片多于脱落的老病叶，病情越来越严重；9～11月台风雨频繁，台风雨使叶片、果实普遍出现伤口，树体衰弱，台风吹脱大量叶片，使枝条上叶片稀疏，互相遮阴少，太阳灼伤叶片、果实较多，致使叶片、果实病情更严重，发病率升至全年最高点，以后病情变化幅度不大。

该病的发生与荫蔽也有一定关系。种植荫蔽树的咖啡园发病轻，无荫蔽树的咖啡园发病重。种荫蔽树的咖啡园，因植株长势好，冠幅大，枝叶茂盛，阳光灼伤少，咖啡树上早晚露水小，不利发病，病害轻。不种荫蔽树的咖啡园，植株长势差，冠幅小，枝叶稀疏，阳光灼伤多，咖啡树上早晚露水大，有利发病，病害重。

防治方法　咖啡园适当种植荫蔽树，创造适合咖啡生长的小气候环境，使咖啡树生长健壮；加强抚育管理，合理施肥和正确修剪，控制结果量，增强植株抗性。在发病初期，选用0.4%氧化亚铜粉剂或0.5%氯氧化铜制剂喷施植株；病害流行期，选用0.5%～1.0%等量式波尔多液、10%多抗霉素1000倍液、80%代森锰锌可湿性粉剂800倍液或50%多菌灵可湿性粉剂500倍液，每隔7～10天喷施1次，连喷2～3次。

参考文献

刘爱勤，2013.热带特色香料饮料作物主要病虫害防治图谱[M].北京：中国农业出版社：75-77.

（撰稿：孙世伟；审稿：刘爱勤）

图1　咖啡炭疽病叶片感病症状

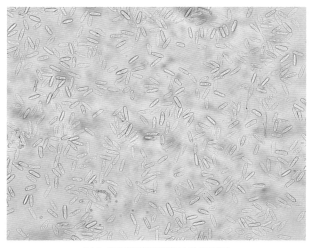

图2　盘长孢状刺盘孢的分生孢子

咖啡锈病　coffee rust

由咖啡驼孢锈菌引起的一种咖啡真菌性病害。

发展简史　该病害于1861年首次报道于东非维多利亚湖咖啡产区。1867年在斯里兰卡暴发流行并导致斯里兰卡的咖啡产业毁灭。随后波及东南亚各国和非洲各咖啡产区。1970年咖啡锈病在巴西的巴西亚地区暴发并在美洲地区快速传播。至今，该病害已广泛分布于全球所有咖啡产地。

分布与危害　此病分布于世界各咖啡产区。在巴西咖啡锈病每年造成约30%的减产，在中国各咖啡种植区均有发生。此病主要危害小粒种咖啡和大粒种咖啡，而中粒种咖啡对锈病有较强的抵抗力。

咖啡锈病主要侵染叶片，有时也危害幼果和嫩枝。叶片感病后，最初出现许多浅黄色小斑，并呈水渍状扩大，其周围有浅绿色晕圈；叶背面随即有橙黄色粉状孢子堆（图1），后期多个病斑扩大连在一起，形成不规则的大斑，遇到不良气候或叶部营养耗竭、孢子堆消失而形成褐色枯斑（图2）。咖啡树结果越多，锈病越严重。病害发生严重时，病叶大量脱落，枝条干枯，使尚未成熟果实得不到充足的养分供应，产生大量干果、僵果，严重影响咖啡产量和质量下降，甚至整株枯死（图3）。

病原及特征　病原为咖啡驼孢锈菌（*Hemileia vastatrix* Berk & Broome），属驼孢锈菌属。此菌是一种专性寄生菌。夏孢子堆呈黄橙色粉末状，通常出现在叶片背面呈直径约0.1mm的点状分布。发病初期表现为直径约几毫米的黄斑或淡黄色斑点，后期直径扩展至数厘米。菌丝呈

图1 咖啡叶片感病中后期叶背锈病孢子堆（刘爱勤提供）

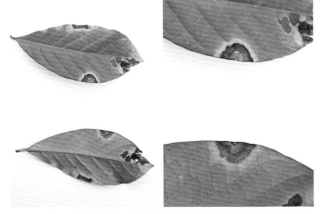

图2 咖啡叶片正、背面受害症状对比（刘爱勤提供）

图3 咖啡植株重度感病，叶片严重脱落，植株早衰（刘爱勤提供）

棒状，顶端有许多孢子梗，其上产生孢子团。夏孢子约呈肾形，26～40μm×18～28μm，壁透明至淡黄色，厚度为1～2μm，表面有强烈的疣状突起，孢子边缘的疣状突起通常较长（3～7μm）。冬孢子堆呈淡黄色，冬孢子通常在夏孢子堆中产生；冬孢子约呈球形至卵圆形，直径26～40μm×20～30μm，外壁透明至黄色，光滑，厚度约为1μm，顶端较厚，孢子梗透明。其有性世代尚不清楚。

侵染过程与侵染循环　此菌以菌丝在咖啡病组织内度过不良环境，残留的病叶是主要侵染来源，主要以夏孢子侵染，夏孢子通过气流、风、雨、人畜和昆虫传播。

流行规律　叶面凝霜愈重、停滞时间愈长发病愈重；大风、大雨天气不利发病；幼树期虽有发病，但不易流行，树龄6年以上，结果过多、营养耗竭而出现早衰或因失管时，生势衰弱的植株上锈病常大流行。

适中的温度、适量而均匀的降雨、较多的侵染源和易感病的、生势衰弱的寄主是本病流行的基本条件。海南岛咖啡锈病发生在每年9～11月至翌年4～5月。在云南，咖啡锈病在以卡蒂莫7963为主的栽培品种上发生规律与过去种植的波邦铁毕卡品种相似，6月开始发生，7月至翌年2月为流行盛期。云南亚热带地区每年6月进入雨季，湿度大，叶面水膜停留时间长，有利于夏孢子繁殖；每年10月至翌年2月非雨季流行期，绝对日温差可达16～18℃，露停留时间长达14～16小时，有利于咖啡锈病的流行。而主栽品种卡蒂莫7963表现出了结果越多锈病越重，产量低的年份发病轻，产量高感病重。

防治方法

农业防治　培育抗锈病咖啡良种，栽培抗锈品种。

加强栽培管理，合理密植，合理施肥和灌溉，适时修剪和荫蔽，控制过多结果量，防止咖啡早衰，提高植株抗病力。

咖啡园适当种植荔枝、杧果、橡胶等，调节光、温、湿三者关系，改变园内小气候和土壤环境，减弱光合量使咖啡有节制地结果，保持咖啡树的正常生势，增强植株对锈病的抵抗力。

化学防治　铜制剂对咖啡锈病防效较好，还能促进咖啡生长，增加产量。采用1%～5%的波尔多液喷施，第一次应在雨季之前，根据各地具体情况和病情严重程度而定，一般每隔2～3周喷施一次，能收到较好的防效；用0.1%硫酸铜溶液喷雾，防效也显著。

在病害流行期定期喷施0.5%～1%波尔多液，1个月喷1次；或用25%粉锈宁可湿性粉剂35～65g/亩或5%粉锈宁可湿性粉剂150～300g/亩，兑水30kg喷雾，连续喷施2～3次。粉锈宁对咖啡锈病有预防作用，发病初期有治疗作用。但粉锈宁黏着力差，常被雨水冲洗。在波尔多液中加入适量的粉锈宁、氯化钾和尿素喷施，不单防治锈病，且有提高抗病力的作用。

参考文献

BROWN J S, WHAN J H, KENNY M K, et al, 1995. The effect of coffee leaf rust on foliation and yield of coffee in Papua New Guinea[J]. Crop protection, 14(7): 589-592.

CRESSEY & DANIEl, 2013. Coffee rust regains foothold[J]. Nature, 493: 587.

FERNANDES RDC, EVANS H C, BARRETO R W, 2009. Confirmation of the occurrence of teliospores of *Hemileia vastatrix* in Brazil with observations on their mode of germination[J]. Tropical plant pathology, 34(2): 108-113.

（撰稿：孙世伟；审稿：刘爱勤）

咖啡幼苗立枯病 coffee seeding blight

由立枯丝核菌引起的、主要危害咖啡幼苗的一种真菌性病害。

分布与危害 此病是咖啡幼苗期的重要病害，在咖啡种植区一般均有发生。主要危害幼苗与土壤交接的根颈基部。发病初期受害部分出现水渍状病斑，以后病斑逐渐扩大，造成茎干环状缢缩，使顶端的叶片凋萎，整株青枯死亡。潮湿时病部长出乳白色菌丝体，形成网状菌索，后期长出菜籽大小的菌核，颜色由灰白色到褐色（图1）。

病原及特征 病原为立枯丝核菌（*Rhizoctonia solani* Kühn）（图2），属丝核菌属真菌。是一种严重危害农作物的土传病原菌。菌丝有隔膜，初期无色，老熟时浅褐色至黄褐色，分枝处呈直角，基部稍缢缩。病菌生长后期，由老熟菌丝交织在一起形成菌核。菌核暗褐色，不定形，质地疏松，表面粗糙。

寄主范围广，除侵染茄科、瓜类蔬菜外，一些豆科、十字花科等蔬菜也可被害，已知有160多种植物可被侵染。

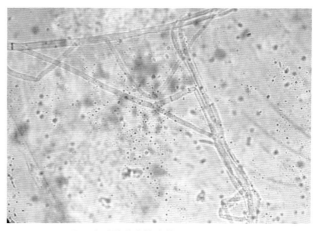

图2 咖啡幼苗立枯病菌丝（刘爱勤提供）

侵染过程与侵染循环 黑褐色的菌核残留在土壤的表面，在土壤中可存活2～3年。遇到足够的水分和较高的湿度时，菌核萌发出菌丝通过雨水、灌溉水、土壤中的水的流动传播蔓延，病菌的菌丝直接侵入幼苗根部，破坏根部细胞组织，造成病部收缩、干枯，病苗呈萎蔫状，随之渐渐枯死。

流行规律 高温高湿、地势低洼、排水不良或淋水过多，苗床过分荫蔽、连作或存在其他枯死植物残屑，都利于该病发生。

防治方法

农业防治 苗圃地不宜连作，整地要细致、平整，最好高畦育苗，避免苗圃积水。播种不宜过密，淋水不宜过多，保持田间清洁，及时清除枯枝落叶。苗床播种覆盖砂土前进行土壤消毒。

化学防治 选用45%代森铵水剂300～400倍、20%萎锈灵乳油900～1000倍喷洒畦面，及时拔除病株，对病株周围的健株树冠及根颈喷0.5%～1%波尔多液控制病害蔓延。

参考文献

刘爱勤, 2013. 热带特色香料饮料作物主要病虫害防治图谱[M]. 北京：中国农业出版社：86-88.

（撰稿：孙世伟；审稿：刘爱勤）

图1 咖啡幼苗受害症状（刘爱勤提供）

抗病机制 disease resistance mechanism

在进化过程中，植物的生存环境中始终充满了多种微生物，并且部分微生物进化出了多种致病机制，能侵入植物的组织或细胞，对植物造成损害，成为病原物。针对这些多种微生物和病原物以及病原物的多种致病机制，植物进化出了多种抗病机制。

植物的抗病机制是多样的，既有先天存在的抗病性机制，又有后天诱导性抗病机制。植物的抗病性是多种先天抗病机制和后天诱导性抗病机制共同或者相互作用的结果。

植物的先天抗病性由植物在受到病原物侵染之前固有的显微表皮形态结构、细胞结构、生理生化、代谢等特点决定，具有非寄主特异性，使得植物摆脱了非病原菌、非寄主病原菌的干扰和在非适宜侵染条件下病原菌的侵染。从物理层面上看，植物的先天免疫性抗病机制主要包括：①植物表皮以及覆盖在植物表皮的蜡质层、角质层形成光滑、疏水、厚实的隔离层，减少微生物或病原物的接触和吸附。②植物表皮细胞的细胞壁发生钙化或硅化增强对病原菌果胶酶的抵抗能力。③植物叶片表面水孔、气孔的结构、数量和开闭习性以及茎部表皮的皮孔等与抵抗病原菌的入侵相关。④植物细胞的胞间层、初生壁和次生壁都可能积累木质素从而阻止病原菌的扩展。⑤导管的组织结构加厚有利于抵抗维管束病害。从化学层面上看，植物的先天抗病性机制包括：①在细胞内代谢产生多种抗菌物质，如酚类物质、皂角苷、不饱和内脂有机硫化物等。②产生某些酸类、单宁和蛋白质，抑制植物病原菌分泌的水解酶。③植物组织中缺少某些病菌必需的营养物质或者致病必需的重要化学成分。

植物的诱导抗病性是植物在受到病原物侵染以后通过各种细胞膜和细胞内的受体蛋白感知病原物的病原相关分子模式、损坏相关分子模式、激发子、效应子等引起的防卫反应。植物的诱导性抗病机制主要包括：①植物细胞膜上的模式识别受体识别病原细菌和真菌的病原相关分子模式、损坏相关分子模式后，侵染部位的胼胝质积累、木质化、木栓化、维管束阻塞等阻止病原物生长和扩展，侵染部位的活性氧迸发、过敏性坏死、产生植物保卫素等杀死或阻止病原菌的扩展。②植物细胞内抗病蛋白识别效应子后，引起剧烈的细胞死亡等防卫反应达到阻止病原菌扩展的目的。③积累和释放病程相关蛋白到病原菌侵染的细胞间隙分解病原菌的细胞壁、降解和转化病原菌分泌的毒素、抑制病毒外壳蛋白与植物受体的结合。④感知到病原菌的侵入后，植物水杨酸等激素上升引起侵染和非侵染部位的抗性水平提高。⑤RNA 病毒通过微创伤侵染植物细胞后，需要在植物细胞内扩增 RNA 链形成双链 RNA 来达到增殖的目的，对 RNA 病毒的抗病机制则主要通过剪切这种双链 RNA 达到抑制病毒增殖的目的。

（撰稿：王源超；审稿：彭友良）

抗病基因　disease resistance genes

寄主中与病原物无毒基因相对应的基因。在植物中指存在于植物特定品种（系）中，在植物生长的整个周期或者其中某个阶段为组成型表达的所特有的一类基因，亦称 R 基因。在寄主与病原物之间基因对应基因互作中，植物抗病基因与病原物无毒基因互为显性、数量相等、功能互补。抗病基因产物与无毒基因产物互相识别，特异性结合后激发防卫反应基因表达，导致不亲和抗病反应。

20 世纪 40～50 年代，美国的弗洛尔（H. H. Flor）通过对亚麻抗性和亚麻锈病致病性遗传研究于 1956 年提出了基因对基因假说。该假说构成了现在克隆植物抗病基因和病原物无毒基因的理论基础。自 1992 年 Johal 等克隆出第一个植物抗病基因—玉米抗圆斑病基因 Hm1 后，人们已从植物中成功克隆出 100 多个抗病基因。

抗病基因克隆技术

转座子标签法（transposon tagging） 是将转座子或 T-DNA 插入到欲分离基因的内部或附近，使基因发生突变而被标识，然后利用插入 DNA 片段作探针，克隆得到该基因。在克隆抗病基因方面，转座子标记法可能更有效，但从应用的范围看，多拷贝基因的存在以及插入位点的随机性有时会限制其应用。

图位克隆法（map-based cloning） 是根据功能基因在基因组中都有相对稳定的基因座，再利用分子标记技术对目的基因进行精确定位，用与目的基因紧密连锁的分子标记筛选 DNA 文库，从而构建目的基因区域的物理图谱，再利用此物理图谱通过染色体步移逐步逼近目的基因，最终克隆目的基因并通过遗传转化实验确认该目的基因的功能。

抗病基因同源序列法（resistance gene analogous sequences, RGAs） 是根据已克隆的植物抗病基因的保守结构域设计特异或简并引物，通过 PCR 扩增得到抗病基因同源序列，然后分析同源序列与抗病基因的关系。该方法是继转座子标签技术和定位克隆法后，发展起来的一种克隆抗病基因的新方法，适用于一些不易获得转座子突变体、基因组庞大且重复序列较多、难以构建高密度分子标记连锁图谱的物种。

除上述 3 种常用的基因克隆技术外，在植物抗病基因克隆中还会用到的方法有：DNA 转染法（DNA transfection）、代表性差异分析技术（representational difference analysis）、mRNA 差异显示（mRNA differential display）、抑制消减杂交法（suppression subtractive hybridization）、产物导向法（product-oriented approaches）、鸟枪射击法（shotgun cloning）等。

抗病基因的分类

亮氨酸富集重复序列域（NBS-LRR） 这类基因编码蛋白具有一个核苷酸结合位点（NBS）、一个富亮氨酸重复（LRR）和 N 端的一些结构域。其中 NBS 结构域常被广泛地用于植物抗病基因的识别和分类，该区域包含一些非常保守的基序，如 P-loop、Kinase-2a、Kinase-3 和跨膜结构域 GLPL 等。NBS 结构域能够结合 ATP 或 GTP，可能参与抗病信号的传递，在植物抗病反应中起着重要的作用。

丝氨酸／苏氨酸蛋白激酶（STK） 这类基因编码蛋白具有两个特征结构域，分别为 DaKXXN 和 GTaGYXAP，是植物中类受体蛋白激酶的一种主要形式。如番茄的 Pto、水稻的 Xa21 及大麦的 Rar1 基因都编码丝氨酸／苏氨酸蛋白激酶，且 Pto 编码的 STK 与哺乳动物的 Raf、IRAK 基因以及果蝇的 Pelle 激酶类似，这在一定程度上也表明动植物在信号传导的途径和方式上有相似性。

果蝇 TOLL 样受体／白细胞介素 -1 受体 这类基因编码蛋白的近 N 端有果蝇 TOLL 白细胞介素 -1 信号区域，近 C 端由 LRR 组成，中间为 NBS。这类蛋白一般存在于胞质中，NBS 结构暗示它们在发挥正常功能时有可能需要结合 ATP 或 GTP；而 LRR 结构则表明它们可能作为受体，结合病原产生的某种诱导物，从而使起始细胞的信号传递过程产生抗病反应。如番茄的 Bs4 基因，烟草抗烟草花叶病毒的 N 和 NH 基因。

富亮氨酸重复的类体蛋白（RLP） 这类抗病基因编码

的产物是一种糖蛋白受体，锚定于细胞膜上，包括胞外的 N-末端 LRR 结构域、C- 末端的跨膜受体和很短的胞内区域（仅由十几个氨基酸残基构成）。如番茄的抗叶霉病不同生理小种的基因 Cf-2、Cf-4、Cf-5 和 Hcr9-4E，以及甜菜抗孢囊线虫基因 Hslpro-1。

类受体激酶（RLK）　这类基因编码蛋白既含有胞外 LRR 受体结构域，又含有胞内的蛋白激酶结构域，2 个区域之间存在一个跨膜区。如水稻抗白叶枯病基因 Xa21 和 Xa26 编码的蛋白是类受体蛋白激酶。

其他类抗病基因　如玉米的 Hm1 基因，该基因编码 1 个依赖于 NADPH 的 HC- 毒素还原酶。因为 Hm1 降解毒素不涉及 1 个来自病原的 Avr 成分，因此，Hm1 不同于上述提及的 R 基因，也不符合基因对基因假说。此外，大麦抗白粉病基因 Mlo 编码的蛋白含有 6 个以上的跨膜蛋白螺旋，却缺少其他的抗病基因相似结构。

抗病基因的进化　在抗病基因的进化过程中，基因内具有重要功能的结构域被保留下来，形成保守的结构域，如核苷酸结合位点。但在植物与病原物的长期相互作用中，植物为了更好地应对病原新致病类型的出现，需要通过变异以达到适应的目的。变异的产生通常是由于基因内的复制、重组、转座和基因间的不对称交换所致。

基因复制能产生新的基因座或重复序列，而通过基因重组又能改变抗病基因家族的基因数目。如番茄的 Cf-2 基因是通过基因复制重组形成的新位点。转座子是一类能够在基因内部自由移动的遗传因子，能够插入到基因内部从而改变基因编码的大小，也可以通过调节区来改变基因表达模式。如玉米 Hm1 基因是由该基因内部转座子插入引起的。此外，许多植物抗病基因位点所存在的不同抗病基因及其功能改变的等位基因是成簇排列的。如亚麻 M 组 7 个基因之间，N 组 3 个基因之间紧密连锁，L 组有 12 个基因为等位基因，每个抗病基因能专化性识别不同的无毒基因。紧密相连的抗病基因之间可以进行序列重排和重组，产生具有识别病菌新致病类型的抗病基因。

抗病基因的应用　根据 R 基因保守序列合成 DNA 探针和引物，扩增出大量的植物抗病基因同源序列，可用于选择抗病品种以及将抗病基因通过渐渗的方式导入性状优良的品种中，具有广阔的应用前景。利用转基因技术将已克隆的 R 基因在种内或种间转化感病植株能够很快地产生新的抗性系。随着抗病基因和对应无毒基因克隆不断增加，将抗病基因及其互补的无毒基因结合在一起，置于受病原物诱导的启动子下，转化、整合到植物染色体基因中进行表达，就能诱导产生过敏性反应。这种由抗病基因和无毒基因组成的双组分系统是诱导性表达，不仅对真菌，也可以对细菌、病毒和线虫等病原物具有广谱抗性。此外，利用 CRISPR 基因编辑技术，对一些植物重要病害抗病基因进行定点改造可以提高、创造出具有广谱抗性的品种 / 系。

参考文献

FLOR H H, 1955. Host-parasite interaction in flax rust-its genetics and other implications[J]. Phytopathology, 45: 680-685.

LI W, DENG Y, NING Y, et al, 2020. Exploiting broad-spectrum disease resistance in crops: from molecular dissection to breeding[J]. Annual review of plant biology, 71: 575-603.

SHAO Z Q, XUE J Y, WANG Q, et al, 2019. Revisiting the origin of plant NBS-LRR genes[J]. Trends plant science, 24(1): 9-12.

SUN X, CAO Y, YANG Z, et al, 2004. Xa26, a gene conferring resistance to *Xanthomonas oryzae* pv. *oryzae* in rice, encodes an LRR receptor kinase-like protein[J]. Plant journal, 37(4): 517-527.

WANG Y, CHENG X, SHAN Q, et al, 2014. Simultaneous editing of three homoeoalleles in hexaploid bread wheat confers heritable resistance to powdery mildew[J]. Nature biotechnology, 32(9): 947-951.

（撰稿：乔永利；审稿：郭海龙）

抗病品种应用　utilization of resistance variety

根据病原菌的组成和变化特点，将具有不同抗病特性的品种进行合理布局，使抗病基因多样化，减轻病害流行程度的病害管理方式。

形成和发展过程　利用品种抗性减轻病虫危害是开始栽培作物以来就使用的方法。基因对基因假说的提出为抗病性的研究和利用提供了很好的理论依据。在此基础上，很多抗病基因得到鉴定、克隆，被有效地利用。但利用单个抗病基因培育出来的抗病品种多数仅具有对个别小种的垂直抗病基因，因此，抗病品种大面积推广后 3～5 年抗性就会散失，导致病害流行的事例很多。

与净栽水稻田块相比，感病水稻品种在多样性种植模式中可增加 89% 的产量，而稻瘟病减轻 94%，在此基础上建立的利用水稻遗传多样性控制稻瘟病的理论和技术，进行大面积推广，使品种抗性的利用有了新的途径。

基本内容　由于培育的抗病品种多数仅具有对个别小种的垂直抗病基因，因此，抗病品种大面积推广后 3～5 年抗性就会丧失，导致病害流行。水稻遗传多样性控制稻瘟病理论和技术的发现，为品种抗性的利用找到了新的途径。后续研究发现水稻的多样性种植可提高植株地上部分的硅含量，减少叶片表面的结露时间，降低植株间的空气湿度，增加植物的光照强度，提高植物的抗病能力，降低病原菌侵染的机会。此外，还能诱导植物的抗病性，提高植物对肥料的利用效率，从而有效减轻病害的发生程度，增加作物的产量，并在小麦、玉米、马铃薯等多种作物上得到证明和应用。

随着研究的深入，发现了抗病基因的调控元件，这些元件对病害与产量的调控能够发挥关键作用，为广谱和持久抗病品种的培育提供了很好的材料和技术。何祖华等从中国农家品种中鉴定了一个广谱抗瘟性新位点 Pigm，Pigm 位点有 2 个发挥功能的蛋白 PigmR 和 PigmS。PigmR 对所有检测的稻瘟病菌小种具有广谱抗病性，而 PigmS 不产生抗病性，却通过抑制 PigmR 的抗病功能，提高水稻结实率和产量。通过长期进化和人工选择，这个 PigmS 基因表达受表观遗传调控，其本身的启动子可以产生特异的小分子 RNA，沉默自己的表达，导致 PigmS 在叶片、茎秆等病原菌侵染的组织部位表达量很低，因此，不会对 PigmR 的抗病功能产生太大的影响。由于 PigmR 和 PigmS 紧密连锁在染色体的一个区段内不能分开，因此，选育的品种既有广谱抗病性又不影响最终的产量。

陈学伟等通过 GWAS 和重组自交系的分析，发现在高抗稻瘟病的水稻品种地谷中编码 C_2H_2 类转录因子的基因 Bsr-d1 的启动子区域一个关键碱基变异，导致上游 MYB 转录因子对 Bsr-d1 的启动子结合增强，从而抑制 Bsr-d1 响应稻瘟病菌诱导的表达，并导致 BSR-D1 直接调控的 H_2O_2 降解酶基因表达下调，使 H_2O_2 降解减弱，细胞内 H_2O_2 富集，提高了水稻的免疫反应和抗病性。由于 Bsr-d1 的启动子自然变异后对稻瘟病具有广谱持久的抗病性，但对产量性状和稻米品质没有明显影响，因而具有十分重要的应用价值。

陈功友等通过精确编辑多个感病基因，实现了水稻对白叶枯病不同小种的广谱抗性，不是直接利用抗病基因，而是精确改造感病基因，为作物抗病育种和抗性丧失的治理提供了新思路。

科学意义和应用价值　如何有效利用抗病品种，实现优质、高产、环保地生产出满足人类需要的农产品，是未来农业长期面对的问题。利用作物抗病性是防控植物病害最经济最环保也最有效的途径。在田间增加抗病基因的多样性，代表着抗病性品种利用的新途径。但如何有效地利用抗性，延长抗病品种的使用时间还有待于对抗性机制，对抗病基因及其调控机制的深入研究。随着对植物免疫学的深入研究，抗性利用的新技术也会不断地开发出来，为农业的可持续发展提供有力的支撑。

参考文献

LI W, ZHU Z, CHERN M, et al, 2017. A natural allele of a transcription factor in rice confers broad-spectrum blast resistance[J]. Cell, 170:114-126.

XU Z, XU X, GONG Q, et al, 2019. Engineering broad-spectrum bacterial blight resistance by simultaneously disrupting variable TALE-binding elements of multiple susceptibility genes in rice[J]. Molecular plant, 12: 1434-1446.

ZHU Y Y, CHEN H R, FAN J H, et al, 2000. Genetic diversity and disease control in rice[J]. Nature, 406:718-722.

（撰稿：李成云；审稿：朱有勇）

抗病信号传导　signal transduction of disease resistance

植物生活的环境中，存在成千上万种不同的微生物，比如真菌、细菌、线虫和病毒等。绝大部分微生物与植物和平共处甚至互为有利，但是，有部分微生物能够危害植物导致病害，这部分病原微生物统称为病原物。植物在与病原物共进化过程中产生了一套精密调控的先天免疫系统，该系统依赖于抗病信号传导网络，包括植物模式识别受体（PRRs）监测到病原物（微生物）相关的分子模式（P/MAMPs）后产生的 PTI 信号传导、免疫受体蛋白识别效应因子产生的 ETI 信号传导；而这两类抗病信号传导又涉及多个抗病激素信号，包括水杨酸信号、茉莉酸信号以及乙烯信号（图 1）。

PTI 信号传导　PTI 抗病信号是由模式识别受体（PRRs）识别特定的分子模式后产生的抗病信号，这些分子模式包括病原物或微生物保守的分子模式、植物细胞受伤害后产生的特定的分子等。模式识别受体通常是锚定在细胞膜上的受体蛋白激酶，在没有病原微生物时，通过胞吞循环维持一定的动态平衡。当与特定的分子模式结合后，会招募共受体形成复合体，进而通过相互间的磷酸化改变蛋白构象，进一步招募下游蛋白并使之磷酸化。在模式植物拟南芥中，PTI 信号传导包括以下三个途径。

PTI 信号传导的第一条途径是招募 BIK1 并使之磷酸化（图①）。BIK1 是一个类受体细胞质激酶，磷酸化后的 BIK1 使 NADPH 氧化酶 RBOHD 磷酸化，从而促进包括过氧化氢在内的活性氧（reactive oxygen species，ROS）的产生。

PTI 信号传导的第二条途径是通过丝裂原活化蛋白激酶（mitogen-activated protein kinase，MAPK）产生 MAPK 级联信号（图②）。该级联信号由三级激酶组成，即 MAPK 激酶激酶（MAP kinase kinase kinase，MKKK）、MAPK 激酶（MAP kinase kinase，MKK）和 MAPK，这三级激酶依次激活。该级联信号下游涉及乙烯信号和多个转录因子。MAPK 级联信号传递的一条途径是，MPK3 和 MPK6 通过转录水平和翻译后修饰调控乙烯合成途径中的两个关键酶，即 ACC 合成酶 ACS2 和 ACS6，促进乙烯的合成，从而产生乙烯信号，提高对死体营养型病原物的抗病性（图②a）。一方面，ACS2 和 ACS6 是极不稳定的，但它们经 MPK3 和 MPK6 磷酸化后变得稳定；另一方面，MPK3 和 MPK6 磷酸化转录因子 WRKY33，磷酸化后的 WRKY33 结合到 ACS2 和 ACS6 基因的启动子上促进其表达。MAPK 级联信号传递的另一条途径是使多个转录因子或关键酶磷酸化，从而促进它们所调控的下游信号途径（图②b）。其中的一类转录因子是 WRKY。如 WRKY33，被磷酸化后结合到植物抗毒素（phytoalexin）合成酶基因的启动子上，促进植物抗毒素的合成，提高植物的基础抗性。而且，WRKY33 还通过促进乙烯响应因子 ERF1、ERF5 和 ORA59 的表达来调控抗病性。另一类转录因子是乙烯响应因子（ethylene response factor，ERF），包括 ERF5、ERF6 和 ERF104，这些 ERF 调控多个防御相关基因的表达，包括 PDF1.1、PDF1.2 等，产生对死体营养病菌 B. cinerea 的抗性。最后，MAPK 级联信号下游还包括 MPK3/6 使细胞周期蛋白依赖性激酶 C（cyclindependent kinase C，CDKCs）磷酸化，而磷酸化的 CDKCs 进而对 RNA 聚合酶Ⅱ的 C 端结构域磷酸化，调控防御相关基因的表达，增加对丁香假单胞菌和白粉菌的基础抗性。

PTI 信号传导的第三条途径是导致胼胝质的沉积（图③）。已知的产生胼胝质沉积的关键元件有胼胝质合成酶 PMR4/GSL5、乙烯信号下游转录因子 MYB51、吲哚硫代葡萄糖苷代谢关键酶 PEN2、ATP 结合盒转运蛋白 PEN3 等。

ETI 和 SA 信号传导　ETI 抗病信号产生于植物免疫受体蛋白 NLR（nod-like receptor）对病原物无毒蛋白 Avr（avirulent factor）的识别之后。由于病原物无毒蛋白通常会抑制 PTI 信号，因此，ETI 信号一方面是释放由无毒蛋白抑制的 PTI 信号；另一方面，会极大地激活植物抗病激素信号，

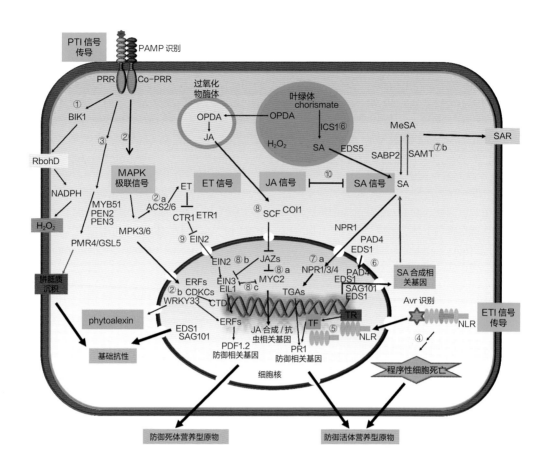

抗病信号传导途径简略图

植物细胞表面的模式识别受体 PRR 与共受体 Co-PRR 通过识别病原物相关分子模式（PAMP）产生 PTI 抗病信号。PTI 信号传导有三个分支，一是通过 BIK1 途径导致活性氧迸发①，二是通过 MAPK 级联信号②促进乙烯信号途径② a、防御相关基因的表达以及植物抗毒素合成② b 等，三是促进胼胝质沉积③，产生植物的基础抗性。植物细胞中的免疫受体蛋白通过识别无毒蛋白产生 ETI 抗病信号，ETI 抗病信号在细胞质中通过 SA- 依赖途径导致程序性细胞死亡④，ETI 抗病信号在细胞核中激活 PR1 等防御相关基因表达⑤，二者配合产生对活体营养型病原物的抗病性。同时，SA 信号途径被加强⑥，SA 信号在病原物侵染部位的细胞中通过 NPR 受体激活 TGA 转录因子和 PR1 等防御基因的表达⑦ a，产生的 SA 经 SAMT 甲基化生成 MeSA，通过韧皮部运输到植株的其他部位后，经 SABP2 去甲基生成 SA，产生系统获得性抗性 SAR ⑦ b。JA/ET 信号途径分别产生对机械伤害（即抗虫性）和死体营养型病原物的抗性。JA 被 COI1 受体识别，泛素化 JAZ 抑制子，分别激活 MYC 分支信号⑧ a 和 ERF 分支信号⑧ b，而 EIN3 和 EIL1 通过与 MYC2 的相互抑制来协调抗虫性和抗病性⑧ c。乙烯通过结合乙烯受体 ETR1，使 EIN2 的 C 端被切割进入细胞核⑨，结合 EIN3 和 EIL1，通过乙烯反应因子 ERF 调控 PDF1.2 等防御相关基因的表达。SA 和 JA/ET 信号途径产生相互的拮抗作用⑩来协调对不同病原物的防御作用。缩略符号说明：Avr, avirulent effector; CDKC, cyclin-dependent kinase C; CTD, C-terminal domain of RNA polymerase II; ERF, ethylene response factor; ET, ethylene; ETI, effector-triggered immunity; JA, jasmonic acid; JAZ, jasmonate ZIM domain protein; MAPK, mitogen-activated protein kinase; NLR, Nod-like receptor; OPDA, oxophytodienoic acid; PAMP, pathogen-associated molecular pattern; PRR, pattern recognition receptor; PTI, pattern-triggered immunity; SA, salicylic acid; TF, transcription factor; TGA, TGACG sequence-specific binding protein; TR, transcription repressor

包括 SA 信号、JA/ET 信号。总体上看，ETI 抗病信号传导包含两个分支，一是在受病原物侵染部位细胞的细胞质中启动程序性细胞死亡（图④），从而将入侵的病原物限制在受侵染部位的一个或多个细胞中；二是被激活的免疫受体蛋白会招募下游蛋白，通常有各种转录因子，包括转录抑制因子和转录激活因子，从而启动防御相关基因的表达（图⑤）。上述两个方面需要水杨酸信号，而且与 ROS 信号紧密配合，产生对活体营养型病原物的抗病性。

SA 信号途径　水杨酸（SA）在对活体营养型病原物的抗病性中必不可少。水杨酸在叶绿体中合成，通过转运蛋白 EDS5 从叶绿体运输到细胞浆中。在细胞浆中，SA 可以分别通过与不同基团结合，形成不同的水杨酸盐，包括 SAG（SA O-β-glucoside）、SGE（salicyloyl glucose ester）、MeSA（methyl salicylate）、MeSAG（methyl salicylate O-β-glucoside）和 SA-aa（amino acid SA conjugates）几种形式。这些不同形式的水杨酸盐不停地从细胞浆中转运到并储存在液泡中，从而避免 SA 过多对细胞造成损害。

SA 在细胞中的积累量严格受正负两方面的基因调控（图⑥）。正调控基因包括 *EDS1*、*PAD4*、*SID2/ICS1*、*EDS5/SID1*、*NDR1*、*ALD1*、*PBS3/WIN3/GDG1*、*EPS* 和 *MOS* 等。其中 *EDS1* 是最重要的一个正调控基因，编码一个类酯酶蛋白，分别与类酯酶蛋白 *PAD4*、*SAG101* 或免疫受体蛋白 RPS4 形成蛋白复合体。*EDS1-PAD4* 异源二聚体同时存在于细胞质和细胞核中，但 *EDS1-SAG101* 只存在于细胞核中，而 *EDS1-RPS4* 复合体会因对无毒蛋白 AvrRps4 的识别而进入细胞核中，产生 RPS4 介导的免疫反应。

SA 信号中最关键的调控因子是 NPR1。SA 一方面影响 NPR1 的表达，另一方面还决定 NPR1 从细胞质进入细胞核。而 NPR1 的表达受 WRKY 转录因子的调控。NPR1 的两个同源基因，即 *NPR3* 和 *PR4*，与 NPR1 共同作为 SA 的受体蛋白（图⑦ a）。其中 NPR3 和 NPR4 均是 BTB-CUL3 连接酶，分别在高浓度和低浓度的 SA 水平介导 NPR1 经 26S 蛋白酶体降解。没有 SA 的情况下，NPR1 以多聚体的形式存在于细胞质中，同时也在 NPR4 的介导下经泛素化途径分解。细胞受病原物侵染产生 SA，SA 导致细胞的氧化还原状态发生改变，NPR1 便还原成单体并进入细胞核，调控防御基因的表达。但当 SA 水平过高时，NPR3 便介导 NPR1 经泛素化降解。

SA 在受病原物侵染部位经甲基转移酶 SAMT 变成 MeSA，MeSA 通过韧皮部运输到植株的其他部位，在这些部位 MeSA 被 SABP2 去甲基化，生成 SA，从而产生系统获得性抗性（SAR）（图⑦ b）。在这个过程中，NPR1 与 TGA 家族转录因子互作，成为系统获得性抗性（systemic acquired resistance，SAR）的共激活子（co-activator）。

JA 和 ET 信号传导　JA 和 ET 信号产生对死体营养型病原物的抗病性和抗虫性。与 SA 信号途径具有相互拮抗作用。

JA 信号途径　植物一旦受到病原物的侵染或昆虫的取食，α- 亚麻酸就迅速转化为茉莉酸，而茉莉酸在 JAR1 催化下转变为有生物活性的 JA-Ile。JA-Ile 被 JA 受体、F- 盒蛋白 COI1 识别，招募下游的 JAZ 蛋白并使之泛素化，泛素化的 JAZ 蛋白通过 26S 蛋白酶体降解，从而释放被 JAZ 蛋白所抑制的转录因子，导致一系列防御相关基因的表达（图⑧）。COI1 是 SCF（skip-cullin-F-box）类 E3 泛素连接酶复合体的组分，是所有 JA 信号的关键原件，其底物就是这些 JAZ 蛋白。JAZ 蛋白通过结合到转录因子并抑制其活性来负调控 JA 信号。JAZ 对这些转录因子的抑制作用需要 TPL（TOPLESS）、TPR（TPL-related proteins）和 NINJA 蛋白的参与。COI1 结合 JA-Ile 后，招募 JAZ 并使之通过泛素化途径降解，使转录因子从 NINJ 和 TPL 的抑制中释放出来，从而激活下游基因转录。

由于 JAZ 抑制子对 MYC2 和 EIN3、EIL1（EIN3-like 1）的抑制作用，从而使 JA 信号传导分为两个分支，即 MYC 分支和 ERF 分支。MYC 分支包括 MYC2、MYC3、MYC4 等转录因子调控的 JA 下游信号导致抗虫性（图⑧ a）。ERF 分支则与 ET 信号协同调控防御相关基因的表达（图⑧ b），如 PDF1.2 等的合成，促进对死体营养型病原物的抗病性。

在 MYC 分支中，受 JAZ 抑制的转录因子包括 bHLH（basic helix-loop-helix）转录因子家族中，系统进化树上位于Ⅲe 分支的 MYC2、MYC3 和 MYC4，位于Ⅲd 分支的 bHLH 转录因子 GL3、EGL3 和 TT8，以及 R2R3 类 MYB 转录因子 PAP1、GL1、MYB21、MYB24 和 MYB57 等，这些转录因子分别调控根的生长、幼芽顶钩的形成、叶片衰老、开花、雄蕊发育以及对生物和非生物胁迫等。其中，MYC2、MYC3 和 MYC4 分别直接与多个 MYB 转录因子形成复合体，包括 MYB28、MYB29、MYB34、MYB51、MYB76 和 MYB121，调控葡糖异硫氰酸盐（glucosinolate，GS）的合成，促进抗虫相关基因的表达。

在 ERF 分支中，JA 信号传导途径通过两个层次调控 ET 信号途径，一是 JAZ 抑制子分别与 EIN3 和 EIL1 结合，抑制它们的活性（图⑧ b）。当 JA 信号激活导致 JAZ 降解时，也释放了 EIN3 和 EIL1。二是 JA 信号激活后，MYC2 也被激活，MYC2 一方面通过上调 EBF1 促进 EIN3 和 EIL1 的降解，另一方面与 EIN3 和 EIL1 形成复合体，干扰 EIN3 和 EIL1 结合 DNA 的能力，从而抑制其转录活性；同时，EIN3 和 EIL1 反过来也抑制 MYC2 的活性，从而协调 JA 和乙烯下游信号中抗虫与抗病的动态平衡（图⑧ c）。

乙烯信号途径　植物受到病原物侵染后，钙离子流入和 MAPK 级联信号激活，导致乙烯的大量合成，从而激活乙烯信号传导。乙烯是植物的重要激素，也是抗病信号传导中的重要信号分子。乙烯信号由其受体蛋白 ETR1、ETR2、ERS1、ERS2 和 EIN4 所接收，并通过抑制 CTR1 来启动 EIN2，进而使转录因子 EIN3 及 EIL1 蛋白稳定，从而调控下游基因的表达（图⑩）。MPK3 和 MPK6 通过磷酸化 ACS2、ACS6 并使之稳定，从而促进 ET 的合成。ACS2 和 ACS6 的作用是合成 ET 的前体 ACC。在没有乙烯的情况下，乙烯受体 ETR1 通过蛋白激酶 CTR1 磷酸化乙烯信号关键原件 EIN2，抑制其活性。当乙烯与位于内质网上的乙烯受体 ETR1 结合后，ERT1 的激酶活性受抑制，EIN2 被激活启动下游信号。EIN2 激活后，其 C 端被切割开来，进入细胞核，结合并稳定 EIN3 和 EIL1，而 EIN3 和 EIL1 进一步调控下游一系列的乙烯响应因子的表达，包括 ERF1 和 ORA59 等。EIN3 和 EIL1 调控多个 ERF 转录因子的表达，通过 ERF1 促进 PDF1.2 和 PR3 的表达。

乙烯信号的下游包括一系列的乙烯响应因子（ethylene response factor，ERF）。ERF 分两类，一类是转录激活子，即 ERF 激活子。ERF 激活子通过中介蛋白 MED25 结合 DNA 并招募 RNA 聚合酶Ⅱ及其他转录原件来启动下游靶基因的表达，包括 ET/JA 信号的标记防御基因 *PDF1.2* 等。另一类是转录抑制子，即 ERF 抑制子。ERF 抑制子与共抑制子 TPL（TOPLESS）结合，招募组蛋白去乙酰化酶蛋白 HDA，导致组蛋白去乙酰化，使染色质浓缩，抑制转录。

JA 和 ET 信号产生对死体营养型病原物的抗病性和抗虫性。与 SA 信号途径具有相互拮抗作用（图⑩）。

参考文献

FU Z Q, YAN S, SALEH A, et al, 2012. NPR3 and NPR4 are receptors for the immune signal salicylic acid in plants[J]. Nature, 486: 228-232.

HUANG P Y, CATINOT J, ZIMMERLI L, 2016. Ethylene response factors in Arabidopsis immunity[J]. Journal of experimental botany, 67: 1231-1241.

KADOTA Y, SKLENAR J, DERBYSHIRE P, et al, 2014. Direct regulation of the NADPH oxidase RBOHD by the PRR-associated kinase BIK1 during plant immunity[J]. Molecular cell, 54: 43-55.

LI F, CHENG C, CUI F, et al, 2014a. Modulation of RNA polymerase Ⅱ phosphorylation downstream of pathogen perception orchestrates plant immunity[J]. Cell host microbe, 16: 748-758.

LI G, MENG X, WANG R, et al, 2012. Dual-level regulation of ACC synthase activity by MPK3/MPK6 cascade and its downstream WRKY transcription factor during ethylene induction in *Arabidopsis*[J]. PLoS genet, 8: e1002767.

LI L, LI M, YU L, et al, 2014b. The FLS2-associated kinase BIK1 directly phosphorylates the NADPH oxidase RbohD to control plant immunity[J]. Cell host microbe, 15: 329-338.

MENG X, XU J, HE Y, et al, 2013. Phosphorylation of an ERF transcription factor by *Arabidopsis* MPK3/MPK6 regulates plant defense gene induction and fungal resistance[J]. Plant cell, 25: 1126-1142.

SCHWEIZER F, FERNANDEZ-CALVO P, ZANDER M, et al, 2013. *Arabidopsis* basic helix-loop-helix transcription factors MYC2, MYC3, and MYC4 regulate glucosinolate biosynthesis, insect performance, and feeding behavior[J]. Plant cell, 25: 3117-3132.

SONG S, HUANG H, GAO H, et al, 2014. Interaction between MYC2 and ETHYLENE INSENSITIVE3 modulates antagonism between jasmonate and ethylene signaling in *Arabidopsis*[J]. Plant cell, 26: 263-279.

ZHANG X, ZHU Z, AN F, et al, 2014. Jasmonate-activated MYC2 represses ETHYLENE INSENSITIVE3 activity to antagonize ethylene-promoted apical hook formation in *Arabidopsis*[J]. Plant cell, 26: 1105-1117.

（撰稿：王文明；审稿：杨丽）

抗病性　disease resistance

植物避免、终止或阻滞病原物侵入与扩展，减轻发病和损失程度的能力。植物抗病性是植物与病原物在长期的协同进化中相互选择、相互适应的结果。病原物产生不同类别、不同程度的寄生性和致病性，植物也相应地形成了不同类别、不同程度的抗病性。抗病性是植物普遍存在的、相对的性状，不同植物具有不同类型和不同程度的抗病性，表现为由免疫、高度抗病到高度感病的连续序列反应。抗病性强便是感病性弱，抗病性弱便是感病性强，没有绝对的感病性。只有以相对的概念来理解抗病性，才会发现抗病性是普遍存在的。

抗病性是植物可遗传的特性。其表现受寄主与病原物相互作用的性质和环境条件共同影响。按照遗传方式的不同可将植物抗病性分为主效基因抗病性和微效基因抗病性。按照孟德尔法则遗传，前者表现为质量性状，单个基因效果明显抗病性；后者表现为数量性状，由多数微效基因控制。

植物抗病性的特征与病原物的寄主专化性的强弱关系密切，是在进化过程中相互影响而逐步形成的。病原物的寄主专化性越强，则寄主植物的抗病性分化也越明显。寄主的抗病性可以仅仅针对病原物群体中的少数几个特定的小种，这称为小种专化抗病性。具有该种抗病性的寄主品种与病原物小种间有特异性的相互作用。小种专化性抗病性通常是由

主效基因控制的，其抗病效能较高，是当前抗病育种中所广泛利用的抗病性类型。其主要缺点是抗小种谱比较窄。与小种专化抗病性对应的是小种非专化抗病性，具有该种抗病性的寄主品种与病原物小种间无明显特异性相互作用，一般是由多个微效基因控制的，并能针对病原物大多数种群的一类抗病性，其缺点是单个微效基因作用比较弱，易受环境和植物生理状态影响，经常难以达到理想的效果。

（撰稿：王源超；审稿：彭友良）

抗病性持久化　stabilization of disease resistance

大面积栽培下保持品种抗病性寿命达到所需的持久程度，这涉及三个相互有关的量化指标：品种的种植面积、品种抗病性丧失的病情阈值和抗性持久的年数。

简史　19世纪末和20世纪初，科学家发现了植物抗病性后，开始选育出了大量携带 *R* 抗性基因品种，但这类抗性品种的大面积推广导致了抗病性丧失的现象。此后品种抗病性丧失的报道接连不断，甚至成为利用抗病品种防治基因对基因病害上的普遍现象，因此，如何筛选和选育持久抗病的品种，以及如何使品种抗病性的有效性在商品化种植中具有更长的寿命，就是一个抗病性持久化的问题，科学家认为品种抗性持久化可以通过调节作物本身的抗性遗传及病害生态系统来进行。

品种抗病持久化的途径　作物病害生态系统是农业生态系中的一个子系统，它是由寄主作物、病原物以及它们所处的环境所构成。作物的抗病性、病原物的毒性和环境（包括人的活动）的相互作用导致不同水平病害的发生。而品种抗病性的丧失主要是由病原物小种变异造成的，即品种推广以后，新的抗病性（或抗病基因）对病原物群体存在定向选择作用，使能克服该抗病性的新小种频率上升流行所致。而新小种的上升和流行又主要取决于大面积生产品种的抗病性组成和抗病性类型的综合作用。因此，品种抗病性的持久化，也就有了多种途径。

①从品种选育来看，选育和推广水平抗病性或持久抗病品种，包括多系品种和混系品种，也就是在育种时通过多抗病基因累加和多基因组合，减少品种抗病基因对某一病原物小种或毒性的定向选择，减缓新小种的形成或累积。②在不同的地块或不同地区种植携有不同抗病基因的品种，即在不同的空间进行携有不同抗病基因的品种布局，这需要有各地病原物小种或毒性及其变异动态的前瞻性了解，有足够的新抗病品种的储备，不同地区育种家必须在使用抗病基因方面达成并遵守协议。或者进行不同抗病基因品种的混合种植（是为田间的空间作用）。田间不同抗病基因品种的混合种植还具有物理阻隔、诱导抗性及对病原物群体的稳定化选择等作用。③轮换种植携有不同抗病基因的品种，这也需要对病原物小种或毒性及其变异动态有前瞻性了解，并且有足够的新抗病品种的储备。④不同作物进行间作。间作时高秆作物对矮秆作物的病原物存在物理阻挡作用，而作物植株在不同高度空间的分布可改善田间小气候，使之不利于病原物的

流行。例如小麦和玉米间作对小麦条锈病、白粉病等的流行有减弱作用；马铃薯和玉米间作对马铃薯晚疫病有减弱作用。这些措施可以打破抗病基因对病原物的定向选择，调节田间小生态，有效地减轻对病原菌的选择压力，减缓病菌变异，从而达到抗病性的持久化。

参考文献

JACOBS T H, PARLEVLIET J E, 1997. 抗病性的持久性 [M]. 杨作民，曾士迈，等译. 北京：中国农业大学出版社.

彭绍裘，刘二明，1993. 作物持久抗病性的研究进展和战略（一）[J]. 湖南农业科学 (1): 14-16.

彭绍裘，刘二明，1993. 作物持久抗病性的研究进展和战略（二）[J]. 湖南农业科学 (2): 46-48.

曾士迈，1985. 作物品种抗病性持久化的研究 [J]. 世界农业 (7): 29-31, 17.

曾士迈，张树榛，1998. 植物抗病育种的流行学研究 [M]. 北京：科学出版社.

（撰稿：段霞瑜、周益林；审稿：范洁茹）

抗病性类型　type of disease resistance

按照寄主植物的抗病机制不同，抗病性可以分为先天免疫抗病性和诱导抗病性。先天免疫抗病性是植物与病原物接触前，植物已有性状决定的抗病性。诱导抗病性是植物受到病原物侵染后诱发表达的防卫反应。根据病原菌侵染过程可以将植物抗病性划分为抗接触、抗侵入、抗扩展、抗损害和抗再侵染。其中，抗接触又称避病，一般由植物本身的生育、形态或习性等特性决定，可避免或减少与病原物的接触，从而避免或减轻病害；抗侵入，是指寄主植物以原有的或诱发产生的组织结构或生理生化障碍，阻止病原的侵入或阻止侵入后与寄主建立共生关系；抗扩展，是指病原物侵入寄主后的扩展因寄主的组织结构或生理生化方面等障碍而受到限制；抗损害或耐损害，是指植物具有忍受病原物侵染的特性，又称为耐病性；抗再侵染又称诱导获得性抗病性，表现为某些植物受某病原物侵染后，如果相同种类的病原物再侵染时则发病较轻。

植物抗病性是遗传的，但也常常由于多种原因而发生变异，就其遗传类型可分为垂直抗病性和水平抗病性。垂直抗病性是主效基因或单一基因控制的，大多数为单基因显性，与其对应的感病性基因为隐性。水平抗病性则大多是微效基因或多基因遗传，多个微效基因结合才能表现出一定程度的抗病反应，极少数为单基因遗传。

（撰稿：王源超；审稿：彭友良）

抗病性丧失　breakdown of resistance

农作物携带主效 R 基因的抗病品种或垂直抗性品种的大面积推广，可对病原菌群体产生定向化选择，导致病原菌群体相应的毒性频率或小种频率上升，从而使品种的抗性失效或"丢失"，这种现象称为抗病性丧失。其实际的含义是作物及其抗病性没有变化，而是由于病原菌群体对寄主的适应，从而导致作物的抗病性失效。

简史　19 世纪末期到 20 世纪初期科学家就已发现了由遗传控制植物抗病性，而且育种家相继在多种作物中进行了抗病育种工作，一开始选择的抗性主要是携有主效 R 基因的垂直抗性品种，由于这类抗性品种的大面积推广，从而导致了抗病性丧失的现象。最早的抗病性丧失的一个例子是 20 世纪 30 年代在马铃薯育成的一个 R 基因的垂直抗性品种 Vertifolia，由于此品种及其衍生品种的大面积推广，不久就丧失了抗病性，短短几年内就从免疫变为高度感病，此后品种抗病性丧失的报道接连不断，甚至成为利用抗病品种防治基因对基因病害上的普遍现象。例如 1942—1954 年，在美国由于 Victoria 和 Bond 及其衍生品种分别在 1942 年和 1945 年大面积种植，从而导致了其相应的燕麦秆锈病菌的毒性小种上升，使其这两个品种先后丧失了抗病性；在英国 1969—1994 年期间，由于 R 基因垂直抗性大麦品种的种植，先后出现过 5 次对大麦白粉病抗性丧失的过程，其抗性丧失速度为 2～5 年。在中国过去的 50 年里，至少有 7 次因为主栽品种丧失对小麦条锈病抗性而不得大规模更换品种。

减缓抗病性丧失的途径　由于大面积推广和种植 R 主效基因垂直抗性品种，往往会导致抗病性丧失。故解决品种抗病性丧失的可能途径有：①垂直抗性的合理利用，如携带不同 R 基因的抗性品种轮换和合理布局、多主效基因品种或广谱垂直抗病品种以及多系品种的选育和利用。②水平抗性品种的选育和利用，或者水平抗性品种与垂直抗性品种相结合。

参考文献

曾士迈，2005. 宏观植物病理学 [M]. 北京：中国农业出版社.

曾士迈，杨演，1986. 植物病害流行学 [M]. 北京：农业出版社.

曾士迈，张树榛，1998. 植物抗病育种的流行学研究 [M]. 北京：科学出版社.

MILGROOM M G, 2015. Population biology of plant pathogen: genetic, ecology, and evolution[M]. St. Paul: The American Phytopathological Society Press.

（撰稿：周益林；审稿：段霞瑜）

抗病性遗传　inheritance of resistance

植物抗病性由亲代向子代的传递规律。植物抗病性遗传的研究是从 1905 年 Biffen 开始的，主要采用孟德尔分析法，即将抗病与感病植株杂交，分析子代抗病性分离情况，以确定抗病性的传递规律、抗病基因数目及其表达特性。随后抗病育种和抗病性遗传的研究逐步开展。长期以来，实验遗传学、细胞遗传学、分子遗传学以及植物病原菌生理小种的研究，对植物抗病性遗传的研究起了很大的作用。

植物抗病性绝大多数为细胞核遗传，极少数为细胞质遗传。细胞核染色体上的抗病基因有两类，即主效基因和微效基因。前者控制质量抗病性状的遗传，后者控制数量抗病性状的遗传。对于同一性状的表型来讲，几个非等位基因中的每一个都只有部分的影响，这样的几个基因称为累加基因或多基因，在累加基因中每一个基因只有较小的一部分表型效应，所以又称为微效基因。而由单个基因决定某一性状的基因称为主效基因。主效基因对病原菌的抗性表现脆弱，在基因布局不合理时，容易被病原菌毒性小种所克服。少数主效基因具有较好的持久性，微效基因单独存在时抗性作用很小，难以度量，对环境条件敏感，无明显的小种专化性，常表现为加性效应。

抗病基因的遗传行为包括以下几个方面：①抗病基因的显隐性。大多数已知植物抗病基因是显性遗传的，少数抗性基因是隐性遗传的。②抗病基因的复等位性，即在不同作物品种间若干抗病基因位于同一基因位点的现象。③抗病基因间的连锁。有些抗病基因间存在连锁现象。④抗病基因的互作方式。如小麦中不同的抗病基因之间存在着上位作用、加性作用、互补作用、抑制作用和修饰作用等基因互作方式。⑤生育期对抗病基因表达的影响。多数基因表现为在苗期具有抗性，而且在全生育期保持抗性，少数基因仅表现为成株期抗性，也有少数基因仅苗期抗病，而成株期抗性不足。⑥环境条件影响抗性基因的表达。有些抗病基因的表达水平受环境条件（尤其是温度）影响显著。⑦遗传背景对抗性基因表达的影响。抗性基因所在寄主植物的基因型也会对抗性基因表达有影响。

现代农业种植品种在时间和空间上是大面积连续性分布，在遗传上往往是单一简单的，大规模种植单一抗病品种，会引起病原菌群体对相应毒性的定向选择，加速病原菌的毒性变异和新小种的产生，最终导致作物品种抗病性的丧失。因此，研究植物的抗病性遗传规律有助于制定合理的、持久抗病育种策略。一些育种和植病工作者也提出各种不同的持久抗病育种策略。①微效抗性基因的积累。单个微效基因的作用微小，难以观察到，而多个微效基因累积在一起，可控制中等或中等以上水平的抗性，并且微效多基因的遗传复杂性使病原菌难以适应而表现为持久抗性。利用相互杂交和轮回选择的群体改良育种法，可以实现微效抗性基因的积累。②主效抗病基因的持久应用。一切主效抗病基因的持久应用的措施都是建立在抗源多样化基础之上的，只有抗源多样化才能减少单个抗病基因在病原菌群体中的暴露程度，降低抗性基因被克服的机会和速率，使主效抗性基因相对持久。可以通过应用多系品种、抗病基因的大区布局和主效抗性基因的积累而实现。③生物技术方法。通过基因工程手段获得抗病植物的策略大多集中在导入能编码具有抗菌功能物质的基因，包括具有几丁质酶、1, 3-β 葡聚糖酶的病程相关蛋白（PRP）及其他生物功能未知的抗微生物蛋白。自然条件下，这些蛋白大多数是在受到病原物侵入时被诱导产生的。克隆的细菌和真菌的无毒基因以及植物抗病基因的遗传改造将为获取抗病工程植物开辟新的途径，成为持久抗病育种的希望所在。随着分子生物学的发展，一大部分控制重要性状的基因相继被定位到饱和的分子标记图谱上，可以利用图谱分离和克隆

这些基因，最终用基因工程手段来改良品种，从而在作物遗传改良的广度、深度以及速度上产生巨大的飞跃。

参考文献

KRUPINSKY J K, SHARP E L, 1979. Reselection for improved resistance of wheat to stripe rust[J] .Phythopathology, 69(4): 400-404.

LEWELLEN R T, SHARP E L, 1968. Inheritance of minor reaction gene combination in wheat to *Puccinia striiformis* at two temperature profiles[J]. Canadian journal of botany, 46: 21-26.

SHARP E L, FUCHS E, 1982. Additive genes in wheat f or resistance to stripe (yellow) rust (*Puccinia striiformis* Westend.)[J]. Crop protection, 1(2): 181-189.

（撰稿：窦道龙、王源超；审稿：彭友良）

抗病育种　disease resistance breeding

与一般育种方法相同，但侧重于抗病性鉴定和抗病基因转导。在植物育种目标中，除高产、优质和适应性等一般要求外，还必须有关于抗病性的具体要求，诸如抵抗的主要作物病害对象和兼抗对象，所选用的抗病性类型及抗病程度等。

形成和发展过程　1905 年，英国学者发表了小麦抗条锈病遗传研究结果，开创了抗病遗传分析的先河。1940 年，德国发现了植物保卫素，促进了对植物抗病机制的研究。1956 年，美国学者通过对亚麻抗锈性和亚麻锈菌致病性的遗传研究，提出了基因对基因假说。

小种专化抗病品种被广泛应用后，因病原菌小种变异而导致寄主品种"丧失"抗病性的现象日益严重，在这种背景下，1963 年，范德普朗克提出了垂直抗病性和水平抗病性的观点，倡导研究植物抗病性的群体属性和群体效应。1975 年，R. 约翰逊和 C. N. Law 提出了持久抗病性概念，即在有利于病害发生的环境条件下，寄主品种大规模长期种植后仍能保持其原有的抗病特性，称之为持久抗病性，这是由植物本身所具有的持久抗病基因所决定的。此外，染色体工程和分子生物学技术也先后被用于转移异源抗病基因和探索抗病性的分子机制。抗病育种前提是抗病基因鉴定和应用于育种计划，如抗白叶枯病基因 *Xa-4*，应用于水稻抗白叶枯病育种中。21 世纪以来，随着新的抗病基因的挖掘和应用于抗病育种中去，培育携带不同抗病基因的抗病品种或多系抗病品种以及抗病品种在作物生产上发挥了巨大的作用。

基本内容　植物抗病育种的原理和方法与一般植物育种相同，但侧重抗病性鉴定和抗病基因转导。植物抗病育种的途径包括引种、系统选种、杂交育种、诱变育种以及细胞工程育种、基因工程育种等。

引种　由国外或不同省区引入抗病品种直接用于生产。引种不仅要考虑引入品种在原产地的基本情况，并与本地生态条件和生产水平比较分析，评价引种的可能性。

选种　系统选种又称单株选择法。作物品种的群体常有遗传异质性存在，在感病群体中，因遗传分离、异交、突变等原因会出现极少数的抗病单株、单穗、单个块茎，选择抗病单株，培育成兼具丰产生和抗病性的新品种。

杂交育种　品种间有性杂交是最基本、最重要的育种途径，绝大多数抗病品种是通过品种间杂交育成的。常规杂交育种首先要大量搜集抗病种质资源和合理选配亲本。远缘杂交育种。农作物的近缘野生种、属具有对多种病害的抗病性，通过远缘杂交，可将异源抗病基因转入作物，选育出高抗和多抗品种。随着染色体工程育种的发展，在克服远缘杂交困难和杂种不育方面取得了重大突破。

诱变育种　利用各种理化诱变因子（如 X 射线、γ 射线、紫外线、激光、超声波、秋水仙素、环氧乙烷等），单独或综合处理植物种子、花粉或愈伤组织等，诱发抗病性的突变体，经严格的鉴定筛选作抗源，再进行杂交育种。

随着生物技术的发展，出现了一些抗病育种的新技术，其中包括单倍体育种、体细胞抗病变异体筛选与利用、体细胞杂交以及转基因获得抗病植株、分子标记辅助选择育种等。分子标记辅助选择（marker-assisted selection，MAS），是指通过鉴定与目标基因紧密联索的分子标记的基因型，来间接选择抗病目标性状基因的方法。

因此，利用分子生物学技术，实现对基因组的定点修饰，克服传统育种中的连锁累赘，将会大大提高育种的效率。基因组编辑技术的兴起，为水稻实现基因的编辑带来了新的契机。基因组定点编辑技术是通过编码核酸酶切割基因组特定位点，进而诱导基因组定点突变。近几年由微生物适应性免疫系统发展而来的一种基因编辑工具 CRISPR/ Cas9。如 *Potyvirus* 病毒属的病毒 mRNA 翻译依赖于宿主翻译延伸因子 eIF4E 或其同源体，这一机制在多个物种中都是保守的，因此，尽管 eIF4E 自然变异导致的对 *Potyvirus* 的抗性只在辣椒、番茄和生菜中发现，但研究人员利用 CRISPR/Cas9 介导的基因编辑很快在拟南芥和黄瓜中创造出 eIF4E 突变体，获得对相应的 *Potyvirus* 的抗病种质。

科学意义与应用价值　合理选用抗病品种是病害综合防治中经济有效的关键技术。农作物病害中有 80% 以上主要靠抗病品种种植来解决，如麦类锈病、水稻白叶枯病、马铃薯晚疫病等。此外，种植抗病品种防控作物病害不需额外增加设施和投资，是一种广义的生物防治方法。因此，通过各种途径筛选获得抗源或抗病基因，进行抗病基因转导和抗病育种，培育抗病品种并在生产上合理利用，保持和提高农作物的抗病性，对于可持续控制病害，保持绿色安全生产有重要的科学意义和应用价值。

存在问题与发展趋势　长期以来，植物抗病育种曾偏重于选择和利用垂直抗病性（低反应型抗病性），植物固有的水平抗病性因不被选择而逐代流失，致使抗病品种的遗传基础狭窄与脆弱，一旦病原菌毒性类型发生变化，就可能酿成病害大流行。基于这种历史教训，人们更加重视寄主—病原物互作关系的群体遗传学和抗病基因的发掘与利用研究，采用基因组学、代谢组学等先进技术和手段，转移和培育具有复杂遗传结构的多抗性和持久抗性品种。同时，通过抗病基因或品种的区域合理布局或轮换使用，抑制病原物毒性小种的产生。

寄主和病原物相互识别和亲和性机制的分子水平研究，将有助于了解和鉴定抗病基因的专化性和特异性，深入揭示和澄清有关垂直和水平抗病性、专化和非专化抗病性，以及持久抗病性、稳定性抗病性等不同类型抗病性机理问题，从而为抗病育种、化学免疫、栽培免疫乃至获得性免疫的利用提供更多的可能途径。

参考文献

章琦，2007. 水稻白叶枯病抗性遗传及改良 [M]. 北京：科学出版社.

RUSSELL G E, 1978. Plant breeding for pest and disease resistance[M]. London: Butterworth.

VANDERPLANK J E, 1984. Disease resistance in plant[M]. 2nd ed. New York: Acadmic Press.

（撰稿：姬广海；审稿：李成云）

抗性相关蛋白互作网络　interaction network of resistance-associated proteins

在植物细胞对病原物的免疫防御反应过程中，参与对病原物识别、启动信号通路、调节具体防卫反应的相关蛋白，通过不同形式的相互作用关系构成的复杂网络。

简史　1994 年，拟南芥的第一个 NBS-LRR 类抗性蛋白 RPS2 被克隆；1995 年，克隆出水稻第一个 LRR 类受体激酶蛋白 XA21，随后数十年的研究中，一系列参与抗性反应的基因被发现，如参与病原物表面存在的分子特征（pathogen associated molecular pattern，PAMP）所激发的免疫反应（pamp triggered immunity，PTI）的蛋白：如 FLS2、EFR、CEBIP、OsCERK1 以及相关互作蛋白 BAK1，BIK1 等；参与效应因子诱导的免疫反应（effector triggered immunity，ETI）的相关蛋白：如 RPM1，RPS5，RPS2，Pita、Pib、Pid2、Piz-t、Pikm、Pi9、Pia 以及 PigmR 等；参与系统性获得抗性的（system acquired resistance，SAR）的相关基因：如 *NPR1*，*TGA*，*PR-1* 等。在抗性免疫反应中，这些蛋白通过形成或解聚复合物，磷酸化，泛素化等互作方式形成复杂的网络，并以该网络为基础完成信号传导，改变相关蛋白活性，调节下游防卫反应基因的表达，最终完成免疫反应。随着越来越多抗性相关蛋白被发现，整个抗性相关蛋白互作网络初步显现出来。

研究进展　植物对病原物的抗性免疫反应根据介导物的不同，主要分为病原物特征分子介导的 PTI、效应因子介导的 ETI 以及系统获得性抗性 SAR（图 1）。

在 PTI 反应中，当病原物表面存在的特征分子被植物细胞膜上的模式识别受体（pattern recognition receptors，PRRs）识别，PRRs 及可能的其协同因子（Co-PRR）发生一系列互作反应将信号由细胞膜外传递到细胞膜内。以拟南芥为例，在初始状态下，FLS2 与互作蛋白 BAK1、BIK1 等形成复合体，当来源于细菌鞭毛蛋白 N 端 22 个氨基酸短肽（flg22）刺激受体细胞时，FLS2，BAK1，BIK1 三者形成复合体，之后 BAK1 使 BIK1 磷酸化。磷酸化的 BIK1 将部分反式磷酸化基团转移到 BAK1 和 FLS2，并从复合体中解离出来。激活的 BIK1 能促使 RBOHD（HADPH 氧化酶）激活其酶活性，催化 NDPH 生成大量 H_2O_2，产生氧迸发反

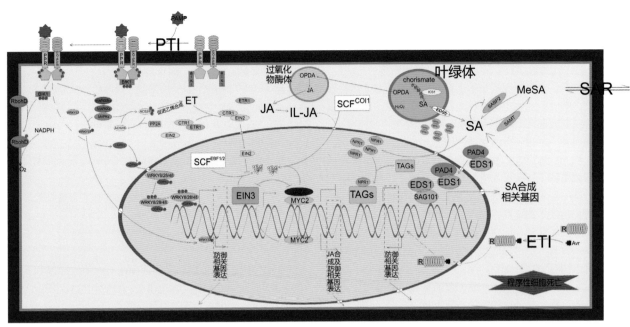

图 1　植物体内抗病相关互作蛋白对免疫反应的调控（陈学伟提供）

应（ROS）。同时免疫信号通过 MAPKKKs 到 MAPKK4/MAPKK5 再到 MAPK3/MAPK6 逐级磷酸化向下传递。活化后的 MPK3/MAPK6，一方面激活原本与 MAPK3/MAP6 形成复合物相关转录因子（如 WRKY33），使 WRKY33 从复合体上解聚，进入细胞核并结合到相应基因的转录相关区域（如 PAD3 启动子区），调节相关基因的表达，最终起到调节生物素合成等相关生化反应的作用；另一方面，能通过其激酶活性磷酸化乙烯合成中的关键酶 ACS（1- 氨基环丙烷 -1- 羧酸合成酶），抑制 ACS 的降解来增加乙烯的合成。当接收到免疫信号时，一部分依赖钙离子的蛋白激酶（如：CDPK4，CDPK11，CDPK5，CDPK6 等）也会通过磷酸化相应的转录因子（如 WRKY8，WRKY28 等）来激活病程相关基因的表达（如 NHL10，PHI-1 等）。

　　一些病原微生物的特异生理小种能通过Ⅲ型分泌系统将效应因子注入宿主细胞，这些效应因子通过与 PTI 信号识别或传导的关键蛋白相互作用实现对 PTI 反应的干扰甚至阻断。部分宿主进化出了相应能识别这些效应因子的 R 基因，来启动免疫防疫反应（ETI）。例如丁香假单胞菌杆菌的 AvrPto 能结合 BAK1 或 FLS2，进而抑制需要 BAK1 参与的信号传导。但是番茄的抗性蛋白 Pto 能识别无毒或毒性蛋白 AvrPto，并在 NBS-LRR 类蛋白 Prf 的协同下诱发超敏反应。在拟南芥中，RPS2 蛋白、RIN4 和 RPM1 蛋白形成复合体，当无毒或毒性蛋白 AvrRpt2 被注入宿主细胞后会导致 RIN4 蛋白被切割，进而释放出 RPS2 蛋白启动强烈的免疫反应。

　　在植物免疫反应中，水杨酸（SA）、茉莉酸（JA）和乙烯（ET）参与其中的现象早有发现，并且鉴定出了一系列被涉及的蛋白。

　　TIR 类型 R 基因。EDS1 作为水杨酸（SA）途径中的关键蛋白，能接受包含 R 基因介导在内的多种抗病信号。例如介导对萝卜皱纹病毒抗性的 R 蛋白 HRT 能直接与 EDS1 蛋

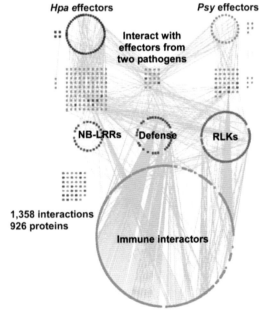

图 2　抗病相关互作蛋白及其相互调控网络
（引自 Mukhtar M S et al., 2011）

白互作，激发超敏反应。当受到病原刺激时，EDS1/PAD4 蛋白复合体和 EDS1/SAG101 蛋白复合体都能进入细胞核内，结合 DNA 启动 SA 合成相关基因的表达。细胞中 SA 浓度增加会促使原本处于多聚体状态的 NPR1 蛋白解聚成单体蛋白进入细胞核。大量进入细胞核的 NPR 蛋白单体与 TAG 类转录因子结合，启动病程相关基因的表达（如 PR1），激发相应的抗性反应。进入细胞核内的 NPR 蛋白，它会不断被蛋白酶体降解，在进入细胞核内发挥功能与被蛋白酶体降解的动态平衡中实现对病程相关基因表达量的精细控制。当受到病原物刺激，细胞质内积累的 SA 能被 SAMT 蛋白转化为

甲基水杨酸（MeSA），MeSA 作为信号分子转运到其他未受侵染的部位，在 SABP2 蛋白的作用下去甲基转化为 SA，促进 SA 介导的免疫反应。这些未受到侵害的部位，通过系统的信号分子获得抗性称为系统获得性抗性 SAR。这一类抗性反应主要针对寄生性病原物，而针对腐生类和昆虫的抗性反应主要由 ET 和 JA 介导。

JA 和 ET 介导的免疫反应都是在激素存在的情况下，解除了相关蛋白对转录因子的负调控。不同的是，JA 是通过促进 JAZ 类蛋白与 SCF^{COI1}E3 泛素连接酶结合，泛素化的 JAZs 被 26S 蛋白酶体降解，进而解除对转录因子 MYC2 的抑制。而 ET 是通过诱导其受体 ETR1 与 EIN2 蛋白直接互作，使 EIN2 蛋白发生剪切。剪切下来的 EIN2 蛋白 C 端能进入细胞核稳定住 EIN3/EILs 蛋白，防止其被降解，进而发挥 EIN3/EILs 蛋白转录因子的功能，启动抗性相关基因的表达。

在对植物免疫的研究中，研究者通常通过突变体筛选、酵母双杂交、Pull-down 等实验手段寻找有直接互作关系或者在抗性网络中存在上下游关系的蛋白。通过免疫共沉淀、荧光互补实验等手段验证这些互作的真实性以及确定各蛋白在抗性网络中的具体功能。目前，初步建立网络关系的这些抗性相关蛋白，大多是通过上面的方法完成的。但是对于这个网络我们了解的还是相对比较少。M. Shahid Mukhtar 通过酵母双杂交的方法探索抗性蛋白网络，发现仅是丁香假单胞菌效应因子（*Psy* effectors）、活体营养型卵菌效应因子（*Hpa* effectors）以及拟南芥蛋白之间，两两蛋白直接互作关系就有 1358 对，涉及 926 个蛋白（图 2）。如果考虑蛋白间的间接互作，以及一定条件下的互作关系，那么整个抗性蛋白互作网络一定是非常庞大，关系极其复杂的。

展望　虽然随着技术的进步和研究的深入，抗性相关蛋白互作网络中越来越多的成员被发掘出来，但是由于蛋白功能的复杂多样，对于完全理清这个网络还需要经历漫长的历程。对于抗性蛋白互作网络的探索过程，也是对生命本质的探索过程。

参考文献

高民君，何祖华，2013. 水稻免疫机制研究进展 [J]. 中国科学：生命科学，43(12): 1016-1029.

CHEN X W, RONALD C, 2011. Innate immunity in rice[J]. Trends in plant science, 16: 451-459.

JONES J D G, DANGL J L, 2006. The plant immune system[J]. Nature, 444(7117): 323-329.

LIU W D, WANG G L, 2016. Plant innate immunity in rice: a defense against pathogen infection[J]. National science review, 3 (3): 295-308.

MUKHTAR M S, CARVUNZS A R, DREZE M, et al, 2011. Independently evolved virulence effectors converge onto hubs in a plant immune system network[J]. Science, 29(333): 596-601.

TANG D Z, WANG G X, ZHOU J M, 2017. Receptor kinases in plant pathogen interactions: more than pattern recognition[J]. Plant cell, 29: 618-637. DOI: 10.1105/tpc.16.00891.

（撰稿：羊炼、陈学伟；审稿：郭海龙）

柯赫氏法则　koch postulates

19 世纪德国医生、细菌学家罗伯特·柯赫（Robert Koch）提出的鉴定侵染性病害致病原因的诊断法则。又名证病律、柯赫假设等。最初由罗伯特·柯赫与弗莱德里希·兰达尔（Friedrich Loeffler）在 1884 年共同阐述，1990 年由罗伯特·柯赫完善发表，主要包括如下 4 个步骤：

①发生某种病害的所有生物体都有大量的微生物，而健康生物体没有。

②这种微生物必须能够从发病的生物体中分离获得纯培养物。

③培养的微生物可被传到健康生物体上导致相同症状的病害。

④从接种后发病的实验寄主上能够再次分离获得与原来分离的微生物相同的微生物。

完成上述 4 个程序并证实后，可确定分离的病原是某种侵染性病害的致病原因，该法则常用于人类、动物和植物新病害的诊断和鉴定。它的提出在当时极大地促进了对侵染性病害的认知和学科的发展，也为病原微生物学系统研究方法的建立奠定了基础。尽管存在着理论缺陷，但其思维模式对于当今植物病害的研究仍具有重要意义。

应用　从 4 个程序的描述上看，对于一些不能分离培养的病原，如病毒、植原体、线虫、霜霉菌、锈菌、白粉菌、难培养细菌等，只能在活体植物上生存，往往认为其导致的病害不适用柯赫氏法则，实际上，选取发病部位接种体如病毒或植原体汁液、线虫、孢子等采取合适方法进行人工接种后，如果得到与分离接种前相同的症状，再用同样方法再分离接种，仍可得到同样症状，即可证实这些专性寄生物是某种病害的病原。因此，所有侵染性病害均可用柯赫氏法则来检测病害的致病原因。此外，对非侵染性病害的鉴定与诊断，甚至基因功能的研究，柯赫氏法则同样适用。例如，当判断是缺乏某种微量元素引起病害时，可以用适当的方法补施该种元素；如果处理后植株症状得到缓解或消除，即可确认病害是因缺乏该元素所致。再如，怀疑病原的某个基因与其对病害的致病性有关，常常将这个基因敲除后观测其表型，如果致病性下降，基因互补后又恢复了致病性，则可推断该基因与致病性有相关性，在研究病菌或植物代谢功能时也常用柯赫氏法则来判断。

还有少数复因病害，即由两种生物复合侵染或一种生物和某种特殊理化因素共同作用而导致的病害，或者多种生物共生本来应该导致病害，却没有发现症状，则应当更加灵活地运用柯赫氏法则。

基因水平的柯赫氏法则　随着分子生物学的发展，"基因水平的柯赫氏法则"（Koch's postulates for genes）应运而生。其要点是：

①应在病原微生物中检出某些毒力或其产物，而无毒力微生物中则无。

②如有病原微生物的某个基因被损坏，则病原微生物的毒力应减弱或消除。或者将此基因克隆到无毒微生物内，后者便成为有毒力微生物。

③将病原微生物按种动物时，这个基因应在感染的过程中表达。

④在接种动物能够检测到这个基因产物的抗体，或产生免疫保护。

随着测序技术的不断发展，不管病害样品中的微生物是否可培养，测序技术均能检测到所有微生物，因此，如果发现病样中存在未知的病原，会激发研究者兴趣，有针对性地研究目标微生物，或其培养技术。在新的测序和培养技术不断发展的今天，柯赫氏法则也被赋予新的内涵：

①测序鉴定明确微生物种群的所有种类。

②通过计算机模型来评价病害症状与微生物种群的充分必要性。

③针对性地从感病寄主上分离出目标微生物。

④在相关的病害模型上测定初始分离物及其伴侣。

需要强调的是，对于③和④条中提到的初始分离物应当是从发病的寄主上分离培养获得的。作为附加步骤，为评价一个物种不同菌株致病能力的普遍性，需要测定非初始分离物。

根据近期对微生物共生体的评估结果，科学界应当将侵染性病害原因放在更加广泛的系统生物学领域来考虑，寄主的遗传变异、健康状况、接触史、微生物菌株和种群对于病害都是非常重要的因素。随着技术的不断进步和科学发现的不断增多，应当不断完善和动态调整柯赫氏法则，使它与当今科学相适应，维护原柯赫氏法则的完整性。

参考文献

BYRD A L, SEGRE J A, 2016. Adapting Koch's postulates[J]. Science, 351(6270): 224-226.

FALKOW S, 2004. Molecular Koch's postulates applied to bacterial pathogenicity - a personal recollection 15 years later[J]. Nature reviews microbiology, 2(1): 67-72.

SCHNEIDER D J, COLLMWR A, 2010. Studying plant-athogen interactions in the genomics era: Beyond molecular Koch's postulates to systems biology[J]. Annual review of phytopathology, 48: 457-479.

（撰稿：刘太国；审稿：陈万权）

可可黑果病　cacao blackpod disease

由疫霉菌引起的、主要危害果实的一种真菌病害。又名可可疫病（cacao *Phytophthora* disease）。

发展简史　黑果病是危害可可的首要病害，广泛分布在世界各可可种植区，导致每年全世界可可产量减少约 30%，部分严重地区减产达 90%。2010 年 10 月，刘爱勤等在海南中国热带农业科学院香料饮料研究所可可种植园首次发现黑果病，危害率 15% 左右。随后对海南万宁、保亭、陵水、三亚、琼海等可可种植基地的黑果病发生情况进行了持续调查，发现该病呈逐年蔓延加重之势，雨季发病严重的可可园果实发病率高达 40%，对海南可可产业的推广发展造成很大威胁。2013—2014 年，刘爱勤、桑利伟等采用形态特征鉴定及 rDNA-ITS 序列分析相结合的方法，将海南可可黑果病病原菌鉴定为 *Phytophthora citrophthora*，并研究了该病发生流行与气象因子之间的关系。

分布与危害　在巴西、喀麦隆、加纳、科特迪瓦、墨西哥、印度、菲律宾、委内瑞拉等可可主产国均有发生，危害严重，产量损失可达 40%～50%。2010 年 10 月，在海南万宁、陵水等可可种植园果实受害率在 20%～40%。

病菌主要侵害荚果（图 1），也常侵害花枕、叶片、嫩梢、茎干、根系。荚果染病，开始在果面出现细小的半透明斑点，很快变褐色，后变黑色，斑点迅速扩大，直到整个荚果表面被黑色斑块覆盖。潮湿时病果表面长出一层白色霉状物。病果内部组织受害变褐色。最后病果干瘪、变黑、不脱落。

病原及特征　国外已报道的可可黑果病病原菌为 *Phytophthora palmivora*（Butler）Butler、*Phytophthora megakarya*、*Phytophthora capsici* Leon. 和 *Phytophthora citrophthora* 等。中国将该病原菌鉴定为柑橘褐腐疫霉 [*Phytophthora citrophthora*（R. et E. Smith）Leon.]。

该病菌在 CA 培养基上菌落均匀，呈放射状或棉絮状（图 2），气生菌丝中等到茂盛。菌丝形态简单，粗 5～9μm，一般 7μm；具少量球形或不规则形菌丝膨大体，顶生或间

图 1　可可黑果病危害症状（刘爱勤提供）

①感病初期，水渍状，褐色；②感病中期，病斑深褐色

生，直径 24～35μm。孢囊梗假轴式分枝、不规则分枝或不分枝，粗 1.5～4.0μm。孢子囊形态、大小变化甚大，卵形、椭圆形、长倒梨形或不规则形（图 3），基部圆形，29～81μm×25～49μm，平均 53.8μm×30.2μm，长宽比值为 1.1～2.1，平均 1.7；具明显乳突，乳突高 4.1～6.8μm，一般 1 个，少数 2 个，偶尔 3 个；孢子囊不脱落。

侵染过程与侵染循环　此菌在旱季进入休眠状态，在地面和土中的植物残屑、留在树上的病果、果柄、花枕、树皮内、地面果壳堆或在其他荫蔽树的树皮中存活。雨季来临时从这些处所产生孢子囊，为流行提供初侵染菌源。孢子囊主要借雨水溅散传播，昆虫和蜗牛等也能传病。降落在荚果上的孢子囊或游动孢子在高湿下萌发，借芽管穿入果表引起发病。病斑出现 2～3 天内产孢，此后借雨水溅散传播，开始新一轮的侵染循环。

流行规律　在海南万宁兴隆地区，可可黑果病的发病率在一年的不同月份是不同的，一般从 2 月连续一段阴天小雨后开始出现新的黑果病，之后速度加快，3～4 月会出现一个小的发病高峰，5 月后又开始减弱，6～8 月出现气温高雨水较少短暂干旱病害停止发展，9～11 月中旬雨季来临，持续降雨天数增加，发病率急剧上升，病害开始流行，至 11 月底出现阳光充足、干旱天气病害流行结束。12 月上旬至翌年 1 月则基本不发病。总之，在持续高湿的地区黑果病特别严重。降水量是影响可可黑果病发生流行的最重要因素。

防治方法

农业防治　种植时株行距不可过密，荫蔽树要适度，定期修剪避免过分荫蔽，并定期控萌、除草，以降低果园湿度。及时清除病果、病叶、病梢和园内枯枝落叶，集中烧毁。

化学防治　雨季开始发病时，定期喷施 1% 波尔多液或 68% 精甲霜·锰锌 500 倍液或 50% 烯酰吗啉 500 倍液，整株喷药，10～15 天 1 次，直到雨季结束。

参考文献

朱自慧，2003. 世界可可业概况与发展海南可可业的建议 [J]. 热带农业科学，23(3): 28-33.

DEBERDT P, MFEGUE C V, TONDJE P R, et al, 2008. Impact of environmental factors, chemical fungicide and biological control on cacao pod production dynamics and black pod disease (*Phytophthora megakarya*) in Cameroon[J]. Biological control, 44(2): 149-159.

（撰稿：孙世伟；审稿：刘爱勤）

图 2 病原菌菌落（刘爱勤提供）

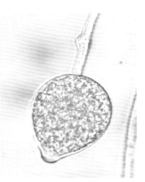

图 3 病原菌的孢子囊
（刘爱勤提供）

阔叶树白粉病　powdery mildew of broad-leaved trees

由柔膜菌目各种菌引起的、各种阔叶树上最普遍的一类病害。

分布与危害　中国各地的许多阔叶树上都有白粉病，从海南岛的橡胶树到西北沙漠中的梭梭；从东部沿海的月季到西藏的槭树都有白粉病。其主要危害叶片，有的还危害嫩梢、花、果实，危害寄主广泛，各种阔叶树上均有，如杨树、柳树、苹果、核桃、枫杨、桤木、板栗、榆树、朴树、月季、刺槐、橡胶树、梭梭等，而在裸子植物上还没有发现。其最明显的特征是由表生的菌丝体和粉孢子形成白色粉末状物，后期在白色粉末层中产生初为淡黄色、后颜色逐渐加深、最后成黑色的小颗粒，即为白粉菌的有性世代——闭囊壳。除上述的症状外，另一类症状是病叶皱缩、扭曲，在皱缩部叶背面生有白粉，如桃白粉病；第三类症状是嫩叶变成披针形，成簇向上，叶长满一层白粉，如苹果白粉病；第四类症状是嫩枝变粗或病部肿胀，树枝长上满白粉层，秋季病枝部或叶柄上生出一圈锈褐色地毯状的丛毛，这是病菌向外生长的附属丝。例如苹果白粉病的有性阶段属这类症状。

病原及特征　白粉病是由柔膜菌目各种菌引起的。白粉菌的主要形态特征是无性繁殖产生椭圆形、圆桶形或圆锥形的分生孢子，单生或串生，分生孢子从表生菌丝上着生或从气孔中长出来，直立或扭曲，单胞或双胞，无性阶段分属于 4 个属。有性生殖形成没有孔口的闭囊壳，生在表生菌丝上或埋生菌丝中，初期淡黄色，后变黄褐色、褐色，到黑褐色球形、陀螺形、扁球形。闭囊壳上生丝状、节指状、球针状、叉丝状、钩状等不同形态的附属丝，闭囊壳内有子囊 1 至多个，子囊椭圆形、倒梨形、棍棒形，基部有一短柄，子囊内有子囊孢子 2～8 个，少数只有 1 个子囊孢子。子囊孢子椭圆形或圆形。

白粉菌可分为 3 种类型，一类是耐旱类，它主要发生在荒漠地区的植物上，如内丝白粉菌属（*Leveillula*），主要分布在内蒙古、青海、宁夏和新疆。第二种是喜潮湿类，它主要发生在河谷、山区等植物上，如叉丝壳属（*Microsphaera*）、钩丝壳属（*Uncinula*）等。第三类是中间类型，如白粉菌属等。

侵染过程与侵染循环　白粉菌的菌丝体多数生于寄主表面，表生的菌丝产生膨大的附着胞，从附着胞产生侵入丝，伸入寄主表皮细胞内并产生吸器，以吸收养分，但也有以部分菌丝从寄主气孔进入叶肉中层，再生吸器伸入寄主细胞吸收养分的，如球针壳属（*Phyllactinia*）及多针壳属（*Pleochaeta*）的白粉菌。还有少数白粉菌的菌丝都进入寄主组织内，如内丝白粉菌属的白粉菌，它们只有到形成分生孢子时，才从寄主气孔伸出分生孢子梗及表生菌丝。一般白粉菌表生菌丝在一定时期内产生直立的不分枝（极少数有分枝）的分生孢子梗及分生孢子。

白粉菌的越冬方式有两种：一是以闭囊壳在病叶、病枝上越冬，翌春，在放叶期闭囊壳破裂，释放出子囊孢子进行初次侵染。另一类是以菌丝体在芽内越冬，翌年芽生出的叶，其上生分生孢子。

流行规律 白粉菌对湿度的适应范围较广，在相对湿度30%～100%内均可发芽，其中以75%～80%最为适宜，分生孢子在水面和水中均不萌发。对温度的要求，多数分生孢子能在4～32℃萌发，菌丝发育最适温度20℃。

防治方法

选育和利用抗病品种　如在防治苹果白粉病及橡胶白粉病等工作中都已开始注意并利用抗病品种。

农业防治　苗圃地幼苗不要太密，及时间苗，应通风透光。在营林和管理措施方面，幼林及时修剪下部被压枝条和根蘖苗，可促使幼林生长健壮，增强抗病性。对于经济林和果园应加强管理，如施肥时应注意低氮高钾，可减轻白粉病的发生。清除侵染来源，集中病落叶烧毁。对以菌丝在嫩梢芽鳞中越冬的，应在春天萌芽和嫩梢初发之际及时检查，剪除病梢并集中烧毁，可以减少其蔓延扩展的机会。

化学防治　由于一般白粉菌菌丝表生的特点，喷洒对白粉菌极敏感的药剂，能起到铲除和治疗的效果，一般以硫素剂的效果较好，通常喷胶体硫。在萌芽发叶前喷3～5波美度的石硫合剂，在生长期喷0.2～0.5波美度的石硫合剂，或用70%的甲基托布津可湿性粉剂800～1000倍液等喷2～3次，都可取得良好的效果。

参考文献
贺伟，叶建仁，2017. 森林病理学 [M]. 北京：中国林业出版社 .
袁嗣令，1997. 中国乔、灌木病害 [M]. 北京：科学出版社 .
周仲铭，1990. 林木病理学 [M]. 北京：中国林业出版社 .

（撰稿：刘会香；审稿：叶建仁）

阔叶树毛毡病　gall mite disease of broad-leaved trees

由瘿螨引起的、主要危害阔叶树叶片的常见林木病害。

分布与危害　阔叶树毛毡病在中国各地均有发生。主要危害樟树、苦槠、槭、杨、柳、椴、核桃、枫杨、赤杨、青冈栎、榕树、黄栌、梨、荔枝、龙眼、柑橘等林木及果树等。发病症状为被害叶片最初于叶背产生苍白色不规则病斑，以后被害处表面隆起，形成灰白色、毛毡状的斑块，并逐渐着色。因为种类不同，最后表现出不同颜色的毛毡状病斑，有的栗褐色或黑褐色，有的紫褐色或紫红色。多数茸毛相聚成毛毡状，故称毛毡病。病害严重时叶片常发生变形（皱缩或卷曲），质地变硬。叶片受害后提前脱落。常见的阔叶树毛毡病有赤杨毛毡病、梨毛毡病、枫杨毛毡病、毛白杨毛毡病。

病原及特征　病原为瘿螨（*Eriophyes* sp.）。成螨体近圆锥形至椭圆形，体长100～300μm，体宽40～70μm。头胸部有两对步足，腹部宽大，尾部狭小，尾部末端有一对细毛。幼螨体形比成螨小，背、腹环纹不明显，卵球形、光滑、半透明。

侵染过程与侵染循环　毛毡病是由于螨类危害所造成的，其以成虫在寄主芽的鳞片内或被害叶内及枝干皮孔中越冬。翌年春天嫩叶抽出时，螨类爬到嫩叶背面为害，吸取组织内汁液，并不断繁殖，扩大危害，叶背组织产生绒毛，虫体隐蔽其中，并受到保护。

流行规律　该病害常于4月间开始发生，6～8月间盛发。

防治方法　秋、冬季清扫病叶，铲除杂草，集中烧毁。于春季发芽前喷撒硫黄粉或5波美度的石硫合剂，以杀死越冬之成虫。展叶后，于幼虫发生期喷0.2～0.4波美度的石硫合剂；苗木运输是传播该病的重要途径，应注意检疫，病区运来的苗木最好用50℃温汤浸泡10分钟，或用硫黄粉熏蒸杀虫。

参考文献
叶建仁，贺伟，2011 林木病理学 [M]. 3 版 . 北京：中国林业出版社 .
周仲铭，1990. 林木病理学 [M]. 北京：中国林业出版社 .

（撰稿：理永霞；审稿：张星耀）

阔叶树藻斑病　algae-spot of broad-leaved trees

由头孢藻属的寄生性红锈藻引起的、中国长江以南热带、亚热带地区阔叶树上常见的一类病害。又名阔叶树白藻病或阔叶树红锈病。

分布与危害　藻斑病分布在福建、台湾、广东、广西、海南、云南等地，常年可见，盛发期为5～10月。温暖高湿的气候条件适宜孢子囊的产生和传播。树冠密集、过度荫蔽、通风透光不良也有利于病害的发生发展。福建华安县金山林场肉桂林藻斑病的病株率为100%，病情指数达47.5。

藻斑主要出现在叶片表面。最初为细小圆点，呈灰绿色、灰白色和黄褐色，逐渐向四周扩展，形成圆形、椭圆形或不规则形病斑。表面毛毡状，上面有略呈放射状的细纹。随着病斑的扩展，病斑中央逐渐老化，转呈灰褐色或深褐色，边缘仍保持绿色。藻斑大小不等，大者直径可达10mm。嫩枝被侵染后，寄生藻侵入皮层内部，表面症状不明显，直到翌年生长季节，病部表面出现寄生藻的红褐色毛状孢囊梗时，才表现红色（图1）。

常见的寄主有油茶（*Camellia oleifera*）、茶（*Camellia sinensis*）、杧果（*Mangifera indica*）、柑橘（*Citrus nobilis*）、荔枝（*Litchi chinensis*）、樟树（*Cinnamomum camphora*）、玉兰（*Magnolia denuadata*）、相思（*Albizzia* sp.）、合欢（*Acacia* sp.）、重阳木（*Bischofia javanica*）、冬青（*Ilex* sp.）、梧桐（*Firmiana simplex*）、番石榴（*Psidium guajava*）、

图 1 藻斑病危害状（王军提供）

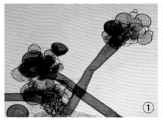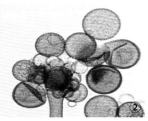

图 2　藻斑病病原（引自陈奕鹏等，2016）

①孢囊梗；②孢子囊

咖啡（*Coffea* spp.）、肉桂（*Cinnamomum cassia*）、杉木（*Cuninghamia lanceolate*）等。

病 原 及 特 征　病原为寄生性红锈藻（*Cephaleuros virescens* Kunze），异名 *Cephaleuros parasiticus* Karst.。属头孢藻属。病斑背面的毛毡状物是直立或稍弯曲的孢子囊梗，孢子囊梗呈簇状生长，基部紧挨在一起，上部分散，不分枝，具分隔。其顶端细胞膨大成为支持细胞，在支持细胞上再产生 1 至数个小梗，小梗常呈膝状弯曲，顶部着生孢子囊。每个孢子囊内含有 10 个圆形、卵形或椭圆形的游动孢子，直径 6.25～8.75μm，在其顶部着生两根鞭毛（图 2）。

侵染过程与侵染循环　在华南地区，每年 3 月初开始发病，在梅雨季节后的 6 月下旬或 7 月上旬出现发病高峰，8 月中旬出现第二个发病高峰，8 月下旬后病害发生减缓，10 月开始，寄生性红锈藻以孢子囊在病叶上越冬，翌年 2 月底、3 月初产生的游动孢子借雨滴飞溅或气流传播到叶片上萌发芽管，由叶片上的气孔侵入叶片角质层，在寄主表皮细胞和角质层之间生长蔓延，形成丝状营养体，后由此营养体上长出毛发状孢囊梗，伸出寄主组织表面，孢囊梗顶端产生孢子囊。孢子囊成熟后散出游动孢子而成为新的侵染源。温暖高湿的天气和降雨频繁、雨量充沛的季节有利于孢子囊的形成和传播，此时病害发展迅速。

流行规律　不同品种间发病率有差异，玛瑙最易感病，其次是粉霞和绯爪芙蓉；红露珍、十样景、胭脂莲等发病较轻，狮子笑的发病率最低。林间遮阴最易发病，其次是孤植遮阴地块，向阳地块发病则较轻。病害大多发生在植株近地面枝条的叶片上，植株下部枝叶较上部枝叶严重，枝条基部叶片发病比顶端叶片严重。

该病的发生和流行与环境有很大的关系，而与树龄无关。林缘木和树冠下部发病明显重，郁闭度大、长势良好的林分发病较轻。

防治方法

农业防治　应加强管理，合理施肥，注意排水，避免过度荫蔽，促使林木健壮生长以提高抗病力。

化学防治　发病期间可喷 1% 等量式波尔多液或 0.3 波美度石硫合剂或 50% 托布津、50% 多菌灵，具有较好控制效果。

参考文献

陈奕鹏，时涛，蔡吉苗，等，2016. 木薯新发藻斑病在中国的发生调查及病原鉴定 [J]. 热带作物学报，37(9): 1787-1792.

弓明钦，陈羽，王凤珍，2001. 海南红豆红锈病的发生与危害 [J]. 中国森林病虫 (6): 5-6.

何美仙，杨卫韵，申婷，2017. 山茶藻斑病发生规律和空间分布特征 [J]. 金华职业技术学院学报，17(3): 69-72.

郑宝荣，叶建仁，王记祥，等，2004. 肉桂藻斑病的初步研究 [J]. 中国森林病虫通讯 (2): 8-10

（撰稿：田呈明、王军；审稿：叶建仁）

L

辣（甜）椒病毒病　pepper virus disease

由黄瓜花叶病毒等多种病毒引起的、危害辣（甜）椒生产的病毒病害。

发展简史　1898 年，Beijerinck 首次证明了烟草花叶病的病原是一种病毒，即烟草花叶病毒（tobacco mosaic virus，TMV），这也是植物病毒学的开端；19 世纪初，发现 TMV 也侵染辣椒。1916 年，Doolittle 和 Jagger 同时详细描述了黄瓜花叶病毒，这是世界上首次报道该病毒。1931 年，发现马铃薯病毒（potato virus Y，PVY）侵染危害马铃薯；1959 年，在美国辣椒上鉴定到该病毒。20 世纪 60～70 年代，研究者陆续发现了众多侵染辣椒的病毒，有番茄花叶病毒（tomato mosaic virus，ToMV）、红辣椒脉斑驳病毒（chilli veinal mottie virus，ChiVMV）、辣椒脉斑驳病毒（pepper veinal mottle virus，PVMV）、烟草蚀纹病毒（tobacco etch virus，TEV）、辣椒斑驳病毒（pepper mottle virus，PeMV）、马铃薯 X 病毒（potato virus X，PVX）、蚕豆萎蔫病毒（broad bean wilt virus 2，BBWV-2）等。截至 2016 年，已报道 49 种病毒可侵染辣（甜）椒。

分布与危害　病毒病是世界辣（甜）椒生产上最主要的病害之一，广泛分布于南美洲、北美洲、欧洲、亚洲、大洋洲、非洲等国家和地区，特别是在美国、墨西哥、巴西、委内瑞拉、阿根廷、澳大利亚、丹麦、法国、匈牙利、冰岛、意大利、荷兰、西班牙、英国、摩洛哥、德国、科特迪瓦、加纳、肯尼亚、尼日利亚、南非、印度、日本、韩国、朝鲜、马来西亚、菲律宾、泰国、中国等国家发生较普遍。在中国，无论是北方温室大棚生产、还是南方露地生产的辣（甜）椒，病毒病均有不同程度的发生与危害。

辣（甜）椒病毒病严重影响辣（甜）椒的产量和品质，其造成产量损失取决于病害严重度；一般减产 10%～30%，重病田减产可达 50% 以上，甚至绝收。

辣（甜）椒病毒病的症状较复杂，田间病株症状主要有以下 4 个类型。

花叶型　叶片出现不规则的褪绿、浓绿与淡绿相间的斑驳；严重时，叶片皱缩、卷曲。以植株顶部嫩叶最为明显，并出现落花落果等现象。辣（甜）椒罹病后，植株生长缓慢或矮化，果实较小，畸形，且难以转红或只局部转红。辣（甜）椒在初花幼果前发生较重（图 1①）。

黄化型　病叶变黄，严重时植株上部或整株叶片全部变黄色，植株矮化（图 1②）。

畸形型　病株叶片开始表现为心叶叶脉褪绿，逐渐变为花叶、皱缩，叶缘向上卷曲，幼叶小，或呈线状叶或蕨叶状；后期植株节间缩短、矮化、簇生（图 1③）。

坏死型　坏死症状包括顶枯、条纹状坏死和环斑坏死。顶枯是指植株顶部叶基部或沿主脉变褐坏死，引起落叶、落花，而植株其余部分症状不明显；条纹状坏死主要表现在枝条上，病斑褐色至黑色，沿枝条上下扩展，也会扩展到主茎，引起落叶、落花、落果，严重时整株枯干；环斑坏死发生在叶片和果实上，出现褪绿或褐色的环纹，有时发展成深褐色坏死大斑（图 1④）。

病原及特征　引起辣椒病毒病的病毒众多，至少有 49 种，中国已发现有 28 种。分布较广的有 CMV、TMV 和 ChiVMV 等，而且田间辣（甜）椒常受多种病毒复合侵染。

不同辣（甜）椒产区的病毒种类存在差异。湖南辣椒上病毒的检出率从高到低依次为 TMV、CMV、PMMoV、ChiVMV、BBWV-2、PVMV、PVY、ToMV 和 BBWV-1 等 9 种病毒。贵州辣椒上检测到 CMV、TMV、PMMoV、TSWV、TuMV、BBWV、PVY、ToMV 和 AMV 等，以 CMV 为主。四川辣椒上病毒的检出率从高到低依次为 ToMV、ChiVMV、CMV、TMV、PVY、PVMV 和 BBWV-1 等 7 种。重庆辣椒上病毒主要是 CMV、TuMV、TMV、

图 1　辣椒病毒病症状（何自福提供）
①花叶；②黄化；③畸形；④坏死

侵染中国辣（甜）椒的9种主要病毒及其特征表

病毒	症状	病毒特征
黄瓜花叶病毒（cucumber mosaic virus，CMV）	系统性花叶、畸形、蕨叶、矮化、叶片坏死枯斑或茎部条斑等症状	雀麦花叶病毒科（Bromoviridae）黄瓜花叶病毒属（Cucumovirus）成员。蚜虫传播，也易机械接种传播。病毒粒子为等轴对称的二十面体，直径约29nm（图2①）。基因组为三分子线形正义 ssRNA，RNA1（3357nt）、RNA2（3050nt）、RNA3（2216nt），RNA4（1000nt）为 RNA3 的亚基因组
烟草花叶病毒（tobacco mosaic virus，TMV）	急性坏死枯斑、落叶，后期心叶呈系统花叶或叶脉坏死等症状	植物秆状病毒科（Virgaviridae）烟草花叶病毒属（Tobamovirus）成员。机械接种传播。病毒粒子为长秆状，长 300～310nm，直径18nm（图2②）。基因组为线形正义 ssRNA，长6395nt
辣椒轻斑驳病毒（pepper mild mottle virus，PMMoV）	叶片皱缩、斑驳、黄化或轻微褪绿；苗期感病，植株可能矮化；果实褪绿、斑驳、畸形	植物秆状病毒科烟草花叶病毒属成员。机械接种传播，种子也可带毒传播。病毒粒子为秆状，长约312nm，直径18nm（图2③）。基因组为线形正义 ssRNA，长6356nt
辣椒叶脉斑驳病毒（chilli veinal mottle virus，ChiVMV）	叶斑驳和暗绿色脉带，叶小、畸形，以幼叶症状明显；苗期感病时，植株矮化，在茎和侧枝上常有暗绿色条纹，果畸形	马铃薯Y病毒科（Potyviridae）马铃薯Y病毒属（Potyvirus）成员。蚜虫传播，机械接种可传毒。病毒粒子为弯曲线状，长约750nm，直径12nm（图2④）。基因组为单分子线形正义 ssRNA，长约9.7kb
马铃薯Y病毒（potato virus Y，PVY）	系统性轻花叶和斑驳，也可引起花叶、矮化等症状	马铃薯Y病毒科马铃薯Y病毒属成员。蚜虫传播，也可机械接种传毒。病毒粒子为弯曲线状，长680～900nm，直径11～13nm（图2⑤）。基因组为单分子线形正义 ssRNA，长约9.7kb
蚕豆萎蔫病毒2号（broad bean wilt virus 2，BBWV-2）	叶片系统性褪绿、斑驳、花蕾变黄、顶枯、茎部坏死及整株萎蔫	伴生豇豆病毒科（Secoriridae）蚕豆病毒属（Fabavirus）成员。蚜虫传播，易机械接种传播。病毒粒子为等轴对称二十面体，直径约30nm（图2⑥）。基因组为二分线形正义 ssRNA，RNA1 长 6.0～6.3kb，RNA2 长 3.6～4.5kb
番茄花叶病毒（tomato mosaic virus，ToMV）	叶坏死、脱落或花叶，植株矮化症状	植物秆状病毒科烟草花叶病毒属成员。机械接种传播。病毒粒子为长秆状，长约300nm，直径18nm（图2⑦）。基因组为线形正义 ssRNA，长约6.4kb
甜椒脉斑驳病毒（pepper veinal mottle virus，PVMV）	叶片表现为褪绿脉带、斑驳、花叶和皱缩畸形，病株矮化，果少且畸形	马铃薯Y病毒科马铃薯Y病毒属成员。蚜虫传播，也可机械接种传毒。病毒粒子为弯曲线状，长680～900nm，直径11～13nm（图2⑧）。基因组为单分子线形正义 ssRNA，长约9.7kb
番茄斑萎病毒（tomato spoted wilt virus，TSWV）	引起幼叶突然变黄和变褐，进而坏死，叶片上出现较多坏死环斑，茎上出现长的坏死条纹，并延伸到生长点，感病后形成的果实上常出现大坏死斑纹和坏死斑，幼果甚至完全坏死	布尼亚病毒科（Bunyaviridae）番茄斑萎病毒属（Tospovirus）成员。至少有8种蓟马可以持久方式传播，可汁液传播和种子带毒传播。病毒粒子为球形，直径约85nm，表面有一层膜包裹，膜外层由5nm厚的突起层（图2⑨）。基因组为三分体线形 ssRNA，片段 L 为8897nt，片段 M 为4821nt，片段 S 为2916nt，L 为负义，M 和 S 为双义

BBWV-2 和 ToMV，优势病毒是 CMV（约占57.89%）。在陕西，危害辣椒病毒有 BBWV、CMV、TMV、PMMoV、ChiVMV、ToMV 和 PVY，以 BBWV 最为普遍，其次是 CMV、PMMoV、ChiVMV。海南辣椒上病毒主要是 CMV、TMV 和 ChiVMV。在广东，从辣椒病样中检测到 18 种病毒，检出率较高的病毒为 PMMoV、ChiVMV、PVMV 和 CMV 等。可见，CMV 等 9 种病毒是危害中国辣（甜）椒的主要病毒，具体描述见表。

侵染过程与侵染循环　侵染危害中国辣（甜）椒的病原病毒至少有 28 种，且不同椒区的病毒主要种类存在差异，但辣（甜）椒病毒传播途径可归纳为介体昆虫传毒和机械接触传毒两大类。

介体昆虫传病毒，如 CMV、PVY、ChiVMV、BBWV-2、PVMV 和 TSWV 等。以 CMV 危害最普遍，该病毒的寄主广泛，超过 100 个科 1200 种植物，包括许多蔬菜作物和杂草。

病毒在保护地蔬菜和多年生宿根杂草上越冬，翌年由蚜虫再传播到辣（甜）椒上危害。另外，这些病毒也易通过机械接触传播（图3）。

机械接触传病毒，如 TMV、ToMV 和 PMMoV 等。以 TMV 危害较普遍，该病毒的寄主也很广，至少可侵染 30 个科 199 种植物。该病毒可在土壤、病残体、种子或卷烟中越冬，也可以在众多寄主上越冬，经机械接触传播，如移栽、定植、整枝、中耕、除草、采果等农事操作伤口均可传播病毒，土壤、种子和花粉也可传播病毒（图4）。

流行规律

介体昆虫传辣（甜）椒病毒病发生规律　辣（甜）椒病毒病的发生与气候条件密切相关。最适发病温度为 20～35℃，相对湿度 80% 以下，发病潜育期 10～25 天。最适感病生育期为苗期至坐果中后期。

在北方辣（甜）椒产区，病毒病于 5 月中下旬开始发生

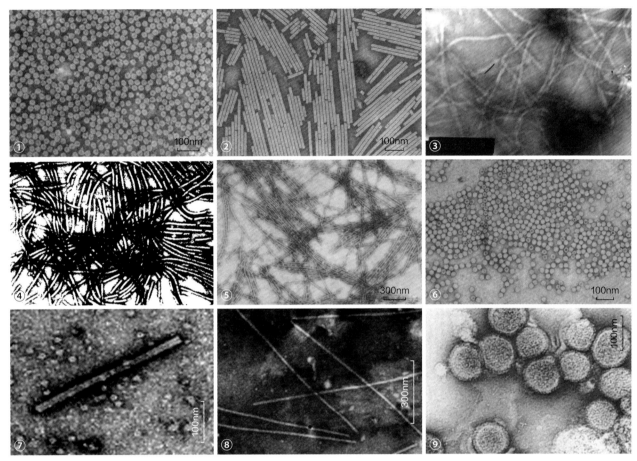

图 2　侵染辣椒的病毒粒子电镜照片（①②⑤⑥⑨引自洪健等，2001；③引自 Khattab，2006；④引自 Siriwong et al.，1995；⑦引自 Kamenova et al.，2006；⑧引自 Brunt et al.，1971）

① CMV；② TMV；③ PMMoV；④ ChiVMV；⑤ PVY；⑥ BBWV-2；⑦ ToMV；⑧ PVMV；⑨ TSWV

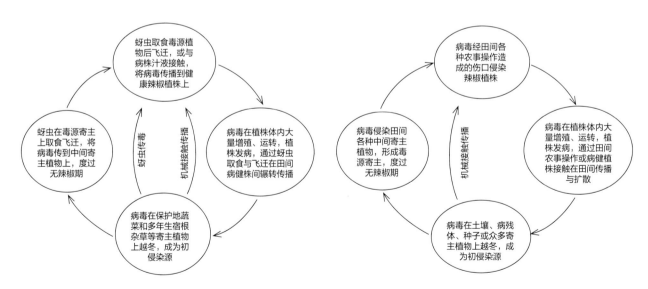

图 3　介体昆虫传辣（甜）椒病毒病的侵染循环示意图（何自福提供）　　　图 4　机械接触传辣（甜）椒病毒病的侵染循环示意图（何自福提供）

危害，发病盛期在 7～8 月。7 月辣椒病株多表现为重型花叶和畸形，进入 9 月，由于病毒的增殖积累，田间管理放松，病情急剧加重，辣椒病株症状多为线叶、丛枝或坏死顶枯等。早春温度偏高、少雨，蚜虫和蓟马发生量大时，辣椒易发病；播种过迟、种植过密、偏施氮肥、周边毒源寄主多、蚜虫和蓟马发生量大的田块，辣椒易发病；定植晚、重茬、缺肥的田块，辣椒也易发病。此外，品种间抗性差异明显，一般锥形椒比灯笼椒抗病。

在华南地区，蚜虫和蓟马传病毒病在秋种、冬种辣（甜）椒危害较严重。一般 10 月中旬病毒病开始发病，发生高峰期在 11 月中旬至翌年 1 月。每年 9 月后，华南地区进入旱季，降雨少，高温、干旱气候不仅有利于蚜虫等介体大量发生与传毒，而且还降低植株的抗病性。一般情况，连作、定植晚、地势低洼的田块，辣椒易感病而导致病害流行。此外，管理粗放、杂草丛生、缺肥或肥水过足旺长等也易引起或加重病毒病危害。

机械接触传辣（甜）椒病毒发生规律　在长江流域及淮河流域，5 月中下旬病毒病开始发生，6～7 月为发病高峰期，8 月高温干旱后，病情加重。辣（甜）椒从苗期至成株期均感病，2～4 叶期最感，以后各生育期感病性依次降低。重茬、露地栽培、移栽早的辣（甜）椒地病毒病发生重；地质差、未浇水的辣椒地发病重。同时，持续高温、干旱、少雨利于病毒病的发生。

在华南地区，机械接触传病毒病在春种辣（甜）椒上危害较重，在秋种、冬种辣（甜）椒上较次要。一般 4 月下旬病毒病开始发生，发病高峰期在 5 月中旬至 6 月中旬。由于华南地区春季多雨、高温，对传毒介体蚜虫等的发生不利，此时的辣椒病毒病主要是 TMV 等通过田间农事操作接触传播。因此，与茄科蔬菜连作、田间病株残体清除不彻底、定植整枝晚、地势低洼、缺肥的田块，易导致辣椒病毒病的发生与流行。辣（甜）椒品种间的抗病性也不相同，一般尖辣椒发病率较低，甜椒发生率较高；青皮椒较黄皮椒发病轻。

防治方法

种植抗（耐）病丰产品种　不同辣椒品种的抗病性差异较大。一般叶细长、果实为牛角形或羊角形的辣椒比叶大而阔、果实为灯笼形的甜椒抗病毒病，耐热品种比耐寒品种抗病毒病，青皮辣椒较黄皮辣椒抗病。较抗病的辣椒品种包括中椒 2 号、中椒 4 号、湘研 19 号、湘椒 48 号、津椒 3 号、苏椒 3 号、沈椒 3 号、湘研 11 号等，较抗病的甜椒品种有以色列彩椒、甜杂 1 号、茄门甜椒、天津 8 号等。对于棚室栽培，可选用高产、商品性好、抗（耐）病的红丰 404、海椒 4 号、线椒 3 号等品种。因此，各地可根据其栽培习惯选用抗病品种。

种子消毒处理　种子浸种催芽前阳光暴晒 1 天，用清水预浸 1～2 小时、再用 10% 磷酸三钠溶液浸泡 2 小时、然后用清水再浸泡 10～12 小时，以钝化种子上携带的病毒或使病毒失活。

农业防治　对于春种辣椒，适时育苗早播、早定植，可使结果盛期避开病毒病高峰。育苗中，苗床土要求营养丰富、保水保肥力强、透气性好、无污染的土或基质，施足基肥；春季育苗用小拱棚盖膜，以增温、保湿、促进出苗及防蚜虫传毒；秋季育苗用小拱棚盖一层防虫纱网育苗，以避蚜传毒；及时防治蚜虫，防止感染病毒病。定植前，尽可能彻底清除棚室内外、田间地头所有杂草，以减少毒源。施足基肥，加强肥水管理，提高植株抗病能力，有效地减轻病毒病的发生。

健康农事操作　发现病株应及时拔除，并带出棚外或田外集中销毁。在田间进行农事操作时，要防止病毒汁液接触传播；宜戴手套操作，接触毒株后，要用肥皂洗手或消毒。

防治传毒介体昆虫　及时防治蚜虫和蓟马等传毒介体昆虫，以切断传毒途径。在蚜虫和蓟马发生初期，可用 3% 啶虫脒乳油、4.5% 高效氯氰菊酯乳油或 20% 氰戊菊酯乳油等药剂喷施辣椒地及四周杂草。另外，辅助防虫措施有覆盖银灰色地膜避蚜、每亩悬挂 20～25 块黄（蓝）板诱杀蚜虫（蓟马）。

化学防治　在发病初期，可喷施 0.5% 香菇多糖水剂、5% 氨基寡糖素水剂、8% 宁南霉素水剂和 20% 吗胍·乙酸铜可湿性粉剂等药剂，每 7～10 天喷洒 1 次，连喷 3～4 次，对控制病毒的危害有一定效果。

参考文献

龚殿，王健华，吴育鹏，等，2011. 辣椒脉斑驳病毒文昌分离物基因组测序及分析 [J]. 基因组学与应用生物学，30(5): 583-589.

洪健，李德葆，周雪平，2001. 植物病毒分类图谱 [M]. 北京：科学出版社.

林燕春，罗明云，林江，等，2009. 辣椒病毒病发生规律与防治技术研究 [J]. 湖北农业科学，48(9): 2142-2144, 2183.

裴凡，2016. 侵染广东辣椒的病毒种类鉴定及病毒病药剂防控效果评价 [D]. 广州：华南农业大学.

HANSSEN I M, LAPIDOT M, THOMMA B P H J, 2010. Emerging viral diseases of tomato crops[J]. Molecular plant microbe interact, 23: 539-548.

KAMENOVA I, ADKINS S, ACHOR D, 2006. Identification of tomato mosaic virus infection in jasmine[J]. Acta horticulturae, 722: 277-283.

KHATTAB E A H, 2006. Biological, Serological and molecular detection of pepper mottle virus infecting pepper plants in Egypt[J]. Journal of phytopathology, 34 (2): 121-138.

SIRIWONG P, KITTIPAKORN K, IKEGAMI M, 1995. Characterization of chilli vein-banding mottle virus isolated from pepper in Thailand[J]. Plant pathology, 44: 718-727.

（撰稿：何自福；审稿：王汉荣）

L

辣（甜）椒根腐病　pepper root rot

由茄腐皮镰刀菌侵染引起的、危害辣（甜）椒根部的一种真菌病害，是典型的土传病害之一。

发展简史　1940 年，辛德和汉森（Snyder & Hanson）最早鉴定出茄腐皮镰刀菌（*Fusarium solani*）是辣椒根腐病的病原菌。1974 年，Joffer & Palti 在以色列调查了包括辣椒在内的几种农作物上根腐病和枯萎病，认为导致辣椒死亡的主要病原是茄腐皮镰刀菌，其次是尖孢镰刀菌。1994 年，福莱特（Fletcher）鉴定出茄腐皮镰刀菌是温室辣椒生产中茎腐病和果腐病的病原菌。1997 年，密可沙和艾米格（Micosa & Ilag）描述和鉴定了由茄腐皮镰刀菌和尖孢镰刀菌引起辣椒根腐病。自 20 世纪 90 年代以来，中国保护地蔬菜生产发展迅速，轮作倒茬困难，辣（甜）椒根腐病相继发生，危害逐年加重，已成为生产上的重要病害之一。

分布与危害　在全世界的辣（甜）椒种植区都有不同程

度发生，亚洲和南美洲的一些辣椒生产国发生最为普遍和严重。辣（甜）椒根腐病在中国各生产区普遍发生，一般年份造成约 10% 产量损失，严重时可达 20%～30%，甚至 50% 以上。

根腐病主要危害辣（甜）椒的根部，种子发芽期、苗期及成株期均可发病。发病初期，白天病株顶部叶片稍见萎蔫，傍晚至次日清晨恢复，反复多日后叶片全部萎蔫，最后整株枯萎甚至死亡。病株的根颈部及根部皮层呈淡褐色至深褐色腐烂，极易剥离，露出暗色的木质部（图 1），多由侧根开始发病，逐渐侵染主根，萎蔫阶段的根颈木质部多不变色，但到病株后期，横切病茎可见维管束变褐色。湿度大时，生育后期的茎基部、根颈部往往腐烂，病部可长出白色至粉红色霉层（病菌的分生孢子）。

病原及特征　病原为茄腐皮镰刀菌［*Fusarium solani*（Mart.）Sacc.］，属镰刀菌属。该病菌在 PDA 培养基上菌丝为绒毛状、银白色，基物表面猪肝紫色；在米饭培养基上呈银白色至米色。分生孢子有 2 型：大型分生孢子纺锤形，稍弯曲，两端较钝，无色，具 2～5 个隔膜，以 3 个隔膜者居多，大小为 19～50μm×3.5～7.0μm；小型分生孢子卵形或椭圆形、无色单胞，大小为 6～11μm×2.5～3.0μm。能产生厚垣孢子和菌核，厚垣孢子顶生或间生，褐色，球形或洋梨形，单胞的大小为 8μm×8μm，双胞的大小为 9～16μm×6～10μm。辣（甜）椒根腐病病菌菌丝最适生长温度 25℃，pH2～12 均能生长，pH6～10 为适宜，pH7 为最适。分生孢子萌发适宜温度为 25～30℃，适宜 pH 为 6～8，以 pH7 为最适。在麦芽糖液中的萌发率最高，其 24 小时萌发率高达 90%，次则葡萄糖与蔗糖，淀粉最低。菌丝、分生孢子致死温度分别为 63℃ 20 分钟、58℃ 10 分钟。

侵染过程与侵染循环　辣（甜）椒根腐病病原菌主要从根和茎基部伤口或根毛顶端细胞侵入寄主，也可从根部表皮直接侵入，在根部皮层细胞间生长，当菌丝达到木质部后，通过木质部的纹孔侵入导管，并在导管里向上生长，直至茎的顶部；病菌还能分泌毒素破坏维管束细胞，引起维管束组织坏死。病原菌对维管束组织侵染，影响其营养和水分的输导能力，从而导致植株萎蔫甚至死亡。

辣（甜）椒根腐病菌腐生性较强，其厚垣孢子在土壤中可存活 10 年以上。病菌以菌丝体、厚垣孢子或菌核在病残体、土壤或粪肥中越冬，种子也可带菌越冬。翌年，病菌萌发产生分生孢子，成为田间病害的初侵染来源，从根部伤口侵入，

引起植株发病，并在病斑上产生分生孢子。分生孢子借助雨水或灌溉水传播。病害的潜育期通常为 3～4 天，之后新病斑上产生大量的分生孢子，不断地引起再侵染，条件适宜时发病迅速蔓延。带菌种子上的病菌孢子萌发后可直接侵染幼苗进行危害（图 2）。

流行规律　浙江及长江中下游地区露地辣（甜）椒根腐病的发病盛期主要在 3～6 月，中国北方地区保护地辣椒生产的发病时期规律性不强。辣（甜）椒根腐病的发生与温度、水分密切相关，棚温在 20～25℃ 最适合发病，湿度（水分）越高病害越重。在 25℃ 左右和土壤含水量 65%～75% 等适宜条件下，病害潜育期为 5～7 天。棚室昼热夜暖、夜间湿度高，病害易发生。棚室内郁闭高湿、种植地低洼积水、排水不良、土壤黏重以及棚室滴水漏水等都会加重发病。辣（甜）椒重茬种植，土壤病菌积累多，植株生长受影响，根腐病发生重。植株茎基部受地下害虫危害或管理不善造成的伤口，以及施用未充分腐熟的有机肥，植株抗病性降低，也会造成病害侵染。

防治方法

选用抗病品种　是预防该病发生的有效措施。可选八五一大辣椒、中椒 2 号和 3 号等对根腐病有较强抗病性的品种。

栽培防治　轮作可减轻辣椒根腐病的发生，可与十字花科、百合科作物实行 3 年以上的轮种，宜与玉米、小麦等粮食作物轮作，最好水旱轮作。控制氮肥、增施磷钾肥，以

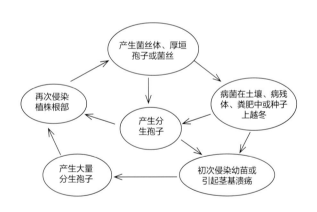

图 2 辣（甜）椒根腐病的侵染循环示意图（刘长远提供）

图 1 辣椒根腐病田间症状（①刘长远提供；②③吴楚提供）

增强植株抗病力。保护地辣椒生产可采取地膜覆盖、膜下渗灌，避免大水漫灌，以降低病菌传播速度。发病后及时清除病株，并对病穴喷灌石灰水消毒处理，控制病害的蔓延传播。

嫁接防病　选择抗病性良好的砧木进行嫁接，常用砧木有青园亚砧、神威辣椒砧木、三元-辣椒砧木、辣椒嫁接砧木 F1、塔基等，采用插接法、劈接法、靠接法等嫁接方法。操作时注意嫁接用具，秧苗要保持干净，动作要稳、准、快，及时遮阴防止秧苗萎蔫。

高温闷棚　保护地栽培在夏季高温休闲季节，耕翻棚室内的土壤，浇水，覆盖塑料薄膜；或每亩用稻草 1000kg，切成 4～6cm 小段，撒在地面，每亩撒施生石灰 100kg，然后翻地、灌水、覆膜，最后封闭棚室闷棚，利用太阳能进行消毒，杀死大部分土壤、空间的病菌和害虫。

生物防治　采用基肥、灌根、冲施等方式用枯草芽孢杆菌、木霉菌等微生物菌剂等生物菌肥处理土壤，促进根系生长，提高辣椒对根腐病的抵抗力，控制辣椒根腐病的发生。

化学防治　育苗床土尽量选用未种过茄科蔬菜的大田土，苗床整好后，用 50% 多菌灵可湿性粉剂加 10 倍细干土混匀（苗床用药 10g/m²），撒到畦面上，然后播种、盖土、覆膜，消除根腐病菌。在辣椒生长期，可选用 50% 多菌灵可湿性粉剂 2200～2800g/hm²、25% 咪鲜胺乳油 1000～1500g/hm²、10% 氟硅唑水乳剂 150～200g/hm²、25% 腈菌唑乳油 160～220g/hm² 等药剂灌根；或选用防治土传病害的土壤消毒剂。在作物休闲季节，可选用 98% 棉隆微粒剂 30～40g/m² 或 10% 噻唑膦 G 2250～3000g/hm² 进行全田消毒，可防治根腐病、疫病、枯萎病、菌核病、根结线虫病等土传病害。施用时要注意安全，严格按药剂使用说明操作。

参考文献

姜飞，刘业霞，艾希珍，等，2010. 嫁接辣椒根际土壤微生物及酶活性与根腐病抗性的关系 [J]. 中国农业科学 (16): 3367-3374.

李惠明，赵康，赵胜荣，等，2012. 蔬菜病虫害诊断与防治实用手册 [M]. 上海：上海科学技术出版社.

李林，齐军山，李长松，等，2001. 主要辣椒品种对疫病、根腐病的抗性鉴定 [J]. 山东农业科学 (2): 29-30.

梁彩枝，2010. 辣椒根腐病逐年严重的原因及其防治对策 [J]. 吉林蔬菜 (5): 67.

刘丽云，2008. 辣椒根腐病侵染规律初步研究 [J]. 中国植保导刊 (5): 25-26.

刘丽云，刘晓林，刘志恒，等，2007. 辣椒根腐病菌生物学特性研究 [J]. 沈阳农业大学学报 (1): 54-58.

裴利娜，李崇，鲁召军，2010. 辣椒根腐病的发生规律及防治方法 [J]. 西北园艺 (11): 33-34.

CHUNG S, KONG H, BUYER J S, et al, 2008. Isolation and partial characterization of *Bacillus subtilis* ME488 for suppression of soilborne pathogens of cucumber and pepper[J]. Applied microbiology biotechnology , 80(1): 115-123.

（撰稿：刘长远；审稿：王汉荣）

辣（甜）椒疫病　pepper *Phytophthora* blight

由辣椒疫霉引起的，是辣椒生产上的一种世界性分布的毁灭性病害。

发展简史　1918 年首次在美国新墨西哥州发现。中国于 1940 年在江苏报道，20 世纪 80 年代以来，随着辣（甜）椒商品化生产的迅速发展，栽培措施的强化以及不同椒型品种的推广，该病中国普遍发生，成为当前辣（甜）椒生产中的毁灭性病害之一。

分布与危害　现已在世界各地的辣（甜）椒种植区普遍发生和流行。中国的北京、上海、青海、云南、陕西、甘肃、广东及长江流域尤为严重。由于疫病流行，常导致植株成片死亡，损失严重。露地和保护地均发生，一般病株率为 20% 左右，严重的达 80%。

辣（甜）椒从苗期至成株期均可被侵染，茎、叶和果实都能发病。苗期发病，首先在茎基部形成暗绿色水渍状病斑，迅速褐腐缢缩而猝倒。有时茎基部呈黑褐色，幼苗枯萎死亡。成株期叶片感病，病斑圆形或近圆形，直径 2～3cm，边缘黄绿色，中央暗褐色。果实发病，多从蒂部开始，水渍状、暗绿色，边缘不明显，扩大后可遍及整个果实，潮湿时表面产生稀疏的白霉，即病菌的孢子囊和孢囊梗。果实失水干燥，形成僵果，残留在枝上。茎和枝发病，病部初呈水渍状、暗绿色，后出现环绕表皮扩展的褐色或黑色条斑，病部以上枝叶迅速凋萎。成株期发病症状易和枯萎病症状混淆，诊断时应注意。枯萎病发病时，全株凋萎、不落叶、维管束变褐，根系发育不良。而疫病发病时部分叶片凋萎，相继落叶，维管束色泽正常，根系发育良好（见图）。

病原及特征　病原为辣椒疫霉（*Phytophthora capsici* Leon.），属疫霉属。寄主范围广，除侵染辣（甜）椒外，还可侵染番茄、茄子、甜瓜等。菌丝无隔膜，丝状，有分枝，偶尔呈瘤状或结节状膨大，寄生于寄主细胞间或细胞内，菌丝直径为 5～7μm。无性繁殖时形成不分枝或单轴分枝的孢囊梗，孢囊梗无色，丝状，孢囊梗顶生孢子囊。孢子囊卵圆形，长圆形或扁圆形，无色、单胞，顶端乳头状突起明显，偶有双乳突。孢子囊大小为 21～51μm×22～34μm，孢子囊成熟脱落具长柄，平均柄长 6.6μm。孢子囊在病株病果上或蒸馏水水培时易形成，在固体培养基上 23～28℃ 培养 10～15 天后也可形成。另外，在油菜琼脂培养基上也可产生大量孢子囊。

有性生殖为异宗配合，在鲜菜汁、燕麦片和 PDA 培养基上培养 45 天可形成卵孢子。藏卵器球形，淡黄色至金黄色，直径 15.5～28.9μm，雄器围生，扁球形，直径 14.4～16.7μm。卵孢子球形，浅黄色至金黄色，直径 15～28μm。厚垣孢子球形，单胞，黄色，壁平滑。病菌生长发育温度 10～37℃，最适温度 28～32℃，致死温度 50℃ 5～10 分钟。

侵染过程与侵染循环　辣（甜）椒疫病是土传病害，初侵染源来自土壤，以卵孢子在土中病残组织内越冬。卵孢子在土中一般可存活 3 年，而且卵孢子随土层深度的变化，分布数量也不一样，土层深度在 30cm 以内，越冬病菌卵孢子

辣椒疫病危害状（吴楚提供）

数较多，为 2.33～2.50 个，30cm 以下，土层深度越深，卵孢子分布越少，为 0.7～1.5 个。病菌蔓延依靠灌溉水、风雨溅射传播，引起田间侵染，病斑上的孢子囊及所萌发的游动孢子又借风雨形成再次侵染，在干旱少雨年份水流是传播的重要途径，具土壤、空气传播并存的特性。

病菌以卵孢子随病残体在土壤中越冬，一般可存活 2～3 年。土壤中或病残体中的卵孢子是主要的初侵染源。翌年温、湿度适宜时，卵孢子萌发形成芽管或孢子囊并释放游动孢子，引起对寄主的初侵染。植株发病后形成发病中心或中心病株，其病部在高湿条件下可形成大量孢子囊和游动孢子，并借助风、气流、灌溉水引起再侵染。侵染的病斑在很短的时间内（几天内）又产生新的孢子囊和游动孢子进一步传播，使病菌的接种体数量在短时间内迅速上升，温、湿度适宜时，病害迅速发展蔓延。肾形双鞭毛的游动孢子在水中游动到侵染点附近，形成休止孢，再长出芽管侵入寄主。因此，水在病害循环中起着重要作用。

流行规律 辣椒疫病的发生与温湿度关系密切，气温在 20～30℃ 时，适合孢子囊产生，在 25℃ 左右最适合游动孢子的产生和侵入，适温高湿有利于病害的发生和流行。南方地区常年春种辣椒在 4 月下旬发病，5～8 月气温较高，又值雨季，降水量常超过 200mm，疫病一般在降雨后 3～7 天病情便突发性上升。大田发病在 5 月中旬至 5 月下旬开始，6 月上旬至 7 月下旬为发病高峰期。北方地区病害始发期较晚，7 月上旬始发期，7 月下旬至 8 月下旬为发病高峰期，进入 9 月气温冷凉病害蔓延速度减弱。一般雨季，或大雨后天气突然转晴，气温急速上升，或降水量大，次数多，病害易流行。相反，常年干旱少雨年份，7～8 月田间大水漫灌，

次数多，病害迅速蔓延，枯死率一般 100%，群众有"灌水即死"的说法。因此，在干旱地区或干旱条件下灌水是重要的传病途径。土壤湿度 95% 以上，持续 4～6 小时，病菌即完成侵染，病害潜育期为 2～3 天。因此，该病为发病周期短，流行速度快的毁灭性病害。品种间抗病性有差异，甜椒系列品种不抗病，辣椒系列品种比较抗病或耐病。田园不卫生，连茬或连套种植，以及根茬过多，地势低洼积水，过于密植，施肥未经腐熟或施氮肥过多等均有利于该病的发生和流行。棚室内湿度过大，叶面结露或叶缘吐水，光照不足或长时间阴雨，有利于病菌的扩展与侵染。加之病菌潜育期短，再侵染次数多，病害易发生和流行。

防治方法 辣（甜）椒疫病应采取农业防治与化学防治相结合的综合防治技术措施。

选用耐、抗病品种 北京、江苏、湖南及西北等地已筛选出了许多抗性材料，北京蔬菜研究中心筛选出了两份抗（耐）疫病的辣椒材料（87J-1，88J-1），中国农业科学院蔬菜花卉研究所等科研单位，已培育出抗病毒、抗（耐）疫病的杂种一代 9188、9119、94101、都椒 1 号、沈椒 3 号、苏椒 2 号、甜杂 1 号、西杂 7 号、牛角椒、湘研 5 号等品种或品系。

农业防治 合理轮作。前茬收获后，应及时清理残枝落叶，集中烧毁或深埋，减少病原基数，避免与茄科、葫芦科类蔬菜重茬，可与十字花科的大白菜、甘蓝以及百合科的大葱、大蒜轮作，有条件的地方可与禾本科粮食作物轮作，可有效降低辣椒疫病的危害。

培育壮苗，选择抗病品种。利用营养钵培育壮苗并带土移植，定植后无缓苗期，定植苗健壮，无病，可以有效减少

移栽时对椒苗根部的伤害，减少病菌从伤口侵入的机会从而增强了抗病性。营养土用池塘土和腐熟有机肥按 10：1 的比例配制。播种时，用 50% 多菌灵可湿性粉剂和细土混匀配成药土盖种，药土比为 1：800。一般辣味浓烈的品种抗疫病性强，如牛羊角椒、猪大肠椒、线椒等。可以将辣椒和甜椒间隔播种，也可有效减少疫病的发生。

种苗消毒。播种前对种子进行适当消毒，可有效防止疫病的发生。每 1kg 种子用绿亨 1 号 1～1.5g 与 50% 福美双可湿性粉剂或绿亨 3 号 10g 拌种。拌种可干拌也可湿拌，拌种后即可播种，不要闷种。在定植苗时用 72.2% 普力克可溶性粉剂 1000～1200 倍液浸泡根部 15～20 分钟，防效明显。

加强肥水管理，避免大水漫灌。定植前施足基肥，基肥以腐熟农家肥为主，混入适量化肥。基肥施用量应占总施肥量的 60% 以上，其中氮肥应占总需氮量的 70% 以促进早生快发。栽后按生长需要及时追肥，并根据墒情合理灌溉。及时中耕培土，促进根系生长，防止早衰，增强抗病力。浇水应少量多次，最忌水淹辣椒茎基部。雨后要及时排除积水，降低田间湿度。

化学防治 在发病前对辣椒疫病及时预防是化学防治的关键。出苗后 5～7 天，用 72.2% 普力克可溶性粉剂 1000～1200 倍灌根，不仅有效防治疫病的发生，而且还具有促根壮苗的作用。移栽定苗时用 72.2% 普力克可溶性粉剂 1000～1200 倍或 50% 噁霉灵可溶性粉剂 800～1000 倍液浸泡根部 15～20 分钟，防效明显。在生长过程中用 72.2% 普力克可溶性粉剂 1500 倍进行茎叶喷雾，不仅有效防治茎、叶、果实上的疫病发生，而且对霜霉病具有很好的防效。植株发病后，可用 77% 可杀得可湿性微粒粉剂 500 倍液、50% 琥胶肥酸铜可溶性粉剂 500 倍液或 14% 络氨铜水剂 300 倍液灌根，每株灌兑好的药液 0.3～0.5kg，以上药剂可以交替使用，每 7～10 天施药 1 次。以上药剂无效的情况下，可以使用杀毒矾 2g 溶于 1000ml 水，从植株上部开始冲洗整个植株，会有效地控制病害的蔓延。

参考文献

戴万安，李晓忠，红英，等，2003. 辣椒疫病传播途径及侵染循环研究 [J]. 西藏农业科技，26(4): 37-40.

王洪久，曲存英，2002. 蔬菜病虫害原色图谱 [M]. 2 版. 济南：山东科学技术出版社.

（撰稿：张修国；审稿：王汉荣）

辣椒褐斑病　chili pepper brown spot

由辣椒尾孢引起的、危害辣椒叶部的一种真菌病害。

发展简史 1979 年，魏景超记载辣椒褐斑病症状；1984 年，Jodongjin、J. G. Raut 分别报道在韩国、印度发生的褐斑病；1998 年，Kawagoe 等报道在日本辣椒褐斑病曾对温室辣椒生产造成了极大损失。褐斑病在中国江浙地区设施栽培辣椒中也有发生，在南方地区有蔓延趋势；但在北方地区少有发生的报道，2005 和 2007 年，刘志恒等分别在辽宁绥中、海城等地发现辣椒褐斑病，且发病严重。

分布与危害 主要危害叶片，偶有危害青果和茎。叶片发病，先从下部叶片开始，逐渐侵害危及上部叶片；叶尖、叶缘及叶面均可产生病斑。发病初期，叶片正面出现水渍状、淡褐色、针尖大小的斑点，渐扩展成圆形或近圆形病斑，有时病斑形状不规则形。随着病斑扩大，逐渐变为黄褐色至灰褐色，边缘颜色较深，病健交界明晰可辨；斑面表面稍隆起，并且形成明显的同心轮纹；病斑中部直径约 2mm 范围显现明显的枯白色，与褐色斑面界限分明。病斑直径一般为 6～12mm。发病严重时，病斑相互连接形成不规则的大斑（见图）。后期病部组织常干枯坏死，有的呈挣裂状穿孔，致叶片支离破碎。严重时病叶枯黄、提早脱落。湿度大时病斑正反两面均可产生灰色霉状物。茎部染病，病斑常呈现椭圆形，其他特点和叶片上相似。

在辣椒生产后期，植株长势变弱，低洼地带、贫瘠地块发生严重。病害导致叶片枯黄、早衰，严重时提早大量落叶，严重影响辣椒产量。

病原及特征 病原为辣椒尾孢（*Cercospora capsici* Heald et Wolf），属尾孢属。

病菌子实层可生于叶片的正反两面，形成烟灰至灰黑色的霉状物，为病原菌的分生孢子梗和分生孢子。分生孢子座无或由少数褐色细胞组成；分生孢子梗 2～20 根成束出生，暗橄榄色，隔膜 3～8 个，一般不分枝，少数具分枝，直或微弯，或有屈曲 1～3 处；分生孢子无色，鞭形或细棍棒形，直或微弯，基端较平，顶端近乎钝圆或稍尖，隔膜初时不甚清晰，后期老熟时明显，多为 4～9 个；分生孢子大小为 67～120μm×2.4～3.3μm；萌发时芽管可分别从不同细胞生出。

辣椒褐斑病病原菌寄主范围较窄，主要侵染辣椒，不侵染番茄、茄子、豇豆、菜豆、黄瓜、西瓜、葫芦、白菜、香菜、茼蒿和胡萝卜等。

侵染过程与侵染循环 病原菌主要在田间的病残体上或随病残体落入土壤中越冬，成为翌年主要的初侵染菌源。种子偶尔也可带菌。室温条件下，病原菌孢子存活力较强，存活年限可达 14 个月；–20℃ 的冷冻条件下，病原菌分生孢子存活时限为 8 个月。

在辣椒生长期间，在适宜的温湿度条件下，病原菌分生孢子萌发侵入植株，引起发病。病部长出新的分生孢子，再借气流、雨水和农事操作而传播，引起寄主多次再侵染。在叶面有露水或高湿条件下，病原菌分生孢子萌发，主要通过气孔侵入，也可通过伤口侵入。发病严重时，病叶枯黄脱落，残留其上的病菌随而越冬。

流行规律 辣椒褐斑病流行主要与温度、湿度密切相关。在 25℃ 下，病原菌侵染幼株叶片的潜期为 5～6 天；侵染成株叶片的潜育期为 7～8 天。辣椒褐斑病在气温 20～25℃ 下易发生，在相对湿度 80% 以上开始发病，湿度越大发病越重；高温高湿持续时间长，有利于该病发生和蔓延；高温季节遇到暴风雨或连阴雨易导致大发生，造成落叶。

前茬遗留病残体多、栽植密度高、郁闭高湿、椒田低洼积水等因素均有利于发病；贫瘠地块、植株脱肥、生长势衰弱时病害尤为严重。

L

辣椒褐斑病症状（吴楚提供）

防治方法　应采取加强栽培管理、注意种子和土壤消毒的农业防治为主，辅以化学防控的综合措施。

栽培管理　选用无病果留种，防止种子传病。与非茄科蔬菜实行 2 年以上轮作。采收后清除病株残体，集中烧毁，以减少田间初侵染源。多雨地区和低洼地块，实行高垄或高畦栽培，雨后及时排水，保持田间通风透光，降低湿度。采用健身栽培措施，适时合理施肥，氮磷钾要搭配适当，采收期可喷施叶面微肥，做到辣椒植株前期不疯长，后期不早衰。

种子消毒　播种前用 55℃ 温水浸种 10 分钟，再放入冷水中冷却，然后播种。或用 50% 多菌灵可湿性粉剂 500 倍液浸种 20 分钟后冲净催芽。直播时可按种子重量 0.3% 用 50% 多菌灵可湿性粉剂拌种。

土壤消毒　用 50% 多菌灵可湿性粉剂与 50% 福美双可湿性粉剂按 1∶1 或 25% 甲霜灵可湿性粉剂与 70% 代森锰锌可湿性粉剂按 9∶1 混合，再按 8～10g/m² 用药量，与 15kg 细土混合撒入沟内。

化学防治　在发病前或发病初期喷药，可用药剂有波尔多液、15% 络氨铜水剂、50% 多菌灵可湿性粉剂、70% 代森锰锌可湿性粉剂、70% 甲基硫菌灵可湿性粉剂、65% 代森锌可湿性粉剂、75% 百菌清可湿性粉剂、10% 苯醚甲环唑水分散粒剂和 40% 氟硅唑乳油，每 7～10 天喷药 1 次，连续用药 2～3 次。

参考文献

焦明歧，徐庆明，2004. 贵州省平坝县辣椒主要病害防治试验 [J]. 贵州农业科学，32 (4)：51-53.

商鸿生，王凤葵，2004. 新编辣椒病虫害防治 [M]. 北京：金盾出版社.

孙俊，刘志恒，黄欣阳，等，2010. 辣椒褐斑病菌分生孢子产生条件初探 [J]. 植物病理学报，40(3)：322-324.

王就光，李明远，吴钜文，等，2003. 辣椒病虫草害识别与防治 [M]. 北京：中国农业出版社.

翟洪民，2015. 辣椒褐斑病防治 [J]. 农业知识 (5)：26.

JODONGJIN, 1984. Undescribed fungal leaf spot disease of pepper caused by *Cercospora capsici* in Korea[J]. Hangukgyun, 12(2): 75-77.

KAWAGOE, HITOSH, 1998. Influence of temperature and relative humidity on disease occurrence of sweet pepper caused by *Cercospora capsici* in a plastic house[J]. Annals of the phytopathological society of Japan, 64(2): 137-138.

RAUT J G, PESHEY N L, 1984. A leaf spot disease of chilli, new to Vidarbha[J]. PKV research journal, 8(2): 71-72.

（撰稿：魏松红、刘志恒；审稿：王汉荣）

辣椒炭疽病　chilli anthracnose

由炭疽菌属的 5 种病菌单独或混合侵染引起的、危害辣椒果实、茎叶的三大病害之一。严重影响辣椒产量与质量。

发展简史　炭疽病起源于希腊词 "coal"，在古英语的意思是 "一块燃烧着的没有火焰的炭"，其症状为病斑黑色、凹陷、轮纹状。炭疽菌属（*Colletotrichum*）是 Corda 在 1832 年以 *Colletotrichum lineola* 为模式种建立的，该属在 Index Fungorum 里共有 821 个种被记录，该属分类主要根据形态特征及寄主。

辣椒炭疽病在 1890 年由 Halsted 首次在美国新泽西州发现并将其描述为 *Gloeopsorim piperatum* 和 *Colletotrichum nigrum*。1957 年，Von Arx 将其看作 *Colletotrichum piperatum*

的别名。

分布与危害　辣椒炭疽病分布范围广泛，在亚洲的印度、印度尼西亚、韩国、缅甸、中国、泰国、日本、马来西亚、越南，非洲的埃塞俄比亚、肯尼亚、南非、坦桑尼亚等，欧洲的英国，北美洲的美国、加拿大等，南美洲的巴西、哥伦比亚、厄瓜多尔和大洋洲的澳大利亚、巴布亚新几内亚、新西兰等地普遍发生，流行频率高。中国是世界上辣椒栽培最广的地区，也是辣椒炭疽病危害最重的地区之一，辣椒炭疽病每年均有不同程度的发生和危害，东北、华北、华东、华南、西南等辣椒产区都有发生，保护地栽培发生尤为严重。辣椒炭疽病可侵染辣椒、茄子、番茄等180余种植物。

辣椒炭疽病主要危害辣椒的叶片和果实，特别是在近成熟期的果实及叶片更易发生，也侵染茎和果梗（见图）。典型症状在受害叶片、果实上初期出现褪绿色水渍状斑点，随后逐渐扩大变成边缘褐色、中间灰白色近圆形凹陷病斑，后期在病斑上产生轮状排列的小黑点，易脱落。高温雨季易诱发炭疽病，落花落果严重，有时大量落叶，危害损失达20%～50%，严重时可导致辣椒绝收，对辣椒的产量和品质影响很大。

病原及特征　病原菌隶属于炭疽菌属（*Colletotrichum*），有性阶段属小丛壳属（*Glomerella*）。引起辣椒炭疽病的病原。有尖孢炭疽菌（*Colletotrichum acutatum* Simm.）、胶孢炭疽菌（红色炭疽病菌）[*Colletotrichum gloeosporioides*（Penz.）Sacc.]、球炭疽菌 [*Colletotrichum coccodes*（Wallr.）Hughes = *Colletotrichum nigrum* Ellis & Halst.]、辣椒炭疽菌 [*Colletotrichum capsici*（Syd.）Butler & Bisby]和黑线炭疽菌 [*Colletotrichum dematium*（Pers.）Grove]5种病菌单独或混合侵染引起的，但在中国报道的辣椒炭疽病只有 *Colletotrichum coccodes*、*Colletotrichum capsici*、*Colletotrichum gloeosporioides* 和 *Colletotrichum acutatum* 4种。

尖孢炭疽菌　侵染辣椒果实，发病初期病斑呈水浸状，后期病斑凹陷，长椭圆状或不规则形，中央呈成片黄褐色粉末，外围为粉红色轮状排列小点，边缘水渍状，个别病斑有开裂现象。一般不侵染茎叶。病原菌在PDA培养基上菌落边缘较平滑，基内菌丝和气生菌丝都很发达，气生菌丝初期为白色，渐变为浅红色粉状菌丝，后期颜色加深，具明显灰黑色的同心轮纹。分生孢子盘无刚毛。分生孢子梗单生，褐色。分生孢子单生，无色，长椭圆形，大小为15.8μm×4.1μm，含2～7个油球，一端稍尖。

辣椒炭疽病症状（肖仲久提供）
①叶片症状；②果实症状

胶孢炭疽菌　异名辣椒盘长孢（*Gloeosporium piperatum* Ell. et EV.），在成熟果和幼果上引起发病，病斑黄褐色，水渍状，上密生粉红色颗粒，同心纹环状排列，湿润时整个病斑表面溢出淡红色孢子堆，干燥时呈膜状，易破裂。病原菌在PDA平板上培养的菌落呈圆形，边缘整齐，菌丝正面初期为白色，后变为灰白色至浅褐色，培养后期有扇变，背面为灰白色到浅褐色。分生孢子盘黑色，无刚毛。分生孢子梗不分枝。分生孢子团橘红色。分生孢子单胞，无色，圆柱状，两端钝圆或一端钝圆一端略尖，大小为13.1～14.9μm×3.7～6.1μm；附着胞褐色，卵圆形或倒卵圆形，边缘规则或略不规则，大小为5.6～10.0μm×5.0～7.5μm。

球炭疽菌　异名黑刺盘孢。易引起成熟果实、叶片发病，病斑褐色，水渍状不规则形，有稍隆起的同心环纹，后期其上密生小点，边缘有湿润性变色圈。病原菌在PDA平板上菌落圆形，菌丝初为白色，后变为灰黑色。菌落中央产生肉红色的黏性分生孢子堆，略呈轮状排列，后期轮纹明显。分生孢子盘周缘生暗褐色刚毛，具2～4隔膜，74～128μm×3～5μm。分生孢子梗直立，直或稍弯曲，不分枝，无色，短，11～16μm×3～4μm，顶端着生分生孢子。分生孢子长椭圆形，无色，单胞，内含油球，大小为16～2μm×4～5.7μm。

辣椒炭疽菌　异名辣椒丛刺盘孢（*Vermicularia capsici* Syd.）。易引起成熟果发病，病斑暗褐色，水浸状，长椭圆形或不规则形，凹陷有同心轮纹，病斑与黑色炭疽病类似，但其上的粒状小黑点较大，颜色更黑。病原菌在PDA平板上菌落圆形、灰白色，背面黑色，中央产生许多黑色的黏性分生孢子堆。分生孢子盘聚生，初埋生后突破表皮，黑色，顶端不规则开裂。刚毛散生于分生孢子盘中，暗褐色，顶端色淡，具隔膜，96～216μm×5～7.5μm。分生孢子梗直立，分枝，具隔膜，无色。分生孢子镰刀形，顶端尖，基部钝，无色，单胞，内含油球，大小为22.8～27μm×2.8～5.4μm。

黑线炭疽菌　侵染辣椒果实或叶片引起发病，病斑圆形、长椭圆形，黄褐色至红褐色，后呈灰白色，上生刺毛状小黑点；后期病斑上下扩展或相互汇合，造成叶片成段枯死或落果。病原菌在PDA培养基上，菌落圆形，边缘整齐，黑褐色，气生菌丝贴着平板生长。分生孢子盘黑色，椭圆形，有刚毛。分生孢子单胞，无色，新月形，有1个油球，大小为18.0～24μm×3.5～4.5μm。

辣椒炭疽病病菌分生孢子萌发适温25～30℃，适宜相对湿度在95%以上。发病适宜温度为10～33℃，高湿有利于发病；病害潜育期一般3～7天。平均气温25～28℃、相对湿度大于90%时，有利发病；相对湿度在70%以下时，一般难以发病；因此，在温暖多雨的年份、季节和地区，该病极易发生流行。排水不良、种植密度大、施肥不当或者施氮肥偏重、通风状况不好都会加重发病。果实损伤、成熟度高易发病，甜椒比尖椒感病。

侵染过程与侵染循环　辣椒炭疽病菌的分生孢子通过雨水、灌溉水传播。在合适的温度下，分生孢子在植物表皮上萌发产生发芽管，形成附着胞，并在周围分泌胞外物质帮助其附着，在附着胞下方的角质层内形成内生型侵入构造，病菌定植后很快形成病斑。在发病后期，病斑出现许多裂缝，并从裂缝丛生出分生孢子盘，产生大量分生孢子。从自然孔口开始侵入寄主，伤口更易引起发病。

辣椒炭疽病菌以分生孢子附于种子表面或以菌丝潜伏在种子内越冬，播种带菌种子便能引起幼苗发病。病菌还能以菌丝或分生孢子盘随病残体在土壤中越冬，成为下一季发病的初侵染菌源；越冬后长出的分生孢子通过风雨或昆虫传播，条件适宜时分生孢子萌发产生附着胞侵入。初侵染发病后病株产生大量新的分生孢子，并再侵染和多次侵染。

流行规律　辣椒炭疽病越冬菌源一般在 4 月上旬随气温的上升和降雨的增多产生分生孢子，并借助气流和雨水等传播形成初侵染源；6～8 月出现发病高峰。

防治方法　宜采取选用抗病品种为主、农业和化学防治为辅的综合治理措施。

选用抗病品种　辣椒不同品种对炭疽菌的抗性差异非常明显，选用抗病品种是最有效、经济、安全的防控方法。中国的甜椒、辣椒资源丰富，研究者在 1986—1995 年对 1000 余份辣（甜）椒资源进行苗期炭疽病鉴定，发现抗病和耐病的资源高达 26%，抗病育种的种质资源极为丰富。一般辣椒较抗病，甜椒易感病，如铁板椒、野山椒系列、尖椒系列、朝天椒系列都表现出显著性抗性。另外，在选用抗病品种的同时，还要注意不同品种的合理布局和轮换种子，避免大面积单一使用同一品种。

农业防治　首先是选用健康的辣椒种子。留种时选择无病果实留种，同时清除田间病株病果。辣椒栽培过程中，注意清沟排水，降低田间湿度，形成良好的通风通气条件，改善株间小气候，尤其是反季节栽培辣椒，更应该注重改善大棚通气条件。施肥应施足腐熟肥，避免偏施氮肥，增施磷钾肥，培育壮苗，增强植株的抗逆能力。另外，通过非寄主植物轮作可以减少田间炭疽病菌的数量。采收果实后应将病株残体集中烧毁或深埋，并进行一次深中耕，把带菌的表土翻入深层，促使病原菌死亡，从而达到控制病害发生和流行的目的。

化学防治　包括种子处理和田间喷雾。种子处理的方法如下：①用清水反复洗种去除附着在种子表面的病菌，然后用浓度 0.2% 的高锰酸钾溶液消毒 15 分钟或 0.1% 的硫酸铜水溶液消毒 20 分钟或用 0.1% 多菌灵水溶液消毒 30 分钟，清水洗种，25～28℃ 催芽后播种；②用 0.1% 多菌灵水溶液浸种 30 分钟，清水洗种，冷水预浸种 2 小时，再用 50℃ 温水浸泡 30 分钟或 55℃ 温水浸泡 10 分钟，放入冷水中冷却，然后进行催芽播种。田间喷雾防治可用 70% 甲基托布津可湿性粉剂、80% 代森锰锌可湿性粉剂、50% 多菌灵可湿性粉剂、35% 克菌乳油、45% 福星可湿性粉剂、50% 多福可湿性粉剂、25% 咪鲜胺乳油、50% 咪鲜胺锰盐可湿性粉剂和 22.7% 二氰蒽醌悬浮剂等药剂。木霉、枯草芽孢杆菌、地衣芽孢杆菌、荧光假单胞菌等生物农药也可防治辣椒炭疽病。

参考文献

马荣群，李梅，宋正旭，等，2007. 不同碳、氮营养及 pH 对辣椒炭疽病菌生长的影响 [J]. 山东农业科学 (6): 71-73.

夏花，朱宏建，周倩，等，2012. 湖南芷江辣椒上一种新炭疽病的病原鉴定 [J]. 植物病理学报，42(2): 120-125.

曾庆华，肖仲久，向金玉，等，2010. 3 种杀菌剂对黑点型辣椒炭疽病菌的室内毒力测定 [J]. 贵州农业科学，38(5): 93-94.

INTANA W, SUWANNO C, CHAMSWARNG C, et al, 2009. Bioactive compound of antifungal metabolite from *Trichoderma harzianum* Mutant Strain for the Control of anthracnose of chili (*Capsicum annuum* L.) [J]. Philippagric scientist, 92(4): 392-397.

MONTRI P, TAYLOR P W J, MONGKOLPORN O, 2009. Pathotypes of *Colletotrichum capsici* the causal agent of chili anthracnose in Thailand[J]. Plant disease, 93: 17-20.

PERES N A, TIMMER L W, ADASKAVEG J E, et al, 2005. Lifestyles of *Colletotrichum acutatum*[J]. Plant disease, 89(8): 784-796.

（撰稿：肖仲久；审稿：王汉荣）

兰花白绢病　orchid southern blight

由齐整小核菌引起的主要危害兰花茎基部的真菌性病害。

分布与危害　世界性分布。植株受感染信号是茎基部出现黄色至淡褐色流水病斑。病菌主要破坏植株基部，并感染幼叶和根部，使皮层组织变褐色腐烂，受害的叶变黄色、枯萎、死亡，继而迅速出现根和假鳞茎衰萎和腐烂。如果向上蔓延，茎会出现环蚀槽，接着腐烂，最后导致全株枯死。主要特征是，在潮湿条件下，病株根颈表面长出白色的绢丝状物，即菌丝体，呈辐射生出，它可以蔓延至根际周围的基质中。后期在病株根颈表面或基质内形成似油菜籽的褐色（或黑色）菌核，直径 2～4mm。病株逐渐枯衰而死。蝴蝶兰感染此病，最初老叶软化变黄，逐渐枯干，蔓延至心部而死亡。不及时治疗还会感染其他兰花，造成极大的经济损失（图 1）。

病原及特征　病原为小核菌属的齐整小核菌（*Sclerotium rolfsii* Sacc.）引起，称为罗氏白绢小菌核菌，也叫担子菌类整齐小菌核。病菌在温度 15～40℃ 都能生长发育，最适温度为 29～32℃。菌核小型，由白色绢丝状的菌丝体聚集纠结而成，表生，起初为乳白色，渐渐变为米黄色，最后为深褐色。似油菜籽大小，球形或椭圆形，直径 0.5～1.0mm，平滑而有光泽。生长最适温度为 30～35℃。低于 10℃ 或高于 40℃ 时停止生长。菌核无休眠期，对不良环境的抵抗能力较强，能在土中存活 5～6 年，但在水中存活 3～4 个月即死亡（图 2）。

侵染过程与侵染循环　该菌在病株残体或基质内或肥料中越冬，翌年发出菌丝在基质中蔓延，从植株基部侵入危害。菌核可在土壤中、盆架上存活多年。盆内积水和生长不良的植株易发病，此病潜伏期短，侵入后 1 周即可发病。

流行规律　在气温骤高、细雨绵绵的 4～5 月开始侵染，高温高湿的 6～8 月为发病的高峰期。一般在高温干燥后或阴雨转晴时开始危害，酸性基质有利于该病发生，最适 pH5.3～5.9。盆中兰丛过密、盆土积水、通风透光不好也容易病重。

防治方法

物理防治　栽培基质和花盆在使用前应进行消毒处理，

图 1 兰花白绢病症状（伍建榕摄）

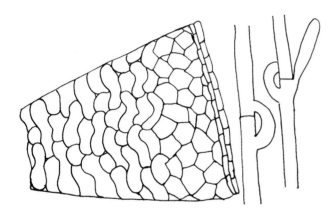

图 2 白绢病菌（陈秀虹绘）

菌核在温度 100℃ 时可以被杀死，菌丝在烈日暴晒下即可死亡。

农业防治　严格控制病苗引入，发现病株立即烧毁。注意环境卫生，清理病源，清除病株、病叶、减少侵染来源。适当通风，盆间和兰丛间都不能过密。兰丛过密时就应适当分盆，及时更换盆土，并剔除有病兰丛。适当施用硝酸钙、硫酸铵等肥料，也可减轻病害。在发病的高危期，可采取改变酸碱度的预防法，即在上盆时，地生类可在基质中拌入一定量草木灰或在易发病前期撒施草木灰或浇施 0.5%～1% 石灰水；附生类可在基质中加入木炭块，以抑制其发病。

化学防治　一旦出现病症，应立即换盆，剪去病茎，并将兰花全株浸于 1% 的硫酸铜溶液中（即 10g 硫酸铜配 1L 水）消毒，受污染的花盆、培养土、花架等可喷洒 50% 代森锌 500～1000 倍液消毒。用 50% 多菌灵可湿性粉剂（5～10g/m²）加细土拌匀后撒入土壤或 1000 倍液喷洒根际土壤。用 15% 粉锈宁可湿性粉剂，拌以细干土 100～200 份，撒在病根颈处。发病较多时，可用 50% 的福多宁或 75% 的灭普宁可湿性粉剂喷雾。发病季节，用 75% 甲基托布津 800～1000 倍液、50% 多菌灵 500 倍液、50% 甲基硫菌灵·硫黄 800 倍液、36% 甲基硫菌灵 500 倍液、40% 百菌清 500 倍液、20% 三唑酮 800 倍液、25% 瑞毒霉 800 倍液，或甲基立枯磷 1200 倍液喷洒到盆面和叶基内，每月 2 次作为预防。在易患病地区，盆土使用前先用五氯硝基苯消毒，用量为盆土重量的 0.2%，用以防治兰花白绢病效果良好。

参考文献

陈秀虹，伍建榕，西南林业大学，2008. 观赏植物病害诊断与治理 [M]. 北京：中国建筑工业出版社.

陈宇勒，2005. 新编兰花病虫害防治图谱 [M]. 沈阳：辽宁科学技术出版社.

沈宏，宋建萍，2020. 轻松防治兰花白绢病 [N]. 中国花卉报，06-11.

（撰稿：伍建榕、武自强、肖月；审稿：陈秀虹）

兰花病毒病　orchid virus disease

由病毒侵染兰花造成的兰花叶部病害。又名兰花坏死病、兰花花叶病、兰花黑条坏死病。

发展简史　建兰花叶病毒病由 Jensen 首次报道于 1951 年，它侵染栽培兰花，因此，也称为兰花花叶病毒病，在病毒侵染初期或症状轻微时，往往症状不明显。2015 年 Lee 等统计，全世界兰花病毒有 57 种。兰花病毒病在症状上有许多显著的特点，它是一个系统性侵染病害。

兰花病毒病最早的记载是 1943 年，澳大利亚 Magee 报道了新南威尔士建兰上的一种"黑病"（black disease），后来证实为建兰病毒病。国外在 20 世纪 60 年代，开始对兰花病毒病进行研究。1983 年，中国朱本明鉴定出了 ORSV，1990 年沈淑玲鉴别了 ORSV 与 CymMV，李梅等于 2001 年指出 CymMV 是引起蝴蝶兰花叶病毒病的病原。1970 年 Jensen 发现荷兰和美国的兰花病毒病主要是由 CymMV 和 ORSV 单独或复合侵染引起的；1993 年 Hu 等检测结果表明，美国夏威夷石斛兰病毒病主要由 CymMV 和 ORSV 引起，少数由番茄斑萎病毒（tomato spotted wilt virus，TSWV）引起；2006 年 Khentry 等研究发现 CymMV 是引起泰国石斛兰病毒病的主要病原。在中国，刘志昕等和潘俊松等分别于 1994 年和 1997 年从卡特兰和石斛兰病株中首次分离到了 ORSV 和 CymMV，并成功制备出用于病毒检测的抗体血清；1996 年肖火根和郑冠标从广东墨兰、文心兰、蝴蝶兰和万代兰等兰花上检测到 CymMV 和 ORSV；2001 年郑平等对广东、福建、四川、云南、海南、江苏、江西等地的 17 个市县共 2871 份植株样本进行了 CymMV 和 ORSV 的检测，发现沿海地区如广东、福建、海南、江苏等地的兰花病毒感染率明显高于内陆地区如四川、云南、江西等地，蝴蝶兰等洋兰的病毒感染率普遍高于国兰，人工栽培兰花的病毒感染率高于野生兰花；2009 年柳爱春等对浙江 139 个兰科样品和 8 个百合科样品的检测结果表明，有 31.7% 的样品中检出 CymMV，有 28.8% 的样品中检出 ORSV。

分布与危害　兰花病毒病在中国分布于广东、福建、四川、云南、海南、江苏、江西、浙江等地。

兰花病毒病常造成叶片褪绿、干缩、坏死，植株矮化、

L

畸形以及花朵变色等症状，严重影响其生长发育和观赏价值。受病毒侵染的兰花全身带毒、终生带毒，而且还会通过蚜虫、刀剪、盆具等媒介交叉传染扩散。频繁的国际和国内贸易、种质交换以及分株繁殖模式也导致兰花病毒病大范围传播，进而影响兰花的进出口贸易，造成极大的经济损失。兰花病毒病是制约兰花产业发展的一个重要因素，国内外已报道的兰花病毒种类达 63 种之多。一种病毒通常可以自然侵染不同属的兰花，严重危害兰花生产。在规模化种植过程中，兰花病毒病危害大、传播快，导致兰花的叶片、花芽和花出现轮斑、嵌纹、斑纹、黄化条纹、花色条斑甚至坏疽等病征，也可使切花寿命缩短，对兰花产量和品质产生了严重影响。

症状分为以下几个类型：

花叶类型　指叶片色泽不匀，形成深绿与浅绿相间的症状。其中包括以下几种：明脉（vein-clearing）、斑驳（mottle）与花叶（mosaic）、沿脉变色（vein-banding）、条纹（stripe）线条（strcak）与条点（striatc），有时短条为纺锤形，称梭条斑（spindle streak）、褪绿斑（chlorotic spot）等。

环斑类型　此类症状是在叶片、果或茎的表面形成单线圆纹或同心纹的环。全环、半环或是近封闭的环以及连续屈曲状的环或楔形状的山水画样。多数是褪色的环，也有变色的环。褪色的环可以发展成坏死环。环斑（ring spot）：环状，可以是同心环。环纹（ring line）：未封闭的环，往往是几个未封闭的环作连续屈曲状（或楔形状）。线纹：不形成环。似橡树叶轮廓的称橡叶症。

畸形生长　包括各种反常的生长现象。丛簇：多表现在兰花鳞茎上的腋芽萌发出许多瘦弱小苗。如变叶（phyllody）、皱缩（savoy）、小疱斑（puckered）、浓卷叶（leaf roll）、脉突（enation vein）、耳突（enation）、肿胀、小叶、畸叶、矮化（stunt）等。

变色　主要指叶片的局部或全部颜色改变，如褪绿、变黄、变橙、变红、变紫以及变成蓝绿色等。变色（banding）现象表现在花瓣上称碎色。

坏死　是指植物的某些细胞组织死亡。如坏死斑（nicrotic spot）、坏死环（nicrotic ring）与坏死纹（nicrotic pattern）、坏死条纹等。

病原及特征　由病毒侵染兰花造成，全世界兰花病毒有 6 种。其中，普遍发生的为建兰花叶病毒（cymbidium mosaic virus，CymMV）、齿兰环斑病毒（odontoglossum ringspot virus，ORSV）、黄瓜花叶病毒（cucumber mosaic virus，CMV）和兰花斑点病毒（orchid fleck virus，OFV）等。

侵染过程与侵染循环　病毒侵染兰花的范围有的很窄，只侵染某一属兰花；有的很广，可以侵染多个属的兰花，甚至可以侵染不同界的生物。同时一种兰花又可以受到多种病毒的侵染，表现出多种病毒病的症状。不同病毒引起的病害症状有的相同，如多数表现为花叶，有的则表现为坏死和畸形等。

所有的病毒都具有寄生性，绝大多数的病毒也具有致病性，兰花受到病毒侵染以后，经过一定的潜育期，就可能在外部表现出病变，如色泽的改变或形态结构的改变等。

流行规律　病毒是一种专性寄生物，存活于带毒的兰花植株中。病毒主要依靠植株的带毒汁液传播。利用带病毒的兰花营养器官组织培养或分株繁殖，是病毒病传播的重要途径。兰花密植栽培时病株叶片与健康叶片交错摩擦可以传染病毒；使用剪刀和小刀等工具进行兰花分株操作时，工具上沾带病毒汁液可以传染到健康兰花植株；兰花浇水时从病株花盆中流出的带病毒水滴也具有传染性。

随着病毒从侵染点扩展到兰花植株的全身，症状也逐渐在全株各部位表现出来。由于兰花是无性分蘖繁殖，枝体间除新芽生长期外，其养分交流基本上独立进行，一旦一个分株感染病害后直接传给另一个枝体可能性不大，但可以传给由感染枝发的新芽所形成的新个体。兰花病毒病以新叶及叶甲接触成长叶处的症状表现为最明显。症状有时表现在花朵上。假球茎及根部虽然有病毒存在，但很少表现出受害的症状来。由于兰花病毒病有上述特征，所以，成熟株感染病毒后表现症状不明显甚至不表现，而萌发新芽后，其症状在新叶表现明显。

防治方法　兰花病毒病仍没有很好的单一防治措施，在病害发生后也缺乏有效的治疗方法。对兰花病毒病的防治要坚持"预防为主，综合防治"的植保方针，做到早发现、早预防，重在消除病毒的侵染、传播和蔓延途径。

加强植物检疫　随着兰花生产和进出口的日益频繁，很容易传播其他中国尚未发现或报道的兰花病毒。因此，相关部门应加强检疫监管，建立和应用兰花病毒病的快速检测技术。同时兰花生产和经营单位等应积极配合，从源头上杜绝兰花病毒病的传入和蔓延。

改善栽培管理　运用好的栽培管理措施，不仅能最大限度地防止兰花感染和传播病毒病，还能增强植株长势，提高其抗病毒侵染的能力。具体措施包括：注意栽培环境的通风和湿润，特别是在夏季气温高、光照强时，要作适度的遮阴和加湿，并保证空气流通，使兰花生长健壮，且在闷热和过于干燥的环境下，易使潜伏在兰花体内的病毒呈阳性反应。品种保存园需与一般栽培繁殖场分开管理，园内所有植株避免相互接触，经过病毒检测确定无病毒之种源才能引入。避免重复使用未经处理的介质和盆钵等。避免过度密植，以及浇水时避免过度激烈冲刷，以减少植株叶片摩擦造成机械损伤。

增强植株抗性　兰花病毒病是系统性病害，尚未发现有治疗病毒病的有效药剂，通常用于防治植物病毒病的药剂，为诱导植物抗性机制，修复受害植株损伤，提高植物自身的抗病能力。这类药剂包括：阿泰灵、氨基寡糖素、芸薹素内脂等，以预防作用为主。另外，还可通过培育和推广抗病或耐病品种，来提高植物的抗性水平。

培育无病毒苗　采用高温脱毒法或茎尖脱毒法等植物组织培养中常用的脱毒技术培养无病毒苗。其原理为：部分病毒在高温条件下会失去活性，热处理持续一定时间后，病毒含量不断下降，能脱掉部分病毒。植物顶端分生组织细胞中一般不含病毒，因此，切取茎尖生长点进行组培，可获得无毒苗。

参考文献

陈秀虹，伍建榕，西南林业大学，2009. 观赏植物病害诊断与治理 [M]. 北京：中国建筑工业出版社 .

陈宇勒, 2011. 兰花病虫害百问图解 [M]. 北京：中国林业出版社.

杜瑞, 2016. 兰花主要病虫害及其防治 [J]. 现代园艺 (19): 129-130.

（撰稿：伍建榕、武自强、肖月；审稿：陈秀虹）

兰花根腐病　orchid root rot

由立枯丝核菌引起的，在兰花种植中普遍发生的主要危害兰花根部的一种真菌性土传病害。又名兜兰根腐病。

分布与危害　分布于亚洲南部，特别是泰国。兰花受到该病原危害时，初期根部有褐色病斑、凹陷、坏死等症状，严重时多个病斑会呈现环状包围茎基部和新长出的根系，最后造成整个根部腐烂，甚至导致兰花植株不开花，大大降低或失去其相应的观赏价值和商品价值，后期病部出现油菜籽状小菌核。

由于根部受损，根部吸收水分、养分能力下降，兰株的生长迟缓，叶尖焦枯，叶片萎凋，苞叶变黑乃至死，严重影响兰花质量。在兰花的多种病虫害中，以兰花根腐病危害最为严重，随着兰花产业的发展，其危害也越来越重，不仅直接影响兰花美观、销售，甚至成为兰花产业发展的瓶颈。

新长出的幼根及茎基部也可受害腐烂。受害兰叶失去生机，色泽灰淡，出现干枯，边缘内卷，新叶停止生长，这一过程出现的快慢随根部的腐烂程度而变化。检查根部常可看到褐色腐烂部分，上有白色或褐色的蛛网状菌丝，有时可见到油菜籽状小菌核（见图）。

病原及特征　病原为丝核菌属的立枯丝核菌（*Rhizoctonia solani* Kühn）。菌丝有隔膜，初期无色，成熟时呈无定形，浅褐色至黑褐色，表面粗糙，菌核间常有菌丝相连。菌核的抗逆性很强，是越冬器官之一。病菌不形成孢子，通过菌丝侵染传播，适宜的生长发育温度 20～24℃，在 12℃ 以下或 30℃ 以上时受抑制，高温有利于菌丝的生长蔓延。有性阶段在自然条件下不易见到。适宜的 pH 为 5.5。

侵染过程与侵染循环　以菌丝体或菌核在病残组织及污染基质中越冬，腐生性较强，可在基质中存活 2～3 年。靠接触传染，从根系伤口侵入。

流行规律　兰花根腐病菌有较强的腐生习性，平时能在植株残体上腐生，存活时间较长，借雨水、灌溉水传播。其侵染的途径一般是由病苗的菌丝和菌核侵染兰花幼苗的根和根状茎造成的。

防治方法

农业防治　避免过度浇水，注意盆内排水。换盆时，要对兰株清理消毒，正确栽种，新栽基质不可过湿，栽种后置通风阴凉处，待 10～15 天兰根伤口愈合后，再转入正常管理，可降低根病的发生率。若兰株确实染病了，首先要清除腐烂组织，晾根，待根稍软后泡入消毒液中 30～40 分钟，捞出晾干再泡，反复操作 2～3 次后重新栽种。新用的基质不可添加肥料或植物生长调节剂，要等兰株逐渐恢复，重新建立真菌共生关系后再进行淡肥薄施，逐渐扶壮株。

化学防治　可用 80% 代森锌 500 倍液、50% 退菌特 800～1000 倍液、50% 福美双 800～1000 倍液、20% 甲基立枯磷 1500 倍液、50% 苯菌灵 1000 倍液、95% 敌可松 800～1000 倍液、25% 施保功 800～1000 倍液、50% 雷多米尔 1000 倍液或 50% 扑海因 800～1000 倍液淋浇或喷洒。如有终极腐霉或恶疫霉混合侵染时，可用唑托混剂或 72% 杜邦克露或 60% 灭克（氟吗·锰锌）800 倍液浇淋。若地生兰使用土壤栽培时，可用 40% 五氯硝基苯或 50% 多菌灵拌细土后掺入基质中，用量为 5～6g/m²，防治效果也良好。

参考文献

陈宇勒, 2005. 新编兰花病虫害防治图谱 [M]. 沈阳：辽宁科学技术出版社.

程建国, 李敏莲, 杜正科, 2002. 我国兰花栽培的历史、现状及发展前景 [J]. 西北林学院学报 (4): 29-32.

徐明全, 郑平, 刘荣维, 等, 2005. 兰花主要病害鉴定及药剂筛选试验 [J]. 广东农业科学 (5): 46-49.

易绮斐, 刘东明, 陈红峰, 等, 2004. 兰花主要病害及其防治 [J]. 植物保护, 30(1): 71-73.

邹华珍, 2002. 兰花病害及防治 [J]. 江西植保, 25 (4): 110-111.

（撰稿：伍建榕、武自强、肖月；审稿：陈秀虹）

兰花根腐病症状（伍建榕摄）

兰花黑斑病　orchid black spot

主要危害兰花叶片的真菌性病害。又名兰花柱盘孢叶斑病、兰花柱盘孢叶枯病。

分布与危害　在中国福建、云南、江苏、上海和广东均有发生。主要危害兰花叶片，多发生于叶中下端及叶缘。发病初期在叶片上产生红褐色至黑色小点。后期病斑发展迅速，扩展成圆形大斑。病斑中间深褐色，边缘黑色或暗黑色。发生在叶缘的病斑常互相融合成不规则条形斑。病斑较大的，发生于叶片的中下部，使病斑以上的叶段变黄枯死（图 1）。影响观赏价值，造成很大的经济损失。1983 年广州兰花黑斑病大流行，一些苗圃发病率高达 92.8%，死亡率 26.8%，造成很大的经济损失。

L

病原及特征 病原为柱盘孢属真菌（*Cylindrosporium* sp.）。分生孢子盘呈盘状或平铺状，白色、灰白色至淡褐色，有黏质，散生或聚生在寄主表皮下。分生孢子梗短小，单枝，无色，直或稍弯（图2）。

侵染过程与侵染循环 病菌以菌丝或分生孢子在病残组织内越冬，借风雨及水流从伤口及自然孔口侵入。

流行规律 一般3月中旬就可见初发症状。病斑扩展较缓慢。光照不良、阴雨连绵等不良的栽培条件都促进该病流行，高温高湿、通风不良、缺肥时发病严重。喜侵染叶片组织厚实、叶片宽的品种。

防治方法

农业防治 选择好兰场。选择空气流通、透光、无污染的地方作兰场。兰场的周围最好有树木、有水池、有小水缸多只，以利于提高空气湿度。阴棚用竹帘、遮阳网搭在顶部，其荫蔽度最好能自动调节，早晚拉开透气。兰盆的摆放疏密要得当使空气流通。特别是兰花叶面补水时更要注意通风。叶面积水时间不应太长，以控制发病条件。保持兰场清洁卫生。常清理兰的病叶、枯叶，兰草分盆或购入的新兰苗，要用甲基托布津消毒杀菌，晾干后再栽种。植料（腐殖土、塘泥、木炭等）一定要高温消毒或太阳暴晒后再使用，不让细菌进入兰盆（场）。合理施肥，培育健壮兰苗，增强抗病力。生长期控制氮肥的施用，适当多施磷钾肥。早春气温达15℃以上时，及时喷药剂预防，抑制病菌侵入叶片。经常观察兰苗生长情况，一旦发现黑斑病叶，及时剪除，集中销毁。

化学防治 兰花冬眠季节，要用甲基托布津、多菌灵、扑虱灵混合喷洒叶面3次以上，既除虫又除菌，这可使开春新苗苗壮成长。以后每20天喷甲基托布津、多菌灵一次。加上施肥得当，兰草健壮抗病力强，不易发生黑斑病。掌握季节变化，及时防治。黑斑病每年梅雨季节极易发生，尤其是久雨之后转晴之时，应及时喷药防治。春秋两季兰草发芽阶段，新苗抗病能力差，应加强药物防治。高温高湿天气，用50%多菌灵800倍液、75%百菌清800～1000倍液、80%代森锰锌800倍液、70%甲基托布津1000～1500倍液、40%百可得1500倍液、64%卡霉通600倍液、8%科博500倍液、43%好力克（戊唑醇）4000倍液、10%世高3000倍液或25%丙环唑1500倍液喷洒，抑制效果良好。

参考文献

陈秀虹，伍建榕，西南林业大学，2009.观赏植物病害诊断与治理[M].北京：中国建筑工业出版社.

陈宇勒，2011.兰花病虫害百问图解[M].北京：中国林业出版社.

杜瑞，2016.兰花主要病虫害及其防治[J].现代园艺(19):129-130.

覃茜，於艳萍，黄歆怡，等，2017.兰花真菌性叶斑病研究进展[J].农业研究与应用(2):61-65.

（撰稿：伍建榕、武自强、肖月；审稿：陈秀虹）

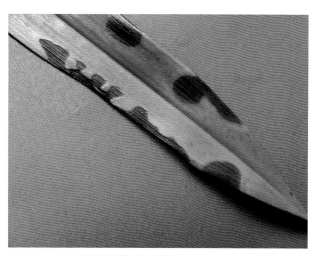

图1 兰花黑斑病症状（伍建榕摄）

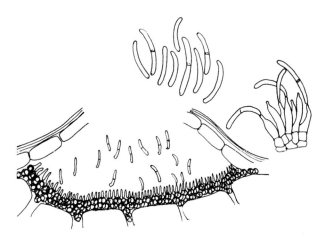

图2 柱盘孢属真菌的一个种（陈秀虹绘）

兰花茎腐病 orchid stem rot

一种危害兰花茎基部的真菌性病害。

分布与危害 世界性分布。典型症状是从兰花老苗或新苗的心叶基部开始发黄，然后迅速自下而上、自里而外发展，在1～2天内兰株枯黄干死。此时，如果倒盆，可发现病苗的根系仍然完好无损，甚至还有水晶头存在，当年发出的新芽也是完好的。如果切开病苗的假鳞茎，就会发现内部已经变为褐色，甚至腐烂。继续切割与病苗相邻的假鳞茎还可发现，那些叶色翠绿、看似完好的苗，其假鳞茎内部也已经被感染（变褐色），此病的传播极具隐蔽性。兰花一旦感染此病，假鳞茎很快便萎缩、发黑、干枯或腐烂，且随着病情发展，会连续不断地出现枯叶、倒苗，直至全盆覆没，若处置不当，甚至可导致整个苑内的兰花植株感病，最终烂根而死（见图）。尤其是在夏季，更是令兰花养护者束手无策，已成为兰花生产过程中十分棘手的一种病害。

通常情况下，因茎腐病造成兰花死亡达20%以上，有的甚至可达30%。兰花茎腐病已严重威胁着兰花生长，特别是规模化的种植场。

病原及特征 病原主要为尖孢镰刀菌（*Fusarium oxysporum* Schlecht.），属镰刀菌属。菌株白色、桃红色、堇色至紫色。小型分生孢子生于气生菌丝中，聚成假头状，数量很多，卵形、

兰花茎腐病症状（伍建榕摄）
①虎头兰茎腐病症状；②大花蕙兰茎腐病症状；③兰花茎腐病症状；
④茎秆受害状

椭圆形、柱形、直或弯曲。大型分生孢子壁薄，生于气生菌丝上，极少生于分生孢子梗座或黏孢团中，纺锤形或镰刀形、镰状弯曲、椭圆形弯曲、近新月形，顶端细胞较细，脚胞带梗状。厚垣孢子壁光滑或粗糙，很多，生于菌丝间的和分生孢子间，顶生和间生，单生或成对。病菌生育温度 6～33℃，23～28℃ 为生育适温。

侵染过程与侵染循环　茎腐病病原菌是一种土居性真菌，主要以菌丝体和厚壁孢子在植料中越冬，翌年成为初侵染源。病原菌通过带菌植料和兰苗传播，从植株根系伤口或自然孔口侵入，侵染兰株的维管束并大量繁殖后堵塞植株输水通道，引起兰株脱水、缺乏营养而死亡。兰花分株创面未消毒处理，虫害叮咬兰根兰芽，高温高湿的环境，植料板结、通风不良等，是诱发此病的病源。

流行规律　发病高峰在每年 5～9 月，最早发病可出现在 2 月。通常，气候温度在 30℃ 左右，空气相对湿度大于80%，盆土含水量在 90% 以上，偏酸性土壤、土温在 28℃左右等环境条件都是茎腐病暴发的有利条件。另外，兰花镰刀菌枯萎病的发生流行往往与品种的抗病性也有一定的关系。

防治方法

农业防治　首先要保持温室大棚的整洁，提高地温，降低湿度，增加土壤通透性，减少病菌借水流传播的机会。加强通风，充分消毒。科学地供应水分，每次供水遵循小水勤浇的原则，以早、晚浇水为最佳。要经常检查兰株，发现病苗，及时割除，感病球茎要切到看见白色为止，必要时进行销毁；在进行分株换盆时，分株后应当及时涂抹创伤愈合剂。将感病兰花植株先前所用的基质清除干净，更换新的基质配料；所用盆器进行彻底消毒，必要时应弃之换新。

化学防治　是控制兰花病害的应急措施。在病害流行初期，施用农药试剂，可以达到减轻病害的目的。常用的药剂有 500～1000mg/ml 的施保功、施保克、多菌灵、噁毒灵；1000mg/ml 的 95% 噁毒灵、50% 的多菌灵、70% 甲基托布津和 75% 的百菌清；50% 苯菌灵可湿性粉剂 1000 倍液；500 倍的 36% 甲基硫菌灵悬浮剂溶液；2.5% 适乐时悬浮剂。每 7～10 天喷洒 1 次，连续施用药剂 2～3 次，同时做到施药不喷水，在夏季雨后应立刻施药预防。

生物防治　主要采用具有拮抗作用的真菌、细菌、放线菌等拮抗菌以及植物源活性物质、真菌与细菌混合以及水杨酸、抗生素等进行病害防治，由于其对环境无污染的特点，在病害防治方面具有较好的发展前景。生防菌株 *Bacillus pumilus* 223 及其提取物对兰花茎腐病的预防效果达到了 80% 以上。芽孢杆菌 3A3～15，经鉴定为 *Bacillus velezensis*，对兰花病原菌抑制效果明显。铜绿假单胞菌 G01 和枯草芽孢杆菌 TSA 对玉女兰有很好的生防作用。枯草芽孢杆菌 C1 和芽孢杆菌（*Bacillus* sp.）S1 对该病的防效分别为 55% 和 50%。

参考文献

刘智成，刘爱媛，冯淑杰，等，2008.墨兰茎腐病病原及防治研究 [J].安徽农业科学，36 (25): 10892-10894.

史宗义，2020.兰花茎腐病防治 [J].中国花卉园艺 (14): 38-39.

朱越波，陈卫良，2012.兰花茎腐病病原菌的分离与鉴定 [J].浙江农业科学 (6): 87-88.

（撰稿：伍建榕、武自强、肖月；审稿：陈秀虹）

兰花轮纹病　orchid ring rot

由壳二孢属真菌引起的一种兰花病害。

分布与危害　遍布世界。主要危害叶片，症状同炭疽病相似，初期在叶片上出现紫红色至紫褐色冻伤状斑点，扩大后呈不规则形。当部分病斑发展到叶脉时，病害突然加剧，以叶脉为顶端，呈 "V" 字形枯萎。发展过程中的病斑，叶脉部位呈红褐色，周围是暗绿色至黄绿色，内部呈褐色或暗褐色。小叶的病斑较少，不久后呈轮纹状，形成许多小粒黑点。影响兰花观赏价值。

病原及特征　病原为壳二孢属的一个种（*Ascochyta* sp.）。生长温度为 15～30℃，最适温度 25～30℃，分生菌丝数量少，分生孢子无色，分裂成两个细胞，呈卵形，大小为 13～18μm×4～6μm。

侵染过程与侵染循环　该病为空气传染病害，前茬作物的病残体为初侵染源。病菌以分生孢子器或子囊壳形态附在枯死叶片上越冬。环境条件差时，则以子囊孢子形态越冬或越夏。当环境条件适合生育时，子囊孢子飞散，成为当年初侵染源。初侵染后，侵入叶片的病原菌增殖，在病斑组织内形成繁殖器官（分生孢子器），不久即形成孢子黏块。孢子黏块经风雨传播，再次侵染健康植株的叶片。病原菌在25℃以下的较低温度下发育良好。

流行规律 5～6月高温高湿季节，新叶易发生此病。密闭阴湿、通风不良、氮肥过多的兰圃，成叶发病严重，一般8月中旬开始发病，9月发病最多。

防治方法

农业防治 加强栽培管理，做好兰园的清洁工作，剪除病叶，集中烧毁，减少病菌源。

化学防治 对发病植株可选用75%百菌清可湿性粉剂800～1000倍液、80%代森锰锌可湿性粉剂800倍液、40%百可得可湿性粉剂500倍液，或10%世高水分散颗粒剂3000倍液等，每隔7～10天喷雾1次，连续2～3次。在新叶期也可适当喷药保护。

参考文献

陈秀虹，伍建榕，西南林业大学，2009.观赏植物病害诊断与治理[M].北京：中国建筑工业出版社.

陈宇勒，2011.兰花病虫害百问图解[M].北京：中国林业出版社.

杜瑞，2016.兰花主要病虫害及其防治[J].现代园艺(19): 129-130.

（撰稿：伍建榕、武自强、肖月；审稿：陈秀虹）

兰花煤污病 orchid sooty blotch

由多主枝孢、大孢枝孢和柑橘煤炱等引起的，主要危害兰花叶片的一种真菌性病害。又名兰花煤烟病、兰花污霉病。

分布与危害 分布广泛，尤以热带、亚热带为多。主要危害叶片。受害叶片上初生灰黑色至炭黑色霉菌落，分布在叶面局部或叶脉附近，严重者覆满叶面，一般都生在叶面。发生严重时影响光合作用，使兰花生长衰弱，降低观赏价值。

病原及特征 病原为多主枝孢［*Cladosporium herbarum*（Pers.）Link］、大孢枝孢（*Cladosporium macrocarpum*）和煤炱属柑橘煤炱（*Capnodium citri* Berk et Desm.）。菌丝几乎全表生，形成薄膜，上生黑点，即病菌分生孢子器，有时菌丝细胞可分裂成厚垣孢子状；分生孢子器半球形，直径70～100μm，高20～40μm，分生孢子圆筒形，直或稍弯，无色，成熟时双细胞，两端尖，大小为10～12μm×2～3μm，壁厚。

侵染过程与侵染循环 煤污病以菌丝和分生孢子在病叶上或在土壤内及植物残体上度过休眠期，翌春产生分生孢子，借风雨及蚜虫、介壳虫、粉虱等传播蔓延，荫蔽、湿度大或梅雨季节易发病。高温多湿、通风不良，蚜虫、介壳虫等分泌蜜露害虫发生多，均加重发病。

流行规律 兰场兰圃盆栽摆放过密，光照恶化、地势低注、排水不畅都易造成煤污病的发生。7月上旬的梅雨期为发病高峰期。8月中旬至9月上旬，如雨水较多，光照不足，是发病高峰期。

防治方法

农业防治 改变兰棚、室内小气候，使其通透性好，雨后及时排水，防止湿气滞留。及时防治蚜虫、粉虱及介壳虫。煤烟病出现时，可用湿布将发病部位的煤灰色菌抹去。

化学防治 发病时，及时喷洒40%灭菌丹400倍液、40%大富丹500倍液、50%苯菌灵1500倍液、40%多菌灵600倍液、50%甲霉灵（多菌灵加万游灵）1500倍液、18%多菌铜2000倍液或50%速克灵1000倍液，隔15天左右喷洒1次，视病情防治1次或2次。

参考文献

陈秀虹，伍建榕，西南林业大学，2009.观赏植物病害诊断与治理[M].北京：中国建筑工业出版社.

陈宇勒，2011.兰花病虫害百问图解[M].北京：中国林业出版社.

杜瑞，2016.兰花主要病虫害及其防治[J].现代园艺(19): 129-130.

（撰稿：伍建榕、武自强、肖月；审稿：陈秀虹）

兰花炭疽病 orchid anthracnose

由刺盘孢属和盘长孢属真菌引起的一种主要危害兰花叶片的重要病害。

分布与危害 中国兰花栽植区均有发生。病菌主要侵害叶片，稀侵染植物的茎和果实。发病初期，感病叶片中部产生圆形或椭圆形斑；发生于叶缘时，产生半圆形斑；发生于尖端时为部分叶段枯死；病斑发生于叶基部时，许多病斑连成一片，也会造成整叶枯死（见图）。严重影响兰花的正常生长。

病原及特征 病原为刺盘孢属的胶孢炭疽菌［*Colletotrichum gloeosporioides*（Penz.）Sacc.］、兰刺盘孢（*Colletotrichum orchidearum* Allesch）、兰叶短刺盘孢（*Colletotrichum orchidearum* f. *cymbidium* Allesch）、环带刺盘孢（*Colletotrichum cinctum*）以及盘长孢属真菌（*Gloeosporium*

兰花炭疽病症状（伍建榕摄）

sp.）等。刺盘孢属分生孢子单胞，无色，长椭圆形或弯月形，产于瓶状小梗上，萌发后产生附着胞。分生孢子盘平坦，上面敞开，下面埋于基质内。分生孢子梗内分布着深褐色刚毛。盘长孢属分生孢子大，长椭圆形，单胞无色，无纤毛，单生，梗长；分生孢子盘灰色至黑色，蜡质至革质，无刚毛；生于植物的叶果上。

不同的兰花品种上发生的病原会有所不同，在兰属中的寒兰、蕙兰多为兰叶短刺盘孢，四川春兰、建兰、墨兰多为兰刺盘孢。

侵染过程与侵染循环 病原菌附着于叶片上，从幼嫩组织、自然孔口和伤口侵入。如病原菌直接侵染幼嫩组织或从自然孔口侵入，则病害潜育期较长，症状通常出现在成熟叶上。如病原菌从伤口侵入，则潜育期较短，症状出现在损伤叶片或较衰老叶片上。前者如叶斑型炭疽病，后者如叶枯型炭疽病。主要通过气流和喷洒水传播。

流行规律 一年四季均可发病。老叶一般从 4 月开始发病，新叶则从 8 月开始发病。高温高湿、通风不良、花盆摆放过密、叶面喷水、植料积水、根系生长不良、植株衰弱等，均有利于病害发生。遭受虫害、冻害、日灼和机械损伤严重的叶片易诱发炭疽病。

防治方法

农业防治 兰室要通风透光，花盆应用排水透气好的瓦盆和多孔的陶盆为宜。地生兰上盆土壤以酸性的疏松肥沃的山泥（腐叶土）或加入适量颗粒基质的腐叶土为宜，附生兰宜用树皮、石砾、木炭和水苔等基质，采用口径为 15cm 以内的花盆。注意不受冻害、霜害和日灼伤害，以免造成伤口，增加受染机会。

发现叶尖有病及时剪除，尤其每年冬天应剪除病叶及清理盆中落叶，集中烧毁可以减少侵染病源。初发病时，病部多在叶子上部。在剪除国兰类有病叶段时，为了保持叶片的美感，在剪口距病斑 1～2cm 处，剪成与天然叶片相似的"A"形，同时在操作时应注意每剪一刀，剪刀应在消毒水中浸一下。对于国兰类的高档线艺兰和珍稀品种，若舍不得病害部分，可用点燃的香烟烫烧病斑。

化学防治 叶面发病初期症状不严重的局部可用药剂涂抹保护，一般用药 2～3 次，间隔时间为 7～10 天。幼苗感病可适当提高用药浓度涂抹患处，待病叶长高及时剪除病斑。患病的幼苗叶面不宜再喷水，兰盆安置于通风阴凉处。若严重的植株，必须进行喷药保护。

有效防治药剂甚多，最好将非内吸性杀菌剂与内吸性杀菌剂混合施用，或交替施用。家庭室内摆设的兰花应移置室外喷施。用 75% 甲基托布津 1000 倍液，或 75% 百菌清 800 倍液，或 50% 多菌灵 800 倍液，或 50% 苯菌灵 1500 倍液，或 80% 炭疽福美 800 倍液，或 50% 福美双 800～1000 倍液，或 50% 代森铵 800 倍，或 70% 代森锰锌 400 倍液，或 25% 炭特灵 500 倍液，或 10% 世高 3000～6000 倍液，对发病植株喷洒，效果良好。

参考文献

陈秀虹，伍建榕，西南林业大学，2009. 观赏植物病害诊断与治理 [M]. 北京：中国建筑工业出版社.

陈宇勒，2011. 兰花病虫害百问图解 [M]. 北京：中国林业出版社.

杜瑞，2016. 兰花主要病虫害及其防治 [J]. 现代园艺 (19): 129-130.

（撰稿：伍建榕、武自强、肖月；审稿：陈秀虹）

兰花细菌性褐斑病　orchid bacterial brown spot

由卡特兰假单胞菌、杓兰假单胞菌等引起的，危害兰花叶部的病害。

分布与危害 世界性分布。与细菌软腐病相似。叶上出现软的、水渍状小斑点，继而发展成轮廓清晰的、凹陷的褐色或黑色斑。通常病害发展迅速，会引起整个植株死亡。国兰叶片受害时，初期叶面及叶尖产生不规则或长条形的似开水烫过的褪色斑，后期变成褐色或黑褐色，周围具明显黑褐色晕圈，用手触摸病斑感觉坚硬。在石斛兰叶上产生水浸状的小斑点，后扩大病斑呈水浸状褐色斑，有时，自病斑腐烂处产生浊滴。在蝴蝶兰中，其斑点为水疱状，且迅速扩展、联合，外围具黄色或浅绿色的晕圈。

病原及特征 病原为卡特兰假单胞菌（*Pseudomornas cattleyae*）、杓兰假单胞菌（*Pseudomornas cypripedii*）等。假单胞菌为需氧的革兰氏阴性小杆菌。菌体呈杆状或略弯曲，有单端鞭毛或丛鞭毛，有荚膜，无芽孢。该菌属中有些菌株在代谢中能产生多种水溶性的色素，如绿脓素、荧光素、红脓素、黑脓素等，有的菌可产生多种，有的只产生 1～2 种。

侵染过程与侵染循环 该病菌在病残组织及带菌基质中越冬，借雨水、灌溉水及农事操作传播，从叶片伤口及自然孔口侵入，传染性极强，一旦发现病株应及时隔离。

流行规律 该病在叶面长期保持有水分时容易发病，特别在高温时发病较快。25～35℃ 为生育适温，多湿条件有利其发病，秋至春季温室密闭期间，发病较多。

防治方法

农业防治 注意通风和环境卫生。避免浇当头水，控制盆内湿度。发现病株，可根据情况剪除感染组织，再用 0.5% 波尔多液、27% 铜高尚 600 倍液、12% 绿乳铜 600 倍液或 200mg 农用链霉素喷洒，或浸泡在 0.1% 高锰酸钾溶液中 5 分钟，洗净晾干再进行种植。管护兰花时应尽量避免叶片受伤，同时，防止风吹擦伤叶片。在夏季阴雨天，叶面不宜喷水，若确需喷水，喷后应立即通风吹干叶面。兰花感病后应及时用剪刀剪除坏死组织烧毁或深埋，然后用药剂叶面喷雾，隔 15～20 天喷 1 次，连续喷 2～3 次。如果病害发生不严重，不必整株喷雾，可改用药剂涂抹病部，隔 7～10 天涂 1 次，连续 3～4 次即可。发现有褐斑病状的兰株最好不要淋雨，若经防治已控制住病情的，淋雨时间也不要超过 24 小时。

化学防治 可用 75% 农用链霉素 500～800 倍液，20% 叶枯宁 1000 倍液，77% 可杀得 600～800 倍液进行防治。

参考文献

陈宇勒，2005. 新编兰花病虫害防治图谱 [M]. 沈阳：辽宁科学

L

技术出版社．

（撰稿：伍建榕、武自强、肖月；审稿：陈秀虹）

兰花细菌性软腐病　orchid bacterial soft rot

由欧文氏菌引起的，危害兰花的一种细菌性病害。又名国兰软腐病。

分布与危害　世界性分布。其寄主范围非常广泛，几乎可以危害所有兰花。主要发生在兰花蘖芽上，其次是叶片。初发病时，在芽基部出现水浸状绿豆大小的病斑，2～3天后迅速向上、下扩展，成为暗色烫伤状大斑块，达到芽鞘外部，呈深褐色水渍状斑块，柔软，有恶臭，腐烂状，新苗容易拔起。全株发病，多从根茎处传染，开始受害处为暗绿色水浸状，迅速扩展呈黄褐色软化腐烂，有特殊臭味。严重时，叶迅速变黄，接着腐烂处的内含物流失，呈干枯状。蝴蝶兰常叶上感染，2～3天可使之腐烂，在国兰类主要发生在幼芽上。

病原及特征　病原为欧文氏菌（Erwinia carotovora）细菌。短杆状，两端较圆，大小为 1.2～1.9μm×0.5～0.9μm，革兰氏阳性菌，鞭毛周生，2～4条，不产荚膜和芽孢。病叶切口处常有大量浑浊的细菌溢流出。

侵染过程与侵染循环　病菌在病残组织及带菌基质中越冬，借流水传播，只能从伤口侵入。在初夏梅雨季节，若连续阴雨 15 天以上，气温偏高（25～30℃），特别是台风暴雨侵后易暴发流行。水肥不当（多水多肥、偏施氮肥）、栽培基质通透性差、盆土积水等也易发病。此病主要通过伤口感染、碰折、虫咬等传播，故应力求避免，同时叶片感染后，病区表皮与叶肉组织分离，受到外力时（如浇水、施肥、喷药、移植植株等）极易破裂，此时会释放出大量的软腐细菌的汁液，污染健康叶片或基质，造成二次污染。

病菌在栽植蝴蝶兰和大花蕙兰以及卡特兰的水藓上可存活 2 个月，病菌转移至兰花植株后，可在健康叶片表面营腐生生活，存活期限可达 45 天，当温、湿度适宜时，从伤口侵入感染，在发病组织内大量繁殖，然后菌液溢出成为最重要的再侵染源。

流行规律　春夏季高温高湿天气发生。

防治方法　由病原细菌引起的软腐病，一般农药均无治疗效果，一旦发现只有抛弃，因此，主要采取预防措施，树立正确的管理观念。

农业防治　平时注意基质的含水度，防止太湿，新苗生长期不要浇当头水，叶面喷水后，要及时通风，保持叶基干爽。患得该病的兰花在肥水管理上要薄肥轻施，施肥及浇水量减半，生长环境要温暖干爽，否则容易引起复发。兰花不要放置太密，要确保合适的株距、行距，合理的光照施肥，加强室内通风。国兰类以酸性的腐叶土作为上盆土壤（若用颗粒基质栽植的，也应加入一定量的腐叶土），可以减轻危害，因为此菌喜欢在偏碱性的条件下生长，同时腐叶土的营养全面。

化学防治　发病初期伤口可用波尔多液混合剂涂抹（伤口最好先用针挑破后，再涂抹）。全株可在 0.1% 高锰酸钾溶液中浸泡 5 分钟。喷洒用 50% 琥珀胶肥酸铜可湿性粉剂 800 倍液，或 77% 可杀得微粒可湿性粉剂 800 倍液、14% 络氨铜水剂 500 倍液、72% 农用硫酸链霉素可溶性粉剂 4000 倍液、新植霉素 4000～5000 倍液、47% 加瑞农 800 倍液，视病情隔 7～10 天 1 次，防治 1 次或 2 次。30.3% 四环霉素可溶性粉剂 1000 倍液、1% 石硫合剂或波尔多液 500 倍液、68.8% 多保链霉素可湿性粉剂 1000 倍液、77% 氢氧化铜可湿性粉剂 400 倍液、10% 四环霉素可湿性粉剂 1000 倍液也可使用。

参考文献

陈洁敏，2012. 洋兰细菌性软腐病的流行及其综防技术 [J]. 北方园艺，6(4): 180-181.

陈宇勒，2005. 新编兰花病虫害防治图谱 [M]. 沈阳：辽宁科学技术出版社．

文吉辉，李卫东，丁桂花，等，2012. 兰花主要病虫害的发生发展及防治方法 [J]. 湖南林业科技，39(6): 54-57.

（撰稿：伍建榕、武自强、肖月；审稿：陈秀虹）

兰花叶斑病　orchid leaf spot

由叶点霉属真菌引起的，对兰花危害小但影响范围较大的真菌性病害。又名兰花叶点霉叶斑病。

分布与危害　广泛分布于世界各地。昆明等地主要发生于墨兰、春兰等兰科植物上，危害较轻。叶片受害初期产生黄褐色稍凹陷小点，边缘清楚。随着病斑扩大，凹陷加深，凹陷部深褐色或棕褐色，边缘黄红色至紫黑色，病健交界清楚。单个病斑圆形或椭圆形，多个病斑融合成不规则大斑。有时假鳞茎也可受害，病部会出现稍隆起的黑色点状物，为病菌的分生孢子器，该病的发生，不会造成叶片的枯死或假鳞茎的腐烂（见图）。影响观赏价值。

病原及特征　病原为拟茎点霉属拟茎点霉（Phomopsis sp.）、柑橘叶点霉（Phyllosticta citricarpa）、兰叶点霉（Phyllosticta cymbidiuim Sawada）。分生孢子器暗色，扁球形至球形，半埋生，大小为 106～141μm×107～136μm。分生孢子卵圆形至椭圆形，单胞无色，大小为 5.5～8.4μm～×5.7μm。

侵染过程与侵染循环　介壳虫零星危害造成伤口，叶斑病侵染，为初期症状。病菌以菌丝和分生孢子器在病株及其残体的病组织中越冬。翌年产生大量分生孢子，借风雨传播，从伤口和自然孔口侵入寄主，而后重复侵染危害。

流行规律　阴雨、温暖，通风不良，生长幼嫩加重发病。高温高湿发病严重。以雨季和每次台风暴雨过后为叶斑病暴发流行期，由于兰圃通风透气和阳光穿透性都很差，田间小气候郁闷，湿度加大后才开始发病。在 5 月中下旬开始流行发病。冬季和初春气温低且气候较干燥，病菌生长繁育处于停顿或缓慢发展状态。

防治方法

农业防治　严格植物检疫，杜绝病虫害来源。培育健壮植株，加强养护管理，提高兰花的抗逆能力。可在仲春回暖

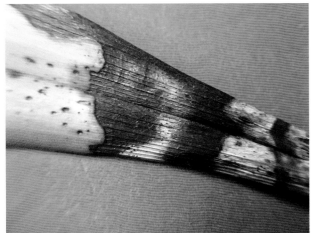

兰花叶斑病症状（伍建榕摄）

时，隔 7～10 天施浇 1 次"兰菌王"500 倍液或其他促根剂，连续施浇 2～3 次，在仲春、长夏、凉秋各喷洒 1 次"植物动力 2003"1000 倍液，以调节植株各器官的生长，育壮植株。改善栽培环境。兰圃内要清洁、通风、透气，相对湿度白天应保持在 70%～80%，晚上 80%～90%。兰盆放置不宜过密。分盆时要进行消毒，可用 0.2% 高锰酸钾溶液淋洒防治蜗牛、蜘蛛等动物的危害，以免造成伤口，增加病菌侵染的机会。

化学防治 发病前喷施 65% 代森锌可湿性粉剂 600～800 倍液、或 75% 百菌清可湿性粉剂 800 倍液可起到预防作用。可于药液中加入 0.01% 中性的洗洁精或洗衣粉，增加药剂的表面展着性和展布性。发病初期用 25% 炭特灵可湿性粉剂 500 倍液或 36% 甲基托布津悬浮剂 600 倍液、25% 苯菌灵乳油 800 倍液，隔 7～10 天喷施 1 次，连续防治 2～3 次。发病时要及时剪去被感染的器官，用 50% 多菌灵 800 倍液或 75% 甲基托布津可湿性粉剂 1000 倍液喷洒，发病盛期则应每周喷施 1 次。其他有效药剂还有代森锰锌、敌菌灵、乐比耕、退菌特、炭疽富等。施药时，将非内吸性杀菌剂与内吸性杀菌剂混合施用或轮换施用，效果更佳。

参考文献

陈秀虹，伍建榕，西南林业大学，2009. 观赏植物病害诊断与治理 [M]. 北京：中国建筑工业出版社.

杜瑞，2016. 兰花主要病虫害及其防治 [J]. 现代园艺 (19): 129-130.

覃茜，於艳萍，黄歆怡，等，2017. 兰花真菌性叶斑病研究进展 [J]. 农业研究与应用 (2): 61-65.

（撰稿：伍建榕、武自强、肖月；审稿：陈秀虹）

兰花叶尖枯斑病　orchid leaf tip blight

由茎点霉引起的一种危害兰叶叶尖的真菌性病害。

分布与危害 叶尖枯斑病在国兰上发生多。多危害兰叶的叶尖，初期出现褐色斑点，随着病情扩展病斑连片。病斑呈长形或不规则形，灰色或灰黄色，病健交界较明显，病健交界处有黑褐色斑纹。后期整个叶尖枯死。病斑上着生褐色小点，即病原菌的分生孢子器。严重时枯死，影响兰花生长。

病原及特征 病原为草茎点霉（*Phoma herbarum* West.）。属茎点霉属。分生孢子器为近球形，暗色，分生孢子单细胞，无色透明。

侵染过程与侵染循环 以菌丝体和分生孢子器在病叶中越冬，成为翌年的初侵染菌源。病菌随风雨、水滴传播，从叶尖伤口或自然孔口侵入，危害叶片。

流行规律 5 月上旬为病害始发期，7～8 月为发病高峰期。暴风雨是病害流行的关键，发病适宜温度 26～28℃，低温、多雨、多台风有利于病害发生。

防治方法

农业防治　加强栽培管理，做好兰圃的清洁工作。剪除病叶，集中烧毁，减少病菌源。

化学防治　可选用 75% 百菌清 800～1000 倍液、80% 代森锰锌 800 倍液、40% 百可得 1500 倍液、10% 世高 3000 倍液或 25% 丙环唑 1500 倍液喷施。

参考文献

陈秀虹，伍建榕，西南林业大学，2009. 观赏植物病害诊断与治理 [M]. 北京：中国建筑工业出版社.

陈宇勒，2011. 兰花病虫害百问图解 [M]. 北京：中国林业出版社.

杜瑞，2016. 兰花主要病虫害及其防治 [J]. 现代园艺 (19): 129-130.

（撰稿：伍建榕、武自强、肖月；审稿：陈秀虹）

兰花叶枯病　orchid leaf blight

由楼斗大茎点霉和李属柱盘孢引起的，使兰花叶片干枯严重影响其外观的一种真菌病害。

发展简史 1994 年，在深圳梧桐山苗圃总场发现兰花叶枯病。该兰圃所有兰花品种均可感病。

分布与危害 世界各地。危害兰花叶片不同部位。叶尖受害有几种表现，有的初期表现为斑点形，淡褐色，后期深褐色，病斑融合后叶尖枯死，有的表现叶尖变灰色枯死，病健交界处深褐色。叶片中部受害，病斑面积较大。呈圆形或椭圆形，中央黑褐色，边缘有黄绿色晕圈；严重时，整片叶

兰花叶枯病症状（伍建榕摄）

枯死。其危害种类广，且该病来势猛烈，扩展极为迅速，使兰花生产蒙受巨大的经济损失（见图）。

病原及特征　病原为大茎点霉属楼斗大茎点霉（*Macrophoma aquilegiae*）和李属柱盘孢（*Cylindrosporium padi* Karst.）。大茎点霉分生孢子盘分布在叶的两面，散生，埋生于表皮下，隆起或突破表皮，一般扁圆形，较小，直径120～160μm，边缘黑褐色，分生孢子梗极短，圆筒形或瓶颈状，大小为18～25μm×3～3.5μm，不分隔，分生孢子无色，表面光滑，有两种类型：一种较大，线形或梭形，两端尖，直或弯曲如镰刀状，3～5隔，大小为40～60μm×2～3μm。李属柱盘孢分生孢子盘呈盘状或平铺状，白色、灰白色至淡褐色，有黏质，散生或聚生；分生孢子细长，圆柱形，单胞或仅有少数隔膜，平滑，无色，直或稍弯。

侵染循环　病菌以菌丝或分生孢子在病残组织内越冬，借风雨及水滴传播，从叶片伤口或自然孔口侵入。

流行规律　4～5月发病危害老叶，7～8月发病主要危害新叶。该病在寒流过后突遇高温高湿时发病最为严重。有明显的发病中心，并可向四周传染。

防治方法　防治方法同兰花炭疽病相似。要加强栽培管理，注意防寒流、暴雨。该病的防治要抓住关键时期，发现叶面上有浅褐色小斑点时应及时隔离，集中喷药防治，以严格控制住发病中心。同时，清除病残组织并烧毁，防止再次侵染。防治药剂可选用40%百可得1500倍液、50%施保功2000倍液、25%施保克1500倍液、10%世高300倍液，或25%丙环唑1500倍液等喷施。

参考文献

陈秀虹，伍建榕，西南林业大学，2009.观赏植物病害诊断与治理[M].北京：中国建筑工业出版社.

陈宇勒，2011.兰花病虫害百问图解[M].北京：中国林业出版社.

刘仲健，罗焕亮，陈伟元，等，1997.兰花叶枯病的病原鉴定[J].华南农业大学学报(1)：34-36.

（撰稿：伍建榕、武自强、肖月；审稿：陈秀虹）

兰花疫病　orchid blight

主要由棕榈疫霉和终极腐霉引起的，花设施栽培过程中普遍发生且危害十分严重的病害之一。

分布与危害　世界性病害，亚洲常见。兰花疫病的危害性极大，从幼苗到开花植株都能受害，特别是苗期和新生芽、心叶最容易受害。地下假鳞茎和新芽是主要受害部位，受害组织变褐色，最后导致植株黄化、死亡。直接影响兰花盆花和切花的品质和产量，造成极大的经济损失。除了危害兰花之外，该病可危害300余种观赏植物。

疫病由于发生的部位不同，其所产生的症状亦有所不同，兰花疫病主要表现为水渍状斑，感病初期病部出现水渍状褐色病斑，后期病斑扩大后形成腐烂型病斑，叶部患病部位呈暗绿色或淡褐色，最后呈褐色干枯、叶片黄化脱落与全株萎凋枯死，患病花器褪色凋谢。有时病斑腐烂处生有白霉层。幼苗染病时，呈淡褐色水渍状块斑，病斑迅速扩展，3～5天即可造成全株死亡，死亡植株呈淡褐色，并不软化水解。

该病寄主范围广，可感染柑橘、菠萝、番石榴果实、茄子、百合、石竹科花卉（康乃馨、石竹、满天星）、天南星科花卉（火鹤、白鹤芋）、盆花（大岩桐、非洲堇、蟹爪兰、日日春）等。

病原及特征　引起疫病的病原菌较多，主要为棕榈疫霉［*Phytophthora palmivora*（Butler）Butler］，属腐霉属。孢子囊无色，单胞，椭圆形，顶端有乳头状突起，大小为51～57μm×34～34μm。孢子囊可直接产生芽管或形成游动孢子。卵孢子球形，无色或带褐色，大小为27～30μm。发育的最适温度约为25℃，最低为10℃。另一种病原为终极腐霉（*Pythium ultimum* Trow）也属于卵菌门，孢子囊球形，直径20μm，卵孢子球形，直径14～18μm。在15～16℃时繁殖较快，30℃以上生长繁殖则受到抑制。黑腐病原菌侵入根状茎及新芽等部位，或经由伤口侵入老叶片与根状茎，罹病部位初期出现水渍状，但后期组织变黑，兰花黑腐病容易向上蔓延，导致全株枯死变黑。

侵染过程与侵染循环　发病兰花死亡后，疫病菌一般可以厚膜孢子、菌丝残体的形式存在于栽培介质、盆钵、床架、土壤与寄主残体中。如果疫病菌形成卵孢子，可以存活1～2年。可能成为诱发兰花疫病的初侵染源，其他不清洁的灌溉水也经常可能带有疫病菌的游动孢子，成为初侵染源，传染至兰花苗株上。

疫病病原菌可以通过伤口、自然孔口侵入，也可以直接侵入兰花的叶片、花器、根状茎及新芽等部位，植株各部位均可发病，但以叶及根茎处发病较多。引起疫病的病原菌适合在高湿高温条件下发生发展，病菌孢子的形成与传播受湿度的影响最大。病原物在适宜的温、湿度下，1～2天内就可产生大量游动孢子，借雨水或水滴传播到附近的兰花植株上，如侵入成功，2～3天就可能出现病斑，在病部很快完成菌丝生长阶段，产生游动孢子进行再次循环侵染，造成病害的快速传播蔓延。

流行规律　该病害适宜发病的温度一般为20～25℃。在温室栽培中，温室温度高、浇水过多、通气不良时，很容易引发此病。病害发生高峰期为每年的6～8月。由于病原物易于随水分传播，所以在风雨较大时不仅容易造成兰花植株出现伤口，同时易于传播病原菌，易于造成病害流行。另外，在兰花分株时造成的伤口也为病原物侵入提供机会，故分株刀具等器械应及时消毒。

防治方法

农业防治　加强兰园管理。兰花疫病防治应以"预防为主，综合防治"为原则。注意控制水分，保持兰园清洁、浇灌水分清洁、兰园通风良好和适宜的阳光，保持半阴。发病初期用消过毒的刀片切除患病组织，并于伤口涂抹药液。兰园最好有防雨设施。一旦发现兰花罹病时，要将病株隔离，进行消毒。基质消毒。如水草、蛇木、树皮、泥炭土、有机肥或砖瓦石砾（如无注明消过毒时）需经过灭菌处理。重复使用的栽培基质与盆钵更需经过杀菌。消灭疫菌的方法包括高温日晒、煮沸、高压蒸汽灭菌及药剂熏蒸。疫病菌不耐高温，在 50～60℃ 的高温下 30 分钟就可杀死附在容器与介质上的疫病菌。合理灌水与合理施肥。病原菌可借水分传播，以喷雾法和淋灌法造成病害传播加剧。空地以滴灌为佳，加强水分管理，合理灌溉是降低发病的关键因子之一。合理施肥、优化施肥可以提高兰花的抗病性。

化学防治　定期喷 1000mg/L 亚磷酸 1000 倍液，每 1～2 月 1 次，有良好的预防效果。亚磷酸须现用现取，须以等量氢氧化钾中和酸性。66.5% 普克菌液剂稀释 1000 倍液，于发病初期每隔 7 天施用 1 次，但该剂为预防性药剂，需使用数日后才会发挥作用。33.5% 快得宁可湿性粉剂 1500 倍液，于发病初施药，隔 7～10 天后再施药 1 次，但施药后 7 天内不宜喷水。23% 亚托敏水悬剂 2000 倍液，于初发病时第一次施药，隔 7～10 天后再施药 1 次，连续 3～4 次。于发病初期喷施灭达乐 800～1000 倍液有良好的防治效果。以上药剂可交替使用，以免病原菌产生抗药性。

参考文献

陈宇勒，2005. 新编兰花病虫害防治图谱 [M]. 沈阳：辽宁科学技术出版社.

谢为龙，1998. 台湾花卉疫病 [J]. 植物检疫，12 (3): 167-169.

周玉卿，赵九洲，陈洁敏，等，2007. 兰花疫病综合防治技术 [J]. 北方园艺 (2): 160-161.

（撰稿：伍建榕、武自强、肖月；审稿：陈秀虹）

梨白粉病　pear powdery mildew

由梨球针壳菌引起的、危害梨叶片及嫩梢的一种真菌病害。是世界上许多种植梨的国家及地区重要的病害之一。

分布与危害　梨白粉病多危害秋天的老叶，在辽宁、河北、陕西、甘肃、山西、山东、河南和南方各梨区均有发生，并有加重趋势，已成为梨树上的主要病害。

秋季，在梨树的基部叶片背面产生大小不一、数目不等的近圆形褐色病斑，常扩展到全叶，病斑上形成灰白色粉层（为病菌的分生孢子梗和分生孢子）。后期在病斑上产生小粒点（为病菌的闭囊壳）。闭囊壳起初黄色，后变为褐色至黑褐色（见图）。病害严重时可造成早期落叶。发病严重时也能危害嫩梢，病梢表面覆盖白粉。

病原及特征　病原为梨球针壳菌［*Phyllactinia pyri*（Cast）Homma.］，属球针壳属。病菌的闭囊壳呈扁圆球形，直径为 224～273μm，黑褐色，无孔口，具针状附属丝。附属丝基部膨大，内有长椭圆形子囊 15～21 个，每个子囊内有子囊孢子 2 个。子囊孢子长椭圆形，单胞，无色或淡黄色，大小为 34～38μm×17～22μm。

梨白粉病病原菌的无性世代为拟小卵孢菌（*Ovulariopsis* sp.），属有丝孢真菌类。病菌的外生菌丝多为永久性存在，很少消失。菌丝有隔膜，并形成瘤状附着器。内生菌丝通过叶片气孔侵入叶肉的细胞间隙。近先端有数个疣状突起，突起生有吸器穿入叶肉的海绵细胞摄取营养。分生孢子梗由外生菌丝垂直向上生出，稍弯曲，单条，无色，内有 0～3 个隔膜，顶端着生分生孢子。分生孢子瓜子形或棍棒形，单胞，无色，表面粗糙，中部稍缢缩，大小为 63～104μm。分生孢子在 25～30℃ 发芽良好，潜伏期为 12～14 天。

侵染过程与侵染循环　梨白粉病病原菌以闭囊壳在病叶上越冬。翌年条件适宜时，闭囊壳破裂，散发出子囊孢子。子囊孢子随风雨传播，落到梨树叶片上进行初侵染。当年老熟的菌丝体产生分生孢子，进行再侵染。该菌是一种外寄生菌，病菌的芽管从气孔侵入到叶肉细胞内，形成吸器，吸收营养，发育繁殖。匍匐在叶面的菌丝，形成分生孢子，使病害不断蔓延，秋季再形成闭囊壳越冬。

流行规律　梨白粉病在春季温暖干旱、夏季凉爽多雨、秋季晴朗天气较多情况下容易发生，密度过大、通风不好、土壤黏重、偏施氮肥、管理粗放等均利于该病较重流行。在黄河故道地区，越冬子囊壳 6～7 月成熟，7 月开始发病，秋季为发病盛期。密植和树冠郁闭的梨园易发病，排水不良和偏施氮肥的梨园发病重。砀梨、秋白梨、康德梨、雪梨、花盖梨等发病较重，其他品种受害较轻。

防治方法　秋季彻底清扫落叶，消灭初侵染源。多施有机肥，少施氮素化肥。合理修剪，改善树冠内通风透光条件。夏秋季结合防治其他病害，始见发病后喷洒 25% 三

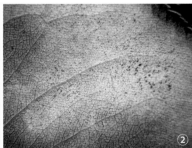

梨白粉病危害症状（王国平提供）
①叶片背面形成的灰白色粉层；②病菌初期形成的黄色闭囊壳；③病菌后期形成的黑色闭囊壳

唑酮可湿性粉剂 1500 倍液或 70% 甲基硫菌灵可湿性粉剂 800～1000 倍液。

参考文献

王国平，2012. 梨主要病虫害识别手册 [M]. 武汉：湖北科学技术出版社.

张绍铃，李秀根，王国平，等，2013. 梨学 [M]. 北京：中国农业科学出版社.

中国农业科学院植物保护研究所，中国植物保护学会，2015. 中国农作物病虫害 [M]. 3 版. 北京：中国农业出版社.

（撰稿：王国平；审稿：洪霓）

梨白纹羽病　pear white root rot

由褐座坚壳菌引起的、危害梨的树干基部及根系的一种真菌病害，是世界上许多种植梨的国家及地区重要的病害之一。

分布与危害　梨白纹羽病在老梨树和立地条件差、管理粗放梨园较常见。一般影响树体生长发育，发生严重时造成死树。白纹羽病曾是北方梨产区重要根病之一。由于以豆梨为砧木的南方梨品种的大量开发，在南方新开垦的原作为油茶、枫香等植物的荒坡建立起来的梨园和梨树苗圃，该病发生严重。据调查，该病每年引起成年树死亡率约为 4%，苗圃发病率严重时可到 60%～70%，一般为 10%。2001 年福建大田白纹羽病大量发生，病死株率达 18.5%；大田桃源下井果场和东风农场的发病株死亡率分别达 22.8% 和 17.5%；幼树发病严重时病株死亡率达 90% 以上，已成为规模发展的金水 2 号梨的重要障碍。

梨白纹羽病的病原菌从根颈处侵入，在根颈表面形成白色网纹状菌丝。侵入皮层组织后向主根和侧根蔓延。侵染初期侧根、须根完好，菌丝体呈白色。随病害加重，侧根和须根表面布满密集交织的白色菌丝体，后转呈灰色，菌丝体中有白色菌索，呈纤细的羽状分布。病根皮层极易剥落。皮层内有时可见黑色细小的菌核。当土壤潮湿时，菌丝体可蔓延到地表，呈白色蛛网状。有时根部死亡后，在根的表皮出现暗色粗糙斑块，斑块上长出刚毛状分生孢子梗束，在分生孢子梗上产生分生孢子（见图）。

发病初期表现生长较弱，但外观与健树无异。待根系大部分受害后表现树势衰弱、叶片萎凋变黄。该病在苗木上最常见，发病后几周内即枯死。大树受害后，数年内也会死亡。

病原及特征　病原为褐座坚壳菌［*Rosellinia necatrix*（Hart.）Berl.］，属座坚壳属，病原菌的有性世代在自然界不常见。菌核在腐朽木质部上形成，黑色，近球形，直径为 1mm 左右，最大者可达 5mm。老熟菌丝在分节的一端膨大，后分离，形成圆形的厚垣孢子。

梨白纹羽病病原菌的无性世代为白纹羽束丝菌（*Dematophora necatrix* Hartig），属有丝孢真菌类。分生孢子单胞，无色，卵圆形，大小为 2～3μm。

侵染过程与侵染循环　梨白纹羽病病原菌以菌丝层和菌核在病根上和土壤中越冬。条件适宜时，菌核上长出营养菌丝，侵入健根，病根接触到健根，健根易发病。白纹羽病远距离传播主要靠苗木调运。

流行规律　管理粗放、杂草丛生、高温多雨和长势衰弱的树白纹羽病发病重，土壤板结、排水不良、湿度过大、土壤瘠薄、酸性过大等都会导致或加重病害的发生。该病在雨水较重、温度较适的季节，扩展迅猛，易造成苗木成片死亡。

发病最严重的品种是金水 2 号，其次是黄花和杭青等。生长健壮、根系发达、侧根和须根多的苗木不易感病；主根粗短、侧根和须根少的苗木极易感病。苗木患病后有较长的潜伏期，在定植 2～3 年后、主干直径 4～6cm 时仍可发病

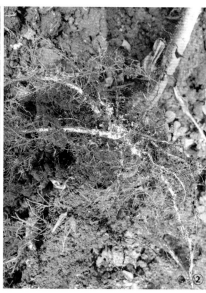

梨白纹羽病危害症状（洪霓提供）
①苗期；②幼树；③结果树

死亡。

防治方法　秋、冬季经常检查全园植株，观察地上部的生长情况，如发现生长变弱、叶片变小或叶色变黄等症状时，应扒开根部周围的土壤进行细致检查。

注意排水　做好果园排水工作，抑制病菌蔓延，增施有机肥，增强树势，提高抗病力。施用 5406 抗生菌肥料，促进土壤中抗生菌的繁殖，抑止病菌生长。

保护健树　秋、冬季将根颈处土壤扒开，用石硫合剂渣加 25%～30% 的石灰水刷白根颈处，然后用新土覆盖，可有效地防止病菌侵入。2～5 月用五氯酚钠 150～300 倍液进行全园树盘灌注，可大幅降低植株的感染率。幼树每年 1 次，每株灌注 5～10kg，连续 3～5 年；大树每株灌注 15～20kg。

病树治疗　秋、冬季发现病株应及时切除烂根，挖净病根集中烧毁，然后用 1% 硫酸铜液消毒，外涂伤口保护剂，再用五氯酚钠 150～300 倍液或 50% 代森铵 150 倍液或 70% 甲基托布津可湿性粉剂 1000 倍液或 2 波美度石硫合剂浇灌。上半年 4～5 月进行病树处理及施药，下半年 9 月进行，也可在果树休眠期进行。在福建，夏季高温干燥，应避免扒土施药。病树处理后，应及时施肥，如尿素或腐熟人粪尿等，以促使新根发生，迅速恢复树势。

苗木处理　苗木出圃时要进行严格检查，发现病菌应淘汰烧毁。对有感病嫌疑的苗木，可用 2% 石灰水、70% 甲基托布津可湿性粉剂、50% 多菌灵可湿性粉剂 800～1000 倍液、0.5% 硫酸铜、50% 代森铵水剂 1000 倍液等浸根 10～15 分钟，水洗后再行栽植。此外，果园不要间作感病植物，如甘薯、马铃薯和大豆等，以防相互传染。

参考文献

王国平，2012. 梨主要病虫害识别手册 [M]. 武汉：湖北科学技术出版社 .

张绍铃，李秀根，王国平，等，2013. 梨学 [M]. 北京：中国农业科学出版社 .

中国农业科学植物保护研究所，中国植物保护学会，2015. 中国农作物病虫害 [M].3 版 . 北京：中国农业出版社 .

（撰稿：洪霓；审稿：王国平）

梨病毒病　pear virus diseases

由梨病毒及类病毒引起的、危害梨叶、枝干及果实或造成梨树体生长衰退的一类嫁接传染性病害。是世界上许多种植梨的国家及地区重要的病害之一。

发展简史　在梨上由苹果茎痘病毒引起的病害有梨石痘病（pear stony pit）、梨栓痘病（pear corky pit）、梨坏死斑点病（pear necrotic spot）、梨红色斑驳病（pear red mottle）、梨茎痘病（pear stem pitting）、梨脉黄病（pear vein yellow）、梨黄化病（pear yellow）等。早期推测以上几种病害由不同的病毒种引起，后经研究认为它们都是由同一种苹果茎痘病毒引起的。

发生普遍且对梨生长和结果有严重影响的梨病毒有 3

种，即苹果茎痘病毒、苹果褪绿叶斑病毒和苹果茎沟病毒。其中苹果褪绿叶斑病毒除危害梨导致梨环纹花叶病外，还可侵染苹果、榅桲、桃、李、杏、甜樱桃、酸樱桃等多种落叶果树，造成一系列病害，主要包括苹果的褪绿叶斑病、桃的暗绿斑驳病、榅桲和杏的矮缩病、李果实坏死痘斑病、樱桃裂皮病。

分布与危害　苹果褪绿叶斑病毒、苹果茎痘病毒和苹果茎沟病毒在梨上发生十分普遍、分布极为广泛，许多国家均有报道，几乎所有梨产区都有这 3 种病毒的发生。在果园中苹果茎沟病毒常与苹果褪绿叶斑病毒、苹果茎痘病毒同时混合侵染，加重对果树生长和结果的影响。据日本研究，苹果茎沟病毒单独侵染，病树生长量减少 10%～15%，产量降低 5%～10%；当经与苹果褪绿叶斑病毒混合侵染时，病树生长量减少 20%～30%，产量下降 10%～15%。据美国（1973）调查，华盛顿 86% 的安久梨和 66% 的巴梨受苹果茎痘病毒侵染，病树生长量减少 50%。日本（1987）报道，20 世纪梨受苹果茎痘病毒和苹果沟病毒的混合侵染率高达 75% 以上。病树生长衰弱，新梢生长量减少 50%。西班牙（1990）试验指出，艾格梨感染苹果茎痘病毒后，产量减少 21%，产量与干周的比值降低 18%。

苹果褪绿叶斑病毒、苹果茎痘病毒和苹果茎沟病毒在梨上常潜伏侵染造成梨树体生长衰退，但在高度感病梨品种上及木本指示植物上则可产生明显症状（见图）。

苹果褪绿叶斑病毒　在高度感病梨品种上的症状：叶片上产生淡绿色或浅黄色环斑或线纹斑。有时病斑只发生在主脉或侧脉周围。病叶常变形或卷缩。果实上偶有病斑，但果实形状、果肉组织无明显异常，有些品种仅有浅绿色或黄绿色组成的轻微斑纹。感病品种 8 月叶片上常出现坏死区。雨季或阳光充足时叶片上症状减轻或不显症。在木本指示植物上的症状：西洋梨 A20 和榅桲 C7/1 是鉴定苹果褪绿叶斑病毒较好的木本指示植物。

在西洋梨 A20 上产生典型症状为黄色环纹或黄色斑纹及黄色线纹斑。在榅桲 C7/1 产生典型症状为褪绿叶斑、线纹斑及植株矮缩。一般接种后 1 年显症。

苹果茎痘病毒　在高度感病品种上的症状：①石痘症状。主要危害果实和树皮。在落花后 10～20 天的幼果皮下，产生暗绿色区域，造成发育受阻，导致果实凹陷、畸形。凹陷区周围的果肉内有石细胞积累。果实成熟后，石细胞变为褐色，丧失食用价值。有些病果不变形，仅果面轻微凸凹，果肉中仍有褐色石细胞。同一株树不同年份病果率不同，一般在 18%～94%。病树新梢和枝干树皮开裂，组织坏死，老树死皮上木栓化。不同品种树皮坏死程度有区别。病树抗寒能力下降。叶片上症状不明显，有的春天长出的叶有浅绿色褪绿斑。②脉黄症状。5 月末至 6 月初，沿叶脉产生褪绿带状条斑；夏季，细叶脉两侧出现红色条带，有些品种出现红色斑驳。在梨幼树上典型的脉黄症状是：叶上沿叶脉产生浅黄色条带。大多数成龄树不表现症状。在多数梨品种上症状较轻，有些品种上沿网脉两侧产生红色斑驳或坏死斑，红色斑驳的出现，往往受气候条件的影响。

在木本指示植物上的症状：苹果茎痘病毒在木本指示植物杂种榅桲上于 5 月上旬叶片产生褪绿斑驳，叶片向背面卷

梨病毒病危害症状（洪霓提供）

①环纹花叶；②脉黄；③叶脉木栓化；④叶片反卷；⑤线纹斑；⑥茎沟；⑦果实环纹；⑧石痘；⑨果实畸形

曲，植物长势减弱，6月中下旬苗干中下部皮层上产生红褐色坏死斑，8月下旬或9月上旬，剥开树皮可见木质部有凹陷茎痘斑。梨上的苹果茎痘病毒在木本指示植物弗吉尼小苹果上的表现：从6月中下旬开始，在嫁接口以上干基部的木质部表面产生凹陷斑。随着病苗生长，凹陷斑逐渐向上扩展。病株外观无异常变化。有些病株上的果实产生1条深陷沟。严重时产生数条凹陷沟，病果小而畸形。

苹果茎沟病毒　苹果茎沟病毒在木本指示植物弗吉尼小苹果上，在田间，病株较健株生长矮小并衰弱，叶片色淡。有的病株嫁接口周围肿大，形成1个"小脚"，接合部内有

深褐色坏死环纹。木质部表面产生深褐色凹裂沟，严重时从外部即可辨认。病株遇强风往往从嫁接口处折断。在温室，苹果茎沟病毒在弗吉尼小苹果叶片上产生黄斑或黄色环纹，黄斑常分布在叶片一侧，且多数在叶边缘。有病斑的一侧叶片变小，形成舟形叶，这一症状与苹果褪绿叶斑病毒在苏俄苹果上的表现相似。病叶多在黄斑处发生皱缩，病株木质部表面产生褐色凹陷条沟。

病原及特征　中国栽培梨上发生的病毒病，其病原病毒主要有3种，即苹果茎痘病毒（apple stem pitting virus，ASPV）、苹果褪绿叶斑病毒（apple chlorotic leaf spot virus，

ACLSV）和苹果茎沟病毒（apple stem grooving virus，ASGV）。

苹果褪绿叶斑病毒　是线形病毒科发状病毒属（Trichovirus）的代表成员，粒子为螺旋对称结构的柔软长线状，大小为 640～760nm×12nm，螺距约 3.8 nm，每转约有 10 个蛋白亚基。在接种的昆诺藜叶片上，病毒粒子聚集分布在叶肉细胞和维管束薄壁细胞的细胞质中，无内含体。苹果褪绿叶斑病毒因寄主和地理分布不同有株系分化现象，不同的 ACLSV 分离物之间在指示植物上的症状表现存在差异。ACLSV 苹果分离物 ACLSV-LL 和李分离物 ACLSV-SC 在指示植物上的症状表现差异很大，ACLSV-LL 在苏俄苹果上产生褪绿斑点、叶片畸形、植株矮化，而 ACLSV-SC 不引起症状；ACLSV-LL 在毛樱桃上产生环纹斑，而 ACLSV-SC 引起植株矮化和叶片枯死等比较严重的症状；两个分离物在昆诺藜上均能引起严重的系统症状，但 ACLSV-SC 能引起褪绿斑中心部位坏死和环纹斑等更严重的症状。从中国栽培的苹果和意大利栽培的扁桃上获得了 ACLSV 分离物 ACLSV-C 和 ACLSV-B，比较了两者的主要生物学特性，发现两者均能侵染昆诺藜、苋色藜和西方烟，产生局部侵染斑和系统褪绿斑，但症状反应存在差异，ACLSV-B 在昆诺藜和苋色藜上还可引起叶片沿主脉反卷、皱缩，在西方烟上导致叶脉褐色坏死、叶片反卷、植株生长停滞，还可潜伏侵染笋瓜，而 ACLSV-C 无此潜伏侵染。

苹果茎痘病毒　最先苹果茎痘病毒被归为长线型病毒组 A 亚组，后植物病毒分类系统的修订，建立了长线型病毒属，原来的 A 亚组也分为纤毛病毒属（Trichovirus）、葡萄病毒属（Vitivirus）两个属，苹果茎痘病毒被分离出来。1998 年，在美国加利福尼亚召开的国际病毒分类委员会会议上，苹果茎痘病毒被确立为新建的凹陷病毒属（Foveavirus）的代表种。苹果茎痘病毒为线状弯曲病毒，没有明显的交叉带，粒体长 700～800nm，直径 12～15nm。具有末端聚集现象，因此，测量其长度时有 800nm、1600nm、2400nm、3200nm 等多个峰。它在汁液中的失活温度为 50～55℃，体外保毒期在 25℃ 下 19～24 小时，稀释限点 10^{-3}～10^{-2}。苹果茎痘病毒可引起感病细胞机能严重紊乱，但没有特殊的细胞病变结构和内含体，线状病毒粒子积累在细胞质中，有的成束分布，叶绿体被破坏而瓦解。

苹果茎沟病毒　是发状病毒属（Capillovirus）的代表种。病毒粒子为弯曲线状，长 600～700nm，直径 12nm，螺旋对称结构，螺距 3.4nm，每转有 9～10 个蛋白亚基。用醋酸铀负染色后粒子表面具明显的交错横纹。体外钝化温度为 60～63℃，体外存活期 25℃ 以下 3 天左右，4℃ 以下超过 27 天，−20℃ 以下达 180 天以上，稀释限点为 10^{-4}，沉降系数约 112s，具中等抗原性。病毒侵染对寄主细胞没有明显的危害，病毒粒子成束分布于叶肉细胞和维管束薄壁细胞内，但不在表皮细胞和筛管中。人工接种苹果沟病毒的昆诺藜叶片细胞中，线状病毒粒子散布在细胞质中。苹果茎沟病毒根据其生物学特性和血清学关系可分为 3 个株系：即苹果潜隐病毒Ⅱ株系（C-431）、E-36 株系和深绿反卷株系（GE）。在琼脂双扩散水平上，对柑橘碎叶病毒（CTLV）敏感的寄主植物的汁液均与苹果茎沟病毒抗血清呈阳性反应，说明这两个病毒之间有血清学关系。经过苹果茎沟病毒免疫吸附和修饰能够捕获到典型的 CTLV 病毒粒子并表现强的修饰，用免疫电镜检测感染 CTLV 的柑橘、枳橙、克利夫兰烟、昆诺藜、苋色藜、豇豆和鸡冠花上均能观察到 CTLV 病毒粒子，因此，借助苹果茎沟病毒的抗血清来检测植物材料中的 CTLV 是可能的。此外，研究发现柑橘碎叶病毒 2 个百合分离物（L 和 Li-23）的全长 cDNA 序列与苹果沟病毒（P-209）序列非常相似，其基因组大小和结构与苹果茎沟病毒（P-209）完全相同，因此，认为 CTLV 为苹果茎沟病毒的分离物之一。

侵染过程与侵染循环　梨上的苹果褪绿叶斑病毒、苹果茎痘病毒和苹果茎沟病毒通过自然扩展的现象很少见，但在梨园中，病毒可通过病、健树根系接触传播。病毒经嫁接传染，随带毒无性繁殖材料传播。用染病树花瓣、嫩叶、芽和嫩枝皮层组织和幼果作毒源，可机械传染该病毒到草本植物。昆诺藜和大果海棠的种子可以传播苹果茎沟病毒。试图用菟丝子和蚜虫（桃蚜）在昆诺藜之间传染苹果茎沟病毒，但没有获得成功。到目前为止，还没有发现苹果褪绿叶斑病毒、苹果茎痘病毒和苹果茎沟病毒有任何传毒虫媒。

流行规律　梨是多年生植物，以营养繁殖为主，由病毒引起的病毒病与其他一年生植物的病毒病相比，有很多不同之处。充分认识梨病毒病的发生特点，对于加强科学研究，制定防治对策，都是十分重要的。

全身侵染　梨树被病毒侵染后全身都带有病毒，称为全身侵染或系统侵染。全身侵染现象是病毒病特有的现象，这与真菌病害或细菌病害是完全不同的。即使开始时病毒只侵染树体的某一部分，但迟早总会扩展到全身，致使果树全身终生带毒。若从带毒树上剪取接穗或插条繁殖苗木，其结果是所有苗木又都为病毒所污染，危害范围不断扩大。

嫁接传染　所有梨病毒都能通过嫁接传染。如果在繁育苗木时，接穗、插条或砧木带有病毒，嫁接或扦插成活的苗木，也全部带有病毒。一株苗木感染了病毒，不仅定植后成为永久性病树，而且从病树上采集接穗，再繁殖苗木依然是带毒的。

混合侵染　又称复合侵染，是指一株梨树带有两种及两种以上病毒的现象。梨在长期的营养繁殖过程中，病毒会逐年积累，混合侵染现象十分普遍。

潜伏侵染　梨树感染病毒后，病毒在树体内增殖并扩散到全身。但在很多情况下，树体带有病毒但不表现明显症状。这种病原物已侵入寄主并与寄主建立起寄生关系之后，不表现症状的现象，在植物病理学上称为潜伏侵染。由于很多果树病毒具有潜伏侵染特性，不容易引起人们的广泛重视，致使潜隐病毒传播速度加快，对果树生产的危害性日趋严重。近些年来，由于栽培品种频繁地更换或引进，人们对果树病毒病的发生危害特点又缺乏认识，有关果树病毒的检疫手段及种苗管理制度尚不完善，造成果树病毒病的发生株率迅速增加，病毒种类不断增多。

防治方法

栽培无病毒苗木　确认为无病毒后，用作母本树，繁殖接穗。用种子实生苗做砧木，进行繁殖、育苗。

禁止在田间生产上的大树上高接或繁殖无病毒新品种

一般从国外引进的新品种，多数是无病毒的。禁止把无病毒接穗在未经检毒的梨树上进行高接或保存，以防受原来带病毒大树的病毒感染。

加强梨苗木检疫　防止带病毒苗木的病毒蔓延扩散，应建立健全无病毒母本树的检验和管理制度，把好检疫关，杜绝病毒的侵入和扩散。

参考文献

王国平，2012. 梨主要病虫害识别手册 [M]. 武汉：湖北科学技术出版社.

张绍铃，李秀根，王国平，等，2013. 梨学 [M]. 北京：中国农业科学出版社.

中国农业科学院植物保护研究所，中国植物保护学会，2015. 中国农作物病虫害 [M]. 3 版. 北京：中国农业出版社.

（撰稿：洪霓；审稿：王国平）

梨胴枯病　pear shoot canker

由拟茎点霉引起的、危害梨枝干的一种真菌病害。是世界上许多种植梨的国家及地区重要的病害之一。又名梨干枯病。

发展简史　1930 年，Tanaka 和 Endô 在日本首次报道了梨胴枯病，并鉴定其病原为拟茎点霉属的福士拟茎点霉（*Phomopsis fukushii* Tanaka & Endô）。1987 年，Hideo Nasu 报道该病原菌可以造成梨树枝条枯死，给梨的生产造成严重的损失。该病原寄主范围较广，在欧洲的葡萄及奥地利的榆树上均有发生危害。在中国，自 20 世纪 90 年代以来，相继报道了梨胴枯病的危害，但对其病原一直缺乏系统性鉴定。直到 2015 年，白晴等对中国梨主产区胴枯病病原鉴定及其生物学特性进行了系统研究，结果表明福士拟茎点霉、甜樱间座壳（*Diaporthe eres* Nitschke）和核果果腐拟茎点霉 [*Phomopsis amygdali*（Del.）Tuset & Portilla] 是中国梨胴枯病

的主要致病菌，大豆拟茎点种腐病菌（*Phomopsis longicolla* Schmitthenner & Kuter）和 *Diaporthe neotheicola* Phillips & Santos 可能为有伤条件致病菌或者寄主特异性致病菌。

分布与危害　在中国河北、河南、山东、山西、江苏、江西、浙江、云南、吉林及大连均有发生和危害，主要危害沙梨、白梨、秋子梨等。在甘肃、浙江、山西、吉林、江西等地，该病害大量发生，在嫩枝、枝条或主干的芽周围或丫杈处形成凹陷病斑，树皮呈现红褐色腐烂或溃疡并向上翻卷，发病株率达 5%～10%，尤其是在沙梨和西洋梨上更甚，发病株率可达 20% 以上。

梨胴枯病主要危害中国梨和日本梨幼树和大树枝干的树皮（图 1）。

幼树发病，在茎干树皮表面出现污褐色圆形斑点，微具水渍状，后扩大为椭圆形或不规则形，外观暗褐色，多深达木质部。病皮内部略湿润，质地较硬，暗褐色。失水后，逐渐干缩，凹陷，病健交界处龟裂，表面长出许多黑色细小粒点，为病菌的分生孢子器。当凹陷的病斑超过茎干粗度 1/2 以上时，病部以上逐渐死亡。病菌也侵害病斑下面的木质部，木质部呈灰褐色至暗褐色，木质发朽，大风易从病斑部将茎干折断。

大树发病时，大枝树皮上产生凹陷褐色小病斑，后逐渐扩大为红褐色，椭圆形或不规则形，稍凹陷，病健交界处形成裂缝。病皮下形成黑色子座，顶部露出表皮，降雨时从中涌出白色丝状分生孢子角。

该病与梨轮纹病干腐型症状在发病的早、中期不易区分，最好进行病原菌分离培养，加以鉴定，进行区别。症状上的大体区别是：胴枯病的病斑扩展得较慢，病斑多呈椭圆形或方形；轮纹病干腐型向上下方向扩展较快，病斑多呈梭形或长条形，色泽也较深，略带黑色。如果用刀片削去病皮表层，用放大镜观察，胴枯病菌的 1 个子座内仅有 1 个黄白色小点，而干腐病常有 2 个以上的白点。

病原及特征　病原主要为福士拟茎点霉（*Phomopsis fukushii* Tanaka & Endô）、甜樱间座壳（*Diaporthe eres*

图 1　梨胴枯病危害症状（王国平提供）
①芽发病；②枝干发病；③枝干干枯；④分生孢子角

Nitschke）和核果腐拟茎点霉［*Phomopsis amygdali*（Del.）Tuset & Portilla］，此外，大豆拟茎点种腐病菌（*Phomopsis longicolla* Schmitthenner & Kuter）和 *Diaporthe neotheicola* Phillips & Santos 在存在伤口的梨树上或感病的品种上也可导致胴枯病。

梨胴枯病病原菌的有性世代属含糊坚座壳属，子囊壳埋生在子座内，单生或群生，褐色或黑褐色，烧瓶状。子囊圆筒形或棍棒状，大小为 60～90μm×7.2～14.4μm，内有 8 个子囊孢子，呈单列或双列排列。子囊孢子椭圆形或纺锤形，双胞，分隔处稍缢缩，大小为 14.4～21.6μm×3.4～3.5μm。子囊孢子发芽温度为 10～33℃，最适温度 26℃。分生孢子发芽温度 20～30℃，最适温度 26℃。

梨胴枯病病原菌的无性世代属有丝孢真菌类，分生孢子器埋生在暗褐色子座内，呈扁球形，单生，器壁黑色，有孔口，高约 190μm，直径 330～370μm。内有 2 种分生孢子，一种为纺锤形即 α 型分生孢子，单胞，无色，两端各有 1 个油球，大小为 8.7～10μm×2～3μm；另一种为丝状即 β 型分生孢子，一端弯曲，单胞，无色，大小为 17～35μm×1.25～2.5μm（图 2）。

大部分菌株都可以形成两种类型的分生孢子，这是拟茎点霉属病原菌分生孢子的典型特征，不同菌株两型分生孢子形态上无明显区别，但在不同菌间两型孢子的形成规律和大小上存在差异。α 型分生孢子在实验条件下，4 小时萌发率达到 100%，而 β 型孢子持续观察 10 天后仍不萌发；且 α 型分生孢子悬浮液接种致病力明显强于 β 型分生孢子。

Phomopsis fukushii 菌株，随机选取了 5 个代表性菌株（JXCY12、JXWZ25、JXWZ28、SDFS71、SDFS77）进行分生孢子的观察和测量，分生孢子有一型（仅 α 型）或两型（α 和 β 型），α 型分生孢子的平均大小为 7.61～7.88μm，β 型分生孢子的平均大小为 23.40～40.98μm。

Diaporthe eres 菌株：随机选取 4 个代表性菌株（FJCY110、YNDSS41、JXCXL13、HBJ2319），分生孢子有一型（仅 α 型）或两型（α 和 β 型），α 型分生孢子的平均大小为 6.43～7.73μm，β 型分生孢子的平均大小为 27.07～33.20μm。

Phomopsis amygdali 菌株，随机选取了 3 个代表菌株（JXCY15、FJCY118、JXCG181），JXCY15、FJCY118 仅形成 α 型分生孢子，JXCG181 可形成 α 和 β 型分生孢子，α 型分生孢子的平均大小为 7.65～7.78μm，β 型分生孢子的平均大小为 27.11～44.33μm。

Phomopsis longicolla 代表菌株（FJMF120、HBCG59），分生孢子有一型（仅 α 型）或两型（α 和 β 型），α 型分生孢子的平均大小为 7.07～7.64μm，β 型分生孢子的平均大小为 34.72μm。

Diaporthe neotheicola 代表菌株（YNZBS34、FJHH134），这两个代表菌株形成的 α 型分生孢子的平均大小为 6.74～7.62μm，β 型分生孢子的平均大小为 25.01μm。

侵染过程与侵染循环　梨胴枯病病菌以菌丝体和分生孢子器在被害病皮内越冬。春天气温适合时，在病皮中越冬的菌丝恢复活动，继续扩展发病。病皮上分生孢子器内的病菌在降雨时涌出，借风雨传播，进行侵染，条件适宜时扩展发病。病斑春秋两季扩展较快，发病明显，夏季温度高时，树体伤口愈合能力较强，发病较慢。

在西洋梨上，胴枯病以菌丝在枝条溃疡病斑及芽鳞内越冬，也能以分生孢子器和子囊壳在病部越冬。越冬后的旧病斑于翌年 4～5 月气温上升到 15～20℃ 时开始活动，盛夏季节扩展暂停，秋季又继续扩展。在黄河故道地区，分生孢子器和子囊壳内的孢子多在 7～8 月成熟，借风雨传播，经伤口和芽基伤口侵入，当年形成小病斑。在山东烟台地区，4 月下旬至 6 月上旬和 8 月中旬前后有 2 次发病高峰。

流行规律

树势　梨胴枯病具有潜伏侵染现象，病害发生与树势强弱有密切关系，树势强发病轻，树势弱发病重。土质瘠薄、肥水不足、结果过多发病重。地势低注、排水不良、修剪过重、伤口过多树及遭受冻害后的梨树，发病也重。

梨品种　品种与发病也有一定关系。在日本梨系统中，幸水易感病，丰水、新水次之，长十郎、二十世纪梨等较抗病。在洋梨系统中，巴梨受害最重，茄梨次之，磅梨较抗病。中国梨系统较抗病。

防治方法　在新建梨园时，要严格挑选无病苗木栽植，谨防病害通过苗木传播。对长势弱的树应加强肥水管理，增强树势，提高抗病能力。结合冬剪，剪除病枯枝，集中烧毁。对病斑采取划道办法处理，然后涂 10% 果康宝膜悬浮剂 20～30 倍液，或 843 康复剂原液，或 30% 腐烂敌 50 倍液。对发病重的小树茎干部位或大树短枝结果枝组部位，春天发芽前喷洒 10% 果康宝膜悬浮剂或 30% 腐烂敌 100 倍液，或 3～5 波美度石硫合剂。

参考文献

王国平，2012. 梨主要病虫害识别手册 [M]. 武汉：湖北科学技术出版社.

张绍铃，李秀根，王平，等，2013. 梨学 [M]. 北京：中国农业科学出版社.

中国农业科学院植物保护研究所，中国植物保护学会，2015. 中

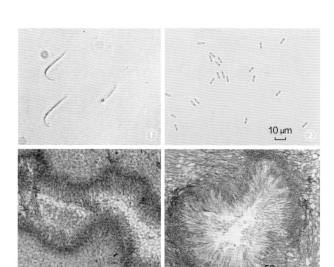

图 2　梨胴枯病病原菌分生孢子与分生孢子器形态（王国平提供）

① α 型分生孢子；② β 型分生孢子；③ α 型分生孢子器；
④ β 型分生孢子器

国农作物病虫害 [M]. 3 版 . 北京 : 中国农业出版社 .

BAI Q, LI F Z, CHEN X R, et al, 2015. Biological and molecular characterization of five *Phomopsis* species associated with pear shoot canker in China[J]. Plant disease, 99: 1704-1712.

（撰稿：王国平；审稿：洪霓）

梨腐烂病　pear *Valsa* canker

由梨腐烂病菌引起的、危害梨枝干的一种真菌病害，是亚洲国家许多梨种植区最重要的病害之一。

发展简史　长期以来，国际上对梨腐烂病的病原菌种类及其归属的认识存在争议。1970 年，日本 Kobavashi 认为梨腐烂病病原菌与苹果腐烂病病原菌均为苹果腐烂病菌［*Valsa ceratosperma*（Tode et Fr.）Maire］。1979 年，中国魏景超和戴芳澜根据病菌的形态学特征将该病病原菌鉴定为梨黑腐皮壳［*Valsa ambiens*（Pers.）Fr.］，1992 年，陆燕君等通过比较其和苹果腐烂病病原菌在形态学性状以及酯酶同工酶谱和致病性方面的异同，认为梨腐烂病病原菌为苹果黑腐皮壳梨变种（*Valsa mali* Miyabe et Yamada var. *pyri*）。在很长一段时间内，苹果黑腐皮壳菌（*Valsa mali*）和苹果腐烂病菌均被作为梨腐烂病病原菌与苹果腐烂病病原菌的名称使用。2003 年意大利学者认为梨腐烂病的病原为苹果腐烂病菌，*Valsa ceratosperma* 在欧洲、北美洲、南美洲尤其是亚洲等国家或地区均分布。2005 年，Adams 等指出蔷薇科植物腐烂病病原菌使用苹果黑腐皮壳菌（*Valsa mali* Miyabe et Yamada）这一名称更合适。王金友等 2008 年研究认为苹果腐烂病病原菌与梨腐烂病病原菌在形态和致病性上具有明显的差别。王旭丽等 2011 年和周玉霞等 2013 年研究认为，梨腐烂病病原菌与苹果腐烂病病原菌为苹果黑腐皮壳的两个亚种：苹果黑腐皮壳梨变种（*Valsa mali* Miyabe et Yamada var. *pyri*）和苹果黑腐皮壳苹果变种（*Valsa mali* Miyabe et Yamada var. *mali*）。西北农林科技大学与华中农业大学进一步研究发现梨腐烂病病原菌和苹果腐烂病病原菌之间在培养特性、致病性及 r-DNA 核苷酸序列均存在明显差异，认为梨腐烂病病原菌为梨腐烂病菌（*Valsa pyri* Wang），苹果腐烂病的病原菌为苹果黑腐皮壳（*Valsa mali* Miyabe et Yamada）。其中，苹果黑腐皮壳菌仅侵染苹果，梨腐烂病菌可侵染梨和苹果，发现苹果腐烂病的病原还有 *Valsa malicola*。梨腐烂病菌的菌落类型与其致病强弱无显著的相关性，而苹果腐烂病菌则可根据菌落颜色、生物学特性和致病性划分为 3 个类群：Ⅰ型黄褐色强致病类群、Ⅱ型乳白色不产孢弱致病类群和Ⅲ型灰褐色易产孢弱致病类群。来源于不同地区的梨腐烂病菌株以及作为参照菌株的苹果腐烂病菌株，分别在翠冠梨树离体枝条上接种测定致病性的结果表明，梨腐烂病菌株产生的病斑与苹果腐烂病菌分离株明显不同，其致病力存在差异，梨腐烂病菌的致病力强于苹果腐烂病菌。对这两种病菌在苹果枝条上接种测定致病力，结果显示，苹果腐烂病菌的致病力强于梨腐烂病菌株。

分布与危害　梨腐烂病在中国各梨主产区均有发生，以西北、华北、东北等地发生较重。据调查新疆库尔勒香梨病株率达 50%～80%，西北地区酥梨病株率达 30%～50%，华北地区鸭梨、雪花梨发病也很普遍，病株率达 30% 以上。梨腐烂病具有发病率高、发生区域广、难以控制的特点，发病严重的梨园，树体病疤累累、枝干残缺不全，甚至造成大量死树或毁园。梨树腐烂病除危害梨树外，还危害苹果、桃、核桃、杨、柳、桑、槐等多种植物。

梨腐烂病危害梨树主干、主枝、侧枝及小枝的树皮，使树皮腐烂。危害症状有溃疡型和枝枯型两种症状类型（图 1）。

溃疡型　开始发病时，多发生在主干、大枝及侧枝分权处的落皮层部位，但与树皮的落皮层有明显区别。病皮外观初期红褐色，水渍状，稍隆起，用手按压有松软感，多呈椭圆形或不规则形，常渗出红褐色汁液，有酒糟气味。用刀削掉病皮表层，可见病皮内呈黄褐色、湿润、松软、糟烂。在抗病品种上能使落皮层下或边缘的局部白色树皮腐烂、变褐，呈水渍状，但很少烂到木质部，而在感病品种上常斑斑点点或大面积烂到木质部。没有腐烂病的正常落皮层仅限于黄褐色油纸状周皮以上，表层树皮呈黑褐色，质地较硬、较脆不糟烂，黄色油纸状周皮以下的白色树皮生长正常，上面无褐色病斑。溃疡型病斑发病后期，表面密生小粒点，为病菌的子座。与苹果树腐烂病相比，梨树腐烂病的小粒点较小、较稀疏。雨后或空气湿度大时，从中涌出病菌淡黄色的分生孢子角。在生长季节，病部扩展一些时间后，周围逐渐长出愈伤组织，病皮失水、干缩凹陷，色泽变暗、变黑，病健树皮交界处出现裂缝。抗病品种或抗病力强的树，病皮逐渐自

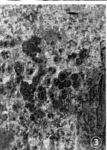

图 1　梨腐烂病危害症状（王国平提供）
①溃疡型；②枝枯型；③子座；④分生孢子角

然翘起、脱落，下面又长出新树皮，病部自然愈合。

枝枯型　衰弱大枝或小枝上发病，常表现枝枯型症状。病部边缘界限不明显，蔓延迅速，无明显水渍状，很快将枝条树皮腐烂一圈，造成上部枝条死亡，树叶变黄。病皮表面密生黑色小粒点（病菌子座），天气潮湿时，从中涌出淡黄色分生孢子角或灰白色分生孢子堆。

病原及特征　病原为梨腐烂病菌（*Valsa pyri* Wang），属黑腐皮壳属。有性世代在自然条件下不容易产生。子座直径为 0.25～3mm，内生子囊壳 3～14 个。子囊壳烧瓶状，直径为 270～400μm，壁厚 19～25μm，颈长 350～625μm，底部长满子囊。子囊棍棒状，顶端圆或平截，大小为 36～53μm×7.6～10.5μm，内含 8 个子囊孢子。子囊孢子单胞，无色，腊肠状，大小为 6.9～11.6μm×1.5～2.4μm。

梨腐烂病病原菌的无性世代为梨壳囊孢菌（*Cytospora carphosperma* Fr.），属真菌界有丝孢真菌类。子座暗褐色，锥形，先埋生，后突破表皮。子座内有 1 个分生孢子器。分生孢子器多腔室，形状不规则，有一共同孔口，器壁暗褐色，孔口处黑色，通到表皮外。分生孢子器内壁光滑，密生分生孢子梗。分生孢子梗无色，分叉或不分枝，具隔膜。内壁芽生瓶体式产孢。分生孢子无色，单胞，香蕉形，两端钝圆，微弯曲，大小为 4.5～5.5μm×1～1.2μm（图 2 ①②③）。

病菌的生长温度 5～40℃，最适温度 25～30℃。病菌生长需要营养，病菌在清水中不能发芽，在没有营养的水琼脂培养基上不能生长，在 PDA、PMA 培养基上生长最好。病菌生长的 pH 范围为 1.5～6，以 pH4 最适宜，与分生孢子萌发需要的酸碱度范围基本一致。病菌生长能利用多种氮源，其中蛋白胨最好，其次为酵母液、牛肉膏、硝酸钠、谷氨酸、天门冬酰胺、硫酸铵、硝酸铵、尿素对有机氮的利用比无机氮好。病菌能利用多种碳源，其中对葡萄糖、蔗糖、淀粉、麦芽糖的利用较好，对果糖、水解乳糖、甘露糖、阿拉伯糖的利用水平较低，对乳糖、木糖的利用最差。光照对病菌的菌丝生长影响不大。

侵染过程与侵染循环　梨腐烂病病原菌的分生孢子着落在树皮上后，在水中发芽，从带有伤口的死组织部位（叶柄痕、果柄痕、冻伤、机械伤等）侵入。如果伤口死组织范围较大，尚有一定水分和营养物质，温度适宜时，病菌继续扩展、发病。如果条件不合适，侵入的病菌则以潜伏菌丝的状态潜伏下来。

梨腐烂病病原菌以菌丝体和分生孢子器的形态在病树皮内越冬，也能以潜伏状态的菌丝体在枝条的叶痕、果柄痕等潜伏侵染点中越冬。在病皮内越冬的菌丝翌春气温较温暖、树液回流后开始扩展，向周围活树皮上蔓延发病。在病皮上过冬的成熟的分生孢子器，于翌年早春气温超过 5℃、空气湿度较大、树皮上有结露或降雨时，孢子器内的分生孢子随着孢子器内融化的胶类物质膨胀，挤出分生孢子器口，形成鲜黄色的分生孢子角，并在水滴中逐渐融化，随风雨传播，传播距离多为 10～20m。在枝条的部分叶痕、果柄痕等处潜伏的病菌在枝条冬季低温受冻伤或营养、水分不良，枝条饥渴半死时，潜伏的病菌活化、扩展，出现梨树小枝大量发病枯死，并向大枝上蔓延。梨树腐烂病普遍存在潜伏侵染的现象，只有在侵染点周围的树皮长势衰弱和死亡时，才能扩展发病。因此，保持树势和枝条生长健壮是防病的基础。

夏季，梨树进入旺盛生长期，树皮的愈伤能力增强。随着树皮生长的加厚，树皮表层上的一些部位出现衰老，下面长出周皮，原来的活树皮变成死树皮，并自行翘离、脱落，变成落皮层，即树体上后来普遍存在的老翘皮。在树体比较健壮的条件下，梨树的周皮形成得较完好，能使外面的落皮层自然翘离。在有些品种上，或因肥水管理不善、土壤瘠薄、气候异常等导致树体衰弱，周皮形成得慢且不完整，致使脱下的树皮半死不活地长期连在树体上，诱使原来潜伏在该部位树皮上的潜伏病菌活化、扩展，繁殖出大量的病菌菌丝团，病菌分泌毒素和酶的能力增大，形成表层溃疡。晚秋，在老翘皮底部油纸状起保护作用的周皮上，出现许多黑褐色的坏死斑点，进而蔓延到下面的白色活树皮上，形成早期的腐烂病斑。在冬季寒冷的北方梨区，小病斑暂时停止活动，在冬季较温暖梨区，小病斑仍缓慢扩展，至翌年春天气温上升、树液回流后，病块面积迅速扩大，成为全年的发病高峰。在梨树的弱枝弱树上，秋季出现的表层溃疡能继续向深处或边缘的白色活树皮上发展，当年秋天就能出现许多腐烂病块，形成秋季发病高峰。这些是梨树腐烂病一年形成春、秋两次发病高峰的主要原因。

流行规律

梨品种　不同梨树品种间对腐烂病的抗性存在显著差异。根据中国农业科学院果树研究所 1984 年调查，秋子梨系列基本不发生腐烂病，白梨、沙梨系列发病较轻，西洋梨系列发病最重。锦丰属白梨系列发病较轻，五九香为西洋梨

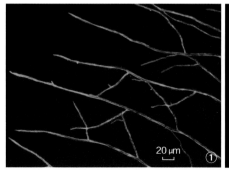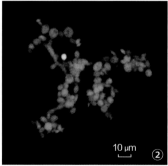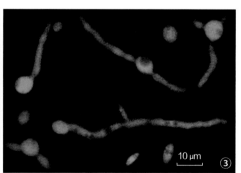

图 2　梨腐烂病病原菌菌丝与分生孢子的荧光显微观察（王国平提供）
①菌丝；②分生孢子；③分生孢子萌发

系列发病最重，基本符合上述结果；而属于白梨系列的秦酥金花发病也较重。

树龄和树势　调查结果表明，弱树、老龄树树体抗性差，腐烂病发生严重；幼树或壮树腐烂病发病轻，这主要与树体本身的抵抗力有关。一些地区的梨园大多数进入生理老龄期，树体抗性差、发病重，梨树腐烂病的发病程度基本符合随着树龄的增长而加重，树龄越大，发病率越高，病情越严重。

环境因子　冬季低温，造成梨树冻伤，皮层组织受损，树势明显衰弱，为腐烂病的发生蔓延创造了条件，也是造成腐烂病发生的主要原因。冬季气温持续下降，梨树主干、主枝受冻造成组织坏死，潜伏病菌容易蔓延扩展，引起腐烂病大流行。根据张士勇等2004年调查，金花、秦酥、五九香发生冻害严重，导致腐烂病菌侵入而受害严重。

土壤积水或多次的大水浇灌，离地面较近的部位经常与水分接触，造成了韧皮部及木质部组织细胞的不断软化、腐烂、坏死，有利于腐烂病菌的侵入。

栽培措施　生产中以化肥施用为主，而有机肥施用减少，果树生长速度过快，树体木质化程度大大降低，为蛀食性害虫的钻蛀创造了条件，致使发病程度不断加重；另一方面，果农将未充分腐熟的农家肥埋施在果树根部，未腐熟农家肥所形成的毒气对根系造成较大伤害，树势严重减弱，造成腐烂病的大面积发生。

过量负载　梨园产量过高，树体负载过重，部分果园采收期延长至10月底，造成树体越冬营养积累少，树势衰弱，树体抗逆性下降，从而引起腐烂病大发生。据调查，库尔勒产量在每亩3000kg以上的梨园，第二年腐烂病发生都比较严重。

防治方法　长期以来，防控梨树和苹果腐烂病主要使用有机砷杀菌剂，其中福美胂是最成功的药剂，但福美胂的长期使用，也是造成苹果和梨果砷含量超标的重要因素。尽快研究并筛选出防控苹果和梨树腐烂病的高效、低毒、低残留的药剂，取代有机砷杀菌剂，是实现苹果和梨品种更新与结构调整、保证食品安全生产的当务之急。

针对腐烂病防治上存在的重治疗轻预防、重药剂轻树势、重春季刮治轻周年预防与治疗的问题，提出以培养树势为中心，以及时保护伤口、减少树体带菌为主要预防措施，以病斑刮除药剂涂抹为辅助手段的综合防控思路。

品种选择　新发展梨园栽植苗木选择抗腐烂病的梨品种。

栽培防治　增强树势可通过合理修剪，提高光合效率；合理负载，避免大小年现象；加强土、肥、水管理，增加土壤的通气性和有机质含量；合理间作，避免间作一些后期需肥水多的晚熟作物，以保证树体正常进入休眠期，安全越冬；积极防控各种病虫害，提高树体营养水平，增强树体抗性。

合理负载　根据树龄、树势、土壤肥力情况，施肥水平、灌溉等条件，确定合理的负载量。及时疏花疏果，控制结果量，不但能增强树势，减轻腐烂病，也能提高果品品质，增加经济效益。

剪锯口保护　提倡改"冬剪"为"春剪"，以避免低温对剪口造成的冻伤。对较大剪口、锯口进行药剂保护，可用甲硫·萘乙酸或腐植酸铜涂抹。

病斑刮治　发现病斑及时刮除，病斑刮净后，涂抹甲硫·萘乙酸或腐植酸铜。刮面要大于病斑面积，边缘切面要平滑、并与枝干垂直，以利伤口愈合。病斑刮治时间越早越好。要做到刮早、刮小、刮了，冬春突击，常年坚持，经常检查。

刮治的最好时期是春季。刮治方法是：用快刀将病变组织及带菌组织彻底刮除，深约2cm。不但要刮净变色组织，而且要刮去0.5cm健康组织。刮成梭形，表面光滑，不留毛茬。刮后涂药保护。涂抹9281植物增产强壮素3～5倍液，效果十分显著。

2008年，张学芬利用刮斑治疗法治疗梨树腐烂病取得了较好的效果，刮斑后涂抹腐植酸铜剂、甲基硫菌灵、腐必清、甲霜铜等治疗效果较好，治愈率高。

树干涂白保护　落叶后对树干及主枝向阳面进行涂白，防止冻伤与病菌侵入。

化学防治　发芽前（3月初）和落叶后（11月底）各喷一次杀菌剂，分别选用代森铵或5波美度石硫合剂。生长季分别于5～6月、8～9月降雨前后，对树干均匀喷药2～3次，药剂可选用丙环唑或三唑醇与嘧菌酯或丁香菌酯交替使用。

25%丙环唑乳油、50%甲硫·百菌清悬浮剂和高效螯合态微肥斯德考普三种药剂，可防控库尔勒香梨腐烂病。9281植物增产强壮素500倍液，均匀喷洒于树干、枝条或全树喷洒。每年春天3～4月和秋季8～10月是腐烂病高发期，也是药剂防控的最佳时期。库尔勒香梨收获后用300倍药液，喷洒1次果园。春季3～4月，开花之前再喷1次，可使花芽饱满，坐果率高，同时起到枝条消毒的作用。

在晚秋初冬和萌芽前对全树连续喷两次4～5波美度石硫合剂，4～6月，每隔10天喷1次杀菌药，6月下旬至11月上旬用药剂涂树干2次。涂药前先刮除病斑。石硫合剂、腐植酸铜剂、腐必清等可有效防控梨树腐烂病。

参考文献

王国平，2012.梨主要病虫害识别手册[M].武汉：湖北科学技术出版社.

张绍铃，李秀根，王国平，等，2013.梨学[M].北京：中国农业出版社.

中国农业科学院植物保护研究所，中国植物保护学会，2015.中国农作物病虫害[M].3版.北京：中国农业出版社.

（撰稿：王国平；审稿：洪霓）

梨根癌病　pear crown gall

由根癌土壤杆菌引起的、危害梨的树干基部及根部的一种细菌病害，是世界上许多种植梨的国家及地区重要的病害之一。

发展简史　梨根癌病是梨树上常见的病害，尤以苗圃发生较多，是影响梨新发展的重要障碍。生产上高度重视该病的综合防治，既注意定植前的苗木检疫，也注意定植后发现病株应及时治疗，并且加强栽培管理增强树势。

分布与危害　主要发生在河北、山西、陕西、辽宁、江苏、安徽、浙江等梨区。多在苗木和幼树上发生，偶见大树也有发病。在梨树的根颈部或侧根、支根上，形成灰白色疣状物，表面粗糙，内部松软，后不断增大，变成大小不一的褐色肿疣。外黑褐色、粗糙，内部木质化呈褐色，小者如豆粒，大者直径为 5～6cm，多年生大树的最大肿疣直径可达 60cm 左右（见图）。

病树生长势弱，叶片小，色淡，枝条生长量小，果小味劣。

病原及特征　病原为根癌土壤杆菌［*Agrobacterium tumefaciens*（Smith & Towns.）Conn］。属革兰氏阴性细菌，杆状，单生或链生，大小为 1.2～5μm×0.62～1μm，具 1～3 根极生鞭毛，有荚膜，无芽孢。在琼脂培养基上，略呈云状浑浊，表面有层薄膜。病菌生育温度为 10～34℃，最适温度 22℃，致死温度 51℃ 10 分钟。

侵染过程与侵染循环　病菌在根疣组织皮层内和土壤中越冬，借雨水和灌溉水传播，土壤耕翻和地下害虫、线虫也能传播，由各种伤口侵入，从侵入到表现出症状，一般需 2～3 个月。病菌侵入后，不断刺激根部细胞增生、膨大，形成肿瘤。远距离传播主要靠带病的苗木和土壤。

流行规律　土壤偏碱和疏松有利于梨根癌病发病，黏重和略带碱性的土壤发病重。该病寄主范围广泛，能侵染桃、李、杏、樱桃、梨、苹果、葡萄、枣、木瓜、板栗、核桃等。

防治方法

严格实行检疫　可疑苗木栽植前用 0.1% 高锰酸钾或 1% 硫酸铜浸根 10 分钟后用清水冲洗，或用 0.0001%～0.0002% 链霉素浸根 20～30 分钟。

适当选择苗圃的场地　应选择未发现过根癌病的土地作为苗圃；老果园、老苗圃，特别是曾经严重发生过根癌病的老果园和老苗圃，不能作为育苗的场地。

新建果园严格选地　①未感病的地块。②避免碱地。③土壤疏松、透水透气。④病土栽培应与非寄主植物轮作 2 年，但定植前仍应进行土壤消毒。

治疗病树　初期割除未破裂的病瘤，伤口用"抗菌剂 401" 50 倍液或"抗菌剂 402" 100 倍液消毒，再涂波尔多浆保护。

生物防治　用放射土壤杆菌（*Agrobacterium radiobacter*）即 K84 灌根、浸种、浸根、浸条和伤口保护均有效。

参考文献

王国平，2012. 梨主要病虫害识别手册 [M]. 武汉：湖北科学技术出版社 .

张绍铃，李秀根，王国平，等，2013. 梨学 [M]. 北京：中国农业科学出版社 .

中国农业科学植物保护研究所，中国植物保护学会，2015. 中国农作物病虫害 [M]. 3 版 . 北京：中国农业出版社 .

（撰稿：洪霓；审稿：王国平）

梨褐斑病　pear white leaf spot

是一种以危害梨树叶片为主的病害，常与其他病害一起造成叶斑和落叶。又名梨斑枯病、梨白星病。

发展简史　由梨褐斑病造成的梨病害首次在 1937 年报道于摩洛哥，在 20 世纪 50 年代，法国、美国、南斯拉夫等国家和地区都有零星报道。

分布与危害　梨褐斑病在欧洲、美国和东亚等都有相关危害的报道，在中国梨树主产区都有不同程度的发生和危害，主要发生于福建、江西等南方沙梨地区，北方白梨也常有发生和危害。发生严重的果园会造成大量叶片早期脱落和树势衰弱，易形成二次花和二次果，所以不仅影响当年梨产量和品质，还影响第二年的结果。

梨褐斑病主要危害叶片，有时也危害果实。叶片初现灰白色大小为 1～2mm 点状斑点，圆形或近圆形，边缘明显，后病斑逐渐扩大形成不规则形状。病斑初期为褐色或黄褐色，后期病斑边缘紫色，中间变成灰白色，故又称白星病。病斑上密生小黑点，严重时一片叶上发生十几块乃至几十块病斑，且连接成片，病斑直径可达 1cm 以上，至叶片坏死或变黄脱落。果实染病的症状与病叶相似，后随果实发育，病斑稍凹陷，颜色变褐（见图）。

病原及特征　梨褐斑病病原菌的研究资料比较有限，现

梨褐斑病危害症状（王国平提供）

梨根癌病危害症状（洪霓提供）

①幼树；②结果树

有报道认为梨褐斑病的病原菌是梨球腔菌［Mycosphaerella sentina（Fr.）Schrot］，属球腔菌属，无性阶段为梨生壳针孢（Septoria piricola Desm.），属有丝孢真菌类壳针孢属，但是未能通过分离纯化的方法从梨褐斑病发病叶片获得 Mycosphaerella sentina。因此，梨褐斑病病原菌的研究有待进一步进行和确认。

侵染过程与侵染循环　以分生孢子器及子囊座在落叶上越冬，春季 4 月子囊孢子成熟，借风雨传播到梨叶片并黏附于新叶，条件适宜即发芽侵入叶片完成初侵染并于 4 月中旬初呈现症状。在梨树生长期中，病斑上产生分生孢子器和分生孢子，借风雨传播再次侵染叶片，使病蔓延扩大。此病在华北地区雨水早、雨水多的年份发病重，施肥不足，树势衰弱时发病也较重。

流行规律　梨褐斑病的流行与梨树的品种、气候和栽培管理技术关系密切。主要表现为：①品种差异。不同品种褐斑病发生程度差异较大，黄花品种较为抗病。②气候影响。持续阴雨和降水促使病情加重。③栽培影响。施肥不足，树势衰弱时发病重。

防治方法

农业防治　冬季或早春萌芽前清除落叶集中烧毁或深埋处理，园区使用 3～5 波美度石硫合剂喷布，消灭菌原。增施有机肥和磷钾肥，合理修剪和负载，促使树势健壮，提高抗病力。雨季注意排水（特别是南方梅雨季节），降低果园湿度。

化学防治　发病前喷 50% 醚菌酯水分散粒剂 6000 倍液，每隔 9～10 天喷施一次，连喷 3 次，发病后应将浓度提高至 4500 倍；春季梨树萌动期喷一次保护性杀菌剂，如 50% 代森锰锌 600 倍液，或 65% 代森锌 300～500 倍液，落花后喷第二次药。多雨有利于病害流行的年份，可以于 5 月上中旬再喷一次农药。药剂选择亦可用 70% 甲基托布津可湿性粉剂 800～1000 倍液，50% 多菌灵可湿性粉剂 800 倍液、80% 大生 M-45 可湿性粉剂 800 倍、80% 科博 600～800 倍。其中喷药重点为落花后的 1 次。

参考文献

郭书普，戚仁德，2013. 梨树病虫害防治图解 [M]. 北京：化学工业出版社.

SESTRAS A, SESTRAS R, PAMFIL D, et al, 2008. Combining ability effects of several pear cultivars used as genitors for *Mycosphaerella sentina* resistance[J]. Bulletin of University of Agricultural Sciences and Veterinary Medicine Cluj-Napoca. Horticulture, 65(1): 48-52.

（撰稿：刘普；审稿：王国平）

梨褐腐病　pear brown rot

由果生链核盘菌引起的、危害梨果实的一种真菌病害，是世界上许多种植梨的国家及地区重要的病害之一。又名梨菌核病。

分布与危害　梨褐腐病在梨果近成熟期和储藏期造成腐烂，是一种常见病害，在西北、西南和东北、华北梨区均有发生。秋雨多的年份，烂果率可达 10% 以上。

梨褐腐病在梨果近成熟期发病，果面上产生褐色圆形水渍状小斑点，扩大后中央长出灰白色至灰褐色绒球状霉层，排列成同心轮纹状，下面果肉疏松，微具弹性，条件适宜时 7 天左右可使全果烂掉，表面布满灰褐色绒球，后变成深褐色或黑色僵果。果实在储藏期互相接触可传染发病（见图）。

病原及特征　病原为果生链核盘菌［Monilinia fructigena（Aderh. & Ruhland）Honey］，属链核盘菌属。

落地的病僵果，在潮湿条件下形成菌核，长出子囊盘。菌核黑色，形状不规整。子囊盘漏斗形，外部平滑，灰褐色，具盘梗，直径为 3～5mm。子囊盘梗长 5～30mm，色较浅。子囊圆筒形，无色，内含 8 个子囊孢子，子囊间有侧丝。子囊孢子无色，卵圆形，大小为 10～15μm×5～8μm。

梨褐腐病病原菌的无性阶段为仁果褐腐丛梗孢（Monilia fructzgena Pers.），属有丝孢真菌类。分生孢子梗直立、分枝。分生孢子椭圆形，单胞，无色，大小为 12～34μm×9～15μm。

侵染过程与侵染循环　病菌主要以菌丝团在病果上越冬。翌年产生分生孢子，由风雨传播，经伤口或果实皮孔侵入，潜伏期 5～10 天。在果实储藏期病菌通过接触传播，由碰压伤口侵入，迅速蔓延。发病温度为 0～25℃，高温高湿有利于病菌繁殖和发育。

流行规律　果园管理粗放，果实近成熟时，多雨、湿度大、采摘后果面碰压伤多，有利于发病。不同品种发病有所

梨褐腐病危害症状（洪霓提供）

①果实被害状；②病部长出子实体；③病部表面布满灰褐色绒球；④僵果

差别，黄皮梨、麻梨、秋子梨较抗病，锦丰、明月梨、金川雪梨、白梨等较感病。

防治方法

加强栽培管理　采收后清除地面病果和树上病僵果，集中深埋或烧毁。秋后耕翻土壤。果实近成熟期随时摘除病果。

加强贮运管理　采收时和运输中减少果实碰撞和挤压，防止出现大量伤口，果实入库前挑出病、伤果。储藏时控制库温，保持在1～2℃。

化学防治　落花后和果实近成熟期喷药防治，常用药剂有50%多菌灵可湿性粉剂600倍液、50%甲基硫菌灵胶悬剂800～1000倍液、80%进口代森锰锌可湿性粉剂800倍液。

参考文献

王国平，2012. 梨主要病虫害识别手册 [M]. 武汉：湖北科学技术出版社.

张绍铃，李秀根，王国平，等，2013. 梨学 [M]. 北京：中国农业科学出版社.

中国农业科学植物保护研究所，中国植物保护学会，2015. 中国农作物病虫害 [M]. 3 版. 北京：中国农业出版社.

（撰稿：洪霓；审稿：王国平）

梨黑斑病　pear black spot

由链格孢菌侵染引起的、危害梨树的果实、叶片和新梢的一种真菌病害，是世界上梨种植区最重要的病害之一。

发展简史　自 1933 年 *Alternaria kikuchiana* Tanaka 被报道为日本梨黑斑病的病原菌，各国学者长期采用 *Alternaria kikuchiana* 作为梨黑斑病病原菌的学名。由于 Nagano 早在 1920 年就报道了这个病菌的学名 *Alternaria gaisen* Nagano，Simmon 根据命名法，采用了 *Alternaria gaisen* Nagano，而将 *Alternaria kikuchiana* 作为晚出异名。戴芳澜在《中国真菌总汇》中也提到 *Alternaria gaien* 种名，把它作为 *Alternaria kikuchiana* 的异名，魏景超在《真菌鉴定手册》中也提到 *Alternaria gaisen*，但是误将它作为与 *Alternaria kikuchiana* 不同的种。1937 年，报道了 *Alternaria alternata*（Fr.）Keissl；病原菌也可以引起梨黑斑病，自此以后世界各国学者对梨黑斑病进行了大量的报道。

Nishimura 等根据其形态学研究和其他证据，建议将 *Alternaria kikuchiana* 作为 *Alternaria alternata* 的致病型。可是，1993 年，Simmons 的研究比较了日本梨上数百个菌株，根据形态学和毒素的证据证明 *Alternaria kikuchiana* 和 *Alternaria alternata* 是有明显区别的两个种。由于 *Alternaria alternata* 是世界普遍分布的种，在各国进出口贸易中没有列为危险性病虫害，而 *Alternaria gaisen*（异名 *Alternaria kikuchiana*）对梨危害更大，该病原主要分布在亚洲的日本、韩国和中国。世界上已报道从梨果实上分离到的链格孢命名的有 9 个种。在中国已报道的有 6 个种，分别是梨黑斑链格孢（*Alternaria gaisen* K. Nagan），链格孢［*Alternaria alternata*（Fr.）Keissler］、细极链格孢（*Alternaria tenuissima*）、侵染链格孢（*Alternaria infectoria*）、鸭梨侵染链格孢（*Alternaria yaliinficiens* R. G. Roberts）和紫萼链格孢（*Alternaria ventricosa* R. G. Roberts）。其中 *Alternaria gaisen* 既能侵染梨叶片也能侵染梨果实，并产生寄主专化性毒素 -AK 毒素，主要侵染日本梨品种；*Alternaria alternata*、*Alternaria tenuissima* 和 *Alternaria infectoria* 是广适性链格孢种，多生于植物的枯死部分或是衰弱组织上。*Alternaria yaliinficiens* 和 *Alternaria ventricosa* 是美国学者 Roberts 分别于 2003 年和 2007 年从中国出口的鸭梨果实上分离并命名的两个新种。2003 年，张志铭等鉴别引起河北鸭梨黑斑病的病原为 *Alternaria alternata*（Fr.）Keissl；2008 年，常有宏等报道在江苏省农业科学院园艺研究所梨园采集感病的梨树叶片进行梨黑斑病分离，鉴定引起黑斑病的病原为日本梨致病型 *Alternaria gaisen*；2006 年，李永才报道引起苹果梨储藏期间梨黑斑病病原为链格孢 *Alternaria alternata*；2013 年王凤军报道利用实时荧光 PCR 检测库尔勒香梨的梨黑斑病病原菌为 *Alternaria alternata*。

1982 年，Nakashima 等从梨黑斑病菌菊池链格孢（*Alternaria kikuchiana*）中分离到寄主专化性毒素（AK-toxin），并分析了 AK 毒素的结构和组成成分，从此展开了梨黑斑病 AK 毒素的研究；2000 年，Aiko 研究了控制 AK 毒素合成的基因结构和功能。AK 毒素可以导致寄主细胞质膜的生理和超微结构的损害。当 AK 毒素作用梨细胞后，先从胞间连丝的作用位点侵入，使细胞质膜发生凹陷，膜对 K^+、Na^+ 的渗透性增大，膜电势降低；随后毒素作用于核仁、高尔基体、线粒体等细胞器，并发生胞饮作用，同时诱导细胞产生大量糖类，增加细胞的胞外分泌和内吞作用。2002 年，Taskeshi 等采用 3 种方法：硝基蓝四唑（NBT）法，显微检测 O_2、二氨基联苯胺（DAB）法，显微检测 H_2O_2、铈氯化物法超微结构检测（H_2O_2），检测到 *Alternaria alternata* Japanese pear 致病型与寄主植物交互作用中活性氧（ROS）的产生。同时他报道了用 AK 毒素处理感病的梨树叶片后，有大量的活性氧产生，说明真菌和植物细胞在相互作用时活性氧的产生很有可能与感病表达有关。2015 年，杨晓平等利用转录组技术对高抗黑斑病品种金晶梨和高感品种红粉梨接种梨黑斑病后的转录活动进行检测，获得 28 个抗黑斑病相关的基因，这些沙梨抗黑斑病相关基因的筛选为沙梨抗黑斑病机制研究和沙梨抗黑斑病育种奠定了理论基础。

中国梨研究学者关于沙梨品种抗黑斑病的研究报道较多。1995 年，刘永生等对主要推广的沙梨品种进行黑斑病抗性调查，发现金水 2 号、江岛、今村秋、德胜香、长十郎、黄花梨、蒲瓜和湘南表现为抗病，柠檬黄、金花、二宫白和金水 1 号表现为中抗，土佐锦、青云和安农 1 号表现为感病；1998 年李国元等对金水 1 号、金水 2 号、晚三吉和黄花的黑斑病抗性调查发现黄花对黑斑病抗性较强，金水 1 号、金水 2 号和晚三吉对黑斑病表现为中抗；2002 年，胡红菊等对 368 份梨种质资源进行梨黑斑病抗性评价，提出杜梨对黑斑病的抗性最强，其次为豆梨和沙梨，白梨居中，西洋梨最弱，并筛选出高抗黑斑病品种德胜香，抗黑斑病品种云绿、回溪梨、松岛、短把早、金水 1 号、柳城凤山梨、安农 1 号和杭青；2003 年，张玉萍等报道了日本的沙梨品种真寿抗黑斑病；2004 年，盛宝龙等对 80 个梨品种进行了梨黑斑病田间抗性调查，发现沙梨对黑斑病的田间抗性强于白梨，中国一些传统的梨品种如苍溪梨、富源黄等较感黑斑病，而中国近年培育的梨新品种如华酥、中翠和黄花等均对黑斑病有较强的抗性；2006 年，蔺经等对引进的 85 份沙梨种质资源进行抗梨黑斑病田间鉴定，筛选出高抗黑斑病品种奥萨二十世纪和金二十世纪，鉴定出抗病品种华酥、德胜香、黄花、早美酥、喜水、丰水、寿新水、秋荣、新世纪、黄金、秋黄、圆黄和华山等 13 个品种；2008 年，刘仁道等对 17 个梨栽培品种的黑斑病田间抗性进行了研究，提出沙梨系统中早熟品种多为抗或中抗品种，对黑斑病的抗性相对强于中熟和晚熟品种，白梨系统品种的抗性与熟期的关系相反，即早熟白梨品种对黑斑病抗性弱，而晚熟白梨品种对黑斑病的抗性相对较强；2009 年，刘邮洲等采用田间自然发病和人工接种鉴定两种方法对 16 个梨品种进行黑斑病抗性鉴定，筛选出 4 个高抗黑斑病的梨品种，华酥、黄花、早美酥和丰水。

分布与危害　梨黑斑病是一种分布广泛的世界性病害，尤其在亚洲的日本、韩国和中国南部沙梨产区发病严重。随着黄金梨、圆黄梨和丰水梨等沙梨优良品种的大面积推广，梨黑斑病发生面积越来越广泛，主要发生在湖北、湖南、江苏、浙江、重庆、四川、江西和福建等梨产区。

梨黑斑病主要危害梨树的果实、叶片和新梢。叶部受害，幼叶先发病，形成褐色至黑褐色圆形斑点，后逐渐扩大，形成近圆形或不规则形病斑，病叶即焦枯、畸形，早期脱落。天气潮湿时，病斑表面产生黑色霉层，即病菌的分生孢子梗和分生孢子（图 1）。果实受害，果面出现 1 至数个黑色斑点，渐扩大、颜色变浅，形成浅褐至灰褐色圆形病斑，略凹陷。发病后期病果畸形、龟裂，裂缝可深达果心，果面和裂缝内产生黑霉，并常常引起落果。果实近成熟期染病，前期表现与幼果相似，但病斑较大，黑褐色，后期果肉软腐而脱落。新梢受害时，病斑初期为椭圆形、黑色，稍凹陷，后期形成长椭圆形或不规则形、明显凹陷的黑色病斑，且病健交界处产生裂缝，病梢易折断或枯死。梨黑斑病危害梨叶、果实和新梢后导致树体衰弱，缩短结果年限，造成严重的经济损失，而且还造成储藏期果实腐烂，并在梨的进出口贸易中受到进口国的密切关注。

梨黑斑病防治　不当会引起梨树叶片提前脱落，使梨树形成二次花，严重影响次年梨果产量。防治梨黑斑病的方法是使用甲基托布津、代森锰锌和苯醚甲环唑等化学药剂，长期使用这些化学药剂，如果使用不当必然会引起病原菌对化学药剂产生抗药性、污染环境和对人体健康产生危害等问题。

病原及特征　病原为链格孢属（*Alternaria* sp.），为有丝孢真菌类。成熟梨黑斑病分生孢子呈棒状或倒棒状，颜色为褐色或暗褐色，有纵隔 1～3 个，横隔 2～4 个，横隔处有缢缩现象，孢子大小为 8～18.8μm×10～59.8μm（图 2）；梨黑斑病菌在 PSA 培养基上培养日平均生长速率 0.4～1.28cm，培养 20 天后，产孢量为 $1×10^4$～$1.01×10^7$CFU/ml。病原菌孢子萌发的最适温度为 26～28℃；病原菌孢子萌发对 pH 的适应范围较广，在 pH 1～13 时均可萌发，当 pH 为 7～10 时孢子的萌芽率最高；pH >12 后三种病原菌孢子萌发受到抑制，pH 14 时病原菌孢子完全受到抑制，不能萌发；孢子的萌发

图 1　梨黑斑病田间侵染梨树症状（胡红菊提供）
①叶片发病初期症状；②叶片发病中期症状；
③叶片发病后期症状；④果实发病症状

对湿度要求较高，空气中的相对湿度达到 90% 以上时，有利于孢子萌发，而且保湿的时间越久，对侵染越有利，相对湿度达到 95% 以上时，病菌可以在 24 小时内完成对梨树幼叶的侵染，并在 48 小时内出现梨黑斑病初期侵染的症状。

侵染过程与侵染循环　梨黑斑病越冬孢子落到梨叶片上，遇合适的温、湿度条件即萌发长出芽管，沿着梨叶片表皮生长。遇到气孔或伤口后，芽管顶端膨大形成附着胞，然后从附着胞下方伸出一条管状的侵入丝，钻入气孔或伤口内。在气孔下长出侵染菌丝，伸入附近细胞内，用以从梨叶片组织中吸取养料和水分，至此，梨黑斑病孢子萌发侵入寄主的过程即告完成。

梨黑斑病病菌以分生孢子和菌丝体在被害枝梢、病叶、病果和落于地面的病残体上越冬。翌年春季产生分生孢子后借风雨传播，从气孔、皮孔或直接侵入寄主组织引起初侵染，发病后病菌可在田间引起再侵染。一般 4 月下旬开始发病，嫩叶极易受害。6～7 月如遇多雨更易流行。地势低洼，偏施化肥或肥料不足，修剪不合理，树势衰弱以及梨网蝽、梨木虱和蚜虫猖獗危害等不利因素均可加重该病的流行危害。

随着花瓣的逐渐开放，侵染率也在相应增高，病原菌能从开放的花瓣侵入。链格孢在花期和果实发育期均可造成侵染，梨黑斑病菌随着苹果梨花朵的开放逐渐侵入花柱；在果实发育阶段可以通过果皮组织侵入苹果梨而潜伏，在苹果梨上集中侵染部位随着果实发育阶段而不同，在初期主要集中在萼端，果梗端最低，到采收期时，梗端果皮的带菌率急剧增高，高于萼端和中部，这可能与初期果实萼端朝上后期果实增重萼端下垂不易黏附露水有关。

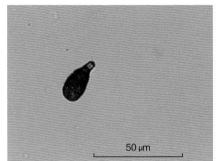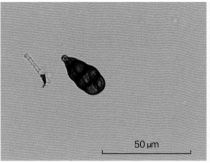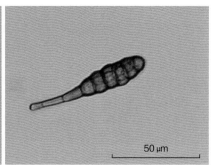

图 2　梨黑斑病孢子形态（胡红菊提供）

流行规律　同一地区不同年份之间，梨黑斑病的严重程度常常有明显差异，分析诸气候因素与病情波动的关系，以降雨的影响最为显著。温度和降水量与梨树发病率相关密切。一般降雨多、特别是连雨日多的年份发病严重。

不同树体结构和肥水管理的梨园，梨黑斑病的发生程度也有明显差异。合理的树体结构不仅是高产、稳产的必要保证，同时也有利于阻止梨黑斑病的发生和流行。梨黑斑病的发生与树冠内的通透条件密切相关。良好的树体结构和通风透光条件，可避免适宜发病环境的产生，降低病害发生的概率。梨黑斑病的发生和流行与树势有关，树体生长势较弱时易引起梨黑斑病病原菌侵染。生长势强时，侵染后的病斑也扩展很慢，甚至只是潜伏侵染，而一旦树势衰弱，病斑就会迅速扩大，造成严重危害。维持健壮树势的主要途径是避免超负载结果及科学的肥水管理等。多施有机肥，并注重磷钾肥和微肥的施用，避免偏施氮肥，因为氮肥水平过高会造成树体旺长、枝条发育不结实，引发冻伤后易招致梨黑斑病原菌的侵染。

防治方法　梨黑斑病的发生和流行与品种感病性、越冬菌源和气候条件等密切相关，因素复杂，因此，需采取以选择种植抗黑斑病梨品种为主、农业防治和化学防治为辅的病害综合治理措施。

选择抗病品种　利用抗梨黑斑病的品种是防治梨黑斑病最经济、有效的措施。在建园时应选择抗梨黑斑病的品种进行种植。

农业防治　在梨树生长季节病害发生高峰期，剪除病枝、病果，集中烧毁；冬季结合整枝修剪，拾净梨园中的病枝和僵果等，集中烧毁，刮除树干老翘树皮并进行树干涂白。

果实套袋　落花后 25～40 天，套袋防止梨黑斑病危害梨树果实。

化学防治　是防治梨黑斑病的主要手段。在梨树幼叶开始发病初期（4 月中下旬）和梨黑斑病发生盛期（6～7 月）进行树冠喷药，喷雾时兼顾梨园地面及梨园四周杂草。可选择的杀菌剂有 10% 苯醚甲环唑可湿性粉剂 3000 倍液、70% 大生代森锰锌可湿性粉剂 800 倍液、70% 甲基托布津可湿性粉剂 800 倍液、43% 的戊唑醇悬浮剂 3000 倍液和 40% 的福星乳油 5000 倍液。

参考文献

戴芳澜，1979. 中国真菌总汇 [M]. 北京：科学出版社 .

孙霞，2006. 链格孢属真菌现代分类方法研究 [D]. 泰安：山东农业大学 .

杨晓平，2015. 梨黑斑病菌 Alternaria sp. 鉴定及砂梨抗黑斑病分子机制初探 [D]. 武汉：武汉大学 .

杨晓平，胡红菊，王友平，等，2009. 梨黑斑病病原菌的生物学特性及其致病性观察 [J]. 华中农业大学学报，28(6): 680-684.

BAUDRY A, MORZIERES J P, LARUE P, 2001. First report of Japanese pear black spot caused by Alternaria kikuchiana in France[J]. Plant disease, 19(4): 19-22.

YANG X P, HU H J, YU D Z, et al, 2015. Candidate resistant genes of sand pear (Pyrus pyrifolia Nakai) to Alternaria alternata revealed by transcriptome sequencing[J]. PLoS ONE, 10(8): e0135046.

（撰稿：胡红菊；审稿：王国平）

梨黑星病　pear scab

由梨黑星病菌引起的、危害梨的各种绿色幼嫩组织的一种真菌病害。也是世界上许多种植梨的国家及地区最重要的病害之一。又名梨疮痂病、梨雾病、梨黑霉病，是梨的最重要病害之一。

发展简史　对梨黑星病的早期研究源于欧洲的西洋梨上，最初以无性世代命名为 Fusicladium pirina（Lib.）Fuckel。1896 年，培养出子囊孢子，又以有性世代，命名为 Venturia pirina（Cooke）Aderhola。这种发生在西洋梨上的黑星病病菌的名称，后来在中国和日本也被长期采用。

1964 年，日本田中彰一和山本省二对侵染日本梨和部分中国梨的黑星病病菌与侵染西洋梨的黑星病病菌，在形态特征、致病性和危害症状方面进行了系统的比较研究，发现两者有明显差别：①东方梨黑星病在枝条上的越冬病斑与周围好皮组织的交界处产生龟裂，表面光滑，而西洋梨黑星病在病斑表皮下生有子座，故隆起。②东方梨黑星病病菌的分生孢子梗多丛生，所以病斑色浓。分子孢子比西洋梨的略短。③西洋梨黑星病病菌的子囊壳正球形，而东方梨黑星病病菌的子囊壳圆锥形或宝珠形，高度较低。④子囊孢子西洋梨的大，东方梨上的小，特别是短胞更短。⑤接种试验结果表明，东方梨上的黑星病病菌只对东方梨品种有致病性，而对西洋梨品种不造成致病，西洋梨黑星病病菌则对东方梨品种没有致病性。上述差别远远超过 Venturia pirina 种的变异范围，由此认为东方梨上的黑星病病菌是一个独立的种 *Venturia nashicola* Tanaka et Yamamoto。1988年，中国罗文华经研究，也认为中国发生的梨黑星病病菌为 *Venturia nashicola* 种。明确东方和西方梨黑星病是不同的种，为制定检疫措施、抗病育种和防治方法，提供了理论上的依据。

分布与危害　在世界各梨产区均有发生，尤在种植鸭梨、白梨等高度感病品种的梨区，病害流行频繁，造成重大损失。梨黑星病主要危害梨树叶片和果实，常造成大量叶片提早脱落，严重削弱树势，不仅影响当年产量，而且影响翌年产量。果面布满黑色病斑，幼果脱落或畸形，影响果品质量。中国在20世纪60年代，因为许多梨区缺乏药剂防治技术，辽宁、河北等地的鸭梨、白梨产区，常常黑星病成灾，一些梨区甚至绝收。目前，梨黑星病仍然是河北、辽宁、山东、陕西等北方梨区的重点防治对象。在长江流域及云南、贵州、四川等多雨、潮湿地区，感病品种发病严重，也需重点防治。南方沙梨系统品种栽植区和近些年北方局部地区发展的日、韩梨品种（沙梨系统），一般黑星病发生不重，但也要注意防治，以免造成经济损失。

梨黑星病能危害梨树的各种绿色幼嫩组织，从落花后到果实成熟前均可造成危害。

叶片发病　多在叶背主脉和支脉之间产生圆形或不规则形淡黄色小斑点，界限不明显。不久，病斑上长出黑色至黑褐色霉状物，即病原菌的分生孢子梗和分生孢子。不久在霉状物相对应的叶片正面出现黄褐色病斑。危害严重时，多个病斑蔓延，相互融合成片，使叶背布满黑色霉层，造成提早落叶（图①）。

叶柄、叶脉受害　叶柄上形成黑色椭圆形凹陷病斑，上面很快产生黑色霉层，影响叶片水分、养分运输，造成叶片早落。叶脉受害，症状与叶柄上相似（图②）。

新梢受害　翌春病芽长出的新梢，基部出现淡黄色不规则形病斑，不久表面布满黑色霉层，称为"雾梢"或"雾芽梢"，后期病部凹陷，开裂，变成溃疡斑。生长期新梢受害，多在徒长枝或秋梢幼嫩组织上，形成淡黄色椭圆形或近圆形病斑，微隆起，表面有黑色霉层，后期凹陷、龟裂，呈疮痂状（图③）。

果实发病　生长前期和中期发病的果面，产生淡黄褐色圆形小病斑，扩大到5～10mm后，条件合适时，病斑上长满黑色霉层，为病菌的分生孢子梗和分生孢子，条件不适合

梨黑星病危害症状（王国平提供）

①叶片发病；②叶柄发病；③新梢发病；④果实发病（初期）；⑤果实发病（中期）；⑥果实发病（后期）

时，病斑上不长霉层，病斑绿色，称为"青疔"，病部生长停止。随着果实增大，病部渐凹陷、木栓化、龟裂，上面有粉红聚端孢等真菌腐生。严重时，果实畸形，果面凸凹不平，病部果肉变硬，具苦味，果实易提早脱落。病果生长到中后期，果面病斑上的黑色霉层往往被雨水冲洗掉，并常被其他杂菌腐生，长出粉红色或灰白色霉状物，储藏时易腐烂。生长后期发病，果面出现大小不等的圆形或近圆形淡黄绿色或淡褐色病斑，边缘不整齐，多呈芒状，稍凹陷，上面不生或略生稀疏黑色霉层，采收后若经短期高温高湿，则病斑发展很快，并长出大量黑色霉层（图④⑤⑥）。

梨芽受害　芽的鳞片茸毛较多，后期表面产生霉层。严重时，芽鳞开裂，芽枯死。

花序发病　在中国中南部冬季温暖潮湿梨区，花序也常有发病。在花序基部或花梗上形成病斑，上面产生黑色霉层，常引起花序枯萎和脱落。

病原及特征　东方梨和西洋梨黑星病病原菌为两个不同的种，东方梨黑星病的病原是东方梨黑星菌（*Venturia nashicola* Tanaka et Yamamoto），西洋梨黑星病的病原是西洋梨黑星菌［*Venturia pirina*（Cooke）Aderhola］，属梨黑星菌属。

中国梨黑星病病原菌的无性世代为西洋梨黑星孢菌，属真菌界丝孢真菌类。分生孢子梗暗褐色，单生或丛生，从寄主表皮的角质层下伸出，呈倒棍棒状，直立或弯曲，多不分叉，孢痕多而明显。分生孢子单胞，淡褐色，卵形或纺锤形，两端略尖，大小为 7.5～22.5μm×5～7.5μm，发芽前少数生有一横隔。

中国梨黑星病病原菌的有性世代为东方梨黑星菌，北方梨区尚没有发现，以往仅在陕西关中地区和江苏徐淮地区有关于有性世代的报道。冬季温暖多雪，早春温暖潮湿，在树盘浅层的病落叶上能形成子囊壳。病落叶的正面、背面均有，以叶背面居多，常聚生成堆。子囊壳扁球形或近球形，黑色，颈部较肥短，有孔口，周围无刚毛，壳壁黑色，革质，由2～3层细胞组成。大小为52.5～138.7μm×50.5～150μm，平均为91～111.2μm。子囊棍棒状，无色透明，聚生在子囊壳底部，长35～60μm，内含8个子囊孢子。子囊孢子鞋底形，淡黄褐色，双胞，上胞较大，下胞较小，大小为10～15μm×3.8～6.3μm。

病原菌的培养性状及生理特点　病菌生长的最适培养基为马铃薯洋菜麦芽糖（PDA）和麦芽汁培养基，菌丝生长较快且致密而均匀，菌落生长规则。一般可作为杀菌剂室内毒力测定之用。在燕麦培养基上虽然生长速度较快，但菌丝疏松，菌落生得不规则。在PDA培养基上，菌落的颜色呈黑紫色至青黑色，边缘整齐，发育较缓慢。病菌在液体培养基上较固体培养基生长得快，特别是在麦芽浸汁上病菌发育更好。在组合培养基中，氮源以铵态氮，特别是（NH₄）₂HPO₄、NH₄NO₃能促进菌丝发育，磷、钾源以K₂HPO₄为适。病菌发育适温为20℃，最高30℃，最低7℃。培养基的pH为6～7时病菌发育良好，pH在3以下，病菌不能发育。病菌产孢的培养基以改良查彼（CZAPEK）培养液为好，在12～20℃都能产孢，其中以16℃最适。如果先在20℃培养，以后移到16℃条件下效果更好。与洋梨黑星病病菌相比，

东方梨黑星病病菌的菌落发育和产孢较差，发育适温和要求的pH稍高。

病菌的分生孢子在水滴中萌发良好，萌发的温度范围为2～30℃，以15～20℃为最适温度，高于25℃萌发率急剧下降。冬季落叶上形成子囊孢子，需要有一定降水和地面湿度，同时需要较暖的温度。

病原菌生理分化及分子标记　张海娥等2007年报道，中国梨黑星病菌致病性分化类型与地理分布有关。汤浩茹等1993年将中国梨黑星病菌划分为5～6个分化类型。范燕萍等1989年利用菌体酯酶同工酶测定方法对梨黑星病菌生理分化类型进行测定，将其分为4个类型。张海娥等2007年认为前两种类型的地理分布表现出一定的规律性。根据这些研究，将金川梨放在河北和台湾、苍溪梨和八云梨放在台湾、菊水梨放在河北等抗黑星病，而将这些品种置于其他地方时则不抗，由此认为，这种抗性是属于垂直抗性，栽植2～3代或更多代之后会出现不抗的现象，原因可能是梨黑星病分化类型发生了变化。日本Ishii等2002年采集 *Venturia nashicola* 的分离物接种测验，将梨黑星病菌分为3个生理小种，试验证明生理小种专化性抗性确实存在于一些梨品种中。Chevalier等2004年证明 *Venturia pirina* 中有生理小种的存在。

侵染过程与侵染循环　梨黑星病病原菌的分生孢子落到叶、果等幼嫩组织上，在水膜中发芽，从气孔或表皮直接侵入。侵入温度最低为8℃，最适为20℃，最高为25℃。在适宜的温度、湿度条件下，病菌在48小时之内可完成侵入过程，潜伏期多为15～16天。叶龄短，潜伏期也短；叶龄长，潜伏期也长，其中以展叶后5～6天的叶片侵入病菌的潜伏期最短，为10天左右，展叶后1个月的老叶片不再发病。病菌由表皮或气孔侵入后，侵入的菌丝在表皮下发育成葡萄丝状，叶片外表皮形成淡黄色多角形小病斑。葡萄菌丝在叶片气孔附近形成岛状，成为发达的子座，由此伸出分生孢子梗，其顶端着生分生孢子，由叶背面气孔伸出。因此，病斑外表呈黑色煤烟状。其他部位的病变过程与叶片发病基本相同。

病菌的越冬及初侵染源　中国各地梨黑星病病菌主要在芽鳞或芽基部的病斑上以菌丝形态越冬，越冬后，一种情况是芽基部病斑上直接产生分生孢子，侵染新长出的幼嫩绿色组织；另一种情况是芽鳞病斑中的菌丝侵染长出的新梢基部幼嫩组织，在新梢基部白色部位长出黑色霉层，形成雾芽梢，产生分生孢子，再侵染新长出的叶片和果实。至于部分地区越冬后形成的子囊壳所产生的子囊孢子从地面飞散的距离非常近，产孢量少，所以在病害的发生中不起主要作用。

病菌的传播与再侵染　梨黑星病是梨树生长期再侵染次数较多的流行性病害。病菌的分生孢子在有5mm以上的降雨时，即能传播、侵染。病部形成的分生孢子，在生长期不断形成，不断发病。

发病时期　由于中国地域广阔，各地气候条件不同，梨黑星病发生时期也有很大差异。

在辽宁大部分梨区，从5月中旬开始出现病芽梢，5月下旬至6月上旬为大量出现期。叶、果多在6月上旬开始

发病，7 月中旬至 8 月为发病盛期。邓贵义、李美华等 2003 年报道，在辽宁丹东冬季潮湿多雪地区，经多年观察，尖把梨上没发现病芽梢，初侵染源可能是落地越冬的病叶。翌年 5 月中旬开始发病，5 月下旬至 6 月上旬为发病盛期，7 月上旬受害叶片开始脱落。

在河北石家庄梨区，4 月中旬开始出现病芽梢，经 27～52 天后出现病叶，37～97 天后出现病果。7～8 月雨季为发病盛期。6～8 月为病菌侵染梨芽时期，以 8 月侵染最多。

在陕西关中梨区，4 月中下旬首先在花序、新梢、叶簇上开始发病，6～7 月为病害流行盛期。

江苏、浙江梨区，一般在 4 月上中旬开始发病，5～6 月梅雨期进入发病盛期。

云南、贵州一些梨区，3 月下旬至 4 月上旬开始发病，6～7 月为发病盛期，8 月中旬以后病势逐渐下降。

王然和李保华 2009 年报道，在山东烟台地区，4～5 月病原菌以初侵染为主，发病早的年份 5 月上旬可见初侵染病斑，6 月以再侵染为主。若春季降雨次数多，每次降雨持续时间长，6 月下旬至 7 月上中旬出现第一个发病高峰，危害重的果园可造成早期大量落叶。7～8 月由于寄主的抗病性增强，病菌侵染后多进入潜伏状态，梨黑星病发病趋于缓和。9～11 月，叶片和果实开始大量发病，果实在采收前达发病高峰，叶片在果实采收后继续发病。

流行规律 梨黑星病的发病轻重，取决于越冬病菌的多少，当年降雨的早晚、雨日的多少和果园内的空气湿度，以及品种的抗性。

越冬病菌 梨园内病菌越冬基数大，冬季气候适宜病菌越冬，芽内的越冬菌丝或芽基病斑上菌丝存活率高，翌年落花后则能出现较多雾芽梢，或雨水适宜能产生大量分生孢子侵染幼嫩组织。

降水和湿度 在北方梨区黑星病流行的各环节中，通常 5 月的降水和湿度尤为重要，降水多，降雨频，园内湿度高，当年春季发病就重，当年前期会形成较多病源。

树势 病害发生轻重还与树势、果园地形及果园栽植密度、留枝量多少有关。树势弱，梨园地势低洼、窝风或栽植密度过大，留枝量多，通风透光差，造成树冠内湿度大，叶、果表面形成水膜时间长，有利于病菌的形成、侵染与发病。

品种 在病害的发生条件中，品种的抗病性也是发病的重要因素。在中国梨的品系中，西洋梨最抗病，日本梨（沙梨系统）次之，中国梨的白梨系统易感病。发病重的品种有鸭梨、京白梨、秋白梨、南果梨、苹果梨、尖把梨、黄梨、平梨、花盖梨、一生梨、光皮梨、宝珠梨、古安梨、大青梨、软把梨、五香梨、八里香、满园香、谢花梨、甜大梨、刺鸟梨，其次为砀山酥梨、早酥、莱阳茌梨、明月、丰水、幸水、八幸、君塝早生、石井早生、长十郎、晚三吉、早生赤等。抗病品种有香水梨、蜜梨、锦丰梨、雪花梨、胎黄梨、玻梨、玉溪黄梨、丽江刺满梨、富元黄、皮雪梨、金花 4 号、库尔勒香梨、黄县长把、锦香、今春秋、菊水、八云、黄金等。

施肥 梨黑星病的发生与施肥也有一定关系。随着氮肥（硫酸铵）施用量的增加，可导致叶片中的钙含量相对减少，诱使梨树更易感染黑星病，病叶率、发病程度和分生孢子量

增加。

在上述几项流行因素中，品种和果园地形比较固定，所以菌源的多少和气候条件的变动是梨黑星病流行的主要原因。

防治方法

清除病源 ①清除越冬病源。梨树落叶后，认真清扫，落叶、落果集中烧毁；冬季修剪时注意剪除带有病芽的枝梢；在北方以病芽梢为初侵染源的梨区，在梨树落花后 20～45 天之内，多次认真检查抽生的新梢基部，发现病芽梢时及时从基部剪除，带到果园外销毁；在以芽鳞上病斑或子囊孢子越冬的梨区，开花前后发现病花丛、叶丛时应及时剪除销毁。②摘除病果、病梢。梨树生长期及时检查，摘除病果及发病的秋梢。③药剂杀灭树上越冬病菌。在花期开始发病地区，应在梨树发芽前对树上喷洒 1～3 波美度石硫合剂，或 45% 晶体石硫合剂 80～100 倍液，或 50% 代森铵水剂 1000 倍液，或在梨树发芽后开花前，树上喷洒 12.5% 烯唑醇可湿性粉剂 2000～3000 倍液，以杀灭病部越冬后产生的分生孢子。

生长期药剂防治 ①喷药时间。在北方以病芽梢为初次侵染源的广大梨区，应在梨树落花后反复检查清除病芽梢基础上，进行树上喷药，每隔 10～15 天喷 1 次，连续喷洒 3～4 次。夏天气温高，病势暂时停止时可暂不喷药，秋季天气渐凉后再喷 3～4 次。在以芽鳞上病斑和分生孢子越冬或以落叶上子囊孢子越冬梨区，应重点在开花前和落花后喷药，连喷 3～4 次，秋季再喷 3～4 次。在南方和西南冬季比较温暖的梨区，可在幼叶、幼果开始发病时进行第一次喷药，连喷 3～4 次，秋季多雨年份再喷 2～3 次。各地喷药次数多少，应视病情而定，发病重年份应适当多喷，发病轻年份少喷。②喷药种类。防治梨黑星病的药剂品种较多，经常使用的保护性杀菌剂有 80% 代森锰锌可湿性粉剂（如大生、喷克等）800 倍液，50% 克菌丹可湿性粉剂 400～600 倍液，1∶2～2.5∶240 波尔多液。常用的内吸性杀菌剂有 50% 多菌灵可湿性粉剂 600～700 倍液，70% 甲基硫菌灵可湿性粉剂 800～1000 倍液，12.5% 特谱唑（烯唑醇）可湿性粉剂 2000～2500 倍液，25% 腈菌唑乳油 4000～5000 倍液，40% 福星（氟硅唑）乳油 8000 倍液，10% 世高（噁醚唑）水分散颗粒剂 6000～7000 倍液，6% 乐必耕（氯苯嘧啶醇）可湿性粉剂 1000～1500 倍液。常用的预防性治疗剂有 62.25% 仙生（腈菌唑·锰锌）600 倍液等。在使用中应注意内吸性杀菌剂与保护性杀菌剂交替使用。波尔多液在梨的幼果期和多雨、阴湿梨园慎用，以防产生药害。③注意喷药质量。喷药需均匀、周到，叶片的正反面、新梢及果面都应均匀着药，才能充分发挥每次喷药的药剂防治效果。

加强栽培管理 ①科学使用化肥。春天梨树开花前或落花后至少追 1 次化肥，生理落果后再追 1 次，均以氮肥为主或施复合肥，梨果生长后期再追施 1 次磷钾肥或以磷钾肥为主的多元复合肥。追肥采用浅沟施覆土方法，不要将化肥直接撒于地表，以免失效或流失。追肥最好选在雨后进行，以便化肥很快溶化，发挥肥效。施肥量应视树冠大小和挂果多少来决定。一般情况下，每结 100kg 果，追施纯氮 1kg、纯磷 0.5kg、纯钾 1kg。②增施有机肥。梨果采收后或春季梨树发芽前，在梨树树冠外围投影处挖 60cm 左右深、40cm

宽的环状沟，或以树干为中心挖里浅外深的 6～8 条放射状沟，施入腐熟的有机肥，按每产 0.5kg 果施肥 0.5～1kg，施后覆土，有灌溉条件的施后尽可能灌透水。③种草和覆草。梨园行间较宽有空地时，尽可能种草，品种可选多年生毛苕子、三叶草、紫花苜蓿等多年生草种。各地雨季不同，可选在雨后撒播或条播，草幼苗期注意拔除杂草，适当撒施氮肥和灌水，草长高后，进行刈割放在树盘下，上面适当压层土。管理良好的草，每年可割 3～5 次，果园可不再施用有机肥。梨树多栽植在地势较差的山区，往山上运有机肥很困难，但山区相对土地较多，草源丰富，果园种草和覆草较容易做到。④改善土壤通透性。在南方红壤或北方丘陵山地果园，多数果园土壤板结黏重或土层很浅，应有计划地逐年开展活化根系附近土层工作，改善根系附近土壤的通透性，增加保水保肥和熟化土壤矿质营养的能力。⑤保持树冠内通风透光良好。对栽植过密的梨园，在延长枝生长互相交叉后应适当间伐。树冠内留枝量多的应逐年改形去大枝。对中小枝条和结果枝组过密的应适当疏除。

参考文献

王国平，2012. 梨主要病虫害识别手册 [M]. 武汉：湖北科学技术出版社 .

张绍铃，李秀根，王国平，等，2013. 梨学 [M]. 北京：中国农业出版社 .

中国农业科学院植物保护研究所，中国植物保护学会，2015. 中国农作物病虫害 [M]. 3 版 . 北京：中国农业出版社 .

（撰稿：王国平；审稿：洪霓）

梨镰刀菌根腐病　pear *Fusarium* root rot

由镰刀菌引起的梨树根部真菌病害。可造成根系腐烂，引起落叶、树势衰弱，甚至整株死亡。

发展简史　近 200 年来，全世界发表了大量有关镰刀菌的论著。虽然镰刀菌的分类学研究有了很大的发展，但由于镰刀菌的多型性和容易变异的特点，镰刀菌一直都是真菌类群中最难鉴定的属之一。

Link 在 1809 年首次将着生于子座上、且具有典型船形或香蕉形孢子的真菌命名为镰刀菌。当时对于镰刀菌的研究，大多都集中于镰刀菌病害的诊断和病原菌的分类鉴定上，认为分离于不同种寄主植物的真菌就是不同种的真菌，世界镰刀菌种名达千种以上。对镰刀菌的分类命名，不仅所依据的性状不足，而且在不考虑将分离菌株进行培养的情况下，就将其命名为新种，使得镰刀菌分类处于一种非常混乱的状态。到 1935 年，德国学者 Wollenweber 和 Reinking 出版了专著 *Die Fusarium*，提出了基于菌株的真菌学性状，而独立于寄主植物的第一个较完整的分类系统，奠定了镰刀菌属分类研究的基础。此后，相继出现了多个镰刀菌的分类系统，使得镰刀菌形态学分类系统不断趋于完善。1983 年，Nelson 等以 Wollenweber 和 Reinking 系统为基础，吸收各系统的优点，出版了 *Fusarium species: An Illastrated manual for identification*，其中描述了 12 个组，46 个种，常见种有

30 个。分类主要依据分生孢子梗的特征和瓶梗类型，小孢子有无、着生方式和形状，大孢子及顶细胞和基细胞的形态，厚垣孢子有无和着生位置，以及菌落生长速度和颜色等。该系统最大优点在于种的概念简要，是很多镰刀菌研究者普遍参考的分类系统之一。

在中国，俞大绂于 1955 年出版了专著《中国镰刀菌属（*Fusarium*）菌种的初步名录》，描述了 44 个种和 35 个变种，并附有"寄主名录"，奠定了中国镰刀菌分类研究工作的基础。1958 年，王云章等翻译了 Raillo 的专著《镰刀菌》，介绍了苏联科学家 Raillo 的研究方法和结果，很大程度上推动了中国镰刀菌属分类研究的进展。1987 年，白逢彦研究了分离自除中国台湾以外其他各地的 3000 多株镰刀菌。他以 Wollenweber 和 Reinking 系统为基础，初步鉴定出 40 个种或变种，并发表 1 个新种和 5 个中国新记录种。1988 年，陈其瑛翻译了 Booth 的专著《镰刀菌属》，为中国镰刀菌属的分类鉴定提供依据。陈鸿逵和王拱辰采用 Booth 的分类系统，历时 11 年收集浙江 2000 余份标本，并进行培养、鉴定，归纳为 28 个种和 6 个变种，出版了《浙江镰刀菌志》一书。

随着现代分子生物技术的迅速发展，正在逐步形成一套与传统的分类鉴定方法完全不同的分类鉴定技术，从基因水平探讨各物种之间的亲缘关系，分析系统发育地位。根据DNA 序列建立的系统发育树，特定水平上处于同一单元进化群体的，属于同一个种。

分布与危害　2014—2016 年，在河南郑州、南阳等地，部分中梨一号、红香酥梨植株根腐病较重，发病初期植株成熟叶片叶缘枯焦，进而叶片枯死脱落，又发出新叶，严重发病植株则出现整株死亡，而未发病植株叶色正常（图 1）。

除梨树外，梨树腐皮镰刀菌还可以危害紫花苜蓿、黄栌、葡萄、百合、枸杞、橡树、树莓等多种植物，引起植株根系腐烂。

病原及特征　病原为赤球丛赤壳菌 [*Nectria haematococca*（Berk. & Broome）Samuels & Rossman]，无性态为茄腐皮镰刀菌 [*Fusarium solani*（Mart.）Sacc.]。

在 PDA 培养基上，菌落初期呈白色，之后呈淡红色至紫色，培养 15 天之后，肉眼可见菌落中间出现白色分生孢子团（图 2 ①）气生菌丝生长良好，菌丝平均生长速率为 9.3mm/d，在 40×10 倍的显微镜下观察，菌丝无色、具有隔膜和分枝，分叉一般较细，粗度为 2～5μm（图 2 ②），病原菌培养 5 天后已经开始产生分生孢子，分生孢子梗长短不一，单瓶梗（图 2 ③），可产生分生孢子座（图 2 ④）。在 40×10 倍显微条件下观察，大型分生孢子为纺锤形至镰刀形，壁稍厚，3～5 个隔膜，多为 3 个隔膜，大小为 29～38μm×4～5μm，小分生孢子为椭圆形或卵形，大多单胞，极少数有 1 个隔膜，无色透明，大小为 6～15μm×2～4μm（图 2 ⑤），分生孢子在 2% 的葡萄糖溶液中培养 4 小时即可萌发（图 2 ⑥）。伸出芽管数目以 1～2 个居多，少数能长出 3 个，芽管出现的位置也不固定，有的芽管可以形成分叉，进而形成侵染丝（图 2 ⑦）。菌丝培养 15 天后开始产生厚垣孢子，厚垣孢子椭圆形至矩圆形，淡黄色，顶生或间生，单生或 2 个成串生长，厚垣孢子大小为 6～10μm（图 2 ⑧）。四个菌株的这些形态学特征一致，与已研究报道过的腐皮镰刀菌

图 1 梨根腐病田间发病植株特征（朱立武提供）

①正常植株；②发病初期，成熟叶缘枯焦；③发病中期，叶片枯死脱落，再次长出新叶；④发病严重植株根系

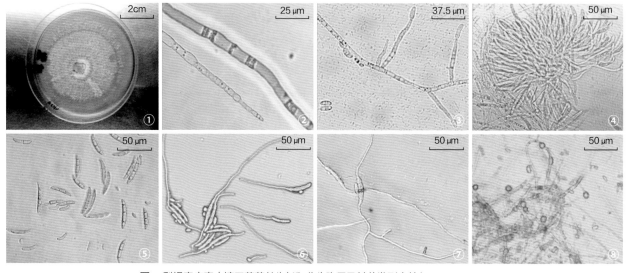

图 2 梨根腐病腐皮镰刀菌菌丝生长和分生孢子及其萌发形态特征（朱立武提供）

①菌落外观形态；②菌丝显微结构；③分生孢子梗及产孢细胞；④分生孢子座；⑤孢子形态；⑥分生孢子萌发形态；⑦芽管形成分支；
⑧厚垣孢子形态

相同。

侵染过程与侵染循环　腐皮镰刀菌以菌丝体、分生孢子、厚垣孢子在土壤、病残体中越冬。当腐皮镰刀菌侵害植株根系时，病原菌分泌毒素，破坏植株根系的细胞膜系统，最终导致细胞死亡，甚至寄主整株枯死。

腐皮镰刀菌主要通过土壤传播，土壤黏重、透气性差、排水不良，容易造成该病害的流行。

防治方法

消除病源　腐皮镰刀菌主要以菌丝、孢子在病残体或土壤中越冬，及时清除发病植株，并对根际土壤进行消毒，是控制该病菌扩散的有效方法。

农业防治　增施有机肥、改良土壤透气性、加强果园排水，可减少病害发生概率。

化学防治　药剂筛选试验结果表明，72% 霜脲·锰锌可湿性粉剂 600 倍液、1.8% 辛菌胺醋酸盐 400 倍液、95% 吡唑醚菌酯乳油 1000 倍液和 80% 代森锰锌可湿性粉剂 800 倍液，对菌丝生长的抑制率均在 85% 左右；72% 霜脲·锰锌可湿性粉剂 600 倍液、80% 波尔多液可湿性粉剂、1.8% 辛菌胺醋酸盐 400 倍液和 80% 代森锰锌可湿性粉剂 800 倍液对分生孢子萌发抑制率高达 100%。田间试验结果显示，72% 霜脲·锰锌、80% 代森锰锌或 1.8% 辛菌胺醋酸盐灌根处理，对梨树根腐病具较好的防治效果。

参考文献

汤小美，林天元，周珊珊，等，2017. 梨树根腐病病原菌的分离与鉴定及有效防控药剂筛选 [J]. 南京农业大学学报，40(1): 76-83.

NELSON P E, TOUSSON T A, MARASAS W F O, 1983. *Fusarium* species: an illustrated manual for identification[M]. Park: Pennsylvania State University Press, University Park.

O'DONNELL K, 2000. Molecular phylogeny of the *Nectria haematococca-Fusarium solani* species complex[J]. Mycologia, 92: 919-938.

WOLLENWEBER H W, REINKING O A, 1935. Die *Fusarium* ihre Beschreibung, Schadwirkung und Bekampfung[M]. Berlin: Paul Parey.

（撰稿：朱立武；审稿：王国平）

梨轮纹病　pear stem wart and canker

由葡萄座腔菌引起的、危害梨枝干、叶片和果实的一种真菌病害。是世界上许多种植梨的国家及地区最重要的病害之一。

发展简史　长期以来，梨轮纹病和梨干腐病被认为是由葡萄座腔菌属（Botryosphaeria）真菌引起的两种不同的病害。

由葡萄座腔菌属真菌引起的醋栗枝枯病记载较早，1911年，Grossenbacher 和 Dugga 将北美的醋栗枝枯病病原菌定名为 Botryosphaeria ribis Gross. et Dugg.。随后的研究认为 Botryosphaeria ribis 是贝伦格葡萄座腔菌的异名，于是干腐病菌被命名为贝伦格葡萄座腔菌（Botryosphaeria berengeriana de Not.）。最初在日本，枝干轮纹病的有性态被定名为梨生囊壳孢（Physalospora piricola Nose），无性态为轮纹大茎点菌（Macrophoma kawatsukai Hara.）。之后 Koganezawa 和 Sakuma 研究发现梨生囊壳孢和贝伦格葡萄座腔菌在形态学上是相同的。由于贝伦格葡萄座腔菌的日本分离株引起的症状明显不同于典型的贝伦格葡萄座腔菌所产生的溃疡症状，于是对干腐病菌和轮纹病菌的形态、培养性状和致病性进行了研究，认为二者应为同一个种，但致病性有差异，提出苹果轮纹病菌是干腐病菌的一个专化型，命名为贝伦格葡萄座腔菌梨生专化型（Botryosphaeria berengeriana f. sp. piricola）。这些学名仅在东北亚的日本、韩国及中国得到广泛的引用。在美国、南非、澳大利亚、巴西及阿根廷等地，苹果轮纹病菌被称作苹果白腐病菌［Botryosphaeria dothidea（Moug. ex Fr.）Ces. & De Not］。也有人认为 Botryosphaeria berengeriana f. sp. piricola 与 Botryosphaeria dothidea 属同物异名。Slippers 等通过形态学、培养学和多基因系统发育分析认为 Botryosphaeria berengeriana 和 Botryosphaeria dothidea 是同物异名。

根据症状的相似特征，中国最初对于果树干腐病和轮纹病的病原菌沿用 Botryosphaeria ribis 和 Physalospora piricola 这两个菌名。后来改用小金泽等提议的菌名，干腐病菌为 Botryosphaeria berengeriana（Note）Koganezawa & Sakuma（贝伦格葡萄座腔菌），轮纹病菌为 Botryosphaeria berengeriana f. sp. piricola（贝伦格葡萄座腔菌梨生专化型或梨生葡萄座腔菌）。

2015 年，翟立峰等系统研究了中国梨上的 Botryosphaeria 病原菌种类的多样性及其接种后所表现症状间的相关性。从中国 20 个省（自治区、直辖市）梨主栽区采集表现轮纹或干腐症状的病斑组织，通过组织分离法共得到 243 份原始菌株，将其中 129 份经过单菌丝纯化后得到 131 株纯化菌株。根据菌株的形态学特征并结合其 ITS、β-tubulin 和 EF1-α 序列分析，可将上述纯化得到的葡萄座腔菌属真菌分为 Botryosphaeria dothidea、Botryosphaeria rhodina、Botryosphaeria parva 和 Botryosphaeria obtusa 4 种。通过分析菌株的种类来源与其分布的关系，发现除来源于新疆和甘肃的样品上没有分离得到葡萄座腔菌属真菌外，其他地区的样品均分离得到了该属真菌，但数量和分类上存在差异，其中 Botryosphaeria dothidea 为梨上的优势种类，而且北至吉林，南至云南均有分布，显示出其对不同地理环境的适应性。而且菌株的分类与其症状之间也存在相关性，在表现轮纹症状的病斑上只分离得到了 Botryosphaeria dothidea，而在表现干腐症状的病斑上却分离得到了 Botryosphaeria dothidea、Botryosphaeria rhodina、Botryosphaeria parva 和 Botryosphaeria obtusa。选取 Botryosphaeria dothidea、Botryosphaeria rhodina、Botryosphaeria parva 和

Botryosphaeria obtusa 的代表菌株分别接种梨 1 年生枝条，结果表明，接种 Botryosphaeria dothidea 菌株的枝条表现干腐症状和疣状突起症状，而接种其他 3 个种菌株的枝条只表现干腐症状，这些不同种类菌株对梨枝条的侵染条件也存在差异，其中，Botryosphaeria dothidea 和 Botryosphaeria parva 菌株无伤接种和有伤接种均能导致接种部位产生症状，而 Botryosphaeria rhodina 和 Botryosphaeria obtusa 菌株只能通过伤口侵染使接种部位表现症状。当上述菌株接种离体梨成熟果实时，Botryosphaeria parva、Botryosphaeria rhodina 和 Botryosphaeria obtusa 菌株所造成的病斑显著大于 Botryosphaeria dothidea 菌株所产生的病斑。因此，葡萄座腔属菌的侵染途径及不同种病害对梨的危害可能存在差异。综上所述，Botryosphaeria dothidea 为梨轮纹病和干腐病常见的病原，而 Botryosphaeria parva、Botryosphaeria rhodina 和 Botryosphaeria obtusa 只引起梨干腐病。

分布与危害　梨轮纹病是中国梨树上的重要病害。该病在各梨区均有发生，其中以山东、江苏、浙江、上海、安徽、江西、云南、四川、河北、辽宁等地发生较重，并有加重的趋势，日本梨品种发病尤为严重。20 世纪 70 年代以来，随着富士和金冠等优质感病品种的推广，轮纹病造成的大量烂果，已成为生产上的突出问题。河北鸭梨及雪花梨产区，曾几度严重发生，损失惨重。此病除危害梨树外，还可危害苹果、桃、杏、花红、山楂、枣、核桃等多种果树。枝干发病后，造成树皮皮孔增生，形成病瘤，病瘤和周围树皮坏死，极为粗糙，有的深达木质部，影响树体的养分和水分运输和储藏功能，明显削弱树势，重者死枝死树。危害果实时，造成梨果腐烂，不能食用。感病品种在病害发生严重年份，枝干发病率达 100%，采收时病果率可达 30%~50%，储藏 1 个月后基本没有好果，几乎全部烂掉。

梨轮纹病可危害叶片、果实和枝干，在叶片和果实上仅产生轮纹症状，而在枝干上产生轮纹和干腐两种不同的症状（图 1）。

果实轮纹　多在果实近成熟时或储藏期表现出症状。果实皮孔稍许增大，皮孔周围形成黄褐色或褐色小斑点，有的周围有红色晕圈，微凹陷。病斑扩大后，表皮外观形成颜色深浅相间的同心轮纹，并渗出红褐色黏稠状汁液，皮下果肉腐烂成褐色果酱状。在室内常温下，烂得非常快，几天内果实全部烂掉，流出茶褐色黏液，发出酸腐气味，最后干缩成僵果，表面密生黑色小粒点，为病菌的分生孢子器（图 1①）。

叶片轮纹　在叶片上形成近圆形或不规则形褐色病斑，微具同心轮纹，后逐渐变为灰白色，并长出黑色小粒点（病菌分生孢子器），一片叶发生许多病斑时，常使叶片焦枯、脱落（图 1②）。

枝干轮纹　开始时多在 1~2 年生枝条的皮孔上出现症状，皮孔表现为微膨大，隆起。翌春，皮孔继续增大，形成小瘤状，同时周围树皮变成红褐色坏死，微有水渍状，并稍深入到表皮下的白色树皮。夏季高温期，病皮失水，凹陷，颜色变深，质地变硬，停止扩展。秋季后病斑继续向周围和深层活树皮上扩展、蔓延，并在春季发病坏死的树皮上，出现稀疏的小黑点（病菌的分生孢子器）。第三年的春天，气

图 1 梨轮纹病危害症状（王国平提供）
①果实轮纹；②叶片轮纹；③枝干轮纹；④干腐初期；⑤干腐后期

温回升后，坏死树皮上的病菌又继续扩展，病斑范围进一步扩大加深，病瘤进一步变大、增厚，一些病斑互相融合，形成粗皮，降雨或空气湿度大时，病瘤周围病皮上的小黑点出现裂缝，从中涌出白色的分生孢子团。病皮底层出现黄褐色木栓化愈伤组织，病健树皮交界处出现裂缝，边缘开始翘起。之后，病皮周围愈伤组织形成不好的部位，继续扩展，发病范围继续扩大，并继续相互融合，树皮更为粗糙，明显削弱树势。病皮上的小黑点不断增多。发病七八年后，树体生长明显受阻，严重时枝条枯死（图1③）。

枝干干腐　在苗木、幼树、土层薄的沙石山地等根系发育不良的梨园，枝干树皮上出现黑褐色、长条形病斑。初期表面略湿润，病皮质地较硬，暗褐色，扩展很快，多烂到木质部。后期病部失水凹陷，周围龟裂，病皮表面密生小黑点（为病菌子座）。当病斑超过枝干茎粗一半时，上面的枝叶萎蔫、枯死（图1④⑤）。

病原及特征　病原为葡萄座腔菌［*Botryosphaeria dothidea*

（Moug. ex Fr.）Ces. et de Not.］，属葡萄座腔菌属。此外，另3种葡萄座腔菌［*Botryosphaeria parva*、*Botryosphaeria rhodina*（Cke.）Arx. 和 *Botryosphaeria obtusa*］也可产生枝干干腐症状。

梨轮纹病病原菌的有性世代在田间不多见。子囊壳在病皮组织中与分生孢子器混生，包藏在不发达的子座中，呈黑褐色，球形或扁球形，有孔口，大小为 180～325μm×250～338μm。子囊着生在子囊壳底部，长棍棒状，侧壁薄，顶部肥厚，大小为 122～150μm×18.9～24μm，内含 8 个子囊孢子，偶有 4 个，呈二列排列。子囊孢子椭圆形，单胞，无色或淡黄色，大小为 24～28μm×12～14μm。子囊间有侧丝，侧丝无色，由多个细胞组成。

梨轮纹病病原菌的无性世代为大茎点霉（*Macrophoma kawatsukai* Haru），属有丝孢真菌类。分生孢子器暗黑色，球形或扁球形，直径为 283～425μm，器壁黑色、炭质，有乳突状孔口，内壁色浅，上面密生分生孢子梗。分生孢子梗无色，单胞，丝状，顶生分生孢子。分生孢子无色，单胞，纺锤形至长椭圆形，大小为 24～30μm×6～8μm（图 2）。

Botryosphaeria dothidea Ⅰ型菌株在 PDA 培养基上具有较短的、密集的气生菌丝，且气生菌丝在培养基表面呈轮纹状。其菌落在培养初期为白色，5 天后从菌落的中间产生墨绿色的色素，而后向边缘扩展，整个菌落逐步变成黑绿色，培养 30 天后，菌落背面呈深黑色，气生菌丝为灰白色。该组菌株的分生孢子器形成慢且稀少，孢子器黑色，多为单生，分生孢子少见泌出，少数菌株能够从孢子器顶端单孔泌出乳白色的点状孢子角。分生孢子呈纺锤形或梭形、透明、单细胞。孢子长度范围为 13.21～33.57μm，宽度为 4.28～9.51μm。

Botryosphaeria dothidea Ⅱ型菌株菌丝在 PDA 培养基表面呈向外放射状排列，气生菌丝较Ⅰ型菌株的气生菌丝长，但较为稀疏。菌落为浅灰色，菌落边缘有缺刻，呈不整齐生长，培养 3 天后从菌落的中间产生墨绿色的色素，而后向边缘扩展，整个菌落逐步变成黑绿色，培养 30 天后，菌落背面呈深黑色，气生菌丝为灰色。菌株分生孢子器的形成较Ⅰ型的分生孢子器时间少且数量多，孢子器黑色，多个分生孢子器聚生成团。能够从孢子器顶端单孔或多孔泌出乳白色的点状分生孢子角，分生孢子呈纺锤形或梭形、透明、单细胞。分生孢子长度范围为 13.76～28.00μm，宽度为 3.87～8.37μm（图 2②）。

病原菌在马铃薯、蔗糖、洋菜（PSA）培养基上生长良好，生长温度为 15～32℃，最适温度 27℃。菌丝白色至青灰色，后变成黑灰色，菌丝茂盛。在培养基上形成分生孢子器最适温度 27～28℃，用 360～400nm 短光波的荧光灯连续照射 15 天左右，可大量产生分生孢子器和分生孢子，而在无光照条件下，很难形成分生孢子器。

Botryosphaeria parva 菌株在 PDA 培养基上的气生性最强，气生菌丝白色，浓密成束状、直立放射状生长。菌落生长快，接种后 2 天就能长满 PDA 平板，气生菌丝尖端已接触至培养皿盖，有些菌株在培养基中心能产生浅黄色或黄绿色色素，菌落培养 30 天后，菌株背面呈黑色，正面深灰色，但气生菌丝尖端仍为白色。该组菌株的分生孢子器位于培养基表面，平板中间分布较少且单生，平板边缘则多个孢子器聚生，成熟的孢子能泌出乳白色的分生孢子角。分生孢子的顶端圆形，基部平截，初期无色透明，无隔膜，呈椭圆形，成熟后变成深褐色，在分生孢子中间形成一条横隔，并且在表面形成纵纹，此纵纹能够连接分生孢子横隔及两端。分生孢子长度范围为 17.12～31.7μm，宽度为 11.41～18.45μm（图 2③）。

Botryosphaeria obtusa 菌株在 PDA 培养基上气生菌丝成束状直立生长，但气生性较组 3 菌株的弱。培养 2～3 天菌丝尖端已接触至培养皿盖，开盖后气生菌丝易倒伏。菌落初期白色，放射状，后期变成灰白色，平板背面变黑。分生孢子器均产生在培养皿的边缘，孢子器黑色，少数埋生，能够泌出乳白色的分生孢子角。分生孢子透明，无隔膜，椭圆形，孢子顶端圆弧形，基部平截。分生孢子长度范围为 11.00～28.31μm，宽度为 4.82～9.46μm（图 2④）。

Botryosphaeria rhodina 菌株在 PDA 培养基上气生性最弱，开盖后气生菌丝极易倒伏，以致于看不到气生菌丝。菌落初期白色，呈放射状生长，后期气生性消失，平板正面和背面均为黑色。分生孢子器小而多，孢子器在培养基表面 7 天左右就可以形成，多埋生，分生孢子角不易泌出。分生孢子椭圆形，无隔膜，红褐色，顶端钝圆，基部平截。分生孢子长度范围为 12.10～26.27μm，宽度为 6.63～14.70μm（图 2⑤）。

病菌的分生孢子在清水中可发芽。发芽率与温度有关，25～30℃ 时，2 小时后发芽率为 17%～20%，28℃ 发芽最快，其次为 30℃ 和 25℃，25℃ 以下时，发芽率逐渐降低，15～20℃ 时，2 小时不发芽。分生孢子在 1% 葡萄糖液中可促进发芽。分生孢子液一旦干燥，发芽率则明显降低，6 小时后可降低 1/2，经 1 小时日光照射后约降低 1/3。分生孢子发芽过程，一般在孢子的一端或两端各长出 1 支芽管，有时在孢子的腹部还能长出 1 支芽管。

侵染过程与侵染循环　梨轮纹病的病原菌主要通过皮孔侵染枝干，一般认为，病菌侵入寄主组织后，诱发症状需要较长时间，具有潜伏侵染的特点。

梨轮纹病病原菌以菌丝体、子囊壳、分生孢子在病部越冬，子囊孢子和分生孢子借风雨传播，由伤口和树皮的自然孔口、皮孔等部位侵入。具有明显的潜伏侵染特点，在田间生长正常的梨树上，很少能见到树皮发病，但在根系生长不良加之严重干旱时，半死不活的枝干上，诱使潜伏的病菌大量发生，形成分生孢子器，且多与腐烂病混合发生，造成枝、干大量枯死。

病菌越冬及病菌孢子的释放　病菌以菌丝体和分生孢子器在病部越冬，为翌年的初侵染源。在上海梨区，一般在 3 月下旬左右，田间开始散发分生孢子，4 月中下旬散发量增多，5～7 月散发量最多。在山东莱阳梨区，4 月下旬至 5 月上旬降雨后，就开始散发分生孢子，6 月中旬至 8 月中旬为散发盛期。①分生孢子在田间的散发时间与降雨有密切关系。病菌一般在树皮上结水，使树皮表层充分湿润后，即可

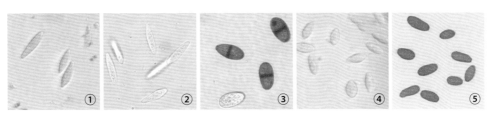

图 2　梨轮纹病病原菌分生孢子形态（王国平提供）
① *Botryosphaeria dothidea*（Ⅰ型）；② *Botryosphaeria dothidea*（Ⅱ型）；③ *Botryosphaeria parva*；④
Botryosphaeria obtusa；⑤ *Botryosphaeria rhodina*

放出分生孢子。天气干旱时，田间很少能收集到分生孢子。在田间，枝干上的新病皮和旧病皮上的分生孢子器，开始散放分生孢子的时间也不同，旧病皮上的早，新病皮上的晚。②分生孢子散发数量与枝条的感病年龄有关。发病2～3年的病枝孢子器产孢量最多，发病5年枝的产孢量其次，9年生病枝还能产孢，13年以上旧病枝上的分生孢子器不再产生分生孢子。③分生孢子的释放量与降水量的关系。一次性降雨7mm以上时，降雨时间越长，散发的分生孢子越多。降大雨时，雨水中的孢子数量反而减少，当一次性降雨达100mm以上时，雨水中反而没有分生孢子。因此，每次的降水量和雨日数是影响孢子释放的两个决定性因素。小雨、连阴雨的天数多，病菌的释放总量也多。

病菌的传播与侵入　田间散发的分生孢子随风雨传播，传播距离多为5～10m，10m以上明显减少，在风雨较大时，也可传播到20m以上。因此，在病重梨园下风向新建梨园，离病株越近的树发病越重。

随风雨传播的分生孢子，着落在有水膜的幼嫩枝条和果实上，在合适的温度下经过一定时间后发芽，从枝条或果实的气孔及未木栓化的皮孔侵入。①果实的侵染时间。多从落花后2周左右开始，至7月中旬为侵染率较高时期，7月下旬至8月中旬渐少，8月中旬后很少再有侵染。病菌侵入后在皮孔的周边中以菌丝形态潜伏下来，待果实近成熟时才开始扩展发病。②新梢的侵染时间。从5月开始至8月结束，以腋芽附近为多。侵入后经90～120天的潜伏，自9月上旬左右侵入部位开始出现膨大，10月下旬膨大停止。膨大部分树皮组织细胞增生，细胞间充满菌丝，以后增生组织死亡。③叶片侵染时间。多从5月开始发病，以7～9月为多。

流行规律

梨品种　西洋梨最感病，沙梨系统品种居中，中国梨较抗病。在中国梨系统中，白梨、京白梨、鸭梨、酥梨、南果梨等品种发病较重，严州雪梨、莱阳梨、苹果梨、三花梨等发病较轻，秋子梨、花盖梨及库尔勒香梨、金花4号等很少发病。在日本梨系统中果实发病重的品种有八云、幸水、云井、君壕早生、石井早生、新世纪、早生赤、长十郎、二十世纪、晚三吉、博多青发病较轻，今春秋较抗病。西洋梨系统的许多品种及杂交后代，发病相当严重。

树势　树势强发病轻，树势弱发病重。果园土壤瘠薄、黏重、板结、有机质少，根系发育不良，负载量过多，偏施氮肥等，均可导致枝干轮纹病严重发生。

雨水　在北方梨区春季和秋季干旱时，枝干干腐病常大量发生，降透雨后发病停止。苗木和幼树新根没发育好时干旱，常造成大量死苗。土壤黏重和土壤瘠薄果园发病重。

防治方法

对于梨树轮纹病的防治，应采取综合配套措施，才能取得明显防治效果。

清除病源　①清园。春季梨树萌芽前结合清园扫除落叶、落果，剪除病梢、枯梢，集中烧毁。②刮除病瘤。梨树萌芽前后至春梢旺盛生长期，刮除大枝干上的轮纹病病瘤及周围干死病皮，如刮得较干净可以不用涂药，以防发生药害。如嫌费工、辛苦，可直接对病皮范围涂抹10%果康宝膜悬浮剂20倍液，或2.2%843康复剂原液（腐植酸铜），使病部消毒和促进长出新的愈伤组织。③剔除带病苗木。

病菌孢子自然传播距离有限，应在远离病株的地方育苗，减少苗木带菌概率。在栽树前，应对苗木严格检查，剔除带病苗木。

加强管理和果实套袋　轮纹病病菌是一种弱寄生菌，在树体生活力旺盛时，枝干病害很轻，因此，要加强梨园的土、肥、水管理，科学使用化肥，适当结果，保持树体健壮，提高抗病能力。在生长高档果的梨园，梨树生理落果后，可对果实进行套袋，对减少梨果轮纹烂果病效果明显，同时能减少梨果的农药残留。

化学防治　春季果树发芽前，全树喷洒10%果康宝膜悬浮剂100～150倍液，或3～5波美度石硫合剂，铲除枝条上小病斑中的轮纹病菌，减少树长大后大病斑发生的数量。同时兼治枝干上的黑斑病病菌、黑星病病菌、腐烂病病菌等。

防治果实轮纹病，对感病品种应结合降雨情况，在落花后10～15天喷洒1次杀菌剂。在病菌大量传播、侵染梨果的5～8月，结合防治其他梨果病害，根据降雨情况每隔15天左右喷洒1次杀菌剂。常用杀菌剂有50%多菌灵可湿性粉剂600～800倍液，70%甲基硫菌灵可湿性粉剂800～1000倍液，80%进口代森锰锌可湿性粉剂800倍液，70%国产代森锰锌可湿性粉剂500～600倍液（某些品种幼果期使用有药害，使用前应做药害试验），10%世高水分散颗粒剂2000～2500倍液，7.2%甲硫·酮300～400倍液。在果实生长中后期，还可使用1∶2.5～3∶240波尔多液。

枝干干腐防控　①梨园干旱时浇水。没有浇水条件的果园，应加强土壤保水保肥能力，深翻树盘，活化根系层土壤，增加有机质含量，多施有机肥，翻压绿肥。②病皮部位涂抹药液。由于梨树抗病能力较强，干腐病多限于树皮表层，可采取不刮皮的方式，直接对病皮部位涂抹10%果康宝膜悬浮剂20倍液，使病皮自然脱皮、翘离，并能自动长出好皮。

参考文献

王国平，2012.梨主要病虫害识别手册[M].武汉：湖北科学技术出版社.

张绍铃，李秀根，王国平，等，2013.梨学[M].北京：中国农业科学出版社.

中国农业科学院植物保护研究所，中国植物保护学会，2015.中国农作物病虫害[M].3版.北京：中国农业出版社.

ZHAI L F, ZHANG M X, LV G, et al, 2014. Biological and molecular characterization of four *Botryosphaeria* species isolated from pear plants showing ring rot and stem canker in China[J]. Plant disease, 98 (6): 716-726.

（撰稿：王国平；审稿：洪霓）

梨煤污病　pear sooty blotch

由仁果黏壳孢引起的，病菌在梨的叶片、果实与枝干表面进行生长扩散，使叶片与果实呈现黑色的煤污状，因而得名。是一种世界性的病害，危害大量果树、园艺作物和蔬菜等。

发展简史 早在1832年便有煤污病的报道，施魏因茨在康涅狄格的Pippin苹果上发现。大多数调查都集中在控制策略上，因为烟熏斑点每年都会导致在没有管理疾病的水果中出现明显的质量损失。然而，很少有研究集中在真菌的生物学上。1920年，Colby在伊利诺斯工作，进行了一系列调查，以更好地了解烟熏污渍的性质。当时，由*Schizothyrium pomi*引起的煤烟斑点和蝇斑被认为是由同一真菌引起的。但近些年研究发现，该类病害的病原多达123种，其中已描述的种62个，待定种61个：*Cladophialophora* spp. G6、G7、G8；*Colletogloeum* spp. FG2.1、FG2.2、FG2.3；*Diatractium* sp.；*Dissoconium* spp. 等。症状类型也不仅是"sooty blotch"和"flyspeck"两个类型，因此，将该类病害通称为"sooty blotch and flyspeck"，李焕宇等建议用"煤污病"作为该类病害的中文名称。现在，梨煤污病的病菌为仁果黏壳孢[*Gloeodes pomigena*（Schw.）Colby]，是否还有其他种仍有待进一步的分析鉴定。

分布与危害 煤污病是常见的附生于寄主表面上的真菌病害，普遍发生在世界范围内温暖湿热的地区，如中国、美国、德国、荷兰、波兰、土耳其、巴西等国。中国陕西、新疆、四川等梨产区均有煤污病发生。该病害主要发生在果树叶片上，也可侵染果实与枝条。叶片受害初期，出现黏稠发亮的蜜液滴，后逐渐形成圆形黑色霉点，然后在叶质和嫩枝甚至枝杆表面形成一层黑霉状覆盖物，致使叶质褪色失绿，严重的导致叶片与新梢枯死。果实染病，初期只有数个小黑斑，逐渐扩展连成大斑，边缘不明显，形状不规则，状似煤斑，上生小黑点，菌丝着生于果实表面，个别菌丝侵入到果皮下层，新梢上也产生黑灰色煤状物。病斑初期颜色较淡，只有数个小点，用手擦易掉，后期色泽加深，连成大斑，不易擦掉（见图）。枝干染病一般伴有梨红蜡蚧虫体形成的瘤状物，初期虫体偏红色，后期虫体表面附着大量的菌丝体，形成黑色的霉层，虫体死亡变为灰白色，在枝丫处分布较多，聚集成团且不规则，类似肿瘤。

病原及特征 病原为仁果黏壳孢[*Gloeodes pomigena*（Schw.）Colby]，也称之为蝇粪病菌，尚未发现有性世代，属有丝孢真菌类。分生孢子器半球形，直径66～175μm，分生孢子椭圆形或圆筒形，无色，成熟时双细胞，两端尖、壁厚，单细胞，大小3～9.2μm×1.4～4.2μm。该菌菌丝生长和孢子萌发适温20～25℃，低于15℃或高于30℃生长缓慢，萌发率低或不能萌发。

侵染过程与侵染循环 寄生性煤污病如苹果、梨煤污病以菌丝在感病树的枝条、芽、果皮、树皮及土壤中越冬。分生孢子在春末和夏初靠风雨传播。5月上中旬，苹果煤污病在果园开始侵染，潜育期20～25天，侵染高峰出现在7月下旬到8月上旬，9月中下旬进入衰退期。典型腐生性煤污菌如油茶煤污病以菌丝体、子囊壳和分生孢子器在病部越冬。次年分生孢子飞散，落在蚜虫、介壳虫和粉虱等的分泌物上，再度引起发病。病菌的菌丝和分生孢子又可借气流、昆虫传播，进行重复污染。

流行规律 该煤污病的发生与降水量和田间小气候有密切关系。降水后田间湿度大，有利于病菌的繁殖增长，因此病果率与降水量多少呈正相关。一般病果出现始于5月下旬到6月上旬，盛期在7月下旬。但病果出现的具体时间与当年5月降水早晚有关。油茶煤污病经常流行于海拔300～600m的茶林中，密度过大以及处于阴坡和山窝等处的林分较易发病。长期荒芜、草灌丛生、通风透光不良、湿度大的林分有利于病害的发生和蔓延。在一年中，3～5月和9～11月是病害流行高峰期。夏季炎热而干燥，枝叶表面菌苔多萎缩干裂，停止发展。病害的这种分布情况和流行季节，显然与大气温度和湿度密切相关。另外，病害流行季

梨煤污病危害症状（王国平提供）
①煤污病叶；②煤污病果

节也正是诱病昆虫排蜜的高峰期（3～4月和9～10月），病菌能获得丰富的营养，得以迅速生长和繁殖。

防治方法

农业防治　不管是寄生性还是腐生性的煤污病，其危害程度均和环境光照、温度和湿度密切相关。因此，首先要注重农业防治。应该选择开阔平缓、背风向阳、散湿性较好的地方造林并控制造林密度；修剪过密枝条，保持通风透光，清除林地杂草，降低林地湿度；雨季及时排除积水，注意施肥，增强树势；冬季清除林地内的病叶，剪除病害枝条。

化学防治　不同类型的煤污病采取的防治方法不同。腐生性煤污病的防治重点要做好蚜虫、介壳虫和粉虱等害虫的防治工作。使用杀虫剂要抓住害虫发生初期用药。防治介虫可用10%吡虫啉1500倍液，1～2波美度石硫合剂等。防治粉虱也选用10%吡虫啉1500倍液，3%啶虫脒2000倍液。施用农药应注意保护天敌，在介虫密度不是很高的林分中不宜滥用。发病初期喷菌毒杀1000倍液。寄生性煤污病如苹果、梨煤污病的防治重点是要抑制病原发展。煤污病菌的菌丝一般附着在表皮细胞上。因此，在其侵染初期6月中旬喷第一次药，既有杀菌作用，又有保护作用；在侵染高峰期前即7月上旬喷第二次药，可阻止大部分病菌的侵染；7月下旬喷第三次药，就可将病果率压低。如果7下旬降水量大，降水日多，8月上旬应再喷第四次分。常规使用的化学保护剂防治煤污病即可获得良好的防治效果。在使用的药剂中，以退菌特800倍液＋保湿剂500倍液效果最佳；或甲基托布津1000倍液加200～300倍植物保护剂。在生产操作过程中注意匀喷药，若雨水集中，连续大暴雨天气，需增加1～2次喷药次数。

参考文献

王国平，2012.梨主要病虫害识别手册[M].武汉：湖北科学技术出版社.

张绍铃，李秀根，王国平，等，2013.梨学[M].北京：中国农业科学出版社.

中国农业科学植物保护研究所，中国植物保护学会，2015.中国农作物病虫害[M].3版.北京：中国农业出版社.

（撰稿：何铎；审稿：王国平）

梨青霉病　pear blue mold

由扩展青霉引起的、危害近成熟的梨果及储藏期的果实，是一种弱寄生型高等真菌性病害。俗称梨水烂。

发展简史　2004年，温孚凯研究了不同温度、调节CO_2/O_2比值、不同臭氧浓度、杀菌剂及1-MCP处理对储藏期梨青霉菌发生的影响；2005年，齐冬梅研究了枯草芽孢杆菌H110对苹果梨采后青霉病的抑制效果；2007年夏声广、2011年冯玉增、2013年郭书普和2014年王江柱等报道了梨青霉病的发病症状及防治技术。

分布与危害　梨青霉病寄主范围非常广泛，所以梨青霉病的病原菌在自然界广泛存在。在河北、辽宁、吉林、山东、江苏、安徽和湖北等梨产区都有梨青霉病的发生。

梨青霉病危害梨果的主要症状为腐烂病斑表面产生灰绿色至青绿色霉状物。病斑多从伤口处开始发生，初期形成圆形或近圆形淡褐色病斑，稍凹陷，扩大后病组织水渍状、软腐，呈圆锥形向心室腐烂，病部与健部明显，病果表面出现霉斑，菌丝初为白色后渐产生青绿色粉状物，呈堆状，腐烂果实具有刺鼻的发霉气味（见图）。

病原及特征　病原菌为扩展青霉［*Penicillium expansum*（Link）Thom］。菌落在CA培养基上25℃培养12天，直径38～52mm，有少量的放射状皱纹，近于平坦或有多道同心环纹；质地绒状，在菌落边缘或全部菌落面上兼有粉末状、颗粒状；分生孢子大量产生，蓝绿色或微黄蓝绿色；菌丝体白色。分生孢子梗发生于基质，孢子茎200～400μm×3.2～4μm，壁平滑；帚状枝三轮生，双轮生少，通常彼此紧贴；副枝通常1～2个，10～20μm×3.0～4.0μm；梗基每轮2～6个，10～16μm×3.0～3.5μm；瓶梗每轮5～7个，8.0～11μm×2.0～2.5μm，瓶状或近于圆柱状；分生孢子通常呈椭圆形，3.2～4.0μm×2.5～3.2μm，也有少量球形或近球形，壁平滑；分生孢子链较紧密，近于圆柱状或叉开。

侵染过程与侵染循环　梨青霉病孢子落到梨果实表面，主要从果实伤口处侵入，也可以从果柄和萼洼处侵入致病。梨青霉病越冬场所广泛，在病果、病残体、土壤内均可存活，分生孢子借气流传播，也可接触传播。

流行规律　梨青霉病在储藏期间的发病程度主要取决

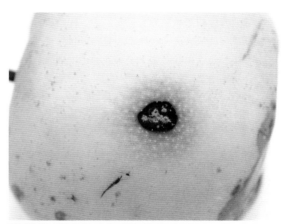

①

②

梨青霉病危害症状（杨晓平提供）

①梨果危害前期症状；②梨果危害后期症状

于储藏库的病原孢子数量、储藏果实的机械损伤和储藏库的环境条件。一般来说储藏库的前期杀菌不彻底、储藏库的温度较高、入库梨果机械伤较重，梨青霉病发生严重。

防治方法　梨青霉病的发生和流行与储藏库的病原孢子数量、储藏果实的机械损伤和储藏库的环境条件等密切相关，因此，需采取农业防治为主和药剂防治为辅的病害综合治理措施。

农业防治　采收、包装及贮运过程中，尽量避免机械伤；入库前剔除病伤果；储藏中及时去除病果，防止传染；合理控制储藏场所温度、湿度，在不伤害果实情况下尽量低温。

药剂防治　入库前储藏场所消毒。每立方米使用硫黄粉 20～25g，掺适量锯末拌匀，点燃密闭熏蒸 24～48 小时；或用 4% 漂白粉水溶液喷雾，然后密闭熏蒸 2～3 天；通风后启用。

药剂浸果　使用 0.5% 过碳酸钠溶液浸果 2～3 分钟，捞出后晾干、包装或贮运。

参考文献

冯玉增，冯自民，2011. 图说梨病虫害防治关键技术 [M]. 北京：中国农业出版社 .

郭书普，戚仁德，2013. 梨病虫害防治图解 [M]. 北京：化学工业出版社 .

孔华忠，2007. 中国真菌志：第三十五卷青霉属及其相关有性型属 [M]. 北京：科学出版社 .

王江柱，仇贵生，2014. 梨病虫害诊断与防治原色图鉴 [M]. 北京：化学工业出版社 .

夏声广，2007. 梨病虫害防治原色生态图谱 [M]. 北京：中国农业出版社 .

（撰稿：杨晓平；审稿：王国平）

梨炭疽病　pear anthracnose

由胶孢炭疽菌复合种果生炭疽菌致病种引起的真菌病害。是梨树叶片、果实上常见的病害之一。

发展简史　据史料记载，Tode 首次观察到炭疽菌属真菌，该属 1790 年被列入丛刺盘孢属（Vermicularia）。但鉴于丛刺盘孢属中不同种的形态学差异，1831 年，Corda 将分生孢子盘有刚毛的一类从丛刺盘孢属中分离出来，另外建立了刺盘孢属（Colletotrichum）。

刺盘孢属真菌自建立以来，其分类一直都比较混乱。1831–1957 年是炭疽菌属发展的初期，此期间是该属分类最混乱的时期，其分类依据主要以寄主范围为主。只要从一种未报道过的寄主上分离得到该属真菌，都被作为新种描述，在这一时期，至少 750 个新种被描述，导致了许多异名同物的出现。

随后，Arx J. von 发现该属真菌分类混乱，对所报道的绝大多数真菌标本作了细微的观察与比较，主要依据寄主上繁殖体（孢子、产孢细胞等）显微形态特征，并结合纯培养特征等将 750 余个种合并为 11 个种。Arx J. von 对该属的分类系统中种的范围过于太大，将真正意义上的 2 个或

多个种合并为 1 个种，导致了同名异物的出现，在运用上和实际工作中带来了极大不便。Sutton 发现了 Arx J. von 分类系统的不足，在 Arx J .von 的研究基础上，于 1962—1991 年做了大量的研究工作，以纯培养物上产生的分生孢子和附着孢形态特征、大小为主，结合纯培养物特征和寄主范围，把 Arx J. von 归类的 11 个种扩展到 39 个种，其中包含了部分种群（species group），如 Colletotrichum gloeosporioides，Colletotrichum acutatum 和 Colletotrichum dematium。Sutton 的分类系统普遍得到了真菌研究者的认可，直至目前，该属真菌的鉴定仍然以 Sutton 的分类系统为主。但该分类系统也存在一定的不足，因为依据形态学特征进行该属真菌辨别区分时，多数相似种难以区分。Kirk 等在第 10 版《真菌字典》中收录了 60 个合格种。而 Hyde 等在研究、整理文献的基础上，列出了 66 个合格的分类单元，同时也指出有 19 个种存在争议。

1882 年，Penzig 基于从意大利柑橘收集的模式标本 Vermicularia gloeosporioides，首先提出胶孢炭疽菌名称为 Colletotrichum gloeosporioides。早期文献中多数使用这个名称来表示与柑橘各种疾病相关的真菌，而来自其他物种形态学上类似的真菌以其宿主名称表示。然而，几篇早期论文讨论了刺盘孢属许多种（Colletotrichum spp.）之间的形态相似性，这些种类是以偏好宿主为基础、并用接种试验来确定物种而划分的。其中一些文献研究了刺盘孢属不同种类的培养与其有性阶段围丛壳属（Glomerella）之间的联系。Shear & Wood（1907，1913）和 Small（1926）得出结论，许多基于宿主偏好描述的物种，实际上是相同地排除了以宿主的差异作为种的分类隔离的基础。Small 的结论是，围小丛壳（Glomerella cingulata）和胶孢炭疽（Colletotrichum gloeosporioides）应当分别用于刺盘孢属许多种，而它们被认为是同一个种的有性和无性变态。Arx J.von & Müller（1954）和 Arx J. von（1957，1970）的研究，规范了这一分类学概念。

Arx J.von 刺盘孢属的分类学概念，将大量与禾生炭疽（Colletotrichum graminicola）（禾草栖息种）和胶胞炭疽（直线分生孢子、非禾草栖息种）同名的分开。这些名称涵盖的遗传和生物多样性十分宽泛，因此，对植物病理学家来说几乎没有实际用途，没有传达关于致病性、宿主范围或其他属性的信息。Arx J. von & Müller（1954）和 Arx J. von（1957）的研究，并不是基于对所有物种材料类型的直接检验，而这些论文中被认为是同名物种的，后来被发现是错误的。例如，将尖孢炭疽菌（Colletotrichum acutatum）和小笠原炭疽菌（Colletotrichum boninense）从胶孢炭疽菌中分离出来是不准确的。2012 年 Damm 等研究显示，被 Arx J. von 认为是（Colletotrichum gloeosporioides）同名物的几个种属于尖孢炭疽复合种［如柳叶菜炭疽菌（Colletotrichum godetiae）、柑橘顶枯菌（Gloeosporium limetticola）、番茄炭疽菌（Gloeosporium lycopersici）和新西兰麻炭疽菌（Gloeosporium phormii）］或小笠原炭疽菌（Colletotrichum boninense）复合物［如加拉加斯炭疽菌（Colletotrichum caraca）］。

分子生物学研究，已经更好地理解了禾生炭疽菌种群（Colletotrichum graminicola group）种间的系统发育关系，

图1 梨炭疽病果实和叶片病斑不同形态特征（朱立武提供）

①果实表面出现1至多个"小黑点"；②分生孢子盘形成同心轮纹；③多数病斑剖面呈圆锥形；④部分病斑剖面呈圆球形；
⑤发病初期叶片病斑较小；⑥发病后期叶片病斑较大

并为这一种群开发了更有用的分类法。这个种群被公认为包括几个具有特异宿主、遗传特征明显的种。但是，尚没有解决胶胞炭疽复合种的分类问题。

1992年，Sutton认为，"仅基于形态学进行 Colletotrichum gloeosporioides 复合种的分离鉴定，在系统学上取得进展是不可能的"。2008年，Cannon等开始了对这个名称的现代理解，并与指定的表型样本（epitype）关联来稳定这一名称的应用。基于ITS序列，非表型样本（ex-epitype）分离物属于强烈支持的进化枝，与过去同胶孢炭疽菌混淆的其他分类群不同，如 Colletotrichum acutatum 和 Colletotrichum boninense。然而，胶胞炭疽进化枝内部广泛的生物和遗传关系仍然令人困惑，仅凭ITS序列本身不足以解决问题。

2012年，Cannon等根据ITS序列，定义了胶胞炭疽复合物中物种的界限。在所有情况下，包含在胶胞炭疽复合体中的分类单位必须适合胶胞炭疽种群的传统形态学概念。自提出表型样本（epitype）以来，在区域性研究中，已经描述了几种新型的与胶孢炭疽菌类似的物种，多基因分析显示，新物种与胶胞炭疽非表型样本（ex-epitype）菌株在系统发育上明显不同。

2012年，Weir等根据多基因序列系统发育树，只接受胶胞炭疽菌复合种中的22个种和1个亚种，其中包括杧果炭疽菌（Colletotrichum asianum）、朱蕉炭疽菌（Colletotrichum cordylinicola）、果生炭疽菌（Colletotrichum fructicola）、胶胞炭疽菌（Colletotrichum gloeosporioides）、柿炭疽菌（Colletotrichum horii）、咖啡炭疽菌（Colletotrichum kahawae subsp. kahawae）、香蕉炭疽菌（Colletotrichum musae）、睡莲炭疽菌（Colletotrichum nupharicola）、番石榴炭疽菌（Colletotrichum psidii）、暹罗炭疽菌（Colletotrichum siamense）、可可炭疽菌（Colletotrichum theobromicola）、热带炭疽菌（Colletotrichum tropicale）、澳洲香树炭疽菌（Colletotrichum xanthorrhoeae）和田皂角炭疽菌（Colletotrichum aeschynomenes）等。

分布与危害　世界各地均有胶孢炭疽危害的研究报道，除梨树外，胶孢炭疽菌还可以侵染桃、核桃、板栗、杧果、柿树、枇杷、苹果、橡胶、阿月浑子、南方红豆杉等众多重要的经济林树种，也可侵染蒜薹、番木瓜、麦冬等植物。在热带、亚热带地区，由于高温多湿，炭疽病发生尤为严重，严重威胁着世界各国农业生产。

2007年开始，安徽砀山，河南宁陵，江苏丰县、盐城等地的砀山酥梨、马蹄黄、鸭梨、慈梨等品种上发生了严重的炭疽病危害，主要危害梨果实、叶片。每年5～9月发病，初期叶片、果实表面出现1至多个小黑点，3～5天后斑点逐渐增大，呈现出圆形或不规则形的轮纹状或凹陷状病斑，病害蔓延迅速，生产中难以控制（图1）。特别是2008年，部分发病严重的梨园，果实采收期病叶率为100%，烂果率高达70%以上，仅安徽砀山梨农当年直接经济损失超过7亿元。

自2009年起，浙江武义、福建建宁、广西南宁、四川成都等地，沙梨叶片上发生炭疽病，引起早熟梨"异常早期落叶"现象。5月底至6月初出现初侵染性病斑，6月中旬至7月中下旬果实采收后，叶片正面开始出现大量细小黑色斑点，随后叶片褪绿、叶脉变黄，最终整个叶片变黄，并出现早期落叶。叶片在2～3天内即可由绿色转黄、脱落，叶片脱落时，斑点并未明显扩大（图2）。

调查发现，在相同管理条件下，翠冠梨发生较重，清香、黄花梨发生较轻。说明这种异常落叶在不同品种之间表现存在差异。同一品种在相似的立地条件下，管理粗放、树势弱的梨园，黑斑病、褐斑病发生较重，异常早期落叶亦严重；管理好、树势强的梨园，黑斑病、褐斑病发生较轻，异常落叶则较少。另外，未结果的幼年树落叶较轻；结果树落叶较重。严重的植株落叶达到70%以上，落叶后枝条再次萌芽

图2 早熟沙梨炭疽病引起早期异常落叶（朱立武提供）

①叶片出现细小黑色斑点；②叶片均匀褪绿；③叶柄出现细小黑色斑点；④叶脉变黄，整个叶片变黄脱落；⑤斑点扩大连成片；⑥早期落叶造成
二次开花

生长，造成二次开花，严重影响植株翌年的开花结果。

病原及特征　2010 年，吴良庆等根据传统的真菌形态学、致病性试验及病原菌 rDNA-ITS 序列的同源性与系统聚类分析结果，认为在黄河故道地区暴发的梨炭疽病的致病菌为胶孢炭疽菌复合种（*Colletotrichum gloeosporioides* species complex），其有性阶段为围小丛壳〔*Glomerella cingulata*（Stonem.）Spauld. et Schrenk〕。2014 年，Jiang Jingjing 等根据基因组 DNA7 个序列（*actin*，*ACT*；*calmodulin*，*CAL*；*chitin synthase*，*CHS-1*；*glyceraldehyde-3-phosphate dehydrogenase*，*GAPDH*；*the ribosomal internal transcribed spacer*，*ITS*；*glutamine synthetase*，*GS*；*manganese-superoxide dismutase*，*SOD2* 和 *b-tubulin 2*，*TUB2*）聚类分析结果，进一步确定梨炭疽病的致病种为果生炭疽菌（*Colletotrichum fructicola*）。

病菌在 PDA 培养基上培养 3～4 天后，各培养基上均长出绒毛状菌落，菌落四周呈灰白色，中心逐渐转为灰黑色（图 3 ①）；100×10 倍的显微镜下观察，菌丝无色、具有隔膜和分枝、粗度为 2.4～9.8μm，分枝纤细（图 3 ②）。培养 5～6 天后，肉眼可见菌落中间出现锈红色分生孢子团（图 3 ③）；40×10 倍显微条件下观察，分生孢子为长圆形、单胞、无色、大小均匀；100×10 倍显微条件下，测得分生孢子长 15～21μm、宽 5～7μm（图 3 ④）。在 2% 的葡萄糖培养液中，经 25℃ 恒温培养 6～8 小时，分生孢子即可萌发生长。分生孢子萌发时，中间先形成一隔膜，一般一端先长出芽管并形成附着胞后，另一端再长出芽管并形成附着胞（图 3 ⑤）。附着胞上产生侵染丝；有部分孢子，一端能够同时长出两个芽管，有的芽管可以形成分支，并分别着生附着胞（图 3 ⑥）。

侵染过程与侵染循环　炭疽病菌主要以分生孢子盘、分生孢子、子囊壳或菌丝等形态在病果、病枝、病叶、果柄或土壤中越冬。越冬后的分生孢子盘或菌丝产生的分生孢子为初侵染源。炭疽病能通过多种途径侵染植物的叶、芽、花、果、嫩枝嫩梢及苗的主茎部位。

炭疽病菌主要以分生孢子的形态进行侵染，黄河故道地区 4 月底至 5 月初田间即有分生孢子出现，通过风力或昆虫传播，遇到雨水分生孢子即可萌发。孢子萌发后产生芽管，一般芽管先端形成附着胞，继而形成侵染丝直接穿透植物表皮进行侵染；芽管也可通过气孔、皮孔或伤口侵入，造成侵染。

潜伏侵染在植物炭疽病中是一种较为普遍的侵染形式，潜伏侵染的部位也几乎包括了寄主地面上的各个部分。从春季植物刚展开的嫩叶到秋季落叶，都有炭疽病菌的潜伏侵染现象。关于潜伏侵染的病菌形态，一般认为分生孢子萌发后形成附着胞，继而附着胞上产生侵染丝，穿过寄主角质层或通过表皮的细胞壁进入寄主细胞内，此时病菌通常暂停生长活动，并在长时间内保持着活力。炭疽病的发生并不是完全取决于潜伏侵染过程中的带菌率。如果从寄主来说，当潜伏的病菌达到一定的数量后，发病与否往往取决于寄主的生理状况。因此，怎样打破病菌的潜伏状态，是学者正在研究的问题。

流行规律　通常来说，炭疽病菌的流行与温度、湿度、果园环境、梨树品种、管理水平等有着密切的关系。梨树炭疽病在高温、高湿、植株生长衰弱、园内卫生状况较差及在单一树种的果园中较易流行。

防治方法

清园　炭疽病菌主要以菌丝在病叶、病果、果台及病枝上越冬，因此，秋末冬初清除果园内的落叶、落果，早春萌芽前剪除病枝，是减少其初侵染源的有效措施。

加强果园管理　增强树势，提高寄主的抗病能力，即果树栽培时适地适栽，疏除过密枝条，改善果园的通风透光条件，营造不利于病害发生的温、湿度条件，同时也可以增施有机肥料，以增强树势。

化学防治　在生产中应综合考虑，选择对菌丝生长、分生孢子萌发抑制效果俱佳的药剂，如 250g/L 丙环唑乳油、33.5% 喹啉铜悬浮剂、25% 溴菌腈乳油、70% 代森锰锌可湿性粉剂等。

此外，选育抗病品种或在果园内补种抗病优株也是常用的防治方法之一。

参考文献

吴良庆，朱立武，衡伟，等，2010. 砀山梨炭疽病病原菌鉴定及其化学抑制剂研究 [J]. 中国农业科学，43(18): 3750-3758.

CANNON P F, BUDDIE A G, BRIDGE P D, 2008. The typification of *Colletotrichum gloeosporioides*[J]. Mycotaxon, 104: 189-204.

CANNON P F, DAMM U, JOHNSTON P R, et al, 2012. Colletotrichum-current status and future directions[J]. Studies in mycology, 73: 181-213.

CHANDRA M R, 1989. Epidemiological studies of *Colletotrichum gloeosporioides* disease of Cocoa[J]. Annals of appiled biology, 114: 15-22.

JIANG J J, ZHAI H Y, LI H N, et al, 2014. Identification and characterization of *Colletotrichum fructicola* causing black spots on young fruits related to bitter rot of pear (*Pyrus bretschneideri* Rehd.) in China[J]. Crop protection, 58: 41-48.

SIMMONDS H J, 1968. Type specimens of *Colletotrichum* var. *minor* and *Colletotrichum acutatum*[J]. Queensland journal of

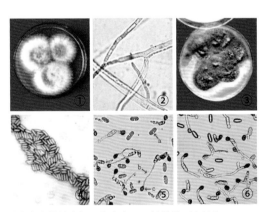

图 3 梨炭疽病菌丝生长和分生孢子及其萌发形态特征（朱立武提供）
①PDA 平板培养的菌落；②放大 1000 倍的菌丝显微结构；③锈红色分生孢子团；④放大 400 倍的长椭圆形分生孢子；⑤分生孢子萌发前中间形成隔膜（a：隔膜；b：芽管；c：附着胞）；⑥附着胞上产生侵染丝、部分芽管形成分叉并分别着生附着胞

agricultural and animal sciences, 25: 17-37.

VON ARX J A, 1957. Die arten der gattung *Colletotrichum corda* [J]. Phytopathologische zeitschrift, 29: 413-468.

WEIR B S JOHNSTON P R, Damm U, 2012. The *Colletotrichum gloeosporioides* species complex[J]. Studies in mycology, 73: 115-180.

YANG X B, TEBEEST D O, 1992. Green tree frogs as vectors of *Colletotrichum gloeosporioides*[J]. Plant disease, 72: 1266-1269.

（撰稿：朱立武；审稿：王国平）

梨锈病　pear rust

由梨胶锈菌引起的梨树和圆柏树的重要病害之一。在中国各地梨区均有发生。又名梨赤星病，土名梨红隆、梨羊胡子等，该病害一年只发生一次，但严重危害梨的生产，是中国梨树主要病害之一。

发展简史　据文献记载，中国从 20 世纪 60 年代开始陆续有梨锈病发生危害及防治策略的报道。1963 年，安徽多个地区，如屯溪、休宁、宜城、灵璧、芜湖、肥东、六安、合肥和锡山等地普遍发生，尤以皖南山区为最，病害已严重影响生产。朱灿星等通过调查初步明确了梨锈菌的侵染循环。梨锈病在圆柏上侵染后，于 10～12 月出现症状呈黄色小斑，翌年 2～3 月间，症状才明显，冬孢子角咖啡色，楔形，突破寄主表皮而外露。1963 年室内、外调查中证实，冬孢子于 3 月 20 日以前皆未全完成熟，即使在潮湿情况下，冬孢子角仍难以胶化，冬孢子亦不能萌发。但在 3 月 20 日以后，冬孢子逐渐成熟，只要气温在 5℃ 以上，每次降雨均可发现冬孢子角吸水胶化和冬孢子萌芽（能够吸水胶化的冬孢子角，所产生的多孢子大都能陆续萌发），冬孢子角吸水胶化率和降雨量或降雨时间呈正相关。梨锈菌具有多种转寄主，主要为松柏类，如龙柏、柱柏、欧洲柏、翠柏、金羽柏与球桧，其中以圆柏、欧洲柏与龙柏最易感染。1987 年和 1989 年在北京地区梨锈病发生严重。2003 年 3～4 月，武汉部分梨园锈病大发生。2008—2009 年，浙江景宁鹤溪山后、渤海后砻和英川金林雪梨基地，梨树感病品种的锈病发生率在 65% 以上。梨锈病仍然是中国梨生产的主要限制因素之一。

分布与危害　在中国各地梨区均有发生。1987 年和 1989 年北京地区梨锈病大发生，昌平十三陵地区梨园全部受害病果率高达 40% 以上，病叶早落，损失严重。2003 年 3～4 月，武汉东、西湖区持续阴雨，降水与历年同比偏多 3～7 成，以致部分梨园锈病大发生。引起叶片早枯，幼果受害，造成畸形、早落，严重影响产量。近几年，贵州、浙江、四川等地，梨锈病危害情况同样严重。

该病除危害梨树外，还危害山楂、海棠、棠梨、木瓜等，但尚无危害苹果的报道，而危害苹果的锈病是另外一种锈菌。梨锈病病菌的转主寄主除松柏科的圆柏外，还有欧洲刺柏、南欧柏、高塔柏、龙柏、柱柏、翠柏、金羽柏、球柏等。其中以圆柏、欧洲刺柏、龙柏最感病。

该病主要危害梨树叶片和新梢，严重时也危害果实

（见图）。

叶片受害　开始在叶正面产橙黄色、有光泽的小斑点，以后逐渐扩大为圆形病斑，病斑中部橙黄色、边缘淡黄色，最外层有一圈黄绿色晕圈，病斑直径为 4～5mm，大的可达 7～8mm。一片叶片病斑数量不等，从一两个到十几个。病斑出现后 1 个月左右，表面密生针尖大小橙黄色小粒点，即病菌的性孢子器，天气潮湿时，其上溢出淡黄色黏液，内含病菌的无数性孢子。黏液干燥后，小粒点变为黑色。之后叶片上病组织逐渐肥厚，叶背面隆起，正面略凹陷，并在隆起部位长出黄褐色毛状物，为病菌的锈孢子器。一个病斑上可产生 10 余条毛状物。锈孢子器成熟后，先端破裂，散发出黄色粉末，为病菌的锈孢子。之后，病斑逐渐变黑。叶片上病斑较多时，叶片往往提前脱落。

幼果受害　早期病斑与叶片上的相似，病部稍凹陷，病斑上密生橙黄色小粒点，后变成黑色。发病后期，表面出现黄褐色毛状锈孢子器。病果生长停滞，往往畸形早落。

新梢、果梗和叶柄受害　症状与果实上的大体相同。病部稍肿起，初期病斑上密生性孢子器，以后长出毛状锈孢子器，最后发生龟裂。叶柄、果梗发病，常造成落叶落果。新梢发病，常造成病部以上枝条枯死，易被风折断。

转主寄主圆柏受害　起初在针叶、叶腋和嫩枝上形成淡黄色斑点，以后稍隆起，翌春 3～4 月病部表皮逐渐破裂，长出咖啡色或红褐色圆锥形的角状物，单生或数个聚生，为病菌的冬孢子角。小枝上出现的冬孢子角较多，老枝上有时也出现冬孢子角。春天降雨后，冬孢子角吸水膨胀，变橙黄色舌状的胶状物，内含大量冬孢子，此现象称为冬孢子角胶化。胶化的冬孢子角干燥后，缩成表面有皱纹的污胶物。感病圆柏的针叶、小枝逐渐变黄、枯死、脱落。

病原及特征　病原为梨胶锈菌（*Gymnosporangium haraeanum* Syd.），属锈菌目胶锈菌属。病菌的性孢子器为葫芦形或扁烧瓶形，大小为 120～170μm×90～120μm，埋生于病叶正面皮下的栅栏组织中，孔口外露，内有许多性孢子。性孢子无色，单胞，纺锤形或椭圆形，大小为 8～12μm×3～3.5μm。病菌的锈孢子器丛生于梨叶病斑背面，或幼果、果梗、叶柄、嫩梢肿大的发病部位，呈细长筒型，长 5～6mm，直径 0.2～0.5mm。锈孢子器器壁的护膜细胞长圆形或梭形，外壁有长刺状突起，大小为 42～87μm×32～42μm。锈孢子器内有很多链生的锈孢子，锈孢子球形至近球形，单胞，大小为 18～20μm×19～24μm，膜厚 2～3μm，橙黄色，表面有疣状细点。锈孢子器早期顶端封闭，成熟后开裂，散出锈孢子。

病菌的冬孢子角初扁圆形，后渐伸长呈楔形或圆锥形，一般长 2～5mm，顶部宽 0.5～2mm，基部宽 1～3mm，干燥时栗褐色，吸后湿润，变成带柄的橙黄色胶状。冬孢子纺锤形或长椭圆形，具长柄，双胞，偶有单胞或 3 胞，黄褐色，大小为 33～62μm×14～28μm，外表具胶质。在每个细胞的分隔处有 2 个发芽孔，冬孢子柄无色。冬孢子萌发野人发芽孔长出由 4 个细胞组成的担子。担子上的每个细胞生有一小梗，各顶生 1 个担孢子。担孢子卵形，淡黄褐色，单胞，大小为 10～15μm×8～9μm。病菌的菌丝在寄主病组织的细胞间隙中蔓延，无色，多分枝，以吸器插入寄主细胞内吸收水分、养分。

梨锈病危害症状（王国平提供）
①梨叶被害状；②梨果被害状；③冬孢子角吸水膨胀

侵染过程与侵染循环 梨锈病主要危害梨的叶片、新梢及幼果。叶片受害后，开始在叶片正面产生黄色有光泽的小斑，逐渐发展为近圆形的病斑。中部橙色、边缘淡黄，外有一圈黄绿晕，与健部分开。病斑直径4～5mm，大的7～8mm。病斑表面密生橙黄色小斑点，为病菌的孢子器。天气潮湿时，从性孢子器溢出淡黄色黏液，内含大量性孢子。黏液干燥后，小点变黑，病组织渐变肥厚，背面隆起，正面凹陷，不久在隆起处长出褐色毛状物，为锈菌的锈子腔。锈子腔成熟后先端开裂，散出黄褐色粉末，为锈孢子。最后病斑变黑枯死，仅留锈子腔的痕迹。病斑多时，引起早期落叶。幼果上的病斑稍凹陷，中间密生孢子器，四周产生锈子腔。生长停滞，引起畸形早落。新梢、果柄、叶柄上的病斑与幼果上相同，只是在病部发生龟裂，易被风折。转主寄主圆柏染病后，初期在针叶、叶腋小枝上出现浅黄色斑点，然后稍隆起。翌年3～4月逐渐突破表皮，露出红褐色或咖啡色圆锥形或扁平形的冬孢子角。冬孢子角吸水膨胀，呈橙黄色舌状胶质体。干燥时缩成表面有皱纹的污胶物。

梨锈病菌（*Gymnosporangium haraeanum* Syd.）的冬孢子角于梨树初花前的10～15天开始成熟，成熟的冬孢子角遇雨后萌发产生担孢子。室内试验表明：成熟的冬孢子角在5～28℃的温度下都能萌发，萌发的最适温度为16～20℃。冬孢子角的萌发需要自由水，成熟的冬孢子角在水中浸润30秒钟，即可萌发产生担孢子。在适宜的条件下，冬孢子角浸水后3小时即可产生担孢子。担孢子5～30℃下都能萌发，最适萌发温度为15℃。担孢子的萌发需要自由水和近饱和的相对湿度。担孢子在自由水中的萌发率最高达90%，而在饱和相对湿度（100%）下最高萌发率仅为13%。担孢子在自然条件下能存活7天以上。在适宜的温度下（-20℃），传播到梨树叶片上的担孢子3小时可完成全部的侵染过程，导致叶片发病叶面的结露时间越长，担孢子侵染量越大。在同一露温下，露时与担孢子侵染量的关系可用逻辑斯蒂模型描述。在自然条件下，梨锈病的侵染主要发生在梨树萌芽后的2个月以内。在这一时期，温度一般都适合梨锈病菌的萌发和侵染，寄主也处于感病期，因此，影响

梨锈病发生与流行的关键因子是降雨。超过5mm的降雨，可诱发冬孢子角的萌发，降雨开始后，3～5小时冬孢子角即可产生担孢子。担孢子形成后，若叶持续结露3～5小时，传播到梨叶上的担孢子可完成侵染，导致叶片发病。因此，持续6小时以上的降雨就能导致梨锈病菌侵染和发病，降雨持续时间越长，病原菌侵染量越大。田间调查表明：在梨树与柏树的混栽区，梨树萌芽后，若遇24小时以上的连续阴雨，可导致梨锈病大发生。梨锈病的潜育期为7～11天，在病菌侵染后的5天内使用三唑类内吸性杀菌剂，可有效控制梨锈病的发生。

梨锈病菌是以多年生菌丝体在圆柏枝上形成菌瘿越冬，翌春3月形成冬孢子角，冬孢子萌发产生大量的担孢子，担孢子随风雨传播到梨树上，侵染梨树叶片。梨树自展叶开始到展叶后20天内易感病，展叶25天以上，叶片一般不再感染。病菌侵染后经6～10天的潜育期，即可在叶片正面呈现橙黄色病斑，接着在病斑上长出性孢子器，在性孢子器内产生性孢子。在叶片背面形成锈孢子器，并产生锈孢子，锈孢子不再侵染梨树，而借风传播到圆柏等转主寄主的嫩叶和新梢上，萌发侵入危害，并在其上越夏、越冬，到翌春再形成冬孢子角，冬孢子角上的冬孢子萌发产生的担孢子又借风传到梨树上侵染危害，而不能侵染圆柏等。梨锈病病菌无夏孢子阶段，不发生重复侵染，一年中只有一个短时期内产生担孢子侵染梨树。担孢子寿命不长，传播距离约在5km的范围内或更远，与风力、风向、地势等有一定关系。

流行规律 病菌需要在两类不同的寄主上完成其生活史。冬孢子萌发的温度范围为5～30℃，最适温度为17～20℃。担孢子萌发的适宜温度为15～23℃。锈孢子萌发的最适温度为27℃。2～3月的气温高低，3月下旬至4月下旬的雨水多少，是影响当年梨锈病发生轻重的重要因素。梨锈病为不完全型转主寄生锈菌。病菌以菌丝体在圆柏绿枝或鳞叶上的菌瘿中越冬。第二年春季在圆柏上形成冬孢子并萌发产生小孢子，小孢子借风力传播到3～5km的梨树上萌发入侵。梨树上产生性孢子器及性孢子、锈孢子器及锈孢子。秋季锈孢子随风传回圆柏上越冬。由于侵染循环中缺

少夏孢子，所以无再侵染，每年仅侵染一次。

防治方法

清除转主寄主 清除梨园周围 5km 以内的圆柏、龙柏等转主寄主，是防治梨锈病最彻底有效的措施。在新建梨园时，应考虑附近有无圆柏、龙柏等转主寄主存在，如有应全部清除，若数量较多，且不能清除，则不宜作梨园。

铲除越冬病菌 如梨园近风景区或绿化区，圆柏等转主寄主不能清除时，则应在圆柏树上喷杀菌农药，铲除越冬病菌，减少侵染源。即在 3 月上中旬（梨树发芽前）对圆柏等转主寄主先剪除病瘿，然后喷布 4～5 波美度石硫合剂，以抑制冬孢子的萌发。在重发生区，于梨树展叶期和落花后各喷一次杀菌剂，以防止担孢子的侵染；药剂有 1：2：200 倍波尔多液、15% 粉锈宁等。

增湿抗旱 每年 5 月中旬至 6 月下旬，如遇连续高温、干旱气候，应及时进行增湿抗旱，有灌溉条件的果园要进行全园灌水，无灌溉条件的可以早晚对每株果树进行清水喷雾，增加果园湿度，喷雾后全面喷施新高脂膜，利用成膜物质保护土壤和树体自身营养水分不易蒸发，同时防止外界气候、农药对果实的侵害，降低梨锈病的病果率。

综合措施 采取叶面施肥，清除落地病叶，预防其他病害，及时疏果、套袋，加强土肥水管理等综合措施，可减轻锈病的发生。

化学防治 在梨树上喷药，应掌握在梨树萌芽期至展叶后 25 天内，即担孢子传播侵染的盛期进行。一般梨树展叶后，如有降水，并发现圆柏上产生冬孢子角时，喷 1 次 20% 粉锈宁乳油 1500～2000 倍液，隔 10～15 天再喷 1 次，可基本控制锈病的发生。若控制不住，必须追加 20% 氟硅唑咪鲜胺 800 倍液，若防治不及时，可在发病后叶片正面出现病斑（性孢子器）时，喷 20% 粉锈宁乳油 1000 倍液加高科 20% 氟硅唑咪鲜胺 800 倍液。从梨展叶开始至 5 月下旬止，可喷 1：2：200～240 倍波尔多液；或 70% 大生 M-45 800 倍液进行保护。如已经发病可喷 20% 粉锈宁 600 倍液、12.5% 烯唑醇 3000 倍液、10% 氟硅唑 1200～1500 倍液进行防治，注意开花期不能喷药，以免产生药害。此外，罗默碱对梨锈病菌菌丝生长具有较强的抑制作用，其对梨锈病菌的抑制作用影响其菌丝形态和抑制外围菌丝的生长。

参考文献

王国平，2012. 梨主要病虫害识别手册 [M]. 武汉：湖北科学技术出版社.

张绍铃，李秀根，王国平，等，2013. 梨学 [M]. 北京：中国农业科学出版社.

中国农业科学植物保护研究所，中国植物保护学会，2015. 中国农作物病虫害 [M]. 3 版. 北京：中国农业出版社.

（撰稿：刘凤权；审稿：王国平）

梨锈水病 pear brown drippy

由 *Dickeya* 类病原菌引起的梨树上一种新的细菌性病害，严重影响梨产业的发展。

发展简史 梨锈水病是 20 世纪 80 年代中期在安徽砀山地区、江苏徐淮地区新发现的一种梨枝干细菌性病害，学名 *Erwinia* sp.。近年在浙江、山东（德州）也有发生。该病多发生在 7～12 年生初结果的幼梨树上，危害性很大，如防治不及时可造成全株死亡。2014 年在浦东新区盛产期梨树上发生了锈水病，造成梨树提早落叶、主枝和植株枯死，给部分梨园造成了巨大损失。近几年，该病在 15 年以下的酥梨嫁接树上又普遍发生。大部分果农把该病当作腐烂病，防治不力，造成树体死亡。

分布与危害 梨锈水病是中国梨树上一种新的细菌性病害，20 世纪 80 年代中期在江苏徐淮地区发现，此后陆续在浙江、山东（德州）发生，2015 年在新疆库尔勒地区的香梨园、福建建宁翠冠梨示范园也发现该病害。梨锈水病发展迅速，危害性大，如防治不及时可造成全株死亡。此病主要危害梨树的骨干枝，发病初期树皮外表无明显病斑，从皮孔、叶痕、伤口等处渗铁锈色水珠或有锈水渗出，用刀削开皮层，可见皮层呈淡红色并有褐色小斑或血丝状条纹，腐皮松软充水，有酒糟味，内含大量细菌。不仅病皮内积水增多，从上述孔口大量渗出，颜色由最初的无色变为乳白色、红褐色，最后呈铁锈色，具黏性。病枝因皮层腐烂至形成层而迅速枯死。锈水不多的轻病枝，枯死慢或不枯死，树叶变红早落，树势大减。果实受害也引起软腐，有酒糟味和锈水流出。叶片受害出现褐斑或黑斑。病菌也可侵害果实引起软腐。病果早期症状不明显，或在果皮上出现水渍状病斑，迅速发展后，果皮变青褐色或褐色。果肉腐烂成糊状，有酒糟味。腐果汁液经太阳晒后也很快地变为铁锈色。大小形状不一。

病原及特征 引起梨锈水病的病原菌为一种新的 *Dickeya* 类病原菌，其 ITS 序列与 *Dickeya chrysanthemi*（syn. *Erwinia chrysanthemi*）相似度最高，但不归为一类，为一个新的种。该病菌为革兰氏阴性细菌，具有游动性，无产孢能力，细胞两端钝圆，呈直杆状。细胞的大小为 0.8～3.2μm× 0.5～0.8μm，周生无数鞭毛。在培养基平板上 28℃ 培养 2 天后，其菌落直径为 1.5mm 左右，白色或微黄色，中央稍突起，边缘圆滑，表面齐整湿润，较薄，无蔓延，正反面颜色相同，与培养基结合紧密，有大肠杆菌特有气味。在室内正常培养的情况下，病菌不产生色素，其引起宿主形成红褐色锈斑的原因尚不清楚。此外，该病菌能引起烟草的过敏性反应。

发生规律 梨锈水病是一种细菌性病害，病菌潜伏在梨树枝干的形成层与木质部之间的病组织内越冬。翌年 5 月中下旬开始繁殖，于病部流出锈水，通过雨水和昆虫传播，从伤口侵入。叶片感染主要由枝干随风雨飞溅及昆虫携带传播，通过气孔和伤口侵入。高温高湿是锈水病发生的关键因素，7 月中下旬、8 月中旬至 9 月下旬大量发生。2003—2005 年，砀山地区 6～9 月雨水比往年增多，且连续雨天较多，导致大部分果园受到涝灾。再加上高接换头的梨树伤口较多，给细菌侵入提供了有利机会，这就是该地区梨锈水病发生重的主要原因。树势较弱和初结果的幼梨树以及低洼地的梨树发病较重。由于酥梨价格较低，导致果农对果园投入大幅减少，再加上近几年果树生长季节果园经常积水，树势逐年衰弱，很容易感染该病。梨树的品种不同，对诱水病的抗性差异很大。在砀山地区发现，砀山酥梨、鸭梨最容易感染该病，黄冠梨、绿宝石梨次之，而日本梨丰水、爱甘水、喜水等和西洋梨加州啤梨、早红考密斯则较抗病。在砀山地区主要发病的是砀山酥梨。

防治方法

农业防治　梨锈水病菌主要在枝干形成层与木质部间越冬，冬季落叶后，要仔细检查每株梨树，彻底刮除病皮并集中移出园外烧毁，清除菌源；刮除后可涂抹波尔多液以保护伤口；刮除所用工具要消毒，可用 10% 漂白粉或 70% 酒精。

加强果园管理，增强树势，提高抗病能力，特别是要注意防虫，以减少细菌侵入的伤口。雨季做好防涝抗旱工作；科学修剪，改善树体通风透光条件；合理坐果，保持健壮树势；采收后及时追施采后肥，早施有机肥；及时砍除枯死植株，并带出梨园销毁。

化学防治　2 月初和 3 月中旬萌芽期是该病化学防治的关键时期，此时树体喷施 5 波美度石硫合剂，用药均匀周到，并以主干和主枝为施药重点；果树生长季节喷施 50% 氯溴异氰尿酸可溶性粉剂 600 倍液或 4% 宁南霉素水剂 500～600 倍液或 70% 代森锰锌可湿性粉剂 500～600 倍液防治，同时发病部位要刮除病皮后，涂刷 5% 菌毒清水剂 30～50 倍液防治。生长期也可采用 30%DT 胶悬剂（琥珀酸铜）300～500 倍液，30% 二元酸铜可湿性粉剂 300～500 倍液和新植霉素等进行喷药保护。

参考文献

王国平，2012. 梨主要病虫害识别手册 [M]. 武汉：湖北科学技术出版社.

张绍铃，李秀根，王国平，等，2013. 梨学 [M]. 北京：中国农业科学出版社.

中国农业科学植物保护研究所，中国植物保护学会，2015. 中国农作物病虫害 [M]. 3 版. 北京：中国农业出版社.

（撰稿：刘凤权；审稿：王国平）

梨疫腐病　pear blight rot

由恶疫霉引起的、危害梨的果实及树干基部的一种真菌病害，是世界上许多种植梨的国家及地区重要的病害之一。又名梨黑胫病、梨干基湿腐病。

分布与危害　梨疫腐病常造成梨树树干基部树皮腐烂，有的年份还引起大量烂果。主要发生在甘肃、内蒙古、青海、宁夏等灌区梨树及云南呈贡、会泽梨区。其中甘肃发生较重，一些梨园发病率达 10%～30%，重病园病株率高达 70% 以上。2011 年 8 月河北南滦县五九香梨上和 2013 年 7 月吉林延边苹果梨上均暴发梨疫腐病，造成全园果实腐烂。

梨疫腐病主要危害树干基部和果实。

树干基部受害　在幼树和大树的地表树干基部，树皮出现黑褐色、水渍状、形状不规则病斑，病斑边缘不太明显。病皮内部也呈暗褐色，前期较湿润，病组织较硬，有些能烂到木质部。后期失水，质硬干缩凹陷，病健交界处龟裂。

新栽苗木和 3～4 年生的幼树发病，主要发生在嫁接口附近，长势弱，叶片小，呈紫红色，花期延迟，结果小，易提早落叶、落果，病斑绕树干一圈后，造成死树。大树发病，削弱树势，叶发黄，果小，树易受冻（图①）。

果实受害　多在膨大期至近成熟期发病。果面出现暗褐色病斑，表层扩展快，边缘界限不明显，病斑形状不规则。深层果肉烂得较慢，微有酒气味。后期果实呈黑褐色湿腐状。落地病果在地面潮湿时，果面常长出白色菌丝丛（图②③④⑤）。

病原及特征　病原为恶疫霉 [Phytophthora cactorum（Leb. et Cohn）Schröt.]，属疫霉属，现已被归为假菌界卵菌类。菌丝粗细均匀，无色，无隔膜，直径为 5.1～7.2μm。孢囊梗为简单合轴分叉。孢子囊顶生，近球形或洋梨形，色淡，乳突明显，大小为 28.9～36.7μm×22.7～29.9μm，长宽比为 1.25：1。孢子囊在水中能释放大量游动孢子。将病果或病树皮表面消毒，在 PDA 培养基上分离培养，菌丝上产生大量膨大体，但厚垣孢子极少。单株培养能产生大量卵孢子。藏卵器球形，平均为 34.8μm×33.8μm，壁光滑，基部柱形，雄器侧生，平均为 9.9μm×9.2μm，同宗配合。卵孢子球形，壁光滑，浅黄色至深褐色，直径 27～30μm。淀粉水解指数大于 0.9，在孔雀石浓度为 1mg/L 条件下都能生长。

梨疫腐病的病原菌在番茄汁培养基、PDA 培养基上生长快，菌丝较厚，结构紧密。菌丝生长对温度要求较严格，最适温度为 20～25℃，最低温度 10℃。菌丝生长对酸碱度要求较宽，pH 3～10 都能生长，其中以 5～6 最适。不同碳源、氮源对病菌影响较大，在碳源中以果糖、麦芽糖和蔗糖最好，氮源以酵母膏、天门冬酰胺和牛肉膏为好。

侵染过程与侵染循环　梨疫腐病的病原菌以卵孢子、厚垣孢子和菌丝体在病组织或土壤中越冬，靠雨水或灌溉水传播，从伤口侵入。在甘肃兰州梨区，梨树生长季节均可发病，6～9 月平均温度 20.5～33.4℃，田间灌水较多，地面潮湿，发病较多，危害较重。病害发生和田间土壤湿度关系密切。如 5～20cm 深土层水分饱和 24 小时以上，地表下 5cm 湿度再持续饱和 7～8 小时以上，则 3 小时后在嫁接口处可见到初发的病斑。地势低洼、土质黏重、灌水后易积水的园片发病重。

流行规律

梨树栽植深度和灌水方式　嫁接口埋入土中的发病重，接口在地表以上发病轻，接口距地面越高，发病越轻。田间灌水时，大水漫灌、泡灌、树之间串灌，发病重。

间作和伤口　树干周围杂草丛生或间作物离树干太近，易发病。4 年生以上的大树，树皮较健壮，发病很少。树干基部冻伤、机械伤、日烧伤，易引起发病。草莓的疫腐病病菌可侵害梨树，所以梨园内栽草莓往往造成疫腐病大发生。

砧木抗病性　杜梨、木梨砧木远比香水梨、红肖梨做砧木的砧段抗病。

品种抗病性　在梨的不同系统中，枝干上的疫腐病发病轻重差别明显，其抗病性由强到弱依次顺序为西洋梨、秋子梨、沙梨、新疆梨、白梨。在梨的优良品种中，苹果梨、锦丰梨、早酥梨、砀山酥梨易感病。

梨疫腐病危害症状（王国平提供）

①树干基部受害；②果实受害；③病部长出白色菌丝丛；④病果腐烂；⑤严重受害

防治方法

　　农业防治　①选用杜梨、木梨、酸梨做砧木。采用高位嫁接，接口高出地面 20cm 以上。低位苗浅栽，使砧木露出地面，防止病菌从接口侵入，已深栽的梨树应扒土，晒接口，提高抗病力。灌水时树干基部用土围一小圈，防止灌水直接浸泡根颈部。②梨园内及其附近不种草莓，减少病菌来源。③灌水要均匀，勿积水。改漫灌为从水渠分别引水灌溉。苗圃最好高畦栽培，减少灌水或雨水直接浸泡苗木根颈部。④及时除草，果园内不种高秆作物，防止遮阴。

　　化学防治　树干基部发病时，对病斑上下划道，间隔5mm 左右，深达木质部，边缘超过病斑范围，充分涂抹 843康复剂原液，或 10% 果康宝膜悬浮剂 30 倍液。果实膨大期至近成熟期发病，见到病果后，立即喷 80% 三乙膦酸铝可湿性粉剂 800 倍液，或 25% 甲霜灵可湿性粉剂 700 ～ 1000倍液。

参考文献

王国平, 2012. 梨主要病虫害识别手册 [M]. 武汉 : 湖北科学技术出版社 .

张绍铃 , 李秀根 , 王国平 , 等 , 2013. 梨学 [M]. 北京 : 中国农业科学出版社 .

中国农业科学院植物保护研究所 , 中国植物保护学会 , 2015. 中国农作物病虫害 [M]. 3 版 . 北京 : 中国农业出版社 .

（撰稿：王国平；审稿：洪霓）

李属边材腐朽病　*Prunus* sapwood rot

　　由裂褶菌引起，侵染多种阔叶树，特别是李属，也能腐生在多种倒木和树桩上，造成边材白色腐朽，并造成受害树木溃疡的病害。为常见树木腐朽菌。

　　分布与危害　黑龙江、吉林、辽宁、山西、山东、江苏、内蒙古、安徽、浙江、江西、福建、台湾、河北、河南、湖南、广东、广西、海南、甘肃、西藏、四川、贵州、海南等地均有分布。

　　裂褶菌广布于世界各地，特别是在热带、亚热带杂木林下常可找到它的踪迹。寄主广泛。容易造成苹果属、桃属、李属、槭树属、椴树属和杨属等树木的树皮和边材腐朽，通常使这些树木受到酷热或干旱后更容易发生边材腐朽病。同时裂褶菌也腐生在多种针阔叶树倒木上。

病原及特征 病原为裂褶菌（*Schizophyllum commune Fr.*），裂褶菌又称白参、树花、八担柴，隶属于裂褶菌属（*Schizophyllum*）。属木腐菌，具有较强的分解木质素、纤维素的能力。子实体为侧耳状、扇形、肾形或掌状，通常复瓦状叠生（见图）。菌盖长 10～35mm，宽 8～30mm，厚 1～3mm，菌盖上表面灰白色至黄棕色，被绒毛或粗毛，革质，边缘内卷，有条纹，多瓣裂。子实层体假褶状，假菌褶白色至黄棕色，每厘米 14～26 片，不等长，沿中部纵裂成深沟纹，褶缘钝且宽，锯齿状。菌肉白色，韧革质，约 1mm 厚。单系菌丝系统，生殖菌丝有锁状联合，无色，交织排列，直径为 5～8μm。担孢子圆柱形至腊肠形，无色，光滑，在 Melzer 及棉蓝试剂中均无变色反应，4～6μm×1.5～2.5μm。在含有葡萄糖、蔗糖、淀粉、纤维素、半纤维素和木质素的基质上生长良好。它同时也需要钾、镁、钙、磷等矿质元素。裂褶菌属中高温型菌类，菌丝生长适温为 7～30℃，最适温度为 22～25℃，子实体形成温度为 14～20℃，孢子萌发最适温度为 21～26℃。裂褶菌菌丝培养基最适含水量为 60%～75%。菌丝生长阶段，适宜的空气相对湿度为 70%～80%，子实体形成阶段，空气相对湿度要求在 85%～95%。菌丝生长最适 pH 5～6，子实体生长最适 pH4～5。

侵染过程与侵染循环 裂褶菌多生于夏、秋季初雨后桃、樱、海棠、栾、栎、槠、栲等阔叶树的枯木树桩或倒木上，少数生长在针叶树的枯木上，亦能在活树上生长，是段木栽培香菇、木耳等木腐菌生产中的常见"杂菌"。受害木 6 月下旬开始表现为树皮干缩，随后大量的子实体出现，通常围绕树干覆瓦状叠生，子实体通常发生在主干 1.5m 以下，直至干基，枝杈上很少出现子实体。将苗木主干切断后发现心材完好，但树皮腐烂和边材腐朽，心部未腐朽木材为奶油色，而边材腐朽部分为黄褐色，有时在健康和腐朽木材之间有不规则黑线。因此，裂褶菌子实体的大量出现、树皮腐烂和边材腐朽是该病害的重要症状。苗木受干旱、冻害或机械伤害后的伤口是病菌侵入的主要途径。持续低温造成苗木冻害，初夏裂褶菌孢子从冻害伤口侵入后，随着温度升高和雨后湿度加大，菌丝体迅速扩展，造成韧皮部腐烂和边材白色腐朽，最终导致枝干死亡。由于裂褶菌的子实体秋末干燥后

并不腐烂，并一直完好保存至翌年春季，其孢子又成为当年的主要侵染源。

防治方法 加强抚育，保持林内卫生。清除病腐木，有计划地清除李属上引起腐朽的子实体，以减少侵染来源。加强养护管理，修枝后及时用保护药剂涂抹伤口，以免病菌侵染。营林时防止各种损伤。很多木腐菌主要由伤口侵入，因此，要尽力避免各种机械损伤，从而能够减少部分腐朽病害。针对李属景观树，每年通过敲击树干和打孔法定期检查，特别是风害严重的地区，应该逐年进行腐朽检查。对有价值的古树，要采取加固、支撑等特殊办法进行保护。应用拮抗菌进行生物防治。

参考文献

戴玉成，2012. 中国木本植物病原木材腐朽菌研究 [J]. 菌物学报，31(4): 493-509.

刘春静，庄严，孙向前，等，2003. 辽宁李属等苗木边材腐朽病研究初报 [J]. 林业科学研究 (6): 783-785.

赵琪，袁理春，李荣春，2004. 裂褶菌研究进展 [J]. 食用菌学报 (1): 59-63.

（撰稿：王爽；审稿：李明远）

李属心材腐朽病 *Prunus* heart rot

由王氏薄孔菌引起，主要侵染李属树木主干和大枝，特别是在碧桃上严重发生的病害。也腐生在李属树木倒木上，造成心材褐色腐朽。

发展简史 北京陶万强等人 2009 年首次报道王氏薄孔菌是李属树木的病原腐朽菌，王氏薄孔菌是薄孔菌属中报道的第一个病原菌。

分布与危害 分布于华北地区的果园内和行道树上。主要侵染李属、桃属等植物，在碧桃上发生比较严重。该病害能够造成李属树木心材褐色腐朽，受到侵染的树木通常会长势衰弱，抗风力下降，最终可能会干枯死亡。

病原及特征 病原为王氏薄孔菌（*Antrodia wangii* Y.C. Dai &H.S. Yuan）。属于薄孔菌属（*Antrodia*）。

子实体：担子果 1 年生，通常平伏反卷生长，有时平伏生长，紧贴于生长基物上，新鲜时无特殊气味，革质，干燥后木栓质，质量变轻。菌盖长可达 1cm，平伏部分长可达 10cm，宽 5cm。菌盖上表面新鲜时奶油色，干后变为浅黄褐色，光滑；菌盖边缘锐。孔口表面新鲜时奶油色，干后变为奶油色至浅黄色，无折光反应；管口圆形至多角形，每毫米 4～5 个；管口边缘薄，全缘。菌肉奶油色至浅黄色，无同心环区，木栓质，较薄，厚约 1mm。菌管与菌肉同色，木栓质，长达 5mm。

菌丝结构：二系菌丝系统，生殖菌丝具锁状联合。骨架菌丝在 Melzer 试剂和棉蓝试剂中呈负反应；菌丝组织在氢氧化钾试剂中无变化。王氏薄孔菌在琼脂麦芽粉培养基上于室温下进行培养，培养的菌丝初期为无色或白色，茸毛状，较稀疏。后期白色，菌丝变得略厚，棉花状，菌落边缘的菌丝白色、稀疏。菌丝生长过程中形成的菌落没有明显的环带，

裂褶菌子实体（王爽、李洁摄）

①山桃；②樱花

在整个生长过程中菌丝无特殊气味，培养基的颜色基本不发生变化，也不形成子实体。

菌肉：生殖菌丝常见，无色，薄壁至稍厚壁，很少分枝，锁状联合常见，直径为 2.8～4.8μm。骨架菌丝无色，厚壁至近实心，有分枝，弯曲，交织排列，直径为 2.8～5.5μm。

菌管：生殖菌丝常见，无色，薄壁，很少分枝，锁状联合常见，直径为 2～3μm；骨架菌丝占多数，无色，厚壁至近实心，很少分枝，弯曲，疏松交织排列，直径为 2.8～3.8μm。子实层中无囊状体和拟囊状体，担子短棒状，着生 4 个担孢子梗，基部有一锁状联合，大小为 14～18μm×4.5～8.5μm。类担子占多数，形状与担子相似，但稍小。

孢子：担孢子圆柱形，有时稍弯曲，无色，厚壁，平滑，在 Melzer 试剂和棉蓝试剂中均呈负反应，大小为 6.3～7.8μm×2.1～2.6μm，平均长为 7.06μm，平均宽为 2.32μm，长宽比为 3.0～3.08。

侵染过程与侵染循环　王氏薄孔菌通常侵染成熟的树木，一般通过伤口侵染活立木，自然造成的伤口如风折、动物咬伤等以及人为活动造成的伤口都为病原菌的侵入提供方便。由于立木本身的保卫反应及温度等因素的影响，病原菌侵入定殖后蔓延速度较慢，潜育期较长，因此，早期并无典型的受害症状，被侵染的树木后期明显枯萎。随心材腐朽的加重，枝干通常会因风折而死亡。该病原菌也能扩张到边材和韧皮部，受害树木最终表现为枯死。病株主干上王氏薄孔菌子实体的出现是最重要的症状（见图）。子实体为 1 年生，一般 7～8 月成熟，北京地区通常在夏季和秋季产生担孢子，造成再侵染。

防治方法　由于该菌主要造成心材褐色腐朽，及早清除受害树木上的子实体是减少病害进一步扩展的方法之一。由于该木腐菌主要由伤口侵入，在对行道、公园的李属树木修枝后，最好用保护药剂如 1% 的硫酸铜液涂抹伤口，以免病菌侵染。在有条件的情况下及时清除受害树木，尽量减少修枝等园林管理措施，防止树木的各种损伤也是预防和减少病害扩展的有效方法。有一些腐朽的立木，尽管腐朽较严重，如果不产生子实体，外观上和健康木相似，但由于心材已经腐朽，一旦遇到较大风雨，容易风折而伤人。因此，对公园树和行道树每年要通过敲击树干和打孔法定期检查，对心材已经腐朽的树木要及时清除，防止树木因风折而伤及行人。

参考文献

戴玉成，2012. 中国木本植物病原木材腐朽菌研究 [J]. 菌物学

报，31(4): 493-509.

陶万强，崔宝凯，王金利，2009. 北京地区李属树木上一种新的心材腐朽病原菌 [J]. 林业科学研究，22(1): 98-100.

（撰稿：王爽；审稿：李明远）

李属心材腐朽病症状（王爽摄）
①王氏薄孔菌子实体；②心材褐色腐朽易风折

立木腐朽病　decay of living tree

由多种病菌引起的能够侵染活立木，导致干基、心材、边材或整个树干腐朽的一类病害。

分布与危害　立木腐朽发生在中国除荒漠植被以外的所有林分，主要分布在黑龙江、吉林、辽宁、内蒙古、河北、山西、陕西、宁夏、甘肃、青海、新疆、四川、西藏、云南、贵州、广西、海南、广东、福建、江西、湖南、湖北、安徽、江苏、河南、河北、山东、重庆、北京。

立木材腐朽菌主要分为白色腐朽菌和褐色腐朽菌两类。白色腐朽菌产生纤维素酶和木质素酶，它们能够将树木细胞壁的所有成分降解，大部分白色腐朽菌将木材中的木质素和其他多糖以同样的速度降解，因此，在腐朽的中期和后期木材组成成分的比例与原木基本相同。但有些白色腐朽菌能够以较快的速度降解木质素。木材被白色腐朽菌降解后，通常表现为木材逐渐丧失韧性、纤维质、软而多孔或多层，通常比原木的颜色浅。白色腐朽菌产生细胞间酚氧化酶，这种酶在丹宁酸和五倍子酸以及树脂和愈疮树脂试剂中呈正氧化反应。白色腐朽虽然有些情况使木材颜色略呈白色，但白色腐朽的本质是产生纤维素酶和木质素酶，但很多白色腐朽菌使腐朽的木材呈褐色，例如，有害小针层孔菌（*Phellinidium noxium*）是白色腐朽菌，但该菌通常造成腐朽的木材为褐色。木腐菌中 90% 的种类造成白色腐朽，白色腐朽菌不但能生长在针叶树木材上，也能生长在阔叶树木材上，特别是热带雨林中白色腐朽菌种类更丰富。

褐色腐朽菌有选择地将木材中的纤维素和半纤维素降解，被褐色腐朽菌腐蚀的木材通常表现为木材很快失去韧性，强烈收缩，最终呈破裂或颗粒状，在腐朽的最后阶段表现为残留木材变形、易碎、块状、褐色，且主要成分是木质素。褐色腐朽菌不产生细胞间酚氧化酶，因此，一般在丹宁酸和五倍子酸以及树脂和愈疮树脂试剂中呈负氧化反应。造成褐色腐朽的菌比造成白色腐朽的种类少，它们占所有木材腐朽菌种类的 10%，且大部分褐色腐朽菌是多孔菌。褐色腐朽菌主要发生在针叶树木上，且通常分布在寒温带。另外，夏天和秋天在腐朽立木的树干和基部出现病原菌的子实体也是重要的症状。

病原及特征　引起立木腐朽的主要病原菌大约有 67 种。

（1）粗柄假芝（*Amauroderma elmerianum* Murrill），造成台湾相思树（*Acacia richii*）等阔叶树活立木干基白色腐朽。

（2）裂皮黄孔菌 [*Aurantiporus fissilis*（Berk. & M.A. Curtis）H. Jahn]，造成杨树（*Populus* spp.）和栾树（*Koelreuteria paniculata*）等阔叶树活立木干部白色腐朽。

（3）黑管孔菌 [*Bjerkandera adusta*（Willd.）P. Karst.]，主要造成杨树（*Populus* spp.）和桦树（*Betula* spp.）边材白色

腐朽。

（4）亚黑管孔菌［*Bjerkandera fumosa*（Pers.）P. Karst.］，造成杨树（*Populus* spp.）、水曲柳（*Fraxinus mandshurica*）等阔叶树边材心材白色腐朽。

（5）伯氏圆孢地花孔菌［*Bondarzewia berkeleyi*（Fr.）Bondartsev & Singer］，造成栎树（*Quercus* spp.）干基材白色腐朽。

（6）一色齿毛菌［*Cerrena unicolor*（Bull.）Murrill］，造成桦树（*Betula* spp.）等阔叶树边材白色腐朽。

（7）北方肉齿菌［*Climacodon septentrionalis*（Fr.）P. Karst.］，主要造成槭树（*Acer* spp.）和榆树（*Ulmus* spp.）心材白色腐朽。

（8）裂拟迷孔菌［*Daedaleopsis confragosa*（Bolton）J. Schroet.］，主要造成柳树（*Salix* spp.）等阔叶树心材白色腐朽。

（9）木蹄层孔菌［*Fomes fomentarius*（L.）Fr.］，造成多种阔叶树心材白色腐朽。

（10）哈蒂嗜兰孢孔菌［*Fomitiporia hartigii*（Allesch. & Schnabl）Fiasson & Niemelä］，造成冷杉属（*Abies*）等针叶树心材白色腐朽。

（11）沙棘嗜兰孢孔菌［*Fomitiporia hippophaeicola*（H. Jahn）Fiasson & Niemelä］，造成沙棘属（*Hippophae*）和胡秃子属（*Elaeagnus*）树木心材白色腐朽。

（12）斑点嗜兰孢孔菌［*Fomitiporia punctata*（P. Karst.）Murrill］，造成丁香属（*Syringa*）、槭属（*Acer*）、榆属（*Ulmus*）、杨属（*Populus*）、柳属（*Salix*）、栎属（*Quercus*）、黄柏属（*Phellodendron*）、白蜡属（*Fraxinus*）等树活立木边材白色腐朽。

（13）稀针嗜兰孢孔菌［*Fomitiporia robusta*（P. Karst.）Fiasson & Niemelä］，造成栎属（*Quercus*）等阔叶树活立木心材白色腐朽。

（14）苦白蹄拟层孔菌［*Fomitopsis officinalis*（Vill.）Bondartsev & Singer］，主要造成落叶松（*Larix* spp.）心材褐色腐朽。

（15）红缘拟层孔菌［*Fomitopsis pinicola*（Sw.）P. Karst.］，造成多种针叶树和桦树（*Betula* spp.）心材褐色腐朽（图1、图2）。

（16）硬毛栓孔菌［*Funalia trogii*（Berk.）Bondartsev & Singer］，造成杨树（*Populus* spp.）和柳树（*Salix* spp.）边材白色腐朽。

（17）南方灵芝［*Ganoderma australe*（Fr.）Pat.］，造成多种阔叶树木心材白色腐朽。

（18）树舌灵芝［*Ganoderma lipsiense*（Batsch）G.F. Atk.］，造成多种阔叶树木心材白色腐朽。

（19）热带灵芝［*Ganoderma tropicum*（Jungh.）Bres.］，造成台湾相思树属等多种阔叶树干基白色腐。

（20）松杉灵芝［*Ganoderma tsugae* Murrill］，造成落叶松（*Larix* spp.）等多种针叶树心材白色腐朽。

（21）粗皮灵芝［*Ganoderma tsunodae*（Lloyd）Trott.］，造成山鸡树（*Litsea cubeba*）等阔叶树心材和干基白色腐朽。

（22）韦伯灵芝［*Ganoderma weberianum*（Bres. & Henn.）Steyaert］，造成榕属（*Ficus*）等阔叶树干基白色腐朽。

（24）香味全缘孔菌［*Haploporus odorus*（Sommerf.）Bondartsev & Singer］，造成柳树（*Salix* spp.）心材白色腐朽。

（25）柽柳核针孔菌［*Inocutis tamaricis*（Pat.）Fiasson & Niemelä］，造成柽柳（*Tamarix* spp.）活立木心材白色腐朽。

（26）粗毛针孔菌［*Inonotus hispidus*（Bull.）P. Karst.］，造成白蜡属（*Fraxinus*）、槐属（*Sophora*）、榆属（*Ulmus*）等阔叶树活立木心材白色腐朽。

（27）柳生针孔菌［*Inonotus pruinosus* Bondartsev］，造成柳树（*Salix* spp.）活立木边材白色腐朽。

（28）辐射状针孔菌［*Inonotus radiatus*（Sowerby）P. Karst.］，造成桦属（*Betula*）和赤杨属（*Alnus*）树木边材白色腐朽。

（29）硫黄菌［*Laetiporus sulphureus*（Bull.）Murrill］，造成落叶松（*Larix* spp.）、蒙古栎（*Quercus mongolica*）及鱼鳞云杉（*Picea jezoensis*）等心材褐色腐朽。

（30）齿白木层孔菌［*Leucophellinus irpicoides*（Pilát）Bondartsev & Singer］，造成槭属（*Acer*）树木和杨树（*Populus* spp.）心材白色腐朽。

（31）栗黑孔菌［*Melanoporia castanea*（Yasuda）T. Hattori & Ryvarden］，主要造成蒙古栎（*Quercus mongolica*）和板栗心材褐色腐朽。

（32）鳞片昂氏孔菌［*Onnia leporina*（Fr.）H. Jahn］，造成鱼鳞云杉（*Picea jezoensis*）干基白色腐朽。

（33）绒毛昂氏孔菌［*Onnia tomentosa*（Fr.）P. Karst.］，造成云杉属（*Picea*）等针叶树干基白色腐朽。

（34）囊层酸味孔菌［*Oxyporus populinus*（Schumach.）Donk］，主要造成槭属（*Acer*）和杨属（*Populus*）树木心材白色腐朽。

（35）中国锐孔菌［*Oxyporus sinensis* X. L. Zeng］，造成大青杨（*Populus ussuriensis*）心材白色腐朽。

（36）紫杉帕氏孔菌［*Parmastomyces taxi*（Bondartsev）Y.C. Dai & Niemelä］，造成落叶松（*Larix* spp.）心材褐色腐朽。

（37）刺槐多年卧孔菌［*Perenniporia robiniophila*（Murrill）Ryvarden］，主要造成刺槐（*Robinia pseudoacacia*）心材白色腐朽。

（38）黄白多年卧孔菌［*Perenniporia subacida*（Peck）Donk］，造成云杉（*Picea* spp.）等针叶树干基白色腐朽。

（39）栗褐暗孔菌［*Phaeolus schweinitzii*（Fr.）Pat.］（图4），造成红松（*Pinus koraiensis*）、落叶松（*Larix* spp.）、云杉（*Picea* spp.）、冷杉（*Abies* spp.）等干基褐色腐朽（图3）。

（40）斜生褐孔菌［*Phaeoporus obliquus*（Pers.）J. Schroet.］，造成桦属（*Betula*）树木活立木白色腐朽。

（41）有害小针层孔菌［*Phellinidium noxium*（Corner）Bondartseva & S. Herrera］，造成橡胶（*Hevea brasilensis*）等热带多种阔叶树根部腐朽。

（42）硫色小针层孔菌［*Phellinidium sulphurascens*（Pilát）Y.C.Dai］，造成云杉属（*Picea*）、松属（*Pinus*）、落叶松（*Larix*）属等活立木干基白色腐朽。

（43）威氏小针层孔菌［*Phellinidium weirii*（Murrill）Y.C. Dai］，造成圆柏（*Sabina przewalski*）干基白色腐朽。

（44）鲍姆木层孔菌［*Phellinus baumii* Pilát Bull.］，造成丁香属（*Syringa*）等阔叶树心材白色腐朽。

（45）淡黄木层孔菌［*Phellinus gilvus*（Schwein.）Pat.］，主要造成栎属（*Quercus*）和栲属（*Castonopsis*）树木干部白色腐朽。

（46）火木针层孔菌［*Phellinus igniarius*（L.）Quél.］，造成槭属（*Acer*）、桦属（*Betula*）、杨属（*Populus*）、李属（*Prunus*）、椴属（*Tilia*）、鹅耳枥属（*Carpinus*）、胡桃属（*Juglans*）、柳属（*Salix*）等多种阔叶树心材白色腐朽。

（47）落叶松针层孔菌［*Phellinus laricis*（Jaczewski in Pilát）Pilát］，造成落叶松（*Larix* spp.）心材白色腐朽。

（48）忍冬木层孔菌［*Phellinus lonicerina* Parmasto］，造成忍冬活立木心材白色腐朽。

（49）松针层孔菌［*Phellinus pini*（Brot.）A. Ames］，造成松属树木心材白色腐朽。

（50）黑壳针层孔菌［*Phellinus rhabarbarinus*（Berk.）G. Cunn.］，造成青冈（*Cyclobalanopsis* spp.）等山毛榉科树木心材白色腐朽。

（51）窄盖针层孔菌［*Phellinus tremulae*（Bondartsev）Bondartsev & Borisov］，造成杨属树木心材白色腐朽。

（52）苹果针层孔菌［*Phellinus tuberculosus*（Baumg.）Niemelä］，造成苹果（*Malus*）、李属（*Prunus*）和丁香属（*Syringa*）等阔叶树心材白色腐朽。

（53）瓦尼针层孔菌［*Phellinus vaninii* Ljub.］，造成杨树（*Populus* spp.）等阔叶树心材和干基白色腐朽。

（54）亚玛针层孔菌［*Phellinus yamanoi*（Imazeki）Parmasto］，造成云杉属（*Picea*）树木心材白色腐朽。

（55）翘鳞环伞菌［*Pholiota squarrosa*（Weigel）K.

图 1 红缘拟层孔菌病害症状（戴玉成提供）

图 2 红缘拟层孔菌病原菌（戴玉成提供）

图 3 栗褐暗孔菌病害症状（戴玉成提供）

图 4 栗褐暗孔菌病原菌（戴玉成提供）

Kumm]，主要造成杨树（*Populus* spp.）和桦树（*Betula* spp.）等阔叶树心材白色腐朽。

（56）茶藨子叶状层菌［*Phylloporia ribes*（Schumach.）Ryvarden］，造成茶藨子属（*Ribes*）、山楂属（*Crataegus*）、忍冬属（*Lonicerna*）等树木干基白色腐朽。

（57）桦剥管孔菌［*Piptoporus betulinus*（Bull.）P. Karst.］，造成桦树（*Betula* spp.）心材褐色腐朽。

（58）梭伦剥管菌［*Piptoporus soloniensis*（Dubois）Pilát］，造成蒙古栎（*Quercus mongolica*）和板栗（*Castanea mollissima*）心材褐色腐朽。

（59）水曲柳多孔菌［*Polyporus fraxineus*（Bondartsev & Ljub.）Y.C. Dai］，造成蒙古栎（*Quercus mongolica*）心材白色腐朽。

（60）宽鳞多孔菌［*Polyporus squamosus*（Huds.）Fr.］，造成蒙古栎（*Quercus mongolica*）和水曲柳（*Fraxinus mandshurica*）心材白色腐朽。

（61）柄生泊氏孔菌［*Postia stiptica*（Pers.）Jülich］，造成云杉（*Picea*）心材褐色腐朽。

（62）平丝硬孔菌［*Rigidoporus lineatus*（Pers.）Ryvarden］，造成刺槐（*Robinia pseudoacacia*）和泡桐（*Paulownia* spp.）等阔叶树干基白色腐朽。

（63）小孔硬孔菌［*Rigidoporus microporus*（Fr.）Overeem］，造成多种阔叶树干基白色腐朽。

（64）裂褶菌［*Schizophyllum commune* Fr.］，造成李属（*Prunus*）苗木边材白色腐朽。

（65）优美毡被孔菌［*Spongipellis delectans*（Peck）Murrill］，主要造成栎属（*Quercus*）树木心材白色腐朽。

（66）松软毡被孔菌［*Spongipellis spumeus*（Sowerby）Pat.］，造成杨树（*Populus* spp.）等心材白色腐朽。

（67）香栓孔菌［*Trametes suaveolens*（Fr.）Fr.］，主要造成杨树（*Populus* spp.）、柳树（*Salix* spp.）和椴树（*Tilia* spp.）心材白色腐朽．

侵染过程与侵染循环　立木腐朽菌，特别是干基腐朽通常是通过根部侵染而传播的，例如，有害小针层孔菌和栗褐暗孔菌等。有的林木腐朽菌能通过伤口进行侵染，如硬毛栓孔菌和裂褶菌等在行道树和公园树木主要通过伤口侵染健康树木。自然造成的伤口，如火灾、风折、雪压、冻裂、病虫害、动物咬伤及自然整枝等，人们营林活动造成的伤口，疏伐和修枝不当等，都为病菌侵染提供了方便条件。

树木腐朽菌侵入定居后，然后向边材生长和扩展，但由于立木本身的保卫反应及受温度、木材含水量及内含物等因素的影响，蔓延的速度较慢。一般讲，其潜育期都比较长，可自数年至数十年后，才在树干上长出子实体来。木腐菌的子实体一年生或多年生。一年生的至冬季死亡，翌年产生新的子实体；多年生的子实体则每年产生新的子实层体，并产生、放散大量孢子。有些木腐菌是通过担孢子进行传播的，如宽鳞多孔菌和柳生针孔菌等。有些腐朽菌的菌丝可在腐木中存活很多年，如威氏小针层孔菌可以存活 70 年以上，这些菌丝在条件合适时就可以造成再侵染。有些木腐菌侵染树木后形成一个侵染中心，病害从这个中心逐年扩展，在无人干扰的条件下可发展上百年，危害面积可达几十公顷。

防治方法　树木腐朽的病原物分布于寒带、温带、亚热带和热带地区，而且病害发生初期也不易发现，特别是地处边远的成过熟林区，防治比较困难。但对树木腐朽的防治应遵守以下原则。

确定合理的采伐年龄　不论任何树种和任何环境条件，腐朽株率和腐朽材积均随林龄的增高而增长，因此，应根据不同的立地条件为每一树种确定一个合理的采伐年龄，以协调林木生长速率与腐朽增长率之间的矛盾，减少木材损失。

加强抚育，保持林内卫生　除了对林分进行抚育采伐外，还应进行卫生伐，清除病腐木。有计划地清除林木上引起腐朽的子实体，以减少再侵染来源。若林分病腐率超过40% 时，应有计划地在近几年内采伐利用。行道树、公园的树木或其他珍贵树木修枝后，最好用保护药剂涂抹伤口，以免病菌侵染。

营林时防止各种损伤　很多木腐菌主要由伤口侵入，如柄生泊氏孔菌主要通过机器伤口侵入树木，因此，营林时要尽力避免各种机械伤，从而能够减少部分腐朽病害。选用抗病品种是人工林防止腐朽病害发生的最主要方法。

对公园树和行道树每年要通过敲击树干和打孔法定期检查，对心材已经腐朽的树木，尽管它们外观看起来还健康，也要及时清除，特别是有台风经过的地区，更应该逐年对公园树和行道树进行腐朽检查。对有保护价值的古树，要采取加固、支撑等特殊办法进行保护。

参考文献

戴玉成，秦国夫，徐梅卿，2000. 中国东北地区的立木腐朽菌［J］. 林业科学研究，13: 15-22.

DAI Y C, 1996. Changbai wood-rotting fungi 7. A check list of the polypores[J]. Fungal science, 11(3/4): 79-105.

DAI Y C, KORHONEN K, 1999. *Heterobasidion annosum* groups identified in northeastern China[J]. European journal of forest pathology, 29: 273-279.

FURTADO J S, 1967. Some tropical species of ganoderma with light coloured context[J]. Persoonia, 4: 379-389.

LARSEN M J, COBB-POULLE L A, 1990. *Phellinus* (Hymenochaetaceae). A survey of the world taxa[J]. Synopsis fungorum, 3: 1-206.

ZENG X L, 1992. A undescribed species of *Oxyporus* (Polyporaceae) from China[J]. Mycotaxon, 44(1): 51-54.

（撰稿：戴玉成；审稿：张星耀）

荔枝龙眼焦腐病　litchi and longan black-rotten disease

由可可毛色二孢引起的一种真菌病害，荔枝、龙眼果实均较常见，多于采后危害。

分布与危害　在中国各荔枝产区和广东、广西、福建等龙眼产区均有焦腐病发生，主要危害采后成熟果实或虫害果实。一般从果蒂部位开始发病，病斑小、褐色，后逐渐扩大，至果实大部分腐烂变褐且果汁液外流，湿度大时整个果实腐

焦腐病危害荔枝和龙眼果实的症状（姜子德、谢江江提供）

①受害的荔枝；②受害后的荔枝内果皮；③受害的龙眼

烂并长出黑色霉状物，若引起腐生菌如细菌、酵母菌的大量繁殖则有酸臭气味（见图）。

病原及特征　病原为可可毛色二孢 [*Lasiodiplodia theobromae* (Pat.) Griff. et Maubl.]，属于子囊菌，常见无性态。在 PDA 培养基上菌落绒状，菌丝体旺盛，初期灰白色、有光泽，后期逐渐灰褐色至黑褐色，在 26℃ 时经 25～40 天可产生黑褐色球形分生孢子器；分生孢子梗无色，圆柱形，具隔膜；分生孢子未成熟时无色，单胞，壁厚，内含颗粒状物，椭圆形，成熟时为榄褐色，表面光滑，具纵条纹，中间有 1 个隔膜，大小为 18～29μm×12～17μm。

侵染过程与侵染循环　焦腐病菌以菌丝体或分生孢子器在病残体上越冬，翌年年温湿度适宜时，分生孢子器吸水后将产生的分生孢子挤出孔口；分生孢子借风雨传播，自伤口侵入果皮。

流行规律　该菌具有潜伏侵染的特性，故多在采后发病。病菌喜高温高湿，在 12～39℃ 下均能生长，最适生长温度为 28～30℃。分生孢子最适萌发温度为 25～35℃，其萌发率随着相对湿度的增加而提高，若湿度低于 86% 时则不能萌发。

防治方法　低温储藏将抑制病原菌生长，从而延长果实保鲜期。

参考文献

张居念，林河通，谢联辉，等，2005. 龙眼焦腐病菌及其生物学特征 [J]. 福建农林大学学报自然科学版，34(4): 425-429.

（撰稿：习平根；审稿：姜子德）

荔枝霜疫病　litchi downy blight

由荔枝霜疫霉侵染引起的荔枝生产上最为严重的卵菌病害。又名荔枝霜霉病、荔枝霜疫霉病。

发展简史　1934 年最早报道于中国台湾，大陆 50 年代初有记载。

分布与危害　主要分布于广东、广西、福建和台湾等荔枝产区。可危害嫩梢、叶片、花穗、结果小枝、果柄和果实，尤以近成熟果实受害较重。荔枝花期常遇连绵阴雨或挂果期雨水不断，病害发生流行迅速，引起大量落花、落果、裂果和烂果，损失可达 30%～80%。

嫩叶感病形成黄褐色水渍状不规则病斑，湿度大时，病斑正反面均长出白色霉状物；花穗感病造成变褐而落花，严重时整个花穗枯萎；果枝和果柄感病形成褐色病斑，病健交界不清；幼果感病后很快脱落，造成大量落果；接近成熟果实多从蒂部开始发病，病斑暗褐色、不规则、无明显边缘，迅速扩展致全果变褐腐烂，且病果表面长出白色霉层（见图）。

病原及特征　病原为荔枝霜疫霉（ *Peronophythora litchii* Chen ex Ko et al. ），隶属卵菌。孢囊梗为多级有限生长，呈二叉状分枝，在小分枝顶端同时形成孢子囊。孢子囊遇水易脱落，柠檬形，具乳突和短柄。孢子囊可直接萌发芽管，也可间接萌发释放肾形游动孢子 6～8 个。游动孢子侧生双鞭毛，休止后萌发产生芽管，进而长成菌丝。同宗结合，田间和培养基上均可形成卵孢子。藏卵器球形、无色，雄器近卵圆形，为侧生或穿雄生。卵孢子球形，无色至淡黄色。

侵染过程与侵染循环　荔枝霜疫霉主要以卵孢子在落入土壤的病残体内越冬，待翌春气温升高和降水量加大，卵孢子萌发形成孢子囊，孢子囊或释放的游动孢子随风雨传播，侵染危害荔枝叶片、花穗和果实，进一步繁殖形成大量的孢子囊和游动孢子则成为再侵染源。此时，只要连续数天阴雨天气便可能造成该病害流行。

流行规律　荔枝霜疫霉生长最高温度 30℃，11～30℃ 时均能形成孢子囊，22～25℃ 产孢子囊量最高。高湿度是引起该病发生的首要条件，已经感病的果园，若连续几天下雨，该病就会严重暴发。贮运途中若混有病果且缺乏冷链运输，荔果会大量霉烂。

防治方法　采取健康栽培、清理初侵染源与病害流行期喷施杀菌剂相结合的策略。

荔枝霜疫病危害症状（姜子德、彭埃天提供）

①受害花穗；②受害果实

栽培防治 控制植株密度，剪除病虫枝、弱枝、过密枝及近地面枝，使果园通风透光。以有机基肥为主，化肥为辅，保证土壤疏松，秋冬防旱，雨季则防止果园积水。秋冬清除地面上的落果、烂果、枯枝落叶，集中烧毁或深埋，并喷1次0.3～0.5波美度石硫剂或晶体石硫合剂150倍液，减少初侵染来源。

化学防治 在花蕾期至果实成熟期，根据当地的天气情况及果园病害发展情况适时喷药，如遇连续下雨，则应抢晴喷药。药剂可选用：精甲霜·锰锌水分散粒剂（金雷多米尔）、烯酰吗啉（安克）可湿性粉剂、双炔酰菌胺（瑞凡）悬浮剂、嘧菌酯（阿米西达）悬浮剂、唑酯·代森联（百泰）水分散粒剂等。

参考文献

彭成绩，蔡明段，彭埃天，2017.南方果树病虫害原色图鉴[M].北京：中国农业出版社.

戚佩坤，2000.广东果树真菌病害志[M].北京：中国农业出版社.

戚佩坤，潘雪萍，刘任，1984.荔枝霜疫病的研究Ⅰ.病原菌的鉴定及其侵染过程[J].植物病理学报，14(2)：113-119.

中国农业科学院植物保护研究所，中国植物保护学会，2015.中国农作物病虫害[M].3版.北京：中国农业出版社.

（撰稿：姜子德；审稿：习平根）

荔枝酸腐病 litchi sour rot

由白地霉引起的荔枝果实病害。

分布与危害 中国荔枝产区均有发生。危害成熟的果实，多从伤口开始发病，如蒂蛀虫、蝽类常在蒂部危害造成伤口，故从果蒂先发病为多。

病部初褐色，后暗褐色，逐渐扩展直至全果变褐腐烂，内部果肉酸臭，果壳硬化，后期造成落果、烂果、果实腐败流水，发出酸臭味。湿度大时在病果表面形成白色霉层（见图）。

病原及特征 病原为白地霉（*Geotrichum candidum* Lk. ex Pers.）。菌丝白色，分枝，多隔膜，通过菌丝断裂形成串生的节孢子，起初短圆形，两端平截，后迅速成熟，呈矩圆形或近椭圆形，单胞，无色，大小为8.5～12.9μm×2.4～4.5μm。

侵染过程与侵染循环 病原菌在病果和土壤中越冬。当翌年荔枝果实近成熟时，在高温多湿条件下，病原菌将产生大量分生孢子。分生孢子借风雨和昆虫传播并侵染果实发病。接着便产生大量分生孢子进行再侵染。

流行规律 5～7月发生较多，生理性裂果的果实尤易发生。蝽类和蒂蛀虫等危害造成的虫伤口、果实成熟期果皮破损极易诱发此病。贮运过程中，健果与病果接触有利于传染发病。

防治方法 冬季清园时清除地下落果，减少病原。在果实近熟期注意防治荔枝蝽、蒂蛀虫等。贮运过程尽量避免压伤和机械损伤。采后用双胍盐500～700倍液或用75%的抑霉唑1000～1500倍液加0.02% 2,4-D浸果1～2分钟。

参考文献

彭成绩，蔡明段，彭埃天，2017.南方果树病虫害原色图鉴[M].北京：中国农业出版社.

戚佩坤，2000.广东果树病害志[M].北京：中国农业出版社：132-140

（撰稿：习平根；审稿：姜子德）

荔枝炭疽病 litchi anthracnose

由胶孢炭疽菌引起的、可危害荔枝地上各个部分的一种真菌病害。

分布与危害 分布于中国各荔枝产区，且有逐年增多的趋势。叶、枝、花、果均可受害，尤其是花穗及近成熟或成熟果实（见图）。在叶片上，先于叶尖或叶缘产生圆形或不规则形的淡褐色病斑，后扩展为深褐色或灰色的大型斑块，其上生黑色小点，为病原菌的分生孢子盘。危害枝梢，引起枝斑或枝梢呈黑褐色萎蔫回枯。花穗受害则变褐枯死。若幼果受害，造成早期落果；通常近成熟或成熟果实最易受害，在果面产生褐色近圆形或不规则形褐斑，病健交界不明显，病果腐烂变味，湿度大时在病部产生橙红色的黏质小粒，即病原菌的黏分生孢子团。

病原及特征 病原为胶孢炭疽菌［*Colletotrichum*

荔枝炭疽病的危害症状（习平根、姜子德提供）
①②受害叶片；③④受害果实；⑤受害花穗枝梗

荔枝酸腐病危害荔枝果实的症状（姜子德、何平提供）
①受害的荔枝；②受害后的荔枝内果皮

gloeosporioides（Penz.）Sacc.］，隶属子囊菌，但常见到其无性态。分生孢子盘初埋生于病部表面组织下，成熟时突破表皮。分生孢子梗无色，圆柱形。分生孢子无色，单胞，长椭圆形或圆柱形，内含两个油球。分生孢子萌发时常产生附着胞。

侵染过程与侵染循环　初侵染源为树上或落到地面的病叶等病残体，以菌丝体和分生孢子在病组织内越冬。翌春，病部越冬及新产生的分生孢子经风雨或昆虫进行传播，其中以雨水传播为主，贮运期为病健果接触传播。有凝聚水时，分生孢子萌发产生附着胞和侵染丝，侵入组织直接产生病斑，或潜伏侵染，后期才表现症状。

流行规律　荔枝炭疽病在 4～11 月均可发生，发病温度为 13～38℃，在 22～29℃ 时若阴雨连绵则易发生流行。暴风雨、刮大风（台风）或有荔枝蝽等害虫危害造成果树大量伤口时，将有利于病菌的侵入和传播，加重发病。管理粗放、种植过密、树势衰弱的果园发病更重。

防治方法　由于荔枝炭疽病具有明显潜伏侵染的特性，在其防治方面应尽早采用预防措施。

加强栽培管理　增施有机肥和磷钾肥，进行松土、培土，以增强树势，提高抗病力。

搞好果园卫生，减少菌源　冬季结合修剪，剪除枯梢、病虫枝和病叶，清除地面枯枝、落叶和烂果，集中烧毁或深埋，以减少初侵染源。

化学防治　荔枝花穗期和幼果期是防治病害的关键时期，可结合防治荔枝霜疫病同时进行。

参考文献

彭成绩，蔡明段，彭埃天，2017. 南方果树病虫害原色图鉴 [M]. 北京：中国农业出版社.

戚佩坤，2000. 广东果树真菌病害志 [M]. 北京：中国农业出版社.

中国农业科学院植物保护研究所，中国植物保护学会，2015. 中国农作物病虫害 [M]. 3 版. 北京：中国农业出版社.

（撰稿：习平根；审稿：姜子德）

荔枝藻斑病　litchi algal leaf spot

由寄生性红锈藻引起的荔枝叶上常发生的一种病害。

分布与危害　中国荔枝产区均有发生，国外在泰国和印度也有发生。一般情况下对荔枝生产影响不大，有时发病严重而影响树势，其病叶率可高达 80%。

主要发生在成熟叶片和老叶上，有时也危害枝条和幼龄叶片。在叶片上，发病初期叶正面产生黄褐色小斑，逐渐扩大为近圆形或不规则形的黑褐色病斑，中央灰白色；叶背病斑淡灰色水渍状，渐变成黑褐色。后期病斑正面产生放射状黄褐色霉状物，为病原物的孢囊梗和游动孢子囊，背面产生黄绿色或橙黄色绒毛状物，为病原物的营养体（见图）。

病原及特征　病原为寄生性红锈藻（*Cephaleuros virescens* Kunze）。丝状体在寄主叶片的角质层和表皮之间或栅栏组织和叶肉组织之间生长。孢子囊梗自丝状体上长出，褐色，常 2～3 分隔，不分枝，长 141～544μm（平均 282μm），

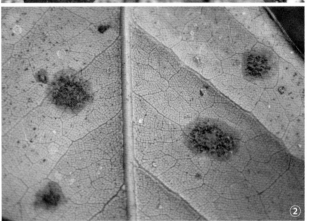

荔枝藻斑病的症状（习平根、姜子德提供）
①叶片正面受害症状；②叶片背面受害症状

宽 6.8～13.6μm（平均 10.2μm）。孢子囊梗末端膨大成头状的细胞，上生 1 至多个常呈膝状弯曲的小梗，其小梗顶端着生 1 个游动孢子囊。游动孢子囊球形、椭圆形或洋梨形，有较短乳突，黄褐色，直径 19.4～40.9μm。游动孢子囊成熟后，遇水释放游动孢子。游动孢子椭圆形，侧生双鞭毛，无色。

侵染过程与侵染循环　绿色头孢藻以营养体在寄主组织中越冬，或者以孢子囊在病叶和病残体上越冬。在翌年适合气候条件下，营养体产生游动孢子囊经风雨传播，释放游动孢子，休止后萌发产生芽管。芽管经气孔侵入形成营养体不断扩展，早期受到侵染的寄主细胞变黄死亡并产生枯死病斑。

流行规律　在雨季或果园湿度大，病害迅速扩展蔓延。果园雨季经常积水，树冠荫蔽，通风透光差，管理粗放，土壤贫瘠，树势衰弱，则发生危害严重。

防治方法　合理间伐，增加通风透光。施有机肥，增强树势。清除病枝叶，减少侵染源。在发病严重果园，可选择波尔多液、氧氯化铜和甲霜灵锰锌等药剂喷雾防治。

参考文献

中国农业科学院植物保护研究所，中国植物保护学会，2015. 中国农作物病虫害 [M]. 3 版. 北京：中国农业出版社.

（撰稿：姜子德；审稿：习平根）

莲藕腐败病　lotus rhizome rot

由镰刀菌或腐霉菌等引起的、威胁莲藕安全生产的主要病害。又名藕瘟、莲红心病。

发展简史　国际上莲藕腐败病最早在日本报道（明日山秀文等，1961）。在中国，最早记录于1978年黄齐望先生主编的《江西经济植物病害志》。1985年陈大国报道该病在湖北发生，后来陕西、山东、浙江、湖南等地先后有报道。20世纪80年代初，中国对病原的认识仅限为半知菌类镰刀菌属微生物。1990年刘安国等鉴定江西莲藕腐败病病原为莲腐败镰刀菌，多被称为尖孢镰刀菌莲专化型［*Fusarium oxysporum* f. sp. *nelumbicola*（Nis. & Wat.）Booth］。随后，其他地区也陆续开展了腐败病病原鉴定，发现除镰刀菌外，还包括缺性腐霉（*Pythium elongatumt* Matthews）、腐皮镰孢菌［*Fusarium solani*（Mart.）App. et Wollenw］、立枯丝核菌（*Rhizoctonia solani* Kühn）、腐霉菌（*Pythium*）、串珠镰刀菌（*Fusarium moniliforme* Sheld.）、半裸镰刀菌（*Fusarium avenaceum* Berk. et Rav.）、接骨木镰刀菌（*Fusarium sambucinum* Fuck）、旋柄腐霉（*Phytopythium helicoides* Drechsler）等。2010—2011年在莲藕腐败病病原镰刀菌对藕田主要杂草侵染能力及病原致病性和遗传多样性、不同覆水深度对病菌越冬种群动态影响、不同杀菌剂对病原室内毒力及田间防治效果等方面也开展了初步研究。

分布与危害　国外莲藕腐败病仅日本有报道。中国珠江流域、长江流域和黄河流域大多数藕区均有发生，冬季干田的藕区尤其严重。该病可造成莲藕大幅度减产，一般病田减产20%～30%，严重田块减产达60%以上，甚至绝产。

腐败病主要危害地下部分，并导致地上部分枯萎。受害初期，地下茎症状不明显，但可见病茎横切面中心处维管束变浅褐至褐色，后期呈褐色至紫黑色不规则病斑，重病茎腐烂或呈现皱缩状。发病茎结着生的须根一般颜色暗淡，易脱落。有些病藕结上出现粉红色黏性物质和蛛丝状菌丝体，部分病藕孔中可见白色菌丝。

病茎抽生的叶片初期叶色变淡，后整个叶缘或一边开始褪绿变黄，逐渐向内扩展至整个叶片变褐卷曲枯死，叶柄亦干枯弯曲。发病严重时，全田叶片枯黄，似"火烧"状。高温天气，常见叶片青枯。病茎上新抽的花蕾很小，一般不能正常开花而提前枯死（见图）。

病原及特征　尖孢镰刀菌莲专化型［*Fusarium oxysporum* f. sp. *nelumbicola*（Nis. & Wat.）Booth］属于镰刀菌属。该菌能产生大型和小型两种分生孢子。大型分生孢子新月形，两端尖，顶细胞顶端略弯曲，主要为3个隔膜，大小为37.7～52μm×3.25～4.55μm。小型分生孢子椭圆形、圆柱状或略呈弯曲状，多数单孢，大小为5.2～13μm×1.95～3.9μm。在PSA上菌丝发达，无色，有隔，分枝，粗1.3～5.85μm。生长1～2天后部分菌丝内开始形成紫色素。厚垣孢子顶生或间生，球形或拟球形，淡褐色，大小为3.25～9.1μm。菌丝生长温度为17～35℃，最适温度为22～25℃。分生孢子适宜萌发温度为24～28℃。

L

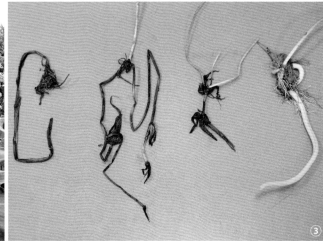

莲藕腐败病危害症状（由山东省农业科学院水生生物研究中心提供）

①轻病田发病情况；②重病田发病情况；③病变莲鞭（右为健康对照）；④发病茎结剖面；⑤病藕剖面（左为健康对照）

旋柄腐霉（*Pythium helicoides* Drechsler）属卵菌纲霜霉目腐霉科腐霉属。在 PDA 上菌落呈放射状，气生菌丝棉絮状，菌丝发达。孢子囊梨形、倒卵形或近球形，有层出现象，具有一乳突，顶生或间生，大小为 20.2～31.2μm×22.8～34.6μm。藏卵器球形，直径 23.3～28μm，平滑，多数为顶生。雄器较大，整个附着在藏卵器上，多橘瓣状，顶生，异丝生，雄器柄常见呈螺旋状缠绕藏卵器柄 1～3 圈。卵孢子球形、平滑、不满器。菌落生长温度为 15～43℃，最适生长温度为 35℃；pH 5～11 时均能生长，最适生长 pH 为 7。

侵染过程与侵染循环　莲藕腐败病属于土传病害。镰刀菌以厚垣孢子、分生孢子及休眠菌丝在病株残体组织、种藕中和土壤中越冬，腐霉菌以卵孢子、菌丝越冬。条件适宜时，病原菌通过菌丝或萌发后孢子从植株根部直接或通过伤口形成初侵染。菌丝在植株内可逐渐扩展。侵染后的病原菌在适宜条件下产生分生孢子或游动孢子。

腐败病的远距离传播主要通过带病种藕，近距离传播主要通过农事操作、农田动物等导致的带菌土壤、病残体的扩散和田间串水。

流行规律　莲藕腐败病一般 5 月上中旬开始发病，6 月上中旬进入盛期，6 月下旬至 7 月中旬进入发病高峰期。发病日均温度在 20～30℃。一般入泥浅的品种较入泥深的品种发病重；阴雨连绵、日照不足或暴风雨频繁环境下较正常季节发病重；藕田土壤酸性大、污水入田或水温过高，施用未腐熟有机肥，偏施、过量施氮肥，会加重发病；冬、春季节藕田断水干裂较田间湿润发病重；连作田发病逐年加重。

防治方法　莲藕腐败病是典型的土传病害，重在预防。

农业防治　选健康藕田留种；注意清洁田园；科学施肥，基肥要施腐熟有机肥，注意氮、磷、钾配比，避免偏施氮肥；酸性土壤要用 80～100kg/亩生石灰加以改良；高温季节宜加深水位一般 30cm 以上降低地温；尽量减少人为或其他因素对植株造成伤口。

化学防治　①土壤处理。有条件的田块种植前可用石灰氮、棉隆等消毒剂进行土壤消毒。消毒完毕晾田 15 天以上再植藕，同时要施适量有机肥和微生物菌肥。②种藕处理。用 70%百菌清 800 倍和 50%多菌灵 800 倍液（或 70%甲基硫菌灵）1∶1 混合焖种 24 小时或浸种后晾干。③生长季节用药。田间出现少量病株时，要及时清除病株及周围病土，并在病穴处用 99%噁霉灵可湿性粉剂灭菌，同时根据病原种类选择 70%甲基硫菌灵 800～1000 倍液、68%精甲霜·锰锌水分散颗粒剂 800～1000 倍液等内吸性低度杀菌剂全田喷雾。一般 5～7 天喷洒 1 次，连续防治 2～3 次。

参考文献

刘安国，汪金莲，刘光亮，等，1990. 莲藕败病病原镰刀菌的分离和鉴定 [J]. 江西农业大学学报，12(2): 1-4.

刘铸德，1992. 莲藕腐败病的研究 [J]. 植物病理学报 (22): 265-268.

魏林，曹福祥，梁志怀，等，2009. 莲藕腐败病病原菌人工接种致病性测定方法的研究 [J]. 湖南农业科学 (7): 74-76.

YIN X, LI X Z, YIN J J, et al, 2016. First report of *Phytopythium helicoides* causing rhizome rot of Asian lotus in China[J]. Plant Disease,

100(2): 532.

（撰稿：阴筱、尹静静；审稿：李效尊）

莲藕黑斑病　lotus root black spot

由莲链格孢引起的、主要危害莲藕立叶的真菌病害。又名莲褐纹病、莲叶斑病和莲交链霉黑斑（褐纹）病。

发展简史　该病害是莲藕上常见的病害，尤其在 7～9 月高温多雨季节盛发，在发表的各地区莲藕主要病害调查文献中，多数都有该病害的记载，所述内容集中在症状、发生特点和常用防治方法方面，对其致病机理等方面深入、系统研究的甚少。

分布与危害　中国莲藕种植区均有发生。该病害主要危害立叶。发病初期叶片出现圆形黄褐色小斑点，后逐渐扩大成圆形至不规则形的褪绿色大黄斑或褐色枯死斑，斑内常现同心轮纹，病斑边缘常具黄色晕圈。发病后期多个病斑相连融合，致叶片上现大块焦枯，严重时整个叶片上布满病斑，导致叶片干枯死亡（见图）。

病原及特征　病原为莲链格孢 [*Alternaria nelumbii*（Ell. et Ev.）Enlows et Rand.]，属交链孢属真菌。该菌分生孢子梗褐色，单生或 2～6 根簇生，不分枝，具膝状节 0～1 个，隔膜 1～3 个，大小为 55～88μm×5～7μm。分生孢子串生或单生，卵形至近椭圆形，褐色至淡褐色，具横隔膜 1～6 个，纵隔膜 0～4 个，隔膜处略缢缩，咀喙短，孢身大小为 35～65μm×10～16μm。在 PDA 培养基上培养，菌落铺展，通常暗黑褐色或黑色。

侵染过程与侵染循环　病菌以菌丝体和分生孢子梗随病残体在藕田中存活越冬，也可在田间留种株上越冬。翌年条件适宜时，产生分生孢子借助气流或风雨传播蔓延，进行初侵染和再侵染。

流行规律　高湿高温、雨水频发的年份和季节有利于发病；一般从 7 月开始，渐为发病的高峰期，温度越高，降水越多，发病越重。连作地或藕株过密、通透性差的田块，以及蚜虫危害猖獗的田块发病重。

防治方法

农业防治　发病严重的藕田，有条件的最好实行与禾本科作物 2 年以上的轮作；合理密植，改善通风条件，施足腐熟有机肥，增施钾肥；在莲藕生长中后期随时将病叶清除销毁，但需注意不要折断叶柄，以免雨水或塘水灌入叶柄通气孔，引起地下茎腐烂。收获莲藕前采摘病叶，带出藕田集中深埋或烧掉，以减少翌年的初侵染源。

化学防治　在莲藕浮叶期结合追肥每亩撒施 99%噁霉灵原药 10g，对病害发生具有较好的预防作用；发病初期可采用 40%氟硅唑乳油 6000 倍液，或 50%多菌灵可湿性粉剂 500 倍液，或 25%丙环唑乳油 1500 倍液喷雾防治。

参考文献

刘义满，吴仁峰，杨绍丽，2015. 24 种莲病害目录 [J]. 长江蔬菜 (22): 213-217.

魏林，梁志怀，2013. 莲藕病虫草害识别与防治 [M]. 北京：中

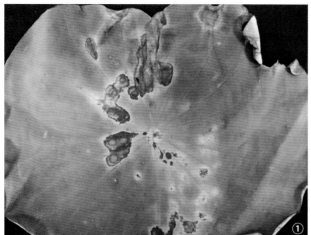

莲藕黑斑病症状（魏林提供）

①初期；②中期；③后期

国农业出版社.

夏声广, 2012. 图说水生蔬菜病虫害防治关键技术 [M]. 北京：中国农业出版社.

张宝棣, 2002. 蔬菜病虫害原色图谱 [M]. 广州：广东科技出版社.

郑建秋, 2010. 现代蔬菜病虫鉴定与防治手册 [M]. 2 版. 北京：中国农业出版社.

（撰稿：魏林；审稿：梁志怀）

莲藕枯萎病　lotus *Fusarium* will

由镰刀菌属真菌引起的莲藕病害。又名莲藕腐败病。

分布与危害　在中国莲藕产区都有发生，是莲藕种植区的重要病害。随着产业结构调整，莲藕种植面积有所扩大，病害在新种植区也逐渐显现出其危害性。病菌主要危害莲藕的地下茎组织，受害植株的叶片症状严重，有时呈一片火烧状。枯萎病菌主要存活于土壤中，在土壤有水的情况下病菌能够迅速扩散蔓延，因此，莲藕种植区一旦有病害发生，其传播速度较快。有些地区发病面积占总种植面积的 40%～60%，轻病田减产 20% 左右，重病田减产可达 30%～50%。重病田一般为老病区田块或水稻田改种莲藕田块。

发病初期叶片褪绿，逐渐变黄至干枯，最后整张叶片卷曲枯萎；叶柄直立不倒，顶端多呈弯曲状，叶柄维管束组织也变为褐色；病株花蕾也极易枯死。发病严重时，全田一片枯黄，似火烧状。剖视地下茎组织，维管束呈淡褐色，变色的维管束颜色逐渐加深。后期病茎表面出现不规则褐色病斑，病茎、藕节、须根变黑甚至腐烂，藕孔中可见白色棉絮状菌丝体和橘红色黏质物。采收后病藕贮放数日，其表面常产生白色絮状物和橘红色黏质物，失去食用价值。

病原及特征　病原为尖孢镰刀菌莲专化型 [*Fusarium oxysporium* f. sp. *nelumbicola*（Nis. & Wat.）Booth]，也有认为串珠镰孢（*Fusarium moniliforme* Sheld.）、茄腐皮镰孢 [*Fusarium solani*（Mart.）Sacc.] 等种类的镰刀菌也能造成危害。尖镰孢莲专化型属无性菌类镰刀菌属真菌。分生孢子有两种形态：一种为大型分生孢子，纺锤形至镰刀形，无色，多数 3 个隔膜，大小为 27～46μm×3～4.5μm；另一种为小型分生孢子，卵形至椭圆形，无色，5～12μm×2.5～3.5μm，大多数单细胞。厚垣孢子常见，顶生或间生，球形，直径 20～27μm。病菌生长的温度为 10～30℃，最适 24～27℃，最适 pH 为 7.2。

侵染过程与侵染循环　病菌以菌丝体和厚垣孢子在种藕内、病残体内、土壤中越冬。病菌从地下茎的伤口侵入，蔓延后危害维管束组织。病株产生的分生孢子随水流或农事操作传播，可引起多次再侵染。在自然条件下，成苗后期始见症状，花果期进入发病盛期（见图）。

春季气温回升至 10℃ 以上时病菌开始生长；当温度稳定在 20℃ 以上，田间始见病株；温度在 24～27℃ 时病害扩展蔓延迅速；田间出现大量枯死叶片时为发病高峰期；当土温高于 30℃ 时病害停止扩展。

流行规律　影响病害发生发展的因素有多种。连作田一般病害较重，主要原因是连作田菌源积累多，土层板结，通透性差，连作障碍明显，易造成病害流行。种植带菌种藕田块发病重；稻改藕的田块、兼养鱼虾池塘内的莲藕发病重；偏施氮肥或施用未腐熟有机肥田块病重。另外，田间管理粗放、地下害虫危害重、土壤酸性过强、长期蓄水过深田块，易削弱植株对病菌的抗性，会加重病害程度。

防治方法

利用抗病品种和无菌种藕　品种间抗性有明显差异，一般深根性品种比浅根性品种发病轻，需根据各地特点选择抗

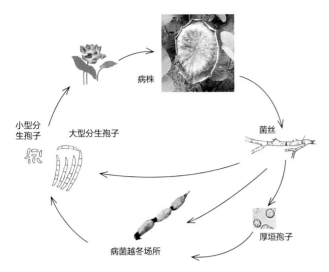

莲藕枯萎病侵染循环示意图（童蕴慧提供）

性较好品种种植。剔除带菌种藕，或将种藕用 70% 甲基硫菌灵、50% 多菌灵 1000 倍液喷雾后闷种 24 小时，晾干后种植。

轮作　对病重田块改连作为轮作，与其他水生蔬菜、旱田蔬菜、大豆等轮作都有效，轮作时间一般以 3～5 年为宜。新开垦藕田一般病轻，可连作几年，但以后也需要与其他作物轮作。

土壤处理　种植前深翻土壤，将表层带有病菌的土壤翻到深层。每公顷施石灰 1500kg 并翻入土中，改变土壤酸度，使之不利于病菌生长。

清洁田园，加强管理　莲藕生长期发现少量病株可拔除，收获后及时清理病残体，减少病菌侵染源。施足有机肥，不偏施氮肥，做到氮磷钾配合施用，增施硅肥。科学灌水，根据莲藕生长需要适量灌水。冬季不脱水，可以降低越冬病菌存活率。

化学防治　对重病田在种植前施用化学药剂抑制土壤中的病菌，每公顷用 50% 多菌灵可湿性粉剂、或 50% 速克灵可湿性粉剂 7.5kg，拌细土 15～25kg 后撒施。发病初期也可将上述药土撒入浅水层的莲茑下。另外，防治地下害虫能有效减轻枯萎病危害。

参考文献

中国农业科学院植物保护研究所, 中国植物保护学会, 2015. 中国农作物病虫害 [M]. 3 版. 北京: 中国农业出版社.

（撰稿：童蕴慧；审稿：赵奎华）

莲藕炭疽病　lotus root anthracnose

由胶孢炭疽菌引起的、主要危害莲藕立叶的一种真菌病害。

发展简史　赖传雅等 1998 年在文献中描述了莲藕炭疽病的症状，报道该病病原菌为盘长孢状刺盘孢［*Glomerella gloeosporioides*（Penz.）Sacc.］，并称该病害为国内首次报道。1999 年，赵有为在《中国水生蔬菜》一书中，也提到了莲藕

的炭疽病病原菌为有性态子囊菌的围小丛壳菌（*Gloeosporium nelumbii* Tassi）。随着该病害在全国莲主栽区的普遍发生，此后在涉及莲藕主要病害的文章中，均有炭疽病的描述，只是将莲藕炭疽病病原菌都描述为胶孢炭疽菌［*Colletotrichum gloeosporioides*（Penz.）Sacc.］，文章的内容多集中于对病害症状、发病特点和防治方法的描述。

分布与危害　该病分布广泛，在中国莲藕种植区均有发生。主要危害莲藕的立叶，浮叶很少发病。莲藕植株从第一片幼嫩立叶展开开始至莲藕整个生长期均可受害。幼叶受病原菌侵染，病斑呈圆形至不规则形，黑紫色，多数病斑上具有轮纹；老叶受害，病斑多从叶缘开始，初为褐色至红褐色小斑，后发展为中部褐色至灰褐色稍下陷、具明显同心轮纹的近圆形病斑，病健交界处波纹状，病斑外围常具有黄色晕圈。发病后期，病斑相互融合，造成叶片局部或全部枯死斑。发病后期，病斑上还可见许多散生的黑色或朱红色小粒点，即病原分生孢子盘及分生孢子（见图）。通常发病较轻，对产量影响不明显，但发病条件适宜时，可造成田间 60% 以上的病叶率，严重影响莲藕的生长和产量。

病原及特征　病原菌是胶孢炭疽菌［*Colletotrichum gloeosporioides*（Penz.）Sacc.］，属黑盘孢目真菌。有性态是子囊菌的围小丛壳［*Glomerella cingulata*（Stonem.）Spauld. et Schrenk］。

病菌的分生孢子盘生于寄主植物角皮层下、表皮或表皮下，分散或合生，不规则开裂。分生孢子盘黑褐色，圆形至扁圆形，90～250μm，刚毛鲜见。分生孢子梗短、密集，产孢细胞瓶状，分生孢子无色，单胞圆柱状或椭圆状，两端钝圆，大小为 9～24μm×3～4.5μm。多数孢子有油点 2 个，个别为 3 个。分生孢子团橘红色、粉红色。刚毛有或无，散生或周生，褐色，直立或弯曲，培养中通常不发生。病原菌的子囊壳近球形，基部埋于子座内，散生，咀喙明显，孔口处暗褐色，大小为 180～190μm×132～144μm；子囊棍棒形，单层壁，内含 8 个子囊孢子，大小为 48～77μm×7～12μm，未见侧丝；子囊孢子单行排列，无色单胞，长椭圆形至扁圆形，直或微弯，大小为 15～26μm×4.8μm。

侵染过程与侵染循环　病菌以菌丝体和分生孢子盘随病残体在藕田中存活越冬，也可在田间留种株上越冬。条件适宜时，病菌分生孢子盘上产生的分生孢子借助气流或风雨传播蔓延，进行初侵染与再侵染。

流行规律　该病原菌温度适应范围较广，分生孢子在 10～40℃ 均可萌发，适温范围为 25～31℃，最适产孢温度为 30℃，在相对有水膜的条件下分生孢子萌发和附着胞形成率都显著提高，因此，高湿高温、雨水频发的时节有利于该病的发生；连作地或藕株过密、通透性差的田块发病重。

防治方法

农业防治　加强栽培管理，注意有机肥与化肥相结合，氮肥与磷钾肥相结合施用；田间发现病株及时拔除，收获后清除田间病残组织，减少翌年菌源；避免栽植过密，保持田间通风透光。

化学防治　发病初期可采用下列杀菌剂或配方进行防治：25% 咪鲜胺可湿性粉剂 1200 倍液、或 10% 苯醚甲环唑颗粒剂 6000 倍液、或 50% 甲基托布津可湿性粉剂 800 倍液

莲藕炭疽病症状（魏林提供）

①嫩叶；②老叶；③全田

加 75% 百菌清可湿性粉剂 800 倍液、80% 炭疽福美可湿性粉 800 倍液、或 25% 咪鲜胺乳油 15000 倍液加 75% 百菌清可湿性粉剂 600 倍液、或 40% 腈菌唑水分散粒剂 5000 倍液加 70% 代森锰锌可湿性粉剂 600～800 倍液，兑水喷雾防治，视病情隔 7～10 天喷 1 次。

参考文献

赖传雅，梁钧，1998. 广西水生经济植物病害初步调查 [J]. 广西农业科学 (1): 25-27.

刘义满，吴仁峰，杨绍丽，2015. 24 种莲病害目录 [J]. 长江蔬菜

(22): 213-217.

夏声广，2012. 图说水生蔬菜病虫害防治关键技术 [M]. 北京：中国农业出版社.

赵有为，1999. 中国水生蔬菜 [M]. 北京：中国农业出版社.

郑建秋，2010. 现代蔬菜病虫鉴定与防治手册 [M]. 2 版. 北京：中国农业出版社.

（撰稿：魏林；审稿：梁志怀）

莲藕叶点霉斑枯病　lotus root spot blight

由喜湿叶点霉菌引起的、莲藕生长中后期常见的叶部真菌病害。又名莲藕斑枯病、莲藕烂叶病和莲藕叶点霉烂叶病。

发展简史　李清铣等在 1985 年报道江苏水生蔬菜病害时，提到了该病害，当时他们将该病害称为藕叶斑病，描述了该病害在江苏的分布和症状特征，并根据病原菌形态特点鉴定为莲藕叶点霉属（*Phyllosticta* spp.）。1998 年赖传雅等也报道了该病害并称其为在广西的首次报道，并命名该病害为莲藕斑枯病（轮斑病），将该病原菌确定到了种（*Phyllosticta hydrophila* Speg.）。此后，与该病害相关的文献也逐渐增多，主要集中在对其症状、病原及田间防治方法的报道。

分布与危害　中国莲藕种植区均有发生。主要危害莲藕生长中后期的老熟叶片。受害叶片最初出现圆形、椭圆形或不规则形、灰白色至灰褐色病斑。病健部分界明显或不明显。病斑表面常密生呈小黑粒的分生孢子器。危害严重时，导致病斑破裂或脱落，造成叶片穿孔，有时仅留主叶脉，整个病叶烂如破伞状（见图）。田间病叶率一般为 20%～30%，严重的可达 80% 以上。

病原及特征　病原为喜湿叶点霉（*Phyllosticta hydrophila* Speg.），属叶点霉属真菌。分生孢子器褐色，近球形，具明显孔口，但不具刚毛状物，初埋生在叶表皮内，后稍凸起，大小为 136～195μm；产孢细胞多数为单细胞、不分枝，产孢方式为环痕式；器孢子无色或近无色，单胞，纺锤形至椭圆形，略弯曲，两端略尖，大小为 6～9μm×2～3μm，具 1～2 个油球。

侵染过程与侵染循环　病菌以菌丝体和分生孢子器随病残体在藕田中存活越冬，也可在田间病株上越冬。条件适宜时，病菌分生孢子器上产生的分生孢子借助气流或风雨传播蔓延，进行初侵染与再侵染。

流行规律　发病时期一般为 5～9 月，尤其是进入 8 月高温、多雨季节，植株长势弱的老叶很易发病；连作地或藕株过密通透性差的田块发病重；偏施过施氮肥，植株荫蔽抗病力降低时易于感病、发病。

防治方法

农业防治　田间零星发病时，及时摘除病叶带出田外处理；增施有机肥，防止偏施氮肥。

化学防治　在田间立叶分行前，喷雾 70% 代森锰锌可湿性粉剂 800 倍液进行预防；发病初期喷 70% 甲基硫菌灵可湿性粉剂 800 倍液加 70% 多菌灵可湿性粉剂 800～1000 倍液，或 70% 甲基托布津可湿性粉剂 1000 倍液，或 10%

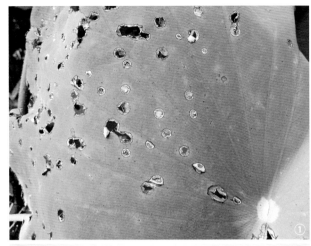

莲藕斑枯病症状（魏林提供）
①初期；②后期

苯醚甲环唑分散性粒剂 4500 倍液，或 75% 百菌清可湿性粉剂 1000 倍液加 50% 多菌灵可湿性粉剂 1000 倍液，或 40% 氟硅唑乳油 6000 倍液进行防治。田间发病较为普遍时，可在药剂中添加 0.1% 洗衣粉以增加对荷叶的附着性。

参考文献

赖传雅，梁钧，1998. 广西水生经济植物病害初步调查 [J]. 广西农业科学 (1): 25-27.

李清铣，王连荣，1985. 江苏水生植物病害种类的初步调查鉴定 [J]. 江苏农学院学报，6(1): 35-41.

刘义满，吴仁峰，杨绍丽，2015. 24 种莲病害目录 [J]. 长江蔬菜 (22): 213-217.

魏林，梁志怀，2013. 莲藕病虫草害识别与防治 [M]. 北京：中国农业出版社.

夏声广，2012. 图说水生蔬菜病虫害防治关键技术 [M]. 北京：中国农业出版社.

郑建秋，2010. 现代蔬菜病虫鉴定与防治手册 [M]. 2 版. 北京：中国农业出版社.

（撰稿：魏林；审稿：梁志怀）

莲藕叶腐病　lotus root leaf rot

由嗜水小核菌引起的、主要危害莲藕浮叶的一种真菌病害。又名莲小核菌叶腐病。

发展简史　虽然叶腐病是危害浮叶的主要病害，危害严重时常造成整个叶片腐烂，但直至 2000 年以后的文献，对该病害的报道才多起来。该病病原菌嗜水小核菌先前归属于 Sclerotium 属，是 1892 年由 Sacc. 根据其产生的菌核特征进行的分类。随着分子生物学分析手段的发展，嗜水小核菌分属于小核菌属已遭到胡春锦等多位研究者的质疑。2008 年和 2013 年胡春锦、王春兰等人先后通过形态学及 28S rDNA RFLP 分析等分子生物学技术研究发现，从水稻发病株中分离的嗜水小核菌病原菌与丝核菌属真菌有更密切的关系，建议嗜水小核菌应归属于丝核菌属。针对侵染莲藕的嗜水小菌核进行的 18S rDNA 和 ITS 序列分析等分子技术的病原菌鉴定尚未见有报道，因此，结合该病原菌分子遗传进化特征及形态学和生理生化特征进行鉴定，对其重新进行更科学、更准确的分类，有待于进一步的研究。

分布与危害　在中国莲藕种植区均有发生。受害浮叶呈现近圆形或"S"形和蚯蚓状等不定形褐色或黑褐色病斑，受害部易脱落造成叶片多处穿孔，严重时致受害叶片褐腐死亡。病斑后期坏死部位出现白色皱球状菌丝体，有时还会有茶褐色球状的小菌核（见图）。发生严重时，常造成立叶难以抽出。

病原及特征　病原为嗜水小核菌（Sclerotium hydrophilum Sacc.），属小核菌属真菌。病原菌在 PDA 平板培养时，菌落乳白色到淡黄色，3 天后开始形成菌核，10 天后平板表面密布大量菌核及少数气生菌丝。营养菌丝细胞多核，主枝及分枝的形态与立枯丝核菌相似，菌丝直径大小为 3.14～5.98μm；菌核球形，椭圆形至洋梨形，初为白色，后变黄褐色或黑色，表面粗糙，大小为 315～681μm×290～664μm，菌核常单个散落在培养基表面，一般不会多个聚结成团。

侵染过程与侵染循环　病原菌以菌丝体和菌核随病残体在藕塘土壤中越冬，翌年菌核漂浮水面，借灌溉水传播，气温回升后菌核遇浮叶后萌发产生菌丝侵染叶片，此后叶片受害部位产生的菌丝菌核进行再侵染。

流行规律　该病原菌发育适宜温度为 25～30℃，高于 39℃、低于 15℃ 则不利于病害的发生，受污染水质及施用未腐熟有机肥的藕田发病偏重。

防治方法

农业防治　及时清除病残组织，剪除病叶带出田外，以减少菌源；对易受污染的水体要适时换水，在立叶木抽离水面时，田中易保持低水位。

化学防治　在历年发病较重的田块，整地时每亩施用 60～100kg 生石灰进行消毒；在浮叶刚展开时，可在田中泼浇 1500 倍液 50% 腐霉利可湿性粉剂，或 1300 倍液 50% 乙烯菌核利可湿性粉剂，或 50% 异菌脲可湿性粉剂 1500 倍液进行预防或防治。

莲藕叶腐病症状（魏林提供）

①典型症状；②全田

参考文献

胡春锦，魏源文，黄思良，等，2008. 广西水稻上嗜水小核菌的鉴定及系统发育研究 [J]. 植物病理学报，38(1): 17-23.

刘义满，吴仁峰，杨绍丽，2015. 24 种莲病害目录 [J]. 长江蔬菜 (22): 213-217.

王春兰，朱品，黄睿，等，2013. 杭州地区一株侵染水稻的嗜水小核菌菌株的鉴定 [J]. 科技通报，29(9): 55-60.

张宝棣，2002. 蔬菜病虫害原色图谱 [M]. 广州：广东科技出版社.

郑建秋，2010. 现代蔬菜病虫鉴定与防治手册 [M]. 2 版. 北京：中国农业出版社.

（撰稿：魏林；审稿：梁志怀）

莲藕紫褐斑病　lotus root purle-brown leaf spot

由睡莲假尾孢菌引起的、主要危害莲藕立叶的一种真菌病害。又名莲藕假尾孢紫褐斑病、莲藕假尾孢褐斑病。

发展简史　紫褐斑病是莲藕种植区叶片上常见的病害，因其发生时期常在莲藕生长的中后期，加之 2000 年以前

的文献，多报道的是由睡莲尾孢 [*Cercospora nymphaeacea*（Cke. et Ell.）] 引起的莲藕褐斑病，（假尾胞）褐斑病以前常被忽略了。2000 年以后的文献，已有这两种不同病原菌引起的褐斑病的描述，但多集中在对病害的症状、病原菌的显微形态特征、培养特性和田间防治上，对睡莲假尾胞菌应用分子技术进行分类鉴定直至 2015 年才见 J. H. Park 报道。

分布与危害　所有莲藕种植区都有发生，主要危害生长中后期的立叶。发病初期叶片上黄褐色小圆斑点，以后逐步扩大成近圆形、周边常具有角状凸起的病斑。病斑边缘深褐色至紫褐色，并具有黄色晕圈，中心稍凹陷呈灰白色，病斑多具同心轮纹。发病严重时病斑融合成大斑块，造成病叶变褐干枯（见图）。田间湿度大时病斑处生有黑色霉状物，为病原菌分生孢子梗和分生孢子。一般对莲藕产量影响不大，但重发生时可造成田间 80% 以上的病叶率，严重影响藕莲和莲子的产量。

病原及特征　病原为睡莲假尾孢 [*Pseudocercospora nymphaeace*（Cke. et Ell.）]。病原菌子实体生在叶面，子座小球形，暗褐色，生在气孔下，大小为 15～36μm，分生孢子梗 10～20 根簇生或单生，淡榄褐色，不分枝，顶端略狭，隔膜不明显，具 0～1 个膝状节，大小为 20～98μm×2.5～

莲藕紫褐斑病症状（魏林提供）

①典型病斑；②田间症状

4μm，产孢细胞合轴生，孢痕不明显；分生孢子长且窄，线形，直或弯，顶端较尖，隔膜不明显，近无色，脐点不明显，大小为 8.62～106μm×2～3.5μm。

侵染过程与侵染循环 病菌以菌丝体及分生孢子随病残体在藕田中越冬，条件适宜时以分生孢子随风雨传播，从伤口、自然孔口或直接侵入形成初侵染，发病后产生分生孢子进行再侵染。

流行规律 莲藕生长期气温在 25℃ 以上，阴雨天较多时，此病易发生，偏施氮肥的田间植株发病尤重。通常 7～9 月为该病多发期。

防治方法

农业防治 藕田栽植密度要适宜，经常清除黄叶，改善田间通风透光条件；施肥应以腐熟的有机肥为主，并增施磷肥和钾肥，避免偏施氮肥，提高植株抗病力；采挖藕前将莲藕田间的病叶、残叶、枯叶清除掉，集中烧毁或深埋以减少来年菌源；在无病藕田选种；莲藕生育期做好水位管理，生长前期水位宜浅，夏季高温大风时则适当加深水位。

化学防治 在田间荷叶封行前可喷雾 70% 甲基硫菌灵可湿性粉剂 1500 倍液、或 25% 咪鲜胺可湿性粉剂 1200 倍液或 75% 百菌清可湿性粉剂 1000 倍液预防病害的发生；发病初期可选用 5% 丙环唑乳油 1500 倍液、或 77% 可杀得悬浮剂 2000 倍液或 40% 氟硅唑乳油 6000 倍液喷雾防治。

参考文献

刘义满，吴仁峰，杨绍丽，2015. 24 种莲病害目录 [J]. 长江蔬菜 (22): 213-217.

吕佩珂，李明远，吴钜文，等，1992. 中国蔬菜病虫原色图谱 [M]. 北京：农业出版社.

张宝棣，2002. 蔬菜病虫害原色图谱 [M]. 广州：广东科技出版社.

郑建秋，2010. 现代蔬菜病虫鉴定与防治手册 [M]. 2 版. 北京：中国农业出版社.

PARK J H, HONG S B, KIM B S, et al, 2015. *Pseudocercospora* leaf spot caused by *Pseudocercospora nymphaeacea* on *Nymphaea tetragona*[J]. Tropical plant pathology, 40: 401-404.

（撰稿：魏林；审稿：梁志怀）

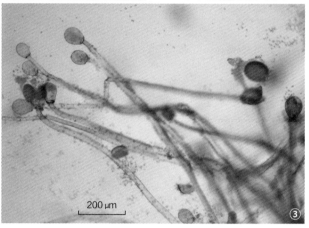

莲雾根霉果腐病（胡美姣提供）

①②病果症状；③ *Rhizopus stolonifer* 孢子囊和孢囊孢子

莲雾根霉果腐病 wax apple *Rhizopus* rot

由匍枝根霉引起莲雾的一种重要的储藏期病害。

分布与危害 主要发生在莲雾采收后的贮运期间，危害成熟的果实，在包装箱内发病严重。由伤口侵入，在果园容易造成落果。

受害果初期表面有白色菌丝，后期菌丝顶端产生黑色孢囊，菌丝转灰黑色，由黑色孢囊中可释出大量黑色粉状孢囊孢子。如莲雾果实上长出毛发，该病传染很快（图①②）。

病原及特征 病原为匍枝根霉［*Rhizopus stolonifer*（Ehrenb.ex Fr.）Vuill.］，属根霉属。

气生菌丝稀疏，初为白色，后为灰色。大多数有 1～2 根匍匐根，匍匐根与基质接触处长假根，假根向上方长出孢囊梗，孢囊梗直立，不分枝或偶尔分枝，淡褐色，2～4 根

成束，长 75～250μm，直径 20～36μm；囊轴椭圆形、球形，大小为 50～130μm×39～90μm；孢子囊球形，黑色，直径 100～210μm；孢囊孢子近球形，表面具浅纹，灰褐色，大小 7.5～15μm×5.5～7.5μm。其有性世代产生接合孢子，球形，黑色，表面有瘤状突起，配囊柄膨大，两个柄大小不一，无厚垣孢子（图③）。

侵染循环 病菌主要危害成熟果实。果园不通风，易引起本病蔓延，病菌由果实表皮伤口侵入，引起受害组织变成灰褐色，并形成大量菌丝及孢囊进行再侵染。由于本病菌生长快速，果实受伤后发病特别严重。

防治方法

加强栽培管理 果园田间清洁，将病果集中并烧毁或埋入土中。果园适时修剪，使通风良好。

采后防治 采收时宜戴手套逐个摘下，尽量保留果梗并轻拿轻放，将果实轻放在底部和边层均有柔软衬垫物的果箱中，尽可能避免造成机械伤，减少病菌侵入机会。低温储藏（10℃）可有效减轻该病的发生。

参考文献

胡美姣，李敏，高兆银，等，2010. 热带亚热带水果采后病害及防治 [M]. 北京：中国农业出版社：192.

杨凤珍，李敏，高兆银，等，2009. 莲雾果实病害及防治技术研究进展 [J]. 浙江农业科学 (5): 961-964.

张珅，郑江枫，陈梦茵，等，2012. 莲雾果实采后处理与保鲜技术研究进展 [J]. 包装与食品机械 (6): 42-45.

（撰稿：李敏；审稿：胡美姣）

莲雾拟盘多毛孢腐烂病 wax apple *Pestalotiopsis rot*

由拟盘多毛孢引起莲雾的一种普遍发生的真菌病害。

发展简史 拟盘多毛孢腐烂病是莲雾上的一种常见病害，自莲雾大面积种植开始就有发生。早在 20 世纪 90 年代，在对泰国、中国台湾等入境水果检疫时就发现，*Pestalotiopsis guepinii* 引起莲雾果实腐烂。2000 年，中国湛江报道该病可危害莲雾叶片。2010 年，有报道一种新病原在泰国造成果实较大损失，病原种类为 *Pestalotiopsis samarangensis*。

分布与危害 该病危害叶片和果实，在管理较差的果园经常发生，储藏期果实受伤后也易感病。

危害叶片 形成不规则黄褐色病斑，后期有黑色小点（即病原菌分生孢子盘）散生于病斑表面（图 1 ①）。

危害果实 一般发生在成熟果实或近成熟的果实上，在幼果、中果期不表现症状，病菌多从果实伤口处或裂开处侵入，感病初期，果实出现水渍状，紫色小斑点，病斑逐渐扩大成不规则形，深紫红色皱陷斑，湿度大时病斑上有白色至灰白色霉层，表面散生黑色圆形小点，即分生孢子堆，果实切开果肉呈淡紫色，后期病果干枯皱缩，或垂挂树枝，或掉落地面（图 1 ②）。

病原及特征 病原有 4 种，分别是毛孢盘菌［*Pestalotiopsis euginae*（Desm.）Stey.］、茶褐斑拟盘多毛孢［*Pestalotiopsis guepinii*（Desm.）Stey.］、棕榈拟盘多毛孢［*Pestalotiopsis palmarum*（Cke.）Stey.］ 和 *Pestalotiopsis samarangensis* Maharachch. & K. D. Hyde，均为拟盘多毛孢属。

茶褐斑拟盘多毛孢 在（25℃）PDA 培养基上菌落初呈白色，后灰白色，菌落平展，扩展迅速，培养基背面呈淡橙黄色。分生孢子盘杯状，黑色，散生，初埋生后外露，直径 170～280（218）μm，分生孢子梗无色，分生孢子梭形，直或稍弯曲，4 个真隔膜，隔膜处缢缩，两端细胞无色，中间 3 个细胞浅褐色，同色，大小为 25.74～21.45（23.12）μm× 7.15～5.72（6.44）μm，顶端附属丝 2～3 根，以 2 根为多，端部钝，长 18.59～25.7（22.02）μm，基附属丝 1 根，长 4.29～ 5.7（5.01）μm（图 2）。

Pestalotiopsis palmarum 分生孢子盘圆形或扁球形；产孢细胞柱形；分生孢子 5 个细胞，真隔膜，圆柱形至纺锤形，中间 3 个细胞有色，其中，上面 2 个细胞棕色，下

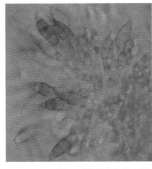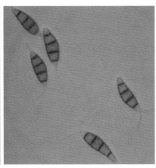

图 2 莲雾拟盘多毛孢叶斑病菌（胡美姣提供）

面 1 个细胞榄褐色，顶细胞和基细胞无色，大小 18～2μm× 5～7μm，顶端的附属丝 2～3 根，长 6～14μm。

Pestalotiopsis samarangensis 分生孢子盘成熟时黑色、椭圆形，呈同心纶纹状排列在寄主上或培养基上，初埋生后外露，大小为 100～350μm×80～150μm，产孢细胞短、直立、丝状，分生孢子大小为 18～21μm×6.5～7.5μm，梭形至椭圆形，宽棒状，直立稍弯曲。分生孢子有 4 个隔膜，基部细胞圆锥形，透明，长 3.5～4.8μm（4μm），顶部细胞圆锥状，透明，长 2.5～4.6μm（3.4μm），中间 3 个细胞有色，长 12.8～13.8μm（13.5μm），上面 2 个细胞棕色，长分别为 4.3～5.3μm（4.8μm）和 3.7～5.0μm（4.1μm），下面 1 个细胞褐色，长 4.5～5.3μm（4.9μm）。附属丝 3 根，长 12～18μm（15μm），基附属丝长 3.5～5.2μm。

侵染过程与侵染循环 果实的生理性裂开处或伤口处往往是病原菌主要感染部位，分生孢子盘为黑色小点，大部分埋在表皮组织内，仅在裂口处稍突出表层细胞，分生孢子由裂口处释放，往往由雨水飞溅或昆虫等媒介传播，附着于寄主表面，湿度大时，则萌发产生芽管，侵入寄主果实或叶片，造成病害。

防治方法

清洁果园 将受害的叶片、枝条、果实等集中果园一处，烧毁或深埋入土中，避免病菌孢子再次侵染。

物理防治 利用套袋阻隔病菌侵入。

化学防治 虽尚无正式推广的药剂，但可利用炭疽病防治药剂兼防拟盘多毛孢果腐病。

参考文献

胡美姣，李敏，高兆银，等，2010. 热带亚热带水果采后病害及防治 [M]. 北京：中国农业出版社：190-191.

黄蓬英，林玲玲，吴媛，等，2013. 台湾黑珍珠莲雾主要病虫害调查初报 [J]. 江西农业学报，25(8): 83-85.

莫晓凤，冯家望，麦向真，等，2000. 进境莲雾果实软腐病的调查 [J]. 植物检疫，14(3): 148-150.

戚佩坤，2000. 广东果树真菌病害志 [M]. 北京：中国农业出版社：205.

杨凤珍，李敏，高兆银，等，2009. 莲雾果实病害及防治技术研究进展 [J]. 浙江农业科学 (5): 961-964.

张传飞，姜子德，钟国强，等，2005. 外源水果储运期病害研究初报 [J]. 仲恺农业技术学院学报，18(4): 53-57.

MAHARACHCHIKUMBURA S S N, GUO L D, CHUKEATIROTE

图 1 莲雾拟盘多毛孢腐烂病危害症状（胡美姣提供）

①叶片受害状；②果实受害状

E, et al, 2013. A destructive new disease of *Syzygium samarangense* in Thailand caused by the new species *Pestalotiopsis samarangensis*[J]. Tropical plant pathology, 38(3): 227-235.

（撰稿：李敏；审稿：胡美姣）

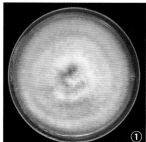
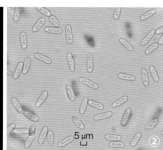
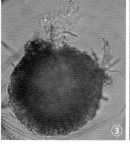
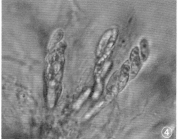

图 2　莲雾炭疽病菌（胡美姣提供）
①菌落形态；②胶孢炭疽菌的分生孢子；
③围小丛壳的子囊壳；④围小丛壳的子囊和子囊孢子

莲雾炭疽病　wax apple anthracnose

由胶孢炭疽菌引起莲雾的一种重要真菌病害。

发展简史　早在 20 世纪 90 年代，泰国报道了该病害。随后，中国、斯里兰卡、马来西亚等国家陆续报道。

分布与危害　炭疽病为莲雾上的常见病害之一，在莲雾生长及贮运期间均有发生。该病主要危害果实，也可危害枝条和叶片。果实受害，发病初期表现为褐色小病斑，稍向内凹陷，随着病斑扩大，病斑周围的组织呈水渍状，病斑上呈现粉红色或橙色分生孢子堆，有时有同心轮纹，发病后期数个病斑连合，造成严重腐烂（图 1）。枝条受害，表皮由绿色转变成褐色斑点。叶片受害，组织坏死，呈灰白色，中央暗褐色，边缘褐色，其上偶有白色粉块，即病菌的分生孢子堆。

病原及特征　病原为胶孢炭疽菌 [*Colletotrichum gloeosporioides*（Penz.）Sacc.]，属炭疽菌属。有性世代为围小丛壳 [*Glomerella cingulata*（Stonem.）Spauld. et Schrenk]（图 2）。

详细描述见杧果炭疽病。

侵染过程与侵染循环　病菌的无性和有性世代皆可危害莲雾。分生孢子借风雨传播，落到果实表面后，如温湿度适宜，孢子萌发可在 12 小时内完成，孢子萌发形成芽管侵入表皮，可感染任何发育期的果实。若果实成熟或近成熟，则很快在果实上形成病斑。如果是未成熟的幼果，则不能形成病斑，一直至果实成熟后，潜伏的病菌才生长造成病斑。如与其他果实因互相靠近而形成通风不良或湿度高的环境时，病斑会快速扩大，分生孢子有利于造成新的感染。子囊果为黑褐色小点，在枯枝条或枯叶上越冬。子囊果内有许多子囊，子囊遇水，释放子囊，再释出子囊孢子，子囊孢子借雨水散播造成新的感染。黑色的子囊果开口凸出于叶片表面。莲雾果实受感染后易脱落，果实落到地上，成为越冬或新感染源，待遇适宜环境，再度侵入叶片及果实。

防治方法

加强栽培管理措施　搞好果园卫生。清除并烧毁病果或落果及落叶，搞好果园清洁，冬季清园后喷1%波尔多液1次，降低病原密度，减少病害发生加强树体管理，增施有机肥，提高树体抗病力，注重果树整理、修剪病枝、徒长枝，使通风良好。

套袋防治　套袋前先行疏花疏果，幼果期（吊钟期）喷药后套袋保护。套袋期不喷杀菌剂。除以上措施外，台湾地区在袋内放置干燥剂对疫病、炭疽病以及黑腐病均有较好的防治效果。

化学防治　在发病初期，可选用的杀菌剂有 50% 特克多悬浮剂 500～1000 倍液、50% 退菌特可湿性粉剂 600～1000 倍液、50% 甲基托布津可湿性粉剂 400～600 倍液、50% 多菌灵可湿性粉剂 500 倍液、50% 甲基硫菌灵·硫黄悬浮剂 600 倍液等，7～10 天喷药 1 次，连续 2～3 次。

参考文献

胡美姣，李敏，高兆银，等，2010. 热带亚热带水果采后病害及防治 [M]. 北京：中国农业出版社：190-191.

戚佩坤，2000. 广东果树真菌病害志 [M]. 北京：中国农业出版社：205.

黄蓬英，林玲玲，吴媛，等，2013. 台湾黑珍珠莲雾主要病虫害调查初报 [J]. 江西农业学报，25(8)：83-85.

杨凤珍，李敏，高兆银，等，2009. 莲雾果实病害及防治技术研究进展 [J]. 浙江农业科学 (5)：961-964.

（撰稿：李敏；审稿：胡美姣）

图 1　莲雾炭疽病危害症状（谢艺贤提供）

莲叶脐黑腐病　lotus leaf-navel black rot

由一种链格孢菌引起的、危害莲立叶的一种真菌性病害，是莲田尤其是籽莲田的重要病害之一。

发展简史　莲叶脐黑腐病是一种新记录的病害。该病于

2008年在湖北武汉籽莲产区发现严重危害，后在福建、江西、安徽等地发现危害。2012年罗银华等分离发病组织的内生菌，提取DNA，进行PCR扩增，通过测序和比对分析，鉴定结果为链格孢（*Alternaria* sp.）。2012年，武汉市蔬菜科学研究所病理室对莲叶脐黑腐病病样进行常规组织分离鉴定，也确认病原为链格孢。2015年，根据症状特点，正式命名为莲叶脐黑腐病。

分布与危害　在湖北、福建、江西、安徽、四川等地均发现危害。长江中下游流域一般5月上中旬开始发生，持续至6月上中旬，以多年生栽培的莲田块发生较重，当年种植的莲田亦有发生。该病在未充分展开的立叶上发生，典型症状为叶脐局部或整个叶脐表现症状，叶脐颜色逐渐变深，经褐色到黑色；后期腐烂，并扩展至叶脐下周半叶或整叶，叶片下端腐烂开裂且不能正常展开，常向下披垂；从叶脐部位向叶柄蔓延时，连接叶片的叶柄上端髓部变褐色。危害重者，叶柄上端腐烂发黑、缢缩枯萎，整片叶片亦腐烂发黑、枯萎死亡。也有部分病叶叶脐不表现症状，但症状主要从叶脐邻近部位开始扩展。严重田块，发病叶片数量可达整块田的30%～50%。在规模化种植地区，该病发生危害的区域性较

明显，田块之间或品种之间差别较大。但该病发生后，病叶叶柄下半部和基部、根状茎及根系仍然完好，不表现症状。武汉地区5月上旬至6月中旬为主要发生期，7月中旬仍可偶见个别叶片发病，但6月下旬开始基本不再大面积危害（图1）。

莲叶脐黑腐病与莲其他已知病害的最大区别在于危害部位或病害症状表现部位。莲叶脐黑腐病症状的典型特点是从未充分展开立叶的叶脐部开始发病，之后蔓延至叶脐下周叶片或全叶，病部叶脉表现症状，重者病叶叶柄上端部分也表现症状。莲叶脐黑腐病症状的扩展方向基本为由内向外（从叶脐向叶缘方向）。莲的其他已知病害中，凡危害根状茎者，均首先在根状茎表现症状；凡危害叶片者，首先发病部位均不涉及叶脐，而且症状扩展方向基本为由外向内（从叶缘向叶脐方向），主要限于叶脉间叶片表现症状，叶脐和近叶脐部位一般不表现症状。

病原及特征　病原为链格孢属的一个种（*Alternaria* sp.）。病原菌在PDA培养基上长出黑褐色絮状菌落，生长茂盛。分生孢子梗单生或簇生，直或弯曲，黄褐色至黑褐色。分生孢子常单生，卵圆形，黄褐色，有横隔膜，有的具纵隔膜和斜隔膜（图2）。

图1　莲叶脐黑腐病的危害及其典型症状（刘义满提供）

①叶片下端开裂，叶片不能正常展开，常向下披垂；②叶柄上端腐烂发黑、缢缩枯萎，整片叶片亦腐烂发黑、枯萎死亡；③危害严重田块，发病叶片数量可达整块田的30%～50%；④病叶叶柄下半部和基部、根状茎及根系仍然完好，不表现症状

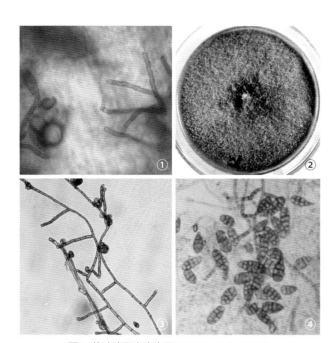

图 2 莲叶脐黑腐病病原（吴仁峰、杨绍丽提供）
①分生孢子及产孢梗；②菌落；③菌丝；④分生孢子形态

侵染过程与侵染循环　病原菌潜伏病株残体或随病株残体在田间越冬。发病后，分生孢子借助风雨传播侵染。

流行规律　长江中下游流域莲藕和子莲大田一般 5 月上中旬开始发病，持续至 6 月上下中旬，7 月上旬仅个别植株发病。连作田发病重，连阴雨天发病重。连作、深水、遮阴田块不仅发病重，而且持续期长，武汉地区偶见危害持续至 8 月中下旬。

防治方法　该病一般发生在定植翌年及其以后年份。在春季植株出叶之前，及时清除上年度枯老荷叶叶片和叶柄等植株残体，清洁田园。发病后，及时摘除病叶，集中销毁处理。加强田间管理，增强植株长势，提高抗病能力。对于经常发病的田块，实行轮作，或每年重新定植。化学防治方面，建议参考莲藕交链霉黑斑（褐纹）病的方法进行防治。发病初期，用 50% 多菌灵可湿性粉剂 1000 倍液喷雾防治。

参考文献

刘义满，吴仁峰，杨绍丽，2015. 24 种莲病害名录 [J]. 长江蔬菜 (22): 213-217.

罗银华，刘波，朱育菁，等，2012. 子莲病原菌的分离与鉴定研究 [J]. 长江蔬菜 (16): 99-101.

（撰稿：刘义满、吴仁峰、杨绍丽；审稿：李建洪）

流行区系　epidemiological region system

病原菌在地理气候条件不同的地区越冬和越夏，由远程传播联系起来，完成周年循环，形成大面积流行病害的地区系统，称为流行区系。

流行区系一词是中国植物病理学家曾士迈于 20 世纪 60 年代小麦条锈病大区流行规律研究中提出的概念和术语。在植物病害流行的过程中，绝大多数病菌都能在一个较小的局部地区内完成周年侵染循环，但是对小麦锈病这类病害，病菌所需越冬和越夏的条件较为严格，不能在局部地区内完成周年侵染循环，常以不同条件的自然地理地区为越冬越夏基地。根据小麦锈病的大区流行规律，从而划分出不同的流行区系。同时，一个流行区系和另一区系之间往往被海洋、沙漠或高山地带等天然隔离，在不同区系之间没有明显的区间流行的影响。而在一个流行区系内包括：病菌越冬和越夏的基地，可能还有大区传播过程中的桥梁地区，所以一个流行区系乃是由若干流行条件不同的流行区所组成，在这些流行区之间，病害流行有着直接的相互关系，如越冬基地为越夏基地提供主要菌源；而越夏基地又在秋季影响越冬基地的秋苗发病程度。

对于大区流行病害的病菌，由于它们具有通过气流远程运送的能力，并且仅需要低水平的接种体密度就可引起流行，所以在防治上必须有大区总体防治策略。流行区系的研究是病害预测预报的理论基础，能够为制定病害总体防治策略提供理论基础，通过划清流行区域，可以在关键时期、关键地点对病害进行及时有效的防治。同时，流行区系的研究还可为病菌变异规律的研究提供基础，有助于深入查明病菌变异规律，从而在品种选育和保持品种抗病性的工作中发挥指导作用。

参考文献

曾士迈，1963. 小麦锈病的大区流行规律和流行区系 [J]. 植物保护 (1): 10-13.

曾士迈，杨演，1984. 植物病害流行学 [M]. 北京：农业出版社.

（撰稿：马占鸿；审稿：王海光）

流行学组分分析　epidemiological component analysis

按照系统论的观点和系统分析的方法，将病害流行系统分解成不同时期或阶段，查明每一个时期或阶段的变化以及影响这些变化的因素，研究各因素对寄主、病原物和病害的影响，分析各因素对病害发生和流行的数量影响，以提高对病害系统的辨识能力，实现病害系统有效控制。流行学组分分析主要采用系统分析的方法。系统分析方法是对复杂问题求解的科学方法，是一种广义的研究工作策略，但不是一种数学技术与方法，却经常需要数学模型与模拟的技术与方法。

流行学组分分析是植物病理学和流行学研究的基础。植物病理学和流行学研究都是围绕病害系统的某一组分或某种关系展开，研究目的是提高对病害系统的认识和理解，探讨对病害系统的有效管理方案。因此，流行学组分分析不是流行学特有的方法或技术，而是植物病理学工作都应掌握的分析方法，流行学只是更加注重其中各组分内及各组分之间的量化关系，它们是病害流行测报的依据和有效控制病害的基础。

针对一种具体的病害或一个特定的病害系统，流行学组分分析通常先按时间轴，以病害循环和侵染过程为基础，将病害的发生与流行过程划分为不同的时期或阶段。例如，按病害循环可把病害的流行过程分解为病菌越冬、病菌传播、初侵染、再侵染等环节；按侵染过程可把病菌的侵染过程分解为孢子萌发、侵入、定殖、潜育、发病、产孢等环节。在此基础上，研究确定每一个环节中与寄主和病原相关的因素，分析各因素对寄主和病原的影响，及对病害发生和流行的影响机制，通过试验研究、数据分析、计算机模拟等手段，研究各因素对病害数量的影响。在流行学组分分析中，另一项重要任务是确定影响病害发生与流行的关键环节，以及影响病害流行的主导因子。由于病害流行学分析的工作量大，对于绝大多数病害，只能针对决定病害流行的关键环节，以及影响病害流行的关键因子有重点地开展试验研究，从而以最小代价实现对病害系统更深入的了解，提出更有效的控制策略和技术措施。

为了采用模型和模拟的方法研究病害流行系统，可将系统中各种因素及其关系用不同的变量表示。常见的变量有5种类型：①描述系统中各组分的特征和数量的变量，称状态变量，如寄主的数量、抗病性、病原物的数量、病害的数量等，都属于状态变量。②决定状态变量变化速率的变量，称为速率变量，如侵入速率、病斑扩展速度、产孢速率等。③不受系统内部作用，而主要取决于外部因素的变量，称驱动变量或外部变量，如气象因素中的温度、湿度、降雨等。④在计算模拟过程中产生的一些中间变量，称辅助变量，主要辅助于系统的分析与计算，如品种的抗病性指数、叶面积系数等。⑤模型输出的结果变量，称为输出变量，输出变量可以是状态变量，也可以是速率变量，或其他设定的变量，如病斑数量、作物产量等。这些变量可以在系统分析中作为参考。

参考文献

库克 B M,加雷思·琼斯 D,凯 B,2013.植物病害流行学 [M].2 版.王海光,马占鸿,主译.北京：科学出版社.

马占鸿,2010.植病流行学 [M].北京：科学出版社.

肖悦岩,季伯衡,杨之为,等,1998.植物病害流行与预测 [M].北京：中国农业大学出版社

曾士迈,杨演,1986.植物病害流行学 [M].北京：农业出版社.

（撰稿：李保华、练森；审稿：肖悦岩）

柳杉赤枯病　Japan cedar red blight

由柳杉尾孢引起的、危害柳杉苗木和幼树最严重的病害之一。

分布与危害　柳杉赤枯病在江苏、浙江、江西、台湾、云南等地都有发生，危害寄主柳杉。

感病枝叶先出现褐色小点，后扩展为暗褐色病斑，病斑上出现的黑色小霉点即病原菌的子实体。病害一般从苗木的下部枝叶开始发病，逐渐发展到上部，最后全株枯死；在主茎上能形成下陷的溃疡斑，若病斑包围主茎一周，则以上部分枯死；即使没有包围主茎一周，如不能愈合，随着主茎直径的生长，易形成沟状病部而造成风折。

病原及特征　病原为柳杉尾孢（*Cercospora cryptomeriae* Shirai）。个别情况下，可能有柳杉茎点霉（*Phoma cryptomeriae*

Kaw.），该属为小球腔菌属和格孢腔菌属的无性型，或者有白井盘多毛孢（*Pestalotia shiraiana* P. Henn.），该属为 *Broomella* 的无性型。病菌的子座初生表皮下，后突出于寄主表面，黑色，块状或近球形，直径 60～100μm。分生孢子梗多数丛生于子座上，褐色，屈膝状，有分隔，30～90μm×4～4.5μm。分生孢子淡褐色，鞭状，直或略弯，3～5 个分隔，少数 6～9 个分隔，分隔处略缢缩。分生孢子大小 32.4～64.8μm × 5.4～8.0μm。

侵染过程与侵染循环　病菌以菌丝体或子座在寄主病组织中越冬，到春季产生分生孢子梗和分生孢子，进行初侵染。

发生规律　在江苏，分生孢子在 4 月底或 5 月初在雨天开始释放，以后逐渐增加。在 5～6 月梅雨期达到最高峰。秋季视降雨情况而定，如果雨日较多，9 月间可能出现第二次高峰。但苗木的死亡率，以 6～8 月最高。

防治方法　圃地不要连作，苗圃附近不要栽植柳杉；发病期用 0.5% 的波尔多液，“401”抗菌剂 800 倍液，25% 的多菌灵 200 倍液，每 2 周喷 1 次。

参考文献

中国林业科学研究院,1984.中国森林病害 [M].北京：中国林业出版社：12-13.

周仲铭,1990.林木病理学 [M].北京：中国林业出版社：77-78.

（撰稿：赵瑞琳；审稿：张星耀）

柳树心材腐朽病　heart rot on willow tree

由硬毛粗毛盖孔菌引起，造成杨、柳心材白色腐朽的病害。主要侵染柳属（*Salix*）和杨属（*Populus*）树木的主干，也能腐生在多种阔叶树倒木和树桩上。又名杨柳白腐病、杨柳心材腐朽病、垂柳茎腐病。

发展简史　最早由 Berk. 和 In Tong. 于 1850 年报道。在中国 20 世纪 80 年代在东北有报道。2000 年卯晓岚在《中国大型真菌》中记载硬毛粗毛盖孔菌主要危害杨柳科树木，形成白色腐朽。戴玉成等报道硬毛粗毛盖孔菌不仅腐生危害朽木，在正常生长的人工林及行道树上也是常见病原菌。2018 年丁婧钰等人发现在琼海塔洋水潭边及海南大学东湖边种植的大多数垂柳（*Salix babylonica* Linn.）茎部组织发生白腐，植株发病率高达 90%，部分植株茎干上长有浅黄色至褐色担子果。经形态学特征比较并结合 rDNA-ITS 序列分析，确定引起海南垂柳茎腐的白腐病菌为硬毛粗毛盖孔菌。

分布与危害　在中国北方地区柳树经常受到心材腐朽病危害，随着南方柳树种植面积的加大，在南方也发现了心材腐朽病引起的垂柳茎腐病。被危害的柳树树冠稀疏，树势衰弱，茎干硬度降低，严重时导致整株树木死亡。

病原及特征　病原为硬毛粗毛盖孔菌［*Funalia trogii*（Berk.）Bondartsev & Singer］，属于粗毛盖菌属真菌。该病原菌在 PDA 培养基上的菌落呈白色圆形，菌丝浓密，边缘整齐。菌丝老化后变为乳白色至浅黄色。在木屑培养基上接种 1 个月后，接种体内布满白色致密菌丝，80 天后长出与树上相同淡黄褐色担子果。

担子果一年生（见图），无柄侧生，菌盖呈半圆形，大小为 4～7cm×2.7～3.5cm，平均 6cm×3cm。菌盖边缘较薄，厚 0.3～0.5cm，菌盖表面布满淡黄色至黄褐色致密的粗毛束；菌肉淡黄色至浅黄褐色，菌管层颜色与菌肉颜色相同，单层棕黄色，菌管口圆形或近圆形。老化干燥后的担子果变为浅褐色或灰褐色，菌盖上毛束脱落、稀疏，菌盖表面显现明显的同心环带，较薄，重量明显减轻。

菌丝系统三体型。包括生殖菌丝、骨架菌丝及联络菌丝。生殖菌丝在棉蓝试剂中被染成蓝色（CB+），呈透明薄壁，直径为 1.247～1.729μm；骨架菌丝在棉蓝试剂中未被染成蓝色（CB-），呈褐色，厚壁到实心，骨架干直径为 2.633～3.865μm，呈树状分支；联络菌丝在棉蓝试剂中被染成蓝色（CB+），无色厚壁，有分枝，直径 1.546～2.974μm。担孢子圆柱形，无色，两端略尖，大小为 6.949～13.803μm×2.539～4.213μm，平均长为 9.579μm，平均宽为 3.288μm，长宽比为 2.737～3.276。

侵染过程与侵染循环　硬毛粗毛盖孔菌在行道树和公园树上主要通过伤口侵染健康树木。自然造成的伤口，如火灾、风折、雪压、冻裂、病虫害、动物咬伤及自然整枝等，人们营林活动造成的伤口，疏伐和修枝不当等，都为硬毛粗毛盖孔菌侵染提供了方便条件。在北京，由硬毛粗毛盖孔菌引起的柳树和杨树心材腐朽病多在 6～8 月发病较重，在茎干上长出大量担子果，夏季温湿度较适宜时，病树茎干组织内的菌丝生长旺盛，长出的担子果较大，到 9 月后随着气温逐渐下降，病菌担子果生长变慢直至停止生长，原先长出的担子果则会变干变老。海南常年温度较高，由于该病原菌在温度较高时生长速度较快，3～8 月的环境条件也较适宜硬毛粗毛盖孔菌的生长，易引起柳树心材腐朽病的发生。

流行规律　菌丝在 15～42℃ 均能生长，适宜的生长温度为 34～36℃，34℃ 时菌落直径最大，为菌丝生长的最适温度，与其他温度处理间为极显著差异。高温较有利于该病原菌生长。光照对菌丝的生长有抑制作用。菌丝在 pH 4～9 可以生长，适宜 pH 5～6，偏酸的环境比较利于菌丝生长，过酸或过碱均对菌丝生长有抑制作用。

防治方法　调运苗木时防止苗木带柳树心材腐朽病进入。对发现的已侵染发病的柳树，将其彻底挖除烧毁，防止病原菌进一步扩散及发生适应性定殖。对园林绿化树木、行道树树干涂白保护。

参考文献

戴玉成，2005. 中国林木病原腐朽菌图志 [M]. 北京：科学出版社：65-67.

戴玉成，2012. 中国木本植物病原木材腐朽菌研究 [J]. 菌物学报，31(4): 493-509.

丁婧钰，李增平，2018. 垂柳茎腐病病原鉴定及其生物学特性测定 [J]. 热带作物学报，39(3): 547-552.

卯晓岚，2000. 中国大型真菌 [M]. 郑州：河南科学技术出版社：450.

（撰稿：王爽；审稿：王明远）

柳树上硬毛粗毛盖孔菌担子果（王爽摄）

龙胆斑枯病　gentian spot blight

由壳针孢引起的危害龙胆叶片的一种真菌病害，是龙胆最重要的病害。

发展简史　1928 年三浦道哉等首次报道了龙胆草斑枯病在中国辽宁的熊岳城、草河口两地的发生情况，认为引起龙胆草斑枯病的病菌是 *Septoria gentianae* 和 *Septoria microspora*，并作了简要描述。1985 年俞志洲等较早报道该病在浙江嵊县栽培龙胆上发生，11 月发病率达 100%。该病危害龙胆叶片，病斑圆形或椭圆形，棕色，边缘褐色，严重时病斑常连合，以致叶片枯死。病原菌为 *Septoria gentianicola* Baudys et Picb.；病原菌以菌丝体或分生孢子器在病叶中越冬，孢子靠雨水传播，高温高湿时利于发病，7～8 月为发病盛期。防治采用清除枯枝病叶；发病初期用药剂防治；龙胆与牵牛套种，病害明显减轻。1998 年鄂洪海等鉴定东北龙胆斑枯病病原菌有前述 3 个种。其中 *Septoria microspora* Speg. 危害性最强，是主要病原菌。

1999 年姚远等认为龙胆在高温、高湿、低密度栽培条件下有利龙胆斑枯病的发生和流行。1999 年秦佳梅等提出龙胆斑枯病综合防治措施，包括以代森锰锌浸泡种苗；增施有机肥；合理密植；销毁病残体；田间用化学药剂防治。2002 年吴淑芹等证实龙胆草覆盖遮阳网使斑枯病发病晚且发病轻。

自 2004 年孙海峰、王喜军等对龙胆斑枯病进行了系统研究，探讨了龙胆斑枯病的发病规律，研究了龙胆斑枯病流行的季节性规律及与环境因子的关系，并对龙胆斑枯病的发病与栽培因子的关系进行了研究，调查了龙胆种苗等级、移栽密度、移栽时间、前茬作物、遮阴、龙胆种类与龙胆发病关系，提出了综合防治措施。并以药用部位的重量和龙胆有效成分含量为指标研究探索了病害对产量和质量影响，测定了不同病情所致的药材产量及有效成分的损失，建立了龙胆药材产量损失模型，给出了防治指标计算公式。从农业措施、土壤处理、种苗处理、化学农药防治和植物提取物防治等角度建立了有效防治措施，研究了上述措施对龙胆产量、质量的影响，从而阐明了龙胆斑枯病的发生、防治与产量及质量的相关性，提出了该病有效调控方案。2009 年"人工种植龙胆等药用植物斑枯病的无公害防治技术"获国家技术发明二等奖。

分布与危害 龙胆斑枯病主要分布在中国辽宁、吉林、黑龙江。但龙胆的古产地为山东的莱州及菏泽、浙江的湖州、湖北的襄樊、河南的开封，这些地区也曾是龙胆斑枯病发生地区。龙胆斑枯病主要危害叶片，病斑初期为蓝黑色小晕圈，以后在晕圈的中心出现褐色病斑，随着病斑扩大，病斑中央颜色稍浅，随后叶两面着生黑色小点即分生孢子器，分生孢子器多着生在叶正面，散生，初期埋生，后突破表皮外露，严重时病斑连合，整个叶片枯死。通常龙胆植株下部叶片先发病，逐渐向上部蔓延（见图）。

黑龙江是龙胆的主产区之一，并较早开展了龙胆的人工栽培。随着国家中药现代科技产业行动实施，中药材规范化种植研究及基地建设工作在黑龙江全面展开，在北安、海伦、鹤岗、林甸、泰康、七台河、佳木斯进行了规模化种植，总面积约500hm²。所有栽培的龙胆普遍发生斑枯病，秋季发病率接近100%，病情指数大于50，8月末田间已一片枯黄。2004年王喜军等根据龙胆的病情指数范围对其产量影响进行了研究发现，病害发生初期，病情指数小于60时，病害对产量所造成的损失较小，产量损失率仅为14.46%；但当病情指数大于60时，病害所造成的损失显著增加；当病情指数达到96.1时，病害所造成的损失达到产量的48.96%。估测龙胆斑枯病所造成的平均产量损失率20%以上，每年造成的经济损失在400万元以上。姚远等1995年9月对辽宁桓仁药剂防治试验区的测产结果表明：该病严重影响植株生长，导致叶片数减少，株高降低，产量下降，造成损失达80%左右，估计辽宁因斑枯病造成的损失在2.8亿元，由此可见，龙胆斑枯病造成的经济损失是巨大的，成为龙胆药材生产的制约因素。

病原及特征 病原有 *Septoria microspora* Speg.、*Septoria gentianae* Thum.、*Septoria gentianicola* Baudys et Picb.。其中 *Septoria microspora* Speg. 危害性最强，是主要病原菌。属壳针孢属。

Septoria microspora Speg. 病斑生于叶上，圆形或近圆形，病斑褐色，中央色稍浅；分生孢子器近球形，直径65.0～100.0μm，器壁褐色膜质，有长喙，喙通向叶面；产孢细胞7～10μm×4～8μm，产孢方式为全壁芽生合轴式；分生孢子小，且分生孢子两端尖，1～7个分隔，以4个分隔居多，25～37.5μm×1.2～1.5μm。

该菌在8～30℃范围内能够生长发育，但最适温度是25℃。在培养基上不易产生菌丝，极易产生分生孢子器。病原菌对营养要求较严格，在PDA+寄主煎汁培养基上生长发育最好。对碳源的利用上，单糖好于双糖，双糖好于多糖。该病菌属喜铵态氮的真菌，病菌产孢需要光照，但光照对生长影响不明显。病菌分生孢子在温度5～32℃，pH 4.5～7.3，相对湿度96%以上条件下都可以萌发，但在温度25℃、pH 6.2、水中有空气条件下，萌发最快最好。

Septoria gentianae Thume 病斑红褐色，典型圆形，一般不相互连合，有轮纹；分生孢子器近球形，直径61.0～85.0μm，器壁褐色膜质；产孢细胞6～8μm×4～6μm，产孢方式为全壁芽生合轴式；分生孢子针形，基部较钝，0～2个分隔，21.5～31.5μm×2～3μm。

该菌是一种耐高湿、高温、喜光性真菌，在培养基上不易产生菌丝，极易产生分生孢子器。生长的最适温度是20～25℃，最适pH6～7。分生孢子的形成需要光照、营养和适宜的温湿度条件，分生孢子萌发一般需要较长时间，在25℃蒸馏水条件下，12小时开始萌发，48小时的萌发率为50%，72小时的萌发率为90%左右。加入糖分和寄主汁液可加速孢子的萌发。分生孢子的致死温度为50℃。分生孢子的抗逆性较强，越冬萌发率可达40%～63%。

Septoria gentianicola Baudys et Picb. 病斑灰褐色，病斑较大。分生孢子器近球形，直径65～107.5μm，器壁褐色膜质；产孢细胞8～13μm×3～8μm，产孢方式为全壁芽生合轴式；针形或梭形，两端尖，3个分隔，27.5～35μm×3μm。

侵染过程与侵染循环 病菌分生孢子萌发后产生芽管从气孔侵入，完成侵入需要12～48小时，大约在接种10天后显现症状，16天形成分生孢子器并成熟；病菌侵染寄

龙胆草斑枯病症状（丁万隆提供）

主引起症状后，菌丝多从叶片背面穿过叶肉组织，在叶片正面的薄壁细胞间聚集，然后形成分生孢子器，分生孢子器产生于表皮下薄壁细胞之间，具有一定随机性。

病菌以菌丝体或分生孢子器在种苗和病叶中越冬。翌春当温度达到10℃时孢子即可萌发，成为初侵染源，分生孢子依靠雨水、风进行传播引起侵染，病斑上产生大量的分生孢子，借风雨传播不断地引起再侵染，导致龙胆叶片自下而上逐渐发病，严重时使叶片枯死。雨水飞溅是田间病害传播的主要方式，而带病种苗调运是病害远距离传播的主要途径。

流行规律 在辽宁、吉林、黑龙江不同地区，龙胆草4月下旬至5月上旬出苗，至10月上旬地上部分自然枯萎。龙胆草斑枯病始发期为5月下旬至6月上旬，7月中旬至8月中旬雨季为盛发期，9月初至9月末为秋后慢发期，10月随着温度下降植株枯萎，病菌进入越冬休眠期。

龙胆斑枯病由于有多次再侵染，在短期内病情迅速加重，在流行类型上属于典型复利病害。经研究其季节流行规律，2年生龙胆病情随时间进展曲线以逻辑斯帝曲线为最优，模型方程为：$y=95.05/\left[1+98603.13e^{\wedge}(-1.748t)\right]$。3年生龙胆病情随时间进展曲线以韦布尔模型（Weibull probability density function）曲线为最优，模型方程为：$y=99.82-89.88e^{-9.11\times10^{-5}t^{5.15}}$。

病情季节变化与环境（温、湿、雨量）因子相关，2年生龙胆病情指数与温度（X_1）、雨量（X_2）、湿度（X_3）的回归方程：$Y_1=-0.387X_1+2.381X_2-1.461X_3-6.261$；3年生龙胆病情的回归方程：$Y_2=-0.324X_1+1.486X_2-3.228X_3-6.439$，可以作为预报模型。

龙胆斑枯病菌是一种高温、高湿、喜光性真菌，而龙胆草植株在遮光条件下生长良好，20～28℃的较高温度、高湿多雨季节和全光下栽培有利于病害的发生和流行。龙胆草覆盖遮阳网，斑枯病发病时间较裸地栽培晚15天，发病率低。

优质健壮种苗作种栽可以使龙胆生长健壮，提高抗病能力，使龙胆发病减轻。较高的栽培密度、与高秆作物间作，龙胆斑枯病较轻。龙胆喜阴，怕烈日暴晒。适当增加种植密度，使龙胆植株个体之间相互遮阴，在龙胆栽培地套种或间种玉米等高大作物，也可为龙胆遮阴，形成适宜龙胆生长的田间小气候，使病害减轻；龙胆在秋季移栽有利于成活和生长，龙胆斑枯病发生较春栽轻。龙胆不同种之间抗病性存在明显差异，以条叶龙胆抗病性最强，发病轻；龙胆连作，斑枯病会越来越重，龙胆栽培地，以前茬作物为玉米的地块发病比前茬作龙胆的地块轻。

防治方法

选用抗病品种 不同种之间抗病性存在明显差异，以条叶龙胆抗病性强，发病轻，而粗糙龙胆发病重。

移栽时间与密度 龙胆栽培常采用育苗移栽，选用一、二级种苗，在当年秋季移栽或翌年春季移栽。秋季移栽第二年定植快，生长健壮，抗病性强。密度大时龙胆发病轻，种植密度低发病重。一般混等苗移栽时在苗床上按行距20cm开深10～15cm的横向沟，每4～5cm栽1株或每8～10cm栽2株，保苗125株/m²或更高。

轮作和间作 龙胆要与禾本科作物进行3年以上的轮作。轮作可以减少病原，使病害明显减轻，间作作物可选高

秆作物玉米，玉米栽种在畦边，株距为50cm，间作物可为龙胆遮阴，有利于龙胆生长。

清园 秋季枯苗后割除地上部分深埋或烧毁，越冬病原菌会大大减少，翌年龙胆发病减轻。

土壤消毒 育苗前常规进行翻耕、整平、耙细、去除杂物，播前浇透水，用多菌灵500～600倍液喷洒床面2次，两次间隔24小时。

种子处理 用蛇床子乙醇提物0.1g/ml（每毫升含0.1g生药），也可选用农药40%施佳乐悬浮剂稀释500倍液、3%多抗霉素稀释300倍液、70%甲基托布津可湿性粉剂稀释300倍液、10%世高水分散粒剂稀释1000倍液或70%代森锰锌可湿性粉剂稀释5000倍液。将种子用纱布包好浸入30%乙醇溶液中10秒左右后用清水冲洗干净，再放入配制好的农药中半小时后洗净。

种苗处理 可选用40%施佳乐悬浮剂稀释800倍液、50%翠贝稀释800倍液、70%代森锰锌可湿性粉剂稀释400倍液、70%甲基托布津可湿性粉剂稀释600倍液、10%世高水分散粒剂稀释1000倍液。种苗移栽前用农药配制的药液浸泡4小时后移栽。

化学防治 可选用70%甲基托布津可湿性粉剂600倍液，70%代森锰锌可湿性粉剂400～600倍液，25%清点1000倍稀释液、68%金雷400倍稀释液、40%施加乐悬浮剂稀释1000倍液、10%世高水分散粒剂稀释1000倍液。喷药时间可以选在傍晚，整个植株都要喷上药液，包括叶的背面，植株周围的地上也喷药。一般6月初1次，7月2次，8月3～4次。发病期每7～10天用药1次。用药后下雨要重新补喷。采收前10天禁止用药。

中药提取物防治 蛇床子提取物稀释到1%（每毫升含0.01g生药提取物）、知母提取液稀释到10%、白鲜皮提取液稀释到1%，同时加1%～2%的吐温或洗衣粉。施药时间同化学防治，每隔7～10天用药1次。

参考文献

孙海峰，曹思思，吕游，2010. 药剂浸苗及田间用药防治龙胆斑枯病的研究 [J]. 现代中药研究与实践 (5): 10-12.

孙海峰，王喜军，周磊，等，2005. 中药提取物对龙胆斑枯病病原菌抗菌活性的筛选 [J]. 东北林业大学学报 (2): 96-97.

鄂洪海，夏淑春，于莉，等，1999. 龙胆草斑枯病的发生与病原菌鉴定 [J]. 植物保护学报，26(4): 315-318.

（撰写：孙海峰；审稿：丁万隆）

龙眼白霉病 longan white mildew

由桃三浦菌引起的一种龙眼真菌病害。在病部呈现白色霉状物而得名。

分布与危害 龙眼白霉病在中国于2011年在广西钦州龙眼上发现，后经调查在广东和福建的龙眼主产区均有发生，发生严重的病果率超过40%，现已成为影响中国龙眼生产的一个重要病害。

该病主要发生在高温多湿的龙眼果实成熟期，危害果实

龙眼白霉病的症状（姜子德、陶功庆提供）
①果实受害症状；②叶片受害症状

和叶片。早期症状不明显，在果实成熟期，整穗果实表面覆盖着一层白色霉状物，部分果枝干枯和果实脱落。发病严重时，果实的果皮暗褐色，果肉变质腐烂；中度和轻度发病的果实，虽果肉未腐烂，但风味下降，降低品质。受害叶片正面覆盖有一层白色霉状物，可引致叶片早衰，但不形成坏死病斑（见图）。

病原及特征　病原为桃三浦菌［*Miuraea persicae*（Sacc.）Hara］，隶属子囊菌，但难见有性态。在 PDA 培养基上菌落初白色，后期中央变褐色。在病叶上或病果上菌丝白色至浅褐色，产孢梗从表生菌丝生出，侧生，偶见顶生，形成小瘤状，单生，近圆筒形或圆锥形，直或微弯，无色，后期浅褐色，光滑，基部有或无隔膜，大小为 $12.5 \sim 71.0 \mu m \times 1.8 \sim 11.0 \mu m$。分生孢子单生，棍棒形、纺锤形或近圆筒形，$0 \sim 10$ 个横隔膜，光滑，壁薄，后常呈淡黄绿色至淡褐色，顶端钝尖，基部钝圆至截形，脐点不明显，$16.0 \sim 62.0 \mu m \times 1.5 \sim 2.6 \mu m$。

侵染过程与侵染循环　龙眼白霉病菌以菌丝体或分生孢子在叶片或病残体上越冬，分生孢子经气流传播。

流行规律　该病往往首先发生在树冠内堂等阴暗处，偏施氮肥和荫蔽的果园发病严重。在中国龙眼果实成熟期，正是高温高湿天气，若台风和降雨频繁则非常有利于白霉病的发生和流行。

防治方法

农业防治　对密度较大的龙眼园应进行间伐，同时对过密的枝叶进行疏剪，增加通风透光，降低果园湿度。

化学防治　以保护接近成熟的果实为主，当病果穗率超过 5% 时，应及时进行喷药防治，有效药剂为咪鲜胺乳油、咪鲜胺水乳剂、多菌灵可湿性粉剂、70% 甲基硫菌灵可湿性粉剂。应注意安全间隔期，确保果品的食用安全。

参考文献

中国农业科学院植物保护研究所，中国植物保护学会，2015. 中国农作物病虫害 [M]. 3 版. 北京：中国农业出版社.

（撰稿：姜子德；审稿：习平根）

龙眼丛枝病　longan witches' broom

由丛枝病毒危害龙眼嫩梢所致。又名龙眼鬼帚病、龙眼麻疯病。

分布与危害　中国各龙眼产区及泰国均有发生。严重的发病率达 70%～80%。苗木、幼树或老树均可感染。危害结果母枝和花穗，导致不成穗和不结果，直接影响产量。

龙眼丛枝病主要危害新梢、叶片和花穗。以春梢发病最严重。罹病枝梢节间缩短，每个芽眼丛生出多个小病枝，状如扫帚。入秋后，罹病枝梢因叶片脱落成秃枝，但翌年春季，秃枝上仍可长出新的病叶。罹病花穗的花梗和小穗不能伸长且小梗分枝增多，呈密集丛生状，花器不发育或发育不正常，花早落，病穗不结果（见图）。

病原及特征　丛枝病毒为线状病毒（longan witches' broom virus，LWBV），位于韧皮部的筛管内，病毒大小为 $300 \sim 2500nm \times 14 \sim 16nm$，病毒亚基呈轮状排列。

侵染过程与侵染循环　种子能传病，传病率 0.19%～4.41%；接穗传病的潜育期 2～3 个月至 1～2 年不等，花粉亦带毒传病；但不能通过汁液涂抹传病。田间传病昆虫介体为荔枝蝽的成虫或若虫，潜育期短的为 53～72 天，长的约 1 年；龙眼角颊木虱的成虫，潜育期短的为 80～88 天，长的约 1 年。草地菟丝子亦可传病。相邻果园主要通过传毒昆虫介体荔枝蝽和龙眼角颊木虱传播，远距离传播则为病接穗和苗木调运。该病毒除侵染龙眼外，也侵染荔枝。

防治方法　严禁从病区调运带毒的种子、接穗和苗木等繁殖材料进入新区和新园。从无病区良种健树采集种子和接

龙眼丛枝病危害症状（习平根、姜子德提供）

穗，在隔离区建苗圃育苗，为无病区和新区供应良种无病苗。施有机肥，增强树势，提高植株抗病力。发现病梢和病穗，在离病部 20cm 处，及时剪除。及时防治荔枝蝽和龙眼角颊木虱等刺吸性口器害虫。

参考文献

陈景耀，李开本，陈菁瑛，等，1996. 荔枝鬼帚病及其与龙眼鬼帚病的相关性初步研究 [J]. 植物病理学报，26(4):331-335.

彭成绩，蔡明段，彭埃天，2017. 南方果树病虫害原色图鉴 [M]. 北京：中国农业出版社．

（撰稿：姜子德；审稿：习平根）

芦笋茎枯病　asparagus stem blight fungus

由天门冬拟茎点霉引起的一种芦笋毁灭性真菌病害，也是芦笋最主要的病害。

发展简史　该病 1921 年首次在新西兰被发现，现已扩散到北美洲、南美洲、欧洲、亚洲和澳大利亚南部等地。中国最早报道此病的时间是 1927 年。1932 年，邓叔群报道南京郊区的芦笋茎枯病时，认为其病原菌是 *Phoma asparagi* Sacc.，戴芳澜在 1979 年报道福建的芦笋茎枯病时认为它的病原菌也是 *Phoma asparagi* Sacc.。但在 1991 年，刘克均等通过对田间症状、病菌在多种培养基上生长特性以及分生孢子器的形态结构、分生孢子的形状和致病性等研究，提出茎枯病的病原应是天门冬拟茎点霉 [*Phomopsis asparagi* (Sacc.) Bubak]，并且认为中国各地报道的芦笋茎枯病病原菌是同一个种。这一观点正逐渐被接受。

分布与危害　该病是中国南北芦笋生产中最主要的病害，每年在保护地和露地均有不同程度的发生，并且呈上升趋势，尤其以长江流域、华南各地发生最为严重，大流行年份往往造成大面积死亡。田间自然发病率一般为 30%～40%，严重地块达 60% 以上；受害芦笋田轻者减产 20%～30%，重者减产 70% 以上，甚至毁园绝收，是一种毁灭性病害，故有“芦笋癌症”之称。已成为严重制约中国芦笋产业发展的关键因素。

芦笋茎枯病在芦笋的整个生长季节都可发生，主要发病部位为茎秆和枝条，拟叶也可发病，未发现果实有病斑，但种子可以带菌，严重时病株枯死甚至根盘腐烂。在不同环境条件下，茎秆上可形成两种不同类型的病斑，但两类病斑在发病初期均呈褪绿水渍状小斑、小点或短线。

急性型病斑　温度适宜时，在距离地面约 30cm 的茎秆上先出现水渍状菱形或短线型略凹陷的褪色斑，边缘不明显，病斑扩展迅速，形成大型的梭形或长椭圆形病斑，严重时病斑常相互连接成片或呈长条状，病斑灰白色，中间凹陷，表面密生黑色小点（即病菌的分生孢子器），散生或轮纹状排列；湿度大时，病斑边缘处有灰白色绒状菌丝，茎秆髓部腐烂。当病斑环绕茎秆时，上部枝叶发黄开始干枯，田间往往出现大量枯死株，发病处易折断（图 1）。

慢性型病斑　在气候干燥，温度过低或过高时，病斑小、浅，不深及髓部，扩展慢，边缘明显，常为褐色至棕褐色的纺锤形或短线型病斑，病斑中间不形成黑色小粒点或只有稀疏几个黑色小粒点，茎秆髓部一般不腐烂，小枝上的病斑与茎秆上相似，发病处易折断，使之以上部分枯死。新种植区，一般头两年发病较轻，随着病原菌的不断积累，病情逐年加重。而在重病区，新栽幼苗当年也严重发病。

小枝梗和拟叶发病先产生褐色小点，后边缘变成紫红色、中间灰白色并着生黑色小点。拟叶发病来势迅猛，小枝则易折断或倒伏，茎秆内部灰白色，短期内可使芦笋大面积枯黄，成片死亡，似火烧状；急性枯萎的病株根盘往往腐烂，茎秆地下部出现棕褐色至黑褐色病斑（图 1）。

病原及特征　病原为天门冬拟茎点霉 [*Phomopsis asparagi* (Sacc.) Bubak]，属拟茎点霉属（*Phomopisis*）。寄主范围较狭窄，可侵染百合科和苋科植物，以芦笋受害最重，还可侵染文竹、紫狼尾草等。

在 PDA 培养基上的菌落初为白色棉絮状，后呈灰白色或淡黄绿色，气生菌丝平铺，培养基底色略带淡紫褐色，7 天后菌丝层内逐渐产生黑色、球形分生孢子器，常数个纠集成块，成熟后外露于菌丝层，并分泌乳黄色黏质菌液；在 PSA 培养基上生长快，菌丝致密，菌落白色且较亮，产孢量较多（图 2）。菌丝生长的温度范围 20～30℃，以 25℃ 最适，致死温度为 60℃（10 分钟），最适 pH 5.0～6.0，12 小时光暗交替有利于菌丝生长和分生孢子产生。

菌株培养 10～30 天后可产孢，分生孢子器单生或 2～3 个生于 1 个子座内，黑褐色、圆锥形或烧瓶形，器壁较厚，孔口有或无，直径 40～73μm，内生分生孢子和分生孢子梗，分生孢子梗短、无色。

分生孢子器能产生 α 型、β 型和中间型共 3 种类型的分

图 1 芦笋茎枯病症状（①引自陈光宇；②引自郭雨欣；③④引自易克贤）
①急性枯萎；②病斑上密生黑色小粒点；③④大田危害症状

生孢子。α 型分生孢子纺锤形或椭圆形，无色单胞，一端较窄，大小为 5.0～12.5μm×2.0～4.5μm，内含 2 个油球。β 型分生孢子以线形为主，一端弯曲，还有披针形、波浪形或钩形的无色单胞的分生孢子，大小为 17.5～27.5μm×1.0～2.0μm，通常不含油球。自然状态下同一分生孢子器内可见 α 型和 β 型分生孢子，但以 α 型分生孢子居多。

侵染过程与侵染循环　在中国冬季温暖的南方，茎枯病菌不但可顺利地越夏还可越冬，春季病茎是秋季的病源；但在冬季寒冷的地方，病原菌除了能够在温室内的寄主植物上继续危害外，还可以分生孢子器、分生孢子和菌丝体在田间病株残体上越冬，一般可存活 2～3 年。此外，土壤中的病残体和根盘上，以及在其他寄主（如紫花苜蓿及玉米等）残体上营腐生生活的病原菌也可越冬，这些病菌都是翌年田间病害重要的初侵染源。虽然，芦笋茎枯病可由种子带菌，进行远距离传播，但在田间，病菌主要通过风雨传播，雨水飞溅是近距离传播的主要因子；也可通过气流、农事操作传播。开春后，土壤中的初侵染菌源萌发出分生孢子，通过雨水进行传播并首先侵害嫩茎，从茎伤口侵入，也可直接从茎表面侵入，形成初侵染。植株发病后又产生大量的分生孢子，再借助各种传播途径感染其他植株发病，形成再侵染。病菌最容易侵入幼嫩的茎枝，当嫩茎表皮硬化后，就不易侵入。在芦笋整个生长季节，茎枯病菌可进行多次反复侵染（图 3）。

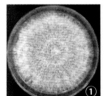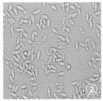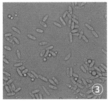

图 2　芦笋茎枯病菌的形态特征（①引自郭雨欣；②③引自孙燕芳）
①病原菌培养性状；②③ α 型分生孢子

春

病原菌萌发出分生孢子，通过雨水进行传播并首先侵害嫩茎，从茎伤口侵入，也可直接从茎表面侵入，形成初侵染

病原菌除了在温室内的寄主继续危害外，并可以分生孢子器、分生孢子和菌丝体在田间病株残体上越冬，此外，土壤中的病残体、根盘以及其他寄主残体上营腐生生活的病原菌也可越冬

高温高湿，发病高峰期，同时早期形成的分生孢子器能越夏，再作为秋季的侵染源

冬　　　　夏

不断侵染形成新病斑，并不断释放分生孢子进行再侵染，田间病情逐渐加重

秋

图 3　芦笋茎枯病菌周年侵染循环示意图（郑金龙提供）

流行规律　病害的流行与病菌数量、降雨多少、气温高低的关系极为密切。病菌量大、连续降雨、温度适中则发病重，尤其是气温在 24℃ 左右的多雨时节，病情发展非常迅速。在中国南方，3～4 月阴雨天、6～7 月梅雨期和 9～10 月秋雨期为发病高峰期。而北方，春季温度较低、湿度较小、病情发展缓慢，病害较轻；但在夏季，7～8 月雨水较多，为芦笋茎枯病的发病高峰期，病株率可达 70%～80%，如无得当的管理措施，8 月下旬甚至全田枯死。田间早期形成的分生孢子器均能越夏，成为秋季病害的重要菌源。

需特别指出的是茎枯病的流行与芦笋感病生育期的气象条件关系也极为密切，在适宜的温湿度条件下，孢子的发芽、侵染和出现病斑均极为迅速，如 25℃ 的饱和湿度条件下，孢子萌发只需 4 小时，病害潜育期仅为 7 天。如果在植株感病期遇上连续阴雨和适宜气温（20～28℃），病害极易流行。一般来说，日平均气温低于 10℃，不发生茎枯病；23～26℃ 时易于产生大量的分生孢子，病害潜育期为 5～7 天；旬平均气温 19.8～28.6℃ 为病害盛发期。雨季的迟早、降雨量的多少及频次的高低与病害发生的高峰和严重度呈正相关，特别是在台风暴雨过后，病害发生十分严重。

长期连作、清园不彻底、土壤黏重、田间积水、偏施氮肥或缺少磷、钾肥等，致使植株生长不良或苗株徒长、行间郁闭而导致病害严重。此外，收获末期植株营养不足或过度采摘，引起笋丛极度衰弱，也是疾病流行的重要原因之一；采用芦笋劣质的 F_2 代种子或感病品种，病害也较重；雨季留母茎则很容易感染茎枯病，造成以后病害的大暴发。

田间病害一般有两个阶段：第一阶段在采笋田发病后 40 天以内，病害处在横向扩展阶段，病株率增加快，能够达到 50%，但发病程度轻；第二阶段在病株率达 50% 后的 50～70 天，随着田间菌源量的增长，新出幼笋增多，温湿度适宜，病情较重，出现大片茎枯株死，反过来茎秆和拟叶的病斑和伤口又加速了病情的发展。

防治方法　长期以来，多数笋农"重治轻防、见病才治、没病不防"的传统思想导致生产上"滥用药、成本大、防效差"的被动局面。防重于治、控防结合才是治理该病害的关键。

选用抗病品种　芦笋品种间对茎枯病的抗性差异较大，F_1 代杂交种比 F_2 代种子抗病性好得多，可选择种植。高抗品种或种质有大理天门冬、B7/TX-4、H666、Gijnlim、Backlim、阿波罗（Apollo）、紫色激情（Purple Passion）和杰西奈特（Jersey Knight）；较抗病的有格兰德（Grande）、阿特拉斯、早生帝王、井冈 701、TC 山东、井冈全雄（2）、B4-a/B20-a（紫）、B19-c（H）、B2-a/SD、B3/TX-6 等。

然而，现在不少地方仍然种植 UC157 F_2、UC800 F_2、UC72F_2 等劣质 F_2 代芦笋，这些品种的抗病力很差，容易引起大面积发病，必须更换种植抗病品种。如华北地区推广的 NJ951、NJ857 品种，浙江富阳推广的格兰德 F_1、阿特拉斯 F_1、阿波罗 F_1 品种，福建东山推广的 GIJNLIM 品种，基本上都具有产量高、品质好及比较抗茎枯病等特性，在生产上发挥出很好的作用。另外，中国第一个具有完全自主知识产权的芦笋无性系杂交 F_1 代新品种井冈 701、F_1 代新品种京绿 1 号、井冈红、J2-2 和早熟品种台南选 3 号（Tainan3）等也比较抗茎枯病，有的还兼抗叶枯病、锈病和根腐病等，值得各地因地制宜地选用。

农业防治　选好地块。选择未种过芦笋的地块育苗。定植田应选地势平坦、地下水位低、土质肥沃、排灌方便和通气性好的砂质壤土或壤土地，土质黏重、地势低洼及排水不畅的地块不利于芦笋根系发育。

种子消毒。采用热水处理结合药剂拌种，即用70～80℃热水浸烫5～10分钟，立即放在冷水中漂洗，然后用25%多菌灵可湿性粉剂400～500倍液浸种2～3天，再催芽播种。

清洁田园。芦笋种植地都应重点抓好春母茎、秋母茎留养前和冬季植株枯黄后的清洁田园。越冬阶段的清园工作分两次进行，第一次于1月上中旬待地上部茎枝全部枯萎后，把离地表15cm的枯茎全部割掉，统一烧毁遗留在田间的残枝枯叶，再行冬翻，并喷洒敌克松500倍药液消毒棵盘，每亩用药液250～500kg，以减少越冬病原基数；第二次于2月中旬再拔净棵茎残桩，搬离田外烧毁；芦笋采收结束后，及时开垄扒土，清除棵盘上的嫩茎残桩，裸露出棵盘暴晒3～5天，再用敌克松500倍药液消毒棵盘，并覆以薄土。

合理间套作。芦笋与甘薯、玉米、棉花等间作病害严重；而与大蒜、洋葱、豆类等间作则病害相对较轻。

科学施肥。施用氮肥过量可诱发茎枯病，一定要科学配方施肥。增施有机肥，重施钾肥，补施微量元素、有益元素、生物菌肥，抑制病菌的活性和提高笋株的抗病性。现在，不少地方推广"看苗、看地轻施或迟施，甚至不施复壮肥"的施肥方法，一般都能达到长势健壮、茎枝抽生合理、田间通风透光良好的效果。采收结束后约40天需施用秋发肥，一般在8月下旬，分2～3次看苗施用，为翌年高产打好基础。

加强排水。做好三级排水系统，防止田间积水，确保雨停田干。定植初年，排水沟不可开得太深，以防鳞芽盘上升太快和盛产后期无法培土，缩短田块的采掘年限。但需逐年加深排水沟，第一年畦沟深13～14cm，腰沟深约20cm，边沟深26～27cm；第二年畦沟深约20cm，腰沟深26～27cm，边沟深33～34cm；第三年畦沟深26～27cm，腰沟深33～34cm，边沟深约50cm。这样逐年加深，沟泥逐渐填高畦面，可减少土壤潜层水对芦笋的危害，有利于芦笋植株的生长发育。

及时疏株。适当控制留母茎数，一般每穴留3～5根，均匀分布。如果芦笋株丛内抽生和鳞芽萌发的茎枝过多，往往会造成株丛内郁闭、茎枝柔嫩，大大增加病株率。因此，需要在晴天及时地疏掉株丛内的老、病、弱、断、倒、密的茎枝，再喷药防病。

及时清除田间杂草。种植初年，由于芦笋行距较宽，植株矮小，易滋生杂草，严重影响芦笋的生长发育；特别是进入雨季后，杂草生长更为迅速，因此，要适时中耕锄草，并及时清除病茎，疏枝打顶，多松土，改善土壤中的营养条件，促使芦笋茎枝迅速生长，提高植株的抗病能力。

避雨栽培。田间铺草秸或覆地膜，可防止病菌飞溅，阻断侵染途径，可减少病株率72.7%～77.1%。大棚种植芦笋也是良好的避雨栽培措施，能有效阻止台风和雨水侵袭，减少芦笋茎枯病的危害。在芦笋春、秋母茎留养期间不拆除顶膜，能遮挡雨水，降低设施内湿度，创造一个不利于茎枯病发生的低湿环境条件，减轻病害。留母茎时要选择有5天以上的晴好天气和粗大健壮的嫩茎留作母茎，以减少受病菌侵染的机会。尽量使母茎嫩茎的出土期与雨季错开，坚持7～8月雨季采笋，都能收到一定的防病效果。

化学防治　清园后要进行土壤消毒，可喷洒百菌清600～800倍液或50%多菌灵300～500倍液；也可用多菌灵500～600倍液或200倍4%的农抗120进行灌根。

生长期间防治该病，可使用25%的咪鲜胺乳油1000倍液、50%多菌灵可湿性粉剂500～600倍液、75%百菌清可湿性粉剂500～800倍液和70%甲基托布津可湿性粉剂600倍液、25%阿米西达悬浮剂2000倍液、50%异菌脲悬浮剂或可湿性粉剂1000倍液、70%代森锰锌乳粉600倍液和30%爱苗乳油4000倍液等喷雾，防治芦笋茎枯病的效果较好。

为了延缓病菌抗药性产生，应采用保护性杀菌剂与内吸性杀菌剂的交替使用。在春秋两度留母茎时，幼笋期可用70%甲基托布津可湿性粉剂800倍液或者75%百菌清可湿性粉剂800倍液防治。当母茎长至50cm左右开始分枝时，可以用0.5%～1%波尔多液保护。此外，还可用代森锰锌、福美双等交替使用或甲基托布津与福美双或百菌清等不同类杀菌剂混合使用。

在嫩茎及嫩枝抽生期进行喷药保护，大田芦笋嫩茎抽生高度达10～30cm时，及时采用药剂防治，控制茎枯病的危害。过去多片面强调抓好梅雨和秋雨季节的茎枯病防治，忽视高温期间的药剂防治。芦笋茎枯病的病菌孢子在土壤中遗留的病残枝上越冬，孢子在13℃以上即可萌发危害，适宜于孢子萌发和菌丝体生长的温度是20～30℃，33℃以上的高温对孢子萌发和菌丝体生长有抑制作用，孢子靠雨水和气流传播，茎枝得病后的潜伏期为10～15天，中国南方7月下旬至8月下旬常年日平均气温达27～28℃，这是孢子萌发、菌丝体生长最适温度范围，茎枝7月下旬得病，8月上旬发病，中旬日趋严重。因此，应改变原来药剂防治时间，提早到7月上旬喷防，每间隔7～10天喷防1次，一直持续到10月中旬。

在防治部位上，应以喷打嫩茎、茎枝为主，改变原来只打枝叶、不打茎枝的做法。

参考文献

陈建仁，金立新，方丽，等，2010.芦笋茎枯病的识别与防治 [J].中国蔬菜 (19): 25-26.

戴芳澜，1979.中国真菌总汇 [M].北京：科学出版社：1025.

代真真，2012.芦笋种质资源的 ISSR 分析及筛选的抗病芦笋品种再生体系的建立 [D].海口：海南大学：25-28.

刘克均，张凤如，陈永萱，1991.芦笋茎枯病病原菌的订正 [J].真菌学报，10(4): 329-330.

刘志恒，孙俊，杨红，等，2008.芦笋茎枯病菌生物学特性的研究 [J].沈阳农业大学学报，39(3): 301-304.

卢松茂，罗金水，李丽容，2010.芦笋茎枯病菌鉴定及寄主范围研究 [J].福建热作科技，35(3): 4-6.

孙燕芳，2013.海南芦笋茎枯病病原生物学及抗病品种和药剂筛选研究 [D].武汉：华中农业大学：30-35.

杨迎青，李湘民，孟凡，等，2012.芦笋茎枯病抗性鉴定方法的建立及芦笋抗病种质资源的筛选 [J].植物病理学报，42(6): 649-654.

LI G, JIAN WL, 2008. Suppressive effect of silicon nutrient on *Phomopsis* stem blight development in asparagus[J]. Hortscience, 43(3): 811-817.

YUE P, ZHANG GY, CHEN SC, 2012. Stress physiology and virulence characterization of *Phomopsis asparagi* (Sacc.) Bubak isolated from asparagus in Jiangxi Province of China[J]. Agricultural science and technology, 13(7): 1502-1508.

（撰稿：郑金龙；审稿：易克贤）

绿豆白粉病　mung bean powdery mildew

由蓼白粉菌等多种病原菌引起的、危害绿豆地上部分的一种真菌性气传病害，是世界上大多数绿豆种植区最重要的病害之一。

发展简史　1930年，三浦道哉在中国辽宁首次记载绿豆白粉病，认为病原菌为蓼白粉菌（*Erysiphe polygoni*）。之后，由该菌引起的绿豆白粉病在泰国、马来西亚、印度、孟加拉国、尼泊尔和菲律宾等国先后被报道。2002年，Lee等在韩国报道了由菜豆单囊壳（*Sphaerotheca phaseoli*）引起的绿豆白粉病。2004年，Cunnington等基于对澳大利亚豆科植物上发生的无性态白粉病菌分子鉴定结果，将包括绿豆在内的豇豆属和菜豆属植物上的白粉菌鉴定为*Podosphaera xanthii*，异名*Podosphaera fusca*。1975年，Yohe和Poehlman报道绿豆对白粉病的抗性由具有加性效应的多位点控制。1993年，Young等构建了第一张绿豆抗白粉病遗传连锁图谱，鉴定了3个绿豆抗白粉病QTLs。1994年，Reddy等研究发现一些RUM品系及其衍生系对白粉病的完全抗性由两个显性基因*Pm-1*和*Pm-2*控制。2002年，Chaitieng等对一个抗白粉病位点PMR1作图，该位点可以解释64.9%的表型变异。2003年，Humphry等定位一个主效抗性QTL，解释86%表型变异。2008年，Zhang等开发了该基因的PCR标记。自20世纪80年代，中国开始从亚洲蔬菜研究与发展中心引进一些对白粉病具有很好抗性的资源，并相继培育出一些抗白粉病品种。

分布与危害　该病在亚热带和热带绿豆生产区普遍发生，特别是在冷凉、干燥的气候条件危害严重。病害首先发生在叶片上，随后侵染茎秆、花序和荚，可导致绿豆单株结荚数、粒数、种子重量减少，豆粒变小，从而导致严重的产量损失。在菲律宾绿豆白粉病导致的绿豆产量损失为21%～40%，澳大利亚在30%以上。在印度，绿豆白粉病苗期发病可以导致100%的产量损失。此外，白粉病还影响绿豆种子的质量，如降低种子萌发率、豆苗活力及豆芽重量。在中国，绿豆白粉病在所有绿豆产区均有发生，其中在江苏、浙江、湖北、福建、台湾、安徽、河南、广西、陕西等主产区危害较重，一般减产20%～30%。台湾地区绿豆白粉病可造成40%以上的产量损失。

白粉病菌可以危害绿豆植株的所有绿色部分。病害首先出现在叶片上，随后茎、荚和花序被感染。染病叶片最初出现的症状是形成模糊的、轻微变色的小斑，随后病斑逐渐扩大形成白色粉斑，病斑不规则。最后病斑合并使病部表面被白粉覆盖。菌丝体在叶片两面均可生长。病害由下向上蔓延，严重病株的叶片、茎、豆荚、花序上布满白粉，在霉层下面，被侵染的叶组织或荚变为褐色或紫色。发生严重时，叶片变黄、干枯、提早脱落（见图）。病原菌后期在菌丝层中产生黑色小粒点，即闭囊壳。

病原及特征　绿豆白粉病被报道由白粉菌属的蓼白粉菌（*Erysiphe polygoni*）和叉丝单囊壳属的综丝叉丝单囊壳白粉菌（*Podosphaera fusca*）、苍耳叉丝单囊壳［*Podosphaera xanthii*（Castagne）U. Braun et Shishkoff］、菜豆叉丝单囊壳白粉菌（*Podosphaera phaseoli*）等多种病原菌引起，其中蓼白粉菌为中国绿豆白粉病主要致病菌。

蓼白粉菌无性世代为白粉孢（*Oidium erysiphoides* Fr.），菌丝无色，附着胞裂瓣形；分生孢子梗的脚胞柱形，直或弯曲，大小为24～34.8μm×7.2～9.6μm，上部着生1～2个

绿豆白粉病症状（朱振东提供）

孢子；分生孢子单个顶生，第一个孢子成熟后第二个孢子才开始发展，圆柱形或卵圆形，无色，单胞，大小为 28.8～50.4μm×12～21.6μm，平均 41.26μm×17.53μm。子囊果聚生至散生，直径 60～139μm，附属丝多，菌丝状，与菌丝交织，多数呈扭曲状，不分枝，或不规则分枝 1～2 次，粗细均匀或局部粗细不均，壁平滑或微粗糙，具隔膜 0～3 个，褐色，或基部褐色向上渐无色；子囊 3～10 个，长卵形至亚球形，多有柄，大小为 49～82μm×29～53μm；含有 3～6 个子囊孢子，间或有 2 个或 8 个，椭圆形或卵形，大小为 17～30μm×10～19μm。

侵染过程与侵染循环 分生孢子在绿豆叶片或其他绿色组织上萌发，产生附着胞直接穿透寄主表皮并在表皮细胞内形成一个吸器，接着从分生孢子上长出菌丝，在叶面上放射状扩展并从细胞间隙侵入表皮细胞。

病原菌能够以闭囊壳在病残体上越冬，翌年在合适的条件下以子囊孢子进行初侵染。子囊孢子产生的温度为 10～30℃，在释放后 24 小时内完成萌发和侵染。在南方地区病原菌也可以菌丝体在多年生杂草寄主及冬播寄主作物的植株上越冬，在合适的条件下休眠菌丝产生分生孢子进行侵染。初次侵染一旦建立，则很快形成分生孢子进行再侵染。分生孢子在分生孢子梗上连续产生，借气流远距离传播。分生孢子可以借气流传播数千米，因此，大多数作物病害流行可能是外来侵染源引起。子囊孢子和分生孢子侵染绿豆后病害潜伏期因温度的不同存在差异，在适宜条件下（约 25℃），5 天就能造成病害流行。蓼白粉菌具有很广的寄主范围。据统计，蓼白粉菌能危害 157 个属的 357 种植物。

流行规律 绿豆白粉病流行的最合适温度为 20～26℃。白天温暖、干燥和多云，夜间冷凉气候条件下发病严重。除闭囊壳产生子囊孢子需要一定湿度外，白粉病菌的侵染对湿度的要求不严格。在没有自由水的条件下，分生孢子也能够萌发和侵染植株。叶面因下雨、结露或灌溉而产生的自由水能够降低分生孢子的活力和冲掉分生孢子，减轻病害的发生。因此，在多雨的地区或季节、使用喷灌等，白粉病一般发生较轻。

此外，多年连作、地势低洼、田间排水不畅、种植过密、通风透光差、长势差的田块发病重。氮肥施用过多，土壤缺少钙钾肥，植株抗病力降低时，易于病害发生。绿豆对白粉病的最易感病生育期为开花结荚期，因此，晚熟品种或晚播有利于发病。种植感病品种是病害流行的重要因素。

防治方法 栽培抗病品种是防治绿豆白粉病最经济有效的方法。绿豆品种或资源对白粉病存在明显的抗性差异。自 20 世纪 80 年代，中国开始从国外特别是从亚洲蔬菜研究与发展中心大量引进绿豆资源，其中一些资源对白粉病具有很好抗性，如 VCl560C、V4785、VC2768A、VC6l73-l4、V1132、VC1973A、VC27784 等。这些抗性资源作为亲本培养出抗白粉病的绿豆推广应用，如中绿系列品种中绿 2 号、中绿 3 号、中绿 6 号、中绿 7 号、中绿 9 号、中绿 10 号、中绿 12 号、中绿 13 号。

在没有种植抗病品种的情况下，白粉病防治应该采取综合治理策略。通过早播和利用早熟品种避开病害流行期，适量增施磷、钾肥增强植株抗病力，可以减轻白粉病的发生率

和严重度。与非寄主作物轮作 2～3 年，可有效降低田间病原菌的数量，对白粉病管理有一定的作用。与高粱或谷子间作能够有效降低白粉病发生率和严重度。

药剂防治应在发病初期（小于 5% 侵染率）进行，可以用以下药剂进行防治：40% 福星乳油 6000～8000 倍液、15% 三唑酮可湿性粉剂 1500～2000 倍液、10% 世高水悬浮剂（苯醚甲环唑）2000～3000 倍液、43% 戊唑醇悬浮剂 3000 倍液等，根据病害发生情况隔 10～14 天 1 次，连续防治 3～4 次，不同药剂交替使用。

由于杀菌剂的使用增加了公众对食品和环境安全的担心及病原菌的抗药性，选择环境友好型产品防治植物病害已成为发展趋势。在国外一些生防制剂已应用于绿豆白粉病的防治，如一些木霉和荧光假单胞菌能够显著降低白粉病严重度和提高产量。一些非杀菌剂产品，如可溶性硅、植物油、甲壳素、无机盐、植物提取物等对白粉病防治有效。苯并噻二唑（benzothiadiazole，BTH）、水杨酸等诱导对白粉病的抗性。应用 0.5mM 水杨酸还可以提高绿豆的营养成分和抗氧化代谢，缓解其他非生物胁迫如盐害的多种影响。毗黎勒提取液、印楝油、*Pseudomonas fluorescens* 培养滤液等能够有效防治白粉病。叶面喷施堆肥茶能够有效防治白粉病。

参考文献

程须珍，陈红霖，朱振东，等，2016. 绿豆生产技术 [M]. 北京：北京教育出版社.

朱振东，段灿星，2012. 绿豆病虫害鉴定与防治手册 [M]. 中国农业科学技术出版社.

（撰稿：朱振东；审稿：王晓鸣）

绿豆孢囊线虫病 mung bean cyst nematodes

由大豆孢囊线虫引起的、主要危害绿豆根系的土传病害。

发展简史 大豆孢囊线虫于 1915 年首次由 Hori 在日本发现，最初被认为是甜菜异皮线虫（*Heterodera schachtii*）1952 年，Ichinohe 重新定名为大豆孢囊线虫（*Heterodera glycines*）。1959 年，Epps 和 Chambers 在美国研究证明绿豆是大豆孢囊线虫合适的寄主。虽然绿豆孢囊线虫在中国多地严重发生，但迄今没有相关研究报道，仅于 2012 年在朱振东和段灿星出版的《绿豆病虫害鉴定与防治手册》中首次被记述。

分布与危害 绿豆孢囊线虫病主要分布在东北及华北地区，其中在黑龙江和吉林干旱地区危害严重，可导致较大的产量损失。被害植株地上部分表现为叶片褪绿、黄化，严重被害时植株矮化、瘦弱，叶片焦枯似火烧状。根系被侵染，产生褐色病斑，根系发育受阻，须根减少，很少或不结瘤，被害根部表皮破裂，易受其他土传真菌侵染（见图）。雌虫成熟后在根上形成大小 0.3～0.5mm 的白色或淡黄色球状颗粒（孢囊），这是鉴别孢囊线虫的重要特征。

病原及特征 大豆孢囊线虫（*Heterodera glycines* Ichin.）

绿豆孢囊线虫病症状（朱振东提供）

卵初为圆筒形，后发育为长椭圆形，稍向一侧弯曲，大小为 50～110μm×39～43μm。雌成虫梨形或柠檬形，发育后期直接转化成柠檬形孢囊。孢囊初为白色，随后变为黄色，最终变为褐色，头颈和尾部明显突出，大小为 500～786μm×330～560μm。雄虫线性，体长 1.2～1.4mm。大豆孢囊线虫具有生理分化，但危害绿豆的生理小种尚未进行鉴定。

侵染过程与侵染循环　孢囊线虫以卵在孢囊内于土壤中越冬，成为翌年初侵染源。孢囊具有极强的抗逆境能力，在土壤中可存活 11 年以上。翌年春季温度在 16°C 以上，卵发育孵化出二龄幼虫进入土壤，以口针侵入根系的皮层中吸食，虫体露于其外。孢囊线虫幼虫在土壤中仅能作短距离的移动，活动范围很小。在田间主要通过农事耕作、田间水流或借风携带传播，也可混入未腐熟堆肥或种子携带远距离传播。

流行规律　土壤内线虫量大，是发病和流行的主要因素，盐碱土、砂质土发病重，连作田发病重。

防治方法　选用适合当地的抗病或耐病品种；与禾本科植物实行轮作；加强栽培管理，增施有机肥、适时灌溉和追肥；用 35% 多克福种等种衣剂进行种子处理。

参考文献

程须珍，陈红霖，朱振东，等，2016. 绿豆生产技术 [M]. 北京：北京教育出版社 .

朱振东，段灿星，2012. 绿豆病虫害鉴定与防治手册 [M]. 北京：中国农业科学技术出版社 .

（撰稿：朱振东；审稿：王晓鸣）

绿豆病害　mung bean diseases

绿豆是豆科（Leguminosae）蝶形花亚科（Papilionoideae）菜豆族（Phaseoleae）豇豆属（Vigna）双子叶植物。绿豆起源于印度—缅甸地区东北部，适合在温带、亚热带和热带高海拔地区种植，有 20 多个国家种植绿豆，其中亚洲的印度、中国、泰国、缅甸、印度尼西亚、巴基斯坦、菲律宾、斯里兰卡、孟加拉国、尼泊尔为主产区，非洲、欧洲、美洲及澳大利亚也有少量种植。绿豆在中国已有 2000 多年的栽培历史，全国各地均有种植，年播种面积约 1200 万亩，总产量约 100 万 t，其中黄河流域、淮河流域、长江下游、东北地区、华北地区为主产区。绿豆营养丰富，具有很高的食用和药用价值，是广受欢迎的医食同源作物。此外，绿豆还具有生育期短、固氮能力强、生长适应性广泛等特性，是农业种植结构调整中主要的间、套、轮作和养地作物，也是重要的救灾救荒作物。

危害绿豆的病害包括真菌病害、细菌病害、病毒病害、植原体病害、线虫病害和寄生性植物病害等。绿豆真菌病害主要有尾孢叶斑病（*Cercospora canescens*）、轮纹叶斑病（*Phoma exigua*）、白粉病（*Erysiphe polygoni*）、链隔孢叶斑病（*Alternaria alternata*）、叶腐病（*Thanatephorus cucumeris*）、锈病（*Uromyces appendiculatus*）、炭疽病（*Colletotrichum lindemuthianum*）、灰霉病（*Botrytis cinerea*）、丝核菌根腐病（*Rhizoctonia solani*）、枯萎病（*Fusarium oxysprum* f. sp. *mungcola*）、黄萎病（*Verticillium dahliae*）、炭腐病（*Macrophomina phaseolina*）、白绢病（*Sclerotium rolfsii*）、菌核病（*Sclerotinia sclerotiorum*）。细菌性病害主要有细菌性叶斑病（*Xanthomonas axonopodis* pv. *phaseoli*）和晕疫病（*Pseudomonas syringae* pv. *phaseolicola*）。绿豆病毒病主要有绿豆黄花叶病毒（MYMV）、绿豆花叶病毒病（BCMV）、绿豆黄斑驳病毒病（MYMoV）等。绿豆植原体病害有变叶病（*Candidatus* Phytoplasma aurantifolia）。绿豆线虫病有根结线虫病（*Meloidogyne* spp.）、孢囊线虫病（*Heterodera glycines*）和肾形线虫病（*Rotylenchulus reniformis*）。危害绿豆的寄生植物有菟丝子（*Cuscuta* spp.）。

参考文献

程须珍，陈红霖，朱振东，等，2016. 绿豆生产技术 [M]. 北京：北京教育出版社 .

朱振东，段灿星，2012. 绿豆病虫害鉴定与防治手册 [M]. 北京：中国农业科学技术出版社 .

（撰稿：朱振东；审稿：王晓鸣）

绿豆根结线虫病　mung bean root-knot nematodes

由南方根结线虫等多种根结线虫属线虫引起的、主要危

L

害绿豆侧根和须根的一种线虫性土传病害。

发展简史 1971年，Prasad等在印度首次报道了爪哇根结线虫危害绿豆；1972年，Singh报道了南方根结线虫也危害绿豆；2012年，Khan等报道花生根结线虫是危害绿豆的根结线虫之一，并研究发现爪哇根结线虫比花生根结线虫和南方根结线虫对绿豆更具有致病性。由于根结线虫有广泛的寄主和地理分布，引起严重的经济损失，1975年国际根结线虫计划（International Meloidogyne Project，IMP）在美国北卡罗来纳州立大学科学家倡导下启动，70多个发展中国家及一些国际研究机构至少100位线虫学家参与了该计划。在中国，1980—1985年李笃肇调查了四川植物病原根结线虫种，鉴定了南方根结线虫、爪哇根结线虫和花生根结线虫三个种，其中绿豆为寄主之一。1990年，冯如珍报道了广西植物根结线虫初步调查，绿豆为被害寄主之一。

分布与危害 绿豆根结线虫病在世界大多数绿豆产区发生，尤其是在巴基斯坦、印度、泰国等国发生严重。在印度，根结线虫造成绿豆产量损失可达90%以上。在中国，绿豆根结线虫病在四川、广西、湖北、河北、山东、北京等地有发生。

根结线虫危害绿豆侧根和须根。被侵染的根组织受刺激增生膨大，产生大小不一的不规则或串珠状根结。镜检根结病部组织，可见很多细小的乳白色线虫。受害植株地上部症状因发病的轻重程度不同而异，轻病株症状不明显，重病株发育不良，植株矮小，叶片黄化或逐渐枯萎，严重时全株枯死（见图）。

病原及特征 病原为根结线虫属（*Meloidogyne*）的多个种。国外报道的有南方根结线虫［*Meloidogyne incognita*（Kofoid et White）Chitwood］、爪哇根结线虫［*Meloidogyne javanica*（Treub.）Chitwood］和花生根结线虫［*Meloidogyne arenaria*（Neal）Chitwood］，其中以南方根结线虫为主。

根结线虫雌雄异型。卵为卵形或长椭圆形，无色，大小为30～60μm×75～113μm。一龄幼虫在卵内发育，二龄幼虫在卵内蜕皮后孵出进入土壤，成为线性侵染性幼虫，三龄幼虫呈袋囊状或豆荚状，经过4龄发育，成熟雌虫呈梨形或苹果形，成熟雄虫为细长线性。根结线虫寄主范围广泛。

侵染过程与侵染循环 根结线虫主要以卵在土壤内越冬，带线虫土壤是主要初侵染源。翌年气温升到10°C左右时，越冬卵开始孵化为幼虫，二龄幼虫从卵中孵出进入土壤。进入土壤的二龄幼虫向寄主根部移动，在根尖处侵入组织，头部在维管束的筛管附近寻找适宜细胞定殖，分泌物刺激细胞分裂膨大形成多核的巨型细胞，这些巨型细胞专供线虫取食。同时，根组织受线虫刺激，细胞不断分裂、体积增大形成根结。在生长季节根结线虫完成数个世代，发育到四龄时交尾产卵，卵在根结里孵化发育，二龄后离开卵块，进入土中进行再侵染或越冬。根结线虫在土壤内水平移动速度很慢，田间传播主要通过水、人、畜、农具等。

流行规律 根结线虫喜较高温度，一般土壤温度20～30°C，土壤湿度40%～70%，适合线虫生长发育。因此，地势高、干燥、疏松、透气的砂质土壤发病重。线虫在土壤中一般存活1～3年，由卵孵化为幼虫直到成虫再产卵的整个过程一般需时25～30天。

防治方法 选用抗病品种；与非寄主作物轮作；增施有机肥；用荧光假单胞菌、木霉菌等生防菌；使用β-氨基丁酸等诱抗剂；选用克百威的种衣剂进行种子包衣；或用35%乙基硫环磷或35%甲基硫环磷按种子量的0.5%拌种；或用5%阿维菌素颗粒剂1～2kg/亩，同种肥一起施入播种沟里，不仅可以防治线虫，还可防治地下害虫等。

参考文献

程须珍，陈红霖，朱振东，等，2016.绿豆生产技术 [M].北京：北京教育出版社.

朱振东，段灿星，2012.绿豆病虫害鉴定与防治手册 [M].北京：中国农业科学技术出版社.

（撰稿：朱振东；审稿：王晓鸣）

绿豆根结线虫病症状（朱振东提供）
①示根结；②示叶片黄化

绿豆花叶病毒病 mung bean mosaic virus disease

由菜豆普通花叶病毒等多种病毒引起的、主要危害绿豆叶片的病毒性病害。

发展简史 绿豆花叶病毒病由多种病毒引起。1968 年，Kaiser 等在伊朗报道了一种严重的蚜虫和种传绿豆花叶病毒（mung bean mosaic virus，MMW），系统研究结果表明该病毒是菜豆普通花叶病毒（bean common mosaic virus，BCMV）的一个株系。1974 年，Kaiser 和 Mossahebi 发现 BCMV 自然侵染绿豆，引起叶片畸形、皱缩、卷曲、起泡、花叶等。1978 年，Purivirojkul 等报道了黄瓜花叶病毒（cucumber mosaic virus，CMV）自然侵染绿豆，引起明显的花叶、叶畸形、植株矮化，偶尔花不育和荚扭曲，1978 年，Iwaki 发现 CMV 为绿豆种传。1979 年，Kaiser 报道了苜蓿花叶病毒（alfalfa mosaic virus，AMV）自然侵染绿豆，引起矮化和黄花叶症状。1988 年，Green 等报道印度尼西亚爪哇省绿豆病毒病调查结果，发现 95% 样品含有菜豆黄花叶病毒（bean yellow mosaic virus，BYMV）、76% 含有小豆花叶病毒（adzuki bean mosaic virus，AzMV）、60% 含有花生条纹病毒（peanut streak virus，PStV）、48% 含有黑眼豇豆花叶病毒（blackeye cowpea mosaic virus，BlCMV）、44% 含有 BCMV 和 12% 含有 CMV。2006 年，Choi 等将引起绿豆褪绿环斑、黄花叶和明脉症状的 PStV 鉴定为 BCMV 的一个株系 BCMV-PStV。在中国，1990 年，李尉民和濮祖芹从皱缩花叶症状的绿豆病株上分离到大豆花叶病毒（soybean mosaic virus，SMV）；1992 年，郭京泽和曹寿先研究发现引起小豆花叶病毒病的 BlCMV 能够系统侵染绿豆；2003 年，Chalam 等从中国引入印度的绿豆种质中检测到 AMV、BCMV、豇豆蚜虫传花叶病毒（cowpea aphid-borne mosaic virus，CABMV）和 CMV；2014 年，沈良等从花叶、皱缩、明脉症状的绿豆植株上分离鉴定到 BCMV。

分布与危害 绿豆花叶病毒病广泛分布于各绿豆产区，可造成严重的产量损失和种子质量下降。病毒病可以发生在整个生育期植株，因为病毒、品种等不同引起的症状多样。菜豆普通花叶病毒引起的叶片上常见症状有花叶、斑驳、叶片变形、扭曲、叶面皱缩、卷叶、起泡等。黄瓜花叶病毒侵染绿豆感病品种引起明显的花叶、脉带、叶皱、矮化、花败育、荚扭曲等。如果病害流行早，植株发病重，导致整株矮化、不结荚或结荚少，荚内籽粒带毒率高（见图）。

病原及特征 在中国，多种病毒可以引起绿豆花叶病毒病，如菜豆普通花叶病毒、黄瓜花叶病毒、黑眼豇豆花叶病毒、苜蓿花叶病毒等，其中以菜豆普通花叶病毒和黄瓜花叶病毒为主。菜豆普通花叶病毒隶属于马铃薯 Y 病毒科（Potyviridae）中的马铃薯 Y 病毒属（Potyvirus）。病毒粒子无包膜，弯曲线状，长 847～886nm，直径 12～15nm。寄主有豆科植物 11 属 26 种。黄瓜花叶病毒隶属于雀麦花叶病毒科（Bromoviridae）黄瓜花叶病毒属（Cucumovirus），病毒粒子为等轴 20 面体，无包膜，直径 29nm，寄主十分广泛。

侵染过程与侵染循环 菜豆普通花叶病毒和黄瓜花叶病毒可以通过绿豆种子带毒传播，种传率分别为 8%～32% 和

绿豆花叶病毒病症状（朱振东提供）

0.61%。种子带毒是重要的初侵染源。初侵染形成的中心病株，主要通过传毒介体蚜虫，如豆蚜（Aphis craccivora）、桃蚜（Myzus persicae）、豌豆蚜（Acyrthosiphon pisum）等以非持久方式传播。病毒也可以通过花粉和机械摩擦传播。

流行规律 当田间出现大量有翅蚜时，病害快速传播流行。

防治方法 种植抗病品种。生产和使用无病毒种子；调整播期，避开蚜虫传毒高峰；苗期及时拔除病苗。

药剂防治分为蚜虫防治和病毒病防治两部分。蚜虫可以用种子重量 10% 吡虫啉可湿性粉剂拌种防治，也可在蚜虫发生初期喷施 10% 吡虫啉可湿性粉剂 2500 倍液、丁硫克百威 1500 倍液、50% 辟蚜雾可湿性粉剂 2000 倍液等。病毒病防治可在病害发生前或发病初期叶面喷施 NS-83 或 88-D 耐病毒诱导剂 100 液，或 2% 或 8% 宁南霉素水剂（菌克毒克）、6% 低聚糖素水剂、0.5% 菇类蛋白多糖水剂、20% 盐酸吗啉胍·乙酸铜可湿性粉剂、6% 菌毒清、3.85% 病毒必克可湿性粉剂、40% 克毒宝可湿性粉剂、20% 病毒 A500 倍液和 5% 植病灵 1000 倍液。

参考文献

程须珍，陈红霖，朱振东，等，2016. 绿豆生产技术 [M]. 北京：北京教育出版社 .

朱振东，段灿星，2012. 绿豆病虫害鉴定与防治手册 [M]. 北京：中国农业科学技术出版社 .

（撰稿：朱振东；审稿：王晓鸣）

绿豆菌核病　mung bean *Sclerotinia* stem rot

由核盘菌引起的、主要危害绿豆地上部分的真菌性病害。

发展简史　绿豆菌核病于 1964 年在中国广西首次被记载，认为核盘菌（*Sclerotinia sclerotiorum*）是引起该病的病原菌。1997 年，Tseng 和 Tu 通过种子检测发现该菌为绿豆种传。迄今，绿豆菌核病病原菌尚未有系统研究的报道。

分布与危害　该病在黑龙江、吉林、辽宁、内蒙古、山西、河北、河南、广西等绿豆产区有分布，可导致严重减产。病害可危害植株地上所有部分，但主要发生在近地面茎基部或下部茎秆分枝处。染病茎秆最初产生水渍状病斑，随后病斑上下扩展，变为白色，表皮组织发干崩裂，导致植株上部萎蔫、死亡。湿度大时，病部位有白霉长出。病茎组织中空，内有鼠粪状黑色菌核；病部表面白霉生长旺盛时，也有黑色菌核形成（见图）。

绿豆菌核病症状（朱振东提供）

病原及特征　病原为核盘菌［*Sclerotinia sclerotiorum*（Lib.）de Bary］。菌核不规则形或似老鼠屎状，直径 2～20mm；菌核萌发产生 1 个至多个杯形子囊盘，着生在细长菌柄上；子囊盘盘形，淡红褐色，直径 0.5～11mm，上生栅状排列的子囊；子囊棒状，大小为 81～252μm×4～22μm，内含 8 个子囊孢子；子囊孢子单胞，无色，椭圆形，大小为 11.7～15.1μm×5.9～7.3μm；侧丝无色，丝状，夹生在子囊间。寄主十分广泛。

侵染过程与侵染循环　病原菌以菌核在土壤中、病残体上或混在堆肥及种子上越冬。越冬菌核在适宜条件下萌发产生子囊盘，子囊成熟后，遇空气湿度变化即将囊中孢子射出，随风传播。

流行规律　菌核病是一个低温病害、冷凉潮湿的气候条件利于病害的发生。此外，豆类、向日葵等作物连作易加重发病。排水不良、偏施氮肥、通风差导致发病重。

防治方法　种植耐病品种；与禾本科作物进行 5 年以上的轮作；高垄种植，适当晚播，合理密植；少施氮肥，增施磷钾肥；收获后及时清理病残体，进行深耕，将菌核埋入地面 10cm 以下，使其不能萌发；发病初期喷施 50% 速克灵可湿性粉剂、40% 菌核净可湿性粉剂 1000～1500 倍液、50% 多菌灵可湿性粉剂 600～800 倍液、50% 甲基托布津可湿性粉剂 500～700 倍液、40% 纹枯利可湿性粉剂 800～1000 倍液或 50% 氯硝胺可湿性粉剂 1000 倍液。

参考文献

程须珍，陈红霖，朱振东，等，2016. 绿豆生产技术 [M]. 北京：北京教育出版社 .

朱振东，段灿星，2012. 绿豆病虫害鉴定与防治手册 [M]. 北京：中国农业科学技术出版社 .

（撰稿：朱振东；审稿：王晓鸣）

绿豆镰孢菌枯萎病　mung bean *Fusarium* wilt

由尖镰孢引起的、危害绿豆根和茎维管束的一种真菌病害。

发展简史　绿豆枯萎病 1950 年在中国河南首次被记载，认为由尖镰孢豇豆变种引起。之后，在印度与巴基斯坦，报道了尖镰孢与根结线虫复合侵染绿豆植株，造成严重的产量损失，但均未对病原菌进行系统的鉴定。2016 年，孙菲菲将病原菌鉴定为尖镰孢的一个新专化型，命名为尖镰孢绿豆专化型（*Fusarium oxysporum* f. sp. *mungcola*）。

分布与危害　该病广泛发生在中国所有绿豆产区，其中在陕西、山西、河北、辽宁绿豆产区发生尤为严重，可导致 30% 以上的产量损失，甚至绝产。世界上，印度、巴基斯坦、泰国等也有该病的报道，但危害情况不详。

病菌首先侵染小根和须根，然后逐渐向主根、根冠和茎基部扩展，病部腐烂，后期侧根和主根大部分干缩，植株容易拔起。染病植株地上部分表现为叶片褪绿、黄化，最初是下部叶片变黄，类似缺磷症状，随着时间推移植株的大部分叶片黄化，叶尖和叶缘焦枯，叶片由下而上逐渐枯萎但不脱落；根、茎部皮层组织及维管束变褐。早期侵染导致植株严

绿豆枯萎病症状（朱振东提供）

重矮化（见图）。

病原及特征 病原为尖镰孢绿豆专化型（*Fusarium oxysporum* f. sp. *mungcola*）。该菌在 PDA 培养基上气生菌丝浓密，羊绒状，白色或灰白色，菌落背面产淡紫色色素；小型分生孢子卵圆形或椭圆形，聚集在短的分生孢子梗上，无色，透明，0 或 1 个分隔，大小为 5.66～24.48μm×2.17～4.25μm，平均为 10.27μm×3.14μm；大型分生孢子呈镰刀形，顶端细胞稍弯曲，足细胞明显，3～5 个分隔，其中 3 个分隔居多，大小为 23.10～39.66μm×2.83～4.95μm，平均为 29.91μm×3.96μm；厚垣孢子串生，细胞壁光滑或粗糙。

侵染过程与侵染循环 病菌以菌丝体及厚垣孢子在病残体和土壤中越冬，可在土壤中腐生多年，土壤带菌是病害发生的主要原因。在田间，病菌通过雨水或灌溉、农具及人畜活动等传播。

流行规律 地下水位高、土壤湿度大的地块，病害发生严重。病害发生的适宜温度为 20～28℃，其中最适温度为 24℃，温度高于 32℃ 病害发生被抑制。病害可以在较宽的土壤湿度范围内发生，但极端的土壤湿度（严重干旱或高湿）加重病害的严重度，土壤含水量高时病害发展迅速。低洼地、排水不良、肥料不足、缺磷钾肥、土质黏重、土壤偏酸、根系发育不良和施未腐熟肥料时发病重。此外，多年重茬、土壤中线虫数量或地下害虫多时，发生严重。

防治方法 种植抗病品种。与非寄主作物如玉米、小麦、高粱、大麦等轮作 3～5 年；中耕促进不定根的产生；播种前或收获后清除田间及四周杂草，集中烧毁或沤肥；深翻地灭茬、晒土，促使病残体分解，减少病源和虫源。及时防治害虫，减少植株伤口，减少病菌传播途径。增施磷肥、钾肥和石灰。用 2.5% 适乐时悬浮种衣剂、35% 多克福种衣剂或 6.25% 亮盾种衣剂处理种子。

参考文献

程须珍，陈红霖，朱振东，等，2016.绿豆生产技术 [M].北京：北京教育出版社．

朱振东，段灿星，2012.绿豆病虫害鉴定与防治手册 [M].北京：中国农业科学技术出版社．

（撰稿：朱振东；审稿：王晓鸣）

绿豆丝核菌根腐病 mung bean *Rhizoctonia* root rot

由立枯丝核菌引起的、主要危害绿豆根和茎的一种真菌性土传病害，是绿豆苗期主要病害之一。

发展简史 由瓜亡革菌引起的绿豆病害于 1961 年在中国首次记载。1970 年，Kaiser 在伊朗报道了立枯丝核菌引起的绿豆猝倒和茎溃疡病。1980 年，Nik 和 Janggu 发现立枯丝核菌为绿豆种传病原菌。2014 年，王彦等研究发现中国石家庄地区绿豆丝核菌以 AG4 融合群为主。2012 年，Vijayan 和 Kirti 将芥菜致病相关基因 -1 非表达子 BjNPR1 转入绿豆中获得高抗到中抗立枯丝核菌的转基因植株。

分布与危害 绿豆丝核菌根腐病是一种世界性绿豆病害，在中国各绿豆产区均有发生，其中在黑龙江、吉林、辽宁、北京、河北、河南和湖北等地发生严重。一般幼苗发病率约 10%，如果土壤中菌量高、湿度大，病害发生重，常造成严重的缺苗断垄，减产 10% 以上。

病害发生在种子萌发后至幼苗阶段。如侵染发生早，种苗在出土前即腐烂死亡。通常条件下，病菌侵染主根和近地表处下胚轴，产生浅或深褐色小斑点。根部病斑扩大而形成根腐，严重侵染导致叶片发黄、植株矮化和成熟前死亡。下胚轴病斑迅速扩大，在地表上方 5～8cm 处形成褐色环剥病斑，由于养分、水分运输受阻，导致植株呈立枯状死亡。当土壤湿度较大时，幼苗茎部发生软腐而倒伏（见图）。

病原及特征 病原为立枯丝核菌（*Rhizoctonia solani* Kühn）。病菌菌丝有隔，褐色，直径 8～10μm，分枝处有缢缩并形成隔膜，不产生无性孢子，产生菌核。有性阶段为担子菌的瓜亡革菌 [*Thanatephorus cucumeris*（Frank）Donk]。引起绿豆根腐病的茄丝核菌分离物以 AG-4 融合群为优势群体，该融合群侵染豆科、茄科、葫芦科、菊科、锦葵科、藜科、伞形科、十字花科、天南星科、禾本科等数十科的作物或杂草，但分离物致病力差异很大。

侵染过程与侵染循环 病菌为土壤习居菌，以菌丝体或菌核在土壤中或病残体上越冬，在土中可腐生 2～3 年。该菌寄主范围广泛，在其他作物、杂草上越冬的病原菌也是该病重要初侵染源。病菌通过风、水、农具、人和动物活动在田间传播和再侵染。

流行规律 土壤温度对病害的影响明显，病害发生的最

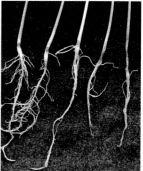

绿豆丝核菌根腐病症状（朱振东提供）

适土壤温度为 18℃。正常的土壤湿度范围适合病害发生发展，但提高土壤湿度常常导致病害更严重发生，因此，苗期遇到较长时间的低温、阴雨天气发病严重。多年连作田块、地势低洼、地下水位高、排水不良发病重。

防治方法　选用耐病品种。提前整地可以减少发病率，浅播减少出苗损伤；适当施入石灰以调节土壤酸度至微酸性 / 中性；低洼地实行高畦栽培，雨后及时排水；进行中耕，促进新根生长；收获后及时清除田间病残体；严重发病的地块，收获后进行深耕；与禾本科作物轮作 2～3 年。用 40% 卫福拌种剂或悬浮卫福种衣剂按药种比 1∶60～80 拌种，或以种子重量 0.3% 的 6.25% 亮盾种衣剂拌种可以有效防止种子腐烂和幼苗猝倒。

参考文献

程须珍，陈红霖，朱振东，等，2016.绿豆生产技术 [M].北京：北京教育出版社 .

朱振东，段灿星，2012.绿豆病虫害鉴定与防治手册 [M].北京：中国农业科学技术出版社 .

（撰稿：朱振东；审稿：王晓鸣）

绿豆炭腐病　mung bean charcoal rot

由菜豆壳球孢引起的、主要危害绿豆根和茎的一种真菌性土传病害，是绿豆的世界性病害之一。

发展简史　引起绿豆炭腐病的病原菌为菜豆壳球孢菌，该菌为壳球孢属的唯一的种，能够侵染 500 多种植物，引起植物的萎蔫或根干腐、猝倒、苗枯、炭腐、根腐、冠根腐病。菜豆壳球孢菌的分类地位在过去的百余年中被多次更改。1890 年，Halsted 将该菌甘薯分离物的菌核态描述为 *Rhizoctonia bataticola* (Taub.) Butler。1901 年，Tassi 将该菌的分生孢子器态命名为 *Macrophoma phaseolina*。随后 Maublanc 于 1905 年更名为 *Macrophoma phaseoli*。1923 年，Petrak 建立壳球孢属 *Macrophomina*。1927 年，Ashby 将 *Macrophoma phaseoli* 又更名为 *Macrophomina phaseoli*。1947 年，Goidanich 将 *Macrophomina phaseoli* 改名为 *Macrophomina phaseolina* (Tassi.) Goid.。之后 *Macrophomina phaseolina* (Tassi.) Goid. 在文献中被广泛接受，并被正式公认为准确的分类学名称。2012 年，Islam 等完成了 *Macrophomina phaseolina* 的全基因组测序。1970 年，Nath 等证明菜豆壳球孢菌也是绿豆种传病原菌。1978 年，Vidhyasekaran 和 Arjunan 发现菜豆壳球孢菌引起绿豆叶疫病。Conde 和 Diatloff 于 1991 年报道菜豆壳球孢在澳大利亚引起绿豆严重的猝倒和茎腐，也是作为种传污染源在工厂化豆芽生产中豆芽腐烂的主要原因。2010 年，张吉清等在中国山西大同和陕西榆林发现绿豆炭腐病。

分布与危害　绿豆炭腐病在世界大多数绿豆产区发生，尤其是在炎热、干旱的印度、巴基斯坦、泰国、菲律宾等国发生严重。在巴基斯坦，炭腐病造成绿豆产量损失高达 60%，严重时可造成绝产。此外，炭腐病还严重影响绿豆的品质，染病种子导致绿豆芽菜腐烂。2010 年，在陕西榆林和山西大同地区绿豆炭腐病严重发病地块植株发病率达到 80%，植株死亡率在 30% 左右（见图）。

病原及特征　病原为菜豆壳球孢［*Macrophomina phaseolina* (Tassi) Goid.］，属壳球孢属。菌丝初期为白色，随着生长时间延长，渐变为褐色至深褐色，最后呈黑色；菌丝体呈锐角或近直角分枝，分枝处不缢缩或缢缩不明显；先端菌丝一般不分隔，成熟菌丝有明显分隔且隔间较短。在绿豆上，分生孢子器不产生。该菌典型特征是易形成微菌核，由 50～200 个单个菌丝细胞聚集在一起形成的多细胞结构，呈不规则形状，大小为 50～150μm。微菌核的数量和大小与其生长的环境中营养成分的多少有密切关系。

侵染过程与侵染循环　当温度为 28～35℃ 时，根部分泌物诱导微菌核萌发，侵染植株根组织。在根表面，微菌核萌发产生芽管。芽管形成的附着胞通过机械力、酶降解作用

绿豆炭腐病症状（朱振东提供）

直接侵入根表皮，或从自然孔口侵入。菌丝首先在皮层细胞间生长和繁殖，然后再侵染细胞进行胞内生长和繁殖，造成邻近细胞破裂和死亡，引起根部变色或腐烂等。

病菌主要以微菌核形态在土壤、病残体上越冬，是翌年病害的主要初侵染源。微菌核产生于植株病组织处，随着植株病残体进入土壤中，存活时间长达 2～15 年。在绿豆生长季节，根部分泌物诱导土壤中微菌核萌发，侵染根组织。在开花初期，菌丝在细胞内大量繁殖，侵染植株的木质部和维管束组织，并在维管束内形成大量的微菌核。菌丝从荚梗处侵染豆荚和种子，造成种子干瘪或产生坏死斑。当维管束内微菌核数量和病原菌产生的毒素较多时，可引起植株萎蔫，甚至造成植株死亡。植株死亡后，病原菌丝体和微菌核继续存活在植物组织和病残体中，随着植物病残体进入到土壤中。在植株根和病残体腐烂后，微菌核释放到土壤中成为翌年病害的主要初侵染源。

流行规律　炭腐病害的发生与环境条件有密切关系。高温和干旱的环境条件，有利于病原菌的生长和繁殖，并产生大量的微菌核。若连续种植感病品种，土壤中的微菌核数量也会逐年增加，进而造成病害大流行。土壤贫瘠、种植密度过大、根部损伤等条件发病严重。

防治方法　选用耐病品种和健康种子；与非寄主作物轮作 2～3 年；配方施肥，增施厩肥、堆肥等有机肥；合理密植，遇旱及时灌溉，或进行免耕栽培；调整播期，避开开花结荚期高温、干旱；用苯菌灵、甲基硫菌灵、福美双、噻菌灵、嗪胺灵、克菌丹等处理土壤；用多菌灵、敌菌丹、代森锰锌、二甲呋酰胺、甲基硫菌灵等处理种子；用生防菌如哈茨木霉、绿色木霉菌、铜绿假单胞菌等进行种子处理可以有效防止病害发生。

参考文献

程须珍，陈红霖，朱振东，等，2016. 绿豆生产技术 [M]. 北京：北京教育出版社 .

朱振东，段灿星，2012. 绿豆病虫害鉴定与防治手册 [M]. 北京：中国农业科学技术出版社 .

（撰稿：朱振东；审稿：王晓鸣）

绿豆尾孢叶斑病　mung bean *Cercospora* leaf spot

由变灰尾孢等多种尾孢菌引起的、主要危害绿豆叶片的一种真菌性病害。是世界上大多数绿豆种植区最重要的病害之一。

发展简史　绿豆尾孢叶斑病病原菌包括变灰尾孢（*Cercospora canescens*）、菜豆明尾孢（*Cercospora caracallae*）、菊池尾孢（*Cercospora kikuchii*）和菜豆假尾孢（*Pseudocercospora cruenta*，异名：*Cercospora cruenta*），其中变灰尾孢分布最广、危害最大。1882 年，Ellis 和 Martin 将引起菜豆叶斑病的病原菌定名为变灰尾孢（*Cercospora canescens* Ellis & Martin）。1908 年，Miyake 在中国湖北宜昌首次在绿豆上发现了变灰尾孢（*Cercospora canescens*），之后，1950 年、1960 年、1964 年、1966 年和 1970 年先后

在河南、江西、广西、吉林、云南和台湾记载了该菌引起的绿豆尾孢叶斑病。2012 年，Chand 等在印度发现了变灰尾孢的一个新突变体，该突变体引起绿豆非典型的尾孢叶斑病症状。2015 年，Chand 等对变灰尾孢进行了全基因组测序。1977 年，Thakur 等发现绿豆对尾孢叶斑病的抗性由显性单基因控制，2011 年，Chankaew 等将一个抗尾孢叶斑病主效QTL（*qCLS*）定位在第 3 连锁群。

分布与危害　该病在亚洲、非洲、大洋洲等一些绿豆生产区都有分布，其中在东南亚、印度、巴基斯坦等地发生严重。该病在中国普遍发生，其中在河南、安徽、山东、江苏、湖北、河北等一些绿豆主产区危害严重。病害一般在绿豆开花结荚期发生严重，但是适宜条件下在苗期也可以严重危害，如广西南宁 8 月中旬播种，两周后便可发病。由于大量病斑产生，导致叶片成熟前枯死，植株早衰，一般导致 23%～47% 的产量损失，病害严重发生时减产达 80% 以上。此外，荚被侵染导致种子皱缩和变小。

叶片染病首先在叶面出现水渍状小点，随后形成圆形或不规则的小的亮褐色或紫褐色病斑，病斑边缘常为红色或紫色，中心为灰白色，大小 0.5～5mm。严重时病斑扩展和合并形成大的不规则坏死区域，导致叶片干枯（见图）。病原菌侵染茎秆产生大的黑色病斑，当病斑延长到 4cm 以上

绿豆尾孢叶斑病症状（朱振东提供）

时变为紫色。在荚上病斑凹陷，初为黑紫色，随后变为黑色。染病荚产生皱缩和小的种子。

病原及特征 变灰尾孢子座近球形，气孔下生，褐色，直径 22.5～54.0μm。分生孢子梗 5～19 根稀疏簇生至多根紧密簇生，浅褐色至中度褐色，色泽均匀，顶部较窄，直立至弯曲，不分枝，1～5 个屈膝状折点，顶部圆锥形平截至平截，具 1～8 个隔膜，大小为 20.0～332.0μm×3.0～6.5μm，孢痕明显，宽 2.2～3.2μm；分生孢子针形至倒棍棒形，无色，直或稍弯曲，顶端尖细至近钝，基部倒圆锥形平截至平截，3 至多个隔膜，大小为 30.0～300.0μm×2.5～5.4μm。该菌能够产生非寄主专化性毒素尾孢素，尾孢毒素能够影响种子萌发和根的生长，在病原菌致病过程中起作用。

侵染过程与侵染循环 分生孢子在绿豆叶片或其他绿色组织上萌发，产生芽管，芽管伸长和分枝，部分到达气孔孔口并产生附着胞；随后附着胞产生侵染菌丝在寄主保卫细胞间扩展侵入气孔下腔，在细胞间分枝进入薄壁组织；最后邻近气孔下腔的细胞变形和坏死，导致病斑产生。

病原菌以子座、菌丝体或分生孢子在病残体或种子内越冬，成为翌年初侵染源。在室温条件下，变灰尾孢在侵染的绿豆种子上能够存活 8 个月。在土壤中的病残体内一些尾孢菌可以存活 2～3 年。此外，变灰尾孢和菜豆假尾孢还可以在其他豆科寄主上越冬存活。在合适条件下，越冬病原体产生分生孢子，分生孢子借风雨传播到绿豆叶片上，孢子萌发产生芽管并穿透寄主组织启动侵染过程，随后在叶片上形成病斑。病原菌在病斑上可以反复产生分生孢子进行再侵染并大量积累，借风雨传播，遇有适宜条件即流行。变灰尾孢寄主范围较广，能够侵染包括红小豆、豇豆、花生、扁豆、黑绿豆、木豆、大豆、菜豆等作物在内的数十种豆科植物。

流行规律 病害主要发生在绿豆的开花结荚期。平均气温为 22.5～23.5℃、相对湿度为 77%～85%、每天多于 5 小时的光照和较多的降雨天数等气候条件下病害发展速度最快。间歇降雨有利于病害流行，持续干旱或降雨不利于发病。有和没有自由水的情况下，高湿高温都会促进变灰尾孢分生孢子的萌发。分生孢子萌发和芽管生长的最适温度为 25～30℃，最适相对湿度为 98%～100%。夏季绿豆早播较晚播病害发生严重，早熟品种比晚熟品种病害发生严重。种植密度过大，导致田间通风透光差和湿度增大，有利于病害发展。高温高湿的天气条件有利于病害发生和流行，尤以秋季多雨、连作地或反季节栽培发病重。

防治方法 绿豆尾孢叶斑病的发生和流行与品种感病性、种子带菌、耕作制度、气候条件等密切相关，必须采取以种植抗病品种为主、栽培和药剂防治为辅的病害综合治理措施。

利用抗病品种和无菌种子 夏播绿豆适时播种，避免在绿豆生育后期阶段遇上高温高湿或多雨天气。实行轮作或间套作。采用高畦深沟或高垄栽培，适当减少种植密度和加宽行距，播种时覆盖稻草、麦秆等或覆盖地膜，可防止土壤中病菌侵染地上部植株。增施农家肥，追施多元肥和复合肥，特别是增加钾肥、锌肥的施用量，培肥地力，增加抗性。收获后应及时清除植株残体和杂草，集中深埋或烧毁，或深翻地灭茬促使病残体分解，杜绝或减少侵染来源；田间发现病株及时拔除，减少侵染源，防止病害扩散。降雨后及时排水，降低田间湿度。

化学防治 可以采用药剂拌种。在发病较重的地区和高温多雨地区，一旦出现连雨、高湿和寡照的不良天气，应提前进行喷药预防，或发病初期开始喷施多菌灵、代森锰锌、百菌清等药剂。

参考文献

程须珍，陈红霖，朱振东，等，2016. 绿豆生产技术 [M]. 北京：北京教育出版社.

朱振东，段灿星，2012. 绿豆病虫害鉴定与防治手册 [M]. 北京：中国农业科学技术出版社.

（撰稿：朱振东；审稿：王晓鸣）

绿豆晕疫病　mung bean halo blight

由丁香假单胞菌菜豆生致病变种引起的绿豆上的种传细菌性病害。

发展简史 1926 年，Burkholder 在美国纽约州首先描述了菜豆晕疫病，将病原菌鉴定为 *Phytomonas*［*Bacterium*］*medicaginis* var. *phaseolicola*。1943 年，Dowson 将该病原菌更名为 *Pseudomonas phaseolicola*。1978 年，Young 等将 *Pseudomonas phaseolicola* 重新分类为丁香假单胞（*Pseudomonas syringae*）的一个致病变种，即 *Pseudomonas syringae* pv. *phaseolicola*。绿豆晕疫病于 1971 年首次在美国被发现，Schmitthenner 等初步将病原菌鉴定为 *Pseudomonas phaseolicola* 的一个新株系。1972 年，Patel 和 Jindal 在印度观察到绿豆晕疫病。之后，该病在巴基斯坦、澳大利亚和坦桑尼亚也先后被发现。由于丁香假单胞菌菜豆生致病变种是菜豆的破坏性病原菌，该菌一直被中国列为检疫重要性植物病原菌。然而，1987 年，李永镐和张晓梅在黑龙江报道了菜豆晕疫病，之后该病在新疆和云南也被发现。2009 年，孙素丽等在东北地区发现绿豆晕疫病，之后调查表明该病除东北地区之外还在华北及西北产区严重流行。

分布与危害 病害于 1971 年首先在美国引进绿豆资源中被发现，现在印度、巴基斯坦、澳大利亚和坦桑尼亚有分布。在中国，该病在 2009 年被发现。分布于黑龙江、吉林、辽宁、内蒙古、北京、河北、山西、陕西、新疆等绿豆产区，其中东北及西北局部地区为害严重，可造成 50% 以上的产量损失。

病害主要危害叶片，也侵染豆荚和种子。叶片染病最初在表面出现小的水浸斑点，叶背面的水渍斑比正面的大和明显，形状、大小受叶脉限制。随后，病斑坏死变为棕褐色，且围绕病斑产生一个宽的黄绿色晕圈，坏死病斑一般保持直径 1～2mm，晕圈直径可以达 1cm 左右。后期，病斑在叶脉间扩展，有时连接成片，病斑黑色，潮湿时病斑上产生白色的菌脓。荚被侵染产生水浸状病斑，潮湿时有白色的菌脓产生。被侵染的种子比正常种子小，种皮皱缩，变色。严重侵染的植株可以产生系统褪绿症状，叶片向下卷曲，植株矮化。种子带菌产生系统侵染，在幼苗初生叶上产生小的深褐色病斑，但初生叶病斑不产生晕疫圈，随后病斑合并，严重时导致初生叶枯萎。随着植株生长，三出复叶逐渐染病，产生典型的晕疫病症状或系统褪绿，通常植株严重矮化（见图）。

病原及特征　病原为丁香假单胞菌菜豆生致病变种（*Pseudomonas syringae* pv. *phaseolicola*）。晕疫病菌为革兰氏阴性菌，杆状，至少有一根极生鞭毛，具运动性，严格好氧，产生可扩散的荧光色素。能够产生非寄主专化性的毒素菜豆假单胞菌毒素（phaseolotoxin），该毒素导致褪绿晕圈的产生。菜豆假单胞菌毒素的产生受温度调控，产生的最适温度为18℃，在18～30℃的温度范围内，随着温度的提高毒素产生被抑制的程度加强。因此，病菌侵染绿豆在18～22℃的冷凉温度条件下产生典型的晕圈症状，而气温高于28℃时则不产生晕圈。晕疫病最初在普通菜豆上发现，除菜豆、绿豆外，病原菌还侵染菜豆属、豇豆属的其他一些种。

侵染过程与侵染循环　晕疫病菌通过污染的种子或病残体进行远距离传播。病菌在污染的种子表面或内、病残体、禾生苗或杂草寄主上越冬。在非控制的环境条件下，病菌在种子上能够存活3年以上，在田间病残体上存在1年以上。在田间，带菌种子产生系统侵染的病苗，或土壤中病残体上的病原菌通过水溅传播到植株下部叶片产生初侵染，形成中心病株。之后，病原菌通过风雨、湿叶片间的接触、灌溉水、进行农事操作的人和机械、动物等在田间或邻近田块间传播。

绿豆晕疫病症状（朱振东提供）

流行规律　病原菌通过伤口和自然孔口侵入植株，冷凉、潮湿的天气，尤其暴风雨天气最容易导致侵染。18～22℃温度利于病害流行，潜伏期2～3天。在28～32℃条件下潜伏期6～10天，症状较轻，晕圈消失，但寄主内病原菌数量较多。

防治方法　加强植物检疫，严禁从病区调种，规范豆种来源，建立无病良种繁育基地，选用抗病品种。收获后翻耕深埋病残体、铲除田间自生豆科植株可有效减少侵染源。在严重发病的田块，用非寄主作物进行3年以上轮作以减少土壤中病原菌群体密度。在已发病田块，要避免在植株潮湿时进行农事操作；避免喷灌，以防止病原菌随水溅传播。在发病初期用新植霉素4000倍液或77%可杀得可湿性微粒粉剂（氢氧化铜可湿性粉剂）500～600倍液，隔7～10天喷1次，防治2～3次。

参考文献

程须珍，陈红霖，朱振东，等，2016. 绿豆生产技术 [M]. 北京：北京教育出版社 .

朱振东，段灿星，2012. 绿豆病虫害鉴定与防治手册 [M]. 北京：中国农业科学技术出版社 .

（撰稿：朱振东；审稿：王晓鸣）

绿叶菜霜霉病　green leafy vegetables downy mildew

由菠菜霜霉引起的一类危害绿叶蔬菜的主要真菌病害。

分布与危害　霜霉病是一种常见的蔬菜病害，主要危害瓜类蔬菜、十字花科蔬菜及绿叶蔬菜等，一般情况下可造成减产20%～30%，严重时可造成减产50%以上。

如菠菜霜霉病主要危害植株叶片，苗期和成株期均可发生，发病初期呈水渍状褪绿色小斑点，扩大后因受叶脉限制呈多角形或不规则形黄褐色病斑，病斑背面变为黄白色，有的叶片病斑凸起呈疱疹状。病情发展后，病斑不断扩展，数个病斑连在一起呈现明显隆起状。天气潮湿时，叶背病部长出白色霉状霉层，发生严重时叶片病斑连片成块，干枯而死（图1）。

病原及特征　病原为菠菜霜霉（*Peronospora spinaciae* = *Peronospora farinosa* f. sp. *spinaciae*）。菌丝无隔膜、多核，宽5～6μm。菌丝寄生在植物组织的细胞间隙，形成吸器，摄取寄主养分。幼嫩的吸器为棍棒状，幅宽5～7μm，成熟的吸器呈树枝状，幅较窄为2～4μm。孢囊梗灰紫色，从叶背气孔中伸出，单生或丛生，呈树枝状，3～7次分枝，长200～500μm，幅宽6～10μm，顶端着生膨大的圆至卵圆形孢囊孢子。孢囊孢子形成适温为10～20℃，灰紫色，大小为26.9～19.6μm，没有乳头状突起，发芽时产生芽管。发芽适温5～20℃。卵孢子淡褐色至黄色，直径37μm，表面光滑，芽管无色、无隔，宽4～11μm（图2）。

侵染过程与侵染循环　菌丝体随病株残余组织遗留在田间越冬或越夏，也能以菌丝体潜伏在种子内越冬或越夏。翌春在环境条件适宜时，菌丝体产生分生孢子，通过风和雨

图 1　菠菜霜霉病症状（李金堂提供）

①病叶正面；②病叶背面；③重病株病叶背面

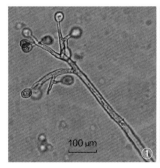
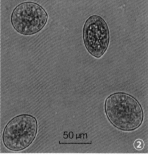

图 2　菠菜霜霉病（引自 Shyam L.Kandel et al.）

①孢子囊和孢囊孢子；②卵孢子

水反溅传播，或大棚保护地内栽培浇水反溅至菠菜叶片上，从叶片气孔或表皮直接侵入，引起初侵染。在适宜条件下从侵入到发病仅需几天时间，并在受害部位产生成熟的孢子囊，随风传播，引起再侵染。病原物在生长季节中繁殖很快，反复引起再侵染。

流行规律　霜霉病是典型的气传流行性病害，田间空气相对湿度达 80% 以上时有利于发病，并产生大量病菌孢子，病菌孢子借气流、雨水、昆虫和农事操作等传播。瓜类霜霉病菌孢子囊萌发适温为 15～22℃，白菜霜霉病菌孢子囊萌发适温为 7～13℃，菠菜霜霉病菌孢子囊萌发适温为 8～10℃，莴苣霜霉病菌孢子囊萌发适温为 6～10℃。温度适宜、湿度大、种植密度过大、土壤潮湿、排水不良易发病。连作地易发病，品种间抗病性有差异。

防治方法

选用抗病品种　根据生产要求和消费习惯，因地制宜选用抗病品种。

农业防治　合理密植，注意排水，降低田间湿度，收获后及时清洁田园，实行 2～3 年轮作。

化学防治　发病前或发病初期及时喷药防治。可选用的药剂有 25% 嘧菌酯悬浮剂 1000 倍液、72% 霜脲·锰锌可湿性粉剂 800 倍液、80% 三乙膦酸铝可湿性粉剂 500 倍液、64% 杀毒矾可湿性粉剂 500 倍液、58% 甲霜·锰锌可湿性粉剂 500 倍液、72.2% 霜霉威水剂 800 倍液、50% 烯酰吗啉可湿性粉剂 1500 倍液、25% 甲霜灵可湿性粉剂 500 倍液、75% 百菌清可湿性粉剂 500 倍液等。注意各药剂轮换使用，喷雾时注重质量，力求均匀周到，隔 7～10 天喷 1 次，连续防治 2～3 次，可有效控制霜霉病的蔓延。发病重的地块喷药时可适当提高药液浓度，但应避免过量造成药害。

参考文献

郭书普，2010. 新版蔬菜病虫害防治彩色图鉴 [M]. 北京：中国农业大学出版社.

周松涛、王淑玲、王贺，2014.蔬菜病害危害症状及防治技术 [J].现代农业科技 (13): 147-148.

（撰稿：张修国；审稿：竺晓平）

罗汉果根结线虫病　*Siraitia grosvenorii* root knot nematodes

主要由南方根结线虫引起的、危害罗汉果地下根茎的一种线虫病，是罗汉果产区最重要的病害之一。

发展简史　由于罗汉果种植区集中在中国广西，关于罗汉果根结线虫病及其防治研究也主要集中在广西。罗汉果根结线虫病最早报道是在 1980 年，在广西桂平各地罗汉果园、玉林县蒲塘公社金山大队罗汉果园，病株率达 100%，烂薯达 70%，减产 25%～70%。其后至今，陆续有关罗汉果根结线虫病的报道，均认为该病害是影响罗汉果生长的主要病害之一。

罗汉果根结线虫病的病原线虫最早报道的是 1980 年蒲瑞翎，其鉴定为爪哇根结线虫［*Meloidogyne jacanica*（Tureb.）Chitwood］，而后两年，丘风波等鉴定认为以南方根结线虫［*Meloidogyne incognita*（Kofoid et White）Chitwood］为主，此外，也有爪哇根结线虫。2011 年，有学者再次对罗汉果根结线虫病进行研究，其结果与丘风波报道一致。

由于罗汉果种植以种薯为主，所以 1980–1999 年在防治方面主要强调的是种薯的消毒、预防和治疗；进入 21 世纪，随着罗汉果组培技术的成熟，组培苗逐渐代替了种薯苗，由此，罗汉果根结线虫病的防治技术主要体现在土壤的消毒和传播途径阻断等方面。

分布与危害　罗汉果根结线虫病在罗汉果产区普遍发生，几乎是有种植罗汉果的地区都会发病。广西桂林的永福、临桂、灵川及柳州的融安、三江等各栽培地，罗汉果根结线虫病普遍发生。罗汉果感染根结线虫多从根尖开始侵染，须根上形成大小不等根瘤，呈念珠状；块茎上则形成瘤状疙瘩，先呈黄色，光滑，以后逐渐变褐（图 1）。由于病原线虫危害罗汉果地下部位，感染线虫的植株，根系受害后，无法进

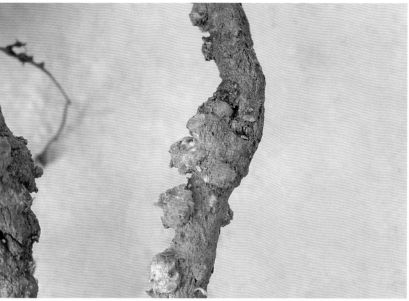

图 1　罗汉果根结线虫病症状（蒋妮提供）

行正常的生理活动，水分和养分的流通受到阻碍，使植株出现缺水或缺肥症状：分枝少，叶片失绿或产生黄色斑，并自下而上逐渐枯黄而掉落，推迟开花结果，结果少，果实小，甚至根本不开花，严重时主根腐烂，整株枯死。此外，由于根结线虫的取食，植株根系受伤，极易受到土壤中一些病原物（真菌、细菌等）的侵染，造成其他病害并发。受害的罗汉果一般减 15%～30%，重者达 50%。

病原及特征　病原线虫以南方根结线虫［*Meloidogyne incognita*（Kofoid et White）Chitwood］为主，也有爪哇根结线虫、茎线虫等多种线虫同时危害。南方根结线虫为雌雄异型线虫，主要虫态的特征为：

卵肾状，包于雌虫分泌的胶质卵囊内，长宽为 68～112μm×35～52μm。二龄幼虫为侵染幼虫，体线形，无色透明，头略钝，尾稍尖，活动缓慢，体长宽为 325～466μm×13～25μm。雄虫体线形，头部稍尖，尾部稍尖有两根棒状交合刺，体长宽为 1148～1431μm×25.8～41.0μm。头冠平到凹陷，唇盘高出中唇，头部不缢缩。口针杆部柱形，近基部球底部常变窄，背食道腺开口距口针基部球底部距离短（2～4μm）。雌虫梨形，头部尖，颈部伸长，胴体膨大呈球形，体长宽为 517.4～748.2μm×312.0～541.0μm；雌虫会阴花纹呈椭圆形，背弓高，由平滑到波浪形的线纹所组成；一些线纹侧面分叉，但无明显侧线，有些线纹弯向阴门；背弓 56.00～96.50（73.70）μm，腹弓 32.40～62.80（43.70）μm、宽 71.0～103.60（85.40）μm、阴门裂长 21.60～43.50（29.80）μm；肛阴距 15.68～24.80（18.63）μm。

侵染过程与侵染循环　根结线虫以雌成虫、卵、二龄幼虫在寄主的病残根中越冬或以卵、二龄幼虫在土壤中越冬，翌年成为初侵染源。越冬卵发育成一龄幼虫，其蜕皮发育成二龄幼虫，二龄幼虫离开卵囊进入土壤。越冬卵孵化的二龄幼虫和越冬的二龄幼虫侵入寄主根内，与寄主建立起寄生关系，营固定寄生生活，使根部形成根结，二龄幼虫在罗汉果根系组织内发育为三龄、四龄幼虫，最后发育为成熟的雌虫

和雄虫，雌雄虫交配，雌成虫产卵，完成 1 个世代。南方根结线虫在罗汉果产区 1 年发生 4～5 代。当气温大于 15℃ 时，大量二龄幼虫从卵囊中游出，进入土壤，寻找寄主。通常从根尖侵入，通过挤压细胞壁间的空隙在细胞间运动，完成对根系的侵染，并刺激寄主细胞加速分裂，使受害部位形成根瘤或根结。在田间，罗汉果定植后 5～7 天是根结线虫二龄幼虫侵入根内的高峰期，侵入 3～5 天后，根结开始形成。罗汉果根结线虫在土壤中自身移动非常有限，在 1 年内的移动距离通常是 20～30cm，最多不超过 100cm。病土、病苗、灌溉水及病残体是近距离传播的主要途径，而远距离传播主要是借助流水、病土搬运、农机用具、带病的种子和有机肥等。

流行规律　罗汉果根结线虫病的发生与温度、土壤湿度、土壤酸碱度、土质等因素有较大关系。

温度影响着线虫的分布、生长、发育、侵染、繁殖与存活。根结线虫最适温度为 24～28℃，当高于 40℃ 或低于 5℃ 时，对线虫有抑制、杀伤作用。卵在地温 10℃ 时，发育成一龄幼虫；12℃ 时，发育成二龄幼虫；13～15℃ 时，开始侵染。二龄幼虫在 0～5℃ 以下会被冻死，在 55℃ 条件下 10 分钟内可被杀死。

在田间，6 月与 9 月为根结线虫侵染罗汉果的两个高峰期。侵染幼虫年发生消长有明显的季节特征，炎热多雨的季节对田间种群数量的发生有一定的抑制作用，而在温和湿润的季节则较适于田间种群数量的发生。种群数量表现为秋季＞夏季＞春季＞冬季（图 2）。

根结线虫对温度较敏感，其在土层中的垂直分布也体现了这一特性。罗汉果根结线虫种群主要集中在 0～40cm 的耕层内，而在 41～60cm 的土层内很少有线虫活动。罗汉果根结线虫在土壤中的垂直分布随季节温度变化规律为：3～5 月和 9～10 月，主要在 11～20cm 的土层中活动；而炎热的 7～8 月，则主要在 21～30cm 的土层中活动（表 1）。1 月气温低，寄主植株多被清除出园区，线虫也多集中在

21～30cm 土层中。

湿度：土壤相对湿度40%～60%时有利于根结线虫的移动、侵染。土壤含水量过大时，土壤通透性差、含氧量降低，抑制线虫的呼吸，所以多雨年份发病轻。土壤含水量过低时，植物生长不良，线虫不论在根内还是在土壤中都会受到抑制。

土壤酸碱度：pH 5～8，适合根结线虫生存。pH > 8 或 pH < 5 时，不利于卵孵化率和二龄幼虫存活。

土质：砂性土壤，土粒大，土粒间空隙也大，通气性好，有利于线虫活动和侵染，发病重；黏性土壤，土粒小，空隙小，通气差，发病轻。

罗汉果根结线虫病在产区流行，并有逐年加重的趋势，除了上述具体客观的原因外，还存在其他方面的原因，一方面是罗汉果种植面积的迅速扩大，且地块种植年限不断延长；另一方面是肥料使用不当，为了增加产量，不注意肥料的合理配比，投入大量化肥，土壤酸化，从而加重了根结线虫的危害，有机肥不经过腐熟，或购买了不合格的商品有机肥，都进一步加剧了根结线虫对罗汉果的危害。还有一个重要的

原因是农民不注意农事操作以及果园的清洁，发现病株不及时清除，冬季也没有及时清除园里的老株、病株，给下一种植季节积累了大量虫源。此外，二龄幼虫入侵时，在根表皮造成的伤口有利于其他土传病害（如根腐病、青枯病等）的病原菌侵染根部，加重危害。

防治方法　不是单一的措施就能起到防治效果，需要将农业措施、物理防治、生物防治和化学防治综合应用。

选择抗病品种　选用抗病性强的品种，如拉江果。建立无病苗圃。

农业防治　选择前茬作物为禾本科、菊科植物轮作，轮作年限最好在 2 年以上。不要在前作是葫芦科、豆科、茄科等感病寄主植物的地种植。保持果园排水沟的畅通，病地不串灌，控制病害的发生和蔓延。增施有机肥、磷钾肥，提高土壤有机质含量，促进拮抗微生物种群的增长，增强植株抗性，减轻病害的发生。挖除病残株，集中烧毁，并对病株穴撒施生石灰 300～500g 进行消毒处理。罗汉果采收后，及时清除园内病残体并集中销毁，同时深翻土 20～30cm。

物理防治　针对少量仍使用种薯进行繁殖的果园，可用 45℃ 温水中浸泡种薯 25 分钟，可杀死其中的病原线虫，注意避免浸泡到芽。每年 6～8 月植株生长期间，耙开表层土，将 2/3 薯块在阳光下露出 5～7 天。冬闲季节用水漫灌染病土壤，水面保持 5～8cm 高度 40～100 天。

化学防治　选用化学农药品种时，遵循"高效、低毒、低残留"的原则。防治线虫的主流产品是阿维菌素和噻唑膦（福气多）两种，但由于阿维菌素因多年长期使用，在部分地区罗汉果根结线虫已产生抗药性。在发病初期，采用表 2 所列的化学药剂之一进行防治，可取得较好的防效。

土壤消毒。定植前，进行土壤消毒。10% 噻唑膦颗粒

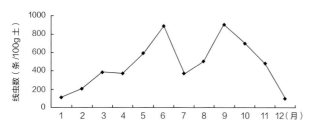

图 2 罗汉果根结线虫消长变化曲线（蒋妮提供）

表1　罗汉果根结线虫田间土壤垂直分布（临桂县茶洞乡，2005）

调查日期	土层深度和线虫数（条 /100g 土）					
	0～10（cm）	11～20（cm）	21～30（cm）	31～40（cm）	41～50（cm）	51～60（cm）
1 月 5 日	3	57	143	21	1	0
3 月 11 日	25	187	64	18	2	0
5 月 20 日	43	276	181	21	8	0
7 月 8 日	12	146	301	31	3	0
9 月 8 日	10	258	421	18	5	0
11 月 15 日	6	281	101	9	1	0

表2　防治罗汉果根结线虫的药剂及方法

药剂	剂型及含量	使用方法	安全间隔期（天）
噻唑膦	10% 颗粒剂	埋根，5～10g/ 株，使用 1～2 次，每次间隔 60～80 天	15
虫线清	16% 乳油	灌根，兑水稀释 800 倍，400～500ml/ 株，使用 1～2 次，每次间隔 30～40 天	15
灭线磷	20% 颗粒剂	埋根，5～8g/ 株，使用 1～2 次，每次间隔 50～60 天	30
克线丹	10% 颗粒剂	埋根，6～8g/ 株，使用 1～2 次，每次间隔 50～60 天	30
阿维菌素	1.8% 乳油	灌根，兑水稀释 1500 倍，400～500ml/ 株，使用 1～2 次，每次间隔 30～40 天（建议与其他药剂轮换使用）	7

剂 6～8g/ 穴，均匀拌土，掩盖 10 天后种植；20% 灭线磷颗粒剂 5～6g/ 穴，拌土均匀后覆土掩盖 10 天后种植。罗汉果组培苗营养土用 10% 噻唑膦颗粒剂与土壤按重量比为 1：1500 搅拌消毒，覆盖 15～20 天，揭膜晾晒 2～3 天再装袋移苗。

种薯消毒。用 16% 虫线清乳油兑水稀释 600 倍液，或 45% 辛硫磷乳油兑水稀释 1200 倍浸泡 20～30 分钟。

生物防治　罗汉果定植后，用线虫快克（淡紫青霉）按 20g/ 株剂量施入植株根部附近 15～20cm 深的土层中，并及时浇水。

参考文献

刘纪霜，黄金玲，张正淳，等，2011. 罗汉果根结线虫病田间发病情况调查及病原鉴定 [J]. 广东农业科学，38(24): 66-68.

蒲瑞翎，李祖珍，陆国新，等，1983. 广西罗汉果根结线虫病病原鉴定 [J]. 广西农业科学 (2): 33-35.

丘风波，黄家德，1987. 广西北部罗汉果根结线虫病研究 [J]. 广西植物 (3): 277-285.

（撰稿：蒋妮；审稿：高微微）

罗汉松叶枯病　yacca leaf blight

由拟盘多毛孢引起的、危害罗汉松叶、梢的一种常见病害。

发展简史　罗汉松叶枯病，1982 年在上海花圃发生严重。在天津，罗汉松叶枯病的病原与上海不同，是叶点菌和壳二孢菌。在浙江、江苏，引起罗汉松叶斑是和上海同属但不同种的 *Podocarpus funnerea*。

分布与危害　该病在广东、香港、澳门、上海、天津、南京、无锡、杭州、南昌、合肥、济南、重庆、贵阳和乌鲁木齐等地均有发生。可引起罗汉松的叶枯、梢枯，严重时可危害树木致死。

病害多在嫩梢部位的叶片上发生。叶片发病多从叶尖、叶缘开始，然后向下扩展，病斑条形或不规则形，灰褐色或灰白色，边缘淡红褐色，发病与健康交界部分明显。病斑大多达到叶片的 1/2 或者 2/3，严重的整个梢头的叶片枯死形成枯梢或部分叶片死亡。后期病斑上产生扁平的小黑点（见图）。

病原及特征　病原为罗汉松拟盘多毛孢（*Pestalotiopsis podocarpi*），属多毛孢属。分生孢子盘深褐色，大小 150～340μm×60～160μm。分生孢子纺锤形，4 隔膜，中间 3 细胞，浅褐色，两端细胞无色，顶端具附属丝 2～3 根，大小 12.8～25.5μm×5.1～10.2μm。

侵染过程与侵染循环　病菌以菌丝和分生孢子在病叶中越冬，翌年春产生孢子，经风雨传播，侵入嫩梢或从伤口侵入。病害 3 月开始发生，11 月基本停止，夏秋季节多雨、潮湿，尤其在台风暴雨过后，发病最严重。植株过密，通风不良，易遭日灼；冻害造成伤口多，会加重病情。

防治方法　田间用 75% 百菌清 500 倍液，或 1% 波尔多液于 9 月间喷药 3 次，同时剪除枯梢病叶，病害可得到控制。

罗汉松叶枯病症状（王军提供）

参考文献

岑炳沽，苏星，2003. 景观植物病虫害防治 [M]. 广州：广东科技出版社.

陆家云，1997. 植物病害诊断 [M]. 北京：中国农业出版社.

苏星，岑炳沽，1985. 花木病虫害防治 [M]. 广州：广东科技出版社.

魏景超，1979. 真菌鉴定手册 [M]. 上海：上海科学技术出版社.

袁嗣令，1997. 中国乔、灌木病害 [M]. 北京：科学出版社.

（撰稿：王军；审稿：张星耀）

落叶松癌肿病　larch wart disease

由韦氏小毛盘菌引起的、危害兴安落叶松枝干的一种世界危险性病害。

发展简史　最初发现于欧洲。1976 年在中国小兴安岭兴安落叶松上发现该病害。

分布与危害　分布于中国东北，大小兴安岭等地。寄主有兴安落叶松、长白落叶松。

该病危害落叶松枝干。发病初期树皮变黑色，下陷、开裂、略肿，且黑色常绕枝 1 周。发病部位常留有死枝、死芽或枯死簇叶。一般下陷部位发生溃疡，溃疡边缘常着生数个橘黄色病菌子实体。子实体逐渐增生扩大，在溃疡口周围形成同心环状的隆起带，而下陷部形成空洞，流出大量黏稠黑褐色树脂。由于溃疡处暴露，常引起真菌及蛀食性害虫侵入，加重病情。与病部相对，即树干（或枝）反面一侧，有明显的隆起肿大，使病枝干歪菱形或不正球形（图 1）。

病原及特征　病原为韦氏小毛盘菌 [*Lachnellula willkommii*（Hartig）Dennis]，属小毛盘菌属（*Lachnellula*）。子囊盘直径一般为 1～4mm，厚 0.3mm，无柄或有 0.5～0.7mm 的短柄。子囊孢子梭形或长椭圆形，无色，单胞，大小 15～27μm×5～9μm，在子囊中单行排列（图 2）。

图 1 落叶松癌肿病症状（宋瑞清提供）

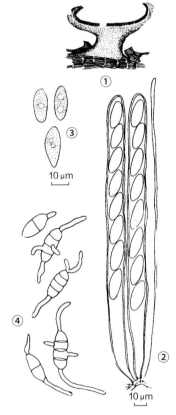

图 2 落叶松癌肿病（宋瑞清提供）
①子囊盘纵切面；②子囊及子囊孢子，侧丝；③子囊孢子；④子囊孢子萌发

侵染过程与侵染循环 病害初期的侵染源为子囊孢子，子囊孢子常侵染活树上的死组织，然后逐渐对活体组织产生致病影响。

流行规律 病原菌的最适生长温度为15℃，所以病害经常发生在春、秋两个季节。天然更新和人工林中的兴安落叶松都能受侵染发病，过熟林及衰老林病重。在天然老龄病树附近的人工林内病情最为严重。病树多集中发生在寒冷地区和山下洼地的易结霜地段上，枝与干上的发病部位多集中

于西南侧。由此可见，该病与霜冻和日灼伤关系密切。由于昼夜温差过大从而引起日灼伤，不但为病原菌的侵入创造了条件，并且对病后愈伤组织也有很大的破坏力，因而造成了病害连年大发生。发病株以死枝与死芽为中心发病的占70%，以伤口为中心发病的占21%。

防治方法 要注意林地的卫生状况，及时清除病树，特别是成林要经常适当修枝，可防止病菌在老枝上的定居、繁殖及其传播。要避免在沼泽地、山脚霜洼地和易生日灼伤的地段造林。多营造混交林以增强立木抗冻性。另外，要注意栽种、培育抗病品种，抗病育种是彻底避免发病的措施。

参考文献

潘学仁，刘传照，1985.韦氏小毛盘菌生物学特性研究[J].东北林业大学学报，13(4): 55-61.

邵力平，何秉章，潘学仁，1979.兴安落叶松癌肿病的研究[J].东北林业大学学报(1): 22-31.

邵力平，沈瑞祥，张素轩，等，1984.真菌分类学[M].北京：中国林业出版社.

袁嗣令，1997.中国乔、灌木病害[M].北京：科学出版社.

（撰稿：宋瑞清、王占斌；审稿：张星耀）

落叶松褐锈病 larch brown rust

由落叶松拟三孢锈菌引起的落叶松叶部传染性病害。

发展简史 1951年，首次发现于长白山长白落叶松幼苗叶上，定名为落叶松三孢锈菌（*Triphragmium laricinum* Chou），依据冬孢子每孢有2个发芽孔，订正为拟三孢锈菌属，并重新组合为 *Triphragmiopsis laricinum*（Chou）Tai。

分布与危害 在黑龙江、吉林和辽宁等地的落叶松人工林和苗圃中普遍发生，主要危害兴安落叶松、日本落叶松、黄花落叶松）、长白落叶松、华北落叶松和新疆落叶松。其中以黄花落叶松和日本落叶松被害较重。

发病初期在叶尖或中部出现褪绿斑，逐渐扩大后于6月中下旬在褪绿斑的背面形成夏孢子堆，逐渐成丘状隆起，不久破裂产生橘红色夏孢子堆。当夏孢子堆飞散后，留下夏孢子堆痕迹，逐渐变棕褐色。8月中下旬，叶背面出现褐色至棕褐色冬孢子堆，常随叶片落地越冬。病害严重时，叶片产生腿绿斑变红色，远看与早期落叶病相似（图1）。

病原及特征 病原为落叶松拟三孢锈菌［*Triphragmiopsis laricinum*（Chou）Tai］，属拟三孢锈菌属（*Triphragmiopsis*）（图2）。夏孢子堆椭圆形，橘红色至赭黄色，0.25～0.5mm。夏孢子单胞，有柄，多为椭圆形，鲜黄色。末代夏孢子常为球形，浅棕褐色或淡棕红色，27.6～53.8μm×13.8～34.5μm，外壁具刺疣和发芽孔。侧丝棒状，单胞，无色透明，顶端圆头状，下端具长柄，长64～115μm，圆头部横径为11.5～29μm，柄部横径4.6～9μm，外壁光滑无突起。冬孢子堆长椭圆形或椭圆点状，初埋生在寄主表皮下，后裸露，成熟后呈粉末状，暗褐色，0.2～0.5μm×0.2～1.5μm。冬孢子3胞，呈倒"品"字形，棕色。老熟的冬孢子暗褐色，大小为36～43μm×30～34μm，上端宽27～37μm，下端宽

图 1　落叶松褐锈病症状（宋瑞清提供）

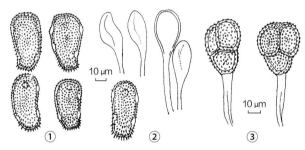

图 2　落叶松褐锈病病原菌（宋瑞清提供）

①夏孢子；②侧丝；③冬孢子

7～13μm。每胞有两个发芽孔，孢壁为暗褐色，厚度均匀而多刺状小疣，孢柄无色透明，与孢子相接处较膨大，向下略细，横径 3.5～7.6μm，长径 75～78μm，易脱落。

侵染过程与侵染循环　初侵染源是越冬后产生的担孢子，再侵染源为夏孢子。冬、夏孢子的萌发都需要 95% 以上的湿度。冬孢子在 5～25℃ 下萌发，以 19℃ 为宜，萌发后 6 小时产生担孢子，再过 6 小时担孢子萌发。夏孢子在 14～24℃ 下萌发，以 18℃ 为宜。担孢子、夏孢子均借风力传播。担孢子产生与分散侵染时间从 5 月中下旬一直延续到 7 月下旬。夏孢子侵染后的潜育期为 14～22 天。

流行规律　低温小雨天气最适于病菌扩散与侵染，因而降水量大的年份发病严重。落叶松从幼苗到成林均可被侵染发病，林内 50cm 以上 2m 以下的落叶松枝条发病较重，2m 以上的枝条发病较轻。

防治方法　代森铵 1000～1200 倍液、福美双 500～700 倍液、硫黄烟剂、五氯酚钠烟剂均对病原菌的冬孢子和夏孢子萌发有较强的抑制力。也可用锈寄生菌［*Sphaerellopsis filum*（Bir.Bern. ex Fr.）Sutton］进行防治。

参考文献

范健羽，袁志文，李连芝，1988. 锈寄生菌控制落叶松褐锈病的研究 I. 锈寄生菌形态鉴定及培养形状 [J]. 沈阳农业大学学报，19(4): 17-22.

邵力平，何秉章，杨殿清，1983. 落叶松褐锈病的研究 [J]. 东北林学院学报，11(4): 23-30.

喻德生，于振福，霍艳霞，1993. 应用烟剂防治落叶松和锈病的实验 [J]. 林业科技，1(18): 26-27.

袁嗣令，1997. 中国乔、灌木病害 [M]. 北京：科学出版社.

（撰稿：宋瑞清、王峰；审稿：张星耀）

落叶松枯梢病　larch shoot blight

由葡萄座腔菌引起的、危害落叶松枝梢的一种危险性传染病害。是世界性的严重病害之一。

发展简史　该病最早于 1938 年在日本北海道发现，1970 年在中国吉林延边发现。

分布与危害　分布于中国黑龙江、吉林、辽宁、河北、山东、陕西、青海、甘肃等地。危害兴安落叶松、华北落叶松、黄花落叶松、日本落叶松等。

发病一般从树冠上部或主梢开始，然后由树冠上部向下蔓延发展，加重病情。先期染病的新梢嫩茎部逐渐褪绿，顶部弯曲下垂呈钩状。发病较晚的枝梢，由于木质化程度比较高，枯梢不弯曲下垂，为直立型枯梢。直立型枯梢顶端很少残留枝叶，也很少有溢脂、流脂现象。如连年发病，则树冠呈扫帚状丛枝，树木材积生长量下降，严重者全株枯死（图 1）。新梢发病后 10 余天，在梢端残留叶簇或弯曲的茎轴部

图 1　落叶松枯梢病症状（宋瑞清提供）

表面，可见散生隆起近圆形的小黑点，为病原菌的分生孢子器。同时，在其下部的病梢表面也常见散生针头大的小黑点，即病菌的性孢子器。8月末至翌年6月，在梢端残留的病叶表面、病梢表皮下或皮层纵裂缝中可见单生或数个梭形至长椭圆形小黑点或黑粒，为病原菌的子囊座。

病原及特征 病原为落叶松葡萄座腔菌［*Botryosphaeria laricina*（Sawada）Shang］。属葡萄座腔菌属（*Botryosphaeria*）真菌。子囊座壳状，瓶形或梨形，黑褐色，大小为170～525μm×130～310μm，单生或群生于病梢及顶部残留叶片的表皮下，成熟后顶端突破表皮仅孔口外露。子囊腔中含多个子囊和假侧丝。子囊无色，双壁，棒状，大小为119～149μm×20～45μm，顶部圆，基部有柄，成排生于子囊腔基部。子囊孢子单胞，无色，椭圆形至宽纺锤形，大小为22～40μm×6～16μm。子囊孢子8个，双行排列。假侧丝多，无色，永存（图2）。

侵染过程与侵染循环 病菌以菌丝、未成熟的子囊座和分生孢子器在病梢和枝梢端残留枝叶中越冬。东北地区当年的初侵染来源为子囊孢子和分生孢子。子囊孢子借风力远距离传播，分生孢子靠雨水飞溅和风力近距离传播。病菌一般通过伤口侵入，潜育期11～15天。6月下旬或7月初新梢发病，7月中下旬急剧显现症状，8月中旬至9月上旬症状最明显。7月中下旬在当年新病梢、病叶上产生分生孢子器，此为再侵染源。8月末至9月初，病梢上陆续产生子囊座进入越冬。6月中旬至8月中旬为孢子飞散期。6月末和7月是孢子飞散盛期。如遇连续降雨，孢子飞散数量迅速增加，出现孢子飞散高峰。

流行规律 该病的发生发展与地势、地形、风、树冠的垂直高度有密切的关系。一般位于山坡下部，靠近林缘，其中土壤质地黏重、滞水性强的林分易发病；东南风出现频度高的年份，往往发病严重，东南风走向的沟塘两侧林分发病也重。另外，向风地带、道路两侧发病相对较重；一般该病多发生在树冠枝梢与枝梢、树与树之间接触摆动最大位置，

这些部位由于风等原因易造成损伤，使病原菌侵入，因而发病较重。另外，该病在造林密度过大、经营管理不善造成树木生长衰弱的林地病害均重。大面积落叶松的纯林发病严重，而人工—天然针阔混交林则轻。

防治方法 落叶松枯梢病属于森林生态性病害，林龄、温差、土壤和风力是诱病因子，因此，要坚持"预防为主，综合防治"。

注意营造混交林，适地适树，合理密植，避免在土壤贫瘠、黏重、排水不良和风口、河谷两岸等迎风地带营造大面积落叶松纯林。

把好检疫关，划分疫区。落叶松枯梢病远距离传播主要靠调运。在苗木出圃以及上山造林之前，都要进行苗木检疫，及时清除和销毁疫苗，严格禁止病苗上山造林和外运。

对10年生以下的落叶松人工林发病林分，要搞好除草松土，清除病腐木，剪除病梢等措施，控制侵染源；对10～20年生的落叶松人工林发病林分，可根据发病程度，首先要以间伐的方式，清除病腐木和被压木等，降低林分病情；对落叶松生长极度衰退、病情严重而无望成材的林分要及时伐除，改换适宜树种。

可于6月末或7月初，应用10%的百菌清油剂进行超低量喷雾防治，对郁闭度高、林龄较大的林分可采取多菌灵、百菌清、五氯酚钠烟剂防治，用量为15kg/hm² 分两次进行。在实施化学防治前，应首先清除病损木、被压林，剪除病梢，这样效果会更好。

参考文献

刘广菊, 于文喜, 刘明, 等, 1996. 落叶松枯梢病林分生态数学模型及发生期预测 [J]. 林业科技, 21(1): 45-48.

汪志红, 姜海燕, 2000. 落叶松枯梢病预测预报的方法 [J]. 辽宁林业科技 (2): 22-24.

王志明, 刘国荣, 王永民, 等, 1999. 落叶松枯梢病防治指标和为害指标的研究 [J]. 吉林林业科技 (5): 1-8.

项存悌, 潘学仁, 项勇, 等, 1995. 落叶松枯梢病寄主抗性的研究 [J]. 东北林业大学学报, 23(4): 1-8.

张广臣, 楚立明, 于文喜, 等, 1999. 落叶松枯梢病发生规律及防治技术 [J]. 森林病虫通讯 (1): 9-10.

（撰稿：宋瑞清、王占斌；审稿：张星耀）

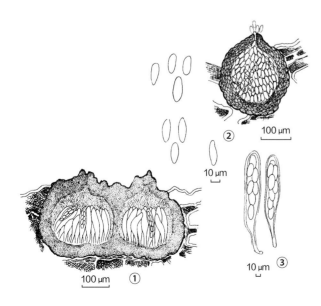

图2 落叶松枯梢病病原菌（宋瑞清提供）

①分生孢子；②病菌的座囊腔；③子囊及子囊孢子

落叶松落叶病 larch deciduous disease

由日本落叶松球腔菌引起的、危害落叶松针叶的一种常见病害。

发展简史 最初发生于德国，1976年在中国辽宁本溪草河口林场发生该病。

分布与危害 黑龙江、吉林、辽宁、内蒙古、河北、山东、甘肃等地均有分布，主要危害兴安落叶松、黄花落叶松、朝鲜落叶松等，其中兴安落叶松、黄花落叶松发病最重，朝鲜落叶松次之，日本落叶松发病最轻。

该病可发生在针叶的任何部位。感病针叶色泽不正常，稀而小，色淡。发病初期，病部出现褪绿斑，为淡黄色近圆

形小点，逐渐成为不足 1mm 的褐色病斑，外围淡黄色。病斑逐渐扩大、相连，针叶表面呈现黄绿相间的段斑，使病叶的全部或一半变成暗褐色。后期，在针叶病部隐约可见散生的小黑点，即病原菌的性孢子器。危害严重时感病针叶变为红褐色，整个树冠似火烧状。部分病叶提前形成离层组织，早期脱落。病害通常是距地面越近的枝叶越重（图 1）。

病原及特征　病原为日本落叶松球腔菌（*Mycosphaerella laricileptolepis* Ito et al.）。属球腔菌属（*Mycosphaerella*）真菌。性孢子器球形，暗褐色。初埋生于表皮下，后露出，大小 85～90μm，器壁较薄，内生多数小型性孢子；性孢子单胞，无色，长椭圆形或短杆状，大小 3.4～5.1μm×0.8～1.0μm（图 2）。

侵染过程与侵染循环　病原菌在落地病叶中越冬，翌年 5 月中下旬形成子囊座腔，子囊孢子大约在 6 月中上旬开始成熟，吸足水分后座囊腔顶部开裂释放孢子。子囊孢子主要借气流传播，传播期持续 2 个月左右。其中 6 月下旬和 7 月上旬为主要传播时期。此时期内如遇大雨或连续降水，则迅速出现孢子飞散高峰。孢子飞散高峰每年可出现 1～3 次，多为 2 次。一般距地面越高，孢子量越少。在适宜的条件下传播到落叶松上的子囊孢子很快萌发，由气孔侵入。经过约 1 个月的潜育期，在 7 月中旬开始发病，7 月下旬至 8 月初在病斑上出现性孢子器。8 月下旬感病针叶全部或部分变黄，开始落叶。病原菌在落地病叶上继续发育，出现比性孢子器稍大的小黑点，即初期形成的座囊腔，在落地病叶中越冬。有的仅形成菌丝团，尚未形成座囊腔便开始越冬。因此，该菌在 1 年中仅有 1 次侵染。

流行规律　每年降水量大，降雨次数增多的时候发病重；如天气干旱则发病轻。纯林林分发病重，针阔混交林发病较轻，土壤贫瘠、黏重、排水不良的林地发病重。

防治方法

营林措施　培育抗病品种，营造抗病性强的日本落叶松和朝鲜落叶松以及以其为亲本的杂交种落叶松。大力营造针阔混交林，进行适时适度修枝，间伐，以改善生态条件，控制该病的发生。10～15 年生易感病的落叶松纯林是防治的重点，通常对病情指数 46 以上的林分进行防治均可收到明显效果。

化学防治　最佳时期为子囊孢子飞散的高峰期，可按 15kg/hm² 施放五氯酚钠、百菌清等杀菌烟剂；面积小，有条件可进行常量喷雾的林分可分别选用 45% 代森铵 200～300 倍液、代森锌 200 倍液或多抗菌素 150 倍液喷雾，均可收到比较理想的防治效果。

参考文献

李兰珍，杨弘平，姜忠林，等，1993. 落叶松落叶病生物农药防治技术的研究 [J]. 东北林业大学学报，21(3): 1-6.

王东升，孙礼，何平勋，等，1996. 落叶松落叶病的生态控制技术的研究 [J]. 林业科技研究，9(3): 305-310.

王云章，王永民，任玮，等，1984. 中国森林病害 [M]. 北京：中国林业出版社.

周仲铭，1991. 林木病理学 [M]. 北京：中国林业出版社.

（撰稿：宋瑞清、王占斌；审稿：张星耀）

落叶松芽枯病　larch bud blight

由极细枝孢引起的、危害落叶松顶芽和部分新梢的一种常见病害。

发展简史　1980 年前后，吉林松江河、临江、湾沟、大石头等林业局陆续在落叶松人工林和天然林中发现林木的顶芽、侧梢顶芽和部分顶梢枯死。1985 年 8 月，长白山圆池地区，10～15 年生长白落叶松天然次生林、幼林顶芽和侧梢顶芽大量枯死，病部有枝孢霉菌的分生孢子梗和分生孢子团。

分布与危害　分布于中国东北地区。危害落叶松，其中

图 1　落叶松落叶病症状（宋瑞清提供）

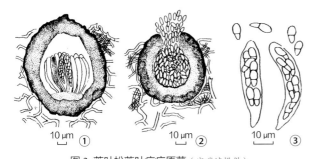

图 2　落叶松落叶病病原菌（宋瑞清提供）
①性孢子器及性孢子；②座囊腔及子囊；③子囊及子囊孢子

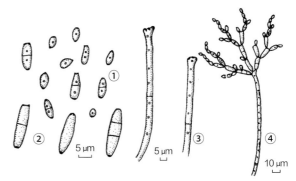

落叶松芽枯病极细枝孢菌（曹丽君提供）
①分生孢子；②枝孢子；③分生孢子梗；④分生孢子梗及分生孢子

黄花落叶松、兴安落叶松易感病，长白落叶松发病普遍并且严重，日本落叶松较抗病。

主要危害落叶松顶芽和部分新梢，重者顶梢附近侧梢的顶芽亦可发病。7月上旬，树冠上部顶芽附近不规则扭曲，新生针叶和嫩茎表面灰绿无光，零星散生浅黄色褪绿小斑点，常有轻度松脂流出。顶芽周围的幼小针叶呈紫灰色，逐渐枯黄，表面出现零散黑色小霉点或霉斑。当顶芽及周围嫩叶、嫩茎布满灰绿色霉层后，顶芽和顶梢先端部分（2～5cm）枯死，并可在树上残留2～3年。其下部10～20cm长的主梢茎部略弯曲，脱叶，表皮层呈浅黄色至浅褐色，硬化变脆，易横裂，粗糙，其下面的韧皮部发育正常。翌年春，病部以下的侧芽继续萌生3～10个侧梢，代替主梢向上生长。至6～7月，部分侧顶芽继续发病枯死。如此连年发病，树冠上部呈圆形扫帚状丛枝，主干多枝节。

病原及特征　病原为极细枝孢（*Cladosporium tenuissimum* Cooke）。属枝孢属（*Cladosporium*）。分生孢子梗单生或丛生，暗褐色，直或略弯曲，光亮不分枝，具3～5（7）横隔，52.5～92.5μm×3.5～6μm，顶端略肿大或一侧略肿大，其上产生向顶式树状分枝的分生孢子链。分生孢子成熟时淡色或淡灰色，多为单胞或双胞，形状和大小不整齐，近圆形、卵形或椭圆形，内有1至多个油球，一端或两端有脐状孢痕，分生孢子大小为4.6～13μm×3.3～6.5μm；枝孢子棍棒状，无分隔或有1～2个分隔，与一般分生孢子同色，大小为9.8～19.6μm×3～6μm，两端有2～3个脐状孢痕，孢痕大小为1.0～1.2μm（见图）。

侵染过程与侵染循环　该病菌以菌丝和分生孢子在残留树上的病芽、病梢及地面落叶中过冬。在东北地区，6月中旬，前一年病组织表面产生的大量分生孢子成为当年初侵染源。分生孢子靠雨水冲刷和气流传播，通过气孔和伤口侵染。6月中旬至8月中旬为孢子飞散期。7月上旬始见发病症状，7月中下旬为发病盛期，症状明显。同时在当年新病芽、病梢上产生大量分生孢子，成为翌年的侵染源。

防治方法　林间防治试验表明，波尔多液、45%代磷森乳液及65%敌克松可湿性粉剂均有较好效果。

参考文献

何平勋，赵连书，陈颖，1984.落叶松芽枯病研究[J].森林病虫通讯，2: 1-3.

袁嗣令，1997.中国乔、灌木病害[M].北京：科学出版社.

（撰稿：宋瑞清、王峰；审稿：张星耀）

M

马铃薯 A 病毒病　potato virus A disease

由马铃薯A病毒引起的、危害马铃薯生产的病毒性病害。又名马铃薯轻花叶病。

发展简史　马铃薯 A 病毒病是人类发现最早的植物病毒病害之一。当马铃薯从南美传到欧洲种植之后，到 18 世纪中叶，英国便发生了马铃薯的所谓退化，随后又在德国、法国、荷兰发生。研究引起退化的原因，在相当长时期内曾是马铃薯生产中亟待解决的重要问题。试验证明，马铃薯退化的真正原因，是由于病毒侵染并通过块茎无性繁殖逐代增殖和危害的结果。但在 20 世纪以前人们并未认识到这一点，在 20 世纪 50 年代，中国学者林传光、田波等研究了病毒、温度与马铃薯退化的关系，发现退化确与马铃薯病毒侵染有关，明确了病毒在退化中的主导作用。该病毒病是传播较为广泛的马铃薯病毒病。

分布与危害　分布在欧洲各国、日本、美国、新西兰以及中国的黑龙江、湖南、四川、湖北、浙江、河北、福建、广西、青海等地。根据品种的不同，感染该病毒的马铃薯叶片可表现为边缘波浪状、斑驳、黄化等，易感品种还会导致顶端坏死等，还可与马铃薯 X 病毒、马铃薯 Y 病毒等其他病毒复合侵染，引起早期干枯，减产十分严重。一般情况下，马铃薯 A 病毒侵染马铃薯后可降低产量40% 以上，当其与马铃薯 X 病毒或马铃薯 Y 病毒复合侵染时，能引起花皱叶等病状，导致严重减产，减产可高达 80%。马铃薯 A 病毒引起的症状如下：在马铃薯品种上可引起花叶、斑驳、脉间叶组织凸起，叶脉上或脉间呈现不规则的浅色斑，暗色部分比健叶深，常呈现粗缩、叶缘波状，脉间叶组织凸起，出现皱褶状。病株株型外观呈开散状（见图）。

病原与特征　马铃薯 A 病毒（potato virus A，PVA）异名马铃薯轻花叶病毒、马铃薯病毒 P、茄科病毒 3 号。理化性质：PVA 是一种弯曲长杆状、单链 RNA 病毒，粒体形态与 PVY相似，大小为 11nm×730nm，螺旋对称。分类上属马铃薯 Y病毒组。致死温度 44～52℃；稀释限点 1∶10～40；体外存

马铃薯 A 病毒引起的症状（刘卫平提供）

①叶脉下凹、叶面粗缩；②叶面粗缩，脉间呈现不规则的浅色斑，叶缘褶皱呈波状；③叶脉下凹，引起叶面粗缩，叶缘褶皱呈波状；
④叶尖扭曲，叶缘波卷

活期在 18°C 为 12～24 小时。此病毒在植物体内浓度低，且不稳定。株系：根据在不同马铃薯品种上的症状严重程度，将 PVA 分离物分为轻微、中等和严重 3 种类型。

侵染过程和侵染循环　马铃薯 A 病毒为专性寄生物，病毒在马铃薯的活细胞内复制。该病毒通过在栽培管理中由工具、人员或出于无意造成的微伤口侵入。该病毒主要依靠有翅蚜虫浅刺到马铃薯植株的表皮和薄壁组织；在细胞内利用核酸和蛋白质合成系统进行复制。该病毒侵入后，从外壳蛋白质释放病毒 RAN，随即 RAN 被复制和转译；病毒通过胞间连丝从一个受侵染细胞移动到相邻细胞，病毒不侵染马铃薯植株的分生组织，或以极低的浓度存在。该病毒在马铃薯组织中往往相对稳定，可以累积到一定的浓度。

在自然条件下，该病毒主要由蚜虫传播。桃蚜、大戟长管蚜、鼠李蚜、新瘤蚜均可传播 PVA。但田间主要传播介体是桃蚜。蚜虫传播的性质为非持久性传播。此外，PVA 也可通过汁液摩擦传播。蚜虫非持久性病毒，蚜虫只浅刺到马铃薯植株的表皮和薄壁组织，即可得毒和传毒；A 病毒只保存在蚜虫的喙中，无潜育期；蚜虫持毒时间不超过 1 小时，不能跨龄期传毒。

流行规律　马铃薯 A 病毒可通过马铃薯植株之间的接触传播，当感病植株伤口流出的汁液侵染健康植株的伤口时，A 病毒进行了传播。马铃薯 A 病毒也可通过机械传播，田间最重要的侵染源是农用机具和田间作业，从中耕和培土的工具上可以传播马铃薯 M 病毒；当种薯切块时，被沾染的切刀可以机械传播 PVA 病毒到其他块茎上。该病毒主要通过有翅蚜虫的非持久性传播，在蚜虫试食或摄食过程中，病毒能够被获取，在蚜虫体内循环或不能循环，然后在随后的刺探和摄食过程中传播给健康植株。一旦病毒被蚜虫获取，它可以立即传播给健康植株。

防治方法　种植抗病品种是预防病害的最有效途径。清除田间杂草和最早发生的病株。田间操作时避免手、衣服和工具传播病害。热处理治疗。种植脱毒种薯等方式防治该病毒。在蚜虫大量迁飞时，在田间喷洒杀虫剂或在土壤中施入系统杀虫剂以及提早收获，也有一定的效果。

参考文献

LUIS F, SALAZAR, 2000. 马铃薯病毒及其防治 [M]. 北京：中国农业出版社 .

崔荣昌 , 1989. 应用酶联免疫吸附试验法鉴定几种主要马铃薯病毒 [J]. 植物保护学报 , 16(3): 193-196.

李芝芳 , 2004. 中国马铃薯主要病毒图鉴 [M]. 北京：中国农业出版社 .

李芝芳，张生 , 王国学 , 1982. 关于黑龙江省马铃薯致病毒群发生状况与分离鉴定的研究 [J]. 马铃薯科学 (1): 40-44.

（撰稿：刘卫平；审稿：朱杰华）

马铃薯 M 病毒病　potato virus M disease

由马铃薯 M 病毒引起的、危害马铃薯生产的病毒性病害。又名马铃薯副皱缩花叶病、马铃薯卷花叶病。

发展简史　马铃薯 M 病毒病于 1923 年、1956 年、1967 年国际上有报道，发现于美国、英国、法国、德国和荷兰。这种副皱缩花叶病感染青山、男爵、爱德华王、北斗星、宾雅等栽培品种。苏联 Bykacob 认为这种病毒分布广泛，是一种危害较大的花叶病。日本于 1967 年也报告了马铃薯 M 花叶病。1979 年以来，中国黑龙江及内蒙古在马铃薯科研和生产中均有发现该病毒病害。黑龙江省农业科学院马铃薯研究所于 1978—1979 年由该所马铃薯品种资源田中的丹 7814 品种的花叶病株中分离鉴定出此病毒。该病毒病是引起马铃薯退化的重要的病毒病害之一，也是传播较为广泛的马铃薯病毒病。

分布与危害　在中国主要分布在辽宁、黑龙江、河北、四川、青海。马铃薯 M 病毒病弱株系在一些品种上引起轻花叶、小叶尖、脉间花叶、叶尖扭曲，顶部叶片卷曲。强株系侵染后产生明显花叶，叶片严重变形，有时叶柄、叶脉坏死（见图）。一般减产 9%～49%。

病原及特征　马铃薯 M 病毒（potato virus M，PVM）异名马铃薯卷花叶病毒、马铃薯副皱缩病毒、马铃薯脉间花叶病毒、马铃薯病毒 E、马铃薯病毒 K、茄科病毒 7 号、茄科病毒 11 号。理化性质：PVM 粒体为弯曲长杆状，大小为 12nm×650nm，螺旋对称。分类上属荷兰石竹潜隐病毒组。致死温度 65～71°C，稀释限点 $10^{-3}～10^{-2}$，体外存活期：20°C 下，2～4 天。株系：根据在马铃薯品种及指示植物上引起的症状反应，分为 4 个株系，即 M-Bi、M-K.E、M-Fort 和 M-U.D。

侵染过程与侵染循环　马铃薯 M 病毒为专性寄生物，病毒在马铃薯的活细胞内复制。该病毒通过在栽培管理中由工具、人员或出于无意造成的伤口侵入马铃薯细胞；该病毒主要依靠有翅蚜虫浅刺到马铃薯植株的表皮和薄壁组织，在细胞内利用核酸和蛋白质合成系统进行复制。该病毒侵入后，从外壳蛋白质释放病毒 RAN，随即 RAN 被复制和转译；病毒通过胞间连丝从一个受侵染细胞移动到相邻细胞，病毒不侵染马铃薯植株的分生组织，或以极低的浓度存在。该病毒

马铃薯 M 病毒引起症状（刘卫平提供）

①小叶脉间花叶、小叶尖端稍扭曲，叶缘呈波状；②叶片向下卷曲、叶背面出现条斑坏死；③卷叶；④植株矮化，全株叶片向下卷曲

在马铃薯组织中往往相对稳定，可以累积到一定的浓度。

马铃薯 M 病毒可以通过汁液传播和嫁接传播。自然情况下通过蚜虫传播，为非持久性传播。已知的蚜虫介体有桃蚜、大戟长管蚜、药炭鼠李矸、鼠李蚜和马铃薯蚜等。蚜传非持久性病毒，就是蚜虫在感 M 病毒的植株上得毒和传毒只要几分钟、甚至几秒钟就可完成；蚜虫只浅刺到马铃薯植株的表皮和薄壁组织，即可得毒和传毒；M 病毒只保存在蚜虫的喙中，无潜育期；蚜虫持毒时间不超过 1 小时，不能跨龄期传毒。

流行规律　该病毒可通过马铃薯植株之间的接触传播，当感病植株伤口流出的汁液侵染健康植株的伤口时，该病毒进行了传播。该病毒也可通过机械传播，田间最重要的侵染源是农用机具和田间作业，从中耕和培土的工具上可以传播 PVM，当种薯切块时，被沾染的切刀可以机械传播该病毒到其他块茎上。该病毒主要通过有翅蚜虫的非持久性传播，在蚜虫试食或摄食过程中，病毒能够被获取，在蚜虫体内循环或不能循环，然后在随后的刺探和摄食过程中传播给健康植株。一旦病毒被蚜虫获取，它可以立即被传播给健康植株。

防治方法　选用抗病品种是预防病害最有效的途径，不同的马铃薯品种对该病毒的抗性不同，根据病毒的病情指数的数值范围将马铃薯品种对该病毒的抗性分为 6 个类型。应选择抗性类型是免疫、高抗、抗病、中抗的品种进行种植。清除田间杂草和最早发生的病株。田间操作时避免手、衣服和工具传播病害。热处理治疗。种植脱毒种薯等方式防治该病毒。在蚜虫大量迁飞时，在田间喷洒杀虫剂或在土壤中施入系统杀虫剂以及提早收获，也有一定的效果。

参考文献

LUIS F, SALAZAR, 2000. 马铃薯病毒及其防治 [M]. 北京：中国农业出版社.

崔荣昌, 1989. 应用酶联免疫吸附试验法鉴定几种主要马铃薯病毒 [J]. 植物保护学报, 16(3): 193-196.

李芝芳, 2004. 中国马铃薯主要病毒图鉴 [M]. 北京：中国农业出版社.

李芝芳, 张生, 王国学, 1982. 关于黑龙江省马铃薯致病毒群发生状况与分离鉴定的研究 [J]. 马铃薯科学 (1): 40-44.

（撰稿：刘卫平；审稿：朱杰华）

马铃薯 S 病毒病　potato virus S disease

由马铃薯 S 病毒引起的、危害马铃薯生产的病毒性病害，该病毒病是引起马铃薯退化重要的病毒病害之一，也是传播较为广泛的马铃薯病毒病。又名马铃薯潜隐花叶病。

发展简史　马铃薯潜隐花叶病 1948 年发现于荷兰。中国于 20 世纪 70 年代以来在黑龙江的牡丹江、勃利、嫩江、克山及内蒙古扎兰屯、牙克石、海拉尔等地的马铃薯栽培种中发现这种病毒。

分布与危害　地理分布为世界性，在欧洲、加拿大、美国分布广泛。马铃薯 S 病毒在中国主要分布在黑龙江、辽宁、内蒙古、河北、山东、浙江、四川、广西、云南、贵州、青

海、福建。症状轻微或隐潜，减产可达 10%～20%。感病株常产生小块茎。曾经是荷兰马铃薯种薯生产中的一个主要防治对象。许多栽培品种是这种病毒的带毒体。

在多数品种上会引起叶脉变深，叶片粗缩，叶尖下卷，叶色变浅，轻度垂叶，植株呈"开散状"。有的品种感病后，产生轻度斑驳，脉带。有的易感品种如普洛费特（Profijt）等，感病后期转为青铜色，严重皱缩，并在叶表面产生小坏死斑点，甚至落叶。老叶片不均匀变黄，有浅绿色或青铜色斑点。1975 年，日本堀尾英弘报道，男爵品种感病后，在发育后期，上部叶片出现青铜斑（见图）。

病原及特征　马铃薯 S 病毒（potato virus S，PVS）理化性质：PVS 为轻度弯曲、平直杆状的 RNA 病毒，粒体大小 12nm×650nm。螺旋对称，属于荷兰石竹潜隐病毒组（Carlavirus），致死温度 55～60℃，稀释限点 10^3～10^2，体外存活期 20℃下 3～4 天。尚未能分成明显不同的株系。1968 年 DeBokx 曾根据在植株体内运转速度，区分一些 PVS 分离物。

侵染过程与侵染循环　马铃薯病毒为专性寄生物，病毒在马铃薯的活细胞内复制。该病毒通过在栽培管理中由工具、人员或出于无意造成的伤口侵入马铃薯细胞。该病毒主要依靠有翅蚜虫浅刺到马铃薯植株的表皮和薄壁组织，在细胞内利用核酸和蛋白质合成系统进行复制。该病毒侵入后，从外壳蛋白质释放病毒 RAN，随即 RAN 被复制和转译；病毒通过胞间连丝从一个受侵染细胞移动到相邻细胞。病毒不侵染马铃薯植株的分生组织，或以极低的浓度存在。该病毒在马铃薯组织中往往相对稳定，可以累积到一定的浓度。

PVS 很容易通过汁液传播，接触感染是田间自然传播的主要途径。切刀、针刺均可引起传染。田间的病株与健株叶片接触、机械作业等都可传播病毒，此病毒可通过嫁接传播。1971 年，Bode 证明桃蚜可以传播 PVS。1975 年，波兰 Michal kostiw 报道，鼠李蚜的有翅蚜可传播 S 病毒，且为非持久性传播的病毒。所谓蚜传非持久性病毒，就是蚜虫在感 S 病毒的植株上得毒和传毒只要几分钟、甚至几秒钟就可完成；蚜虫只浅刺到马铃薯植株的表皮和薄壁组织，即可得毒和传毒；S 病毒只保存在蚜虫的喙中，无潜育期；蚜虫持毒

马铃薯 S 病毒引起的症状（刘卫平提供）

①弯曲的、有点铜色的叶片；②叶尖下弯、颜色变淡，不均匀变黄；
③严重的皱缩花叶；④叶尖下弯、叶片颜色变浅

时间不超过 1 小时，不能跨龄期传毒。

流行规律　该病毒可通过马铃薯植株之间的接触传播，当感病植株伤口流出的汁液侵染健康植株的伤口时，S 病毒进行了传播。马铃薯 S 病毒也可通过机械传播，田间最重要的侵染源是农用机具和田间作业，从中耕和培土的工具上可以传播 PVS，当种薯切块时，被沾染的切刀可以机械传播 PVS 病毒到其他块茎上。马铃薯 S 病毒主要通过有翅蚜虫的非持久性传播，在蚜虫试食或摄食过程中，病毒能够被获取，在蚜虫体内循环或不能循环，然后在随后的刺探和摄食过程中传播给健康植株，一旦病毒被蚜虫获取，它可以立即传播给健康植株。

防治方法　种植抗病品种是预防病害的最有效途径。也可清除田间杂草和最早发生的病株。田间操作时避免手、衣服和工具传播病害。热处理治疗。种植脱毒种薯防治该病毒。在蚜虫大量迁飞时，在田间喷洒杀虫剂或在土壤中施入系统杀虫剂以及提早收获，也有一定的效果。

参考文献

LUIS F, SALAZAR, 2000. 马铃薯病毒及其防治 [M]. 北京 : 中国农业出版社 .

崔荣昌, 1989. 应用酶联免疫吸附试验法鉴定几种主要马铃薯病毒 [J]. 植物保护学报, 16(3): 193-196.

李芝芳, 2004. 中国马铃薯主要病毒图鉴 [M]. 北京 : 中国农业出版社 .

李芝芳, 张生, 王国学, 1982. 关于黑龙江省马铃薯致病毒群发生状况与分离鉴定的研究 [J]. 马铃薯科学 (1): 40-44.

（撰稿：刘卫平；审稿：朱杰华）

马铃薯 X 病毒病　potato virus X disease

由马铃薯X病毒引起的、危害马铃薯生产的病毒性病害，是马铃薯上重要的病毒之一。又名马铃薯普通花叶病。

发展简史　1954 年 Cockerham 按携带过敏基因 *NX* 和 *NB* 及其相应突变遗传因子的马铃薯（*Solanum tuberosum*）栽培变种对该病毒的反应，可划分为 4 个组；1980 年 Moreira 从玻利维亚马铃薯中发现了第四组的一个株系，编号为 PVXHB。1999 年 Querci 利用 PVX 的突变分离株系，

将来自 *Solanum ucrense* 极抗基因的作用机制分为 2 类。

分布与危害　在中国主要分布在黑龙江、内蒙古、辽宁、吉林、甘肃、青海、山西、河北、湖北、福建、河南、云南、山东、广西、贵州、湖南、四川。

主要危害症状是轻型花叶，病叶稍有波纹，小叶片上有大小不等、形状不规则的黄绿色斑驳，其自然传播主要通过汁液传播。一般减产 5% ～ 10%，当与 Y 病毒复合感染时则严重减产。该病毒强株系在某些品种上引起植株顶端坏死症或皱缩花叶症，减产 50%。中国有些马铃薯栽培品种感染该病毒病，例如米爵、大名红、红纹白、里外黄、深眼窝、丰收白、同薯 8 号、牛头、高原 1 号、黔薯 5 号、中塞黄、虎头等。PVX 引起的症状多种多样，主要依病毒的株系不同而异。多数常见分离株系引起的是非常轻的花叶或潜隐症状，其他株系则导致严重花叶、叶片卷曲或严重皱缩（见图）。

病原及特征　马铃薯 X 病毒（potato virus X，PVX）异名茄科病毒 1 号、马铃薯潜隐病毒、健康马铃薯病毒、马铃薯病毒 16 号。PVX 粒体形态为弯曲长杆状；为单链 RAN 病毒，长 515nm，宽 13.6nm，螺旋对称，螺距 3.4A，蛋白亚基分子量为 22300，核酸分子量为 2.1×10^6。属于马铃薯 X 病毒组。理化性质：稀释限点 10^{-6} ～ 10^{-5}，致死温度 68 ～ 76°C，体外存活期 60 ～ 90 天。根据在不同马铃薯品种上的症状和是否引起过敏反应，把 PVX 分为 4 个株系，称为 X1、X2、X3、X4。这 4 个株系血清学上是相关的，但其间无交互保护作用。

侵染过程与侵染循环　马铃薯病毒为专性寄生物，病毒在马铃薯的活细胞内复制。该病毒通过在栽培管理中由工具、人员或出于无意造成的伤口侵入马铃薯细胞，在细胞内利用核酸和蛋白质合成系统进行复制。该病毒侵入后，从外壳蛋白质释放病毒 RAN，随即 RAN 被复制和转译；病毒通过胞间连丝（plasmodesmata）从一个受侵染细胞移动到相邻细胞，病毒不侵染马铃薯植株的分生组织，或以极低的浓度存在。该病毒在马铃薯组织中可以累积到相当高的浓度。

该病毒是通过汁液传播。在田间通过人手、工具、衣物、农具及动物皮毛接触和摩擦而自然传播。植株叶片互相摩擦，感病幼苗接触，田间根部接触均可造成传染。蚜虫不传播 X 病毒，但咀嚼式口器昆虫如蝗虫可机械传播。

流行规律　该病毒可通过马铃薯植株之间的接触传播，

马铃薯 X 病毒引起的症状（刘卫平提供）
①②马铃薯 X 病毒引起的普通花叶；③马铃薯 X 病毒的强毒系引起叶片皱缩

当感病植株伤口流出的汁液侵染健康植株的伤口时，该病毒进行了传播；马铃薯 X 病毒也可通过机械传播，田间最重要的侵染源是农用机具和田间作业，从中耕和培土的工具上可以传播 PVX；当播种前种薯切块时，被沾染的切刀可以机械传播该病毒到其他块茎上。该病毒侵染马铃薯时可受到温度的影响：马铃薯一旦被 X 病毒侵染后，温度条件对病毒的增殖和抑制有直接影响，从而导致带毒的马铃薯加剧退化，实验表明：带 X 病毒的马铃薯栽培在高温（25℃）条件比在低温（15℃）条件 X 病毒浓度高 4 倍。当气温在 18℃ 时，在阴天将叶片迎光透视，则易见 PVX 引起的黄绿相间的轻花叶或斑驳花叶，当气温过高或过低，其症状潜隐。

防治方法　种植抗病品种是预防病害的最有效途径；也可通过清除田间杂草和最早发生的病株；田间操作时避免手、衣服和工具传播病害；热处理治疗；种植脱毒种薯等方式防治该病毒病。

种植抗马铃薯 X 病毒的品种。采用无 PVX 的脱毒种薯，防止通过接触感染病植株和块茎感染。通过脱毒种薯繁育体系生产合格马铃薯用于生产。

参考文献

LUIS F, SALAZAR, 2000. 马铃薯病毒及其防治 [M]. 北京：中国农业出版社.

崔荣昌, 1989. 应用酶联免疫吸附试验法鉴定几种主要马铃薯病毒 [J]. 植物保护学报, 16(3): 193-196.

李芝芳, 2004. 中国马铃薯主要病毒图鉴 [M]. 北京：中国农业出版社.

李芝芳, 张生, 王国学, 1982. 关于黑龙江省马铃薯致病毒群发生状况与分离鉴定的研究 [J]. 马铃薯科学 (1): 40-44.

（撰稿：刘卫平；审稿：朱杰华）

马铃薯 Y 病毒病　potato virus Y disease

由马铃薯 Y 病毒引起的、危害马铃薯生产的病毒性病害，是引起马铃薯退化的重要的病毒病害，也是传播最广泛的马铃薯病毒病。又名马铃薯重花叶病。

发展简史　魏崇荣于 1980 年首次报道了 PVY 在中国云南烟草上的发生危害，在此之前陈瑞泰于 1950 年在山东临朐首次发现其危害烟草，1968 年台湾报道了此病，云南农业大学病理组于 1975 年对云南烟草上的 PVY 进行了鉴定研究。1981 年，韩晓东等报道了 CMV 和 PVY 所致的烟草叶脉坏死病，1983 年，韩晓东等又报道了 PVY 在中国的广泛存在，其分布范围达山东、河南、安徽、云南、广东、辽宁等地。继之谢联辉和陈保善等分别于 1985 年和 1986 年详细报道了其在福建和广东烟区的发生危害。中国在 1989—1991 年进行的对 16 个省（自治区、直辖市）的调查表明：辽宁、黑龙江、山东、河南、陕西、安徽、广东、福建、湖南、湖北、云南、贵州和四川等 13 个省均有发生，在山东、河南、辽宁和四川烟区危害已较重。到 1996 年度已扩大到 16 个省（自治区、直辖市）。另外，台湾也有发生。1996 年，黑龙江的宁安、兰西、鸡东等地重病地块发病率高达 80%～100%，在河南个别地方造成毁产。

分布与危害　主要分布在黑龙江、辽宁、吉林、内蒙古、河南、河北、山东、山西、甘肃、云南、贵州、青海、四川、福建、重庆、广东、广西等地。该病害是引起马铃薯 "退化" 的重要病毒病害。分布广泛，由蚜虫传播。其减产幅度可达 50%～80%。当与 PVX、PVA 病毒复合侵染时，常能造成更大的减产。中国的许多马铃薯栽培品种均感染有这种病毒病。如里外黄、克疫、同薯 8 号、米拉、克新 2 号、渭会 2 号、胜利 1 号、双丰等。PVY 引起的症状多种多样，依病毒株系和品种的不同，症状差异较大。有无症、轻花叶、粗缩和皱缩花叶；一些敏感品种，常在叶片背面叶脉上引起坏死，形成条斑；有的品种还在叶柄、茎上出现条斑坏死，形成落叶条斑或垂叶坏死，植株常早枯死。当有 PVX 和 PVA 病毒复合感染时，引起严重皱缩花叶。在里外黄和克疫品种常见到这种病株。由感病块茎长出的继发感染植株，表现矮生，叶片簇拥，叶片变小，变脆，并皱缩（见图）。

病原及特征　马铃薯 Y 病毒（potato virus Y，PVY）异名茄科病毒 2 号、马铃薯病毒 20 号、马铃薯落叶条斑病毒、烟草叶脉坏死病毒、烟草褐脉病毒。PVY 的粒体形态为弯曲长杆状，是一种单链 RNA 病毒。粒体螺旋对称，大小为 11nm×730nm，分子量（36～39）×10^8，分类上属马铃薯 Y 病毒组。致死温度 52～62℃，稀释限点 10^{-3}～10^{-2}，体外存活期为 48～72 小时。该病毒在马铃薯植株和烟草植株内浓度较低，每千克鲜重叶片中只有 2mg。该病毒共分为 4 个主要株系，PVY^O、PVY^N、PVY^C 及 PVY^{NTN}。

侵染过程与侵染循环　马铃薯病毒为专性寄生物，病毒在马铃薯的活细胞内复制。该病毒通过在栽培管理中由工具、人员或出于无意造成的伤口侵入马铃薯细胞；该病毒主要依靠有翅蚜虫浅刺到马铃薯植株的表皮和薄壁组织，在细胞内利用核酸和蛋白质合成系统进行复制。马铃薯 Y 病毒侵入后，从外壳蛋白质释放病毒 RAN，随即 RAN 被复制和转译；病

马铃薯 Y 病毒引起的症状（刘卫平提供）
①普通花叶；②褐色枯斑坏死；③茎条斑坏死；④叶背面条斑坏死

毒通过胞间连丝从一个受侵染细胞移动到相邻细胞，病毒不侵染马铃薯植株的分生组织，或以极低的浓度存在。该病毒在马铃薯组织中往往相对稳定，可以累积到相当高的浓度。

马铃薯 Y 病毒可以通过汁液和嫁接传播。自然情况下主要通过蚜虫传播，为非持久性。所谓蚜传非持久性病毒，就是蚜虫在感 Y 病毒的植株上得毒和传毒只要几分钟、甚至几秒钟就可完成；蚜虫只浅刺到马铃薯植株的表皮和薄壁组织，即可得毒和传毒；Y 病毒只保存在蚜虫的喙中，无潜育期；蚜虫持毒时间不过 1 小时，不能跨龄期传毒。

流行规律　马铃薯 Y 病毒可通过马铃薯植株之间的接触传播，当感病植株伤口流出的汁液侵染健康植株的伤口时，Y 病毒进行了传播。该病毒也可通过机械传播，田间最重要的侵染源是农用机具和田间作业。从中耕和培土的工具上可以传播 PVY。当播种前将种薯切块时，被沾染的切刀可以机械传播 PVY 病毒至其他块茎上。其发生流行条件以土质瘠薄、板结、黏重以及排水不良的田块发生较重。连作马铃薯田发生重，而且连作年限越多，发病越重。

防治方法　种植抗病品种是预防病害的最有效的途径；也可清除田间杂草和最早发生的病株；田间操作时避免手、衣服和工具传播病害；热处理治疗；种植脱毒种薯等方式防治该病毒。在蚜虫大量迁飞时，在田间喷洒杀虫剂或在土壤中施入系统杀虫剂以及提早收获，也有一定的效果。

参考文献

LUIS F, SALAZAR, 2000. 马铃薯病毒及其防治 [M] .北京：中国农业出版社 .

崔荣昌 , 1989. 应用酶联免疫吸附试验法鉴定几种主要马铃薯病毒 [J]. 植物保护学报 , 16(3): 193-196.

李芝芳 , 张生 , 王国学 , 1982. 关于黑龙江省马铃薯致病毒群发生状况与分离鉴定的研究 [J]. 马铃薯科学 (1): 40-44.

李芝芳 , 2004. 中国马铃薯主要病毒图鉴 [M].北京：中国农业出版社 .

（撰稿：刘卫平；审稿：朱杰华）

马铃薯病害　potato diseases

马铃薯学名 *Solanum tuberosum*。又名土豆、洋芋、山药蛋、荷兰薯等。茄科一年生草本块茎植物。主要作粮食、蔬菜及饲料，兼作工业原料。中国是世界马铃薯第一生产大国，每年播种面积约 500 万 hm²，马铃薯是中国的第四大粮食作物。中国马铃薯栽培已形成了区域相对集中、各具特色的四大区域，即北方一季作区、西南一二季混作区、中原二季作区和南方冬作区。北方一季作区主要包括东北地区的黑龙江、吉林和辽宁除辽东半岛以外的大部，华北地区的河北北部、山西北部、内蒙古全部以及西北地区的陕西北部、宁夏、甘肃、青海全部和新疆的天山以北地区。本区为中国马铃薯最大的生产区，种植面积占全国的 49% 左右，已成为中国主要的种薯产地和加工原料薯生产基地。中原二季作区主要包括辽宁、河北、山西 3 地的南部，河南、山东、江苏、浙江、安徽和江西等地。本区马铃薯种植面积占全国的 5% 左

右。西南一二季混作区主要包括云南、贵州、四川、重庆、西藏等省（自治区、直辖市），湖南和湖北西部地区，以及陕西的安康。该区是中国马铃薯面积增长最快的产区之一，种植面积占全国的 39% 左右。南方冬作区主要包括江西南部、湖南和湖北东部、广西、广东、福建、海南和台湾等地。该区利用水稻等作物收获后的冬闲田种植马铃薯，在出口和早熟鲜食方面效益显著，并且种植面积迅速扩大，且有较大潜力，种植面积占全国的 7% 左右。2015 年，中国实施了马铃薯主粮化战略，开发出适合中国人饮食习惯的馒头、面条、糕点等特色主食食品。

中国马铃薯产业正在加速蓬勃发展，但马铃薯病害种类多、病原复杂、危害大，是阻碍马铃薯产业快速健康发展的重要障碍。全球已报道马铃薯侵染性病害 50 余种，中国报道马铃薯病害发生的有 40 多种，较普遍发生的主要病害 20 余种。其中，由卵菌引起的马铃薯晚疫病，真菌引起的早疫病、干腐病、枯萎病、黄萎病和黑痣病，链霉菌引起的疮痂病，细菌引起的黑胫病、青枯病和环腐病和马铃薯 X 病毒、马铃薯 Y 病毒为代表的病毒病害是当前马铃薯生产中的重要病害。应提高对生产危害严重的重要病害防治的科技研发水平和加强安全高效综合治理，以保障马铃薯产业健康可持续发展。而由根肿菌引起的粉痂病和以马铃薯茎线虫病和根结线虫病为代表的多种线虫病危害有加重的趋势，应引起高度重视，加强该类病害的监测、前瞻性研究和预防工作。

（撰稿：杨志辉；审稿：朱杰华）

马铃薯疮痂病　potato common scab

由多种链霉菌引起的、主要危害马铃薯块茎的一种细菌性病害。是世界上很多马铃薯种植区影响块茎质量和品质的重要病害之一。

发展简史　最早由撒克斯特（R. Thaxter）于 1890 年在美国康涅狄格州首次分离出了疮痂病的致病菌株，并将其命名为 *Oospora scabies*，但没能获得标准菌株。1914 年，古索（Gussow）又将此病原菌命名为 *Actinomyces scabies*，1948 年，瓦克斯曼（Waksman）和亨里奇（Henrici）再次将其更名为 *Streptomyces scabies*。该菌株孢子链呈螺旋形，孢子光滑，呈灰色，产生黑色素，可以在 pH 为 5 的培基中生长。1953 年，在美国缅因州首次发现在 pH 低于 4.5 的地块中有马铃薯疮痂病的发生，而普通疮痂病菌在 pH 小于 5 的土壤中通常很难引起病害发生。1989 年，兰伯特（D. H. Lambert）将引起这种酸性疮痂的病原菌命名为酸疮痂链霉菌 *Streptomyces acidiscabies*，该病原菌在马铃薯上的症状与 *Streptomyces scabies* 引起的症状一致，但该菌株的形态和生理特征与 *Streptomyces scabies* 完全不同，孢子链呈直柔曲状，孢子颜色因培养基不同而变化，呈白色、红色或黄色，可以产生色素但不能产生黑色素，可在 pH 为 4 的培养基中生长。1998 年，田中宫岛（K. Miyajima）在日本北海道东部发现了引起凸状疮痂病斑的致病性菌株，将其命名为肿胀疮痂链霉菌 *S. turgidiscabies*，该菌株孢子链呈直柔曲状，孢子灰色、

光滑、圆柱状，不能在 pH 为 4 的培养基中生长。

以上 3 种链霉菌被认为是引起马铃薯疮痂病的最普遍的病原菌，除此之外，已报道的其他致病性链霉菌达二十几种，甚至可能更多，如 *Streptomyces aureofaciens*、*Streptomyces aureofaciens*、*Streptomyces griseus*、*Streptomyces reticuliscabiei*、*Streptomyces cinerochromogenes*、*Streptomyces corchorusii*、*Streptomyces diastatochromogenes*、*Streptomyces atroolivaceous*、*Streptomyces lydicus*、*Streptomyces resistomycificus*、*Streptomyces cinerochromogenes*、*Streptomyces caviscabies*、*Streptomyces albidoflavus*、*Streptomyces luridiscabiei*、*Streptomyces puniciscabiei*、*Streptomyces exofoliatus*、*Streptomyces rocbei*、*Streptomyces violaceus*、*Streptomyces luridiscabiei*、*Streptomyces niveiscabiei*、*Streptomyces puniciscabiei*、*Streptomyces flaveolus*、*Streptomyces atrolivaceus*、*Streptomyces cinercbromogenes*、*Streptomyces corcborussi*、*Streptomyces diastatocbromogenes*、*Streptomyces lydicus*、*Streptomyces resistomycificus*、*Streptomyces europaeiscabiei*、*Streptomyces stelliscabie*。马铃薯疮痂病的病原非常复杂，不同的气候和环境条件可以导致在不同地区流行不同的病原链霉菌。

分布与危害　在世界范围内所有的马铃薯种植区均有疮痂病的发生，主要危害于美洲大陆、欧洲、东亚、远东地区等主产区。在中国马铃薯疮痂病的分布范围也很广，在甘肃、云南、陕西、内蒙古、河北、黑龙江、山东、山西、四川、贵州等地均有危害。马铃薯疮痂病对产量影响不大，一般只侵染马铃薯表皮层，使薯块表皮出现大量的凹陷或凸起的近圆形疮痂斑，基本不造成田间烂薯，很多年来并未引起关注，致使该病的发生越来越重。20 世纪七八十年代起，随着人民生活水平的好转，对商品马铃薯表观要求提高，该病严重影响了商品价值，才引起人们的关注。在华北、西北较为干旱地区，利于马铃薯疮痂病菌的繁殖，马铃薯疮痂病发生较重，发病率一般为 6%～10%，严重的发病率达 30%～60%，个别可达 80% 以上，疮痂病会导致马铃薯块茎表皮的开裂，容易引起镰孢菌（*Fusarium* spp.）、果胶杆菌（*Pectobacterium* spp.）等其他病原物经由伤口侵入危害，导致薯块耐贮性差，造成储藏期损失（见图）。

病原及特征　在中国引起马铃薯疮痂病的病原物以疮痂病链霉菌（*Streptomyces scabies*）最多，占到 70% 以上，其次是酸疮痂链霉菌（*Streptomyces acidiscabies*）和肿胀疮痂链霉菌（*Streptomyces turgidiscabies*）。病原物多具有发达分叉的基内菌和气生丝状体，直径 0.5～2.0μm，气生丝状体分化成紧密螺旋形或柔曲状的孢子链，一般含 20 个左右表面光滑的灰色至白色孢子，孢子由菌丝断裂而成，直径 0.5μm，长 0.9～1.0μm。病菌革兰氏染色阳性，DNA 中 G+C 摩尔含量约为 72%。病原菌鉴定可采用生物学特性和 16SrDNA 序列相结合的方法。菌体可在土壤温度 5～40°C 环境下存活，适宜生长温度 25～30°C，最适 pH 为 7.0。病原菌的寄主范围较广，除侵害马铃薯外，还可侵害甜菜、萝卜、胡萝卜、芜菁、甘蓝、欧洲防风的根。

疮痂病链霉菌能在 pH 5 以上的培养基中生长，产生黑色素，不产生可溶性色素，对青霉素（10IU/ml）不敏感，对苯酚（0.1%）、链霉素（20μg/ml）、结晶紫（0.5μg/ml）敏感。

酸疮痂链霉菌（*Streptomyces acidiscabies*）能在 pH 4 以上的培养基中生长，产生黄褐色可溶性色素，对青霉素（10IU/ml）、链霉素（20μg/ml）不敏感，对苯酚（0.1%）、结晶紫（0.5μg/ml）敏感。

肿胀疮痂链霉菌能在 pH 5.5 以上的培养基中生长，不产生可溶性色素，对青霉素（10IU/ml）不敏感，对苯酚（0.1%）、链霉素（20μg/ml）、结晶紫（0.5μg/ml）敏感。

疮痂链霉菌可产生降解马铃薯表面的软木脂和角质的酯酶，进而侵入寄主周皮。具有致病能力的疮痂病链霉菌种群都能产生一种或者多种植物毒素，人工接种毒素在马铃薯上可以产生发病症状，当前分离到的两种毒素分别定为 Thaxtomin A 和 Thaxtomin B。发病时疮痂病链霉菌会快速穿透马铃薯组织，产生毒素抑制薯块细胞壁的增殖，Thaxtomin A 可诱导增殖马铃薯等植物组织中的细胞，通过抑制纤维素的合成而合成，表现出疮痂病的典型症状。已发现的致病性基因和毒力基因包括 *txtAB*、*txtC*、*nec1* 和 *tomA* 等，聚集在可移动的致病岛中，其中 *txtAB* 是控制毒素合成的基因，是菌株是否具有致病性的决定性因子，*nec1* 和 *tomA* 基因只与菌株的毒力相关。

M

马铃薯疮痂病菌症状（朱杰华提供）

侵染过程与侵染循环 病原物可在种薯、作物病残体、土壤中越冬，在马铃薯薯块迅速膨大的幼嫩时期经由自然孔口（皮孔、气孔）、机械伤或昆虫造成的伤口侵染，在薯块表面形成褐色斑点状病斑。穿透薯块表皮的同时分泌毒素将细胞杀死，在薯块表面依靠死体营养腐生生存。链霉菌分泌物会刺激周围薯块细胞迅速分裂，产生多层次木栓化死细胞层。伴随薯块生长，病斑逐渐扩展并向薯块内部侵入，直至薯块表皮形成木栓层而停止扩展，成为近圆形深褐色木栓化病斑，发病严重时，距离较近的病斑会合并成不规则状疮痂区域。病斑可向外略突出薯块表皮，也可向内凹陷于薯块之内，与造成侵染的链霉菌致病力和马铃薯品种抗性有关，在抗病品种块茎上会形成浅层或单一层次的次生层，以防止病害进一步的感染。病原物也可侵染马铃薯的根、地下茎、匍匐茎，形成不明显的褐色病斑。马铃薯收获期，病原物的丝状体和孢子散落在土壤中或附着于薯块表面，该病害通常在一个生长季不存在再侵染过程，残存的菌丝和孢子会成为次年侵染来源。被侵染薯块在储藏期病斑不会继续扩展，但病斑处易被其他真、细菌病原物侵入，导致储藏期块茎腐烂。

流行规律 病原物经由种薯带菌、气流、溅雨、地表径流、农业工具和机械传播，甚至带菌作物被动物吃掉后经由消化道存活下来，通过牲畜粪便传播，当病原物传播到了无病田块，链霉菌将会在土壤中定植并长期存在下去。病菌在 10～31℃ 均可侵染马铃薯块茎，最适宜温度为 20～22℃。缺乏有机质的干燥土壤发病严重，尤其是在马铃薯块茎形成期缺水会加重病情。碱性至中性土壤发病重，酸性土壤较轻，土壤 pH<5 时抑制病害发生。马铃薯连作、养分不均衡、过量施用碱性肥料及栽培管理不当均会增加发病率。

防治方法

选用抗病品种及无病种薯 中国还没有对疮痂病免疫或高抗的马铃薯品种，相对较抗疮痂病的品种有川芋早、川芋56、青海大白花、克新13号、克新18号等。种薯带菌是马铃薯疮痂病远距离传播和重要的侵染源，生产中要选用无病、薯形整齐、芽势强的健康种薯，避免从疫区调种。

农业防治 马铃薯与豆科、禾本科作物进行4年以上轮作可减轻病害发生。避免连作或与茄子、辣椒、番茄、甜菜、甘蓝、胡萝卜、萝卜等链霉菌寄主植物轮作。在碱性缺乏有机质的地块施用酸性肥料、增施绿肥或生物有机肥，可以改善土壤 pH，增加有益微生物数量，抑制疮痂病发生。马铃薯生长季要合理灌溉，保持田间持水量稳定，在薯块形成的2～6周关键期避免干旱发生。种植马铃薯微型薯的蛭石等栽培基质在1～2个生长周期后要及时更换，或采用高温并配合使用高锰酸钾、甲醛消毒。

化学防治 马铃薯播前可用 0.2% 的甲醛溶液浸泡 10～15 分钟或 75% 代森锰锌 500 倍液消毒种薯，田间可用 70% 五氯硝基苯粉剂在病区土壤消毒，每公顷沟施 15～20kg，或 50% 氟啶胺 60ml/亩，$1×10^6$ 孢子/g 寡雄腐霉 50g/亩播前喷施，重病区可用氯化苦熏蒸消毒土壤。

生物防治 在田间施用含有枯草芽孢杆菌（*Bacillus subtilis*）、解淀粉芽孢杆菌（*Bacillus amyloliquefaciens*）、玫瑰黄链霉菌（*Streptomyces roseoflavus*）等拮抗微生物的生物菌剂或生物有机肥。

参考文献

赵伟全，2005. 中国马铃薯疮痂病菌的鉴定及其致病相关基因 *nec1* 的克隆和表达 [D]. 保定：河北农业大学.

赵伟全，杨文香，李亚宁，等，2006. 中国马铃薯疮痂病菌的鉴定 [J]. 中国农业科学，39(2): 313-318.

GUSSOW H T, 1914 The systematic position of the organism of the common potato scab[J]. Science, 39: 431-432.

LAMBERT D H, LORIA R, 1989. *Streptomyces acidiscabies* sp. Nov[J]. International journal of systematic bacteriology, 39(4): 393-396.

LAMBERT D H, LORIA R, 1989. *Streptomyces scabies* sp. Nov, nom. Rev[J]. International journal of systematic bacteriology, 39(4): 387-392.

MIYAJIMA K, TANAKA F, TAKEUCHI T, et al, 1998. *Streptomyces turgidiscabies* sp. Nov.[J]. International journal of systematic bacteriology, 48: 495-502.

THAXTER R, 1892. Potato scab[J]. Connecticut agricultural experiment station report: 153-160.

（撰稿：张岱、刁琢；审稿：朱杰华）

马铃薯粉痂病 potato powdery scab

由粉痂菌引起的真菌性土传病害，主要危害马铃薯的块茎和根部，在全世界种植马铃薯的温带地区是一种比较流行的病害。

发展简史 1841年，瓦尔罗特（Wallroth）在德国不伦瑞克首次报道了马铃薯粉痂病。1842年，瓦尔罗特将引起马铃薯粉痂病的病原命名为 *Erysibe subterranea*；1886年，布伦克霍斯特（Brunchhorst）将病原名称修订为 *Spongospora solani*；1891年，拉格海姆（Lagerheim）最终将粉痂病菌命名为 *Spongospora subterranea*。1855年，此病传播遍及整个欧洲。1891年，在南美洲发现并于1911—1913年间穿过南美洲到达北美洲。

分布与危害 马铃薯粉痂病在欧洲、美洲发生相当广泛，尤其在欧洲的英国、瑞士、爱尔兰等地已成为影响马铃薯生产的一个主要病害，随后在美洲和亚洲也相继报道了该病的发生，甚至在一些环境条件不适宜粉痂病发病的地区（如美国北达科他州）也报道了该病的发生。在一些发现该病较早的国家，如瑞士和德国，粉痂病已成为影响马铃薯产量和品质的首要问题。中国，随着马铃薯产业的迅猛发展，马铃薯粉痂病的影响亦呈上升的趋势，在云南、甘肃、浙江、广东、贵州、江西和内蒙古等地均有报道。

马铃薯粉痂病主要危害块茎及根部，根部受害多在根的一侧出现豆粒大小的小肿瘤，单生或群生；块茎染病初在表皮上现针头大的褐色小斑，外围有半透明的晕环，后小斑逐渐隆起、膨大，成为直径3～5mm的"疱斑"，其表皮尚未破裂，为粉痂的"封闭疱"阶段。后随病情的发展，"疱斑"表皮破裂、反卷，皮下组织现橘红色，散出大量深褐色粉状物（休眠孢子囊），"疱斑"下陷呈火山口状，外围有木栓质晕环，为粉痂的"开放疱"阶段（图1）。侵染较轻的马铃薯在干燥的土壤中不能形成肿瘤，已形成粉痂的块茎在储存期间因为表皮破裂而大量失水，以至病斑组织变色干枯、皱缩或凹陷，有时则因杂菌的侵害而出现干腐。侵染较重的马铃薯，其"疮斑"连接成片，形成大片不规则的伤口，甚至造成薯块畸形，严重影响薯块的质量和商品价值。病株地上部叶腋处多长新枝，特别茂盛、浓绿，植株枯死显著延迟。

病原及特征 病原菌是*Spongospora subterranea*（Wallr.）Lagerh，属于根肿菌门真菌。病原菌以休眠孢子囊（休眠孢子团）的形式存在于发病部位，休眠孢子囊堆由许多近球形的黄色至黄绿色的休眠孢子囊集结而成，外观如海绵状球体、球形、卵圆形、长形或不规则形状，直径31.2～62.4μm，具中腔空穴。休眠孢子囊球形至多角形，直径3.5～4.5μm，具平滑的黄色或黄绿色的壁，萌发时产生游动孢子。游动孢子近球形，无胞壁，顶生不等长的双鞭毛，在水中能游动，静止后成为变形体，从根毛或皮孔侵入寄主内致病。游动孢子及其静止后所形成的变形体，成为该病初侵染源。

侵染过程与侵染循环 马铃薯粉痂病在带病种薯、土壤

图1 马铃薯粉痂病症状（赵冬梅、杨志辉提供）
①根部症状；②块茎症状

和病残体上越冬，是翌年初侵染源。马铃薯现蕾前后，当温湿度适宜时，病菌休眠孢子囊萌发产生游动孢子，游动孢子与寄主植物接触，静止后形成休止胞，萌发后从根毛、皮孔或伤口侵入寄主；侵入寄主后以变形体在寄主细胞内发育，分裂为多核的原生质团；到生长后期，原生质团又分化为单核的休眠孢子囊，并集结为海绵状的休眠孢子囊堆，充满寄主细胞内。被感染的寄主细胞受到刺激后增大5～10倍，形成大细胞。这时在块茎表皮上出现小如针头、大似豌豆，初呈淡褐色近圆形或不规则形，稍隆起的水泡状斑点，后斑点扩大而成肿瘤（图2）。

肿瘤破裂后，这些休眠孢子囊在病斑上丛集或散出，这就是在薯皮上看到的褐色粉状物。在适宜的条件下，休眠孢子囊又产生变形体，随着寄主细胞的分裂而扩展到新的细胞中进行再侵染。休眠孢子囊若散入在土壤中可存活4～5年之久。

流行规律 马铃薯粉痂病的发生蔓延与土壤、气候以及马铃薯的品种和栽培条件有密切关系。土壤低温、高湿、酸性较重是此病蔓延危害的最有利条件。其发病的最适土温为18～20℃。当土温达20℃以上，病害停止发展，此时新长出的块茎很少受害。

发病的最适土壤湿度为田间最大持水量的60%～90%。但是，随着地势、坡度、排灌条件、土质等不同，发病程度差异很大。一般情况是高山重于低山，阴坡重于阳坡，肥土重于瘦土。在发病期间如遇多雨而凉爽的天气，有利于病害的发展蔓延。

高山雨多雾重而凉爽，土壤具有冷、湿、酸、疏松和腐植质较多的特点，有机物分解缓慢，有效养分含量减少，而

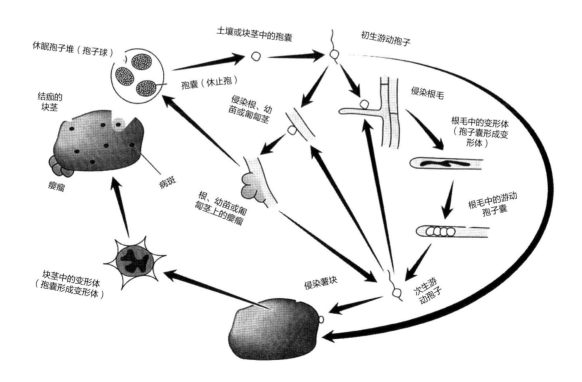

图2 粉痂病菌生活史（摘自 Harrison et al., 1997）

硫化氢、低铁等还原性有毒物质常大量积累，这对马铃薯生长极为不利，常使其生理活动衰弱，抗病力显著降低，极易造成粉痂病的严重发生、蔓延。

土壤 pH 是粉痂病菌生存和繁殖的影响因素。土壤 pH4.7～5.4，适于病菌发育，因而发病也重。当土壤 pH 高时，粉痂病的发病率较低，发病程度也较轻；当 pH > 8.5 时，几乎不发病。

防治方法 由于马铃薯粉痂病属于局地发生的土传病害，防治中，首先要严把检疫关，禁止病薯外调。其次结合轮作、种植抗病品种和栽培等多种手段进行综合治理。

严格执行检疫制度 对病区种薯严加封锁，禁止外调。

与非寄主植物轮作 病区实行与豆科、百合科、葫芦科等非寄主植物 5 年以上的轮作，以消灭菌源。

种薯处理 由于粉痂病主要是通过病薯传病，故选留无病种薯，把好收获、储藏、播种关，剔除病薯，可收到明显的防病效果。必要时可用 2% 盐酸溶液或 40% 福尔马林 200 倍液浸种 5 分钟或用 40% 福尔马林 200 倍液将种薯浸湿，再用塑料布盖严，闷 2 小时，晾干播种。

加强田间管理 增施基肥或磷钾肥，多施石灰或草木灰，改变土壤 pH。提倡高畦栽培，避免大水漫灌，以降低土壤湿度，防止病菌传播蔓延。多施腐熟后的有机肥，也可抑制发病。

选择抗病品种 在国内外的研究中，至今尚未发现完全抗粉痂病的马铃薯品种，但不同品种间对粉痂病的抗性差异很大，马铃薯块茎外皮木栓化厚度越厚，其发病率越低，因此，植时要选用褐色、厚皮的抗性品种。其中，品种 Russet、Burbank、Tarago、Wontscab 和会 –2 对粉痂病具有较好的抗性，在一定程度上可以防止粉痂病的加重和蔓延。

参考文献

HARRISON J G, SEARLE R J, WILLIAMS N A, 1997. Powdery scab disease of potatoa review[J]. Plant pathology, 46: 1- 25.

（撰稿：赵冬梅、杨志辉；审稿：朱杰华）

马铃薯腐烂茎线虫病 potato rot nematodes

由马铃薯腐烂茎线虫引起的一种危害马铃薯块茎的线虫病害，是全世界马铃薯上的重要线虫病害之一。

发展简史 马铃薯腐烂茎线虫是危害马铃薯块茎的线虫之一，在中国马铃薯上发生较轻。在俄罗斯，该线虫危害造成的马铃薯年损失非常严重；在南非，花生也受到该线虫的严重危害；该线虫对甘薯和人参的危害更加严重，既能在田间危害甘薯，又能造成储藏时烂窖，还能导致育苗时烂床；该线虫还对其他许多栽培作物尤其是鳞茎、块茎类作物造成严重危害，如侵染郁金香导致鳞茎坏死、腐烂，根变黑，叶片生长不良，影响花卉生产。

分布与危害 在世界范围内均有分布。欧洲的阿尔巴尼亚、奥地利、白俄罗斯、比利时、保加利亚、捷克、爱沙尼亚、法国、德国、希腊、匈牙利、爱尔兰、拉脱维亚、立陶宛、卢森堡、荷兰、挪威、波兰、罗马尼亚、俄罗斯、斯洛伐克、瑞典、瑞士、英国；亚洲的阿塞拜疆、伊朗、日本、哈萨克斯坦、沙特阿拉伯、塔吉克斯坦、土耳其、乌兹别克斯坦、中国；美洲的加拿大、墨西哥、美国、厄瓜多尔；大洋洲的澳大利亚及新西兰等。中国主要分布在内蒙古、河北等马铃薯产区。

腐烂茎线虫寄主范围较广，已报道的植物寄主达 90 多种。马铃薯是其主要寄主，其他重要寄主作物有甘薯、洋葱、大蒜、鸢尾、郁金香、风信子、唐菖蒲、大丽花属、巢菜属、甜菜、胡萝卜、欧芹、芹菜、番茄、黄瓜、红辣椒、南瓜、西葫芦、大豆、鹰嘴豆属、蚕豆、花生、紫苜蓿、向日葵、大黄属、烟草、甘蔗、大麦、小麦等。

腐烂茎线虫一般危害寄主植物的地下部。马铃薯受害初期薯块表皮下产生小的白色斑点，以后斑点逐渐扩大并变成淡褐色，组织软化以致中心变空；病害严重时，表皮开裂、皱缩，内部组织呈干粉状，颜色变为灰色、暗褐色至黑色。薯块发病表现为糠心、裂皮。一般花卉受侵染是从基部开始，向上延伸到肉质鳞片处，引起组织灰到黑色坏死，根部变黑，叶片生长不良，叶尖变黄（见图）。种马铃薯及花卉球茎中的马铃薯腐烂茎线虫已列入许多国家和国际组织（如 EPPO）的进境植物检疫对象名录。

病原及特征 病原为马铃薯腐烂茎线虫（*Ditylenchus destructor* Thorne）属于线虫门侧尾腺口纲垫刃目粒线虫科茎线虫属。雌虫虫体线形，热杀死后虫体略向腹面弯，侧线 6 条。头部低平、略缢缩，口针长 10～12μm，有明显的基部球，中食道球纺锤形、有瓣，后食道腺短覆盖肠的背面。单卵巢、前伸，时有可伸达食道区，后阴子宫囊长是肛阴距的 40%～98%。尾圆锥形，通常腹弯，端圆。雄虫体前部形态和尾形似雌虫。交合伞伸到尾部的 50%～90%，交合刺长 24～27μm。

侵染过程与侵染循环 腐烂茎线虫发育和繁殖温度为 5～34℃，最适温度为 20～27℃，在 27～28℃、20～24℃、6～10℃下，完成一个世代分别需 18 天、20～26 天、68 天。当温度在 15～20℃时，相对湿度为 80%～100% 时，腐烂茎线虫对马铃薯的危害最严重。腐烂茎线虫是定居中型

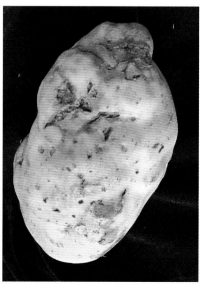

马铃薯腐烂茎线虫危害症状（欧师琪摄）

专性寄生物，当温湿度适宜时，土壤或植物病残体中的卵孵化为侵染前二龄幼虫，寻找并侵入植物新根内，在植物的根或块茎内完成整个生活史，以卵囊中的卵和卵内幼虫越冬。腐烂茎线虫不形成"虫绒"，不耐干燥，在相对湿度低于40%的情况下，该线虫难以生存。该线虫在多数作物上在一个生长季节有几个世代，能够多次重复侵染。

流行规律　腐烂茎线虫是一种寄生在植物地下部分的迁移性内寄生线虫，很少寄生在地上部分。在缺少寄主时，腐烂茎线虫通常可以通过取食土壤中的真菌存活。腐烂茎线虫的卵、幼虫和成虫可以同时存在于薯块上越冬，也可以幼虫和成虫在土壤和肥料内越冬。病原能直接通过表皮或伤口侵入。此病主要以种薯、种苗传播，也可借雨水和农具短距离传播。在哈萨克斯坦的阿拉木图地区，1年发生6～9代。在气温15～20℃、相对湿度为80%～100%时危害最重，但在相对湿度低于40%时不能存活。腐烂茎线虫不经过休眠阶段，不能抵抗干旱，以卵的形态越冬。腐烂茎线虫主要随着被侵染的植物地下器官如鳞茎、根茎、块茎等以及黏附在这些器官上的土壤进行传播，在田间还可以通过农事操作和水流传播。

腐烂茎线虫主要危害植物的地下部分，但通常也对地上部分造成影响，导致萎蔫、黄化、坏死等，严重的可导致整株死亡。储藏期的马铃薯块茎出现干腐或湿腐症状，逐渐腐烂变质。腐烂茎线虫病发病轻者减产20%～30%，重者减产50%以上，甚至绝产。

防治方法　严格进行检疫，不从病区调运马铃薯种苗或块茎。

与非寄主作物轮作，重病区或重病地通过与高粱、玉米、棉花等作物相互轮作，能基本控制马铃薯腐烂茎线虫病的发生和危害。

选用无病种薯，种薯用51～54℃温汤浸种，苗床用净土或用50%辛硫磷乳油处理，以培育无病壮苗。

药剂处理薯苗，用50%辛硫磷乳油100倍液浸10分钟。

药剂处理土壤，2kg/亩10%噻唑膦颗粒剂拌适量土施入穴内。

参考文献

冯志新，2001.植物线虫学[M].北京：中国农业出版社.

刘维志，2004.植物线虫志[M].北京：中国农业出版社.

罗诺德·佩里，莫里斯·莫恩斯，2011.植物线虫学[M].简恒主，译.北京：中国农业大学出版社.

中国农业科学院植物保护研究所，中国植物保护学会，2015.中国农作物病虫害[M].3版.北京：中国农业出版社.

（撰稿人：黄文坤；审稿人：彭德良）

马铃薯干腐病　potato dry rot

由多种镰刀菌侵染所致的、在马铃薯储藏期间发生的一种常见真菌性病害，造成块茎腐烂，是一种世界性病害。

发展简史　早在20世纪40年代，T. Small等报道了马铃薯干腐病菌对马铃薯种薯的危害。之后对马铃薯干腐病菌

种类的研究报道逐渐增多。但关于干腐病流行学的报道很少。一些科学家在研究干腐病菌致病作用中发现病菌对大鼠内脏有毒性。

分布与危害　干腐病在世界马铃薯主产区广泛分布，是最重要的马铃薯储藏病害之一。2008年，美国农业部官方网站数据显示，美国马铃薯行业每年因干腐病造成的直接经济损失高达2.5亿美元。2003年，对中国甘肃定西40多个马铃薯储户调查，干腐病病薯率达27.59%。据2009年调查，此病在贮窖中的平均发病率为9.0%，有的贮窖发病率高达17.82%～30%，给马铃薯的储藏造成了很大的损失。另外，播种时如果种薯处理不当播到地里，干腐病发病率高达40%左右，造成种薯腐烂和缺苗断垄。

干腐病危害块茎。病薯外表现黑褐色、稍凹陷斑块，切开病薯，腐烂组织呈淡褐色或黄褐色、黑褐色、黑色，病薯出现空洞。初期在块茎病部表面现暗色凹痕，后薯皮皱缩或产生不规则褶叠。发病重的块茎病部边缘现浅灰色或粉红色多泡状凸起，剥去薯皮，病组织是浅褐色至黑褐色粒状，并有暗红色斑，髓部有空腔，干燥时菌丝充满空腔（见图）。湿度大时，病部呈肉色糊状，无特殊气味，干燥时，内部组织呈褐色，干硬或皱缩。

病原及特征　病原为镰刀属（*Fusarium* spp.）真菌，由多种镰刀菌侵染所致。世界范围内引起马铃薯干腐病的镰刀菌有10种之多，其中，*Fusarium sulphureum* 是北美洲和欧洲最常见的致病菌，*Fusarium solani* var. *coeruleum* 是英国的主要致病因子。另外，还有其他菌种如 *Fusarium avenaceum*、*Fusarium culmorum*、*Fusarium oxysporum*、*Fusarium acuminatum*、*Fusarium crookwellense*、*Fusarium equiseti*、*Fusarium graminearum*、*Fusarium scirpi*、*Fusarium semitectum*、*Fusarium sporotrichioides*、*Fusarium tricintum*。不同国家或地区镰刀菌种类不同。中国报道该病的病原有 *Fusarium sulphureum*、*Fusarium coeruleum*、*Fusarium solani*、*Fusarium oxysporum*、*Fusarium avenaceum*、*Fusarium moniliforme*、*Fusarium flocciferum*、*Fusarium semitectum*、*Fusarium tricinctum*、*Fusarium solani* var. *coeruleum*、*Fusarium*

马铃薯干腐病症状（胡俊提供）

roseum、*Fusarium sambucinum*、*Fusarium acuminatum*。其中以 *Fusarium sambucinum* 和 *Fusarium solani* 出现频率高，是优势种。

茄腐皮镰刀菌［*Fusarium solani*（Mart.）Sacc.］在 PSA 培养基上菌落白色，气生菌丝生长良好，多小型分生孢子。在产孢细胞上聚集成团，椭圆形或卵圆形，形态变化较多，大多单胞，无色透明，大小为 10.8～15.7μm×2.4～4.5μm；大型分生孢子纺锤形至镰刀形，无色，顶细胞较短，壁稍厚，孢子最宽处在中线上部，大小为 32.8～40.7μm×4.7～6.2μm。菌丝适宜生长温度为 20～23°C。

茄腐皮镰刀菌蓝色变种（*Fusarium solani* var. *coeruleum*）在 PSA 培养基上菌落呈毛毡状，菌丝稀疏，深蓝色，培养物黏质状；小型分生孢子在新鲜的培养基上很少形成。在最初的分生孢子座形成之前，大型分生孢子就已在气生菌丝的分生孢子梗上形成；小型分生孢子卵形，大小为 8.7～11.5μm×2.1～3.6μm；大型分生孢子透明，弯筒形至稍带纺锤形，顶端圆形，在马铃薯培养基上分生孢子 3～4 个分隔，大小为 32～39μm×4.0～5.1μm。菌丝适宜生长温度为 18～23°C。

接骨木镰刀菌（*Fusarium sambucinum* Fuckel.）在 PSA 培养基上气生菌丝卷毛状，菌落为白色。气生菌丝生长良好，大型分生孢子弯曲，似纺锤形、披针形，背腹面明显，具有显著的顶端和足细胞，成熟时具有 3～5 隔膜，大小为 30～50μm×4.0～6.5μm。菌丝适宜生长温度为 18～23°C。

锐顶镰刀菌（*Fusarium acuminatum* Ellis & Everh.）在 PSA 培养基上气生菌丝疏散，菌落呈胭脂红色。从单生瓶状小梗生成的气生菌丝上生有稀疏的小型分生孢子，但这些很快被松散分叉的分生孢子梗所取代；小型分生孢子大小为 7.0～11.5μm×2.1～3.6μm；大型分生孢子为宽镰形，背腹面强烈弯曲，大小为 29.8～56.0μm×3.2～5.3μm。菌丝适宜生长温度为 23～25°C。

硫色镰刀菌（*Fusarium sulphureum*）气生菌丝白色絮状，在 PSA 培养基上产生肉色粉状孢子堆。分生孢子拟纺锤形，有顶端和足细胞，成熟时具 1～3 个或 5～6 个分隔，厚垣孢子稀疏，间生，球形，单生或短串状着生。菌丝适宜生长温度为 20～25°C。

侵染过程与侵染循环　马铃薯干腐病为土传病害，病菌存在于病薯上或残留在土壤中越冬，通过收挖、运输、虫害等造成表皮的伤口侵入，也可通过块茎皮孔、芽眼等自然孔口侵入。病菌侵入后，先在寄主的薄壁细胞间生长，分泌果胶酶和纤维素酶等分解寄主细胞壁，进入细胞内危害。

病菌侵染过程中马铃薯块茎中的淀粉粒数量明显下降。*Fusarium sulphureum* 侵染的马铃薯块茎组织均能产生多聚半乳糖醛酸酶（PG）、果胶甲基半乳糖醛酸酶（PMG）、纤维素酶（Cx）、β-葡萄糖苷酶、多聚半乳糖醛酸反式消除酶（PGTE）、果胶甲基反式消除酶（PMTE）、果胶甲基酯酶（PME）、果胶裂解酶（PML），但 PG、PMG、Cx、β-葡萄糖苷酶活性显著高于其他酶。在侵染前期（1～3 天）PMG 和 Cx 出现高峰，PG 在侵染后期（4～6 天）活性增高，而 β-葡萄糖苷酶在整个侵染过程中活性一直呈上升趋势。

病菌广泛存在于土壤、病薯、贮窖（库）、收获机械、切刀等处，抗逆性较强，存活时间长达 5～6 年。经伤口被侵染的薯块腐烂，污染土壤和工具，经接触传染，加重危害。储藏中病薯与健薯接触，互相传染。

流行规律　生产上储藏前 2 个月发生较轻，2 个月后扩展明显。窖（库）内贮存量大、通气不好、温度高、湿度大发病重。

病菌在 5～30°C 下均能生长。在相对湿度大于 90% 的情况下，15～20°C 时干腐病发展最快，0°C 时仍可缓慢发展。通常相对湿度 70% 以下使病害减轻。

防治方法　马铃薯干腐病的防治是一个系统性工作，从田间管理到收获、入窖（库）、窖（库）管理等每一个环节都必须把病害的预防工作落实到位。防治马铃薯干腐病的关键是薯块质量好，机械损伤少，控制好窖（库）内的温、湿度，因此，应采取综合措施才能奏效。

农业防治　避免氮肥施用过多，收获前一周要停水、停肥并进行杀秧，以保证薯皮老化。收获时尽量避免造成机械创伤。薯块在入窖（库）前先放在干燥、通风、避光处晾 2～5 天，防止雨水淋湿，严格淘汰病、烂、伤、破损薯，除去依附在薯面的泥土，促进薯皮木栓化和伤口愈伤组织的形成。在装卸、搬运、入窖时要做到轻拿轻放，切莫从窖口直接倒入。提倡用袋装储藏马铃薯，便于搬运和倒堆，减少伤口，降低病害的侵染概率。

化学防治　在入窖（库）前，先将窖（库）壁用清水喷湿，把窖壁和窖底旧土铲除 3cm，通风晾晒 7 天以上，并用 1% 高锰酸钾溶液或石灰水喷洒消毒，或用硫黄粉（15g/m³）或 45% 百菌清烟剂发烟熏蒸 24 小时，然后通风换气。入窖（库）前用 45% 的噻菌灵悬浮剂 400～600 倍液，或 25% 的咪鲜胺乳油 500～1000 倍液对薯块喷雾处理，待药液充分晾干后入窖（库）储藏。储藏期间必要时用 45% 百菌清烟剂消毒，防止病菌向邻近块茎传染。壳聚糖和硅酸钠具有抑制干腐病菌和诱导马铃薯块茎产生抗病性的双重功能。100mmol/L 的硅酸钠在 35°C 的浸泡块茎处理，对降低损伤接种 *Fusarium solani* 的病斑直径效果最好，处理效果随浸泡时间的延长而增加。溶于乳酸的 0.5% 壳聚糖处理块茎防效较好。可以进一步探索实用处理方法。

贮窖（库）管理　注重通风换气，控制窖（库）内温湿度环境。储藏容量不宜过大，一般占窖（库）内容积的 1/2～2/3 为宜，薯堆高度 1m 以下，并采用麦秆或玉米秆扎成通气孔立放在薯堆内，通气孔应该比薯堆高出 30cm。入窖（库）初期敞开窖（库）门和通气孔，外界气温降至 -1°C 时堵住窖（库）门和通气孔，控制窖（库）内温度在 1～4°C。若发现薯堆上层和窖（库）壁出现水珠，薯块表面潮湿，则表明窖（库）内湿度过大，应及时打开窖门、通气孔通风除湿。春季随着气温的升降，要灵活掌握打开和关闭窖（库）门、通气孔，在保证不受冻的情况下，最好晚间打开，白天关闭，以降低窖（库）内温度。经常检查，发现窖（库）内有异味或烂薯时，立即倒堆，剔除病烂薯，将病烂薯运出窖（库）外作深埋处理，切不可随意乱倒，以免造成新的传染源。

参考文献

杨志敏，毕阳，李永才，等，2012. 马铃薯干腐病菌侵染过程中切片组织细胞壁降解酶的变化 [J]. 中国农业科学，45(1): 127-134.

中国农业科学院植物保护研究所，中国植物保护学会，2015. 中国农作物病虫害 [M]. 3 版. 北京：中国农业出版社.

HANNA K, JERZY C, 1989. Occurrence of *Fusarium crookwellense* in Poland[J]. Acta mycology, 24:173-177.

HANSON L E, SCHWAGER S J, LORIA R, 1996. Sensitivity to thiabendazole in *Fusarium* species associated with dry rot of potato[J]. Phytopathology, 86:378-384.

HIDE G A, READ P J, HALL S M, 1992. Resistance to thiabendazole in *Fusarium* species isolated from potato tubers affected by dry rot[J]. Plant pathology, 41:745-748.

ROTKIEWICZ T, SZAREK J, TARKOWIAN S, 1993. Pathogenic effects of *Fusarium sulphureum*, *Fusarium solani* var. *coeruleum* and dry rot affected potatoes on the internal organs of rats[J]. Acta microbiologica polonica, 42(1): 51.

（撰稿：胡俊；审稿：朱杰华）

马铃薯根结线虫病　potato root-knot nematodes

由根结线虫寄生引起的、危害马铃薯根系的一种线虫病害，是全世界马铃薯种植区重要的病害之一。

发展简史　马铃薯根结线虫病在美国、加拿大、苏联、荷兰、日本和苏里南等国都有发生。哥伦比亚根结线虫（*Meloidogyne chitwoodi*）是美国马铃薯上的重要有害生物，1980 年在美国北太平洋地区最初发现，在 20 世纪 80～90 年代，先后在荷兰、比利时和法国发现；2001 年在澳大利亚和新西兰有报道。哥伦比亚根结线虫已在美国、墨西哥、阿根廷、比利时、荷兰、德国、匈牙利和南非发生和危害。中国目前没有此线虫发生。哥伦比亚根结线虫除了寄生马铃薯和番茄外，还广泛寄主和危害甜菜、雅葱、大麦、燕麦、玉米、豌豆、菜豆、小麦、三叶草、胡萝卜、西瓜和多种草本植物等。1993 年，该线虫被列入 EPPO 检疫性有害生物名单。哥伦比亚根结线虫自身的传播能力比较弱，1 年只能扩散数米，但是可随着感病种薯或土壤及其他感病组织远距离传播扩散。中国已经开放对美国马铃薯种薯的进口市场，哥伦比亚根结线虫随着马铃薯种薯传入中国存在较大的可能性。

1983—1986 年，中国马铃薯根结线虫病发生逐年加重，张云美等报道在山东试验地的春、秋马铃薯上发现中华根结线虫（*Meloidogyne sinensis*）新种和北方根结线虫，中华根结线虫是优势种群。陈品三等在山西繁峙古家庄调查马铃薯线虫病时，发现马铃薯上有根结线虫危害，经过鉴定，发现是繁峙根结线虫新种（*Meloidogyne fanzhiensis*）；广东遂溪马铃薯根结线虫病发生广泛和严重，病原根结线虫为南方根结线虫。

分布与危害　分布于世界各马铃薯产区，对马铃薯的产量和质量影响很大。

马铃薯受根结线虫危害后，地上部并无特别的症状。受害的植株表现矮化和黄化，在水分胁迫下，往往表现萎蔫。受害的根系有不同大小和形状的膨大的根结（图 1）。根结的严重程度和大小取决于线虫密度和线虫种类。北方根结线虫和哥伦比亚根结线虫诱导形成的根结比其他种类的根结线虫诱导形成的根结小，但是侧根较多。南方根结线虫形成较大和明显的根结。受害的马铃薯也表现典型的症状。在合适的环境条件下，马铃薯薯块无论大小，都能被侵染。南方根结线虫侵染危害的薯块有疣状突起，表面变为畸形（图 2）。哥伦比亚根结线虫在马铃薯薯块上形成丘疹状突起；北方根结线虫在马铃薯薯块上不形成明显的根结，但是在线虫群体密度水平很高时，通常会在薯块上引起膨胀。依据薯块的大小，线虫在薯块上的侵染深度会有所变化。通常雌虫在薯块表皮下 1～2mm 有发现，取食维管束组织。所有危害马铃薯的根结线虫都在马铃薯薯块表面和维管束环之间的区域产生坏死斑。这是薯块组织储存卵块和胶质卵囊的反应。

病原及特征　危害中国马铃薯的根结线虫有南方根结线虫［*Meloidogyne incognita*（Kofoid et White）Chitwood］、繁峙根结线虫（*Meloidogyne fanzhiensis*）、中华根结线虫（*Meloidogyne sinensis*）和北方根结线虫（*Meloidogyne hapla* Chitwood）4 种，属于垫刃线虫目异皮线虫科根结线虫属（*Meloidogyne*）。

南方根结线虫　雌虫：乳白色，鸭梨形有突出的颈部；虫体埋在植物根内。头部具有 2 个环纹，偶尔 3 个。排泄孔处于口针基球位置水平或略后，距头端 10～20 个环纹；会阴花纹类型变化较大，典型的南方根结线虫背弓较高，圆形，两侧近乎直角，其条纹平滑或波纹状，没有明显的侧线。阴门在身体末端。新生的雌虫至成熟产卵需 8～10 天。

雄虫：虫体为蠕虫状。头区不缢缩，头区具有高、宽的头帽；头区有 1 或 3 条不连续的环纹。口针的锥部比杆部长，口针基部球突出，通常宽度大于长度；排泄孔位于狭部后的位置，半月体通常位于排泄孔前 0～5 个环纹处，侧区 4 条侧线，外侧带具网纹；尾部钝圆，末端无环纹；交合刺略弯曲，引带新月形。

幼虫：分 4 个龄期。卵内物质经过胚胎发育形成线形一龄幼虫，卷曲呈"8"字形。在卵内第一次蜕皮后变成二龄幼虫。

二龄幼虫：线形，头部不缢缩，略隆起，侧面观平截锥形，背腹面观亚球形，侧唇片与头区轮廓相接，头区有 2～4 条不连续条纹，口针基部球明显，圆形；半月体 3 个环纹长，位于排泄孔前；侧区 4 条侧线，外侧带具网纹。直肠膨大。尾渐变细，末端稍尖。

图 1　马铃薯根系受根结线虫危害症状
（彭德良摄）

图 2　马铃薯薯块受根结线虫危害症状，薯块上有疣状突起
（彭德良摄）

繁峙根结线虫（*Meloidogyne fanzhiensis*）　雌虫虫体呈梨形，乳白色，颈部向一侧弯曲，头帽低平，与体躯交界处不缢缩。在 SEM 下唇盘与中唇对称，中唇凹陷形成 1 对亚中唇，倒唇小，头感器开口明显可见，口孔圆形，周围布 6 个内唇感觉器开口。在 LM 下，头骨架硬化程度弱，口针较强，基部球与杆部界限明显，排泄孔偏后，约位于 2 倍头端至口针基球末长度处，食道腺与肠在腹面重叠，体末端不隆起，会阴花纹椭圆形，弓门稍高，波纹中度密，走向较平顺而圆，近尾点的背纹较密而有波折，远尾点的背纹较稀而光滑，近胚门处的背纹向内弯曲，侧区的线纹向内弯曲呈近似漩涡形，会阴区内线纹极少，腹面线纹较少，平顺细弱。

雄虫：虫体蠕态形，头帽隆突，与体躯交界处缢缩，侧面观头帽平或略呈弧形，背腹面观头感器开口明显可见。在 SEM 下，头区口孔卵圆形，口孔周围有 6 个内唇，唇盘略为隆起，中唇凹陷形成一对亚中唇，头部感觉器开口长裂缝形。在 LM 下，口针较短，平均长 12.24μm，基部球圆形，与杆部分界明显，锥部长约为杆部的 1.5 倍；背食道腺开口到口针基球末的距离变化较大，为 4.18～7.32μm，平均为 5.39μm，排泄孔到头端的距离约占体长的 10%，半月体在排泄孔前方约 2μm 处，侧线 4 条，交合刺 1 对，大小基本一致，末端钝圆形，导刺带新月形，尾部末端似有一帽状结构。

二龄幼虫：体型小，蠕态形，头区与体躯交界处不缢缩，头部骨架硬化程度小，侧面观头顶平或略弧形，背腹面观头感器明显可见，在 SEM 下，唇盘圆形，口孔位于唇盘中央，圆形，中唇凹陷形成 1 对亚中唇，侧唇大，半椭圆形，头感器明显，长裂缝状。口针较短，平均 9.42μm，基部球圆形，背食道腺开口到口针基球末的距离较短，排泄孔位于中食道球后，约为 5 倍于头端到口针基球末的长度处，半月体位于排泄孔后，离排泄孔 1～3μm 处，尾短，呈圆锥形，平均长 26.17μm，直肠膨大。

侵染过程与侵染循环　马铃薯根结线虫的侵染循环与蔬菜根结线虫、花生根结线虫、柑橘根结线虫的侵染循环类似。马铃薯根系和蔬菜都可以侵染，但是第一代根结线虫主要发生在根系上；随后的世代侵染薯块，在合适的环境条件小，一年可以发生 5 代。

流行规律

存活和传播　北方根结线虫和哥伦比亚根结线虫在结冰的土壤中可以存活，两个种以卵在卵囊中越冬，很少以二龄幼虫形式在土壤中越冬。北方根结线虫有广泛的寄主范围，能在马铃薯作物和许多其他作物以及杂草上越冬。哥伦比亚根结线虫能侵染禾本科植物，而北方根结线虫则不能。在 1℃条件下，哥伦比亚根结线虫能在储存马铃薯上存活 2 年以上。

经济阈值　在温带地区如北美洲北部、欧洲和澳大利亚南部，在缺乏根结线虫防治措施的情况下，根结线虫直接危害马铃薯植株和降低薯块的质量而引起严重的马铃薯经济损失。马铃薯种植前，哥伦比亚根结线虫的阈值是 1 个卵 /250cm³ 土壤；北方根结线虫是 50 个卵 /250cm³ 土壤。哥伦比亚根结线虫的危害阈值较低的原因，是在较低温度 6℃下更活跃，而北方根结线虫在 10℃下较活跃。同时哥伦比亚根结线虫向土壤上层迁移比北方根结线虫更快和更远。在

中国，其经济阈值不是太明确。

环境因素的影响　土壤温度是影响根结线虫寄生危害马铃薯的最重要的因素。南方根结线虫、爪哇根结线虫和花生根结线虫在较高温度下发育较好，而不能忍耐低温，因而在热带和温带地区，3 种根结线虫有巨大的经济重要性。中国广东湛江地区马铃薯根结线虫发生非常严重。另一个方面，北方根结线虫、哥伦比亚根结线虫和法拉克斯根结线虫是低温型的线虫，合适的温度是 20℃；在 10～20℃ 条件下，哥伦比亚根结线虫比北方根结线虫繁殖更快。在生长期早期温度较低时能定殖和繁殖。越冬后的爪哇根结线虫二龄幼虫，在水分饱和土壤中侵染能力比非饱和土壤中低。

复合病害　根结线虫经常与其他病原生物一起形成复合病害。在马铃薯上，最重要的相互关系是马铃薯根结线虫与 *Ralstonia solanacearum* 的关系，在南方根结线虫的存在的情况下，可以打破马铃薯对细菌枯萎病的抗性，引起抗性丧失。马铃薯的根结线虫与 *Verticillium* 和 *Rhizoctonis solani* 也有类似的复合病害关系。

防治方法　栽培防治、化学防治和抗性品种都被广泛应用于马铃薯根结线虫的防治。

轮作　与非寄主植物轮作或者夏天休闲一季可以有效降低哥伦比亚根结线虫群体。油菜和高粱是非寄主植物，可以用作防治马铃薯根结线虫的轮作作物。

适时早收　在轻度侵染的马铃薯地块，提前 1～2 周收获，可以显著降低第二代或是第三代幼虫引起的薯块瑕疵。

抗性品种　适应于热带温暖环境的抗根结线虫马铃薯品种仍然没有。科学家发现突尼斯的野生品种 *Solanum sparsipilum* 对根结线虫有不同程度的抗性，已经育成了高代抗性品系表现无根结，而亲本 Desiree 表现严重根结。从野生马铃薯 *Solanum bulbocastanum* 和 *Solanum hougasii* 中也发现了抗性，并且整合到栽培种质中。利用这些资源是防治马铃薯根结线虫最有效的措施。

杀线虫剂防治　土壤熏蒸能有效地防治危害马铃薯的根结线虫。苯胺磷（虫胺磷；苯胺硫磷）4.75g（有效成分）/L 浓度下浸泡马铃薯，可以有效清除薯块上的北方根结线虫，阻断该线虫的主要传播途径。

参考文献

中国农业科学院植物保护研究所，中国植物保护学会，2015. 中国农作物病虫害 [M]. 3 版 . 北京：中国农业出版社 .

（撰稿：彭德良；审稿：朱杰华）

马铃薯黑胫病　potato black leg

由黑腐果胶杆菌等多种软腐肠杆菌科细菌于马铃薯田间生育期引起的细菌性病害。又名马铃薯黑脚病。于储藏期引起的马铃薯块茎腐烂，又名马铃薯软腐病。

发展简史　最早关于马铃薯黑胫病的描述可追溯至 19 世纪末（1879—1900）的德国，但局限于当时的认知与研究水平，这些早期文献多停留于病害表面症状的描述，于病因学角度的阐释却不够完整。1902—1903 年，德国科学家

Appel 与荷兰科学家 Hall 几乎同时通过植物病理学研究手段证实了病原细菌与马铃薯黑胫和软腐症状产生的因果关系，为日后的研究奠定了基础。与其他植物病原细菌相同，马铃薯黑胫和软腐病菌最初也被列入芽孢杆菌属（*Bacillus*）。1917 年，肠杆菌科的所有植物病原细菌被划归新建立的欧文氏菌属（*Erwinia*）。引起马铃薯黑胫和软腐症状的细菌被统一命名为胡萝卜欧文氏菌（*Erwinia carotovora*），并进一步划分成胡萝卜欧文氏菌胡萝卜亚种（*Erwinia carotovora* subsp. *carotovora*）和胡萝卜欧文氏菌黑腐亚种（*Erwinia carotovora* subsp. *atroseptica*）。1953 年，Burkholder 等将引起菊花腐烂的病原物命名为菊欧文氏菌（*Erwina chrysanthemi*）。该病原寄主范围广泛，可侵染 20 余个科的寄主植物。1970 年，荷兰首次报道了由菊欧文氏菌引起的马铃薯黑胫病。

早在 1945 年，Waldee 基于生化鉴定结果，提出将具有果胶降解活性的欧文氏菌归入果胶杆菌属（*Pectobacterium*），但该提议在此后相当长的时间内并未引起广泛的响应。1998 年，Hauben 等基于细菌 16S rRNA 的系统进化分析结果，再次提出将具有果胶降解活性的胡萝卜欧文氏菌和菊欧文氏菌划归果胶杆菌属，该提议此次迅速被学术界广为采纳。

2005 年，Samson 对果胶杆菌属细菌进行系统进化分析时发现，菊果胶杆菌（*Pectobacterium chysanthemi*）可形成一个独特的进化分支。为纪念美国杰出的微生物学家 Robert S. Dickey，Samson 等提出新建立一个迪基氏菌属（*Dickeya*），并依据系统进化关系，将原来的菊果胶杆菌划分成迪基氏菌属下 5 个不同的种。此后，随着细菌基因组平均核苷酸一致性（average nucleotide identity，ANI）、多位点序列分型（multilocus sequence typing，MLST）等分子进化研究手段的付诸应用，引起马铃薯黑胫和软腐症状的肠杆科细菌的系统分类地位亦随之发生了变化。

迄今为止，中国仅报道了由黑腐果胶杆菌引起的马铃薯黑胫病、由胡萝卜果胶杆菌胡萝卜亚种引起的马铃薯软腐病，而黑腐果胶杆菌引起的块茎腐烂多被归入马铃薯黑胫病加以论述。此外，中国早期文献曾报道过由菊欧文氏菌（*Erwinia chrysanthemi*）引起的马铃薯软腐病，但近十数年未见该病发生危害的相关报道。因此，无法准确考证文献报道中的菊欧文氏菌，在新的迪基氏菌属中的种水平分类归属。

由于果胶杆菌属（*Pectobacterium*）和迪基氏菌属（*Dickeya*）的植物病原细菌在侵染寄主的过程中，可通过 Ⅱ 型分泌系统泌出多种果胶水解酶，用以降解植物组织的细胞壁，并引发软腐症状，因此，国外相关文献习惯将这两个属的细菌统称为软腐肠杆菌科细菌（soft rot enterobacteriaceae，SRE），并通常将 SRE 引起的马铃薯黑胫病和软腐病放在一起加以论述。本词条将马铃薯黑胫病与软腐病合并阐述，统称为马铃薯黑胫病。

分布与危害　黑胫病在世界范围内广泛分布，但不同的致病因子在寄主范围和地理分布上差异明显：胡萝卜果胶杆菌胡萝卜亚种寄主广泛，分布于世界各马铃薯主产区；黑腐果胶杆菌仅侵染马铃薯，主要分布于温带地区；而迪基氏菌属的病原菌寄主范围相对狭窄，分布于温带、亚热带和热带地区。马铃薯黑胫病主要发生于中国马铃薯北方一作区和中原二作区的较冷凉区域；随着冬作马铃薯种植面积的增加，南方二作区和西南单、双季混作区相继出现了该病发生危害的报道；该病窖藏期造成的块茎软腐的中国各马铃薯主栽区均有报道。

黑胫病在马铃薯的整个生育期和储藏期均可发生危害。生育期田间病株率轻则 2%～5%，重则 40%～50%，极端情况下可达 100%。相关研究表明病株率每增加 1%，马铃薯产量通常相应下降 0.8%。储藏期如环境条件控制不当，极易引起烂薯或至烂窖。据不完全统计，欧洲马铃薯产业因黑胫病（包括储藏期的块茎腐烂）每年造成的损失高达 3 千万欧元。

马铃薯黑胫病在芽条生长期和苗期可引起种薯腐烂、幼芽坏死，进而造成缺苗断垄。潮湿气候条件下，黑胫病在马铃薯成株期典型的症状表现为形成经由腐烂种薯向上延伸至新生植株地上茎基部的长条、湿滑状黑色病斑（见图）；干燥气候条件下，病症则表现为罹病植株矮小、干枯萎蔫、叶片褪绿。块茎的初期症状表现为脐部略变褐，稍后病部扩大并呈黑褐色，髓组织亦变黑腐烂，呈心腐状，最后整个块茎腐烂。受到腐生细菌的二次侵染后，可变成湿腐状，并有恶臭味。

病原及特征　病原为果胶杆菌属的黑腐果胶杆菌（*Pectobacterium atrosepticum*，Pba）、胡萝卜果胶杆菌胡萝卜亚种（*Pectobacterium carotovorum* subsp. *carotovorum*，Pcc）、胡萝卜果胶杆菌巴西亚种（*Pectobacterium carotovorum* subsp.

马铃薯黑胫病植株危害症状（朱杰华提供）

马铃薯黑胫病菌的生理生化特征差异表

测试项目	Pba	Pcc	Pwa	Pcb	Dickeya spp.
CVP 培养基形成凹陷菌落	+	+	+	+	+
营养琼脂 37℃生长	-	+	-/+	+	+
5% 氯化钠溶液生长	+	+	-/+	+	-
红霉素敏感性	+	-	-	-	-
蔗糖发酵产生还原物质	+	-	-	-	-
产生吲哚	-	-	-	-	+
产生磷酸酶	-	-	-	-	+
乳糖产酸	+	+	-	+	+
麦芽糖产酸	+	-	-	-	-
a- 甲基葡萄糖苷产酸	+	-	-	+	-
海藻糖产酸	+	+	+	+	+
山梨醇发酵产酸	-	-	-	-	-
利用丙二酸酯	-	-	-	-	+

brasiliensis, Pcb）和山葵果胶杆菌（*Pectobacterium wasabiae*, Pwa）；迪基氏菌属的达旦提迪基氏菌（*Dickeya dadantii*）、石竹迪基氏菌（*Dickeya dianthicola*）、玉米迪基氏菌（*Dickeya zeae*）和茄迪基氏菌（*Dickeya solani*）。革兰氏染色阴性、兼性厌氧菌、不产生芽孢和荚膜。菌体短杆状，大小为0.8～3.2μm×0.3～0.8μm。菌体以单体或成对存在，不产生芽孢和荚膜，周生鞭毛，具运动性。Pcc 在普通肉汁培养基上的菌落呈灰白色，圆形或不定形，表面光滑，微凸起，半透明，边缘整齐；在结晶紫果胶酸盐培养基（CVP）上产生杯状凹陷。Pcc 生长发育最适温度为 25～30℃，致死温度为 50℃（处理 10 分钟）。在 pH 5.3～9.2 均可生长，其中pH 7.2 最适，不耐光或干燥，在日光下暴晒 2 小时大部分会死亡。

马铃薯黑胫病菌的生理生化特征差异见表。

侵染过程与侵染循环　带菌种薯是马铃薯黑胫病重要的初侵染来源。储藏期内黑胫病菌存活于种薯脐部、皮孔或较深的伤口内部。切块播种时，病原菌通过切刀扩散传播至健康种薯。播种后，如遇冷湿土壤条件，易造成种薯腐烂。病原菌或随即被释放进土壤经水传播形成二次侵染；或经伤口直接进入子代植株维管束组织形成系统侵染，再经匍匐茎从脐部进入子代块茎，成为翌年或下一季的初侵染源。

作为土壤寄居菌，黑胫病菌的营养代谢能力制约了其在寡营养土壤环境中的生存竞争能力，因此，在脱离寄主的条件下马铃薯黑胫病菌仅可在土壤中短期存活，存活时间因土壤温度、湿度和 pH 不同，从 1 周至数月不等。国外研究证实与非寄主轮作 3 年以上，可有效根除存活于土壤中的黑胫病菌。但由于黑胫病菌可在病残体、自生苗或替代杂草寄主中长期存活，因此，轮作物期间应实施严格的田园卫生措施。土壤中的黑胫病菌能够在马铃薯植株根部定殖，继而进入维管束组织，或沿匍匐茎延伸方向进入新生块茎，或随液流向上转运至植株主茎。但侵入植株体内的黑胫病菌可能并不立即引起发病症状，而是以潜伏侵染的方式存活。

马铃薯病株、病残体和杀青秸秆经雨水飞溅产生的气溶胶是黑胫病菌中远距离传播的重要途径。潮湿阴雨气候条件下，远离马铃薯种植区的空气样本中可检测出黑腐果胶杆菌和胡萝卜欧文氏菌胡萝卜亚种。双翅目果蝇、鳞翅目小菜蛾、鞘翅目跳甲等多种昆虫均被证实可成为黑胫病菌远距离传播的媒介。此外，机械播种、收获和分级有利于病原菌的扩散传播；地下害虫与线虫造成的伤口，镰刀菌与青枯菌等土传病原菌形成的初侵染均有助于黑胫病菌形成二次侵染。

流行规律　种薯带菌量和土壤湿度与病害的发生频率和危害程度密切相关。潮湿多雨、排水不畅形成的厌氧环境，有利于黑胫病菌繁殖和随水传播，同时造成块茎皮口扩大，增加侵染概率，降低寄主的抗性。储藏期间，窖内高温高湿、通气不良，有利于细菌繁殖，往往促进薯块腐烂和幼苗死亡。

防治方法

加强检疫隔离措施　加强口岸检疫，严控携带迪基氏菌属的种薯和商品薯入境。规范种薯来源，严禁从疫区调拨种薯。建立无病种薯繁育基地，加强种薯带菌检测，完善种薯认证体系。

选育选用抗（耐）病品种　马铃薯栽培种中尚无免疫品种，且植株抗性与块茎抗性表现不一致，亟待因地制宜选育优良抗病品种。

农业防治　播种前汰除病烂薯，适当晾晒使受伤种薯块茎充分木栓化，降低黑胫病菌等病原物从伤口侵入的概率。尽量采用整薯播种，如采用切块播种方式，交替使用消毒后的切刀（有效氯 5% 次氯酸钠溶液或 0.5% 高锰酸钾溶液）。采用高垄栽培，避免大水漫灌、过量浇灌，雨后及时排涝，避免田间积水。及时拔除田间病株，清理病残体，撒施生石灰消毒，阻止病害扩散蔓延。不使用带有病残体的堆肥和厩肥，减少侵染来源。注意农具和容器的清洁，必须以次氯酸钠、高锰酸钾水溶液进行消毒处理，以消灭沾染的病菌，防止传染。在土壤干燥、土温低于 20℃ 时收获，尽量避免或减少收获过程中产生的块茎机械损伤和阳光暴晒损伤。储藏期，注意控制窖内温湿度，保持空气流通。

化学防治　地下害虫取食造成的伤口，可加重黑胫病的发生与流行。播种期至幼苗期注意施药防控地下害虫。成株期病组织和病残体腐烂散发的挥发性物质吸引果蝇、跳甲和小菜蛾等昆虫取食，并携带病原成为病害进一步扩散传播的媒介，因此，应针对性地进行媒介昆虫防治。拔除田间病株后，以农用链霉素、中生菌素、春雷王铜、噻菌铜或可杀得 3000 等杀菌剂的 600～700 倍液对周围健康植株施以保护性灌根处理。

参考文献

中国农业科学院植物保护研究所，中国植物保护学会，2015. 中国农作物病虫害 [M]. 3 版 . 北京 : 中国农业出版社 .

CZAJKOWSKI R, PE´ROMBELON M C M, VAN VEEN J A, et al, 2011. Control of blackleg and tuber soft rot of potato caused by *Pectobacterium* and *Dickeya* species: a review[J]. Plant pathology, 60(6): 999-1013.

TOTHA I K, VAN DER WOLF J M, SADDLER G, et al, 2011. *Dickeya* species: an emerging problem for potato production in Europe[J]. Plant pathology, 60(6): 385–399.

（撰稿：徐进、冯洁；审稿：朱杰华）

马铃薯黑痣病　potato black scurf

由立枯丝核菌引起的马铃薯土传真菌性病害。主要危害薯块，在表皮形成黑色颗粒状菌核，影响马铃薯外观品质，降低其商品性。又名马铃薯立枯丝核菌病、马铃薯丝核菌溃疡病、马铃薯茎基腐病、马铃薯黑色粗皮病等。

发展简史　1858 年，Kühn 首次发现了马铃薯黑痣病，并将其病原菌命名为立枯丝核菌。1863 年，Frank 在首次报道了立枯丝核菌的有性世代 *Thanatephorus cucumeris*。1915 年，Duggar 对丝核菌的形态特点进行了描述，为立枯丝核菌的鉴定提供了参考。1970 年，Parmeter 和 Whitney 对丝核菌属的特征进行了详细的描述，而后 Ogoshi 又对其进行了补充。1953 年，Exner 将立枯丝核菌划分为 4 个专化型，1954 年，Takahashi 和 Matsuura 将其划分成 6 个专化型。1969 年，Parmeter 等提出了立枯丝核菌菌丝融合群的分类方法，该方法仍被学术界接受，立枯丝核菌共分为 14 个融合群。1975 年，日本学者 Ogoshi 根据菌丝融合频率、培养性状和致病性等特性将种内群划分成了不同的亚群。1984 年，Bandy 报道了引起马铃薯黑痣病的病原菌主要是立枯丝核菌的 AG3 融合群，后来研究发现 AG1、AG2、AG4、AG5、AG7 和 AG9 等也能引起马铃薯黑痣病。

20 世纪末随着分子生物学技术的兴起，不同的分子标记在立枯丝核菌分类和遗传特性方面得到了广泛应用。1979 年和 1983 年，Adams 和 Reynolds 分别运用血清学和蛋白电泳证明了立枯丝核菌融合群之间的差异。1980 年，Kuninaga 和 Yokosawa 通过比对不同菌株间 DNA 碱基组成，首次证明了不同融合群和亚群之间的遗传和进化关系。2002 年，Masaru 设计了能够快速、准确检测融合群 AG1 和 AG2 亚群的特异性引物。2002 年，Lee 等首次利用特异性探针对

土壤中的立枯丝核菌 AG3 进行了定量研究和分析。

1976 年，Wenham 报道苯菌灵和矮锈灵能防治马铃薯黑痣病。1989 年，Van 报道了 *Verticillium biguttatum* 对马铃薯黑痣病具有较好的抑制效果，其次是木霉属和黏帚霉等真菌和芽孢杆菌、假单胞菌、链霉菌等。1996 年，Banville 提出 3 年以上轮作能够减轻立枯丝核菌的危害。

中国最早是 1922 年在台湾发现了马铃薯黑痣病，1932 年在广东也陆续发现了该病，目前该病在中国各大马铃薯主产区普遍发生。

分布与危害　马铃薯黑痣病属世界性广泛分布典型土传病害。该病不仅影响马铃薯产量，而且还因薯块上菌核而造成等级下降、薯块畸形等。由该病引起的马铃薯市场产量损失高达 30%。中国各大马铃薯主产区都有发生，而内蒙古、河北、甘肃、宁夏、黑龙江和吉林等北方一作区发生普遍、发病率高、危害严重。该区域一般地块马铃薯黑痣病病株率 5%～10%，发病严重的地块可达到 70%～80%。马铃薯黑痣病主要危害马铃薯幼芽、近地面茎基部和块茎。出苗前危害幼芽时，其顶部呈褐色、生长点坏死，致使其不能继续生长。苗期主要危害地下主茎，出现褐色凹陷的长条形坏死斑，地上植株矮小或顶部丛生，严重时可造成植株立枯，顶端萎蔫。马铃薯黑痣病病原物的有性阶段常发生在近地表地上主茎的表面，产生灰白色油漆状菌丝层（图 1），其上可形成该病菌有性孢子担孢子，菌丝层用手容易擦掉，其下面的主茎组织表面正常。受害的匍匐茎呈淡红褐色，危害严重时顶端不再膨大，不能结薯，危害轻时虽结薯，但薯块小，还可引起匍匐茎疯长，结薯畸形。危害块茎时，其表面会长出大小不等、形状不规则、坚硬、颗粒状褐色或黑色菌核（图 2），菌核与薯块结合紧密，不易去掉，但菌核下薯块表面不被危害。

病原及特征　病原菌无性态为立枯丝核菌（*Rhizoctonia solani* Kühn），有性态为瓜亡革菌 [*Thanatephorus cucumeris* （Frank）Donk]，按《菌物辞典》第十版（2008）该菌属于担子菌门伞菌亚门伞菌纲鸡油菌目亡革菌属。立枯丝核菌初生菌丝无色，粗细较均匀，直径为 4.98～8.71μm。分隔距离较长，主支分隔距离为 92.13～236.55μm。分叉呈直角或近直角，分叉处大多缢缩，并在附近产生一个横隔膜（图 3）。新分叉菌丝逐渐变为褐色，变粗变短后纠结成菌核。菌核初白色，后变为淡褐色或深褐色，大小 0.5～5mm，多数为 0.5～2mm。菌丝生长温度最低为 4℃，最适温度 23℃，最高温度 32～33℃，34℃停止生长。菌核形成最适温度 23～28℃。立枯丝核菌寄主范围极广，至少能侵染包括马铃薯、水稻、玉米等栽培作物在内 43 科 263 种植物，立枯丝核菌是一个由多个融合群构成复合类群，存在丰富的遗传多样性。迄今为止，立枯丝核菌的融合群已增至 14 个，而融合亚群至少已有 18 个。立枯丝核菌融合群寄主专化性较强，引起马铃薯黑痣病的融合群主要是 AG3 和 AG4，而中国马铃薯黑痣病菌优势融合群为 AG3，且可在薯块上形成黑色菌核，是马铃薯生产受危害的最主要融合群，而在马铃薯上发现的 AG1-IB、AG2-1、AG4 HG- Ⅰ、AG4 HG- Ⅱ、AG4 HG- Ⅲ、AG5、AG9 和 AGA 等融合群，对马铃薯生产危害轻，主要因为一方面其出现频率低，

图 1　由立枯丝核菌引起地上部白色菌丝层
（朱杰华提供）

图 2　薯块表面的黑色颗粒状菌核
（朱杰华提供）

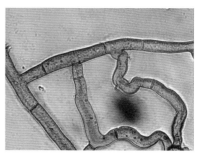

图 3　立枯丝核菌直角分叉的有隔菌丝
（朱杰华提供）

另一方面是其主要存在于马铃薯主茎近地面形成的有性阶段。

侵染过程与侵染循环　马铃薯黑痣病菌以菌核在块茎上或土壤中越冬，或以菌丝体在病残体上越冬，可在土壤中存活 2～3 年。该病菌温度适应范围广，菌核在 8～30℃ 皆可萌发，担孢子萌发的最适温度为 23℃，最适宜病害发展的土壤温度是 18℃，而病害的发展随着温度的提高而减慢。第二年春天马铃薯播种后，当温湿度条件适宜时，菌核便可萌发直接或从伤口侵入马铃薯幼芽，进入皮层和导管组织。在生长季节又可侵入根、地下茎、匍匐茎、块茎。带病种薯是第二年初侵染的主要来源，也是远距离传播的最主要途径。带病种薯不仅是黑痣病主要的初侵染来源，而且还是该病远距离传播最重要的方式。

流行规律　重茬地、轮作年限少的土地，由于黑痣病菌土壤带菌率高，黑痣病发病较重。春季土壤温度低、湿度大、马铃薯出苗慢，黑痣病发病重。马铃薯结薯后土壤湿度过大，排水不良，会加重薯块上菌核的形成。品种抗性不同，感病品种发病早、发病重。

防治方法　马铃薯黑痣病是典型土传和种传病害，防治难度大。因此，需采用以轮作等农业措施为基础，优选生物防治、合理使用化学药剂等多手段并举的综合治理措施。

农业防治　黑痣病菌菌核可在土壤中生存 2～3 年，可与大豆、荞麦、燕麦、多年生牧草等实施 3 年以上的轮作倒茬，坚决避免重茬。选择表面光滑、薯块无可见菌核、大小一致的健康优质种薯。选择地势平坦易排涝、土壤肥沃土地。适时晚播和浅播，土温达 7～8℃ 时适宜大面积播种，促进早出苗、快出苗，减少黑痣病菌侵染机会。

生物防治　是马铃薯土传病害最好的防治技术，尽管其防治效果不如化学防治明显、见效快，但其具有可持续、生态和环保等优势。已报道康宁木霉（*Trichoderma koningii*）、具钩木霉（*Trichoderma hamatum*）、荧光假单胞杆菌（*Pseudomonas auorescens*）和一些放线菌对引起黑痣病的立枯丝核菌具有一定防控效果。

化学防治　为防止种薯带菌和土壤病菌的侵染，播种前种薯用 20% 甲基立枯磷、24% 噻呋酰胺或 2.5% 咯菌腈等药剂拌种。或播种时用 25% 嘧菌酯悬浮剂垄沟喷施 30～50ml/ 亩。

参考文献

中国农业科学院植物保护研究所，中国植物保护学会，2015. 中国农作物病虫害 [M]. 3 版 . 北京 : 中国农业出版社 .

（撰稿：杨志辉、张岱；审稿：朱杰华）

马铃薯环腐病　potato ring rot

由密执安棒状杆菌马铃薯环腐亚种引起的马铃薯上的细菌性维管束侵染的系统性病害，是马铃薯生产上最具危害性的病害之一。

发展简史　马铃薯环腐病最早发生于 19 世纪晚期的德国。欧洲、美洲及亚洲的 30 余个国家和地区均有该病发生危害的报道。在中国，此病于 20 世纪 50 年代在黑龙江最先发现，60 年代在青海、北京等地发生。现已遍及世界，其中以 70 年代前期危害最为猖獗。

分布与危害　分布于世界各马铃薯产区，马铃薯环腐病不仅于生长季节严重影响马铃薯产量，还可造成储藏期烂窖。在北美，由于该病所造成的产量损失可高达 50% 以上；在俄罗斯，该病的发病率一般为 15%～30%，产量损失可达 47%。1972 年，中国内蒙古 22 个旗县马铃薯环腐病大发生，其病株率一般达到 20%，重病地块减产达 60% 以上。此外，由于许多国家采取马铃薯环腐病种薯带菌率零容忍政策，由此带来的进出口贸易上的间接损失更是难以估计。中国将马铃薯环腐病菌列入《中华人民共和国进境植物检疫性有害生物名录》。该病同时还分别被欧洲和地中海植物保护组织（EPPO）、泛非植物检疫理事会（IAPSC）、亚太植物保护委员会（APPPC）以及南锥体植物保护委员会（COSAVE）等多个国家和地区的植物保护组织列为重要检疫对象。

马铃薯环腐病是典型的维管束病害，主要发生于生长季节的中后期。初期症状表现为下部叶片萎蔫，边缘变黄并向上卷曲。随着萎蔫症状的发展，受侵染叶片主脉间呈褪绿斑驳状。继而，病症自下而上依次扩展至整个植株，受侵染植株的茎部特别是茎基部的维管束变成浅黄色或黄褐色。横向剖开块茎组织可见维管束变成黄色或褐色，轻者之局部维管束变黄，呈不连续的点状变色；重者整个维管束环变色。病菌还侵染块茎维管束周边的薄壁组织，呈环状腐烂，严重时可引起皮层与髓部组织分离（见图）；在受到软腐菌等其他腐生菌的二次侵染后，块茎内可形成空腔。

病原及特征　病原为马铃薯环腐菌属棒状杆菌属（*Clavibacter*）。学名为密执安棒状杆菌马铃薯环腐亚种

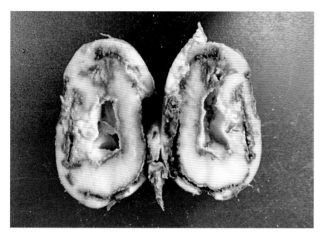

马铃薯环腐病症状（王舰、朱杰华提供）

Clavibacter michiganensis subsp. *sepedonicus*（Spieckermann & Kotthoff）Davis et al.

　　马铃薯环腐病菌为典型的革兰氏阳性短棒状杆菌，菌体大小为 0.4～0.6μm×0.8～1.2μm，多以单体形式存在，偶成对以"V"字形排列。无鞭毛，不形成芽孢，无荚膜，无运动性。

　　马铃薯环腐病菌能利用阿拉伯糖、木糖、半乳糖、葡萄糖、果糖、麦芽糖、甘露醇、七叶苷、水杨苷、纤维二糖、甘油、蔗糖、乳糖和鼠李糖，不能利用柠檬酸盐。脲酶、氧化酶反应阴性，接触酶反应阳性，纤维素酶反应弱或阳性。能液化明胶，不产生吲哚和硫化氢。水解淀粉反应弱或阴性，硝酸盐还原反应阴性。7%NaCl 和 37°C 下无法生长。

　　自然情况下，马铃薯环腐病菌仅能够侵染马铃薯并引发病害；甜菜可成为其隐症寄主，且种子具带病菌的能力。人工接种寄主包括番茄、茄子等多种茄科植物。

　　侵染过程与侵染循环　在自然条件下，马铃薯环腐病菌不能在土壤中越冬，病原菌存活于种薯内，成为翌年的初侵染源。病薯播种后，病菌在块茎组织内繁殖到一定的数量后，部分芽眼腐烂不能发芽；出土的病芽中，病菌沿维管束上下扩展，引起地上部植株发病。马铃薯生长后期，病菌可沿茎部维管束经由匍匐茎侵入新生的块茎，罹病块茎作种薯时又成为下一季或下一年的侵染来源。在种薯切块繁殖时，被一块病薯污染的切刀，可传带该病至 20～30 个健康薯块。此外，种薯盛放容器、农具、机械设备及储藏室墙壁等也均可成为其越冬场所。研究表明，附着于种薯袋麻布上的马铃薯环腐病菌在 0°C 以上条件下可存活 18 个月后仍保持致病力。田间条件下，病害于植株间扩散传播的现象鲜有发生。但有证据表明科罗拉多甲虫、叶蝉和蚜虫可成为该病的传播媒介。

　　流行规律　马铃薯环腐病菌作为低温适应性菌系，发病适温为 18～23°C，当土温超过 31°C 时病害的发生受抑制。因此，该病主要分布于北纬 20°以北的温带冷凉地区。

　　防治方法

　　严格检疫　调种要经产地检疫、种薯检验，严禁从疫区调拨种薯。

　　农业防治　建立无病种薯基地，繁育无病种薯。晾晒催芽，汰除病薯。采用小整薯播种，切块播种时，交替使用经严格消毒的切刀。种薯盛放工具（筐、篓和麻袋等）采用蒸煮、高温消毒或硫酸铜液处理，农机具可用含有效氯 5% 次氯酸钠溶液或 0.5% 高锰酸钾溶液消毒。

　　化学防治　发病初期以 25% 络氨铜水剂 500 倍液、77% 可杀得 3000 可湿性粉剂 400～500 倍液、47% 加瑞农可湿性粉剂 700 倍液进行灌根处理。

　　参考文献

黑龙江省农业科学院马铃薯研究所，1994. 中国马铃薯栽培学[M]. 北京：中国农业出版社 .

中国农业科学院植物保护研究所，中国植物保护学会，2015. 中国农作物病虫害[M]. 3 版 . 北京：中国农业出版社 .

（撰稿：徐进、冯洁；审稿：朱杰华）

马铃薯黄萎病　potato *Verticillium* wilt

　　由大丽轮枝菌和黑白轮枝菌引起的马铃薯上危害维管束的系统性土传真菌性病害，是一种世界性病害。

　　发展简史　1919 年，该病由斯塔克曼等在美国明尼苏达州首次发现之后在世界各地相继报道。1944 年，中国戴伦焰报道了马铃薯黄萎病在四川有发生，之后陕西、河北、贵州、甘肃和新疆乌昌等地相继有该病的相关报道。

　　分布与危害　马铃薯黄萎病是一种世界性分布的病害，尤其在温带地区发生重，造成的损失更为严重。该病的寄主范围很广，除可侵染马铃薯外，还可以侵染大豆、棉花、苜蓿、番茄和三叶草等，寄主达 140 种。马铃薯黄萎病是一种系统性侵染的病害，植株一旦受侵染，往往导致整株死亡，故其危害是毁灭性的。因此，国际上公认黄萎病是最重要也是最难防治的真菌性病害。

　　马铃薯黄萎病属于典型系统性病害，一旦发生，整株带病，难以防治，可直接影响马铃薯的产量及品质。苗期发病初期由叶尖沿叶缘变黄，从叶脉向内黄化衰弱，后由黄变褐干枯，但不卷曲，直到全部叶片提早枯死，不脱落。成株期发病，植株一侧叶片或全部叶片逐渐萎蔫，引起植株凋萎。感病植株初期早晚正常，中午萎蔫，经一段时间后萎蔫不能恢复正常。感病植株破开茎秆，维管束变浅褐色至褐色，纵切病薯维管束变褐色。可看到维管束变褐，形成纵向的变色条带。块茎染病始于脐部，轻者损失 20%～30%，重者损失达 50%。

　　病原及特征　马铃薯黄萎病由大丽轮枝菌（*Verticillium dahliae* Kleb.）和黑白轮枝菌（*Verticillium albo-atrum* Reinke et Berth.）引起。按《菌物辞典》第十版（2008）的分类系统，该菌属无性态子囊菌第二大类分生孢子不着生于分生孢子器或分生孢子盘，只产生于分散或丛生的分生孢子梗上。该病菌在 PDA 培养基上菌落近圆形，边缘光滑，中心微突起，有明显黑色或灰黑色交替的同心轮纹。分生孢子梗直立，分叉，初次分叉两出、三出或互生，二次分叉轮生，顶层小梗下部膨大而尖端细削，直径 2～4μm。分生孢子单生，单孢，球形、椭圆形、卵形或梭形，无色或略带褐色（图①），大小为 3.0～5.5μm×1.5～2.0μm，平均 4.25μm×1.5μm。在 PDA 培养基上约 10 天，产生直径 30～60μm 的微菌核（图②），该病原菌所形成的微菌核在土壤中能长期存活。

侵染过程与侵染循环　土壤中、马铃薯块茎内部和染病的病残体内的菌丝体在土壤或者马铃薯块茎表面越冬，菌丝侵染的多年生寄主也是下一年的初侵染源。黄萎病病菌即使在没有寄主存在的情况下也能长期在土壤中存活。除此之外以微菌核在土壤中长期存活。种薯调运是黄萎病远距离传播的主要途径。土壤中一旦有黄萎病菌存活，耕作土壤和风、水将成为扩大传播的主要途径。马铃薯黄萎病病原菌通过根和水分蒸腾作用侵入到马铃薯植株体内，根部伤口更易造成病原菌侵入。通常情况下黄萎病染病薯块表面带菌，后侵染薯块维管束组织。田间种植染病种薯成为新的侵染源，成为新的带病植株，染病植株通过新生根和匍匐茎传染到马铃薯块茎上。

流行规律　马铃薯生长期不良的环境条件致使黄萎病发病重，特别是在干旱条件下发病越重。温度在18.3～28.3℃冷凉的条件下黄萎病发生重。春季侵染的植株一般在夏中表现出明显的症状，夏末症状比夏初更加加重。有线虫发生的地块造成马铃薯根部伤口的产生，黄萎病发生重。马铃薯黄萎病一旦发生就难以根除，随着连作年份的增加，病害会逐年加重。

防治方法　由于马铃薯黄萎病是典型的土传和种传病害，在实际防治中具有很大难度。其防控主要以选用抗病品种和农业措施为主，再辅以必要的化学防治。

选用抗病品种和使用优质脱毒种薯　抗黄萎病品种有青薯9号、庄薯3号、中薯18号、Z2011-1、红云、陇薯8号、陇薯11号、陇薯13号等。选择无病、表面光滑的种薯，选择未感染马铃薯黄萎病病菌的马铃薯原原种、原种或一级种作为种薯播种。播种前可选用50%多菌灵可湿性粉剂600倍液浸种5～10分钟杀灭种薯表面病菌。

农业防治　选择与小麦、玉米、大豆、多年生牧草等作物倒茬来降低土壤中的病原菌数量，一般轮作年限要在3年以上。应选择地势平坦的土壤播种，实行深沟高畦栽培。平衡施肥，氮、磷、钾合理配比使用，切忌过量使用氮肥，重施有机肥，侧重施氮、钾肥，以利植株健壮生长，增强自身的抗逆能力。田间发病植株应及时拔出，远离地块处理，同时挖除染病植株所结薯块，以免成为下一季侵染源。机械耕作也是黄萎病病原菌传播的途径之一，耕作过有黄萎病发生土壤的农机具应冲洗干净后再耕作其余地块，必要时采用火焰进行灭菌。

化学防治　黄萎病发病重的田块种植前处理好土壤，可选用98%棉隆微粒剂30～40g/m² 撒施深翻施入土壤，为防止药剂挥发散失，用塑料薄膜覆盖10天以上，揭膜旋耕散气15天左右再进行播种。播种开沟时用50%多菌灵可湿性粉剂600倍液或30%甲霜·噁霉灵（瑞苗清）水剂1500倍液均匀喷淋在种薯周围的土壤中。用50%多菌灵可湿性粉剂600倍液，或70%甲基硫菌灵可湿性粉剂800倍液，或30%甲霜·噁霉灵（瑞苗清）水剂1500倍液灌根。

参考文献

陈爱昌，魏周全，马永强，等，2013.肃省马铃薯黄萎病病原分离与鉴定 [J].植物病理学报 (4): 418-420.

刘宝康，李刚，刘汉文，1992.马铃薯早死病种薯带菌研究 [J].植物保护 (2): 8-9.

王丽丽，日孜旺古丽·苏皮，李克梅，等，2011.乌昌地区马铃薯真菌性病害种类及5种新记录 [J].新疆农业科学 (2): 266-270.

张文解，王成刚，2010.马铃薯病虫害诊断与防治 [M].兰州：甘肃科学技术出版社 .

PEGG G F, BRADY B L, 2002. *Verticillium wilts*[M]. UK: CABI Publishing .

（撰稿：陈爱昌；审稿：朱杰华）

马铃薯卷叶病毒病　potato leaf-roll virus disease

由马铃薯卷叶病毒引起的、危害马铃薯生产的病毒性病害。

发展简史　该病毒在世界上最早发现于1916年，是引起马铃薯退化的重要的病毒病害，是造成马铃薯严重减产的病害，也是传播最广泛的马铃薯病毒病害。

分布与危害　广泛分布于世界各地马铃薯栽培地区。在中国主要分布在黑龙江、辽宁、内蒙古、河北、山东、浙江、四川、广西、云南、贵州、青海、福建等地。

该病毒病使马铃薯植株变为僵化的扫帚状。中国许多栽培品种均感染这种病毒病，如东农303、同薯8号、克疾、深眼窝、克新4号、高原3号、高原4号、乌蒙601、白头翁、红纹白、多子白、里外黄等。此病害是中国种薯生产、育种中的主要防治对象，在中国种植马铃薯的地区皆有发生。减产情况与品种的抗病性、病毒的株系和环境条件有关，轻者减产30%～40%，重者达70%以上。更为严重的是，当马铃薯被卷叶病毒和马铃薯纺锤块茎类病毒同时感染时，可通过蚜虫传播卷叶病毒的同时，高效传播纺锤块茎类病毒（蚜虫一般很少传播纺锤块茎类病毒）。马铃薯卷叶病毒引起的症状如下：当年感染的症状是顶部叶片直立、变黄；小叶沿中脉上卷；叶基部常有紫红色边缘。继发感染的植株，出苗后一个月，底部叶片卷叶，逐渐革质化；边缘坏死；同时叶背部变为紫色；以后，上部叶片出现褪绿、卷叶，背面变为紫红色；重病株矮小黄化。感病块茎维管束网状坏死（见图）。

病原及特征　马铃薯卷叶病毒（potato leafroll virus,

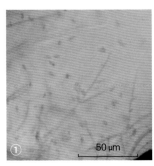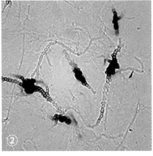

50 μm

大丽轮枝菌（陈爱昌提供）

①分生孢子梗及分生孢子；②大丽轮枝菌产生的微菌核

PLRV）异名马铃薯切皮部坏死病毒，是发现最早的马铃薯病毒。马铃薯卷叶病毒是等轴对称病毒，病毒粒体含有RNA，粒体直径23～25nm，分子量为2×10^6，含量为28%。稀释限点10^{-4}，体外存活期3～4天，致死温度70°C。根据PLRV在鉴定寄主洋酸浆上引起症状的强弱，将该病毒分为5个株系，但均表现同一类型的症状。

侵染过程与侵染循环　马铃薯病毒为专性寄生物，病毒在马铃薯的活细胞内复制。马铃薯卷叶病毒主要依靠有翅蚜虫刺到马铃薯植株的韧皮部组织，在细胞内利用核酸和蛋白质合成系统进行复制。马铃薯卷叶病毒侵入后，从外壳蛋白质释放病毒RAN，随即RAN被复制和转译，病毒通过胞间连丝从一个受侵染细胞移动到相邻细胞，病毒不侵染马铃薯植株的分生组织，或以极低的浓度存在。该病毒在马铃薯组织中往往相对稳定，但只能累积到较低的浓度。该病毒是唯一一种已知在马铃薯中以持久性方式传播的病毒。该病毒只能通过蚜虫传播。蚜虫须通过较长时间饲毒才能成为带毒蚜。病毒经过蚜虫喙针，进入肠道，再由淋巴运送到唾腺，病毒在蚜虫体内繁殖。从得毒到有传毒能力，其间有一个潜育期，故又名循回性病毒。桃蚜在感马铃薯卷叶病毒的马铃薯植株上取食半小时后，须再经1小时才有传毒能力。一旦得毒后，排毒时间很长，可跨龄期持毒或持毒终生，只是不传给后代。

流行规律　马铃薯卷叶病毒主要由桃蚜等蚜虫传播。播种带病毒的种薯，是次年田间发病的主要来源。高温干旱和缺肥会使马铃薯降低对病毒的抵抗力，并提高植株内病毒的浓度，也有利于蚜虫繁殖、迁飞和传播病毒，因此，炎热地区的马铃薯病毒病发病重，凉爽山区则发病轻，甚至不发病。品种抗病性和栽培措施影响该病的发病程度。

防治方法　种植抗病品种是预防病害最有效的途径。种植脱毒种薯的方式防治该病毒；在蚜虫大量迁飞时，在田间喷洒杀虫剂或在土壤中施入系统杀虫剂以及提早收获，也有一定的效果。选育抗卷叶病毒病的品种。

采用无病毒种薯、隔离种植或提早收获种薯。田间拔除病株。除去田间及周围的侵染源。

加热处理块茎，在37.5°C处理25天可使块茎中病毒失活。

参考文献

LUIS F, SALAZAR, 2000. 马铃薯病毒及其防治 [M]. 北京：中国农业出版社.

马铃薯卷叶病毒病症状（刘卫平提供）

①卷叶、叶边缘紫红色；②沿叶脉筒卷；③沿叶脉筒卷；④卷叶、叶基部紫红色

崔荣昌，1989. 应用酶联免疫吸附试验法鉴定几种主要马铃薯病毒 [J]. 植物保护学报，16(3): 193-196.

李芝芳，2004. 中国马铃薯主要病毒图鉴 [M]. 北京：中国农业出版社 .

李芝芳，张生，王国学，1982. 关于黑龙江省马铃薯致病毒群发生状况与分离鉴定的研究 [J]. 马铃薯科学 (1): 40-44.

（撰稿：刘卫平；审稿：朱杰华）

马铃薯枯萎病　potato *Fusarium* wilt

由多种镰刀菌引起的马铃薯土传系统性病害，主要危害植株的维管束。从苗期开始发病，早期造成植株萎蔫，后期发病严重会导致植株枯死，生产损失严重。

发展简史　1911 年，美国的 T. F. Manns 对俄亥俄州农业试验田发现的马铃薯枯萎病菌在马铃薯植株各部位的发病症状、侵染情况以及枯萎病菌的发病条件等进行了基本研究，并通过田间试验提出了种薯处理、改善储藏条件等控制病害的措施。1919 年，R. J. Haskell 首次在美国纽约哈德逊河谷发现马铃薯枯萎病菌。1928 年，B. L. Chona 在英格兰东南部发现了马铃薯枯萎病，将其病原鉴定为尖孢镰刀菌。之后相继在印度、巴基斯坦、也门等地发现了马铃薯枯萎病。20 世纪 60～70 年代对马铃薯枯萎病菌致病力、致病机理、生物学特性等方面开展了广泛研究。1964—1966 年印度的 S. Shrivastava 发现尖孢镰刀菌马铃薯专化型菌株比茄病镰刀菌变种毒力更强。1972 年，S. Mall 从尖孢镰刀菌马铃薯专化型中分离出萎蔫酸（5- 丁基 -2- 吡啶甲酸）。1977 年，N. M. Ganacharya 报道硫酸锰可诱导枯萎病菌的生长和产孢。1990 年，B. P. Singh 等研究了土壤性质与枯萎病菌的相关性。1991 年，M. A. Randhawa 研究了营养和 pH 对尖孢镰刀菌马铃薯专化型的影响。2006 年，S. B. Ravari 利用 PCR 分子技术构建了伊朗茄病镰刀菌的 DNA 指纹图谱。2009 年，M. Mahdavi 利用 RAPD 标记揭示了马铃薯枯萎病菌尖孢镰刀菌的遗传多样性。

科学家不断开展通过轮作、培育抗病品种、开发化学药剂和生物防治菌剂等措施防治马铃薯枯萎病的研究工作。早在 1938 年，R. W. Goss 就证明了轮作对马铃薯枯萎病的防控效果。1987 年，G. T. Bebre 在俄罗斯首次培育出马铃薯枯萎病抗病品种。1993 年，J. D. Mantecon 在阿根廷进行了通过药剂处理块茎对马铃薯枯萎病的防治试验。2006 年，F. Ayed 报道噁霉灵和嘧菌酯对枯萎病具有很好的防效。2006 年，F. Ayed 首次报道以哈茨木霉等木霉可有效防治马铃薯枯萎病，并揭示了其抑制菌丝生长、裂解宿主细胞质及盘绕病原体菌丝等抑菌机理。2012 年，F. Ommati 也报道了木霉可减轻由茄病镰刀菌引起的马铃薯枯萎病。同年，Elshennawy 将康宁木霉和巨大芽孢杆菌混合施用以防治尖孢镰刀菌。2008 年，G. O. KhoRasani 发现荧光假单胞菌、枯草芽孢杆菌、短小芽孢杆菌对马铃薯枯萎病菌具拮抗作用。2012 年，巴基斯坦 S. Shafique 发现银胶菊的提取物可防治枯萎病，对致病力最强菌株 FCBP-434 抑制率可高达 85%。

中国有关马铃薯枯萎病的报道起始于 1962 年吴治身提出关于防治马铃薯枯萎病的初步意见，提出了实行多年轮作、选留健康种薯、注意田间卫生以及高度栽培技术等农业防治实施办法。进入 21 世纪，随着中国马铃薯产业和植物病理学科的发展，有关马铃薯枯萎病的研究日渐增多。在马铃薯枯萎病的初侵染来源、发生规律、病原菌生物学特征以及尖孢镰刀菌的遗传多样性等方面进行了大量的研究工作。2012 年，王晓丽明确土壤带菌是马铃薯枯萎病的主要初侵染来源，并对其发生规律和生物防治进行了初步研究。2012 年，薛玉凤对中国内蒙古马铃薯枯萎病病原菌进行分离和鉴定，明确了尖孢镰刀菌、茄病镰刀菌和三线镰刀菌可引起枯萎病，而尖孢镰刀菌为该地区的主要致病菌，还发现克新 1 号抗性高于夏波蒂。2014 年，王玉琴等利用 rDNA ITS 序列在甘肃发现了马铃薯枯萎病菌的新病原—燕麦镰刀菌。2015 年，陈慧等采用形态学鉴定和 rDNA ITS 序列比对相结合方法明确了尖孢镰刀菌是中国内蒙古、山西、宁夏、山东、甘肃等北方一作地区马铃薯枯萎病的优势致病菌，并揭示了尖孢镰刀菌种内多样性与地理来源有一定的相关性。中国在马铃薯枯萎病防控中进行了化学药剂、生物防治和轮作倒茬等方面的一系列研究工作。2009 年，纳添仓报道了 30% 病虫净 3 号对马铃薯枯萎病的防效最好为 71.95%。2016 年，刘智慧首次将生防菌与有机肥联用防治马铃薯枯萎病，明确了其对马铃薯枯萎病的防治效果及其对根际土壤微生物各类群数量与土壤酶活性及土壤理化性质的影响，尝试从微生态角度控制枯萎病的发生。2016 年，马志伟等发现马铃薯倒茬作物玉米、小麦和大豆的根系分泌物对马铃薯枯萎病菌菌丝生长、孢子萌发和孢子产量也具有一定的抑制作用，其中，玉米根系分泌物的抑制作用最为显著。

分布与危害　马铃薯枯萎病是一种世界性分布的马铃薯常见病害，广泛分布于亚洲、欧洲、美洲、非洲等各大洲。在中国广泛分布于河北、内蒙古、甘肃、宁夏、新疆、云南、四川、重庆、江西等各大马铃薯主产区。由马铃薯枯萎病造成的经济损失可达 10%～53%。该病除侵染马铃薯外，还可危害棉花、烟草、番茄、茄子、球茎茴香、甜瓜、草莓、瓜类、豆类、玉米、水仙、翠菊、合欢等多种植物。

马铃薯枯萎病属系统性侵染病害，主要危害植物的维管束。播种后早期发病会造成烂薯、出苗弱，田间出现缺苗断垄现象。植株长大后开始表现外部症状，发病初期下部叶片先表现症状，白天尤其中午萎蔫症状明显，清晨和傍晚其萎蔫症状会有所恢复，但发病严重后萎蔫症状不再恢复，最终造成植物枯死。在叶片上初期出现轻微、清晰可见的脉状条纹，叶子下垂、变黄、萎蔫，通常为复叶半边。被侵染植株根系皮层、茎下部腐烂，主茎出现黑色长条形病斑，病茎维管束变褐。被侵染的块茎维管束呈褐色，储藏期间容易腐烂。受害植株矮化、丛生，叶片萎蔫，严重时造成植株早死（见图）。

病原及特征　马铃薯枯萎病由尖孢镰刀菌（*Fusarium oxysporum* Schlecht.）、接骨木镰刀菌（*Fusarium sambucinum* Fuckel.）、茄腐皮镰刀菌 [*Fusarium solani*（Mart.）Sacc.]、茄腐皮镰刀菌真马特变种（*Fusarium solani* f. sp. *eumartii*）、

马铃薯枯萎病病株及茎基部解剖症状（朱杰华提供）

串珠镰刀菌（*Fusarium moniliforme* Sheld.）、雪腐镰刀菌［*Fusarium nivale*（Fr.）Ces.］和燕麦镰孢［*Fusarium avenaceum*（Corda et Fr.）Sacc.］等多种镰刀菌引起。按《菌物辞典》第十版（2008）的分类系统，该菌属无性态子囊菌第四大类真菌。在自然界中镰刀菌分生孢子产生于分生孢子座上，分生孢子可分为大型分生孢子和小型分生孢子两种类型。大型分生孢子孢身稍弯曲，顶端略尖，细胞壁薄，一般具有 3～10 个不等的分隔，呈镰刀形、橘瓣形、纺锤形和棒槌形等多种形态。大型分生孢子大小为 19～60μm×2.5～5μm。小型分生孢子多为单细胞，卵形、肾形、矩圆形，少数具有 1～3 分隔。小型分生孢子大小为 5～26μm×2～4.5μm。当环境条件不利时，衰老植株组织上和土壤中病残体上可产生大量的厚垣孢子。厚垣孢子球形，平滑或具褶，大多单细胞，顶生或间生，直径大小为 5～15μm。有些种类可产生菌核。

侵染过程与侵染循环　病菌主要以菌丝体或厚垣孢子随病残体在土壤中越冬，厚垣孢子和菌核经动物消化后仍具活力，在土壤中可存活 5～6 年，为典型的土传病害。土壤和带病种薯是马铃薯枯萎病的主要初侵染源。病菌从植株根部伤口或直接侵入，沿维管束向上传播，典型的系统性侵染病害。病菌初期侵染寄主植物时往往无可见的外部症状，随着病菌进一步繁殖、扩展，导致维管束导管堵塞，叶片开始发黄，植株开始出现枯萎症状。

流行规律　种植马铃薯的田块一旦发生枯萎病就难以根除，若不采取防治措施，病害会逐年加重。品种间抗性不同，发病程度也有不同。土壤酸性、氮肥施用过多，有利于病菌的生长和侵染，枯萎病发病重。重茬地、低洼地枯萎病发病重。田间湿度大、土温温度高易发病，适宜发病的温度为 27～32℃，20℃ 时病害发生趋向缓慢，至 15℃ 以下则不再发病。

防治方法　马铃薯枯萎病发生与土壤中病原菌的含量、品种抗性、种薯质量以及土壤温湿度有关，因此，需以减少土壤中病原菌、改善土壤条件为根本，优选抗病和健康种薯，大力推行生物防治，合理使用化学药剂的综合治理措施。

农业防治　选用抗病品种，播种前优选种薯，剔除病烂薯。与禾本科、豆科作物或绿肥作物等进行 4 年以上的轮作。当年轮作对枯萎病防控没有效果，有的甚至比连作还要严重。选择地势较平坦、不易积水的地块种植马铃薯，合理灌溉。垄作栽培加厚培土，避免积水，为马铃薯生长提供良好环境

条件。发现病株及时拔除，减少田间病株率，收获后清除田间病残体。氮磷钾相协调的平衡施肥，增加中微量元素丰富的有机肥、菌肥，改善土壤中微生物区系活性，提高植株抗性，减轻病害发生。

生物防治　以木霉属真菌为代表的真菌生防菌剂、以芽孢杆菌为代表的细菌生防菌剂对马铃薯枯萎病具有一定的防控效果。

化学防治　生产上可用 25% 嘧菌酯悬浮剂 1000 倍液，42% 噻菌灵悬浮剂或 50% 多菌灵可湿性粉剂 500～600 倍液轮换灌溉 2～3 次，即可有效地控制病害。

参考文献

王玉琴，杨成德，陈秀蓉，等，2014. 甘肃省马铃薯枯萎病（*Fusarium avenaceum*）鉴定及其病原生物学特性 [J]. 植物保护 (1): 48-53.

中国农业科学院植物保护研究所，中国植物保护学会，2015. 中国农作物病虫害 [M]. 3 版. 北京：中国农业出版社 .

AYED F, DAAMIREMADI M, JABNOUNKHIAREDDINE H, et al, 2006. Evaluation of fungicides for control of fusarium wilt of potato [J]. Plant pathology journal, 5(2): 239-243.

AYED F, DAAMIREMADI M, JABNOUNKHIAREDDINE H, et al, 2006. Potato vascular fusarium wilt in Tunisia: incidence and biocontrol by *Trichoderma* spp.[J]. Plant pathology journal, 5(1): 92-98.

MANNS T F, 1911. The fusarium blight (wilt) and dry rot of the potato: primary studies and field experiments[J]. Ohio agricultural experiment station bulletin, 229: 299-336.

（撰稿：杨志辉、张岱；审稿：朱杰华）

马铃薯青枯病　potato bacterial wilt

由茄科雷尔氏菌引起的马铃薯上的土传细菌性病害，该病为系统性侵染的毁灭性病害，一旦受侵染会导致整株死亡，是最重要也是最难防治的一种世界性分布的重大病害。

发展简史　自 1890 年 Burrill 首次报道美国发生的马铃薯青枯病是由细菌病原引起的，国际上对此病的研究已有 120 余年的历史，在病原菌生物学、病害流行生态学和防治技术等各方面都取得了许多成就。但该病至今仍是许多国家马铃薯生产上亟待解决的重要问题。青枯菌的寄主范围很广，

M

可侵染50多个科的450多种植物，比20世纪50年代初记载的33个科200多种植物已大大增加，以茄科中的寄主种类最多，包括了许多具重要经济价值的栽培植物。

分布与危害 广泛分布于世界各国马铃薯主要产区，20世纪50年代划定的范围是分布于南纬45°至北纬45°之间，包括了美洲、大洋洲、亚洲、非洲和欧洲。现已超过这一界限，如在北纬59°瑞典的Solna马铃薯上就已发现有此病发生，特别是20世纪90年代后，在西欧一些国家发展蔓延起来。该病的主要流行危害区是在炎热、多雨、潮湿的热带、亚热带和部分温带地区。每年造成的产量损失约9.5亿美元，严重威胁着马铃薯的安全生产。马铃薯青枯病r3bv2菌株被欧洲和地中海植物保护组织（EPPO）列为A2类检疫对象，被美国列为农业生物恐怖因子。

20世纪30年代，中国首次报道青枯病。目前南起海南、北至河北坝上地区均有该病发生危害的报道。青枯病造成的产量损失一般为15%～95%，是许多农作物及经济作物生产上的重要限制因子。由于青枯菌具有广泛的地理分布、超大的寄主范围及适应多种不同环境的特性，可以在脱离寄主的情况下在土壤中长期存活。

马铃薯青枯病属典型的维管束病害，在幼苗和成株期均可发生。幼苗期症状不明显，在现蕾开花后急性显症，表现为叶片或植株萎蔫，叶片浅绿或苍绿，下部叶片先萎蔫后全株下垂（图1），开始早晚可恢复，持续4～5天后，全株茎叶萎蔫死亡，但仍保持青绿色，叶片不凋落，叶脉及茎变褐，剖开可见维管束变褐，湿度大时，切面有菌液溢出。块茎染病严重时脐部呈灰褐色水渍状，切开薯块，维管束圈变褐，挤压时溢出白色黏液（图2），严重时外皮龟裂，髓部溃烂如泥。

病原及特征 病原为茄科雷尔氏菌[*Ralstonia solanacearum*（Smith）Yabuuchi，原名为*Pseudomonas solanacearum*（Smith）]，青枯菌在与寄主长期协同进化的过程中，表现出广泛的生态及寄主适应性，青枯菌种内具有丰富的遗传多样性和明显的生理分化，属于青枯菌复合种（*Ralstonia solanacearum* species complex，RSSC）。传统的青枯菌种以下分类主要有生理小种和生化变种。5个生理小种为：可高度侵染茄科植物（包括番茄、马铃薯、茄子、辣椒和烟草等）和其他科植物、寄主范围较广的为1号小种；只侵染香蕉、大蕉和海里康属植物的为2号小种；只侵染马铃薯等茄科作物的为3号小种；对姜的致病力很强，而对番茄、马铃薯等其他植物的致病力很弱的小种被定名为4号小种；1983年，何礼远等发现并命名了侵染桑树的5号小种，得到国际公认。根据青枯菌不同菌株对3种双糖（麦芽糖、乳糖、纤维二糖）和3种己醇（甘露醇、山梨醇、卫矛醇）氧化产酸能力的差异，将青枯菌划分为5个生化变种（biovar，原称生化型biotype）。1号小种包括生化变种1、3和4；2号小种包含生化变种1和3；3号小种只含生化变种2；4号和5号小种分别只含生化变种4和5。

研究发现青枯菌2号小种菌株Po82不仅对香蕉具有致病能力，同时兼具了3号小种侵染茄科寄主马铃薯的能力，其致病能力也明显与传统青枯菌小种的划分标准不符。传统的种以下小种和生化变种的分类标准存在着一定局限

图1 马铃薯植株危害症状（冯洁、徐进提供）

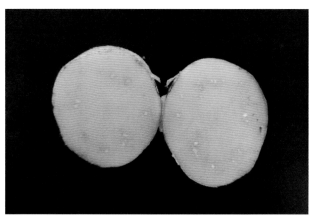

图2 马铃薯块茎危害症状（冯洁、徐进提供）

性，即不能有效地反映出青枯菌在遗传进化及地理起源上的差异。

鉴于此，Fegan和Prior在Cook等的研究基础上，提出了演化型分类框架（phylotype classification scheme）用以描述青枯菌种以下的差异。与传统的小种及生化变种分类方法相比，演化型分类框架可以更精确地反映出青枯菌这一复合种的地理起源及种内遗传多样性。演化型框架依次将青枯菌复合种划分为种、演化型、序列变种及克隆4个不同水平的分类单元，并分别建立了相应的鉴定方法。

在演化型分类单元上，青枯菌被划分为与地理起源密切相关的4个演化型：演化型Ⅰ、Ⅱ、Ⅲ和Ⅳ型。其中演化型Ⅰ包括了所有来自亚洲的青枯菌生化变种3、4和5；演化型Ⅱ包括美洲的生化变种1、2和2T；演化型Ⅲ包括非洲及其周边岛屿的生化变种1和2T；演化型Ⅳ不仅包括印度尼西亚的生化变种1、2和2T，还包含了澳大利亚和日本菌株以及青枯菌的近缘种蒲桃雷尔氏菌（*Ralstonia syzygii*）和香蕉血液病细菌（*Blood disease bacterium*，BDB）。演化型以下根据系统进化结果可划分为51个序列变种或克隆。构建系统进化树时，当菌株间内切葡聚糖酶（Endoglucanase gene，egl）或hrpB等核心基因部分序列的同源性大于99%时，即可认定属于同一序列变种。

中国的青枯菌群体具有丰富的遗传多态性，存在着演化

型Ⅰ型的 10 个序列变种，以及演化型Ⅱ型的 1 个序列变种，其中演化型Ⅰ型菌株为中国的优势菌系。尚未发现演化型Ⅲ和Ⅳ型菌株。

国际上倾向于将青枯菌种划分成 3 个不同的种，即由亚洲和非洲分支菌株构成的 *Ralstonia pseudosolanacearum*、由美洲分支菌株构成的 *Ralstonia solanacearum* 以及由印度尼西亚分支菌株构成的 *Ralstonia syzygii*。

侵染过程与侵染循环　青枯菌可于土壤、病残体及隐症寄主体内或根际越冬（夏），在无寄主的土壤中腐生可达 6 年甚至更长时间。病菌可通过雨水、灌溉水、种薯、肥料、昆虫、人畜、生产工具等传播，从茎基部或根部伤口侵入，进入维管束后迅速繁殖，分泌毒素，造成导管堵塞妨碍水分运输，导致植株萎蔫。随后病菌进入皮层与髓部薄壁组织的细胞间隙，使之崩解腐烂，再次散出，重复侵染。

流行规律　马铃薯青枯病发病适温为 30～37℃，发病率 5%～20%，严重田块达 30% 以上。一般土壤含水量高、连阴雨后转晴，气温急剧升高，发病加重。

青枯菌适宜在热带和温暖的环境下生存，但演化型Ⅱ中的 3 号小种的生物型 2（R3B2）经常分离自起源于冷凉地区安第斯高原的马铃薯，在人工接种条件下，16℃ 时可侵染马铃薯并引起典型症状，其寄主范围主要限定在马铃薯和少数几种茄科植物，但也能侵染其他植物，如带状天竺葵等。这些观赏植物也成为了青枯菌的带菌体。R3B2 菌株被美国、欧洲和加拿大列为检疫对象。

防治方法

加强植物检疫　严禁从病区调种，规范种薯来源，建立无病良种繁育基地。

选育抗病品种　培育抗病品种是最经济、最有效的防治措施。马铃薯抗青 9-1 品种是国际上唯一获得品种审定的抗青枯病品种。

农业防治　导致姜瘟病的病菌寄主范围非常广泛，可在土壤、水体中长期存活。因此，青枯病是最难防治的土传病害。水旱轮作防治青枯病收效甚微。采用整薯播种，避免病菌随切刀传播，注意随时切刀消毒。采用高垄栽培，避免大水漫灌，防止农具和人畜操作等的传染等。及时清除及烧掉病残体，杜绝沤制肥料利用。

化学防治　叶面喷药及小范围的土壤处理防治效果十分有限。防治细菌病害的药剂相对较少，品种单一。有机铜制剂、无机铜制剂（20% 噻菌铜可湿性粉剂 500 倍液、86.2% 氧化亚铜可湿性粉剂 1000 倍液）、抗生素类（中生菌素、80% 乙蒜素乳油 500 倍液等）对马铃薯青枯病具有较好的防治效果。有条件的情况下，可采用氯化苦或棉隆土壤熏蒸剂处理种薯基质，减少种薯带菌率。生物制剂主要有多粘类芽孢杆菌、荧光假单胞菌、枯草芽孢杆菌及芽孢杆菌等。

参考文献

徐进，冯洁，2013. 植物青枯菌遗传多样性及致病基因组学研究进展 [J]. 中国农业科学，46(14): 2902-2909.

中国农业科学院植物保护研究所，中国植物保护学会，2015. 中国农作物病虫害 [M]. 3 版. 北京：中国农业出版社 .

XU J, PAN Z C, PRIOR P, et al, 2009. Genetic diversity of *Ralstonia solanacearum* strains from China[J]. European journal of plant pathology, 125: 641-653.

（撰稿：冯洁、徐进；审稿：朱杰华）

马铃薯炭疽病　potato black dot

由球炭疽菌引起的马铃薯土传真菌性病害，是一种世界性分布的病害。又名马铃薯黑点病。

发展简史　中国于 1966 年在吉林有过该病的记载。1979 年，马铃薯炭疽病在河北和山西首次正式报道，随后山东、浙江、新疆、陕西、四川和甘肃也有该病的相关报道。

分布与危害　广泛分布于世界各国马铃薯主产区，已报道美国、日本、加拿大、英国、法国、奥地利、埃塞俄比亚、南非、苏丹、乌干达、荷兰、意大利、希腊等 50 多个国家和地区有发生。球炭疽菌的寄主范围很广，可以侵染葫芦科、茄科、胡椒科等 13 个科的 35 种寄主，尤其喜欢马铃薯、番茄、胡椒等。马铃薯炭疽病常常造成植株提前枯死，对产量影响巨大，故其危害是毁灭性的。通常侵染马铃薯的各个生长部位，如地下部分（块茎、匍匐茎和根）、茎基部以及叶部，块茎的质量因黑色斑点和褐色菌核的出现受到影响。侵染发生严重时，植株提前枯死造成严重减产。国外学者 Tsror 研究表明，炭疽病造成的损失为 22%～30%。2010 年，对甘肃定西安定区团结镇地膜马铃薯克新 1 号受炭疽病危害田块测产，减产达 28%。

马铃薯炭疽病在茎秆上形成褐色长条斑。叶片上最初在叶缘、叶尖处出现症状，常与其他叶部病害混合发生，症状不明显。染病的根、地下茎和匍匐茎产生大量的大小 0.5mm 的黑色菌核，即为病菌的分生孢子盘和分生孢子，尤其地下主茎基部空腔内菌核数量最多。田间越冬病株残体皮层组织脱落，呈现纤维状，表皮生大量菌核。薯块上病斑近圆形或不规则形，略下陷，薯皮表面形成黑色的小菌核。

病原及特征　马铃薯炭疽病由球炭疽菌［*Colletotrichum coccodes*（Wallr.）Hughes］引起。按《菌物辞典》第十版（2008）的分类系统，该菌属无性态子囊菌第六大类分生孢子着生于分生孢子盘内。该病原菌在 PDA 培养基上菌丝乳白色表生，产生大量菌核，呈同心环状排列。分生孢子盘聚生于菌核上，黑褐色，直径 220～320μm，刚毛聚生或散生于分生孢子盘中，褐色至暗褐色，刚硬，至上端渐细，大小为 50.9～174.6μm×2.4～4.8μm，平均 100.3μm×4.2μm，有 1～3 个隔膜。分生孢子直或纺锤形，上尖下圆，无色，单孢，有的中腰缢束，大小为 15.1～24.7μm×2.6～4.5μm，平均 20.3μm×3.6μm（见图）。

侵染过程与侵染循环　马铃薯炭疽病菌以微菌核在块茎或土壤中越冬，或以微菌核在土壤中的植株病残体上越冬，病菌可在土壤中存活 13 年之久。翌春，当温度、湿度条件适宜时，菌核萌发并侵染马铃薯幼芽，并可迅速进入皮层和导管组织，从芽条基部或根部生长点侵入。伤口有利于病菌侵染幼苗，使马铃薯炭疽病发生更加严重。种薯带菌不仅是翌年炭疽病的主要侵染源，又是该病远距离传播的主要载体。

M

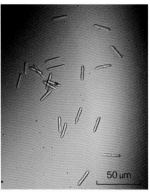

球炭疽菌的分生孢子盘、刚毛和分生孢子（陈爱昌提供）

室内定量接菌炭疽病菌在克新 1 号马铃薯品种上，该品种生育期 100 天，接菌炭疽病菌的植株 77 天已提前枯死，比正常植株提前枯死 23 天，接菌后 55 天病情开始急剧加重。

流行规律　地膜栽培马铃薯，炭疽病高于露地栽培的。砂质土壤种植的马铃薯炭疽病高于黏性土壤。低氮、高温和排水不畅的地块炭疽病发病重。马铃薯收获、拉运和储藏过程中形成的伤口极易被感染，造成窖藏薯块腐烂。马铃薯炭疽病一旦发生，就难以根除，随着连作年份的增加，病害会逐年加重。

防治方法　由于马铃薯炭疽病是典型的土传和种传病害，在实际防治中具有很大难度。其防控主要以选用抗病品种和农业措施为主，再辅以必要的化学防治。

选用抗病品种和使用优质脱毒种薯　抗炭疽病品种有陇薯 3 号、陇薯 6 号、陇薯 8 号、陇薯 9 号、大白花、青薯 8 号和庄薯 3 号等。

农业防治　由于马铃薯炭疽病菌形成的微菌核能在田间土壤中自由存活数年，应选择与小麦、玉米、大豆、多年生牧草等作物倒茬来降低土壤中的病菌数量，实行 3 年以上轮作，避免重茬。应选择地势平坦的土壤播种，黏性土壤比砂性土壤发病轻，露地栽培比地膜全覆盖栽培发病轻。适期晚播和浅播，促进马铃薯早出苗，减少幼芽在土壤中的时间，从而减少病菌的侵染。田间发病植株应及时拔除，远离地块处理，以免后期病株残体皮层组织脱落，大量的黑色菌核散落到田块。

化学防治　播种前用可选用 75% 肟菌·戊唑醇可湿性粉剂（拿敌稳）2000 倍液或 25% 溴菌腈可湿性粉剂（炭特灵）或 250g/L 嘧菌酯悬浮剂（阿米西达）600 倍液浸种 5～10 分钟杀灭种薯表面病菌。播种开沟时，亩用 250g/L 嘧菌酯悬浮剂（阿米西达）60ml 兑水 45kg 均匀喷淋在种薯周围的土壤中。马铃薯炭疽病发生的地块种植易感品种黑美人、新大坪、克新 1 号应在马铃薯开花前进行灌根，可选用 75% 肟菌·戊唑醇可湿性粉剂（拿敌稳）2000 倍液，或 25% 溴菌腈可湿性粉剂（炭特灵）500 倍液，或 250g/L 嘧菌酯悬浮剂（阿米西达）600 倍液灌根。

参考文献

刘会梅，王向军，封立平，2007. 马铃薯炭疽病研究进展 [J]. 植物检疫 (1): 38-41.

王丽丽，日孜旺古丽·苏皮，李克梅，等，2011. 乌昌地区马铃薯真菌性病害种类及 5 种新记录 [J]. 新疆农业科学 (2): 266-270.

魏周全，陈爱昌，骆得功，等，2012. 甘肃省马铃薯炭疽病病原分离与鉴定 [J]. 植物保护 (3): 113-115.

张建成，张慧丽，顾建锋，2011. 马铃薯炭疽病菌分离与鉴定 [J]. 安徽农业科学 (1): 225-227.

张文解，王成刚，2010. 马铃薯病虫害诊断与防治 [M]. 兰州：甘肃科学技术出版社.

中国农业科学院植物保护研究所，中国植物保护学会，2015. 中国农作物病虫害 [M]. 3 版. 北京：中国农业出版社.

WALTER R, STEVENSON, 2001. Compendium of potato diseases[M]. St. Paul: The America Phytopathologica Society Press.

（撰稿：陈爱昌；审稿：朱杰华）

马铃薯晚疫病　potato late blight

由致病疫霉属引起的、危害马铃薯地上植株与地下块茎的卵菌病害，是一种全球普遍发生、对马铃薯生产造成严重损失的毁灭性病害。

发展简史　对马铃薯晚疫病的认识始于 19 世纪 40 年代，1843 年首先出现在美国，两年之后在欧洲出现。1845 年蒙塔涅（Montagne）在世界上首次描述了马铃薯晚疫病。1861 年 de Bary 证明了马铃薯晚疫病由致病疫霉所引起，从而也奠定了植物病理学的基础。最初蒙塔涅将致病疫霉划分在葡萄孢属（Botrysis）内，1876 年 de Bary 将其划分为疫霉属（Phytophthora）中的一个种。

1845 年，晚疫病在爱尔兰暴发以后的很长一段时间，人们认为致病疫霉菌起源于墨西哥中部的托卢卡（Toluca Valley）。1956 年，尼德豪泽（Niederhause）在墨西哥首次发现了马铃薯晚疫的大量卵孢子，意味着在墨西哥存在 A2 交配型菌株。1980 年以前，在欧洲只监测到 A1 交配型。1981 年，A2 交配型被传到了墨西哥以外的地区，导致了全球晚疫病菌群体的变异。1984 年，霍尔（Hohl）等人报道在瑞士发现了 A2 交配型。1990 年，北非报道发现了 A1 和 A2 交配型。1991 年，Deahl 等首次报道在美国和加拿大发现 A2 交配型。1953 年，布莱克（Black）等根据茄属种对晚疫病菌的不同反应类型，将致病疫霉划分成不同的生理小种。在 A2 交配型广泛出现的同时，病原菌的生理小种的组成和分布情况也发生了巨大变化，由单一生理小种演变成了多个复合生理小种，并且各国的生理小种组成趋于复杂化。1981 年，大卫蒂斯（Davidse）和道利（Dowley）首次报道在荷兰和爱尔兰出现了甲霜灵抗性菌株，随后，抗性菌株在世界各国比例逐年升高，迫使生产上很多甲霜灵的地区已经停止使用了该种药剂。2001 年，克纳波娃（Knapova）等首次利用 SSR 技术研究马铃薯晚疫病菌，揭示了 SSR 标记技术在晚疫病菌应用的潜力。从 2003 年开始，美国威斯康星大学麦迪逊分校的植物病理学教授和美国农业部农业研究署的研究员约翰·赫尔格森（John Helgeson）及其同事已利用基因工程，陆续将从墨西哥野生马铃薯（Solanum bulaocastanum）基因组中分离得到的抗马铃薯晚疫病的单基因，转移于栽培马铃薯。2004 年以来，在荷兰、法国、北爱尔兰、德国、印度等国相继发现马铃薯晚疫病菌高致病性基因型 13-A2（或 Blue-13），随后，马铃薯晚疫病在这些国家暴发危害，给当地马铃薯产业造成严重损失。该基因型已由欧洲传入亚洲印度，对亚洲其他国家马铃薯产业带来严重威胁。

2009 年，*Nature* 上公布了致病疫霉的基因组测序的成果，该菌基因组大小约 240Mb，与已经测序的其他疫霉菌相比要大 3～5 倍，基因组中转座子和重复序列极高，接近 75%，这为该菌起源、进化、致病性快速变异等方面问题的深入研究奠定了基础。在基因组测序完成的基础上，哈斯（Haas）等通过基因组序列分析预测了致病疫霉菌基因组中含有的致病蛋白，并与其他相近种进行了比较（见表）。而且，已经发现的 Avr 蛋白均属于 RxLR 类效应蛋白，已经鉴定功能的 Avr 基因主要有 *Avr1*（2001）、*Avr3a*（2005）、*Avr4*（2008）、*Avrblb1*（2008）、*Avrblb2*（2009）、*Avrvnt1.1*（2010）、*Avr3b*（2011）、*Avr2*（2012）、*PexRD41*（2015）、*Pi-02860*（2016）。同年，海恩（Hein）等提出了植物与卵菌互作系统中的 zig-zag 模型理论，并且表明了马铃薯与晚疫病的相互作用模式也符合该模型理论。晚疫病病原菌在侵染马铃薯时，通过吸器向马铃薯细胞分泌效应子，这些效应子对晚疫病原菌在植物中的定殖和生长具有重要作用。2010 年，哈尔特曼（Halterman）等证实马铃薯晚疫病菌中的效应子 IPI-O4 可以有效抑制马铃薯抗病基因 *Rpi-blb1* 的识别，从而达到侵染的目的。

1940 年，中国首次在重庆地区发现马铃薯晚疫病。1996 年，张志铭等从中国各地采集的数百份晚疫病菌标样中，通过检测在内蒙古和山西的马铃薯晚疫病菌株培养物中发现了 A2 交配型，首次证实了中国 A2 交配型的出现。随后陆续在河北、云南、四川、黑龙江等地发现了 A2 交配型。A2 交配型在中国各地的先后发现说明，中国的马铃薯生产已经受到了新的侵染源和毒力更强菌株的威胁。早在 1992 年，国际马铃薯中心（International Potato Center，IPC）根据各国权威科学家的建议将晚疫病列为 CIP 优先研究目标。为加强对晚疫病的协作研究，1996 年在 CIP 总部成立了国际马铃薯晚疫病研究协作网。2015 年，国际马铃薯中心亚太中心（简称亚太中心）在北京延庆揭牌成立。

分布与危害　晚疫病是马铃薯生产上常见的一种具有毁灭性的卵菌病害，该病害在世界各地分布十分广泛，几乎凡是种植马铃薯的地区均有晚疫病的发生。由于其潜育期短，侵染次数多，在一个生长季节内能快速发展造成病害流行。1845 年，马铃薯晚疫病在欧洲大流行，造成马铃薯绝产，导致了 100 万人饿死、150 万人流离失所的"爱尔兰饥荒"。1950 年，中国马铃薯晚疫病大暴发，使得"晋、察、绥"主要产区薯块损失达 50%，随后几年在黑龙江、内蒙古、甘肃等地严重流行。进入 20 世纪 80 年代，晚疫病在世界各地再度严重流行，给马铃薯的生产造成了巨大的损失。中国晚疫病的发生面积约占马铃薯种植面积的 40%，严重发生的 2012 年和 2013 年，甘肃马铃薯晚疫病发生面积占种植面积的比例分别达到 84.7%、75.5%，湖北为 78.6%、82.1%；2012 年，山西、重庆、宁夏等地的发生面积也超过了种植面积的 60%。在重发年份，甘肃、山西、河北、黑龙江等地马铃薯晚疫病田间病株率一般在 65% 以上，严重田块达 80%～100%，出现大片枯死现象，给马铃薯产量造成严重损失。2008—2014 年因马铃薯晚疫病造成的实际损失折粮为 43.99 万 t。

晚疫病主要危害马铃薯和番茄等 50 种茄科植物。马铃薯晚疫病可以侵害马铃薯叶片、叶柄、地上茎以及地下块茎。

致病疫霉中具有致病性的蛋白家族表（引自 Haas 等，2009）

Protein families	*Phytophthora infestans*	*Phytophthora sojae*	*Phytophthora ramorum*	*Thalassiosira pseudonana*	*Phytophthora tricornutum*
NPP1-like proteins	39	70	59	0	0
PcF/SCR-like	20	8	1	0	0
RXLR effectors	563	350	350	0	0
Crinklers（CRN-family）	196	100	19	0	0
Elicitin-like proteins	40	57	50	0	0
Aspartyl proteases	12	13	14	5	6
Serine carboxypeptidases	24	21	19	6	10
Cysteine proteases	33	29	35	16	13
Glycosyl hydrolases	157	190	173	31	22
Pectin esterases	11	19	13	0	0
Pectate lyases	30	32	30	0	0
Lipases	19	27	17	22	17
Phospholipases	36	31	28	11	5
Protease inhibitors	38	26	18	11	5
Cytochrome P450s	19	25	24	7	7
ABC transporters	156	176	179	50	52

M

叶片染病先在叶尖或叶缘出现水渍状绿褐色斑点，病斑周围具浅绿色晕圈，在冷凉和高湿条件下，病斑迅速扩大，呈褐色，并在叶片背面产生白色霉层，即病原菌的孢囊梗和孢子囊；干燥时病斑变褐干枯，质脆易裂，不产生霉层，且扩展速度减慢。地上茎部受害后形成长短不一的褐色病斑，潮湿时，偶尔可见白色稀疏霉层（图 1）。发病严重的叶片萎垂、卷缩，终致全株黑腐，全田一片枯焦，散发出腐败气味。病菌通过土壤也可侵染地下块茎。块茎染病初生褐色或紫褐色大块病斑，稍凹陷，病部皮下薯肉亦呈褐色，慢慢向四周扩大或烂掉（图 1）。将病薯块切开后可见被害薯肉呈现不同程度的褐色坏死，与健康薯肉之间没有明显的界线。病薯在储藏中往往易受其他真菌或细菌的再次侵染而导致腐烂。

病原及特征 病原为致病疫霉［*Phytophthora infestans*（Mont.）de Bary］，属疫霉属。该菌寄生专化性较强，一般在植株或薯块上才能生存，但在选择性培养基上也可生长，如黑麦和 V8 等培养基。致病疫霉寄主范围较窄，在中国主要侵染马铃薯和番茄等茄科作物。

病原菌在形态上分为菌丝、孢囊梗、孢子囊、游动孢子等。致病疫霉菌丝无色无隔，较宽，有分枝；孢子囊无色、单胞、柠檬形，顶部有乳状突起，大小为 $21 \sim 38 \mu m \times 12 \sim 23 \mu m$。孢囊梗顶端形成一个孢子囊后，可将孢子囊推

向一侧，继续生长，而顶端再次形成新孢子囊，故孢囊梗呈节状，各节基部膨大而顶端尖细。当条件适宜时，每个孢子囊能释放 $6 \sim 12$ 个游动孢子，游动孢子卵形或肾形，双生鞭毛，具有双游现象，在水中游动片刻后鞭毛消失形成休止孢。该病菌在 85% 以上的相对湿度下可形成孢囊梗，孢子囊则需要更高的相对湿度（95%～97%）才能大量形成。孢子囊形成的温度为 $7 \sim 25℃$，最适是 $18 \sim 22℃$。孢子囊和游动孢子在水中才能萌发，孢子囊直接萌发产生芽管的温度范围较广，$4 \sim 30℃$ 均可萌发，但在 15℃ 以上时为多，直接萌发需 $5 \sim 10$ 小时。游动孢子在 $12 \sim 15℃$ 时最易萌发。孢子囊在低湿高温的条件下很快失去生存力，游动孢子寿命更短，但土壤中的孢子囊在夏季可以维持生存力长达 2 个月。菌丝生长温度 $13 \sim 30℃$，最适温度为 $20 \sim 23℃$，在此温度下，菌丝体在寄主组织内生长最快，潜育期最短。

一般认为致病疫霉为异宗配合，只有 A1 和 A2 两种交配型同时存在才可发生有性生殖而形成卵孢子。1956 年，尼德豪泽（Niederhauser）首次报道在墨西哥中部发现大量卵孢子，说明墨西哥存在 A2 交配型菌株。2000 年，在芬兰和挪威也发现存在 A2 交配型菌株；2004 年，英国报道大约只有 3.0% 的地块存在 A2 交配型；2006 年，Jmour 和 Hamada 在突尼斯检测到 A2 交配型，其在被检测菌株中占

图 1 马铃薯晚疫病症状（朱杰华提供）

到 12.5% 的比例；瓦格斯（Vargas）等在采集自哥伦比亚的 97 株马铃薯晚疫病菌株中，发现只有 1 株为 A2 交配型；1996 年，中国首次在内蒙古发现 A2 交配型菌株，随后陆续在河北、云南、四川及黑龙江等地发现晚疫菌株的 A2 交配型，但比例也低于 A1 交配型。此外，世界多个国家包括中国也发现了自育、不育和两性菌株，这使致病疫霉的有性生殖更复杂，对病原菌变异会产生的影响也有待进一步深入研究。

致病疫霉有性生殖产生卵孢子，卵孢子球形，无色至浅色，厚壁或薄壁，直径 24～46μm，卵孢子萌发产生芽管，在芽管的顶端产生孢子囊，孢子囊可间接萌发产生游动孢子，并可以直接萌发形成芽管侵入寄主，还可以再次萌发形成新的孢子囊（图 2）。

晚疫病菌有许多生理小种。生理小种的组成与变异病害的发生及流行直接相关。生理小种依据 R0、R1、R2、R3、R4、R5、R6、R7、R8、R9、R10 和 R11 的 12 个标准来鉴别，根据晚疫病菌是否侵染以上鉴别寄主并引起发病来确定生理小种。马铃薯植株中含有主效 R 基因越多，抗晚疫病菌小种范围越广，抗性也就越持久。在 A2 交配型产生的同时，病原菌的生理小种的组成和分布情况也发生了巨大变化，由单一生理小种演变成了多个复合生理小种，各个生理小种不断地被晚疫病菌克服，各国的生理小种组成趋于复杂化。能克服 11 个已知抗病基因（R1～R11）的"超级生理小种"（1，2，3，4，5，6，7，8，9，10，11）在中国云南、四川、黑龙江、辽宁、吉林、河北和内蒙古等马铃薯主产区都有发现。

侵染过程与侵染循环　致病疫霉菌属于活体营养型致病卵菌。在温度低于 12°C 潮湿的环境下，致病疫霉释放游动孢子，在受到物理挤压或营养吸收障碍时，致病疫霉在较高温度下孢子囊也可直接释放游动孢子，游动孢子萌发产生芽管。附着胞在芽管顶部形成，渗入寄主细胞表面建立进一步的侵染，附着胞通常在游动孢子形成和释放后的 2 小时内形成，之后形成侵染钉穿透寄主细胞。之后，穿透角质层和细胞壁的穿透钉在细胞内形成侵染泡囊，侵染泡囊生长在细胞腔内，但没有穿透寄主的原生质体，被侵染的细胞原生质膜围绕侵染囊泡凹陷。侵染初期被侵染的原生质没有结构上的异常，随后，侵染囊泡分化形成初生菌丝，初生菌丝在表皮细胞内产生分支，通过吸器建立与活体营养的相互作用。3～5 天后，孢囊梗通过气孔扩展到叶片表面。在有水和冷凉气候条件下，在叶片表面的孢子囊的细胞质破裂或产生鞭毛，包裹在孢子囊内的游动孢子释放并粘贴在叶片蜡质层表面。随后附着胞产生侵染钉穿透寄主细胞，形成侵染泡囊。侵染发生，在细胞间形成菌丝，通过吸器渗入寄主细胞，孢囊梗通过气孔扩展到叶片表面，完成侵染。

马铃薯晚疫病的初侵染源主要是带菌的种薯，病原菌以菌丝体的形式在病薯内越冬。病薯多在出窖时或播种出苗前腐烂，只有极少长成病苗（中心病株）。菌丝体在茎的皮层向上扩展，使细胞褪色，在茎基部形成不明显的暗褐色病斑。在潮湿的条件下，病斑上产生孢囊梗和孢子囊，成为次侵染源，随着雨水和空气流动向四周传播，侵染中心病株附近植株的下部叶片，逐渐形成显著的发病中心。病原菌菌丝通过气孔穿透寄主叶表细胞蔓延，至一定程度再从气孔中长出孢子囊梗及产生游动孢子（图 3）。田间温湿度适宜时 4～7

天就可完成一次侵染，产孢后又可进入下一步侵染过程，在一个生长季可发生多次再侵染，因此，马铃薯晚疫病流行性强、危害重。在发病田块，病株上的孢子囊也可随雨水或灌溉水进入土中，从伤口、芽眼及皮孔等处侵入块茎，形成新病薯，成为翌年的初侵染源。带菌的薯块在储藏时病情进一步发展，可导致储藏期的腐烂。

离体测定在中国许多地区都发现了 A2 交配型，甚至有些地区还发现了自育菌株和两性菌株。A2 交配型和自育菌株的发现意味着这些地区可能会有卵孢子产生，由于卵孢子壁厚、耐低温，可以脱离寄主在土壤中长期存活，因此，其可能直接在田间越冬而成为除带菌种薯外的另一个重要的初侵染源。但由于中国还没有在田间自然情况下发现卵孢子，因此，卵孢子在晚疫病流行中的作用仍需进一步研究。

流行规律　马铃薯晚疫病是一种典型的单年流行性病害，发生及流行与气候条件和马铃薯的生育期有密切关系。一般在气温 10°C 左右，天气潮湿而阴沉，早晚多雾、多露或经常阴雨连绵的环境下，极易造成病害的发生和大流行。当条件适宜发病时，病害可迅速暴发，如不采取防治措施，从开始发病到全田枯死，大约仅需半个月。中国大部分马铃薯种植区生长期的温度均适合于该病的发生，所以，病害的发生轻重主要取决于湿度。华北、西北和东北地区，马铃薯春播秋收，7～8 月的降水量对病害发生影响很大。雨季早、雨量多的年份，病害发生早而重。低湿少雨的气候条件不利于晚疫病的发生。风主要影响马铃薯晚疫病菌孢子囊的扩散，一般情况下扩散区域主要集中在作物冠层附近，在离地面 1km 以上的高空很少能发现孢子囊。

M

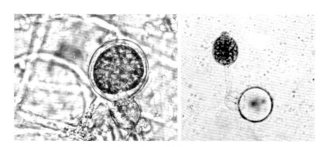

图 2　卵孢子形态及萌发（朱杰华提供）

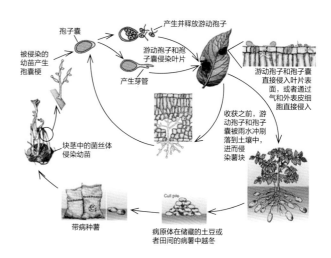

图 3　马铃薯晚疫病病害循环（朱杰华提供）

马铃薯晚疫病的发生与生育期、耕作和栽培技术有一定的关系。一般马铃薯生长前期特别是幼苗期抗病力强，而在生长后期，尤其是近开花末期最易感病。块势低洼、排水不良的阴坡地，植株生长过于茂密的田块常发病较早。偏施氮肥、土壤贫瘠、缺氮或黏土均会降低植株抵抗力，有利于病害的发生，而增施钾肥可减轻危害。

另外，品种的抗性与病害的发生与流行也有密切的关系。马铃薯对晚疫病的抗性有两种类型：一种为垂直抗性（小种特异性抗性），另一种为水平抗性（非小种特异性抗性）。垂直抗性是由单个主效基因所控制，这种抗性容易获得，但不持久，易因病原菌变异而被克服。水平抗性由多个微效基因控制，抗性持久，但不易获得，是今后抗晚疫病育种工作的重点和发展趋势。同时，伴随着中国 A2 和自育菌株的发现，这对中国马铃薯晚疫病的抗病育种又提出更大的挑战。中国育种工作者通过与国际马铃薯中心的合作，引入一批具有水平抗性的无性系，通过在中国许多地区的综合测评，已筛选出一大批具有水平抗性的、综合抗性较好的品种。

防治方法　树立"以防为主，以控为辅"的防控理念，在测报的基础上做到防病不见病的理想防控效果。坚决摒弃发现中心病株后再用药的"以控为主"的防治策略。将种植抗病品种和化学防治有机结合，充分发挥品种本身对病原菌的控制作用；同时在测报的基础上做到药剂交替使用和减少施药次数，以降低病菌的抗性风险，延长药剂使用寿命，从而减少环境污染，达到经济效益和社会效益的双赢。

中国马铃薯栽培已形成了区域相对集中、各具特色的四大区域，即"北方一作区""西南混作区""中原二作区"和"南方冬作区"。针对中国马铃薯四大区域中马铃薯晚疫病的发病程度、发病特点和流行规律，按照"选育布局抗病品种、优选环保高效药剂、监测预警科学施药、构建减药防控技术"的新思路，进行马铃薯晚疫病的综合防控。

选育抗病品种　种植抗病品种是防治马铃薯晚疫病最经济有效的方法，但生产上抗病品种相对缺乏。由于晚疫病菌变异快，一般垂直抗病基因在生产上的使用寿命都很短，单个垂直抗病基因的使用寿命一般都在 5 年以内。同时，伴随着中国 A2 交配型的发现，生理小种种类日益复杂，对现有的抗病品种产生了巨大压力。中国育种工作者通过在中国许多地区的综合测评，已培育出一大批具有水平抗性的、综合抗性较好的品种。其中，适合"北方一作区"种植的有冀张薯 11 号、冀张薯 12 号、冀张薯 14 号、冀张薯 17 号、冀张薯 18 号、农薯 1 号、陇薯 8 号和陇薯 9 号等；适合"西南混作区"种植的有黔芋 7 号、云薯 401 和镇薯 1 号；适合"中原二作区"种植的有希森 819-265 等。在选用抗病品种种植时，要注意品种的合理布局和轮换种植，防止大面积单一使用某一个品种。

加强栽培管理　种植马铃薯宜选择地势较高、排水良好、疏松的砂壤土。耕作中要做到深挖沟高起垄，高垄栽培既有利于块茎生长与增产，又有利于田间通风透光、降低小气候湿度，进而创造不利于病害发生的环境条件，抑制病害发生。生产中要多施磷钾肥和微肥，减少氮肥的施用量，这样可以促进植株健壮生长，减轻病害发生。如果田间发现中心病株要及早拔除，带出田外深埋或烧毁，并在病株周围撒

生石灰或用杀菌剂处理，防止病菌扩散传播。植株种植的密度要合理，防止植株徒长。田间阴闭，田间温、湿度上升，使病害提早发生，并加快在田间传播速度，导致病害大流行。"中原二作区"温室、大棚、小拱棚等保护地栽培马铃薯，棚内湿度大时，应结合通风措施，及时降低棚内和叶片上的湿度，降低晚疫病的发生风险。从结薯期开始，根据植物的长势情况结合药剂防病可喷 2～3 次含有中微量元素马铃薯专用叶面肥，使用剂量参考说明书。根据土壤墒情，及时灌水，防止植株迅速早衰。马铃薯收获以后要注意及时清理田园，清除残枝落叶，减少田间病原积累。

种薯处理　种薯是马铃薯晚疫病最主要的初侵染来源，种薯处理的目的就是要最大限度地去除种薯中所携带的晚疫病菌，从而延迟田间晚疫病中心病株的出现时间。生产上使用 72% 霜脲氰·代森锰锌可湿性粉剂 600～800 倍液对种薯进行处理。生产田严格使用一级种薯，有条件的地方最好采用原种，倡导生产和使用整薯播种。播种前把种薯先放在室内堆放 5～6 天，进行晾种，不断剔除病薯。若种薯需要切块时，在切块过程中，需用 75% 酒精或 3% 来苏尔水或 0.5% 的高锰酸钾溶液不断浸泡切刀 5～10 分钟进行消毒，采用多把切刀轮换使用。切块后使用 20% 农用链霉素可湿性粉剂和 70% 甲基托布津可湿性粉剂拌种，每 100kg 使用农用链霉素 12～15g，甲基托布津 150～200g。注意种薯切块后不能长期堆放，以防止烂薯。

加强病情测报　在马铃薯晚疫病防控中，中心病株出现时间是其防治的关键时期。国内外多种马铃薯晚疫病的预测模型均以中心病株出现时间为基准。国际上，正在运行的预警系统有 Fight Against Blight（www.potato.org.uk/blight）、PlanteInfo（www.planteinfo.dk）、Phytopre+2000（www.phytopre.ch）和 Euroblight（www.euroblight.net）等。中国运行的马铃薯晚疫病预警系统主要有两个：中国马铃薯晚疫病监测预警系统 China-blight（www.china-blight.net）和马铃薯晚疫病数字化监测预警系统（http://218.70.37.104:7000）。这些病害监测预警系统可以通过气象条件预测大田晚疫病中心病株出现的时间及病害发生的风险，并给出相应的防治建议和防治方案。在中国，由于马铃薯各主栽区的地域跨度大、气候条件差异大，单一的预测模型很难给出准确的风险评估和预测结果，因此，各地相关部门应根据不同区域特点建立适合本区域的预测预报系统。

化学防治　是防治马铃薯晚疫病的主要手段和措施。中国四大马铃薯栽培的气候条件、栽培品种、生产模式、马铃薯晚疫病病菌群体特点差别大，不同区域马铃薯晚疫病的发病特点和流行规律也存在着明显差别，因此，生产中针对不同区域采取不同的化学防治策略来防治晚疫病。

"北方一作区"年降水总量不大，但分布不均，且年度间降水量差异大，若年降水大，则晚疫病发病严重；若年降水小，则晚疫病发病轻、甚至不发生。此外，晚疫病具有流行性极强的特点，一旦发病条件具备，传播、蔓延速度极快，非特效化学药剂根本无法防控。根据预测预报结合气象条件，在中心病株出现前 7～10 天喷施第一次保护性杀菌剂，如 75% 代森锰锌水分散粒剂，亩用量 100～120g 和 25% 双炔酰菌胺悬浮剂，亩用量 40ml 等。若到雨季喷施内吸性治

疗剂或保护兼治疗剂，如 32.5% 苯甲·嘧菌酯悬浮剂，亩用量 40ml；25% 嘧菌酯悬浮剂，亩用量为 40ml；68.75% 氟菌·霜霉威悬浮剂，亩用量 90ml；10% 氟噻唑吡乙酮悬浮剂，亩用量为 15ml。根据气象条件和疫情流行情况，可增加或减少 1～2 次用药。主要交替使用化学药剂，以延缓抗性的产生。杀秧后收获前喷施一次铜制剂，如硫酸铜、氢氧化铜（可杀得、泉程）或波尔多液（必备）等，以杀死土壤表面及残秧上的病菌防止侵染受伤薯块。收获后马铃薯在库外放置 1～2 天，以促进愈伤组织形成。入库时剔除病薯，库内保持干燥和低温（2～4℃）环境条件，以抑制病菌的生长和传播。经常检查储藏的马铃薯，清除得病种薯，阻止病害传播。

　　"中原二作区"雨季主要集中在 7～8 月，该地区马铃薯生长季节与雨季错开，露地晚疫病发生轻或不发生，只有在春季特别多雨的特殊年份，才会有晚疫病的发生，但雨水一般不会持续时间太长，不会造成晚疫病的大流行；保护地湿度大时，晚疫病会严重发生。早期可喷施 75% 代森锰锌水分散粒剂 100g/ 亩或 77% 氢氧化铜可湿性微粒粉剂 100g 等保护性杀菌剂 1～2 次预防晚疫病。若遇降水多年份，发现晚疫病中心病株后，可拔除中心病株，然后喷施植物源 3% 丁子香酚可溶性液剂 100～120ml/ 亩、10% 氟噻唑吡乙酮可分散油悬浮剂 20～25ml 或 687.5g/L 氟吡菌胺霜霉威悬浮剂 50～70ml/ 亩等晚疫病菌专一性杀菌剂 1～2 次。

　　"西南混作区"降水量大，生长季节经常连阴雨，施药效果差，或长时间无法施用药剂，因该区域晚疫病常年严重发生和流行，是当地马铃薯生产中最大的威胁。科学喷施高效化学药剂是该区域晚疫病防控的核心措施。使用的药剂有 75% 代森锰锌水分散粒剂，亩用量为 100g；25% 嘧菌酯悬浮剂，亩用量 50ml；72% 霜脲氰·代森锰锌可湿性粉剂，亩用量 120g；68.75% 氟菌·霜霉威悬浮剂，亩用量为 80ml；0.3% 丁子香酚可溶液剂，亩用量为 100ml；52.5% 噁酮·霜脲氰水分散性粒剂，亩用量 40g。多雨年份根据预警可适当增加 1～2 次用药，而少雨年份可减少 1～2 次用药。该区域禁止使用甲霜灵药剂。

　　"南方冬作区"马铃薯生长季节大多数地区降雨多，能满足晚疫病发病和流行的要求，该区域晚疫病常常严重发生，但年份间和地区间由于降水的差异，发病和流行程度有所不同。在苗齐后 10～15 天，喷施一次 100g/ 亩的 80% 代森锰锌可湿性粉剂，有效预防晚疫病。马铃薯苗齐后每周定期巡查，监测马铃薯晚疫病的疫情发生情况。结合 Chinablight 预警系统，在预测中心病株出现前一周，加大病害监测力度，发现中心病株及时拔除，并带出田外深埋处理，对其周围半径 15～25m 的植株喷施一次 200ml/ 亩的高浓植物源杀菌剂 3% 丁子香酚可溶性液剂。随后，按照预警系统发布的疫情和化学防控建议方案科学施药。一般施药 3～5 次，在该区域防控晚疫病的药剂可用植物源 3% 丁子香酚可溶性液剂 100～120ml/ 亩、10% 氟噻唑吡乙酮可分散油悬浮剂 20～25ml 或 687.5g/L 氟吡菌胺霜霉威悬浮剂 50～70ml/ 亩等，注意交替使用。

参考文献

中国农业科学院植物保护研究所，中国植物保护学会，2015. 中国农作物病虫害 [M]. 3 版 . 北京 : 中国农业出版社 .

CHOWDAPPA P, NIRMAL KUMAR B J, MADHURA S, et al, 2013. Emergence of 13_A2 blue lineage of *Phytophthora infestans* was responsible for severe outbreaks of late blight on tomato in southwest India[J]. Journal of phytopathology, 161(1): 49-58.

CHOWDAPPA P, NIRMAL KUMAR B J, MADHURA S, et al, 2015. Severe outbreaks of late blight on potato and tomato in South India caused by recent changes in the *Phytophthora infestans* population [J]. Plant pathology, 64(1): 191-199.

COOKE D E L, LEES A K, SHAW D S, et al, 2007. Survey of GB blight populations[C]// Proceedings of the 10th Euroblight Workshop. Bologna, Italy.

HAAS B J, KAMOUN S, ZODY M C, et al, 2009. Genome sequence and analysis of the Irish potato famine pathogen *Phytophthora infestans*[J]. Nature, 461(7262): 393-398.

（撰稿：赵冬梅；审稿：朱杰华）

马铃薯早疫病　potato early blight

由茄链格孢引起的、主要危害马铃薯植株地上部分、也危害块茎的一种真菌病害，是世界上各个种植区发生最普遍的重要病害之一。

发展简史　1892 年，在美国的佛蒙特州首次发现由茄链格孢（*Alternaria solani*）引起的马铃薯早疫病。此外，国际上还报道了 *Alternaria alternata*、*Alternaria interrupta*、*Alternaria grandis*、*Alternaria tenuissima*、*Alternaria dumosa*、*Alternaria arborescens* 和 *Alternaria infectoria* 等 7 种链格孢可引起马铃薯早疫病。中国已报道引起早疫病的病原菌为茄链格孢和 *Alternaria alternata* 两种，其中茄链格孢为优势病原菌，它不仅能够侵染马铃薯，还能侵染茄子、番茄、烟草以及龙葵等多种茄科植物。马铃薯早疫病菌在人工培养基上生长良好，但不易产孢。1979 年，美国堪萨斯州大学的 Shahin 发现切割菌丝法能诱导早疫病菌产孢。随后，在培养基成分、温度变化、紫外线照射、光暗交替培养等外界刺激早疫病菌在离体的产孢方面取得了重要进展，有力地促进了早疫病菌生物学方面的研究进展。1986 年，Herriot 等在安第斯山脉的马铃薯二倍体品种中已鉴定出马铃薯早疫病的抗病基因。1994 年，Rodomiro 通过四倍体和二倍体的杂交可获得抗早疫病的四倍体子代。20 世纪末随着分子生物技术的发展，利用 RAPD、AFLP 和 SSR 等分子标记揭示了早疫病菌基因型的多样性丰富。进入 21 世纪基因组测序技术迅猛发展，2015 年中国朱杰华等利用 Illumina Hiseq 2000 测序平台测定了茄链格孢全基因组序列，开启了马铃薯早疫病菌致病机理和遗传研究的新阶段。

分布与危害　马铃薯早疫病广泛分布于世界各国马铃薯产区，包括欧洲、南美洲、北美洲、非洲、大洋洲和亚洲。较高的温度和湿度有利于该病的发生。马铃薯早疫病在中国各大马铃薯主产区均有发生，以内蒙古、甘肃、河北为代表的北方一作区发病最重，西南混作区、中原二作区和南方冬作区具有不同程度的发生和危害。马铃薯早疫病一般可减产10%左右，在发生严重的地块产量损失率达30%以上；严重时全株枯死，产量降低，更严重者甚至个别地块全田无收。

马铃薯早疫病主要危害叶片，也可危害叶柄、茎和薯块。病菌常从植株下部叶片开始侵染发病，逐渐向上部蔓延。叶片被侵染后首先出现小的、圆形、褐色凹陷坏死斑，病斑直径1～3mm。然后坏死斑逐渐向外扩展、病健交界处分界明显，初期病斑周围有一条狭窄的褪绿黄色晕圈，后期消失。病斑扩展受叶脉限制而呈三角形或不规则形，大小为3～20mm，病斑黑色深浅相间呈同心轮纹状（图1）。发病严重时叶片上病斑相互连接形成大的坏死斑，从而导致整个叶片提早变黄、干枯并脱落，进而造成植株早死。

马铃薯植株茎和叶柄受害多发生于分枝处，病斑深褐色至黑色，稍凹陷。发病严重会造成茎、叶干枯死亡。块茎受害，产生暗褐色、稍凹陷、圆形或近圆形大小不等病斑，其直径可达2cm。块茎上病斑边缘明显，表皮下呈浅褐色海绵状干腐，一般深度不超过6mm，老化病斑可产生开裂。储藏期间，若温度较高，感病块茎上的病斑会进一步扩展，块茎会因失水过多而变得皱缩。此外，感染早疫病的块茎在储藏后期易导致其他微生物的复合感染而加速腐烂。该病菌还可危害番茄、茄子、龙葵、烟草及其他茄属植物。

病原及特征 病原为茄链格孢［*Alternaria solani*（Ell. et Mart）Jones et Grout.］。按《菌物辞典》第十版（2008）的分类系统，该菌无性态子囊菌第二大类分生孢子不着生于分生孢子器或分生孢子盘，只产生于分散或丛生的分生孢子梗上。茄链格孢菌丝有隔、具分枝，成熟时暗褐色。分生孢子梗单生或2～5根丛生，淡褐色，顶端色淡，正直或屈膝，不分支或罕见分枝36.0～106.0μm×4.3～10.5μm。分生孢子通常单生，倒棍棒形，直或稍弯曲，黄褐色或青褐色，具横隔膜4～12个，纵、斜隔膜0～5个，隔膜处常有缢缩，孢身大小为67.0～140.5μm×15.5～28.5μm；喙细长，丝状，分支或不分支，浅褐色，与孢体等长或略长，孢身至喙逐渐变细（图2）。

茄链格孢生长温度范围在5～35℃，适宜温度为26～28℃，而分生孢子梗形成的最适温度为19～23℃。温度高于32℃分生孢子梗的形成受抑制，但这种抑制作用是可逆的，当温度低于32℃时，分生孢子梗还可继续形成。光照是菌丝分化形成分生孢子的必要条件。分生孢子形成温度范围为15～33℃，适温为19～23℃，27℃形成停止。分生孢子在水中，温度为6～34℃，1～2小时即可萌发，最适温度为26～28℃，55℃10分钟分生孢子死亡。茄链格孢易于人工培养，菌落扩散呈毛发状，灰褐色至黑色。一些菌株在培养基上产生黄红色色素，但不易产生分生孢子。贫瘠培养基、菌丝损失和紫外线照射有利于刺激和促进病菌分生孢子的产生。

侵染过程与侵染循环 马铃薯早疫病菌茄链格孢以菌丝体和分生孢子在病薯、病残体、土壤或其他茄科植物上越冬，成为下一年早疫病发病的初侵染源。通过雨水飞溅侵染植株下部叶片，产生分生孢子后容易脱落，借风、雨或昆虫携带向四周传播。病菌通过表皮、气孔或伤口直接侵入叶片

图1 马铃薯早疫病在叶片上症状（杨志辉提供）

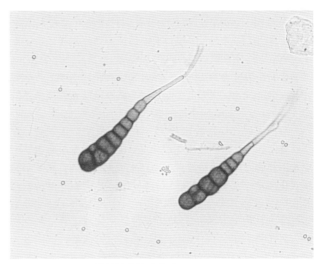

图2 茄链格孢的分生孢子（杨志辉提供）

和茎组织。活跃的幼嫩组织和重施氮肥的马铃薯植株对早疫病抗病能力强。马铃薯进入盛花期、膨大期以后，随着植物生育期进入衰老阶段，早疫病会严重发生，植株中上部叶片发病迅速，茎叶迅速干枯。高温干旱条件会加速植株衰老，早疫病发病也会加重，往往造成整株枯死。在植株生育后期若环境条件适宜，病菌潜育期极短，5～7天后即可产生新的分生孢子，引起再侵染。

流行规律 马铃薯种植区均有早疫病发生。一般情况下当温度升至15℃以上，相对湿度达到80%以上，早疫病即可发病。温度25℃以上只需短期阴雨或重露，早疫病就会迅速蔓延和流行。在湿润和干燥交替条件下，早疫病病情发展迅猛。温度对储藏期块茎发病影响较大，温度4～7℃时早疫病扩展缓慢，而当温度13～16℃时，薯块上早疫病发展迅速。

马铃薯生育期与植株对早疫病的抗性密切相关。自苗期至孕蕾期植株对早疫病的抗性最强，自始花期开始其抗性逐渐减弱，至盛花期其抗性迅速下降。这与马铃薯植株所含的茄啶、γ-卡茄啶和茄素等苷型生物碱有关，它们对早疫病菌生长有很强的抑制作用。研究表明，在生长30天的马铃

薯叶片中苷型生物碱的含量为 1570mg/L，而在生长 120 天的老叶中其含量仅为 260mg/L，仅为原来的 1/7 左右，认为叶片的感病性随植株的衰老而增加，主要是由于在老叶中苷型生物碱浓度大大降低而引起的。巴克利等发现，高氮和低磷的混合使用，可显著降低早疫病的发生，主要是由于氮肥的使用延缓了植株的衰老造成的。地力薄弱、管理水平低的马铃薯田块，早疫病发病严重。马铃薯品种间对早疫病抗性差异大，一般早熟品种感病、晚熟品种抗病。

防治方法　马铃薯早疫病发病与品种抗性、土壤肥力和管理水平等因素密切相关。因此，需采用以晚熟抗病品种为基础、提高肥水管理水平、加强后期化学药剂喷施的综合防控措施。

选用抗病品种　中国抗早疫病的新品种有冀张薯 12 号、冀张薯 17 号、冀张薯 18 号、陇薯 6 号、镇薯 1 号、丽薯 11 号、会薯 8 号、鄂 5 号和同薯 22 等。

加强肥水管理　选择土壤肥沃、有机质含量高的土地，增施有机肥。加强生长期肥水管理，花期后适量增加氮肥，薯块膨大期主要浇水，喷施含有中微量元素的叶面肥，延缓叶片衰老，提高植株对早疫病的抗性。

化学防治　马铃薯盛花期后植株下部叶片早疫病发病率达到 5% 以后开始化学防治。早期可喷施 75% 代森锰锌水分散粒剂（进富）100g/ 亩保护剂，后期可喷施 25% 嘧菌酯悬浮剂 50ml/ 亩、30% 嘧菌酯·苯醚甲环唑悬浮剂 40ml/ 亩或 20% 烯肟菌胺·戊唑醇悬浮剂 50ml/ 亩的化学药剂 1～2 次。

参考文献

中国农业科学院植物保护研究所，中国植物保护学会，2015. 中国农作物病虫害 [M]. 3 版 . 北京：中国农业出版社 .

LIU C H, WU W S, 1996. Method for enhancing sporulation of *Alternaria solani*[J]. Plant pathology bulletin, 5(4): 196-198.

MENDOZA H A, MARTIN C, VALLEJO R L, et al, 1986. Breeding for resistance to early blight (*Alternaria solani*)[J]. American potato, 63: 444-445.

（撰稿：杨志辉、张岱；审稿：朱杰华）

马尾松赤枯病　masson pine red blight

由枯斑盘多毛孢引起的、危害马尾松幼林的一种主要叶部病害。

发展简史　*Pestalotia* 属是 1839 年由 De Notaris 建立的，模式种 *Pestalotia pezizodes* 的分生孢子 6 个细胞，后来不少学者将分生孢子为 5 个和 4 个细胞的类似真菌也归到此属中去。Steyaert 认为分生孢子在该属的分类中十分重要，提出 *Pestalotia* 为单种属，而将分生孢子为 5 个细胞和 4 个细胞的分别归到 *Pestalotiopsis* 和 *Truncatella* 两个新属中去。

分布与危害　分布于河南、湖南、湖北、广东、广西、贵州、四川、云南等地。危害马尾松、云南松、思茅松、华山松、黑松、黄山松、湿地松、火炬松、海岸松、短叶松、加勒比松、落叶松等。以马尾松、云南松、湿地松、火炬松

受害最重。3 年生幼树到 25 年生大树的针叶都有可能感病，以 15 年生以下幼林受害最重，主要危害 15 年生以下幼林新叶，受害叶半截或全叶枯死，林分似火烧状。林木生长受影响，致使平均树高生长量降低 46.7%～58.4%，当年主梢生长量降低 73.5%～76%。

受害针叶形成黄色或淡黄棕色段斑，随着病程发展，段斑变为淡棕红色或棕褐色，最后呈浅灰色或暗灰色稍凹陷或不凹陷，边缘褐色，导致叶尖、叶基或全针叶枯死。病斑可以出现在针叶的不同位置，有叶尖枯死型、叶基枯死型、段斑枯死型和全针枯死型 4 种症状。后期病部散生圆形、近圆形的黑色点状物，即病菌的分生孢子盘。潮湿时，分生孢子盘溢出黑色丝状的分生孢子角。病叶后期多呈浅灰色。

病原及特征　病原为枯斑盘多毛孢（*Pestalotia funereal* Desm.），为 *Broomella* 的无性型，是一种弱寄生菌。分生孢子盘初埋于表皮下，后外漏，黑色，粒点状，孢子盘大小约 100μm；分生孢子长方梭形，一般为 5 个细胞，中间 3 个细胞暗褐色，两端细胞无色，顶端有 3 根刚毛，刚毛长 16～26μm，孢子基部有小柄，长 5～7μm，孢子梭形，大小为 20～25μm×7～10μm。

侵染过程与侵染循环　病原菌以分生孢子和菌丝体在树上病叶及病落叶中越冬。孢子借助风雨传播，以越冬的分生孢子及越冬后菌丝体发育形成的分生孢子进行初侵染。由自然孔口和伤口侵入针叶。潜育期因环境条件而异，一般 2～7 天，新病叶一周后即可产生分生孢子并进行再侵染，在一个生长季节中有多次再侵染。

流行规律　病害 4 月底 5 月初开始发生，6～9 月为发病盛期，高温多雨有利于病害的扩展蔓延，11 月底病害停止发生，随后进入越冬阶段。一般混交林、密度小、卫生状况良好的林分受害较轻。

防治方法　适地适树，营造混交林。加强幼林抚育管理，及时修枝、间伐，以增强树势，提高抗病力。在分生孢子大量扩散期，可使用 50% 退菌特可湿性粉剂或 40% 多菌灵进行喷雾防治。

参考文献

胡炳福，1982. 中国森林病害 [M]. 北京：中国林业出版社 .

任玮，1993. 云南森林病害 [M]. 昆明：云南科技出版社 .

袁嗣令，1997. 中国乔、灌木病害 [M]. 北京：科学出版社 .

（撰稿：张俊伟；审稿：张星耀）

马尾松赤落叶病　masson pine deciduous disease

由杉木皮下盘菌引起的危、害马尾松针叶的一种常见病害。

分布与危害　主要分布在贵州、四川、云南、湖南、湖北等地。危害马尾松、黑松、湿地松、华山松、云南松、加勒比松、黄山松等多种松树。

以菌丝体在病叶上越冬，针叶先端开始感病，病斑初为淡黄绿色或黄绿相间的花斑，其间常见红色小点，渐变为浅棕色或土红色；后期为淡棕红色或呈浅灰色，逐渐扩展至全

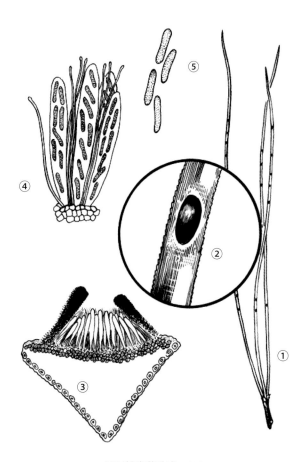

马尾松赤落叶病（李楠绘）

①患病松叶；②病叶上的子座（局部放大）；③病叶纵切面，示子座内子囊盘；④子囊，子囊孢子及侧丝；⑤子囊孢子

叶。病部后期常有黑褐色细横线及斑纹，并有与针叶长轴平行的黑色米粒状子囊盘，长0.5～1mm，具纵裂缝。

病原及特征　病原为杉木皮下盘菌（*Hypoderma desmazierii* Duby），属皮下盘菌属，为弱寄生菌。子囊盘椭圆形到长椭圆形；侧丝线状，无色，端部钝圆稍弯曲；子囊圆柱形到长棒形，无柄或不明显，大小14～19μm×59～125μm；子囊孢子单胞，无色，圆柱形或长圆形，大小4～9μm×10～27μm，周围有一胶质厚壁。分生孢子器半球形，内生或突破表皮而生，大小50～85μm×110～170μm；分生孢子单胞，无色，圆柱形，大小1.8～2.8μm×6.4～9.5μm（见图）。

侵染循环与流行规律　病原菌以菌丝在病叶中越冬。翌年2月产生无性子实体。4月底5月初产生有性子实体，5月底或6月底达高峰。子囊孢子6月开始成熟飞散，空中孢子盛期在7月或8月。

该病害于7月下旬或8月上旬发生，8～9月盛期，发病始、盛、末期与当地气温和降水量相关，其发生流行与去年冬季气温呈正相关，与当年降水量呈负相关。

防治方法　加强抚育管理，修枝间伐以增强林木抗病能力；发病盛期用45kg/hm² 621烟剂，防治效果可达90%以上。

参考文献

胡炳福，1982.中国森林病害[M].北京：中国林业出版社.
袁嗣令，1997.中国乔、灌木病害[M].北京：科学出版社.
任玮，1992.云南森林病害[M].昆明：云南科技出版社.

（撰稿：张俊伟；审稿：张星耀）

麦冬黑斑病　dwarf lilyturf black spot

由链格孢菌引起，危害麦冬叶片的一种真菌性病害，是麦冬的主要病害。

分布与危害　麦冬黑斑病在麦冬产区均有不同程度发生，浙江、四川、湖北、福建等麦冬产区发生普遍，田间病菀率通常在10%以上，严重者可达50%。麦冬黑斑病发病初期，叶片褪绿，叶尖及叶缘发黄，逐渐向叶基扩展；后期呈灰褐色及灰白色，病部与健部交界处颜色稍深，呈紫褐色，产生青、白不同颜色的水渍状病斑，最后导致全株枯黄死亡（见图）。

病原及特征　病原为链格孢属的一个种（*Alternaria* sp.）。分生孢子梗暗褐色，单生或2～30根丛生，不分枝，顶端色淡，基部细胞稍大，2～9个隔膜，15～90μm×45μm。分生孢子椭圆形至倒棍棒形或圆筒形，单生，2～3个串生，浅榄褐色至深褐色，倒棒形，具横隔1～9个，纵隔0～6个，隔膜处有缢缩，大小为23～52μm×9～12μm。喙0～2个横膈膜，大小为5～20μm×3～4μm。

侵染过程与侵染循环　麦冬黑斑病的病原菌以菌丝体在麦冬上越冬，成为翌年初侵染源。翌年4月气温上升后，分生孢子可随风雨传播进行初侵染和再侵染。病原菌孢子可以从寄主气孔或表皮直接侵入，并可进行多次再侵染，向周围植株传染蔓延。

流行规律　麦冬黑斑病4月中旬开始发生，6～7月进入发病高峰。病害发生发展与雨水关系很大，雨季发病严重。6、7月的高温高湿利于病原菌繁殖侵染，造成麦冬产量损失大。田间可见到明显的中心病株，并迅速向四周蔓延，在适宜的温湿度条件下很快流行，成片枯死。

防治方法

农业防治　选用叶色翠绿的健株无病株做种苗，减少种苗带菌基数。栽种前，将种苗用1∶1∶100波尔多液浸渍5分钟后，再栽种。雨季及时排除积水，降低田间湿度。科学施肥，提高植株自身抗病能力。发病普遍的地块，可割去病叶的1/3，加强管理，增施肥料，待重新抽出新苗后喷施药剂进行保护性防控。采挖麦冬后及时清园，减少菌源。

化学防治　发病初期，在清晨露水未干时每亩撒草木灰

麦冬黑斑病症状（曹华兰提供）

100kg。发病期间喷洒药剂进行叶面喷雾防治，药剂可选择4% 嘧啶核苷类抗菌素水剂 400 倍液、10% 苯醚甲环唑水分散剂 1500 倍液、430g/L 戊唑醇悬浮剂 2500 倍液等，每 10 天 1 次，连续 2～3 次。

参考文献

傅俊范，2007.药用植物病理学 [M].北京：中国农业出版社.

瞿宏杰，赵劲松，何家涛，等，2006.湖北麦冬主要病虫害发生规律及防治措施 [J].湖北农业科学，45(3): 337-338.

（撰稿：曾华兰、何炼；审稿：丁万隆）

麦冬炭疽病 dwarf lilyturf anthracnose

由炭疽菌引起，导致麦冬 [*Ophiopogon japonicas* (L. F) Kor Gawl] 叶片枯死的一种常见的病害。

发展简史 有关麦冬炭疽病研究不多见。2008 年，张海珊分离到两种麦冬炭疽病病原菌，分别为黑线炭疽菌和胶孢炭疽菌，并对麦冬炭疽菌的生物学特性及有效药剂筛选进行了研究。

分布与危害 炭疽病是在世界各地几乎所有的草坪草上都发生的一类叶部病害，受害草坪长势减弱甚至成片死亡，直接影响草坪的观赏价值和使用价值，并且对其产量、品质及药用功能等势必也造成严重影响。主要危害麦冬的叶片，病斑多发生在叶尖、叶缘，叶中间也有发生。病斑为长椭圆形或不规则形，一般都从叶尖开始发病。发病初期，叶片上出现水渍状的病斑，周围有浅红色的晕圈，随着病害的发展，病斑变为褐色，最后病斑中央变为褐色至灰白色，逐渐向下枯死，在病健交界附近呈现红褐色的云状纹。受害严重时，常使麦冬叶片枯死部分占整个叶片的 1/3 以上。在潮湿条件下，病斑上长出大量排列成近似轮纹状或散生的小黑点，为该病菌的分生孢子盘和刚毛（见图）。

病原及特征 麦冬炭疽病的病原菌有两种：黑线炭疽菌 [*Colletotrichum dematium* (Pers.) Grove] 和胶孢炭疽菌 [*Colletotrichum gloeosporioides* (Penz.) Sacc.]，属炭疽病属。

两种炭疽菌有共性，如菌丝有隔膜及分枝，分生孢子盘椭圆形或扁圆形。有性阶段很少见到。两种炭疽菌也存在许多不同之处。黑线炭疽菌在 PDA 培养基上菌落墨绿色，圆形，边缘整齐，气生菌丝灰白色较短，菌落轮纹清晰且较窄，表面 30℃ 下易扇变；刚毛多，直立；分生孢子弯月形，单胞，无色，平均大小 18.2μm×3.8μm，一般中间有 1～2 个油球，附着胞深褐色，不规则三角形。胶孢炭疽菌在 PDA 培养基上菌落初为浅橘红色，后变为深灰色或褐色，圆形，边缘整齐，气生菌丝白色且长而浓密，菌落轮纹的分界线模糊且较宽，菌落颜色随温度变化大。分生孢子盘褐色至黑褐色，埋生于寄主表皮下，逐渐隆起呈疱状黑点，最后成盘状或垫状，盘上密生分生孢子梗和刚毛。刚毛黑褐色，弯曲，基部粗大，有 0～3 个隔膜，55～115μm×5～7μm。分生孢子圆柱形，中间向内微陷，两端钝圆，单胞，无色，平均大小 12.9μm×4.2μm，中间有 1 油球，附着胞褐色，棒形或不规则形。

侵染过程与侵染循环 通常以菌丝体和分生孢子在植物发病的部位进行越冬，条件合适时，分生孢子可以通过风雨、昆虫进行传播，落在寄主组织表面；孢子萌发形成芽管和附着胞，可以直接或者通过气孔、伤口侵入，从而导致植物发病。

流行规律 发病初期在春雨过后，6～8 月是发病盛期，尤其是在连续阴雨天气发病加重。在低温条件下，两种病原菌分生孢子萌发可产生次生孢子。黑线炭疽菌菌丝体生长和孢子萌发的最适温度为 25℃，胶孢炭疽菌菌丝体生长和孢子萌发的最适温度为 28℃。弱酸性条件有利于菌丝生长和产孢，在 pH 4 时产孢量都达到最大值，酸性条件可以刺激炭疽菌色素分泌。光照条件对麦冬炭疽菌的菌落直径和产孢量没有影响。对草酸铵和硫酸铵的利用率小。

防治方法

农业防治 合理的灌溉和雨后及时排水是减轻麦冬炭疽病发生的有效措施。将一些地上部病叶剪去，可有效减少传染源。

化学防治 由于麦冬炭疽病是两种病原菌侵染引起的，因此，该病害的发病条件范围变大，发病周期变长，对麦冬炭疽病需要及时、间隔喷药防治，控制病菌的生长与扩大繁

M

麦冬炭疽病症状（王爽摄）

殖。苯并咪唑类药剂在一段时间内对某些炭疽病害防治方面具有较好的防效，然而，由于苯并咪唑类杀菌剂及衍生物，具有相同的作用机理和抑菌谱，使得抗性突变菌株对这些化合物常表现出交互抗性，从而造成包含炭疽病在内的众多植物原菌对苯并咪唑类杀菌剂产生抗药性，这是生产上最为突出的问题之一。嘧菌酯对菌丝生长、分生孢子萌发及芽管的生长均有较强的抑制作用；苯醚甲环唑和丙环唑对麦冬炭疽菌菌丝生长和芽管生长的抑制作用较强，但对孢子萌发抑制作用一般。室内药剂筛选表明 25% 丙环唑乳油和 25% 嘧菌酯悬浮剂对黑线炭疽菌抑制作用较强，25% 丙环唑乳油和 10% 苯醚甲环唑水分散粒剂对胶孢炭疽菌抑制作用较强，代森锰锌与嘧菌酯 1：1 复配防治炭疽病具有增效作用，但仅限于室内离体研究，缺乏田间应用验证。

参考文献

韩长志，2012. 胶孢炭疽病菌的研究进展 [J]. 华北农学报，27(S1): 386-389.

吴文平，张志铭，1994. 炭疽菌属（*Colletotrichum* Cda.）分类学研究Ⅰ. 属级分类和名称 [J]. 河北农业大学学报 (2): 24-30.

张海珊，2008. 麦冬炭疽菌的生物学特性及有效药剂筛选 [D]. 合肥：安徽农业大学 .

（撰稿：王爽；审稿：李明远）

麦类白粉病 wheat powdery mildew

由禾谷布氏白粉菌引起的、危害小麦地上部的一种真菌病害，在世界麦类种植区均有发生，特别是在气候比较冷凉和湿润的地区发生比较严重。

发展简史　麦类白粉病在世界各主要大麦和小麦种植区已成为生产上很重要的病害之一。已有的研究显示在 1 亿年前，从麦类作物开始种植时，人类可能就已注意到白粉病的发生。1815 年，De Candolle 首先将禾谷白粉病菌命名为 *Erysiphe graminis*；1902 年和 1903 年，Marchal 指出禾谷白粉菌在寄主种间存在生理分化，目前已明确的专化型有 8 个，每个专化型只侵染禾本科寄主的 1 个种或属，且不同的专化型不能相互侵染；根据其侵染寄主种类的不同，可分为小麦白粉病菌专化型（*Blumeria graminis* f. sp. *tritici*）、大麦白粉病菌专化型（*Blumeria graminis* f. sp. *hordei*）、黑麦白粉病菌专化型（*Blumeria graminis* f. sp. *secalis*）、燕麦白粉病菌专化型（*Blumeria graminis* f. sp. *avenae*）、冰草白粉病菌专化型（*Blumeria graminis* f. sp. *agropyri*）、雀麦白粉病菌专化型（*Blumeria graminis* f. sp. *bromi*）、早熟禾白粉病菌专化型（*Blumeria graminis* f. sp. *poae*）、黑麦草白粉病菌专化型（*Blumeria graminis* f. sp. *lolii*）等。Salmon（1904）和 Reed（1909）各自在试验中已注意到不同来源的大麦白粉菌对不同大麦变种存在致病性差异的现象；Mains 等（1930）在 1924—1929 年的试验中发现大麦白粉病菌存在品种间生理分化（即病菌存在生理小种），而且 Mains 等（1933）也报道了小麦白粉病存在生理小种分化，此后采用一套鉴别寄主对大麦和小麦白粉病菌生理小种的研究在欧洲、北美洲、大洋洲等广泛展开。1975 年，Speer 根据病菌的孢子壁和指状吸器与 Erysiphe 差异，把禾谷白粉菌 *gramini* 这个种分到 *Blumeiria* 属，这个种仅侵染禾本科的植物寄主。

2010 年，Spanu 等对大麦白粉菌进行了测序，结果表明大麦白粉病菌的基因组大小超过了 120Mb，明显大于其子囊菌中的近缘种属，该菌的基因组存在大量反转录转座子增殖、基因组大小扩张和基因的丢失；其中丢失的基因主要为编码初级和次级代谢酶、碳水化合物活性酶和转运蛋白，这反映了该菌专性活体寄生方式在这些方面的冗余；基因组精选基因有 5854 个，低于真菌基因组下线；在鉴定出的 248 个与致病性有关的候选效应子中，只有少数（不超过 10 个）明确在 3 种白粉菌（*Blumeria* f. sp. *tritici*、*Erysiphe pisi* 和 *Golovinomyce orontii*）中是核心保守的，说明大部分效应子与种的特异性适应有关。

2013 年，Wicker 等对小麦白粉病菌测序和来自不同地区的其他 3 个分离物重测序，并与大麦白粉病菌基因组测序结果进行了比较分析，发现小麦白粉病菌的基因组也比较大，约为 180Mb，其中包含有大量的重复 DNA 序列，大多数也为转座子（约 85%），研究预测小麦白粉病菌大约有 6500 个基因，与大麦白粉病菌相近，通过分析鉴定出了 602 个候选效应子基因。测序的很多结果显示在小麦驯化前，该菌的基因组在古代单倍体组中呈镶嵌状；在 1 亿年前寄主麦形成后的现代群体中，病菌分离物的遗传多样性没有明显的损失，说明病菌群体对新寄主种有快速的适应性，原因是多样性单倍体库为病菌的变异提供了很大的变异潜能。

国外对麦类白粉病的研究大多始于 20 世纪 30～40 年代，且研究多集中在病菌小种、寄主抗性和抗性基因、病害的生物学等方面。中国对麦类白粉病的研究相对比较晚，而且以小麦白粉病的研究较多，相关的研究大多始于 20 世纪 70 年代末和 80 年代初，早期的研究工作也多集中在小麦白粉病的小种鉴定、病害的生物学和流行学、品种对病害的抗性鉴定、药剂防治等方面。随着 3S 技术、分子生物学等相关学科发展，一些研究单位在小麦白粉病的遥感监测、分子流行学、病菌分子群体遗传学、无毒基因的遗传和标记定位、寄主抗病性遗传和基因标记定位及基因克隆、杀菌剂筛选和作用机制病菌和寄主的互作宏观和微观机制及病害的综合治理等方面做了不少工作。

分布与危害　麦类白粉病是小麦、大麦、黑麦、燕麦等禾谷类作物上重要的病害，在全世界的发生范围极其广泛，遍布麦类各生产区如欧洲、南美、美国东南部和西亚及北非（WANA 地区）。小麦白粉病在美国东部、东南、中西部等地是最重要的小麦病害之一。据报道，正常流行年份可造成 12%～34% 的产量损失，最高可达 45%；在新西兰，小麦白粉病在春麦上发生比较重，产量损失严重；在英国的沿海地区此病害发生比较重。大麦白粉病主要在欧洲、大洋洲等地区发生比较严重，在不打药的情况下，可导致 10% 的产量损失，最高可达 25%。中国小麦白粉病的发生流行最为严重，并已上升为小麦的主要病害。20 世纪 70 年代以前此病害主要在云、贵、川及山东沿海局部地区发生严重，70 年代后期以来，其发生范围和面积不断扩大，已由南方和沿海地区迅速扩展到华北、西北各大麦区，直至东北春麦区。例如，1981 年全国发生面积为 287 万 hm²；1983 年为 300 万 hm²；1985 年扩大到 453 万 hm²；1990 和 1991 年全国大流行，两年的发生面积均超过 1200 万 hm²，年损失小麦 32 亿 kg；1992 年以来白粉病的发生面积一直处于较高的水平，每年稳定在 500 万～900 万 hm²。大麦白粉病在中国随着大麦种植面积的不断扩大，发生危害也越来越严重，目前大麦的种植面积有 167 万 hm²，估计年发生面积已有 53 万～67 万 hm²。

麦类作物幼苗和成株均可被白粉病菌侵染，病害主要危害叶片（图 1），严重时也危害叶鞘、茎秆和穗。病部表面覆有一层白粉状霉层（图 2①）。病部最初出现分散的白色丝状霉斑，逐渐扩大并合并呈长椭圆形的较大霉斑，严重时可覆盖叶片大部分甚至全部，霉层增厚可达 2mm 左右，并逐渐呈粉状（无性阶段产生的分生孢子）。后期霉层逐渐由白色变灰色乃至褐色，并散生黑色颗粒（有性阶段产生的闭囊壳）（图 2②）。被害叶片霉层下的组织，在初期无显著的变化，随着病情的发展，叶片褪绿、变黄乃至卷曲枯死，重病株常矮而弱，不抽穗或抽出的穗短小。

小麦、大麦等禾谷类作物被白粉菌侵染后，养分被掠

图 1 小麦白粉病发病症状（周益林摄）

图 2 小麦白粉病菌（周益林摄）
①无性阶段产生的分生孢子霉层；②有性阶段产生的闭囊壳

夺，呼吸作用增强，蒸腾强度增加，光合效能降低，碳水化合物的积累和运输相应减少，在发病早而且重的情况下，严重阻碍麦类作物的正常生长发育，造成小麦叶片早枯，分蘖数、成穗率和穗粒数减少，千粒重下降，严重影响麦类的产量，在发病较晚较轻时，病害主要影响千粒重。因此，发病愈早愈重，减产愈多。一般麦类白粉病可引起的产量损失为 5%～45%，重病田可高达 50%，甚至绝产。

病原及特征　病原为禾谷布氏白粉菌（*Blumeria graminis*），无性态为 *Oidium monilioides* Nees。此菌是一种专性寄生性真菌，只能在活的寄主组织上生长发育，并对寄主有很严格的专化型，不同的专化型不能相互侵染，而且专化型内还存在生理分化。

麦类白粉病菌体表寄生，菌丝体匍匐于寄主表面，仅以吸器伸入寄主表皮细胞内吸取养分，吸器椭圆形，生有指状分支。由表面菌丝上垂直生成孢子梗，不分枝，无色，孢子梗顶端产生成串的分生孢子，数目 10～20 个，自顶端向下逐渐成熟脱落。分生孢子无色、椭圆形、单胞，大小为 25～30μm×8～10μm。闭囊壳球形，黑褐色，表面有丝状不分叉的附属丝，壳内含子囊 9～30 个。子囊长圆形或卵圆形，有短柄，内含子囊孢子 8 个或 4 个。子囊孢子无色、单胞，椭圆形，大小为 20～23μm×10～13μm（图 3）。

麦类白粉菌的分生孢子含有 70% 的水分，因此，孢子萌发对湿度的适应范围很广，在相对湿度为 0～100% 范围内，都能萌发和侵染，但以湿度很高而不成水滴的情况下萌发最好。分生孢子的萌发最适温度为 10～20°C，一般至 31°C 时则不能萌发，在 23°C 时适于萌发的相对湿度为 75%～99%，若相对湿度降至 50%～75%，萌发率迅速下降；其芽管则在 98% 的相对湿度下延伸最快。日光对孢子萌发有一定的抑制作用，孢子在日光下暴晒 20 分钟后，萌发率由 19.6% 降为 3.28%。在遮光条件下 2.5 小时后萌发率 41.4%；而在光照下萌发率为 26.5%，即分生孢子在直射阳光下的温度越高，照度越大，寿命越短。因此，麦田荫蔽或阴雨的天气条件，均有利于孢子的萌发和侵入。分生孢子对紫外光敏感，处理 25 分钟即不能萌发。分生孢子在 pH2.2～12.4 范围内均能萌发。分生孢子离体后 7～20°C，2～5 天内具有侵染能力，但 25°C 以上经 24 小时即不能侵染。

闭囊壳首先在植株下部较老的病叶上形成，以后逐渐在上部病叶形成。温度愈高、湿度愈大，闭囊壳的存活时间愈短，浸在水中的闭囊壳存活时间更短。子囊孢子的形成必须使闭囊壳保持湿润状态和有氧供给。闭囊壳只能在保持湿润条件下，已形成的子囊孢子才能释放。子囊孢子的萌发对温湿度的要求与分生孢子的萌发相似，光对其萌发无影响，子囊孢子在 1～27°C 范围内均能入侵寄主，以 10～20°C 最适。

侵染过程与侵染循环　白粉病菌的孢子随气流传播到感病品种的植株上以后，遇到适宜的条件即萌发长出芽管，芽管前端膨大形成附着胞，并产生较细的侵入丝，依靠病菌产生色酶的消解作用和机械力量，直接穿透麦叶的胶质层，侵入表皮细胞，形成初生吸器，吸收寄主营养。初生吸器形成后，即向寄主体外长出菌丝。菌丝扩展到一定程度后，在菌丝中心产生分生孢子梗和分生孢子。分生孢子成熟后脱落，由气流传播引起再侵染。病菌在其发育后期进行有性繁殖，

在菌丝上形成闭囊壳。小麦白粉病的越夏有两种方式，一是以分生孢子在夏季气温较低地区的自生麦苗或夏播小麦上继续侵染繁殖或以潜育状态度过夏季；另一种是以病残体上的闭囊壳在低温、干燥的条件下越夏。凡夏季最热一旬的平均气温在 24℃ 左右的地区，白粉菌可在自生麦苗上以无性分生孢子顺利越夏。在病菌以分生孢子越夏的地区，秋苗发病较早、较重，离越夏区远的地区则发病较晚、较轻或不发病，秋苗发病后一般均能越冬。病菌以分生孢子或菌丝体潜伏在寄主组织内越冬，越冬后的病菌先在植株的底部叶片呈水平方向扩展，以后依次向中部和上部叶片发展，严重时可引起穗部发病（图 4）。

流行规律 小麦白粉病发生和流行的主要影响因素有：①菌源。是病害发生的基础，因此，白粉病菌的越夏和越冬菌源的多少直接影响病害的发生和流行程度。②品种的抗病性。生产上种植品种的抗病性状况和种植面积对病害的发生和流行具重要的影响。③温度。主要影响越冬和越夏菌源的多少、始病期的早晚、潜育期的长短和病情的发展速度以及

病害的终止期的早迟。④降水量。对病害的发生和流行影响较复杂。一般空气相对湿度较高有利于病菌孢子的萌发和侵染，但雨水较多又不利于分生孢子的生成和传播。因此，在北方降水量较少的地区，降水有利于病害的发生流行，而在南方多降水的地区，在发病的关键时期，雨水过多特别是连续降水，对病害的发生和流行不利。⑤日照。小麦白粉病菌的分生孢子对直射阳光很敏感，同时日照强度和时间也与大气的湿度有关，湿度高有利于分生孢子的萌发。因此，在发病期间日照少，阴天多，病害发生重；反之病害轻。⑥病害的发生还与栽培条件有关，如施肥、灌溉、种植密度和方式等有关。

防治方法 对麦类白粉病的防治主要是采取种植抗病品种为主，药剂防治、栽培防治等措施为辅的综合防治方法。

种植抗病品种 尽管生产上的推广品种大多数不抗病或高感白粉病，但在推广品种中确实也存在少数高抗及一些中抗或慢病的品种。各地可根据其麦区的生态特点，选用适合当地种植的高产抗病（抗病或慢病）的小麦和大麦品种。小麦品种如良星 99、保丰 104、偃展 4110、郑麦 366、百农 160、内麦 11、陕垦 6 号、小偃 564、济麦 22、襄麦 29、绵麦 41、扬麦 13、南农 9918 等，大麦抗病品种如闽诱 3 号、丰抗 1 号、莆大麦 8 号、青啤 18、农牧 48 号、农牧 15 号、南 09-10 等。

化学防治 在麦类白粉病秋苗发生区（一般在病菌越夏及其邻近地区），采用三唑类杀菌剂拌种和种子包衣可有效控制苗期病害，减少越冬菌量，并能兼治小麦散黑穗病。选用 20% 三唑酮乳油或 15% 三唑酮可湿性粉剂（粉锈宁）或 12.5% 烯唑醇可湿性粉剂等拌种，用药量（按药剂有效成分计算）为种子重量的 0.03%。种子包衣或拌种，选用 2% 戊唑醇悬浮种衣剂 1∶14 稀释后按 1∶50 进行种子包衣。

春季防治一般采用叶面喷雾控制麦类白粉病。结合预测预报在孕穗—抽穗—扬花期，当病茎率达 15%～20% 或病叶率 5%～10% 时即可防治。主要药剂：①三唑类杀菌剂。20% 三唑酮乳油（粉锈宁）乳油 40～50mm/亩（有效成分 8～10g/亩）；25% 丙环唑（敌力脱）乳油 30～35ml/亩（有效成分 5～8g/亩），12.5% 烯唑醇（特谱唑）可湿性粉剂 40～60g（有效成分 5～8g/亩），40% 腈菌唑可湿性粉剂 10～15g/亩（有效成分 4～6g/亩）。三唑类杀菌剂一般发病年份防治 1 次即可控制病害的流行和危害，重病年份或地块可根据情况用药 2 次。②甲氧基丙烯酸酯类杀菌剂。20% 烯肟菌酯乳油、15% 氯啶菌酯乳油、10% 苯醚菌酯悬浮剂、20% 烯肟菌胺悬浮剂、20% 醚菌酯悬浮剂、25% 嘧菌酯悬浮剂等，使用剂量均为 5～10g/亩（有效成分），此类杀菌剂一般也可根据田间病情和天气情况用药 1～2 次。③其他类型杀菌剂或混剂：70% 甲基硫菌灵可湿性粉剂，使用剂量为 40～50g/亩（有效成分 28～33g/亩）。20% 硫·酮可湿性粉剂，使用剂量为 60～75g/亩（有效成分 13～15g/亩）；44% 己唑醇·福美双可湿性粉剂，使用剂量为 600～900 倍。此类药剂需要在发病初期用药，用药次数可根据天气和田间发病情况而定，一般需连续使用 2～3 次，施药间隔期 7～10 天。已发现小麦白粉菌群体对三唑类杀菌剂产生了抗药性，因此，在小麦白粉病的药剂防治中，

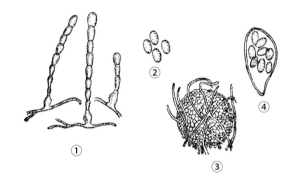

图 3 麦类白粉病菌生物学特征图（周益林提供）
①分生孢子和分生孢子梗；②成熟的分生孢子；
③闭囊壳；④子囊

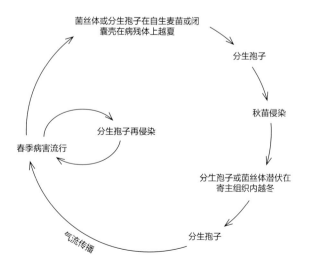

图 4 麦类白粉病侵染循环示意图（周益林提供）

三唑类杀菌剂应与其他作用方式药剂如甲氧基丙烯酸酯类或苯并咪唑类杀菌剂等轮换使用，以避免病菌抗药性的迅速发展。建议在病害需要防治 2 次的地区或地块，三唑类杀菌剂和其他类型的杀菌剂轮换使用 1 次。

　　栽培防治　采用正确的栽培措施可减轻病害的发生，如合理密植和灌溉，注意氮、磷、钾肥的合理配合，以促进通风透光，减少倒伏，降低湿度，使田间小气候有利于麦类作物植株的健壮生长，而不利于病害的发展，从而控制病害的发生。另外，在自生麦苗上越夏的地区，应在秋苗前尽量清除田间和场院处的自生麦苗，以减轻秋苗期的菌源。

　　参考文献

李光博，曾士迈，李振岐，1990. 小麦病虫草鼠害综合治理 [M]. 北京 : 中国农业科学技术出版社 .

中国农业科学院植物保护研究所，中国植物保护学会，2015. 中国农作物病虫害 [M]. 3 版 . 北京 : 中国农业出版社 .

朱靖环，杨建明，汪军妹，等，2006. 大麦抗白粉病研究进展 [J]. 大麦与谷类科学 (4): 41-45.

SPENCER D M, 1978. The powdery mildews[M]. New York: Academic Press.

　　　　　　　　　　（撰稿 : 周益林 ; 审稿 : 陈万权）

麦类孢囊线虫病　wheat cyst nematodes

　　由孢囊线虫寄生引起的、危害麦类作物地下部根系的一种线虫病害，是世界上许多国家麦类作物种植区最重要的病害之一。

　　发展简史　危害麦类根系的孢囊线虫有 9 种，分别属于在异皮线虫属（*Heterodera*）和刻点孢囊线虫属（*Punctodera*），在异皮线虫属中有燕麦孢囊线虫（*Heterodera avenae*）、宽阴门孢囊线虫（*Heterodera latipons*）、双膜孔孢囊线虫（*Heterodera bifenestra*）、玉米孢囊线虫（*Heterodera zeae*）、大麦孢囊线虫（*Heterodera hordecalis*）、巴基斯坦孢囊线虫（*Heterodera pakistanensis*）、菲力普孢囊线虫（*Heterodera filipjevi*）、龙爪稷孢囊线虫（*Heterodera delvii*）和刻点孢囊线虫（*Punctodera puncta*ta）。其中，燕麦孢囊线虫在温带禾谷作物种植区广泛分布，危害最重，在世界许多国家和地区都有发生分布。宽阴门孢囊线虫（*Heterodera latipons*）主要在地中海地区发生，在北欧和以色列也有发生，在塞浦路斯，该线虫使大麦产量降低 50%，宽阴门孢囊线虫在小麦根系上并不形成"结"。大麦孢囊线虫在瑞典、德国和英国发生。刻点孢囊线虫和双膜孔孢囊线虫主要分布在欧洲的许多国家和地区。玉米孢囊线虫主要分布在美国及亚洲的印度和巴基斯坦等国家。而巴基斯坦孢囊线虫、菲力普孢囊线虫、龙爪稷孢囊线虫仅局限分布于其模式产地巴基斯坦、塔吉克斯坦和印度，在其他国家目前仍然没有发现。禾谷孢囊线虫在温带麦类作物种植区广泛分布，危害最重，自 1874 年在德国首先发现以来，已在欧洲、亚洲、大洋洲、美洲等大多数小麦和大麦生产区发生。菲利普孢囊线虫是危害小麦等禾谷作物的重要线虫病害之一，自

1981 年在塔吉克斯坦、德国、英国、瑞士、挪威、伊朗、美国等国家发生危害，是小麦等麦类作物生产中面临的潜在威胁性线虫。

　　小麦孢囊线虫病是中国小麦生产上的严重线虫病害，过去常当成生理病害（缺肥、缺水）而忽略对其研究和防治。中国小麦生产上有燕麦孢囊线虫和菲利普孢囊线虫两种孢囊线虫发生危害，其中燕麦孢囊线虫是优势种群，该线虫 1989 年在湖北天门岳口发现。目前，该线虫在中国小麦主产区非常普遍。2010 年彭德良等在河南发现菲利普孢囊线虫，在河南的临颍、卫辉、延津、博爱、淮阳、获嘉、洛龙、孟津、孟州、沁阳、商丘、商水、夏邑、许昌、虞城，青海湟源和宁夏青铜峡等地发现了菲利普孢囊线虫的发生和危害。

　　分布与危害　自 1874 年在德国首先发现以来，现已在荷兰、丹麦、瑞典、英格兰、俄罗斯、挪威、澳大利亚、加拿大、苏格兰、突尼斯、意大利、日本、以色列、比利时、秘鲁、印度、波兰、法国、西班牙、葡萄牙、瑞士、希腊、前南斯拉夫、保加利亚、前捷克斯洛伐克、美国、新西兰、利比亚、伊拉克、加那利群岛、巴基斯坦、南非、沙特阿拉伯、伊朗、约旦、土耳其、叙利亚、中国等 38 个小麦生产国家发生和危害。在澳大利亚的维多利亚和南澳大利亚，燕麦孢囊线虫是小麦上最重要的病原线虫，小麦受害面积 200 万 hm^2，产量损失 23%～50%，严重时损失 73%～89%，年经济损失 7000 万美元。在印度的拉贾斯坦，燕麦孢囊线虫造成的小麦产量损失 47.2%，大麦损失高达 87.2%；在俄罗斯的西伯利亚，小麦因燕麦孢囊线虫损失 30%～50%。在美国的几个州和加拿大，燕麦孢囊线虫被当作重要的潜在危险性病原物。来自日本、北非和西亚的报道证实燕麦孢囊线虫都能从其寄主和一些杂草上检测出来。禾谷孢囊线虫（cereal cyst nematode, CCN）造成的产量损失与土壤中的群体密度、禾谷作物生长和发育的环境因素有关，在土壤线虫量为每克土壤 1～20 条燕麦孢囊线虫的幼虫时，燕麦产量降低 21%～85%，在同样的侵染水平下，大麦的损失为 16%～55%。在不同的气候区的危害阈值有所不同。

　　中国是世界上最大的小麦孢囊线虫病发生区，孢囊线虫病在主产麦区每年都有不同程度的发生和危害，主要发生在湖北、河南、河北、北京、山西、山东、内蒙古、青海、安徽、陕西、甘肃、江苏、宁夏、天津、新疆、西藏等地，发生面积 400 万 hm^2 以上，占全国小麦种植面积的 20% 以上，小麦受害田平均可减产 10%～20%，严重地块可减产 70% 以上甚至绝收，严重威胁麦类作物的生产安全。

　　小麦孢囊线虫病在田间呈点片状发生分布。小麦出苗 1 个月后，受害植株开始表现症状，在河南许昌、禹州、漯河等地受害严重，越冬期麦苗症状表现明显的黄化，生长稀疏，严重时成片枯死（图 1）。其他地区在越冬期麦苗症状常不明显，多在翌年开春返青后，受害小麦幼苗矮小，病株从下部叶片叶尖开始变黄，随后变淡黄褐色干枯，并向叶片基部和上部叶发展，使麦叶大面积黄化失绿。病苗长势弱，分蘖明显减少，生长稀疏，植株矮化，与缺肥和缺水症状相似，往往造成误诊。发病植株地下部根系二叉状分支，膨大成团，许多二叉状分支上又长出许多须根，须根再形成分叉，根短

图 1 燕麦孢囊线虫危害小麦症状（彭德良摄）
①分蘖减少，杂草丛生；②缺苗断垄

而扭曲，严重时，整个根系成须根团（图2①②）。严重受害的小麦地上部早衰。病株穗小，籽粒不实，不饱满。抽穗至扬花灌浆期，受害根系表皮肿胀破裂，显露出白色发亮的白色雌虫——孢囊（图2③④），此为小麦孢囊线虫病的识别特征，后期孢囊变褐色，老熟脱落。因此，往往根上不易发现，以致误诊为缺肥干旱或其他病害。

病原及特征 在中国危害麦类的孢囊线虫有燕麦孢囊线虫（*Heterodera avenae*）和菲利普孢囊线虫（*Heterodera filipjevi*）2 种，属异皮线虫属（*Heterodera*）。

雌虫 体长 0.55～0.77mm，体宽 0.36～0.50mm。雌成虫梨形，具有突出的颈部和阴门锥。头部有环纹，并有 6 个融合的唇片和 1 个唇盘。口针直或者轻微拱形，口针长 26～32μm；口针基部球圆形。中食道球圆形，基有明显的贲门器官。阴门裂长 12～13μm，偶尔雌虫有排出体外的少量胶状物质，但是胶状物中很少卵。雌虫体表有粗糙的"Z"字形皱褶图案。

孢囊 阔柠檬形，深褐色，孢囊长 601～913μm，宽 436～612μm，新鲜孢囊有明显的亚结晶层，变成褐色时，亚结晶层脱落。此亚结晶层被认为是由 S-E 系统的分泌物组成。典型孢囊成熟时是深褐色至黑色。阴门锥膜孔是双膜孔型，无下桥，泡状突明显，在阴门膜孔下方不规则排列。大多数孢囊通常含有 200～250 粒卵，少数大孢囊含卵粒超过 600。孢囊平均大小 0.71mm×0.50mm；成熟孢囊从白色变成黑褐色过程中无黄色阶段。阴门膜孔长 43～47μm，宽 22～23μm；阴门裂长 8.1～10.5μm（图 2、图 3）。

二龄幼虫 体长 0.54～0.58mm；体宽 20～24μm；尾长 45～70μm（一般是 54～58μm）；口针 24～28μm。蠕虫状，具有明显尖尾。唇区圆形，缢缩，有 2-个环纹。体壁环纹明显，体中部环纹宽 1.5μm，侧区大约为体宽的 1/4；侧线 4 条，形成 3 个侧带，外侧带有网纹。口针发育良好，粗壮，基部球大，前表面扁平有时凹陷。中食道球圆形，非常强健，具有贲门。尾长为肛门处体宽的 3～4.5 倍，虫体内含物扩展至尾腔。透明尾长 35～45μm，大约 1.5 倍口针的长度。侧区在尾中部消失。尾感器明显，孔状，位于肛门的后方。

侵染过程与侵染循环 在华北主产麦区和长江中下游麦区，小麦孢囊线虫病均可危害冬小麦，该病原线虫在中国年均只发生 1 代。在长江中下游麦区（湖北等地），小麦播种后雨日多，11～12 月平均气温在 9℃ 以上，有利于线虫孵化和侵入寄主，播种后 25～35 天，二龄幼虫即可侵入麦根，造成苗期严重感染；翌年 2～3 月，雨水充足，气温回升早而快，线虫再次孵化和入侵寄主，危害加重；100～120 天幼虫在根内发育至三龄，120～130 天根内出现四龄幼虫，130～150 天根外可见白色孢囊，150～190 天褐色孢囊出现，该病原线虫完成一代需 5 个月。在华北麦区河北定州、河南郑州、北京大兴和江苏沛县，冬小麦播种出苗后，仅有少量二龄幼虫侵入，翌年春天小麦返青后，早春的低温使线虫的孵化加大，造成大量侵入危害；2 月下旬至 3 月上旬是该线虫二龄幼虫侵入的高峰期；4 月上旬幼虫在麦根内发育至三龄幼虫，4 月下旬发育至四龄幼虫，5 月上旬小麦根表可见白色孢囊（雌虫），5 月中旬为白色孢囊显露盛期，5 月底至 6 月初孢囊发育成熟。将白色孢囊显露盛期与小麦生育期进行结合分析，白色孢囊显露盛期与小麦抽穗扬花期相吻合，因此，调查小麦禾谷孢囊线虫病以抽穗扬花期最佳。

燕麦孢囊线虫致病型划分是根据其在大麦、燕麦和小麦等鉴别寄主上的繁殖能力来确定的。根据对大麦的抗性基因（Rha1、Rha2、Rha3）的反应主要分成 3 个致病型组。每组致病根据对其他鉴别寄主的反应再进一步细分。按照 Andersen（1982）提出的燕麦孢囊线虫致病型测定和划分的方法，已经命名的致病型有 13 个，其中 Ha11 分布于丹麦、瑞典、英国、荷兰和德国。一些群体在燕麦上缺乏毒性，如法国南部、西班牙、摩洛哥、印度、日本、以色列和中国的一些群体对燕麦无毒性，而对许多北欧的燕麦孢囊线虫群体而言，大多数燕麦品种是它们最好的寄主，在瑞典也鉴定出了一些致病型对燕麦无毒性。

中国农业科学院植物保护研究所对来自中国河北、北京、河南和湖北 4 地小麦上的燕麦孢囊线虫群体对国际鉴别寄主的反应推断在中国至少有 3 个燕麦孢囊线虫的新致病型存在。浙江大学对山西太谷及安徽固镇等地的燕麦孢囊线虫群体进行了致病型的鉴别，根据两个群体对燕麦孢囊线虫国际鉴别寄主 A 组内 11 个品种的反应型，明确两个群体的致

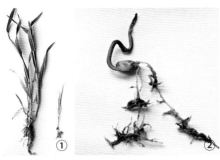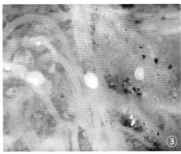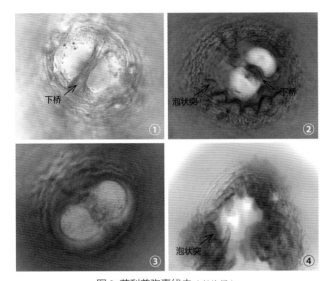

图 2　燕麦孢囊线虫危害症状（彭德良摄）

①苗期受害，根系成团，生长势弱；②受害根系呈二叉状分枝；③抽穗至乳熟期，根系表面可见有白色孢囊；
④白色（未成熟）和褐色（成熟）的孢囊

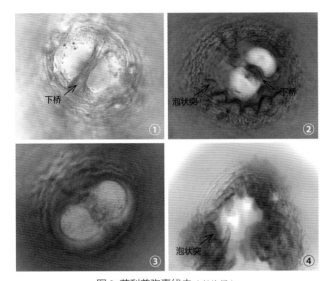

图 3　菲利普孢囊线虫（彭焕摄）

（①下桥和②阴门膜孔）和燕麦孢囊线虫；③阴门膜孔无下桥和；
④泡状突

病型不同于世界上已正式命名的 13 个致病型，并描述命名了一个新的致病型 Ha91；河南农业大学报道郑州须水和荥阳两个燕麦孢囊线虫群体的致病型为一个未曾报道的新致病型 Ha43（见表）。

流行规律

发病因素　小麦收获后，根部的孢囊大量脱落遗留在土壤中，在土壤中越冬或越夏。土壤是孢囊线虫传播的主要途径，同时农机具、农事操作、人、畜、水流等的传带也可作远距离的传播，特别是跨区联合收割，会加剧小麦孢囊线虫病的扩散和传播。在澳大利亚，大风刮起的尘土是线虫远距离传播的重要途径。在中国，每年的暴雨冲刷可能造成线虫的远距离传播。小麦孢囊线虫的卵在 10～18℃ 条件下均可孵化，随着温度增高，孵化速度加快，但孵化率降低，幼虫存活期缩短。

小麦孢囊线虫病发生与气候、耕作制度、土质、土壤肥力状况等因素有密切关系。在幼虫孵化期，若天气凉爽、土壤湿润，降雨多时病害发生重；在小麦生长季节出现干旱或早春出现低温寒冷天气，发病严重；病田连年种植小麦或其他寄主植物发病重；砂质土壤发病重，黏土、水稻土、砂姜

黑土地块发病轻；旱薄地发病重，损失大，高水肥地块发病轻，损失小；旋耕地块重于深耕地块；增施肥料（氮肥、磷肥和有机肥）和播后镇压可减轻发病，增施钾肥则加重病害；品种间发病程度差异很大，大多数品种普遍感病；初发病地块点片分布，老病田发病相对比较均匀。

存活　土壤中处于滞育阶段的孢囊内的卵有抗干旱能力，但贮存于较低的相对湿度时，孢囊内的卵在 5℃ 条件下可以存活多年。在澳大利亚，干孢囊的风媒扩散是燕麦孢囊线虫快速传播和广泛分布的原因。在印度，干燥的土壤不会使孢囊内的卵散失活力和降低侵染率；当土壤温度接近 20℃、湿度接近田间持水量时，幼虫的存活能力降低。

孵化特性　燕麦孢囊线虫属低温型线虫，孵化所需的温度较低，低温可以刺激孵化，高温则抑制孵化，引起滞育。孵化的主要制约因素是温度和湿度，不受植物根分泌物的影响。但将燕麦孢囊线虫的孢囊预先置于 5℃ 下处理，然后置于 10℃ 下根分泌物的溶液内，则幼虫的孵化量很大。由于气候条件的不同，燕麦孢囊线虫的孵化规律存在明显差异。线虫必须在 5～7℃ 的低温条件下经过至少 30 天以上，二龄幼虫才能孵出；上述低温之前 30 天左右的中温（10～15℃）处理对线虫的孵化具有明显的促进作用；低温处理后一定程度的温度升高（15～25℃）可使二龄幼虫在短期内大量孵出，形成孵化高峰期，但之后基本不再孵化。30℃ 左右的高温抑制此线虫的孵化，而 –20℃ 左右的低温对此线虫无明显伤害。在 5～7℃ 的低温条件下，线虫可长期连续孵化（最终累计孵化率可达 90% 以上），但孵化速度明显较慢，且无孵化高峰期出现。小麦幼根分泌液在以上温度条件下均不能刺激此线虫孵化。黑暗条件下的孵化率与室外自然光照下相比明显较低。上述温度的变化对燕麦孢囊线虫二龄幼虫孵化和活动力的影响，在 pH6 时的孵化量最大。

寄主范围　燕麦孢囊线虫的主要寄主是禾本科作物，包括小麦属、大麦属、燕麦属、雀麦属、玉蜀黍属、剪股颖属、鸭茅属、须草属、稗草属、羊茅属、黑麦草属、梯牧草属、早熟禾属、棒头草属、黑麦属、高粱属等 32 个属 60 余种作物，其中小麦、裸大麦、大麦、家燕麦、黑麦草、鸭茅、鹅观草、球茎草、苇状羊茅等禾本科作物和牧草是该线虫的良好寄主，此外还侵害紫羊茅、牛尾草、羊茅、泽地早熟禾等 40 多种杂草。节节麦和鬼蜡烛是中国小麦禾谷孢囊线虫的两种新寄主。该线虫能侵染玉米，但不能完成生活史，因此，玉米是

燕麦孢囊线虫致病型划分标准表（引自 Cook & Rivoal, 1998）

Cultivar (other names)	Heterodera avenae pathotypes reaction															
	Group 1									Group 2				Group 3		
	Ha 11	Ha 21	Ha 31	Ha 41	Ha 51	Ha 61	Ha 71	Ha 81	Ha 91	Ha 91	Ha 12	Ha 22	Ha 13	Ha 23	Ha 33	Ha 43
Barley (*Hordeum* spp.)																
Emir (KVL785)	S	S	*	S	*	R	S	S	*	*	S	S	S	S	S	S
Varde	S	S	*	S	*	S	S	S	S	S	S	S	S	S	S	S
Ortolan	R	R	R	R	R	R	R	R	R	R	S	S	S	S	S	S
KVL191	R	R	R	*	S	S	S	*	S	(S)	R	*	*	S	*	S
Siri	R	R	R	S	R	S	R	R	R	R	R	R	S	R	S	R
Morocco (CI3902)	R	R	R	R	R	(S)	R	R	R	R	R	R	R	(R)	R	R
Marocaine (C.I.8341)	R	R	*	*	R	*	*	*	(S)	S	R	*	R	(R)	*	(S)
Bajo Aragón 1-1	R	*	*	R	*	(S)	R	R	R	S	R	*	R	S	S	R
Herta	S	R	S	*	R	*	R	R	(S)	R	S	R	*	*	R	R
Martin 403-2	R	*	*	R	*	R	R	S	R	R	R	R	R	*	R	R
Dalmatische	(R)	R	*	*	S	S	R	S	S	S	S	S	S	(R)	*	S
La Estanzuela	*	*	*	*	*	*	S	*	S	*	*	R	R	R	R	R
Harlan 43	R	*	*	*	*	*	R	*	S	R	R	*	*	(R)	S	R
Oat (*Avena* spp.)																
Nidar Ⅱ	S	*	*	(S)	*	S	R	(R)	R	R	S	R	S	S	S	*
Sun Ⅱ	S	R	R	R	S	R	R	(R)	R	R	R	R	R	R	R	R
Pusa Hybrid BS1	R	R	*	R	R	R	S	R	S	R	S	R	R	R	R	R
Silva (KVL1414)	(R)	*	*	R	*	(R)	R	R	R	(R)	R	(R)	R	R	R	R
I376 (CC4658)	R	R	*	R	R	R	R	R	S	R	R	R	R	R	R	R
IGV.H.72-646	R	*	*	R	*	R	R	R	R	+S	R	S	R	R	R	R
Wheat (*Triticum* spp.)																
Capa (KVL8067)	S	S	*	S	*	S	S	S	S	S	S	S	S	S	S	S
Loros × Koga (63/1.7.15.12)	R	R	*	R	R	(R)	R	R	S	R	R	R	R	(R)	S	R
Iskamish-K-2-light	S	*	*	R	*	(R)	(S)	R	(R)	R	R	R	S	S	S	R
AUS10894	R	*	*	R	*	R	R	R	S	S	R	R	R	(R)	S	S
Psathias	S	*	*	S	*	S	R	R	(S)	(S)	R	R	R	R	R	S

注：S为感病；R为抗病（新鲜孢囊与感病对照上的数目相比＜5%）；（）.中间类型；*.无数据信息。

非寄主植物；该线虫不能危害红花三叶草和紫花苜蓿。

防治方法　小麦孢囊线虫病的防治应该采取"农业防治为基础，抗病品种为核心，生物与化学防治相结合"的分区治理的综合控制技术体系。

农业防治　适当增施有机厩肥、氮肥和磷肥抑制小麦孢囊线虫病的危害。增施15kg/亩氮肥和15kg/亩磷肥的孢囊减退率分别为37.91%和41.26%，小麦分别增产5.39%和10.67%；增施有机厩肥有利于小麦孢囊线虫病的发生，但能提高小麦产量，可能与补偿作用有关。

轮作　禾谷作物与非禾谷作物轮作可以有效地防治线虫危害，而在连作条件下，几年内线虫群体将极大地增加。休闲可明显降低田间的小麦孢囊线虫数量，孢囊减退率可达89.8%；小麦与非寄主植物如豌豆、油菜和花生轮作可显著降低田间的孢囊基数，如小麦与茄子或甜瓜轮作致使小麦孢囊线虫基数减退90.7%和93.8%；小麦与油菜、蚕豆和豌豆轮作致使小麦孢囊线虫基数减退56.94%、32.98%和87.10%；小麦与花生轮作3年后，田间几乎检测不到小麦孢囊线虫，防治效果最为显著。在青海小麦、青稞连作田小麦孢囊线虫病明显重于轮作田，麦—薯、麦—豆、麦—油轮作，对小麦孢囊线虫病有良好的控制效果，土壤中孢囊减退率达45.41%～51.64%，增产率18.84%～23.71%。

播种后镇压　播后镇压是防治小麦孢囊线虫病的一项轻简化技术，在秸秆还田、旋耕田和土质疏松、透气性好的麦田，尤其是播后不能灌溉的麦田，播后镇压具有非常显著的防病效果和增产作用，播后镇压的孢囊减退率分别为49.62%～55.4%，返青拔节期镇压的病情抑制率可达44.90%～57.93%，小麦增产5.7%～15.15%。

种植抗病品种　在河南中南部的许昌、郑州等地区，选择太空 6 号、濮麦 9 号、豫麦 49-198 等抗（耐）病品种，在豫北新乡、焦作、安阳、濮阳、鹤壁等地，选择新麦 18、新麦 19 和濮麦 9 号等抗（耐）病品种；在安徽皖北地区，可选择种植豫麦 49-198、兰考矮早 8 号、漯麦 8 号、许科 1 号等抗（耐）病品种。重病地块应避免种植矮抗 58、豫麦 18、豫麦 58、豫麦 60、温麦 19、郑麦 9023 等高度感病品种。

生物防治　生防真菌——拟青霉属 Z4 菌剂、曲霉属生防真菌 HN132 和 HN214、球孢白僵菌 08F04 和淡紫拟青霉对小麦孢囊线虫病具有显著防效，在大田均表现为良好的防效。拟青霉属 Z4 发酵液的防治效果为 50%，孢囊衰退率为 72.88%，对卵和二龄幼虫的寄生率分别为 27.3% 和 32.8%，10 倍稀释液对小麦孢囊线虫的致死率均在 82.4% 以上；Z4 制剂在田间防治效果在 55.2%～64.1%，且对小麦和大麦均有一定的保产、增产作用。HN132、HN214 稀释 4 倍的发酵液处理燕麦孢囊线虫后，死亡率达 96% 以上；HN132 菌株 16 倍稀释液处理后，孢囊减退率能够达到 50%，8 倍稀释液处理后孢囊减退率达到 64.1%；生防菌剂 08F04，在田间具有比较稳定的防病效果，处理后田间的孢囊减退 44.50%～58.49%，小麦增产 3.39%～6.94%。淡紫拟青霉颗粒菌剂，100kg/hm² 颗粒菌剂处理的防效最好，在小麦苗期和小麦生长后期（抽穗至扬花期）的防效分别为 57.25% 和 40.22%，在小麦收获后，土壤中的孢囊数量比对照减少 59.82%。植物源制剂 TS 颗粒剂对小麦孢囊线虫的抑制作用明显，卵抑制率可达 41.41%，且对小麦有增产作用，最高增产率达 14.6%。

药剂处理种子　用熏蒸性或非熏蒸性杀虫剂处理所有表层土壤防治小麦孢囊线虫对禾谷作物来说是太昂贵。但在播种时将小量的杀线虫剂置于禾谷作物播种沟内是经济可行的，用非熏蒸性杀线虫剂作为种子包衣防治禾谷孢囊线虫时是非常经济的。播种前用甘农种衣剂Ⅰ号、甘农种衣剂Ⅱ号、甘农种衣剂Ⅲ号、阿维菌素种衣剂 AV1、阿维菌素种衣剂 AV2 和 5.7% 甲维盐 6 种种衣剂对种子进行拌种处理，不同种衣剂处理种子对土壤中孢囊线虫的繁殖均有一定抑制作用，甘农种衣剂Ⅲ号（1∶35）、甘农种衣剂Ⅰ号（1∶50）和甘农种衣剂Ⅱ号（1∶35）平均孢囊减退率分别为 56.0%、53% 和 47%。增产率分别为 37.6%、19.4%、17.9%。用新型线虫种衣剂处理种子，不仅对小麦孢囊线虫病具有较好的防效，而且具有安全、低毒、省工、经济的特点，不失为农业生产实践中一种简便和实用的防治孢囊线虫的方法。

参考文献

中国农业科学院植物保护研究所, 中国植物保护学会, 2015. 中国农作物病虫害 [M]. 3 版. 北京：中国农业出版社.

（撰稿：彭德良；审稿：康振生）

麦类麦角病　wheat ergot

由麦角菌引起的麦类病害。

分布与危害　麦角病是多种禾本科作物及牧草的重要病害，危害的禾本科植物约有 16 属 22 种之多，主要危害黑麦，也侵害大麦、小麦、燕麦和鹅观草。呈世界性分布，在中国分布很广，全国约有 13 个省（自治区、直辖市）发现过麦角菌存在，南至贵州，北达黑龙江，东自浙江，西抵青海都有麦角菌的分布。危害黑麦一般减产 5%，危害小麦一般减产 10%。该病不仅使牧草种子减产，而且所产生的菌核含有多种剧毒的生物碱，人、畜食入相当数量后，可致痉挛、流产、干性坏疽，甚至死亡；耳朵感染时，会流出一种具甜味、黄色的黏液。一般种子中混有 5% 麦角即不能食用，也不可作饲料用。

病菌只侵染禾本科花器，发病小花初期分泌淡黄色蜜状甜味液体，称为"蜜露"，内含大量麦角菌的分生孢子。病粒内的菌丝体常发育成坚硬的紫黑色菌核，呈角状突出于颖片之外，故称"麦角"。有些禾本科的花期短，种子成熟早，不常产生麦角，只有"蜜露"阶段。田间潮湿的清晨或阴霾天气，"蜜露"明显易见，干燥后只呈蜜黄色薄膜黏附于穗表，不易识别（见图）。

病原及特征　病原为麦角菌 [*Claviceps purpurea*（Fr.）Tul.]，属麦角菌属。麦角菌分为不同的专化型，有的危害黑麦的类型也能侵染大麦、小麦等，而另一类型则仅侵染黑麦而不能侵染大麦。"蜜露"内无性阶段的分生孢子，单胞无色，3.5～6μm×2.5～3μm。菌核呈香蕉形、柱状，表层紫黑色，内部白色，质地坚硬，大小因寄主而异，如无芒雀麦、看麦娘、蔄草、紫羊茅上的麦角长 2～11mm，无芒雀麦上的可长达 15mm，黑麦的麦角长 10～13mm，早熟禾的麦角少有超过 3mm 的。一个穗通常只有个别子粒受害变为麦角。一个病穗可产生几个或几十个麦角。子座球形，肉色，有柄，1～60 个，上有许多乳头状突起，即子囊壳的孔口，子囊壳埋生于子座表皮组织内，烧瓶状，内有若干个细长棒状的子囊，子囊壳大小为 150～175μm×200～250μm。子囊透明无色，细长棒状，稍弯曲，大小为 4μm×100～125μm，有侧丝，子囊内含 8 个丝状孢子，后期有分隔，大小 0.6～0.7μm×50～76μm。

侵染过程与侵染循环　麦角菌的主要寄主是黑麦。当黑麦开花期，麦角菌线状、单细胞的子囊孢子借风力传播到寄主的穗花上，立刻萌发出芽管，由雌蕊的柱头侵入子房。菌丝滋长蔓延，发育成白色、棉絮状的菌丝体并充满子房。毁坏子房内部组织后逐渐突破子房壁，生成成对短小的分生孢

麦类麦角病症状（马占鸿提供）

子梗，其顶端产生大量白色、卵形、透明的分生孢子。同时菌丝体分泌出一种具甜味的黏性物质，引诱苍蝇、蚂蚁等昆虫把分生孢子传至其他健康的花穗上，麦角病随之重复传播。当黑麦快成熟时，受害子房不再产生分生孢子，子房内部的菌丝体逐渐收缩一团，进而变成黑色坚硬的菌丝组织体称为菌核（麦角）。麦角掉落土中越冬或混入种子中，再随种子播入土中。翌春每个麦角萌发，生出 10～20 个子实体。子实体蘑菇状，头部膨大呈圆球形，称子座。子座表层下埋生一层子囊壳，子囊壳瓶状，孔口稍突出于子座的表面，因此，在成熟子座的表面上可以看到许多小突起。每个子囊壳内产生数个长圆筒形子囊，每个子囊内产生 8 个线状的单细胞的子囊孢子。子囊孢子成熟后从子囊壳中放射出来，借助气流传播。

流行规律 菌核在土壤中或混杂的种子间越冬。菌核（麦角）混杂在种子之间时，可随种子进行远距离传播。麦角在室温下贮存 2 年，则丧失萌发力，在寒冷且干燥的条件下，生活力可保持更长。田间靠昆虫携带其分生孢子传播，飞溅的雨点、水滴也可以传播病菌。翌年空气湿度达到 80%～93%，土壤含水量在 35% 以上，土温 10℃ 以上时，麦角开始萌发产生子座，子座产生 5～7 天后子囊壳成熟。遇适宜条件，子囊孢子可以强有力发射出来，有时也随黏性物质排出。发射出的子囊孢子借气流传播，黏液中的分生孢子借飞溅的水滴和昆虫传播到其他小花上。麦类作物花期长、外颖张开大，发病较重。花期多雨、潮湿条件对发病有利。春季土壤湿润，对菌核萌发有利。麦类作物易发生麦角病顺序为：黑麦 > 小黑麦 > 大麦 > 硬粒小麦 > 普通小麦 > 燕麦。

防治方法 选用无病种子或以机械、物理方法汰除混杂在种子中的菌核，是防治此病的关键。

选育和种植抗病品种，并加强检疫　严禁随意调运种子，防止该病蔓延。选择无病地块留种，或选用不带菌核的种子。如果麦种中混有菌核，可用 20%～30% 盐水汰选。

连年严重发生麦角病的草地应当翻耕，改种非寄主植物，重病草地不宜收种，可实行 2～3 年轮作。

加强草地管理　深翻麦地，使菌核不能萌发。选择适宜的种植地，避免低洼、易涝、土壤酸性、阴坡及林木荫蔽处种植；在同一地区，不种植花期前后衔接的感病禾本科草和作物；科学施肥，增施磷钾肥，提高植株抗病力；合理灌溉，雨后及时排水，防止倒伏；适度放牧，及时刈割，铲除周边野生寄主，收割后清除田间病残体，减少来年菌源。

化学防治　科研地和留种田可使用药剂防治，可选用叠氮化钠、粉锈宁和尿素等，均可以抑制麦角萌发。

参考文献

刘家熙，1997. 麦角菌 [J]. 生物学通报，132(4): 17.

吕佩珂，高振江，张宝棣，等，1999. 中国粮食作物、经济作物、药用植物病虫原色图鉴：上[M]. 呼和浩特：远方出版社.

喻璋，2002. 小麦病虫害及其防治 [M]. 成都：四川大学出版社.

中国农业科学院植物保护研究所，中国植物保护学会，2015. 中国农作物病虫害 [M]. 3 版. 北京：中国农业出版社.

（撰稿：马占鸿；审稿：陈万权）

麦类作物黄矮病　cereal yellow dwarf

由多种大麦黄矮病毒引起的，危害小麦、大麦和燕麦等麦类作物的一类病毒病害。

发展简史　黄矮病最早由 Oswald 和 Houston 于 1951 年在美国加利福尼亚州的大麦上发现，此后陆续在世界各国麦区发生，逐渐成为一种全球性的病毒病害。引起黄矮病的病毒最早被命名为大麦黄矮病毒，再依据蚜虫传播特异性、寄主范围与反应类型、对寄主的致病性等生物学特性，Rochow 和 Muller 根据不同病毒分离物的蚜虫传播特异性将其划分为 5 个株系：PAV、MAV、SGV、RPV 和 RMV，其中 PAV 由禾缢管蚜（*Rhopalosiphum padi*）和麦长管蚜（*Sitobio avenae*）非专化性传播；MAV 由麦长管蚜专化性传播；SGV 由麦二叉蚜（*Schizaphis graminum*）专化性传播；RPV 由禾缢管蚜专化性传播（图 1）；RMV 由玉米蚜（*Rhopalosiphum maidis*）专化性传播。随后根据血清学关系和细胞病理学差异，黄矮病毒被分成两个亚组：亚组Ⅰ和亚组Ⅱ。亚组Ⅰ包括 PAV、MAV 和 SGV 株系，亚组Ⅱ包括 RPV 和 RMV 株系。2000 年 9 月，国际病毒分类委员会（ICTV）的第七次报告，将黄矮病毒的株系升格为种并分别被归属于黄症病毒科（Luteovirdae）的黄症病毒属（*Luteovirus*）和马铃薯卷叶病毒属（*Polevirus*）。黄症病毒属已确定 BYDV-MAV、-PAV、-PAS、-kerⅡ和 -kerⅢ五个种，而 BYDV-RPV、-RPS 和 -RMV 属于马铃薯卷叶病毒属，分别定名为禾谷黄矮病毒 -RPV 和 -RPS（cereal yellow dwarf virus-RPV、-RPS），玉米黄矮病毒 -RMV（maize yellow dwarf virus-RMV）。其他的成员如 BYDV-GPV 和 -SGV 等尚未明确归属。

中国于 1960 年首先在陕西和甘肃发现小麦黄矮病的发生，随后在华北、西北、东北、西南冬、春麦区及冬春麦混种区均有发生和危害的报道。曾先后于 1966、1970、1973、1978、1980、1987 和 1999 年在陕西、甘肃、内蒙古、宁夏和河北等地大面积流行成灾。1987 年仅陕西和甘肃两省就因黄矮病的流行损失达 5 亿 kg 小麦。1999 年大面积流行发生范围遍及陕西、山西、宁夏、甘肃、内蒙古和河北等多地，发病面积达 157hm^2。周广和等鉴定出 4 种株系，即 GPV、GAV、PAV 和 RMV。GAV 与 MAV 的抗血清反应强烈，外壳蛋白核酸序列同源性很高。中国不同地区的 PAV 分离物呈现丰富的分子多样性，大多数分离物的全基因组序列与国外的同源性很低。GPV 与美国 5 种分离物无血清学关系，

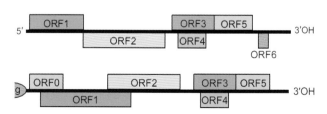

图 1　黄症病毒属病毒（A）和马铃薯卷叶病毒属病毒（B）的基因组结构（王锡锋提供）

是中国所特有的血清型，但 2011 年瑞典也报道了 GPV 的存在。GPV 与 RPV 的同源性相对较高（外壳蛋白基因核苷酸和氨基酸的同源性分别为 83.7% 和 77.5%），可能是马铃薯卷叶病毒属的成员。

分布与危害　麦类黄矮病在世界各地分布十分广泛，几乎凡是有小麦、大麦和燕麦栽培的地区均有发生。主要分布于美国、加拿大、欧洲各国、北非各国、南非、澳大利亚、新西兰、厄瓜多尔、巴西和阿根廷等，主要危害小麦、大麦、燕麦、粟、糜子、玉米等作物及多种禾本科杂草。麦类作物感病后，光合作用等生理机能遭到干扰和破坏，麦粒千粒重下降，穗粒数降低。Lister 等（1995）估计全世界因黄矮病毒的自然侵染可使麦类作物产量损失达 11%～33%。中国是世界上黄矮病主要流行区，陕西、甘肃、内蒙古、宁夏和河北等地也发生较重。近年来，青海和西藏也有暴发流行的趋势。

病原及特征　大麦黄矮病毒（barley yellow dwarf viruses，BYDVs）是一类 +ssRNA 病毒，病毒粒体对称球形，直径为 24～30nm，外壳为二十面体（T=3），无包膜。由多种蚜虫以持久非增殖传播，病毒粒体在蚜虫体内不增殖，不能通过汁液摩擦接种。不同种的病毒蚜传特性不同，即总是一种病毒对应一种或几种蚜虫传播介体。病毒在植物体内仅局限于韧皮部组织，并且在寄主体内的浓度很低。

黄症病毒科内病毒的基因组都是线性的 + ssRNA，含有 6 个开放阅读框（ORF），基因表达策略为移码、亚基因组和通读等。黄症病毒属和马铃薯卷叶病毒属的基因组结构略有不同，前者在基因组 5' 端有 ORF6，而后者在其 3' 端有 ORF0（图 1）。其中 ORF1 和 ORF2 通过 -1 移码策略编码病毒的复制酶，ORF3 编码病毒的外壳蛋白，ORF4 编码病毒的运动蛋白，ORF5 与 ORF3 通读产生的融合蛋白与介体蚜虫的传播专化性有关，ORF0 和 ORF6 编码病毒的基因沉默抑制子。

黄矮病的发病症状因寄主种类、品系、生长期及生理条件、病毒种类、接种剂量和环境条件等因素的变化而不同。小麦苗期感病植株生长缓慢，分蘖减少，扎根浅，易拔起。病叶自叶尖褪绿变黄，叶片厚硬。病株越冬期间易冻死。返青拔节后新生叶片继续发病，病株矮化，不抽穗或抽穗很小。拔节孕穗期感病的植株矮化不明显，新叶从叶尖开始发黄，随后出现与叶脉平行、但不受叶脉限制的黄绿相间的条纹，沿叶缘向叶茎部扩展蔓延，黄化部分约占全叶的 1/3～1/2（图 2①）。病叶质地光滑，后期逐渐黄枯，而下部叶片仍为绿色。病株能抽穗，但籽粒秕瘦。穗期感病的植株一般只旗叶发黄，呈鲜黄色，植株矮化不明显，能抽穗，粒重减低。

大麦幼苗感病后严重矮缩，分蘖增多，叶片变硬发脆，叶尖开始变黄，呈鲜艳的金黄色或橙色，有光泽，不抽穗或抽穗很小，籽粒很少，且不饱满。拔节期感病，节间缩短，植株显著矮化，分蘖增多，叶片呈金黄色。抽穗后感病，一般只旗叶呈金黄色，矮化较轻，能抽穗，籽粒秕瘦（图 2②）。

燕麦植株感病后叶片自叶片尖或叶缘出现褪绿斑驳，然后逐渐发展呈紫红色。叶片一般不出现条纹，叶鞘呈紫红色（图 2③）。粟发病后全株矮缩，严重时不能抽穗。紫秆品种全株变红色，称为粟红叶病。玉米植株感病后叶片自叶尖褪绿呈浅红色，逐渐发展为褐红色。糜子发病后叶片最初为橘红色，后发展为土红色或土黄色。

侵染过程与侵染循环　大麦黄矮病毒只能由介体麦蚜以持久非增殖方式传播，其侵染循环在中国冬麦区、冬春麦混种区是有差异的。冬麦区如陕西、甘肃、河南、山东、河北、安徽和江苏等地，5 月中下旬各地小麦逐渐进入成熟期，麦蚜因植株老化，营养不良，产生大量有翅蚜向越夏寄主迁移。随着这些麦蚜在越夏寄主上取食，病毒也就传播到越夏寄主。越夏寄主包括玉米、高粱、糜子、粟（谷子）、水稻等作物以及自生麦苗和鹅观草、野燕麦、雀麦、画眉草、白羊草、马唐、蟋蟀草、虎尾草等禾本科杂草。其中糜子、自生麦苗、虎尾草、小画眉草、雀麦、野燕麦等又是小麦黄矮病毒的越夏寄主。秋季小麦出苗后，麦蚜又迁回麦地，特别是田边的小麦上取食、繁殖和传播病毒，并以有翅成蚜、无翅成若蚜在麦苗基部越冬，有些地区也产卵越冬。冬前感病的小麦是翌年早春的发病中心。返青后，在拔节期出现第一次发病高峰。发病中心的病毒随着麦蚜的迁移扩散逐渐蔓延，到抽穗期出现第二次发病高峰（图 3）。

冬、春麦混种区如甘肃河西走廊一带，5 月上旬，冬小麦上的麦蚜逐渐产生有翅蚜，向春小麦、大麦、玉米、糜子、高粱及禾本科杂草上迁移。晚熟春麦、糜子和自生麦苗是麦蚜和小麦黄矮病毒的主要越夏场所。9 月下旬，冬小麦出苗后，麦蚜又迁回麦田，在冬小麦上产卵越冬，小麦黄矮病毒也随之传到冬小麦麦苗上，并在小麦根部和分蘖节里越冬。翌年 3 月中旬，越冬蚜卵开始孵化，4 月中旬产生有翅蚜，迁移扩散，不断地传播病毒。

春麦区较为复杂。据 1965 年以来的历年调查，豫西、关中、晋南、陇东等冬麦区的麦蚜和小麦黄矮病与宁夏、内

图 2　大麦黄矮病在麦类作物上的发病症状（王锡锋提供）

①小麦上的症状；②大麦上的症状；③燕麦上的症状

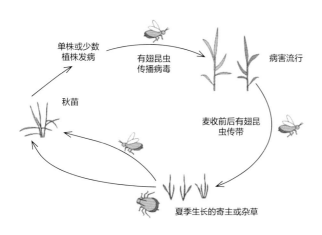

图 3　冬麦区小麦黄矮病的侵染循环（王锡锋提供）

蒙古等春麦区的麦蚜和小麦黄矮病发生流行趋势基本一致，说明春麦区的虫源、毒源有可能来自部分冬麦区。实际调查证明，麦蚜能够凭借气候条件携带，从冬麦区迁飞至春麦区，并传播病毒，成为春麦区小麦黄矮病的初侵染来源和毒源。有翅麦蚜迁入的主要天气形势为"槽前锋后"型，迁入区域主要为西起宁夏黄灌区，包括内蒙古巴彦淖尔、鄂尔多斯、乌兰察布，河北张家口、承德及西北部春麦区。迁出区域主要是豫西、晋南、关中、陇南、陇东和延安等地冬麦区。

流行规律　麦类作物黄矮病的流行是寄主、病毒和介体麦蚜在特定的环境条件下相互作用的结果。中国冬、春麦区黄矮病毒侵染循环上的差异，造成了黄矮病的发生与流行，在冬麦区和春麦区有所不同。冬小麦感染发病分两个阶段：秋苗期病害初侵染并形成发病中心；春季小麦拔节抽穗时期，病害再侵染并酿成流行成灾。小麦收获前后，黄矮病毒随麦蚜转移至莜麦、雀麦、大凌风草、银鳞茅、狗尾草、金色狗尾草、马唐、虎尾草、小画眉草和多种山羊草及玉米等禾本科植物上，成为麦田秋季的初侵染源，对黄矮病的流行起重要的作用。春麦区的发生流行与带毒麦蚜远距离的迁飞传毒有密切关系，冬麦区小麦成熟前，麦蚜能够凭借气候条件携带，从冬麦区迁飞至春麦区，并传播病毒，成为春麦区小麦黄矮病的初侵染来源和毒源，然后再借助麦蚜在田间的扩散传毒，在当年连续发病流行成灾。

麦类作物品种抗病性的强弱对黄矮病发生有重要的影响，从1973年开始，中国农业科学院植物保护研究所鉴定了4万多份小麦品种（系），在普通小麦品种（系）中未发现抗黄矮病材料。国外的研究仅在大麦中找到一些抗黄矮病基因，如 *Yd2*、*Yd3*、*Yd1*，但这些基因在小麦中抗性不强，并认为普通小麦中不存在抗源材料。由于黄矮病毒要靠介体蚜虫的携带、扩散与传播来完成病害循环并造成病害的发生与流行。因此，介体蚜虫数量与带毒率决定了不同麦田发病轻重的差异。从各地历年黄矮病发生规律调查结果看，早播麦田比晚播麦田发病重；稀植麦田比密植麦田发病重；川地麦田比山地麦田发病重；旱地麦田比水地麦田发病重；薄地比肥地发病重。这种差异，主要是由麦蚜虫口密度所决定的，特别是麦二叉蚜在冬前的越冬基数和早春虫口密度的大小，

是决定黄矮病流行程度的重要条件，冬前基数大，麦蚜传播病毒的概率增大，为翌年提供虫源和毒源也大。而早春虫口密度大，则为拔节阶段提供大量虫源、毒源，随着有毒蚜在田间的迅速扩散，使黄矮病由点片向全田扩展。

影响黄矮病发生程度的气象因素主要是温度和湿度，凡是适合麦蚜取食繁殖、传播病毒、安全越冬和越夏、早春提早活动的气象条件，就容易造成黄矮病的大流行。各地的调查资料表明，上一年冬季温暖且降水量少、早春（2～3月）气温偏高、拔节孕穗期遇低温、倒春寒等均有利于病毒病发生与流行。

根据麦类作物栽培模式和麦蚜传毒规律等情况，中国不同地区麦类作物黄矮病流行可划分为4个区域：①陕西、甘肃和山西冬麦常发区。②宁夏、内蒙古、黑龙江、山西北部和河北北部春麦常发区。③河南、山东、江苏、安徽、湖北、云南、贵州和四川偶发区。④青海和西藏高寒流行区。

防治方法　麦类作物黄矮病的发生和流行与品种感病性、传毒麦蚜数量与带毒率和气候条件等密切相关，因素复杂。因此，需采取以选种抗病良种为基础、治虫防病为关键、农业防治为辅的病害综合治理措施。

选育抗、耐病良种　普通小麦种内不存在抗大麦黄矮病的抗病基因，但一般当地农家品种大多有较好的耐病性。中国已先后鉴定出的无芒中4、无芒中5、无芒中7、忻4079、陇远45、陇远46、远中1001等异源八倍体抗源材料和球茎大麦等高抗黄矮病毒的材料，并培育出了异附加系材料 B072-3 等、易位新品系（2n=42）B021-5、B003-9、B063-2 和 B068-2 等抗源材料。各地育成的晋麦73、临抗11、张春19、张春20和晋麦88等表现中抗或高抗的品种，可在西北和华北黄矮病的流行区推广利用。另外，中国大麦品种资源中有较多的抗病材料，可以选择利用。

治蚜防病　麦蚜是黄矮病毒的唯一传播介体。因此，在准确测报的基础上，防治蚜虫能够控制黄矮病的流行和危害。冬小麦的早播麦地采用在播种前用药剂拌麦种和处理土壤防治麦蚜并可兼治地下害虫。可选用50%辛硫磷拌种，按种子重量的0.2%拌种，也可用48%毒死蜱乳油按种子重量的0.3%拌种，拌后堆闷4～6小时便可播种，黄矮病重发生区要采用土壤处理和种子拌种相结合进行防治，土壤处理可以每亩用3%辛硫磷颗粒剂2～2.5kg均匀撒施于地面，随后将其翻入土中。当麦蚜开始在冬小麦根际附近越冬时，进行冬灌，冬前镇压、返青后耙耱，能有效消灭田间残茬和土地上的蚜卵，具有显著的治蚜效果。在一般情况下，拌种地块冬前可以不治蚜，但若冬前气温较高、干旱，则必须加强田间麦蚜调查。根据各地虫情，在10月下旬至11月中旬喷1次药，以防止麦蚜在田间蔓延、扩散，减少麦蚜越冬基数。冬麦返青后到拔节期防治1～2次，就能控制麦蚜与黄矮病的流行。春麦区根据虫情，在5月上中旬喷药效果较好。使用的药剂有10%吡虫啉可湿性粉剂4000倍液、3%吡虫清（莫比朗、啶虫脒）乳油2000倍液、抗蚜威每亩4～6g、25%阿克泰水分散剂10000倍液、1.8%阿维菌素乳油5000倍液、40%乐果乳油1000倍液、50%辛硫磷乳油1500倍液、20%氰戊菊酯（速灭杀丁）乳油1500倍液、10%氯氰菊酯乳油1500倍液等。

农业防治　加强栽培管理，因地制宜地合理调整作物布局，及时消灭田间及附近杂草。冬麦区适期迟播，春麦区适当早播，确定合理密度，加强肥水管理，提高植株抗病力。如在种植糜子的地区，尽量压缩糜子的种植面积，可以减少麦蚜和病毒的越夏数量，起到一定的防病作用。此外，安排好茬口，冬麦区避免过早、过迟播种小麦，春麦区适当早播，合理密植，抓紧肥水管理等，对促进小麦生长发育，增强对病毒的抗、耐病性，减轻黄矮病危害，也有一定作用。冷凉高寒山区冬小麦采用地膜覆盖，防病效果明显。

参考文献

王锡锋，刘艳，韩成贵，等，2010，我国小麦病毒病害发生现状与趋势分析 [J]. 植物保护，36(3): 13-19.

D'AREY C J, BURNETT P A, 1995. Barley yellow dwarf: forty years of progress[M]. St. Paul: APS Press.

MILLER W A, LADA R, 1997. Barley yellow dwarf viruses[J]. Annuals of review phytopathology, 35: 167-190.

（撰稿：王锡锋；审稿：陈剑平）

慢病性　slowing disease resistance

寄主品种本身的某种或某些数量遗传特征，它能使该品种在同一条件下比感病对照品种流行速率较慢且发病较轻，这种慢病是多循环病害数量抗病性的表现，慢病性的现象实际上是寄主抗病性、病原致病性和环境条件综合决定的。

简史　20 世纪初，美国的研究工作者就已在小麦品种上发现存在一种病情发展缓慢的特征，如早在 1925 年 Hayer 等对小麦秆锈病的研究中就看到此现象，后来称为慢锈性或慢发性抗性。1954 年美国小麦秆锈病大流行时，许多小麦品种受害严重，人们还未认识到它的重要性，直到 20 世纪 70 年代才开始重视，并认为此类抗性比其他类型特征的抗性 (如垂直抗性) 更为稳定。Roberts 和 Caldwell（1970）在首先在冬小麦品种 Knox 上发现一种成株抗病性，苗期是感病的，这个品种在美国主要麦区推广 20 多年，对小麦白粉病的抗性一直是稳定的，表现为菌丝孢子堆稀少，病情上升缓慢，称为慢粉性或白粉病慢发抗性。随后的 20 多年不仅在美国，在欧洲的英国、荷兰等国家先后对禾谷类作物品种的慢锈性或慢粉性开展了大量研究。中国植病工作者从 20 世纪 80 年代初期也开始了这方面的研究工作。如中国农业大学锈病组在田间抗病性鉴定中发现小麦品种平原 50、陕西蚂蚱麦、东方红 3 号、农大 198 等品种对条锈病表现为慢病性；而且还对小麦慢锈性品种的抗病组织学、抗病性组分、小种专化性等进行了研究。

表现及遗传　慢病性普遍存在于气传多循环病害中，在具有这种抗病性的品种上病害流行较慢，最终病害程度也较轻。慢病性是一种流行学的提法，以时间序列的病情数据或季节流行曲线来描述，与感病对照品种相比，才可看出慢病性，而且只有多循环病害的数量抗病性才有慢病性表现。慢病性已被试验证明是多组分的，其流行速率较低是因为其侵染率较低，或潜育期较长，或产孢量较少，或传染期较短，

或兼而有之。这些组分均都是数量性状，因此，推断慢病性是多基因的数量抗病性。这些组分对病原菌小种有无专化性，研究结果尚不一致，有的认为没有，有的发现有一定程度量的专化性，还有人认为尽管存在一定量的专化性，但它们导致的选择压比较小，不会造成新小种的流行和品种抗病性丧失，因而这种抗病性较为持久，甚至被暂时默认为非小种专化性抗病性。

慢病性的鉴定和利用　慢病性是相对抗病性，其肉眼直观所见是病情及其发展速度，但病情的具体数值受到初始菌量、气候条件和菌源来源等影响太大，不能直接用作抗病性的计量单位，所以可以用来计量的方法有相对病情指数法（relative disease resistance index，RDI）或相对抗病指数法（relative resistance index，RRI）和相对抗病性系数法（relative resistance coefficient，RRC）。田间慢病性的测定可分短行圃法和方块圃法，前者不但可计算出相对抗病性指数 RRI，也可以间接推算相对抗性系数 RRC，后者只能计算出 RRC。针对大量材料的初步测定比较可用短行圃法，重点材料的细致比较可用方块圃。由于具有慢病性的品种具有田间表现流行速度慢、流行曲线下面积小、最终病害程度轻的特征，而且认为对病原菌小种的选择压小，不易丧失抗病性，因此，在研究其抗性机制或机理的基础上，应加强对慢病性品种的筛选、鉴定、选育和利用。

参考文献

何家泌，1991. 禾谷类慢锈性、慢粉性及其遗传研究（Ⅰ）[J]. 国外农学—麦类作物 (4): 45-47.

何家泌，1991. 禾谷类慢锈性、慢粉性及其遗传研究（Ⅱ）[J]. 国外农学—麦类作物 (5): 43-45.

曾士迈，张树榛，1998. 植物抗病育种的流行学研究 [M]. 北京：科学出版社.

（撰稿：周益林；审稿：段霞瑜）

杧果白粉病　mango powdery mildew

由杧果粉孢引起的、危害杧果嫩叶、嫩梢、花穗和幼果的一种真菌病害，是在杧果生长期间容易发生的真菌病害。

发展简史　Berthet 于 1914 年在巴西首次报道杧果白粉病，并命名其病原菌为 *Oidium mangiferae* Berthet。1928 年印度报道该病发生，随后，杧果种植区陆续报道。在早期，该病被认为是不重要的病害，但后来逐渐发展为杧果上的重要病害。

分布与危害　该病在各杧果产区内均造成经济损失。印度、缅甸、孟加拉国、尼泊尔、巴基斯坦、斯里兰卡、以色列、黎巴嫩、新威尔士、昆士兰、新喀里多尼亚、刚果、埃及、埃塞俄比亚、肯尼亚、马拉维、莫桑比克、毛里求斯、坦桑尼亚、赞比亚、津巴布韦、南非、美国、墨西哥、牙买加、哥斯达黎加、危地马拉、巴西、哥伦比亚、秘鲁、古巴等国家和地区均有分布，导致花和幼果脱落，造成严重的产量和经济损失。1968 年，Anonymous 报道，在委内瑞拉因此病造成 20% 的产量损失，在印度，由于白粉病的发生，

杧果减产20%以上。中国海南、广东、广西、云南、四川等杧果产区均有分布，属常发性主要病害。海南以南部、西南部发生较为普遍。该病主要危害花序和幼果，造成大量落花、落果，降低产量。据调查，该病在海南西南部的流行年份花序发病率100%，病情指数60%～70%，造成大量的落花、落果，使产量损失5%～20%，个别年份甚至全部绝收。

该病主要危害花序、幼果、嫩叶和嫩枝。发病初期病部的器官出现少量分散的白色小粉斑，病斑扩大连合后形成一层白色粉状物。最后，感病组织变褐，病部组织坏死。

花穗特别感病。发病时，花蕾停止开放，花瓣和花柄变黑枯死，花蕾大量脱落，在病部覆盖一层白色粉状物。花序基部首先变为黑褐色，逐渐整个花枝变褐，最后脱落（图①）。

嫩叶容易发病，老叶较少发病。发病初期首先在叶背出现浅灰色斑，上面覆盖一层稀疏的白粉，随病斑扩大，叶片上的白粉逐渐增多，最后布满整个叶片（图②）。发病严重时叶片常扭曲畸形，最后脱落。条件不适宜时，病斑停止扩展，形成褪绿色斑或红褐色的坏死斑，影响叶片的正常生长。

常危害幼果，青果一般不发病。发病时表面产生白粉病斑，随着果实的发育，幼果和果柄变褐色，常在豌豆大小时脱落，常造成幼果大量脱落，对产量影响极大。

病原及特征 无性态为杧果粉孢（*Oidium mangiferae* Berthet），有性态为子囊菌门菊科二孢白粉菌（*Erysiphe cichoracaerum* DC.），国内杧果上尚未发现有性态。1941年，Uppal等对杧果粉孢菌形态学进行了详细描述，该菌菌丝有分隔，具分枝，覆盖于寄主表面，在菌丝表面形成白色保护膜，厚度4.1～8.2μm，菌丝形成囊状的吸器与寄主相连，吸器产生细长的芽管穿透角质层和细胞壁，这些芽管在表皮细胞下形成囊状结构即为附着胞，在菌丝顶端形成分生孢子梗，分生孢子梗直立，单生，长度64～163μm。分生孢子卵圆形，无色透明，常串生在分生孢子梗的顶端，大小为30～42μm×15～21μm。

杧果白粉菌属于专性寄生菌，不能在死亡的组织上存活。目前尚不能用人工培养基繁殖培养。病原菌分生孢子萌发的温度范围为9～32℃，最适宜温度为23℃。湿度对病害的影响较小，相对湿度在0～100%分生孢子均萌发，但相对较高的湿度更利于孢子萌发。

侵染过程与侵染循环 该菌不侵染杧果以外的寄主，以菌丝体或分生孢子在杧果叶片和幼嫩枝条上越冬，当气候条件适宜时，病组织上即可产生大量的分生孢子，借助气流传播到寄主幼嫩组织上，分生孢子萌发时长出芽管和附着胞，附着胞前端产生侵入丝，侵入寄主表皮细胞并在其内形成吸器，吸收寄主的营养物质。同时在菌丝上产生大量分生孢子梗和分生孢子，借助气流进行再传播，形成再侵染。在适宜的环境条件下，病害的潜育期为3～5天。

流行规律

温湿度 温度是影响杧果白粉病流行的主要条件。月平均气温为21～23℃时，最有利于白粉病的发生。在华南地区，一年中杧果白粉病的发生一般早于杧果炭疽病，1月下旬至2月中旬开始发病，2～4月杧果抽叶开花期为本病盛发期。湿度对白粉病发生影响较小，但70%以上的相对湿度往往有利于病害的发生，因为较高的湿度不仅有利孢子发萌发，同时也可延缓杧果叶片的老化速度，从而有利于病原菌的侵入。在温度适宜的环境条件下，有时干旱地区发病也很严重。

物候期 该病害主要危害杧果的幼嫩组织。在叶片上主要发生在嫩叶期。在开花季节可严重危害花序和花柄。危害果实主要在幼果期，青果和熟果期不危害。因此，每年在杧果开花的季节，此时气候较为凉爽，往往也是发生流行的季节。

品种抗病性 不同品种对白粉病的抗病性有差异，以象牙杧最感病，留香杧次之，秋杧和青皮杧最抗病。

施肥种类 大量施用氮肥，造成枝叶幼嫩，往往有利于白粉病的发生和流行。

防治方法 此病害的防治主要采取化学防治为主，辅以

杧果白粉病危害症状（莫贱友提供）

①花穗受害状；②叶片受害状

其他措施相结合的综合治理措施。

选用抗病品种　在白粉病流行地区，应选用抗病品种，如种植留香杧、秋杧和青皮杧。

合理施肥　在栽培管理上应增施有机肥和磷钾肥，避免过量施用氮肥。特别是在杧果开花结果季节更应注意施肥的合理性。

化学防治　化学药剂是防治本病的主要措施。在开花初期和幼果期开始喷药，间隔期15～20天。常用药剂有20%三唑酮乳油1000～2000倍液、15%三唑酮可湿性粉剂1000～1500倍液、硫黄胶悬剂200～400倍液、70%甲基托布津可湿性粉剂300～500倍、10%世高水分散剂800～1500倍液、12.5%烯唑醇可湿性粉剂2000倍液等。

参考文献

中国农业科学院植物保护研究所,中国植物保护学会,2015.中国农作物病虫害[M].3版.北京:中国农业出版社.

周又生,沈发荣,赵焕萍,1997.杧果白粉病(*Oidium mangiferae* Berthet)发生流行规律及其综合防治研究[J].西南大学学报(自然科学版)(2):157-160.

AKHTAR K P, ALAM S S, 2000. Powdery mildew of mango: A review[J]. Pakistan journal of biological sciences, 3(7): 2372-2377.

NASIR M, MUGHAL S M, MUKHTAR T, et al, 2014. Powdery mildew of mango: A review of ecology, biology, epidemiology and management[J]. Crop protection, 64(3): 19-26.

SCHOEMAN M H, MANICOM B Q, WINGFIELD M J, 1995. Epidemiology of powdery mildew on mango blossoms[J]. Plant disease, 79: 524-528.

（撰稿：蒲金基；审稿：莫贱友）

杧果疮痂病　mango scab

由杧果痂囊腔菌引起的一种杧果常发性、重要的真菌病害。主要危害叶片、枝条和果实，在生产上造成较大的经济损失。

发展简史　1942年从古巴和美国佛罗里达州采集的标本上发现，随后在世界杧果种植区内广泛分布。澳大利亚于1997年发现杧果疮痂病，被列为检疫对象。中国于1985年在广州发现该病害，曾被列为检疫对象，现已取消。

分布与危害　国外几乎所有的杧果产区，包括墨西哥、巴西、委内瑞拉、哥伦比亚、印度、泰国、菲律宾、澳大利亚等国家或地区都有该病的发生记载。在中国，广泛分布在海南、广西、广东、云南、四川、福建、贵州和台湾等地。杧果疮痂病发生严重时，幼果容易脱落，留在树上的果实果皮上布满病斑，粗糙不堪，对果实产量和品质影响很大。在菲律宾，该病危害果实造成的淘汰率达20%以上。

杧果疮痂病主要侵染幼嫩的叶片、枝条、花序、果柄和果实，症状的表现因品种、侵染部位、组织的幼嫩程度、植株长势而有一定程度的变化和差异。

在受侵叶片上常形成近圆形灰褐色病斑，多1～3mm大小，具明显的黄色晕圈，病斑粗糙开裂，中央略凹陷，背面略凸起，颜色较深，后期变成软木状，有时形成穿孔。叶缘发病常导致叶片扭曲畸形和缺刻。叶片主脉发病，形成较大的黑色长梭形的病斑，病斑中央沿叶脉开裂，后期病斑呈灰色软木状。病害严重时，枝条和叶片上病斑密布，易落叶。在潮湿环境下，病斑上产生灰褐色绒毛状霉层，即病原菌的分生孢子梗和分生孢子。

在受侵枝条、花序上常形成大量微凸起褐色或灰褐色近圆形或椭圆形病斑，病斑边缘颜色较深，1～2mm大小，大量病斑相互连合形成较大的疮痂斑块，病组织呈浅褐色软木状，粗糙开裂。天气潮湿时，病斑中央有浅褐色霉层。

在受侵染幼果上，果面产生黑色的小坏死斑，随着果实长大，小坏死斑稍有扩展，中央灰褐色，边缘黑色，稍凸起，逐渐发展为浅褐色的疮痂样或疤痕状小病斑，中央常开裂，略有凹陷，大量小病斑可以相互连合产生较大的不规则粗糙斑块，严重时可布满整个果面，往往造成果皮组织不能正常生长而凹陷，最终导致果实畸形，甚至落果。疮痂病粗糙的疤痕有时会被误认为是果皮擦伤（见图）。

病原及特征　杧果疮痂病由真菌侵染引起，其有性态为杧果痂囊腔菌（*Elsinoë mangiferae* Bitancourt et Jenkins），其无性态为杧果痂圆孢〔*Sphaceloma mangiferae*，异名*Denticularia mangiferae*（Bitanc. & Jenkins）Alcorn, Grice et R. A. Peterson〕。

病原菌有性态不常见，仅在美洲有过描述。病原菌在寄主表皮下产生褐色的子囊座，大小为30～48μm×80～160μm，子囊球形（10～15μm），不规则着生，含1～8个无色

杧果疮痂病症状（张贺提供）

①受害叶片；②受害嫩枝；③受害果实

的子囊孢子，大小为 10～13μm×4～6μm，子囊孢子具 3 隔、中间隔膜缢缩。分生孢子盘大小不一、褐色。分生孢子梗直立或稍弯曲，单生或簇生于分生孢子盘上，大小为 12～35μm×2.5～3.5μm，基部加宽，瓶梗式产孢，分生孢子单生或偶有两个串生；分生孢子单胞或有 1 个分隔，卵形或椭圆形、纺锤形或筒状，有时略弯，无色或淡褐色，少数具油球。

病原菌在马铃薯葡萄糖琼脂培养基上生长缓慢，在 25℃下培养两周，菌落直径仅为 25～35mm，继续培养 3 周后，菌落基本停止生长。菌落圆形或近圆形，深葡萄酒色；气生菌丝稀少，绒毛状至粉末状，初为白色，后为淡红色；菌落的中间凸起并螺旋，表面布满褶皱，边缘部分暗黄色，完整或者呈扇形，在菌落周围有黏性水样液体，表面覆盖着许多透明的小液珠，这些小液珠在后期变得很黏。菌落背面为黑色，中心部位有明显的凹陷，培养基正反面边缘淡红色，靠近菌落的基质变为淡红色，边缘为白色，极少产生分生孢子。自然条件下，12～33℃条件下均能产孢，最适宜产孢温度为 28℃。分生孢子萌发的温度范围为 12～37℃，最适宜温度为 28℃，萌发需要液态水存在或 100% 的相对湿度。

目前所知杧果是该病原菌唯一寄主。

侵染过程与侵染循环　杧果疮痂病病原菌可以产生分生孢子和有性孢子，但有性孢子少见，因此，无性阶段的分生孢子在侵染和病害传播中扮演着重要角色。病原菌以菌丝和分生孢子盘在病株上存活，在潮湿的环境条件下，产生分生孢子借助风雨传播，从幼嫩组织表面气孔和伤口侵入。引起新梢和嫩叶发病，并随着抽梢，不断产生再侵染；开花后，引起花序和果柄发病；坐果后，病原菌由发病的枝条、叶片、花序、果柄随风雨传播到果实，产生果实疮痂症状，果实病斑上产生的分生孢子也可以引起果实再侵染。在有遮盖的环境和有风潮湿的天气条件下，病害可传播逾 4m 的距离，在果园敞开的环境中，扩散距离可能更远，随种苗可远距离传播。

流行规律　病原菌主要侵染幼嫩组织，随着组织老化，抗病性逐渐增强。因此，花期、幼果期和抽梢期是病害发生的关键时期。

分生孢子萌发和侵染需要自由水存在，多雨、多雾、露水重等潮湿温和的天气有利于病原菌产孢和病害发生。在海南和福建，全年的温度、湿度条件均适宜疮痂病发生，但温度和湿度对病害发生的影响程度不同，以湿度影响最为明显，特别是降雨对病害发生的影响很显著，而温度则不明显。因此，叶片、枝梢、花序或果实生长的幼嫩程度期间的相对湿度是影响此病发生流行的最主要因素。

防治方法　根据此病的发生流行特点，在防治上应采取积极预防与综合防治措施，重点做好以下几个方面工作。

选用无病种苗和接穗　目前的主栽品种多不抗病，新植果园尽可能选择健康种苗栽植，老果园高接换冠也要选择健康无病的接穗。

清除病残体　结合每次修剪，彻底清除病枝梢，清扫残枝、落叶、落果，集中销毁，尽可能减少病原菌侵染源。

其他栽培防病措施　加强水肥管理，促进果园抽梢和开花整齐；避免过量或偏施氮肥，补充适量钾肥，促进新梢或

嫩叶老化，增强组织抗病能力；在第二次生理落果后及时套袋护果。

化学防治　苗圃以保梢叶为主，结果园以保果为主。结果园开花前可用波尔多液（1∶1∶100）喷雾预防，开花结果期可用 70% 代森锰锌可湿性粉剂 700～1000 倍液或 30% 氧氯化铜胶悬剂 800 倍液喷雾保护；抽梢期用 30% 氧氯化铜胶悬剂 800 倍液或波尔多液（1∶1∶100）喷雾保护。潮湿的季节，每次抽梢施药 1～2 次，幼果期施药 2～3 次，施药间隔 10～15 天。

参考文献

何胜强，郭青，1998. 杧果疮痂病及其防治 [J]. 植物医生，11(3)：10.

何胜强，戚佩坤，1997. 杧果疮痂病菌生物学特性研究 [J]. 植物病理学报，27(1)：149-155.

刘增亮，张贺，蒲金基，2009. 杧果疮痂病的症状、病原与防治 [J]. 热带农业科学 (10)：34-37.

韦晓霞，黄世勇，1996. 杧果疮痂病病情消长规律的调查观察 [J]. 福建果树 (4)：20-22.

ALCORN J L, GRICE K R E, PETERSON R A, 1999. Mango scab in Australia caused by *Denticularia mangiferae* (Bitanc. & Jenkins) comb. nov[J]. Australasian plant pathology, 28: 115-119.

（撰稿：张贺；审稿：莫贱友）

杧果蒂腐病　mango stem-end rot

由多种病原真菌引起的、主要危害杧果果实蒂部的一种病害，是世界上杧果贮运期间最重要的病害之一。

发展简史　20 世纪 60～70 年代，国外开始关注杧果蒂腐病，对其病原菌种类、防治药剂和致病机制等陆续开展相关研究。1964 年，印度首次对杧果蒂腐病的病原菌进行了鉴定，发现其病原为 *Diplodia natalensis*。后来研究发现，蒂腐病的病原种类复杂，不同地区报道到的病原种类均有异同。*Botryodiplodia theobromae*、*Botryosphaeria dothidea*、*Colletotrichum gloeosporioides*、*Colletotrichum acutatum*、*Cytosphaera mangiferae*、*Dothiorella dominicana*、*Epicoccum purpurascens*、*Physalospora rhodina*、*Phomopsis mangiferae*、*Aspergillus niger*、*Alternaria alternata*、*Neofusicoccum parvum* 等 10 多种病原菌被报道是杧果蒂腐病的病原菌。中国在 20 世纪 90 年代初对华南五省热带作物进行病虫害普查，发现引起杧果蒂腐病的病原菌为 *Dplodia* spp.。2000 年戚佩坤等对广东杧果采后蒂腐病病原菌鉴定发现，*Botryodiplodia theobromae*、*Dothiorella dominicana*、*Phomopsis mangiferae* 是主要病原。之后在广西、海南、云南杧果主产区的调查也发现，造成杧果蒂腐病害的主要病原菌也多是这 3 种病原。

分布与危害　杧果蒂腐病是杧果上发生的一种重要病害。随着世界杧果种植面积的逐年扩大，杧果病害问题日益突出，杧果蒂腐病成为继杧果炭疽病之后严重危害杧果采后品质和商品价值的主要储藏期病害。在印度、中国、斯里兰

卡、菲律宾、巴西、墨西哥和波多黎各等杧果种植区，均有杧果蒂腐病发生危害的报道。中国海南、广东、广西和云南均有发现。杧果蒂腐病危害造成的损失10%～30%，严重地区可达40%。

不同病原菌引起的症状有异同。*Botryodiplodia theobromae*引起蒂腐病叫黑色蒂腐病、焦腐病。病果皮深褐色或紫黑色，果肉软化、易流汁，有蜜甜味，病果皮覆盖黑色或墨绿色菌丝体，出现密集的黑色小粒。若病菌从果皮伤口或皮孔侵入，还可引起果皮斑点。病菌在采前可以危害杧果枝条，引起裂皮、流胶，表现出枝条回枯症状。*Phomopsis mangiferae*引起的蒂腐病又叫褐色蒂腐、树脂病。从果实蒂部开始发病，扩展较慢，病部褐色，无菌丝体覆盖果皮，但剖开果实可见果肉有白色菌丝，果肉液化，有酸味，发病后期果皮逐渐出现微小黑粒，孢子角白色或淡黄色。该病菌也可对叶片、枝梢、树干造成危害。叶片感病后产生黑色斑块，后期常呈灰白色，上面有许多小黑点；叶柄感病后变黑，在叶柄基部形成凸起，开裂变黑，随之整个叶片干枯；茎干感病后表皮组织变色，粗糙，开裂，流出浅棕色的树胶，皮层、韧皮部及木质部变黑坏死，严重时在枝干形成环枯，致使上部枝叶干枯。*Dothiorella dominicana*引起蒂腐病又称白腐病，多表现为病菌多从果蒂处侵入，病部呈浅褐色至黄褐色，表现为干腐症状，较焦腐病和褐色蒂腐病色浅；另一症状表现为皮斑，即病菌从皮孔或伤口处侵入，初时产生浅褐色、近圆形、凹陷状病斑，易着生黑色小粒，并产生深灰色菌丝，与炭疽病引起的症状相似；再者病菌可从果端侵入，果端部出现暗黑色水渍状斑，扩展迅速，此类型多在储藏后期发生。*Neofusicoccum parvum*是近几年新发现的杧果蒂腐病菌，它引起的症状与*Botryodiplodia theobromae*比较相似。发病初期，蒂部出现淡黄色至黄褐色水渍状病斑，后期出现果肉组织软化、流汁、病部变褐色或深褐色，病果皮易产生大量黑色分生孢子器，湿度大时，病果表面长出灰色菌丝（图1）。

病原及特征 杧果蒂腐病由多种病原真菌引起，以下为报道较普遍的3种病原菌。

①可可球二孢（*Botryodiplodia theobromae* Pat.= *Lasiodiplodia theobromae*（Pat.）Criff. et Maubl.、*Diplodia natalensis* Pole-Evans），属球二孢属。病菌的无性态产生分生孢子器，分生孢子器再产生并释放分生孢子。分生孢子器半埋生于寄主组织内，近炭质，褐色至黑色，往往有疣状孔口，梨形、球形或近球形，大小为120～155μm×370～460μm；分生孢子椭圆形或卵圆形，具有4～6条纵向条纹，未成熟时无色、透明、单胞，成熟时褐色、双胞，大小为17～21.8μm×8.5～19μm。分生孢子在20℃以上才可以萌发，最适萌发温度30℃；50℃经过15分钟，分生孢子即行死亡。有性态比较少见，病菌可产生孢子囊，孢子囊再产生子囊，棒状，具柄，8个子囊孢子，子囊孢子单胞无色，大小为24～42μm×7～17μm（图2）。

②多米尼加小穴壳（*Dothiorella dominicana* Pet. et Cif.= *Fusicoccum aesculi* Corda），属小穴壳属。直径100～250μm，分生孢子单胞，梭形，具不规则油球，基部平，顶端钝，大小为25.2～29.6μm×4.0～7.7μm。病菌适宜生长温度

图1 杧果球二孢蒂腐病症状（胡美姣提供）
①果实危害状；②果肉危害状

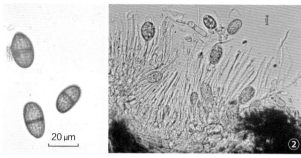

图2 杧果球二孢蒂腐病菌（李敏、胡美姣提供）
①分生孢子梗和分生孢子；②成熟分生孢子（有隔褐色）与未成熟分生孢子（单胞无色）

25～34℃，适宜生长pH 3.5～5.5。

③杧果拟茎点霉（*Phomopsis mangiferae* Ahmad），属拟茎点属。分生孢子器散生或聚生，单腔或双腔；分生孢子有2种：a型分生孢子为近梭形，两端钝，正直，偶尔微弯，无色，单胞，内有油滴，大小为6～8μm×1.8～2.0μm；b型分生孢子为线形，一端呈钩状，单胞无色，大小20～30μm×0.8～1.0μm。菌丝适宜生长温度为25～31℃，适宜pH 6.0～6.5，黑光有利于分生孢子器的形成。

侵染过程与侵染循环 蒂腐病病原菌以菌丝体或分生孢子器在杧果园枯枝树皮、病叶等病残体上或以菌丝体潜伏于树体内越冬，当环境条件适宜时，便释放大量分生孢子，借雨水、气流或昆虫传播到枝条、花穗及幼果上。在果实生长期间，病原菌以菌丝体形式侵入果蒂并潜伏下来，待果实成熟后病菌沿着果蒂的木质部导管侵入果实，或者从果柄切口侵入果实，造成蒂部腐烂。在果实采后运输期间，病原菌菌丝体在相互接触的病果和健果间逐步扩展，导致贮运期间果实大量且快速腐烂。

防治方法 杧果蒂腐病主要是病菌田间潜伏侵染、采后引起发病的病害，因而需从田间到采后都采取措施进行防控。

树体管理及果园清洁 种植的株行距要适当，以利通风透光，密度过大时要适当修剪，降低果园湿度；注意及时清理和剪除带病虫的枝叶、僵果，集中烧毁，以减少病害初侵染源。

采用"一果二剪"法采收果实 在果园采摘果实时，剪留较长果柄，防止蒂腐病菌轻易地从果柄切口侵入，当果实运至处理场所后，果柄进行二次修剪，留果柄0.5～1.0cm，每剪一次都用消毒剂（如75%酒精）蘸过果剪，以降低病菌侵入的概率。果实果蒂朝下置于留胶架，放置一段时间，

以防止流胶污染果面。

化学防治　在杧果新梢期、花穗期及幼果期要结合防治其他病害，喷药防治。有效药剂有1∶1∶160波尔多液、50%多菌灵可湿性粉剂500～600倍液、70%甲基托布津可湿性粉剂800～1000倍液、75%百菌清可湿性粉剂500～600倍液等，且药剂要交替使用。采后处理时，结合杧果炭疽病一同防治，可选用45%特克多胶悬剂450～900倍液浸果处理3～5分钟或25%咪鲜胺水乳剂500～1000倍液常温浸果2～3分钟，亦可降低药剂浓度与51℃热水制成热药液短时浸果处理。

低温储藏　采用低温贮存可有效延缓蒂腐病储藏期间的发生和发展。

参考文献

戚佩坤，2000.广东果树真菌病害志[M].北京：中国农业出版社：45-51.

DAVIDZON M, ALKAN N, KOBILER I, et al, 2010. Acidification by gluconic acid of mango fruit tissue during colonization via stem end infection by *Phomopsis mangiferae*[J]. Postharvest biology and technology, 55(2) :71-77.

PERNEZNY K, SIMONE G W, 2000. Proposed lists of common names for diseases of mango (*Mangifera indica* L.)[J]. Phytopagholology news, 34(2): 25-26.

SLIPPERS B, JOHNSON G I, CROUS P W, et al, 2005. Phylogenetic and morphological re-evaluation of the *Botryosphaeria* species causing diseases of *Mangifera indica*[J]. Mycologia, 97(1): 99-110.

（撰稿：李敏；审稿：莫贱友）

M

杧果畸形病　mango malformation disease

由镰刀菌引起的一种危害杧果生产的世界性病害，给生产上造成重大的经济损失。又名杧果簇生病、杧果簇芽病。

发展简史　1891年在印度该病首次被报道，随后在亚洲（以色列、马来西亚、巴基斯坦和中国）、非洲（埃及、南非、苏丹和乌干达）和美洲（巴西、墨西哥、美国和委内瑞拉）等全球大多数杧果种植区均有发现。关于该病的病原存在生理失调、病毒理论、瘿螨危害和真菌侵染几种假说，直到1966年，Summanwar等首次从畸形病株成功分离出串珠镰孢胶孢变种（*Fusarium moniliforme* var. *subglutinans*），并且用柯赫氏法则证明此菌为致病菌。

分布与危害　杧果畸形病在中国主要分布在云南、四川海拔较高的地区，近年在某些果园日趋严重，发病率为30%～60%，高的达95%，且有进一步蔓延的趋势，对中国杧果产业发展造成了严重的威胁。

杧果畸形病症状明显，分为枝叶畸形和花序畸形。幼苗容易出现枝叶畸形，病株失去顶端优势，节间缩短，长出大量新芽，嫩叶变细而脆，并簇生成团，最后干枯，这与束顶病症状相似。成年树感染该病后可继续生长，病部畸形芽干枯后会在下一生长季重新萌发。通常畸形营养枝的出现，会导致花序畸形，畸形花序呈拳头状，花轴变密，簇生，

初生轴和次生轴变短、变粗，严重时分不清分枝层次，更不能使花呈聚伞状排列，畸形花序的两性花为7.7%，显著少于正常花序（29.9%），但雄花多于正常花序，畸形花序通常每朵花有2～4个子房，明显高于正常两性花的1个子房。畸形花序的花胚92.73%退化，正常花序花胚退化率为12.5%，因此，杧果染病后几乎不坐果（图1）。

病原及特性　世界各地杧果畸形病均是由镰刀菌（*Fusarium* spp.）引起的，大都属于*Gibberella fujikuroi*类群，其中*Fusarium mangiferae* Britz，Wingfield & Marasaa的地理分布最广。在畸形病的病组织中还分离到了其他能致病的镰刀菌，如*Fusarium pallidoroseum*、*Fusarium sterilihyphosum*、*Fusarium equiseti*（Corda）Sacc.、*Fusarium proliferatum*（Mats.）Nirenberg和*Fusarium oxysporum* Schlecht.等。

*Fusarium mangiferae*在马铃薯葡萄糖培养基上的生长速率为3.4mm/d，气生菌丝绒毛状，白色。在查氏培养基上菌落背面有时浅红色到暗紫色。分生孢子座浅紫色、橘黄色，无隔小型分生孢子数量多，1个分隔较少，无隔孢子瓜子形至卵形，假头状着生于合轴分枝的单（复）瓶梗上，大小为4.3～9.0～14.4μm×1.7～2.4～3.3μm。瓶梗细长，30.0μm×3μm。复瓶梗上通常有2～5个产孢端。大型分生孢子镰刀形，基胞足跟不太明显，典型的3～5个分隔，大小为43.1～51.8～61.4μm×1.9～2.3～3.4μm。病原菌在燕麦培养基上生长速度最快，在液体马铃薯葡萄糖培养基中生长量最大，最佳产孢培养基为马铃薯蔗糖培养基。菌丝生长、孢子产生和萌发的最佳温度均为25～28℃；光照和pH 4～10的酸碱度对*Fusarium mangiferae*菌丝生长速度、孢子产生及萌发的影响不明显。*Fusarium mangiferae*生长的最好碳氮源分别为蔗糖和酵母提取物。菌丝和分子孢子的致死温度分别是53℃和57℃（图2）。

侵染过程与侵染循环　病株和病残体是田间病害主要的初侵染源，在适宜温度、高湿的情况下有利于病害的侵染，但干燥环境有利于病害的蔓延。病原菌分生孢子通过风或虫传播，在杧果的顶芽处侵入侵染从而引发病害的发生。该病原菌只侵染枝条的顶芽和花序，病原菌分布最多的是枝条的顶芽或花序的花梗，而枝干内很少有病原菌的分布。通过在发病植株上对果实进行全面检测，发现在种皮、果肉和胚芽内均检测不到致病菌的存在。通过特异PCR检测发现，95%的病原菌存在于植株顶芽或花序内，根部仅有5%，从而进一步推断该病原菌不是通过种子或土壤进行传播。利用绿色荧光蛋白标记的方法，在危害杧果的螨虫体表中观察到分生孢子的存在，以分生孢子单独接种、分生孢子和螨虫联合接种时均可在顶芽处检查到病原菌的存在，但联合接种的发病率和发病程度显著高于单独接种，表明了螨虫在病害侵染过程中的重要作用。在发病严重的果园内，5月在畸形花序中检测的分生孢了量高于6月和4月，在5月和6月能够在空气中捕捉到分子孢子，分生孢子的日传播规律变化不明显，当湿度低于55%时空气中孢子数较大（图3）。

流行规律　温度是制约病害流行的一个重要因子，当日平均温度达到25℃，最高温度有33℃时，病害不发生。在印度，北部地区就比南部发病严重，低温比高温发病率高。温度在8～27℃、湿度85%左右时，病原菌孢子密度达到

图 1 杧果畸形病症状（①④⑤⑥詹儒林提供提供，②和③莫贱友提供）

①畸形枝条（早期）；②畸形枝条（中期）；③畸形枝条（后期）；④畸形花序（早期）；⑤畸形花序（后期）；⑥正常花序

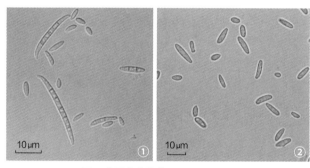

图 2 病原菌分生孢子（詹儒林提供）

①大型分生孢子；②小型分生孢子

图 3 杧果畸形病的病害循环过程

最大，在干热季节，密度降低。不同的气候环境下病害的严重程度不同，不同的杧果品种对病害的抗性也不一样。不同的地域，同一品种的抗性程度也不一样。

防治方法 应采取积极预防，及时铲除病株，综合防控，防止此病扩散蔓延。

加强检疫 严禁从病区引进苗木和接穗。一旦发现疑似病例，立即采取应对措施，铲除并烧毁发病植株，防止病害扩散蔓延。

修剪 剪除发病枝条，剪除的枝条至少含 3 次抽梢长度（0.5～1m），剪后随即在剪口用咪鲜胺（施保克）（25%施保克乳油 500 倍液，在此特称"消毒液"，下同）浸泡过的湿棉花团盖住。剪刀在剪下一条病枝前要彻底消毒（另一把剪刀事先可浸泡在消毒液里）。田间操作时可把棉花与 2～3 把剪刀同时浸泡于消毒液中，剪刀轮换使用、轮换浸泡，以便提高工作效率。剪下的枝条要集中烧毁。

化学防治 在抽梢期与开花期（日均温度 13～20℃），结合修剪措施，每隔 15～20 天喷 1 次药剂，共喷 2～3 次，重点喷施嫩梢和花穗。该药剂为咪鲜胺和速扑杀（或吡虫啉）的混合液。

参考文献

MARASAS W F O, PLOETZ R C, WINGFIELD M J, et al, 2006. Mango malformation disease and the associated *Fusarium* species[J]. Phytopathology, 96(6): 667-672.

PLOETZ R, ZHENG Q I, VÁZQUEZ Á, et al, 2002. Current status and impact of mango malformation in Egypt[J]. International journal of pest management, 48(4): 279-285.

YOUSSEF S A, MAYMON M, ZVEIBIL A, et al, 2007. Epidemiological aspects of mango malformation disease caused by *Fusarium mangiferae* and source of infection in seedlings cultivated in orchards in Egypt[J]. Plant pathology, 56(2): 257-263.

（撰稿：詹儒林；审稿：莫贱友）

杧果流胶病 mango gummosis

由多种病原引起的一种杧果真菌病害。又名杧果顶枯病、杧果枝枯病等。主要危害树干和树枝，也危害果实。杧果流胶病在世界杧果产区均有发生。

发展简史 早在 1929 年，Stevens 和 Shear 发现 *Botryosphaeria ribis* 可引起夏威夷群岛的杧果茎疫病（cane blight），1945 年，印度的 Das Gupta 和 Zachariah 发现 *Botryodiplodia theobromae* 可引起杧果顶枯、叶枯和花穗枯萎等症状；1949 年，Smith 和 Scudder 在美国佛罗里达州杧果园发现 *Diplodia* sp. 可导致杧果枯死；1960 年，Fernamdo 等人发现 *Phoma mangiferae* 可引起印度杧果的枝枯病。1971 年，Alvarez-García 和 López-Gracía 发现波多黎各杧果流胶病和枝枯病由 *Physalospora rhodina* 引起。1980 年，Ribeiro 研究发现 *Ceratocystis fimbriata* 可引起巴西杧果枝枯病。Reckhaus 在 1987 年发现 *Hendersonula toruloidea* 可引起尼日尔杧果枝枯病。

中国最早报道是在 1988 年，海南大岭农场幼树上出现枝条枯死，随后在不同地区均有不同程度发生。肖倩莼等在 1989—1992 年，分别从白沙大岑农场、石碌水库，海南三亚南田、大丰等果园采集 50 个新鲜流胶病样本，分离到 *Diplodia natalensis* 和 *Colletotrichum gloeosporioides*，且都可致病，但认为 *Diplodia natalensis* 为流胶病的主要病原菌。肖倩莼等 1995 年通过进一步鉴定，发现 *Diplodia natalensis* 可引起流胶病、枝枯病和蒂腐病。文衍堂和范建颂也多次从海南一些杧果园采集杧果枝干流胶病组织分离培养并测定菌株的致病性，认为可可球二孢（*Botryodiplodia theobromae*）是枝干流胶病的主要病原菌。2012—2013 年，李其利等对广西不同地方果园的 15 个杧果流胶病样本进行了分离鉴定，发现广西的流胶病主要由可可毛色二孢（*Lasiodiplodia theobromae*）、七叶树壳梭孢（*Fusicoccum aesculi*）和小新壳梭孢（*Neofusicoccum parvum*）引起，其中可可毛色二孢为主要病原菌。

分布与危害 杧果流胶病主要分布在中国、巴基斯坦、印度、斯里兰卡、澳大利亚、美国佛罗里达州等地的杧果产区，不同地区均有不同程度发生。在中国，杧果流胶病主要发生在广东、广西、海南、云南、四川、贵州、福建等地。一般果园发病率 10%～90%，个别果园发病率超过 95%。发病程度因品种不同而有较大差异。

该病主要发生于茎干和枝条，枝条侵染初期，在侵入点形成褐色小圆点，之后病菌沿形成层上下扩展，被侵染处变为褐色，木质部坏死，韧皮部沿侵染线开裂，流出乳白色树液，几天内逐渐变为乳黄，最后变为黏稠的琥珀色树胶。发病中后期，韧皮部、木质部逐渐腐烂脱落，引起树干部分枯死，严重的导致整株死亡。叶片、花序、果实也可发病。侵染后在茎、顶芽、花、果上流胶是此病的主要特征。叶斑症状通常从春季末期开始表现，在嫩梢基部的叶片最先发病，随生长季蔓延到其他叶片上。杧果花序受侵染后，可导致花序枯死，严重影响坐果。此外，该病还可危害杧果果实，降低杧果的品质和缩短采后的储藏时间，降低杧果的产量和商品价值（图 1）。

病原及特征 杧果流胶病可由多种病原引起，在中国主要为葡萄座腔菌科（Botryosphaericeae）的柑橘葡萄座腔菌 [*Botryosphaeria rhodina*（Cke.）Arx.]（无性型：可可毛色二孢 *Lasiodiplodia theobromae*（Pat.）Griff. et Maubl.，原名可可球二孢 *Botryodiplodia theobromae* Pat.），*Botryosphaeria dothidea*（Moug.）Ces. et de Not.（无性型：七叶树壳梭孢 *Fusicoccum aesculi* Corda）和 *Botryosphaeria parva*（无性型：新壳梭孢 *Neofusicoccum parvum*）引起，其中可可毛色二孢菌是主要的优势种群。

图 1 杧果树枝干流胶病症状（莫贱友提供）

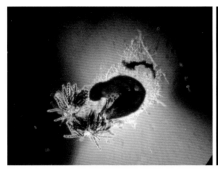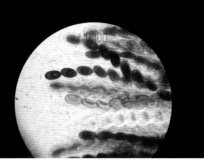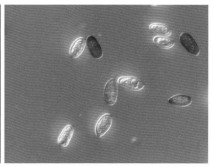

图 2 杧果流胶病菌可可毛色二孢的子囊壳、子囊及子囊孢子、分生孢子（李其利提供）

图 3 同一植株嫁接不同杧果品种对流胶病的抗性（莫贱友提供）

可可毛色二孢分生孢子卵形或椭圆形，分生孢子未成熟之前是无色透明，单胞，椭圆形；成熟以后变成深褐色，有一横隔，双胞，细胞壁表面有明显纵纹，大小为 20.0～28.0μm×10.5～16.0μm（平均 23.3μm×13.7μm）。子囊壳梨形至烧瓶形，内含长棍棒状子囊，子囊膜无色透明，子囊内的子囊孢子初期无色透明，成熟后黑褐色，卵圆形（图 2）。

杧果流胶病菌是弱寄生病原菌，具有潜伏侵染特点，寄主范围较广，在热带亚热带地区可引起木本植物枝枯病。

侵染过程与侵染循环 病原菌随风、雨、昆虫传播，由各类伤口侵入杧果。该菌具有潜伏侵染特点，多雨季节温湿度等条件适宜时，潜伏侵染较频繁。在多雨季节，越冬的病残体上长出大量包埋于茎中的分生孢子器，并且伴随孢子的释放产生再侵染。伤口或多汁的茎受侵染，导致韧皮部和皮层组织的快速变褐和坏死。受侵组织中，菌丝迅速扩展到维管组织，通过细胞间隙横向发展。菌丝在各种类型的细胞中定殖，如愈伤组织、皮层、木质部、管胞和导管。分生孢子芽管向茎部受伤的部位生长，表现出趋化性；发生侵染时，随着相对湿度的下降，分生孢子的萌发也减少；相对湿度 98%～100% 时最适宜孢子的萌发，湿度保持 12 小时以上有利于从皮孔、气孔、果实和伤口侵入。

流行规律 该病在整个杧果生长季节均可发病，多在台风雨或持续性的暴风雨过后的晴天表现症状。在广西杧果产区果园，流胶症状多在 3～5 月表现明显。台风雨或暴风雨期间，树体受到严重伤害，抵抗力下降，风雨所造成的伤口也十分有利于病原菌的侵染，致使韧皮部和木质部逐渐变褐和坏死。雨过天晴，蒸腾作用使树体失去水分，染病的嫩梢或枝条因韧皮部、木质部受害和坏死而不能运输足够的水分保持蒸腾作用的平衡，便表现出了失水、萎蔫、干枯症状，这一过程只需 3～5 天，甚至更短。土壤质地黏重、结构紧密、通气性差、易于板结、地势低洼排水不良的地块发病重。病原菌残留在病残体上或潜伏侵染在树体内，条件适宜时均可暴发危害。高温高湿、树体衰弱或被钻蛀性害虫如天牛危害的植株易发病重。杧果不同品种对杧果流胶病的抗性差异显著，其抗性机理尚不十分明确。台农 1 号杧、四季蜜杧、椰香杧和留香杧等品种易感病，红象牙杧、金煌杧、凯特杧、吉尔杧等品种较抗病（图 3）。

防治方法 采取预防为主、综合防治的方针，重点在花期、台风、暴风雨、整形修剪及发现虫害危害后进行防护。

农业防治 嫁接时要从健壮母株取芽；果实采收后，剪除病虫枝叶、荫蔽枝，回缩部分结果枝条。基肥以腐熟的农家肥为主，配合氮磷钾肥沟施，确保树体健壮。加强天牛等钻蛀性害虫的防治，减少病原菌从伤口侵入。

化学防治 病枝修剪后可喷洒波尔多液及其他保护性杀菌剂如代森锰锌、多菌灵等。花期结合炭疽病及白粉病的防治，可喷施吡唑醚菌酯、苯醚甲环唑、戊唑醇等。枝干流胶，也可刮去粗枝干病部表皮组织，采用药贴法进行防治，药贴可选用戊唑醇、丙环唑、多菌灵等药剂配制成 50～200 倍药液，持效性更好。

参考文献

肖倩纯，黄国标，杨明兴，等，1995. 杧果树流胶病病原菌鉴定和防治研究 [J]. 热带作物研究 (2): 25-27.

PHILLIPS A J L, ALVES A, ABDOLLAHZADEH J, et al, 2013. The Botryosphaeriaceae: genera and species known from culture[J]. Studies in mycology, 76: 51-167

SABALPARA A N, VALA D G, SOLANKY K U, 1989. Morphological variation in *Botryodiplodia theobromae* Pat. causing twig-blight and die-back of mango[J]. International mango symposium, 291: 312-316.

TRAKUNYINGCHAROEN T, CHEEWANGKOON R, TOANUN C, et al, 2014. Botryosphaeriaceae associated with diseases of mango (*Mangifera indica*)[J]. Australasian plant pathology, 43(4): 425-438.

（撰稿：李其利；审稿：莫贱友）

杧果煤烟病 mango sooty mould

主要由小煤炱菌、煤炱菌和三叉孢炱菌等多种真菌引起，主要危害在杧果叶片和果实表面。又名杧果煤病、杧果煤污病，是中国杧果上的常发性病害之一。

发展简史 1985 年 Lim Tong Khee 等报道马来西亚种植的杧果煤烟病可以由 8 种真菌引起，分别是杧果小煤炱菌（*Meliola mangiferae* Earle）、杧果煤炱菌（*Capnodium mangiferae* P. Hennign）、三叉孢菌（*Tripospermun acerium* Speg.）、刺盾炱属（*Chaetothyrium* Speg.）、胶壳炱属（*Scorias* Fr.）、*Scoleconyphium* sp.、*Polychaeton* sp. 和 *Limaciluna* sp.。中国在 1995 年之前，多数认为杧果煤烟病主要病原真菌是 *Meliola mangiferae* Earle 和 *Capnodium mangiferae* P. Hennign。1995 年以后，肖倩莼等报道国内杧果煤烟病病原真菌的种类，包括 *Meliola mangiferae* Earle，*Capnodium mangiferae* P. Hennign、*Tripospermun acerium* Speg.、*Chaetothyrium* Speg.、*Scorias* Fr.、*Scoleconyphium* sp.6 种真菌，其中由 *Tripospermun acerium* Speg. 引起的杧果煤烟病占比例最高，为 33%，其他依次是 *Capnodium mangiferae* P. Hennign 占 18%，*Scorias* Fr. 占 18%，*Meliola mangiferae* Earle 占 16%，*Scoleconyphium* sp. 占 8%，*Chaetothyrium* Speg. 占 7%。因此，中国杧果煤烟病菌的主要种类为 *Tripospermun acerium* Speg.。

分布与危害 杧果煤烟病在世界杧果产区均有发生。国外主要发生在亚洲的马来西亚、印度、巴基斯坦、孟加拉国和缅甸等，非洲主要发生在坦桑尼亚、扎伊尔等，美洲主要发生在巴西、墨西哥、美国等。该病在中国海南、广东、广西、云南、四川、福建和台湾等杧果产区均有分布，个别失管的果园发病率高达 100%。该病主要发生在叶片和果实表面，影响叶片光合作用，造成树势衰弱；同时影响果实的外观，降低果实的品质。

在叶片和果实表面覆盖一层黑色似煤烟状物，这些煤烟层因不同的气候条件和病原菌种类不同，或容易脱落或不易脱落，严重时整个叶片和果实均被煤烟状物所覆盖，严重影响叶片的光合作用和果实的外观（图 1）。

病原及特征 本病病原菌的种类很多，至少有 8 余种：三叉孢菌（*Tripospermun acerium* Speg.）、杧果小煤炱菌（*Meliola mangiferae* Earle）、杧果煤炱菌（*Capnodium mangiferae* P. Hennign）、刺盾炱属（*Chaetothyrium* Speg.）、胶壳炱属（*Scorias* Fr.）。此外，还发现有 *Scoleconyphium* sp.、*Polychaeton* sp. 和 *Limaciluna* sp.。其中杧果小煤炱菌（*Meliola mangiferae*）、三叉孢菌（*Tripospermun acerium*）和杧果煤炱菌（*Capnodium mangiferae*）和 *Scorias* Fr. 为主，发病率占 85%，是杧果煤烟病的主要病原，其余占发病率为 15%。

杧果小煤炱菌 菌丝粗大，头状附着枝多，互生，有的对生，刚毛多。闭囊壳球形或扁球形，黑色，下部有菌丝相连，大小为 130～160μm。子囊椭圆形或卵圆形，壁易消解，50～66μm×30～55μm。子囊孢子 2～3 个，长圆形至圆筒形，有 4 个隔膜，初无色，后呈暗褐色，大小为 35～42μm×14～18μm（图 2 ①②③）。

杧果煤炱菌 菌丝体均为暗褐色，着生于寄主表面。子囊座球形或扁球形，表面生刚毛，有孔口，直径 110～150μm（图 2 ④）。子囊长卵形或棍棒形，60～80μm×12～20μm，内含 8 个子囊孢子，子囊孢子长椭圆形，褐色，有纵横隔膜，砖隔状，一般有 3 个横隔膜，20～25μm×6～8μm。分生孢子有两种类型，一种是由菌丝缢缩成连珠状再分隔而成的，另一种是产生在圆筒形至棍棒形的分生孢子器内（图 2 ⑤）。

三叉孢菌 菌丝淡褐色，分枝少，分隔较长。分生孢子无色至淡褐色，星形，多为 3 分叉，少数 2 或 4 分叉，多个细胞（图 2 ⑥）。有一短柄着生在菌丝上，大小为 50.4～72μm×4.8～8.4μm。主要分布于海南各地。

刺盾炱属 菌丝体上生有刚毛，暗褐色，子囊座球形或扁球形，生于盾状菌丝膜下，也有刚毛。子囊孢子具有 3 至多个横隔膜，椭圆形至圆筒形，无色，7.4～18.5μm×3.7～6μm。分生孢子器筒形或棍棒形，顶端膨大成秋形，暗褐色。分生孢子椭圆形或卵圆形，单胞，无色。

胶壳炱属 菌丝表生，子囊座球形至椭圆形，表面光滑或有丝状附属丝，无刚毛，有明显的孔口。子囊棍棒状，内有 4～8 个子囊孢子。子囊孢子长卵形，4 个细胞，具隔膜，

图 1 杧果煤烟病的症状（谢昌平提供）
①杧果小煤炱菌引起的煤烟病；②三叉孢菌引起的煤烟病

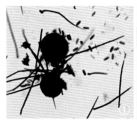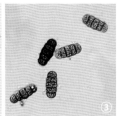

图 2 杧果煤烟病的病原菌（谢昌平提供）

①②和③杧果小煤炱菌（*Meliola mangiferae* Earle）的闭囊壳、刚毛、附着胞和子囊孢子；④和⑤杧果煤炱菌（*Capnodium mangiferae* P. Hennign）的
子囊座和分生孢子器；⑥三叉孢菌（*Trispospermun acerium* Speg.）的分生孢子

无色或淡橄榄色，20～43μm×7～12μm。

　　除杧果小煤炱菌能与杧果建立寄生关系外，其余的病原菌必须依靠蚜虫、介壳虫、叶蝉和白蛾蜡蝉等同翅目害虫分泌的"蜜露"为营养，与杧果本身没有寄生关系，因此，菌丝层很容易从杧果叶片和果实表面剥落下来。

　　侵染过程与侵染循环　病菌以菌丝体、子囊座或无性态的分生孢子盘在病叶、病枝、病果上度过不良环境。煤烟病病原菌的菌丝、分生孢子、子囊孢子都能越冬，成为翌年初侵染来源。环境条件适宜时，菌丝直接在受害部位生长，子囊座产生子囊孢子或分生孢子盘产生的分生孢子，经雨水溅射或昆虫活动通过自然孔口、伤口或者直接进行传播。翌年杧果当枝、叶的表面有蚜虫、介壳虫、叶蝉和白蛾蜡蝉等同翅目害虫的分泌物或灰尘、植物渗出物时，病菌即可在上面生长发育。菌丝、子囊孢子和分生孢子借风雨、昆虫传播，进行重复侵染。

　　流行规律　该病害的发生主要与多种同翅目害虫分泌的"蜜露"密切相关，同时，该病害的病原菌多为好湿性。因此，病害的发生与下列因素有着密切关系。

　　病害与果园害虫的关系　除了小煤炱属可以直接侵入，并与植物建立寄生关系外，其余病菌主要依靠蚜虫、介壳虫、叶蝉和白蛾蜡蝉等同翅目害虫分泌的"蜜露"为营养。因此，同翅目害虫的分泌物越多，病害也较严重。

　　病害与果园湿度的关系　由于煤烟病菌具有好湿性，因此，种植过密，果园采后不及时修剪或修剪不到位，树冠荫蔽以及果园长期失管也容易引发该病的发生。

　　防治方法　该病害的防治由于与同翅目害虫有着密切的关系，因此，防治重点工作是做好同翅目害虫的防治工作，只有防治好同翅目害虫，才能有效防止杧果煤烟病的发生。同时，适当配合做好果园田间的栽培管理。

　　防虫治病　由于多数病原菌以蚜虫、介壳虫、叶蝉和白蛾蜡蝉等同翅目害虫分泌的"蜜露"为营养，因此，防治蚜虫、介壳虫、叶蝉和白蛾蜡蝉等同翅目害虫，是防治该病害的重要措施。可选用高效氯氰菊酯、溴氰菊酯和毒死蜱等药剂喷雾防治同翅目害虫。

　　农业防治　加强果园的管理，合理修剪，提高果园通风透光度，可减少蚜虫、介壳虫等同翅目害虫的危害。

　　化学防治　在发病初期，喷 0.5% 石灰半量式波尔多液或 0.3 波美度的石硫合剂；发病后可选用 75% 百菌清可湿性粉剂 800～1000 倍液、75% 多菌灵可湿性粉剂 500～800 倍液和 40% 灭病威可湿性粉剂 600～800 倍液等药剂。

参考文献

肖倩莼，余卓桐，郑建华，等，1995. 杧果病害种类及其病原物鉴定 [J]. 热带作物学报 ,16(1): 77-83.

谢昌平，郑服丛，2010. 热带果树病理学 [M]. 北京：中国农业科学技术出版社 .

LIM T K, KHOO K C, 1985. Diseases and disorders of mango in Malaysia[M]. Malaysia: Tropical Press SDN. BHD. Kuala Lumpvr.

（撰稿：谢昌平；审稿人：莫贱友）

M

杧果拟盘多毛孢叶斑病　mango *Pestaloptiopsis* leaf spot

　　由拟盘多毛孢属真菌引起的一种常发性杧果病害。又名杧果灰斑病、杧果拟盘多毛孢叶枯病。

　　发展简史　在中国杧果产区，乃至世界杧果产区内均有发生，发生历史较为悠久，但发生不很严重。中国发现有拟盘多毛孢和胡桐拟盘多毛孢两个种，国外报道有刚果拟盘多毛孢、环拟盘多毛孢和枯斑拟盘多毛孢杧果变种等 3 个种。

　　分布与危害　广泛分布在中国海南、广西、广东、云南、四川、福建和台湾等地，乃至世界各个杧果产区。主要危害转绿后的叶片，常在叶缘、叶尖危害，导致叶片早衰、枯死、脱落。叶尖、叶缘发病，病斑不规则形，逐渐向中脉扩展，病斑中央灰白色至淡褐色，边缘深褐色，呈几毫米到几厘米大小不等的枯斑。病部常见灰黑色小粒点，即分生孢子盘。严重发生时可造成叶片组织大片枯死（见图）。

　　病原及特性　病原菌为拟盘多毛孢属。中国发现有 2 种：杧果拟盘多毛孢［*Pestaloptiopsis mangiferae*（P. Henn.）Steyaert］（异名 *Pestalotia mangiferae* P. Henn.）和胡桐拟盘多毛孢［*Pestaloptiopsis calabae*（West.）Stey.］。国外报道还有另外 3 种，刚果拟盘多毛孢（*Pestaloptiopsis congensis*）、环拟盘多毛孢（*Pestaloptiopsis annulata*）和枯斑拟盘多毛孢杧果变种（*Pestaloptiopsis funerea* var. *mangiferea*）。

　　杧果拟盘多毛孢的分生孢子盘突破表皮外露，近球形，直径 90～120μm。分生孢子呈橄榄形，大小为 22～26μm×8～10μm，有 4 个隔膜 5 个细胞，隔膜间稍缢缩，两端细胞无色，中间 3 个细胞色深、且上部 1～2 个细胞较其下部细胞色深；顶端细胞有 1～3 根较长的附属丝，一般有 3 根，长 14～20μm；基细胞有一细短柄，长约 3μm。

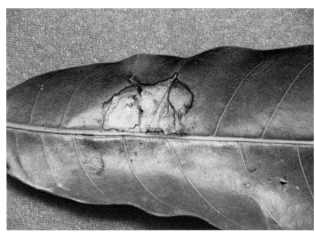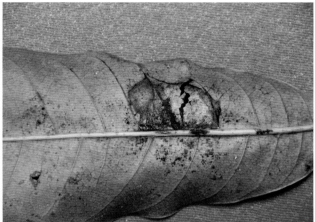

杧果拟盘多毛孢叶斑病症状受害叶片正面与反面（张贺提供）

胡桐拟盘多毛孢的分生孢子盘黑色，多着生于叶背，直径150～180μm。产孢细胞圆筒形。分生孢子大小为15～20μm×4～7μm，长纺锤形，较直，4个隔膜5个细胞，中间3个细胞均为暗褐色，两端细胞无色，隔膜为真隔膜，隔膜处无缢缩或稍缢缩，顶细胞圆锥形，有2～3根附属丝，附属丝长3～19μm，基细胞有一细短柄，长约3μm。

病原菌在连续光照或光暗交替条件下培养，均有利于杧果拟盘多毛孢的菌丝生长，但光照更有利于产孢。该菌的最适生长温度为27～30℃。在理查氏培养基上，25～28℃和pH 5下生长及产孢最好。

侵染过程与侵染循环 病原菌主要在寄主及其病叶上越冬，翌年在适宜气候条件下产生分生孢子。分生孢子借风雨传播，从叶片气孔或伤口侵入，潜育期5～7天，在潮湿条件下可不断产孢，进行多次再侵染，继续侵染叶片组织。病原菌也可通过潜伏侵染或伤口直接侵染引起储藏期果实腐烂。

流行规律 该菌为弱寄生菌，在寄主长势衰弱情况下易侵染发病，故幼苗失管、缺肥、缺水或土壤贫瘠的情况下发病较重；高温多雨有利于病原菌的繁殖和侵染，发病较重。

防治方法 根据此病的发生流行特点，在防治上应采取积极预防与综合防治措施，重点做好以下几个方面工作。

农业防治 清除病残体，结合每次修剪，摘除病叶，清扫残枝、落叶、落果，集中销毁，尽可能减少病原菌侵染基数。加强管理，合理增施肥料，提高树势和植株抗病力。

化学防治 在病害发生初期，用45%代森铵水剂1000倍液，或80%代森锰锌可湿性粉剂400～800倍液，或用50%甲基硫菌灵可湿性粉剂600～800倍液，或25%多菌灵可湿性粉剂500倍液，或1%波尔多液喷雾，有一定的防治效果。发病较重果园，可结合防治杧果炭疽病一并防治。

参考文献

张贺，韦弟谢，刘晓妹，等，2015. 杧果病害名录[J]. 中国热带农业(2): 58-64.

ISMAIL A M, CIRVILLERI G, POLIZZI G, 2013. Characterisation and pathogenicity of *Pestalotiopsis uvicola*, and *Pestalotiopsis clavispora*, causing grey leaf spot of mango (*Mangifera indica* L.) in Italy[J]. European journal of plant pathology, 135(4): 619-625.

KO Y, YAO K S, CHEN C Y, et al, 2007. First report of gray leaf spot of mango (*Mangifera indica*) caused by *Pestalotiopsis mangiferae* in Taiwan[J]. Plant disease, 91: 1684.

（撰稿：张贺；审稿：莫贱友）

杧果炭疽病 mango anthracnose

由炭疽菌引起的、危害杧果叶片、嫩梢、花序和果实的一种真菌病害，是世界上杧果种植区最重要的病害之一。

发展简史 1903年首先在波多黎各报道，随后，美国、古巴、菲律宾、英属圭亚那、多米尼加、毛里求斯、斐济、塞拉利昂、巴西、哥伦比亚、危地马拉、莫桑比克、荷属东印度群岛、葡萄牙、巴基斯坦、特立尼达岛、秘鲁、法国、圭亚那、乌干达、牙买加、斯里兰卡、刚果、摩洛哥、南非、马来西亚、澳大利亚、孟加拉国、泰国、哥斯达黎加、巴巴多斯、印度等国家和地区先后报道。中国在广东、广西、云南、海南、福建等地均有发生。

分布与危害 杧果炭疽病分布十分广泛，在世界各杧果种植区均有发生。该病害在杧果生长期侵染叶片引起叶斑，严重时造成落叶，侵染枝条则造成回枯等症状，影响杧果植株的正常生长发育。花期和坐果期，如果遭遇阴雨天气，常常导致大量落花落果，可致果实减产30%～50%，果实受害，在果实表面形成病斑，影响果实外观品质；在贮运期，病果率一般为30%～50%，严重的可达100%。

受害叶片初期出现褐色小斑点，周围有黄晕，病斑扩大后呈圆形或不规则形，黑褐色，数个病斑融合后形成大斑，使叶片大部分枯死。嫩叶受害后病斑略有突起，有时病斑中央穿孔。花穗感病后产生黑褐色小点，扩展形成圆形或条形斑，严重时整个花穗变黑干枯，花蕾脱落，不能坐果。幼果受侵严重时，整个果实变黑坏死，脱落或形成"僵果"，在受害的小果上，产生黑褐色小斑点，有时小病斑周围颜色变红，形成红点症状。在接近成熟或成熟果实上，初期形成黑褐色圆形病斑，扩大后呈圆形或不规则形，黑色，中间凹陷。病部果肉初期变硬，后期变软腐。在果实上，病原菌随水流传播，小病斑常纵向排列形成"泪痕"状。嫩梢顶芽发病，形成黑色梢枯，或在嫩梢产生黑色病斑，病斑向上下扩展，环绕全枝后形成回枯症状。潮湿天气下，病部产生淡红色黏性孢子堆，后变成黑色小粒点（图1）。

病原及特征　引起杧果炭疽病的病原菌主要有两种：一种是胶孢炭疽菌［*Colletotrichum gloeosporioides*（Penz.）Sacc.］，又称盘长孢状刺盘孢，属刺盘孢属，是引起杧果炭疽病的主要病原菌。有性态为子囊菌门小丛壳属围小丛壳［*Glomerella cingulata*（Stonem.）Spauld. et Schrenk］。另一种是尖孢炭疽菌（*Colletotrichum acutatum* Simm.），又称短尖刺盘孢，有性态为尖孢小丛壳（*Glomerella acutata* Guerber & Correll），较为少见。

胶孢炭疽菌的分生孢子盘半埋生，黑褐色，圆形或卵圆形，扁平或稍隆起，大小为110～260μm×30～85μm。刚毛

深褐色，1～2个隔膜，直或弯，50～100μm×4～7μm。分生孢子圆柱形、椭圆形，无色，单胞，两端钝圆，中间有一油滴，大小为9～24μm×3～4.5μm。尖孢炭疽菌分生孢子单胞、无色、梭形，大小为10.2～16.5μm×2.2～3.6μm，中间有一油滴（图2）。它在杧果上产生的症状与胶孢炭疽菌基本相同，二者还存在混合侵染现象。

胶孢炭疽菌的寄主范围很广，常见的寄主植物有苹果、梨、葡萄、柿、橡胶、胡椒、油梨、香蕉、柑橘、腰果、番石榴、番木瓜、龙眼、荔枝、咖啡、可可等。

侵染过程与侵染循环　病原菌主要以菌丝体在杧果植株上的病叶、病枯枝及落叶、落枝上潜伏，春雨期间潜伏在病残体上产生大量分生孢子，通过风雨、昆虫等传播到花穗及嫩梢上引起侵染。病叶在实验室10～30℃、饱和湿度或95%～100%相对湿度条件下均可以产生分生孢子，温度越高、湿度越大产生数量越多，气温在10℃和干燥条件下则极少产生。在饱和湿度条件下，最适宜的产孢温度为25～30℃。分生孢子的萌发和附着胞形成需要有自由水存在或95%以上的相对湿度。潮湿或降雨的天气条件有利于病原菌侵染，适宜的侵染温度为10～30℃。分生孢子在寄主表面萌发产生芽管，芽管末端形成附着胞，侵染钉可穿透角质层直接侵入，也可从伤口、皮孔、气孔侵入寄主，发病的幼果和挂在树上的僵果上产生的分生孢子也可以侵染果实或叶片引起再侵染。在未成熟的果皮中，5,12-顺式十七碳烯基间苯二酚、5-十五烷基间苯二酚、5（7,12-十七烷二烯基）间苯二酚等取代间苯二酚类抗病物质含量较高，病原菌暂时处于休眠和潜伏状态，待果实成熟，抗菌物质含量减少到较低水平时，病原菌进入活跃的营养状态，菌丝迅速生长扩展，产生采后炭疽病，致使果面产生大量病斑，但采后炭疽病为单循环病害，病斑通常不可能发生从果实到果实的再侵染，此外，寄生蜂也是该菌的载体，其身体表面黏着孢子进行传播。

流行规律　气候条件。20～30℃，90%以上的相对湿度最有利于发病。在华南与西南杧果产区，每年春季杧果嫩梢期、花期以及幼果期，温度均适宜发病，此期如遇连绵阴雨或雾大湿度高的天气，该病常严重发生。因此，湿度是左右中国杧果种植区炭疽病发生与流行的关键环境因子。在杧果开花、幼果和嫩叶的感病期间，连续出现降雨和高湿天气，平均温度在16℃以上，旬降雨7天以上，相对湿度在90%以上，病害就可能大流行。

图1　杧果炭疽病危害症状（莫贱友提供）
①②嫩叶受害状；③花穗受害状；④果实受害状

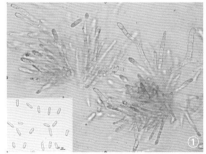
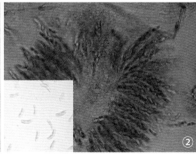
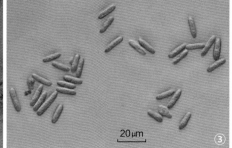

图2　杧果炭疽病菌（蒲金基供图）
①胶孢炭疽病；②围小丛壳菌；③尖孢炭疽病

品种抗病性。杧果品种间抗病力存在一定差异，还没有发现免疫品种。白花杧、吕宋杧、金钱杧、扁桃杧、泰国象牙杧、云南象牙杧、粤西1号、秋杧、金煌杧、玉文6号、海顿杧、圣心杧、凯特杧和陵水杧等相对较为抗病；湛江红杧1号、红象牙、鹰嘴杧、紫花杧、桂香杧、爱文杧、白象牙杧、肯特杧等较为感病。

寄主物候期。幼嫩的寄主组织较为感病，叶片最感病的时期是抽芽、开叶至古铜期，淡绿期较轻，完全转绿的叶片抗病性增强，即使受害，病斑扩展也会受到限制。开花至幼果期以及成熟的果实也较感病，特别是成熟果实受侵染病后迅速腐烂。

防治方法　由于中国尚未发现高抗或免疫的品种，因此，生产上对此病害防治主要采取以农业防治为基础、化学防治为主导，辅以其他措施相结合的综合治理措施。

农业防治　选用优良抗病品种，同时注意在产前、产后结合化学防治，才能获得满意的防治效果。结合修剪剪除病枝、病叶，清除园中病残体，集中烧毁或挖沟深埋。合理安排种植密度，结合修枝整形，保持果园通风透光。低洼地果园注意排涝，降低果园湿度。在第二次生理落果后及时套袋护果。

化学防治　重点保护嫩叶和保花保果。开叶后每7～10天喷药1次，直至叶片老化。花蕾抽出后每10天喷1次，连续喷3～4次，小果期每月喷1次，直至成熟前。可用25%阿米西达悬浮剂600～1000倍液、50%的甲基硫菌灵1000倍液或65%代森锰锌可湿性粉剂600～800倍液喷雾防治，其他可选择的杀菌剂还有烯唑醇、世高、安泰生、戊唑醇、醚菌酯、嘧菌酯等。

果实采后处理　精选的好果，用51℃温水浸果15分钟或54℃温水浸果5分钟；或用500mg/L的苯来特、1000mg/L多菌灵、42%特克多悬浮剂360～450倍液浸果3分钟；或用施保克药液（含有效成分250mg/L）浸泡30秒后在含氧量6%的环境中储藏。其他化学处理方式，如氯化钙、柠檬酸、草酸或水杨酸处理、壳聚糖涂膜和乙烯受体抑制剂1-甲基环丙烯（1-MCP）处理等对杧果采后炭疽病都有不同程度的控制作用，其原理可能与抑制果实呼吸速率或乙烯释放、延缓果实成熟、提高果实抗性有关。

生物防治　国内外均有可通过使用诱抗剂、植物源农药、拮抗微生物等化学杀菌剂替代防治措施的研究报道，但商业化大规模应用仍较少。

参考文献

张贺，韦运谢，漆艳香，等，2015.温湿度对杧果炭疽病病原菌分生孢子萌发及附着胞形成的影响 [J].中国植保导刊，35(1): 10-14.

中国农业科学院植物保护研究所，中国植物保护学会，2015.中国农作物病虫害 [M].3版.北京：中国农业出版社.

AKEM C N, 2006. Mango anthracnose disease: present status and future research priorities[J]. Plant pathology journal, 5(3): 266-273.

ARAUZ L F, 2000. Mango anthracnose: economic impact and current options for integrated management[J]. Plant disease, 84(6): 600-611.

JEFFRIES P, DODD J C, JEGER M J, et al, 2007. The biology of *Colletotrichum* species on tropical fruit crops[J]. Plant pathology, 39(3): 343-366.

LIMA N B, LIMA W G, TOVAR-PEDRAZA J M, et al, 2015. Comparative epidemiology of *Colletotrichum* species from mango in northeastern Brazil[J]. European journal of plant pathology, 141(4): 679-688.

（撰稿：蒲金基；审稿：莫贱友）

杧果细菌性黑斑病　mango bacterial black spot

由野油菜黄单胞菌杧果致病变种引起的、危害杧果地上部的一种细菌病害，是世界上许多杧果种植区最重要的病害之一。又名杧果细菌性角斑病或杧果溃疡病。

发展简史　1915年，Doidge首先报道杧果细菌性黑斑病在南非发生，并将病原菌命名为杧果杆菌（*Bacillus mangiferae*），随后Doidge修正杧果杆菌（*Bacillus mangiferae*）为杧果欧氏菌（*Erwinia manferae*），以后其拉丁学名经历了几次变更。1948年，Patel等发现印度杧果叶片和果实的发病症状与Doidge描述的基本一致，而其分离株却被鉴定为杧果假单胞菌（*Pseudomonas mangiferaeindicae*）。1966年，Khan等报道巴基斯坦杧果叶片发病症状与南非报道的基本相符，并将其分离株鉴定为杧果欧氏菌。1974年，Steyn等比较分析杧果细菌性黑斑病现有分离株的31项生理生化特征，确认南非、印度与巴基斯坦分离株都应该是杧果假单胞菌。然而同年，Robbs等在巴西对杧果细菌性黑斑病病原菌进行比较鉴定，认为杧果细菌性黑斑病的致病菌应归类于*Xanthomonas*属成员中的白色菌落菌群，建议采用杧果黄单胞菌（*Xanthomonas mangiferaeindicae*）或野油菜黄单胞菌杧果专化型（*Xanthomonas campestris* f. sp. *mangiferaeindicae*）命名。1979年，Moffett等测定了杧果细菌性黑斑病澳大利亚昆士兰州、南非及留尼汪岛分离株的形态学及生理生化特性，认为与*Pseudomonas*相比，杧果细菌性黑斑病病原菌的特性更接近*Xanthomonas*属，并将病原菌鉴定为杧果黄单胞菌（*Xanthomonas mangiferaeindicae*）。1980年，Dye等采纳Robbs等的建议，并根据国际植物病原细菌致病变种命名法则将杧果细菌性黑斑病病原菌命名为野油菜黄单胞菌杧果致病变种［*Xanthomonas campestris* pv. *mangiferaeindicae*（Patel, Moniz & Kulkarni）Robbs, Riviero & Kimura］。随后，南非的Manicom & Wallis和日本的Fukuda等相继对该病原菌的细菌学特性和生理生化特征进行了详细测定和描述，进一步确认这一分类地位。

1995年，Vauterin等依据DNA同源性及Biolog GN细菌鉴定系统测定的相关数据，提出应将杧果细菌性黑斑病的致病菌从致病变种当中分离出来，并暂定种为杧果黄单胞菌（*Xanthomonas* sp. *mangiferaeindicae*）。2009年，Ah-You等通过AFLP、MLSA及DNA杂交技术研究了黄单胞菌致病变种的基因型，认为杧果细菌性黑斑病病原菌应该归入柑橘黄单胞菌（*Xanthomonas citri*）变种，即*Xanthomonas citri* pv. *mangiferaeindicae*，此命名代表了该菌的最新的分类进展，现已得到部分研究者的承认。但许多研究者仍用

Xanthomonas campestris pv. *mangiferaeindicae* 描述杧果细菌性黑斑病病原菌。

中国对于杧果细菌性黑斑病的报道较晚。1972 年，Liao 描述了中国台湾杧果细菌性黑斑病症状，并将病原菌鉴定为杧果假单胞菌（*Pseudomonas mangiferaeindicae*）。1980 年，华南热作两院植保系撰写《华南四省（区）热带作物病虫害名录》，报道了杧果细菌性黑斑病，为中国大陆首次记载，但当时未对病原菌进行分离鉴定，仍采用 *Pseudomonas mangiferaeindicae* 的种名。目前，中国发表相关论文时普遍采用 *Xanthomonas campestris* pv. *mangiferaeindicae* 的种名。

分布与危害　杧果细菌性黑斑病是世界性分布的常发性细菌性病害。自 Doidge 首先报道杧果细菌性黑斑病在南非发生以来，该病相继在印度、巴西、墨西哥、巴基斯坦、澳大利亚、留尼汪岛、加纳、马来西亚、日本等国，中国的台湾、广东、广西、云南、海南、福建和四川等地普遍发生。该病已在一些国家严重发生，在中国个别产区或杧果园发生严重，成为制约杧果产业可持续发展的重要病害之一。

主要危害叶片、枝条和果实，造成叶片早衰、提早落叶、枝条坏死、落果和采后果腐，其中果实受害对其产量和商品价值影响较大。染病叶片最初在近中脉和侧脉处产生水渍状浅褐色小点，逐渐变成黑褐色，病斑扩大后边缘受叶脉限制，呈多角形或不规则形，有时多个病斑融合成较大病斑，病斑表面隆起，外围常有黄色晕圈（图 1①）。枝条发病后呈现黑褐色不规则形病斑，有时病斑表面纵向开裂，渗出黑褐色胶状黏液（图 1②）。果实染病后，初期表皮上多呈现红褐色小点，扩大成不规则形黑褐色病斑，后期病斑表面隆起变硬，溃疡开裂，潮湿条件下病部常有菌脓溢出（图 1③④）。在气候条件有利于杧果细菌性黑斑病流行时，杧果产量损失高达 85%。该病在中国杧果产区造成的产量损失一般为 15%～30%，严重的可达 50%。该病常与杧果炭疽病及蒂腐病混合发生，在储藏或运输期引起果实大量腐烂。

病原及特性　病原为野油菜黄单胞菌杧果致病变种〔*Xanthomonas campestris* pv. *mangiferaeindicae*（Patel, Moniz & Kulkarni）Robbs, Ribiero & Kimura〕，异名 *Xanthomonas citri* pv. *mangiferaeindicae*，属黄单胞菌属。

该菌在营养琼脂（NA）培养基上菌落圆形，乳白色，隆起，表面光滑，有光泽，边缘完整，培养 5 天的菌落直径大小 1.0～1.5mm（图 2）。菌体短杆状，大小为 0.9～1.6μm×0.3～0.6μm，革兰氏染色阴性，单根极生鞭毛。

该菌氧化酶反应阴性，脲酶阳性，脂肪酶阴性；在以葡萄糖、阿拉伯糖、果糖、半乳糖、甘露糖、蔗糖、乳糖、麦芽糖、棉子糖、海藻糖、甘露醇、木糖、山梨糖和甘油为碳源的 Dye 培养基上产酸；可利用柠檬酸盐、琥珀酸盐，并使其呈碱性反应；产生过氧化氢酶和氨气，不产生吲哚；能水解淀粉，液化明胶，胨化牛乳，产生硫化氢。有无氧气时

图 1 杧果细菌性黑斑病症状（张贺、莫贱友提供）

①叶片受害状；②枝条受害状；③青果受害状；④熟果受害状

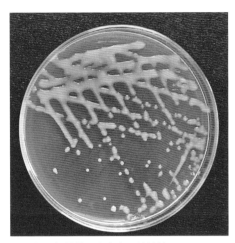

图 2 杧果细菌性黑斑病病原菌菌落（漆艳香提供）

均能生长。对硝酸盐的还原作用，菌株间略有差异。

侵染过程与侵染循环　病原菌在果园内外的病叶、病枝条、病果和杂草上潜伏越冬，尤以病秋梢为主。高湿低温（15～20℃）有利于病原细菌越冬存活。翌年借雨水溅射传到新生的幼嫩组织上，从伤口、水孔、气孔、皮孔、蜡腺或油腺等自然孔口侵入发病，杧果结果期又经风雨传播到果上危害。贮运中湿度大时，接触传播，导致大量腐烂。远距离传播主要是带菌苗木、接穗和果实等。果园内传播主要依靠风雨，特别是暴风雨；其中雨滴传播只局限于树冠之类，枝叶之间，暴风雨则是树与树之间传播的主要原因。此外，果园内的农事活动，如耕作、嫁接，修剪等也能引起该病的传播。某些昆虫（如瘿蚊、叶蝉、蓟马等）被认为对病原菌具有传病作用。病原潜育期随品种和种植区的气候条件不同而有较大程度的差异，一般为 5～15 天。

流行规律　杧果细菌性黑斑病病原菌可通过气流、带病苗木、风、雨水、昆虫和农事活动等传播扩散至新抽生的嫩梢、嫩叶和幼果上危害。叶片病斑上的病原菌存活期较长，在温度为 28℃、相对湿度为 95% 的可控条件下，叶片病斑含菌量下降缓慢，从叶龄为 3 个月和 18 个月的感病品种病叶组织中可检测到病原菌数分别为 10^7 CFU/ml 和 10^5 CFU/ml。而作为主要初侵染源之一的枝条病含菌量则较难评估。高湿条件有利于病原菌的附生，自由水则有利于病原菌从破裂表皮释放与扩散，干燥条件下则会使菌量骤降。低温有利于病原菌在杧果芽上附生存活，在高湿（85%±5%）低温（15～20℃）条件下，病芽的带菌量为 10^5 CFU/芽；而在高温（25～35℃）条件下，病芽的带菌量为 10^2 CFU/芽。病原菌在病落叶、土壤或自然水中存活期有限。

气温 25～30℃ 和高湿条件有利于发病。台风雨是该病大暴发的主要原因，台风雨给正在发育的嫩梢、嫩叶和果实制造了很多机械伤口，而雨水的溅播又是该病原菌的传播途径。因此，每次台风之后，常导致细菌性黑斑病的大流行，尤其是地势开阔的低洼地果园受水浸之后，发病更重；而避风、地势较高的果园发病则较轻。此外，风速较大的地区，枝叶和果实摩擦造成伤口，在降雨和露水重的天气条件下，也容易发生细菌性黑斑病。

生产上大面积栽培的品种为中抗或耐病品种，尚无免疫品种。印度品种 Peter Alphenes、Muigea Nangalora 和 Neclum Baneshan 较感病。广西本地土杧、广西 10 号杧、桂热 10 号杧、贵妃杧和凯特杧易感病，紫花杧、桂香杧、绿皮杧、串杧和粤西 1 号中抗，红象牙杧和乳杧较抗病。抗病品种的酚类化合物，黄酮类化合物、糖总量及氨态氮含量均较高。

防治方法　由于中国尚未发现高抗或免疫的品种，因此，生产上对杧果细菌性黑斑病主要采取以农业防治为基础，化学防治为主导，辅以生物防治和其他措施相结合的综合治理措施。

农业防治　是控制杧果细菌性黑斑病的基础，在沿海地带或平坦易招风的果园营造防护林，可减少大风造成的伤口而避免病害发生。其次，在栽培管理上，首先要做好冬季清园、春季合理修剪等相关工作，以减少初侵染及再侵染的病原菌数量，降低病原菌的侵染几率。再次，要加强水肥与花果管理，增强树势，提高树体自身抗病能力。

化学防治　以预防为主，主要涉及防治时期、次数及合适药剂三个方面。针对黑斑病的发生规律，杧果细菌性黑斑病防治的最佳时期分别为采后修剪过后及时喷药 1 次，以封闭枝条上的伤口，同时加强肥水管理，促进秋梢放梢整齐；每次新梢转绿前定期喷施保护药剂护梢，每次抽梢喷药 1～2 次；每隔 15 天喷药 1 次；幼果期喷药 1～2 次防病护果。另外，在台风等暴风雨前后及时喷药 2～3 次，保护果实、幼叶和嫩枝。

防治杧果细菌性黑斑病的药剂种类较多，硫酸铜效果最好，其次为双氯酚、氧氯化铜、络氨铜、代森锰锌。中国报道的药剂中效果较好的有 1% 等量式波尔多液、或 72 农用链霉素 4000 倍液、或 77% 可杀得 101 可湿性粉剂 600 倍液、30% 氧氯化铜 +70% 甲基托布津（1∶1）800 倍液，3% 中生菌素 1000 倍液、20% 噻菌铜 700 倍液、2% 春雷霉素 500 倍液。药剂宜交替使用，避免病原菌产生抗药性。

生物防治　国内外针对杧果细菌性黑斑病生物防治的相关研究报道很少，仅 Boshoff 等报道可以用苯并噻二唑（Acibenzolar-S-methyl，ASM）有效地诱导出对杧果细菌性黑斑病的抗性。Pruvost 和 Luisetti 筛选出可以抑制杧果细菌性黑斑病病原菌生长的枯草芽孢杆菌（*Bacillus subtilis*）和解淀粉芽孢杆菌（*Bacillus amyloliquefaciens*）。刘晓妹等筛选获得了 6 株对细菌性黑斑病病原菌具有拮抗作用的芽孢杆菌（*Bacillus* spp.），田间试验结果表明，6 株生菌对杧果细菌性黑斑病均具有明显的防治效果，其中 B2 和 B5 的防治效果最明显，达 75%；其次是 B4 和 B3，防治效果分别为 65.9% 和 52.8%。

其他措施　杧果细菌性黑斑病病原菌属于进境植物检疫性有害生物，需严格实施检疫，严禁疫区带菌苗木、接穗进入新建或无病果园，并加强病情监测。其次，在重病区或果园选择种植适宜的抗病品种。

参考文献

刘晓妹，刘文波，范秀利，2006. 杧果细菌性黑斑病生防菌的筛选及防效测定 [J]. 中国生物防治，22 (S): 94-97.

中国农业科学院植物保护研究所，中国植物保护学会，2015. 中国农作物病虫害 [M]. 3 版 . 北京：中国农业出版社 .

PLOETZ R C, ZENTMYER G A, NISHIJIMA W T, et al, 1994. Compendium of tropical fruit diseases[M]. St. Paul: The American Phytopathological Society Press.

（撰稿：漆艳香；审稿：莫贱友）

毛果含笑叶枯病　*Michelia sphaerantha* leaf blight

由大茎点霉属和茎点霉属真菌引起的毛果含笑叶枯病害。

分布与危害　在含笑栽培地均有分布。病斑近圆形或不规则形，多从叶尖和叶缘开始形成尖枯形或弧形（半圆形），中心处淡褐色，病健处色深，无明显的边缘（见图）。

病原及特征　病原为大茎点霉属（*Macrophoma* sp.）和茎点霉属（*Phoma* sp.）真菌。大茎点霉属分生孢子器暗色，有孔，球形，突出；分生孢子梗简单，短或伸长；分生孢子无色，单胞，超过 15μm，卵圆形到宽椭圆形；寄生。茎点霉属分生孢子器起初埋入寄主表皮内，后露出表层，壁为膜质、革质、角质或炭质，黑色，球形、扁球形、锥形或瓶形，有乳头状突起或无，有孔口。分生孢子器的壁由多层疏松菌丝交织而成。分生孢子梗很短，有时难见，分枝或不分枝。分生孢子单生于梗的末端如呈椭圆形、卵形、针形、筒形、梨形、角形和肾形等单细胞，少数多细胞（有 1～3 隔），透明，通常有 2 个油球。

侵染过程与侵染循环　病原菌以菌丝体或分生孢子器在病残组织上越冬，翌春分生孢子自孔口涌出，借风雨传播，从伤口及自然孔口侵入致病。

流行规律　一般在 3～11 月普通发生，9～10 月发生比较严重。本病菌是弱寄生菌，在管理粗放、土壤贫瘠、排水不畅、植株生长衰弱的园地常发病较重。

防治方法

农业防治　管理粗放或虫害较重的园圃发病较多，高温干旱年份或季节发病较重。对于发病园圃结合修剪，集中烧毁病枯枝落叶，减少侵染源。

化学防治　常发病园圃加强植株生长期病害发生前的喷药预防。可交替喷施 30% 氧氯化铜悬浮剂 + 70% 代森锰锌可湿性粉剂（1：1）800 倍液，或 70% 甲基托布津可湿性粉剂 1000 倍液，或 50% 多菌灵 800～1000 倍液，3～4 次，约隔 10 天喷 1 次。对苗圃进行喷药保护，0.5%～1% 石灰倍量式波尔多波，或 30% 氧化铜悬浮剂 600 倍液，或 10%

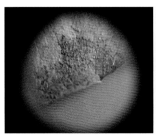

毛果含笑叶枯病症状（伍建榕摄）

多菌铜乳粉 400 倍液等。合理施肥，适量浇水，增强树势；适时喷施叶面营养剂。

参考文献

陈秀虹，伍建榕，西南林业大学，2009. 观赏植物病害诊断与治理 [M]. 北京：中国建筑工业出版社 .

解琴，1988. 含笑常见病虫害的防治 [J]. 中国花卉盆景 (12): 28.

（撰稿：伍建榕、韩长志、周嫒婷、杨蕊；审稿：陈秀虹）

毛木耳油疤病　*Auricularia polytricha* slippery scar

由木栖柱孢霉引起的毛木耳病害。又名毛木耳疣疤病。是典型的菌丝体病害。

分布与危害　毛木耳菌袋中白色菌丝体感病后，变为黑褐色，渐凋亡，导致菌袋产量显著下降，甚至完全不能出耳。2009 年首次在四川什邡毛木耳种植区发现，随后在福建、河南、湖北和江苏等毛木耳产区陆续发现了该病害。2009—2012 年调查表明，毛木耳油疤病主要发生在四川什邡、彭州和河南驻马店等毛木耳产区，在湖北武汉、福建漳州和江苏徐州等毛木耳产区仅零星发生。毛木耳油疤病菌可以感染已灭菌的培养料，但主要感染毛木耳菌丝体，在菌袋菌丝培养期感病率可以达到 20%，刺孔后的催耳期菌袋感病率迅速上升，出耳后期菌袋感病率可以达到 80% 以上。初步调查表明，菇棚卫生环境差，或者同一菇棚连续种植 3 年以上，菌袋感染率可高达 80% 以上，产量下降 30% 以上。

毛木耳菌丝体感染油疤病菌后，菌袋中白色菌丝体上初现深褐色、不规则的病斑，之后迅速向四周扩散。病斑质地硬实，外围颜色较深，中间颜色稍浅，表面有滑腻感，具光泽。有时在病斑与毛木耳健康菌丝交界处有红褐色的拮抗带，拮抗带边缘不整齐。从菌袋感病部位可以明显看出，染病的毛木耳菌丝体被病原菌所降解，菌丝体成小碎段，似豆渣状（图 1）。四川什邡毛木耳产区称之为毛木耳"油疤病"或"疣疤病"。

毛木耳油疤病在菌袋养菌期即可感染菌丝体，既可以在毛木耳菌丝正在生长时感染，也可以在菌丝长满菌袋后感染，但极少直接污染培养料而形成病斑。

病斑一旦出现后，可迅速不断地在毛木耳菌丝体上蔓延，直至覆盖整个菌袋。油疤病发病后期，病斑上有时出现青霉菌（*Penicillium* spp.）或绿霉菌（*Trichoderma* spp.）的分生孢子堆，是环境中杂菌在病斑上腐生的表现。

当毛木耳栽培进入催耳期，菌袋两端或侧面被划口或刺孔后，病原菌迅速从孔口处感染，病害在菌袋间传播蔓延加快，可在短期内扩展至整个栽培棚架，传染能力极强。

病原及特征　病原为节格孢属（*Scytalidium*）的木栖柱孢霉（*Scytalidium lignicola*）。

木栖柱孢霉菌在 PDA 平板上初期菌丝灰白色且纤细，之后菌落渐呈褐色至黑褐色，菌落平展，气生菌丝较发达，菌丝生长速度较快，表面略呈蜂窝状。菌丝体在 10～30℃下均可生长，最适生长温度约为 25℃；在 pH 3～9 时均可

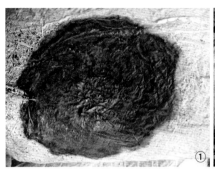

图 1　毛木耳油疤病症状（边银丙提供）
①病斑形态；②被病菌侵蚀的毛木耳菌丝；③病菌从刺孔处感染

生长，最适 pH 7。在不同的碳源和氮源的培养基中，菌落表现相似，但菌丝生长速度具有明显差别。在碳氮比（C∶N）为 40∶1 的条件下，C 浓度为 6g/L 的时候，菌丝生长速度最快。菌丝宽 2～5μm，有隔膜，有分枝。

病原菌有性阶段尚未发现，无性阶段产生厚垣状节孢子。在适宜的条件下，菌丝体上能大量产生厚垣状节孢子。厚垣状节孢子较大，6～15μm×5～10μm，壁厚，褐色至深褐色，呈宽椭圆形，常 3～6 个厚垣状节孢子串生在菌丝的顶端，呈链状（图 2、图 3）。

侵染过程与侵染循环　毛木耳油疤病菌木栖柱孢霉菌是一种兼性寄生菌，通常情况下在各种朽木、秸秆和有机质中营腐生生活。在培养料灭菌不彻底时，可以观察到油疤病病斑，表明培养料栽培基质中玉米芯或木屑中带有病原菌。在栽培多年的耳棚中，病害发病程度较新耳棚严重，表明在毛木耳栽培耳棚中存在大量病原菌。病原菌通过浇灌水传播，也可以通过气流传播。在菌袋出耳之前，进行刺孔或割口等田间操作时，可以人为传播病害。病原菌在菌袋中可以迅速生长，侵袭并覆盖毛木耳菌丝，或与毛木耳菌丝之间形成拮抗线，菌丝体上形成大量厚垣状节孢子。厚垣状节孢子通过浇灌水、气流或人为操作而传播，导致许多菌袋被感染。栽培季节结束后，病原菌在废弃的发病菌袋继续存活，或者在耳棚的木桩、竹架或稻草、麦秸、玉米秸等覆盖物上生活，越冬后再感染毛木耳菌丝体（图 4）。

流行规律　毛木耳油疤病菌是一种兼性寄生菌，在各种农林作物残体、耳棚建设材料、有机质中普遍存在，病原菌来源广泛，成为病害流行的重要因素之一。

栽培耳棚中湿度长时间高于 90% 以上，气温 25℃ 以上，通风不良，特别适合于毛木耳油疤病大发生。采用水管直接向菌袋喷水淋灌，不仅加大了空气湿度，更是大量传播了病原菌，导致病害流行。

油疤病病原菌仅感染毛木耳的菌丝体，而不感染子实体耳片，这是毛木耳油疤病的一个显著特点。在灭菌后的菌袋中接种毛木耳菌丝后不久，在远离毛木耳菌丝的培养料中也会出现油疤病病斑。

四川毛木耳通常是冬季制袋，春夏季节出耳，冬季或早春季节即有少量毛木耳菌袋发生油疤病，随着气温逐步升高，菌袋发病率不断上升。气温上升到 25℃ 以上时，病原菌繁殖加快，随着耳芽发育和耳片生长，耳棚内喷水次数和喷水量增加，病斑数量急剧增加。栽培棚内喷水过勤，极少或者不通风，湿度过大，特别是四川耳农喜欢采用浇灌或淋灌方式喷水，容易造成病原菌传播和病害大发生。采摘第一茬耳片后，袋口成为油疤病病原菌侵染的主要途径。随着采摘次数增加，菌袋感染率也急剧增加，至 5、6 月感染率可达 80%～100%。

毛木耳油疤病最初在四川大发生，随后发现在河南驻马店亦发生严重。在福建漳州毛木耳栽培袋上也发现了油疤病，经病原菌分离鉴定和致病性验证，证实它们与四川、河南等地病原菌相同，但毛木耳油疤病在福建漳州仅零星发生，这可能是因为当地毛木耳一般秋冬季栽培，耳棚通风好，采用少喷水或喷雾状水等措施，耳棚湿度小。

防治方法

清洁栽培环境，进行荫棚消毒处理　毛木耳栽培季节结束后，应及时清理废弃栽培袋，进行耳棚卫生清理，更换耳棚木质或竹质床架，更新稻草、麦秸或玉米秆等遮阴材料，喷洒石灰或甲醛进行消毒。冬季可以揭去覆盖物，在太阳下暴晒或低温处理，减少病原菌越冬存活率。

对菇房和棚架进行严格的消毒处理。发菌期间每隔 7～8 天，使用 5% 饱和石灰水、克霉灵 200 倍或复合酚 50 倍稀释液，对菇房进行空间消毒处理，一般药剂用量为 50g/m²。菌袋上架期交替使用漂白粉 700 倍、5% 饱和石灰水或 10% 克霉灵可湿性粉剂 200 倍稀释液对棚架进行消毒处理。菌袋划口催耳前，用同样地方法对菌袋进行泡袋消毒，24 小时后再进行划口处理。出耳期间，喷水与消毒相结合，能够有效降低油疤病病害发病率。每潮耳采收结束后，第一次喷水都需加入消毒剂进行消毒处理。

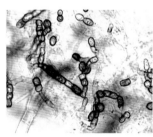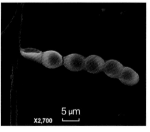

图 2　毛木耳油疤病菌
（*Scytalidium lignicola*）厚垣状
节孢子（边银丙提供）

图 3　毛木耳油疤病菌厚垣状节孢子电镜照片（边银丙提供）

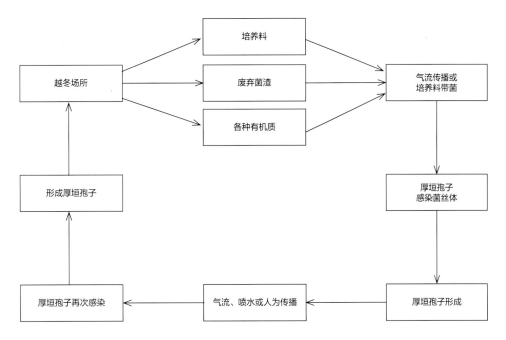

图 4 毛木耳油疤病侵染循环示意图（边银丙提供）

使用高质量的聚丙烯塑料菌袋 尽量使用质量好，厚度大于 0.03mm，耐高压，耐磨损，不易穿孔或破损的塑料栽培袋，这样可减少病菌侵入的途径。

适当提高培养料中石灰的用量 木栖柱孢霉适宜的 pH 环境偏酸性，且最适 pH 为 6，而毛木耳菌丝体最适生长 pH 为 7.0 左右。适当将栽培中石灰用量从 1%～1.5% 提高到 3%～3.5%，可以有效地降低油疤病的发病率。

改进荫棚喷水方式，适当降低出耳期空气湿度 菇棚内耳芽诱导期或出耳期，应尽量采用地面灌水或微雾状水的方式增加空气湿度，避免采用水管淋灌，防止喷水传播病菌孢子，避免空气湿度过高。

药剂涂抹防治 在菌袋已经出现病斑时，可以挖除病斑及周围 1～2cm 菌丝体，将 50% 咪鲜胺锰盐可湿性粉剂与干细土拌匀，药剂与细土比例为 1：250～500，均匀撒在病斑处，或加少许水成稀泥状，涂抹在挖除培养料的部位，可以有效地抑制病斑扩展。

参考文献

耿月华，2011. 中国土壤暗色丝孢菌五个疑难属的形态学和分子系统学分析 [D]. 泰安：山东农业大学.

刘波，刘茵华，1991. 食用菌病害及其防治 [J]. 中国食用菌，10: 24-25.

孙婕，2012, 毛木耳油疤病病原物分离鉴定及致病性分析 [D]. 武汉：华中农业大学.

KANG H J, SIGLER L, LEE J, et al, 2010. *Xylogone ganodermophthora* sp. nov., an ascomycetous pathogen causing yellow rot on cultivated mushroom *Ganoderma lucidum* in Korea[J]. Mycologia, 102: 1167-1184.

MUNIZ M, SANTIAGO A, FUKUDA C, et al, 1999. *Scytalidium lignicola*: Patógeno da mandioca no estado de Alagoas[J]. Summa phytopatológica, 25: 156-158.

SERRA IMRS, SILVA G S, NASCIMENTO F S, et al, 2009. *Scytalidium lignicola* em mandioca: ocorrência no Estado do Maranhão e reação de cultivares ao patógeno[J]. Summa phytopathologica, 35: 327-328.

SUN J, BIAN Y, 2012. Slippery scar: A new mushroom disease in *Auricularia polytricha*[J]. Mycobiology, 40(2): 129-133

（撰稿：边银丙、张有根；审稿：赵奎华）

毛叶枣白粉病 India jujube powdery mildew

由枣粉孢引起的毛叶枣发生普遍的一种真菌病害。

发展简史 毛叶枣在印度古有种植，早在 1950 年印度就报道了该病害危害毛叶枣，之后在孟加拉国和中国主要种植区陆续报道该病害。

分布与危害 该病害在种植毛叶枣的地区均有发生。是对毛叶危害最大的一种真菌病害。危害轻时，可影响果实外观和品质；严重时，则造成减产。

主要危害果实、叶片和嫩枝条，以危害果实为主。叶片受害后，开始在叶片背面产生白色小粉点或丝状物（即菌丝体和分生孢子），逐渐扩展成边缘不明显的连片白粉，严重时整个叶片布满白粉，正面颜色褪绿变淡或浓淡不匀，凹凸不平，以致叶片扭曲、皱缩（见图）；幼果受害后则在花萼或果梗凹洼处产生白粉，严重受害时果实布满白色菌丝和分生孢子。果实长大后，果皮呈现众多麻点而成锈果，略显畸形，易裂。果梗受害导致幼果萎缩早落。

病原及特征 病原为枣粉孢 [*Oidium zizyphi*（Yen & Wang）U. Braun]，属粉孢属。

菌丝体表生，无色透明，有分隔；分生孢子梗在表生菌

毛叶枣白粉病症状（谢艺贤提供）

参考文献

林碧芳，2006.台湾青枣白粉病的发生及防治 [J].农业与技术，26(3): 166.

王松标，陈佳瑛，2005.毛叶枣主要病虫害及综合防治 [J].中国南方果树，34(4): 55-57.

袁高庆，黎起秦，韦继光，等，2009.广西滇刺枣的病原菌种类鉴定 [J].中国南方果树，38(3): 57-59.

张国辉，王兰，赵明福，等，2006.云南省毛叶枣主要真菌病害调查 [J].植物保护，32(1): 87-91.

MERHA P R, 1950. Some new diseases of plants of economic importance in Uttar Pradesh[J]. Plant protection bulletin, 2: 50-51.

（撰稿：李敏；审稿：胡美姣）

丝体中产生，直立，无分枝；分生孢子圆柱形或桶形，串生，单胞，无色，表面平滑，大小为 27～30μm×15～16μm。田间未见其有性阶段。

侵染过程与侵染循环　该菌为专性寄生菌，以菌丝体、分生孢子在寄主植株上越冬，也可在阔叶杂草等上越冬，翌年春季侵染发病，病部产生大量分生孢子借风雨传播，先危害叶片，再侵染花穗和果实。

流行规律　果园残留的病残体为白粉病的发生创造了先决条件；品种的抗病性差异决定病害流行强弱；树势衰弱，土壤浸渍、通风不良的果园发生严重。

防治方法

加强果园的水肥管理　增强树势，以施有机肥为主，同时氮磷钾按适当比例进行科学搭配，促进植株健康生长。

搞好果园卫生　在每年采果后，对毛叶枣树进行合理修剪，使树体内通风透光，并将剪除的枝条集中烧毁。

定期疏果　由于毛叶枣挂果多，应及时疏果，去病留健，去劣留优，对减轻病害发生、提高单果重十分必要。

套袋保护　可以减少病害侵染。

化学防治　在发病初期及时喷药，可有效控制病害蔓延。可用的杀菌剂有：70% 硫黄可湿性粉剂 300～400 倍液、50% 硫胶悬剂 200～400 倍液、40% 灭病威胶剂 400～600 倍液、20% 粉锈宁可湿性粉剂 1500 倍液、40% 福星乳油 5000～8000 倍液或 62.25% 腈菌·锰锌可湿性粉剂 600 倍液。每 7～10 天喷施 1 次，连续 3～4 次。

毛叶枣炭疽病　India jujube anthracnose

由胶孢炭疽菌和球炭疽菌引起，危害毛叶枣果实、叶片等部位的一种重要真菌病害。

发展简史　中国在 2002 年报道该病害危害，病原种类为 *Colletotrichum gloeosporioides* 及 *Colletotrichum coccodes*。印度和巴西于 2004 年和 2008 年相继报道该病害，2011 年孟加拉国亦报道毛叶枣炭疽病，病原均为 *Colletotrichum gloeosporioides*。

分布与危害　炭疽病是毛叶枣的常见病害，主要危害叶片和果实，以危害果实对产量和品质影响最大。整个生长季节都可发生，在后期造成严重落果，在储藏期间引起果实腐烂，通常病果率达到 10%～20%，严重时可达 50%，果肉品质变坏而丧失食用价值。

叶片上病斑多发生在叶缘或叶尖，少数发生在中央。病斑不规则形或半圆形、病斑深灰色、略凹陷，病健交界明显，大小为 0.5～1.0cm，病斑后期产生轮纹状或散生呈针头大小的颗粒状物，即病原菌的分子孢子盘和分生孢子。

幼果受害初期表面出现褐色小斑，斑点逐渐扩大，近圆形或不规则形，病健分界不清晰，病部黄褐色，有时边缘呈黑色；果肉下陷、腐烂，其上常有粉红色的黏胶状物，即病菌的分生孢子，天气干燥时，带病僵果挂在树梢上。

病菌危害成熟果实，主要先从果肩部侵入，形成水渍状斑点，后扩展为凹陷、圆形或近圆形、浅褐色至褐色病斑、大小可达 3cm 以上，病斑下的果肉淡褐色、软腐，常达果实的中心部。病果经保湿 1～2 天后，病斑迅速扩大，部分病果上可形成典型的炭疽病病斑，有轮状着生的分子孢子盘，其上分泌出橘红色的分生孢子堆，有的果实表面留有清晰可见的分生孢子盘突破表皮的痕迹（见图）。

病原及特征　引起毛叶枣炭疽病的病原菌有 2 种。

胶孢炭疽菌 [*Colletotrichum gloeosporioides*（Penz.）Sacc.]，属炭疽菌属。有性态为围小丛壳 [*Glomerella cingulata*（Stonem.）Spauld. et Schrenk]，属球壳目。

在 PDA 培养基上菌落圆形，边缘整齐，外缘菌丝呈匍匐状生长，菌丝初为白色，随着菌龄的增加，菌丝变粗，有隔膜和分枝，后期菌落变为灰色、浅褐色、黑褐色或墨绿色，

毛叶枣炭疽病危害症状（胡美姣提供）

个别菌株出现扇变现象,后期产生轮纹状排列的分生孢子盘,其上产生橘红色的分生孢子,分生孢子圆筒形,单胞,无色,两端钝圆,大小为 10.7～15.5μm×3.9～4.5μm。分生孢子盘初期多为圆形、单生、黑褐色,后期可由若干个小分生孢子盘连合成大型分生孢子盘,有时也产生单个近球状的大型分生孢子盘,刚毛偶见。

球炭疽菌[Colletotrichum coccodes（Wallr.）Hughes],属炭疽菌属。

在寄主上形成球形至不规则形黑色菌核。分生孢子盘黑褐色,聚生在菌核上,刚毛黑褐色、硬,顶端较尖,有隔膜1～3个,聚生在分生孢子盘中央,大小为 42～154μm×4～6μm。分生孢子梗圆筒形,有时稍弯或有分枝,偶生隔膜,无色或浅褐色,大小 16～27μm×3～5μm。分生孢子圆柱形,单胞无色,内含物颗粒状,大小为 7～22μm×3.5～5μm。附着胞褐色,大小为 11～16.5μm×6～9.5μm,形状多变。在培养基上生长适温 25～32℃,最高 34℃,最低 6～7℃。

侵染过程与侵染循环 病原菌以分生孢子盘和分生孢子越冬,树上枣吊是病原菌的主要越冬场所。可以通过风雨为媒介四处传播,从气孔和伤口等处轻易侵入寄主。

流行规律 果实含糖量高或寄主组织衰弱时病原菌侵染较快较多。本病的发生发展与温、湿度的变化密切相关,一般以温度为 23℃、相对湿度 80% 时开始发病,温度为 25～28℃、相对湿度 80%～89% 时发病盛行。由于该病原菌具潜伏侵染特性,常造成果实在储藏期间发病,在高温高湿贮运环境下,病原菌通过病健果接触快速传播,引起大量腐烂。

防治方法

加强栽培管理 注意深翻改土,增施有机肥和磷钾肥,切忌偏施氮肥,以增强树势,提高树体本身的抗病力。

搞好果园卫生 果实采收完毕,主干更新修剪时将带病的枝、叶、果实集中烧毁,清除果园周围杂草并集中处理,以减少病菌的侵染来源。

适时喷药保护 在花期和幼果期选用以下药剂防治:1:2:200 倍波尔多液、50% 甲基托布津可湿性粉剂 800～1000 倍液、50% 代森铵 800 倍液、可杀得粉剂 600～800 倍液、50% 多菌灵可湿性粉剂 600～800 倍液、特克多加施保功（1:1）1000 倍液或 69% 安克锰锌 +75% 百菌清（1:1）1000 倍液,每 7～10 天喷 1 次,连续喷 2～3 次。如遇连续

阴雨天气,适当缩短喷药相隔天数。

做好采后处理 常用的较安全的防腐剂有脱氢醋酸、苯甲酸钠及山梨酸钾等。此外,臭氧处理或紫外线照射等对病害防治有很好的效果。

参考文献

陈莲,林河通,陈艺晖,等,2010. 台湾青枣果实采后生理和病害研究进展 [J]. 包装与食品机械,28(6): 45-53.

胡美姣,邢梦玉,张令宏,等,2002. 毛叶枣采后病害与防腐保鲜技术 [J]. 中国南方果树,31(5): 51-53.

张国辉,王兰,何月秋,2005. 毛叶枣病害调查及炭疽病的研究 [J]. 江西植保,28(2): 63-67.

张国辉,王兰,赵明富,2006. 云南省毛叶枣主要真菌病害调查 [J]. 植物保护,32(1): 87-91.

MUZAHID-E-RAHMAN M, 2011. Anthracnose (*Colletotrichum gloeosporioides*)- A new disease of jujube (*Ziziphus mauritiand*) in Bangladesh[J]. Bangladesh journal of plant pathology, 27 (1): 67-68.

（撰稿:李敏;审稿:胡美姣）

毛叶枣疫病 India jujube *Phytophthora* blight

由 2 种疫霉菌引起的、危害毛叶枣果实的一种重要病害。

发展简史 中国于 2002 年报道该病害,病原菌种类包括 *Phytophthora nicotianae* 及 *Phytophthora palmivora*。

分布与危害 毛叶枣产区均有发生,主要危害果实。在重病果园几近绝收。

主要危害近成熟期果实,果实受害后,果面产生褐色斑点,边缘不甚清晰,条件适宜时,病斑迅速扩大到全果。由于病菌侵入需要水滴,果实花蒂一端滞水时间较其他部位长,故病斑首先从果实的下部开始。扩大后,病斑不规则,呈深浅不均匀的暗红褐色,边缘似水浸状,有时病斑部分表皮与果肉分离,外表似白蜡状。病果肉腐烂,并可沿导管延伸到果柄,均变为褐色。病变组织空隙处有白色绵状菌丝体,病果开裂处或在高湿条件下的果面上,也可见到白色菌丝体（图1）。病斑扩展至全果时,果实不变形,病果呈皮球状,具有弹力,最后失水干缩,病果易脱落,极少数悬挂在树上形成僵果。

M

病原及特征　引起毛叶枣疫病的病原菌有 2 种：棕榈疫霉［*Phytophthora palmivora*（Butler）Butler］和烟草疫霉（*Phytophthora nicotianae* van Breda de Haan），属疫霉属（图 2）。

棕榈疫霉　在 V8 培养基上菌丛白色，毛绒状，边缘清晰；菌丝宽 4～6μm，孢囊梗合轴分枝，多呈卵形、柠檬形、近椭圆形，多具 1 个乳突，大小为 51～57μm×34～37μm，长宽比约 1.5，每个孢子囊都有 1 个短柄。孢子囊可直接产生芽管或形成游动孢子。有性阶段为异宗配合形成卵孢子，有 A1 和 A2 两种交配型。但这两种交配型菌株在给予相反交配型菌株的性激素时，也能自交形成卵孢子。卵孢子有厚而光滑的外壁，球形，卵形有乳头状突起，无色或带褐色，大小为 27～30μm。藏卵器球形，无色，直径 20～30μm，壁光滑，雄器围生，较长；卵孢子球形，无色或淡黄色，满器，直径 18～28μm。厚垣孢子近圆形，在有营养条件下，厚垣孢子萌发形成菌丝体。在有水情况下，厚垣孢子形成短的芽管，在芽管顶端形成一个孢子囊。

烟草疫霉　在 CA 培养基上菌落棉絮状、繁茂。菌丝简单，粗 2～6μm。孢囊梗分枝或不分枝，粗 2～3.5μm。孢子囊球形，顶生或侧生，大小为 33～61μm×23～47μm，具乳突 1～2 个，不脱落。游动孢子从孔口直接释出或经孢囊放出，大小为 9～14μm×7～12μm，鞭毛长 6～30μm。休止孢子、厚垣孢子球形，藏卵器球形，直径 16～34 μm。雄器近球形，围生，大小 8～16μm×9～16μm。卵孢子球形，无色至浅黄色，直径 14～28μm，满器或不满器。生长适温 24～28℃，最低 9～10℃，最高 37℃。

侵染过程与侵染循环　病原菌以厚垣孢子、卵孢子或菌丝体随病组织在土壤中越冬。其中落果中形成的厚垣孢子在土壤中存活，起主要初侵染源作用。飞溅的雨水是孢子囊释放和传播所必需的条件，在雨季，土壤中的厚垣孢子在水中萌发产生孢子囊和释放出游动孢子。雨水可把游动孢子溅到空中，小水滴中的游动孢子借风力而扩散，成为接种体，从而引起病害流行。

流行规律　较大降雨或灌水后，一般会出现一个侵染和发病高峰。接近地面的果实先发病，果实距地面 1～1.5m 仍可发病，但以距地面 60cm 以下发生较多。树冠下垂枝较多，四周杂草丛生，果园局部小气候湿度大，疫病发生严重。田间采回的病果带菌引起贮运期间健康果实的腐烂。

防治方法

农业防治　随时清除落地果实，并摘除病果，集中深埋或带出果园外。结果时搭架或固定枝条，以防止结果部位过低，靠近地面易受病菌感染。注意果园通风、排水，防止积水，以减少病害发生。

化学防治　疫病发生较多的果园，对树冠下部的果实应喷药保护，药剂可用 65% 代森锌可湿性粉剂 600 倍液或 40% 乙膦铝 300 倍液，结果期每隔 10～15 天喷药 1 次，共 3～5 次。其他药剂还有瑞毒霉、波尔多液（1∶2∶200）等。使用波尔多液应注意避免产生药害。

参考文献

胡美姣，李敏，高兆银，等，2010. 热带亚热带水果采后病害及防治 [M]. 北京：中国农业出版社：167-168.

张国辉，王兰，何月秋，2005. 毛叶枣病害调查及炭疽病的研究 [J]. 江西植保，28(2): 63-67.

张国辉，王兰，赵明富，2006. 云南省毛叶枣主要真菌病害调查 [J]. 植物保护，32(1): 87-91.

（撰稿：李敏；审稿：胡美姣）

图 1　毛叶枣疫病危害果实症状（胡美姣提供）

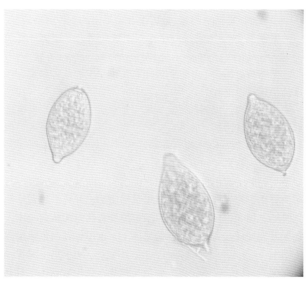

图 2　毛叶枣疫病病菌（胡美姣提供）

毛竹基腐病　moso bamboo foot rot

主要由暗孢节菱孢侵染引起的毛竹病害。又名毛竹烂脚病、毛竹枯萎病、毛竹烂蒲头病。

发展简史　毛竹基腐病在中国于 20 世纪 70 年代首先被发现，国外尚未见报道。1992 年，该病曾在"中国竹乡"——安吉的缫舍、杭垓、磻溪等 7 个乡镇和 1 个国营林场大面积暴发，危害面积达 114259 亩。

分布与危害 毛竹基腐病在江苏、浙江、安徽、四川、湖南、湖北、江西等地均有分布。该病在局部地区发生甚为严重，造成很大损失。毛竹（*Phyllostachys pubescens*）以其生长快、秆形直、材质好、用途广泛而广受群众喜爱，在生产上是一种很重要的用材竹和笋用竹种。但毛竹基腐病的发生给毛竹的生产带来了很大障碍，该病的发生使毛竹减产，材质降低，严重影响了竹农的经济收入。有些竹林发病严重时，当年幼竹和笋 100% 发病，70% 左右枯死或退笋。该病主要危害当年生的嫩竹，轻者在竹秆基部留下条状烂斑，影响竹秆材质，降低竹材的利用价值；或竹秆基部半边烂空，易遭风折（图 1）。重者引起退笋或幼竹整株枯死，直接影响竹林的成竹数和整个竹林生长及以后的出笋量。

病原及特征 主要病原为暗孢节菱孢（*Arthrinium phaeospermum* Ellis），属暗色孢科；次生病原为异孢镰刀菌（*Fusarium leterosporum* Nees ex Fr.）和串珠镰刀菌（*Fusarium moniliforme* Sheld.），属瘤座孢科。但由于在感病初期从未分离到后两种病原菌，因此暗孢节菱孢应是该病的主要病原。

病原菌气生菌丝初为白色，逐渐转变为污白色、黄褐色到褐色，菌落底部可呈黑色。分生孢子单细胞，扁球形，是由两个圆形外凸的瓣状物构成，黑褐色，中间结合处有一条无色的发芽缝。孢子直径 7～12μm，厚 4.6～6.5μm。分生孢子梗纤细，无色，长 5～50μm，宽 1～1.6μm，隔膜不明显，从一个葫芦状的母细胞伸出，顶生一个孢子后，孢子梗从基部不断伸长，侧生一系列向基性成熟的分生孢子。

侵染过程与侵染循环 毛竹基腐病初发病时，病斑出现在竹笋基部笋箨包被的几节笋壁上，往往不易发现。用手剥开笋箨，可见黄褐色到紫褐色的点状小斑。这些小病斑迅速向上扩展，并相互连合成为条状或块状大斑，褐色至酱紫色，有恶臭。受到侵染的竹肉组织变为浅褐色，向上扩展的速度远比外壁上的病斑快。当病斑一旦到达竹节处，则迅速横向发展，使竹节整圈或大部变为褐色，并以此竹节为基点，大

幅度地沿着竹秆内的输导组织向上扩展，同时从竹秆内部逐渐向外壁蔓延，此时在竹秆上可以看到从竹节上发展的块状或条状的云纹斑，颜色初为黑褐色，后转变为淡褐色。病斑中部凹陷或有纵向皱纹，在多雨潮湿的情况下，有的病部表面布满白色或略呈粉红色的菌丝体，干后留下白色粉状物，竹节处更为明显（图 2）。

病菌以菌丝或孢子在土壤里和病株残体中存活和越冬，成为翌年的初侵染源。翌年笋期病菌沿土表蔓延或通过雨水反溅至笋或嫩竹基部通过伤口或无伤表皮侵入寄主。通常在 4 月底 5 月初，当新竹生长到 1.5m 左右时开始发病，发病期常持续 20～30 天，当嫩竹木质化后就不再有新的侵染。

流行规律 在出笋盛期，阴天多雨，有利于病菌生长和传播，而不利于竹笋快速木质化，发病重；反之，笋期多晴少雨，发病轻。林内潮湿，郁闭度大，光线不足，发病重；反之则轻。林地土壤含水量高，低洼积水，土壤板结排水不良，易发病；反之，林地地势较高，土壤疏松排水良好，发病轻。

防治方法 避免在低洼易积水的山脚平地栽植毛竹，低洼林地应注意开沟排水。及时清除竹林内病竹、病蒲头、病笋箨，运出林外集中烧毁。出笋前竹林内加添不带菌的客土，厚 20cm，既有利于竹林培育，又对该病防治有一定效果。增施钾肥也可减轻发病。

出笋前在竹林地上每亩撒生石灰 125kg，再用锄头浅翻一遍；出笋后用 70% 甲基托布津可湿性粉剂 200 倍液，或 20% 粉锈宁油乳剂 200 倍液在发病初期喷洒于嫩竹基部，能有效控制病情发展。

参考文献

陈继团，1980. 毛竹（笋）秆基腐的研究初报 [J]. 林业科技通讯，19(1): 28-32.

蒋平，王武昂，1992. 安吉毛竹基腐病暴发成灾 [J]. 竹子研究汇刊 . 11(3): 101.

杨旺，1996. 森林病理学 [M]. 北京：中国林业出版社 .

袁嗣令，1997. 中国乔、灌木病害 [M]. 北京：科学出版社 .

M

图 1 毛竹基腐病危害状（张立钦提供）

图 2 毛竹基腐病症状（张立钦提供）

张素轩，章卫民，1995. 毛竹基腐病病原的研究 [J]. 南京林业大学学报，19(1): 1-6.

中国林业科学研究院，1984. 中国森林病害 [M]. 北京：中国林业出版社 .

（撰稿：张立钦；审稿：田呈明）

毛竹枯梢病　moso bamboo dieback

由竹喙球菌引起的、危害毛竹枝梢的一种真菌病害。是中国南方毛竹林的一种重要病害。

发展简史　毛竹枯梢病于 1959 年首次在浙江黄岩等地发现，随后不断扩散蔓延，并在浙江、福建、江西、上海等地造成严重危害。如 1978 年在江西兴国、分宜、宜春等县（市）调查发现，1982 年发病面积 1019.5hm²，分布于 6 个地市 18 个县（市、区），1991 年发病面积猛增到 10041.9hm²，分布范围扩展到 8 个地市 30 个县（市、区）。

1963—1980 年，中国林业科学研究院等单位对该病的病原、发病规律、防治等进行了初步研究。1974 年浙江农业大学陈鸿逵和中国科学院微生物研究所陈庆涛鉴定毛竹枯梢病菌属小球腔菌属之一种（*Leptosphaeria* sp.），但没有正式定名。1982 年南京林业大学张素轩教授重新鉴定毛竹枯梢病菌属间座壳科（Diaporthaceae）喙球菌属（*Ceratosphaeria*）的一个新种，命名为竹喙球菌（*Ceratosphaeria phyllostachydis* Zhang）。此后邱子林等人在福建对毛竹枯梢病的症状、病原形态、发生规律、监测预报与综合防治技术等进行了较系统研究。2000 年王明旭等对毛竹枯梢病病菌致病机制、防治进行了研究。2004 年杨佐忠等研究表明毛竹枯梢病菌还危害杂交竹。2009 年李潞滨等筛选出 1 株对毛竹枯梢病病菌具有较高拮抗活性的拮抗细菌巨大芽孢杆菌，初步分析其产生的拮抗物质。

分布与危害　毛竹枯梢病主要分布于福建、浙江、江西、湖南、江苏、安徽、上海、广东等地毛竹产区，2010 年全国发生面积达 31065hm²，受害毛竹质量下降，竹林出笋减少，给毛竹产区竹业造成严重损失。如 1971 年浙江嘉兴、杭州地区，发病面积 1.2 万 hm²，发病新竹 1000 万株，死亡新竹约 225 万株；1988 年，福建发病面积近 30381hm²，砍除病死竹 20 余万株，其中南平延平地区发病严重的林分发病株率高达 100%，造成当年新竹大量枯枝、枯梢，轻者影响生产和降低春冬笋产量，重者整株枯死，毫无利用价值，并造成翌年春冬笋绝收，成片竹林衰败。国外未见分布报道。

该病主要危害毛竹，在四川还危害杂交竹。主要危害毛竹的主干和枝梢。发病初期首先在当年新竹主秆上的 1～3 级侧枝节叉处内侧产生浅黄色小斑点，随后病斑变褐色，纵向较横向扩展迅速，形成舌形或梭形褐色病斑。随着病斑在主梢或侧枝横向扩展，病部以上的枝叶逐渐变黄、纵卷，直至枯萎脱落，枝梢枯死，形成枝枯、梢枯，如新竹主梢基部的一级侧枝节叉处染病，病斑扩展沿主干环绕一周后，形成株枯。一般新竹具多侵染点，嫩梢及各级侧枝多数单独感病，病株存在多个褐色病斑；部分具少数侵染点，由于次级侧枝受侵

染后扩展并包围上一级侧枝或主干一周后分别引起枝枯、梢枯或株枯。病斑翌年为灰白色，所在竹筒内产生大量污白色絮状菌丝（见图）。当年新竹不产子实体，翌年春病枝节叉处侵染点周围的病组织表面突起，纵裂或不规则开裂，单生或聚生黑色棘状子实体，高湿环境下子实体顶部产生浅黄色子囊孢子角。子囊孢子释放后，整个子实体连同表面病组织一起脱落，在病斑表面留下凹陷。6 月下旬在高湿条件下，病部节间产生少量扁圆形突起小黑点，为病菌分生孢子器。

病原及特征　病原为竹喙球菌（*Ceratosphaeria phyllostachydis* Zhang），属喙球菌属（*Ceratosphaeria*）。病菌子囊壳深埋于寄主病组织中，聚生或单生，扁球形，直径 343.2～407.4μm，具拟薄壁组织的壳壁；子囊壳顶生圆锥形黑色喙，突破寄主表皮外露，喙长 250.8～383.5μm，宽 132.2～165.5μm，喙孔口直径 65～80μm，淡黄色子囊孢子角由孔口溢出。子囊圆筒形，内生 8 个子囊孢子，双行排列，孢子具 2～4 分隔；分生孢子器扁圆形，大小为 250～310μm×340～380μm，暗色，在病部节间呈圆锥形突起，大部外露，顶部不开裂，在高湿条件下分生孢子器顶部溢出黑色卷须状分生孢子丝，分生孢子梗大小为 25.3μm×2.5μm，分生孢子单胞无色，具 2～4 个油球，大小为 12.5～18.0μm×2.6～3.2μm。

侵染过程与侵染循环　毛竹枯梢病菌以病竹筒内菌丝体及 1～3 级病侧枝的子实体中的子囊孢子、分生孢子三种形态越冬，但以菌丝在病组织中越冬最为重要。1～3 级感病侧枝上产生的子实体是主要的初侵染源；病部可持续 3 年产生子实体。翌年 4 月底至 6 月初产生大量的子囊孢子，借风雨传播，从当年新竹展枝放叶期的 1～3 级侧枝节叉处形成的自然孔口或伤口侵入，潜育期 1～3 个月，有的长达 1～2 年。7～8 月高温干旱季节为发病高峰期，10 月底基本停止扩展，11 月至翌年 2 月为病菌越冬期，属多侵染点单循环病害类型。

流行规律　毛竹枯梢病在林间属于积年流行病害，病菌数量逐年递增；病害在林间扩散的速率遵循逻辑斯蒂规律，病株率和感病指数按 2.5 倍和 3.4 倍速率逐年上升。病害流行的空间动态属于聚集分布型，发病初期具较明显的发病中心，子囊孢子呈陡峭的扩散梯度传播，扩散的水平距离 5～10m 范围。因此，带病母竹、竹材、竹梢的调运是该病远距离传播的主要途径。当年新竹病斑扩展迅速，历年旧病斑扩展极其缓慢，但菌丝能在干枯的病组织中存活 3～5 年。

毛竹枯梢病症状

①林分危害状（毛定秋提供）；②主干节叉处病斑（饶如春提供）

经营管理粗放、生长势弱的竹林发病严重。毛竹枯梢病的发生随土壤紧实度的增大，湿度的下降感病程度加重。发病程度与土壤全氮和速效磷含量呈极显著的负相关，与土壤钾和硼水平的交叉作用呈显著负相关，过多的活性铁可助长病害的发生。

防治方法

检疫措施　加强检疫，禁止带病母竹和枝梢调出发生区；做好复检，严禁从发生区调入未经检疫的母竹和枝梢，防止人为传播扩散。

营林技术防治　每年 10 月下旬至翌年 3 月下旬砍除重病株，钩除病枝梢，集中就地烧毁，Ⅰ、Ⅱ类立地发病竹林进行劈草清杂；对Ⅲ类立地发病竹林增加锄草松土措施；Ⅳ类立地感病竹林在深翻改土的基础上增施氮、磷肥，防治效果较好；大年挖除春冬笋不留新竹以打破病原菌侵染循环，可取得较好的防治效果。

药剂防治　在病原菌孢子释放和毛竹展枝放叶期间，对当年新竹用 70% 甲基托布津 500 倍液高压喷雾；或施放 50% 多菌灵烟剂，用药量 15kg/ 亩，每隔 10 天施放 1 次，连续 3 次；竹腔注射 70% 甲基托布津杀菌剂较好，均具有一定的防治效果。

综合防治　根据毛竹枯梢病发病规律和发病竹林的立地条件，采取以全面清除病株和病枝梢并就地集中烧毁为主，结合秋冬季竹林劈草垦复、深翻改土、根施氮磷复合肥、砍劣留优等营林技术措施，辅以大年挖除冬春笋不留新竹以打破病原菌侵染循环措施，并于翌年 5 ～ 6 月间即病原菌孢子释放和毛竹展枝放叶期间，用 70% 甲基托布津 500 倍液高压喷雾或飞机喷洒 70% 甲基托布津 100 倍液超低容量喷雾等综合治理措施，可取得显著的防治效果。毛竹枯梢病防治应根据不同发病程度和立地条件，连续几年采取综合防治措施才能取得持续的控制效果。

参考文献

李潞滨，李术娜，李佳，等，2009. 毛竹枯梢病拮抗细菌分离鉴定及其拮抗物质 [J]. 林业科学，45(7): 63-69.

林庆源，2001. 毛竹枯梢病的综合治理技术 [J]. 南京林业大学学报，25(1): 39-43.

林长春，2003. 毛竹枯梢病的研究进展 [J]. 竹子研究汇刊，22(2): 25-29.

王明旭，戴良英，陈良昌，等，2000. 毛竹枯梢病病原菌致病机制及防治技术 [J]. 森林病虫通讯 (5): 8-10.

杨佐忠，叶健仁，2004. 杂交竹枯梢病的病原鉴定 [J]. 四川农业大学学报，22(3): 225-227.

张素轩，1982. 毛竹枯梢病菌属喙球壳属一新种 [J]. 南京林产工业学院学报 (2): 154-158.

（撰稿：魏初奖；审稿：田呈明）

玫瑰锈病　rose rust

由短尖玫瑰多胞锈引起的一种世界性的玫瑰病害。又名玫瑰多胞锈、玫瑰黄粉病等。

发展简史　该菌最早于 1790 年定名为 *Ascophora disciflora* Tode，至 1924 年正式定名为短尖多胞锈 [*Phragmidium mucronatum*（Persoon）Slechtenda］。中国的玫瑰锈病，最早记载在湖南（1914），寄生是多花蔷薇（*Rosa multiflora*）；在玫瑰（*Rosa rugosa* Thunb）上的记载是在江苏（1927），以后渐多。

分布与危害　玫瑰锈病在各大洲都有发生。危害蔷薇属的多种植物，其中在玫瑰上较多见。在中国主要分布在辽宁、吉林、四川、云南、河北、湖南、新疆、陕西、甘肃、台湾、山西、江西、北京等地，遍布全国有玫瑰的产区。在云南的一些地区发病率达 100%。

该病在玫瑰上比较显著的受害时期一般分 4 个阶段。最早见到的应当是性子器阶段，它一般生于叶面、茎或果实上，小群聚生或不规则散生，因被锈孢子器包围，界限不明显，一般不显著。然后见到的是锈孢子阶段，即锈孢子器（又称春孢子器）。它出现的时间因各地气候不同而异。在中国南方发生的时间一般为 3、4 月，在北方发生较晚，多在 5、6 月甚至 7 月初。其表现是芽、叶背、叶柄、茎、花蕾、果被感染，生出橙黄色的粉堆。粉堆略起凸起，常成片连生，干时淡黄或苍白色，有时被感染的芽像是一朵黄花。而在花蕾上锈孢子堆较大，直径可达十多毫米，并能使花蕾肿胀、畸形，使花不能开放（图 1）。该阶段一般 20 天左右，被害部最后干枯。锈孢子堆消失后，进入夏孢子阶段，即叶片变黄，在叶背面可见带有黄粉的夏孢子堆。夏孢子堆散生或聚生，直径 0.1 ～ 0.2mm，裸露、粉状，新鲜时橙黄色，干时淡黄色。夏孢子可以反复侵染，开始夏孢子堆较少（图 1 ②），后逐渐增多，布满叶背并使叶片变黄，严重时会引起大量落叶。入秋后在发病的叶片背面还会生出许多黑色的孢子堆，即为该病的冬孢子阶段。冬孢子堆散生或聚生，近圆形，裸露、粉状、黑色，直径 0.2 ～ 0.5mm，有时聚合，使叶片提早枯死（图 1 ③），最后它随着叶片掉落而越冬。

病原及特征　病原为短尖多胞锈 [*Phragmidium mucronatum*（Persoon）Schlecht.］，属多胞锈菌属。

短尖多胞锈为单寄主寄生菌，即它的生活史都在玫瑰上完成，不需要转主寄生。该菌的生活史可以分为 5 个阶段。即担孢子阶段、性子器阶段、锈孢子器阶段、夏孢子阶段及冬孢子阶段。担孢子由冬孢子萌发产生，侵染玫瑰后进入性子器阶段，产生性子器，性子器一般生于叶正面角质层下，高 30 ～ 40μm。在此阶段进行性结合，然后，产生锈孢子，进入锈孢子器阶段。锈孢子器一般生在叶背，有时在茎、花蕾及果上，散生与丛生，橘黄色，直径 1 ～ 3mm。锈孢子球形、椭圆形或倒卵形，淡黄色，大小为 25 ～ 32μm×16 ～ 24μm，壁厚 1 ～ 2μm，有瘤状刺（图 1 ④），锈孢子呈粉状，可以随风飞散，在有水膜的情况下可侵染玫瑰的叶片，经过一段发育产生夏孢子堆，进入夏孢子阶段。夏孢子堆散生于叶背，橙黄色，周围有侧丝，侧丝棒状或圆筒状，向内卷曲，大小为 35 ～ 80μm×8 ～ 18μm，平滑，无色。夏孢子亚球形、倒卵形或广椭圆形，大小为 18 ～ 28μm×15 ～ 21μm，壁厚 1.8 ～ 2.5μm，密生细刺，色较淡，内含物橙黄色（图 2 ①）。夏孢子阶段存在的时间较长，可以反复地产生及侵染叶片，给玫瑰造成严重的损失。在天气转凉后，进入冬孢

图1 玫瑰锈病（李明远摄）

①玫瑰锈病在玫瑰果实上的锈孢子器；②玫瑰锈病在叶背面初始的夏孢子堆；③着生在玫瑰叶背面锈病的冬孢子堆；④玫瑰锈病的锈孢子

子阶段，产生的冬孢子堆散生于茎或叶背，黑色，冬孢子圆筒形，栗褐色，大小为53～110μm×25～27μm，3～7个隔膜，分隔处不缢缩，顶端有圆锥状突起，高5～16μm，近无色，孢壁厚3～7μm，密生瘤状突起，每个细胞有芽孔2～4个，柄长60～177μm，下部显著膨大，最粗大处直径达30μm，柄一般无色，但下部膨大部分的髓部为褐色（图2②）。

使用越冬的玫瑰多胞锈的冬孢子在多种营养液中于5～30℃进行孢子萌发，在2～4月使用冬孢子液进行人工侵染都没有成功。而在冬前的9～10月利用夏孢子接种越冬芽，翌年春可有0.1%～1.4%春芽发病。在玫瑰锈病的侵染循环中冬孢子是否起作用尚待研究。但是，这只能说明夏孢子可以通过侵染玫瑰芽越冬，并不能否定冬孢子在侵染循环中的作用。因为性子器和锈孢子的出现，都需要冬孢子产生的担孢子的侵染，没有冬孢子，只能停留在夏孢子阶段；人工处理冬孢子发芽的失败，只能说明冬孢子萌发需要的条件比较苛刻，我们还未掌握。

侵染过程与侵染循环 对玫瑰锈病以冬孢子在残枝病叶上越冬，翌年田间温湿度适合时萌发形成担孢子。经风雨传播。担孢子发芽后，侵入玫瑰的叶片，产生性孢子器，通过性结合后，产生锈孢子形成锈孢子器，器中的锈孢子落在玫瑰植株上可进行侵染，形成夏孢子堆。夏孢子成熟后突破叶片表皮，可随风扩散，通过再侵染不断地扩展、危害。秋末病菌在叶片上形成冬孢子堆，随落叶在田间越冬。翌年春再萌发产生担孢子进行新一轮的侵染循环。此外，玫瑰锈病还可以由夏孢子侵染并扩展到芽内，潜伏在芽内越冬，随苗

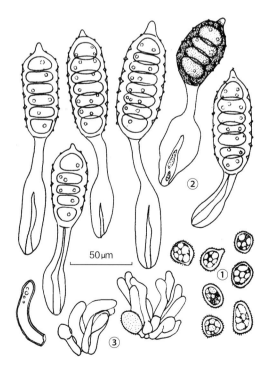

图2 玫瑰锈病的病原墨线图（李明远绘）

①夏孢子；②冬孢子；③侧丝

木的转运做远距离的传播。翌年气候适合时产生夏孢子再进行新一轮的侵染循环（图3）。

流行规律　玫瑰锈病的流行取决于品种抗病性、田间菌量及环境的气象因子。冬孢子萌发的温度为6～25℃，最适温度为18℃。锈孢子萌发的温度为6～27℃，最适10～21℃；夏孢子萌发的温度为8～32℃，最适9～25℃，致死温度52℃。在山东平阴地区6月下旬至7月中旬及8月下旬至9月上旬是夏孢子侵染的高峰。孢子的萌发对湿度的要求也比较高，一般在玫瑰植株表面有自由水时方可萌发。因此，在冬季寒冷夏季高温的地区，玫瑰锈病并不严重，而在四季如春、多雨、多雾的地区和年份，病害发生较重。

玫瑰不同品种间抗病性差异明显，如丰花一号、四季玫瑰对玫瑰锈病高抗，紫枝玫瑰、大马士革、格拉斯对玫瑰锈病免疫。

此外，栽培管理对玫瑰锈病的发生影响较大。一般在平原水浇地发病早而重，而山区旱地发病较轻。

防治方法　应采用栽培管理与及时施药相结合的综合措施进行防治。

农业防治　冬季结合修剪清除病枝病芽，在春季发现有锈孢子器出现时及时摘除，集中起来销毁。加强管理、增强树势。发病期间少施氮肥，增施磷钾肥，提高植株抗病力。要保持合理的密度，注意通风透光，降低环境的湿度，避免出现有利病害发生的环境条件。

化学防治　种苗消毒。为防止将锈病带入玫瑰园，对引进的枝条进行消毒。即用1%硫酸铜液浸5分钟，或3%的次氯酸钠浸3分钟，用清水洗净后晾干使用。除在早春发芽前喷施3～4波美度石硫剂、晶体石硫合剂100～150倍液或五氯酚钠200～300倍液外，在吐芽后锈孢子及夏孢子发生的阶段，仍要及时喷洒农药。在云南地区发芽期第一次杀菌剂，隔2周再喷1次；春雨多时，花前喷2次，花后喷1～2次，在5～8月可每2周喷1次杀菌剂。可用的杀菌剂包括0.3～0.5波美度的石硫合剂、15%三唑酮可湿性

粉剂800倍液、50%代森铵水剂800倍液、75%敌力脱乳油1000倍液、10%苯醚甲环唑水分散粒剂2000倍液、40%氟硅唑乳油6000～8000倍液、22.5%啶氧菌酯2000倍液等。

参考文献

戴芳澜，1979.中国真菌总汇[M].北京：科学出版社：575-576.

李道法，1985.玫瑰锈病发病规律及药剂防治的初步研究[J].植物保护(3): 13-14.

庄剑云，2012.中国真菌志：第四十一卷　锈菌目（四)[M].北京：科学出版社：142-162.

（撰稿：李明远；审稿：王爽）

糜子病害　broom corn millet diseases

糜子（*Panicum miliaceum* L.)属禾本科黍属（*Panicum*），为第二类禾谷类作物。糜子栽培区域广泛，主要分布在欧洲和亚洲，美洲和大洋洲也有少量栽培，在俄罗斯、乌克兰、印度、伊朗、蒙古、朝鲜、日本、法国、罗马尼亚、美国、澳大利亚等国有较大种植面积。糜子在中国已有8000年以上的栽培历史，年播种面积约60万hm²，主要分布在黑龙江、吉林、河北、内蒙古、山西、陕西、甘肃、宁夏等地。糜子脱壳后称为黄米或糜米，有粳性和糯性之分。糜子营养丰富，是北方重要的制米作物，也是21世纪重要的健康保健资源。

糜子生育期短，抗旱耐瘠薄，多种植在干旱、土壤贫瘠的地区，病害相对较少，且发生较轻。危害糜子的病害有真菌病、细菌病、病毒病和线虫病等。

糜子真菌性病害有糜子黑穗病［*Sporisorium destruens*（Schltdl.) Vánky］、黍瘟病（*Pyricularia setariae* Nishik.)、糜子根腐病（*Fusarium moniliforme* Sheld）、糜子灰斑病［*Phaeoramularia fusimaculans*（Atkinson) Liu et Guo］、糜子立枯病（*Rhizoctonia solani* Kühn）、糜子叶斑病［*Exserohilum turcicum*（Pass.) Leonard et Suggs］、糜子霉点病（*Alternaria tenuis* Nees），细菌性病害有糜子细菌性条斑病（*Acidovorax avenae* subsp. *avenae*)等。糜子病毒病主要是糜子红叶病（barly yellow dwarf viruses，BYDVS)。

参考文献

柴岩，1999.糜子[M].北京：中国农业出版社.

冯佰利，高小丽，王阳，2015.糜子病虫草害[M].杨凌：西北农林科技大学出版社.

林汝法，柴岩，廖琴，等，2002.中国小杂粮[M].北京：中国农业科学技术出版社.

（撰稿：冯佰利；审稿：朱明旗）

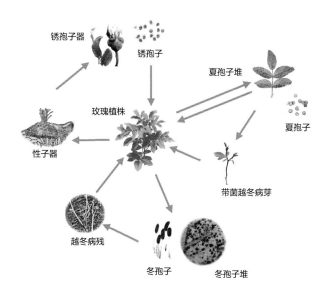

图3　玫瑰锈病菌侵染循环示意图（李明远绘）

图中标注：锈孢子器、锈孢子、夏孢子堆、玫瑰植株、夏孢子、性子器、带菌越冬病芽、越冬病残、冬孢子、冬孢子堆

糜子黑穗病　broom corn millet smut

糜子上发生普遍的病害，主要是指糜子丝黑穗病，是由稷光孢堆黑粉菌感染引起的糜子真菌病害。又名黍黑穗

病、黍小孢黑粉病，俗称灰穗、火穗、乌头等，是中国糜、黍生产上的重要病害。

发展简史　糜子丝黑穗病［*Sporisorium destruens*（Schltdl.）Vánky］是典型的土传、系统侵染病害。1868年，在埃及首次发现了高粱丝黑穗病，在印度、美国、澳大利亚和南非也相继发生。黑穗病一直是糜子生产上的主要病害，糜子黑穗病在中国各地都有不同程度的发生，发病率一般为5%～10%，高者可达40%左右，致使糜子产量损失严重。

分布与危害　主要分布在中国北方糜子产区。发病率一般在5%～30%，个别严重地块可达70%，甚至造成绝收，不仅降低了产量而且影响品质。

主要危害花序，感病植株生长受到明显的抑制，病株较健株矮，上部叶片短小，剑叶挺直向上，分枝增多，一直保持绿色，晚抽穗，健株大部分进入乳熟期以后，病穗才抽出心叶。病穗失去原来的穗形，若是部分籽粒受害则可保持原来的穗形。典型症状为整个穗变为指状黑粉包，孢子堆包在叶鞘内，稍膨大，后期突出体外，初期外覆有菌丝组成的白色薄膜。孢子堆从剑叶抽出后不久，薄膜自行破裂，破裂一般先从顶端开始，破后散出冬孢子或称厚垣孢子。孢子堆内夹杂有寄主的维管束组织，呈丝状。有的病穗因受病菌侵染刺激而畸形，其上的小花叶片化，卷曲成刺猬头状。有时病穗部分籽粒被害，形成独立的孢子堆，外具白膜。穗的大部分小穗仍能正常结粒，分蘖有时仍可形成健穗（图1）。

病原及特征　病原为稷光孢堆黑粉菌［*Sporisorium destruens*（Schltdl.）Vánky］，异名*Sphacelotheca destruens*（Schltdl.）Stevenson et Johnson、*Sphacelotheca manchurica*（Ito）Wang，属孢堆黑粉菌属。孢子堆初在叶鞘里，后伸出，长3～5cm，孢子堆中混有丝状的寄主组织。冬孢子球形至卵形，长径6.5～10μm，壁红褐色，平滑或有细点。两种病原菌所致症状基本相同，主要区别在于病菌孢子大小和膜的形态。稷团黑粉菌孢子堆呈长椭圆形、圆柱状或角状，暗褐色，表面有微刺。黍小包黑粉菌孢子堆长4cm，宽3cm，厚垣孢子球形或近球形，有时呈不规则形，具棱角，直径6～8μm，或大小为9～10μm×6～7μm，表面平滑，暗褐色，厚垣孢子内夹杂有透明无色、表面平滑的不育性细胞（图2）。

糜子黑穗病菌主要侵染花序，一般抽穗前很难识别，抽穗后才现典型症状，整个穗子变成一团黑粉。病株抽穗迟，健株大部分进入乳熟期以后，病穗才抽出心叶。病株矮小，上部叶片短小，直立向上，分枝增多，一直保持绿色。苞叶抽出后孢子堆外露，所有分蘖上的小穗均已染病，偶尔也有基部分枝照常抽穗的现象。染病株可以形成多个病瘿，病瘿外包一层由菌丝组织形成的乳白色薄膜。薄膜破裂后散出黑褐色冬孢子或称厚垣孢子，最后残留黑色丝状物。

侵染过程与侵染循环　黑穗病菌主要通过土壤传播，初侵染源为黑穗病菌释放出的在土壤中越冬的冬孢子；也通过牲畜消化后的带菌粪肥、带菌种子传播，但是带菌种子不是病区的主要接种源，而是该菌在新区蔓延的主要原因。侵染菌丝先集中于生长锥基部，后移向生长点里，花芽分化后移进花穗里。成株糜子病株的发病组织里，均有丝黑穗菌丝存在。丝黑穗菌从糜子幼芽芽鞘侵入。

病菌厚垣孢子黏附在种子上或遗落在土壤中传播。种子萌发时厚垣孢子即萌发，产生先菌丝，先菌丝上产生小孢子，不同性系的小孢子融合后形成侵染丝侵入幼芽鞘，侵入幼苗后的病菌在组织内扩展蔓延进入生长锥。菌丝体随生长锥分化进入花芽和原始基内，进而在穗部发病。病菌除苗期的初侵染外，无再侵染（图3）。湿土中播种较干土中播种发病重，糜种储藏于潮湿处较挂藏的发病重，浸种后阴干较晒干的发病重，地温较高的砂土地或下午播种，较地温稍低或上午播种发病重。

图1　糜子黑穗病田间症状（王阳提供）

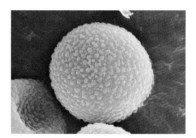

图2　糜子黑粉菌冬孢子扫描电镜图
（×1000）（冯佰利提供）

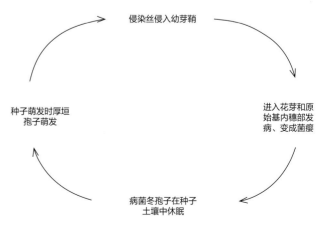

图3　糜子黑穗病侵染循环（王阳提供）

流行规律　温度和水分是影响糜子黑穗病发生程度的主要因素。一些研究者（H. H. Aptembeba，1963；M. N. Komapoba，1971）指出，在干旱年份感染程度很高；另外一些学者（A. A. Kopnnилob，1960）则认为，潮湿年份感染程度较高。莫·高依什巴耶夫（1971）曾研究认为，从播种到幼苗阶段，温度在 13～17℃ 的条件下，植株被感染的最多，而温度在 20℃ 时，则感染的很少。巴·鲁斯纳（1974）认为，在生长发育的后期水分过量以及前期水分不足和高温的条件下病害发生最严重。A.Ф.Coлдатоъ (1984)研究表明，生长环境的不同导致了糜子感染程度上的差异，如 1982 年比较湿润，品种的感染程度比干旱的 1981 年高，而且病害无论在糜子生长发育的前期或者后期都可出现。前期表现为降低了田间发芽率，提高了分蘖性和降低了植株的高度。后期表现为在上部叶片的叶鞘中，包被膜白色，充满大量粉状厚垣孢子和剩余花序的"感染花序"；比较湿润的 1982 年，从播种到抽穗，黑穗病孢子堆是巨大的，而 1981 年的却比较小，以致有的打开叶鞘时才能发现它，同时植株是健壮的，但无圆锥花序而且不结实。

糜子黑穗病的发生与品种的抗性有关。甘肃省农业科学院 2011 年对引进的 2 份俄罗斯品种、51 份国内育成品种、10 份地方品种资源和 10 份创新种质材料的黑穗病抗性进行了人工接种鉴定和分级。试验结果表明，2 份俄罗斯引进材料 blestjachee 和 orlovskikarlik 对黑穗病表现免疫，2 份国内品种吉 18 和陇糜 2 号对黑穗病表现免疫；雁黍 7 号、赤黍 2 号、粘丰 7 号、九黍 1 号、吉 2、赤黍 1 号和宁糜 137 等育成品种和 3 份创新种质材料 0318143、91036314 和 0312322 高抗黑穗病，伊糜 5 号等 34 份材料抗黑穗病，其余 25 份材料感黑穗病。

防治方法　针对糜子黑穗病是以土壤带菌传病为主和幼苗系统侵染的特点，对该病的防治主要有种植抗病品种、种子处理及深翻耕等措施。

选用抗病品种　因地制宜选用适合当地的比较抗病的品种，如公黍 1 号、甘肃会宁的保安红糜子、内蒙古的慢慢红黍子、狼山 462、米仓 155 等品种均较抗病。陕西省榆林市农业科学研究所选育的榆糜 3 号，赤峰市农牧科学研究院选育的赤糜 2 号，鄂尔多斯市农业科学研究所选育的伊选黄糜，甘肃省农业科学院作物研究所选育的陇糜 7 号、陇糜 8 号、陇糜 3 号等都高抗黑穗病。

农业防治　轮作倒茬可以有效防止糜子黑穗病的发生，一般实行 3 年以上轮作。粪肥要充分腐熟后使用，这些措施均可以减少田间菌源积累，减轻田间发病程度。在糜子抽穗后，发现病株及时拔除，减少菌源。病株要深埋、烧毁，不要随意丢放。

化学防治　糜子黑穗病的传播途径是种子、土壤和粪肥带菌。糜子苗在 5 叶期以前，土壤中的病菌都能从幼芽入侵。所以，药剂防治必须选择内吸性强、残效期长的农药。在生产上可使用以下几种药剂进行种子处理：①用有效成分占种子重量 0.05% 的三唑酮拌种；② 2% 戊唑醇湿拌种剂 10～15g 或 12.5% 烯唑醇可湿性粉剂 10～15g，兑水 700ml，拌 10kg 种子；③ 50% 多菌灵可湿性粉剂按种子重量 0.05%～0.1% 用量拌种，或 50% 甲基硫菌灵可湿性粉剂按种子重量 0.1%～0.5% 用量拌种；④用 300 倍的福尔马林溶液浸泡种子 5 分钟，然后捞出种子覆盖后闷 2 小时或 20% 萎锈灵乳油 1000ml 稀释成 20 倍液拌 200kg 种子，堆闷 4 小时后播种。

参考文献

冯佰利，高小丽，王阳，2015.糜子病虫草害 [M].杨凌：西北农林科技大学出版社 .

（撰稿：王阳；审稿：朱明旗）

糜子红叶病　broom corn millet red leaf disease

由大麦黄矮病毒引起的、危害糜子叶片的一种病毒病害。在中国北方糜子中分布普遍。是糜子主要病害之一。又名糜子红瘿、糜子紫叶、糜子热病等。

发展简史　糜子红叶病的发现历史较短。世界各国对糜子红叶病的研究都较少。1935 年，朱凤美首次报道了谷子的"倒青"现象，病症是植株抽穗但不结实，茎和叶变红，病株散生田间，所描述的症状既像红叶病又像线虫病，但无定论。1955 年，俞大绂等首先报道谷子红叶病，发病植株变红，当时称之为红叶病或红缨病。红秆和紫秆品种发病后叶片发红，青秆品种发病后叶片发黄。红叶病在中国分布极为广泛，在某些地区危害特别严重，并且有逐渐扩大的趋势。在河南、河北和山东田间发病率通常为 20%～30%，最高可达 100%。此外，在陕西、甘肃、新疆、江苏北部和安徽北部都有发现。试验证明红叶病确实是由病原传播导致，并非缺磷。带毒蚜虫和无毒蚜虫的接种实验表明，红叶病是由蚜虫传播的，玉米蚜、麦二叉蚜和麦长管蚜均能传病。病害每年发生的普遍性和严重程度均与玉米蚜的发生迟早以及数量具有一定的相关性。一般蚜虫发生愈早，病害愈严重。在自然环境下，有许多种的栽培和野生禾本科植物表现类似红叶病的症状，即茎秆和叶片呈反常的红色。这些自然感病的植物有玉米、黍、金狗尾草、青狗尾草、马唐、大画眉草、画眉草、稗、野古草、大油芒、白羊草、细柄草和六月禾。人工接种试验证实，表现症状的植物是感染了红叶病毒。田间观察发现，凡是田外和田内禾本科杂草愈多的田块，植株发病一般比较普遍。红叶病病毒有极广的寄主范围，它侵染隶属于禾本科 9 个族的植物种，其中包括金狗尾草、青狗尾草、马唐、稗、黍草、六月禾和大画眉草。

分布与危害　糜子栽培区每年都有不同程度的发生和危害，一般发病率为 0.2%～5%。糜子红叶病除侵害糜子外，也可侵害大麦、玉米、谷子、高粱及金狗尾草、青狗尾草、马唐、大画眉草、稗、野古草、大油芒、白羊草、细柄草、早熟禾等多种禾本科杂草。

主要危害叶片，从下部叶片开始向上逐渐发病，叶片多由叶尖沿叶缘向基部变色，病叶光亮，质地略硬，有的节间缩短、植株变矮。苗期首先基部叶片变红，向上位叶扩展。而成株期发病则多为上部叶片先变红，以后扩及下部叶片。一般叶片向阳面先变红，反面能保持相当长时间才变红。变红的叶片自尖端向下逐渐干枯，最后叶鞘也逐渐转变成深红

M

色而干枯。病穗的颖片和芒也变红色或紫色，尤以灌浆和乳熟期最明显。紫秆品种感病后叶片、叶鞘、穗部颖壳和芒呈深紫色、紫红色，新叶由叶片顶端先变红、变紫，出现紫红色短条纹，逐渐向下方延伸，直至整个叶片变紫红色。有时沿叶片中肋或叶缘变红，形成紫红色条斑。黄秆品种感病后叶片和花呈现不正常的黄色，症状发展过程与紫秆品种相同。重病株多数不结实，少数早期死亡或抽不出穗。发病早的植株矮小，茎秆细瘦，叶片狭小（图1）。

病原及特征　病原为大麦黄矮病毒（barley yellow dwarf viruses，BYDVs），病毒粒子由正单链 RNA 和分子量约为 22kDa 的外壳蛋白组成，呈正二十面体对称球形，直径 24～30nm。基因组约 5.7kb，5′ 端无 Vpg 和其他帽子结构，3′ 端无多聚腺苷酸尾巴，也不折叠成类似的 tRNA 结构。此类病毒不通过汁液摩擦接种，而是由蚜虫以持久性非增殖的方式传播，并在感染植株的韧皮部组织中增殖，但寄主体内的浓度很低。

BYDV 株系的划分主要依据蚜虫传播特异性、寄主范围与反应类型、对寄主的毒性等生物学特性。1971年，Rochow 和 Muller 根据明显的介体专化性将美国纽约的 BYDV 谱划分为 5 个株系：PAV、MAV、SGV、RPV、RMV。PAV 由禾谷缢管蚜（*Rhopalosiphum padi*）、麦长管蚜（*Sitobion avenae*）有效地传播；MAV 由麦长管蚜有效传播；SGV 由麦二叉蚜（*Schizaphis graminum*）专化性传播；RPV 由禾谷缢管蚜专化性传播；RMV 由玉米蚜（*Rhopalosiphum maidis*）专化性传播。在中国，1987 年周广和等鉴定出 4 个株系，即 GPV、GAV、PAV、RMV。其中 GPV 株系与美国的 5 个株系均无血清学关系，为中国特有的株系类型。GAV 与 MAV 的抗血清反应强烈，两者的显著区别在于前者可以被麦长管蚜和麦二叉蚜两种蚜虫有效传播，而后者仅被麦长管蚜专化性传播。随着对该病毒基因组序列和结构的深入研究，其分类也出现了新的变化。根据国际病毒分类委员会（ICVT）第七次报告，BYDV 的 BYDV–PAV 和 BYDV–MAV 已升格为种并被归属于黄症病毒科（Luteovirdae）的黄症病毒属（*Luteovirus*），BYDV–GAV 属于黄症病毒属；BYDV–RPV 现在根据其基因组结构定名为禾谷黄矮病毒，即 RPV（cereal yellow dwarf virus），属于马铃薯卷叶病毒属（*Polerovirus*）。GPV 未被明确归类进属，它在血清学上与 CYDV–RPV 严格区别，但在核苷酸序列上与 CYDV 极相似。其他成员 RMV 和 SGV 尚未明确归属，仍普遍沿用大麦黄矮病毒的名称。从已经发表的 GAV 全序列可以确定中国的 GAV 株系与 BYDV–MAV 非常相似，两者同源性达 90.3%。

侵染过程与侵染循环　糜子红叶病毒主要由玉米蚜进行持久性传播，麦二叉蚜、麦长管蚜、苜蓿蚜等也能传毒，但传毒能力较弱。该病毒不能经由种子、土壤传播，也不能通过机械摩擦传播。

糜子红叶病毒主要在多年生带毒禾本科杂草上越冬，土壤及越冬作物都不带毒。种子不带毒或带毒的可能性极小。蚜虫不能带毒越冬。初侵染主要在翌春经玉米蚜等传毒蚜虫由杂草向糜子传毒。再侵染通过蚜虫吸食带毒汁液再传至健康寄主（图2）。传毒蚜虫迁飞高峰期，在玉米、谷子、高

图 1　糜子红叶病田间症状（冯佰利提供）

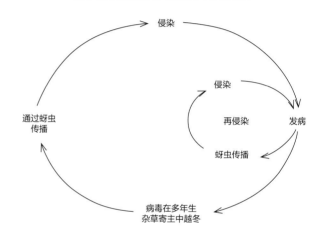

图 2　糜子红叶病侵染循环（王阳提供）

梁等一年生及多年生病毒寄主之间辗转为害。因此，再侵染病源量大，侵染次数多、时间长，潜育期短，又是糜子最感病期，病害发展速度快，容易造成大面积的发病。

流行规律　糜子发病程度与蚜虫发生时期和虫口数量密切相关。春季干旱、温度回升较快的年份，玉米蚜发生早而多，红叶病发生早而重。夏季降水较少的年份，有利于蚜虫繁殖和迁飞，发病也重。杂草多的田块，毒源较多，发病较重。糜子植株的感染时期越早，发病程度和减产程度越高。

防治方法

选用抗（耐）病品种　糜子品种间抗病性有一定差异，虽然缺乏免疫和高抗品种，但仍有抗病或耐病品种。

农业防治　在杂草刚返青出土时，应及时彻底清除，以减少毒源。加强田间管理，增施氮、磷肥，合理排灌，使植株生长健壮，增强抗病能力。

化学防治　春季在蚜虫迁入糜田之前，喷药防治田边杂草上的蚜虫。必要时喷洒 0.5% 香菇多糖水剂（抗毒丰）300 倍液或 20% 病毒 A 可湿性粉剂 500 倍液。

参考文献

冯佰利，高小丽，王阳，2015. 糜子病虫草害 [M]. 杨凌：西北农林科技大学出版社.

裴美云，许顺根，1958. 小米红叶病的研究Ⅲ. 小米红叶病的传染方法 [J]. 植物病理学报 (2): 87-93.

俞大绂，裴美云，许顺根，1957. 小米红叶病的研究Ⅰ. 红叶病，小米的一个新的病毒病害 [J]. 植物病理学报 (1): 1-20.

俞大绂，裴美云，许顺根，1959. 小米红叶病的研究Ⅳ. 小米红叶病的发生、发展及其防治 [J]. 植物病理学报 (1): 12-20.

俞大绂，许顺根，裴美云，1958. 小米红叶病的研究Ⅱ. 小米红叶病的寄主范围 [J]. 植物病理学报 (1): 1-7.

（撰稿：王阳；审稿：朱明旗）

糜子细菌性条斑病　broom corn millet bacterial stripe

由燕麦嗜酸菌燕麦亚种引起的、危害糜子叶片、叶鞘和茎的一种细菌病害。是世界上糜子主产区最重要的病害之一。

发展简史　该病最早在 1923 年，由 Elliott 报道。Elliott 将引起该病的病原菌定名为 *Bacterium panici* Elliott。1928 年，Stapp 对其重新命名为黍假单胞菌 *Pseudomonas panici*（Elliott）Stapp. 1947 年，Savulescu 将该菌移入 *Xanthomonas* 属，1951 年和 1956 年 Elliott、Stapp 也先后承认 *Xanthomonas panici* 的名称；1957 年 *Bergey's Manuals* 7th 采用 *Xanthomonas panici* 作为合法名称。1978 年，Young 等又重新将其放回 *Pseudomonas*，并新组合为 *Pseudomonas syringae* pv. *panici*，将 *Pseudomonas panici*（Elliott）Stapp 作为异名，引用菌株 NCPPB 1498（ATCC 19875）。后期文献大多采用这个名称。1987 年和 1988 年，Hildebrand & Palleroni、Young 先后对 *Pseudomonas syringae* pv. *panici* 名称的合法性进行了讨论。1994 年，Young 对模式菌株 ATCC 9875（= ICW 3955 = NCPPB 1498）的生理学特征和致病性进行了深入的研究，认为该菌株对糜子无致病性，不能作为致病性型存在，另外，该菌株与 *Pseudomonas syringae* pv. *syringae* 亲缘关系较近，但对丁香无致病性，由于没有其他致病性菌株，故 *Pseudomonas syringae* pv. *panici* 是"不确定的名称"。*Taxonomic outline of the prokaryotes*（Garrity, Bell and Lilburn, 2004）没有收录 *Pseudomonas syringae* pv. *panici*。

引起糜子细菌性条斑病的另一个病原是 *Pseudomonas avenae*。1986 年，Bradbury 记载了 *Pseudomonas avenae* 引起的糜子细菌性病害。1989 年，Paul and Smith 对保加利亚、匈牙利、苏联地区发生的糜子细菌性条斑病进行了讨论，病原菌倾向于 *Pseudomonas avenae*。2000 年，Wilson 记录 *Pseudomonas avenae* Manns 寄生于糜子。1992 年，Willems 将禾本科上的 *Pseudomonas avenae* 作为 *Acidovorax avenae* subsp. *avenae*（Manns）comb. nov. 新组合，也包括糜子上的假单胞菌。1994 年和 2012 年 Saddler、Myung 等也先后承认糜子细菌性条斑病的病原菌是 *Acidovorax avenae* subsp. *avenae*（Manns）Willems et al., *Taxonomic outline of the prokaryotes*）将 *Acidovorax avenae* subsp. *avenae* Willems et al. 列为合法名称。

1978 年，俞大绂最早记载中国各地栽培黍常发生的一种细菌性条斑病，病叶片上呈现紫褐色到黑褐色 0.2～0.5mm 宽、1～15mm 长的短条斑和长 35mm 或更长的条纹，分离的病原细菌接种黍，产生代表性症状，接种粟产生小斑点但未扩展成短条斑或条纹，参照文献（Elliott, 1923），将病原菌鉴定为黍假单胞菌（*Pseudomonas panici* Elliott）。1981 年，方中达、任欣正报道了江苏黍细菌性条斑病，病原菌为 *Xanthomonas panici*（Elliott）Savulescu。后来，段永平、陈寅等、方中达、任欣正将陕西黍细菌性褐条病的病原菌鉴定为 *Pseudomonas avenae* Manns。1994 年，任欣正以燕麦假单胞菌（*Pseudomonas avenae* Manns）作为糜子细菌性条斑病的病原菌。

分布与危害　糜子细菌性条斑病在世界各地分布广泛，糜子种植区几乎均有细菌性条斑病的发生。主要分布于中国、韩国、日本、苏联地区、葡萄牙、土耳其、匈牙利、保加利亚、美国等地。中国主要发生在陕西、山西、内蒙古、吉林、辽宁、河北、河南、山东和江苏等地。糜子细菌性条斑病是一种高温高湿病害，在中国糜子栽培区每年都有不同程度的发生和危害，有的地块发病率可达 20%～30%。病菌除危害糜子外，也可危害谷子、大麦、小麦、黑麦、燕麦及珍珠稷等。

糜子细菌性条斑病苗期到穗期均可发病，主要危害叶片，尤其是基部叶片的中下部，一般在主脉附近现水渍状细而长的条斑，后在叶脉间产生许多平行排列的短条斑或条纹。条斑沿脉向上、下两方伸长，后变为暗绿至绿褐或丁香色，最后呈深褐至黑褐色。有时病部具黄绿色晕环。把叶横切面置于水滴中有很多细菌从叶脉处溢出。湿度大或潮湿条件下，叶鞘上产生褐色斑点或条纹，但没有叶片上的明显。如连续遇高温多雨天气，感病品种出现嫩叶枯萎或顶端腐烂，有臭味（见图）。

糜子细菌性条斑病症状（朱明旗提供）

病原及特征　病原为燕麦噬酸菌燕麦亚种［*Acidovorax avenae* subsp. *avenae*（Manns）Willems et al.］，属毛单胞菌科。菌体短杆状，不成串，革兰氏染色阴性，0.5～1.0μm×1.5～3.0μm，以单极鞭毛运动，G+C mol% 为 69.8，好气性，无荧光色素，积累 PHB，不产生芽孢。40℃ 可生长。在 YDC 培养基上培养 2～3 天会产生黄色菌落。在金氏培养基和 NA 培养基上于 28℃ 下生长 48 小时，菌落白色，平滑有光泽，湿润而呈黏液状，直径 2～3mm。KMB 培养基上不产生荧光色素。接种 24 小时后在烟草上均产生明显的过敏反应。氧化酶、尿素酶阳性。可分解乳酸，能在阿拉伯糖、果糖、甘露醇及山梨糖醇的培养基中产酸。可产生羟化脂肪酸、3-羟基辛酸和 3-羟基葵酸；不产生 2-羟化脂肪酸。无果胶分解酶活性，无法从含蔗糖培养基上产酸。可利用 L-果胶糖、D-半乳糖、D-木糖、D-葡萄糖、D-海藻糖、D-阿拉伯糖醇、山梨醇、葡萄糖醛、异戊酸、D-酒石酸、L-苏氨酸、L-组氨酸、L-色氨酸、乙醇胺、核糖、醋酸酯、L-缬氨酸，不能利用 D-海藻糖、葵酸酯、酮葡糖酸、草酸、丙二酸、顺丁烯二酸、L-酒石酸、L-半胱氨酸、乙酰胺、L-鸟氨酸及 L-精氨酸。硝酸还原作用、脂肪酶、淀粉水解、NH_3 产生、过氧化氢酶、七叶树素水解阳性。精氨酸双水解酶、吲哚产生、VP 检测（voges proskaurer test）and MR 检测（methyl red test）、果聚糖产生、苯基丙氨酸脱氨酶检测阴性。

侵染过程与侵染循环　病菌寄主范围较宽，自然条件下的禾本科寄主有冰草、燕麦、扁穗雀麦、马唐、无芒稗、穆子、类蜀黍、水稻、垂穗披碱草、美洲狼尾草、甘蔗、粟、金色狗尾草、狗尾草、高粱和玉米，成为病菌在田间的交替寄主。病菌可以在病草、种子上存活并越冬，成为下一生长季节的菌源。种子上存活的病菌可随种子调运而传播，成为初侵染源。病菌从气孔侵入，也可从伤口侵入，病菌在伤口及气孔附近扩展，在薄壁细胞中增殖，可产生鞭毛素而引起寄主叶片产生褐色条纹，同时伴随细胞程序性死亡。田间传播主要借风雨、昆虫或流水传播，菌脓可借风、雨、露、昆虫等传播后进行再侵染。

流行规律　田间观察品种间发病有一定差异，可能存在抗病性品种。一般柔嫩组织易发病，害虫危害造成的伤口利于病菌侵入。此外害虫携带病菌同时起到传播和接种的作用，如玉米螟、粟跳甲等虫口数量大则发病重。夏季高温、高湿利于发病。再次侵染时的潜育期为 5 天左右。高温干旱少雨，或气温偏低时，病害轻。糜子生长前期如遇多雨多风的天气，病害发生严重；均温 30℃ 左右，相对湿度高于 70% 即可发病；均温 34℃，相对湿度 80% 扩展迅速。地势低洼或排水不良，密度过大，通风不良，施用氮肥过多，伤口多的地块发病重。轮作，高畦栽培，排水良好及氮、磷、钾肥比例适当地块植株健壮，发病率低。

防治方法

选用抗病品种　淘汰田间表现感病的糜子品种，种植抗病品种能够有效防止病害的严重发生。

农业防治　实行轮作，尽可能避免连作。收获后及时清洁田园，将病残株妥善处理，减少菌源。加强田间管理，采用高畦栽培，地势低洼多湿的田块雨后及时排水，防止湿气

滞留，减少传染。田间发现病株后，及时拔除，携出田外沤肥或集中烧毁。

化学防治　苗期开始注意防治玉米螟、粟跳甲等害虫，及时喷洒 50% 辛硫磷乳油 1500 倍液。一旦发生病害，应在发病初期喷施农用链霉素 250μg/g 或新植霉素 200μg/g，全株喷施药剂，能够起到一定的控制病害进一步发展和传播的作用。

参考文献

俞大绂，1978. 粟病害 [M]. 北京：科学出版社.

ELLIOTT C, 1923. A bacterial stripe disease of proso millet [J]. Journal of agricultural research, 26: 151-159.

MYUNG I S, CHOI J K, WU J M, et al, 2012. Bacterial stripe of hog millet caused by *Acidovorax avenae* subsp. *avenae*, a new disease in Korea [J]. Plant disease, 96: 8, 1222.

YOUNG J M, FLETCHER M J, 1994. *Pseudomonas syringae* pv. *panici* (Elliott 1923) Young, Dye & Wilkie 1978 is a doubtful name [J]. Australasian plant pathology, 23(2): 66-68.

（撰稿：朱明旗；审稿：王阳）

猕猴桃细菌性溃疡病　kiwifruit bacterial canker

由丁香假单胞菌猕猴桃致病变种引起、危害猕猴桃的一种细菌性的毁灭性病害。

发展简史　1980 年在日本静冈县首次被发现，1983 年在美国加利福尼亚州报道了该病，随后 1985 年在中国湖南东山峰农场被发现，1992 年在韩国和意大利被发现，2008 年在全球多个国家和地区暴发。

猕猴桃细菌性溃疡病的病原菌最初被报道为危害李、樱桃等果树的丁香假单胞菌死李致病变种（*Pseudomonas syringae* pv. *morsprunorum*）；1989 年，日本学者 Takikawa 根据该病在静冈县的症状表现、寄主范围以及病原菌的生物化学特性，认为该病原菌与 *Pseudomonas syringae* pv. *syringae* 和 *Pseudomonas syringae* pv. *morsprunorum* 有明显区别，且比后两者对猕猴桃有更强的致病力，能在枝蔓、花及叶片上均表现出溃疡病的典型症状，并首次将该病原菌命名为丁香假单胞菌猕猴桃致病变种［*Pseudomonas syringae* pv. *actinidae*（PSA）］。随着分子技术的不断发展，将 *Pseudomonas syringae* pv. *actinidiae* 分为 5 种生物型。生物型 1 包含了早期在日本（1984）和意大利（1992）流行的从海沃德品种上分离出的病原菌；生物型 2 主要在韩国流行；生物型 3 最初是在 2008 年在意大利流行的病株上分离到的；生物型 4 毒性较低主要使叶片产生叶斑，流行于新西兰、澳大利亚以及法国；生物型 5 则是在日本发现。在这些生物型中生物型 3 是造成猕猴桃细菌性溃疡病全球流行的病原，中国未有相关生物型划分的研究报道。

1999 年 Gardan 等运用 DNA 杂交技术和核糖分型等方法，研究了 48 个丁香假单胞菌及其他相关假单胞菌属菌株的遗传背景，并指出所有菌株可划分为 9 个独立的基因类群，但遗憾的是其研究材料中并没包含 PSA 菌株。2002—

2003 年，Scortichini 等和 Manceau 等分别运用重复序列 PCR（REP-PCR）、ARDRA 及 AFLP 等技术，将 PSA 菌株划分到第 8 个类群中，并认为 PSA 菌株与 *Pseudomonas avellanae* 及 *Pseudomonas syringae* pv. *theae* 亲缘关系较近。2011 年 Marcelletti 等基于 gyrB、rpoB、rpoD、ac-nB、fruK、gltA 及 pgi 序列进行了 MLST 分析，认为 PSA 菌株与 *Pseudomonas syringae* pv. *theae* 亲缘关系最近。随着分子生物学技术的不断发展，对丁香假单胞菌猕猴桃致病变种的基因组学也展开了广泛的研究。同时，Marcelletti 等对 1984 年采集自日本、1992 年采集自意大利的 PSA-J 及 2008 年采集自意大利 Hort16A 品种上的 PSA-V 菌株分别进行了基因组框架图分析，发现 PSA 基因组的大小为 6Mb 左右，共编码 5670 个基因；PSA-V 较 PSA-J 菌株编码了 4 个额外的效应器蛋白，获得了 1 个 160kb 的质粒以及前噬菌体序列，但缺少了 1 个 50kb 的质粒、编码菜豆毒素的基因簇以及 argK 毒素基因。2012 年 Mazzaglia 等对中国、日本、韩国、意大利、新西兰及葡萄牙的 PSA 菌株进行了基因组全测序分析，发现中国与新西兰、欧洲 PSA 菌株的核心基因组几乎完全一致，并指出新西兰及意大利的 PSA 菌株可能是通过不同途径分别从中国引进。2013 年，Butler 等也指出新西兰、意大利及智利的 PSA 菌株可能来源于中国陕西地区。2015 年 Takashi 等指出日本本土的 PSA 生物型 5 中既没有生物型 2 中保守的冠状病菌生物合成基因，也没有生物型 1 中保守的植物合胞体毒素生物合成基因；并在生物型 5 中找到了 45 个三型分泌效应子的基因是其他生物型所没有的。2017 年 McCann 等分析了 80 株 PSA 基因组后发现中国的 PSA 虽然是造成全球病害流行的起源，但是它们只局限于一个分支，相反日本和韩国的菌株则形成多个分支，拥有更丰富的遗传多样性。PSA 的抗铜性是通过吸收一系列的共轭元素和质粒来实现的。

分布与危害 猕猴桃细菌性溃疡病是一种分布十分广泛的病害，几乎覆盖了所有的猕猴桃产区。主要分布在日本、韩国、中国、新西兰、澳大利亚、美国、法国、土耳其、葡萄牙、智利、西班牙、斯洛文尼亚、伊朗、希腊以及瑞士等国。在发现猕猴桃细菌性溃疡病不到两年的时间内，新西兰已经有 1400 个果园被 PSA 侵染，受危害面积占新西兰猕猴桃种植面积的 52%，对新西兰的经济造成了巨大的损失。受猕猴桃细菌性溃疡病的危害，2009 年意大利猕猴桃主产区拉齐奥大区的金果猕猴桃减产约 10%，到 2010 年则减产 40%。中国是世界上猕猴桃栽培面积最大的国家，同时也是发病较为严重的国家之一。1985 年湖南东山峰林场首次发现该病时的危害面积为 13hm²，到 1989 年湖南发病面积已达 133hm²，多数猕猴桃栽培基地濒临毁灭。1989 年在四川三溪口林场的受害面积 5.93hm²，数月内园中的猕猴桃大多都枯死，产量由上一年的 15 万 kg 跌至 5 万 kg。在福建三明、四川广元、陕西关中地区，发病率在 35% 以上，重病区发病率高达 90%，流行年份致使全园濒于毁灭，带来了严重的经济损失，因而该病被列入"全国林业危险性有害生物名单"。猕猴桃细菌性溃疡病在中国分布于陕西、贵州、四川、重庆、湖北、浙江、湖南、安徽、北京、内蒙古、辽宁、河北、江西、河南、福建、云南、山东以及江苏等地。

主要危害树干、枝条、花及叶片，引起枝干溃疡或枝叶萎蔫死亡。叶片受害时病部先形成红色小点，外围有不明显的黄色晕圈，当新梢伸长到 10～15cm 时，叶片上小点扩大为 2～3mm 不规则形的暗褐色病斑，叶色浓绿、晕圈明显，宽达 2～5mm。4～5 月气温较低，在潮湿条件下可迅速扩大为水渍状大型病斑，其边缘因受叶脉限制而成多角形，也有许多病斑不产生晕圈。数个病斑愈合时，主脉间全成暗褐色，有时叶片向里或向外翻卷。气温一旦上升，病斑就变小，晕圈亦变窄。田间，常混生暗褐色和红褐色两种病斑。

枝干上症状表现在芽眼、皮孔、落叶痕、伤口以及枝条分枝处。发病初期病部变暗，溢出水滴状白色浑浊菌脓，后逐渐变黏稠呈现黄白色和锈红色，不久皮层坏死成红色或暗红色，随后产生纵向线状龟裂，形成大面积的溃疡斑。病斑下部皮层和髓部变褐，髓部充满乳白色菌脓，受害茎蔓上部枝叶萎蔫死亡。有些发病的枝干直接从树皮组织溢出暗红色的菌脓，随着病原菌在皮层内的移动，溢出菌脓范围不断向枝的顶端和基部扩展，可用手指挤压枝条根据菌脓溢出情况确定其扩展范围。

病原及特征 病原为丁香假单胞菌猕猴桃致病变种（*Pseudomonas syringae* pv. *actinidiae*），属假单胞菌科（Pseudomonadaceae）。革兰氏染色阴性，不具荚膜，不产生芽孢；菌体短杆状，有的稍弯曲，大小为 1.46～2.10μm× 0.41～0.52μm，多数极生 1 根鞭毛，少数为 2～3 根（图 2）。在牛肉汁蛋白胨培养基上，菌落污白色、低凸、圆形、光滑、边缘整齐，生长速度缓慢，培养 24 小时仅如针尖大，2 天后直径 1～3mm。在 KBA 培养基上未见荧光。在含蔗糖培养基上，菌落为黏液状，说明有果聚糖产生。最适温度 25～28℃，4℃ 时仍能生长，41℃ 不能生长，55℃ 能够致死。pH 生长范围在 6.0～8.5，最适为 7.0～7.4。

图 1 猕猴桃细菌性溃疡病危害症状（梁英梅提供）
①发病初期；②发病中期；③发病后期

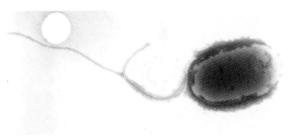

图 2 猕猴桃细菌性溃疡病病原菌（田呈明提供）

氧化酶试验、精氨酸双水解酶试验和马铃薯软腐试验均表现为阴性，不具有冰核活性，产氨，生长最高温度为32～35℃，耐盐能力为3%，超过4%均不能生长。不能水解七叶苷和熊果苷，不液化明胶，不能使硝酸盐还原，脲酶试验为阴性，石蕊牛乳反应微碱性，能利用葡萄糖、蔗糖、肌醇、阿拉伯糖、果糖、山梨醇、精氨酸、酪氨酸、赖氨酸、天冬氨胺、亮氨酸，不能利用木糖、赤鲜醇、海藻糖、乳糖、麦芽糖、鼠李糖、组氨酸。

侵染过程与侵染循环　猕猴桃溃疡病病原菌主要从植株体表各种伤口处侵入。刀伤、冻伤、雹伤及风雪伤等都是病菌侵入的重要途径。在植株处于休眠期（12月下旬至翌年1月下旬）时，溃疡病菌就开始由植株的气孔、水孔、皮孔、伤口（虫伤、冻伤、刀伤）等侵入植株体内。在植株伤流开始后（2月上旬至3月上旬），病菌在寄主体内大量增殖扩展，至萌芽前（3月中下旬至4月中旬），染病枝条等部位开始出现流胶、流水，此时进入发病高峰期。在抽梢至伤流止时（4月中旬至4月下旬），随着气温升高，发病开始变慢，到孕蕾至开花期（4月下旬至5月中旬）时，枝干停止发病，病菌开始侵染花蕾，致使花蕾受害，此时若天气特别潮湿多雨，病株伤口处可再度出现流胶。在生理落果期（4月下旬至5月下旬），枝梢开始进入枯萎期，病斑停止扩展。

病菌主要在田间感染病枝蔓上越夏越冬，也可随病残体在土壤中越冬。园地周围野生猕猴桃病株与栽培苗木带菌是田间发病的主要侵染来源，而且以侵染1～2年新生枝梢为主。翌年春季病原细菌从病部溢出，通过风雨、昆虫传播，或春季修剪等农事操作时，借修剪刀、农具等传播，从气孔、水孔、皮孔、伤口等侵入，病部溢出的病菌，不断传播引起多次再侵染，而风雨对病菌的侵入和近距离传播起着重要作用，但植株旧病斑的复发率较低。一年中有2个发病时期：一是春季伤流期至谢花期；二是秋季果实成熟期前后，多半发生于秋梢叶片上。

流行规律　该病属低温高湿性病害，凡冬季和早春寒冷受冻，则病害重。一般背风向阳坡地发病轻，海拔高的园地发病重，低海拔区发病轻或不发病；果园间作其他作物、修剪过重、施肥过量，发病较重；周年生长期中的伤流期发病重；成年挂果树较幼年树发病重。一般野生株、雄株、砧木（实生苗）发病很轻。病害发生的早迟和危害程度与极端低温出现的早迟和低温程度关系密切。当极端低温达 −12℃ 以下时5天内发病，翌年发病严重；当旬平均气温达20℃时，病害停止蔓延危害。品种的抗性对此病的危害起着关键性的作用。

同时该病的发生与品种、树龄、土壤、气候等因素也有一定的关系。猕猴桃细菌性溃疡病菌主要危害中华猕猴桃等猕猴桃属植物；人工接种也可使桃、杏、梨、樱桃、梅等轻度发病。

防治方法

抗病性选育　不同栽培品种间对溃疡病的抗病性存在较大的差异，抗性较好的品种有金魁、中华软雄株和美味硬雄株等，而红阳的抗性较差。

化学防治　主要是在采果后、落叶后、冬剪清园后、春季萌芽前等特定时期使用化学药剂进行预防和治疗。春季嫩梢抽生期是猕猴桃溃疡病的高发期，在发病前期或发病初期喷洒保护性杀菌剂，如95%CT原粉500倍液或80%金纳海水分散粒剂800～1000倍等；也可使用70%DTM可湿性粉剂100倍等与柔水通4000倍混合液等药剂涂抹于病斑刮出后的部位。在冬季修剪结束至萌芽前期喷预防性药剂2～3次，可每次间隔20天左右，选用5波美度石硫合剂、半量式或等量式波尔多液、菌立灭、300倍氢氧化铜、400倍噻菌铜、30%机油石硫微乳剂等药剂交替使用，预防溃疡病在春季发生。

当前防治该病的主要药剂农用硫酸链霉素即将停止使用，0.4%的四霉素对溃疡病的防治效果最好，可考虑作为硫酸链霉素的替代抗生素类杀菌剂。

生物防治　一些枯草芽孢杆菌的发酵液可以通过诱导植物防御酶活性的提高，从而增强植株的抗病性。部分植物内生放线菌对猕猴桃溃疡病也有较好的防治效果。

砧木防治法　采取春季舌接的办法进行嫁接，培育成抗病砧木，当苗高达到50cm时，可以出圃建园。1年后株高达到1.5m时，再进行高接换头，嫁接优良品种。

栽培管理　猕猴桃溃疡病的发生与管理水平有很大关系。管理精细的果园发病较轻或不发病，经营粗放的果园发病较重，甚至毁园。修枝强度与时间对溃疡病发生程度影响较大，夏剪以摘心、疏枝、疏果为主，避免"大小年"，以保持旺盛的树势。冬季修剪应在落叶后至翌年1月中旬之间进行，冬剪的轻重应掌握好幼树重、成年树轻，弱重旺轻，大年重小年轻的原则。提倡"少留枝多留芽"的剪法，以促进枝梢生长，平衡营养生长与生殖生长的关系。

猕猴桃展叶前，对土壤进行浅耕，使土壤保持湿润状态的前提下限制给水，限制根部活动，减少伤流，从而有利于控制病害。展叶后，干旱和湿度过大都不利于植株健康生长，尤其是水涝，易引起烂根，降低抗病力。

冬灌不能晚于11月底，忌大水串树盘浇；春灌不早于4月，5～10月可根据地墒随时灌溉；合理施肥，控制春季萌芽的早晚、伤流的多少和树木生长势。冬灌时以农家肥为主，同时配施适量的磷、钾肥，萌芽期追施氮肥，开花期、坐果期、果实膨大期追施磷、钾肥，提高树体的抗病性。

在选择园址时，应选择土壤结构好，不易发生霜冻的地方建园，已建成的园子应该注意防止霜冻。同时加强树体管护，增强树势，防止树体提前衰老。建园应就地育苗就地栽植。另外，注意雌、雄株的搭配，使雄株既能满足授粉的需要，又要防止雄株过多，以免招致溃疡病的发生。

检验检疫　猕猴桃细菌性溃疡病远距离的传播主要依靠苗木调运，因此，在引进苗木时要进行严格的检验检疫，严禁从疫区引进苗木，并对外来的苗木进行苗木处理。

参考文献

梁英梅, 田呈明, 张星耀, 等, 2000. 猕猴桃细菌性溃疡病发病规律研究 [J]. 林业科学研究, 13(专): 119-124.

梁英梅, 张星耀, 田呈明, 等, 2000. 陕西省猕猴桃枝干溃疡病病原菌鉴定 [J]. 西北林学院学报, 15(1): 37-39.

芹泽拙夫, 赵志敏, 倪守延, 1988. 猕猴桃溃疡病的发生和防治问题 [J]. 植物检疫 (S1): 119-121.

邵宝林，王成华，刘露希，等，2015. 猕猴桃溃疡病生防芽孢杆菌 B2 的鉴定及应用 [J]. 中国农学通报，31(26): 103-108.

朱晓湘，方炎祖，廖新光，1993. 猕猴桃溃疡病病原研究 [J]. 湖南农业科学 (6): 31-33.

FUJIKAWA T, SAWADA H, 2016. Genome analysis of the kiwifruit canker pathogen *Pseudomonas syringae* pv. *actinidiae* biovar 5 [J]. Scientific reports, 6: 21399.

TAKIKAWA Y, SERIZAWA S, ICHIKAWA T, et al, 1989. *Pseudomonas syringae* pv. *actinidae* pv. nov.: The causal bacterium of canker of kiwifruit in Japan[J]. Annals of the phytopathological society of Japan, 55: 437-444.

（撰稿：田星明；审稿：张星耀）

密度效应　density effcet

寄主植物密度对病害传播和流行的影响结果。这种影响包括两方面：①密度效应的正效应，即在一定的变幅内，植株密度愈大，病害流行的速度越快、越有利于传播。特别是在土传病害和雨滴飞溅和流水传播病害中表现尤为明显。②植株过密，降低冠层内气流速度，阻拦孢子的扩散。对传播起着负效应。由于负密度效应的作用大小尚缺乏定量的试验研究，所以通常所谓密度效应多指前一种。此外，密度效应还影响农田小气候的变化，间接影响寄主抗病性和病害流行。

密度对传播的正作用，早在 20 世纪 60 年代就有人对此进行定性论述，80 年代开始对密度效应试行定量分析，如以 D 代表一次或一代传播距离，以 Den 代表感病寄主株距（或叶片间距），只有当 $D \geq Den$ 时传播才能实现。$Den = D$ 可以作为病害传播的阈值。这在土传病害中尤为明显。成片种植的泡桐林中丛枝病比农户单株种植的病情严重就是证明。

在频繁发生再侵染的情况下，密度的正效应通过每次侵染的菌量增殖率显示出来。当 $D \geq Den$ 时，密度愈大（即 Den 愈小），一次或一代传播距离内寄主被侵染的株数就愈多。第二代病害数量与密度成正比。根据同样的病害梯度推算出的第二代传播距离随密度增加而增大。以此类推，多代传播后病情和传播距离不同。

当种植密度超过病害传播阈值以后，植株密度愈大，流行愈快。因此，可将病害流行看成是一种密度效应，病害流行是高密度的后果。这将有助于在栽培防治中更好地实行间套作或控制种植密度，采用抗病品种和感病品种混合播种或种植多系品种的措施，降低有效密度（对病害传播而言）可以减轻病害。

参考文献

肖悦岩，季伯衡，杨之为，等，1998. 植物病害流行与预测 [M]. 北京：中国农业大学出版社 .

（撰稿：赵美琦；审稿：肖悦岩）

棉黑根腐病　cotton black root rot

由根串珠霉引起的、危害棉花根部，并引起根颈肿胀、根部腐烂的一种病害。又名棉褐根病或棉黑色烂根病。

发展简史　1939 年，King 和 Berker 首次在美国亚利桑那州棉田观察到海岛棉成株期根颈出现了内部腐烂，并鉴定病原菌为根串珠霉［*Thilaviopsis basicola*（Berk. & Br.）Ferr.］。黑根腐病在美国西南部地区棉花种苗上广泛分布，病害常在亚利桑那州海拔约 900m 高原土壤温度较低的地区发生，但在东南地区也能见到。1988 年，Mauk 等指出由于海岛棉的种植，黑根腐病在低海拔地区的出现频次有所增加。棉苗在湿冷的春季发病最严重。秘鲁、苏联、埃及和乌兹别克斯坦在苗期和成株期棉花上的发生都曾有报道。

1981 年，贾菊生和崔星明首次报道在新疆发现了黑根腐病，在阿克苏地区对长绒棉的生产危害严重。1987 年，黑根腐病在新疆的阿克苏、库尔勒、喀什和石河子等地均有发生，以海岛棉受害最重，严重影响棉花品质和产量。在温室苗期用两种人工接菌的方法鉴定了海岛棉、陆地棉和中棉三大棉种对黑根腐病的抗病性，结果显示，海岛棉高感，中棉高抗，而陆地棉属于中间类型。1996 年，在甘肃河西走廊的敦煌转渠口、杨家桥和七里等地首先发现黑根腐病；随后，2006 年在金塔航天、高台黑泉发现；2007 年在玉门柳湖发现；截至 2011 年，已遍及敦煌、金塔、玉门、高台等主要植棉县（市）。2003 年，棉黑根腐病在山东大暴发，尤其是聊城受灾严重。在 5 月低温多雨的气候条件下，致使有的田块发病率高达 70% 以上，发病严重的甚至造成了大量死苗。

分布与危害　棉花苗期和成株期均可发病。苗期染病根系表皮、皮层受侵染后变褐，常延至下胚轴，根颈部肿胀，茎秆弯曲，植株矮小；茎部的病斑扩展后致表皮开裂，出现长条形或梭形浅绿色病斑，后变成暗紫色至黑色；病株很易拔出，但维管束不变色。成株染病顶叶下垂，叶色淡，叶凋萎但不脱落，茎基部膨大，根颈腐烂，茎秆弯曲，中柱变为褐色至黑紫色，结铃少或不结铃。有的突然失水萎蔫，最后植株干枯死亡。

病原及特征　病原为土壤习居菌根串珠霉［*Thielaviopsis basicola*（Berk. & Br.）Ferr.］。该菌有两种类型的孢子，分生孢子和厚垣孢子。分生孢子梗从菌丝的短侧枝生出，稀少分枝，3～5 个隔膜，在鞘梗内形成无色透明杆形的内生分生孢子，分生孢子两端各有 1 油滴。厚垣孢子在被感染的植物导管组织内菌丝末端形成，串生，每串有 5～8 个厚垣孢子。

侵染过程与侵染循环　病菌厚垣孢子平时在土壤中腐生或在病残体上存活越冬，经 -6～15℃ 冷冻后才能萌发。翌春土温 16～20℃，根系生长不快，抗性也弱，利于该菌侵入。病菌孢子萌发后，芽管伸长，产生附着胞，从棉株根毛表皮层侵入，以菌丝体在皮层内扩展并吸取营养，但不进入导管。后期菌丝体又形成分生孢子和厚垣孢子进行再侵染，落入土中继续营腐生生活，成为翌年该病的初侵染源。厚垣孢子在土中能长期存活，内生分生孢子在 8～33℃ 下能生长，适温为 25～28℃，土壤适宜湿度为 50%～70%。

M

防治方法 棉黑根腐病是根部受到侵染的棉花病害，尤其是苗期，因此，防控重点应该在种子质量、前期包衣拌种处理，兼施合理的栽培管理措施。

选用抗病品种，精选种子 一定要选择发芽率高、发芽势强的种子，以增强棉苗对黑根腐病的抵抗力。

拌种 对未包衣的种子进行药剂拌种，可选用 50% 多菌灵、30% 苗菌敌、20% 甲基立枯磷或 50% 甲基托布津中任意一种拌种，每 100kg 种子用 2～3kg 水将药剂稀释，喷拌均匀即可。

精耕细作 收获后及时清除病残体。播前灌冬水，早春忌大水漫灌，防止土温降低，创造利于根系发育的条件。提倡采用地膜覆盖，可提高地温，减少发病。

实行轮作 采用小麦、玉米、水稻等禾本科作物与棉花轮作。

参考文献

沈其益，1992. 棉花病害基础研究与防治 [M]. 北京：科学出版社.

孙文姬，丁之铨，陈其煐，1996. 三大棉种对棉花黑根腐病抗性鉴定简报 [J]. 作物品种资源 (2): 35.

邢光耀，2003. 棉花黑根腐病的发生及防治 [J]. 中国棉花，30 (12): 34.

（撰稿：李志芳；审稿：马平）

棉花病害 cotton diseases

中国记载的棉花病害有 50 多种，可收集到的有 30 种，其中棉花细菌性病害 2 种，真菌性病害 25 种，线虫病 2 种，病毒病 1 种。按照危害时期和部位可以分为苗期病害、维管束病害、叶部病害和棉铃病害。

棉花苗期病害是一类由多种病原菌侵染、危害种子萌发和幼苗生长的病害。棉花出苗前发病，常造成烂种或烂芽，出土后幼苗发病，出现根腐、基腐、猝倒、茎枯和叶斑等受害症状。严重时需要毁种和重播，发病轻时延缓生长，形成弱苗，影响产量和品质。苗期病害造成的直接和间接经济损失巨大，因此，控制苗期病害，保证全苗壮苗，是提高棉花产量的首要任务。棉花苗期病害主要分为两类，其中重要的一类是引起烂种、烂芽、茎基腐和根腐，常见的有立枯病、炭疽病、红腐病，其次为猝倒病、枯腐病和白绢病；另一类为危害叶和茎，主要有疫病、茎枯病、黑斑病、轮纹斑病和角斑病等主要病害。

维管束病害是指棉花枯萎病和黄萎病，是棉化生产上的重要病害。这两种病害在中国各棉区均有发生。枯萎病发病提前，子叶期就可发病，常常使棉苗枯死、植株畸形，叶片功能下降，甚至毁种改茬，造成巨大损失。黄萎病在棉花花蕾期达到发病高峰，导致棉花落花、落蕾，甚至枯死，严重影响产量。通过育种家的努力，已经筛选出高抗枯萎病棉花品种，基本上控制了棉花枯萎病的危害。由于缺乏稳定的抗黄萎病棉花品种，棉花黄萎病成为棉花生产中的第一大病害。

棉铃病害是棉铃遭受多种病原菌侵染而发生的一类病害，常常表现为烂铃症状，又称棉花烂铃病。寄生性强的病原菌能够直接侵入棉铃危害，如疫菌和炭疽菌等；弱寄生菌或腐生菌则需要通过伤口才能危害棉铃，如红腐菌、红粉菌等。虫害严重时，铃病也随之加重。棉铃刚开裂时遇雨，弱寄生菌或腐生菌也可在铃面和铃缝中滋生危害。棉花烂铃病在中国长江和黄河流域棉田极为普遍。棉铃感病后，轻的形成僵瓣，重的全铃烂毁。在腐烂的棉铃中 65% 全无收成，20% 形成僵瓣，15% 的后期轻烂铃可以收获一些籽棉。烂铃多是中下部的棉铃，因此，对产量的影响很大。通常中国黄河流域棉区比长江流域棉区烂铃轻，一般棉田烂铃率为 5%～10%，多雨年份可达到 30%～40%。长江流域棉区常年烂铃率 10%～30%，严重者达 50%～90% 及以上。对烂铃种类调查结果表明，在黄河流域和长江流域棉区，由棉铃疫菌造成的烂铃病占 95% 以上，棉铃疫病是棉花铃病中最主要的病害，其他常见的铃病主要有炭疽病、红腐病、黑果病、红粉病、软腐病和曲霉病等。在新疆棉花种植区发生了由成团泛生菌引起的细菌性棉花烂铃。

棉花病害种类多，其发生和危害程度受棉花品种抗性水平、水肥管理、耕作制度和气候条件等因素影响很大。棉花苗期病害的防治主要采取适时晚播（避开出苗后低温天气）和种衣剂处理。棉花枯萎病可通过种植高抗或抗病棉花品种得到有效控制。对于棉花黄萎病，由于缺少抗性稳定的抗病棉花品种，在生产实践中选用抗（耐）性好的品种，同时辅以微生物杀菌剂拌种、穴施或滴灌，可在一定程度上控制其危害。对于棉花铃病，由于缺乏抗病品种，可通过喷施化学农药或物理隔绝措施，防治病原菌随雨水溅到棉铃上，从而减少铃病的发生。

参考文献

李社增，鹿秀云，郝俊杰，等，2017. 棉花烂铃病的发生、品种抗病性及主要病原菌致病力分析 [J]. 植物病理学报，47(6):824-831.

刘雅琴，任毓忠，李国英，等，2008. 新疆棉花细菌性烂铃病病原菌鉴定 [J]. 植物病理学报，38(3): 238-243.

鹿秀云，李社增，李宝庆，等，2013. 利用行间覆膜技术防治棉花烂铃病 [J]. 中国棉花，40(7): 29-31.

马平，潘文亮，2002. 北方主要作物病虫害实用防治技术 [M]. 北京：中国农业科学技术出版社.

（撰稿：李社增；审稿：马平）

棉花根结线虫病 cotton root-knot nematodes

由根结线虫危害棉花根系引起的棉花线虫病害。

发展简史 棉花根结线虫病最早是 1889 年 Atkinson 在美国亚拉巴马州棉花上发现，南方根结线虫在半干旱地区和高降水量地区都可以危害棉花。中国于 20 世纪 70 年代在浙江金华发现棉花根结线虫病害。

分布与危害 危害棉花的根结线虫主要有 2 种，即南方根结线虫和高粱根结线虫。南方根结线虫主要分布在南纬 35° 至北纬 35° 之间的温带地区，是危害棉花最重要的病原线虫，国外侵染棉花的南方根结线虫有 3 号生理小种和 4 号生理小种。但是危害严重度在各地有所不同。南方根结线虫在中非共和国、埃塞俄比亚、加纳、南非、坦桑尼亚、乌干达、津巴布韦、巴西、萨尔瓦多、埃及、叙利亚、土耳其、巴基斯坦、印度和中国均有发生和分布。1982年Taylor等估计全世界棉花由于南方根结线虫造成的产量损失约为3.1%；1984年Orr & Robison在美国得克萨斯州南部高原，南方根结线虫造成的棉花产量损失为12%。另一种严重危害棉花的是高粱根结线虫，该线虫仅仅在非洲南部的马拉维南部雪利河谷（Shire Valley）棉花产区和南非的棉花上发现。这两个地区都是棉花的野生祖辈草棉非洲变种（Gossipium herbaceum var. africanum）的自然栖生地的边界，而草棉非洲变种的栖生地从博茨瓦纳经南非的德兰士瓦和津巴布韦的萨乌峡谷（Save Valley）一直延伸莫桑比克。受高粱根结线虫侵染的根系严重畸变，主根发育不良，向一侧扭曲；而次生根则过度增生，产量损失可以达到50%。危害中国棉花的根结线虫为南方根结线虫，主要分布于浙江金华及上海、江苏、安徽、湖北和四川等地，在浙江和上海地区侵染棉花的为南方根结线虫4号生理小种。

南方根结线虫是棉花根系的定居性内寄生线虫，在维管束内取食，引起细胞变形。在棉花根部最典型的识别症状是形成"根结"。将棉株用铁铲轻轻挖出，冲洗干净，可看到主根及侧根上的不规则膨大，即根结。播种后1个月就可观察到根结，在整个生长季节，随着再次侵染，根结逐渐增多、加大。"根结"是由于根结线虫在取食过程中食道腺分泌物的刺激，诱导取食位点的棉花根系细胞的不断分裂和繁殖，体积增大为巨形细胞而形成的。根结线虫危害棉花的主根对棉花的危害性更大，在侧根上的"根结"对棉花植株的危害性相对较小，被害的幼主根上长出一些分枝，可限制主根向下生长。棉花根系上"根结"的大小取决于棉花品种的感病性、侵入线虫的数量及巨形细胞的并合情况。一般来讲，在棉花上形成的根结不及其他更感病的植物如番茄或某些豆类的根结大，但危害性是严重的。

棉花病株地上部无特殊症状。由于根系受害，在根结线虫危害取食的根系部位，抑制或阻碍水分及营养的吸收和向上输送，造成维管束中断，正常的组织结构系统紊乱。受害棉花水分和营养物质运输效率的降低，导致棉花产生非特异性的类似营养缺乏和水分缺乏的症状，棉花植株地上部矮化、变小，叶片变黄，棉铃减少。在高温天气的下午，即使田间含水量合适，罹病棉花植株呈现临时性萎蔫状状；而在高温干旱的情况下，罹病棉花老植株可能死亡。

病原及特征 病原南方根结线虫［Meloidogyne incognita（Kofoid et White）Chitwood］属根结线虫属。

雌虫：体长为500～723μm，体宽331～520μm，口针长10～16μm，背食道腺开口到口针基部球的距离为2～4μm。据马承铸1983年对侵染棉花的南方根结线虫的测定，雌虫体长为525～825μm，体宽330～525μm，口针长14.3～16.9μm。雄虫：体长1108～1953μm，a=31.4～55.4，口针长23.0～32.7μm，背食道腺开口到口针基部球的距离（DGO）为1.4～2.5μm，c=97～225，交合刺长28.8～40.3μm，导刺带长9.4～13.7μm。幼虫：体长337～403μm，a=24.9～31.5，尾长38～55μm，口针长9.6～11.7μm（a为虫体总长度/虫体最大宽度，c为虫体

长度/尾长）。

雌虫 乳白色，鸭梨形有突出的颈部；虫体埋在植物根内。头部具有2个环纹，偶而3个。排泄孔位于口针基球位置水平或略后，距头端10～20个环纹；会阴花纹类型变化较大，典型的南方根结线虫背弓较高，圆形，两侧近乎直角，其条纹平滑或波纹状，没有明显的侧线。阴门在身体末端。新生的雌虫至成熟产卵需8～10天。

雄虫 虫体为蠕虫状。头区不缢缩，头区具有高、宽的头帽；头区有1或3条不连续的环纹。口针的锥部比干部长，口针基部球突出，通常宽度大于长度；排泄孔位于狭部后的位置，半月体通常位于排泄孔前0～5个环纹处，侧区4条侧线，外侧带具网纹；尾部钝圆，末端无环纹；交合刺略弯曲，导刺带新月形。

幼虫 分4个龄期。卵内物质经过胚胎发育形成线形一龄幼虫，卷曲呈"8"字形。在卵内第一次蜕皮后变成二龄幼虫。二龄幼虫：线形，头部不缢缩，略隆起，侧面观平截锥形，背腹面观亚球形，侧唇片与头区轮廓相接，头区有2～4条不连续条纹，口针基部球明显，圆形；半月体3个环纹长，位于排泄孔前；侧区4条侧线，外侧带具网纹。直肠膨大。尾渐变细，末端稍尖（见图）。

侵染过程与侵染循环 南方根结线虫是棉花根系定居性内寄生线虫。整个虫体侵入棉花根组织内。成熟雌虫产卵于胶质卵块中。在合适的条件下，卵经胚胎发育形成一龄幼虫。在卵内进行第一次蜕皮发育成二龄幼虫。二龄幼虫是南方根结线虫的唯一侵染期。二龄幼虫从卵壳内逸出，从根尖端后的2cm范围内侵入。在皮层内穿过细胞内或细胞间向上移动取食，对皮层只引起轻微的损伤，然后在根的中柱鞘部位移动寻找合适的永久取食部位，一旦建立永久取食位点便不再移动。二龄幼虫在根系内经3次蜕皮后发育成成虫。由于线虫分泌物的刺激，棉花根组织在入侵幼虫的头部周围形成4～8个巨形细胞，这些细胞专供线虫取食；同时，根组织受其刺激，细胞不断分裂和体积增大而形成根结。雌成虫与雄成虫的比例取决于侵染的密度及寄主生长状况，如侵染密度低、寄主生长良好，雌成虫比例高。一条雌虫产卵500～1000粒。南方根结线虫各世代历期的长短和数量，均取决于温度和湿度的影响。当旬均温度超过30℃，幼虫数量显著下降。在棉花上，从二龄幼虫侵入到雌虫产卵约需22天。一般情况，3～4周完成一个生活史。

流行规律 南方根结线虫的越冬存活百分率与秋季线虫群体密度呈负相关。由于卵孵化死亡，在越冬存活期间，卵的群体量呈指数衰减。另外，幼虫群体初始时由于卵的孵化而增加，然后呈指数衰减，春末时，二龄幼虫是越冬存活群体的主要组分。对高粱根结线虫而言，当卵处于胶质卵块或濒死雌虫厚厚的体壁内时，其卵能在非洲南部干旱季节存活6～7个月，仅仅在土壤相对湿度不低于97.7%条件下，卵维持活性但处于休眠状况。

根结线虫经常卷入其他生物的病害复合症中。棉花上的南方根结线虫卷入几种病害复合症，其中最值得注意的是镰刀菌枯萎病与根结线虫复合症和几种苗病害复合症包括根腐病（Pythium spp.）、菌核病（Rhizoctonia spp.）、枯萎病（Fusarium spp.）和黑根腐病（Thielaviopsis spp.）等。南方

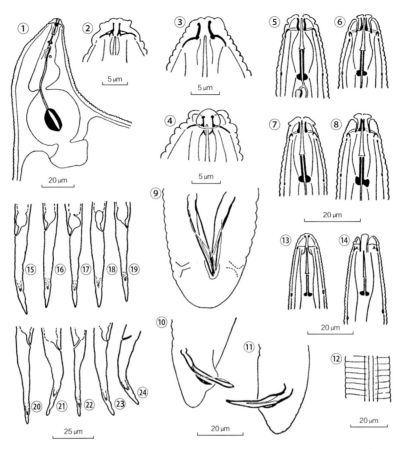

南方根结线虫（引自 K.J. Orton Williams, 1973）

①雌虫虫体前端，腹面观；②~④雌虫头部，侧面观；⑤~⑧雄虫头部（⑤⑦雄虫头部侧面；⑥⑧雄虫背腹面）；⑨~⑪雄虫尾部；
⑫二龄幼虫侧区，4 条侧线；⑬二龄幼虫头部侧面；⑭二龄幼虫头部腹面；⑮~㉔幼虫尾部

根结线虫能增加大丽轮枝菌侵染棉花的程度在棉枯萎病菌存在下，南方根结线虫危害函数的斜率比无枯萎病原时的斜率数值更负。在高密度线虫群体（Pi>10 个卵和幼虫 /100cm^3 和中等镰刀菌浓度时，两个病原物对棉花死亡有明显的影响，棉花植株高度和产量受到抑制主要是由于线虫而不是镰刀菌的影响。

棉花根结线虫与枯萎病菌复合侵染后，加重了枯萎病的危害程度。在田间同样发现，当线虫密度大时，棉花枯、黄萎病危害也就严重。如果防治了线虫或用抗线虫品种，这两种萎蔫病就很轻。只抗枯萎病的品种，在有根结线虫侵染的情况下，抗病性会丧失。在巨形细胞内枯萎病病菌的菌丝非常茂盛。由于根结线虫的侵染加强了植株对枯萎病的感病性。

在高粱根结线虫首次被发现寄生棉花时，人们认为它能形成一个鞣化的孢囊型结构，这种鞣化过程后来发现是在黑根腐真菌（Tielaviopsis basicola）分泌的酶的作用下形成的。这种真菌分泌多酚氧化酶将一些多酚化合物转化为黑色素。在黑根腐真菌菌丝侵染阶段，存在与线虫中的苯甲酸被黑化，与寄主植物组织的鞣酸一起，导致高粱根结线虫雌虫呈现"孢囊型结构"。后来，一些科学家研究了多相相互作用对枯萎病的影响。因为在土壤中有多种植物线虫同时存在，所以在线虫与线虫之间，以及各种线虫与病菌之间必然有多相相互作用，如纽带线虫（Hoplolamus galeatus）不会加剧枯萎病的严重性，但在枯萎病菌污染的棉田中当纽带线虫与南方根结线虫同时存在时，枯萎病的发病率就比枯萎菌单独侵染或南方根结线虫和枯萎菌共同侵染时的发病率明显提高。某些土壤真菌也有类似情况。如哈茨木霉菌（Trichoderma harzianum）在正常情况下不会加剧枯萎病的严重性，但是当它与南方根结线虫、纽带线虫三者同时存在时，枯萎病的发病率就比枯萎菌单独侵染或枯萎菌与南方根结线虫同时侵染时提高很多。

防治方法

选用抗性品种　陆地棉一些种质对南方根结线虫具有抗性，并已经培育出一些抗线虫品种，品种 Auburm 623 对棉花根结线虫病表现非常好的抗性。陆地棉品系 TX-1174、TX-1440、TX-2076、TX-2079 和 TX-2107 对南方根结线虫的抗性水平远远高于许多抗性育种应用的主要抗源 Clevewilt 16 和野生墨西哥品系 Jack Jones。

农业防治　作物轮作和休闲。利用非寄主作物与棉花轮作 2 年或以上，可以有效地降低南方根结线虫的群体数量并将其群体维持在一个低水平。大麦和单纯休闲 9 个月后将明显地降低群体密度，棉花与豇豆轮作可以有效地控制棉花南方根结线虫和豇豆爪哇根结线虫（Meloidogyne javanica）。花生是南方根结线虫的非寄主植物，棉花与花生轮作对防治南方根结线虫是有效的，棉花与花生轮作对两种作物都有

益，可有效地减少下季棉花的根结数量，一季棉花两季花生防治南方根结线虫效果更佳，但与玉米轮作则没有效果。在轮作中，应用抗病棉花品种 Aubum 623 与感病品种轮作，通过抑制线虫群体密度，也可增加感病品种的籽棉产量。防治高粱根结线虫可与珍珠稷、龙爪稷、玉米、花生、瓜尔豆或银合欢轮作，上述这些植物是高粱根结线虫的不良寄主或非寄主植物。棉花中没有对高粱根结线虫的抗性，高粱根结线虫的棉花寄主包括海岛棉、树棉、草棉非洲变种和几个陆地棉品种包括 Makoka 72、Aubum623 和 Clevewilt。而 Aubum623 和 Clevewilt 是抗南方根结线虫的。对根结线虫病和肾形线虫严重的棉田改种水稻，经 2～3 年后，可以压低线虫数量。在某种植物线虫严重侵染的地块，不种植任何植物（休闲），减少线虫食物源，也是防治线虫病害有效的措施之一，配合杂草防除，其防治效果几乎相当于熏蒸剂处理后的效果。但由于当年没有经济收益，所以一般休闲很难在生产上应用。

化学防治　棉田种植前 7 周，用棉隆 60～80kg/hm² 或滴滴混剂 60L/hm² 熏蒸，熏蒸时土壤表面用地膜覆盖，能得到满意的防治效果。克百威是一种氨基甲酸酯类化合物，施用 3% 颗粒剂 60～75kg/hm²，与细土混匀，施入播种沟内或在苗附近挖沟施入，然后盖土，对棉花线虫病有明显的防效。用克百威与内吸杀菌剂复配成种衣剂，有兼治病虫作用，且缓释持久，效果更好。

参考文献

中国农业科学院植物保护研究所，中国植物保护学会，2015. 中国农作物病虫害 [M]. 3 版. 北京：中国农业出版社.

（撰稿：彭德良；审稿：郑经武）

棉花褐斑病　cotton brown leaf spot

由叶点霉引起的、危害棉花叶片的一种真菌病害，是国内外棉花种植区普遍发生的病害之一。

发展简史　中国有关棉花褐斑病的最早报道是 1953 年，原华东农业科学院研究所在山东蓼兰、高密一带调查发现，病原菌为棉小叶点霉，发病面积约占 25%，平均发病率达 55.3%；在河北、江苏、浙江和台湾等地，病原菌为马尔科夫叶点霉，每年均有发生，但轻重程度不同。

分布与危害　褐斑病在国内外各棉区普遍发生。在春季多雨的年份危害严重。在中国主要发生在河北、山东、河南、山西、江苏、浙江、湖北、四川和台湾等地，以华东地区较普遍。苗期及生育后期均可发病，一般发病率 2%～20%，严重时可达 50% 以上，甚至造成死苗。

此病多发生在棉花苗期。自然情况下子叶、真叶均可发病，但以子叶发病较多。子叶发病初期产生紫红色小斑点，若天气潮湿，病斑迅速扩展，相互连合成不规则大斑。病斑呈圆形或不规则形，边缘紫红或深褐色略隆起，中间黄褐色，上面散生小黑点，即病菌的分生孢子器。病斑质脆易穿孔。受害严重时，子叶早落，棉苗枯死。此病不危害幼茎和茎顶端的生长点，故病株顶部仍能长出真叶。真叶发病，初生针尖大的紫红色小斑点，后扩大成黄褐色至灰褐色边缘的紫红色圆形病斑，一般真叶受害较子叶轻，但受害重的真叶也落叶。棉花生育后期也可发病，多在棉株下部生长较衰老的叶上发生，对棉株生长无显著影响。

病原及特征　导致褐斑病的病原菌有两个，即棉小叶点霉（*Phyllosticta gossypina* Ell. et Martin）和马尔科夫叶点霉（*Phyllosticta malkoffii* Bubak）。两种病原菌在中国均有发生，它们在形态上的共同之处是：分生孢子器球形、扁球形、凸镜形或近圆锥形，埋生于叶片组织内，初被寄主表皮覆盖，后突破表皮而外露。分生孢子器壁薄，膜质，深褐色，有明显孔口，成熟时分生孢子自孔口挤出，成丝纽状。分生孢子小，单胞，椭圆形。分生孢子梗不分枝，短小，往往不明显。两种病原菌形态上的不同之处是：棉小叶点霉的分生孢子器球形，大小为 93.5μm×85.7μm；分生孢子无色，单胞，椭圆形或卵圆形，两端各生 1 油球，大小为 4.8～7.04μm×2.4～3.8μm。马尔科夫叶点霉的分生孢子器与分生孢子都比棉小叶点霉的大，分生孢子器球形至扁球形，大小为 73.8μm×123μm；分生孢子椭圆形至短圆筒形，内有 1～2 个油球，大小为 7.04～9.28μm×3.63～4.5μm。

褐斑病菌在普通培养基上能长出茂盛的菌丝，初为白色，后变成灰褐色。在 25°C 下 7 天就能形成分生孢子器。人工接种须在棉苗出土子叶尚未展开，组织还很幼嫩时，才能获得成功。

侵染过程与侵染循环　褐斑病菌寄生性强，只在寄主组织上寄生，主要以分生孢子器在病残组织上越冬。翌春，分生孢子器释放出分生孢子，借风、雨和气流传播到棉苗上引起发病。病残体留在田间，继续侵染危害，往往在棉株后期老衰叶上发病危害。棉苗出土后子叶平展、第一片真叶刚露出还未张开时，最易受害。

流行规律　褐斑病的发生及流行与气候关系极大，春季雨水多、气温低的年份发病较重。套作棉田发病较单作棉田重。套作棉花由于田间小气候湿度大、阳光不足、通风透光不好，造成有利于发病的条件，病害往往较重。地膜覆盖棉田和营养钵育苗的苗床，发病也较严重。棉花第一真叶刚长出时，遇低温降雨，幼苗生长弱，易发病。

防治方法

栽培管理　清除残枝落叶或实行轮作，减少病源。此病主要由土壤中病残体带菌传染，所以防治上应着重田园清洁，清除残枝落叶并集中烧毁；秋季深耕翻埋病残体；进行轮作倒茬，减少病菌来源。

加强苗期栽培管理，及时中耕、追施速效肥等，以培育壮苗，提高植株抗病力。雨后及时排水，防止湿气滞留，可减少发病。

化学防治　棉花出苗后遇低温多雨或结合寒流预报，喷洒 65% 代森锌可湿性粉剂或 50% 福美双可湿性粉剂 600 倍液、25% 溴菌腈可湿性粉剂 500 倍液、50% 克菌丹可湿性粉剂 300～500 倍液，或 1：1：200 波尔多液。从棉苗子叶平展期开始，每隔 10～15 天喷药 1 次，直到蕾期为止。

参考文献

雒珺瑜，马艳，崔金杰，2015. 棉花病虫害诊断及防治原色图谱 [M]. 北京：金盾出版社.

沈其益,1992.棉花病害基础研究与防治[M].北京:科学出版社.

WIKEE S L, LOMBARD, NAKASHIMA C, et al, 2013. A phylogenetic re-evaluation of *Phyllosticta* (Botryosphaeriales)[J]. Studies in mycology, 76: 1-29.

WULANDARI N F, BHAT D J, TO-ANUN C, 2013. A modern account of the genus *Phyllosticta*[J]. Plant pathology & quarantine, 3(2): 145-159.

（撰稿：黄家风；审稿：胡小平）

棉花黄萎病　cotton *Verticillium* wilt

由大丽轮枝菌引起的棉花土传病害。病原菌由根部侵入，造成棉花系统性病害，是棉花生产上的主要病害之一，在世界各主要植棉区均有发生。

发展简史　1914 年，Carpenter 首次在美国弗吉尼亚州阿灵顿县发现了棉花黄萎病。此后，该病害蔓延到突尼斯、希腊、中国、秘鲁、苏联、巴西、阿根廷、墨西哥、乌干达、刚果、阿尔及利亚、坦桑尼亚、澳大利亚、土耳其、叙利亚、以色列、印度、保加利亚和西班牙等国家，对当地棉花造成了不同程度的危害。长期以来，棉花黄萎病病原菌在分类地位上存在争议，美国最初将棉花上分离到的黄萎病菌鉴定为黑白轮枝菌（*Verticillium albo-atrum* Reinke et Berth），但苏联学者认为棉花黄萎病病原菌是大丽轮枝菌（*Verticillium dahliae* Kleb.）。1949 年，Issac 通过对轮枝菌培养性状比较研究，认为黄萎菌的菌核型和黑色菌丝型是两个或者两群不同的生物，并指出黑白轮枝菌为黑色菌丝型，大丽轮枝菌为微菌核型。1952 年，美国报道了由大丽轮枝菌引起的棉花黄萎病造成严重损失。1966 年，Schnathorst 和 Mathre 将大丽轮枝菌分为落叶型菌株 P1（以前称为 T1 或者 T9 菌株）和非落叶型菌株 P2（以前称为 SS4）。1973 年，Schnathorst 通过血清学反应关系，并结合 Issac 描述的黄萎病菌的培养性状和 Smith 描述的形态学特征，认定黑白轮枝菌和大丽轮枝菌为两个"种"，两者的主要区别在于大丽轮枝菌可以在 30℃ 生长并形成微菌核作为其休眠结构，而黑白轮枝菌在 30℃ 不能生长并且不能形成微菌核，而是以黑色菌丝体作为休眠结构。

20 世纪 70 年代以前中国棉花黄萎菌被鉴定为黑白轮枝菌。80 年代初期，张绪振等对采自河北、河南、陕西、辽宁、新疆和江苏等地的黄萎菌菌株进行了鉴定，发现这些菌株均可形成微菌核，并且在 30℃ 下均有不同程度的生长，没有发现形成黑色菌丝体的休眠结构，因此，认为中国的棉花黄萎菌是由大丽轮枝菌引起。随后，全国棉花枯黄萎病防治协作组对采自全国的黄萎菌菌株进行鉴定，确认供试菌株均为大丽轮枝菌。

随着在大丽轮枝菌全基因组序列公布后，围绕大丽轮枝菌的致病机理开展了深入研究。胡小平等通过比较转录组学技术阐述了大丽轮枝菌微菌核萌发的分子机制。郭慧珊等研究证明，活性氧—钙离子信号途径是调控大丽轮枝菌侵染结构发育的重要途径，从大丽轮枝菌中获得一种作用机制比较

特殊的效应分子 VdSCP7，证明该效应因子可以调节植物的免疫反应，为棉花黄萎病的防治提供了新的思路和措施。

分布与危害　广泛分布于亚洲、非洲、南北美洲与欧洲等 30 多个国家，其中在中国、美国、哈萨克斯坦、乌兹别克斯坦、印度、土耳其、阿根廷、秘鲁、巴西、墨西哥、南非、乌干达、坦桑尼亚和澳大利亚等几十个国家和地区发生较为严重。1935 年，中国从国外大量引进斯字棉种，棉花黄萎病随之传入中国，随后在山西运城和临汾、山东高密、陕西泾阳和三原、河北正定以及河南安阳等地发生危害。由于棉种的调运，棉花黄萎病逐步扩展到除江西和浙江以外的主要产棉区。20 世纪 60 年代，在中国的 15 个省、自治区、直辖市的 201 个县均有棉花黄萎病发生，主要分布于黄河流域的北方棉区。1982 年，棉花黄萎病已遍及中国 21 个省（自治区、直辖市）477 个县，发病面积达到 850 万亩。1993 年，棉花黄萎病在北方棉区大暴发，发病棉田面积达到 4000 余万亩，其中重病田面积就有近 2000 万亩，皮棉损失超过 1 亿 kg。1995 年和 1996 年黄萎病又一次在全国大暴发，发病面积占全国种植棉花面积的 40%，经济损失超过亿元人民币。90 年代以后，随着中国种植结构的调整，黄河流域棉花种植面积减小，新疆成为中国棉花主产区。1997 年，新疆棉花黄萎病大暴发，导致棉花大量减产甚至绝收，部分市县黄萎病发病率超过 80%。进入 21 世纪，新疆棉区黄萎病仍然严重，其中，北疆棉田发病率高达 45%，发病严重的地块多达 26.4 万亩，甚至出现了大片棉花枯死的现象。

大丽轮枝菌能在棉花整个生长期造成侵染。温室条件下，2～4 片真叶即可开始发病，表现为叶片褪绿发软，叶脉间出现浅黄色不规则病斑，严重时叶片脱落。在自然病田，黄萎病主要发生在棉花现蕾后，在开花结铃期发病最重，会引起棉花叶片失绿、叶肉枯黄、仅叶脉保持绿色，呈现西瓜皮状斑驳，逐渐扩大变褐，棉铃变小、脱落，严重时叶片焦枯，严重影响棉花产量及纤维品质。刨开茎秆，可见木质部发生黄色或浅褐色病变（图 1）。

病原及特征　病原菌为大丽轮枝菌（*Verticillium dahliae* Kleb.）。大丽轮枝菌以分生孢子梗、分生孢子、菌丝和微菌核 4 种形态存在。病原菌的分生孢子梗直立，长 110～130μm，呈轮状分枝，每轮 3～4 个分枝，大小为 13.7～21.4μm×2.3～9.1μm，在分生孢子梗的顶端和分枝处着生分生孢子，分生孢子呈椭圆或卵圆形，大小为 2.3～9.1μm×1.5～3.0μm。

大丽轮枝菌存在较高的遗传分化，苏联学者按照形态特征，将大丽轮枝菌划分出菌核型、菌丝型和丝核型 3 个类型。菌核型，在菌落上产生菌丝和人量的微菌核，菌落中间常为白色气生菌丝团，基质内布满黑色微菌核（图 2）；菌丝型，菌落上气生菌丝发达，呈绒毛状；丝核型，菌落上气生菌丝少，产生少量微菌核。根据棉花黄萎病田间症状表现，大丽轮枝菌可划分为落叶型和非落叶型。

20 世纪 70 年代，中国学者根据大丽轮枝菌在鉴别寄主上的致病力差异，将大丽轮枝菌分为 3 个生理型：以陕西泾阳菌系 JY 代表致病力强的生理型 Ⅰ，以新疆和田菌系 HT 代表致病力较弱的生理型 Ⅱ，以河南安阳菌系 AY 代表致病力中等的生理型 Ⅲ。1983 年，陆家云等首次报道在江苏局

图 1 棉花黄萎病的识别症状（郭庆港、胡小平提供）

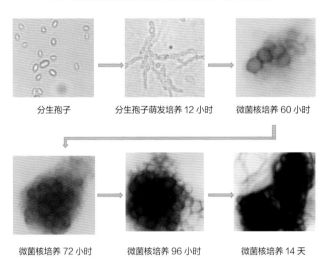

分生孢子　　分生孢子萌发培养 12 小时　　微菌核培养 60 小时

微菌核培养 72 小时　　微菌核培养 96 小时　　微菌核培养 14 天

图 2 大丽轮枝菌分生孢子到微菌核形成过程
（郭庆港、胡小平提供）

部地区发现了与 T9 落叶型菌系致病力十分相似的菌株，表现为叶片完全脱落的严重症状，故将这类菌株命名为落叶型菌系。20 世纪 80 年代末，各地均有菌系存在致病力分化的报道，并且大多数地区存在落叶型菌系。1997 年，石磊岩等对北方棉区的 34 株棉花黄萎菌进行致病性测定，其中 27 个菌株鉴定为落叶型。进入 21 世纪后，各地均报道存在落叶型菌系，并且落叶型菌系所占的比例远远高于非落叶型菌系。因此，有学者建议将中国棉花黄萎病菌划分为 4 种生理类型，即生理型 I、生理型 II、生理型 III 和落叶型菌系。

根据营养亲和性分析发现，大丽轮枝菌存在 VCG1A、VCG1B、VCG2A、VCG2B、VCG4A、VCG4B 和 VCG6 不同的营养亲和群。营养亲和群与菌株的致病力存在一定的相关性，落叶型菌系属于 VCG1A，而非落叶型菌系属于 VCG1B、VCG2A、VCG2B、VCG3、VCG4A 和 VCG41。长期以来，澳大利亚一直认为只存在一个 VCG，直到 2014 年澳大利亚首次报道了存在落叶型 VCG1A 和非落叶型 VCG2A。

棉花黄萎病的致病机理存在两种学说，一种是导管堵塞学说，由于黄萎病菌的菌丝及孢子的大量繁殖，会刺激邻近的薄壁细胞合成并分泌胶状物质，产生侵填体堵塞导管，导致水分和养分的运输发生困难，从而导致植株失水，出现萎蔫症状。另一种是毒素学说，认为黄萎病菌在侵入植物体内会产生某种毒素，从而破坏植物叶片和根组织细胞膜，并可以改变细胞膜渗透性，破坏细胞内外的离子平衡，使细胞内的钾离子和钠离子大量渗出细胞外致使棉株萎蔫。关于病原

菌的致病机理，最普遍接受的观点是将两种致病机制结合在一起：即病原菌产生一种含多糖蛋白类次生物质的萎蔫毒素，通过病原菌侵染棉花后产生毒素，引发植株防御系统产生胶状物质堵塞导管，在两者共同作用下导致棉花发病，甚至杀死棉花植株。

侵染过程与侵染循环　黄萎病菌的侵染过程大致可以分为 3 个阶段：侵入前阶段、侵入阶段、寄主体内扩展和症状形成阶段。在电镜下观察大丽轮枝菌的侵染过程，发现根毛区、根尖延长区、根冠区、侧根处都能够成为初侵染位点。孢子首先萌发成芽管，然后形成菌丝，形成的菌丝主要从根冠区或根部受损伤区域开始侵入，随后菌丝穿过皮层侵入维管组织，并在导管内繁殖产生大量的菌丝和分生孢子，随着植物的蒸腾作用在植株组织内扩展，接种后 3 天内病菌即可扩散到整个植株，完成整个侵染过程。对棉黄萎病株进行解剖观察证明，棉株不同部位的导管内都有病菌侵入，但病菌的数量不一。叶片导管内病原菌数量最高，其次是根、茎导管，而果枝导管内病原菌数量最少。

黄萎病菌的病害循环包括初侵染、传播、侵入与发病几个环节。黄萎病菌主要以初侵染为主，再侵染作用不大。微菌核是棉花黄萎病的主要初侵染源，微菌核主要残存在土壤、病残组织、带菌的棉籽和未经腐熟的土杂肥中。遇上适宜的温、湿度，在受棉花根系分泌物诱导的情况下，微菌核萌发形成菌丝体，即可从根分生组织、根毛或伤口处侵入根系。土壤中的微菌核数量与寄主植物的感病程度密切相关，这种休眠结构在没有寄主植物的前提下，也可以在土壤中长期存活达 20 余年。种子带菌、棉籽皮或棉籽饼带菌是病害远距离传播的主要途径。近距离传播主要与农事操作有关，如耕地、灌水、大风及施用未经腐熟的土杂肥或未经热榨处理的带菌棉籽饼等，当病原菌进入维管组织后，就会在寄主体内不断积累和扩增，进行系统侵染，植株开始表现出褪绿、萎蔫、黄化、组织坏死和导管褐化等。2000 年，马平等通过电镜观察到棉花花粉被棉花黄萎菌侵染和寄生的现象，为花粉成为棉花黄萎病菌再侵染源提供了间接证据。

流行规律　棉花黄萎病属于典型的土传病害，黄萎病的发生与流行取决于土壤中病原菌的数量、环境因子以及寄主植物的抗病程度。

土壤中病原菌的数量　黄萎菌通常以菌丝体、分生孢子、微菌核在棉籽、棉籽壳、棉饼、病残体或者土壤中越冬，有时也在田间杂草及其他寄主植物上越冬。微菌核数量与黄萎病的发生程度关系十分密切。每克黄萎病病株的叶、茎和根部可包含几百甚至几百万个微菌核，而每平方米土壤只要有 0.8 个侵入体即可造成感病品种 100% 的发病。连作田发病重，连作时间越长，土壤中积累的菌量越多，发病越重。

环境因子　黄萎病发病的最适温度为 25～28°C，低于 25°C 或者高于 30°C 时发病缓慢，超过 35°C 时发生隐症现象。6～9 月是病害发生的关键时期，特别是夏季多雨且温度略低时，更有利于发病。偏施氮肥发病重；大水漫灌有利于病害的传播和发生。

棉花品种及不同生育期　不同的棉花品种对黄萎病的抗性有所差异，一般海岛棉抗性较好，而陆地棉和亚洲棉抗性较差。人们在陆地棉中筛选并培育出一批对黄萎病抗性较

M

好的品种，如中植棉 2 号及冀 958 等品种。另外，黄萎病发病时期与棉花生育期有密切的关系，田间苗期一般不发生黄萎病，在现蕾前后开始发病，在花铃期达到发病高峰。

防治方法 棉花黄萎病的有效防控仍然要遵循"预防为主、综合防治"的植保工作方针，同时做到省时、省力、轻简、高效。

加强检疫 加强棉花黄萎病的检疫工作，明确病区和无病区的范围。在无病区特别是新疆新开垦的地区一定要种植来源于无病区的棉花品种，不能种植任何抗病品种，避免棉花黄萎病菌的传入。

种植抗（耐）病品种 是防治棉花黄萎病最为经济有效的方法，特别是一些种植面积大，而又难以开展轮作的病区棉田。中国通过国家审定和省审定的棉花抗黄萎病品种日益增多，抗病品种的推广和应用有效控制了棉花黄萎病的蔓延和危害。但后来，个别地区黄萎病又出现了回升的趋势。由于抗棉花黄萎病的基因仍然缺少，稳定高抗黄萎病的棉花品种仍然缺乏。因此，棉花黄萎病抗病品种的选育工作需要进一步加强。

农业防治 在有条件的棉区可采用与非寄主植物轮作，或者水旱轮作，均可显著减少棉花黄萎病的发生危害。通过深翻土壤，降低耕作层中微菌核的数量，可有效降低发病株率和发病程度。深翻土壤 20cm，能够有效降低植株发病率 22.5%，减轻植株发病程度 15%。合理施肥特别是增施钾肥在一定程度上可以降低黄萎病的危害，氮、磷、钾按照比例为 1∶0.5∶1.2 或者 1∶0.7∶1，不但可以控制黄萎病的危害，还能够增加棉花产量。

化学防治 播种前利用氯化苦液剂（125ml/m²）处理土壤，可杀死土壤中病原菌，达到防治黄萎病的目的。播前进行种子处理是减少种子带病，保护幼苗健康生长的重要措施。由于黄萎病是典型的土传病害，植株一旦出现症状则很难治疗，喷施化学药剂仅能起到一些缓解作用，因此不建议使用。

生物防治 有机改良剂，如绿肥、农家肥、微生物有机肥等不仅可以改良土壤的理化性质，促进作物生长，同时可以抑制大丽轮枝菌的繁殖，达到防治黄萎病的目的。花椰菜残体作为绿肥可有效防治作物黄萎病，其作用机理是产生具有抑菌功能的挥发性气体，通过改变土壤中微生物的群体结构而达到防治黄萎病的作用。土壤施用以枯草芽孢杆菌为活性成分的微生物菌肥，能够降低棉花根际土壤中的大丽轮枝菌的数量，达到有效防治棉花黄萎病的效果。河北省农林科学院植物保护研究所研发的"10 亿活芽孢 /g 枯草芽孢杆菌可湿性粉剂"（PD20101654）是国内外首个登记的防治棉花黄萎病的微生物杀菌剂，通过滴灌、拌种和蘸根移栽等施用方式可有效防治棉花黄萎病，已在新疆、河北、山东和河南等地推广使用。此外，中国登记的可防治棉花黄萎病的微生物杀菌剂产品还有 1000 亿活芽孢 /g 枯草芽孢杆菌可湿性粉剂（PD20130761、PD20110973、PD20161450）和 10 亿活芽孢 /g 枯草芽孢杆菌可湿性粉剂（PD20142501）等。

参考文献

CARPENTER C W, 1914. The *Verticillium* wilt problem[J]. Phytopathology, 4: 393.

HU D, WANG C, TAO F, et al, 2014 Whole genome wide expression profiles on germination of *Verticillium dahliae*[J]. Microsclerotia, 9: e100046.

LIU S Y, CHEN J Y, WANGJ L, et al, 2013. Molecular characterization and functional analysis of a specific secreted protein from highly virulent defoliating *Verticillium dahliae*[J]. Gene, 529:307-316.

SCHNATHORST W C, MATHRE D E, 1966. Host range and differentiation of a severe form of *Verticillium albo-atrum* in cotton[J]. Phytopathology, 56: 1155-1161.

WANG Y L, TIAN L Y, XIONG D G, et al, 2016. The mitogen-activated protein kinase gene, VdHog1, regulates osmotic stress response, microsclerotia formation and virulence in *Verticillium dahliae* [J]. Fungal genetics and biology, 88: 13-23.

ZHAO Y L, ZHOU T, GUO H S, 2016. Hyphopodium-specific VdNoxB/VdPls1-dependent ROS-Ca2+signaling is required for plant infection by *Verticillium dahliae*[J]. PLoS pathogens, 12: e1005793.

（撰稿：郭庆港、胡小平；审稿：马平）

棉花枯萎病 cotton *Fusarium* wilt

由尖孢镰刀菌萎蔫专化型引起的、危害棉花维管束系统造成萎蔫症状的病害，是世界性的危险病害，对棉花生产造成严重威胁。又名棉花半边黄。

发展简史 棉花枯萎病发生的历史较为久远，早在 1981 年 Atkinson 首次在美国发现并报道了这一病害，当时将病原物命名为 *Fusarium vasinfectum* Atk.。棉花枯萎病的地理分布十分广泛，出现在几乎各个植棉地区，遍布亚洲、非洲、北美洲、南美洲、大洋洲及欧洲等地约 30 余个国家。美国的南卡罗来纳州、佐治亚州和佛罗里达州在 1900 年几乎同时报道了棉花枯萎病的发生；1902 年在埃及半塔阿菲、1904 年在坦桑尼亚、1908 年在印度、1910 年在苏丹、1931 年在乌干达以及 1995 年在澳大利亚都有发现和报道。

随着研究的不断深入，根据地理分布和对寄主的专化性不同，研究人员将棉花枯萎病菌分成了不同的生理小种。1958 年，美国的阿姆斯特朗兄弟首先报道了棉花枯萎镰刀菌的第 1 号和第 2 号生理小种；其后他们在埃及和印度发现第 3 号和第 4 号小种。1966 年，依不拉伊姆在苏丹发现第 5 号小种；1978 年和 1980 年，阿姆斯特朗又在巴西和巴拉圭发现第 6 号小种。中国自 1972 年以来，对棉花枯萎镰刀菌的生理型做过广泛研究，但因为所采用的鉴别寄主只限于海岛棉、陆地棉和中棉三大棉种，没有应用非棉属鉴别寄主，所以难以同世界上报告的结论相比较。为了确定中国棉花枯萎菌生理小种在国际上的分类地位，在 20 世纪 80 年代，陈其焕和孙文炬对此做了系统的研究，采用国际通用的鉴别寄主对中国不同棉区的棉花枯萎病菌生理小种的划分进行了系统的研究。12 个国际通用鉴别寄主分别包括棉属鉴别寄主（7 个）：海岛棉、陆地棉和亚洲棉；非棉属鉴别寄主（5 个）：秋葵、紫苜蓿、烟草和大豆。将分布于新疆局部地区的枯萎病菌归为 3 号小种，同时鉴于中国枯萎病菌菌株生理分化明显，增补了 7 号和 8 号生理小种。其中 7 号小种是中国的优势小种，致病力强，广泛分布于自沿海至内陆的绝大多数棉区；8 号小种致病力较弱，主要分布于湖北江汉棉区。

棉花枯萎病在中国出现始于 1931 年，之后逐渐蔓延，于 20 世纪 60 年代达到高峰，分布广泛，危害严重。为了科学地规模化防控棉花枯萎病，先后成立了射洪棉花枯萎病工作组和全国棉花枯、黄萎病综合防治协作组，为该病害的流行和危害情况提供了详实确凿的数据。

分布与危害　1931 年，冯肇传首次报道中国境内出现棉花枯萎病；1934 年，黄方仁报告棉花枯萎病在江苏南通发生并危害；1936 年，沈其益报告在南京和上海发现了棉花枯萎病。随后，随着种子繁殖、调运和推广，病区逐年扩大，危害也日益严重。截至 1949 年，棉花枯萎病已扩展达 11 个省（直辖市），其中，陕西渭惠灌区由兴平至咸阳一线和泾惠灌区的局部棉田，山西曲沃、临汾一线，四川射洪、三台等地，江苏的南京、南通、启东和上海，辽河流域的盖平、营口，河南栾川，安徽萧县，浙江慈溪，云南宾川，河北正定等地发病较为集中，但尚未构成对棉花生产的威胁。进入 20 世纪 50 年代后，棉花枯萎病的发生呈现出明显的抬头趋势，鉴于枯萎病对西南棉区产量的严重削减，1952 年，西南农业科学研究所和简阳实验站组成射洪棉花枯萎病工作组。进入 60 年代后，枯萎病成为危害中国棉花生产的主要病害，已遍及中国主要产棉省（自治区、直辖市），防治工作受到了空前重视，于 1972 年成立了全国棉花枯、黄萎病综合防治协作组。据 1973 年的调查数据显示中国发病面积为 500 余万亩，1978 年达 850 万亩。70 年代为中国棉花抗枯萎病育种大发展时期，此时期共育成抗病品种 29 个，是 60 年代的 2.2 倍。较突出的品种有中国农业科学院植物保护研究所从陕 65-141 中系选育出的高抗枯萎病品种 86-1 和西北农学院选育的西农中 3 和岱字棉 16。还有鲁抗 1 号、协作 1 号、川 73-27、陕 3563 等。1982 年，农业部开展了全国棉花枯、黄萎病普查，病田面积上升至 2223 万亩，占到总棉花种植面积的 33%，并且大部分病田为枯、黄萎病混生区，其中山东、河南、河北、山西、陕西、江苏和四川为重病区，随着时间的发展黄萎病逐渐成为棉花上的主导病害。1995 年，棉花黄萎病在中国河北、山东、河南、山西、陕西棉区再次大发生，重病田达 100 多万公顷，损失皮棉 10 万 t。植物保护统计资料分析，棉花病害（枯、黄萎病）发生面积从 1991 年的 0.52 亿亩增加到 2010 年的 0.61 亿亩，增加了 16.2%，病害程度从 1991 年的 0.53% 上升到 2010 年的 0.94%。

棉花受到枯萎病菌侵染的症状表现较为多样化（见图）。苗期有青枯型、黄化型、黄色网纹型、皱缩型、紫红型等；蕾期有皱缩型、半边黄化型、枯斑型、顶枯型、光秆型等。青枯型，棉株遭受病菌侵染后会突然失水，叶片变软下垂萎蔫，接着棉株青枯死亡；黄化型，多从叶片边缘发病，局部或整叶变黄，最后叶片枯死或脱落，叶柄和茎部的导管部分变褐。黄色网纹型，子叶或真叶叶脉褪绿变黄，叶肉仍保持绿色，病部出现网状斑纹，渐扩展成斑块，最后整叶萎蔫或脱落，该型是本病早期常见典型症状之一。皱缩型表现为叶片皱缩、增厚，叶色深绿，节间缩短，植株矮化，有时与其他症状同时出现。紫红型，苗期遇低温，病叶局部或全部现

出紫红色病斑，病部叶脉也呈红褐色，叶片随着枯萎脱落，棉株死亡。半边黄化型，棉株感病后叶半边表现病态黄化枯萎，另半边生长正常。该病有时与黄萎病混合发生，症状更为复杂，表现为矮生枯萎或凋萎等。纵剖病茎可见木质部有深褐色条纹。湿度大时病部出现粉红色霉状物，即病原菌分生孢子梗和分生孢子。

病原及特征　病原为尖孢镰刀菌萎蔫专化型〔*Fusarium oxysporum* f. sp. *vasinfectum*（Atk.）Snyder et Hansen〕。从分类地位上来说，属子囊菌门镰刀菌属。菌丝透明，具分隔，在侧生的孢子梗上生出分生孢子，无有性生殖阶段。分生孢子根据大小可分为两种类型。小型分生孢子卵圆形，无色，多为单细胞，少数有 1 分隔，通常为卵圆形，有的呈椭圆形、柱形、倒卵圆形和肾形，大小为 5～11.7μm×2.2～3.5μm。大型分生孢子镰刀型，壁薄，略弯，两端稍尖，具 2～8 个隔膜，多为 3 个，大小为 22.8～38.4μm×2.6～4.1μm。中国棉枯萎镰刀菌大型分生孢子分为 3 种培养型：Ⅰ型纺锤形或匀称镰刀形，多具 3～4 个隔，足胞明显或不明显，为典型尖孢类型。Ⅱ型分生孢子较宽短或细长，多为 3～4 个隔，形态变化较大。Ⅲ型分生孢子明显短宽，顶细胞有喙或钝圆，孢子上宽下窄，多具 3 个隔。厚垣孢子顶生或间生，黄色，单生或 2～3 个连生，球形至卵圆形。枯萎病菌的菌落因菌系、生理小种及培养基不同而有差异。该病菌的生理小种国外报道有 6 个，中国除第 3 号小种外新定 7 号、8 号两个新小种，其中 7 号小种在中国分布广，致病强，是优势小种。

棉花枯萎病菌在不同的基质上培养性状呈现出丰富的多样性，分生孢子的体积、分隔数目、顶胞和足胞的性状特征、色素及厚垣孢子的有无都是进行比较和鉴定的重要指标。分离自河南王屯的棉花黄萎病菌菌株在马铃薯培养基上生长 10 天，菌落为白色，菌丝致密，底面产生粉红紫色的色素；在 SM 培养基（七合硫酸镁 0.5g，硝酸铵 0.3g，氯化钾 0.2g，硫酸钾 0.2g，磷酸二氢钾 1g，蛋白胨 5g，蔗糖 20g，琼脂 25g，PCNB 0.1g，蒸馏水定容至 1L，灭菌后加入甲基纤维素 1g，链霉素 0.1g）上呈现出白色微红，底面粉红葡萄紫色；

棉花枯萎病危害症状（朱荷琴提供）

①黄化型；②皱缩型；③紫红型；④黄色网纹型

在这两种培养基上均不产生大分生孢子。而在 SM-s 培养基（配方同 SM 培养基，只是以山梨糖取代蔗糖，用量减半改变碳源）上，菌落为白色，底面浅黄色，可以产生少量大型分生孢子。

在分析遗传多样性方面，营养体亲和性是缺乏有性生殖的真菌遗传物质进行交流变异的一种途径，是指菌株间菌丝融合、异核体形成并进行准性生殖的能力。尖孢镰刀菌具有很强的寄主专化性，根据对不同寄主的专化性可分为专化型，专化型内又可进一步划分 VCG（vegetative compatibility group）。VCG 可有效揭示菌株之间的遗传相似性，在以无性生殖为主的尖孢镰刀菌中，不同的 VCG 可代表遗传分离的群体。Puhalla 首先采用营养亲和群法对尖孢镰刀菌不同专化型菌株进行分类，鉴定出了 16 个 VCGs，并认为 VCG 与专化型之间有一定的对应关系，即同一 VCG 的菌株属于同一专化型，而不同专化型的菌株属于不同 VCG，该技术已应用于尖孢镰刀菌 30 多个专化型的遗传研究，鉴定出的 VCG 已超过 140 多个，不同专化型中 VCG 数目差别较大，反映了它们在遗传组成和结构上的差异。Puhalla 建立了一套数字系统，将专化型和 VCG 数字化以便于在世界范围内进行交流。随着分子生物学的发展及相关技术的普及和各种生物信息学数据库的不断完善，应用分子生物学方法可研究真菌病原菌种属间的生理小种类型、遗传多样性、系统发生和地域分布关系，进行菌株的分类、鉴定；也可应用于棉花枯萎病遗传多样性分析，如 AFLP（amplified fragment length polymorphism，扩增片段长度多态性）技术、RAPD（random amplified polymorphic DNA，随机扩增多态性 DNA）技术和 IGS（ribosomal inter-genic spacer region，核糖体间隔区分析）技术。同一小种内的不同菌株之间存在一定的遗传分化。

侵染过程与侵染循环　棉花枯萎病侵染的主要来源是土壤和种子带菌，而种子带菌是病害远距离传播的重要途径。棉花枯萎病菌可以在土壤中营腐生生活或以厚垣孢子方式休眠，厚垣孢子抗逆性强，最长可在土壤中存活 15 年。附着在种子表面的枯萎病菌一般只有 5 个月存活期，但是潜伏在种子内部的，存活力达 1 年以上。

棉花枯萎病菌的厚垣孢子在土壤中越冬，翌年环境条件适宜时开始萌发，自棉苗根部直接侵入寄主，如果有机械损伤或者线虫危害造成根部伤口会加速病菌侵入。之后，病菌在棉花的维管束中繁殖、扩展，随着蒸腾作用，上行输送至枝、叶、铃和种子等部位，最后病菌又随病残体在土壤中越冬，开启下一轮侵染循环。

致病机理　棉花枯萎病的致病机制，主要集中在机械堵塞和毒素致病两种理论的研究上。一方面许多研究者认为，棉花受枯萎病菌侵染后，茎部木质部的导管被枯萎病菌的菌丝体和大量孢子堵塞，阻碍了水分在棉株体内的运行，并且棉株受病菌侵染后第一个突出的生理反应是呼吸作用增加，失去水分平衡从而导致植株枯萎。侵入棉株的枯萎病菌能产生大量的纤维素酶和果胶酶，降解了导管内壁的果胶物质，降低壁的保护和阻遏作用，果胶物质同时被多酚物质氧化，从而使木质部导管变褐，并进一步向寄主内部组织扩展。李正理研究报道，棉株在接种枯萎病菌 4～5 天后，菌丝穿过内皮层进入导管，病原菌在导管内大量繁殖，菌丝穿过导管的纹孔生长蔓延至周围的导管，最终形成严重堵塞。另一方面有研究者认为，棉花感染枯萎病菌后，会发生寄主植物中毒的现象。棉花枯萎病菌产生毒素，毒素是在植物病害发生、发展过程中有明显致病作用的物质，对植物组织有明显损伤作用。棉株感病后的症状是一系列不正常的生化和生理活动的结果，植物在感病过程中产生的生化物质同样能引起寄主植株中毒。宋晓轩等报道棉株感染枯萎病菌后，感染枯萎病的棉株叶片中脂肪酸的组成成分发生了变化，亚麻酸含量下降，而油酸和亚油酸含量增加，加之其他生理代谢的影响，导致病株呈现皱缩；光合作用的下降以及呼吸作用的增加导致病株叶片中糖含量下降和水分失衡，造成植株萎蔫。

流行规律　棉花枯萎病菌是一种土传性病害，可以通过土壤、种子调运、肥料渗透等途径传播；对酸碱度的适应性很广，地势低洼、排水不良、地下水位高的田块，一般发病较为严重。

该病的发生与温湿度密切相关，地温 20°C 左右开始出现症状，地温上升到 25～28°C 出现发病高峰，地温高于 33°C 时，病菌的生长发育受抑或出现暂时隐症。进入秋季，地温降至 25°C 左右时，又会出现第二次发病高峰。夏季大雨或暴雨后，地温下降易发病。地势低洼、土壤黏重、偏碱、排水不良或偏施、过施氮肥或施用了未充分腐熟的带菌有机肥或根结线虫多的棉田发病重。

防治方法　棉花枯萎病的发生和流行与品种感病性、生理小种和气候条件等密切相关，且为维管束病害，一旦发生很难根治。因此，需采取以选种抗病良种为主、栽培和药剂防治为辅的病害综合治理措施。

选用抗病品种　种植抗病品种防治棉花枯萎病是最为经济有效的措施，在枯萎病、黄萎病混合发生的地区，提倡选用兼抗枯萎病、黄萎病或耐病品种。

实行大面积轮作　最好与禾本科作物轮作，减少土壤中棉花枯萎病菌的积累，同时调整土壤肥力，防病效果明显。

认真检疫保护无病区　中国仍有少数棉区尚无该病，因此要千方百计保护好无病区。无病区的棉种绝对不能从病区引调，严禁使用病区未经热榨的棉饼，防止枯萎病及黄萎病传入。提倡施用酵素菌沤制的堆肥或腐熟有机肥。

铲除土壤中的菌源并清除零星病株　发病株率 0.1% 以下的病田定为零星病田。发现病株时在棉花生育期或收花后拔棉秆以前，先把病株周围的病残株捡净，再把病株 1m 范围内土壤翻松后消毒。用 50% 棉降可湿性粉剂 140g 或棉隆原粉 70g 与翻松的土壤混拌均匀，然后浇水 15～20L，使其渗入土中，再用干细土严密封闭；也可用含氮 16% 农用氨水 1 份兑水 9 份，每平方米病土浇灌药液 45L，10～15 天后把浇灌药液的土散开，避免药害或药害。

棉种及棉饼消毒　棉种经硫酸脱绒后用 0.2% 抗菌剂 402 药液，加温至 55～60°C 温汤浸种 30 分钟或用 63% 的 50% 多菌灵胶悬剂在常温下浸种 14 小时，晾干后播种。用棉饼作肥料时，经 60°C 热炒 4 分钟或 100°C 蒸汽 1～1.5 分钟制成的棉饼无菌。

连续清洁棉田　连年坚持清除病田的枯枝落叶和病残体，就地烧毁，可减少菌源。

参考文献

陈其煐，孙文炬，1985.我国棉花枯萎镰刀菌生理小种鉴定结果 [J].农业科技通讯 (12): 20.

马存，2007.棉花枯萎病和黄萎病的研究 [M].北京：中国农业 出版社 .

ASSIGBETSE, K B, FERNANDEZ D, DUBOIS M P, et al, 1994. Differentiation of *Fusarium oxysporum* f. sp. *vasinfectum* races on cotton by random amplified polymorphic DNA (RAPD) analysis[J]. Phytopathology, 84(6): 622-626.

DAVIS R D, MOORE N Y, KOCHMAN J K, 1996. Characterisation of a population of *Fusarium oxysporum* f. sp. *vasinfectum causing* wilt of cotton in Australia[J]. Crop and pasture science, 47(7): 1143-1156.

KATAN J, FISHLER G, GRINSTEIN A, 1983. Short- and long-term effects of soil solarization and crop sequence on *Fusarium* wilt and yield of cotton in Israel[J]. Phgtopathology, 73(8): 1215-1219.

（撰稿：朱荷琴、李志芳；审稿：胡小平）

棉花轮纹斑病　cotton *Alternaria* leaf spot

由链格孢属真菌引起的、主要危害棉花幼苗期子叶和成株期叶片，是棉花叶部病害中分布最广、危害最大、流行频率很高的一种侵染性真菌病害。又名棉花黑斑病。

发展简史　该病害首先于 1904 年在非洲东部发现，后陆续在世界各产棉区域发现并报道。1974 年，美国密苏里州、路易斯安那州以及以色列发现由大链格孢（*Alternaria macrospore* Zimm）引起的棉花轮纹斑病；1979 年，埃及报道的棉花轮纹斑病是由细链格孢导致的；1981 年，印度报道在草棉上发生由大链格孢菌引起的轮纹斑病。棉花轮纹斑病在中国各主要棉区均有发生，并呈逐年加重趋势。2014 年，张文蔚等将引起中国主要棉区的棉花轮纹斑病的病原鉴定为链格孢［*Alternaria alternata*（Fr.）Keissl.］。

分布与危害　棉花轮纹斑病在世界各地分布十分广泛，几乎在所有的棉花栽培地区均有发生。病原菌能够在全生育期对棉花各个部位进行危害。棉花在幼苗期被感染后，受害的子叶及真叶上产生浅黄色、油渍状、背部凹陷的小圆斑点。随着病情的发展，逐渐形成近圆形而有紫色边缘的褐色病斑。成株期叶片的病斑多为褐色，圆形或近圆形，具有同心轮纹，随着病斑扩大逐渐聚集连片，常造成叶组织干裂破碎、枯萎脱落（见图）。茎秆受害时，常产生黑褐色梭形病斑，病部下陷，受害部位易折断。棉铃受害部位呈现出淡褐色或紫褐色不规则病斑，棉絮被害纤维则变成灰色或暗灰色。

病原及特征　棉花轮纹斑病由链格孢属（*Alternaria*）真菌引起，不同地区引起轮纹斑病的病原菌种类也不相同，其中以大链格孢（*Alternaria macrospore* Zimm）和链格孢［*Alternaria alternata*（Fr.）Keissl.］等为常见种。大链格孢菌分生孢子梗单生或4～9根丛生，基部略膨大，淡褐色至深褐色。分生孢子倒棍棒状，黄褐色至深褐色，6～10 个横隔，3～30 个纵隔，在分隔处略呈收缩状，透明丝状，大小为 60～

棉花轮纹斑病危害症状（朱荷琴提供）

90μm×20～30μm。

链格孢菌，孢子链短，分枝频繁，孢子链通常由 5～10 个孢子构成，其分生孢子形态倒棒状，大小为 20～27.5μm×10～12.5μm，具有柱状的喙，平均4.2μm×3.8μm，2～4 个横隔，0～3 个纵隔。

侵染过程与侵染循环　病原菌以分生孢子在病残体上越冬，棉籽带菌率最高，是棉花轮纹斑病菌越冬的主要场所。带菌病残体及棉籽是病害的主要初侵染源，病原菌在翌年春季通过气流或雨水进行传播，一般主要在苗期或棉花生长中后期，当遇到适宜侵染的环境条件时，从伤口侵入或者直接入侵，再产生分生孢子，在田间进行多次再侵染。

流行规律　棉花在幼苗期和后期植株衰老后容易感病，低温、高湿十分有利病菌孢子的萌发和侵染。海岛棉在生长后期与陆地棉相比更易感病。

防治方法　棉花轮纹斑病的发生和流行与环境条件和耕作栽培措施等密切相关，因此，必须因地制宜采取种植抗病品种、农业防治和化学防治相互配合的综合防治策略。

选育抗病品种　棉花轮纹斑病在棉花中后期发生尤为严重，在发生严重地区，应该选用中后期对轮纹斑病抗性较好的品种进行种植。

农业防治　加强棉花田园管理，通过将带菌表土和病残体深翻于土中以减少初侵染源；提高棉花栽培技术、合理密植，通过改善中后期棉田的通风透光条件，降低田间湿度；通过全生育期合理施肥，提高棉花对轮纹斑病菌的抗性。

化学防治　根据病害发生规律制定合理的化学防治策略，采取种子包衣、药剂拌种等措施进行种子消毒。根据天气情况和测报数据在发病初期利用具有保护效果的杀菌剂进行全田喷雾可以减轻和预防病害的发生和流行。

参考文献

沈其益，1992.棉花病害基础研究与防治 [M].北京：科学出版社 .

（撰稿：高峰；审稿：朱荷琴）

棉花曲叶病　cotton leaf curl disease

由木尔坦棉花曲叶病毒等烟粉虱传播的双生病毒引起的、危害棉花生产的一种病毒病害，是世界棉花生产上的毁

M

灭性病害。

发展简史 1912 年，首次于尼日利亚报道，当时只是一个偶发性的次要病害；其后，1924 年在苏丹报道发生该病害。在巴基斯坦，1967 年才发现棉花曲叶病，直到 1986 年该病害在木尔坦地区还仅是一个局部性病害。1988 年开始，该病害在巴基斯坦棉区流行，给其棉花生产造成巨大经济损失。1989 年，在印度首次发现棉花曲叶病，其后该病害开始在印度棉区蔓延、扩散与流行。2006 年，中国首次在广东发现引起棉花曲叶病的病原之一木尔坦棉花曲叶病毒侵染引起的朱槿曲叶病；2009 年，在广西南宁发生该病毒侵染引起的棉花曲叶病。

分布与危害 棉花曲叶病已在巴基斯坦、印度、苏丹、埃及、南非和中国等国家分布，其中巴基斯坦和印度受害最严重。2006—2009 年，巴基斯坦棉花曲叶病发生面积 460 万 hm²，损失达 330 万包。在印度，棉花曲叶病的发病率逐年上升，一些感病品种的发病率高达 97%，产量损失达 53.6%。

棉花曲叶病典型症状为叶片卷曲、叶脉肿大、叶脉变深绿色、叶背面常产生叶耳等（图 1）。苗期发病会导致开花、结铃难，严重影响棉花产量和纤维质量。

病原及特征 引起世界各地棉花曲叶病的病原病毒不是单一种。已报道 10 种双生病毒科菜豆金色花叶病毒属（*Begomovirus*）成员与棉花曲叶病有关，分别为木尔坦棉花曲叶病毒（cotton leaf curl Multan virus，CLCuMuV）、Kokhran 棉花曲叶病毒（cotton leaf curl Kokhran virus，CLCuKoV）、阿拉巴德棉花曲叶病毒（cotton leaf curl Alabad virus，CLCuAlV）、班加罗尔棉花曲叶病毒（cotton leaf curl Bangalore virus，CLCuBaV）、杰济拉棉花曲叶病毒（cotton leaf curl Gezira virus，CLCuGeV）、番木瓜曲叶病毒（papaya leaf curl virus，PaLCuV）、班加罗尔番茄曲叶病毒（tomato leaf curl Bangalore virus，ToLCBaV）、非洲木薯花叶病毒（african cassava mosaic virus，ACMV）、黄秋葵耳突曲叶病毒（okra enation leaf curl virus，OELCuV）和新德里番茄曲叶病毒（tomato leaf curl New Delhi virus，

图 1 棉花曲叶病症状（何自福提供）

ToLCNDV），其中仅 CLCuMuV、CLCuKoV、PaLCuV 对棉花的致病性已得到实验证明，说明这 3 种病毒均是棉花曲叶病的病原。至于其他 7 种病毒侵染是否引起棉花曲叶病，还有待于进一步完成其柯赫氏法则加以确认。同时，发生在巴基斯坦、印度和非洲等地棉花曲叶病毒普遍伴随 beta 卫星分子（betasatellite），该分子参与诱导棉花曲叶病症状，是引起棉花曲叶病的致病因子。因此，世界各地发生的棉花曲叶病，实际上是由多种双生病毒及其伴随的卫星分子复合体分别侵染引起的。

上述 10 种病毒，在自然条件下，均由烟粉虱（*Bemisia tabaci*）以持久方式传播；可以嫁接传播，但不能通过机械摩擦接种传播，也不会通过种子带毒传播。病毒基因组仅含 A 组分（DNA-A），为单链环状，大小约为 2.7kb，病毒链上编码外壳蛋白（CP）、移动蛋白（MP），互补链上编码复制相关蛋白（Rep）、转录激活蛋白（TrAP）和复制增强蛋白（Ren）。伴随的 beta 卫星分子大小为 1.3～1.4kb，单链环状，其互补链上有一个 ORF，编码 βC1 蛋白。beta 卫星分子包裹在病毒粒子中，能被介体烟粉虱传播，其复制依赖于 DNA-A。

此外，2014 年 Manzoor 等报道在巴基斯坦旁遮普省棉花曲叶病样中克隆到玉米线条病毒属成员鹰嘴豆褪绿矮缩病毒（chickpea chlorotic dwarf virus，CpCDV），该病毒是由叶蝉以持久方式传播。但该病毒对棉花是否具有致病性未见进一步报道。

侵染过程与侵染循环 介体烟粉虱在中间寄主或棉花病株上刺吸汁液时获得病毒，迁飞到健康棉花植株上刺吸汁液时，经过其体内循回的病毒随唾液腺的分泌物进入植物细胞，经胞内运转进入细胞核，利用寄主细胞内的复制系统大量繁殖和转录病毒基因组 DNA。双生病毒是以滚环复制的方式进行病毒基因组的复制，分为两个阶段：第一阶段是合成互补链，以病毒链 DNA 为模板，在病毒和寄主因子（依赖寄主的 DNA 合成酶系）作用下合成超螺旋共价闭环 dsDNA；第二阶段进行病毒基因组滚环复制，以 dsDNA 为模板，在病毒复制因子（Rep/RepA、REn 等）和寄主细胞内复制因子的作用下，以滚环复制方式合成 ssDNA。病毒在通过滚环复制形成 dsDNA 中间体的同时，还进行着病毒基因组的转录。双生病毒的 IR 区包含有双向的启动子，能够通过双向转录的方式产生 mRNA，表达出病毒各蛋白。在具有移动功能的蛋白（MP）等作用下，ssDNA 在胞间移动。病毒衣壳蛋白（CP）包裹 ssDNA 装配形成典型的病毒粒体，病毒粒子进入韧皮部筛管中进行长距离运输，随介体烟粉虱取食传播到新的寄主植物上，进入新一轮侵染过程（图 2）。

棉花曲叶病最先是由烟粉虱或棉花苗带毒传播到大田，形成 1 个或多个发病中心；病毒通过烟粉虱从发病中心向四周扩散传播，在大田棉花病株与健株间辗转侵染与危害。当棉花收获后，烟粉虱携带着病毒迁移到中间寄主植物（如朱槿、黄秋葵、番木瓜和杂草等）上。当下一年棉花开始育苗，移栽大田后，烟粉虱带毒再次从棉田周边中间寄主植物上陆续迁移到棉花上，刺吸棉花传播病毒，引起棉花植株发病。如此构成棉花曲叶病病害循环（图 3），其中烟粉虱在棉花

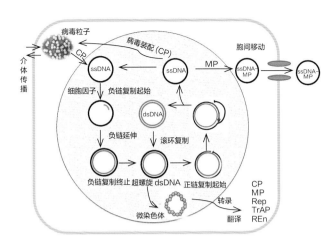

图 2　双生病毒在寄主细胞内复制示意图

（引自 Briddon and Stanley, 2009; Gutierrez, 1999; 何自福提供）

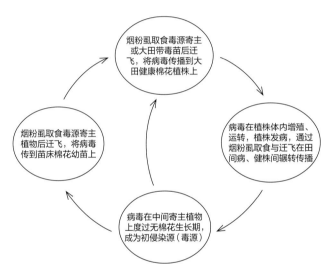

图 3　棉花曲叶病病害循环示意图（何自福提供）

曲叶病的侵染循环中起关键作用。

在中国，广泛种植于广东、广西、海南和福建等地的多年生常绿植物朱槿，普遍被 CLCuMuV 感染引起朱槿曲叶病，所以带毒的朱槿曲叶病植株是中国棉花曲叶病的主要毒源库和初侵染源，也是长距离传播的主要途径。

流行规律

介体烟粉虱暴发　烟粉虱是棉花曲叶病的唯一传播介体，田间棉花曲叶病依赖烟粉虱进行传播。因此，棉花曲叶病的发生和流行与烟粉虱的暴发密切相关，但不同隐种（或生物型）烟粉虱传毒效率明显不同。烟粉虱隐种 Asia II 7 和 Asia II 1 能够传播 CLCuMuV，MEAM1（即 B 型）烟粉虱不能传播 CLCuMuV。至于介体烟粉虱及其不同隐种传播与棉花曲叶病相关的其他 9 种病毒的效率，还未有文献报道。

烟粉虱种群密度　关于烟粉虱传播棉花曲叶病毒的细节还未见报道。烟粉虱对番茄黄化曲叶病毒（tomato yellow leaf curl virus, TYLCV）的传毒效率随其个体数量的增加

而提高，烟粉虱在获毒 24 小时后，单头带毒成虫即可将 TYLCV 传于健康番茄植株，使 18.5% 的植株感染病毒；当传毒烟粉虱达到每株 5～15 头时，其传毒效率可达 100%。引起棉花曲叶病的双生病毒与 TYLCV 同属菜豆金色花叶病毒属成员，均由烟粉虱传播，推测其病害流行与介体传播效率可能相似。

棉花品种抗性　20 世纪 90 年代，由于巴基斯坦大面积种植感病棉花品种 S12，导致棉花曲叶病的大面积暴发与流行。其后，通过选育与种植抗病棉花品种，1998—2004 年该国棉花曲叶病的发生面积在 50 万 hm^2 以内，棉花曲叶病得到有效控制。

病原病毒种类　不同病毒或同一病毒的不同株系对棉花品种的致病力存在明显差异。1998—2004 年，巴基斯坦通过大面积种植抗病品种，其棉花曲叶病一度得到有效控制。其后，由于病毒发生重组突变，出现新的强致病力株系 cotton leaf curl Kokhran virus-Burewala 株系，导致品种抗性丧失，棉花曲叶病再度流行。

防治方法

选育和种植抗病棉花品种　利用抗病品种是防治棉花曲叶病最经济、有效的措施。国际上已报道与棉花曲叶病相关的病毒至少有 10 种，其中巴基斯坦和印度病毒种类较复杂，通过变异与重组产生病毒新种或新株系，克服棉花品种的抗性。因此，各地应根据其病原病毒种类选种一些抗病、优质的棉花品种。

危害中国棉花的病毒仅为外来入侵种 CLCuMuV，且种群遗传稳定。新陆早 13 号、新陆早 61 号、新陆中 32 号、新陆中 56 号和中棉 41 号等 5 个品种表现为免疫；新陆早 54 号、新陆中 21 号、中棉 44 号、豫棉 15 号、岱 80 和金宏祥 9 号等 11 个品种表现为高抗；新陆早 17 号、新陆中 28 号、豫宝 8 号、金宏祥 10 号、鲁棉研 36 号和 11-86 棉等 14 个品种表现为抗病；新陆早 36 号、新陆中 37 号、中棉 35 号和旱 45 等 10 个品种表现为中抗（耐病）；新陆早 46 号和新陆中 66 号等 2 个品种表现为中感；新海 21 号和 112-2 号等 4 个品种表现为高感。这为各棉花产区选择棉花品种提供了科学依据。

轮作　CLCuMuV 的寄主范围相对较窄。在中国发现的寄主植物包括棉花、黄秋葵、红麻、朱槿和垂花悬铃花等 5 种锦葵科植物。生产上可通过与非寄主作物轮作，达到控制病害的目的。

清除病毒中间寄主和带毒寄主植物　带毒中间寄主植物，如朱槿、黄秋葵、番木瓜和杂草等，是翌年的初侵染源；由烟粉虱在这些毒源中间寄主植物上刺吸获毒传播，侵染棉花引起病害。因此，尽可能清除棉花田周边中间寄主和毒源寄主，对于防控棉花曲叶病至关重要。

防控传毒介体烟粉虱　烟粉虱是 CLCuMuV 的唯一传播介体，防控田间烟粉虱，有效控制其种群量，对于控制棉花曲叶病的流行具有重要作用。可采取黄板诱杀和喷施药剂两种措施。将黄板垂直悬挂于棉花行间，黄板高度基本上保持与棉株顶端相平，或稍低一点效果较好。喷药防治烟粉虱，可选用啶虫脒、噻虫嗪、烯啶虫胺、阿维菌素、丁醚脲等，要注意药剂的轮换使用，以免烟粉虱产生抗药性。

M

参考文献

毛明杰, 何自福, 虞皓, 等, 2008. 侵染朱槿的木尔坦棉花曲叶病毒及其卫星 DNA 全基因组结构特征 [J]. 病毒学报, 24(1): 64-68.

FAROOQ A, FAROOQ J, MAHMOOD A, et al, 2011. An overview of cotton leaf curl virus disease (CLCuD) a serious threat to cotton productivity[J]. Australian journal of crop science, 5(13): 1823-1831.

MANZOOR M T, ILYAS M, SHAFIG M, et al, 2014. A distinct strain of chickpea chlorotic dwarf virus (genus Mastrevirus, family Geminiviridae) indentified in cotton plants affected by leaf curl disease[J]. Archives of virology, 159(5): 1217-1221.

SALEEM H, NAHID N, SHAKIR S, et al, 2016. Diversity, mutation and recombination analysis of cotton leaf curl geminiviruses[J]. PLoS ONE, 11(3): e0151161.

（撰稿：何自福；审稿：马平）

棉花肾形线虫病　cotton reniform nematodes

由肾形线虫引起的棉花线虫病害。

分布与危害　肾状肾形线虫广泛分布于全世界亚热带和热带地区，寄主范围达 115 种植物，在美国、中国、埃及、印度、坦桑尼亚和加纳等国家均有危害。在严重侵染地，产量损失高达 40%～60%。另外一种是微小肾形线虫，仅在非洲南部的棉田中发生危害。Smith（1940）在美国佐治亚州发现肾形线虫严重侵染棉花。1941 年，Smith 和 Tayler 在路易斯安那州也发现肾形线虫危害棉花。目前在美国从南卡罗来纳州至得克萨斯州和加利福尼亚州沿岸均发现该线虫危害棉花，而美国所有生产用的棉花品种均感病，造成严重的经济损失。中国曾经在上海、四川等地棉田中发现肾状肾形线虫。

肾形线虫主要危害棉花小侧根，影响根系从土壤中吸收水分和养分。棉花幼苗受害，3～4 叶开始地上部表现出明显矮化，在田间棉株矮化变小，叶色褪绿，茎秆发紫，病株根系变少、黄褐色、多坏死斑，营养根极少；严重者茎、叶焦枯，死苗。当线虫群体密度较高时，较老植株的叶缘呈现紫色，花蕾少，棉铃变小，成熟期推迟，棉绒产量低。田间观察时，轻轻地将植株连根挖出，在小侧根上可看到粘带的一团团小土粒，在小团粒里面就是肾形线虫，因为肾形线虫分泌黏胶物质包围其整个身体，把卵产在其内，同时，也将土粒粘在身体周围。在棉花次生根系上，刺线虫在棉花根尖和沿根轴迁移取食，产生细小、黑色、凹陷皱缩伤痕是刺线虫侵染棉花的第一症状，有时侧向扩展或绕根发展而引起棉花发生根裂病；根尖变皱缩和变黑，导致许多侧根死亡，最后主根上无侧根。田间植株地上部为害症状是植株矮化、褪绿和萎蔫，有时出现早衰和死亡。

病原及特征　危害棉花的病原肾形线虫有 2 种，一种是肾状肾形线虫（简称肾形线虫），另一种是微小肾形线虫。肾状肾形线虫（*Rotylenchulus reniformis*）属于垫刃线虫目、肾形线虫属（*Rotylenchulus*）。肾状肾形线虫测量值：

未成熟雌虫　体长 0.34～0.42mm，a=22～27，b=3.6～4.3，b'=2.4～3.5，c=14～17，c'=2.6～3.4，V=68～73，口针长 16～18μm，O=81～106 [a 为虫体总长度 / 虫体最大宽度；b 为虫体总长度 / 自头顶至食道与肠交界处的体长；b' 为体长 / 自头顶至食道腺末端的距离；c 为虫体长度 / 尾长；c' 为体长 / 肛门处体宽；V 为（虫体前端至阴门的距离 / 体长）× 100；O 为（EGO/ 口针长）×100]。

成熟雌虫　体长 0.34～0.52mm，a=4～5，V=68～73，阴门处体宽 100～140μm。

雄虫　体长 0.38～0.43mm，a=24～29，b'=2.8～4.8，c=12～17，T=35～45，口针长 12～15μm，交合刺长 19～23μm，导刺带长 7～9μm。

幼虫　体长 0.35～0.41mm，a=20～24，b'=3.5～4.1，c=12～16，口针长 13～15μm。

形态特征　肾状肾形线虫（见图），未成熟雌虫：游离于土壤中，虫体纤小（0.23～0.42mm）、蠕虫形；热杀后虫体朝腹面弯曲成螺旋形或 C 形。头部抬升，锥形与体轮廓相连，头区 4～6 个（通常 5 个）环纹，头部高度骨质化。口针中等发达，口针基部球圆形；向后倾斜，背食道腺开口远离口针基部球后，略为 1 个口针长度处；中食道球卵圆形，具有明显的瓣门，食道腺长，主要覆盖于肠的腹面。排泄孔位于狭部的基部，紧靠半月体后。阴门位于虫体后部（V=68～73），阴唇不突起。双生殖管，对生，每条生殖管双折叠。尾部渐变细，末端圆形，20～24 个环纹，尾部透明部分长为 4～8μm。成熟雌虫：定居于根上，虫体膨大向腹面弯曲成肾形、颈部轮廓不规则。阴门突起，生殖管盘旋状。肛门后的虫体成球形，纤细的尾尖部分长度为 5～9μm。雄虫：蠕虫形，头部骨质化；口针和食道退化，中食道球弱，无瓣门，交合刺延长，纤细，腹面弯曲、引带直线形。幼虫：与未成熟雌虫相似，但虫体较短小，无阴门和生殖管。

侵染过程与侵染循环　肾形线虫属半内寄生线虫。通常仅仅头部和颈部（约占虫体 1/3）侵入幼根的皮层组织，虫体其余部分裸露在根表面膨大变成肾形状。卵在胶囊内发育为一龄幼虫，卵内的一龄幼虫经第一次蜕皮变成二龄幼虫，二龄幼虫逸出卵壳，进入土壤，不侵染植物，也不取食；二龄幼虫在土壤中继续发育，再经 2 次蜕皮后，变成年轻雌虫和雄虫。年轻雄虫的口针很弱，食道退化。只有年轻雌虫为侵染植物阶段。肾形线虫可侵染根的任何部位，但主要侵染小侧根。侵染后虫体部分嵌入根部皮层内，开始取食，留在根外的身体后部逐渐膨大呈囊状，到侵入后的 4～5 天身体后部呈肾脏形。由于肾形线虫取食，在头部周围的一些棉花中柱鞘及内皮层细胞形成 5～10 个巨形细胞，其细胞质浓、细胞较大、细胞器增多，可提供线虫营养。肾形线虫取食使皮层其他细胞离解，根部细胞组织脱落、坏死和腐烂，严重影响植株的生长发育。繁殖后代时需要雌雄虫交配后才产卵，在雌虫周围常可看到蜷曲的雄虫。雌虫侵入根内 2～3 天后，便向体外分泌黏胶物质包围整个根外的身体，将卵产于由特化的阴道细胞分泌的胶质物（卵囊）中。

流行规律　在棉花上 26～29℃ 条件下线虫卵发育至二龄幼虫为 8～12 天，从二龄幼虫发育为雄虫或侵染期雌虫为 8～14 天；侵染期雌虫接种于沪 204 棉花品种的根围土

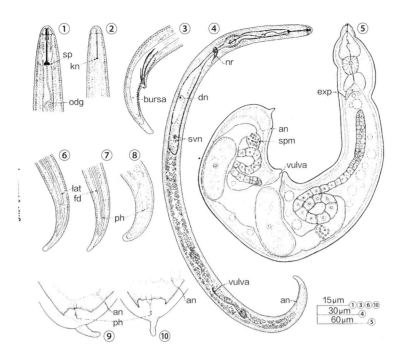

肾状肾形线虫（引自 M.R.Siddiqi, 1972）

①年轻雌虫头部；②雄虫头部；③雄虫尾部；④年轻雌虫；⑤成熟雌虫；⑥～⑦年轻雌虫尾部；⑧幼虫尾部；⑨～⑩成年雌虫尾部。
an= 肛门；dn= 背食道腺核；exp= 排泄孔；lat fd= 侧区；nr= 神经环；odg= 背食道腺开口；ph= 侧尾腺口；sp kn= 口针基部球；
spm= 有精子的受精囊；svn= 亚腹食道腺核

壤中，25～30°C 经 9 天可发育为成熟的产卵雌虫。完成一个生活史需 25～30 天。

在棉田中肾状肾形线虫与尖镰孢和大丽轮枝菌等可引起复合病害。在发生黄萎病的棉田，肾状肾形线虫的群体密度达 925～2000 条 /100cm³ 土，大大高于无黄萎病症状棉田的肾形线虫的群体水平 225～565 条 /100cm³ 土。在陆地棉和海岛棉两类棉花中也观察到镰刀菌枯萎病 / 线虫病害复合症。肾状肾形线虫也增加棉花苗期病害的发生率和严重度，线虫侵染增加了棉花对众多苗期病原的敏感度。用肾状肾形线虫和棉枯萎病菌混合接种，在感枯萎病的棉花品种洞庭 1 号上，枯萎病发病率达 100%、病情指数达 90.8，比单接枯萎病菌的对照组发病率上升 29.3%、病情指数提高 45.3；在抗枯萎病品种川 73-27 上混合接种，枯萎病发病率为 38.3%、病情指数为 25.4，比单独接种枯萎病菌的发病率上升 21.6%、病情指数提高 16.2。

防治方法

抗性品种　在阿拉伯棉、索马里棉和海岛棉中对肾形线虫有高水平的抗性，而树棉和草棉对肾形线虫有中等抗性，美国得克萨斯陆地棉资源都抗肾形线虫。

轮作　高粱是一种好的轮作作物，玉米也可作为轮作作物，高粱、玉米与棉花轮作能降低肾形线虫的群体数量，增加产量。

在棉田前作种植黄瓜、豇豆及大豆等作物，经过 80～100 天后肾形线虫虫口密度可增加 50～100 倍，达 500～1000 条 /100cm³ 土，后茬棉苗将会受到严重危害；如果用一茬水稻或玉米与棉花轮作，棉田肾形线虫密度下降 95%～99%。

参考文献

中国农业科学院植物保护研究所，中国植物保护学会，2015. 中国农作物病虫害 [M]. 3 版 . 北京：中国农业出版社 .

（撰稿：彭德良；审稿：郑经武）

棉花细菌性烂铃病　bacterial seed and boll rot of cotton

由田间盲蝽带菌传播的细菌性病害，引起棉铃腐烂或僵瓣，使铃内种子及纤维腐烂。

发展简史　1986 年，苏联乌兹别克斯坦的花模子等省首先发生一种由牧草盲蝽传播的细菌性烂铃病害，但当时没有将病原鉴定到种。1999 年，在美国棉花上发现与各种真菌引起的棉铃腐烂不同的症状，在随后的 2 年间，该症状在美国的所有种植棉花的地区田间都有发现和危害，不管是灌溉棉田还是不灌溉棉田、早播种还是晚播棉田、种植常规品种还是转基因品种的棉田，都能在田间发现该种症状的棉铃腐烂。但对于引起这种棉铃腐烂的原因，并没有做出结论性的认定。起初将引起该病害的原因归于生长期间的干旱和高温造成的生理性病害，或者是由于营养和环境失调造成的棉铃发育不良。蒙尼（Mauney）等曾将健康种子和感病后的种子进行了解剖学和发育学分析，发现感病后的种子内部表现出明显的空洞，这种空洞的出现主要是种子在受精后的发育出现分歧所造成，感病种子中的胚芽比健康种子的要小，

M

病种中没有发现真菌等的感染。琼斯（Jones）在1999—2000年对美国南卡罗来纳州的田间调查发现，该病害在田间潜在减产可达15%以上；另外，病害还引起棉纤维变短、色泽加深、纺织指数下降等。对棉纤维的品质及后期加工产生更多的影响。

直到2006年，Medrano和Bell等发现田间采集的发病棉铃和种子上发现有细菌存在，通过对细菌分离和纯化，在温室条件下将分离所得的细菌菌株通过针刺接种棉铃（刺穿铃壳），产生了与田间同样的病害症状。通过菌体形态特征和菌落培养特性的观察、生理生化反应、16s rDNA序列比对以及细菌细胞壁脂肪酸分析，最终将引起这种棉花细菌性烂铃病的优势病原确定为成团泛菌（*Pantoea agglomerans*）。2008年，任毓忠等首次在中国新疆棉田发现了棉花细菌性烂铃病的发生和危害。

分布与危害 棉花细菌性烂铃病是棉花上的一种新病害，该病首先在美国的南卡罗来纳州发现，主要造成棉铃和棉籽的腐烂；随后在整个美国东南部主要棉花种植区都发现有该病发生。2006—2007年，该病在新疆棉区普遍发生。病害发生后，开始表面无明显的症状或仅在铃缝上出现褐色条形水渍状病斑，剖开棉铃，内部种子和棉纤维变褐，呈水渍状，尤其在新陆早31号、新陆早24号和新陆早28号上发病较严重，发病率可高达30%，平均发病率为20.6%。平均减产在10%～20%。

发病棉铃比正常棉铃单铃平均轻；发病棉铃的衣分比正常棉铃的衣分有所降低；病铃的瘪籽率比正常棉铃的瘪籽率显著增加；病铃中种子出苗率和发芽率也明显低于健康棉铃中的种子；从而严重影响种子的质量，病害感染越早，对种子质量的影响越大。

吐絮后病害引起棉纤维色泽变黄，纤维品质下降，病铃中的棉纤维无论长度、细度和强度都有明显降低。另外，对纤维的整齐度和伸长率也有一定的影响，特别是对棉纤维的色泽影响很大，由此造成棉纤维的品质降低。

田间棉花细菌性烂铃病的症状主要有两种类型，一类主要发生在未成熟的棉铃上，表现为：发病初期，棉铃外表大多无明显的病害症状，或者只在棉铃局部的铃缝处出现黄褐色的坏死条状斑，有时病斑只在棉铃顶部位置出现，用手握捏棉铃，发病棉铃比正常棉铃触感稍软，剖开铃壳，内壁上有深绿色水渍状斑；发病铃壳对应的棉纤维和种子颜色初为

淡褐色，后变为褐色水渍状；后期铃壳变褐腐烂，发病部位铃壳内部的种子和棉纤维水渍状腐烂，但未感染的其他腔室的纤维和种子仍正常发育；发病严重时，棉铃多个腔室都会变褐腐烂，内部棉纤维和种子呈褐色，病部种子不能正常成熟，呈干瘪状；严重时整个棉壳变软，部分或全部种子和纤维变褐，并呈水渍状，干燥后棉纤维黄褐色。第二类症状主要表现在棉花吐絮后，其铃壳扭曲变形，吐絮不畅，呈僵瓣状，内部的棉纤维部分或全部呈黄褐色，病铃比正常棉铃小，种子小或干瘪。对棉花的产量和纤维品质都有很大影响，同时也增加了收获的难度（见图）。

病原及特征 病原除了有成团泛菌（*Pantoea agglomerans*）外，还有菠萝泛菌（*Pantoea ananatis*），这两种病原都能通过注射棉铃引起棉铃内纤维和种子腐烂，对许多田间昆虫体内细菌分离表明，*Pantoea agglomerans* 和 *Pantoea ananatis* 可以在棉田中的许多昆虫体内发现。

成团泛菌，属泛生菌属。单个菌体直杆状，大小为0.5～1μm×1～3μm，周生4～6根鞭毛，无荚膜，不产生芽孢，可游动，菌体往往15～28个聚集在一起生长，革兰氏反应阴性。在KB培养基上先形成白色圆形菌落，培养24小时后，菌落颜色从白色变为淡黄色，48小时后菌落呈深黄色，菌落直径3～5mm，菌落圆形凸起，边缘整齐，质地黏稠，并伴有刺激性的气味，在KB培养基上不产生黄绿色水溶性荧光色素，紫外灯下也不发荧光。兼性厌气型，发酵产酸型，能在烟草上引起过敏性坏死反应（HR），最适温度为28℃，41℃以上不能生长，氧化酶阴性，接触酶阳性，吲哚阴性，不能利用牛乳使石蕊变色，M-R可变。不产生H₂S，不水解尿素。可以利用丙二酸盐。可以还原硝酸盐。赖氨酸和鸟氨酸脱羧酶以及精氨酸双水解酶皆阴性。能以D-葡萄糖、D-木糖、D-蔗糖、D-树胶醛糖、山梨醇、乳糖、麦芽糖、D-半乳糖、甘露糖、D-海藻糖等作为碳源产酸，但不产气。

侵染过程与侵染循环 棉花细菌性烂铃病菌可以在土壤中营腐生生活，也能在许多植物及田间昆虫体内生活，成为病害的主要来源。棉花种子虽然可以带菌，但种子上所携带的病原菌并不能系统感染棉花，故种子不能作为病害的初侵染源。病菌也不能通过开花期、结铃期田间的风雨导致的棉铃之间的接触摩擦等方式传播和侵入棉铃；病菌只有通过穿刺和注射进入棉铃内部后，才能感染棉纤维和种子，使棉铃

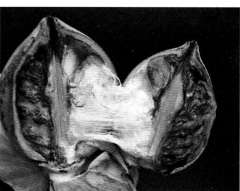

棉花细菌性烂铃病的田间症状（任毓忠提供）

表现出明显的烂铃症状。自然情况下通过穿刺和注射棉铃造成发病的传播方式在田间很少发生，类似的方法是田间一些害虫等在取食过程中可能携带病菌侵入，因此，能够在棉铃上造成伤口的昆虫或其他动物，才可能是病害传播的主要介体。

传病介体　不同国家报道的能传播棉花细菌性烂铃病的主要昆虫介体有较大区别。如美国报道棉田中传播该病的主要介体昆虫为稻绿蝽（*Nezara viridula*）；苏联报道主要介体昆虫为盲蝽类，巴基斯坦报道的传播介体为棉花二点红蝽（*Dysdercus cingulatus*）；在新疆棉区传播病害的昆虫介体主要是牧草盲蝽（*Lygus pratensis*）和苜蓿盲蝽（*Adelphocoris lineolatus*）。病菌主要以内生或昆虫在取食过程中获得，获菌后的介体昆虫在取食健康棉铃时，通过口针刺穿棉铃外壳，将消化道内的细菌释放到棉铃内部，在棉铃内进一步繁殖和扩展，造成棉铃内部棉纤维和种子感染，引起棉铃的腐烂。

流行规律　该菌为一种弱寄生的植物条件致病菌，即在植物生长状况良好时一般不能感染，而在一些特定的环境条件诱发下（如大量的带菌介体）才能诱发病害大量发生。

棉花细菌性烂铃病在新疆棉田的发生非常普遍，海岛棉和陆地棉都有危害，但不同品种间发病有明显差异，陆地棉的发病率普遍较高，而海岛棉的发病率相对较低；陆地棉中品种的抗病性也存在一定的差异。Esquive 对巴基斯坦 21 个棉花品种进行鉴定，结果也没有发现高抗品种，只有 5 个中度抗病的品种，表明目前对于棉花细菌性烂铃病，还没有很好的抗病品种。

结铃分别为 1、2、3 周的棉铃分别被带菌稻绿蝽取食后，病铃组织中的带菌量分别为 10^9、10^9 和 10^3CFU/g，表明早期棉铃更容易感染病害；带菌稻绿蝽取食棉铃时间越长，棉铃的发病率及发病组织中的细菌含量越高。

带菌的牧草盲蝽取食不同龄期的棉铃，棉铃发病率存在明显差异，幼铃更容易感染病害，而龄期较长的棉铃对病害的感染能力明显下降；这可能与铃壳的木质化程度有关，也反映出盲蝽更愿意取食较幼嫩的棉铃；同时也表明，在棉花进入开花结铃期以后，带菌的牧草盲蝽进入棉田越早，发病就可能越早，其种群数量越大，病害就可能发生越重。

棉田肥水过多，棉株生长过旺，田间通风透光差，利于多种蝽及其他介体昆虫在棉田的繁殖和取食，病害发生重。另外，棉田耕作、化学控制、化学防治等造成的机械伤等也有利于病菌的侵入。

防治方法　主要采取防虫治病和加强栽培管理为主的综合防治措施。

防虫治病　在新疆棉区，盲蝽在 6 月中下旬至 7 月上旬由苜蓿地或周围杂草迁入棉田，此时也正是棉花开花结铃的高峰期，用 10% 吡虫啉 15～20g/ 亩喷雾防治，持效期 10 天以上，每隔 7～10 天 1 次，连续 2～3 次。

农业防治　棉田要相对连片种植，避免分散插花种植，降低虫口迁入密度。棉田中心区和四周不种诱虫性强的作物（各种油料作物和蔬菜等）。棉田适当推迟灌头水，及时做好摘心、整枝、化调工作，塑造理想的丰产株型，减少田间荫蔽，人为创造不利于盲蝽活动的环境条件。

棉田耕作　化学控制和化学防治等尽量减少机械损伤。

特别是棉花生长后期，应尽量减少机械作业，以免造成大量伤口。

参考文献

刘雅琴，任毓忠，李国英，等，2008. 新疆棉花细菌性烂铃病病原鉴定 [J]. 植物病理学报，38(3): 238-243.

ESQUIVEL J F, MEDRANO E G, 2012. Localization of selected pathogens of cotton within the southern green stink bug[J]. Entomologia Experimentalis et applicata, 142: 114-120.

MAUNEY J R, STEWART J McD, 2003. Embryo development in bolls exhibiting the 'Hollow Seed' syndrome in South Carolina. 2002–2004 CD-ROM Version of Proceedings of the Beltwide Cotton Conferences, Nashville, TN.

MEDRANO E G, BELL A A, 2006. Role of *Pantoea agglomerans* in opportunistic bacterial seed and boll rot of cotton (*Gossypium hirsutum*) grown in the field[J]. Journal of applied microbiology, 1364-5072.

REN Y Z, LIU Y Q, LI G Y, et al, 2008. First report of boll rot of cotton caused by *Pantoea agglomerans* in China[J]. Plant disease, 92(9): 1364.

（撰稿：任毓忠；审稿：马平）

棉角斑病　cotton angular leaf spot

由黄单胞菌属细菌引起的棉花上的一种细菌性病害。

发展简史　早在 1912 年，棉角斑病在美国加利福尼亚州就有报道。中国在 20 世纪四五十年代以斯字棉和德字棉为主要棉种时，各棉区平均角斑病株率为 10% 左右，有时 40%～60%，个别地区达 70%～80%。自岱字棉普及后，一般发病较轻。

分布与危害　棉角斑病在中国各棉区都有不同程度的发生和危害，以长江流域和新疆棉区发生较重。国外在美国、印度、埃及、澳大利亚等国以及中亚、欧洲、非洲和南美洲的产棉区都有发生。

角斑病菌不仅危害棉苗，同时也危害成株的茎叶及发育中的棉铃。苗期染病子叶受害呈水渍状不规则形或圆形病斑，黑褐色，严重的子叶枯死脱落。真叶染病叶背先产生深绿色小点，后扩展成油渍状，叶片正面病斑多角形，有时病斑沿脉扩展呈不规则条状，致叶片枯黄脱落（见图）。苞叶的病斑和真叶相似。茎染病现水渍状病斑，后扩大变黑或腐烂，病部凹陷，病苗弯向一边。顶芽染病形成"烂顶"，造成全株死亡。湿度大时，病部分泌出黏稠状黄色菌脓，干燥条件下变成薄膜或碎裂成粉末状。棉铃染病初生油渍状深绿色小斑点，后扩展为近圆形或多个病斑融合成不规则形，褐色至红褐色，病部凹陷，幼铃脱落，成铃部分心室腐烂。

病原及特征　病原为地毯草黄单胞菌锦葵致病变种 [*Xanthomonas axonopodis* pv. *malvacearum*（Smith）Vauterin et al.=*Xanthomonas campestris* pv. *malvacearum*（Smith）Dye]。菌体杆状，大小为 1.2～2.4μm×0.4～0.6μm，一端生 1～2 根鞭毛，能游动，有荚膜。革兰氏染色阴性。在 PDA 培养基上形成浅黄色圆形菌落。菌体细胞常 2～3 个

棉花角斑病危害症状（朱荷琴提供）

苗期管理，早间苗，晚定苗，早中耕，勤中耕，降低土壤湿度。中后期及时清洁棉田，将棉田中的病株残体、枯枝落叶等及时清出田外。

种子处理 由于种子和土壤均可传播，因此，防治关键在于选用无病健康的棉种，结合用药剂处理种子，用优质高效的种衣剂对种子包衣，这是当前最切实可行的方法。种衣剂有63%吡·萎·福美双种衣剂、63%吡·萎·福干粉种衣剂、20%克百·多菌灵种衣剂和2.5%咯菌腈悬浮种衣剂等。

化学防治 发病初期喷施1∶1∶200波尔多液、0.1%～0.2%的氧氯化酮，或喷施农用链霉素、氯霉素等。

参考文献

沈其益，1992.棉花病害基础研究与防治[M].北京：科学出版社.

中国农业科学院植物保护研究所，中国植物保护学会，2015.中国农作物病虫害[M].3版.北京：中国农业出版社.

（撰稿：林玲；审稿：胡小平）

结合为链状体，病菌生长的温度为10～38℃，最适温度25～30℃，致死温度50～51℃。病菌在休眠阶段对不良环境的抵抗力很强，干燥情况下能耐80℃高温和–28℃低温。pH6.1～9.3，最适pH为6.8。

侵染过程与侵染循环 棉籽外部短绒和种子内部均带菌，种子内外潜伏的病菌可存活1～2年，是角斑病主要的初侵染源。落入土壤中的病枝、病叶、病铃等病残体上的病菌也可以越冬，成为翌年的初侵染源。棉花出苗后，首先侵染子叶，潮湿情况下病斑处溢出大量菌脓，进行多次再侵染。病菌借风、雨、昆虫传播和扩散，随寄主体表的水膜从气孔或伤口侵入到叶、茎和铃上都能发病。侵入棉铃的病菌，可深入到纤维和种子，造成种子带菌。

流行规律 棉角斑病的发生与气候条件、栽培管理和品种抗性有关。在土壤温度16～20℃时开始发生，土壤湿度40%左右，土温27～28℃时角斑病发病迅速，若土温30℃以上，角斑病则明显减轻。铃期适宜发病的温度为28～36℃，适宜发病的相对湿度为60%～80%。较高湿度是病菌侵入寄主所必需的条件，但在病菌侵入后，高温则是促进病菌增殖和病势发展的主要因素,这时湿度的影响较少，因为植株内部的水分已完全能满足病菌繁殖的需要。风雨常使角斑病迅速蔓延，流行成灾。暴风雨及雹灾会造成大量伤口，有利于病菌侵入，病情发展则快而重。此外，栽培密度大、田间积水等有利发病。连作发病重，轮作较轻。棉花角斑病的发生与棉花的种或品种关系密切。海岛棉最易感病，陆地棉次之，中棉较抗病。但每个棉种内品种之间也有差别，陆地棉中德字棉和斯字棉发病较重，岱字棉发病较轻。

防治方法 棉角斑病防治应采取以农业防治为主、种子处理与药剂防治为辅的综合防治措施。

精选抗病良种 不同棉花品种对角斑病的抗性差异显著，利用抗病良种是防治角斑病最经济有效的措施。

加强栽培管理 实行与禾本科作物3～5年的轮作。提倡采用垄作或高畦，科学灌溉，雨后及时排除积水，防止湿气滞留，中耕散墒，干旱时避免大水漫灌。采用配方施肥技术，增施磷肥、氮肥，不要过量使用尿素等氮肥。搞好棉花

棉茎枯病 cotton stem blight

由棉壳二孢菌引起的棉花上一种突发性真菌病害。

发展简史 棉茎枯病在日本、朝鲜、美国等均有报道。中国从1951年以来先后在陕西、辽宁、河北、河南、山西、山东、甘肃、江苏、浙江、上海等地有发生。

分布与危害 棉茎枯病发生分布范围广，一直受到国内外广大植物保护工作者的重视。该病在中国属于偶尔发生的病害，20世纪50年代以来曾先后在辽宁、陕西、山西、河北、安徽、湖北、河南和山东等地严重发生，20世纪70年代末在江苏、浙江、上海和甘肃等地有加重危害的趋势。进入80年代以后，该病很少再有报道。而进入21世纪后，又有个别地区在转基因抗虫棉中再度发生。在世界上该病主要分布于美国、印度、巴基斯坦等国以及澳大利亚、北非、东非和南美等局部区域。棉花感病后，生理机能遭到干扰和破坏，生长受到影响，有时，甚至可以导致棉株死亡，使棉花几乎没有收成。

棉花茎枯病能在棉株各种部位、不同阶段发生为害，以危害棉花叶片为主，有时也危害茎秆、叶柄和蕾铃。①叶片受害症状。棉苗出土时，病原菌就能侵害幼苗，子叶上多出现紫红色的小点，以后扩大成边缘紫红色、中间灰白色或褐色的病斑。真叶受害后，最初边缘组织上出现紫红色、中间黄褐色的小圆斑，以后病斑扩大、合并，在叶片上有时出现不甚明显的同心轮纹，表面常散生小黑点状的分生孢子器，最后导致病叶片干枯脱落。在长期阴雨高湿的条件下，还会出现急性型病状。起初叶片出现失水褪绿病状，随后变成像开水烫过一样的灰绿色大型病斑，大多在接近叶尖和叶缘处开始，然后沿着主脉急剧扩展，一两天内还可遍及叶片甚至全叶都变黑。严重时还会造成顶芽萎垂，病叶脱落，棉株落成光秆（见图）。②叶柄与茎受害症状。叶柄发病多在中下部，茎枝部受害多在靠近叶柄基部的交接处及附近的枝条下。开始先出现红褐色小点，继而扩展成暗褐色的梭形溃疡斑，其边缘紫红色，中间稍呈凹陷，病斑上常生有小黑点。后期

严重时病斑扩大包围或环割发病部分，外皮纵裂，内部维管束外露，这是茎枯病的一个主要特征。叶柄受害后易使叶片脱落，茎部受害后可使茎枝折断，故名茎枯病。③蕾铃受害症状。病原菌也能侵染苞叶和青铃，苞叶发病侵入是青铃的直接侵染源。青铃受害后，铃壳上先出现黑褐色病斑，以后病斑迅速扩大，使棉铃腐烂或开裂不全，铃壳和棉纤维上有时会产生许多小黑粒。

病原及特征　病原为棉壳二孢（*Ascochyta gossypii* Syd.），分生孢子器大小为75～189μm×82.2～210μm，内生大量分生孢子。分生孢子器近球形，黄褐色，顶端有稍微突起的圆形孔口。在显微镜下压迫孢子器，或孢子器吸水膨胀，即有大量的分生孢子从孔口射出。分生孢子卵形，无色，单胞或双胞，双胞的在分隔处常略有成熟的分生孢子。双胞率很低，仅占3%～15%，单胞的两端各有1个小油点，分生孢子大小为4.5～7.3μm×3.5～38μm。在马铃薯琼脂蔗糖培养基上，菌落黑色，致密，边缘白色疏松，表面粗糙，初生菌丝无色细长，老菌丝深褐色粗壮，18～27℃适宜生长温度下，4～6天开始形成分生孢子器和分生孢子。分生孢子的发芽温度是10～29℃，比较适宜的温度是17～26.5℃，最适温度是19～22.5℃。

侵染过程与侵染循环　茎枯病的初侵染菌源，在病区以土壤带菌为主，病菌以菌丝体及孢子器在病残体上越冬，能在土壤中存活2年以上；在新棉区，种子带菌是最主要的初侵染源。当棉籽发芽时或幼苗出土后，潜藏于种子内外的以及病残体上的菌丝体孢子即能侵染棉苗子叶和幼茎。在气候条件适宜的情况下，病菌产生大量的孢子，成为田间发病的菌源，并借风雨和蚜虫传播，造成再侵染。周而复始的多次侵染循环，构成该病大流行。

流行规律　棉茎枯病是一种偶发性病害，须在特定的环境气候条件下才发生。一般持续4～5天相对湿度在90%以上的多阴雨天气，日平均气温为20～25℃，即有可能引起茎枯病大流行。在发病期间若伴有大风和暴雨，造成棉株枝叶损伤，则更有利于病菌的侵染和传播。由于蚜虫的危害，棉株上出现大量伤口，为病菌入侵提供了条件。因此，蚜虫危害严重的田块，茎枯病就严重。棉田密度过大，施氮肥过多，会造成枝叶徒长，如果再加管理粗放，整枝措施跟不上，棉株荫蔽，通风透光不良，棉田湿度大，茎枯病危害就会加重。由于大量的茎枯病菌是随病残体在土壤中越冬，所以连

作棉田的茎枯病比轮作换茬棉田严重。

防治方法

农业防治　轮作换茬。棉花与禾谷类作物，如稻、麦等2～3年轮作一次，可有效地减轻茎枯病的发生与危害。

合理密植，及时整枝。水肥条件充足的棉田，应特别注意合理密植，不施过量的氮肥，适量配合磷钾肥，使棉株生长稳健。中后期要及时打老叶、剪空枝，以改善棉田通风透光条件。这样可减轻茎枯病危害。

清洁棉田。棉花收获后，要清理田间的残枝落叶和得病脱落的棉铃，作燃料或就地烧掉，同时要进行秋季（冬季）深翻耕，以消灭越冬菌源。

化学防治　在气候条件适合茎枯病发生的时期，要经常注意天气的变化，抢在雨前喷药保护。药剂可用1∶1∶200的波尔多液，75%百菌清可湿性粉剂或50%克菌丹可湿性粉剂500倍液，65%代森锌可湿性粉剂600～800倍液，25%多菌灵可湿性粉剂1000倍液等。同时要注意防治蚜虫。

参考文献

燕丁，1977. 棉花茎枯病的危害及防治 [J]. 甘肃农业科技 (2): 42-44.

杨小红，贾平安，喻永冰，等，2005. 2004年江汉平原发生棉茎枯病原因分析及防治措施 [J]. 中国植保导刊，25(4): 26.

周建业，1982. 上海地区棉花茎枯病的研究 [J]. 植物保护学报，9(2): 119-124.

（撰稿：鹿秀云；审稿：朱荷琴）

M

棉茎枯病症状（简桂良提供）

棉铃红粉病　cotton *Cephalothecium* boll rot

由棉铃红粉病菌引起的、危害棉铃的一种真菌病害，造成烂铃和僵瓣，严重影响皮棉产量，是常见的烂铃病害之一。

发展简史　在中国，最早关于棉铃红粉病的记载是出现在1937年的《棉病调查报告》中，在北部、西北内陆、黄河流域、长江流域、华南棉区均有发生，且有不断加剧的趋势。1984年的调查数据显示在湖北地区棉铃红粉病的发生率高。由于低温、高湿的环境有利于红粉病发生，因此，在秋季多雨年份发病率会显著升高。河北中南部棉区普通年份红粉病的发病率为20%左右，但是在夏季降水量偏多的2010年，发病率飙升至60%，极大影响了皮棉产量和纤维长度。

分布及危害　该病在中国各主要产棉区每年都有不同程度的发生和危害。在世界上该病主要分布于美国、印度、巴基斯坦、澳大利亚等国，以及中亚、西班牙、希腊、非洲和南美一些产棉国。棉铃红粉病主要危害棉铃，影响棉花的产量和质量。

病原及特征　病原为玫红复端孢（*Cephalothecium roseum* Corda），属子囊菌门丝状子囊菌纲丛梗孢目。分生孢子梗直立，线状，有2～3个隔膜，大小为84.5～189.5μm×2.6～3.8μm。分生孢子簇生于分生孢子梗的前端，梨形或卵形，无色或淡红色，双胞，分隔处稍缢缩，一端有乳头状突起。

该病原菌以危害棉铃为主，发病初期在铃壳及棉瓣上布

满着淡红色粉状物，粉层较红腐病厚而成块状，略带黄色，天气潮湿时，菌丝生长，变成白色绒毛状，棉铃不能正常吐絮，棉絮呈褐色僵瓣，棉瓢干缩（见图）。

侵染过程与侵染循环 病原菌主要在各棉区的病残体中以潜伏菌丝或孢子越冬。翌秋棉花结铃后潜伏菌丝长出分生孢子，孢子随雨水和气流侵染已被寄生性强的病原菌危害或有虫伤和机械伤的棉铃组织器官，病残体遗落到棉田，成为翌年的侵染源。循环往复，构成棉铃红粉病的病害循环。

流行规律 棉铃红粉病发病率的年际间差异较大，但发病的起止时期及发病盛期在同一地区却大体一致。棉铃红粉病一般初始发生时间比较晚，8月上旬至中旬开始，9月上旬达到发病盛期，如果遇到秋季阴雨年份发病率则比较高，甚至直到10月还可以看到有零星发生。在同一地区，该病发病率的年际差异相当大，这主要是受降雨的影响。病原菌生长最适宜的温度为19～25℃，相对湿度85%以上延续时间长时，该病则可能严重发生。

防治方法 棉铃红粉病是铃期病害，属于成熟期病害，应该做好全方位防控措施。合理的栽培措施和化学防控相结合效果较好。

清洁田园，减少菌源，发现病铃及时摘除剥晒 冬季清除烂铃及病残体，减少侵染源。棉花与禾本科作物，特别是与水稻轮作。合理施用氮、磷、钾肥。避免偏施、迟施氮肥而引起植株贪青晚熟；增施有机肥和磷钾肥，防止徒长，增强植株抗病能力。

合理密植 在黄淮棉区和长江流域棉区推广杂交棉的地方，种植密度可从常规棉的每亩逾3000株降到2000株左右，采取单行宽行稀植，不仅利于棉田的通风透光，克服了郁闭湿度大的发病条件，使病害显著减轻，而且宽行稀植管理省工，还利于高效间作套种，在保证棉花高产的前提下，可使棉田总体效益显著增加。在土壤湿度大的地区，注意开沟排水降低田间湿度，减轻棉铃发病程度，减少产量损失。

化学防治 在棉花铃期，8月上旬、中旬和下旬喷洒波尔多液（1∶1∶200）2～3次，能明显减轻棉铃病害率。在治虫较彻底的棉田，用波尔多液、代森锌、福美双单剂防治棉铃病害，可达到50%以上的防治效果。

参考文献

黎鸿慧，王兆晓，赵贵元，2011.棉铃红粉病在河北中南部的发生规律及防治[J].中国棉花(8):45.

沈其益，1992.棉花病害基础研究与防治[M].北京:科学出版社.

（撰稿：朱荷琴；审稿：李社增）

棉铃红腐病 cotton *Fusarium* boll rot

由多种镰刀属真菌引起的，危害棉铃的一种真菌性病害，是最常见的腐生性烂铃病害。

发展简史 棉铃病害是严重影响世界棉花生产的重要病害，但在不同地区、年份差别很大。中国已经发现的引起烂铃的病原菌有20多种。这些病原因棉区生态条件不同，分布各异，一般以疫病及红腐病为主，炭疽病亦常发生。20世纪五六十年代，过崇俭等就明确 *Fusarium* spp. 是引起烂铃的常见病原菌，占从江苏、浙江、安徽、江西等地收集的陆地棉烂铃的比例为12.4%。世界各产棉国的烂铃病原菌的种类大同小异，镰孢菌也是其中最常见的致病菌之一。

分布与危害 棉铃红腐病在中国各棉区都有不同程度的发生和危害，尤其在南方棉区发生较重。国外在美国、印度、巴基斯坦、澳大利亚等国以及中亚、欧洲、非洲和南美洲的产棉国都有发生。1984年，全国棉铃病调查，红腐病烂铃率在浙江慈溪为18.8%；湖南石门14.36%；北京、简阳、武昌分别为12.71%、7.22%和7.51%。红腐病多发生在受伤的棉铃上，当棉铃受疫病、炭疽病或角斑病的病菌侵染后，或者受到虫伤或有自然裂缝、机械伤口时，最易引起棉铃红腐病。

病斑多从铃尖、铃缝或铃基部发生。棉铃染病后初生无定形病斑，初呈墨绿色，水渍状，遇潮湿天气或连阴雨时病情扩展迅速，致使全铃呈黑褐色腐烂，铃面覆盖着白色的菌丝体或生出一层淡紫或粉红色孢子堆，重病铃不能正常开裂，棉纤维腐烂成僵瓣状（见图）。

病原及特征 由多种镰刀属真菌引起，具体见棉苗红腐病。

侵染循环 红腐病菌为弱寄生菌，不能直接侵染棉铃，由虫伤、机械损伤或其他棉铃病害所造成的病斑伤口侵入为害。棉铃红腐病的侵染循环见棉苗红腐病。从田间情况分析，苗期根部红腐病主要是土壤和种子中的菌源所致，而铃期红腐病主要是空气中传播的菌源所致。红腐病菌侵染棉苗后，发病产生的孢子和病残体上腐生的病菌孢子，都可以造成再

棉铃红腐病（朱荷琴提供）

棉铃红粉病危害症状（朱荷琴提供）

侵染危害花、蕾、苞叶和棉铃。红腐病菌在病铃上产生大量分生孢子经风雨传播，进行多次再侵染。

流行规律 棉铃红腐病是一种依靠气流和雨水飞溅等复合传播的病害，气候条件是影响棉铃红腐病发生的主要因素，其次虫害、品种、铃龄及栽培管理与棉铃病害的发生密切相关。各种烂铃发生的最适温度与相应病菌生长最适宜的温度是一致的，棉红腐病菌生长的最适温度为 20～25℃。铃期久雨低温、湿度 80% 以上容易发病，特别是 8 月中旬至 9 月中旬的 1 个月内，降水量和降水日的多少是决定全年红腐病轻重的重要因素。棉铃开裂期气候干燥，发病轻。棉株贪青徒长或棉铃受病虫危害、机械伤口多，病菌容易侵入发病重。棉花铃病主要发生于 30 天以后的青铃，30 天以内的青铃因生命活动旺盛，一般不发病。因此，凡棉花早发年份，伏前桃和早伏桃比例大，发病重。栽培上沟路不通，田间湿度大，后期病虫防治不好，棉株上部脱落多，9 月后棉花"返青"，则发病重。

防治方法 棉铃红腐病的防治需结合防治其他铃病进行兼治。对于铃病防控以农业防治为主，辅以药剂防治。

农业防治 改善栽培技术，创造棉株良好的生育条件和不利于病菌繁殖、侵染的条件，特别是要创造铃期比较干燥的环境。合理施肥，合理排灌。此外，适时播种、适当密植、中耕培土、清洁棉田、彻底治虫等，对减轻铃病都有一定作用。

打空枝，摘烂铃，减轻铃病危害。铃病发生重的年份主要是棉花早发和秋雨多的年份，发病的直接原因是湿度大、光照不足。因此，在铃病的防治上要通过打空枝来增强棉株间通风透光度，减轻发生程度，通过抢晴摘烂铃及时剥晒来减轻损失程度。

利用植株避病特性，种植抗病品种。不同品系的棉株棉毒素含量不同，其中含量高的品系铃病发生较轻。另外，具有小苞片乃至无苞片的品种，以及无蜜腺的品种和结铃早、吐絮齐的品种感病也轻。要因地制宜，选用不同的抗病品种。

化学防治 药剂防治可以在一定程度上减轻铃病的发生程度。在烂铃零星出现时喷药，喷药部位应集中在中下部，喷洒药剂可用 65% 代森锌可湿性粉剂 500～600 倍液或 1∶1∶200 波尔多液等。

参考文献

过崇俭，罗张，1963. 棉花烂铃及炭疽病的研究 [J]. 植物保护学报，2(4): 409-416.

陆宁海，吴利民，徐瑞富，等，2005. 棉花红腐病病原菌生物学特性的研究 [J]. 棉花学报，17(2): 84-87.

沈其益，1992. 棉花病害基础研究与防治 [M]. 北京：科学出版社.

中国农业科学院植物保护研究所，中国植物保护学会，2015. 中国农作物病虫害 [M]. 3 版. 北京：中国农业出版社.

（撰稿：林玲；审稿：朱荷琴）

棉铃炭疽病 cotton boll anthracnose

由棉炭疽菌侵染引起的、主要危害幼苗和棉铃的一种病害。在高温多雨年份发生较为严重，常与其他铃期病害复合侵染。

发展简史 棉铃炭疽病于 1908 年在美国路易斯安那州出现，Southworth 确定其病原菌为棉炭疽菌（*Colletotrichum gossypii* Southw.）。该病害广泛分布在各产棉国，如美国、俄罗斯、中国、印度、埃及、苏丹等。20 世纪 50 年代，中国长江流域的棉铃炭疽病较为严重，集中在吴桥、惠民、徐州和南通等地，同时期北方棉区发病率较低。1984 年浙江慈溪和湖南石门、新厂出现了铃病大暴发，病害发生呈现出南重北轻的态势。此外，在美国东南部和南部棉区，科特迪瓦、塞内加尔、乌干达和中非产棉区也有报道。

在中国，主要棉区常年都有不同程度的发生，一般年份烂铃率 10%～20%，阴雨连绵的年份烂铃率 30% 以上，甚至更高。如 2003 年，棉花烂铃病大暴发，有些地区发病株率达到 100%，烂铃率 50% 以上，而且出现了少见的顶部 3 个果枝棉铃全被侵染的现象。

分布与危害 棉花烂铃主要由棉铃疫病、炭疽病、角斑病、红腐病、红粉病和黑果病等十多种病原菌引起。棉花烂铃发生与秋雨有密切关系，多雨年份，田间相对湿度在 90% 以上易引起该病的流行，造成烂铃，损失严重。如 1951 年，浙江肖山棉场 9 月上中旬连续阴雨一星期，烂铃率平均 13.74%，发病最重的田块达 24.09%。烂铃的纤维低劣，百铃重减轻 52.9g，衣分减少 7.43%。上海 1976 年平均烂铃率为 17.04%，炭疽病占总烂铃因素的 22.07%。1983 年，平均烂铃率 29.05%，炭疽病占总烂铃因素的 78.07%。在其他年份，炭疽病在上海是仅次于棉铃疫病的第二位病害。

病原及特征 病原为棉炭疽菌（*Colletotrichum gossypii* Southw.），有性态为 *Glomerella gossypii*（Southw.）Edgerton，称棉小丛壳菌，在自然条件下较为少见。子囊壳暗褐色，球形至梨形，大小为 100～160μm×80～120μm，埋生在寄主组织内。子囊内含子囊孢子 8 个，单胞，椭圆形，略弯曲，大小为 12～20μm×5～8μm。

分生孢子着生在分生孢子梗上，排列成浅盆状，分生孢子盘有排列不整齐的暗褐色刚毛，有 2～5 个隔膜。分生孢子梗较短，其上可连续产生分生孢子。分生孢子无色，单胞，长椭圆或短棍棒形，大小为 9～26μm×3.5～7μm，多数聚生，呈粉红色。分生孢子萌发时常产生 1～2 隔，每隔长出 1 个芽管，芽管顶端生附着器，产生侵入丝侵入寄主。分生孢子萌发适温 25～30℃，35℃时发芽少，生长慢，10℃时不发芽。适合发病土温为 24～28℃，相对湿度 85% 以上。51℃处理病菌 10 分钟可致死，但种子内部菌丝体在 50～60℃温水中处理 30 分钟也不会全部死亡。病菌在微碱性条件下发育较好，酸性条件不利于其生长发育，pH 5.8 以下就停止生长。

棉铃染病初期呈暗红色小点，扩展后呈褐色病斑，病部凹陷，内有橘红色粉状物即病菌分生孢子。严重时全铃腐烂，不能开裂，纤维变成黑色僵瓣（见图）。叶部病斑不规整近圆形，易干枯开裂。茎部病斑红褐至暗黑色，长圆形，中央凹陷，表皮破裂常露出木质部，遇风易折。生产上后期棉铃染病受害重，损失很大。

侵染过程与侵染循环 棉花炭疽菌主要是由种子带菌引起初侵染。病原菌主要以分生孢子在棉籽短绒上越冬，仅

棉铃炭疽病危害症状（简桂良提供）

少部分以菌丝体在种子内越冬，翌年棉花播种后，开始侵染棉苗。除了种子，土壤中的病残体也是炭疽病的初侵染源，都能侵害棉苗根部、茎部或者子叶。发病形成的孢子，通过风雨、虫害危害的伤口及农事操作等传播侵染棉铃，而且连阴雨天气造成棉田高湿环境，以及高密度种植造成棉田荫蔽等，加速致病菌的发生、繁殖和蔓延以及再侵染，并潜伏在种子内外越冬。

流行规律　病菌以分生孢子和菌丝体在种子或病残体上越冬，炭疽病初侵染源为带菌的种子，一般棉籽带菌率30%～80%，翌年种子萌发时病菌开始侵入幼苗危害；之后在病株上产生大量分生孢子，在铃期可通过风雨、害虫或灌溉水传播病菌，形成再侵染。温度和湿度是影响发病的重要原因，铃期高温多雨的情况下炭疽病易流行。栽培管理粗放、田间通风透光差或连作多年的棉田，则加重炭疽病的发生。

病菌主要以分生孢子在棉籽短绒上越冬，少部分以菌丝体的形式潜伏于棉籽种皮内或子叶夹缝中越冬，种子带菌是重要的初侵染源。病菌分生孢子在棉籽上可存活1～3年，由于棉籽发芽始温与孢子萌发始温均在10℃左右，棉籽发芽时病菌很易侵入，之后病部产生分生孢子，并借风雨、昆虫及灌溉水等扩散传播。棉铃染病病菌可侵入棉籽，致棉籽带菌率达30%～80%。发病的叶、茎及铃落入土中，造成土壤带菌，既可引发苗期病，又可经雨水冲溅侵染棉铃，引起棉铃发病。

防治方法　该病害是以种子传播为主，防治棉花炭疽病的重心是种子的处理，选用无病种子和进行种子消毒是防治该病的两个关键条件，此外，还要兼配合理的植物保护和栽培措施。

选用质量好的无病种子或隔年种子　播种前进行种子处理，通常采用温水浸种和杀菌剂拌种的方法。用40%的拌种双可湿性粉剂0.5kg与100kg棉籽拌种；也可用70%甲基托布津可湿性粉剂0.5kg与100kg棉籽拌种；还可选用70%代森锰锌可湿性粉剂0.5kg与100kg棉籽拌种。此外，也可用1kg10%的灵福合剂与50kg棉籽包衣，均有较好的防治效果。

适期播种　培育壮苗，促进棉苗早发，提高抗病力。

合理密植　降低田间湿度，防止棉苗生长过旺，并注意防止棉铃早衰。

化学防治　发病初期喷洒70%甲基硫菌灵（甲基托布津）可湿性粉剂800倍液或70%百菌清可湿性粉剂600～800倍液、70%代森锰锌可湿性粉剂400～600倍液、50%苯菌灵可湿性粉剂1500倍液、25%炭特灵可湿性粉剂500倍液。

参考文献

沈其益，1992. 棉花病害基础研究与防治[M]. 北京: 科学出版社.

EDGERTON C W, 1909. The perfect stage of the cotton anthracnose[J]. Mycologia, 1(3): 115-120.

SOUTHWORTH E A, 1891. Anthracnose of cotton[J]. The journal of mycology: 100-105.

（撰稿：李志芳；审稿：李社增）

棉铃疫病　cotton *Phytophthora* boll rot

由苎麻疫霉引起的真菌病害，是棉花烂铃病中发生最多危害最重的一种病害。

发展简史　棉铃疫病最早是1912年Robson在西印度群岛发现的，以后这个地区多次报道此病的发生。1922年，Wakefield在蒙特塞拉特岛、1923年，Ashby在圣文森特和特立尼达岛、1931年，Tucker在波多黎各，曾分别鉴定当地的棉铃疫病菌为 *Phytophthora parasitica* 和 *Phytophthora palmivora*。1951年，Crandall等报道萨尔瓦多的棉铃疫病病原菌为 *Phytophthora cactorum*。1962年，印度南部迈索尔也发现棉铃疫病，种名未鉴定。1968年以来，美国也报道棉铃疫病的危害，病原菌为 *Phytophthora parasitica* 和 *Phytophthora capsici*。总的来看，棉铃疫病在国外多发生在西印度群岛、中美洲和美国东南部，危害不普遍，不属于重要的棉花病害。

中国关于棉铃疫病的记载最早见于《台湾农作物病虫害防除要览》（1938），以后在辽宁（1939）、四川（1942）和湖北（1952）都有疫病危害棉铃的记载，也都属于零星发现。1956年以后，江苏、河北和河南等地也陆续报道棉铃疫病的危害，但检查到的疫病烂铃所占的比例不大，如1956年，河北石家庄查到的疫病烂铃为4%～18%；1959年，中国农业科学院植物保护研究所在河南新乡检查到棉铃疫病为5.5%，中国农业科学院棉花研究所在安阳检查到25.7%。20世纪60年代以后，随着棉花的栽培技术和产量的提高，铃病加重，加以研究改进了疫霉菌的分离技术，棉铃上分离到疫病菌的比例大大提高。1959年，河北省农林科学院植物保护研究所分离到棉铃疫病病原菌纯培养，人工接种后确认疫霉菌在棉铃上的症状与注射接种从烂铃上分离到几种细菌的症状相同。1960年报道在河北，这种类型烂铃南自邯郸北至唐山，在全省棉田都极为普遍。1961年，中国农业科学院棉花研究所在安阳分离，棉铃疫病出现率为45.2%～97%。1962年，邓煜生等从6个省的9个地区采集棉铃进行分离，结果发现有6个地区有棉铃疫病危害，其中河南安阳疫病烂铃为97.4%，洛阳为93.3%，河北石家庄为

99.3%，山西运城为 73.3%，陕西三原为 29.2%，江苏徐州为 48.8%，从而证明疫霉是各地烂铃的主要病原菌。1963 年，经张绪振、梁平彦、于文清，以及 1980 年经张家清分别进行鉴定，证明中国棉铃疫病菌是苎麻疫霉。到 20 世纪 70 年代，长江流域棉区也报道疫病严重危害。1974 年，浙江慈溪首次报道疫霉侵染棉苗（近年经籍秀琴等鉴定，病菌也是苎麻疫霉）。1976—1977 年上海市农业科学院调查，棉铃疫病占烂铃总数的 64.6%～87.3%。1984 年全国铃病联合调查的结果表明，在辽宁、河北、山西、陕西、四川、湖北、安徽和江苏 8 地，都是疫病烂铃占优势。棉铃疫病危害严重是中国棉花烂铃病发生的重要特点。

分布与危害　棉铃疫病是棉花铃期的主要病害，其发病率及危害性居各种铃病首位。在中国，黄河流域和长江流域棉铃疫病发生严重，新疆棉区很少发生。在世界上该病分布于美国、印度、巴基斯坦、澳大利亚等产棉国家。棉铃感染后，轻的形成僵瓣，重的全铃烂毁。在腐烂的棉铃中 65% 全无收成，20% 形成僵瓣，15% 的后期轻烂铃可以收到一些籽棉。烂铃多是中下部的棉铃，对产量的影响很大。通常中国北部棉区比南部棉区烂铃轻，一般棉田烂铃率为 5%～10%，多雨年份可达到 30%～40%。长江流域棉区常年烂铃率 10%～30%，严重的达 50%～90%。

棉铃疫病主要危害棉铃，多发生于中下部果枝的大铃上。发病多从棉铃基部萼片下面开始出现，其次在铃缝、铃尖及铃表面等部位也能侵染发病，初生淡褐、淡青至青黑色水渍状病斑，一般不软腐，形状不规则，边缘颜色渐浅，界限不明显。病斑不断扩散，扩展极快，3～5 天后整个棉铃变为光亮的青绿至黑褐色病铃（见图）。病原菌侵后，很快侵染中柱、心皮及种子外皮，这些部分变青色或青褐色。随后几天内在铃表面局部生出一层薄薄的白色霉状物。通常情况下，病铃很快被其他腐生菌或弱寄生菌侵染，疫病症状被掩盖，呈现多种症状，棉铃逐渐腐烂，棉絮变成僵瓣。

病原及特征　病原为苎麻疫霉（*Phytophthora boehmeriae* Sawada），其属性见棉苗疫病。

侵染过程与侵染循环　棉铃疫病的侵染循环与苗期的疫病是同一循环上的不同阶段。铃期的苎麻疫霉是棉苗上的病菌落入土中，或潜伏在棉株内，在铃期再次危害。病害循环图见棉苗疫病病害循环图。

棉铃疫病症状（鹿秀云提供）

流行规律　棉铃疫病受气候条件（主要是降水）、棉株生育期和栽培管理措施、棉花品种等多种因素的影响。其中，降水和棉株生育期的配合，对疫病的发生和流行起着决定性的作用。

气候条件　一般大雨或连阴雨 3～5 天后，就会出现烂铃，特别是 8 月中下旬雨水多，烂铃发生早，发生严重。如果遇到 9 月降水量比较多的年份，气温降低，棉铃疫病于 9 月中旬至 10 月初仍然可以在近成熟的棉铃上发生。

棉株生育期　棉株长势过旺，叶色深，速效氮含量高，易受病原菌的侵染。

栽培条件　种植密度大，棉田荫蔽，易烂铃；黏土及低洼地烂铃多；7、8 月灌水多，土壤湿度大，烂铃率高；迟栽晚发和后期氮肥偏多的棉田发病重。如整个棉铃生长期光照足，高温少雨，烂铃发生极轻，更少疫病发生。棉株生长过旺，即使下雨不多，但棉株下部小气候湿度过大，使疫病发生严重。凡倒伏地面或受过水淹的果枝的棉铃，发病重。

苎麻疫霉的越冬存活　厚垣孢子是苎麻疫霉的主要越冬形态。苎麻疫霉主要以两种菌态即游动孢子囊和卵孢子存活于棉田土壤中的病残体上，其中孢子囊可存活 3～4 个月，在棉花生长季节病原菌再侵染过程中起着重要的作用，但孢子囊不是苎麻疫霉的越冬菌态。卵孢子在棉田地下 10～20cm 处的病残体（棉铃壳与棉籽）及 CA 培养基上，历经冬季 0℃ 以下 76 天，其中最低温度为 -2.8℃，存活 300 天以后，其存活率仍高达 48.8%。越冬后的卵孢子能够侵染翌年的棉苗和棉铃并导致发病，证实了卵孢子不仅是苎麻疫霉的越冬菌态，而且也是棉铃疫病的初侵染来源。

苎麻疫霉卵孢子在土壤中经 160 天左右埋存越冬后仍有较高存活率；离体卵孢子可以单独在土壤中存活，并在翌年引起棉苗发病。苎麻疫霉卵孢子抵抗不良环境的能力极强，可以在土壤耕作层越冬，作为翌年病害的初侵染源。值得重视的是苎麻疫霉卵孢子不依赖病组织保护，能够单独在土壤中存活，说明苎麻疫霉是土壤习居菌。苎麻疫霉在培养基平板上或培养液中不产生或偶尔产生厚垣孢子，而卵孢子大量产生，对病组织经组织透明镜检，结果与培养基上观察到的结果相似。从菌株 3cm×3cm（厚 0.2～0.3cm）的培养基物中可提取到 14 万～20 万个卵孢子，从一片病棉苗子叶中可提取到上万个卵孢子，均表明卵孢子的形成在苎麻疫霉生活史中具有重要的生物学和生态学意义。

综上所述，苎麻疫霉在自然条件下可以同宗配合产生大量卵孢子，且卵孢子在土壤中越冬后具有较高的存活率，因此，认为苎麻疫霉的主要越冬形态是卵孢子，并作为翌年病害的主要初侵染源。

苎麻疫霉的侵染行为　苎麻疫霉游动孢子存在向植物体表伤口聚集的现象，这种现象没有专一性。在棉叶、棉铃以及非寄主菜豆叶片上均可发生。无伤接种时，游动孢子向植物体表一些特殊位点聚集，在棉花子叶和真叶上，游动孢子向腺体聚集的倾向尤为突出；在棉铃上，除腺体外，气孔及其周围组织也有大量游动孢子聚集休止；在菜豆叶片上，叶毛基部也是主要的聚集部位。休止于棉铃表面气孔及其周围组织的游动孢子很快萌发，往往不形成附着胞，而以芽管直接侵入气孔。

防治方法

清洁田园，减少初始菌源量 在棉田行间铺设麦秆、塑料薄膜阻隔土壤中的病原菌随水流向上飞溅；早摘烂铃，疫病烂铃都是铃皮先感病，全铃变黑后，内部棉絮仍完好，因此，在棉铃初发病时及时摘下晾晒或用照明灯烘烤，既能收获棉絮，又能防止病铃再传染。

间作套种防治 在不同的种植区域采用不同的间作套种模式。比如在长江流域棉区，采用麦—棉间作套种和麦—棉—瓜间作套种模式，不仅减轻了棉铃疫病的发生，同时增加了经济效益。在黄河流域棉区，采用蒜—棉、葱—棉、瓜—棉、豆—棉等间作套种，可有效降低棉铃疫病的发生。

栽培措施防治 防止棉株生长过旺，枝叶过密、郁闭，而使田间湿度过大；防止铃期棉株氮素含量过高，以增强抗倒、抗病能力；同时要防止棉株铃期早衰。高畦栽培，能改善通风透光条件，降低湿度，减少烂铃；要做好棉田排水系统，在多雨或灌溉后，能及时排除积水，降低田间湿度，减少病菌滋生和侵染机会。防棉株倒伏，做好棉株培土垫根工作，有利于减轻铃期倒伏；遇台风暴雨袭击，要及时扶理倒伏的棉花，推株并垄，利于散失水分，尤其可使棉铃脱离地面，明显减少烂铃。

化学防治 主要是采取药剂防治，可选用80%三乙膦酸铝可湿性粉剂500～800倍液、46.1%氢氧化铜水分散粒剂800～1000倍液、1∶1∶200波尔多液、80%代森锌可湿性粉剂200～400倍液、70%代森锰锌可湿性粉剂200～400倍液、25%瑞毒霉（甲霜灵）可湿性粉剂500～700倍液。药液用量：特早熟棉区每亩不少于100kg的稀释液，中熟棉区不少于125～150kg。喷药时间和次数：在盛花期后1个月（约7月底8月初）开始喷药，每隔10天左右喷药1次。北方根据当年雨季长短可喷2～5次；南方根据雨季早晚、长短可喷2～4次。喷药要求：由于烂铃主要发生在棉株下部，所以必须把药剂均匀喷洒在棉株1/3～1/2的下部棉铃上才能生效。

参考文献

陈方新，高智谋，齐永霞，等，2001.安徽省棉铃疫病菌的鉴定及生物学特性研究 [J].安徽农业大学学报，28 (3): 227-231.

陈方新，高智谋，齐永霞，等，2004.棉铃疫病菌 (*Phytophthora boehmeriae*) 对甲霜灵的抗性遗传研究 [J].植物病理学报，34(4): 296-301.

鹿秀云，李社增，李宝庆，等，2013.利用行间覆膜技术防治棉花烂铃病 [J].中国棉花 (7): 29-31.

郑小波，陆家云，何红，等，1992.棉铃疫病菌越冬卵孢子作为初侵染源的研究 [J].植物保护学报，19(3): 251-256.

（撰稿：鹿秀云；审稿：胡小平）

棉苗猝倒病 cotton seedling *Pythium* damping-off

由瓜果腐霉引起的、主要危害棉苗幼茎和根部的一种真菌病害。又名棉苗小脚瘟。

发展简史 中国在20世纪50年代就有对棉苗猝倒病的报道，认为该病原菌是引起棉苗烂根病的复合病原菌之一，但中国大部分棉区以立枯病、炭疽病和红腐病为主，猝倒病主要是在潮湿和富含有机质的地块发生。20世纪80年代，有报道称美国立枯丝核菌、根串珠霉、终极腐雷和镰孢霉是引起棉苗烂根的最重要的土传病原菌。

分布与危害 在中国各棉区均有发生，特别在潮湿多雨地区发生严重，是一种常见的棉苗根部病害。南部棉区采用营养钵育苗时，在苗床发病也重，直播棉田的幼苗多在早期受害，使幼嫩根尖造成伤口，有利于其他病原菌侵染，因此，常与其他苗病复合发生。病原菌在土壤中普遍存在，除侵染棉花外，还能危害黄瓜、烟草、茄子、西瓜、甜菜、萝卜、芜菁、菜豆、豌豆、马铃薯、亚麻和麦类等多种植物。棉苗感病后，常造成棉花幼苗成片青枯倒伏死亡，有时造成缺苗断垄，严重影响棉花的正常生长。

病原菌一般先从幼嫩细根或茎基部侵染，危害幼苗，也能侵害种子及露白的芽，造成幼苗出土和发育不良。最初在幼茎基部贴近地面的部分出现水渍症状，并很快扩展，缢缩变细如"线"样，病部不变色或呈黄褐色，病势发展迅速，但子叶仍为绿色，萎蔫前即倒伏而贴于地表。地下部细根受害则变黄褐色，阻碍水分运输，导致整株幼苗死亡。子叶褪色，呈水渍状软化。在高湿情况下，有时病部出现白色絮状物，即为病菌的菌丝，能蔓延扩散侵染至相邻健康棉株，导致棉苗成片死亡（见图）。

病原及特征 病原为瓜果腐霉 [*Pythium aphanidermatum* (Eds.) Fitz.]，为腐霉属。在培养基平板上，瓜果腐霉菌的气生菌丝发达，呈棉絮状。孢子囊为膨大菌丝或瓣状菌丝、不规则菌丝组成，顶生或间生；泡囊球形，内含6～25个或更多的游动孢子；游动孢子肾形，侧生双鞭毛。藏卵器球形，平滑，多顶生，偶有间生，柄较直，直径平均23.7μm；雄器袋状、宽棍棒状或屋顶状、玉米粒状或瓢状，间生或顶生，同丝或异丝生，每一藏卵器有1～2个雄器，授精管明显；卵孢子球形，平滑，不满器，直径平均20.2μm，孢子内含贮物球和折光体各1个。

生长最适温度为34～37℃，耐受最高温度为41℃，最低5～6℃，孢子囊萌发最适温度为24～26℃。此菌虽是高温性菌，但因温度受土壤湿度的影响，故发病温度较低，发病适温为20～25℃。生长酸碱度（pH）最高10.7，最低2.5，最适为5.5～6.5，表明在酸性土壤中生长较好。寄主植物的根际影响卵孢子的萌发及其活动方向，当寄主的根伸到卵孢子附近时，其根分泌物即刺激卵孢子发芽并入侵。雨水或灌溉水量大、土壤过湿容易导致猝倒病的发生，土壤湿

棉苗猝倒病危害症状（朱荷琴、简桂良提供）

度在 70%～80% 最有利于发病。

侵染过程与侵染循环　棉苗猝倒病菌在土壤中以卵孢子和厚垣孢子（球状孢子）长期存活，卵孢子在土壤有机物上形成，可以休眠状态伴随组织崩溃释放入土壤中，直接在土壤中可存活 5 个月左右。当环境适宜时，得到水分、温度和营养即可发芽侵染植物。孢子囊释放出游动孢子侵染棉苗，造成棉苗猝倒病。残留在植株上或掉落在土壤中的病残体内含有大量病原菌，如不及时清理，即在土壤中越冬，待翌年温湿度适宜的情况下，成为初侵染源。

流行规律　病原菌属土壤习居菌，喜欢生活于潮湿而富含有机质的土壤中，故一般菜园土、大田土、苗床土、森林土和牧场土中均较多，而干燥的砂土以及含盐碱的沼泽土中则较少。土壤中所存活的病原菌（卵孢子）是主要的初侵染源，在适宜条件下，每克土壤中只需 2 个游动孢子即可侵染。病菌常借水流传播，高温高湿条件下，罹病组织表面所长出的病菌是再次侵染的菌源。对病害发生起决定作用的是温度和湿度，特别是含水量高的涝洼地及多雨地区，有利于病菌的发育及游动孢子的传播。若土壤温度低于 15℃，萌动的棉籽出苗慢，就容易发病。棉苗出土后，若遇上低温降雨天气，地温低于 20℃，发病就重；棉苗出苗后 1 个月内是棉苗感病时期。南方 3 月下旬早播种的棉田，4 月中旬如 5cm 地温在 17～20℃ 时则发病重而死苗多。地温超过 20℃ 以上病势停止发展，但若降雨多又会加重发病。

防治方法　棉苗猝倒病的防治应采取以保苗为主的栽培措施，并结合一定特效的药剂来达到控制猝倒病的目的。

农业防治　播前精细整地，降低田间湿度，适期播种，培育壮苗。棉苗出土后 1 个月内是猝倒病的易发期，1 个月后则很少发生。出苗后破除板结、降低土壤湿度也是主要防病措施。雨后及时中耕，大雨后应注意排涝，防止土壤含水量过多。

种子处理　播种前必须精选高质量棉种，经硫酸脱绒，以消灭表面的各种病菌，淘汰小籽、瘪粒、杂粒及虫蛀粒，再进行晒种 30～60 小时，以提高种子发芽率及发芽势，增强棉苗抗病力。

化学防治　在中国登记的用于防治棉花猝倒病的化学杀菌剂仅有 4 种制剂，即噻虫咯霜灵悬浮种衣剂、精甲霜灵种子处理乳剂、多福立枯磷悬浮种衣剂、精甲咯嘧菌悬浮种衣剂，均是通过对棉花种子包衣实现防治目的的。

另外，用种子量 0.2% 的二氯萘醌拌种，或用甲霜灵颗粒剂在播种时沟施；在寒流及阴雨前及时喷药保护，一般在出苗 80% 左右应进行喷药，以后根据病情决定喷药次数及药剂种类和浓度。常用制剂和方法有 40% 三乙膦酸铝可湿性粉剂 800 倍液喷雾，25% 甲霜灵可湿性粉剂 3000 倍液在苗期灌根。化学杀菌剂和生防菌木霉菌混合使用可以显著提高防治效果。

参考文献

沈其益, 1992. 棉花病害基础研究与防治 [M]. 北京: 科学出版社.

HOWELL, C, STIPANOVIC R D, 1980. Suppression of *Pythium ultimium* induced damping off of cotton seedlings by *Pseudomonas fluorescens* and its antibiotic pyoluterin[J]. Phytopathology, 70(8): 712-715.

（撰稿：朱荷琴；审稿：李社增）

棉苗红腐病　cotton seedling *Fusarium* blight

由多种镰刀属真菌引起的、危害棉花幼苗的一种真菌性病害，是棉花种植中一种危害较大且广泛的苗期病害。

发展简史　红腐病是国外棉苗的主要病害之一，1927 年，N. C. Woodroof 就报道串珠镰刀菌是其病原菌。该病在中国各主要产棉区也普遍发生，早在 1920 年就有报道，1954 年，过崇俭等在浙江余姚等地的棉苗茎基部曾分离到此病菌，但没有受到重视，一直到 20 世纪七八十年代开始对该病的病原菌和防治技术进行了较为深入的研究。后来，随着种衣剂的推广应用，该病得到了较好的控制。

分布与危害　棉苗红腐病的发生遍布世界各棉区，特别是热带和亚热带。在中国各棉区都有发生，其分布及危害因地区和年份有很大的差异，严重发生年份，幼苗发病率最高可达 80%，造成大片死苗。红腐病多与其他棉苗病害混合发生，出现不同程度的烂种、烂芽、烂根、烂茎现象，病情严重时造成棉苗枯死，病轻的也使棉苗生长缓慢，造成减产和品质下降。

棉苗红腐病主要发生在胚茎和根部，子叶和真叶也可受害。发病较早的幼苗出土前即可受害，没出土的幼芽变成红褐色腐烂在土中。出土的幼苗根部受害，根尖和侧根开始先变黄，后蔓延至全根呈黑褐色腐烂，导致死苗。幼茎受侵后，内部导管变成暗褐色，外部近土面的茎基部出现黄色条斑，后变褐腐烂，病斑不凹陷，土面以下受害的嫩茎和幼根肿胀变粗是红腐病的重要特征。子叶或真叶发病后，多在边缘生有灰红色不规则或近圆形病斑，病斑扩大后常破裂，潮湿时表面产生粉红色霉层，即病菌的分生孢子。棉铃也可染病，见棉铃红腐病。

病原及特征　病原为多种镰刀菌（*Fusarium* spp.），其中以串珠镰刀菌中间变种［*Fusarium moniliforme* var. *intermedium* Neish et Leggett. = *Fusarium verticillioides*（Sacc.）Nirenberg］为主，其他还包括半裸镰刀菌（*Fusarium semitectum* Berk. et Rav.）、茄腐皮镰刀菌［*Fusarium solani*（Mart.）Sacc.］、禾谷镰刀菌（*Fusarium graminearum* Schw.）等。棉红腐病菌寄主范围极广，除侵染棉花外，还侵染玉米、高粱、小麦、水稻、马铃薯、蔬菜、花卉和林木等多种作物。

Fusarium verticillioides 在 PSA 培养基上菌落绒状后带粉状，白色至淡紫色，或玫瑰粉色。产孢细胞单瓶梗和复瓶梗并存，小型分生孢子单胞，卵圆至狭瓜形，大小为 5.3～10.8μm×2.5～3.6μm，串生、假头生或斜叠，大型分生孢子无色，镰刀形，较细，顶胞渐尖，基胞足跟不明显，多数 3 隔，大小为 24.8～52.8μm×2.7～4μm，壁薄易清解。

侵染过程与侵染循环　棉苗红腐病菌主要以附着在种子短绒上的分生孢子和潜伏在种子内部的菌丝体越冬，或以厚垣孢子和菌丝体在土壤及病残体或其他寄主植物上越冬。棉花播种后棉籽或土壤中的病菌即侵入种子及幼芽，造成苗期发病。病株上的病菌可产生大量分生孢子，经风雨传播，进行多次再侵染。病菌在棉花整个生长季节均存在于土壤、植株或残体上，营寄生或腐生生活。至铃期又借风、雨、昆虫等传播至棉铃上，经由虫伤、机械损伤或其他病斑伤口侵入危害，造成烂铃。病铃新的种子内外均带菌，形成新的初侵染源。

流行规律 棉苗红腐病的发生流行和气候关系密切，过早播种，苗期如遇低温高湿的环境，有利于病菌繁殖生长，而不利于棉苗生长。棉苗生长瘦弱，抗病力差，造成病菌入侵的适宜条件，往往引起病害流行。另外，棉苗红腐病的发生还与棉苗的不同生育阶段有关，即子叶展开期至子叶增绿，侧根长出十余条时，根部受害最重。一般在苗龄2周时，子叶受害最重，常造成全部干枯。当真叶展开后，尤其在真叶迅速生育长期，抗病能力显著增强，很少引起死苗。此外，土壤条件与病害发生也有关系，盐碱土发病重，砂壤土发病轻，低洼棉田发病重，地势高的坡地发病轻。

防治方法 棉苗病害种类多，往往混合发生，棉苗红腐病的防治同一般苗期根病，应采取以农业防治为主、棉种处理与及时喷药防治为辅的综合防治措施。

农业防治 精选健康无病的棉种。清洁田园，及时拔除病苗、死苗，及时清除田间的枯枝、落叶、烂铃等，减少病菌的初侵染来源。适期播种，加强苗期管理，采取配方施肥技巧，促使棉苗快速苗壮生长，增强植株抗病力。加强棉田管理，及时防治铃期病虫害，避免造成伤口，减少病菌侵染机会。

种子处理 由于种子和土壤均可传播，因此，防治关键在于选用无病健康的棉种，结合用药剂处理种子，用优质高效的种衣剂对种子包衣。当前，在中国登记的用于防治棉苗红腐病的化学杀菌剂有多·酮·福美双悬浮种衣剂和克·酮·多菌灵悬浮种衣剂。

化学防治 在寒流及阴雨前和发病初期要及时喷药保护。一般在出苗80%左右应进行喷药，以后根据病情决定喷药次数及药剂种类和浓度。可用50%的多菌灵可湿性粉剂、70%的甲基托布津可湿性粉剂600倍液或30%的噁霉灵可湿性粉剂1500倍液等进行喷雾。

参考文献

戎文治，申屠广仁，1984.浙江省棉苗红腐病及其防治研究[J].浙江农业大学学报，10(2): 185-195.

沈其益，1992.棉花病害基础研究与防治[M].北京：科学出版社.

王拱辰，顾振芳，楼旭日，等，1992.棉红腐病病原菌的研究[J].植物病理学报，22(3): 211-215.

中国农业科学院植物保护研究所，中国植物保护学会，2015.中国农作物病虫害[M].3版.北京：中国农业出版社.

（撰稿：林玲；审稿：李社增）

报道，经常导致棉花大面积烂种、死苗，轻则缺苗断垄，重则大面积毁种重播，给棉花生产造成严重损失。50年代后，普遍推行以种子处理为主的栽培防病保苗措施，基本上消灭了大面积毁苗重播的现象，尤其是到20世纪末，种衣剂发展迅速，用于防治棉苗立枯病的种衣剂防病效果也逐渐提高，多数可达80%以上，棉苗立枯病的发生基本能得到较好的控制，由该病导致的大面积毁种重播现象鲜有报道。但鉴于中国长江、黄河流域和西北棉花主产区，春季低温、多雨、高湿，春寒发生频率高，强度大，有时气温下降到15℃以下，导致冻害。持续低温、高湿容易诱发苗病，因此，对于棉花苗期病害的防治仍不可掉以轻心。

分布及危害 棉苗立枯病是一种多发性常见病害，广泛分布于世界各国棉区。在世界上该病主要分布在美国、印度、巴基斯坦等国以及中亚山区、西欧，在澳大利亚、新西兰、北非、东非和南美安第斯山区域发生也较多。中国棉苗立枯病每年都有不同程度的发生和危害，在陕西、甘肃、新疆、四川、河南、河北、山东、山西、江苏、安徽、江西、湖南、湖北等地广泛发生，以黄河流域棉区发生危害最为严重，是北方棉区苗病中的主要病害。在棉花上以危害棉苗为主，常造成缺苗断垄，重病年份大量死苗，甚至毁种，带来一系列的经济损失。首先，重病棉田的毁种，造成棉花实收面积减少；其次，缺苗断垄及生育延迟，影响棉田的合理密植及早熟高产；而且，重病棉田的重种或补种，造成种子的浪费和品种的混杂，影响良种繁育推广。总之，苗病的发生，不仅造成种子、劳力和时间的浪费，更重要的是把良种变混杂，早病变晚苗，壮苗变弱苗，严重影响棉花的产量和品质。

种子萌动但还未出土之前，就可因立枯病菌侵害造成烂种烂芽。棉苗受害后，在近地面的茎基部产生黄褐色斑点，逐渐扩大，产生凹陷内缩腐烂，凹陷部因失水过多而成缢缩状变细，后变成黑褐色并腐烂，群众叫它黑根或烂根，病斑部位比炭疽病的低，严重时病苗枯死或萎倒。病株叶片一般不表现特殊症状，仅仅表现枯萎；子叶受害后形成不规则形黄褐色斑，以后病部破烂脱落呈穿孔状。成株期受害后，叶片上产生褐色斑点，后脱落穿孔。现蕾开花期的棉株也能发病，多雨年份茎部受害后，在茎基部形成黑褐色病斑，表皮破烂后，露出条条木质纤维，严重的折断而死，茎的发病部位有时形成瘤状肿起（见图）。

病原与特征 病原为立枯丝核菌（*Rhizoctonia solani* Kühn），有性态为亡革菌属瓜亡革菌［*Thanatephorus cucumeris*（Frank）Donk］，无性态为子囊菌门丝核菌属立枯丝核菌。

棉苗立枯病 cotton seedling *Rhizoctonia* damping-off

由立枯丝核菌引起的，可危害棉苗根、茎、叶的一种真菌病害。又名棉苗烂根病、棉苗黑根病等。

发展简史 中国早在徐光启的《农政全书》中就有对棉花苗病发生的描述，关于棉苗立枯病的科学记载是从20世纪20年代开始的。之后，苗病的发生在中国主要棉区均有

棉苗立枯病危害症状（朱荷琴、简桂良提供）

侵染过程与侵染循环　病菌对棉花的侵染因寄主的生育期和侵染的部位而异，有直接侵入、自然孔口侵入和伤口侵入。其中，棉苗子叶期最易感染，这时候病菌可以直接侵入幼茎。萌发的菌核和生长的菌丝先端接触并紧贴幼茎表面，并沿着表皮细胞的接缝处纵向生长，不久菌丝尖端形成膨大密集的侵染垫，或分枝粗短的叶状体附着胞，再从接触寄主表皮的一侧伸出尖细的侵染丝（钉）穿入表皮细胞。菌丝侵入以后，在表皮细胞间隙扩展并吸收周围细胞的营养，使寄主细胞迅速坏死变褐，几天即可表现症状。菌丝也可进入尚未木质化的维管束组织，以至整个幼茎解体。被侵染的细胞间和组织内充满菌丝，一旦组织死亡后，部分菌丝将转变为菌核，主要集中在寄主的皮层组织。

棉苗立枯病的初侵染源主要为来自土壤中的菌丝和菌核，这些初侵染物存在于土壤中的带菌植物残体及其他感染的作物和杂草。菌核作为重要的初侵染来源，既可以在土壤中形成，也可以在组织中产生。这些初侵染物，在萌动的棉籽和幼苗根部分泌物的刺激下开始萌发并在侵入前作短暂营养生长。菌核的侵染率最高，通常一个菌核可以萌发出数十条菌丝，而且可以反复萌发多次。若收花前低温多雨，棉铃受害，病菌还可侵入种子内部，成为翌年的初侵染源，此外，其他如灌溉水和管道水中也可能带有病原物的菌丝和菌核，成为初侵染源。立枯丝核菌不存在典型的再次侵染。但是病株死亡之后，病组织上的菌丝可以迅速向四周扩散，当其接触新的健株时就继续侵染，引起成穴或成片的棉苗发病甚至死亡。

流行规律　棉苗立枯病的传播主要是通过土壤，种子和灌溉水在一定条件下也可以传播。立枯菌的菌丝和菌核在干燥基物中可以存活2～6年或更长，在高温潮湿条件下只能存活4～6个月。

棉种由播种到出苗，均会受到棉苗立枯菌的侵染，造成烂种、烂芽、病苗和死苗。低温高湿不利于棉苗的正常生长而有利于病菌的危害，所以在棉花播种出苗期间如遇低温阴雨，棉苗立枯病发生一定严重。尤其是在播种后遇突然降温，萌动的种子出土缓慢，很容易导致立枯病的严重发生，造成烂种或烂芽。立枯菌在5～33℃的温度条件下都能生长。病害发生与土壤温度关系十分密切，棉籽发芽时遇到低于10℃的土温，会增加出苗前的烂种和烂芽；病菌在15～23℃时最易侵害棉苗。立枯病发病的温度较低，所以在幼苗子叶期发病较多。立枯病的危害主要在5月上中旬。高湿有利于病菌的发展和传播，也是引起苗病的重要条件。棉苗出土后，长期阴雨是引起死苗的重要因素，降水量多的年份死苗重。

土壤中立枯丝核菌的菌核和菌丝是初侵染源。棉苗子叶期最易感病，棉苗出土的一个月内如果土壤温度持续在15℃左右甚至遇到寒流或低温多雨，立枯病就会严重发生，造成大片死苗。播种过早，气温偏低，棉花萌发出苗慢，病菌侵染时间长，发病重。多年连作棉田发病重。地势低洼、排水不良和土质黏重的棉田发病较重。

防治方法　棉苗立枯病是棉花早期的根部病害，防控重点和难点是播种条件、种子包衣拌种处理以及科学的田间管理。

农业防治　合理轮作。与禾本科作物轮作3～5年，苗期防病效果在50%以上。

秋季深耕翻地，将病残体翻入土壤下层，实行冬灌浇水。中国北方一熟棉田，秋季进行深耕可将棉田内的枯枝落叶等连同病菌和害虫一起翻入土壤下层，对防治苗病有一定的作用。秋耕宜早，冬灌应争取在土壤封冻前完成，冬灌比春灌防病效果好。南方两熟棉田，要在麦行中深翻冬灌，播种前抓紧松土除草清行，棉田冬翻2次，播前再翻1次。

合理施肥，精细整地，增施腐熟有机肥或生物有机肥，提倡施用酵素菌沤制的堆肥或腐熟有机肥及5406菌肥。

提高播种质量，春棉以5cm深土温达15℃以上为适宜播期。

加强田间管理，适当早间苗勤中耕，尤其雨后及时中耕，降低土壤湿度，提高土壤温度，培育壮苗。

化学防治　药液浸种，每500kg棉籽用"401"药液或"402"药液1.0kg兑清水200kg，播前浸泡24小时。也可简化为用"401"1kg，兑水100kg，用喷雾器均匀地喷洒在500kg棉籽上，然后堆起用麻袋盖好，闷种24～36小时。

药剂拌种，精选种子，播前半月以上进行晒种。用干棉籽重量0.5%的苗病净，或种子重量0.5%的50%多菌灵可湿性粉剂，或种子重量0.6%的50%甲基托布津可湿性粉剂，或种子重量1%的40%五氯硝基苯拌种。或用种子重量0.5%的40%五氯硝基苯+50%多菌灵、40%五氯硝基苯+40%福美双（或炭疽福美）拌种，可兼治炭疽病和红腐病。也可用20%稻脚青（甲基砷酸锌）可湿性粉剂250g与5kg细土或草木灰混合均匀，然后与50g棉籽拌匀，现拌现播，或以40%五氯硝基苯粉剂1000g（有效成分400g）与100kg棉籽拌种。油菜素内酯（BR）拌种能提高种子活力，使棉苗的根长、芽长和鲜重都明显提高。用每千克中含0.1%油菜素内酯0.5mg加10%丙环唑乳油1g、或含0.1%油菜素内酯0.5mg加20%三唑酮乳油1g、或含0.1%油菜素内酯0.5mg加50%多菌灵可湿性粉剂5g的药液拌棉种，能明显提高杀菌剂对棉苗立枯病的防治效果。还可用20%稻脚青可湿性粉剂1000倍液作棉苗灌根；或用苗菌敌或立枯净800～1000倍液灌根或喷雾，5%井冈霉素水剂500～1000倍液灌根。出苗后，如遇到低温多雨天气，有暴发苗病的可能时，可用50%甲基托布津，或50%多菌灵可湿性粉剂600倍液，或65%代森锌可湿性粉剂600～800倍液，或70%百菌清可湿性粉剂600～800倍液，或25%炭特灵可湿性粉剂500倍液喷雾防治。

参考文献

井岩，李晓妮，于金凤，2012.中国北方棉花主产区立枯丝核菌的融合群鉴定[J].菌物学报，31(4): 540-547.

沈其益，1992.棉花病害基础研究与防治[M].北京：科学出版社.

王伟娟，鹿秀云，李宝庆，等，2010.河北省棉花立枯丝核菌菌丝融合群及其致病性研究[J].华北农学报，25(S1): 274-278.

ANDERSON N A, 1982. The genetics and pathology of *Rhizoctonia solani*[J]. Annual review of phytopathology, 20(1): 329-347.

（撰稿：朱荷琴；审稿：胡小平）

棉苗炭疽病　cotton seedling anthracnose

由棉炭疽菌侵染引起的一种真菌病害，是棉花苗期最重要的病害之一。又名棉花烂根病。

发展简史　1891年，Atkinson和Southworth首次报道了棉苗炭疽病。直到1913年，美国的调查研究发现，该病害在美国棉花产区均可发生。当时在美国的密西西比州、南卡罗来纳州和佐治亚州发生最为严重，损失率高达80%～90%。据粗略估计，南卡罗来纳州1909年因该病害造成的损失就高达40万～50万美元，佐治亚州的损失超过1400万美元。中国学者杨演在20世纪40年代，首次报道了中国棉苗炭疽病，并开展了病原菌生物学和致病性以及防治相关研究。在20世纪七八十年代，中国学者开展了大量的防治技术研究，一些防治技术取得了比较好的防治效果。

分布与危害　主要分布在温带和亚热带，在非洲及中国除新疆以外的产棉区危害尤为严重。在南方，发病率一般为20%～70%，严重时可达到90%以上。在北方，发病率一般为1%～22%。棉花在种子萌芽及出苗后均可受害。棉苗出土前受害，幼芽、幼根变褐色，腐烂。棉苗出土后，在与表土层交界的茎基部一侧先出现红褐色小斑点，后逐渐呈梭形凹陷病斑，病斑中央灰白色，边缘红褐色，或者形成紫红色至紫褐色条纹。严重时病斑相互连接包围茎基部，造成死苗。湿度大时，病斑上产生黑色小颗粒，表面有粉红色孢子团。炭疽菌也可侵染棉苗子叶，侵染子叶中部产生灰黄色或者褐色圆形病斑，若侵染子叶边缘则形成半圆形病斑。受害棉苗的根系不发达，主根短，根毛少，根系呈红褐色水渍状。

病原及特征　病原为棉炭疽菌（*Colletotrichum gossypii* Southw.），病原菌在PDA平板上气生菌丝发达，菌丝初为白色，后逐渐变为淡灰色，出现大量的橘红色孢子团，即分生孢子。分生孢子盘浅褐色至黑褐色，直径68～205μm，分生孢子盘周围生有许多褐色刚毛。盘上产生棒状、无分枝、无色、无隔膜的分生孢子梗，梗顶端着生1个分生孢子。分生孢子单胞，无色，长椭圆形或一端稍窄短棒状，有油球，多为1～3个，分生孢子大小为3.8～5.2μm×13.6～25.4μm，分生孢子聚集一堆时，形成橘红色的黏稠物。

侵染过程与侵染循环　病菌以分生孢子或者菌丝体在种子或者病残体上越冬，种子带菌是最重要的初侵染源。翌年待棉种萌发后侵染幼苗危害，条件适宜时，可在病苗上产生大量的分生孢子，随风雨、昆虫等传播，形成再侵染。

流行规律　若苗期低温多雨，炭疽病就容易暴发流行。此外，播种过早或者过深、栽培管理粗放、田间通风透光性差、多年连作等都能加重棉苗炭疽病的发生。

防治方法　棉苗炭疽病危害极为严重，由于尚无抗病品种。因此，选用无病种子或者使用化学药剂进行种子处理或后期喷药是防治该病的关键。

播种前种子处理　①拌种。采用有效成分为多菌灵或者二硫化四甲基秋兰姆拌种，此方法效果较好。②温汤浸种。用3份开水加1份凉水，按水量与棉籽重量比为2.5∶1放入棉种，水温保持在55～60℃浸泡半小时，捞出后晾干即可播种。该法只能杀死种子上的病菌。

栽培防治　合理轮作，精细整地，改善土壤环境，提高播种质量。适期晚播。

化学防治　苗期发病可用20%稻脚青800倍液、50%多菌灵800倍液、70%甲基托布津1000倍液均匀喷雾。若将喷雾器喷头中的旋水片取出，对准根颈部喷浇，效果更好。

参考文献

籍秀琴，1984.棉花苗期病害及其防治[M].北京：农业出版社.

中田觉五郎，1965.作物病害图说[M].尹莘耘，译.北京：农业出版社.

周建业，1997.棉花苗期病害[M].上海：上海科学技术出版社.

（撰稿：胡小平；审稿：朱荷琴）

棉苗疫病　cotton seedling blight

由苎麻疫霉引起的危害棉苗子叶、真叶、幼根、幼茎的真菌病害，是棉花重要的苗期病害之一。

发展简史　早在1926年，印度即报道了在猝倒棉苗上发现 *Phytophthora parasitica* Dast。1929年Dasture和1957年Mastafa等均有类似报道。在中国棉苗疫病于1973年由浙江省农业科学院植物保护研究所和慈溪县病虫观察站报道。但根据同样苗病症状的追溯，该病早已有存在，只因其偶尔发生，危害不重，未引起重视。

分布与危害　棉苗疫病在世界棉花主产区的美国、印度、埃及、西班牙和中国均有发生。中国棉苗疫病主要在长江流域棉区发生，其中江西、浙江、江苏和湖北等地发生较为严重，黄河流域棉区和西北内陆棉区发生较轻。棉苗发病后棉叶枯干、脱落，生长点枯死，棉苗死亡，造成缺苗断垄，严重发生年份导致棉花重播。1976年，江苏启东棉苗疫病暴发，致使棉农重播面积高达60%～70%；1977年，江西主要棉区棉苗疫病大发生，死苗达30%～60%；1989年，江西部分地区棉苗疫病发生严重，其中彭泽芙蓉发病面积达80%以上，严重地块死苗率达50%。

棉苗疫病病叶呈水渍或水烫状，灰绿色，茎部为白色。湿润天气，茎、叶病部可见白色绵毛，病健交界处分界不明显。叶部病斑初为暗绿色水渍状小斑，后扩大成黑绿色不规则水渍状病斑（图1）。低温高湿气候，扩展蔓延迅速，可

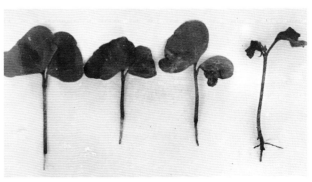

图1　棉苗疫病症状（马平提供）

侵及幼茎顶端及嫩叶，变黑死亡。天气晴好温度升高，叶部病斑周围呈暗绿色，最后成不规则枯斑，致使叶脱落。棉苗疫病病株拔起时茎部易折断，根部表皮不脱落，而棉立枯病苗拔起时，根部表皮常脱落仅剩呈鼠尾状木质部。

病原及特征　棉苗疫病病原菌早期在埃及报道为寄生疫霉（*Phytophthora parasitica* Dast.），中国早期的《棉花病虫害学》也认可引用。1982年，通过培养形态及生理生化特性的比较，认为中国棉苗疫病的病原菌与棉铃疫病的病原菌一样，应为苎麻疫霉（*Phytophthora boehmeriae* Sawada），但是其生理小种可能不同。1994年，报道引起棉苗疫病和棉铃疫病的病原菌不存在差异，且致病力差异不明显。

苎麻疫霉的菌丝无色无隔，孢囊梗无色，单生或呈假轴状分枝，大小为25.0～130.0μm×2.0～3.0μm。游动孢子囊初期无色，成熟后无色或淡黄色，卵圆形或近球形，大小为26.4～88.0μm×13.2～59.4μm，顶端有一个明显的半球形乳头状突起，偶尔2个，具脱落性，孢囊柄短，遇水后释放游动孢子。游动孢子肾脏形，侧生2根鞭毛。静止孢子球形或近球形，直径8.0～12.0μm。藏卵器球形，光滑，初无色，成熟后黄褐色，直径19.0～42.9μm。同宗配合，雄器绝大多数围生，少数侧生，椭圆或近圆形，大小为14.8～18.3μm×14.6～16.5μm。卵孢子球形，成熟后黄褐色，直径平均26.2μm。厚垣孢子很少产生（图2、图3）。

苎麻疫霉最适生长温度为25～30℃，最高生长温度35℃，最低生长温度8℃。苎麻疫霉对孔雀绿敏感，当孔雀绿浓度为0.5μg/ml时苎麻疫霉菌开始有微弱生长，当孔雀绿浓度为1.0μg/ml时苎麻疫霉菌菌丝生长被完全抑制。棉铃疫病菌株对棉花的致病力最强，无论接种棉铃、棉苗，无伤或有伤均能侵染。对苎麻和构树叶有伤或无伤也能侵染，但病斑扩展速度很慢。有伤能侵染苹果、梨、香蕉、茄子、山楂、辣椒等果实和胡萝卜块根，而对马铃薯块茎有伤或无伤均不能侵染。

该病原菌寄主范围广，还能侵害黄瓜、辣椒、苹果、梨及林木等。

侵染过程与侵染循环　棉苗疫病病原菌可根据不同环境条件以卵孢子和菌丝等菌态在土壤或土壤中的病残体中越冬，环境条件适合时，菌丝和卵孢子均可发育产生游动孢子囊。卵孢子首先萌发成菌丝，继而产生游动孢子囊，游动孢子囊释放出游动孢子侵染棉苗。夏季高温，病菌产生卵孢子、孢子囊及菌丝在土壤中越夏。棉花生长季节，棉花行间空气中经常飘浮着游动孢子囊，可以落到棉铃表面，只要水量充足，游动孢子囊释放出游动孢子，侵染棉铃造成棉铃疫病。病铃上产生游动孢子囊随气流扩散至其他棉铃上，形成再侵染，扩散危害新的棉铃。棉花收获结束后，残留在植株上或掉落在土壤中的烂铃和病残株内含有大量病原菌，如不及时清理，即可在土壤中越冬，翌年温湿度适宜的情况下，成为棉苗疫病的初侵染源（图4）。

流行规律　病原菌在土壤中能够长期存活，以卵孢子和菌丝在土壤中或病残体中越冬。多雨高湿是该病的重要发病条件，特别是5月的降雨量多少对棉苗疫病发生轻重起决定性作用。凡雨水多的年份，发病就重，雨后几天是发病的主要时期。套作棉田、水边棉田田间湿度大，疫病发生较重。温度也是影响其发生的一个重要因素，温度15～30℃均可发病。4～5月，若低温多雨、寒流频袭，棉苗疫病即发生快，蔓延广，流行成灾；反之若天旱少雨，西南风多，棉田相对湿度在60%以下时，棉苗疫病发生少，危害轻。因此，

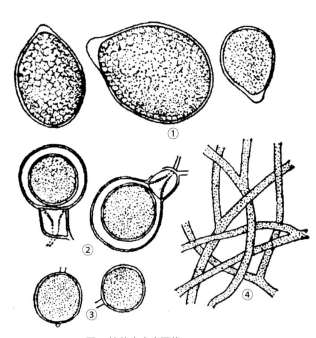

图2　棉苗疫病病原菌（马平提供）
①游动孢子囊；②藏卵器与雄器；③厚垣孢子；④菌丝体

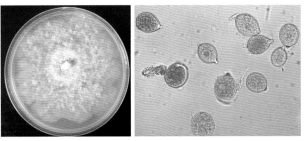

图3　苎麻疫霉培养基培养性状（左）和游动孢子囊（右）
（鹿秀云提供）

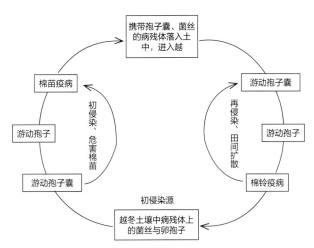

图4　棉苗疫病侵染循环图（马平提供）

在 5 月多雨低温的南方棉区，棉苗疫病发病重于北方棉区。

防治方法

选用优质棉种　高质量的棉种是培育壮苗的基础，质量好的棉种，出苗率高，苗壮苗齐，抵抗病原菌侵染的能力较强。

清洁田园　去除棉田残枝烂铃，严禁将棉田的烂铃、残枝、落叶沤肥；秋冬季深翻土地，将病原菌翻入土壤下层，减少土表层的病原菌数量，对防治棉苗疫病具有一定的作用。

合理灌溉　北方棉区实行冬灌，尽量避免春灌，以免播种时土壤湿度高，温度低，有利于病原菌繁殖却不利于棉苗发育。雨后抓紧中耕，晾墒减湿。平整土地，做好沟畦条灌，沟系配套，棉株生育期小水勤灌，清沟排渍，避免大水漫灌。

栽培措施　提高播种质量，播前平整土地，使土质松软平坦。推荐高畦栽培，高畦栽培能改善通风透光条件，有利于排水减湿，在多雨后能及时排除积水，降低田间湿度，减少病菌滋生和侵染机会。在出苗现行时开始中耕松土，雨后中耕可提高土温降低土湿。多中耕深中耕可使土壤疏松通气，不利于病原菌繁殖而有利于棉苗根系发育，促进棉苗生长，增强抗病力。

间作套种　在不同的种植区域采用不同的间作套种模式。比如在长江流域棉区，采用麦—棉间作套种和麦—棉—瓜间作套种模式，不仅减轻了疫病的发生，同时增加了经济效益。

药剂拌种　采用 80% 三乙膦酸铝可湿性粉剂以种子重量的 0.5% 拌种能够有效预防棉苗疫病。三乙膦酸铝为内吸性杀菌剂，既能通过根部和基部茎叶吸收后向上输导，也能从上部叶片吸收后向基部叶片输导。药剂在植株体内发挥防病作用，离体条件下对病菌的抑制作用很小，其防病原理认为是药剂刺激寄主植物的防御系统而防病。此外三乙膦酸铝有齐苗早，提苗、壮苗的作用，田间死苗率降低。

化学防治　出苗后在子叶展开时即可喷药保护。选用 80% 三乙膦酸铝可湿性粉剂 500～800 倍液、46.1% 氢氧化铜水分散粒剂 800～1000 倍、波尔多液 1:1:200、80% 代森锌可湿性粉剂 200～400 倍液、70% 代森锰锌可湿性粉剂 200～400 倍液、25% 瑞毒霉（甲霜灵）可湿性粉剂 500～700 倍液。

参考文献

陈方新，齐永霞，高智谋，等，2005. 棉铃疫病菌的生物学特性及其遗传研究 [J]. 中国农学通报，21(10): 287-290, 302.

马平，沈崇尧，1994. 棉苗疫菌与棉铃疫菌的关系研究 [J]. 植物保护学报，21: 220, 230.

张辅志，方崇庆，1995. 安徽省沿江棉区棉苗疫病发生、消长规律及其防治研究 [J]. 安徽农业科学，35(1): 67-70.

（撰稿：鹿秀云；审稿：马平）

苗木白绢病　plant southern blight

由齐整小核菌引起的、危害苗木和幼树茎基部和根部的重要病害之一。又名苗木菌核性根腐病。

分布与危害　本病在中国长江流域及其以南地区发生较为普遍，吉林、辽宁、河北、山东、河南、山西、陕西等地也有分布。白绢病的寄主范围很广，至少涉及 70 余科 240 余种植物。在木本植物中，主要有油茶、核桃、乌桕、香榧、樟树、楠木、泡桐、楸树、梓树、梧桐、桉树、结香、马尾松、杉木、苹果、葡萄、柑橘和枇杷等。苗木或幼树受害后，根颈部皮层腐烂，水分和养料输送受阻，以致在当年或几年内整株枯死。

病害主要发生于苗木及幼树接近地表的根颈部。初期皮层出现水渍状褐色斑点，随后病部扩大并开始腐烂，不久长出白色绢丝状的菌丝层且逐渐覆盖整个根颈。潮湿条件下菌丝层可蔓延至病部周围的土表。后期在根颈表面及附近的浅土层中产生许多油菜籽状的小菌核，初为白色，后变乳黄色、黄褐色乃至茶褐色。病株的地上部分先是生长不良，叶片逐渐变黄、凋萎，最终全株枯死。病死苗木较易被拔起，其根部皮层部分或全部腐烂，表面也长出菌丝层及菌核。

病原及特征　病原无性态为真菌类的齐整小核菌（Sclerotium rolfsii Sacc.）。菌丝体白色，疏松或纠结成索状并作放射状扩展。菌核表生，球形或近球形，直径 1～3mm，表面平滑而有光泽，老熟时暗褐色，内部白色。有性态为担子菌门罗耳阿太菌［Athelia rolfsii（Curzi）Tu & Kimbr.］，只在湿热的环境条件下发生。担子形成于分枝菌丝的顶端，棍棒状，9～20μm×5～9μm，顶具 2～4 个小梗，上生担孢子。担孢子无色，梨形、近球形或椭圆形，5～10μm×3.5～6μm。

该菌生长最适温度为 30℃，最低 10℃，最高为 42℃。在 pH1.9～8.4 范围均能生长，但以 pH5.9 最为适宜。光照能促进菌核产生。菌核在土壤中可存活 4～6 年。

侵染过程与侵染循环　病菌主要以菌核在土壤中和病株残体上越冬，翌年土壤温、湿度适宜时菌核萌发产生菌丝体，侵入苗木或幼树的茎基部及根部危害。病菌侵入前通常分泌草酸和果胶酶、纤维素酶等酶类，杀死并消解寄主组织。在高湿高温条件下，植物被害部很快长出大量菌丝体和菌核，菌丝体还可沿土表扩展蔓延到邻近的植株。夏季强降水时，菌核易随地表水流动传播而引起新的侵染。湿热条件下产生的担孢子可随气流传播。此外，调运病苗、灌溉作业、移动带菌泥土等也能传播病害。

在中国长江流域，白绢病一般于 5 月中下旬开始发生，7～8 月气温上升至 30℃ 左右时为盛发期，10 月上中旬病害基本停止。

流行规律　土壤湿度、肥力及理化性质等对病害发生有较大影响。通常在湿度较大的土壤中，病害发生严重。在酸性至中性（pH 5～7）土壤中发病率高，而碱性土壤发病明显减少。土壤有机质丰富的地方病害很少发生，而贫瘠或久未施肥的土壤中，植株长势差而抗病力弱，常发病严重。在黏重板结、通气性差的土壤中，发病率也较高。发病圃地连作，病害则容易流行。

苗木和幼树皆可发病，少数情况下大树也受感染，但以苗木受害较重。苗木染病，往往于当年或翌年死去，随着树龄增大，被害株死亡时间一般推迟。不同树种和品种间存在一定的抗病性差异。植株生长不良、茎基部或根部受到损伤等因素，均有利于病害发生。

防治方法　苗圃地不宜选择在地下水位过高和土壤瘠薄或黏重板结的地方。发病重的圃地，可与玉米等禾本科作物轮作，轮作期限为 4 年以上。林地不要间种大豆、花生、甘薯等易感病作物。

采用土壤暴晒法，即在日照强烈的高温季节，用透明的聚乙烯薄膜覆盖于湿润的土壤上，促使土壤温度升高，以杀死病菌的菌丝体及菌核。整地时深翻土地，也可抑制和减少病菌。

苗木及幼树发病初期，用 1% 硫酸铜液或 45% 代森铵水剂 400 倍液浇灌根部，以防止病害蔓延。或在菌核形成前掘除病株及其周围的土壤，再添加新土和补植健株。在发病迹地上每亩施用生石灰 50kg，可减轻翌年的危害。

加强栽培管理。注意疏沟排水，增施有机肥料，及时松土、除草，以促使苗木和幼树生长健壮，增强抗病能力。

参考文献

刘世骐，1983. 林木病害防治 [M]. 合肥：安徽科学技术出版社：102-104.

（撰稿：林英任；审稿：张星耀）

模式识别受体　pattern-recognition receptors, PRRs

指植物细胞膜上识别微生物相关分子模式（MAMP）并触发植物免疫反应的跨膜蛋白。植物细胞能通过 PRRs 快速而灵敏地检测到病原微生物的入侵。MAMPs 在病原菌中分子结构保守，因此，植物能通过有限的 PRRs 识别更多的微生物。植物 PRRs 对 MAMPs 的识别是植物先天免疫的重要分支。

形成和发展过程　见病原物或微生物相关分子模式中形成和发展过程。在 2000 年，鞭毛蛋白受体 FLS2 作为植物中第一个 PRR 在拟南芥中被鉴定出。虽然水稻中受体蛋白基因 *Xa21* 早在 1995 年被克隆，但是，这个源自西非长药野生稻的 *Xa21* 最初是作为抗病基因被克隆的。在模式植物拟南芥中，FLS2 与鞭毛蛋白以及 CERK1 与几丁质之间的互作已成为研究植物 PRR 介导的免疫信号通路的经典模型。后续研究中多个 PRRs 被鉴定，比如 EFR、CERK1、Cf9 等。随着 BAK1 等蛋白功能的解析，发现 BAK1 作为细胞质膜共受体蛋白，参与到 FLS2、EFR 和 CERK1 等多个受体蛋白介导的免疫信号。而几丁质受体蛋白 CERK1 还需要与 CEBiP 共同完成对几丁质的识别。此外，一些胞内受体互作蛋白也参与了下游免疫信号传递，如 BIK1。这些蛋白与模式识别受体一起组成了免疫受体复合物（PRR complex）来介导 MAMPs 信号的传递。

植物模式识别受体主要类型　植物 PRRs 根据结构可分为两种类型，受体样激酶（receptor-like kinases，RLKs）和受体样蛋白（receptor-like proteins，RLPs）。这两类受体都是跨膜蛋白，RLKs 含有细胞膜外的 MAMP 识别结构域、跨膜结构域和胞内激酶结构域；而 RLPs 只含有胞外的 MAMP 识别结构域和跨膜结构域，缺少胞内激酶结构域。RLPs 通常会与共受体形成一个受体复合物来识别 MAMP。

植物 PRRs 按照胞外识别结构域可分为以下几类：

①含有富亮氨酸重复（leucine-rich repeat，LRR）的 PRRs。具有 LRR 胞外结构域的 PRRs 是植物中分布最广泛的。植物中的细菌鞭毛蛋白受体 FLS2，细菌延伸因子 ET-Tu 受体 EFR 和 RaxX 受体 *Xa21* 等均为 LRR 类型。此外，植物内源分泌小肽 PEP1 的受体 PEPR1 以及一些蛋白类激素和油菜素内酯受体都是 LRR 类型。LRR 结构在生物中广泛参与了蛋白—蛋白的互作。已发现的蛋白类 MAMPs 受体均为 LRR 类型。②含有 LysM 结构域（lysin motif，LysM）的 PRRs。此类受体识别具有糖苷结构的 MAMPs，比如真菌的几丁质和细菌的肽聚糖。结构分析显示，LysM 通过与 N-乙酰葡糖胺基团结合来识别几丁质和肽聚糖。几丁质受体 CERK1 和 CEBiP、拟南芥肽聚糖受体 LYM1/3 等都是具有 LysM 结构域的受体样蛋白激酶。③其他类型的 PRRs。在植物基因组中还发现了其他胞外结构域的 RLKs 或 RLPs，比如含有 lectin 结构域的 PRRs 等。这些受体对 MAMPs 的识别有待进一步研究。

科学意义与应用价值　相对于动物而言，植物基因组中含有大量编码 PRRs 的基因。新型 PRRs 的发掘为作物抗病育种提供了丰富的基因资源。相对 R 蛋白而言，PRRs 介导的免疫反应更为广谱，能够对多数的病原菌生理小种表现出抗性。比如拟南芥中延伸因子受体 EFR 转入到烟草、番茄和水稻中后，显著增强了这些植物对多种细菌病害的抗性。部分 PRRs 已在农业生产中得到广泛应用，比如白叶枯菌抗病基因 *Xa21* 等。

存在问题与发展趋势　植物中的 PRRs 数量远远多于动物，尽管已有一些 PRRs 的功能得到解析，但植物基因组中大部分编码 PRRs 蛋白结构的基因功能仍旧未知，解析这些未知 PRRs 的功能是一个重要的课题。部分 MAMPs 在植物中的受体还不清楚，鉴定这些 MAMPs 的受体也是一项重要而富有挑战的研究工作。对于已鉴定的受体，解析其下游复杂的免疫信号传递网络已成为植物免疫研究的重心。

参考文献

BUIST G, STEEN A, KOK J, et al, 2008. LysM, a widely distributed protein motif for binding to (peptido) glycans[J]. Molecular micobiology, 68: 838-847.

SHIU S, BLEECKER A B, 2001. Plant receptor-like kinase gene family: diversity, function, and signaling[J]. Science's STKE: signal transduction knowledge environment, 113: 1-13.

TORII K U, 2004. Leucine-rich repeat receptor kinases in plants: structure, function, and signal transduction pathways[J]. International review of cytology, 234: 1-46.

ZIPFEL C, 2014. Plant pattern-recognition receptors[J]. Trends in immunology, 35: 345-351.

（撰稿：孙文献、王善之、崔福浩；审稿：刘俊）

牡丹（芍药）根结线虫病 peony root-knot nematodes

由根结线虫引起的、危害牡丹根部的一种病害。

发展简史　植物根结线虫在一百多年前首先在咖啡根部发现，引起根结，被命名为 *Meloidogyne exigua* Goeldi，1887。此后曾出现过一些异名，如 *Heterodera marioni* Goodey 和 *Meloidogyne marioni* 等。1949 年 Chitwood 首创根据会阴花纹鉴别根结线虫的种，并描述了根结线虫属的 4 个最常见和分布广泛的种：南方根结线虫（*Meloidogyne incognita*）、爪哇根结线虫（*Meloidogyne javanica*）、花生根结线虫（*Meloidogyne arenaria*）和北方根结线虫（*Meloidogyne hapla*）。1977 年 Sasscr 和 Triantaphyllou 报道了美国北卡罗来纳州 180 个居群的鉴别寄主试验结果，这 180 个居群是在北美洲、南美洲、非洲、亚洲和欧洲各地采集的，发现上述 4 种根结线虫除了本身的会阴花纹相似外，同一居群的寄主反应也是明显一致的，推进了根结线虫的研究。后来有人对常见根结线虫的雌虫酯酶同工酶进行测定分析，发现每种根结线虫有自己特定的酯酶同工酶酶谱，进一步完善了植物根结线虫的鉴定方法。费玉珍等人在 1990 年首次对中国的牡丹芍药根结线虫进行了鉴定与防治研究，采用形态鉴定方法鉴定牡丹根结线虫为北方根结线虫。2000 年吴玉柱等人在对牡丹根结线虫的鉴定中，采用雌虫会阴花纹特征、雌虫酯酶同工酶酶谱分析和北卡罗来纳州鉴别寄主试验综合鉴定的方法，牡丹根结线虫鉴定为北方根结线虫，从而避免了用一种方法鉴定可能出现的误差。

分布与危害　牡丹根结线虫病是牡丹的重要病害，在北京、山东、南京等牡丹栽培区均有分布，发病率一般在 15%～30%。随着牡丹、芍药种植面积不断扩大，根结线虫病害日益严重，8～9 月经常见到牡丹、芍药地上部植株矮小、凋萎，叶片褐色变枯焦，乃至全株枯死。如 1983 年北京植物园调查被害率为 10%，1987 年已达 20%～30%。根结线虫除了能危害牡丹、芍药、月季、四季海棠、菊花、仙客来、金鱼草、茉莉等，还可危害小车前草、蒲公英、附地菜、紫花地丁、野薄荷、野艾蒿、蟋蟀草、野萝卜、苦荬菜、泥胡菜、地黄、灰绿藜等野生寄主。根结线虫在世界上 35°S 和 40°N 之间的地区广泛危害多种寄主植物，尤以茄科、葫芦科、十字花科等植物受害严重。

植物根结线虫是植物病原线虫中种最多、分布最广、危害最严重的一类线虫。感病植株的须根上产生许多花椒粒大小、近圆形的根结，即虫瘿；病株叶片尖端和叶缘皱缩，黄色，并逐渐向叶中央扩展，最后全叶枯焦、早落。连年发病植株生长衰弱，影响开花，一般花少、花朵小，甚至不开花。病重植株枯萎死亡。北方根结线虫与南方根结线虫两者症状区别是，南方根结线虫引起的根瘤比较大，且瘤表面无小须根（见图）。

病原及特征　牡丹根结线虫为北方根结线虫（*Meloidogyne hapla* Chitwood）。卵椭圆形，无色透明，长 86μm，宽 42μm。二龄幼虫蠕虫形无色透明，头部稍尖细，全长 392μm、宽 16μm。雌虫鸭梨形，无色透明，全长 567μm、宽 340μm。雌虫会阴花纹多为卵圆形，背弓扁平、圆形，线纹平滑，有的线纹向侧面延长形成翼，肛门上端尾区有细小的刻点。

芍药根结线虫为南方根结线虫［*Meloidogyne incognita*（Kofoid et White）Chitwood］。卵长椭圆形，无色透明，长 33μm，宽 12μm。二龄幼虫蠕虫形，细长、无色透明，全长 361μm，宽 13μm。雌虫鸭梨形，无色透明，全长 735μm，宽 285μm。会阴花纹由波浪形的线纹组成，背弓高略呈方形，波浪线纹两侧呈分叉线。

侵染过程与侵染循环　牡丹、芍药根结线虫主要危害营养根，二龄幼虫进入营养根组织细胞内，吸取细胞的营养物质。4 月下旬至 5 月上旬出现根尖膨大，5 月中下旬形成根结。根结初为乳白色，6 月底变褐色，其表面着生许多细短的侧根毛，地上部植株矮小，叶片边缘褪绿变黄，逐渐枯黄，并向叶片中央扩展，致使叶片枯焦脱落。芍药叶片症状与牡丹叶片症状相同，但地下部营养根尖膨大，根冠呈短棒状，形成的根结直径可达 4～6mm，根结上不着生细短的侧根毛。

流行规律　主要侵害牡丹须根，当年新生的营养根。根

芍药根结线虫（祁润身摄）

结线虫在土壤和植物根结组织内存活。幼虫多在 10cm 以下的土层内活动，最适宜其生长的土壤温度为 15～25℃。春季当土温上升后，卵孵化为幼虫，开始侵染寄主根系。在北京，5 月若挖出被侵染的营养根，即可见根上局部开始膨大，到 6～7 月，膨大部分长成似花椒粒大小的典型根结。土壤、肥料、灌溉水都是根结线虫的重要传播媒介。带瘤苗木和植株是根结线虫远距离传播的重要途径。

防治方法

加强检疫　引进苗木和成株时，应仔细检查根部，如发现有根瘤，需及时采取措施，必要时集中销毁。

温水处理　带有根结线虫病的轻病株，可用 49℃ 温水浸根 30 分钟。杀死线虫后再种植。

栽培防治　如轮作、休闲、种植抗病品种、调节播种期、改良土壤、林间清洁等，清除野生寄主。如牡丹园主要清除紫花地丁等野生寄主。

化学防治　化学防治在根结线虫综合防治中占很大比例。10% 益舒宝（ethoprophos）颗粒剂和 3% 米乐尔（isazophos）颗粒剂是当前预防和控制根结线虫病的有效药剂。噻唑磷（isazophos）在国外也很受重视。

生物防治　生防真菌如侧耳属（Pleurotus）、淡紫拟青霉（Paecilomyces lilacinus）、寡孢节丛孢菌（Arthilbotrys oligospora）、灰绿曲霉（Aspergillus glaucus），生防细菌如巴氏杆菌（Pasteuria spp.）、假单胞菌（Pseudomonas chitinolytica）、芽孢杆菌（Bacillus spp.）以及植物源杀虫剂、印棟素都具有不同程度的杀线虫活性。除此之外，还有一些天敌如捕食线虫的螨、弹尾目昆虫等。

参考文献

北京市颐和园管理处，2018.颐和园园林有害生物测报与生态治理 [M].北京：中国农业科学技术出版社.

费玉珍，雷增普，俞思嘉，1990.牡丹、芍药根结线虫种的鉴定及防治初报 [J].北京农业大学学报 (2): 205-208.

吴玉柱，季延平，刘殿，等，2000.牡丹根结线虫的鉴定 [J].森林病虫通讯 (6): 6-7.

俞思佳，张佐双，雷增普，等，1993.北京地区牡丹和芍药主要病害的综合防治 [J].北京林业大学学报 (2): 103-108.

（撰稿：王爽；审稿：李明远）

牡丹白绢病　peony southern blight

由齐整小核菌引起的，一类主要危害牡丹根颈部的真菌病害。

分布与危害　在牡丹种植地均有发生。白绢病通常发生在牡丹的根颈部或茎基部。感病根颈部皮层逐渐变成褐色坏死，严重的皮层腐烂。受害后，影响水分和养分的吸收，以致生长不良，地上部叶片变小变黄，枝梢节间缩短，严重时枝叶凋萎，当病斑节茎一周后会导致全株枯死。在潮湿条件下，受害的根颈表面或近地面土表覆有白色绢丝状菌丝体。后期在菌丝体内形成很多油菜籽状的小菌核，初为白色，后渐变为淡黄色至黄褐色，以后变茶褐色。菌丝逐渐向下延伸

及根部，引起根腐。有些树种叶片也能感病，在病叶片上出现轮纹状褐色病斑，病斑上长出小菌核。

各种感病植物的症状大致相似。病害主要发生在苗木近地面的茎基部。初发生时，病部皮层变褐，逐渐向周围发展，并在病部产生白色绢丝状的菌丝，菌丝作扇开扩展，蔓延至附近的土表上，以后在病苗基部表面或土表的菌丝层上形成油菜籽状的茶褐色菌核。苗木受病后，茎基部及根部皮层腐烂，植株的水分和养分的输送被阻断，叶片变黄枯萎，全株枯死（见图）。

病原及特征　病原为齐整小核菌（Sclerotium rolfsii Sacc.），属小核菌属真菌。不形成无性孢子，菌丝多数无色或浅色，后期形成菌核，菌核似油菜籽，直径 0.5～3mm，初为白色，后变黄色，最后呈褐色。

侵染过程与侵染循环　病菌一般以成熟菌核在土壤、被害杂草或病株残体上越冬。通过雨水进行传播。菌核在土壤中可存活 4～5 年。在适宜的温湿度条件下菌核萌发产生菌丝，侵入植物体。在长江流域，病害一般在 6 月上旬开始发生，7～8 月是病害盛发期，9 月以后基本停止发生。在 18～28℃ 和高湿的条件下，从菌核萌发至新菌核再形成仅需 8～9 天，菌核从形成到成熟约需 9 天。

流行规律　病菌喜高温多湿，生长最适温度为 30～35℃，高于 40℃ 则停止发展。土壤 pH5～7 适于病害发生，在碱性土壤中发病很少。土壤腐殖质丰富，含氮量高，土壤黏重以及比较偏酸的园地，发病率高。

牡丹白绢病症状（伍建榕摄）

防治方法

农业防治　为了预防苗期发病，可用70%五氯硝基苯粉剂处理土壤，每亩地用250g，加干细土5kg，混合均匀后，撒在播种或扦插沟内，然后进行播种或扦插。春秋季树体地上部分出现症状后，将树干基部主根附近土扒开晾晒，可抑制病害的发展。晾根时间从早春3月开始到秋天落叶为止均可进行，雨季来临前可填平树穴防发生不良影响。晾根时还应注意在穴的四周筑土埂，以防水流入穴内。

化学防治　发病初期，在苗圃内可撒施70%五氯硝基苯粉剂于土面，每亩地亦用250g，施药后松土，使药粉均匀混入土中；亦可用50%多菌灵可湿性粉剂500～800倍液，或50%托布津可湿性粉剂500倍液，或1%硫酸铜液，或萎锈灵10mg/L，或氧化萎锈灵25mg/L，浇灌苗根部，可控制病害的蔓延。选用无病苗木。调运苗木时，严格进行检查，剔除病苗，并对健苗进行消毒处理。消毒药剂可用70%甲基托布津或多菌灵800～1000倍液、2%的石灰水、0.5%硫酸铜液浸10～30分钟，然后栽植。也可在45℃温水中浸20～30分钟，以杀死根部病菌。病树治疗。用刀将根颈部病斑彻底刮除，并用抗菌剂401的50倍液或1%硫酸液消毒伤口，再外涂波尔多浆等保护剂，然后覆盖新土。在病株周围挖隔离沟，封锁病区。

参考文献

代玉民，甘欣勇，王海燕，2012.菏泽牡丹主要病害控制技术研究[J].山东林业科技(2): 78-80.

杨瑞先，刘萍，方站民，等，2010牡丹病害研究现状及展望[J].河南农业科学(11): 138-143.

（撰稿：伍建榕、刘丽、姬靖捷、杨蕊；审稿：陈秀虹）

图1　牡丹穿孔病症状（伍建榕摄）

牡丹穿孔病　peony perforation

一种由明二孢属真菌引起的牡丹叶部病害。

分布与危害　在牡丹种植地均有发生。初期叶表面产生紫褐色的小斑，病斑扩大成不规则形褐色斑，后期病斑坏死脱落形成孔洞，一般下部叶片首先发生，再逐渐向上部蔓延。发病初期，叶片正面先出现针尖大小的斑点，以后日益扩大。当达1～2mm时，背面呈现出大小与之相当的斑点，颜色较淡。20天后为4～5mm，1个月后约为10mm，再扩展可达20～30mm。随病斑扩大，有些中间坏死组织脱落成穿孔。病斑多近圆形，也有不规则形的。由于病情发展，几个病斑可连合在一起，形成不规则的大斑。病斑在叶柄上通常为长条状，近菱形，紫红色或紫褐色。叶片上的病斑初现时为黄褐色或紫色，以后变为褐色。大多数有较为明显的同心圆轮纹。病害后期，病叶正面暗褐色，背面灰褐色（图1）。

病原及特征　病原为明二孢属（*Diplodina* sp.），属球壳孢目黑盘孢科真菌（图2）。分生孢子器黑色，分开，埋生，球形，有孔；分生孢子梗简单，细长；分生孢子无色，卵圆形或椭圆形。

侵染过程与侵染循环　在春季溃疡病斑组织内越冬。翌年在桃树开花前后，溢出菌脓，通过风雨和昆虫传播进行

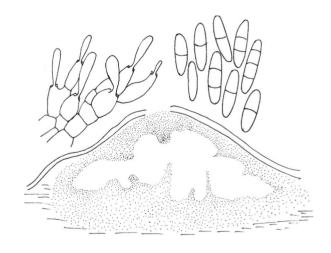

图2　明二孢属真菌（陈秀虹绘）

侵染。

流行规律　该病5月下旬开始发病，7～9三个月的月平均气温在22.3～26.59℃，月平均相对湿度为74%～79%，月平均降雨15天以上，并且每月都有2～4次连续5天以上的阴雨天气，有利于扩大侵染和病害的发展。8月中旬至9月达到发病高峰，严重发病株叶片全部焦枯脱落。

防治方法　植株剪除病枯叶，清除病枯枝，以减少病源。

牡丹休眠期喷洒石硫合剂。

参考文献

陈松，2016. 油用牡丹常见病害与防治 [J]. 山东林业科技，46 (5): 89-93.

周莹，2014. 菏泽市牡丹区温室蔬菜及病害的调查研究 [J]. 农技服务，31 (6): 112.

（撰稿：伍建榕、韩长志、姬靖捷、杨蕊；审稿：陈秀虹）

牡丹干腐病　peony dry rot

由球腔菌引起的，危害牡丹茎干的真菌性病害。

分布与危害　在中国分布于河南、山东、北京、四川、云南、安徽、湖北等地。主要危害茎干，枝干出现湿腐状，露出木质部，后期在腐烂的皮层出现黑色颗粒状物，即病原菌的子囊壳（图 1）。

病原及特征　病原为球腔菌（*Mycosphaerella* sp.），属球腔菌属（图 2）。子囊果为假囊壳，子囊棍棒状或圆形，子囊孢子双胞等大，无色。

图 1 牡丹干腐病症状（伍建榕摄）

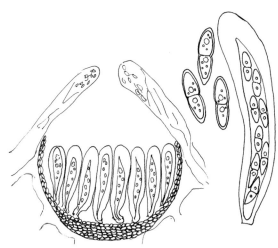

图 2 球腔菌（陈秀虹绘）

侵染过程与侵染循环　病菌以菌丝体、分生孢子器在病株上越冬。翌年初春借风雨传播，从植株伤口或表皮气孔侵入致病。

流行规律　温暖多雨的季节及年份发病较重，园圃低湿或植株长势较差则发病严重。

防治方法

农业防治　搞好田园卫生，秋季清除枯枝集中烧毁，减少侵染来源。冬季晴天修剪病枝并烧毁，修剪后用达克宁杀菌剂涂抹。

化学防治　生长期可喷 50% 多菌灵可湿性粉剂 1000 倍液进行防治。

参考文献

陈秀虹，伍建榕，西南林业大学，2009. 观赏植物病害诊断与治理 [M]. 北京：中国建筑工业出版社.

徐建强，张吕醉，唐慧骥，等，2018. 洛阳市牡丹病害种类及其症状识别 [J]. 中国森林病虫，37 (1): 35-38.

（撰稿：伍建榕、刘丽、竺永金、杨蕊；审稿：陈秀虹）

牡丹根腐病　peony root rot

由蜜环菌引起的，药用牡丹的主要病害。又名牡丹烂根病。

分布与危害　该病分布比较广泛，在牡丹主要种植区时有发生，主要危害根颈部和根部，主根、支根和须根都能发病，尤以老根为重。主根染病初期在根皮上产生不规则黑斑，此后病斑不断扩展，大部分根变黑，向木质部扩展，造成全部根腐烂，植株萎蔫直至枯死。支根和须根染病，病根变黑腐烂，也能扩展到主根。由于根部被害，病株地上部分生长衰弱，叶片变小发黄，蒸发量大时导致植株因失水萎蔫，发病重的植株枯死（图 1）。

病原及特征　病原为蜜环菌［*Armillariella mellea*（Vahl. ex Fr.）Karst.］，属蜜环菌属真菌。担子果丛生，初半球形，菌盖 4～14cm，浅土黄色，边缘有条纹，菌柄多中生，其上有或无菌环（图 2），为深色菌索。蜜环菌的菌索很粗，先为黄褐色扁平，后变黑色扁平，3～5mm 宽，长度不限，有细分枝，在病部常见，较明显。

侵染过程与侵染循环　牡丹根腐病的病原菌会以菌丝与分生孢子的方式在患病位置越冬。病原菌会对牡丹的根部直接侵入或从伤口中侵入，无伤与创伤的牡丹根部都会发病。根部有明显病斑。超过 70% 的牡丹在 5～7 月出现根腐病，超过 10 月上旬后根部未形成新病斑。

流行规律　根腐病与蛴螬危害呈正相关，凡牡丹根部地下害虫危害严重的，根部被咬食为千疮百孔，根腐病亦感染严重。病害的发生与牡丹重茬、土壤酸碱度等因子密切相关，牡丹留园时间越长，感病程度越重。土壤为碱性，牡丹感病重。

防治方法

农业防治　排水轮作。雨季要及时排水，减少田间积水。避免重茬，实行轮作，减少病菌的长期积累危害。采用营养钵育苗移栽，预防根部创伤。

图 1 牡丹根腐病症状（伍建榕摄）

图 2 蜜环菌（菌索和担孢子）（陈秀虹绘）

化学防治　在发病初期，用森活根腐肃治灌根，隔半月连续使用 3 次。发现病株要及时挖除，予以焚烧，病穴用石灰消毒。翻地时进行土壤消毒，每亩撒施辛硫磷或甲基异柳磷颗粒剂 3～5kg，防治地下害虫。药液浸根，栽苗前将苗木根部放入 600～800 倍甲基托布津液中浸泡 2～3 分钟，晾干种植。

参考文献

孙丹萍，刘少华，王朝阳，2019. 油用牡丹病虫害防治研究进展 [J]. 河南林业科技，39 (4): 19-23, 36.

徐建强，张吕醉，唐慧骥，等，2018. 洛阳市牡丹病害种类及其症状识别 [J]. 中国森林病虫，37 (1): 35-38.

（撰稿：伍建榕、韩长志、姬靖捷、杨蕊；审稿：陈秀虹）

牡丹褐斑病　peony brown spot

由黑座尾孢引起的，危害牡丹叶片的一种常见的真菌性病害。

分布与危害　在中国北京、上海、南京、杭州、成都、西安、长沙、贵阳、郑州等地均有发生。危害叶片，初期出现大小不同的苍白色圆形病斑，后期中部逐渐变为黑褐色，正面散生十分细小的黑点，边缘黄褐色。故称褐斑病。受害牡丹叶表面出现大小不同的苍白色斑点，一般直径为 3～7mm 大小的圆斑。一片叶中少时有 1～2 个病斑，多时可达 30 个病斑。病斑中部逐渐变褐色，正面散生十分细小的黑点，放大镜下呈毛状，具数层同心轮纹。相邻病斑合并时形成不规则的大型病斑。叶背面病斑呈暗褐色，发生严重时整个叶面全变为病斑而枯死（图 1）。

病原及特征　病原为黑座尾孢（*Cercospora variicolor* Wint.），属尾孢属真菌（图 2）。分生孢子单生，无色或淡色，针形、线形、圆柱形或窄倒棍棒形，平滑，多隔膜，基部平截至倒圆锥形平截，具明显的孢脐，顶部近钝至尖细。

侵染过程与侵染循环　以病组织中的菌丝体和分生孢子越冬，翌年分生孢子借风雨传播蔓延。

流行规律　5月上中旬开始发病，植株下部的叶片首先发病，产生病斑，随着病斑的逐渐增大，分生孢子再次进行侵染，病菌向植株的上部蔓延，7月以后病斑增多，随着雨季的到来，该病危害进入盛期，8月下旬病叶开始脱落，分生孢子借风雨传播。秋季高温，7～9月降水偏多，种植过密，通风不良，是本病严重危害的因素。一般7～9月发病，台风季节、雨多时病重。

防治方法

农业防治　枯枝落叶集中深埋，不能做堆肥或护根的材料使用。春季初发病时，枯枝及时清除。栽培地注意通风透光，不宜栽培过密，做好园圃清洁工作。

化学防治　发病期可选喷80%代森锌500倍液，或1%波尔多液，或50%氯硝胺1000倍液，或75%百菌清600倍液，每隔10～15天喷1次，共喷2～3次。

参考文献

陈秀虹，伍建榕，西南林业大学，2009.观赏植物病害诊断与治理 [M].北京：中国建筑工业出版社．

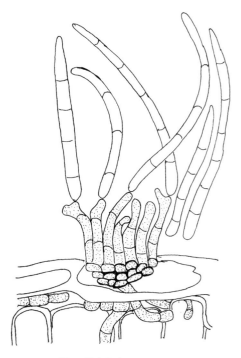

图 2　黑座尾孢（陈秀虹绘）

高智谋，程家高，凌云波，等，2005.牡丹（丹皮）病害的发生规律及其综合防治措施 [J].安徽农业科学 (4): 585-586.

林焕章，张能唐，1999.花卉病虫害防治手册 [M].北京：中国农业出版社．

（撰稿：伍建榕、刘丽、竺永金、杨蕊；审稿：陈秀虹）

图 1　牡丹褐斑病症状（伍建榕摄）

牡丹褐枯病　peony brown blight

由盘多毛孢引起的，危害牡丹叶片的一种真菌性病害。

发展简史　该病原由 Servazzi 于 1938 年命名。

分布与危害　在中国山东、陕西、河北、安徽、河南、四川等地均有发生。叶上病斑椭圆形，中间黄褐色枯斑，病斑有一暗色细线圈，正面病斑上散生小黑点（盘多毛孢），（图1）。

病原及特征　病原为芍药盘多毛孢（*Pestalotia paeoniae* Serv.），属盘多毛孢属真菌。分生孢子盘直径100～180μm，近圆形，点状至双凸镜状，聚生或群生，黑色，初期在寄主的表皮下，后期外露，明显；分生孢子纺锤形，一般弯曲，5胞，在隔膜处不缢缩或微缢缩，大小为15～24μm×7～9μm，中间的细胞琥珀色、长12～16μm，两端的细胞无色，顶端细胞短圆锥形、具2～3（大多3）根长8～16μm的毛，基端细胞短圆锥形，有时矩圆形、柄线形，有时脱落，长2～3μm（图2）。

侵染过程与侵染循环　病菌以菌丝体和分生孢子在病叶上越冬，翌年气候适宜条件下，分生孢子借助风雨传播，进行侵染。多雨潮湿季节发病较多。

图 1　牡丹褐枯病症状（伍建榕摄）

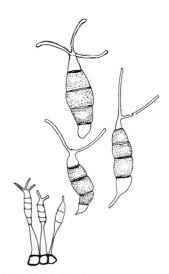

图 2　牡丹盘多毛孢（陈秀虹绘）

流行规律　病菌是弱寄生菌，老弱树易感病。偏施氮肥，树势衰弱，病情加重。温暖多雨或晴雨相间日子多的年份易发病。

防治方法

农业防治　及时清除病叶、老叶以及杂草，带出圃外集中烧毁。在发病初期要及时剪除病叶。发病前用地膜覆盖可减轻病原菌的二次侵染。

化学防治　植株生长初期，可用波尔多液（1∶1∶100）、50% 退菌特 800 倍液、65% 代森锌 500 倍液防治。

参考文献

陈秀虹，伍建榕，西南林业大学，2009. 观赏植物病害诊断与治理 [M]. 北京：中国建筑工业出版社.

何童童，董梦琳，侯小改，等，2014. 牡丹病害防治方法研究进展 [J]. 陕西林业科技，6(6): 72.

（撰稿：伍建榕、刘丽、竺永金、杨蕊；审稿：陈秀虹）

牡丹红斑病　peony erythema

由牡丹枝孢霉引起的，危害牡丹叶片的真菌病害。

分布与危害　红斑病是牡丹、芍药种植上常见的病害，在种植区皆有发生。病菌主要侵染叶片，也可以侵染茎及花。病斑近圆形，紫褐色。病斑逐渐扩大，有淡褐色轮纹，周围为暗褐色。后期病斑红褐色，病部半透明状。叶柄受侵染后，病斑为褐色，有墨绿色绒毛层。茎部染病后，发生稍隆起的病斑。花梗和花冠上病斑为小型的、粉红色斑点（图1）。

图 1　牡丹红斑病症状（伍建榕摄）

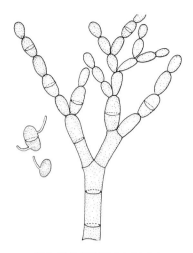

图 2　牡丹枝孢霉（陈秀虹绘）

病原及特征　病原为牡丹枝孢霉（*Cladosporium paeoniae* Pass.），属枝孢属真菌。分生孢子梗丛生，黄褐色。分生孢子纺锤形或卵形，黄褐色（图 2）。

侵染过程与侵染循环　病菌以菌丝体和分生孢子在病叶上越冬。翌春产生分生孢子侵染危害。再次侵染时，下部叶片受害最为严重，开花后逐渐明显和加重。天气潮湿季节扩展快。多雨潮湿季节发病较重。

防治方法

农业防治　枯枝落叶集中深埋，不能做堆肥或护根的材料使用。春季初发病时，枯枝及时清除。栽培地注意通风透光，不宜栽培过密，做好园圃清洁工作。

化学防治　发病期可选喷 80% 代森锌 500 倍液、1% 波尔多液、50% 氯硝胺 1000 倍液，或 75% 百菌清 600 倍液，每隔 10～15 天喷 1 次，共喷 2～3 次。

参考文献

陈秀虹，伍建榕，西南林业大学，2009. 观赏植物病害诊断与治理 [M]. 北京：中国建筑工业出版社．

林焕章，张能唐，1999. 花卉病虫害防治手册 [M]. 北京：中国农业出版社．

杨德翠，2016. 牡丹红斑病抗性鉴定方法研究 [J]. 江苏农业科学，44 (1): 168-170.

杨光，乔利，陈龙，2016. 牡丹红斑病的研究进展 [J]. 天津农业科学，22 (6): 107-109, 115.

（撰稿：伍建榕、刘丽、竺永金、杨蕊；审稿：陈秀虹）

牡丹花蕾枯病　peony bud blight

由曲霉引起牡丹花蕾枯萎及花腐烂的真菌性病害。

分布与危害　在中国分布于江苏、浙江、上海、福建、江西、安徽、四川、河南等地。花心和花瓣受侵染后产生变色小斑，后逐渐扩大并产生小黑点，最终花蕾不能开放，变黑干枯（图 1）。

病原及特征　主要病原为曲霉（*Aspergillus* sp.），属曲霉属真菌，分生孢子串生于小梗顶端，作辐射状排列或丛集呈柱状（图 2 ①）；另外，还有赤点霉（*Phodosticta* sp.）和暗色孢科的线孢霉某种（*Hadronema* sp.）也可与之混合侵染花蕾和花朵（图 2 ②③）。

侵染过程与侵染循环　病菌以孢子在病组织中越冬，翌年气候适宜，借助风雨进行传播侵染。在高温、高湿条件下发病严重，主要发病时期在每年 7～9 月。

防治方法

农业防治　保持园内卫生，控制排水系统，摘除病蕾并

图 1　牡丹花蕾枯和花腐病症状（伍建榕摄）

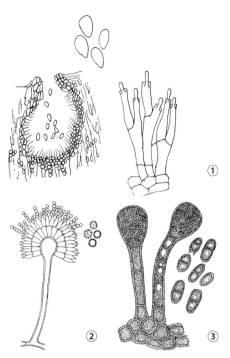

图 2　牡丹花蕾枯病病原（陈秀虹绘）

①赤点霉；②曲霉；③线孢霉某种

烧毁，清除侵染来源。

化学防治　冬季摘除病花蕾后，可喷 50% 多菌灵可湿性粉剂 1000 倍液等杀真菌类药剂保护，并使新蕾不再受害。

参考文献

陈秀虹，伍建榕，2014. 园林植物病害诊断与养护：上册 [M]. 北京：中国建筑工业出版社 .

（撰稿：伍建榕、刘丽、竺永金；审稿：陈秀虹）

牡丹环斑病　peony ring spot

一类主要危害牡丹叶部的病毒性病害。

分布与危害　种植牡丹的地区均有该病发生。牡丹环斑病毒（PRV）在叶片上产生深绿和浅绿相间的同心轮纹圆斑，同时有小的坏死斑，植株不矮化。烟草脆裂病毒亦引起大小不一的环斑或轮斑，有时则呈不规则形（图①②）。而牡丹曲叶病毒引起植株明显矮化，下部枝条细弱扭曲，叶黄化卷曲（图③）。

病原及特征　病原主要为牡丹环斑病毒（peony ringspot virus，PRV）、烟草脆裂病毒（tobacco rattle virus，TRV）。牡丹环斑病毒病毒粒体球状，27nm，难以汁液摩擦接种，可以由蚜虫传播。烟草脆裂病毒病毒粒体有两种，长的为 190nm，短的为 45～115nm。能汁液接种，线虫、菟丝子和牡丹种子都能传毒。另一病原牡丹曲叶病毒（peony leaf curl virus，PLCV）由嫁接传染。

侵染过程与侵染循环　主要由子囊孢子随风雨传播到牡丹叶上引起新的侵染，高温多湿季节发病最多。

流行规律　用病株分株繁殖或作嫁接材料，以及田间蚜虫大量发生时，危害严重。PRV、PLCV 危害芍药、牡丹；TRV 除芍药、牡丹外，还危害风信子、水仙、郁金香等花卉。

防治方法

农业防治　不用病株做繁殖材料。发现病株，应及时清理。及早防治传毒蚜虫。清理周围杂草，减少传染源。建立无病毒母本园，以无病毒植株做繁殖材料。

化学防治　喷洒 7.5% 克毒灵水剂，或 20% 病毒 A 可湿性粉剂 500 倍液，或 5% 菌毒清水剂 200 倍液，效果较好。

牡丹环斑病症状（伍建榕摄）

①②叶片受害状；③植株矮小

参考文献

孙丹萍，刘少华，王朝阳，2019.油用牡丹病虫害防治研究进展 [J].河南林业科技，39 (4): 19-23, 36.

吴玉柱，季延平，刘愍，2006.牡丹的主要病害及其防治研究 [J].西部林业科学 (4): 40-44.

（撰稿：伍建榕、刘丽、姬靖捷、杨蕊；审稿：陈秀虹）

牡丹灰霉病　peony grey mold

由牡丹葡萄孢和灰葡萄孢引起的，严重危害牡丹的主要真菌性病害。

分布与危害　分布于北京、吉林、江苏、浙江、上海、福建、江西、安徽、四川、河南、湖南、湖北等地。牡丹各生长期、各生长部位均可受灰霉病侵染。幼苗期受害，茎基初为暗绿色、水渍状不定形病斑，后变褐色，病部凹陷、腐烂，严重时幼苗倒伏。叶片和叶柄被侵染后，病斑呈圆形褐色并有不规则状的轮纹，病斑多发生在叶尖和叶缘处。感病的花芽通常变黑或花瓣枯萎，在盛花期，花被侵染后则变成褐色腐烂。茎部被危害时，常引起病部腐烂并使茎、枝折断，病茎上可见到环形、表面光滑、黑色的菌核。遇潮湿天气，发病部位均产生灰褐色霉层（图 1）。

病原及特征　有两个病原，一个为牡丹葡萄孢（*Botrytis paeoniae* Oudem.），属葡萄孢属真菌。分生孢子梗直立，浅褐色，有隔膜。分生孢子聚集成头状，卵圆形至近矩圆形；无色至浅褐色，单胞，大小为 9～16μm×6～9μm。菌核黑色（图 2）。另一个为灰葡萄孢（*Botrytis cinerea* Pers. ex Fr.）。子实体从菌丝或者菌核生出；分生孢子倒卵形或椭圆形，无色或微青色；分生孢子梗大小为 280～550μm×12～24μm，丛生，灰色，后转为褐色，其顶端膨大或是尖削，在其上有小的突起。分生孢子球形或卵形，大小为 9～15μm×6.5～10μm。

侵染过程与侵染循环　主要以菌核在病残体和根内越冬。翌年春天菌核萌发，产生分生孢子进行再次侵染。在牡丹整个生育期都可发病，可重复侵染，尤以花后、梅雨季节最为严重。连绵阴雨或多雾更是病重；幼嫩植株容易发病。

流行规律　病菌对温度适应能力强，能够存活于已死的植株组织或其他有机物质中，寄生广泛。在 0～40℃ 均可生存，只要有湿气，病菌便存在。温室内过于潮湿、通风不良、植株表面冷凝水时间长或者盆土排水不良、含水量过高和温室内光照不足、栽植密度过大等都有利于灰霉病菌等真菌产生孢子侵入牡丹植株内。晚上低温高湿、叶面结水滴，也易发生灰霉病。

防治方法

农业防治　加强通风，控制种植密度，合理浇水，降低湿度。浇水应在晴天上午进行，浇水后要放风排湿，阴天也要通风换气。发病初期适当控制浇水，不要过量，防止植株表面结露，同时适当提高夜温，缩短叶片表面结露时间，并及时清除感病组织。

化学防治　牡丹进温室前用百菌清烟熏剂烟熏，定期喷

图 1　牡丹灰霉病症状（伍建榕摄）

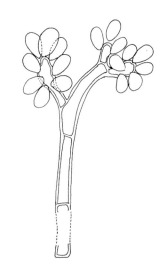

图 2　牡丹葡萄孢（陈秀虹绘）

施杀菌剂，喷雾药液后及时通风。可选用 50% 速克灵 1000 倍液、50% 多菌灵 500 倍液、75% 百菌清 700 倍液或 70% 甲基托布津 800 倍液防治。

参考文献

陈秀虹，伍建榕，西南林业大学，2009.观赏植物病害诊断与治理 [M].北京：中国建筑工业出版社.

林焕章，张能唐，1999.花卉病虫害防治手册 [M].北京：中国农业出版社.

刘烨，陈佩丽，黄娅，等，2012.恩施地区牡丹灰霉病的发生与防治试验研究 [J].现代农业科技 (4): 195.

王建民，庞冉琦，李博，等，2010.温室牡丹病害防治 [J].中国花卉园艺 (12): 30.

（撰稿：伍建榕、刘丽、竺永金、杨蕊；审稿：陈秀虹）

牡丹茎腐病　peony stem rot

由多主瘤梗孢引起的一类主要危害牡丹茎部的真菌性

病害。

分布与危害　主要危害牡丹茎基部，还危害幼芽、叶片和花蕾。茎基受害后，开始出现水渍状褐色病斑，后逐渐扩大、腐烂。幼芽受害后，先出现水渍状斑，后变为褐色，幼芽凋萎。叶片受害后，出现水渍状灰白色至褐色病斑。花蕾受害后，出现褐色病斑而枯死。在湿度大的情况下，发病部位表面产生白色霉状物（图1）。

病原及特征　病原为多主瘤梗孢［*Phymatotrichum omniverum*（Shear）Dugg.］，属多主瘤梗孢属真菌（图2）。分生孢子梗相当短，有膨大的或裂片状的顶部；分生孢子（葡萄状芽孢子）无色，单胞，球形或卵圆形。

侵染过程与侵染循环　其引起的茎腐病主要症状是受侵染主茎呈水渍状，茎干部位长满白色霉层，引起萎蔫和腐烂。该病菌可通过伤口侵入或直接通过表皮侵入植物的幼茎、根部引起病害。

流行规律　土壤黏重、排水不良，茎腐病发生机会多。

防治方法

土壤处理　用40%拌种双或40%五氯硝基苯（如国光三灭），每平方米用药量6～8g撒入播种土拌匀。发病初期若土壤湿度大、黏重、通透差，要及时改良并晾晒，再用药。

化学防治　用30%噁霉灵水剂（如国光三抗）1000倍液或70%敌磺钠可溶粉剂（如国光根灵）800～1000倍液，用药时尽量采用浇灌法，让药液接触到受损的根颈部位，根据病情，可连用2～3次，间隔7～10天。对于根系受损严重的，配合使用促根调节剂，使根系恢复健康。

参考文献

陈秀虹，伍建榕，西南林业大学，2009. 观赏植物病害诊断与治理[M].北京：中国建筑工业出版社.

孙小茹，郭芳，李留振，2017. 观赏植物病害识别与防治[M].北京：中国农业大学出版社.

（撰稿：伍建榕、刘丽、姬靖捷、杨蕊；审稿：陈秀虹）

图1　牡丹茎腐病症状（伍建榕摄）

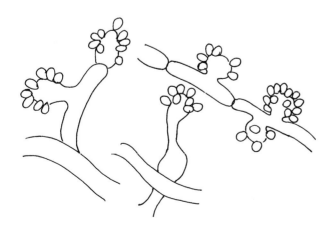

图2　多主瘤梗孢（陈秀虹绘）

牡丹立枯病　peony standing blight

由立枯丝核菌引起的，主要危害牡丹幼苗茎基部的真菌性病害。

分布与危害　分布于南北各地，发生于苗期，寄主广泛。该病主要危害牡丹苗，发病苗木幼茎根颈部一侧呈水浸状的斑块，后绕茎一周，逐渐向内并上下扩展。斑块逐渐变褐色并向内缢缩凹陷，上部叶片萎垂。土壤湿度较大时，根部腐烂较快。发病植株经太阳照射后迅速萎蔫，渐渐倒伏。病处可见白色丝网状菌丝体，后期土壤内可见褐色或黑褐色不规则形的菌核。该病引起茎基部的皮层腐烂，严重的木质部和根部也腐烂，植株易拔起，整个植株出现立枯状（图1）。

图1　牡丹立枯病症状（伍建榕摄）

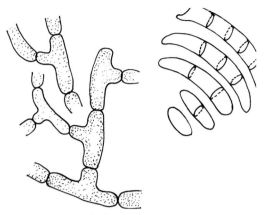

图 2　立枯丝核菌（陈秀虹绘）

病原及特征　病原为立枯丝核菌（*Rhizoctonia solani* Kühn），属丝核菌属真菌。幼嫩菌丝白色，呈丝网状，直角分枝，分枝处稍缢缩，附近有一隔膜；老菌丝黄色或浅黄褐色，壁较厚，聚合成褐色至黑色的土粒状菌核（图 2）。

侵染过程与侵染循环　病菌以菌丝体或菌核在病残体或土壤中越冬，翌年在 2 月底 3 月初发病。

流行规律　4～5 月随着温湿度的升高，逐渐进入发病盛期。病菌可通过土壤传播，圃地土壤较黏重或土壤湿度过大，低洼地带排水性较差地块、光照不足、苗床温度过高，易引发立枯病。

防治方法

农业防治　在同一圃地实行轮作，减少同一苗木连续种植。加强苗木的田间管理，苗木出土后发现病苗应及时拔除，同一病苗部位不再补植。出苗后及时疏松土壤，防止土壤板结，增加土壤透气度，增强苗木自身抵抗病害能力。

化学防治　立枯病发病初期可喷施 40% 嘧霉胺 800 倍液或 70% 普力克 1000 倍液，间隔 4～6 天，连续喷施 2～3 次，防治效果可达到 96% 以上。发病后用 50% 多菌灵 500 倍液或敌力松 500 倍液浇灌根部土壤。采用 65% 立枯灵水剂 80mg 兑水 600～700kg 灌根。

参考文献

陈秀虹，伍建榕，西南林业大学，2009. 观赏植物病害诊断与治理 [M]. 北京：中国建筑工业出版社 .

李代永，1980. 牡丹立枯病的研究 [J]. 植物保护，6(3): 9-11.

徐建强，张吕醉，唐慧骥，等，2018. 洛阳市牡丹病害种类及其症状识别 [J]. 中国森林病虫，37 (1): 35-38.

ANDERSON N A, 1982. The genetics and pathology of *Rhizoctonia solani*[M]. Annual review of phytopathology, 20: 329-347.

（撰稿：伍建榕、刘丽、竺永金、杨蕊；审稿：陈秀虹）

牡丹软腐病　peony soft rot

由黑根霉真菌引起的一种牡丹病害。

分布与危害　该病害在温室大棚中发生较多。软腐病主要危害种芽。种芽切口处受侵染后，病部呈水渍状腐烂，由褐色转变为黑褐色。后期，病部产生灰白色霉状物。种芽在堆藏和加工中，经常被软腐病菌危害。潮湿、通风不良条件下，病害易于发生（图 1）。

病原及特征　病原为黑根霉 [*Rhizopus stolonifer* (Ehrenb. ex Fr.) Vuill.]，属根霉属真菌（图 2）。菌丝无隔膜、有分枝和假根，营养菌丝体上产生匍匐枝，匍匐枝的节间形成特有的假根，从假根处向上丛生直立、不分枝的孢囊梗，顶端膨大形成圆形的孢子囊，囊内产生孢囊孢子。

侵染过程与侵染循环　病菌主要随同病株和病残体在土壤、堆肥、菜窖或留种株上越冬，也可在黄条跳甲等虫体内越冬。借助昆虫、灌溉水及风雨冲溅，从植株伤口侵入，在伤口或细胞间吸收营养，分泌果胶酶分解寄主细胞的中胶层，使寄主细胞离散。由于病菌寄主广泛，可在土中寄居积存。

防治方法

农业防治　土壤消毒。培养土在使用前必须进行消毒，以减少病源。消毒剂可采用复合酚（菌毒敌、农乐），可杀

图 1　牡丹软腐病症状（伍建榕摄）
①病根症状；②芽症状；③病株症状

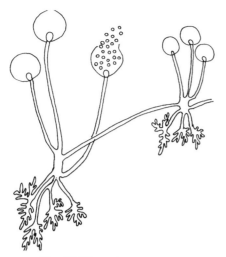

图 2 黑根霉（陈秀虹绘）

牡丹梢枯病症状（伍建榕摄）

灭细菌、霉菌和病毒，对多种寄生虫卵也有杀灭作用。消毒时先将土壤摊开，细眼喷雾至湿润，堆闷一周后再用。常用浓度为 0.2%～0.4%。改善栽培条件，已腐烂的植株迅速拔除烧毁，避免苗盆渍水，也可减少发病率。

化学防治　农用链霉素对细菌、真菌性植物病害有效。在叶牡丹生长期，每隔 2 周喷 1 次，防治效果较好。常用浓度为 50～100μl/L。也可在移苗时用上述浓度浸渍苗木30～60 分钟，同样能收到防治效果。此药在高温下使用，易产生药害，更不能与碱性农药混用。

参考文献

韩长志，左安建，刘云霞，2017. 油用牡丹主要真菌病害的发生与防治综述 [J]. 江苏农业科学 (18): 98-99, 104.

吴玉柱，季延平，刘慇，2006. 牡丹的主要病害及其防治研究 [J]. 西部林业科学 (4): 40-44.

（撰稿：伍建榕、刘丽、姬靖捷、杨蕊；审稿：陈秀虹）

牡丹梢枯病　peony shoot blight

由核盘菌引起的危害牡丹茎部的一种真菌病害。

分布与危害　种植牡丹的地区均有该病发生，可引起多种庭院栽培的牡丹、芍药发生茎腐，偶尔也引起枝条突然萎蔫和腐烂。主要侵染茎叶，危害性严重。病菌在茎的内侧产生大量的黑色菌核（见图）。主要危害牡丹茎基部，还危害幼芽、叶片和花蕾。茎基受害后，开始出现水渍状褐色病斑，后逐渐扩大、腐烂。幼芽受害后，先出现水渍状斑，后变为褐色，幼芽凋萎。叶片受害后，出现水渍状灰白色至褐色病斑。花蕾受害后，出现褐色病斑而枯死。在湿度大的情况下，发病部位表面产生白色霉状物。后期菌丝集结，形成黑色鼠粪状的菌核。

病原及特征　病原为核盘菌［*Sclerotinia sclerotiorum*（Lib.）de Bary］，属核盘菌科核盘菌属真菌。菌核可产生子囊盘，子囊盘淡黄褐色至褐色，生有平行排列的子囊和侧丝；子囊棍棒形或椭圆形，无色；子囊孢子椭圆形、单胞。

侵染过程与侵染循环　病菌在土壤中或病残体上越冬。通过土壤、流水和粪肥传播。菌核在土壤中可存活多年，抗逆能力很强。在适宜的温度和湿度条件下，即萌发侵染危害牡丹植株。

流行规律　低温、湿度大或多雨的早春或晚秋有利于该病发生和流行，菌核形成时间短，数量多。连年种植葫芦科、茄科及十字花科蔬菜的田块、排水不良的低洼地或偏施氮肥或霜害、冻害条件下发病重。

防治方法

农业防治　实行轮作。用无病土栽植，施用充分腐熟的有机肥。发现病株要及时拔除并烧毁，对病株周围的土壤进行消毒。

化学防治　于发病初期喷洒 50% 硫菌灵（托布津）可湿性粉剂 1000 倍液，或 50% 多菌灵可湿性粉剂 600 倍液，或 50% 氯硝胺（阿丽散）可湿性粉剂 800 倍液。每隔 10 天喷 1 次，共喷 2～3 次。

参考文献

陈秀虹，伍建榕，2014. 园林植物病害诊断与养护：上册 [M]. 北京：中国建筑工业出版社.

陈秀虹，伍建榕，西南林业大学，2009. 观赏植物病害诊断与治理 [M]. 北京：中国建筑工业出版社.

李燕，2004. 牡丹常见病害 [J]. 现代园林 (11): 40.

（撰稿：伍建榕、刘丽、姬靖捷；审稿：陈秀虹）

牡丹炭疽病　peony anthracnose

由炭疽菌引起的危害牡丹叶片、花梗、叶柄及嫩枝的一种真菌病害。

分布与危害　分布于美国、日本等国家。中国上海、南京、无锡、郑州、北京和西安等地均有分布。可危害茎、叶、芽和花，以幼嫩组织受害最重。茎部受害产生梭形稍凹陷的浅红褐色溃疡斑，后病斑具有红褐色边缘，中央浅灰色，病茎扭曲；天气潮湿时，出现粉红色小点，为病菌孢子堆，后期病部出现黑色小点，为病菌分生孢子盘。幼茎发病则迅速枯萎（图1）。

病原及特征　病原为盘长孢属真菌（*Gloeosporium* sp.）。分生孢子盘生长在寄主表皮下，具明显刚毛，刚毛褐色；分生孢子梗无色至褐色，分生孢子近椭圆形，单胞，无色（图2）。

侵染过程与侵染循环　病菌以菌丝体在病叶、病茎上越冬，翌年生长期，越冬菌丝便产生分生孢子盘和分生孢子，分生孢子通过雨水或昆虫传播并侵染寄主。高温多雨年份发病严重，一般在每年8～9月。

防治方法

农业防治　秋季和早春彻底清除病茎、病叶残体，集中销毁，减少侵染来源。

化学防治　于5～6月病害发生初期，及时喷洒65%代森锌500倍液，或70%炭疽福美500倍液，或50%苯菌灵可湿性粉剂1500倍液，连续喷洒2～3次，每隔10～15天喷1次。

参考文献

陈秀虹，伍建榕，西南林业大学，2009.观赏植物病害诊断与治理[M].北京：中国建筑工业出版社．

何童童，董梦琳，侯小改，等，2014.牡丹病害防治方法研究进展[J].陕西林业科技，6(6): 72.

（撰稿：伍建榕、刘丽、竺永全、杨蕊；审稿：陈秀虹）

牡丹褪绿叶斑病　peony chlorotic leaf spot

一类由牡丹隐点霉引起的主要危害牡丹叶片的真菌病害。又名牡丹黄斑病。

分布与危害　种植牡丹的地区均有该病发生。病斑从叶尖叶缘向内扩展形成褪绿圆斑或不规则形，斑面褐色，病斑圆形或近圆形，浅黄褐色至黄褐色，边缘紫红色，大小为3～5mm，后期病斑上散生小黑点，即病原菌的分生孢子器（图1）。

病原及特征　病原为牡丹隐点霉（*Cryptostictis paeoniae* Serv.），属隐点霉属真菌。分生孢子器散生，分生孢子两端各有细毛，无子座（图2）。

侵染过程与侵染循环　病原菌以菌丝体或分生孢子器在病部或病落叶残体上越冬，翌年春季产生分生孢子借雨水传播蔓延，植株下部叶片先发病，夏季雨水多利其发病和不断进行再侵染。

图1　牡丹炭疽病症状（伍建榕摄）

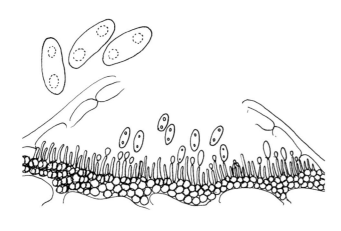

图2　盘长孢属真菌（陈秀虹绘）

图1　牡丹褪绿叶斑病症状（伍建榕摄）

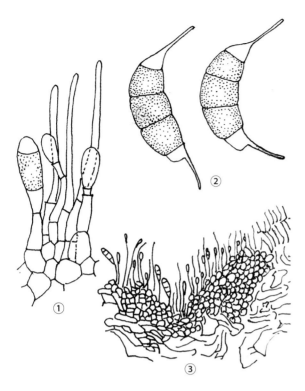

图 2 牡丹隐点霉（陈秀虹绘）

①分生孢子梗；②分生孢子；③分生孢子器

防治方法

农业防治　11月上旬（立冬）前后，将地里的干叶扫净，集中烧掉，以消灭病原菌。

化学防治　发病前（5月）喷洒 1∶1∶160 倍的波尔多液，10～15 天喷 1 次。发病初期，喷洒 500～800 倍的甲基托布津、多菌灵，7～10 天喷 1 次，连续 3～4 次。

参考文献

何童童，董梦琳，侯小改，等，2014. 牡丹病害防治方法研究进展 [J]. 陕西林业科技 (6): 72-75, 79.

刘金涛，2011. 牡丹常见病害及防治 [J]. 现代园艺 (2): 40-41.

徐擎，王瑞鑫，卫玮，等，2012. 牡丹 5 种主要病害的发生及综合防治 [J]. 安徽林业科技，38 (4): 54-55.

（撰稿：伍建榕、刘丽、姬靖捷、杨蕊；审稿：陈秀虹）

牡丹萎蔫病　peony wilt

由黄萎轮枝菌引起的，危害牡丹的一种真菌性病害。

分布与危害　在中国分布于河南、山东、安徽、北京等地。该病引起牡丹根和根颈部溃烂、坏死。开花季节，叶和枝条发生萎蔫。严重时，植株下部叶片变枯萎蔫，上端叶片从下缘处逐步变干变枯，最后全株死亡。茎部导管变褐，被菌丝体阻塞，水和矿物质营养疏导受阻出现枯萎症状（图1）。

病原及特征　病原为黄萎轮枝菌（*Verticillium albo-*

atrum Reinke et Berth.），属轮枝孢属真菌（图2）。分生孢子梗轮枝状，一般有 2～4 层轮生分枝，偶有 7～8 层，老熟分生孢子梗基部呈暗色。分生孢子椭圆形，单胞无色。

侵染过程与侵染循环　病菌在根和根颈部越冬。植株衰弱以及有伤口的情况下，黄萎轮枝菌便趁机而入。发病适宜温度为 25～30℃，7～8 月发病严重。

流行规律　此病一年有 2 个扩展高峰期，即 3～4 月和 8～9 月，春季重于秋季。树势健壮、营养条件好，发病轻微，树势衰弱，缺肥干旱、结果过多、发生冻害及红蜘蛛大发生后，萎蔫病可大发生。

防治方法

农业防治　加强田间管理，保持园圃内湿度适宜，保持田间卫生。发现病株，应立即销毁，并对病穴周围进行消毒处理。适时适量浇水、施肥，氮肥施用要适量，和复合肥、有机肥（农家肥、饼肥）等配合施用，有机肥、磷、钾肥拌和发酵后，冬季穴施，能增强植株抗病性。

化学防治　发病后用 50% 多菌灵 500 倍液或敌可松 500 倍液浇灌根部土壤。

参考文献

陈秀虹，伍建榕，西南林业大学，2009. 观赏植物病害诊断与治理 [M]. 北京：中国建筑工业出版社．

韩金声，1987. 花卉病害防治 [M]. 上海：上海科学技术出版社．

图 1 牡丹萎蔫病症状（伍建榕摄）

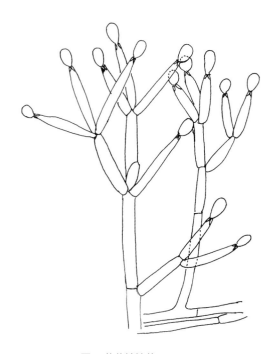

图 2 黄萎轮枝菌（陈秀虹绘）

徐建强，张吕醉，唐慧骥，等，2018，洛阳市牡丹病害种类及其症状识别 [J]. 中国森林病虫，37 (1): 35-38.

（撰稿：伍建榕、刘丽、竺永金、杨蕊；审稿：陈秀虹）

牡丹芽枯病 peony *Nematodes* bud blight

由南方根结线虫引起，主要危害牡丹芽的病害。

分布与危害 牡丹种植地都有该病发生。病害主要危害牡丹的芽，严重影响植物的正常生长。发病初期芽失绿变黄，后期变黑褐色干枯（图1）。与牡丹灰霉病引起的症状相似。

病原及特征 病原为南方根结线虫 [*Meloidogyne incognita* (Kofoid et White) Chitwood]。属根结线虫属。虫体长圆形，幼虫似蚯蚓，无色透明，不易区分雌雄。雌成虫体呈梨形。头部较小，雄虫体形似于幼虫，只是个体大于幼虫。

侵染过程与侵染循环 二龄幼虫是根结线虫侵染危害植物的唯一有效龄期，二龄幼虫由植物根尖侵入（图2），在经过2次蜕皮发育成成虫，雄成虫重回到土壤中，雌成虫产卵繁殖后代，多数根结线虫只进行孤雌生殖。根结线虫主要以卵、卵囊或二龄幼虫随病残体在土壤中越冬，当气温达到10℃以上时，卵就能孵化出幼虫。

流行规律 南方根结线虫在平均温度为17.2℃（14～25.5℃）时，经过44天完成寄生阶段生活史，根结线虫有趋水性和趋化性。在潮湿环境中有利于移动，极端潮湿和干旱都能抑制根结线虫的生存与活动，活动状态的根结线虫对环境的适应能力较差，不耐高温、低温、淹水、干旱、缺氧、高或低 pH 和高渗透压等；未孵化的卵和卵囊中的卵适应恶劣环境的能力较强，以休眠状态存活在土壤中。

防治方法

农业防治 选用无虫土育苗。移栽时剔除带虫苗或将"根瘤"去掉。清除带虫残体，压低虫口密度，带虫根晒干后应烧毁。深翻土壤。将表土翻至25cm以下，可减轻虫害发生。轮作防虫。线虫发生多的田块，改种抗（耐）虫作物如禾本科、葱、蒜、韭菜、辣椒、甘蓝、菜花等或种植水生蔬菜，可减轻线虫的发生。高（低）温抑虫。利用夏季高温休闲季节，起垄灌水覆地膜，密闭棚室两周。利用冬季低温冻垡等可抑制线虫发生。

化学防治 可选用10%克线磷、3%米乐尔、5%益舒宝等颗粒剂，每亩3～5kg均匀撒施后耕翻入土。也可用上述药剂之一，每亩2～4kg在定植行两边开沟施入，或随定植穴施入，亩用药量1～2kg，施药后混土防止根系直接与药剂接触。研究发现阿维菌素对根结线虫有较好的防效。

生物防治 用益微双螯的无线爽底施、丢施或者克线宝拌种、蘸根、浇苗、冲施或者用 JT 复合菌种拌细土苗前撒施后翻地，可有效减轻线虫的发生，且可抑制线虫携带的病菌，改善根部环境。

电防治法 采用物理植保技术可以有效预防植物全生育期病虫害，其中根结线虫病可采用土壤电消毒法或土壤电处

图 1 牡丹芽枯病症状（伍建榕摄）

图 2 南方根结线虫危害根部（陈秀虹摄）

理技术进行防治。根结线虫对电流和电压耐性弱，采用 3DT
系列土壤连作障碍电处理机在土壤中施加 DC30～800V、电
流超过 50A/m² 就可有效杀灭土壤中的根结线虫。

参考文献

关云霄，胡柯，贺春玲，等，2014.牡丹主要病害的田间识别特
征 [J].安徽农业科学 (11): 3265-3267,3270.

孙小茹，郭芳，李留振，2017.观赏植物病害识别与防治 [M].
北京：中国农业大学出版社.

（撰稿：伍建榕、刘丽、姬靖捷；审稿：陈秀虹）

图 2 芍药叶点霉（陈秀虹绘）

牡丹叶尖枯病 peony leaf tip blight

由芍药叶点霉引起的，致使叶片和叶尖发黄枯萎的真菌
性病害。

分布与危害 在中国牡丹种植区均有存在，主要在菏
泽、洛阳、北京、临夏等。主要危害叶片。黑色病斑多为圆
形，病斑在叶尖时，症状为叶尖枯。病症在叶正面，病斑中
心部位内散生针尖大小黑粒状物，一片叶上有多个小黑斑
（图 1）。

病原及特征 病原为芍药叶点霉（*Phyllosticta paeoniae*
Sacc.），属叶点霉属真菌（图 2）。分生孢子器球形，扁球
形，有或无突起，或短喙，孔口小，圆形，周围壁明显加厚，
色深，器壁较薄，多为膜质，黄褐色至深褐色，表生，半埋
生或埋生在寄主组织内。分生孢子椭圆形，初无色，单胞。

侵染过程与侵染循环 病菌以菌丝体、分生孢子器在病
株上或枯枝落叶上及遗落土中的病残体上存活越冬。翌年初
春温度适宜、水分充足时，分生孢子自分生孢子器孔口中大
量涌出，借风雨传播，从植株伤口或表皮气孔侵入即行发病。

流行规律 在温暖多雨的季节及年份发病较重，园圃低
湿或植株长势较差则发病严重。

防治方法

农业防治 秋季清扫枯枝落叶，集中烧毁，减少侵染来
源。通过加强植物检疫，选用无病苗木。实行轮作。培育抗
病品种，预防病害的发生。

化学防治 植株生长初期，可用波尔多液（1∶1∶
100）、50% 退菌特 800 倍液、65% 代森锌 500 倍液防治。

参考文献

陈秀虹，伍建榕，西南林业大学，2009.观赏植物病害诊断与治
理 [M].北京：中国建筑工业出版社.

薛杰，郭霞，马书燕，等，2005.菏泽牡丹主要病害的发生与防
治 [J].林业实用技术 (4): 28-30.

（撰稿：伍建榕、刘丽、竺永金、杨蕊；审稿：陈秀虹）

图 1 牡丹叶尖枯病症状（伍建榕摄）

牡丹叶枯病 peony leaf blight

由加拿大枝双孢霉引起的，主要发生于牡丹叶片及叶鞘
上的一种真菌病害。

分布与危害 2008 年首次在菏泽地区发现，2012 年出
现在洛阳，现在已普遍发生。病斑从叶尖、叶缘向内扩展形
成圆斑或不规则形，斑面红褐色。后期病斑表面有黑色斑点，
潮湿时呈暗绿色绒状物（见图）。牡丹感染柱枝孢叶斑病后，
初期病斑深褐色，后期病斑相连逐渐扩大呈不规则形，导致
叶片枯死，对牡丹叶片光合作用及营养物质合成等生理功能
造成破坏，使牡丹根养分贮藏减少，对当年的花芽长势及翌

牡丹叶枯病症状（伍建榕摄）

年的开花品质产生严重影响。

病原及特征 病原为加拿大柱枝双孢霉（*Cylindrocladium canadense*），属柱枝双孢霉属真菌。分生孢子梗无色，端部呈重复二叉或三叉式分枝，每一分枝顶端有 2～3 个倒棍棒状产孢细胞，单生一个分生孢子，同一孢子梗上的分生孢子常被黏液聚成束状；分生孢子柱状，无色，双胞，大小为 37.8～63.0μm×3.2～4.3μm；典型的分生孢子梗，可从端部向上延伸出一条不产孢的细长枝，其顶端膨大成球形或椭圆形。

侵染过程与侵染循环 在病叶上越冬，翌年在温度适宜时，病菌的孢子借风、雨传播到寄主植物上发生侵染。病原在感病植株越冬，翌年发病。

流行规律 该病在 7～10 月均可发生。植株下部叶片发病重。高温多湿、通风不良均有利于病害的发生。植株生长势弱的发病较严重。

防治方法

农业防治 于秋冬季彻底清除田间的落叶、病枝，地面喷洒石硫合剂或 40% 多菌灵胶悬剂 500 倍液。

化学防治 4 月下旬至 8 月中下旬，每隔 15～20 天，喷施 40% 多菌灵胶悬剂 600 倍液、70% 甲基托布津 800 倍液，或 1∶1∶200 波尔多液，生长后期可适当增加喷施浓度。上述药剂可交替使用，与磷酸二氢钾、黏着剂混合喷施，效果更佳。

参考文献

刘金涛，2011. 牡丹常见病害及防治 [J]. 现代园艺 (2):40-41.

魏景超，1979. 真菌鉴定手册 [M]. 上海：上海科学技术出版社.

（撰稿：伍建榕、刘丽、姬靖捷；审稿：陈秀虹）

牡丹叶霉病 peony leaf mold

由氯头枝孢引起的，危害牡丹的一种重要真菌性病害。

分布与危害 在河南、江苏、浙江、上海、北京、天津、大连、西宁、兰州、昆明等地发病普遍、危害严重。主要危害绿色茎和叶片，也能侵染叶柄、嫩叶。叶片感病，发病初期叶正、背面出现绿色针头状小点。病斑多近圆形，紫红色，有的病斑相连成片，大多数病斑有明显的同心轮纹，最后病斑枯焦。发病后期，在潮湿的气候条件下，叶正、背面均出现灰褐色霉状物，此为病原的分生孢子梗及分生孢子。茎部受害后出现暗紫红色长圆形小点，有些凸起，病斑扩展缓慢，后期病斑长径仅为 3～5mm；病斑中间开裂并下陷，严重时病斑相连成片，潮湿时病部也产生霉层，常导致嫩枝枯死。在受害茎上没有观察到子实体。连年发病严重的植株生长矮小，大多枯焦，不能开花，甚至全株枯死，失去观赏价值（图 1）。

病原及特征 病原为氯头枝孢（*Cladosporium chlorocephalum* Mason & Ellis），属芽枝霉属真菌（图 2）。分生孢子梗暗色，在顶端或中部分枝；分生孢子暗色，在顶端形成。

图 1 牡丹叶霉病症状（伍建榕摄）

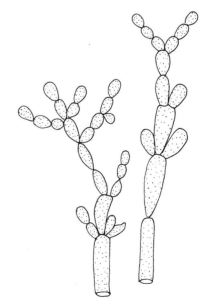

图 2 氯头枝孢（陈秀虹绘）

侵染过程与侵染循环　病菌以菌丝体在病组织上及地面枯枝落叶上越冬。翌年初春温度、水分适宜时，产生分生孢子，从植株伤口侵入。

流行规律　病害在田间一般 5 月开始发生，7～8 月雨量多，空气湿度大，为发病高峰期，9 月病害停止发展。植株生长郁闭，田间高湿，能促进发病。冬季修剪病枝不彻底则翌年发病严重。高温、高湿、通风不良是诱发病害的主要原因。

防治方法

农业防治　加强管理，注意通风透光。及时清除病叶及病枝，集中烧毁。

化学防治　早春植株萌发前喷 3～5 波美度石硫合剂 1 次；展叶后喷洒 50% 多菌灵 3～4 次，每隔 10～15 天 1 次。也可于发病初期喷洒 40% 多菌灵，发病期喷 80% 代森锌500 倍液，或 1% 波尔多液，或 50% 氯硝胺 1000 倍液，或75% 百菌清 600 倍液，每隔 10～15 天喷 1 次，喷 2～3 次。

参考文献

陈秀虹，伍建榕，西南林业大学，2009. 观赏植物病害诊断与治理 [M]. 北京：中国建筑工业出版社 .

王俊杰，苏瑾，2018. 牡丹一种新病害观察与分析 [J]. 甘肃林业科技，43 (1)：45-49.

（撰稿：伍建榕、刘丽、竺永金、杨蕊；审稿：陈秀虹）

牡丹叶圆斑病　peony leaf round spot

由野牡丹壳针孢引起的危害牡丹叶部的一种真菌病害。

分布与危害　该病广泛分布于中国各地，引起叶枯斑。病斑淡褐色至黄白色，最终成淡褐色不规则病斑，上生黑色小点，即病症（见图）。典型症状是在叶尖（修剪切口附近）产生细小的条斑，病斑颜色灰色至褐色。严重时叶片上部褪绿变褐死亡。有时，在老病斑上产生黑色的小粒点。

病原及特征　病原为野牡丹壳针孢 [*Septoria melastomatis* (Shear) Dugg.]，属线壳针孢属真菌。分生孢子器散生，

牡丹叶圆斑病症状（伍建榕摄）

分生孢子细长、无色。

侵染过程与侵染循环　一般在早春和秋末凉爽时发病，病菌的侵染过程需要叶面有水膜时才能完成。孢子随风雨传播，当气温低于 10℃ 时，它可在叶片以休眠状态长期存活。

流行规律　缺肥或施用生长调节剂的易感病。春秋凉爽而多雨的天气有利于病害的猖獗危害。

防治方法　增施有机肥和适时施用化肥，保证土壤有一定的营养水平。谨慎使用生长调节剂。必要时可用代森锰锌或多菌灵、甲基托布津进行喷雾防治。

参考文献

陈松，2016. 油用牡丹常见病害与防治 [J]. 山东林业科技 (46)：89-93.

王建民，庞冉琦，李博，等，2010. 温室牡丹病害的发生与综合防治 [J]. 花木盆景（花卉园艺）(6)：34.

（撰稿：伍建榕、刘丽、姬靖捷、杨蕊；审稿：陈秀虹）

牡丹疫病　peony blight

由恶疫霉引起的，危害牡丹茎、叶、芽的常见真菌性病害。

分布与危害　在山东、安徽、湖北、湖南、四川等地及黄河中下游地区均有分布。主要危害茎、叶、芽。茎部染病初期为长条形水渍状溃疡斑，后变为长达数厘米的黑色斑，病斑中央黑色，向边缘颜色渐浅。近地面幼茎染病，整个枝条变黑枯死。病菌侵染根颈部时，出现颈腐。叶片染病多发生在下部叶片，初呈暗绿色水渍状，后变黑褐色，叶片垂萎。该病症状与灰霉病相近，但疫病以黑褐色为主，略呈皮革状，一般看不到霉层，而灰霉病呈灰褐色，长有灰色霉层（见图）。

病原及特征　病原为恶疫霉 [*Phytophthora cactorum* (Leb. et Cohn.) Schröt.]，属恶疫霉属真菌。孢囊梗细长，稍微分枝；孢子囊顶生或侧生，卵圆形，大小为 28～60μm×20～33μm；卵孢子球形，大小为 24～30μm。

侵染过程与侵染循环　病菌以卵孢子、厚垣孢子及菌丝体随病残体留在土中越冬，翌年牡丹生长期遇大雨之后，就能出现一个侵染及发病高峰。

流行规律　连阴雨多、降水量大的年份易发病，雨后高温或湿气滞留发病重。

防治方法

农业防治　选择高燥地块或起垄栽培，防止茎基部淹水，适度浇水，注意排灌结合。配方施肥，增施磷钾肥，提高植株抗病力。田间发现病株及时拔除，收获后清除病残组织，减少翌年菌源。病症明显的病株、病枝要及时清除，集中烧毁，不能用于堆肥。挖除病株时，要连同周围的土壤一起挖除，更换无病土栽植。

化学防治　一般前期在未发病时喷施保护性杀菌剂，如代森锰锌，而后期（7～8 月）雨季来临后或发病后主要喷施内吸性治疗剂或保护兼治疗剂。在防治时常用药剂有58% 甲霜·锰锌可湿性粉剂 500 倍液，或 40% 烯酰·嘧菌

图 1　牡丹枝枯病症状（伍建榕摄）

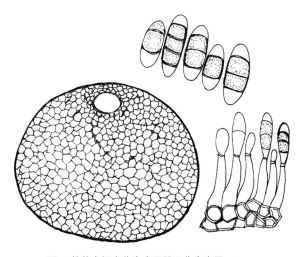

图 2　芍药壳蠕孢分生孢子器及分生孢子（陈秀虹绘）

牡丹疫病症状（伍建榕摄）

酯悬浮剂 800 倍液，或 40% 烯酰·氟啶胺悬浮剂 1000 倍液。

参考文献

陈秀虹，伍建榕，西南林业大学，2009. 观赏植物病害诊断与治理 [M]. 北京：中国建筑工业出版社 .

高智谋，程家高，凌云波，等，2005. 牡丹（丹皮）病害的发生规律及其综合防治措施 [J]. 安徽农业科学 (4): 585-586, 590.

（撰稿：伍建榕、刘丽、竺永金、杨蕊；审稿：陈秀虹）

牡丹枝枯病　peony branch blight

由壳蠕孢引起的，危害牡丹茎条和枝干的常见真菌性病害。

分布与危害　中国牡丹种植区均有分布。主要危害茎条或枝条，病部初期出现黑褐色斑块，随后病斑逐渐扩大成红褐色椭圆形病斑，可环绕枝条或茎，致使病部以上枝干枯死（图 1）。

病原及特征　病原为芍药壳蠕孢（*Hendersonia paeoniae* Allesch.），属壳蠕孢属真菌（图 2）。分生孢子器生于表皮下，分生孢子棍棒状，橄榄色，有隔膜 2～3 个，大小为 12～16μm×5～6μm，分生孢子梗短。

侵染过程与侵染循环　病菌以菌丝体、分生孢子器在病株或枯枝上存活越冬。翌年初春温度适宜、水分充足时，分生孢子从分生孢子器孔口大量涌出，借风雨传播，从植株伤口或表皮气孔侵入发病。

流行规律　每年的 9～10 月，在牡丹生长后期发病最重，病枝上出现小黑点，埋生或突破表皮，是病菌的分生孢子器。温暖多雨的季节及年份发病较重，严重时，整个枝条枯死，表皮开裂。

防治方法

农业防治　在秋季清扫枯枝集中烧毁，减少侵染来源。修剪后用杀菌剂、石蜡或达克宁涂抹，冬季晴天修剪病枝并烧毁。

化学防治　生长期可喷 50% 多菌灵可湿性粉剂 1000 倍液。

参考文献

陈秀虹，伍建榕，西南林业大学，2009. 观赏植物病害诊断与治

理 [M].北京：中国建筑工业出版社 .

　　徐建强，张吕醉，唐慧骥，等，2018.洛阳市牡丹病害种类及其症状识别 [J].中国森林病虫，37 (1): 35-38.

（撰稿：伍建榕、刘丽、竺永金、杨蕊；审稿：陈秀虹）

牡丹大茎点霉枝枯病　peony *Macrophoma* branch blight

　　由大茎点菌和盾壳霉引起的，危害牡丹茎条和枝干的常见真菌性病害。

　　分布与危害　该病分布比较广泛，在河南洛阳多年生的牡丹多次发现枝枯症状，主要危害茎干或枝条，病部初期出现黑褐色斑块，随后病斑逐渐扩大成红褐色椭圆形病斑，可环绕枝条或茎，致使病斑以上枝干枯死（图 1）。

　　每年的 9～10 月，在牡丹生长后期发病最重，病枝上出现小黑点，埋生或突破表皮，是病菌的分生孢子盘或分生孢子器。严重时，整个枝条枯死，表皮开裂，与牡丹溃疡病症状相似。

　　病原及特征　病原为大茎点霉属的大茎点菌（*Macrophoma* sp.）和盾壳霉（*Coniothyrium* sp.）（图 2），分生孢子器黑色，球形，有孔。分生孢子梗短，简单。分生孢子小，暗色，卵圆形或椭圆形；分生孢子器起初埋入寄主表皮内，后露出表层，黑色，球形，有乳头状突起或无，有孔口。分生孢子梗很短，分生孢子单生于梗的末端如呈椭圆形、卵形，少数双细胞。

　　侵染过程与侵染循环　病菌既能以菌丝体在牡丹茎干内越冬，也能以分生孢子器在病残体上越冬。春季气温回暖时，越冬的菌丝体开始侵染茎干，植株间靠病菌的分生孢子器传播。

　　流行规律　多雨潮湿的天气，利于病原菌的传播和生长。

　　防治方法

　　农业防治　挖出病株，剪除病根，用 1% 硫酸铜进行土壤消毒，重新栽植前用丙线磷等杀虫药剂撒施整土，防治地下害虫；同时施腐熟有机肥，以增强抗病力。发病初期可用甲基托布津、多菌灵 800～1000 倍液灌根，雨后及时排水。施肥要精细，科学化。施入的肥料须经充分发酵腐熟。平时

图 1　牡丹枝枯病症状（伍建榕摄）

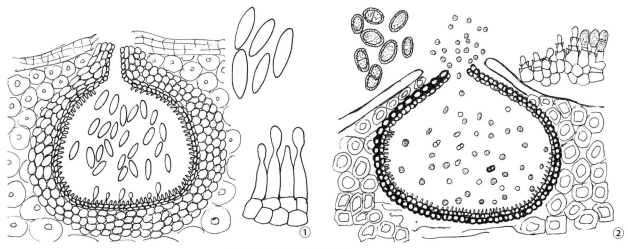

图 2　牡丹枝枯病病原特征（陈秀虹绘）

①大茎点菌；②盾壳霉

要做好地下害虫的防治工作。松土除草时，尽可能减少对植株根部的人为伤害。景点种植的牡丹，应结合冬季修剪工作，有计划地培育新生枝，逐步更替老龄枝条，解决牡丹老化问题。

化学防治　可在天气晴朗时，使用 70% 甲基托布津1000 倍液，或 2% 石灰水，或 1% 硫酸铜液，或 1% 波尔多液，或 5% 菌毒清 100 倍液等防治真菌类的农药，隔周灌浇 1 次，连续防治 2 次。施药液时，在病株根部周围挖数条不同半径的环沟或辐射状条沟，深及见根，用药液进行灌浇，灌浇时可分数次灌浇，让根部充分接受药液消毒后覆上松土。

参考文献

陈秀虹 , 伍建榕 , 西南林业大学 , 2009. 观赏植物病害诊断与治理 [M]. 北京 : 中国建筑工业出版社 .

孙丹萍、刘少华 , 王朝阳 , 2019. 油用牡丹病虫害防治研究进展 [J]. 河南林业科技 , 39(4): 19-23, 36.

（撰稿：伍建榕、刘丽、姬靖捷、杨蕊；审稿：陈秀虹）

木瓜果腐败病　chaenomelis fruit rot

由大茎点霉属真菌引起的木瓜果出现褐色病斑的病害。

分布与危害　各栽培地区均有该病害的发生。木瓜果腐败病是一种果实储藏期的病害。木瓜果实采摘时有伤痕，极易产生病害。病果先有柔软斑，逐渐形成褐色病斑，后期先完全湿腐，接着又完全干腐，最后病果实上密布小黑点状物的子实体（见图）。

病原及特征　病原为大茎点霉属（*Macrophoma* sp.）真菌。其分生孢子器球形或扁球形，暗褐色，大小为 160 ～ 310μm×160 ～ 280μm，埋生，孔口突出；分生孢子卵圆形，单细胞，无色，大小为 15 ～ 25μm×9 ～ 12μm。

侵染过程与侵染循环　病菌于病残体、土壤中越冬，成为翌年的初侵染源，通过伤口接触侵入植物，病原菌借风、雨、气流等为媒介传播扩散。

流行规律　在高温高湿、雨季等条件下，病原菌繁殖、

木瓜果腐败病症状（伍建榕摄）

传播速度快，利于发病。

防治方法　木瓜果是储藏期较长的果实，但若有伤害时不能储藏太长久。减少伤口产生，或将有伤口的果实捡出先食用。

参考文献

陈秀虹 , 伍建榕 , 西南林业大学 , 2009. 观赏植物病害诊断与治理 [M]. 北京 : 中国建筑工业出版社 .

陈秀虹 , 伍建榕 , 2014. 园林植物病害诊断与养护 : 上册 [M]. 北京 : 中国建筑工业出版社 .

（撰稿：伍建榕、韩长志、周嫒婷；审稿：陈秀虹）

木瓜褐腐病　chaenomelis brown rot

由梅果丛梗孢引起的一种真菌性病害，以危害木瓜花、果为主，也侵染叶片和嫩枝。

发展简史　2009 年邵伟对木瓜褐腐病的病原菌进行了鉴定和生物学特性研究，并调查了其发生规律和田间药剂防效。

分布与危害　在湖北、山东、陕西、河南等木瓜种植区有褐腐病发生。褐腐病主要危害花和果实，也危害叶、嫩梢。果实从幼果期至成熟期以至储藏期都能受到危害。生长后期和储藏期受害最重。果实发病初期为褐色近圆形的小病斑，随着病情发展，病斑不断扩大，条件适宜时，病斑很快扩展至整个果面，并逐渐深入果肉，褐色湿腐，使整个果实腐烂。病果失水后成深褐色僵果，常挂在枝头不落。

花瓣及柱头受害时，先发生褐色斑点，后逐渐蔓延至花萼和花梗，花器随即变褐枯萎。空气湿度大时，被侵染的花迅速腐烂，长出霉层。若天气干燥，则凋萎干枯，病花残留枝上不脱落。嫩叶受害变褐枯萎。花梗、叶柄或果实上的病原菌蔓延到新梢，并可进一步扩展到较大的枝条上，形成长圆形溃疡斑，边缘紫褐色，中央稍凹陷呈灰褐色。病斑围绕枝条一周时使枝条枯死。

花、叶感病率通常为 15% ～ 20%，果腐率在 40%，严重时达 60%。在适宜的环境条件下病害发生严重，造成大量的落花、落果，产量损失 40% ～ 60%，甚至绝产。

病原及特征　病原为梅果丛梗孢（*Monilia mumecola* Y. Harada, Y. Sasaki & T. Sano），现名为 *Monilinia mumeicola*（Y. Harada, Y. Sasaki & T. Sano）Sand. -Den. & Crous，属链核盘菌属。无性型为丛梗孢属（*Monilia*），有性型为链核盘菌属（*Monilinia*）。在 PDA 培养基上，菌落灰白色，垫状，边缘裂状。菌丝有隔，多分枝。分生孢子梗较短，分枝，顶端串生分生孢子。分生孢子卵圆形或柠檬形，无色，大小为 14 ～ 18μm×5 ～ 8μm，产孢较少。菌丝生长的最适温度为 25℃，菌丝和分生孢子的致死温度分别为 55℃ 10 分钟和 65℃ 20 分钟。

侵染过程与侵染循环　病原菌在僵果或病枝上越冬。翌春病原菌产生分生孢子，借风雨传播进行初侵染。当幼果形成后，病原菌可通过皮孔、气孔侵入果实，但以伤口侵入为主。20 ～ 25℃，多雨、多雾有利于褐腐病发生。开花期遇雨，

M

气温较低时容易发生花腐。椿象、桃蛀螟等害虫的危害常为病原菌提供侵染的机会。果实膨大期，若遇暴风雨、冰雹等自然灾害，造成果实表面伤口多，也有利于病原菌的侵入而导致发病。

流行规律　在湖北，3月上旬出现花腐和叶腐，3月下旬达到高峰，4月中下旬果腐病严重发生。低海拔处的褐腐病比高海拔处发生稍早。

防治方法

清除病残体　木瓜收获后，结合冬季修剪，剪除病枝、摘除病果、僵果，集中深埋或烧毁，减少越冬菌源。

化学防治　木瓜发芽前，喷1次5波美度石硫合剂。木瓜落花后至果实采收前1个月，喷0.3～0.4波美度的石硫合剂，或喷50%多菌灵600倍、50%甲基托布津800倍液、10%苯醚甲环唑水分散粒剂1500倍液，喷施次数视病情而定。

防虫伤　桃蛀螟是危害木瓜果实的重要害虫，6月中下旬，正当木瓜果实膨大时，雌蛾卵产于果实梗凹和贴缝空隙处，幼虫孵化后咬破果皮蛀入果内。可在幼虫孵化期，喷90%晶体敌百虫1000倍液或杀螟松乳剂1500倍液，每隔7天喷施1次，连喷3次。

参考文献

李娜，朱建光，2010. 木瓜主要病虫害及无公害防治 [J]. 特种经济动植物 (11): 53-54.

邵伟，2009. 木瓜褐腐病的病原学、发生规律及防治技术研究 [D]. 武汉：华中农业大学.

（撰稿：张国珍；审稿：丁万隆）

图1　木瓜毛毡病症状（伍建榕摄）

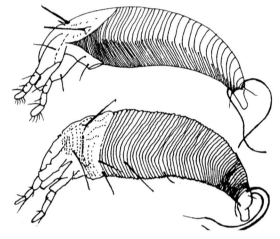

图2　瘿螨（陈秀虹绘）

木瓜毛毡病　chaenomelis felt disease

由瘿螨所致的一种木瓜病害。

分布与危害　各木瓜栽培地区均有该病害的发生。被害部位有许多小红点，半透明状，初以为是细菌侵害，后逐渐形成毛毡病的典型症状，病斑上有许多红色的植物毛，它们是被瘿螨刺激后产生的病状，瘿螨在绒毛丛中隐居（图1）。

病原及特征　病原为瘿螨（*Eriophyes* sp.）（图2）。成螨体极微小，一般肉眼不易见，蠕虫状，狭长，淡黄色至橙黄色，螯肢及须肢各一对，腹部渐细，腹部密生环纹，末端有长毛状伪足1对。卵圆球形，淡黄色，半透明，光滑。若螨似成螨、体略小，体色由灰白、半透明渐变成浅黄色，腹部环纹不明显。

侵染过程与侵染循环　瘿螨以成虫在芽的鳞片内，或在病斑内以及枝条的皮孔内越冬，翌春，嫩芽抽叶时，瘿螨顺便爬到叶上危害、繁殖。

流行规律　在高温干旱条件下，瘿螨繁殖很快，有利于该病发病率达到高峰。

防治方法　预防时喷洒杀螨剂，要抓住嫩芽抽叶期连喷2～3次。杀螨剂可用20%螨卵脂可湿性粉剂1000～2000倍液，或20%哒螨灵可湿性粉剂1500～2500倍液。或在6月幼虫发生盛期喷洒0.3～0.5波美度的石硫合剂。

参考文献

陈秀虹，伍建榕，西南林业大学，2009. 观赏植物病害诊断与治理 [M]. 北京：中国建筑工业出版社.

陈秀虹，伍建榕，2014. 园林植物病害诊断与养护：上册 [M]. 北京：中国建筑工业出版社.

（撰稿：伍建榕、韩长志、周媛婷；审稿：陈秀虹）

木瓜锈病　chaenomelis rust

由亚洲胶锈菌引起的木瓜上的一种重要真菌病害。

发展简史　中国有相关湖北木瓜锈病、安徽宣木瓜锈病的发生和防治的研究报道。因为木瓜锈病的病原菌与梨锈病的病原菌相同，具体发展历史内容可见梨锈病。

分布与危害　在湖北、安徽、山东、四川、江苏、浙江、江西等地的木瓜种植区均有锈病发生。木瓜锈病主要危害叶片、新梢及幼果，以叶片受害最重，最普遍，症状最典型。严重时病叶率达70%～80%，引起早期落叶，造成树势衰退，落花落果较严重；也可危害果实，引起直接落果约为5%。

初期在受害叶面出现枯黄色小点，后扩大成圆形斑，病部组织增厚且向叶背隆起，在隆起处长出灰褐色毛状物，即病原菌的锈孢子器。锈孢子器破裂后散出铁锈色粉末，即锈孢子。后期病斑变黑枯死或脱落。新梢和幼果的症状同叶片，病果病部凹陷呈畸形果或开裂，易落果（见图）。

病原及特征 病原为亚洲胶锈菌（*Gymnosporangium asiaticum* Miyabe ex Yamada），又称梨胶锈菌，属胶锈菌属。病原菌需要在两类不同的寄主上完成其生活史。在木瓜、山楂等寄主植物上产生性孢子器和锈孢子器，圆柏、龙柏等植物是其转主寄主，在其上产生冬孢子角。

病原菌无夏孢子阶段。性孢子器扁烧瓶形，埋生于叶正面病部组织表皮下，孔口外露，大小为 120～170μm×90～120μm。性孢子无色，单胞，纺锤形或椭圆形，大小为 8～12μm×3～3.5μm。锈孢子器丛生于叶片病斑背面或嫩梢、幼果和果梗的肿大病斑上，细圆筒形，长 5～6mm，直径 0.2～0.5mm。锈孢子球形或近圆形，大小为 18～20μm×19～24μm，膜厚 2～3μm，单细胞，橙黄色，表面有瘤状细点。冬孢子角红褐色或咖啡色，圆锥形，初短小，后渐伸长，一般长 2～5mm。冬孢子纺锤形或长椭圆形，双胞，黄褐色，大小为 33～62μm×14～28μm，柄细长，其外表被有胶质，遇水胶化，冬孢子萌发时长出 4 个细胞的担子，每细胞生 1 个小梗，每小梗顶生 1 个担孢子。担孢子卵形，淡黄褐色，单胞，大小为 10～15μm×8～9μm。

冬孢子萌发的温度为 5～30℃，最适温度为 17～20℃。担孢子萌发的适宜温度为 15～23℃。锈孢子萌发的最适温度为 27℃。

侵染过程与侵染循环 病原菌需要在两类不同的寄主植物上完成其生活史，圆柏、龙柏等是其转主寄主。病原菌以菌丝体在圆柏上越冬，翌年 3～4 月产生米粒大小的红褐色冬孢子堆，遇雨后膨大形成一团褐色胶状物，上面的冬孢子萌发产生担孢子，借风传播到木瓜上进行侵染。后在病斑上又产生锈孢子器，散出的锈孢子随风飘落在圆柏上，侵入后在圆柏上越冬。病原菌无夏孢子阶段，不发生再侵染，一年中只在一个短时期内产生担孢子侵染。

流行规律 木瓜锈病发生的轻重与转主寄主、气候条件、品种抗性等密切相关。

在担孢子传播的有效距离（1.5～3.5km）内，一般患病圆柏越多，木瓜锈病发生越重。

病原菌一般只能侵染幼嫩组织。当木瓜幼叶初展时，如遇天气多雨，温度又适合冬孢子萌发，风向和风力均有利于担孢子的传播，则发病重。若冬孢子萌发时，木瓜还没有发芽，

或发芽、展叶时天气干燥，不利于冬孢子萌发，则病害发生均很轻。2～3 月的气温高低，3 月下旬至 4 月下旬的雨水多少，是影响当年木瓜锈病发生轻重的主要因素。

防治方法

农业防治 砍除圆柏等转主寄主是防治木瓜锈病最彻底有效的措施。在木瓜园周围 5km 内不要栽种圆柏，或木瓜园选在远离圆柏的地方，切断病害循环。秋冬时扫除病落叶，剪除圆柏上的冬孢子角并烧毁，以清除菌源，减少侵染来源。

化学防治 在 3 月中下旬将要产生担孢子前，在圆柏上喷施 25% 粉锈宁可湿性粉剂 2500 倍液或 1：1：160 的波尔多液，每 10～15 天喷施 1 次，连续 3～4 次，控制担孢子的产生和传播。发病初期喷 70% 甲基硫菌灵可湿性粉剂 1000 倍液或 25% 粉锈宁可湿性粉剂 1000 倍液，或在木瓜发芽刚现新叶时，喷 20% 三唑酮乳油 2000 倍液。发病严重的可喷施 40% 氟硅唑乳油 9000 倍液，喷 1～2 次。

参考文献

李玉成，覃江文，向兵，等，2014. 资丘木瓜锈病的发生特点与防治 [J]. 中国南方果树，43(2): 107-108.

苏建亚，张立钦，2011. 药用植物保护学 [M]. 北京：中国林业出版社：163-165.

唐良东，2010. 宣木瓜锈病的发生与防治 [J]. 现代农业科技 (8): 193.

（撰稿：张国珍；审稿：丁万隆）

M

木瓜枝枯病 chaenomelis branch blight

由茶藨子葡萄座腔菌引起的木瓜枝条病死的病害。

分布与危害 各木瓜栽培地区均有该病害的发生。木瓜枝枯病多出现在结果树栽培措施不到位，例如结果过多、采果时伤害的枝条太多。其病斑不规则浮肿，周皮组织松软，病健处无明显界线，随着病害的发展，病健处呈水渍状，颜色转为暗褐色，组织坏死，可深达半个直径，当病斑逐渐形成环割时，上部枝干回枯严重，而且迅速死亡。在已死的枝上，可见到针头大小的黑色丘疹状突起（图 1～图 3）。

病原及特征 病原为葡萄座腔菌属的茶藨子葡萄座腔菌［*Botryosphaeria ribis*（Todi）Grossenb et Dugg］。子座散生，初埋生，后突破表皮外露，黑色枕形，内含数个子囊壳，子囊壳球形或近球形，壳壁黑褐色，顶端具乳头状突起，孔口外露；子囊黑褐色倒棒状，内含 8 个子囊孢子。子囊孢子梭形，无色透明，单胞，椭圆形，双列，大小为 16.8～26.4μm×7～10μm。

侵染过程与侵染循环 病菌随病残体在土壤及包装材料等部位越冬，成为翌年的主要初侵染源，通过伤口接触，侵入植物，并在其体内定殖、扩展进而危害，直至表现出症状，病部孢子借气流传播进行再侵染。

流行规律 病菌是一类弱寄生菌，它主要侵染生长不良、树势衰弱了的树木。

防治方法 加强树势的养护，种植无病苗，注意减少或

木瓜锈病症状（丁万隆提供）

图 1　木瓜枝枯病秋季修枝（伍建榕摄）

图 2　木瓜枝枯病修枝后开花（伍建榕摄）

图 3　木瓜枝枯病症状及枝枯修剪（伍建榕摄）

杜绝各种伤口出现，伤口多的枝条应及时修剪掉或截枝。圃地选择也很重要，出圃苗一定要先预防与养护好，做到无病苗才能出圃。当发现木瓜枝枯病时，要在一年一度修剪期，先修掉所有病虫害枝，再次修剪弱枝和徒长枝，然后依据观赏或产量要求修掉多余的枝。切口必须光滑，有斜度，以免

水分滞留，容易感染病害。切口涂保护剂或涂封剂，以防枝枯病再次发生向下回枯。

参考文献

陈秀虹，伍建榕，2014. 园林植物病害诊断与养护：上册 [M]. 北京：中国建筑工业出版社.

（撰稿：伍建榕、韩长志、周嫒婷；审稿：陈秀虹）

木薯棒孢霉叶斑病　cassava *Corynespora* leaf spot

由多主棒孢病菌引起的，危害木薯叶片和茎杆的真菌性病害。

分布与危害　2009 年 7 月和 9 月分别在海南白沙和广西武鸣等地发现该病害，目前已经在海南、广东、广西、云南等多个地区发生。国外尚无该病发生的报道。

病原菌主要侵染叶片，初期形成黄色的小晕圈，随后扩大，同时中央变黑褐色。后期病斑进一步扩大，中央呈白色、纸质化并伴有穿孔现象，边缘黑褐色，周围有明显的黄色晕圈。病斑周围叶脉常变为黑色。发病严重时叶片变黄并提前脱落。田间湿度大时病斑中央会出现霉状物，即病原菌的分生孢子梗和分生孢子（图 1）。

病原及特征　病原为棒孢属的多主棒孢［*Corynespora cassiicola*（Berk. & Curt.）Wei］。在 PDA 平板上，病原菌菌落为圆形，边缘较整齐，中间浅灰色，边缘白色，气生菌丝较旺盛。菌丝有分隔。分生孢子梗直或弯曲，不分枝，单

图 1　木薯棒孢霉叶斑病在田间的发病症状（李博勋摄）

①叶片上最初出现黄色小晕圈；②病斑中央呈黑褐色，外围有明显的黄色晕圈；③后期病斑中央呈白色、纸质化并伴有穿孔现象

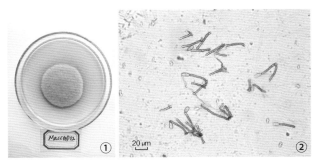

图 2　木薯多主棒孢菌落形态及分生孢子（①李博勋摄；②刘先宝提供）
①棒孢霉叶斑病病原菌菌落图（PDA 培养基平板）；
②病原分生孢子梗与新生分生孢子

生或丛生，白色至浅褐色。分生孢子单生，倒棍棒状或圆柱形，直或略弯，浅橄榄色或褐色。有 4～13 个分隔，顶端钝圆，基部近截形，脐点明显，分隔处一般不缢缩，孢子大小为 19.6～150.3μm×5.5～10.7μm，平均 70.7μm×8.9μm（图 2）。

侵染过程与侵染循环　气候适宜时，病斑上能形成大量的分生孢子，借助风雨传播而使病害扩展和蔓延开来。病原菌能够在老熟茎秆上存活，多在田间病株或残叶上越冬并成为第二年的侵染来源。

流行规律　该病害在木薯的整个生长季节均可发生，田间湿度大时易发病，连续长时间下雨易流行。不同品种间对该病的抗性是不同的。

防治方法　主要是种植抗病品种。在非洲发生比较严重的国家开展了许多抗病品种选育的研究。

参考文献

KUNKEAW S, WORAPONG J, SMITH D R, et al, 2010. An in vitro detached leaf assay for pre-screening resistance to anthracnose disease in cassava (*Manihot esculenta* Crantz) [J]. Australasian plant pathology, 39: 547-550.

OWOLADE OF, 2006. Line x Tester analysis for resistance to cassava anthracnose disease[J]. World journal of agricultural sciences, 2 (1): 109-114.

SANGPUEAK R, PHANSAK P, BUENSANTEAI N, 2017. Morphological and molecular identification of *Colletotrichum* species associated with cassava anthracnose in Thailand[J]. Journal of phytopathology, 7: 1-14. DOI: 10.1111/jph.12669.

William MNM, MBEGA ER, MABAGALA RB, 2012. An outbreak of anthracnose caused by *Colletotrichum gloesporioides* f.sp. *manihotis* in cassava in North Western Tanzania[J]. American journal of plant sciences, 3: 596-598.

（撰稿：李博勋；审稿：黄贵修）

木薯丛枝病　cassava witches' broom

由 16SrⅠ、16SrⅥ、16SrⅩⅤ 和 16SrⅢB 等多组植原体侵染引起，以受害植株呈"扫帚状"为典型症状的木薯植原体病害。主要发生于东南亚和拉丁美洲，是世界范围内木薯种植区的重要病害。

发展简史　1981 年，洛扎诺（J. C. Lozano）等在调查中发现巴西、委内瑞拉、墨西哥和秘鲁等地区出现了一种木薯新病害，并命名为丛枝病。随后，瓦利斯群岛和富图纳群岛（法属）（2004）、古巴（2009）等地区同样发现了该病。2010 年，拉瓦雷斯（E. Álvarez）等发现东南亚的泰国、越南等地同样有该病的发生危害。菲律宾、印度尼西亚、柬埔寨、老挝等地区也有该病的发生报道。

研究者广泛收集来自泰国、越南的病样，采用巢式聚合酶链式反应（Nested-PCR）扩增得到了植原体的核糖体核糖核酸 16S 亚基（16S rRNA）的部分序列，发现来自不同地区的病原分属 16SrⅠ、16SrⅫ、16SrⅫ-ⅩⅤ、16SrⅩⅤ-Ⅵ、16SrⅢ、16SrⅥ 等多组植原体。国际热带农业中心等机构开展了该病的防控技术研究，并在东南亚地区进行示范推广。

分布与危害　该病在越南、柬埔寨、泰国、老挝、菲律宾、印度尼西亚、古巴、巴西、委内瑞拉、墨西哥、秘鲁以及太平洋的瓦利斯群岛和富图纳群岛（法属）等地区普遍发生。中国尚无该病的发生报道，但越南北部邻近中国的安沛是丛枝病重病区之一，该病随时有可能入侵中国的广西、云南等地区。郑文虎于 2011 年在海南万宁采集到木薯丛枝病的疑似病样，并分离到病原的 16S rDNA 部分序列，表明该病随时有可能在海南地区发生危害。

2010 年，丛枝病在东南亚地区普遍发生。越南南部的罗勇（Rayong）、北柳（Chachoengsao）和泰国、柬埔寨、老挝、菲律宾等地区，受害植株呈典型的"扫帚状"，而越南北部的安沛（Yen Bai）等地，病株叶片黄化，植株矮化。越南北部、中南部共 6 万多公顷木薯受害，产量损失在 10%～15%，淀粉含量降低 25%～30%，KM40、KM140 等品种均受侵染。

木薯受害后，叶片出现黄化现象，植株矮化。茎秆上腋芽大量萌发、节间缩短、叶片小且薄、叶序紊乱，整个植株呈"女巫的扫帚"状。带病种茎发芽率低、植株矮小且不能恢复正常生长。苗期染病，结薯小或不结薯，中后期染病，薯块小且干瘪。病株薯根淀粉含量也大为降低。发病茎秆韧皮部及部分木质部变为褐色，发病块根韧皮部变黄褐色（见图）。

病原及特征　木薯丛枝病由 16SrⅠ、16SrⅫ、16SrⅫ-ⅩⅤ、16SrⅩⅤ、16SrⅩⅤ-Ⅵ、16SrⅢ、16SrⅥ 等多组植原体侵染引起。

木薯丛枝病田间症状（时涛提供）
①典型病株呈"扫帚状"；②病叶黄化

侵染过程与侵染循环　病原存在植株韧皮部内。田间植株之间的传播与叶蝉、飞虱等昆虫有关，另外人工嫁接和菟丝子均能感染。

流行规律　病害在木薯园内的蔓延发展存在有明显的发病中心，农事操作和昆虫载体是田间传播的主要途径。病害在不同地区间的传播主要与人为引种带毒种茎有关。不同木薯品种对该病的敏感性是不同的。

防治方法　丛枝病有可能在中国海南、云南、广西等地区发生危害，因此，应采取检疫措施、田间管理和控制传播介体相结合的综合防治措施。

检疫措施　严格实行植物检疫，严禁从病区引进木薯及麻疯树等近源植物种植材料。

田间管理　田间筛选或人工培育抗病（或耐病）木薯品种；种植时应从无病田调运健康种茎，劳作时对农具进行消毒（灼烧或用 5% 的甲醛清洗）；加强田间水肥管理，及时清除杂草，增强植株长势和抗病能力；注意进行田间监控，发现病株后及时进行焚烧（或深埋）处理，同时喷洒四环素或几丁聚糖、氨基寡糖素、三乙膦酸铝和苯丙噻二唑等诱抗剂，提高植株抗病能力。重病田可以和谷物类等作物进行轮作处理。

控制传毒介体　采用氰戊菊酯、敌杀死等药剂控制叶蝉、飞虱等昆虫传播介体。

参考文献

郑文虎，2012. 海南四种植原体病害病原的分子鉴定及长春花相关病害植原体质粒、sec 基因分析 [D]. 海口：海南大学.

ÁLVAREZ E, LLANO G, MEJÍA J F, 2012. Cassava disease in Latin America, Africa and Asia[M]//Howeler, R. The cassava handbook:A reference manual based on the Asian Regional. Cassava training course held in Thailand. Chatuchak, Bangkok, Thailand: Centro international de agricultura tropical (CIAT): 258-304.

LOZANO J C, BELLOTTI A, REYES J A, et al, 1981. Problemas en cultivo de la yuca[M]. Colombia: Centro internacional de agricultura tropical (CIAT): 208.

（撰稿：时涛；审稿：黄贵修）

木薯根腐病　cassava root rot

由多种病原菌侵染引起的，主要危害根系，严重时造成块根腐烂、植株死亡的木薯病害，广泛发生于世界各个木薯种植区，也是中国木薯种植中的重要病害。

发展简史　1985 年，贝尔格（R. L. Theberge）调查发现，由疫霉侵染引起的根腐病是非洲地区常见的木薯病害，随后，拉丁美洲、亚洲等木薯种植区均发现了该病。2010 年，由棕榈疫霉侵染引起的根腐病首次在中国海南儋州发现，随后的调查中发现该病在木薯主栽区普遍发生，已经成为广大种植户最关心的病害。

分布与危害　木薯软腐病通常在雨季频发，特别是非洲中部热带草原潮湿的森林地带严重发生。也是中国木薯重要的新发病害。

疫霉根腐病在拉丁美洲、亚洲和非洲的部分地区普遍发生危害，严重时可造成块根绝收。在印度部分地区，该病成为限制木薯产量的新因素，造成的产量损失高达 50%。在中国海南儋州、白沙、云南保山、德宏、广东湛江、茂名、广西南宁等地区均有该病的发生，其中保山、德宏及儋州等地区部分田块危害严重。主栽品种中华南 205 受害尤为严重，2010 年 11 月在海南儋州的株发病率约 35%，而 2011 年 5 月该品种在云南德宏畹町新开垦山坡地的株发病率超过 80%。

在其他软腐病病原中，镰刀菌属（*Fusarium* spp.）在非洲的各个种植区比较常见，在刚果、尼日利亚和喀麦隆等国危害较重。木质层孔菌（*Fomes lignosus*）在非洲分布较广且危害严重，在拉丁美洲也有发生。匍灿球赤壳菌（*Sphaerostilbe repens*）在中部非洲的刚果、亚洲的马来西亚等国家均有发生报道。

木薯干腐病通常在旱季发生，与软腐病不同的是，干腐病在雨水稀缺的条件下，依然对当地的木薯产业造成严重的危害。一般情况下干腐病在靠近森林地带的木薯种植区经常发生，这主要是因为引起干腐病的多种病原的寄主范围很广，尤其偏好寄生在林木的根颈处。如果木薯园离森林较近，或者种植区前茬作物就是林木，这样就会大大增加感染干腐病的概率。

干腐病菌中，木薯栗褐暗孔菌（*Phaeolus manihotis*）在刚果奎卢河流域的木薯种植区发病率较高。蜜环菌属（*Armillaria* spp.）引起的根腐病是非洲西部、中部和东部木薯种植区中的一种毁灭性病害，严重时产量损失可达 100%。

在中国，幼嫩或成熟的木薯植株均可受棕榈疫霉危害。病原菌侵染根部后，破坏其吸收水分和营养物质的功能。侵染初期植株不表现症状，随着病害的加重，植株地上部分在中午前后光照强、蒸发量大时出现萎蔫，但在夜间或者湿度大时能够恢复。植株上部的嫩叶最先出现萎蔫，病情进一步严重后，萎蔫不能恢复。由于缺少水分和营养物质，病株叶片变黄、脱落，最后全株死亡。病株根系出现腐烂、坏死，块根出现灰白色、灰黑色或黄褐色变色现象，规则或不规则，后期腐烂（图 1、图 2）。

病原及特征　根据发生季节及病原菌的不同，主要分为软腐病和干腐病两类。软腐病主要由疫霉菌（*Phytophthora* spp.）、镰刀菌（*Fusarium* spp.）、腐霉菌（*Pythium* spp.）等病菌侵染引起，常发生在雨季。此外，匍灿球赤壳菌（*Sphaerostilbe repens*）、木质层孔菌（*Fomes lignosus*）、齐整小核菌（*Sclerotium rolfsii* Sacc.）等同样可引起软腐病。木薯栗褐暗孔菌（*Phaeolus manihotis*）、蜜环菌属（*Armillariella*）、褐座坚壳菌 [*Rosellinia necatrix*（Hart.）Berl.] 等担子菌类可引起木薯干腐病，通常在旱季发生。

目前，国际上报道的能够引起木薯根腐病的疫霉菌有槟榔疫霉 [*Phytophthora arecae*（Coleman）Pethybridge]、辣椒疫霉（*Phytophthora capsici* Leon.）、柑橘生疫霉（*Phytophthora citricola* Saw.）、隐地疫霉（*Phytophthora cryptogea* Pethybor. et Laf.）、掘氏疫霉（*Phytophthora drechsleri* Tucker）、红腐疫霉（*phytophthora erythroseptica*）、

图1　木薯块根受根腐病危害症状（黄贵修提供）

新发病植株

重病植株

已枯死植株

病害传播方向

图2　木薯根腐病田间发病中心（时涛提供）

蜜色疫霉（*Phytophthora meadii*）、瓜类疫霉（*Phytophthora melonis* Katsura）、烟草疫霉（*Phytophthora nicotianae* van Breda de Haan）、棕榈疫霉［*Phytophthora palmivora*（Butler）Butler］、热带疫霉（*Phytophthora tropicalis*）、蓖麻疫霉（*Phytophthora richardii* Saw.）、寄生疫霉（*Phytophthora parasitica* Dast.）等。巴西地区引起木薯根软腐病的疫霉菌主要有掘氏疫霉、蓖麻疫霉、寄生疫霉等。而危害中国木薯的疫霉菌为棕榈疫霉。

棕榈疫霉病菌在PDA培养基上菌落呈放射状，边缘清晰，气生菌丝中等，基质菌丝柔韧，不易切断。孢囊梗简单合轴分枝；孢子囊多顶生，倒梨形，大小为29.31～52.82μm×22.33～35.12μm，长宽比1.3～1.5，乳突明显。孢子囊具脱落性，孢囊柄短，1.35～5.02μm。成熟后

释放游动孢子，游动孢子球形，排孢孔宽3.33～8.14μm；藏卵器球形，直径25.42～47.11μm，壁光滑，基部棍棒状；雄器围生，球形、圆筒形或者卵形。卵孢子球形，壁光滑，满器或不满器，直径16.20～28.15μm。厚垣孢子直径为27.94～40.11μm（图3）。

侵染过程与侵染循环　木薯根腐病为土传病害。棕榈疫霉侵染木薯后，产生的游动孢子、卵孢子和厚垣孢子均可再次侵染木薯发病，引起植株萎蔫甚至死亡。田间病土、罹病种茎和病残体均可成为该病的初侵染来源。病害可借雨水、农事操作等进行传播。

流行规律　棕榈疫霉侵染引起的根腐病在发病初期，通常仅个别或部分植株发病，有一个明显的田间发病中心，病害随后向四周扩散。前作是林木的田块，容易发病。地势低洼、排水不良、通风不畅或过度密植等造成田间湿度大的地块，发病重。偏施氮肥使植物徒长或土壤黏重、缺肥使植株生长不良都会降低植株的抗病能力。雨季为该病发生高峰期，台风造成根系或块根受伤情况下尤为严重。地下害虫发生的田块，由于根系被伤害而加重了根腐病的危害。

防治方法　由于木薯的生长周期比较长，土壤、温湿度等条件在生长期内变化较大，当遇到适宜病原菌生长的环境条件时，病害极易暴发。因此，宜采用综合防治的方法对包括棕榈疫霉在内的根腐病进行防治，主要包括种植抗病（或耐病）品种、农业防治、化学防治及生物防治等。

种植抗病（或耐病）品种　田间发病情况调查和室内人工接种结果表明，不同木薯品种对棕榈疫霉的抗性水平是不同的，南植199、桂热891、桂热911、华南8号、华南11号等主栽品种对根腐病抗性较好，可供生产中选用。

农业防治　新开垦的次生林种植地，有条件的情况下最好采用机耕，同时尽可能将树桩和灌木树头清理干净。选择适宜的土壤栽培木薯，配备良好的排水系统并起垄种植，以保持土壤清洁度和干燥度。在病害发生的木薯园，种前施用生石灰进行土壤消毒。建立无病种茎培育基地，选用健康种茎种植，有效从源头上降低病菌的侵染源，是该病综合防治的关键一步。加强田间管理，增施有机肥，缺磷土壤注意增施磷肥，提高植株抗病能力。植株坏死或根腐病株发病率达到3%时要与谷物类作物轮作（轮种间歇期应不少于6个月）。

化学防治　田间发现中心病株后，及时拔除并且撒施生石灰消毒，用农药对周围植株进行灌根处理。杀毒矾（56%代森锰锌·8%噁霜灵可湿性粉剂）、氟吗·乙铝（5%氟吗啉·45%三乙膦酸铝可湿性粉剂）和甲霜·霜霉威（15%甲霜灵·10%霜霉威盐酸盐）等药剂对棕榈疫霉有较好的抑制作用。

生物防治　也可考虑使用绿色木霉等生防菌剂进行防治。

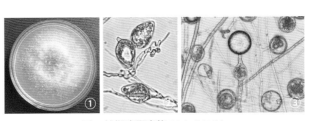

图3　棕榈疫霉病菌（李超萍提供）
①菌落图（PDA）；②孢子囊；③厚垣孢子

参考文献

段春芳，李月仙，刘倩，等，2017. 32 份木薯种质对疫霉根腐病的抗性评价和农艺性状分析 [J]. 植物保护，43(1): 148-152.

郭涵，祝天成，李超萍，等，2013. 由棕榈疫霉引起的木薯根腐病防控药剂的筛选 [J]. 湖北农业科学，52 (11): 2552-2554.

李超萍，时涛，段春芳，等，2015. 木薯疫霉根腐病在我国的发生调查及 59 份种质的抗性评价 [J]. 热带农业科学，35(5): 29-32.

卢昕，李超，裴月令，等，2014. 木薯疫霉根腐病病原初步鉴定及其生物学特性测定 [J]. 热带农业科学，34(8): 59-62, 85.

THEBERGE R L, 1985. Common Africa pests and diseases of cassava, yam, sweet potato and cocoyam[M]. Ibadan, Nigeria. : IITA.

（撰稿：时涛；审稿：黄贵修）

木薯褐斑病　cassava brown leaf spot

由亨宁氏钉孢引起的、危害木薯叶片的一种真菌病害。是世界木薯种植区广泛发生的病害之一。

发展简史　最早于 1885 年在非洲东部发现，1904 年在印度发现，菲律宾 1918 年报道。随着世界贸易的发展，20 世纪 70 年代后该病在亚洲、北美洲、非洲及拉丁美洲等木薯种植国都有发生，相继在巴西、巴拿马、哥伦比亚和加纳等国家出现，发病也越来越严重。1970 年左右加纳几乎所有的木薯都感染此病。中国海南、广东、广西、云南等木薯产区均有该病的发生。

分布与危害　褐斑病是一种世界性病害，在印度、菲律宾、巴西、巴拿马、哥伦比亚、加纳等国普遍发生危害。在中国的海南、云南、广东和广西等地均有褐斑病的发生危害，部分地区危害严重。主要危害完全展开的叶片，造成植株提前落叶，削弱长势并影响产量。木薯植株发病后，下部和中部叶片大量脱落，严重时仅剩上部的数轮叶片。2008 年 8 月在对海南儋州地区华南 8 号的木薯田调查中发现，雨季情况下，田间木薯植株下部和中部的叶片上出现大量褐色病斑，叶片黄化脱落，部分植株只剩上部 3～4 轮叶片。

病原菌最初危害植株的下层叶片，随后向植株高处和四周扩散。叶片受侵染后，发病初期为水渍状病斑，墨绿色，近圆形或不规则形，随后扩大变成灰褐色。典型成熟病斑的正反两面均为褐色，近圆形或不规则形，病斑中央色泽较深并有同心轮纹，边缘黑褐色，病斑周围的叶脉常出现轻微变色（通常为黑色）。病斑有时扩展并汇合成不规则大斑块。发病后期病斑中央破裂，穿孔，潮湿时，叶片卜表皮病斑上有灰橄榄色的粉状物，是病原菌子实体及分生孢子。发病叶片最终黄化、干枯并提前脱落。

在田间，褐斑病常和炭疽病、棒孢霉叶斑病等真菌病害混合发生，而且症状比较类似。主要有以下方面的区别：木薯褐斑病典型病斑为直径 4～10mm 的褐色圆形病斑，病斑最初为水渍状，病斑边缘及中央色泽较深并有同心轮纹，有时病斑扩展后汇合成不规则大斑块，后期病斑褐色中央破裂、穿孔。炭疽病病斑中央浅褐色，边缘褐色，通常从叶片边缘向周围扩展，叶片易扭曲、干枯，部分或者全部坏死，潮湿

时病斑中心常出现粉红色孢子堆。棒孢霉叶斑病病斑最初为黄色晕圈，随后向四周扩展，成熟病斑中央白色并且纸质化，边缘黑褐色，周围有黄色的晕圈。离蠕孢叶斑病病斑为枯黄色，中央色泽较深并有同心轮纹，病斑边缘黑色或棕黄色（图 1）。

病原及特征　病原为钉孢属（*Passalora*）的亨宁氏钉孢 [*Passalora henningsii*（Allesch.）R. F. Castaneda & U. Braum]。早期由 Allesch 于 1895 年首次命名为亨宁氏尾孢（*Cercospora henningsii*），1976 年 Deighton 根据分生孢子宽的特点，将病原组合到亨宁氏短胖孢 [*Cerocsporidium henningsii*（Allesch）Deighton]，1989 年，Castaneda 和 Braum 重新定名为亨宁氏钉孢 [*Passalora henningsii*（Allesch.）R. F. Castaneda & U. Braum]。有性态是球腔菌属（*Mycosphaerella*）。

亨宁氏钉孢的子座生在叶片表皮下，近球形，褐色，直径 18～50μm。分生孢子梗紧密簇生，浅灰褐色，成簇时色泽较深，均匀，直立至弯曲，不分枝，0～2 个屈膝状折点，顶部圆锥形，0～1 个隔膜，不明显，大小为 16.5～57.5μm×3.5～6.0μm，孢痕疤明显加厚。人工诱导条件下能够形成和田间一致的大型分生孢子，圆柱形，直立或稍弯曲，顶部钝圆，基部钝圆或倒圆锥形，新生分生孢子浅灰色，成熟分生孢子浅灰褐色。2～9 个隔膜，大小为 20～80μm×5～7μm，基脐明显。小型分生孢子通过出芽生殖或大孢子的断裂产生，圆柱形，无隔膜，大小为 8～19μm×3～7μm（图 2、图 3）。

图 1　木薯褐斑病发病症状（①裴月令提供；②时涛提供）
①初期的墨绿色病斑和褐色老病斑；②重病田症状

木薯褐斑病菌近似于专性寄生菌，在人工培养基上不易分离培养而且生长缓慢。在人工培养基（PDA）平板上生长缓慢（培养 30 天菌落直径小于 20 mm），菌落形状不规则，边缘菌丝光滑，表面灰黑色、不规则隆起，气生菌丝致密。菌株生长最适条件为：胡萝卜培养基、26℃ 或 24℃、pH 6.0 或 pH 5.0、连续黑暗、碳源为 D- 葡萄糖或 D- 甘露醇、氮源为胰蛋白胨。病原菌大型分生孢子的最适萌发温度为 26℃ 或 28℃，致死温度为 60℃ 10 分钟。

侵染过程与侵染循环　分生孢子接触木薯叶片后，9 小时开始萌发并产生 1～2 个芽管，芽管直接穿透叶背表皮，侵入到叶片组织中，不形成附着胞。木薯叶片背面的主要特征是有乳头状突起。亨宁氏钉孢的芽管自叶片背面乳头状突起之间的光滑区域侵入，并不侵入乳头状突起，芽管也不侵入气孔，芽管延伸时会绕过张开的气孔。接种后 9 天开始出现症状，先在叶片背面出现黑绿色斑点，2 天后叶片正面也出现斑点。随后斑点增大，并变褐色。接种 13 天后病斑加大至 15mm×10mm，不规则形，外围变黑。接种后 21 天，病斑中心变灰色，易碎，后开裂。接种后 11 天开始出现分生孢子。单个或 2～5 个分生孢子自气孔中伸出，从开裂的表皮中也能伸出多个分生孢子。分生孢子还可以从叶片表面的其他部位释放，包括叶片的光滑区域或通过乳头状突起释放出来。接种后 21 天，还可见分生孢子自叶脉上出现。分生孢子可从叶面及叶背伸出，但叶背的分生孢子量更多。在

图 2 木薯褐斑病病原菌菌落（PDA培养基平板，左为正面，右为反面）
（裴月令提供）

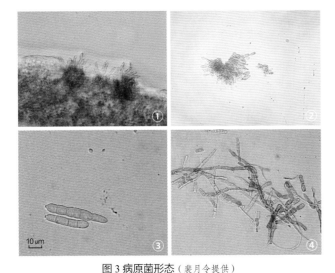

图 3 病原菌形态（裴月令提供）
①病原菌的子座；②分生孢子梗和新生的分生孢子；③大型分生孢子；
④大型分生孢子断裂形成小型分生孢子

自然发病的叶片及人工接种的叶片上均可出现大量的分生孢子。

每个分生孢子自短胖的具有肿胀基部的分生孢子梗上生出，在开裂的表皮出现的分生孢子梗可在叶片表面看到具有肿胀的基部。然而，如果分生孢子自气孔伸出，则只看到分生孢子梗的顶端。幼嫩分生孢子梗的特征是顶端圆形，而释放了分生孢子的分生孢子梗顶端变平。尽管木薯叶片上气孔是张开的，但分生孢子仅在气孔旁边释放而不从气孔中产生。

田间条件适宜时，病斑上能产生大量分生孢子，借助风雨进行传播。在适宜的湿度条件下，分生孢子萌发，长出芽管，然后通过细胞间的空隙入侵到叶片组织中。当病斑成熟后，产生分生孢子，借助风雨再传播到其他叶片上，构成循环侵染。每年以高温、高湿季节发病最为严重，因为此时病原菌只需 12 小时就能侵入到叶片组织中。病原菌常在田间木薯病残体上越冬，成为翌年的侵染来源。

流行规律　高温有利于褐斑病的发生，湿度大时病害发生更为严重。木薯生长中后期容易发病，特别是种植 5 个月以后发病尤为严重。

防治方法

农业防治　加宽株距可直接降低田间湿度，削弱病原菌侵染力，减轻病害发生情况。平衡施肥能起到减轻病害作用。搞好田园卫生，收集并烧毁病叶可减少田间菌源，减轻病害发作。不同木薯品种对木薯褐斑病的抗性不同，而且症状表现也不完全相同，因此，种植抗病品种才是最经济有效的办法。

化学防治　用化学防治方法也能达到一定效果，注意加强田间病害监测，特别是在病害易发生季节，把握病害防治时机。常用的有效药剂主要有 50% 多菌灵粉剂、25% 咪鲜胺乳油、3% 中生菌素水剂和 25% 丙环唑乳油等。1984 年，Teri-JM 等人的试验表明，喷与不喷苯菌灵产量差异显著，不喷苯菌灵的木薯减产 27%～30%。抗病品种喷与不喷苯菌灵防治对产量无影响，但感病品种不喷苯菌灵会显著减产。由此看来，药剂起到杀死病菌作用，减少病原菌危害，对寄主则无危害。用 0.1% 的多菌灵或 0.1% 的托布津均能有效减轻病害发作。用氧化铜和氢氧化铜的矿物油混合物，每公顷施 12 L 可有效控制病情。

木薯种质对褐斑病的抗性　木薯苗期抗病性强，随着生育期进程的发展，木薯对木薯褐斑病的抗性也逐渐减弱。而且植株上老叶的病斑明显比嫩叶的大且多。1933 年，I. Ciferri 等认为在自然接种条件下，嫩叶对木薯褐斑病具有抗性及免疫能力，且从嫩叶中分离到的未经处理的花色武溶液能抑制孢子萌发。1980 年 J. M. Teri 等对木薯栽培种和杂交种进行抗性鉴定发现，5 个栽培种中有 2 个品种表现抗病，2 个表现感病，1 个表现耐病；5 个杂交种中 2 个品种表现抗病，3 个表现感病。1988 年 K. Manuel 等对 98 个木薯品种品系进行抗性鉴定中，有 28 个品种品系表现抗病，16 个品种品系表现感病，其余为中感。2009 年裴月令对 598 份木薯种质进行田间抗病性调查，其中病级为 0 级的种质只有 6 份，占所有种质的 1%，大部分种质均表现出一定的感病性，说明中国种植的大部分木薯品种都不具有对褐斑病的抗性。

参考文献

李超萍，时涛，刘先宝，等，2011. 国内木薯病害普查及细菌性枯萎病安全性评估 [J]. 热带作物学报，32(1): 116-121.

裴月令，时涛，李超萍，等，2013. 木薯褐斑病病原鉴定及其生物学特性研究 [J]. 热带作物学报，34(5): 927-934.

AYESU-OFFEI EN, ANTWI-BOASIAKO C, 1996. Production of microconidia by *Cercospora henningsii* Allesch, cause of brown leaf spot of cassava (*Manihot esculenta* Crantz) and tree cassava(*Manihot glaziovii* Muell.-Arg[J]. Annals of botany, 78: 653-657.

JAMESON J D, 1970.Agriculture in Uganda[M].2nd ed. Oxford: Oxford University Press: 116-276.

MANUEL K PALOMAR, MARIO A MARTINEZ, 1988. Reaction of cassava plants to brown leaf spot infection[J]. Annals of tropical research, 10(1): 1-8.

（撰稿：王国芬；审稿：黄贵修）

木薯褐条病　cassava brown streak

由木薯褐条病毒和乌干达木薯褐条病毒两个株系引起的，以较小的叶脉边缘形成羽状黄化或叶脉之间形成黄色斑块为典型症状的病毒性病害。主要在非洲东部地区流行，是非洲木薯种植区最重要的病害之一。

发展简史　木薯褐条病是自木薯传播到非洲地区之后出现的新病害，距今不足 100 年。1936 年，斯托里（H. H Storey）首次报道了该病在坦桑尼亚东北部沿海地区（当时称为坦噶尼喀）发生。1937 年，和平研究站（Amani research station）即开始了该病的抗病品种培育工作。1950 年，尼科尔斯（F. W. Nichols R.）调查发现该病已经从坦桑尼亚、肯尼亚东北部等东非沿海地区扩散至莫桑比克、乌干达和马拉维北部等海拔 1000m 以下的低地地区，分析该病的扩散与和平研究站提供的种茎带有病毒相关。2004 年，阿里蔡（T. Alicai）等发现褐条病在乌干达的发生范围扩大到海拔 1000m 以上的地区。随后，该病在布隆迪、卢旺达、南苏丹、刚果（金）等国家均有发生报道。

1936 年，司涛瑞（H. H. Storey）发现该病可通过种茎的嫁接传播，分析其由病毒侵染引起；1959 年，李斯特（R. M. Lister）证明该病病原可通过机械接种侵染矮牵牛、曼陀罗、烟草等指示植物。1976 年，博克（K. R. Bock）和加斯里（E. J. Guthrie）发现通过汁液接种，病原侵染克利夫兰烟草（*Nicotiana clevelandu*）后可产生两种不同的症状，分析该病毒有两个株系。1994 年博克（K. R. Bock）采用电子显微镜观察受侵染的德德尼烟草（*Nicotiana debneyi*），发现样品中含有直径 650nm 的丝状颗粒。2004 年 H. K. Were 等进一步发现受该病危害的木薯样品中含有低浓度的马铃薯 Y 病毒科典型的风轮状内含体。2001 年，蒙格（W. A. Monger）等采用逆转录聚合酶链反应（RT-PCR）从受该病侵染的本氏烟（*Nicotiana benthamiana*）中得到该病毒的基因组序列。

起初，人们发现该病的暴发和烟粉虱种群数量的增多相一致，随后发现种植感病木薯品种以及田间烟粉虱数量增多是该病扩散成灾的重要原因。2017 年麦克奎德（C. F. McQuaid）等发现带病种植材料是该病在当地以及长距离传播的主要原因，而烟粉虱是该病在田间扩散的主要介体。2005 年和 2017 年马鲁西（M. N. Maruthi）等证明烟粉虱能够将病害从受侵染植株传播到健康植株，这种传播是半持久性的。烟粉虱能够在 5～10 分钟内获得病毒，传毒能力可保持 48 小时，但其传毒距离较短，单个生长季节小于 17m。该病通常在烟粉虱数量增多后 3～12 年内暴发。

木薯褐条病尚未在中国有发生报道，但华南 205、华南 6068、华南 9 号和南植 199 等中国木薯主栽品种引种至乌干达的结果表明，其对该病均不具备抗性。随着国际交流的增多，该病入侵中国并发生危害的风险越来越大。

分布与危害　木薯褐条病在非洲东部地区流行，在坦桑尼亚、莫桑比克、马拉维、乌干达、肯尼亚、布隆迪、卢旺达、南苏丹、刚果（金）等国均有发生危害。该病的流行性很强，在非洲已成为继木薯花叶病之后的第二大病害。其他地区虽尚无该病害发生的报道，但有可能处于该病害蔓延和扩大流行的风险之中。

20 世纪 90 年代早期，木薯褐条病在坦桑尼亚、莫桑比克和马拉维地区发生严重，坦桑尼亚沿海地区木薯园的发病率为 36%～50%，而马拉维沿湖地区发病率为 75%。2004 年，该病在乌干达的穆科诺（Mukono）和瓦基斯（Wakis）两个区发生。2007 年，该病再次在乌干达的卡萨沃（Kasawo）和西塔－纳穆甘加（Seeta–Namuganga）两个区严重发生，受害面积逾 6000hm²，产量减少 87.6%。

病原及特征　木薯褐条病病毒为马铃薯 Y 病毒科（Potyviridae）甘薯病毒属（*Ipomovirus*），有木薯褐条病毒（cassava brown streak virus，CBSV）和乌干达木薯褐条病毒（Ugandan cassava brown streak virus，UCBSV）两个株系。病毒粒体呈杆状，无包膜，长 650～690nm，直径 11～13nm，螺旋对称结构，螺距约 3.4nm，为单分子线形（+）ssRNA，长约 9.0kb，分子量在 $3.0 \times 10^6 \sim 3.5 \times 10^6$ Da，核酸占病毒粒子重量的 5%，基因组 5′ 端有一个 VPg，3′ 端含有 poly（A）尾，基因组编码一个多聚蛋白并由病毒编码的蛋白酶切割成 10 个功能蛋白，这些功能蛋白分别为 P1、P3、6K1、CI、6K2、NIa-Vpg、NIa-Pro、Nib、HAM1 和 CP。

褐条病在田间条件下仅危害木薯。症状可出现在发病植株的所有部分。典型叶片病症表现为感病植株叶片上次级叶脉边缘出现缺绿，随后逐渐变为黄褐色，并因木薯品种、菌株、植株龄期和气候条件等发生变化。症状一般仅出现在成熟或接近成熟的叶片上，伸展中的嫩叶无症状。块根上的症状表现为薯块内部组织上出现黄色或褐色的枯斑块及辐射状缩缢坏死，坏死开始时呈不连续的分布，但在高感品种上，它有可能感染大部分块根，导致木薯块根减产和品质下降。茎杆上偶尔也会出现褐色条状斑点或病斑。

两个病毒株系在木薯和指示植物上引起不同的症状。木薯褐条病毒株系能引起沿叶脉边缘的羽状褪绿、最终形成羽状黄化病斑，同时薯根严重坏死；而乌干达木薯褐条病毒株系在叶脉之间形成黄化斑块。另外，木薯褐条病毒株系在木

木薯褐条病田间症状（时涛提供）

①次级叶脉边缘出现羽状褪绿；②叶片上出现羽状黄化病斑；③发病薯根上出现黄褐色枯斑块；④病株块根变小且结薯数量减少

薯和指示植物组织内的积累量比乌干达木薯褐条病毒株系更高（见图）。

侵染过程与侵染循环　病毒存在于植株维管束系统内。该类病毒的田间传播介体为烟粉虱，可将病毒从感病植株传播到健康植株。

流行规律　木薯褐条病在田间主要依靠烟粉虱进行近距离传播，农事操作也可传播病害。通过感染的种植材料，病害可实现远距离传播。该病在整个生长季节均可发生，种植带病种茎时，苗期即可发生。不同木薯品种对该病的抗性有差异，植株感病后病毒可在体内长期存在。田间管理差或杂草多的田块，植株由于长势弱而抗病能力下降。

防治方法　该病仅在东非地区发生，因此，应采取以检疫监测为主、田间管理和控制传毒介体相结合的综合监控措施。

检疫检测　研发或引进病原的检测技术，提高检疫能力。严禁从发病区（非洲）引进感病的活体植株、种植材料及携带病毒的烟粉虱。

农业防治　见木薯花叶病（类）。

控制传毒介体　见木薯花叶病（类）。

参考文献

ALICAI T, OMONGO C A, MARUTHI M N, et al, 2007. Re-emergence of *Cassava* brown streak disease in Uganda[J]. Plant disease 91: 24-29.

MARUTHI M N, HILLOCKS R J, MTUNDA K, et al, 2005. Transmission of cassava brown streak virus by *Bemisia tabaci* (Gennadius)[J]. Journal phytopathology, 153: 307-312.

MARUTHI M N, JEREMIAH S C, MOHAMMED I U, et al, 2017. The role of the whitefly, *Bemisia tabaci* (Gennadius), and farmer practices in the spread of cassava brown streak ipomoviruses[J]. Journal phytopathology, 165: 707-717.

MCQUAID C F, SSERUWAGI P, PARIYO A, et al, 2015. Cassava brown streak disease and the sustainability of a clean seed system[J]. Plant pathology, 65: 299-309.

MCQUAID C F, VAN DEN BOSCH F, SZYNISZEWSKA A, et al, 2017. Spatial dynamics and control of a crop pathogen with mixed-mode transmission[J]. PLoS computation biology, 13: e1005654.

MONGER W A, SEAL S, ISAAC A M, et al, 2001. Molecular characterization of the cassava brown streak virus coat protein[J]. Plant pathology, 50: 527-534.

WERE H K, WINTER S, MAISS E, 2004. Viruses infecting cassava in Kenya[J]. Plant disease, 88: 17-22.

（撰稿：时涛；审稿：黄贵修）

M

木薯花叶病（类）　cassava mosaic disease

由菜豆金黄色花叶病毒属或马铃薯X病毒组侵染引起，以受侵染叶片形成花叶为典型特征的病毒性病害。是世界范围内木薯种植业第一大病害。

发展简史　1894年，华堡（O. Warburg）最先在非洲的坦桑尼亚地区发现花叶病。在西非，福凯（Fauquet）等于1929年首次在尼日利亚、塞拉利昂和加纳等国家的沿海地区发现该病，并且于1945年发现病害向北传播。到20世纪末，该病已在撒哈拉以南的多数木薯种植区普遍发生。在印度次大陆，亚伯拉罕（A. Abraham）于1956年在印度发现了花叶病，随后斯里兰卡、柬埔寨等国均有该病发生。在中东地区，2013年阿克塔尔（J. Khan Akhtar）在阿曼的马斯喀特（Muscat）地区发现了该病的入侵。在中国，时涛等（2018）、托（D. C. Tuo）（2020）等先后在海南儋州和澄迈发现了该病害。

1981年，博克（K. R. Bock）发现肯尼亚沿海地区的花叶病由病毒侵染引起，并命名为木薯潜隐病毒（cassava latent virus）。1983年，博克进一步通过机械接种证明该病由病毒引起，病原接种烟草后同样产生花叶症状，同时通过电子显微镜观察到了双生病毒粒体，该病毒被重新命名为非洲木薯花叶病毒（African cassava mosaic virus）。1983年，斯坦利（Stanley）获得了来自肯尼亚的第一个菌株序列。1994年，迪贝恩（J. Dubern）研究发现非洲地区的木薯花叶病在田间由烟粉虱进行传播。随后，研究者发现非洲地区的花叶病由多个病毒株系侵染引起，而亚洲地区的阿曼、印度、斯里兰卡和柬埔寨等地区的花叶病同样由不同的双生病毒株系侵染引起。

1940年，木薯花叶病同样在南美洲的巴西有发生报道，随后在巴西、哥伦比亚、秘鲁、巴拉圭等地区流行。1965年，北岛（E. W. Kitajima）等通过颗粒形态、包涵体观察和血清学研究，发现发生于南美地区的花叶病由马铃薯X病毒组（Potexvirus）引起。随后，美洲地区同样发现了多个病毒株系。

分布与危害　木薯花叶病广泛发生于非洲的尼日利亚、肯尼亚、加纳、刚果（金）、乌干达、马达加斯加、马拉维、坦桑尼亚、布隆迪、埃塞俄比亚等国家，亚洲的阿曼、印度、斯里兰卡、泰国、柬埔寨、中国和越南，以及南美洲的巴西、哥伦比亚、秘鲁、巴拉圭等国家。该病是当前世界范围内木薯种植业危害最严重的病害。

尽管相关科技人员和种植户付出大量努力来开展花叶病的防治工作，但每年该病害仍然造成生产中的严重损失。20世纪90年代，木薯花叶病在乌干达大暴发，许多地区的农民被迫放弃种植木薯。思锐希（JM. Thresh）等（1997）估算非洲地区花叶病发生后，田间病株平均产量损失30%～40%。2014年前后，由斯里兰卡木薯花叶病毒株系引起的花叶病在柬埔寨东部和越南南部交界地区发生并迅速向周边地区蔓延，2018年仅柬埔寨已有8个省份为发病区，KM98、KU50等主栽品种均受害。20世纪80年代，加勒比木薯花叶病毒株系在哥伦比亚北部海滨地区侵染木薯

后，造成植株矮化、叶片皱缩畸形并形成典型花叶，造成35%～39%的产量损失。

21世纪初，部分中国木薯主栽品种引种至乌干达，研究者随后进行的田间调查发现华南205、华南6068、华南9号和南植199等均受花叶病危害。2016年，中国引种至柬埔寨的华南系列、桂热系列等主栽品种同样受害。目前该病已入侵中国，随时有可能扩散成灾。

病原及特征　引起非洲地区的木薯花叶病病毒包括非洲木薯花叶病毒株系（African cassava mosaic virus）、东非木薯花叶病毒株系（East African cassava mosaic virus）和东非木薯花叶病毒肯尼亚株系（East African cassava mosaic Kenya virus）、东非木薯花叶病毒马拉维株系（East African cassava mosaic Malawi virus）、东非木薯花叶病毒桑给巴尔株系（East African cassava mosaic Zanzibar virus）、东非木薯花叶病毒马达加斯加株系（East African cassava mosaic Madagascar virus）、南非木薯花叶病毒株系（South African cassava mosaic virus）等7个分布于非洲和西南印度洋地区的株系。另外，不同株系之间通过重组，出现了新的重组变异菌株，包括东非木薯花叶病—乌干达重组株系、东非木薯花叶病—喀麦隆重组株系、非洲木薯花叶病—布基纳法索重组株系等。

在亚洲，南亚和东南亚地区的花叶病由印度木薯花叶病毒（Indian cassava mosaic virus）和斯里兰卡木薯花叶病毒（Sri Lankan cassava mosaic virus）等2个株系侵染引起，而西亚地区的阿曼，花叶病由东非木薯花叶病毒桑给巴尔株系（East African cassava mosaic Zanzibar virus）引起。

南美地区的木薯花叶病病原为马铃薯X病毒组（Potexvirus）的木薯普通花叶病毒株系（cassava common mosaic virus）、加勒比木薯花叶病毒株系（cassava Caribbean mosaic virus）、哥伦比亚木薯无症病毒株系（cassava Colombian symptomless virus）、木薯病毒X株系（Cassava virus X）、木薯新乙型线状病毒株系（cassava new alphaflexivirus）等多个株系。

菜豆金黄色花叶病毒属（Begomovirus）木薯花叶病病毒粒体为双生状，等轴对称球状20面体结构，每一面为五边形，分子量为4.24×10^6Da。粒体中基因组DNA占总重量的22%，其余为蛋白成分。病毒基因组包括两条环状DNA分子，分子量分别为2.8kb和2.7kb，部分株系带有卫星DNA。马铃薯X病毒组（Potexvirus）的花叶病病毒粒体为半直杆状，大小为15nm×495nm，基因组全长约6.4kb，分子量为2×10^6Da，外壳蛋白分子量为21kDa。不同病毒株系之间在序列长度、同源性和粒体大小等方面存在着一定的差异。

木薯植株在整个生长阶段均可受花叶病危害。幼龄植株更易感染，典型症状为系统花叶。感病植株首先在叶片上出现褪绿的小斑点，随后逐渐扩大并与正常绿色形成花叶状，受侵染叶片背面有时可见突起，叶片普遍变小，叶片中部和基部常收缩成蕨叶状。发病植株通常矮缩，结薯少而小，严重时块根甚至不能形成，导致产量降低或绝收。受气候、株系、木薯品种、植株生育期、田间管理措施等因素影响，田间条件下花叶病出现轻度花叶状、病叶卷曲、叶片变形、植

株矮化等不同症状。相比之下，南美地区的木薯花叶病病叶黄化症状较轻，而且花叶和褪绿症状常受叶脉限制。田间条件下，不同株系常混合侵染同一植株（见图）。

除危害木薯外，非洲木薯花叶病毒株系和东非木薯花叶病毒株系能够侵染山珠豆（Centrosema pubescens）和爪哇葛根（Pueraria javanica）等两种豆科杂草，而亚洲的两个株系能够侵染麻疯树（Jatropha curcas）。

侵染过程与侵染循环　病毒粒体存在于木薯植株的维管束内，可通过多种途径传播，如农事操作、嫁接、汁液接种、种茎及昆虫介体等，但汁液接种难传播，种子和菟丝子不能传播，通过感染的种茎可进行长距离传播。田间条件下，菜豆金黄色花叶病毒主要借助烟粉虱（Bemisia tabaci）以专化性持久循环型方式进行短距离传播，而马铃薯 X 病毒仅通过农事操作传播。在花叶病重病区，豆科植物、麻疯树等有可能成为病原的转主寄主。

流行规律　病害在整个生长季节均可发生。病害症状严重程度随株系、季节、品种、田间管理不同而异，杂草多的田块病害发生重。在凉爽的雨季，病害症状表现最严重，夏季常隐症或浅花叶。不同木薯品种对该病的抗性有差异，植株感病后病毒可在植株内长期存在。

菜豆金黄色花叶病毒病的发生有一个明显的起始发病中心，发生危害情况和烟粉虱的种群数量相关。气候因素对该病的发生发展无明显影响，但有利于烟粉虱种群的气象因素有助于病害的传播蔓延。

防治方法　应采取检疫监测、农业措施和和控制传毒介体相结合的综合防治策略。

检疫监测　严禁从发病区（东南亚、非洲、南美洲和国内发病木薯园）引进感病的活体木薯、麻疯树、豆科杂草等植物种植材料及携带病毒的烟粉虱；研发病原菌的检测技术和病害的监测技术，提高检疫监测能力；在云南、广西等毗邻边境的木薯种植区，以及邻近木薯进口港口、发病木薯园的种植区，加强病害的监测工作，发现病株后及时采取相关措施。

农业防治　加强田间监控，发现病株后及时拔除，进行焚烧或深埋处理；合理进行水肥管理，清除田间杂草，提高木薯植株对病害的抵抗能力；种植时注意选用无病种茎，发病田收获后注意进行田间清理并对病残体进行焚烧（或深埋）处理；必要时喷洒几丁聚糖、氨基寡糖素等诱抗剂，诱导植株提高抗病能力。选育抗病或耐病木薯品种，加强新品种的培育、引进和推广应用，例如乌干达育成的抗病品种Nase14、尼日利亚育成的抗病品种 TEM3 等。必要时，和谷物类作物进行轮作。

控制传毒介体　利用烟粉虱对黄色、橙黄色的强烈趋性，可将纤维板或硬纸板表面涂成橙黄色，再涂上一层黏性

木薯花叶病田间症状（时涛提供）

①柬埔寨木薯花叶病（斯里兰卡木薯花叶病毒株系）；②乌干达木薯花叶病（非洲木薯花叶病毒株系）；③中国木薯花叶病（斯里兰卡木薯花叶病毒株系）；④中国木薯花叶病（木薯普通花叶病毒株系）；⑤柬埔寨上丁省木薯花叶病重病田

油（可用 10 号机油），每亩设置 30～40 块黄色板，置于与作物同等高度的地方，进行成虫的诱杀；应用扑虱灵、灭螨猛、天王星乳油等药剂进行烟粉虱的防治。

参考文献

时涛，2018. 木薯花叶病在中国发生的首次报道 [J]. 热带农业科学，38(10): 封三至封底.

FARGETTE D, KONAT´E G, FAUQUET C,et al, 2006. Molecular ecology and emergence of tropical plant viruses[J]. Annual review of phytopathology, 44: 235-260.

FAUQUET C, FARGETTE D, 1990. African cassava mosaic-virus-etiology, epidemiology, and control[J]. Plant disease, 74: 404-411.

KHAN A J, AKHTAR S, AL-MATRUSHi A M, et al, 2013. Introduction of East African cassava mosaic Zanzibar virus to Oman harks back to "Zanzibar, the capital of Oman"[J]. Virus genes , 46: 195-198.

THRESH J M, OTIM-NAPE G W, LEGG J P, et al, 1997. African cassava mosaic virus disease: the magnitude of the problem[J]. African Journal of root and tuber crops, 2: 13-19.

TUO D C, ZHAO G Y, YAN P, et al, 2020. First report of cassava common mosaic virus infecting cassava in mainland China[J]. Plant disease, 104(3): 997.

WARBURG O, 1894. Die kulturpflanzen Usambaras[M]. Berlin: E.S. Mittler & Sohn.

（撰稿：时涛；审稿：黄贵修）

图 1　木薯炭疽病危害症状（Sangpueak 等提供）

①病叶上形成黄褐色、近圆形病斑；②后期病斑上出现分生孢子盘（黑色小点）；③发病叶片后期皱缩、卷曲

木薯炭疽病　cassava anthracnose

由炭疽菌引起的、危害木薯叶片和茎秆的真菌病害。

分布与危害　该病害主要发生在非洲和亚洲，尤其是非洲的坦桑尼亚、几内亚和刚果等国家发生最严重。亚洲发生的国家包括印度、印度尼西亚、泰国、柬埔寨、越南。在中国海南、云南、广西和广东等木薯主栽区都有发生。国外该病害典型症状表现为萎蔫，嫩梢回枯，在叶片、茎秆和叶柄基部产生坏死病斑。在中国病害症状主要表现为叶斑，主要危害叶片（图 1）。

病原及特征　病原为橡胶树炭疽菌（*Colletotrichum gloeosporioides* f. sp. *manihotis*），为刺盘孢属。病原菌在 PDA 上快速生长，菌落正面灰色，背面中心黑色或深灰色，菌丝浓密，边缘不整齐或整齐。刚毛未观察到，分生孢子梗圆柱状，有分枝；分生孢子圆柱状，两端钝圆，大小为 $14.1\pm6.0\mu m \times 4.9\pm0.5\mu m$（图 2）。

流行规律　该病害病原菌主要通过气流或雨水传播，相对湿度达到 80%，特别是在长期降雨，温度在 23～28℃情况下，病害容易流行暴发。连作栽培也会引起病害暴发流行。

防治方法　该病害主要防治方法是种植抗病品种。在非洲发生比较严重的国家开展了许多抗病品种选育的研究。

参考文献

KUNKEAW S, WORAPONG J, SMITH D R, et al, 2010. An in

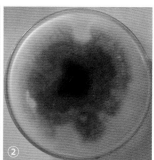
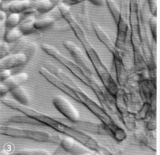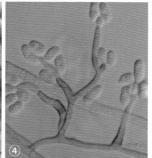

图 2　病原菌菌落和孢子形态（刘先宝提供）

①②分别为菌落正反面；③④为分生孢子梗；⑤⑥为分生孢子

vitro detached leaf assay for pre-screening resistance to anthracnose disease in cassava (*Manihot esculenta* Crantz) [J]. Australasian plant pathology, 39: 547-550.

SANGPUEAK R, PHANSAK P, BUENSANTEAI N, 2017. Morphological and molecular identification of *Colletotrichum* species associated with cassava anthracnose in Thailand[J]. Journal of phytopathology (7): 1-14. DOI: 10.1111/jph.12669.

WILLIAM M N M, MBEGA E R, MABAGALA R B, 2012. An outbreak of anthracnose caused by *Colletotrichum gloesporioides* f.sp. *manihotis* in cassava in North Western Tanzania[J]. American journal of plant sciences, 3: 596-598.

（撰稿：刘先宝；审稿：黄贵修）

木薯细菌性萎蔫病　cassava bacterial blight

由地毯草黄单胞菌木薯萎蔫致病变种侵染引起的一种木薯细菌性病害，是一种世界性病害。又名木薯细菌性枯萎病、木薯细菌性疫病。

发展简史　该病最早于 1912 年在巴西有记载，20 世纪 70 年代蔓延到非洲和亚洲，目前已广泛分布于亚洲、非洲和拉丁美洲的主要木薯种植区。该病在拉丁美洲的巴西、古巴、哥伦比亚、墨西哥等十多个国家和地区的木薯种植区发生与危害。在亚洲，该病最早报道于中国台湾，随后在马来西亚、印度尼西亚、泰国、印度也相继有发生的报道。在非洲，该病已在大部分的种植地区严重发生，所造成的危害仅次于非洲木薯花叶病，由该病所造成的木薯产量损失为 12%～90%，严重时可导致毁种绝收；1970—1975 年，木薯细菌性萎蔫病在非洲中部大面积流行，对木薯造成的损失高达 80%，导致了中非扎伊尔饥荒。在中国，该病最先在台湾地区发生流行，造成的产量损失达 30%，淀粉出粉率减少 40% 左右；1980 年在海南、广东、广西等地发现其

危害；2001 年该病在广西北海地区发生流行，造成的损失 10%～20%，严重时达 50%。

分布与危害　该病在中国广东、广西、海南等木薯主产区普遍发生，已成为危害中国木薯最为严重的病害。

主要危害木薯的叶片和茎秆，在木薯整个生育期均可发生。苗期主要危害中下部叶片和茎秆，造成下层叶片脱落或植株死亡；生长中后期主要危害木薯叶片和茎秆。叶片受侵染后，最初出现水渍状角形病斑，病斑边缘常出现黄褐色的菌脓；严重时病斑扩大或汇合。天气干燥时病斑变为褐色角形病斑或块状斑，边缘略呈水渍状；温湿度条件适宜时，叶片病斑迅速扩展，深灰色水渍状，叶片常出现腐烂或萎蔫。植株上受害的叶片常出现提前凋萎、干枯而脱落。嫩茎和嫩枝发病初期出现水渍状病斑，常伴有浅黄色至褐色的菌脓；随后病部凹陷并变为褐色，后期变成梭形凹陷或开裂状，严重时上端着生的叶片出现凋萎，形成顶端回枯。染病的茎秆和根系的维管束出现干腐、坏死。受害严重时嫩梢枯萎，大量叶片脱落，甚至整株死亡（图 1～图 4）。

病原及特征　病原为地毯草黄单胞菌木薯萎蔫致病变种（*Xanthomonas axonopodis* pv. *manihotis*，简称 Xam），菌体杆状，革兰氏染色阴性，无荚膜，极生单鞭毛，不产芽孢；在 YPG 培养基平板上培养 3～5 天，菌落圆形突起状，边缘整齐，乳白色至淡黄色，表面光滑，有光泽，黏稠状（图 5）。

侵染过程与侵染循环　木薯细菌性萎蔫病菌可在土壤、病株残体和带病种茎中存活而顺利越冬，是翌年病害的初侵染来源。病菌在老熟茎秆的韧皮部存活，带病种茎的调运是病害远距离传播的主要途径。田间主要通过雨水、排灌水、叶片接触及带菌工具等进行近距离蔓延和传播。

流行规律　病害调查与监测发现，细菌性萎蔫病在木薯苗期至整个生育期均可发生危害，该病的发生及发病程度与气候条件、木薯品种的感病性、生育期等因素密切相关。该病害在海南、广东、广西木薯种植区通常在 5 月初至 6 月中旬开始发病，每年的 6～9 月为盛发期，此期间如遇连续高

图 1　种茎带菌时导致苗期病害发生严重，幼苗茎秆受害，病部溢出大量菌脓，植株萎蔫死亡（时涛提供）

图2　叶片上最初出现水渍状、暗绿色角斑，常伴有菌脓；发病严重时，病斑扩大或汇合成块斑，病斑萎蔫状，容易提前脱落；后期发病叶片变枯黄、脱落（李超萍、时涛提供）

图3　发病严重时，大量叶片提前脱落，植株仅剩上部少量叶片；后期出现回枯（李超萍提供）

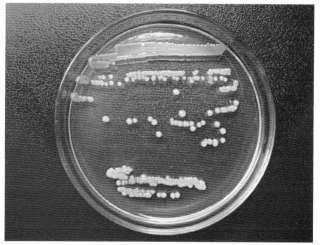

图5　木薯细菌性枯萎病病原菌菌落（YPG 培养基平板）（李超萍提供）

图4　茎秆受害后出现的淡黄色菌脓，后期形成梭形病痕（黄贵修、李超萍提供）

温多雨或台风雨天气，容易出现病害流行。此外，如种植重病田收获的种茎，苗期也会普遍发生，且多为幼苗整株萎蔫，形成缺苗。另外，品种间的抗病性存在一定的差异；植株的感病程度，因品种生育期和发病时间的不同而有所不同。

防治方法　严格实行植物检疫，繁育和栽植无病种茎（苗）。选用耐病（抗病）品种。加强田间水肥管理，提高植株的抗病能力。适当地与甘蔗、玉米等进行轮作。苗期发现零星病株后及时拔除并进行补种。收获后清理病株残体并进行焚烧。发病初期，在雨季来临前喷施乙蒜素、氢氧化铜等药剂进行防治。另外，可采低浓度的甲醛溶液浸泡种茎，减少种茎带菌率。

参考文献

黄贵修，李开绵，2012. 中国主要木薯病虫草害识别与防治 [M]. 北京：中国农业科学技术出版社.

李超萍，时涛，刘先宝，等，2011. 国内木薯病害普查及细菌性枯萎病安全性评估 [J]. 热带作物学报，32(1): 116-121.

卢明，2015. 北海市木薯细菌性枯萎病的发生危害特点及防治对策 [J]. 广西植保，18(1): 9-11.

文衍堂，1982. 木薯细菌性疫病病原菌鉴定 [J]. 热带作物学报 (2): 91-96.

BOTHER K, VERDIER V, 1994. Cassava bacterial blight in Africa: the state of knowledge and implications for designing control strategies[J]. African crop science journal, 4: 505-509.

BRADBURY J F, 1986. Guide to plant pathogenic bacteria[M]. Wallingford, UK: CAB International.

LOZANO J C, 1986. Cassava bacterial blight: a manageable disease[J]. Plant disease, 70: 1089-1093.

（撰稿：李超萍；审稿：黄贵修）

木薯藻斑病 cassava algae spot

由寄生性红锈藻侵染引起的一种木薯病害。在病斑上出现明显的毛毡状物，常发生于木薯生长中后期。

发展简史 一种新发的木薯病害，该病最早于 2010 年在海南儋州发现。

分布与危害 该病在中国广东、广西、海南、云南、福建、江西等木薯主要种植区均有发生，是木薯生长中后期的主要病害之一。发生严重时造成植株叶片大量凋落、长势变弱，可影响木薯产量和种茎的质量。

木薯藻斑病原寄生藻主要危害木薯地上部分的茎秆和叶片等。初期为灰绿色针头状小斑点，后形成近圆形病斑，有明显的同心轮纹，直径 3～15mm，灰绿色至黄褐色，病斑正面稍隆起，背面有少量毛毡状物。后期病斑中部灰白色，边缘呈黑褐色，略带黄色晕圈。发病暴发流行时，叶片病斑呈灰褐色迅速扩大，叶片上出现大面积凋萎状病斑，其上着生有大量的灰绿色至黄褐色霉状物（为藻类的孢子囊和孢囊

图 1 病害暴发流行时，发病叶片出现大量水渍状不规则形病斑，病斑扩展迅速，其上着生有大量的灰绿色至黄褐色霉状物，叶片大量萎蔫脱落（李超萍提供）

图 2 发病初期为灰绿色针头状小斑点，后形成近圆形病斑，边缘呈黑褐色，略带黄色晕圈；发病严重时，造成叶片大量凋萎、脱落

（李超萍、时涛提供）

梗），造成叶片大量脱落（图1、图2）。

病原及特征　病原为寄生性红锈藻（*Cephaleuros virescens* Kunze），孢囊梗褐色，单生或2～4个丛生，2个隔，偶见3个隔，长170.3～405.6μm，宽9.7～32.7μm。顶端细胞膨大为椭圆形的柄下细胞，其上着生6～12个圆形、黄褐色的孢子囊，直径20.5～45.8μm。

侵染过程与侵染循环　寄生藻主要通过风雨传播侵入寄主表皮组织，温暖潮湿的气候条件有利于孢子的产生、传播和萌发侵入，病害潜育期也较短，病害发生蔓延速度相对较快。

流行规律　多发生在木薯生长中后期。病害的发生与温度、湿度及降雨等气候条件密切相关，天气阴凉、多雨季节易发病。广西、福建、云南等地一般在每年的8、9月开始发生（海南多发生在冬春季节），此时天气转凉、田间湿度大，有利于病害发生蔓延。

防治方法　生产上应加强栽培管理，提高植株的抗病能力。根据病害发生轻重以及天气温湿度情况，调整施药浓度，及时用药，一般每隔5～7天施药1次，连续施用2～3次，可选用苯醚甲环唑水分散粒剂、可杀得干悬浮剂、波尔多液等药剂进行防治，控制藻斑病的发生与蔓延。

参考文献

陈奕鹏，时涛，蔡吉苗，等，2016. 木薯新发藻斑病在中国的发生调查及病原鉴定 [J]. 热带作物学报，37(9): 1787-1792.

（撰稿：李超萍；审稿：黄贵修）

苜蓿白粉病　alfalfa powdery mildew

由豌豆白粉菌和鞑靼内丝白粉菌引起的、危害苜蓿地上部的一种真菌病害，是世界上许多国家苜蓿种植区最重要的病害之一。

分布与危害　在中国的甘肃、吉林、山西、安徽、四川、新疆、北京、河北、西藏、贵州、云南等地均有发生，在有些地区危害严重，且有逐年加重的趋势，对苜蓿生产尤其是苜蓿种子生产带来严重威胁。由内丝白粉菌引致的苜蓿白粉病在新疆的北疆大部分地区发病率为5%～15%，重者达到100%；在南疆发病率较低，通常在1%以下。与健康植株比较，感病植株消化率下降14%，粗蛋白含量减少16%，草产量降低30%～40%，种子产量降低41%～50%，牧草品质低劣，适口性下降，种子活力降低，家畜采食后，能引起不同程度的中毒。

苜蓿白粉病主要发生在苜蓿叶片正反面，也可侵染茎、叶柄及荚果。发病初期叶片上为小圆形病斑，病斑上有一层丝状白色霉层，后病斑逐渐扩大，相互汇合，最后覆盖全部叶片。豆科内丝白粉菌的霉层主要在叶片背面，当病斑覆盖大部分至整叶时，霉层呈增厚的绒毡状。豌豆白粉菌主要在叶片正面，霉层较稀疏。两种白粉菌后期在霉层中出现淡黄、橙色至黑色的小点，即病原菌的初生至成熟的闭囊壳。豆科内丝白粉菌的闭囊壳埋生于毡状霉层内，而豌豆白粉菌的闭囊壳表生于展布的菌丝体上。这两种菌有时混生于同一病株上。被害叶片初期无明显变化，随病情的加重，叶片出现褪

绿症状，直至发黄甚至枯死，发病植株下部叶片症状一般重于上部叶片，严重时整个植株均被灰白色的霉层覆盖（图1）。

病原及特征　豌豆白粉菌（*Erysiphe pisi* DC.），菌丝体生于叶两面，分生孢子单胞、长椭圆形，呈链生，大小为29～41.3μm×12.4～19.8μm。闭囊壳散生，球形，或扁球形，黑褐色，直径为91～114.6μm，壳壁细胞小、多角形，直径为4～8.3μm，附属丝丝状，闭囊壳内有子囊3～11个，子囊具短柄，子囊内含子囊孢子3～6个。

鞑靼内丝白粉菌［*Leveillula taurica*（Lév.）G. Arnaud］，异名豆科内丝白粉菌（*Leveillula leguminosarum* Golovin）。菌丝体初寄生于寄主组织内，形成子实体时始产生大量气生菌丝。分生孢子单胞、椭圆形，大多单个着生于分生孢子梗上，极少串生，大小为40～80μm×12～16μm。闭囊壳埋生于菌丝体中，扁球形、褐色，壳壁不光滑，附属丝丝状，多短、放射状，与菌丝交织在一起，直径为130～240μm，壳壁细胞较大、多角形，直径为13～17μm。闭囊壳内有多个至几十个孢子，多为2个（图2）。

侵染过程与侵染循环　苜蓿白粉菌以闭囊壳在病株残体上越冬，以子囊孢子进行初侵染。或以休眠菌丝越冬，翌年春于苜蓿返青生长后，在返青幼苗上继续生长蔓延。气温

图1　苜蓿白粉病症状（李彦忠提供）

①叶片正面褐色病斑；②叶片正面病斑放大；③叶片背面霉层；④霉层放大

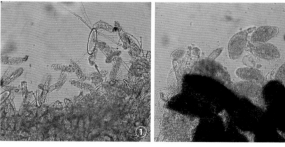

图2　苜蓿白粉病病原（李彦忠提供）

①粉孢子及分生孢子梗；②闭囊壳、子囊和子囊孢子

20～25℃，相对湿度 50%～70% 时开始发病。生长季内以分生孢子随气流传播进行多次再侵染。分生孢子数量大，在适宜条件下，很快造成病害流行。

在新疆，内丝白粉病菌越冬子囊数目较多，但其中大部分死亡，失去侵染能力。埋于地表下 5cm、10cm 的病残体上有部分子囊存活，具有侵染能力；而埋于地表下 15cm、20cm、25cm 的病残体在土壤中已基本腐烂，子囊已完全失去活性，丧失侵染能力，其空壳率也相对较高；在室温、冰箱（4℃）保存及田间自然越冬情况下病残体的闭囊壳内子囊成活率均较高，最高达到 38%。而在甘肃等地以成熟的闭囊壳在病叶上越冬、室外条件下越冬的子囊孢子存活率达80%。

流行规律　日照充足、多风、土壤和空气湿度中、海拔较高等环境有利于此病发生。草层稠密、遮阴、刈割利用不及时、草地年代较长或卫生措施缺乏，都会使此病发生严重。过量施用氮肥可使病情加重，磷、钾肥比例合理施用，有助于提高抗病性。土壤含水量在 40% 以下时发病轻。接种白粉病菌后感病与中感及抗病品种间叶绿素含量差异显著，叶绿素含量随接种时间的延长和发病程度的增加而显著降低。

在新疆，自 6 月初开始出现零星病株，后随气温上升和苜蓿生育期的推进呈现缓慢上升趋势，8 月下旬达到发病高峰期，且逐年加重。白粉病的发生主要影响到收种田苜蓿的后期生长，若为收草田，则对二茬苜蓿后期和三茬苜蓿有影响。

在甘肃，苜蓿白粉病一般在 7 月下旬至 8 月上旬苜蓿发育的中后期开始发生，8 月下旬至 9 月上旬为发病高峰期，同时也是病原物开始出现黑色成熟闭囊壳的时期，此时有成熟闭囊壳的病叶占总病叶数的 20%～30%。对于收种田，品种间对白粉病抗性差异显著，而作为牧草田，相同或不同品种白粉病的发生并不因种植年限增加而明显加重。

在宁夏，苜蓿白粉病由豆科内丝白粉菌和豌豆白粉菌混合侵染发生，多发生于南部山区，干旱区重于阴湿区，病害发生较晚，条件适合时上升非常迅速，可在几天内暴发成灾。苜蓿白粉病 9 月初开始发病，9 月上旬迅速进入高峰期，发病面积占总面积的 10%～15%；有些年份 8 月中旬即开始发病，9 月上旬达到高峰期，发病面积增加到 30% 左右。

王飒等 2002—2005 年对宁夏旱地苜蓿白粉病进行了系统调查，在掌握白粉病流行规律的基础上，分析病害发生与当地降雨量、相对湿度和日均温等因素之间的关系，对预报因子进行初选。初步建立了苜蓿白粉病的预测模型：$y=131.358-1.663x^3$（$P<0.01$），历史拟合率均为 100%，说明建立预测预报的方法是准确的，精度高且简便易行，可在实际生产中应用，但该研究仅利用 4 年的数据建立的苜蓿白粉病预测模型在实际应用中尚欠准确性。苜蓿白粉病的预测预报是一项长期的研究工作，需要多年的资料不断进行完善和提高，才能得到最优化的数学模型。

防治方法　培育和使用抗病品种是中国防治白粉病最有效和最主要的措施。选用抗病品种可减少化学防治农药的使用，从而降低对空气、水和土壤环境的污染，减少农药在家畜体内的残留。

苜蓿品种对白粉病的抗性存在着显著差异，其中庆阳苜蓿、阿尔冈金、巨人 201、金皇后等品种具有较强的抗病性，德宝、德福、赛特、牧歌 401、三德利等品种田间抗病性较差。新牧 1 号、苜蓿王、公农 1 号、天水苜蓿等对苜蓿白粉病也具有较强抗病性。积极开展抗病苜蓿品种的选育，大面积推广优良抗病品种，省时省力，廉价有效。

适时刈割　在病原菌的闭囊壳未形成或开始形成，但还未大量成熟时，将田间的牧草刈割干净，不留残株，以减少越冬菌源。由于白粉菌为气传病害，所以，刈割草地宜大面积连片进行，减少刈割与非刈割的草相互传染。秋草收获后，在入冬前应清除田间枯枝落叶或焚烧残茬，以减少翌年的初侵染源。发病普遍的草地应提前刈割，以减少菌源，减轻下茬草的发病。

合理施肥　科学合理的施肥可提高苜蓿对白粉病的抗性。在大田条件下施用撒可富肥料，苜蓿白粉病的发病最轻，各品种的病情指数和发病率均比施用过磷酸钙和根瘤菌的低。撒可富肥不同用量处理下，按 75kg/hm² 量施用，各品种的病情指数和发病率显著低于 45kg/hm² 和 105kg/hm² 施用量的病情指数和发病率，因此，按 75kg/hm² 量施用撒可富复合肥可以减轻苜蓿白粉病的发生。

牧草混播　选择适宜的牧草品种按合理比例进行混播，可显著提高土壤肥力，增加牧草产草量，改善群落稳定性，是草地生产中常用措施，也是防治牧草病害的有效措施。混播种群中个体的抗病基因有差异，感病个体数在减少，相应的病原菌数量也在减少。混播群落中抗、感群体镶嵌分布，抗病个体对感病个体的侵染具有干扰和阻碍作用。感病个体间的距离增大，减少了病菌成功侵染的机会。

化学防治　对于苜蓿制种田或实验用地可利用以下药剂进行防治：70% 甲基硫菌灵可湿性粉剂 1500 倍液、15% 三唑酮可湿性粉剂 800 倍液、40% 灭菌丹可湿性粉剂 700～1000 倍液、胶体硫每亩使用 37.5～45kg、高脂膜 200 倍液。施用方法为：一般每 10 天喷雾 1 次，连续 3 次。发病初期或前期采用药剂防治比后期防效好。

参考文献

李春杰，刘比仲，南志标，等，2009. 苜蓿病虫害及其防治：第 20 章 [M]// 洪绂曾. 苜蓿科学. 北京：中国农业出版社.

薛福祥，2009. 草地保护学：第三分册 牧草病理学 [M]. 3 版. 北京：中国农业出版社：100-103.

中国农业科学院植物保护研究所，中国植物保护学会，2015. 中国农作物病虫害 [M]. 3 版. 北京：中国农业出版社.

BROWN J F, OGLE H J, 1997. Plant pathogens and plant disease [M]. Armidale: Rockvale Publications.

（撰稿：段廷玉、李彦忠、南志标；审稿：李春杰）

苜蓿霜霉病　alfalfa downy mildew

由夏季霜霉引起的、危害苜蓿地上部的一种真菌病害，是世界上许多国家苜蓿种植区最重要的病害之一。

发展简史　寄生于苜蓿属植物的霜霉病，在国际上，最早是 1863 年由 de Bary 报道于紫花苜蓿（*Medicago sativa*），

1892 年 Fischer 发现于黄花苜蓿（*Medicago falcata*）和天蓝苜蓿（*Medicago lupulina*），随后将病原菌命名为 *Peronospora grisea* de Bary f. *medicaginis* Fuckel，*Peronospora trifoliorum* de Bary f. *medicaginis* Schneider，*Peronospora trifoliorum* de Bary f. *medicaginis-sativa* Thumen 和 *Peronospora trifoliorum* de Bary f. *medicaginis-falcatae* Thumen。Sydow 将苜蓿属的霜霉菌命名为夏季霜（*Peronospora aestivalis*），但 Gaumann 认为可以将其分为不同的种；随后 Savulescu 和 Rayss 报道了罗马尼亚霜霉（*Peronospora romanica*）。在中国，最早见于《中国真菌总汇》中记载的邹钟琳于 1922 年在南京发现的苜蓿霜霉病。之后，吉林、黑龙江、陕西、新疆等地有苜蓿霜霉研究报道；1998 年出版的《中国真菌志：第六卷霜霉目》中倾向于将苜蓿霜霉病分为夏季霜霉和罗马尼亚霜霉两个种。

分布与危害　苜蓿霜霉病在世界各地分布十分广泛，几乎凡是在冷凉环境的栽培苜蓿的地区均有发生，分布在苏联、丹麦、挪威、瑞典、奥地利、匈牙利、波兰、法国、捷克斯洛伐克、瑞士、以色列、意大利、保加利亚、南斯拉夫、伊朗、印度、澳大利亚、美国、巴基斯坦、加拿大、智利、委内瑞拉、墨西哥、阿根廷、玻利维亚和非洲，严重影响着苜蓿的生产。中国从绿洲到草原的不同海拔区的苜蓿种植区，在甘肃、宁夏、内蒙古、新疆、江苏、吉林、山西、河北、广东、陕西、青海、四川、浙江、云南、辽宁和黑龙江等地均有发生。

在新疆阿勒泰地区头茬苜蓿发病率近 100%，福海 2 龄苜蓿地害平均病情指数为 39.82；与健株相比，每株鲜重降低 48.3%，生殖枝数降低 57.8%。叶片鲜重随严重程度的增加而降低，二者存在极显著（$P<0.01$）的负相关（$r=-0.87$），并可用 Y（鲜重）$=7.65-0.0391X$（严重度）表示（表 1）；可使粗蛋白降低 8.6%，粗脂肪降低 5.3%，粗纤维增加 4.7%（表 2）。甘肃庆阳苜蓿的平均发病率为 57.0%～88.8%，病情指数为 19.1～44.3；武威的苜蓿发病率达 48.5%，产草量减少 35.5%～57.5%，病株的生殖枝数及其花数分别为健株的 42.2% 和 59.3%。与健株相比，感病株幼苗高度降低 42.6%～52.2%，鲜根重减少 75%，根瘤数量减少 54%。即使在海拔 3000m 的祁连山和夏河桑科等高山草原条件下，霜霉病危害也相当严重，表现出了霜霉菌对不同海拔地区的适应性。

常见的为局部症状，叶片正面出现不规则的褪绿斑，无明显边缘，病斑扩大融合，以至整个小叶呈黄绿色，叶缘向下方卷曲。系统感病的植株，全株褪绿矮化、扭曲畸形、节间缩短、重病株不能形成花序或发育不良。潮湿时叶片背面出现灰白色、灰色至淡紫色霉层，即病原菌的孢囊梗和孢子囊。重病株花序不能形成或发育不良，大量落花、落荚；严重时整个枝条或丛枝枯死。症状类型分为 4 种表现：褪绿斑型、霉叶型、叶片畸变型和系统性症状型（图 1）。

病原及特征　病原为夏季霜霉（*Peronospora aestivalis* Syd.），异名三叶草霜霉（*Peronospora trifoliorum* de Bary），三叶草霜霉苜蓿专化型（*Peronospora trifoliorum* de Bary f. sp. *medicaginis* de Bary）。

紫花苜蓿霜霉孢子囊单或丛生，淡褐色，自气孔伸出，

128～424μm×6～12μm，平均 238μm×8.4μm；主干直立，基部膨大，72～288μm，平均 149μm；上部二叉状分枝 4～8 次，呈锐角或直角，末枝直，呈圆锥状，少弯曲，渐尖，3～20μm；孢子囊淡褐色、褐色，长椭圆形、长卵形、球形，16～30μm×16～22μm，平均 24.4μm×19.3μm。藏卵器壁厚、光滑，近球形，黄褐色，36～44μm；卵孢子壁厚、多光滑，球形，黄褐色，24～34μm；多发现于枯死后的叶片组织内（图 2）。

夏季霜霉孢子囊萌发的适宜温度为 15～21℃，最适温度为 18℃；孢子囊在相对湿度 100% 时的萌发率为 51.6%，相对湿度低于 95% 时不能萌发；孢子囊萌发的适宜 pH 6.15～7.69，最适 pH 6.91。苜蓿叶片汁液对孢子囊的萌发有较强的促进作用。24 小时后蒸馏水中的孢子囊萌发率为 25.5%，1∶5 苜蓿叶片汁液中的孢子囊萌发率高达 39.3%。而蔗糖液和土壤浸渍液对孢子囊的萌发无明显的刺激作用。

罗马尼亚霜霉（*Peronospora romanica* Savulescu & Rayss），异名 *Peronospora medicaginis-orbicularis* Rayss.

表1　霜霉病对苜蓿生长的影响（引自南志标和员宝华，1994）

测定项目	健株	病株	病/健（%）
鲜重/株（g）	47.72	24.66	51.68
枝条数/株	7.09	5.76	81.24
鲜重/枝条（g）	6.49	4.01	61.79
生殖枝数/株	4.83	2.04	42.23
花数/每生殖枝	3.54	2.10	59.32

表2　霜霉病对苜蓿营养成分含量的影响（引自马振宇等，1989）

营养成分	健康	严重感病	比对照（%）
粗蛋白	32.84	30.02	−8.6
粗纤维	6.95	7.28	+4.7
粗脂肪	3.94	3.73	−5.3
钙	2.85	2.94	−12.6
磷	0.25	0.27	+8.0

图 1　苜蓿霜霉病症状（俞斌华提供）

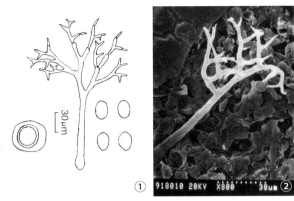

图 2　紫花苜蓿霜霉菌孢囊梗和孢子囊（引自李春杰，1993）
①手绘图；②电镜照片

天蓝苜蓿霜霉病菌孢囊梗单或丛生，无色，自气孔伸出，大小为 256～520μm×4～12μm，平均 373.3μm×6.8μm，主干直立，基部膨大或不膨大，144～320μm，平均 214.7μm；上部二叉状分枝 4～7 次，呈锐角、钝角或直角，次分枝常弯曲，末枝直或弯曲，渐尖，4～18μm；孢子囊淡褐色至褐色，阔椭圆形、近球形，大小为 18～22μm×16～20μm，平均 20.2μm×17.8μm，长宽比 1.13。有性态未发现。

夏季霜霉（*Peronospora aestivalis*）可侵染紫花苜蓿、黄花苜蓿、杂花苜蓿（*Medicago varia*）、南苜蓿（*Medicago hispida*）、小苜蓿（*Medicago minima*）、*Medicago caerulea*、*Medicago littoralis* 和 *Medicago transoxan* 等 9 种。罗马尼亚霜霉菌（*Peronospora romanica*）可侵染天蓝苜蓿、黄花苜蓿罗马尼亚变种（*Medicago falcata* var. *romanica*）、南苜蓿（*Medicago hispida*）和（*Medicago orbiculans*）4 种。

人工接种与鉴定方法　1998 年，周丽霞研究出了霜霉菌人工接种苜蓿及其鉴定方法：

田间接种鉴定方法　在苜蓿霜霉病高发期，从病株上取病原菌配成病菌孢子悬浮液，浓度以在低倍显微镜下检查平均每视野内有 3～10 个孢子为宜。将病菌孢子悬浮液均匀喷洒到供试的未感病苜蓿枝叶上，1 周后观察染病情况。以不进行接种但培养条件一致的苜蓿为对照。

室内接种鉴定方法　在人工生长箱内进行。将清洗过的细河沙装入小塑料盆内，以每盆 50 粒种子点种于其中。在温度 18～20℃、相对湿度 60%～80%、光照强度 1500 lx、日光照 8～10 小时培养至两片子叶充分展开后，向子叶喷洒霜霉菌孢子悬浮液（浓度同上），先黑暗保湿 24 小时，然后继续在上述生长箱内生长 1 周。以不进行接种但培养条件一致的苜蓿为对照。

侵染过程与侵染循环　病菌以菌丝体在系统侵染的病株地下器官或以卵孢子在病株体内越冬，翌年春天产生孢子囊对萌生的新株进行侵染。卵孢子混入种子，可远距离传播。田间孢子囊随风雨传播，条件有利时，5 天可形成一个侵染循环。

流行规律　一般有两个发病高峰期，分别在春、秋的冷凉季节，而在夏季炎热条件下，发病有减轻的趋势。

该病多发生于温凉潮湿、雨、雾、结露的气候条件下。在甘肃海拔为 3000m 的高寒条件，发病率仍然很高，容易造成病害大发生。在新疆阿勒泰的荒漠、半荒漠气候区，灌溉的条件下，尽管极端干旱，也存在病害大流行的潜在条件。草层过密或阴凉潮湿的草地上可造成较大损失。

防治方法　对于苜蓿霜霉病这种低温、高湿性病害，应以农业管理措施、选用抗性品种和种子处理等综合措施进行治理。

选用抗病品种　李春杰等对国内外的 94 个苜蓿品种进行霜霉菌抗性评价时发现，其中的 14 个国外品种表现为免疫，国内品种均不同程度地感病；其中的阿尔古奎斯（Algonquis）、巴瑞尔（Baron）、阿毕卡（Apex）、安古斯（Angus）、日本 1 品种、伊鲁瑰斯（Iroqudis）、布来兹（Blager）、托尔（Thor）、81-69 美国（America）、CP4350 萨蓝纳斯（Saranac）、贝维（Beaver）、润布勒（Rambler）、兰热来恩德（Range lander）和威斯康星（Wisconson）等 14 个国外品种表现为免疫，普劳勒（Prowler）、班纳（Banner）、L2-1079 匈牙利（Hungaria）和兴平 4 个品种为高抗类群；肇东、陇中和陇东 3 个品种属高感类群；78-27 捷克、阿波罗、准格尔、陕北和河西 5 个品种属极感类群。荷兰百绿的 Fundulea I 表现抗病，中叶型北疆苜蓿的发病率和严重度均低于新牧一号和新疆大叶苜蓿。同时，注重培育兼抗和多抗品种，如图 3 左下角椭圆中的品种将是很有前途的兼抗霜霉病和褐斑病的育种材料。

马振宇等以抗霜霉病和丰产性为主要育种目标，已育成中国唯一的苜蓿抗病品种中兰 1 号。中兰 1 号霜霉病枝率不超过 5%，抗病性状的选择采用了简单轮回选择的方法，产量性状的选择采用了多亲本改良混合选择法和集团选择法

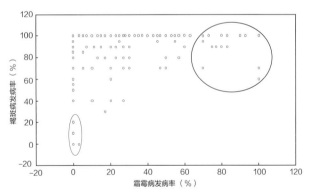

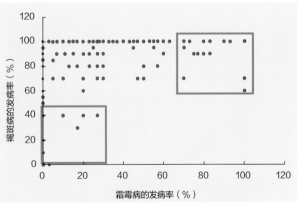

图 3　94 个苜蓿品种霜霉病发病率与褐斑病发病率的关系
（李春杰提供）

表3　中兰1号在甘肃榆中川水地区的平均感病性

（引自李锦华等，2007）

育种系与CK	霜霉病		褐斑病	白粉病	越冬率（%）
	发病率（%）	病情指数			
1	1.5**	1.5*	+	+++	94.7
7	1.2**	1.0*	++	+++	87.1
10	3.5**	2.1*	++	++	95.8
11	0.6**	0.6*	++	+++	
17	0.8**	0.7*	+++	++	90.0
庆阳CK1	38.0	18.8	++	+	97.4
和田CK2	14.2	7.9	++	+	95.8

注：①数字均为1992—1993年4次鉴定的平均结果，+为轻度感病，++为中度感病，+++为严重感病。②*表示与CK1差异显著（$P<0.05$），**表示与CK1和CK2差异显著（$P<0.05$）。

（图3）。因中国气候地理区域之复杂，霜霉病很可能存在生理小种。所以，进一步研究鉴定中国苜蓿霜霉病生理小种，选育广谱抗性品种非常必要。该品种高抗霜霉病，中抗褐斑病和锈病，耐寒性较强，抗旱性中等，再生性好，耐刈割（表3）。

李锦华等连续4年对93个苜蓿种质分春、秋两季的对苜蓿霜霉感病性田间接种发病和自然发病鉴定，发现生产力和感病性之间呈极显著负相关。产量与发病率（X_1）和病情指数（X_2）之间的回归方程式分别为 $Y=2.4615-0.0105X_1$ 和 $Y=2.6465-0.0165X_2$。如果苜蓿霜霉病感病率达100%，则估计生产力下降21.98%～58.78%；如果病情指数达100，则苜蓿产量估计值下降34.32%～92.38%。

草地管理　头茬草应尽早刈割利用，二茬苜蓿的危害远不及头茬苜蓿严重。春季苜蓿返青后及时拔除系统发病的病株；合理排灌，防止田间湿度过高。施用根瘤菌接菌处理，发病率和病情指数也较低。

化学防治　用甲基托布津、福美双等杀菌剂处理种子，可使部分参试种批的种子死亡率降低40%～65%，从而显著提高其室内发芽率。90%霜霉净防效达90.9%，15%粉锈宁防效62.4%。用25%瑞毒霉按照种子重量的0.2%～0.3%、50%多菌灵按照种子重量的0.4%～0.5%拌种；发病初期或发病中心用25%瑞毒霉600～800倍液、40%乙膦铝300～400倍液等喷洒有较好的防治效果。

参考文献

李锦华，田福平，马振宇，2007. 苜蓿新品种'中兰1号'的选育及其栽培要点 [J]. 草原与饲料，28(1): 43-45.

马振宇，侯天爵，邹胜文，1989. 苜蓿霜霉病的研究 [J]. 草与畜杂志（增刊）: 265-268.

南志标，2001. 我国的苜蓿病害及其综合防治体系 [J]. 动物科学与动物医学，18(4): 1-4.

余永年，1998. 中国真菌志：第六卷　霜霉目 [M]. 北京：科学出版.

周丽霞，易克贤，马振宇，1998. 苜蓿霜霉病的接种鉴定 [J]. 甘肃畜牧兽医 (3): 44.

（撰稿：李春杰；审稿：段廷玉）